采油注水

——采油工程技术人员业务指导书

（上册）

谢文献　李桂婷　主编

中国石化出版社

内 容 提 要

本教材收录了油田采油注水基础理论知识、油田注水工艺、油藏动态分析、注水现场管理等有关采油注水方面的理论知识和工艺技术，具有较强的专业指导性和实用性。

本书可作为石油石化系统各油田采油注水技术人员、采油注水岗位高技能人才等的业务竞赛参考书籍，也可以作为油田采油注水岗位员工培训及现场工程技术人员的参考用书。

图书在版编目(CIP)数据

采油注水:采油工程技术人员业务指导书/谢文献，李桂婷主编;李金妍,袁秀伟,赵学忠编写.
—北京:中国石化出版社,2017.12
ISBN 978-7-5114-4795-1

Ⅰ.①采… Ⅱ.①谢… ②李… ③李… ④袁… ⑤赵…
Ⅲ.①石油开采-注水(油气田) Ⅳ.①TE35

中国版本图书馆 CIP 数据核字(2017)第 319562 号

中国石化出版社出版发行

地址:北京市朝阳区吉市口路 9 号
邮编:100020 电话:(010)59964500
发行部电话:(010)59964526
http://www.sinopec-press.com
E-mail:press@sinopec.com
北京富泰印刷有限责任公司印刷
全国各地新华书店经销

*

787×1092 毫米 16 开本 44.75 印张 1097 千字
2018 年 8 月第 1 版 2018 年 8 月第 1 次印刷
定价:86.00 元

编 委 会

主　　编： 谢文献　李桂婷

副 主 编： 李金妍　袁秀伟　赵学忠

参编人员： 刘礼亚　李海燕　赵长春　李　娜　高宝国
田玉芹　马来增　丁　慧　马珍福　周海强
刘全国　李修文　谭小平　卢惠东　吴　琼
张海燕　周海刚　肖　坤　彭　刚　龙媛媛
王晓东　孙红霞　李　莉

前　言

注水开发是实现油田开发长期高产和稳产的重要技术手段。油田采油注水技术人员的业务素质对于油田当前开发及未来发展具有十分重要的影响。2017年，中国石油化工集团公司首次举办了注水专业业务竞赛，在赛前培训过程中，我们发现适合采油注水专业技术人员的业务指导书籍很少。为此，我们借助多方技术力量，编撰了大量教学资料，在培训班教学中使用并得到了技术人员的广泛认可。为了更好地服务于石油石化系统的油田注水业务，提高采油注水专业技术人员的基础理论、专业知识水平和解决生产实际问题的能力等，我们特编写了《采油注水——采油工程技术人员业务指导书》。

《采油注水——采油工程技术人员业务指导书》为专业技术类型的书籍。教材内容结合最新行业标准，专业特色明显、可操作性强。在保证基本内容的科学性、系统性的同时，本教材作者在编写过程中力求实现知识的实用性，弱化理论推导，强化能力培养，紧密结合现场实际，引入大量案例，使读者可以更好地将教材内容应用于现场实际问题的解决中。

本书由谢文献、李桂婷担任主编，李金妍、袁秀伟、赵学忠担任副主编。全书共分为五篇、二十四章：第一章由李桂婷编写，第二章由李海燕编写，第三、四章由刘礼亚编写，第五章由孙红霞、李桂婷编写，第六章由马珍福、李桂婷编写，第七章由李莉、周海强、袁秀伟编写，第八章由田玉芹编写，第九、十九章由马来增、袁秀伟编写，第十章由马来增、刘全国、李桂婷编写，第十一章由卢惠东、袁秀伟编写，第十二章由吴琼、李金妍编写，第十三、十四章由李娜编写，第十五章由刘礼亚、高宝国编写，第十六章由张海燕、李桂婷编写，第十七章由李修文、赵长春编写，第十八章由谭小平、赵长春编写，第二十章由周海刚、李金妍编写，第二十一章由丁慧、李金妍编写，第二十二章由龙媛媛、李金妍编写，第二十三章由彭刚、赵长春编写，第二十四章由肖坤、王晓东、李金妍编写。全书最后由李桂婷、李金妍、赵长春统稿。胜利油田组织部、工程技术管理中心、各开发单位的部分技术人员在本书的编写过程中也做了大量的工作，在此一并表示感谢。

尽管我们在编写过程中尽了最大的努力，但不足之处在所难免，恳请广大读者提出意见和建议。

目　录

（上册）

第一篇　油田注水基础理论知识

第一章　采油地质基础知识 …………………………………………（3）
　第一节　与油气关系密切的沉积岩、沉积相 ……………………（3）
　第二节　地质构造 …………………………………………………（8）
　第三节　地质年代与地层 …………………………………………（10）
　第四节　油气藏 ……………………………………………………（14）
　第五节　油藏流体的物理性质 ……………………………………（27）
　第六节　储层岩石的物理性质 ……………………………………（33）
第二章　油田开发基础知识 …………………………………………（44）
　第一节　油田开发前的准备阶段 …………………………………（45）
　第二节　油田开发方针、原则及层系划分 ………………………（48）
　第三节　砂岩油田的注水开发 ……………………………………（52）
　第四节　油田开发方案编制简介 …………………………………（63）
　第五节　油藏评价方法 ……………………………………………（69）
第三章　采油工程基础知识 …………………………………………（87）
　第一节　复杂条件下的开采技术 …………………………………（87）
　第二节　酸化 ………………………………………………………（109）
　第三节　水力压裂技术 ……………………………………………（134）
第四章　油田注水基础知识 …………………………………………（168）
　第一节　水源、水质及注水系统 …………………………………（168）
　第二节　注水井吸水能力分析 ……………………………………（176）
　第三节　分层注水技术 ……………………………………………（179）
　第四节　注水井分析 ………………………………………………（188）
　第五节　注水井调剖与检测 ………………………………………（192）
第五章　油藏数值模拟技术 …………………………………………（197）

第二篇　油田注水工艺

第六章　分层注水工艺技术 …………………………………………（235）
第七章　注水分层测试及资料解释 …………………………………（247）
第八章　堵水调剖技术及方案编制 …………………………………（272）
第九章　油水井水泥封堵工艺技术 …………………………………（312）

第十章　物理法储层改造技术 …… (334)
第十一章　配产配注技术 …… (343)
第十二章　水井防砂技术 …… (356)
参考文献 …… (363)

(下册)

第三篇　油藏动态分析

第十三章　动态分析指标计算 …… (367)
　第一节　井组动态分析方法 …… (367)
　第二节　动态分析所必需的图表和曲线 …… (372)
第十四章　单井动态分析 …… (378)
　第一节　动态指标计算 …… (378)
　第二节　测井曲线 …… (383)
　第三节　抽油机悬点载荷分析与计算 …… (389)
　第四节　影响泵效的因素及提高泵效的措施 …… (396)
　第五节　抽油井的测试与分析 …… (402)
　第六节　电动潜油离心泵生产动态分析 …… (411)
　第七节　注水井生产调控与动态分析 …… (424)
　第八节　油水井动态资料整理与分析 …… (429)
　第九节　单井动态分析方法 …… (436)
第十五章　油水井水泥封堵工艺技术 …… (442)
第十六章　剩余油研究及开发调整方法 …… (465)

第四篇　注水现场管理

第十七章　工程测井 …… (477)
第十八章　注水泵 …… (527)
　第一节　泵型特性及选择 …… (527)
　第二节　两个重要概念 …… (533)
　第三节　特种泵及常见泵介绍 …… (536)
　第四节　泵座基础知识 …… (543)
　第五节　注水工艺新技术应用 …… (544)
第十九章　注水井故障诊断及处理 …… (556)
第二十章　水质检测技术 …… (590)
第二十一章　油田污水处理 …… (603)
第二十二章　油田地面工程防腐防垢技术 …… (621)
第二十三章　注水地面工程设计优化 …… (640)
第二十四章　注水系统效率综合分析 …… (657)
参考文献 …… (697)

第一篇

油田注水基础理论知识

第一章　采油地质基础知识

第一节　与油气关系密切的沉积岩、沉积相

1. 沉积岩

沉积岩是组成岩石圈的三大类岩石之一，约占岩石圈体积的5%，在地壳表层分布最广，约占陆地面积的75%，海底也几乎全部为沉积物覆盖。沉积岩的石油地质意义非常重大，它不仅能够生油，而且能够储油。当前世界上发现的油气田中，绝大多数油气都是储集在沉积岩中。

1）沉积岩的概念

沉积岩是在近地表的常温、常压条件及水、大气、生物、重力等作用下，主要由母岩的风化产物及其他物质(包括火山物质、宇宙物质、有机质和生物遗体等)，经搬运、沉积及成岩作用而形成的岩石。

2）沉积岩的层理

层理是由岩石的成分、颜色、结构等在垂直于沉积层方向上的变化所形成的一种构造现象。它是沉积岩所具有的重要特征，是区别于岩浆岩的主要标志。层理可分为水平层理、波状层理和交错层理等类型。

3）沉积旋回

沉积旋回是指地壳运动引起的，在沉积岩层的剖面上，相似岩性的岩石有规律地重复出现的现象。当沉积区地壳下降、水体面积扩大时，可形成水进旋回，即沉积物由浅水相变为深水相，沉积物由下至上由粗变细；当地壳上升、水体面积缩小时，则形成水退旋回，即沉积物由深水相变为浅水相，沉积物由下至上由细变粗(图1-1、图1-2)。在地层剖面中，一个完整的沉积旋回可表现为一个水退旋回叠置在一个水进旋回之上。但是，地壳上升阶段形成的水退旋回易被剥蚀，难以保存，故自然界中常见水进型半旋回。由于地壳运动的影响范围宽广，而在同一构造区域内，同一时期沉积旋回的性质是相同或相似的，因此，沉积旋回是地层划分对比和推断地壳运动情况的重要依据之一。

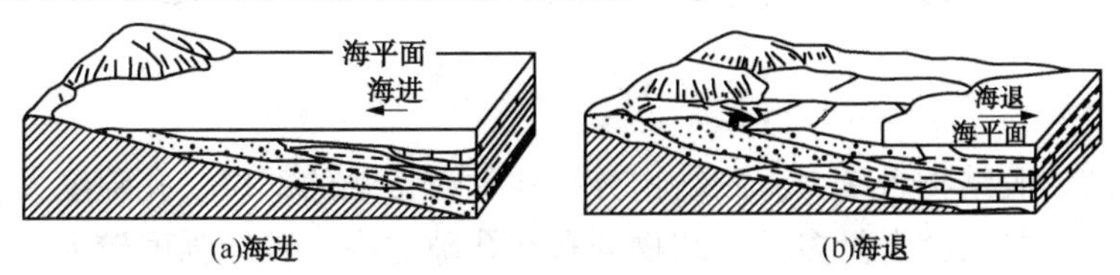

图1-1　海进、海退沉积情况示意图

（据刘本培，1986，略有改动）

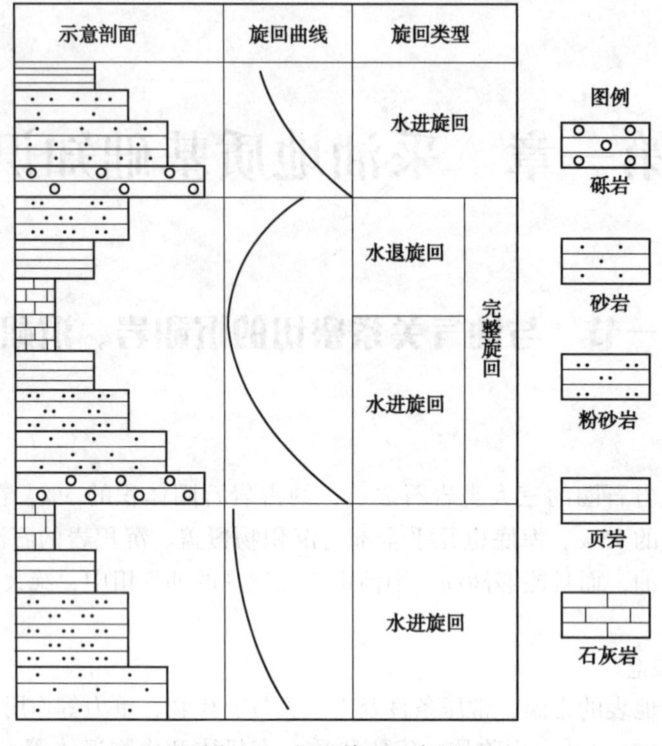

图 1-2　沉积旋回示意图

4）沉积岩的类型

根据沉积物的成分、沉积作用方式和沉积的环境等，可将沉积岩分为碎屑岩、黏土岩和碳酸盐岩。

（1）碎屑岩。

碎屑岩是由碎屑物质经压实胶结而成的。胶结物在碎屑岩中起胶结作用，它将疏松的沉积物胶结在一起，再经压实固结使之变为坚硬的岩石。常见的胶结物有泥质、钙质、硅质、铁质等，一般是多种胶结物同时存在。

根据碎屑岩胶结物含量、分布状况及与碎屑颗粒的接触关系可分为 3 种胶结类型（图 1-3）。

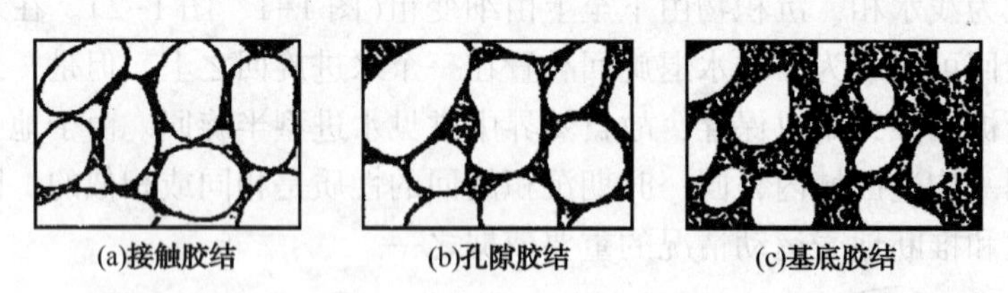

图 1-3　胶结类型

① 接触胶结。胶结物含量少，胶结物分布在颗粒接触的部位，孔隙度大，胶结强度小。

② 孔隙胶结。胶结物含量多，胶结物分布在孔隙之中，胶结强度较大。

③ 基底胶结。胶结物最多，颗粒分散在胶结物中，岩石的胶结强度最大，孔隙度最小。

碎屑岩可分成砾岩、砂岩、粉砂岩等类型，是主要的储油岩石。

（2）黏土岩。

黏土岩是由黏土矿物和粒径小于0.01mm的岩石碎屑组成的沉积岩。在黏土岩的矿物组成中最重要的是黏土矿物，其含量大于50%。常见的黏土矿物主要有高岭石、蒙脱石、水云母等。黏土岩分布范围广泛，是重要的生油岩。黏土岩可分为泥岩、页岩、油页岩等。

（3）碳酸盐岩。

碳酸盐岩是由方解石和白云石等碳酸盐矿物组成的沉积岩。根据矿物成分可分为石灰岩和白云岩两大类。它既是储油岩，同时也可以是良好的生油岩。

2. 沉积相

1）沉积相的概念

沉积相是指在一定沉积环境中形成的沉积岩石组合。

沉积环境是指岩石在沉积和成岩过程中所处的自然地理条件、气候条件、构造条件、沉积介质的物理条件和介质的地球化学条件等。

岩石组合是指岩性特征(如岩石的成分、颜色、结构、构造及各种岩石类型及其组合)、古生物特征以及地球化学特征。

不同的沉积环境，形成的岩石组合不同，一定的岩石组合又反映了一定的沉积环境。可见，沉积环境和岩石组合之间有紧密的内在联系。

石油、天然气的生成和分布与沉积相的关系相当密切，尤其是生油岩层和储油岩层的形成和分布更受一定的沉积相所控制。因此，研究沉积相对寻找油、气田具有重要的指导意义。

2）沉积相的分类

不同类型的沉积岩，形成于不同的沉积环境，在沉积环境中起决定作用的是自然地理条件。沉积相的分类通常以自然地理条件为主要依据，并结合沉积岩特征及其他环境条件进行具体划分(表1-1)。在相组和相划分的基础上，可进一步细分为亚相和微相。

表1-1　沉积相的分类(引自石油大学《沉积岩石学》，1993)

相　组	陆　相　组	海　相　组	海陆过渡相组
相	残积相， 坡积—坠积相， 山麓—洪积相， 河流相， 湖泊相， 沼泽相， 沙漠相， 冰川相	滨岸相， 浅海陆棚相， 半深海相， 深海相	三角洲相， 潟湖相， 障壁岛相， 潮坪相， 河口湾相

3）与油气关系密切的沉积相类型

（1）河流相沉积(图1-4)。

河流相沉积以砂岩、粉砂岩为主，特别是砂岩，一般比较疏松，孔隙性和渗透性较好，河床相砂岩常常是良好的储油气层。河流砂岩体岩性变化大，内部非均质性较明显，其储油物性在垂向上以旋回下部河床亚相中的边滩或心滩砂质岩最好，向上逐渐变差；在横向上，透镜体中部较好，向两侧变差。

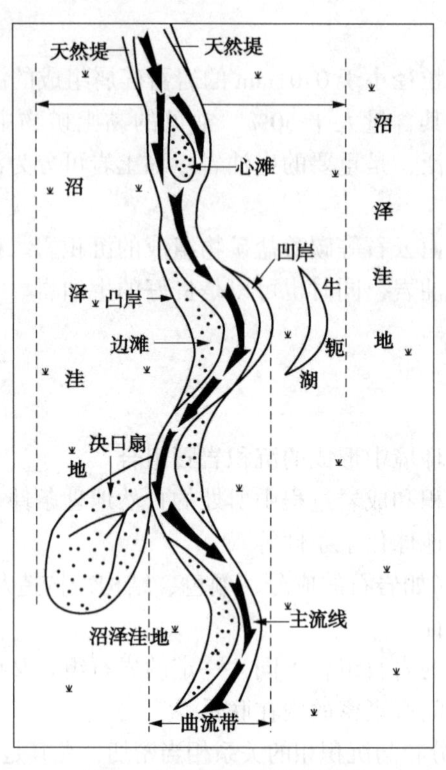

图 1-4　河流相沉积示意图

(2) 湖泊相沉积(图 1-5)。

湖泊相沉积是陆相沉积中分布最广泛的沉积环境之一。我国中生代和新生代地层中，常有巨厚的湖泊相沉积。我国松辽盆地的白垩纪湖相沉积很发育。

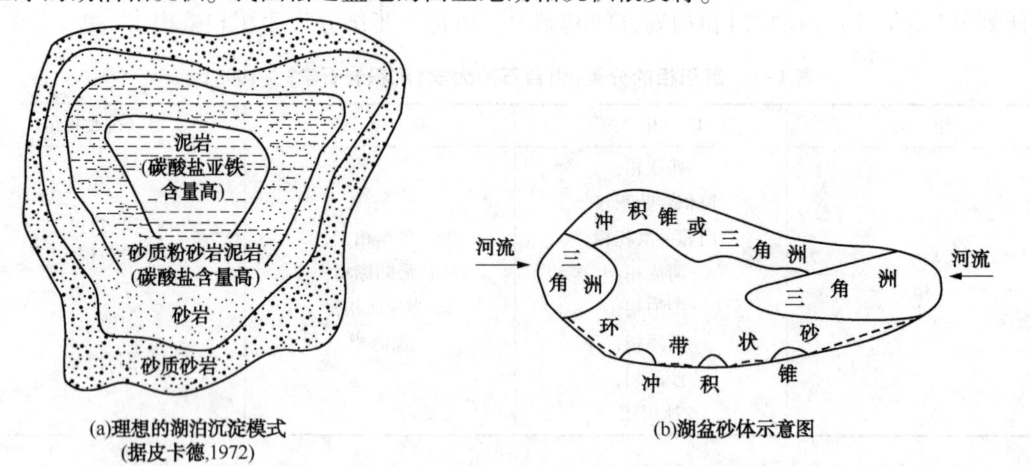

图 1-5　湖泊相砂体沉积示意图

在湖泊沉积中，形成各种不同类型的砂、砾岩体，这些砂岩体往往是良好的油、气储集层。湖泊相沉积是陆相油气生成和储集的主要场所。我国的大庆油田、胜利油田均有湖泊相沉积。陆相湖泊沉积虽受湖泊范围限制，分布不如海相沉积广阔，但由于湖泊周围碎屑物质及有机物的供给充分，常常形成良好的生油岩和储油岩。深湖区为还原环境，生物遗体保存较好，有利于向油气转化，是良好的生油环境。黑色和灰黑色黏土岩是良好的生油岩。半深湖区具有弱还原环境，其中灰黑色黏土岩可作为生油岩，粉砂岩是储集层。浅湖区为弱氧化—还原环境，生油条件不好，但发育良好的砂岩层，靠近生油区，具备良好的储油条件。滨湖区为氧化环境，一般生、储油条件都差。湖泊三角洲相中的三角洲砂岩体是很好的储集层。特别是三角洲前缘砂岩体粒度较细，分选较好，储集性质甚佳。湖相沉积在垂向剖面上，往往是生油岩层与油、气储集层有规律地分布，形成完整的生、储、盖组合，有时甚至具有多套生、储、盖组合。生、储、盖组合受沉积旋回的控制，湖泊沉积所具有的连续性韵律(旋回)是形成生、储、盖组合的有利条件。另外，在盐湖沉积中，含有大量的暗色泥岩，具备一定的生油条件，但以盐岩和泥岩为主的盐湖沉积，主要作为特好的盖层存在。

(3) 海相沉积(图 1-6)。

海相地层中发育着一系列的生、储、盖组合，是勘探油、气田的重要方向。例如中东地区，我国的川南、任丘、义和庄等地已发现的油气田，都属于海相地层产油。

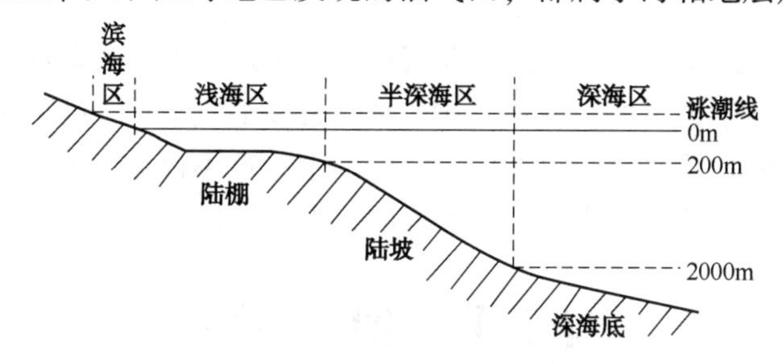

图 1-6　海相组地形和水深关系示意图

生油层：在浅海相黏土岩和碳酸盐岩中，化石丰富，常含有大量的有机质，具备良好的生油条件，是重要的生油岩。

储集层：海相石英砂岩类，多为泥质胶结，储油物性好。具有孔隙、溶洞、裂缝的海相碳酸盐岩，储油量大，产量高。

盖层：海相泥质岩、泥灰岩、石膏等，是良好的盖层，巨厚的致密块状灰岩也可作为盖层。

此外，由于地壳的升降运动，在海进与海退过程中形成的各类砂岩体，是良好的储油圈闭。海退砂体底部的暗色海相页岩是有利的生油岩，海进砂体顶部的海相页岩是良好的盖层。目前，世界上所发现的海相砂岩体油气田，大多属于海退型砂体储集层。

(4) 三角洲相沉积(图 1-7)。

三角洲区具备有利的生、储、盖组合及圈闭条件，这是一个具有经济价值的油气田必须具备的因素。

生油岩：前三角洲带常有粉砂质黏土和泥质沉积，且含丰富的有机质，而且是在海底的还原环境下沉积的，其沉积迅速、埋藏快，这对于有机质的保存和向油气转化特别有利，是重要的生油岩。

储油层：三角洲前缘带中沉积的各种砂体(包括中心带和过渡带砂体)，一般分选好，质纯，粒度适中，储油物性好。这些储油岩常和前三角洲及潟湖等生油岩相共生，容易形成油气聚集。

盖层：三角洲平原中的泥沼沉积和前三角洲泥岩以及海进阶段形成的黏土夹层，均可作为良好的盖层和隔层。

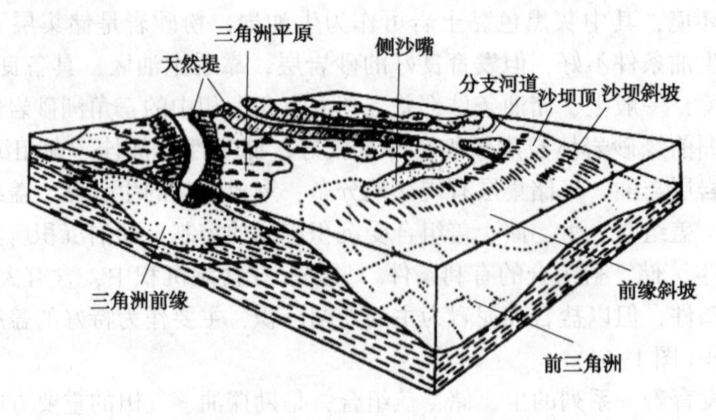

图 1-7　三角洲的立体模型(据华东石油学院岩矿教研室，1982)

圈闭：三角洲沉积速度快，厚度大，在沉积过程中形成的各类圈闭，如凸透镜状的各种砂体非常容易被周围不渗透层所包围，形成“地层岩性油气藏”；同生断层、底辟构造、盐丘等常发生于三角洲前缘砂及前三角洲泥岩厚层地带，这不仅可有地层岩性油气藏，也可有构造油气藏。上述圈闭都是在沉积过程中形成的，形成时间早，对于油气聚集是有利的。

第二节　地质构造

由地壳运动引起岩石圈或地壳的岩层与岩体变形、变位及物质改变，并促使地表形态不断演化和发展而留下的各种痕迹称为地质构造。地壳运动是形成地质构造的原因，地质构造则是地壳运动的结果。常见的地质构造有褶皱构造和断裂构造。

1. 褶皱构造

水平岩层在地壳运动过程中在构造应力的作用下，形成波状弯曲但未丧失其连续完整性，这样的构造称为褶皱构造。褶皱构造在地壳上是最常见的一种地质构造形态。

褶曲是褶皱构造中的一个弯曲，是组成褶皱构造的基本单位。褶皱就是由两个或两个以上的褶曲组成。褶曲的基本形态可分为背斜褶曲和向斜褶曲(图 1-8)，二者相互依存，有时共存于一个体系之中。

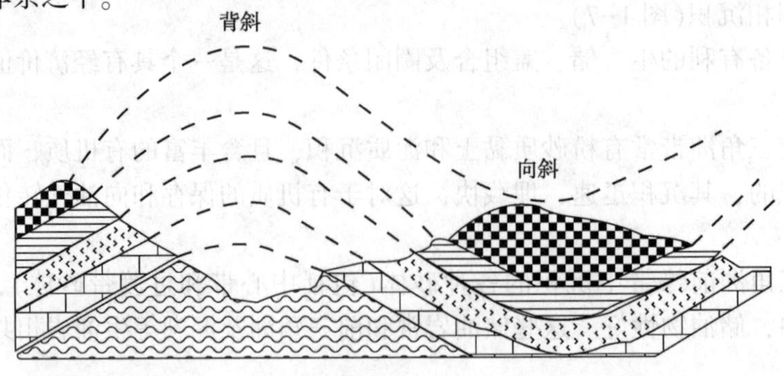

图 1-8　背斜与向斜褶曲示意图

1）背斜褶曲

岩层向上拱起，核部是较老的地层，两翼由较新的地层组成，同时两翼新岩层对称重复出现在较老的岩层两侧，两翼地层产状相背倾斜。

沉积盆地中的背斜构造是最普遍的储油（气）构造。由背斜形成的油气藏也占有很大比例。

2）向斜褶曲

岩层向下弯曲，核部是较新的地层，两翼是较老的地层组成，同时两翼较老的地层对称重复出现在较新的地层两侧，两翼地层产状相向倾斜。

巨大的向斜盆地往往是油气生成的较理想的地质环境。

2. 断裂构造

当岩层所受的力超过了岩石的强度，岩石的连续性和完整性遭受破坏而断开或错动的现象叫作断裂。岩层发生断裂后形成的地质构造叫作断裂构造。

根据沿断裂面两侧岩体有无明显位移，将断裂构造分为裂缝和断层。

1）裂缝

沿着断裂面两侧岩体没有发生明显位移的断裂构造叫裂缝。

裂缝在地壳中分布相当普遍，除了疏松、塑性的岩石以外，无论出露在地表或埋藏在地下的新老岩石都有裂缝存在。裂缝是石油、天然气和地下水的运移通道和储集场所。在碳酸盐岩、泥岩和页岩等致密岩层中，当裂缝较发育时，可成为良好的储集层，乃至形成丰富的油气藏。

2）断层

沿着断裂面两侧岩体发生明显位移的地质构造叫作断层。

断层的规模有大有小，小的只断开几米，大断层长度可达几千千米。从含油气盆地的形成到油气的运移聚集以及后期改造或破坏的整个过程中，始终贯穿着断层构造的活动及其影响。例如在面积仅 5400km^2 的济阳坳陷中，发现的断层就多达 1580 余条。

据断层两盘相对位移的形态，可将断层分为正断层、逆断层和平移断层 3 种类型（图 1-9）。

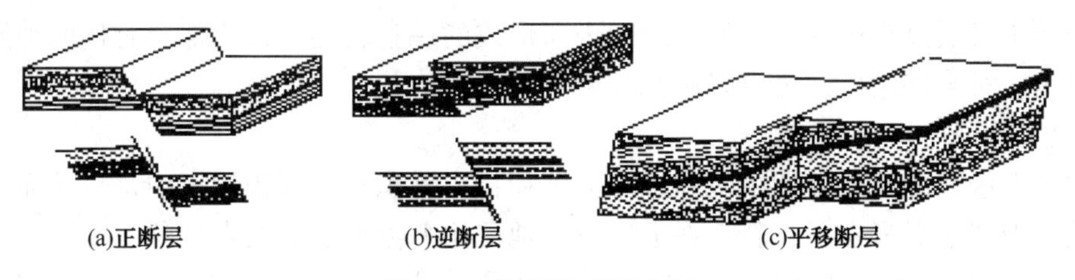

图 1-9 断层类型示意图

（1）正断层。是指上盘相对下降，下盘相对上升的断层。正断层在钻井剖面中有地层缺失现象。

（2）逆断层。是指上盘相对上升，下盘相对下降的断层。逆断层在钻井剖面中有地层重复的现象。

（3）平移断层。是指断层的两盘沿断层面走向发生了相对运动，而无明显的上升或下降的断层。其特点是断层面较陡，走向比较稳定。

断层与油、气的关系有两重性，一方面使油、气藏受到破坏；另一方面断层在适当的条件下形成断层遮挡类型的油、气藏，而且对于断块油气藏的形成和分布起着一定的控制作用。

第三节　地质年代与地层

地球自形成以来经历了漫长的地质历史，在地球历史发展的每个阶段，地球表面都有一套相应的地层生成。石油和天然气都储集于地层之中，要想正确认识油田的地质情况，进行油气勘探、开发，就必须搞清地质年代及其相应地层。

1. 地质年代

地质年代就是各种地质事件发生的年代。它包含两种意义：其一是各种地质事件发生的先后顺序，另一个是地质事件发生距今的实际年龄。由于地层是在不同时代里沉积的，先沉积的是老地层，后沉积的是新地层。把各地大致相同时期沉积的某一地层称为某某年代的地层，这种表明地层形成先后顺序的时间概念称为相对地质年代。

1）地质年代单位

地质学家和古生物学家在地层研究和古生物化石研究的基础上，根据生物演化的阶段性、不可逆性和统一性，把地质年代划分为宙、代、纪、世、期、时等若干时间单位。其中“宙、代、纪、世”是国际性的时间单位，“期”是大区域性的时间单位，“时”是一个地方性的时间单位。

2）地质年代表

表1-2所示为地质年代简表。它表述了地层系统和地质年代系统的单位划分、其名称和顺序关系，生物的发展演化阶段以及地壳运动期等情况。

2. 地层

1）地层的概念

地壳历史发展过程中在一定地质时间内所形成的一套岩层，称为那个时代的地层。一套地层可以由一种岩层组成，也可以由几种岩层所组成。

2）地层叠覆律

地层是在漫长的地质时期中沉积下来的沉积物。沉积物在沉积过程中是自下而上逐层叠置起来的，形成了老者在下，新者在上，下伏地层比上覆地层老的自然顺序。这一规律称为“地层叠覆律”或“地层层序律”。地层叠覆律说明地层除了具有一定的形体和岩石内容外，还具有时间顺序的涵义，它是我们认识和研究地层的基础。在未经过强烈地壳运动而发生倒转的情况下，地层一直保持着上新下老的正常顺序。

3）地层单位

在研究地层时，根据地层所具有的特征或属性的差异，把单独一个地层或若干有关的地层划分出来，看作一个地层体，这就是一个地层单位。常用的地层单位有岩石地层单位、年代地层单位。

表 1-2　地质年代表

地质时代(地层系统及代号)				同位素年龄值/Ma	构造阶段(及构造运动)	生物界	
宙(宇)	代(界)	纪(系)	世(统)			植物	动物
显生宙(宇)PH	新生代(界)Kz	第四纪(系)Q	全新世(统)Q_h	0.01	新阿尔卑斯构造阶段(喜马拉雅构造阶段)	被子植物繁盛	人类出现；哺乳动物与鸟类繁盛；无脊椎动物继续演化发展
			更新世(统)Q_p	2.5			
		第三纪(系)R 新第三纪(系)N	上新世(统)N_2				
			中新世(统)N_1	23			
		老第三纪(系)E	渐新世(统)E_3				
			始新世(统)E_2				
			古新世(统)E_1	65			
	中生代(界)Mz	白垩纪(系)K	晚白垩世(统)K_2		老阿尔卑斯构造阶段：燕山构造阶段		爬行动物繁盛
			早白垩世(统)K_1	135		裸子植物繁盛	
		侏罗纪(系)J	晚侏罗世(统)J_3				
			中侏罗世(统)J_2				
			早侏罗世(统)J_1	205			
		三叠纪(系)T	晚三叠世(统)T_3		印支构造阶段		
			中三叠世(统)T_2				
			早三叠世(统)T_1	250			
	古生代(界)Pz	二叠纪(系)P	晚二叠世(统)P_2		海西(华力西)构造阶段		两栖动物繁盛
			早二叠世(统)P_1	290		蕨类及原始裸子植物繁盛	
		石炭纪(系)C	晚石炭世(统)C_2				
			早石炭世(统)C_1	355			
		泥盆纪(系)D	晚泥盆世(统)K_1			裸蕨植物繁盛	鱼类繁盛
			中泥盆世(统)J_3				
			早泥盆世(统)J_2	410			
		志留纪(系)S	晚志留世(统)J_1		加里东构造阶段	真核生物进化；藻类及菌类植物繁盛	海生无脊椎动物繁盛
			中志留世(统)T_3				
			早志留世(统)T_2	439			
		奥陶纪(系)O	晚奥陶世(统)T_1				
			中奥陶世(统)P_2				
			早奥陶世(统)P_1	510			
		寒武纪(系)Є	晚寒武世(统)$Є_2$				
			中寒武世(统)$Є_1$				
			早寒武世(统)$Є_1$	570			
元古宙(宇)PT	新元古代(界)Pt_3	震旦纪(系)K	晚震旦世(统)Z_2	700			裸露无脊椎动物出现
			早震旦世(统)Z_1	800			
		青白口“纪”(系)Qb		1000	晋宁运动		
	中元古代(界)Pt_2	蓟县“纪”(系)Jx				原核生物	
		长城“纪”(系)Chc		1800	吕梁运动		
	古元古代(界)Pt_1	滹沱“纪”(系)Ht					
		未名		2500	阜平运动		
太古宙(宇)AR	新太古代(界)Ar_2			3100		生命现象开始出现	
	古太古代(界)Ar_1			3850			
冥古宙(宇)HD				4600	地球形成		

注：据王鸿祯等《中国地层时代表》，1990，略有改动。

岩石地层单位可分为“群”“组”“段”“层”4级，其中“组”是最基本的单位。

(1) 群：最大的岩石地层单位。可由两个以上的组构成，也可是一大套厚度巨大、岩类复杂、因受构造扰动无法重建原始顺序的地层。群的岩层厚度一般为几百米至几千米。群内不允许有重要的间断或不整合存在。

(2) 组：“组的含义在于具有岩性、岩相和变质程度的一致性。组可以由一种岩石构成，也可以一种岩石为主，夹有重复出现的夹层；或者由两三种岩石交替出现所构成；还可能以很复杂的岩石组分为一个组的特征，而与其他比较单纯的组相区别”(引自《中国地层指南》)。组的厚度由几米到几百米不等，并有稳定的分布范围。在古地理环境稳定、均一的地区，组的分布范围较广，而在古地理环境复杂多变的地区其分布范围就较为局限。

(3) 段：据岩石特征，一个组常可分为若干段，如嫩江组分5段，沙河街组分4段等。

(4) 层：最低级的岩石地层单位，是指组内或段内一个明显的特殊单位层。

岩石地层单位是为了适合各地区不同的古地理、沉积条件而建立的，也称为地方性地层单位。

年代地层单位是指在特定的地质时间间隔内形成的地层体，它包括宇、界、系、统、阶、时间带6级。年代地层单位的顶、底都以等时面为界。

(1) 宇：指在宙的时间内形成的地层，对应于地球历史中划分出的宙。

(2) 界：一个界代表在一个代的时间内形成的全部地层。如显生宇包括古生界、中生界和新生界。

(3) 系：代表一个纪的时间内所形成的全部地层，如寒武系、侏罗系等。

(4) 统：代表一个世的时间内所形成的全部地层，统名一般是在系名前增加早、中、晚字样。

(5) 阶：统的进一步划分，一个统可分2~6个阶。阶名用地名命名。

(6) 带(时间带)：最小的年代地层单位。根据生物的种或属的延限带建立，以化石的种、属名命名，如王氏克氏蛤(*Claraia wangi*)(时间)带。

年代地层单位中，宇、界、系、统是适于世界范围的地层单位，阶仅适用于大区，时间带则大多只适用于较小范围。

3. 地层单位与地质年代单位的关系

地质年代与地层单位之间有着紧密的关系，但不完全是对应的关系，地层的系统与地质年代的三大单位是完全对应的，即界、系、统完全对应于代、纪、世(表1-3)。

表1-3 地层时代与地质时代单位关系表

适用范围	地质时代单位	地层单位
国际性的	宙	宇
	代	界
	纪	系
	世	统
区域性的	期	阶
地方性的	时	带

4. 地层接触关系

地层接触关系通常指上、下地层的产状变化关系，它是层序划分与对比的重要标志。地层接触关系可分为整合接触和不整合接触两类。

1）整合接触

整合接触系指上、下两套地层产状一致，且中间不存在沉积间断或没有地层缺失的接触关系。整合接触在剖面图、柱状图中用“实线”表示，如图 1-10 中的 Є 与 O、O 与 S_{1+2}等。所有连续整合接触之地层代表该地区在相应的地质历史时期内，地壳长期稳定下沉接受沉积，或虽有上升但沉积表面始终未露出水面。

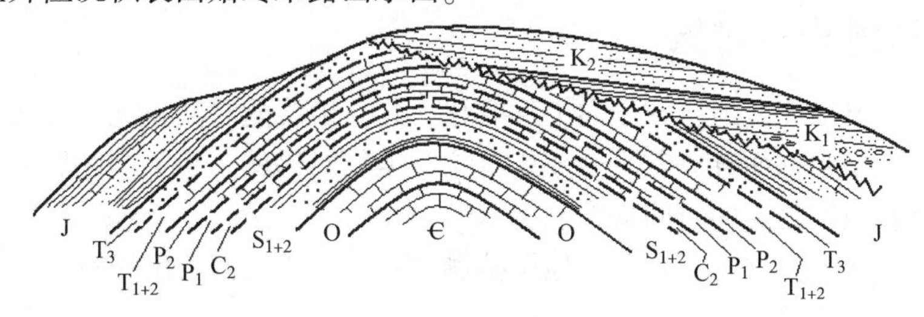

图 1-10　地层接触关系

2）不整合接触

不整合接触又分为平行不整合(假整合)和角度不整合。上、下两套不整合地层之间的接触面称为不整合面，不整合面与地面的交线称为不整合线。

（1）平行不整合接触。

平行不整合接触指上、下两套地层产状一致、但有明显沉积间断或地层缺失的接触关系。平行不整合接触在剖面图、柱状图中用“虚线”表示，如图 1-10 中的 S_{1+2}与 C_2、C_2与 P_1等。平行不整合接触表明该地区在不整合面之下地层沉积后，地壳经历了整体上升运动使地层遭受风化剥蚀，再整体下降接受新的沉积的构造运动过程。

（2）角度不整合接触。

角度不整合接触指上、下两套地层产状不一致的接触关系。角度不整合接触在剖面图、柱状图中用“波浪线”表示，如图 1-10 中的 K_1、K_2与 J、T_3、T_{1+2}和 P_2等。角度不整合接触表示该地区不整合面以下地层沉积后经历了强烈的褶皱运动，使岩层遭受风化剥蚀，之后再下降接受沉积的构造运动过程。

5. 地层超覆、退覆与岩层尖灭的概念

地层超覆指新地层依次叠覆在相对较老地层之上，且覆盖面积逐次向陆扩大的现象，如图 1-11 中 a、b、c、d 层所示。

地层退覆与地层超覆完全相反，是新地层覆盖老地层的范围逐次向海减小的现象，如图 1-11 中 d、e、f、g 层所示。

岩层尖灭是指某种岩性在横向上中断的现象，如图 1-11 中 a、b、c、d、e、f、g 层中的砂岩向海、向陆方向均中断，表明砂岩尖灭了。

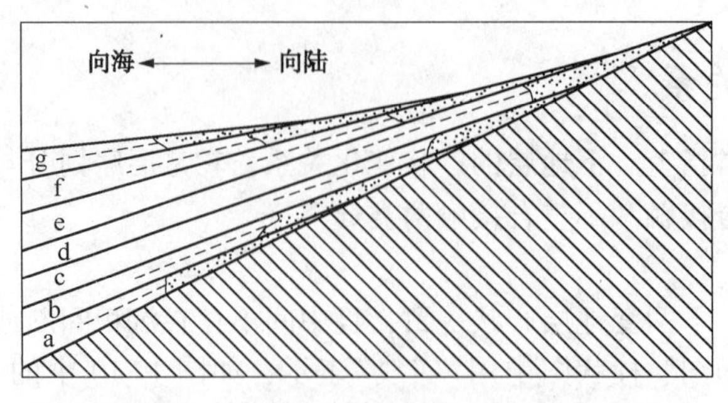

图 1-11　超覆、退覆和岩性尖灭

6. 地层的划分与对比

地层划分就是要搞清楚地层在纵向上的变化，建立地层的时间概念，按无机界和有机界发展的阶段性，据地层剖面分成若干个地层单位。地层对比就是将不同区域的地层剖面进行比较，搞清地层在地区之间的空间关系。

地层划分与对比的依据有：化石、地层接触关系、沉积旋回、沉积特征、岩浆活动和变质作用、地球物理特性等。

第四节　油　气　藏

1. 油气藏的形成

油气藏是地壳上油气聚集的基本单元，是油气勘探的对象。油气藏的形成，是石油地质研究的核心问题。其形成过程，就是在各种成藏要素的有效匹配下，油气从分散到集中的转化过程；能否有丰富的油气聚集，形成储量丰富的油气藏，并且被保存下来，主要取决于是否具备生油层、储集层、盖层、运移、圈闭和保存等成藏要素及其优劣程度。

1）油气的生成

（1）油气的成因。

19 世纪 70 年代以来，对油气成因的认识基本上分为有机成因学说和无机成因学说两大学派。

无机成油学说包括“碳化说”“宇宙说”“火山起源说”“岩浆说”等。无机成因学派认为，石油和天然气是来自地球内部的无机物质，或者是来自宇宙中的碳氢元素，经过复杂的化学作用，首先形成了甲烷，并在地球形成初期就已存在地球内部，后来沿地壳的裂缝向上运移，在运移过程中聚合成高分子的烃类，并在岩层中聚集形成油气藏。

有机成油学说指的是 B · P · Tissot 的干酪根热降解生烃演化模式。有机成因学派认为，人们在长期的开采和利用油气的过程中已经发现绝大部分油气田都分布于沉积岩中。油气的化学成分与沉积岩中的有机质的化学成分有很多共同之处。而且在地质历史时期中生物发育越广泛的阶段，沉积岩中油气就越丰富。事实证明，油气是由有机质生成的。

（2）有利于油气生成的地质环境。

按照现代有机成油理论，油气生成需要满足两个基本条件：第一，有利于石油生成的丰富的有机质；第二，有利于有机质向石油转化的条件。

① 生成油气的原始物质。

根据油气有机成因理论，生物体是生成油气的最初来源。其中，细菌、浮游植物、浮游动物和高等植物是沉积物中有机质的主要供应者。生物有机质并非是生油的直接母质，这些有机质经历了复杂的生物化学及化学变化，形成了一种结构非常复杂的生油母质——干酪根，成为生成油气的直接先驱。

② 油气生成的外在条件。

包括大地构造条件、古地理环境和古气候。

大地构造条件。地质历史上长期、持续、稳定下沉的盆地是生成油气最重要的地质条件之一。

古地理环境。首先应具有适当深度、面积较大、有机质丰富的水体，其次还应是有利于有机质保存的低能还原环境。只有上述两个条件都具备，才能形成丰富的沉积有机质，并有利于向油气转化。

古气候对沉积有机质向油气的转化也有一定的影响。一般来说，温暖、湿润的古气候条件对油气的生成是有利的。

③ 油气生成的物化条件。

细菌作用。在还原环境里，细菌能分解沉积物里的有机质，产生相应的有机化合物，这些有机化合物又相互作用，进一步分解、聚合形成干酪根及甲烷气体。

催化作用。催化剂的存在能加速有机质的转化，黏土矿物就是很好的催化剂。

热力作用。随着沉积物埋藏深度的增加，温度也随之升高。热力作用主要体现在温度和时间两个方面。在有机质向石油的转化过程中，温度是最持久和有效的作用因素，时间可补偿温度的不足。随着温度的增高和时间的增长，烃类的数量也逐渐增多。

放射性作用。沉积有机质在放射性的作用下会转化为石油。在适于生油的泥岩、页岩、泥质碳酸盐岩中富集着大量的放射性物质。

（3）有机质向油气转化的阶段。

生物有机质随沉积物沉积后，随埋深加大，地温不断升高，在还原条件下，有机质逐步向油气转化。由于在不同深度范围内，各种能源显示不同的作用效果，致使有机质的转化反应性质及主要产物都有明显区别，表明有机质向油气的转化具明显的阶段性(图 1-12)。主要可以概括为以下 4 个阶段。

① 生物化学生气阶段：该阶段埋藏较浅，温度和压力较低，以细菌和有机催化作用为主，有机质被分解，大部分经聚合形成结构复杂的干酪根、少量烃类、挥发性气体及低熟石油。烃类以甲烷为主，属干气。

② 热催化生油气阶段：该阶段为主要生油期，以热力作用及黏土催化作用为主，干酪根被大量转化为天然气和石油。

③ 热裂解生凝析气阶段：该阶段为高成熟时期。该阶段的主导因素是热力作用，主要产物为甲烷及其气态同系物。

④ 深部高温生气阶段：该阶段为有机质转化末期，已进入变质作用阶段。干酪根和已形成的油气发生强烈裂解生成甲烷和固态沥青或石墨。

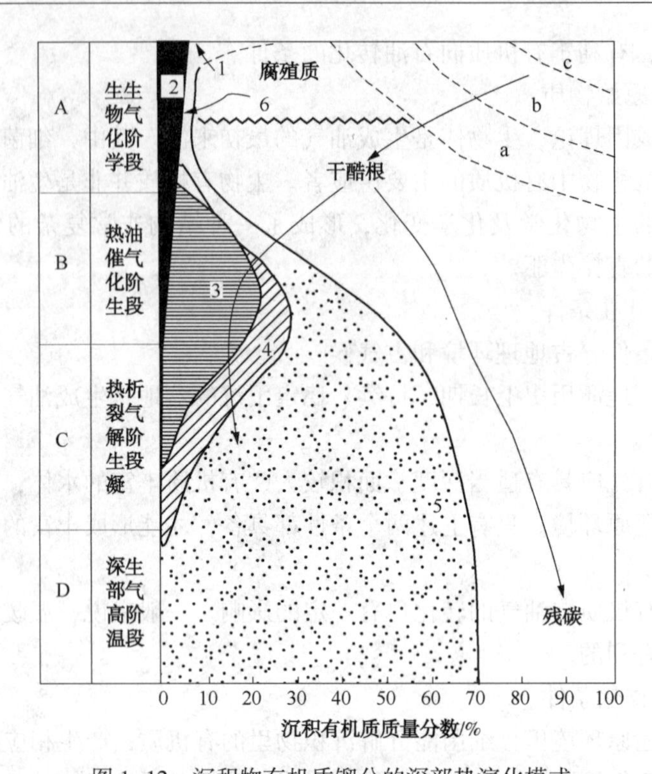

图 1-12　沉积物有机质馏分的深部热演化模式

A—腐殖酸；B—富非酸；C—碳水化合物+氨基酸+类脂化合物；1—生物化学甲烷；
2—原有沥青、烃、非烃化合物；3—石油；4—湿气、凝析气；5—天然气；6—未低熟油(注：还应包括 2)

(4) 生油层。

凡能够生成并提供具有工业价值的石油和天然气的岩石，称为生油气岩(或烃源岩、生油岩)。由烃源岩组成的地层，称为生油(气)层。从岩性上看，能够作为生油层的岩性主要有两大类：泥质岩和碳酸盐岩。

2）油气的储集

众所周知，石油和天然气均储集在地下有孔隙、裂缝或溶洞的岩石之中，埋藏浅者只有几十米，深者可达几千米，但它们均属于地球的表层——地壳的范围。

我们把具有孔隙、裂缝或空洞，能使油气流动、聚集的岩层称为储油(气)岩层，简称储集层。因此，储集层具有两个重要特性——孔隙性和渗透性。孔隙性保证了油气在地下有储集的空间，孔隙的多少和大小直接影响到储集的数量。渗透性保证油气在岩层内可以流动，它的发育情况决定了油气在岩石中流动的难易程度，从而影响了油气的产能。因此，孔隙性和渗透性是评价储层的重要标志。关于储层岩石的物理性质将在本章第六节作详细介绍。

3）盖层

盖层是指位于储集层之上能够封隔储集层避免其中的油气向上逸散的保护层。任何一个区域，要形成油气藏只具有生油层和储集层是不够的，要使生油层中生成的油气运移到储集层中不致逸散，还必须具备不渗透的盖层。盖层的好坏，直接影响着油气在储集层中的聚集效率和保存时间，盖层发育层位和分布范围直接影响油气田分布的层位和区域。油气藏的有效盖层应具备的特点有：岩性致密，孔隙度、渗透率低，排替压力高，分布稳定，且具有一定厚度等特征。目前常见盖层的岩性类型有泥页岩、盐岩、膏岩、致密灰岩等类型。

4）油气的运移

油气运移是油气藏形成过程中的重要纽带。油气从生油层到储集层是一个漫长的地质过程，并不是像在输水管道中那样畅通无阻地“跑”，而是要受到地层岩性及组构，特别是孔隙结构等种种因素的限制，“拐弯抹角”地向前一点一点移动。渗滤与扩散是油气运移的两种基本方式。

我们把油气在地下的一切运动称为油气的运移。为了表征油气生成后在不同环境、不同阶段的运移特点，又分为初次运移和二次运移(图1–13)。

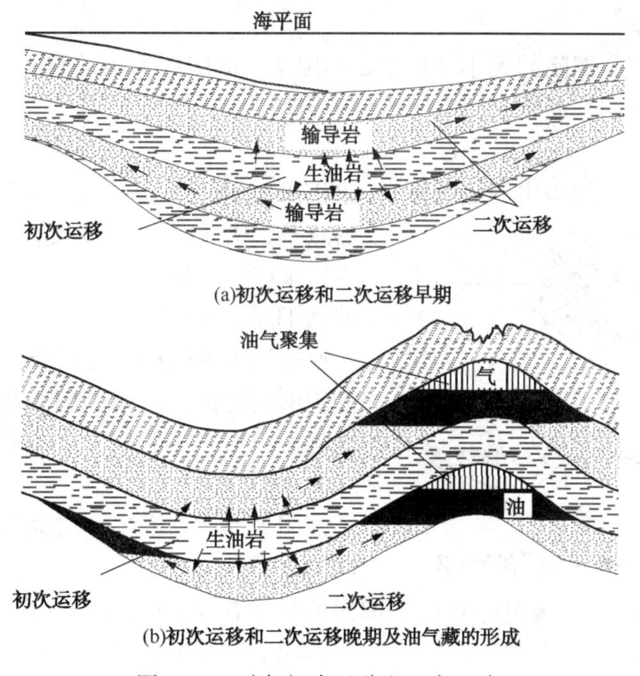

图1–13　油气初次运移和二次运移

石油和天然气，自生油层向储集层的运移，称为初次运移。液态烃大部分以水为运载体，随水一起运移。在生油层中生成的液态烃，多呈油珠状，分散于生油层中，随着烃类大量生成，油的饱和度及相对渗透率均相应增加，在压实等动力作用下，即可随水从生油层运移到储集层，而少量的液态烃也可能以溶解于水的方式从生油层运移到储集层。气态烃大部分以溶解于水的状态运移，但也可呈气泡或串珠状，从生油层运移到储集层。油气初次运移的动力主要有压实作用、水热增压作用、黏土矿物脱水作用、甲烷气的作用等。

油气二次运移指的是石油和天然气进入运载层以后的各种运移。它包括油气在储集层孔隙中的运移，油气沿断层、裂缝和不整合面的运移以及由于油气藏破坏而使油气重新分布的运移。在油气的二次运移中，油气与水密切共存，除少量的油气以溶解状态运移外，绝大部分油气以其原有相态运移。油气二次运移主要受地壳运动控制，影响油气二次运移的主要动力有水动力、浮力、毛细管力。

初次运移和二次运移是油气运移过程中连续而特点不同的两个阶段。油气运移贯穿于油气藏的形成、调整和破坏的整个过程，研究油气运移不仅具有理论意义，而且具有重要实际意义。搞清油气运移的特点，特别是其运移的途径、方向和时期，对油气勘探有重要的指导意义。

5）圈闭

（1）圈闭的概念。

圈闭是指储集层中能够阻止油气运移，并使油气聚集的一种场所，通常由储集层、盖层和遮挡物3部分组成。遮挡物可以是封闭的断层、非渗透的不整合面、储集层上倾方向的非渗透层、盖层本身的弯曲变形等，在适宜的条件下水动力也可成为遮挡条件。

圈闭是油气藏形成的基本条件之一，圈闭的类型决定着油气藏的类型及其勘探方法，圈闭的大小直接影响其中油气的储量。所以对圈闭的研究在油气勘探开发中占有很重要的地位。

（2）圈闭的度量。

评价一个圈闭时，圈闭的大小是最主要的因素。圈闭的大小常用闭合高度和闭合面积来表示，而闭和高度和闭合面积又由圈闭的溢出点所决定。

① 溢出点。

流体充满圈闭后开始溢出的点，称为该圈闭的溢出点。溢出点就是圈闭容纳油气最大限度的点位，若低于该点高度，则油气不能被圈闭，会溢出来(图1-14)。

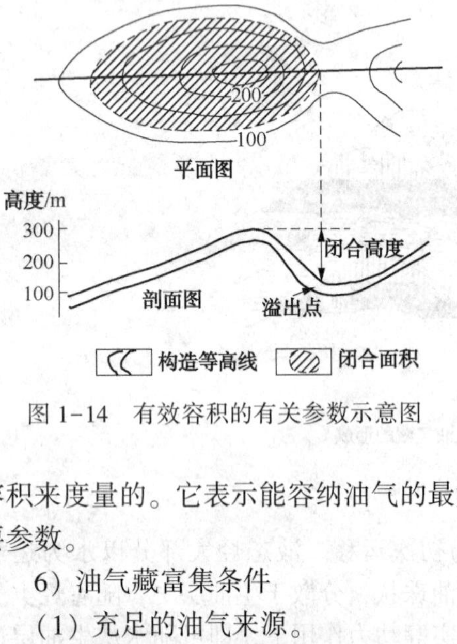

图1-14　有效容积的有关参数示意图

② 闭合面积。

通过溢出点的构造等高线所圈闭的面积，称为该圈闭的闭合面积。闭合面积越大，圈闭的有效容积也越大(图1-14)。

③ 闭合高度。

圈闭最高点到溢出点之间的垂直距离，即两点之间的海拔高差，称为闭合高度。闭合高度越大，圈闭的最大有效容积也越大(图1-14)。

圈闭实际容量的大小主要是由圈闭的最大有效容积来度量的。它表示能容纳油气的最大体积，因此它是评价圈闭和进行地质储量计算的重要参数。

6）油气藏富集条件

（1）充足的油气来源。

生油条件是油气藏形成的物质基础。只有充足的油气供给，才能形成储量大、分布广的油气藏。油气源的供烃丰富程度取决于盆地内烃源岩系的发育程度及有机质的丰度、类型和热演化程度。生油凹陷面积大、沉降持续时间长，可形成巨厚的多旋回性的烃源岩系及多生油气期，具备丰富的油气源，是形成丰富油气藏的物质基础。从国内外大型及特大型油气田分布看，它们都分布在面积大、沉积岩系厚度大、沉积岩分布广泛的盆地中，如波斯湾盆地、西伯利亚盆地、墨西哥盆地、马拉开波盆地、伏尔加—乌拉尔盆地、松辽盆地、渤海湾盆地。这些盆地的面积多在$10\times10^4km^2$以上，烃源岩系的总厚度均大于200~300m，沉积岩体积多在$50\times10^4km^3$以上。

（2）有利的生、储、盖组合。

生、储、盖组合是指紧密相邻的(剖面上的)生油层、储集层和盖层的一个有规律的组合。根据三者之间的时空配置关系，可划分为4种类型(图1-15)。

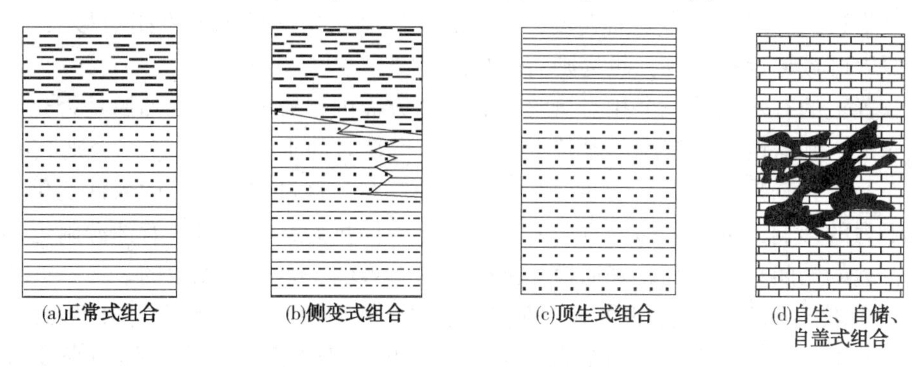

图1-15　生、储、盖组合类型示意图

正常式组合：自下而上，依次为生油层、储集层、盖层。

侧变式组合：指由于岩性、岩相在空间上的变化而导致的生、储、盖在横向上渐变而构成的组合。

顶生顶盖式(顶生式)组合：生油层与盖层同属一层，储集层位于下方。

自生、自储、自盖式组合：本身具生、储、盖3种功能于一身。如灰岩中，泥岩中的局部裂缝，泥岩中的砂岩透镜体。

所谓有利的生、储、盖组合是指生油层生成的油气能及时地运移到良好的储层中，同时，盖层的质量和厚度又能保证运移至储集层中的油气不会逸散。

(3) 圈闭的有效性。

油气勘探的实践业已证明，在有油气来源的前提下，并非所有的圈闭都能聚集油气。有的有油气聚集；而有的却只含水，属于“空”圈闭，说明它们对油气聚集而言是无效的。圈闭的有效性就是指在具有油气来源的前提下，圈闭聚集油气的实际能力。可以理解为聚集油气的把握性大小。其影响因素有3个方面。

① 圈闭形成时间与油气区域性运移的时间的关系(时间上的有效性)。圈闭形成早于或同时于油气区域性运移的时间，则是有效的，否则，在油气区域性运移之后形成的圈闭，因油气已经运移走了，所以是无效的。

油气初次运移时，在生油层内部的岩性、地层圈闭中聚集起来的油气藏，是形成最早的油气藏。在烃源岩生烃并大量排烃以后，所发生的第一次地壳运动，是油气大规模区域性运移的主要时期，在此时及其以前形成的圈闭是最有效的。如果盆地在此后又发生过一次或多次构造运动，可能会产生两种结果：一种情况仅使原有多数圈闭进一步发育定型，对油气聚集最为有利，而新形成的圈闭则因无油气可捕获而常常是无效的；另一种情况是地壳运动比较强裂，改变了盆地原来构造面貌，破坏了已有油气藏，打破了原来油气聚集的平衡状态，油气可再次发生区域性运移，油气重新分布，这时及其以前形成的圈闭则可能成为有效的圈闭。

如果一个盆地含有多套烃源岩层，会有多个油气生成和油气运移期，那么后期生成的圈闭，对于早期的油气运移期是无效，而对于后期的油气运聚则可能是有效的。所以应作全面分析、研究。

② 圈闭位置与油气源区的关系(位置上的有效性)。油气生成以后，首先运移至离油源区以内及其附近的圈闭中，形成油气藏，多余的油气则依次向较远的圈闭运移聚集。显然，圈闭离烃源岩区域越近越有效，越远则有效性越差。

圈闭位置上的有效性是一个相对概念。它受两方面因素影响：一是油源是否充足，若烃源岩供烃充足，则盆地内所有圈闭都应是有效的(指在时间上是有效的)，否则其有效性随距离增加而变小；二是油气运移的通道和方向，油气在运移过程中，若因岩性变化、断层阻挡或其他阻力的影响，油气运移的方向发生了变化或停止运移，这时只有油源附近的圈闭才会有效，较远的圈闭只有在有良好通道相连时才是有效的，否则是无效的。

③ 水压梯度对圈闭有效性的影响。在静水条件下，油气藏内油水或气水界面是水平的。但在动水条件下，这个界面则是倾斜的，倾角大小取决于水压梯度和流体的密度差(图 1-16)。

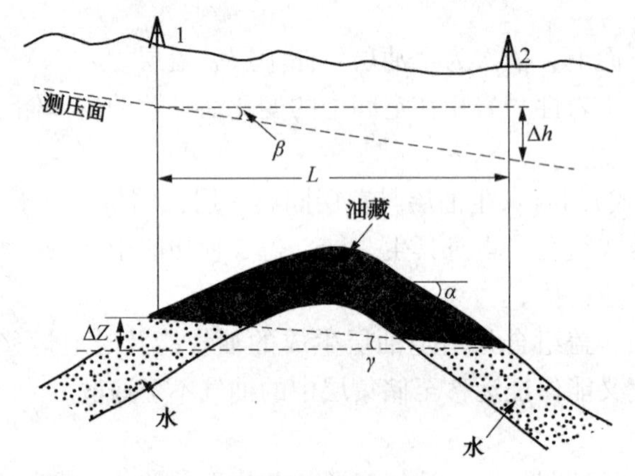

图 1-16　水压梯度与圈闭有效性的关系

α—储集层水顺水流方向一翼的倾角；β—水压面的倾角；γ—油水界面的倾角；

ΔZ—1、2 号井间油(气)水界面高差；Δh—1、2 号井间测压面高差；L—1、2 号井间的距离

在水动力条件下，油(或气)水界面是倾斜的，意味着会有部分油气被冲走，倾角越大，能留住的油气就会越小。当这个倾角大于或等于圈闭水流方向一翼的岩层倾角时，油气就会全部被冲走。

(4) 必要的保存条件。

在地质历史时期形成的油气藏能否存在，决定于在油气藏形成以后是否遭受破坏改造。必要的保存条件是油气藏存在的重要前提。油气藏的保存主要会受到以下条件的影响：

① 地壳运动。地壳运动对油气藏的破坏表现在 3 个方面：

a. 地壳抬升，盖层遭受风化剥蚀，盖层封盖油气的有效性部分受到破坏，或全部被剥蚀掉，油气大部分散失或氧化、菌解，造成大规模油气苗。如西北地区许多地方的沥青砂脉。

b. 地壳运动产生一系列断层，也会破坏圈闭的完整性，导致油气沿断层流失，油气藏被破坏。如果断层早期开启，后期封闭，则早期断层起通道作用，油气会散失，而后期形成遮挡，重新聚集油气，形成次生油气藏或残余油气藏。如勃海湾盆地的“华北运动”，以断块活动为主，产生大量的断层，这些断层破坏了原有圈闭及油气藏的完整性，使油气重新分布，同时也导致了次生油气藏的形成。

c. 地壳运动也可以使原有油气藏的圈闭溢出点抬高，甚至使地层的倾斜方向发生改变，造成油气藏的破坏。

② 岩浆活动。岩浆活动时，高温岩浆会侵入到油气藏，会把油气烧掉，破坏油气藏。而当岩浆冷凝后，就失去了破坏能力，会在其他因素的共同配合下成为良好的储集体或遮挡条件。

③ 水动力。活跃的水动力条件不仅能把油气从圈闭中冲走，而且可对油气产生氧化作用。

所以在地壳运动弱、火山作用弱、水动力条件弱的环境下才有利于油气藏的保存。

2. 油气藏的概念和度量参数

1）油气藏的概念

油气藏是指在单一圈闭内，具有独立压力系统和统一的油水界面的油气聚集，它是地壳中油气聚集的基本单元。如果圈闭中只聚集了油则称为油藏，如果只聚集了气则称为气藏，如果二者同时聚集则称为油气藏。

若油气聚集的数量足够大，达到了工业开采价值，则称为商业性油气藏，否则，如果聚集的数量少，不具备工业开采价值，则称为非商业性油气藏。二者是一个相对概念，取决于政治、经济和技术条件。

2）油气藏的度量

油气藏大小要进行储量计算，但计算储量时需要用到如下参数(图 1-17)：

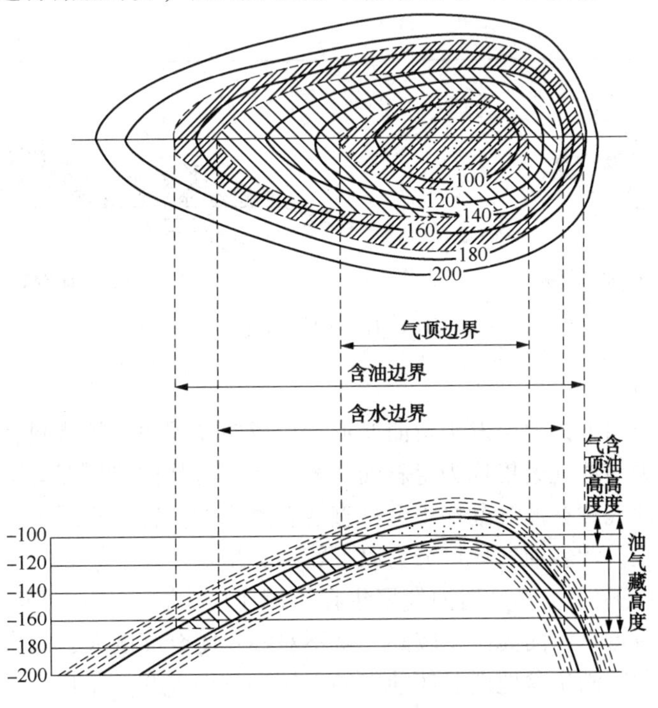

图 1-17　背斜油气藏中油气水分布示意图

(1) 含油边界和含油面积。在油气藏中，由于重力分异作用，油、气、水的分布规律为气在上、油居中、水在下。形成油气、油水分界面，静水条件下界面是水平的，动水条件下界面是倾斜的。

含油(气)边界是指油(气)水界面与储层顶、底的交线。其中与储层顶面的交线称为外含油(气)边界，又称含油边缘；与储层底面的交线称为内含油(气)边界，又称含水边界。

含油(气)面积是指内(外)含油气边界所圈闭的面积，称为内(外)含油(气)面积。外含油(气)面积也常称为含油(气)面积，对油气藏而言即为含油(气)面积。

(2) 底水、边水。如果油层厚度不大，或构造倾角较陡，这时油气充满圈闭的高部位，水围绕在油气藏的四周，即在内含油气边缘以外，则这种水称为边水；如果油层厚度大，倾角小，油气藏的下部全部为水，则这种水称为底水。

(3) 油(气)柱高度。油气藏内油(气)水界面至油(气)藏高点的垂直距离。

(4) 气顶和油环。油气藏顶部的气称为气顶，油位于中部，在平面上呈环状分布，称为油环。

(5) 充满系数。含油气高度与闭合高度的比值。

3. 油气藏类型

目前对油气勘探有重要意义的分类方案主要是依据圈闭成因、油气藏形态等进行的分类。油气藏可分为构造油气藏、地层油气藏、岩性油气藏、水动力油气藏、复合油气藏5类。

1) 构造油气藏

构造油气藏是指油气在构造圈闭中聚集形成的油气藏。这种油气藏过去和现在都是最重要的一种油气藏类型。构造运动可以形成各种各样的构造圈闭，形成的油气藏也类型各样(图1-18)。

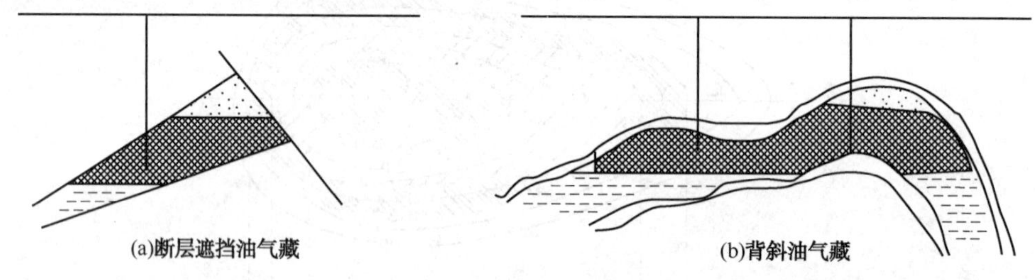

图1-18　构造油气藏

(1) 背斜油气藏。

在构造运动的作用下，地层发生弯曲变形，形成向周围倾伏的背斜，这种圈闭称为背斜圈闭，在背斜圈闭中的油气聚集称为背斜油气藏。油气可从构造翼部运移并聚集于其顶部形成的圈闭中。这类油气藏在油气勘探史上一直占有重要的位置，我国大庆油田、玉门老君庙油田都是背斜油气藏。背斜油气藏可分为以下5种类型：

① 褶皱背斜油气藏。主要是指油气聚集在由侧压应力挤压作用下而形成的背斜圈闭中的油气藏。其圈闭特点是：两翼倾角较陡，常不对称；闭合高度大，闭合面积小；沿背斜轴部常伴生有断层。我国酒泉盆地老君庙油田的L层油气藏就是一个典型的实例。

② 基底隆起背斜油气藏。基底活动使沉积盖层发生变形，向上隆起，可以形成背斜圈闭，油气聚集于这样的圈闭中形成的油气藏称为基底隆起背斜油气藏。其特点是两翼地层倾角平缓，闭合高度较小，闭合面积较大。在盆地的隆起及坳陷中，这种背斜常成组、成带出

现，组成长垣或大隆起，从而形成了油气聚集的有利场所。我国松辽盆地扶余背斜便有这样的油气藏存在，该构造是在扶余隆起上长期发育而成的，大庆长垣北部的萨尔图油田中的油气藏也为一例。

③ 盐丘背斜油气藏。地下柔性较大的盐丘受不均衡压力作用而上升，使上覆地层变形，形成背斜圈闭，油气聚集在这样的圈闭中形成的油气藏称为盐丘背斜油气藏。除盐丘外，泥火山也可形成类似的油气藏，但以盐丘为主。我国东营凹陷及潜江凹陷便有这样的油气藏存在。

④ 压实背斜油气藏。构造运动使某一地区上升时，岩石遭受风化剥蚀使其表面呈现出凹凸不平的现象，当它再度下沉时，重新接受新的沉积，凸起部位沉积物较薄，凹槽部位沉积物较厚，在成岩过程中，造成了沉积物压实作用的差异，凹槽部位沉积物压实程度较大，结果使凸起上覆岩层形成背斜圈闭，油气聚集在这样的圈闭中形成的油气藏称为压实背斜油气藏。我国的孤岛油田第三系馆陶组储集层便覆盖在奥陶系突起上。

⑤ 滚动背斜(又名逆牵引背斜)油气藏。与正断层有关的牵引褶曲从形态上可分为正牵引和逆牵引。正牵引构造是断层附近发生的一种拖拉现象，出现在断层的两盘，逆牵引背斜只出现在正断层的上盘(即下降盘)。滚动背斜位于同生断层(发育于沉积过程中的断层称为同生断层)的下降盘，靠近断层的一翼稍陡，远离断层的一翼平缓，在接受沉积的过程中形成了岩层的弯曲。由于滚动背斜距油源区近，又与沉积同时形成，同生断层可作为油气运移的通道，因此常形成高产的油气藏。胜坨油田即由逆牵引背斜油藏组成。

上述 5 种背斜油气藏都各有其地质背景，由于各自的地质背景不同，所形成的背斜圈闭的特征及分布规律也不同。

(2) 断层油气藏。

沿储集层的上倾方向受断层遮挡所形成的圈闭为断层圈闭，断层圈闭中的油气聚集，称为断层油气藏。断层圈闭形式多样，其最基本的特点是在地层的上倾方向上为断层所封闭。我国断层油气藏分布广泛。根据断层线、构造等高线、岩性尖灭线三者的组合关系，断层圈闭油气藏类型如下：

① 断层与鼻状构造组成的圈闭及油气藏。在鼻状构造的上倾方向为一断层所封闭，形成断层圈闭。其中聚集了油气就形成这种类型的油气藏。在构造图上表现为弯曲的等高线抬高部位与断层线相交(图 1-19)。我国酒泉盆地白杨河油田北部的油气藏就是该类型。

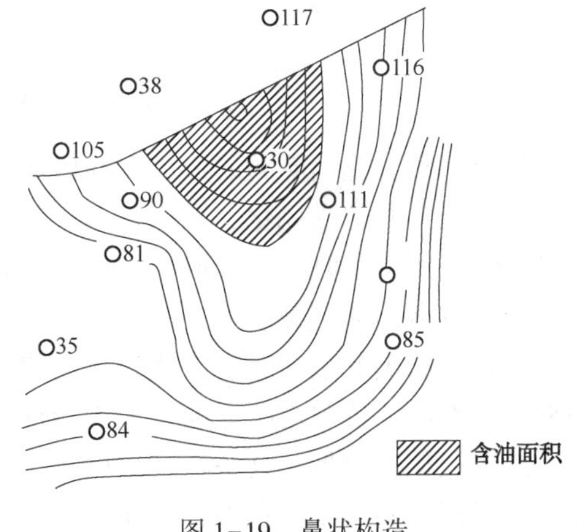

图 1-19　鼻状构造

② 由弯曲断层面与倾斜地层组成的圈闭及油气藏。在储集层的上倾方向，为一向上倾凸出的弯曲断层所包围，在构造图上表现为构造等高线与断层线相交。

③ 由交叉断层与倾斜地层组成的圈闭及油气藏。在倾斜储集层的上倾方向，为两条相交的断层所包围，在构造图上表现为构造等高线与交叉断层线相交。

④ 由两条弯曲断层面两侧相交组成的圈闭及油气藏。两个弯曲断层面在两侧相交，而中间形成闭合空间，在构造图上表现为弯曲断层线组成似透镜状圈闭所形成的圈闭及其油气藏。

⑤ 由断层与倾斜地层岩性尖灭组成的圈闭及油气藏。在储集层上倾方向为不渗透层，在两侧为两条断层所封闭，在构造图上为断层线、构造等高线和储集层岩性尖灭线相交。

2）地层油气藏

由于地层横向上或纵向上连续性中断而形成的圈闭，称为地层圈闭，油气在地层圈闭中的聚集称为地层油气藏。主要有地层超覆油气藏、地层不整合油气藏和古潜山油气藏。

(1) 地层超覆油气藏。

地壳运动发生频繁的振荡，在水体渐进时，水盆逐渐扩大，沉积范围也逐渐扩大，较新的沉积层覆盖了较老的沉积层，并向陆地扩展，与更老的地层侵蚀面成不整合接触，从剖面上看，超覆表现为上覆层系中每个新地层都相继延伸到了下伏老地层边缘之外。油气聚集在这样的圈闭中就形成了地层超覆油气藏。

这类地层超覆圈闭，都是在水陆交替地带形成的，特别是在水进阶段，这里盆地以稳定下降为主，伴随轻微振荡，常与浅海大陆架或大而深的湖泊还原环境有联系；因此，在砂层上下及向深处侧变成泥质沉积，往往富含有机质，是良好的生油层，同时又是良好的盖层；形成旋回式和侧变式的生、储、盖组合。

(2) 地层不整合油气藏。

不整合面的上下，常常成为油气聚集的有利地带。原来的古构造(如背斜、单斜等)被剥蚀掉一部分，后来又被新的不渗透地层不整合所覆盖，就形成了地层不整合遮挡圈闭，油气聚集其中而形成地层不整合油气藏。图 1-20 就为此类油藏的典型实例。

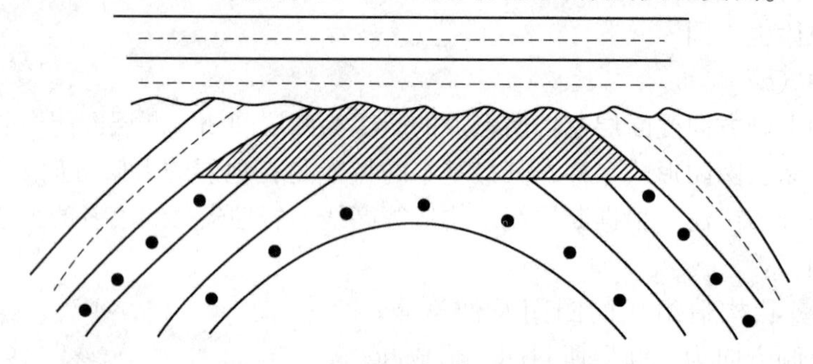

图 1-20　地层不整合油藏示意图

地层不整合遮挡圈闭的形成，与区域性的沉积间断及剥蚀作用有关。在地质历史的某一时期，地壳上升遭受风化、剥蚀，形成破碎带、溶蚀带，具备良好的储集空间，当其上为不渗透性地层所覆盖时，则形成了地层不整合遮挡圈闭，成为油气聚集的有利场所。

(3) 古潜山油气藏。

在地质历史的某一时期，地壳运动使一个区域上升，遭受强烈风化和剥蚀的作用，在古地形上就形成了突起、凹地的古地貌特征，由于这种古地形的突起，遭受长期风化、剥蚀，就形成了风化孔隙带，具备良好的储集空间，在该地区再度下降接受沉积时，剥蚀突起上覆盖了不渗透地层以后，在不整合面及其以下老地层的孔隙带就形成古潜山圈闭(图 1-21)，油气聚集其中而形成的油气藏，叫古潜山油气藏。它实际上也是一种地层不整合油气藏。图 1-22 所示为渤海湾盆地中的两个相邻的古潜山圈闭，储集层为震旦亚界白云岩及寒武系白云岩，上覆第三系为盖层。图 1-23 所示为古潜山受断层分割而形成断层与潜山相结合的古潜山圈闭。

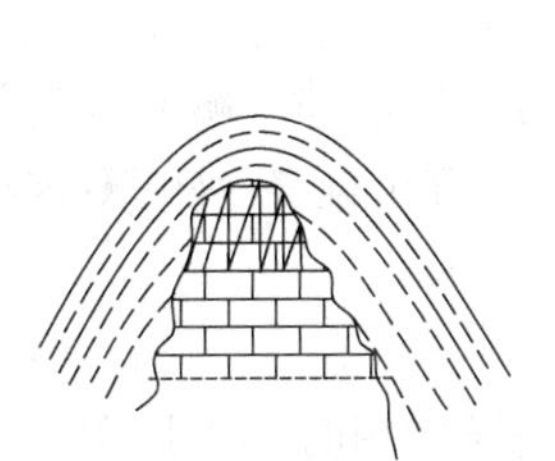
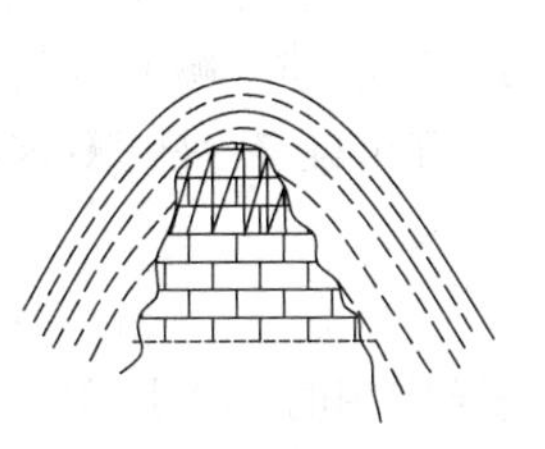

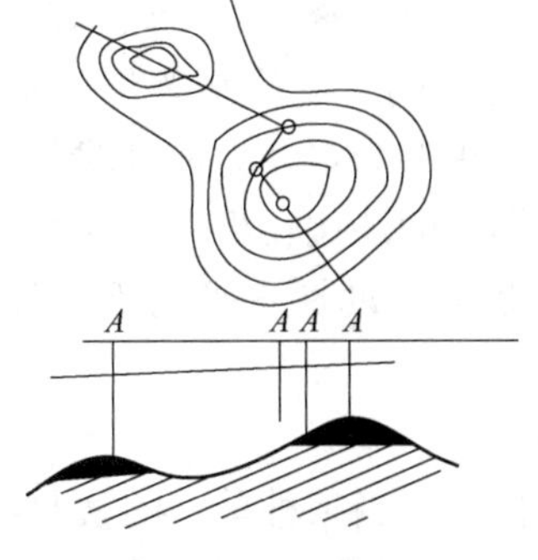

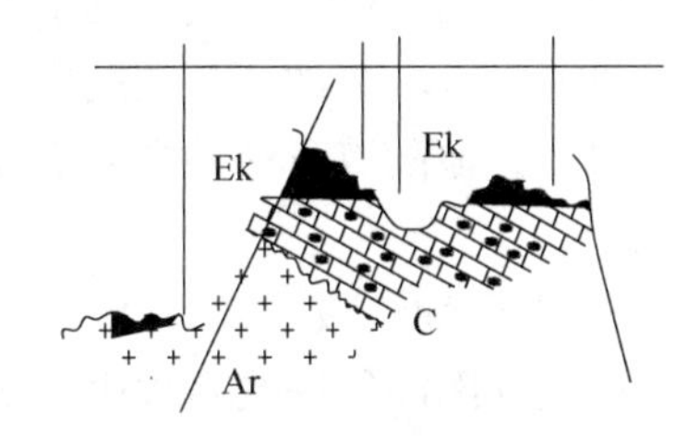

图 1-21　平方王潜山油藏　　图 1-22　八里庄潜山油藏　　图 1-23　古潜山圈闭示意图

古潜山油气藏中聚集的油气，主要来自上覆沉积的生油坳陷，它的运移通道以不整合面或有关的断层为主。因此，储油层时代常比生油层时代老，即所谓的“新生古储”，当然也有的时代相同或生油层时代老于储油层时代。

3）岩性油气藏

由于沉积条件的变化导致沉积物岩性发生变化，形成岩性尖灭圈闭和透镜体圈闭，其中聚集了油气，就形成了岩性油气藏。它包括岩性尖灭油气藏、砂岩透镜体油气藏和生物礁块油气藏等。

（1）岩性尖灭油气藏。

由于储集层岩性沿上倾方向尖灭于泥岩中或渗透性逐渐变差而形成的圈闭，油气聚集其中就形成了岩性尖灭油气藏。

（2）透镜体岩性油气藏。

由透镜状或其他不规则状储集层，周围被不渗透性地层所限，组成圈闭条件，而形成的油气聚集。最常见的是泥岩中的砂岩透镜体，也可是低渗透性岩层中的高渗透带(图 1-24)。

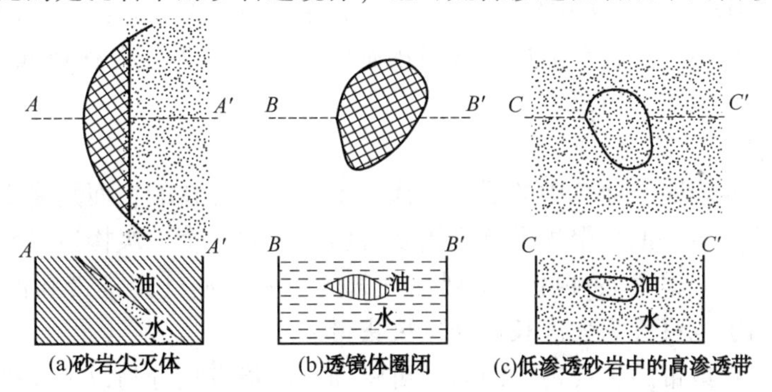

图 1-24　岩性尖灭体及透镜体圈闭

（3）生物礁块油气藏。

生物礁是指由珊瑚、尾孔虫、藻类等造礁生物和海百合、有孔虫等喜礁生物组成的，原地埋藏的碳酸盐岩建造。油气在生物礁块中的聚集称为生物礁块油气藏。不同时代有不同的造礁生物。如加拿大阿尔伯达州泥盆纪礁块带，形成了一系列礁块油藏，红水油田是其中一例，礁块岩组的四周及上面沉积了页岩形成圈闭。因生物礁块常不是孤立存在的，若找到一个就可能找到一群。

4）水动力油气藏

由水动力或与非渗透性岩层联合封闭，使静水条件下不能形成圈闭的地方形成油气圈闭，称为水动力圈闭，其中的油气聚集称为水动力油气藏。

目前，水动力油气藏在国内外发现的还比较少，储量和产量均较构造油气藏和地层油气藏少得多，但随着石油地质理论的进展，勘探水平的不断提高，将有可能找到更多这类油气藏。

5）复合油气藏

储油气圈闭往往受多种因素的控制。当某种单一因素起绝对主导作用时，可用单一因素归类油气藏；但当多种因素共同起到大体相同或相似的作用时，就称为复合圈闭。所以把由两种或两种以上因素共同起封闭作用而形成的圈闭称为复合圈闭，油气在其中的聚集就称为复合油气藏。

按照构造、地层、岩性、水动力等油气藏类型的圈闭条件所构成的组合，可形成各式各样的复合油气藏类型，但从勘探实践来看，大量出现的主要有：构造—地层油气藏、构造—岩性油气藏。特殊情况下，也可形成地层或岩性—水动力复合油气藏等。

4. 油气聚集类型

1）油气田

油气田是指受构造或地层因素控制的，同一产油面积上的油气藏的总和。只有油藏，称为油田；只有气藏，则称为气田。

油气田的控制因素既可以是单一的构造或地层因素，也可以是多种的地质因素。其产油面积既可以是叠合连片的，也可以是不连续的。一个油气田可以由一个油气藏组成，也可以由多个油气藏组成。

油气田的分类比较多，有的学者以储集层的岩性进行分类，将油气田划分为砂岩油气田和碳酸盐岩类油气田两大类；有的以油气田控制因素进行分类，将其划分为构造型油气田、地层型油气田和复合型油气田三大类。

2）油气聚集带

油气田勘探实践表明，地壳中的油气田往往不是孤立存在的，而是受大地构造背景所控制，成群、成带地分布。油气聚集带就是指受背斜带等同一个二级构造单元控制的，具有相似地质构造特征和油气聚集条件的一系列油气田的总和。油气聚集带和油气田有时很难区别，例如，大庆油田也可称为大庆长垣油气聚集带。

根据控制油气聚集带的主要地质因素，可将油气聚集带划分为以下几种类型：背斜型油气聚集带、断裂型油气聚集带、单斜型油气聚集带、生物礁型油气聚集带。

3）含油气区

把地壳运动、地质发展历史及油气生成和聚集规律上具有密切联系和相似性的沉积坳陷区称为含油气区。一个含油气区一般包括一个到数个有规律分布的油气聚集带。

4）含油气盆地

含油气盆地是指地壳表面具有统一的发展历史，长期以沉降为主，能够生成油气，并且已聚集了油气的沉积盆地。含油气盆地大小不等，形态各异，面积可从几十平方公里到上百万平方公里，沉积厚度少则几百米，多则可达数万米。不同性质的沉积盆地，发育着不同的生、储、盖组合及圈闭条件，因此，可把含油气盆地看成是油气生成、运移、聚集及远景评价的基本地质单元。

含油气盆地是地壳中的一种坳陷构造，它的形成与地壳运动密切相关，其内部具有一定的构造特征。我国石油地质工作者常把盆地内部构造单元分为3级(表1-4)。

表1-4　含油气盆地的地质构造单元划分

<table>
<tr><td>基本构造单元</td><td>一级构造单元</td><td colspan="2">二级构造单元</td><td>三级构造单元</td></tr>
<tr><td rowspan="3">盆
地</td><td>隆起，
坳陷，
斜坡</td><td>二级构造带</td><td>长垣，
背斜带，
断裂带，
断裂背斜带，
断鼻带，
断阶带，
单斜带，
挠曲带，
尖灭带</td><td rowspan="3">穹窿，
短轴背斜，
长轴背斜，
鼻状构造，
断块区，
向斜，
潜山</td></tr>
<tr><td>亚一级构造单元</td><td colspan="2" rowspan="2">洼陷</td></tr>
<tr><td>凸起，
凹陷</td></tr>
<tr><td>含油气盆地</td><td>含油区</td><td colspan="2">油气聚集带</td><td>油田</td></tr>
</table>

一级构造主要根据盆地内的基岩起伏，分为隆起、坳陷和斜坡。隆起是指盆地内基岩埋藏较浅，沉积岩较薄的区域；坳陷是盆地内沉积最深，沉积岩发育较厚且保存齐全的区域，常为有利的生油区；斜坡是指基岩向边缘抬起的部分，因沉积岩向斜坡地区超覆减薄，往往成为油气聚集的有利地带。

二级构造常指位于同样区域构造部位，具有相似生、储、盖组合，由若干个成因相同的局部构造所组成的构造单元，如长垣、背斜带、单斜带、断裂构造带等，也常称为油气聚集带。

三级构造常指盆地中的背斜、向斜、鼻状构造等。具有相同成因条件的三级构造可组成二级构造。三级构造中含有油气，则称为油气田。

总之，对含油气盆地和盆地内部构造及其展布规律的研究，对油气勘探具有重要意义。

第五节　油藏流体的物理性质

油气藏中流体主要是指油气藏中的石油、天然气，以及与石油和天然气有关的油田水。

1. 石油

1) 石油的概念

石油是由各种碳氢化合物和少量杂质组成的存在于地下岩石孔隙中的液态可燃有机矿

物，是成分十分复杂的天然有机化合物的混合物。石油没有固定的化学成分和物理常数。

2）石油的化学成分

(1) 石油的元素组成。

石油以碳、氢两种元素为主，其中碳占84%~87%，氢占11%~14%，碳、氢比值在6.0~7.5之间，这两种元素占石油组成的96%以上。另外常见的还有氧、硫、氮等元素，总含量一般小于1%~4%，在石油中碳、氢元素含量高，碳、氢比值低，石油的质量较好；氧、硫、氮含量高，石油质量较差。

除上述元素外，在石油成分中还发现有30余种微量元素，但含量较少。其中以钒、镍为主，约占微量元素的50%~70%。由于钒、镍在煤、油页岩、生物的灰分中分布稳定，且钒、镍比值的大小与一定的沉积环境有关，因此钒、镍比常用来确定沉积环境及进行油源对比。

(2) 石油的化合物组成。

石油中的主要元素，不是呈游离状态，而是结合成不同的化合物存在，以烃类化合物为主，另外还有含氧、含硫、含氮的非烃化合物。石油的烃类组成主要由烷烃、环烷烃和芳香烃3类组成。

(3) 石油的组分组成。

根据石油中不同的物质对某些介质有不同的吸附性，可将石油分成油质、胶质、沥青质和碳质4种组分。

① 油质。主要是由烃类组成的淡色油脂状液体，荧光反应为浅蓝色，它能溶于石油醚中，但不能被硅胶吸附。油质是石油的主要组成部分。油质含量高低是石油质量好坏的标志，油质含量高，颜色较浅，石油的质量相对较好。

② 胶质。一般为黏性或玻璃状半固体物质，荧光反应为淡黄色。主要成分仍以烃类为主，但含有一定数量的含氧、含硫、含氮化合物，平均分子量大，颜色不同，淡黄、褐红到黑色都有。

胶质溶于石油醚，也能被硅胶所吸附。在轻质石油中胶质含量一般不超过4%~5%，而在重质石油中胶质含量可达20%。

③ 沥青质。为暗褐色或黑色固体物质，荧光反应为黄褐色，比胶质含烃类更少，含氧、含硫、含氮化合物更多，平均分子量比胶质还大。在石油中含量较少，一般在1%左右，个别情况可达3%~5%。沥青质溶于苯、三氯甲烷、二硫化碳等有机溶剂内，不溶于石油醚，可被硅胶吸附。

④ 碳质。碳质是黑色固体物质，不具有荧光，也不溶于有机溶剂内。以碳的元素状态分散在石油内，含量较少，也叫残碳。

石油中胶质和沥青质合称为石油的重组分，是非烃比较集中的部分，在石油中的含量越高，石油的质量越差。

3）石油的物理性质

石油的物理性质，取决于它的化学组成。不同地区、不同层位、甚至同一层位不同构造部位的石油，其物理性质也可能有明显差异。

(1) 颜色。

石油的颜色变化很大，有无色、浅黄色、黄色、绿色、浅红色、褐色、黑色等。我国四川黄瓜山和华北大港油田有的井是无色石油，大庆、胜利、玉门石油均为黑色。石油的颜色与胶质—沥青质含量有关，含量越高，颜色越深。

（2）相对密度。

相对密度常指在 1atm（1atm=101.3kPa）下，20℃脱气原油密度与4℃同体积纯水密度的比值。石油的相对密度一般介于 0.75～1.0 之间。如大庆原油的相对密度为 0.857～0.86，胜利原油的相对密度为 0.90～0.93。人们常把密度小于 0.90 的石油称为轻质石油，大于 0.90 的称为重质石油。

一般说来，石油的相对密度主要取决于其化学组成，一般饱和烃含量高的原油相对密度小。

在地层条件下，原油的相对密度还与温度、压力及油中溶解气的数量有关。一般来说，原油的相对密度随深度的增加而变小。同时与氧化程度也有一定关系，氧化程度越严重，相对密度也越大。

（3）黏度。

石油黏度是指石油流动时分子相对运动的内磨擦力所产生的阻力，它表示石油流动的难易程度。黏度单位帕斯卡秒（Pa·s）或毫帕斯卡秒（mPa·s）。

石油黏度的变化受温度、压力、溶解气量和石油的化学成分所制约。随温度升高，石油黏度降低，所以石油在地下深处比在地面黏度小，且易于流动。压力加大，黏度也随之增加。环烷烃及芳香烃含量高、高分子碳氢化合物含量高的石油，黏度也较大，而原油中溶解气量的增加，则会使黏度降低。

石油黏度是一个很重要的物理特性，它直接影响石油流入井中及在输油管线中的流动速度，所以在油田开采和石油运输方面都有重要意义。

（4）溶解性。

石油是各种碳氢化合物的混合物，由于烃类难溶于水，因此，石油在水中的溶解度很低。

石油尽管难溶于水，但却易溶于许多有机溶剂，如氯仿、四氯化碳、苯、石油醚、醇等。根据石油在有机溶剂中的溶解性，有助于鉴定岩石中的石油含量及性质。

（5）荧光性。

石油在紫外线照射下，可产生荧光的性质称为石油的荧光性。石油的油质组分发浅蓝色明亮的荧光；胶质组分发淡黄色半明亮荧光；沥青质组分发褐色暗淡荧光。利用石油的荧光性，可以鉴定岩心、岩屑及钻井液中有无微量石油存在。

（6）旋光性。

当偏振光通过石油时，偏光面对于其原来的面而言，旋转了一定的角度，这个旋转角被称为旋光角。石油具有的使偏光面发生旋转的特性被称为旋光性。石油的旋光性是石油有机生成理论的重要根据。

（7）凝固点。

由于温度下降，石油从液体开始凝固为固体时的温度称为凝固点。石油凝固点的大小与石油组分有关，主要取决于石蜡含量的多少。石蜡含量多，凝固点高。低凝固点石油为优质石油。

(8) 导电性。

石油是非导体，其电阻率为 $10^9 \sim 10^{16}\Omega \cdot m$，比地层水高得多。这一特性是电阻率测井用来判断油层的基础。

(9) 饱和压力。

地层原油在压力降低到开始脱气时的压力。一般所说的饱和压力均是指原始饱和压力，单位为兆帕(MPa)。

(10) 溶解气油比。

在地层原始状况下，单位质量(或体积)的原油所溶解的天然气量称为原始气油比。油井生产时，每采出1t原油伴随产出的天然气量称为生产气油比，单位是 m^3/t 或 m^3/m^3。

(11) 原油体积系数和收缩率。

地层条件下单位体积原油与其在地面条件下脱气后的体积之比值称为原油体积系数，为无因次量。它的数值一般都大于1。

地层原油采到地面后，天然气逸出使体积缩小，收缩的体积占原体积的百分比称为收缩率。

(12) 原油压缩系数。

单位体积的地层原油的压力每增加或减小1Pa或1MPa时，体积的变化率称为压缩系数，单位是 Pa^{-1} 或 MPa^{-1}。

2. 天然气

1) 天然气的概念

天然气是以气态碳氢化合物为主的各种气体组合而成的混合气体，有的是从独立的气藏中采出，有的是伴生在石油中被采出。天然气一般无色，有汽油味或硫化氢味，天然气易燃易爆，且具有毒性。

2) 天然气的化学成分

(1) 天然气的元素组成。

天然气主要由碳、氢、氧、硫、氮及微量元素组成。其中以碳和氢为主，碳约占65%~80%，氢约占12%~20%。

(2) 天然气的化合物组成。

天然气的化合物组成，以甲烷为主，其次是重烃气，并含有数量不等的氮气、二氧化碳、硫化氢、氧气、氢气及微量惰性气体。它们随产状不同，含量变化甚大。

3) 天然气的产状类型

按天然气的产状可分为气藏气、气顶气、溶解气、凝析气、煤层气及固态气水合物。

(1) 气藏气。

气藏气是指圈闭中天然气的单独聚集。甲烷含量在气体成分中常占95%以上，重烃气含量极少，不超过1%~4%。有些气藏气存在于油气田中，与下伏或侧向分布的油藏、油气藏在成因上密切相关。

(2) 气顶气。

气顶气是指与石油共存于油气藏中呈游离气顶状态聚集的天然气。它的成因和分布均与石油关系密切，重烃气含量可达百分之几至十几，仅次于甲烷。

(3) 溶解气。

在地层条件下，天然气可溶于石油或地下水，称其为油溶气或水溶气。

油内溶解气常见于饱和或过饱和油藏中，其主要特点是重烃气含量高，有时可达40%。

水内溶解气包括低压水溶气和高压水溶气。低压水溶气含气量较低，一般为1~1.5m^3/t，少数可超过此限。高压水溶气，常出现在异常高压带以下的高压地热水中，又称为高压地热型水溶气，含气量较高。

(4) 凝析气。

凝析气是一种特殊的气藏气。在地层条件下，当温度、压力超过临界条件后，液态烃逆蒸发而形成的气体称为凝析气。一旦采出后，由于地表温度、压力降低而逆凝结为凝析油，呈液态产出。凝析气在地下聚集成凝析气藏。它们通常埋藏深度较大，多分布在地下3000~4000m处。

(5) 煤层气。

煤层气是指煤层中所含的吸附或游离状态的天然气，在煤矿中将其称为矿井瓦斯。其成分以甲烷为主，同时也含有氮气和二氧化碳气，重烃含量很少，有时还可见到极少量的氨和硫化氢气体。

(6) 固态气水合物。

固态气水合物是结晶化合物。甲烷等气体分子存在于水的冰晶格架之中，即成为固态气水合物，也称冰冻甲烷或水化甲烷。固态气水合物是在冰点附近的特殊温度和压力条件下形成的，主要分布在低温的极地和冻土地带。

4) 天然气的物理性质

(1) 天然气的相对密度。

天然气的相对密度，指在标准状况下单位体积天然气与同体积干燥空气的质量之比。其数值一般随重烃、二氧化碳气、硫化氢气、氮气含量的增加而增大，大多数天然气相对密度在0.56~0.90之间。

(2) 黏度。

天然气的黏度是指气体内部相对运动时，气体分子内摩擦力所产生的阻力，是研究天然气运移、开采和集输的一个重要参数。天然气的黏度与其化学组成及所处环境有关。天然气的黏度，一般随分子量的增加而减小。随温度和压力增高而增大。天然气的黏度很小，比油或水的黏度低得多，在标准状况下仅为0.001~0.09mPa·s。

(3) 溶解性。

天然气能不同程度的溶解于水和石油。在一定压力下，单位体积的石油所溶解的天然气量称为该气体在石油中的溶解度。当温度不变时，单组分的气体在单位溶剂中的溶解度与绝对压力成正比。

各种不同成分的气体，在同一温度、压力及同一石油中的溶解度是不同的，一般相对分子质量较大的气体溶解度也较大。天然气在石油中的溶解量随压力增加而增大，而随温度增加而减少。当天然气溶于石油之后，就会降低石油的相对密度、黏度及表面张力，使石油的流动性增大。天然气也可以溶于水中，但比在石油中的溶解能力小10倍。

(4) 蒸气压力。

将某种气体变成液体时所需要的最低压力叫该气体的饱和蒸气压力。蒸气压力随温度升高而增大。在同一温度条件下，碳氢化合物的分子量越小，则其蒸气压力越大。因此甲烷比其同系物的蒸气压力大的多，这也正是在天然气的组成中往往是甲烷等轻质化合物含量较多的原因。

(5) 天然气的压缩因子。

给定压力和温度下，实际气体所占的体积与同温同压下理想气体所占有的体积之比。$pV=nZRT$ 是天然气的压缩因子状态方程，油藏工程中应用最广。

(6) 天然气的体积系数。

天然气在油藏条件下所占的体积与同等数量的气体在标准状况下所占的体积之比。在实际气藏中，由于地面压力远远低于地层压力(相差几十倍、几百倍)，而地面与地下温度相差不大(一般为几倍)，故天然气由地下采到地面后会发生几十倍、几百倍的膨胀，致使天然气的体积系数远小于1。

(7) 天然气的等温压缩系数

在等温条件下，天然气随压力变化的体积变化率，单位是 Pa^{-1} 或 MPa^{-1}。

3. 油田水

1) 油田水的概念

油田水是油层水(与油同层)和外部水(与油不同层)的总称。油层水包括边水、底水、层间水和束缚水等；外部水包括上层水、下层水以及夹层水等。研究油田水的性质，对油气田的勘探、开发、提高采收率和油气层保护等有重要的意义。

2) 油田水矿化度及化学组成

油田水的总矿化度表示水中正、负离子的总和，单位一般为 mg/L 或 ppm。由总矿化度的大小可以概括地了解油田水的性质。

离子成分在天然水中目前已测定出60多种元素，其中最常见的约有30多种，但含量较多的是下面几种离子：

阳离子：Na^+、K^+、Ca^{2+}、Mg^{2+}；阴离子：Cl^-、SO_4^{2-}、CO_3^{2-}、HCO_3^-。

油田水中含有被溶解的烃类气体，除甲烷外，尚有乙烷等重烃气体，此外还含有氧气、氮气、硫化氢、氦气、氩气等气体。含重烃气体是油田水的主要特征，可作为寻找油气田的标志。油田水中常含有环烷酸、酚和苯。其中环烷酸的含量较高，是石油中环烷酸的衍生物，且与原油中环烷烃的含量呈正比关系，常作为找油的重要化学标志。油田水中含有的微量元素主要有碘、溴、硼、铵、锶、钡等。微量元素的种类及其含量可以指示油田水的来源和油田水所处环境的封闭程度。

3) 油田水的物理性质

(1) 颜色。

油田水通常是带有颜色的，颜色视其化学组成而定。如含 Fe^{3+} 常呈淡红色，含硫化氢则呈淡青色。油田水一般透明度较差，常呈混浊状。

(2) 气味、味道。

当油田水中混有少量石油时，往往具有石油或煤油味；含硫化氢时，常有一股刺鼻的臭鸡蛋气味。溶有岩盐的油田水为咸味，溶有泻利盐的油田水为苦味。

(3) 相对密度。

油田水中因溶有数量不等的盐类，故矿化度一般较高，相对密度多大于1。如四川盆地三叠系气田水的相对密度为1.001~1.010。

(4) 黏度。

油田水的黏度一般比纯水高，且随矿化度的增加而增加。温度对黏度的影响较大，随温度升高，黏度快速降低。

(5) 导电性。

因为在油田水中常含有各种离子，所以油田水能够导电。油田水的导电性随含盐量的增加而增加，而电阻则随之减小。

4) 油田水的类型

对油田水而言，常采用的是苏林分类法划分水型(表1-5)。

表1-5 苏林成因系数法划分水型

当量比	成因系数	水型	环境特点
$(Na^{+}+K^{+})/Cl^{-}>1$	$[(Na^{+}+K^{+})-Cl^{-}]/SO_4^{2-}>1$	重碳酸钠型	大陆环境(油气田水)
	$[(Na^{+}+K^{+})-Cl^{-}]/SO_4^{2-}<1$	硫酸钠型	大陆冲刷环境，地面
$(Na^{+}+K^{+})/Cl^{-}<1$	$[Cl^{-}-(Na^{+}+K^{+})]/Mg^{2+}>1$	氯化钙型	深层封闭环境气油水
	$[Cl^{-}-(Na^{+}+K^{+})]/Mg^{2+}<1$	氯化镁型	海洋环境，海水

第六节 储层岩石的物理性质

油气资源储存于地下岩石中，储存油气的岩石和其中的流体构成油气储集层。储层岩石以沉积岩为主，沉积岩又分为碎屑岩和碳酸盐岩。这两类岩石的共同特点是：既能储存油气水等流体，又能为油气水等流体提供流动通道。岩石的这两个特点称为岩石的孔隙性和渗透性。油气储层的孔、渗特性决定了油藏的储量和油气井的产能，也决定了油藏开发的难易程度和最终效果。因此，储层岩石的物理性质是从事油气田勘探开发工作所必须掌握的基础知识。

1. 储层岩石的孔隙性

孔隙性是储层岩石最重要的物性参数之一，石油和天然气储存在岩石孔隙中，并在其中流动，因此，岩石孔隙的大小、形状、连通状况及发育程度就直接影响岩石中储集油气的数量和生产油气的能力。

1) 孔隙及孔隙类型

(1) 孔隙。

岩石的空隙是指岩石中未被碎屑颗粒、胶结物或其他固体物质充填的空间。习惯上，常用“孔隙”来代替“空隙”。一般将碎屑颗粒包围的较大的空间称为孔隙，在颗粒间连通的狭窄部分称为喉道。

砂岩中的空隙空间主要由粒间孔隙构成。碳酸盐岩的空隙空间通常是由孔隙—裂缝或孔隙—空洞—裂隙构成。

(2) 孔隙类型。

① 按成因分，砂岩中存在4种基本孔隙类型：粒间孔隙、溶蚀孔隙、微孔隙和裂隙(表1-6)。

表1-6 砂岩孔隙类型成因及特征

类型		成因	储渗特征
原生式沉积	粒间孔	沉积作用	大、多、储渗能力好
	纹理和层理缝	沉积作用	小、少、储渗能力差
次生式沉积	溶蚀孔隙	溶解作用	小、少、储集能力好
	晶体次生晶间孔	压溶作用	小、多、储集能力差
	裂缝孔隙	地应力作用	小、少、渗透能力好
	颗粒破裂孔等	岩石裂缝等	小、少、储渗能力一般
混合孔隙	杂基微孔隙等	复合成因	小、少、储渗能力较差

② 按孔隙大小分，砂岩的孔隙按孔隙直径或缝隙宽度的大小划分为超毛细管孔隙、毛细管孔隙和微毛细管孔隙(表1-7)。

表1-7 毛细管孔隙体系划分表

类型	标准		特点
	孔隙直径/mm	缝障宽度/mm	
超毛细管孔隙	>0.5	>0.25	自然条件下流体在重力作用下可在其中自由流动，胶结疏松的砂岩多含此类孔隙
毛细管孔隙	0.5~0.0002	0.25~0.0001	当外力的作用大于孔隙的毛管力时，流体才能在其中流动，砂岩孔隙多为此类型
微毛细管孔隙	<0.0002	<0.0001	在正常的地层条件下流体不易在其中流动，低渗透储层中多含此类孔隙

③ 按流体能否在其中流动分，将孔隙分为有效孔隙和无效孔隙。有效孔隙指流体可通过的连通孔隙；无效孔隙指流体无法通过的不连通孔隙，包括微毛管孔隙和孤立孔隙。

2) 孔隙结构

岩石的孔隙结构是指岩石中孔隙和喉道的几何形状、大小、分布及其相互连通关系。

3) 孔隙度的概念

所谓孔隙度是指岩石中孔隙体积 V_P(或岩石中未被固体物质充填的空间体积)与岩石外表体积 V_f 的比值。用希腊字母 ϕ 表示，其表达式为：

$$\phi=\frac{V_{孔隙}}{V_{岩石}}\times100\%=\frac{V_P}{V_f}\times100\% \tag{1-1}$$

孔隙度是度量岩石储集能力大小的参数。储层的孔隙度越大，能容纳流体的数量就越多，储集性能就越好。

根据岩石的孔隙是否连通和在一定压差下流体能否在其中流动，岩石的孔隙度分为绝对孔隙度、有效孔隙度和流动孔隙度。

（1）岩石的绝对孔隙度（ϕ_a）。

是指岩石的总孔隙体积 V_{ap} 与岩石外表体积 V_f 之比，即：

$$\phi_a = \frac{V_{ap}}{V_f} \times 100\% \tag{1-2}$$

（2）岩石的有效孔隙度（ϕ_e）。

是指岩石在一定压差下被油气饱和并参与渗流的连通孔隙体积 V_{ep} 与岩石外表体积 V_f 之比，即：

$$\phi_e = \frac{V_{ep}}{V_f} \times 100\% \tag{1-3}$$

（3）岩石的流动孔隙度（ϕ_l）。

是指在含油岩石中，流体能在其内流动的孔隙体积 V_{lp} 与岩石外表体积 V_f 之比。即：

$$\phi_l = \frac{V_{lp}}{V_f} \times 100\% \tag{1-4}$$

在实际工业评价中，一般均采用有效孔隙度，因为对储层的工业评价只有有效孔隙度才具有真正的意义。习惯上人们把有效孔隙度称为孔隙度。砂岩储层的孔隙度变化一般在10%~40%之间，碳酸盐岩储层的孔隙度在5%~25%之间。

2. 储层岩石的渗透性

在一定的压差作用下，岩石允许流体通过的性能称为岩石的渗透性。岩石的渗透性直接影响油气井的产能（或产量）。

1）达西定律

1856年法国水文工程师亨利·达西（Henri Darcy）在解决城市供水问题时，用未胶结砂充填模型做水流渗滤试验。他将实验研究结果概括成一个定律，即著名的达西定律：通过岩心的流量与岩心的渗透率、岩心的截面积、岩心两端的折算压力差成正比，与流体的黏度、岩心的长度成反比。在一定条件下，达西定律也适用于流体在胶结岩石和其他多孔介质中的渗流。达西定律可以用式（1-5）（称为达西公式）来描述：

$$Q = K\frac{A\Delta p}{\mu L} \times 10 \tag{1-5}$$

式中　Q——在压差 Δp 下，通过岩心的流量，cm^3/s；

A——岩心截面积，cm^2；

L——岩心长度，cm；

μ——通过岩心的流体黏度，mPa·s；

Δp——流体通过岩心前后的压力差，MPa；

K——比例系数，又称为砂子或岩心的渗透系数或渗透率，D（法定计量单位为 μm^2）。

在利用式（1-5）测定岩石的渗透率时，需要满足以下条件：

① 岩石孔隙空间100%被某一种流体所饱和；

② 流体不与岩石发生物理化学反应；

③ 流体在岩石孔隙中的渗流为层流。

2）绝对渗透率

当单相流体充满岩石孔隙，流体不与岩石发生任何物理、化学反应，流体的流动符合达西直线渗滤定律时，所测的岩石对流体的渗透能力称为该岩石的绝对渗透率。由于服从于达西直线渗滤定律，故可用下列公式表示：

$$K=\frac{Q\mu L}{A\Delta P}\times 10^{-1} \tag{1-6}$$

理论上，绝对渗透率只是岩石本身的一种属性，仅与岩石性质有关，而与流体性质及测定条件无关。但在实际工作中人们发现，同一岩样、同一种流体，在不同压差下测得的渗透率是有差别的，液体为介质时所测的渗透率总是低于气体为介质时的渗透率。因此，通常以干燥空气或氮气为流体，测定岩石的绝对渗透率。但由于气体为可压缩流体，故用气体测定岩石渗透率的公式为：

$$K=\frac{2P_0\cdot Q_0\cdot\mu\cdot L}{A(P_1^2-P_2^2)}\times 10^{-1} \tag{1-7}$$

式中 P_0——大气压力，MPa；

Q_0——流体流量，cm^3/s；

A——岩样的截面积，cm^2；

μ——流体的黏度，mPa·s；

L——岩样的长度，cm；

P_1、P_2——岩样两端的压力，MPa；

K——岩石的渗透率，μm^2。

3）气体滑动效应

液测岩石渗透率的达西公式是建立在液体(严格表述应为牛顿流体)渗滤实验的基础上的，认为液体的黏度不随液体的流动状态而改变，即所谓的黏性流动。其基本特点是液体在管内某一横断面上的流速分布是圆锥曲线[图 1-25(a)]。由图可知，液体流动时，在管壁处的流速为0，这可理解为由于液体和管壁固体分子间出现的黏滞阻力。通常，液—固间的分子力比液—液间的分子力更大，故在管壁附近表现的黏滞阻力更大，致使液体无法流动而黏附在管壁上，表现为流速减小到0。

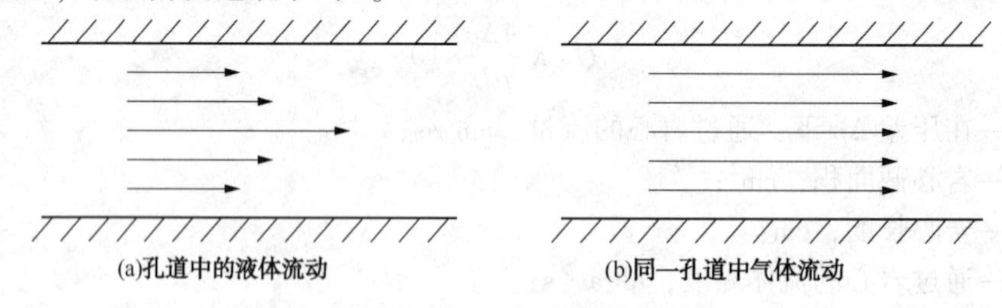

图 1-25 气体滑动效应

然而对气体而言，因为气—固之间的分子作用力远比液—固间的分子作用力小得多，在管壁处的气体分子有的仍处于运动状态，并不全部黏附于管壁上。另一方面，相邻层的气体分子由于动量交换，可连同管壁处的气体分子一起作定向的沿管壁流动，这就形成了所谓的“气体滑动现象”，靠近孔道壁表面的气体分子与孔道中心的分子流速几乎没有什么差别。

Klinkenberg 把气体在岩石中的这种渗流特性称为气体滑动效应，亦称 Klinkenberg 效应。

3. 储层流体饱和度

储层岩石孔隙被原油、地层水两相流体或者原油、地层水、天然气三相流体所充满，每相流体在岩石孔隙中各占据一定的比例。为了描述油、气、水在孔隙中所占比例的大小，采用了流体饱和度这一参数，它直接关系到油气在地层中储量的大小。孔隙度、渗透率、饱和度被称为岩石的孔、渗、饱参数。

1）流体饱和度的概念

流体饱和度是指储层岩石孔隙中某种流体所占的体积百分数。它表征了孔隙空间为某种流体所占据的程度。

根据流体饱和度的概念，油、水、气的饱和度可以分别表示为：

$$S_o=\frac{V_o}{V_p}=\frac{V_o}{\phi V_f} \tag{1-8}$$

$$S_w=\frac{V_w}{V_p}=\frac{V_w}{\phi V_f} \tag{1-9}$$

$$S_g=\frac{V_g}{V_p}=\frac{V_g}{\phi V_f} \tag{1-10}$$

式中　S_o，S_w，S_g——含油、含水、含气饱和度；

V_o，V_w，V_g——油、水、气在岩石孔隙中所占体积；

V_p，V_f——岩石孔隙体积和岩石视体积。

2）原始含油饱和度

油藏投入开发以前所测出的储层岩石孔隙空间中原始含油体积 V_{oi} 与岩石孔隙体积 V_p 的比值，用下式表示：

$$S_{oi}=V_{oi}/V_p \tag{1-11}$$

3）原始含水饱和度(束缚水饱和度)

油藏投入开发以前储层岩石孔隙空间中原始含水体积 V_{wi} 与岩石孔隙体积 V_p 的比值。

$$S_{wi}=V_{wi}/V_p \tag{1-12}$$

大量的岩心分析表明，即使是纯油气产层，其任何部位都会含有一定数量的不流动水，即束缚水。这是由于地层最初是在水环境中形成的，孔隙中完全充满水，在原油运移、油藏形成过程中，由于毛细管作用和岩石颗粒表面的吸附作用，油不可能将水全部驱走而与油共存在油藏中造成的。束缚水常环绕于颗粒表面，且充填在细小的孔隙中，而油则占据大孔隙中心。

油藏刚投入开发时，地层中通常只存在油和束缚水两相，故当测定出束缚水饱和度 S_{wi} 时，则

$$S_{oi}=1-S_{wi} \tag{1-13}$$

因此，束缚水饱和度是体积法计算油藏储量的重要参数之一。

4. 储层敏感性

储层敏感性指储层某种损害的发生对外界诱发条件的敏感程度。它主要包括速敏、水

敏、盐敏、酸敏和碱敏等。储层敏感性评价是系统评价地层损害工作中的重要组成部分，系统评价是一个完整的体系，它包括岩石学分析、常规岩心分析、专项岩心分析等以及为评价储层敏感性而进行的岩心流动试验等。图1-26为评价地层损害试验推荐程序。

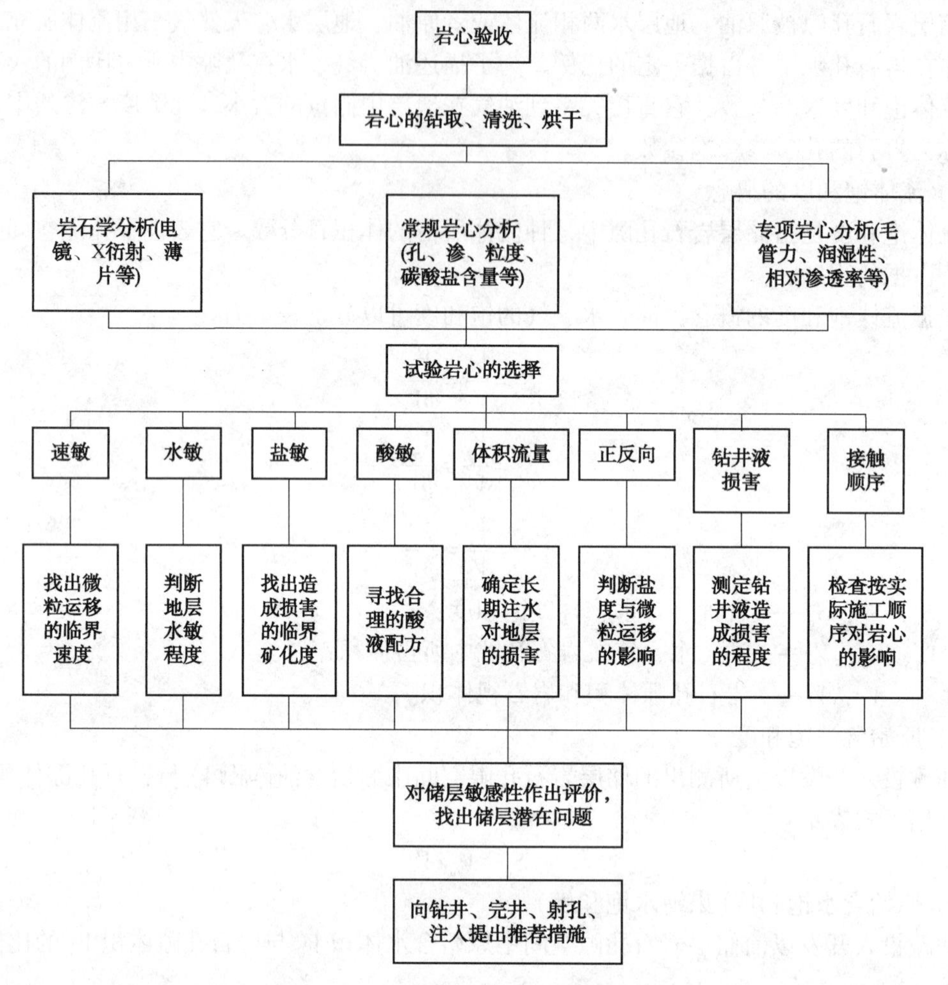

图1-26　评价地层损害试验推荐程序

1）储层速敏性

在地层中，总是不同程度存在着非常细小的微粒(直径小于40μm，且能通过325目筛子的颗粒称为微粒)。它们通常未被岩石中的天然胶结物胶结在固定的位置上，而是以松散的颗粒形式处于孔壁或基岩颗粒的内表面上，它们可随着流体在孔隙中远移而在孔隙变窄处(喉道)堆集，从而造成严重堵塞，使地层渗透性大大降低。

假设流体与地层无任何物理化学作用，由于流速增加而引起渗透率下降造成地层损害的现象称为速敏。大量实验证明，微粒运移程度随岩石中流体流动速度的增加而加剧。但不同岩石中的微粒，对速度增加的反应不同，有的反应甚微，我们称此岩石对速度不敏感。反之，有的岩石，当流体流速增大时，表现出渗透率明显下降。

“临界流速(Critical Velocity)”是指当注入流体的流速逐渐增大到某一数值而引起岩心渗透率明显变化(下降或上升)时的流动速度。临界流速参数可以为确定合理油井产量、注水井注入量以及室内流动实验的驱替速度提供依据。

实验的原理是：按一定的流量等级，以不同的注入速度向岩心注入地层水，在各个注入速度下测定岩心在此注入速度下的渗透率，从注入速度与渗透率的变化关系曲线上，判断岩石对流速的敏感性，并找出该岩石的临界速度。

速敏性评价指标主要有：临界流速、渗透率伤害率和速敏指数。

2）储层水敏性

美国学者摩尔指出，一般油层中含黏土1%~5%是最好的储层，若含黏土量达5%~20%则储层性能较差，尤其是假若含水敏性黏土，则完全可能把油层孔道堵死。在地层条件下，黏土矿物与地层水处于相对平衡，但当与外来的、矿化度较小的流体接触时(如与注入水接触时)，黏土便膨胀，使岩石渗透率降低。

水敏是指与地层不配伍的外来流体进入地层后，引起黏土膨胀、分散、运移，从而导致渗透率下降的现象。因此，水敏性评价实验的目的就在于了解这一膨胀、分散、运移的过程及最终使地层渗透率下降的程度。

实验时，先用地层水流过岩心，再用矿化度为地层水的一半的盐水(称次地层水)流过岩心，最后用蒸馏水通过，测定在这3种矿化度下岩心渗透率的数值大小，由此分析岩心的水敏程度。

水敏评价指标为水敏指数。

3）储层盐敏性

对于存在水敏性的地层，需进一步进行盐敏评价实验。因为实验发现，随着含盐度的下降，黏土矿物晶层扩张增大，膨胀增加，地层渗透率不断下降。为此，盐敏评价实验的目的就是了解地层岩心在地层水所含矿化度不断下降时或现场使用的低矿化度盐水时，其渗透率的变化过程，从而找出渗透率明显下降的临界矿化度(或称临界盐度)。盐敏评价实验是按自行制定的矿化度等级配制不同矿化度的盐水，由高矿化度向低矿化度依顺序注入岩心，并依次测定不同矿化度盐水通过时的渗透率值，找出岩心渗透率最敏感的临界盐度，并以此作为依据，对以后的施工用流体提出建议和要求。

4）储层酸敏性

不同的地层，应有不同的酸液配方。配方不合适或措施不当，不但不会改善地层状况，反而会使地层受到伤害，影响措施效果。酸敏性评价实验的目的就在于了解拟用于酸化的酸液是否会对地层产生伤害及伤害的程度，以便优选酸液配方，寻求更为有效的酸化处理方法。

酸敏与酸化不同。所谓酸敏性是指酸化液进入地层后与地层中的酸敏矿物发生反应，产生凝胶或沉淀或释放出微粒，使地层渗透率下降的现象。正因为这样，在进行酸敏评价时，要求注入的酸量是$(0.5\sim1.0)V_p$(孔隙体积)，而酸化效果评价实验注入酸量大于$5V_p$。仅注入$(0.5\sim1.0)V_p$，是因为酸液的前沿最先进入地层，pH值迅速上升而变成残酸，也就最容易产生沉淀而堵塞孔道。所以，观察酸液对地层的损害，就应该重点对容易产生损害的部分进行模拟，以找出该地层对该酸液敏感的程度。

该实验的作法是：向岩心中注入$0.5\sim1.0V_p$的酸液，停注等待酸反应，排出残酸，测定岩心在注酸前后的渗透率。

5）储层碱敏性

由于工作液 pH 值上升，促使黏土水化、膨胀、运移或生成沉淀物而造成的地层损害称为碱敏。碱敏评价实验的目的主要是找出临界 pH 值。若是强碱敏性地层，建议采用屏蔽式暂堵技术，在 3 次采油作业时，要避免使用强碱性的驱油流体(如碱水驱油)。

综上所述，五敏实验是评价和诊断油气层损害的最重要的手段之一。一般说来，对每个油藏或开发区块，都应做五敏实验，可参照表 1-8 进行完井过程中保护油气层技术方案的制订，并指导现场生产。

表 1-8　五敏实验结果的应用

项　目	实验结果及其应用
速敏实验(包括油速敏和水速敏)	(1) 确定其他几种敏感性实验(水敏、盐敏、酸敏、碱敏)的实验流速； (2) 确定油井不发生速敏损害的临界产量； (3) 确定注水井不发生速敏损害的临界注入速率，若该值太小，不能满足配注要求，应考虑增注措施； (4) 确定各类工作液允许的最大密度
水敏实验	(1) 如无水敏，则进入地层的工作液的矿化度只要小于地层水矿化度即可，不作严格要求； (2) 如果有水敏，则必须控制工作液的矿化度大于 C_{c1}； (3) 如果水敏性较强，则在工作液中要考虑使用黏土稳定剂
盐敏实验(升高矿化度和降低矿化度实验)	(1) 对于进入地层的各类工作也都必须控制其矿化度在两个临界矿化度之间，即 C_{c1} 小于工作液矿化度小于 C_{c2}； (2) 如果是注水开发的油田，当注入水的矿化度小于 C_{c1} 时，为了避免发生水敏损害，一定要在注入水中加入合适的黏土稳定剂，或对注水井进行周期性的黏土稳定剂处理
碱敏实验	(1) 对于进入地层的各类工作液都必须控制其 pH 值在临界 pH 值以下； (2) 如果是强碱敏地层，由于无法控制水泥浆的 pH 值在临界 pH 值之下，为了防止油气层损害，建议采用屏蔽式暂堵技术； (3) 对于存在碱敏性的地层，要避免使用强碱性工作液
酸敏实验	(1) 为基质酸化的酸液配方设计提供科学的依据； (2) 为提供合理的解堵方法和增产措施提供依据

5. 饱和多相流体的油藏岩石的渗流特性

1）油藏岩石的润湿性

岩石润湿性是岩石—流体的综合特性之一。润湿性是研究外来工作液注入(或渗入)油层的基础，是岩石—流体间相互作用的重要特性。了解岩石的润湿性也是对储层最基本的认识之一，它至少是和岩石孔隙度、渗透率、饱和度、孔隙结构等同样重要的一个储层基本特性参数。特别是油田注水时，研究岩石的润湿性，对判断注入水是否能很好地润湿岩石表面，分析水驱油过程水洗油能力，选择提高采收率方法以及进行油藏动态模拟试验等都具有十分重要的意义。

(1) 润湿(Wetting)的概念。

润湿是指液体在分子力作用下在固体表面的流散现象；或指当存在两种非混相流体时，其中某一相流体沿固体表面延展或附着的倾向性。液体对固体的润湿程度通常用润湿角(也称接触角，θ)表示。润湿角是指过三相周界点，对液滴界面所作切线与液固界面所夹的角

(图 1-27)。

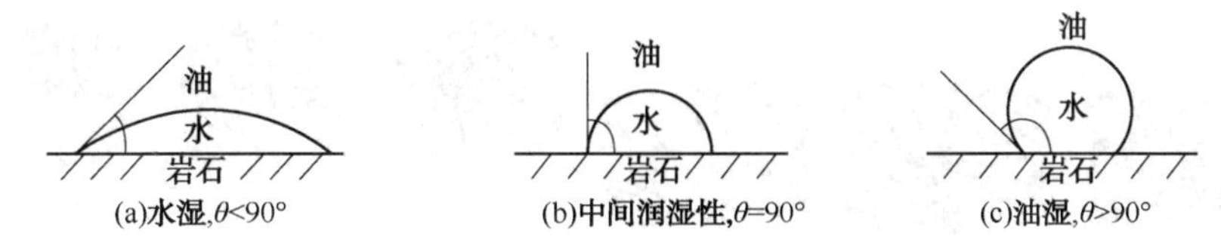

图 1-27　油水对岩石表面的接触角

由于活性物质的吸附，使固体表面的润湿性发生改变的现象，称为润湿反转(图 1-28)。

润湿滞后是在驱油过程中出现的一种润湿现象，所谓润湿滞后，即三相润湿周界沿固体表面移动迟缓而产生润湿接触角改变的现象(图 1-29)。根据不同情况所引起的润湿滞后现象不同，常将润湿滞后分为静滞后和动滞后两类。

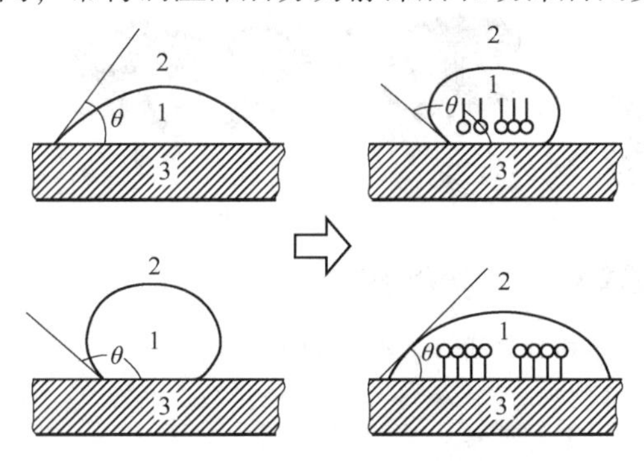

图 1-28　吸附表面活性剂引起的固体表面性质变化

1—水；2—油；3—固体

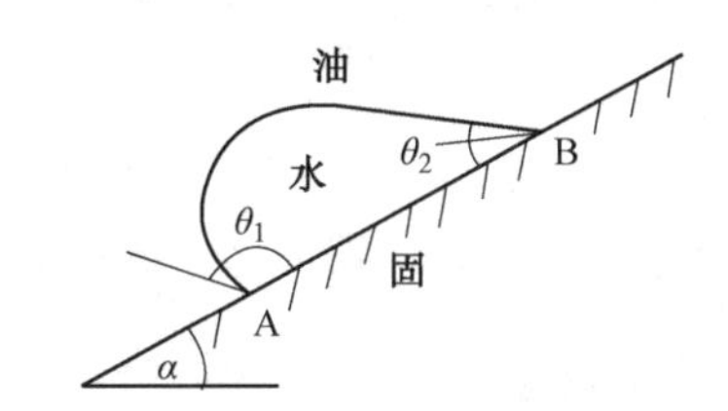

图 1-29　润湿滞后的前进角 θ_1 和后退角 θ_2(据洪世铎，1980)

(2) 油藏岩石的润湿性对油水分布的影响

岩石颗粒表面润湿性的差异，会使得油水在岩石孔隙中的分布也不相同，岩石表面亲水的部分，其表面为水膜所包围，亲油部分则为油膜所覆盖。油水在岩石孔隙的分布如图 1-30 所示。在孔道中各相界面张力的作用下，润湿相总是力图附着于颗粒表面，并尽力占据较窄小的孔隙角隅，而把非润湿相推向更畅通的孔隙中间部位。

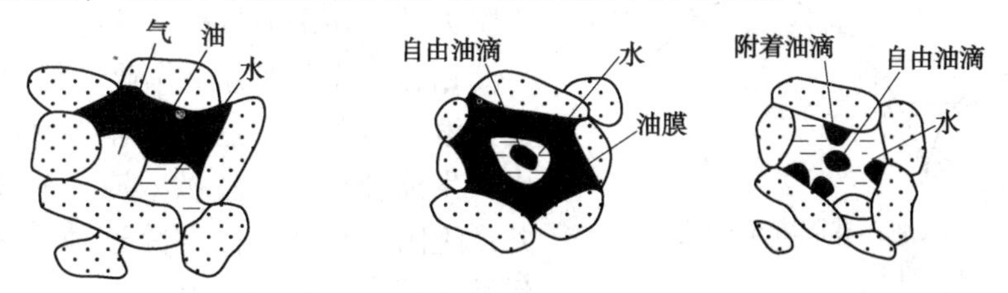

图 1-30　油水在岩石孔隙中的分布示意图

图 1-31 和图 1-32 分别表示亲水和亲油岩石的油水分布和水驱油过程。通常，将非润湿相驱替湿相的过程称为驱替过程，随着驱替过程的进行，湿相饱和度降低，非湿相饱和度逐渐增高。把湿相驱替非湿相的过程称为“吸吮过程”，随着吸吮过程的进行，湿相饱和度不断增加。例如，亲水岩石水驱油过程为吸吮过程，亲油岩石水驱油则为驱替过程。亲油油藏水驱采收率较亲水油藏低。

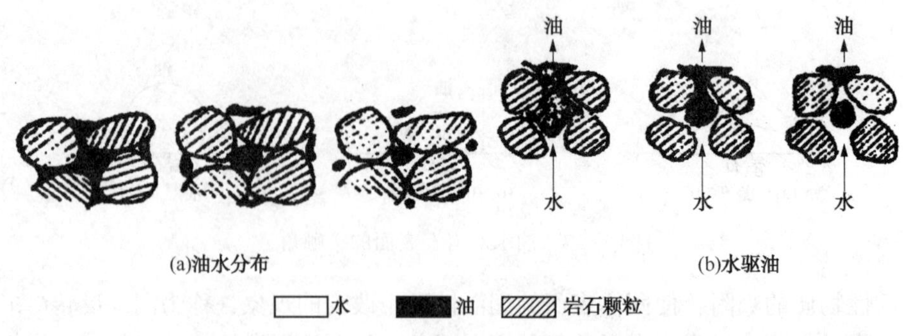

图 1-31 亲水岩石的油水分布和水驱油的吸吮过程图

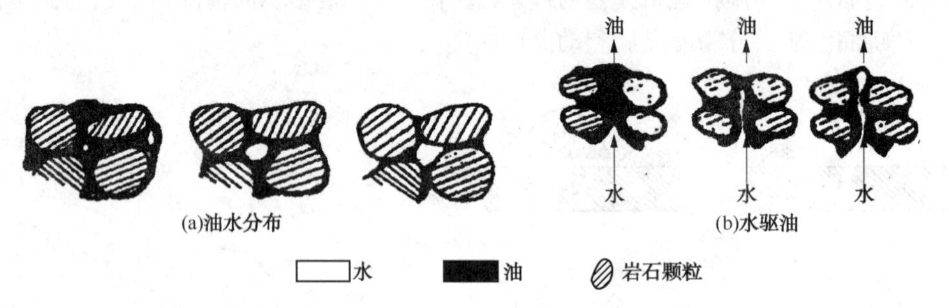

图 1-32 亲油岩石的油水分布和水驱油的驱替过程图

2）贾敏效应

如图 1-33 所示，珠泡在孔隙喉道处遇阻，欲通过喉道，则需克服珠泡变形带来的阻力（p_{c3}），即：

$$p_{c3}=2\sigma\left(\frac{1}{R_1}-\frac{1}{R_2}\right) \tag{1-14}$$

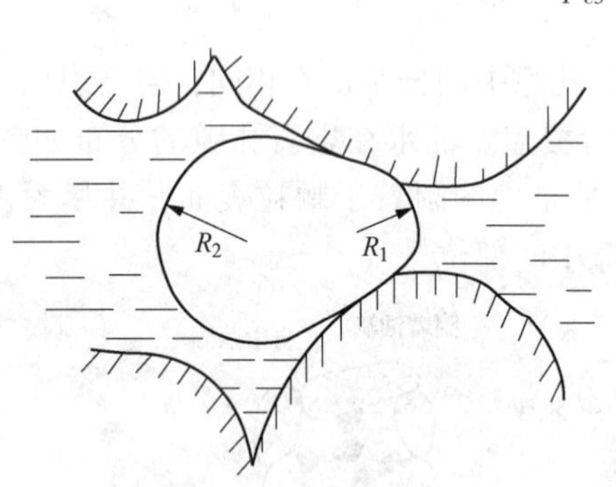

图 1-33 珠泡在孔隙喉道处遇阻变形示意图

这种液珠或气泡通过孔隙喉道时产生附加阻力的现象称为贾敏(Jamin)效应。

在油藏岩石孔隙中，这种珠泡效应产生的毛管阻力叠加起来，数值将是很大的。这种珠泡阻力效应在采油过程中既有益也有害。

钻井、完井及井下作业过程中使用钻井液、完井液、压井液，这些液体失水时在岩石孔隙中产生液珠，由于贾敏效应，液珠会对油流向井产生阻力作用。为解除这种危害，可将表面活性剂挤入地层或用其洗井，以降低油水界面张力，使毛管阻力减小。

近代发展的调剖堵水工艺技术是利用贾敏效应原理，如注乳状液、乳化沥青、混气水、泡沫等来封堵大孔道、调整流体渗流剖面，通过增加驱替液的波及体积来提高原油采收率。

3）有效渗透率、相对渗透率的概念

所谓有效渗透率是指多相流体共存和流动时，其中某一相流体在岩石中的通过能力大小，又称相渗透率。同一岩石的有效渗透率之和总是小于该岩石的绝对渗透率，这是因为共用同一渠道的多相流体共同流动时的相互干扰，此时，不仅要克服黏滞阻力，而且还要克服毛管力、附着力和由于液阻现象增加的附加阻力等缘故。因此，相渗透率这一概念不仅反映了油层岩石本身的属性，而且还反映了流体性质及油、水在岩石中的分布以及它们三者之间的相互作用情况，这就是为什么说相渗透率是岩石—流体相互作用的动态特性的原因。

某一相流体的相对渗透率则是该相流体的有效渗透率与绝对渗透率的比值，它是衡量某一种流体通过岩石的能力大小的直接指标。同一岩石的相对渗透率之和总是小于 1 或小于 100%。

4）相对渗透率曲线

相对渗透率和饱和度之间的关系曲线称为相对渗透率曲线。

图 1-34 是由实验测得的亲水岩石的油水两相相对渗透率曲线，一般成 *x* 型交叉曲线，其纵坐标为两相各自的相对渗透率 K_{ri}，横坐标为含水饱和度从 0→1 增加，含油饱和度从 1→0 减小。

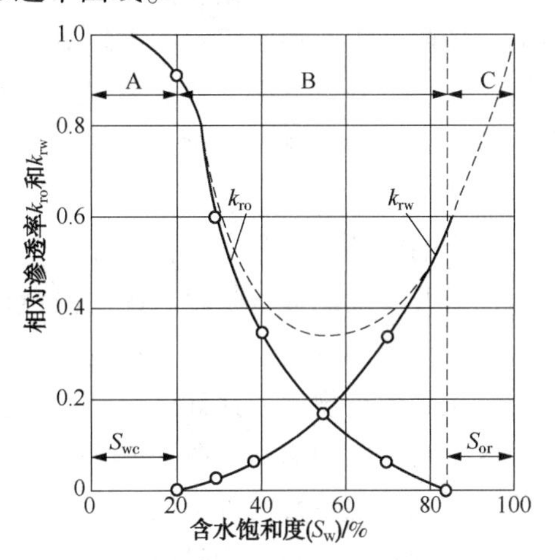

图 1-34　油水相对渗透率曲线
（粗虚线表示 K_{ro} 与 K_{ro}之和）

根据曲线所表现出的特点，将它分为 3 个区：

单相油流区（A 区）：其曲线特征表现为：S_w 很小，$K_{rw}=0$；S_o 值很大，K_{ro}有下降但下降不多。S_{wc} 称为平衡饱和度，并用其近似表示油藏的束缚水饱和度。

油水同流区（B 区）：此区内，油水饱和度都具有一定的数值，曲线表现为随 S_w 的逐渐增大，K_{rw} 的缓慢增加和 K_{ro} 的显著下降。油水同流区也是流动阻力效应最明显的区域，此区内油水两相渗透率之和（$K_{rw}+K_{ro}$）会出现最低值（如图 1-34 中的虚线所示）。油水相对渗透率相交点，油水流动能力相等，该交点对应的含水饱和度定义为等渗饱和度，简称等渗点。

纯水流动区（C 区）：该区内，非湿相油的饱和度小于最小的残余油饱和度（即 $K_{ro}=0$ 所对应的含油饱和度）。曲线表现为 $K_{ro}=0$，K_{rw}变化急剧，此时非湿相油已失去连续性而分散成油滴，分布于湿相水中，最后滞留于孔隙内。这部分油滴由于贾敏效应对水流造成很大的阻力。

第二章 油田开发基础知识

一个含油气构造经过初探发现具有工业油流以后，随后就要进行详探并逐步投入开发。所谓油田开发，就是依据详探成果和必要的生产性开发试验，在综合研究的基础上，对具有工业价值的油田，按照国家或市场对原油生产的需求，从油田的实际情况和生产规律出发，制订出合理的开发方案，并对油田进行建设和投产，使油田按预定的生产能力和经济效果长期生产，并在生产过程中对开发方案不断进行调整和完善，使油田保持合理开发，直至开发结束的全过程。

一个油田的正规开发包括下面 3 个阶段：

(1) 开发前的准备阶段。此阶段包括详探和开发试验等。详探就是运用各种可能的手段和方法，对含油构造或者一个预定的开发区取得必要的资料，进行综合研究，力求搞清主要地质情况和生产规律，并计算出开发储量，为编制开发方案作准备。在此基础上，开辟生产试验区。对于大型油田一般采取开辟生产试验区的方法进行，而在中小型油田上，可以采用试验井组或试验单元的方法进行。

(2) 开发设计和投产阶段。在投入开发之前，利用准备阶段提供的资料，根据油藏的具体情况及技术和经济的需要，制订一个基本开发方案。包括对油层的研究评价、开采方式的选择、层系划分、井网布置及具体实施。

(3) 开发方案的调整和完善。在投入开发之后，研究油田动态变化规律，并运用这些规律来调整和完善开发方案。该项工作在开发过程中要多次进行。

在实际中，由于各油田的具体条件相差较大，其勘探开发程序的具体环节是不尽相同的，必须结合实际情况制订，并在实施过程中，努力使开发方案趋于完善，所以整个开发过程就是一个不断重新认识、不断调整和不断完善的过程。

油田开发方案的制订和实施是油田开发的中心环节，必须切实地、完整地对各种可行的开发方案进行详细制订、评价和全面的对比，然后确定出符合油田实际情况、技术上先进、经济上优越的方案。但在实际过程中，尽管我们努力使油田开发方案趋于完善，但由于开发前，不可能把油田各种地质情况都认识清，因此不可避免地在油田投产以后，出现一些原来估计不到的问题，其生产动态与方案设计不符和，加上国家对油田生产不断提出新的要求，就必须对油田开发方案进行调整，所以整个开发过程是一个不断重新认识、不断调整和不断完善的过程。

本章主要介绍油田开发的方针原则、开发层系的划分的知识和方法。由于我国各油田一般多采用早期注水保持压力的方式开发，故重点介绍注水开发的有关知识。

第一节 油田开发前的准备阶段

油田开发前的准备阶段主要工作一是详探，全面认识油藏；二是进行生产试验，认识油田的生产规律，为油田正式投入开发提供可靠的资料。

1. 详探阶段的主要任务和方法

1）详探阶段的主要任务

（1）含油层系为基础的地质研究。要弄清全部含油地层的层序及其接触关系，各含油层系中油、气、水的分布，油层中盖层和隔层的性质，同时还要注意油层间是否有气夹层、水夹层、高压层和底水等。

（2）储油构造特征的研究。要求弄清油层的构造形态和圈闭条件，各层的连通情况，有无断层、断层的密封性等。

（3）油层边界的性质以及油层天然能量、驱动类型和压力系统的确定。

（4）进行分区分层系的储量计算，在可能条件下进行可采储量计算。

（5）油井生产能力和动态研究。了解油井生产能力、出油剖面、产量递减、层间及井间干扰情况。对于注水井，必须了解吸水能力和吸水剖面。

（6）探明各含油层系中油气水层的分布关系，研究含油地层的岩石及所含流体的性质。

2）详探阶段的工作方法

为了完成详探阶段的任务，必须运用各种方法进行多方面的综合研究，有次序、有步骤地开展各项工作。

（1）地震细测工作。在初探地震测试后进行加密细测，查明油藏构造形态和断裂情况，为确定含油带圈闭面积、闭合高度等提供依据。通常测线密度应在 $2m/km^2$ 以上，对断裂和构造复杂地区，测线密度应更大。

（2）详探资料井。它可以直接认识地层，这是详探阶段最重要、最关键的工作。原则上是既尽量少打井，又能准确地认识和控制全部油层。在一般简单的构造上，相距 2～3km 一口井，复杂断块油田上，一口探井控制的面积可缩小到 $1\sim2km^2$，甚至更小。因此，对于详探资料井的井数确定、井位的选择、钻井的顺序及钻井过程中必须取得的资料等，都应作出严格的规定，并作为详探设计的主要内容。这些井有可能是今后的生产井，还要考虑与今后生产井网的衔接问题。

（3）油井试采。它是必不可少的一个重要步骤。通过试采暴露出油田在生产过程中的矛盾，以便在开发方案中加以考虑和解决。试采要为开发方案中某些具体的技术界限和技术指标提出行之有效的确定办法。

试采的主要任务是：①认识油井生产能力，特别是分布稳定的好油层的生产能力以及产量递减情况；②了解油层天然能量的大小及驱动类型和驱动能量的转化，如边水和底水活跃程度等；③了解油层的连通情况和层间干扰情况；④了解生产井的合理工艺技术和油层改造措施。此外，还应通过试采落实某些影响开采动态的地质构造因素（边界影响、断层封闭情况等），为今后合理布井和确定注采系统提供依据。有时在进行生产性观察外，还必须进行一些专门的测试，如探边测试、井间干扰试验等。

从详探资料井和试采井获得的对油藏地质情况和生产动态的认识，是编制开发方案必备的基础。为了制定方案还必须预先掌握和了解在正规井网正式开发过程中，所采取的重大措施和决策是否正确和完善，而这些问题单靠详探资料井和试采井是不可能完全解决的。所以对一个大型油田，进行多方面的开发试验，尤其是大规模开发试验是必不可少的，这些试验对于新开发区和大型油区非常重要。

2. 油田开发生产试验区和开发试验

通过试采了解到较详细的地质情况和基本生产动态后，为了认识油田正式投入开发以后的生产规律，对于大型油田，在详探程度较高和地面建设条件比较有利的地区，首先划出一块有代表性的面积，作为生产试验区，并按正规的开发方案进行设计，严格划分开发层系，选用某种开发方式和井网布置，提前投入开发，取得经验，以指导全油田的开发工作。大油田开辟生产试验区，中小型油田开辟试验井组，复杂油田进行单井试验。其试验项目、内容和具体要求，应根据具体情况而定。

1）选择生产试验区的原则

开辟生产试验区是油田开发工作的重要组成部分。如何正确选择生产试验区是油田开发工作不容忽视的问题，必须针对油田的具体情况，遵循正确的原则进行。

（1）生产试验区所处的位置和范围对全油田应具有代表性。试验区所取得的认识和经验具有普遍的指导意义。

（2）生产试验区应具有一定的独立性，对全油田开发的影响最小，相邻区域也不要影响试验区任务完成。

（3）生产试验区的开发部署和试验项目的确定，既要考虑对全油田开发具备普遍意义的试验内容，也要抓住合理开发油田的关键问题。

（4）生产试验区也是油田上第一个投入生产的开发区。既要完成试验任务，也要完成一定的生产任务。因此在选择时还应考虑地面建设，要有一定的生产规模，以保证试验研究和生产任务同时完成，进展较快且质量较高。

2）生产试验区的主要任务

（1）研究油层。

研究油层小层数目及连通情况、进行小层对比；研究各小层面积及分布形态、厚度、孔隙度、储量及渗透率大小和非均质情况，认识油层变化的规律，为层系划分提供依据；研究隔层的性质、分布情况。

根据获取的地质资料进行分析整理，作出“二图一表”，即小层平面图、油层连通图和小层数据表。

（2）研究井网。

研究布井方式、油水井的比例及井网密度，若是切割注水，还要研究切割距、井距和排距大小等；研究开发层系划分的标准以及合理的注采层段的划分办法；研究不同井网和井网密度 对油层的控制程度；研究不同井网的产量、采油速度以及完成此任务的地面建设及采油工艺方法；研究不同井网的经济技术指标及评价方法。

（3）研究生产动态规律。

研究合理的采油速度及能维持油田在一定时期内稳定生产的最大产量；研究油层压力变

化规律和天然能量大小；研究合理的地层压力下降界限和驱动方式以及保持地层能量的方法；研究注水后油水井层间干扰及井间干扰，观察单层突进(舌进、指进、锥进)、平面水窜及油气(油水)界面运动情况，掌握水线形成及移动规律，以及各类油层的见水规律。

(4) 研究合理的采油工艺技术；研究适合本油田的增产和增注措施(压裂、酸化、防砂、降黏)方法及其效果。

以上是生产试验的主要任务，各油田都适用。但在实际上还必须根据各油田的不同地质条件和生产特点，确定针对该油田的一些特殊任务。如有天然能量的油田，就必须研究转注时间及合理注采比，有泥质胶结疏松砂岩的油田，很容易出砂，出砂是油田减产的主要矛盾，则就要对有效防砂办法加以研究，而其他如断层对油水地下运动的影响，高渗透层、裂缝油田、特低渗透层、稠油层、厚层等的开采特点，都应结合本油田情况加以研究。

由于条件的限制，尽管生产试验区任务完成得很好，但仍是局部研究，如果区块选不好，则更不能代表整个油田。生产试验不可能进行一个油田尤其是一个大油田开发过程中所需要进行的多种试验，更不可能进行对比性试验。因此为了弄清各种问题，除生产试验区外，还必须进行多种综合的和单项的开发试验，为制定开发方案的各项技术方针和原则提供依据。

这些试验可分单项在其他开发区进行，也可选择井组、试验单元来进行。至于试验项目和名称，各油田情况不同，进行的试验项目差别很大，不能同样对待。而各项试验进行的方法和具体要求，同样也应根据具体情况制定和退出。这里只列出某些基本的和重要的试验项目，以供探讨。

3）重要和基本的开发试验应包括的主要内容

(1) 油田各种天然能量试验。

这些能量包括弹性能量、溶解气能量、边水和底水能量、气顶气膨胀能量。应认识其对油田产能大小和稳产的影响，认识它们各自采收率的大小、各种能量及驱动方式的转化关系等。

(2) 网试验。

包括各种不同井网和不同井网密度所能取得的最大产量和合理生产能力，不同井网的产能变化规律，对油层的控制程度以及对采收率和各种技术经济效果的影响。

(3) 收率研究试验和提高采收率方法试验。

不同开发方式下各类油层的层间、层面和层内的干扰情况，层间平面的波及效率和油层内部的驱油效率，以及各种提高采收率方法的适用性及效果。

(4) 影响油层生产能力的各种因素和提高油层生产能力的各种增产措施方法的试验。

影响油层产量的因素很多，例如边水推进速度、底水突进、地层原油脱气、注入水的不均匀推进和裂缝带的存在等。要解决这些问题，提高油层生产能力，则现场多采用油水井的压裂、酸化、大压差强注强采等措施。

(5) 油田人工注水有关的各种试验。

合理的切割距、注采井排的排距试验，合理的注水方式及井网，合理的注水排液强度及排液量，合理的转注时间及注采比，无水采收率及见水时间与见水后出水规律的研究等。其他还有一些特殊油田注水，如气顶油田的注水(老君庙油田)、裂缝油田的注水(克—乌大断裂附近)、断块油田的注水、稠油油田注水(克拉玛依油田、辽河油田)、特低渗透油田的注水等。

总之，各种开发试验都应针对油田实际情况提出，在详探、开发方案制定和实施阶段应集中力量早期进行。油田开发整个过程也是各种试验完善的过程，贯穿始终，不断寻求新的合理的试验，使整个油田开发趋于合理，以取得经验指导全油田投入开发。

第二节　油田开发方针、原则及层系划分

1. 油田开发的方针

正确的油田开发方针是根据国民经济对石油工业的要求和油田开发的长期经验总结、制订出来的，要服从“少投入，多产出”，确保完成原油产量的总目标。开发方针的正确与否，直接关系到油田今后生产的经济效果的好坏与技术上的成败。

制订油田开发方针应考虑以下几个因素：①采油速度，即以什么样的采油速度进行开发；②油田地下能量的利用和补充；③油田最终采收率的大小；④油田稳产年限；⑤油田开发经济效果；⑥各类工艺技术水平；⑦对环境的影响。这些因素往往是相互依赖又相互矛盾的，要统筹兼顾全面考虑。根据国内外油田开发经验和国家能源需求情况，制订出科学的油田开发方针，并不断补充和完善。

2. 油田开发的原则

合理开发油田的总原则应该是利用油田自然条件，充分发挥人的主观能动性，高速度、高水平的开发油田，以满足国家对石油日益增长的需要。必须依照对石油生产的总方针，根据市场的需求，针对所开发油田的情况和现有的工艺技术水平与地面建设能力，制订具体的开发原则与技术政策界限。具体原则是：

(1) 在油田客观条件允许的前提下(指油田地质储量、油层物性、流体物性)高速度地开发油田，保证顺利地完成国家和油区按一定原则分配给它的计划任务。

(2) 最充分的利用天然资源，保证油田获得最高的采收率。

(3) 油田生产稳定时间长，而且在尽可能高的产量上稳产。

(4) 具有最好的经济效果，用最少的人力、物力、财力，尽可能地采出更多的石油。

为满足以上原则，应对以下几方面的问题做出具体的规定：

(1) 规定采油速度与稳产期限。

一个油田必须要以较高的采油速度生产，以满足国家对能源的需求，同时必须要对稳产期或稳产期的采收率有明确的规定。二者必须根据油田的地质开发条件和采油工艺技术水平以及开发的经济效果来确定。这样油田类型不同，其规定也不同。稳产期的采收率一般标准是应使原始可采储量的相当大部分在稳产期内采出。

(2) 规定开采方式和注水方式。

在开发方案中必须对开采方式做出明确规定，说明驱动方式、开发方式如何转化，什么时间转化及相应的措施。如果采取注水法开采，应确定注水时间及注水方式。

(3) 确定合理的开发层系。

开发层系是由一些独立的、上下有良好隔层、油层性质相近、驱动方式相近、具备一定储量和生产能力的油层组合而成的。它用独立的一套井网开发，是一个最基本的开发单元。

当开发一个多油层时，必须正确划分和组合开发层系。一个油田用几套层系开发，是开发方案中的重大决策问题，是涉及油田基本建设规模大小的重大技术问题，也是决定油田开发效果的重要因素，因此必须慎重加以解决。

（4）确定合理的开发步骤。

开发步骤是指从布置基础井网开始，一直到完成注采系统，全面注水和采油的整个过程中所必经的阶段和每一步具体作法。合理的开发步骤要根据科学开发油田的需要而具体制订，并要具体体现油田开发方针。通常应包含以下几个方面：

① 基础井网的部署。基础井网是以某一主要含油层系为目标而首先设计的基本生产井和注水井。它也是进行开发方案设计时，作为开发区油田地质研究的井网。研究基础井网，要进行准确地小层对比，做出油砂体的详细评价，提供进一步层系划分和井网部署的依据。

② 确定生产井网和射孔方案。根据基础井网，待油层对比工作完成后，依据层系和井网确定注水井和采油井的原则，全面部署各层系的生产井井网，编制射孔方案进行射孔投产。

③ 编制注采工艺方案。在全面钻完开发井网后，对每一开发层系独立地进行综合研究，在此基础上落实注采井井别，确定注采层段，最后根据开发方案要求编制出相应的注采工艺方案。

（5）确定合理的布井原则。

合理布井要求在保证采油速度的条件下，采用最少井数的井网，并最大限度地控制住地下储量，以减少储量损失。对注水开发油田，还必须使绝大部分储量处于水驱范围内，保证水驱控制储量最大。由于井网是涉及油田基本建设的中心问题和油田今后生产效果的根本问题，所以除了要进行地质研究外，还应采用渗流力学方法，进行动态指标计算和经济指标分析，最后做出开发方案的综合评价，并选出最佳方案。

（6）确定合理的采油工艺技术和增注措施。

在方案中必须根据油田的具体地质开发特点，提出应采用的采油工艺手段，尽量采用先进的工艺技术，使地面建设适应地下实际情况，使增产增注措施充分发挥作用。

此外，在开发方案中，还必须对其他有关问题做出规定，如层间、平面接替问题，稳产措施问题以及必须进行的重大开发试验等。

3. 油田开发层系的划分与组合

油层的层状非均质性是影响多油层开发部署和开发效果的最主要因素。合理划分与组合开发层系是从开发部署上解决多油层层状非均质性的基本措施。

实际上，目前所发现的绝大多数油田都是属于非均质多油层或多油藏的。我国克拉玛依油田就是其中之一。这些油层的特性彼此相差很大，开发过程中也会出现各种矛盾，不能同井合采。因此，在研究多油层油田开发的问题时，首先应考虑如何合理地划分与组合开发层系，认识划分开发层系的意义，掌握划分开发层系的原则和方法。

1）开发层系划分的目的意义

所谓开发层系的划分与组合就是把特征相近的含油小层组合在一起，与其他层分开，用单独一套井网开发，以减少层间干扰，提高注水纵向波及系数及采收率，并以此为基础，进行生产规划、动态分析和调整。

(1) 划分开发层系有利于充分发挥各类油层的作用。

油田内各油层在纵向上由于沉积环境和条件不一样，可能造成岩石及流体性质有差异。若多层合采生产，必然要出现层间干扰，使油井产量下降。若高、低渗透层合采时，由于低渗透层的油流阻力大，它的生产能力往往受到限制；高、低渗透层合注时，注水量几乎全部被高渗透层吸收，高渗透层过早水淹或水窜，造成油井水淹，使采收率下降。若高、低压层合采，则低压层往往不出油，甚至高压层的油有可能向低压层倒流。稠油层和稀油层合采时，稠油层的生产能力也不易发挥出来。为了充分发挥各类油层的生产能力，必须划分开发层系，这是实现油田稳产、高产，提高采收率的一项重要措施。

(2) 划分开发层系是部署井网和规划生产设施的基础。

确定了开发层系，一般就确定了井网套数(一般一套层系，一套井网)，使研究和部署井网、注水方式以及地面生产设施的规划和建设成为可能。每一个开发层系，都应独立进行开发设计和调整，如井网注采系统、工艺手段都需独立作出规定。

(3) 采油工艺技术的发展水平要求进行开发层系划分。

多油层油田的油层数目有时高达几十个，开采井段有时也达数百米。采油工艺的任务就是充分发挥各油层作用，使他们吸水或产液均匀，往往需要采取分层注水、分层采油、分层控制的措施。由于目前分层开采技术水平有限，必须划分开发层系，更好地发挥工艺手段的作用，使油田开发效果更好。

(4) 油田高速开发要求进行开发层系划分。

用一套井网开发一个多油层油田必然不能充分发挥各油层作用，尤其是当主要出油层较多时。为充分发挥油层的作用，就必须划分开发层系，这样才能提高采油速度，加速油田开发，缩短开发时间，并提高基建投资的周转率。

2）开发层系的划分原则

根据国内外划分开发层系的经验教训，特别是老君庙、克拉玛依、大庆油田在层系划分方面的经验，得出合理组合与划分开发层系的一般原则是：

(1) 一个独立的开发层系应具有一定的储量，以保证油井能满足一定的采油速度，并有较长的稳产时间和较好的经济指标。

(2) 同一开发层系的各油层特性要相近，以保证各油层对注水方式和井网具有共同的适应性，减少开发过程中的层间矛盾及单层突进。油层性质相近包括沉积条件、渗透率、油层分布面积、层内非均质程度等。例如各层渗透率级差不能超过4~5倍。

(3) 各开发层系间必须有良好隔层，以便在注水开发的条件下，层系间能严格分开，确保层系间不发生串通和干扰。隔层厚度一般要求在5m以上。

(4) 同一开发层系内油层的构造形态、油水边界、压力系统和原油物性应比较接近。例如原油黏度相差不超过3倍。

(5) 考虑到分层开采工艺水平，开发层系不宜划分过长过细，这样既可以少钻井，又便于管理，同时又减少了地面建设工作量，提高了油田开发的经济效果。

(6) 同一油藏中相邻油层应尽可能组合在一起，以便进行井下工艺措施，尽量发挥工艺措施的作用。

开发层系的划分，应根据油田开发的方针原则，结合油田的具体情况来定，并不是越细越好。若开发层系划分得不合理，或出现差错，将会导致开发工作陷入被动，甚至要重新设计和部署油田建设，造成严重浪费，给开发工作带来无穷后患。所以，开发层系的正确与合理划分是油田开发的一个基本部署，必须努力做好。

3）开发层系划分的步骤

掌握了油区探井、资料井、生产试验区或相邻油区的全部资料，并对所有资料进行归纳、整理和分析，进行深入的专题研究，搞清层系划分组合中的有关问题，研究有无必要划分层系，有了划分层系的必要性后，再研究划分层系的可能性，有了划分层系的可能性后，再研究如何合理划分，这是划分开发层系的中心任务。

根据我国具体的油田开发实践，在进行非均质多油层开发层系划分时，大体采取以下步骤进行研究。

（1）研究油砂体的特性及对合理开发的要求，确定开发层系划分与组合的地质界限。

实践表明，我国陆相沉积油层含油最小的基本单元为油砂体。因此，通过分层对比，定量确定特性参数后，应查明油砂体的大小，以此为核心，进行储油层研究。研究时应注意：

① 研究分析油层沉积背景、沉积条件、类型和岩性组合。油层沉积条件及性质相近，在相同井网和注水方式下，其开采特点也大体一致，可组合在一起，用一套井网进行开发。

② 研究油层内部的韵律性，以便细分小层和进行分层工作。而韵律性在一定程度上也反应出油层的沉积条件。

③ 研究油层分布形态和性质。油砂体是控制油水运动的基本单元。从油砂体入手研究分析油层分布形态、有效厚度、渗透率、岩性等资料，研究油层性质和变化规律，为合理划分和组合开发层系提供依据。

④ 研究各类油砂体的特性。掌握油砂体的性质及其差异程度、不同开发层系组合的可能性、各类油层分布的稳定性，并对此做出评价。了解合理划分与组合开发层系的地质基础；了解不同等级渗透率、不同延伸长度和不同分布面积油砂体所控制的储量。

（2）确定划分开发层系的基本单元。

划分开发层系的基本单元，是指大体上符合一个开发层系基本条件的油砂组。它本身可以独立开发，也可以几个组合在一起作为一个层系开发。每个基本单元的上、下隔层必须可靠，并有一定的储量和生产能力。

（3）通过单层开采进行油砂体动态分析，为合理划分和组合层系提供生产实践依据

从油井的分层测试资料，了解各小层的生产能力、地层压力及其变化。应用摸拟法、水动力学法、经验统计法等，确定各小层的采油指数与地质参数之间的相互关系，合采时采油指数下降值与 K_h/μ 值。根据油砂体的工作情况、其所占储量的百分比、采油速度的影响、采出程度的状况等，可对层系的划分做出决断。

（4）综合对比不同层系组合开发的效果，选择层系划分与组合最佳方案。

在层系划分及组合以后，必须采用不同的注采方式及井网，分油砂体计算其开发指标，综合对比不同组合方式下的开发效果，结合油田开发实际，确定最佳方案。其主要衡量的技术指标有：

① 不同层系组合所能控制的储量；

② 不同层系组合所能达到的采油速度；

③ 不同层系组合无水期采收率；

④ 不同层系组合的钢材消耗及投资效果等经济指标。

(5) 及时进行开发层系的调整。

当油田正式投产后，根据大量的静态、动态资料，进一步分析认识油层，分析、解决开发中出现的矛盾和问题，及时调整原有方案，使其尽量符合油田实际情况。

4) 影响开发层系划分的因素

油藏地质条件和油层流体性质的差异，油田开发、采油工艺技术及地面环境的情况等都会影响开发层系的划分。影响开发层系划分的因素主要有：①油气储集层的物理性质；②原油和天然气的物理化学性质；③油藏烃类相态特征和油藏驱动类型；④油田开发过程的管理条件；⑤油井的开采工艺和技术；⑥地面环境条件。

总之，开发层系的划分是由多种因素所决定的，采用的方式及步骤也可因时因地而异，这是一个综合性很强的问题。

第三节 砂岩油田的注水开发

原油从油层流向井底，进而流到地面，需要一定的能量。最初是利用油层的天然能量，但天然能量不充足且只能短期起作用。在开发初期可能高产，但很快能量损失，压力下降，产量大幅度递减。要想多采油，就必须弥补油层损失的能量，使油层保持足够的压力。人工注水是补充能量的方法之一。由于一般都有可供利用的水资源，注水井中的水柱本身就具有一定的水压，使注水相对容易控制和调整，加上水在油层中的波及能力、驱油效率、采收率都高，经济效益好，所以人工注水开发已在世界范围内获得广泛的应用，并成为主要的油田开采方式，在一定时期内，注水仍是主要的开采方式，它承担了当前强化采油和提高原油产量的重任。

人工注水开发油田，是油田开发史上的一个重大转折。自20世纪20年代末，美国人工注水开采油田获得工业化应用以来，至今已有80多年的历史，而大规模的注水也有50多年的历史。例如在1970年美国注水开发区块就达九千多个，前苏联85%的原油是靠注水开发的油田采出的。我国最早大量注水的是克拉玛依油田，而现在以大庆为首的各主要油田都是采用注水方式开发。

1. 注水时间的选择

关于注水时间的选择，一般主张早注比晚注好，而在注水的具体界限上，常考虑两个因素。其一是压力因素，对于均质地层，地层压力等于饱和压力时，注水采收率最高，此时原油黏度最小，最有利于注水，而且油井的产量高，注水能立即见效，不会产生滞后现象。如果忽略自由气对非均质油层残余油饱和度的影响，注水时最合理的压力是低于饱和压力20%时，水驱混气油的采收率可增加5%~10%。对原油物性随压力变化大的油田，油层压力可低于饱和压力10%，但对于一些较高黏度(大于10mPa·s)的油藏，注水时的地层压力应等于或高于饱和压力。其二是油藏渗透率及几何形态因素，油藏渗透率及几何形态的变化可以影响到体积驱油系数，也可以影响到开始注水的最佳时间。可以根据一次采收率与开始注水压力关系来确定最佳压力，从而确定开始注水时间。

1) 不同时间注水及其特点

对不同类型的油田，在不同阶段注水，对开发过程的影响不同，其开发效果也有较大的差异。一般从注水时间上大致可分为早期注水、晚期注水和中期注水3种类型。

（1）早期注水及其特点。

早期注水就是在油田投产的同时或是在油层压力降到饱和压力之前就及时进行注水，使油层压力始终保持在饱和压力以上，或保持在原始油层压力附近。

早期注水油井产能较高，有利于长期的自喷开采，并保持较高的采油速度和实现较长时间的稳产。但初期投资较大，投资回收期长。早期注水不是对所有油田都适合的，对原始地饱压差大的油田更不适用。

（2）晚期注水及其特点。

晚期注水就是油田开发初期依靠天然能量开采，当天然能量由弹性驱转化为溶解气驱后注水，称晚期注水。在美国称为二次采油。

晚期注水初期投资少，原油成本低。但油田产量不可能稳定，自喷开采期也较短。晚期注水在原油性质较好、面积不大、天然能量比较充足的中、小油田可以考虑采用。

（3）中期注水及其特点。

中期注水方式介于上述两者之间，即投产初期依靠天然能量开采，当油层压力降到低于饱和压力后，在气油比上升到最大值之前注水。

中期注水初期投资少，经济效益好，也可能保持较长的稳产期，并不影响最终采收率。中期注水对地饱压差较大、天然能量相对较丰富的油田比较适用。

2）注水时机的选择

一个具体的油田要确定最佳注水时机，需考虑以下几个因素：

（1）油田天然能量的大小。

若天然能量较大，能满足开发的需要，就不必采用早期注水。总之要尽量利用天然能量，尽可能减少人工补充能量，提高经济效益。

（2）油田的大小和对油田产量的要求。

储量少产量不高的小油田，一般要求高速开采，不求稳产期长，就不必强调早期注水。但大油田的开发，为确保产量逐步稳定上升，尽可能地保持长期高产稳产目标的实现，一般要求进行早期注水。

从当前世界油田开发的情况来看，一般大油田早期注水较多，如前苏联第二巴库、西伯利亚油区的萨玛特洛尔油田、我国的大庆油田等。

（3）油田的开采特点和开采方式。

自喷开采要求注水时间相对早一些，压力保持相对高一些。原油黏度高且油层非均质性严重的油田，只能采用机械采油方式，不一定采用早期注水。油层压力很高的油田，压力系数可达1.3以上，可适当推迟注水。

总之，注水时机的选择是一个比较复杂的问题，在不影响油田开发效果和完成宏观计划的前提下，适当推迟注水时间，可以减少初期投资，缩短投资回收周期，有利扩大再生产，取得较好的经济效益。

2. 注水方式的选择

注水方式就是注水井在油田中所处的部位和注水井与生产井之间的排列关系。油田注水方式的选择，主要是根据这个油田油层性质和构造条件来确定。总的来说是根据国内外油田的开发经验与本油田的具体特点来定的。

目前，国内外油田应用的注水方式或注采系统，大致分边缘注水、切割注水、面积注水和点状注水4种。

1）边缘注水

边缘注水是将注水井按一定的方式分布在油水边界处(油水过渡带附近)进行注水。

根据注水井排在油水界面的相对位置，边缘注水又分为以下3种(图2-1)。

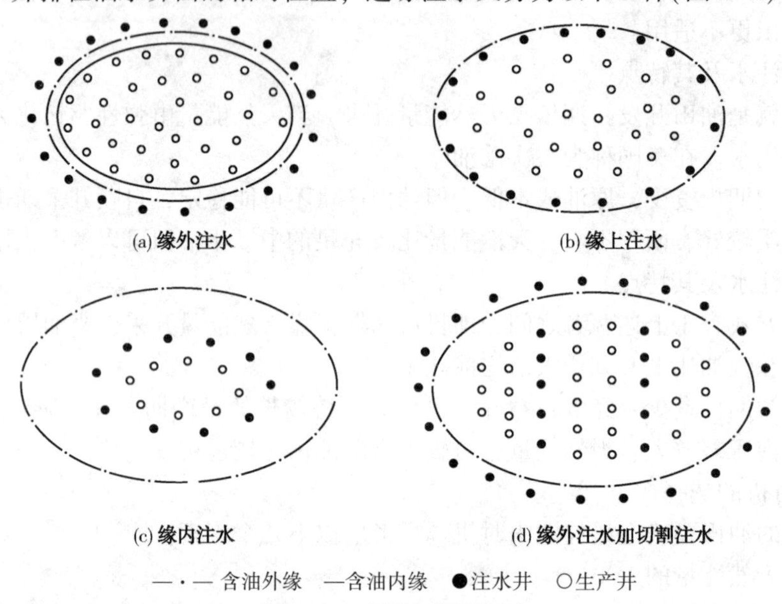

图2-1　边缘注水示意图

(1) 缘外注水(边外注水) 将注水井按一定的方式分布在含油外缘以外纯水区。适用于边水比较活跃的中小油田，含水区的渗透性好，含水区与含油区之间不存在低渗透带或断层。

目前世界上应用缘外注水开发比较成功的是前苏联的巴夫雷油田，我国的老君庙油田也采用过。

(2) 缘上注水(边上注水)。若含油外缘以外地层渗透性显著变差，或不适宜注水，为保证提高注水井的吸水能力及注入水的驱油作用，应将注水井分布在油水过渡带内，以便油井充分见效，减少注入水外溢量。

(3) 缘内注水(边内注水)。如果出现油水过渡带的渗透性差，油水界面处原油严重沥青化等状况，则过渡带注水不适用，而应把注水井排直接分布在含油内缘以内，以保证油井充分见效并减少注水量外逸。

无论是缘外注水还是缘内注水，边缘注水要求注水井排一般与等高线平行分布，生产井排和注水井排基本上与含油边缘平行，并有一个中间井排，有利于油水前缘均匀推进，达到较高的采收率。

边缘注水的适用条件是：①油田面积不大(油藏宽度不大于4~5km)、构造比较完整；②油层结构单一稳定，边部与内部连通性好；③ 油藏原始油水边界位置清楚；④油层流动系数较高(渗透率一般大于$200\times10^{-3}\mu m^2$，黏度小于3mPa·s)，特别是注水井的边缘地区要有较高的吸收能力，能保证压力有效传递，水线均匀推进，使油田得到良好的注水效果。

边缘注水的优点是：①油水界面比较完整，逐步由外向内推进，水线移动均匀，因此比较容易控制；②无水采收率和低含水采收率高，和其他注水方式相比，最终采收率往往较高。国内外油田开发实践也证明了这些，若辅以内部点状注水，则开发效果更佳。

边缘注水的缺点是：①有一部分注入水流向外围含水区，降低了注水效果；②油田面积较大时，由于井排遮挡作用，受效井排一般不超过3排，构造边部的几排井收益，构造顶部的井排不收益。若控制这些油井生产，将使采油速度降低，延长开发年限；若让其投产，则往往使顶部形成低压带，在顶部易形成弹性驱或溶解气驱等消耗方式采油。因此，这种情况下，仅仅依靠边缘注水是不够的，而应采用边缘注水加顶部点状注水方式开采。

2）切割注水

切割注水就是利用注水井排将油藏切割成为若干区块，可以看成是一个独立的开发单元，分区进行开发和调整。两排注水井之间的区域称为切割区。切割区是独立的开发单元，也称开发区或动态区。两个注水井排之间的垂直距离称为切割距。注水井排的分布方向称为切割方向。切割方式一般分为纵切割、横切割、环状切割、分区切割等(图2-2)。

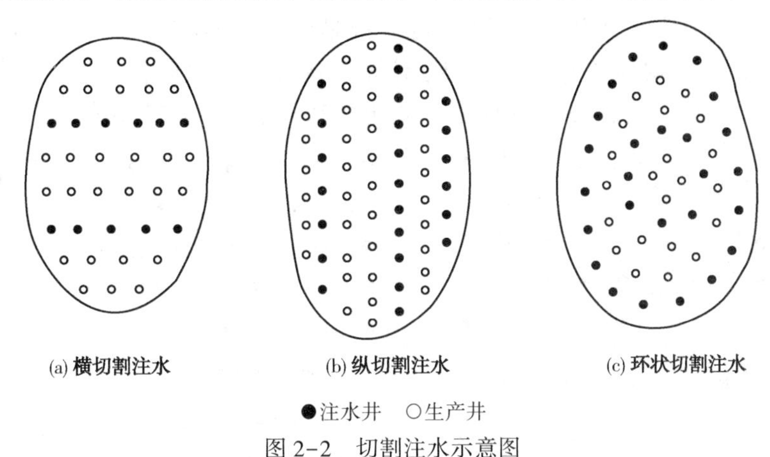

图2-2　切割注水示意图

切割注水的适用条件是：①油层大面积稳定分布且有一定的延伸长度(油藏宽度大于4~5km)，注水井排可形成比较完整的切割水线；②切割区内的生产井和注水井有较好的连通性；③油层有较高的流动系数，使切割区内注水效果能比较好地传递到生产井排，以便确保达到要求的采油速度；④顶部切割注水，适用于中等含油面积，可单独使用，也可与边外注水结合使用。

国内外一些大油田如前苏联的罗马什金油田，采用切割注水方式，特别是在中央3个较大的切割区，增加了切割水线后，注水效果明显，大部分油井保持正常自喷。美国的克利—斯耐德油田，油田由弹性驱转化为溶解气驱，后采用切割注水，使其转化为水压驱，油层压力得到恢复，使大部分油井保持自喷。我国的克拉玛依油田、大庆油田均采用切割注水方式开采，实践证明开发效果是良好的。

切割注水的优点是：①可以根据油田地质特征，选择切割井排的最佳方向及切割距；②可以根据开发期间对油田地质构造等资料的认识，修改原注水方式；③可以优先开采高产地带，使产量很快达到设计水平；④在油层渗透性有方向性时，因为水驱方向一定，只要弄清渗透率变化的主要方向，用切割井网控制注入水的流向，便可得到较好的开发效果；⑤切割区内的储量能一次全部动用且水线不需移动，既减少了注入水的外逸，又简化了注水工艺，从而使油藏一次投入开发，提高了采油速度。

切割注水的局限性是：①不能很好地适应油层的非均质性，在非均质严重的前提下，两侧水线不一定在中间井排汇合；②当油层性质平面上变化较大时，有时可造成注水井钻到低产区，油井钻到高产区，或是相反情况，不得不加钻注水井或改变注水方式；③注水井间干扰大，井距越小干扰越大，单井吸水能力较面积注水低；④在注水井排两侧的油层压力不总是一致，其地质条件也不一定相同，会出现区间不平衡，加剧平面矛盾；⑤当几排井同时生产时，内排井产能不易发挥，外排井产能大但见水也快；⑥实施的步骤复杂，需要研究逐排生产井的合理开关界限等。

3）面积注水

面积注水是把注水井和生产井按一定的几何关系和密度均匀地布置在整个开发区上。这种注水方式实质上是把油层分割成许多更小的单元，一口注水井控制其中之一，并同时影响几口油井，而每一口油井又同时在几个方向上受注水井的影响。一口注水井和几口生产井构成的单元称注采井组，又称注采单元。

不同的注水系统(注水井和生产井的布置)都是以三角形或正方形为基础的开发井网。(图 2-3、图 2-4)。根据油井和注水井相互位置及构成的井网形状不同，面积注水法可分为：四点法 、五点法 、七点法 、九点法 、反七点法和正对式与交错式直线排状注水等。

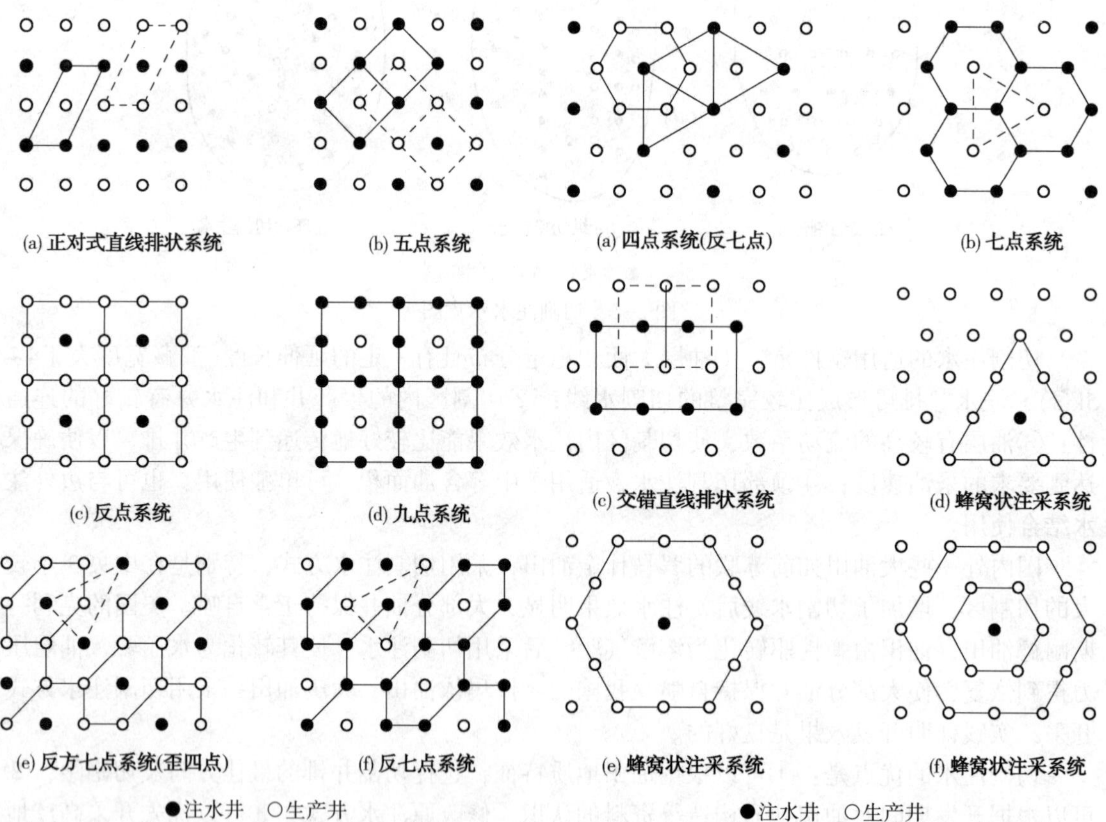

图 2-3 正方形井网下的注采系统

图 2-4 三角形井网下的注采系统

在假定油田具有足够大的线性尺寸的前提下，可以用以下参数表示布井方案的主要特征：注采井数比(m)，每口注水井的控制面积单元(F)，钻井密度(f，每口井的控制面积)。

如表 2-1 所示为不同面积注水方式井网的特征(设井间距离为 a，各井均匀分布)。

表 2-1　面积注水井网的特征

井　网	注采井数之比(m)	钻成井网特征	每口注水井的控制面积单元(F)	钻井密度(f)
四点法(反七点法)	1∶2	等边三角形	$2.598a^2$	$0.866a^2$
五点法	1∶1	正方形	$2a^2$	a^2
七点法	2∶1	等边三角形	$1.299a^2$	$0.866a^2$
九点法	3∶1	正方形	$1.333a^2$	a^2
反九点法	1∶3	正方形	$4a^2$	a^2
正对式直线排状驱	1∶1	正方形(长方形)	$2a^2$	a^2
交错式直线排状驱	1∶1	等边三角形(三角形)	$1.732a^2$	$0.866a^2$

传统几点法注水系统是指以油井为中心，周围是注水井两两相连，构成一个注采单元，单元内的总井数为 n，便是 n 点系统；反过来，若以注水井为中心，周围是生产井两两相连，构成一个注采单元，其总井数为 n，则为反 n 点系统。

面积注水的适用条件是：①油田面积大，构造不完整，断层分布复杂；②油层分布不规则，延伸性差，多呈透镜体分布；③油层渗透性差，流动系数低；④适用于油田后期强化开采，以提高采收率；⑤油层具备切割注水或其他注水方式，但要求达到更高采油速度时，也可考虑采用面积注水方式；⑥面积注水方式对非均质油藏、油砂体几何形态不规则者尤其适宜。

面积注水的优点是：①所有油井处于注水井第一线，受注面积大且见效快；②油井能多方向见水，油井受效充分，有较高的采油速度；③早期进行面积注水时，注水井经过适当排液，即可转入注水，使油田全面投入开发。

面积注水的布置形式很多。在均匀面积井网中，广泛采用的是五点法、四点法和反九点法。这些方法常用于低渗透性、低产能、高黏度的油藏，也可用于高产能层系，以达到高速开采，缩短生产年限。下面分别分析几种常用面积注水井网的特征。

(1) 五点法井网。

五点法是以正方形为基础的开发井网。每个注采单元构成相等的正方形。注水井布置在正方形的顶点，生产井位于每个正方形的中心。或生产井构成正方形，中心为注水井。每口生产井受 4 口注水井影响，而每口注水井影响 4 口生产井。五点法注采井数比为 1∶1，注水井占总井数比例较大，因此这是一种常用的强注强采的注采方式。五点法可以看成是一种特定形式下的行列注水井网，即一排生产井与一排注水井交错排列注水。

(2) 四点法井网(反七点法)。

四点法是以三角形为基础的开发井网。每个注采单元构成相等的正三角形。注水井布置在正三角形的顶点，生产井位于每个正三角形中心。或生产井构成正六边形，中心为注水井。每口生产井受 3 口注水井的影响，每口注水井影响 6 口生产井。四点法注采井数比为 1∶2，四点法也可看成是一种特定形式下的行列注水井网，即两排注水井之间夹两排生产井。

(3) 七点法井网。

七点法是以三角形为基础的开发井网。每个注采单元构成相等的正六边形。注水井布置在正六边形的顶点，生产井位于每个正六边形中心。或生产井构成正三角形，中心为注水井。如果将四点法的注水井与生产井互换位置，或将一半生产井转注，就可得到所谓的七点注水井网。每口生产井受6口注水井的影响，每口注水井影响3口生产井。七点法注采井数比为2:1，注水井占总井数比例很大，因此这是一种高强度的注水开发井网，要求钻更多的井。

(4) 反九点法井网。

反九点法是以正方形为基础的开发井网，每个注采单元构成相等的正方形。4口生产井布置在正方形四个角上(称角井)，另外4口生产井布在四条边上(称边井)，注水井位于每个正方形的中心。反九点法注采井数比为1:3，注水井占总井数比例较小，使用比较普遍。

(5) 正对式直线排状注水。

正对式直线排状注水是以正方形为基础的开发井网。注水井与生产井正对直线排列，井距相同，每个注采单元构成相等的平行四边形。注水井位于平行四边形四个角上，生产井位于平行四边形的中心。或生产井构成平行四边形，中心为注水井。每一口注水井影响4口生产井，每口生产井受到4口注水井影响。正对式直线排状注水注采井数比为1:1。

(6) 交错式直线排状注水。

交错式直线排状注水是以三角形为基础的开发井网。注水井与生产井错位直线排列，注水井距与生产井距相同。每个注采单元构成相等的长方形，注水井位于长方形四个角上，生产井位于长方形的中心。或生产井构成长方形，中心为注水井。每一口注水井影响4口生产井，每口生产井受到4口注水井影响。交错式直线排状注水注采井数比为1:1。

除了以上所介绍的常用注采系统外，还有为了针对一些特定地质条件而选定的注采系统，以提高注水波及效率。如环状注水、中心腰部注水、中心注水以及轴线注水、蜂窝状注采系统、两点法、三点法等(图2-5)。这些适用于开发非均质严重和油层连通性很差的油田，也可针对具体情况进行选择性注水。此外，多层合采时，实行油层不同压力下的分注、高压注水、改变液流方向的循环注水。

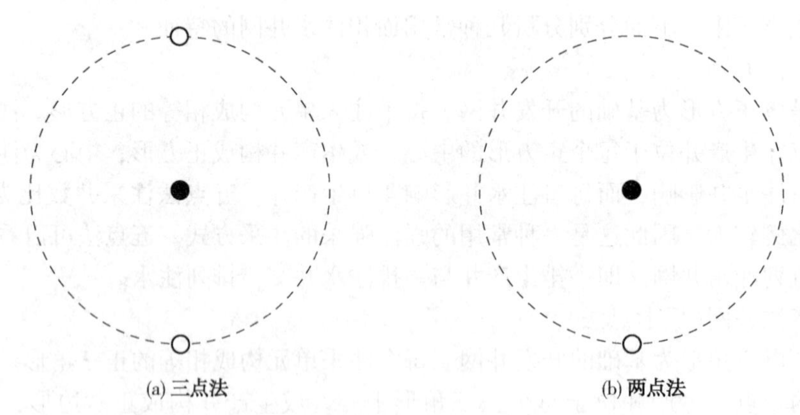

图2-5 两点法与三点法井网

4) 点状注水(选择性注水)

点状注水是指注水井零星地分布在开发区内，常作为其他注水方式的一种补充形式。它适用于岩性极不均匀且不连通的油层。如胜利油田某些断块就是采用这种注水方式。

另外，对于黏土多，尤其是水敏性黏土多的储层，采用注气法能够达到比其他驱动方式高得多的采收率。通常采用顶部注气和面积注气两种方法。面积注气与面积注水相似。

顶部注气的条件包括：①油层倾角不宜小于10°~20°，以利油气重力分离；②油层渗透性不能太差，特别要求均匀；③油气黏度相差不能太大，油层厚度也不宜过厚(经验认为2~15m较适宜)，否则在注气时易形成气窜。

顶部注气的注入气量较注水量大，注气常需高压压缩机，地面设备复杂，气体资源问题也较难解决，这是目前此方法不能广泛应用的主要原因。

一个油田要采用什么样的注水方式，应结合油田具体地质特点、形状、油层物性参数以及开发要求等来进行选择。当油藏的物性参数好，有边水或底水做为驱油的动力时，注水井数可以少一些，否则注水井数要多一些。

另外，在开发过程中，由于资料及产量要求在变，注水方式也在不断改变。例如，可以使某些生产井转注。如油田开始能量足时，可采用注水井较少的反九点法方式布井；当油层能量下降时，可使角井转注变为五点法布井方式；也可以增设新的注水点。所以，油田开发初期的井网是比较规则的，而到油田开发的后期，井网布置就变成不规则的，这是必然的趋势。

3. 开发井网的部署

井网是根据所组合层系的地质条件进行部署的。离开具体层系部署的井网就会变得不合理。层系划分主要解决层间矛盾，通过层系的合理组合，减少层间矛盾和层间干扰。井网部署主要是调整平面矛盾，通过井网的合理部署，减少平面矛盾和井间干扰。开发井网的部署是否合理，是能否实现合理开发油田的关键问题之一，对整个油田开发过程的主动性和灵活性影响很大。

1）开发井网的部署原则

合理的井网部署应该以提高采收率为目标，力争较高的采油速度和较长的稳产时间，以达到较好的经济效果。确定合理井网部署首先应从本油田的油层分布状况出发，综合运用油田地质学、流体力学、经济学等方面的理论和方法，分析不同布井方案的开发效果，以便选择最好的布井方案。具体原则如下：

(1) 井网部署应有计划、分步骤地进行，先稀后密。最大限度地适应油层分布状况，控制住较多的储量。初期基本井网对分布较稳定的油层，水驱控制程度应达到70%~80%；当好油层含水较高，产量不稳时，可适当加密井网，水驱控制程度可达80%~90%。

(2) 布置的井网既要使主要油层受到充分的注水效果，又能达到规定的采油速度，实现较长时间的稳产。

(3) 选择的井网要有利于今后的调整与开发，在满足合理的注水强度下，初期注水井并不宜多，以利于后期补充或调整，提高开发效果。此外，要注意各套井网之间的衔接配合，井位要尽量错开均匀分布，以利于后期油井的综合利用。

(4) 所选择的布井方式具有较高的面积波及系数，实现油田合理的注采平衡。不同地区油砂体及物性不同，对合理布井的要求也不同，应分区、分块确定。

(5) 必须保证经济效果较好，包括投资少，钢材消耗少，生产成本低，劳动生产率高。

(6) 实施的布井方案要求采用切实可行的先进采油工艺技术，有利于发挥工艺措施。

应该指出，产层的非均质性往往在编制开发设计和工艺方案时，不可能全部搞清。为此，针对非均质油层的合理开发方法是分阶段的布井和钻井。

2）井网密度的研究

井网部署的研究通常包括：①布井方式；②井网密度，即每口井所控制的面积(km^2/口)；③一次井网与多次井网。关于布井方式，目前已有较成熟的意见；而在井网密度上，目前总的趋势是先稀后密，但缺乏可靠的定量标准；在布井次数上，大多倾向于多次布井，但各次布井之间如何衔接和转化还没有可靠的依据。而海上油田的井网部署主要采用一次井网方式。

注水方式不同，井网部署的研究内容也不同。如切割注水方式主要研究井网密度、切割方向、切割距、排距、井距和排数；面积注水方式主要研究井网密度(井距和排距)和注采井数比。

井网密度是影响开发技术经济指标的重要因素之一，下面重点讨论井网密度的问题。

(1) 影响井网密度的因素分析。

油田开发阶段不同，其井网密度会发生变化。井网密度主要受以下因素的影响。

① 油层物性及非均质性。这里最主要的因素是油层渗透性的变化，尤其是各向异性的变化，它控制着注入流体的移动方向。对于油层物性好的油藏，由于渗透率高，单井产油能力也较高，泄油范围较大，因此这类油藏的井网密度可适当小些。

② 原油物性。原油黏度是主要影响因素。根据前苏联伊凡诺娃对65个前苏联油藏的研究表明，生产井井数对原油含水影响很大。井网越密，采出相同的原油可采储量，原油含水量就越低；原油黏度越大，井网密度同原油含水之间关系越明显，差异越大，而对低黏度原油则影响不大。对于高黏油藏，采用密井网。工艺上若是可行的话，对低黏油藏用少数井即可，但不宜用于储油层不稳定(不连续)的油藏。

③ 开采方式与注水方式。凡采用强化注水方式开发的油田，井距可适当放大些，而靠天然能量开发的井距应小些。

④ 油层埋藏深度。浅层井网可适当密些，深层则要稀些，这主要是从经济的角度来考虑。

⑤ 其他地质因素。如油层的裂缝和裂缝方向、油层的破裂压力、层理、所要求达到的油产量等都会产生影响。其中，裂缝、渗透率方向性和层理主要影响采收率，而其他因素则影响到采油速度及当前的经济效益。

此外，井网密度还与实际油田开发过程中储层钻遇率及注采控制体积有关。

(2) 井网密度的确定。

油田注水开发效果与井网密度有关，而油田建没的总投资中钻井成本又占相当大的比例，因此井网密度对于注水开发的经济效益有着重要影响。在油田开发的不同时期对井网密度有着不同的认识。20世纪30年代之前，人们认为钻井越多越好，钻井成为提高油田采收率的主要手段。20世纪30年代末，由于油田开始实施以注水为主的二次采油方式，人们开始认识到钻井的数目与井网密度对最终采收率影响不大。到20世纪40年代以后，逐步发展了各种注水和强化采油技术，人们可以用较稀的井网控制油田储量，获得较高的采油速度，因此并不是井网越密，采收率就越高。井网密度还可以根据国家对产量的要求，经济效益的大小，井网控制层系储量的多少来确定。油田产量随井数的增加而增多，当井的基数较小时，井数增加，产量增加较快；当井的基数较大时，井数增加，产量增加的幅度变小。单从增加产量看，井数越多越好。而井数的增加还受经济效益的约束。起初井数增加，油田产量提高得快，经济效益增加；井数增加到一定数量时，产量的增加幅度减小，经济效益下降，油水井管理工作与修井工作大幅度增加。

① 井网密度与采收率的关系研究。

目前关于井网密度对采收率影响程度的研究并未终止，也未得到很好的解决。

前苏联石油天然气研究院曾研究罗马什金油田一个区的井距与原油储量损失关系，发现井距为1000m时，原油损失量为5%，井距为2000m时，原油损失量为10%。

前苏联学者谢尔卡乔夫曾统计过部分油田在不同井网密度下的最终采收率(表2-2)。结果表明，井网密度从1km²/口增到0.02km²/口时，根据油层性质不同，其最终采收率提高了21%~47%。

表2-2　不同井网密度与采收率关系

油　田	不同井网密度(km²/口)的采收率					
	0.02	0.10	0.20	0.30	0.50	1.00
美国东得克萨斯(乌德拜因)	0.80	0.78	0.76	0.73	0.70	0.59
前苏联巴夫雷(某层)	0.74	0.72	0.69	0.67	0.63	0.52
前苏联杜依玛兹(某层)	0.69	0.65	0.60	0.56	0.51	0.33
前苏联罗马什金油田阿布都拉曼若沃区(某层)	0.68	0.62	0.55	0.48	0.43	0.21

马尔托夫等分析了在水驱条件下已进入开发晚期的130个前苏联油藏的实际资料，得出了采收率与井网密度和流动系数的关系统计表(表2-3)。结果表明，井网密度增加将使采收率不同程度地增加。流动系数越大，井网密度对采收率的影响越小，流动系数越小，井网密度对采收率的影响越大。

表2-3　不同流动系数条件下油藏井网密度与采收率的相互关系

油藏分组	流动系数/(100×10⁻³μm²·m/mPa·s)	油藏数	相关系数	相关方程	油层特征
1	>50	23	0.863	$\eta=0.785-0.005f+0.00005f^2$	油层分布稳定，渗透率高
2	10~50	45	0.880	$\eta=0.73-0.0065f+0.00003f^2$	油层分布稳定，渗透率高
3	5~10	24	0.841	$\eta=0.645-0.007f+0.00035f^2$	油层分布不稳定
4	1~5	24	0.858	$\eta=0.563-0.005f+0.000016f^2$	油层分布不稳定
5	<1	14	0.929	$\eta=0.423-0.0088f+0.000073f^2$	碳酸盐岩油藏

注：f为井网密度，单位为km²/口。

上述研究说明，井网越密，井网对油层的控制程度越高，对实现全油田的高产稳产和提高采收率就越有利。但是也应指出，井网密度增加到一定程度后，再加密井网，则对油层的控制不会有明显的增加。

谢尔卡乔夫通过统计前苏联已开发油田井网密度与采出程度的关系，得出以下表达式：

$$R = E_{\mathrm{D}}e^{-Bf} \tag{2-1}$$

式中　R——采出程度；

E_D——驱油效率；

B——井网指数，目前的油水井数比油田面积，口/km^2；

f——井网密度，每口井控制的面积，km^2/口。

② 确定合理井网密度的估算公式。

要确定井网密度，首先要知道油井的总数。

假设已给定本开发区的采油速度为 v_o，油层地质储量为 N，根据试采确定的平均单井日产量为 q_o，则可以算得本开发区的生产井数目 n 为：

$$n = N \times v_o / 300 q_o \tag{2-2}$$

式中 300 表示油井一年有效的生产天数。

有了井数以后，就可以求出井网密度 f 为：

$$f = A_0 / n \tag{2-3}$$

式中　A_0——开发区油层面积，km^2；

n——生产井数，口。

有了生产井数之后，根据所选的注采系统的注水井数与油井数的比例，就可以确定注水井数。

确定了井网密度之后，根据每一层系油砂体的大小、分布情况及储量的大小，合理地布置开发井网，使其尽量多地控制地下储量，减少储量的损失。

此法的不足之处是，试采确定的平均单井日产量是靠天然能量驱动得到的，注水之后就改变了能量的供给情况，故产量要有所变化。但此法仍可大致估计井数，当注水见效之后，再进行校核。

③ 确定合理井网密度的经验公式。

根据谢尔卡乔夫的采出程度与井网密度的关系，并依据投入产出原理，考虑油藏埋藏深度、钻井成本、地面建设投资、投资贷款利率、驱油效率、采收率和原油价格，可以建立计算合理井网密度的经验公式。

在式(2-1)两边同时乘以地质储量和原油销售价格，再乘以主开发期可采储量的采出程度，可得出开发期内原油的总收入，再减去含油区内所钻井花费的投资和各类成本，则可得到油田开发纯收入与井网密度的关系：

$$P_T = NR_T P E_D e^{-Bf} - [M(1+i)^{T/2} + TC] A/f \tag{2-4}$$

式中　P_T——油田开发纯收入，元；

N——地质储量，10^4t；

R_T——主开发期可采储量采出程度；

P——原油销售价格，元/t；

E_D——驱油效率；

B——井网指数，目前的油水井数比油田面积，口/km^2；

f——井网密度，每口井控制的面积，km^2/口；

A——含油面积，km^2；

M——单井总投资(钻井投资+地面投资+其他投资)，10^4元/口；

i——投资贷款利息；

T——主开发期，a；

C——单井年操作费用，10^4元/ 口 · a；

$NR_TPE_De^{-Bf}$——主开发期内产出的原油销售总收入，元；

$[M(1+i)^{T/2}+TC]A/f$——主开发期内所发生的投资及生产费用之和，元。

求 P_T极值点即为合理井网密度。对式(2-4)求关于f的导数，并令导数等于0，则得：

$$NR_TPE_DBe^{-Bf}=[M(1+i)^{T/2}+TC]A/f^2 \tag{2-5}$$

满足上式的井网密度即为合理井网密度。公式的真实内涵是主开发期内油田开发的纯收入最大。井网密度的计算可通过迭代方法求得，注意在计算中应去掉不合理的极值点。

④ 极限井网密度的确定。

在式(2-4)中，令 $P_T=0$，则：

$$NR_TPE_De^{-Bf}=[M(1+i)^{T/2}+TC]A/f \tag{2-6}$$

满足上式的井网密度即为极限井网密度。公式含义是：主开发期内的原油销售收入，正好抵消所发生的投资和生产费用之和(即不赔也不赚)。极限井网密度的计算可通过迭代方法求得，注意在计算中应去掉不合理的极值点。

第四节　油田开发方案编制简介

根据国民经济和市场对石油产量的需求情况，从油田地下情况出发，选用适当的开发方式，部署合理的开发井网，对油层的层系进行合理的划分和组合，这就需要编制油田开发的设计方案，简称开发方案。任何一个油田都可以用不同的开发方案进行开采。不同的开发方案，将会带来不同的开发效果，但其中必有一个最佳方案。

1. 油田开发方案的编制原则

开发方案的编制和实施是油田开发的中心环节，必须切实地、完整地对各种可行的开发方案进行详细制订、评价和全面的对比，然后确定出符合油田实际情况、技术上先进、经济上优越的方案来。

开发方案的编制，必须贯彻执行持续稳定发展的方针，坚持少投入、多产出、提高经济效益的原则，严格按照探明储量→建设产能→安排原油生产的科学程序进行工作部署。

在开发方案中，除对油藏的详细描述外，还应包括油田开发系统的油藏工程、钻井工程、采油工程、地面建设工程等部分的内容。每个部分都要从油藏地质特点和地区经济条件出发，精心设计和选择先进实用的配套工艺技术，保证油田在经济有效的技术方案指导下高效开发。

开发方案要保证国家对油田采油量的要求，保证顺利地完成国家和油区按一定原则分配的计划任务。即保证可以完成国家近期和长远的采油计划。

油田生产达到指标后，必须保持一定的高产稳产期，并争取达到较高的经济极限采收率。

而一个油田如何保证稳产，应有一个合理的技术经济界限。为此，需考虑注采比的高低，决定合理的开采强度以保证较长开发年限。

为保证国家原油生产的稳定增长，以适应国民经济的发展需要，可对不同级别油田的稳定年限实行宏观的控制，具体划分如下：

（1）可采储量小于 500×10^4t 的油田，稳产期不少于 3a；

（2）可采储量为 500×10^4 ~ 1000×10^4t 的油田，稳产期应在 5a 以上；

（3）可采储量为 1000×10^4 ~ 5000×10^4t 的油田，稳产期应为 6 ~ 8a；

（4）可采储量为 5000×10^4 ~ 10000×10^4t 的油田，稳产期应为 8 ~ 10a；

（5）可采储量大于 10000×10^4t 的油田，稳产期应在 10a 以上。

开发方案还必须采用先进的开采技术，油田开采方式和井网部署必须适应油藏特点，进行多种数值模拟方案的对比和优化选择。要按不同油藏的开发，拟订配套的采油工艺技术系列。凡需要人工补充能量开采的油田，都要对补充能量的方式和条件做出论证。

开发方案是油田建设前期工程蓝图，必须保证设计质量。方案选择要保证经济有效地增加储量动用程度，扩大提高油田的经济极限采收率。

开发方案要做到以最少的人力、物力消耗，尽可能采出更多的石油，获得最佳的经济效益，即投资少、成本低、建设期限短，投产后获得较高的赢利。

应与技术因素结合考虑这些问题，如采用天然能量开采，有投资少、成本低、投产快的优点；采用人工保持压力开采，则可保持油田旺盛的生产力，有利延长稳产期，但要增加投资及经营费用；分采较合采开发效果好，但需要多打井，层系划分愈多，投资和经营费用就愈大。因此，在技术经济研究中，应找出其合理的界限。

在经济评价时，还应考虑从企业和国民经济两方面来论证其经济效益。在实际工作中，有些油田开发的局部经济效益并不显著，但从国民经济角度考虑比较有利，此时虽开发投资和开发操作费用较大，企业赢利很少，但从整体考虑仍应开发，如某些偏远地区的小油田、或海洋上的边际油田以及稠油油田开发均属此类。

在油田开发过程中，要把研究工作贯穿始终，及时、准确地掌握油藏动态，依据油藏所处开发阶段的特点，制订合理的调整措施，保证油田开发系统的有效性，依靠先进的科学技术，努力提高油田开发技术和装备的现代化程度，逐步提高生产效率和资源利用程度，提高油田开发水平。

2. 油田开发方案编制的内容

油田开发方案是在详探和生产试验的基础上，经过充分研究后，使油田投入正式长期开发生产的一个总体部署和设计，是指导油田有计划、有步骤地投入开发的一切工作的依据，是指导油田开发工作的重要技术文件。油田开发方案的好坏，往往会决定油田今后生产的好坏，至少是油田开发初期生产的好坏，也涉及国家资金、人力的使用问题。如果油田开发方案制订不合理，对今后的生产影响极大，可能中途就要进行多次调整，仍达不到预期的效果。因此，油田开发方案的设计工作，必须要认真对待。国家规定，任何一个油田投入正式开发前，必须要有详细的开发方案设计，待管理单位审查通过后，方能投入全面开发。

油田开发方案的内容一般应包括：①油田地质情况；②油层流体的物性；③储量计算（指开发储量及其核实情况）；④油田开发方针与开发原则；⑤油层能量及驱动类型；⑥油层温度压力系统；⑦油田开发层系、井网、开采方式和注采系统；⑧钻井工艺和完井方法；⑨采油工艺技术；⑩油气水的地面集输系统和处理方法；⑪各项开采指标；⑫经济分析；⑬实施要求。

3. 油田开发方案编制的步骤

油田开发方案编制是一项综合运用多学科的复杂的系统工程，往往需要多学科的人员组成专门的小组，形成协同的作业方式，才能保证方案的完整。

油田开发方案的编制一般步骤为：①油藏描述；②油藏工程研究；③采油工程研究；④油田地面工程研究；⑤油田开发方案的评价；⑥油田开发方案的综合评价与优选。

以上每一部分都有详细的研究内容及指标，这里就不进一步展开论述。

4. 油田开发方案的实施

当油田开发方案经过综合评价与优选确定后，就要考虑如何实施和实现方案的问题。在开发方案中，首先要明确实施要求，然后会同有关工程部门予以实现。

1）油田开发方案的实施要求

（1）提出钻井、投产、转注程序、运行计划及特殊技术要求。

在实施方案时，首先遇到的是布井方案中的注采井钻井次序的问题。

从钻井的程序看，钻井可以是蔓延式和加密式地进行。从投产时间看，既可短期一次投产，也可以逐步逐口投产。从投注方式看，既可先排液后注水，也可开始就投注，并在井的生产制度上提出各种要求。

大庆油田开发时，采取钻完基础井网后，分区分块对油藏进行详细分析研究，计算一级储量，确定开发层系，编制注采方案和射孔方案，核算开发指标。在油水井全部射孔及投产后，在核实油层生产能力及吸水能力的基础上，编制配注方案，明确油田实现稳产方案的要求。在油田投入开发一段时间后，依据开发动态资料，对原开发井网和注采井别进行局部调整。这种开发步骤的实施，使开发工作十分主动，效果很好，成为非均质多油层油田开发的典范。实际上，往往有些油田为断块油田，情况复杂，要采用边勘探、边钻井、边开发的政策，实施滚动开发。对于不同油田的不同地区，要因地制宜地具体研究考虑。

（2）提出开发试验的安排与要求。

通过开辟开发试验区及试验项目的方法研究和解决设计开发方案时，遇到一些无法解决或不知后果的重大问题，以此来指导全局，能够避免仓促决定、全面铺开而造成开发上的失误，这种做法对于大中型油田尤为重要。

大庆油田开发初期就进行了大量试验。1960 年，在油田中部开辟了 $30km^2$ 的生产试验区，按生产井网打井，在试验区开展大量的开发试验。1961 年，在试验区开展 10 项开发试验。1963 年，又在中区开展“分层注水控制压差开发试验”和“加强注水、放大压差采油、油井堵水开采方式试验”。1965 年开始，开展了小井距 3 个单油层注水开发全过程的试验，以 75m 小井距，专门钻了 4 口井，组成两套注采系统完善的井组，进行单层注水采油试验，将油田注水开发需要几十年走过的历程，缩短在一年左右的时间完成。随后十年间在该小井距试验区进行了 3 个主力油层 8 个项目 14 个试验，对油田地质、油田开发、渗流力学、提高采收率等问题开展了多方面的研究。随后，又开展了提高采油速度的试验、分层开采接替稳产的试验、厚油层提高采收率的试验、全部转抽降压试验等。通过这些试验深入研究油层的发育情况和油田开采的规律，为合理选择井网、层系和开采方案提供经验；揭露了符合本油田各种试验条件的注水、开发全过程的开采规律；加深了对油井含水上升速度分阶段变化的规律、油井产能变化规律、油田最终采收率等问题的认识；总结和发展了非均质多油层的油田必须分层调整、分层注采的工艺技术。截至 1983 年年底，全油田开展了 93 项开发试验。这些按油层条件、具体阶段、有针对性的矿场试验，对全面指导油田开发过程具有重要意义。

如果能够完全模拟矿场实际，是可以用室内试验来代替矿场生产试验的，然而，实践证明这很难做到。不过，数值模拟和室内试验可作为重要的补充。尤其是多因素影响的情况下，这种相互印证就更能加强对油藏的客观认识，对油田开发试验成果作出正确、科学的评价。

因此，在有条件的油田应该开辟试验区，进行开发试验，提出项目及要求，这是取得油田开发主动权的有力措施。

(3) 提出和设计油藏动态监测系统。

① 确定油藏动态监测所要录取的资料。

要想控制油田的开发过程，首先要把地下动静态参数及情况搞清楚。因此，必须在开发过程中系统地、有计划地录取资料。资料的录取包括两方面的内容：

a. 核实、检验、补充原有资料，包括地层压力、温度、储量、油气水分布等。对这些资料做进一步的分析研究认识。

b. 应有系统的分层测试资料、找水资料，掌握不同时期油层水淹状况、地层物性的变化、采收率等动态，为采取开发措施提供依据。这对注水开发的油田很有必要。

通常，在油田勘探开发中，最易忽视的问题是含水域资料的录取。要想开发好油田，必须了解有关的统一水动力系统的水域情况，包括水域的静态参数，水井应是油田很好的观察井，它不仅可以了解油田压力的变化及油水界面推进的情况，还可对它是否适合注水及有无原油外溢等进行监测，如华北任丘油田内部就有多口观察井。

② 确定油藏动态监测的主要内容及要求。

在设计开发方案时，应明确油藏动态监测的内容，需采用监测的手段、方法、时间和目的要求。监测内容主要有：流体流量 、地层压力 、流体性质、油层水淹状况、采收率、油田井下技术状况等。通过流量的监测掌握油水井的产液(油)量和吸水剖面，定期在井口取样化验以确定流体性质的变化；通过矿场地球物理测井，综合判断各类油层水淹情况及水淹程度；通过钻取检查井取心测试了解采收率状况；通过工程测井检测各类井的井下状况。由此便可绘制原始压力等压图、定期的油层压力分布图，测定准确的采油指数，知道各种流动参数的变化。

为了全面地搞好油田的监测，可根据油田的具体情况，确定一套油田动态的监测系统，按照不同的监测内容，确定观察点，建立监测网。建立动态监测系统时考虑资料务必齐全准确、有代表性、有足够的数量。

例如大庆油田就把所有的自喷井作为压力观察井点，初期一个月测压一次，以后每季度测压一次；抽油井选三分之一作测压点，每半年测压一次。观察井的分布要均匀，能知道压力的分布及变化，形成一个压力监视系统。选取二分之一的自喷井作分层测试，每年分层找水一次，取得分层测试资料；对抽油井要求有四分之一至三分之一的井作测试观察点，每年测试一次；注水则以所有的分层注水井作测试观察点，每季分层测试一次；选取五分之一的或更多的注水井进行同位素放射性测井，每年测试一次。根据情况还可加密测试，建立一套流量测试系统。同样，对流体性质、水淹状况、井下技术状况等的监测，均可建立相应监测系统，明确测试周期、方法、要求等。

有了明确的监测系统及采集资料的要求，做到及时分析，及时反馈，及时采取措施，才能保证油田开发始终处于科学管理的状态，保证开发设计的目标与要求得到实现。

（4）增产增注措施及其他。

增产增注措施是提高油水井单井生产和注水能力的最主要的方法。实践表明，要取得良好效果，必须针对实际储层情况和开发要求，优选实施的技术参数。

如碳酸盐岩油田适合完井投产前进行酸化或酸压，保护油层，减少油层污染。又如特低渗砂岩多油层油田也应早期实行分段压裂投产。我国陕北安塞油田是个特低渗的油田，平均有效渗透率为 $0.49\times10^{-3}\mu m^2$，产能极低，甚至常规水基钻井液钻井试油无初始产量。经初期压裂改造后，日产2t左右。若进行面积注水，分层优化压裂，则日产可稳定达4~5t。由于该油田采用深穿透、高孔密、多相位、合理孔径、负压和油管传输射孔技术；采用大砂量、高砂比、深穿透压裂工艺；这些增加射开程度、增加分压井段、优化压裂参数等整体优化压裂技术，为油田“增产上储”提供了开发特低渗储层的宝贵经验。因此，对于油田重大增产措施，在设计中应考虑并列出要求、步骤、工作量表，以便付诸实施。

此外，其他有关实施方面的特殊问题，如为注水寻找浅层水源打浅井等问题，也可根据油田具体情况，在设计方案中提出。

2）油田开发方案的实施

油田开发方案批准后，钻井、完井、射孔、测井、试井、开采工艺、地面建设、油藏地质、开发研究和生产协调部门都要按照方案的要求，制订出本部门具体实施的细则并严格执行。在完成开发方案、整体或区块开发井完钻后，主要须做好以下工作：

（1）确定注采井别和编制射孔方案。

这对部署开发基础井网及调整井网都适用。从钻井完成至编制出射孔方案，这中间要有一个对油层再认识的过程，包括对油层分布、油层地质参数、底水、夹层、断层的再认识。钻井和射孔两步不宜并作一步走，这点往往是射孔是否适宜的关键。大庆油田开发经验表明，除个别特殊情况外，应搞一个独立的单元(一个区或一个断块)，在80%以上井完钻后，再编制射孔方案，而不是单井射孔方案。

在井网钻完后，先对油层进行再认识，然后根据油层地质特点和采油速度的要求，分区、分块确定或完善注采系统。较大的区块都必须有完整的注采系统，使绝大多数的油井尽可能做到多层、多方向受到注水效果，并处于水驱作用下开发。注水井一般选择油层厚、渗透性和吸水能力比较好、与油井连通层位多的层位。

对于调整井，还需要结合动静态资料及水淹层解释资料进行综合分析。在静态资料的基础上，厚油层以水淹层解释为依据，动态资料为参考；薄油层以动态资料为依据，水淹层解释为参考，做成油层动静态综合图来分析各层见水情况、储量动用状况、油水平面分布，从而定量判断各井点含水饱和度和含水率。

在此基础上，遵循以下原则及细则编制射孔方案。

① 同一开发层系的所有油层，原则上都要一次性射孔。调整井应根据情况另作规定。

② 注水井和采油井中的射孔层位必须互相对应。凡是注水井与采油井相连通的致密层、

含水层都应该射孔，以保证相邻井能受到注水效果。

③ 用于开发井网的试油井，要按规定的开发层，系统调整好射孔层位，该射的补射，该堵的封堵。

④ 每套开发层系的内部都要根据油层的分层状况，尽可能地留出卡封隔器的位置，在此位置不射孔。厚油层内部也要根据薄夹层渗透性变化的特点，适当留出卡封隔器的位置。

⑤ 具有气顶的油田，要制订保护、开发气顶的原则和措施。为防止气顶气窜入油井，在油井内油气界面以下，一般应保留足够的厚度不射孔。

⑥ 厚层底水油藏，为了防止产生水锥，使油井过早水淹，一般在油水界面以上，保留足够的厚度不射孔。

⑦ 对于调整井，主要是与原井网相互混合，组成完整注采系统，考虑油田剩余储量的分布，确定射孔层位。在编制方案时，应同时考虑安排原井网中部分油水井的转位、停注和补孔等。

最后，把经过分析研究制订的油水井的射孔层位落到每一口井上，打印成射孔决议书并实施。

（2）编制油田配产配注方案。

在油水井全部射孔投产后，应进行油水井的测试，核定油水井的生产与吸水能力，然后编制油田的配产配注方案。方案内容大同小异，但在不同开发阶段，由于开采特点不同，主要问题不同，各种措施也有所不同。

① 注水初期阶段的问题及措施。

油田开发初期就注水，基本上是为了保持注采平衡，使油层压力保持在原始压力或饱和压力的附近。具体措施是：a. 凡是具有自喷能力的油井，都要保持油层压力，维持自喷开采；b. 天然能量补给充足的油田，能够满足开发方案设计要求的采油速度的，应利用天然能量进行开发；c. 在此期间，容易产生油田、油井、油层受水驱的效果不普遍和某些区段油层压力偏低等问题，对这些地区首先要加强注水，稳定并逐步将油层压力恢复上去，不能一边注水，而另一边的压力及产液量仍继续下降。

② 压力恢复阶段的问题及措施。

在压力恢复阶段的具体措施是：a. 对含水上升速度快的油井，应该采取分层注水、分层堵水等措施，尽量减缓含水上升速度；b. 对注水见效快，油层压力得到恢复的油井，要及时调整生产压差，把生产能力发挥出来；c. 对产能过低的油井，选择压力已恢复的油层，进行压裂，提高其生产能力；d. 在油水边界和油气边界的地区，要防止边界两侧的压力不平衡，以免原油窜入含气区或含水区而造成储量的损失。

③ 分层注水工艺及措施。

多油层油田应采用分层注水开发，保证开发层系中的主力油层能够在设计要求的采油速度下保持压力，实现稳产。具体措施是：a. 对吸水量过高的主力油层，要适当控制注入速度，防止油井过早见水而影响稳产；b. 当油井中部分主力油层已见水，并引起产量下降时，应通过分层注水工艺控制主要见水层的注水量，加强其他油层的注水量，实现主力油层之间的接替稳产。同时通过调节主力油层平面上不同注水井的注水量，挖掘含油饱和度相对高的部位处的潜力；c. 在实现分层注水时，应根据注水井分层吸水剖面和油井分层测试找水的结构来确定分层注水层段；d. 逐步做到分砂层组和分层注水，尽量把主要的出油层和出水层都单独分出来，实现主力油层内部分层调节注水量；e. 当主力油层平面上只有一口井或少数井见水时，不宜急于大幅度控制注水，使油层压力降低，影响多数油井稳产；f. 在油井进行分层压裂、酸化或堵水等措施的层位，注水井内部应相应地调整分层注水量。

开发初期，注水层段可分得粗些，随着开发的进程，油水交互分布的情况越来越复杂，注水层段相应要分得细些。分层注水的数量要满足主要出油层的注水量，保持主要出油层的压力。同时，对其他油层加强注水，恢复和提高压力。在方案中，应确定油井和注水井内分层改造的层位和措施。

关于油田中后期调整配产配注的一些原则及要求，尤其是年度配产配注方案的制订基本上是相同的，只是不同阶段油田油井含水量变化，油层注水中的层内、层平面、层间水驱油不平衡更加显著突出，在处理上更加复杂些，工作量更大些。对于某些情况，还必须进行层系、井网、注采系统和开发方式的调整才能解决问题。

④ 根据所定的相关参数计算年配水量。

有了年配产指标和含水率及其上升值，即可算出年产液量；有了年提高压力的指标，就可根据压力和注采比的经济关系定出年注采比指标；按照全油田区块、井组的年产量指标和已定的注采比便可算出年配水量。全油田或区块、井组的年配水量确定后，根据油井分层测试资料，统计出主力油层和非主力油层产油和含水比例，并考虑两类油层将采取的增产措施，定出两类油层产油量，再定出注采比。

为调整各层之间压力平衡，通常应对见水层、高渗透层适当控制，注采比应小于 1.0。需要加强注水的差油层，注采比应大于 1.0。一般油层的注采比在 1.0 左右，具体由地层压力升降及其与注采比关系来定。这就是将年注水量分配到区块和各类油层中，再根据每个井组的具体情况和原注水情况，将注水量具体分配到每口注水井的每个注水层段中。

习 题

1. 画出四点法和七点法井网示意图，并说明它们的异同(井网格式、油井受效及井分流方向、注采井数比等)。

2. 分别画出五点法、九点法、直对式、交错式井排注水示意图，并说明五点法和交错式井排注水的异同点。

第五节 油藏评价方法

油藏评价是以现代石油地质理论为指导，以现代油气勘探技术和现代计算机技术为手段，综合应用地震、录井、测井、试油、试采、分析化验等资料，在三维空间内描述油藏形态、储层分布、岩性和物性变化，以及储集体中油气分布的系统工程。

油藏评价的涵义是以现代勘探开发技术与计算机技术为手段，多学科结合，对油藏的各种静态特征、动态特征、动态规律和经济效果进行综合描述和评价的系统工程。油藏评价应贯穿于油藏从钻探第一口探井直至油藏开采终结的全过程。油藏评价从第一口井开钻就开始了。

面对全球化的市场竞争和资源争夺，迫切要求发展油藏评价一体化技术，即通过各学科的密切配合和各工种的紧密衔接，从早期的圈闭评价、各阶段的油藏描述和评价、开发方案设计、开发调整直至开发终了的全过程，实现资源共享和计算机化。

中国石油天然气总公司发布的行业标准《油藏评价技术规范》(SY/T 5521—2008)，规定油藏评价的内容包括油藏评价区块的优选、油藏评价总体部署、油藏评价总体部署的实施、开发早期油藏描述、油田开发方案的编制。

油藏评价的目的是：探明油藏的工业价值，提交探明储量。

油藏评价的任务是：

(1) 编制并实施油藏评价部署方案；

(2) 进行油藏技术经济评价；

(3) 对于具有经济开发价值的油藏，提交探明储量，编制油田开发方案；

(4) 对不具备提交探明储量的油藏评价结果进行总结。

本章从油藏开发的需要出发，主要从油气藏的压力系统、驱动类型、油气藏的储量等方面对油藏进行分析和评价。

1. 油气藏的压力系统

1) 在油气藏的原始条件下油、气、水的静态分布

油藏是指原油在单一圈闭中具有同一压力系统的基本聚集。如果在一个圈闭中只聚集了石油，称为油藏；只聚集了天然气，称为气藏。一个油藏中可以有几个含油砂层时，称为多层油藏。对一个油藏来说，油、气、水处在同一个水动力系统中，也就是说，整个油藏内各点是联系着的。在未开发之前(即在静态时)，油藏中的油、气、水是按密度大小呈有规律的分布。一般情况下，气最轻占据构造的顶部，油则聚集在翼的中部，相比之下水最重，则占据翼的端部(图 2-6)。

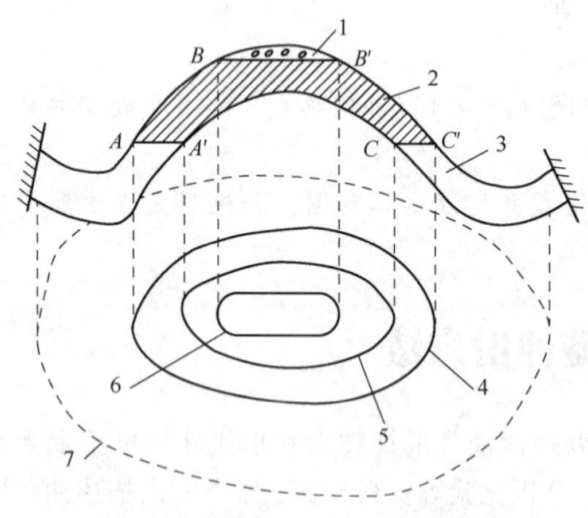

图 2-6　油藏静态油、气、水分布示意图

1—气顶区；2—含油区；3—含水区；4—含油外缘；5—含油内缘；6—含气边缘；7—封闭边缘

油藏中的油和水的接触面为油水界面，若将油藏投影到平面上(图 2-6)，“4”为含油外缘，“5”为含油内缘。在含油内缘内打井，获得无水石油，在内外含油边缘间(即油水过渡带)打井，钻穿油藏全部厚度时，油和水同时产出，为了计算方便，常取内外含油边缘的平均值为计算含油边缘。

分布在油藏翼端的含水层，若含水层在地面有露头存在，并且地层水能通过露头源源不断地得以补充，把露头投影在平面上，则称为供给边缘。若边界是封闭的，把它投影在平面上(图 2-6)，则“7”为封闭边缘。

如果油藏中存在气顶，油和气接触面称为油、气分界面，投影在平面上称为含气边缘。如图 2-6 中，“6”为含气边缘。

2) 油层的压力

油藏的压力系统，是油藏评价中的重要内容。准确确定油气藏的原始地层压力，是判断

油气藏的原始产状和分布类型，确定储量参数和储量计算的基础。

（1）原始地层压力。

油藏在未开发之前，整个油藏处在平衡状态，这时油层中流体所承受的压力叫原始地层压力，用 P_i 表示。原始油层压力的高低，与油层的埋藏深度有直接关系，油层越深，压力越高。

（2）原始地层压力系数。

原始油层压力系数为原始油层压力与其相当深度的静水柱压力之比。一般来说，油层深度每增加 100m，压力增加 1MPa 左右，原始地层压力系数用 K_p 表示，则：

$$K_p = \frac{100p_i}{H} \tag{2-7}$$

式中　p_i——原始地层压力，MPa；

H——油层埋藏深度，m。

各个油田的 K_p 不一定相同，如老君庙油田 L 层的 K_p 为 0.86，罗马尼亚的布得界德油田 K_p 为 0.53，而胜利油田某油层的 K_p 为 1.6。通常当 K_p>1.1 时称高压异常，K_p<0.9 时称低压异常。出现异常的原因是地壳发生了构造运动，使已形成的油层上升或下降的结果。

（3）目前地层压力（静压）。

油田投入开发后，在某些井点，关井压力恢复后所测得的油层中部压力称为目前地层压力，简称静压，它是衡量地层能量大小的标志。在油田开发过程中，它的变化与采出量及注入量有关。

（4）流动压力（流压）。

流动压力是指油井正常生产时，所测出的油层中部压力，一般用 p_{wf} 表示，单位为 MPa。流压的高低，直接反映出油井自喷能力的大小。

（5）生产压差（又称采油压差）。

指目前地层压力与井底流压的差值。

（6）总压差。

总压差是指目前地层压力与原始地层压力之差，标志油田天然能量的消耗情况。

（7）压力梯度。

压力梯度是指地层压力随地层深度的变化率。

2. 油藏的驱动类型及其生产特征

油藏驱动类型是指油藏开采时驱使油（气）流向井底的主要动力来源和方式。油藏的驱油动力可以是来自油藏本身的天然能量，它与油藏的地质条件有关，也可以是人工补充能量，如向地层注入工作剂。

驱动方式是指油藏在开采过程中主要依靠哪一种能量来驱油。对于油藏来说，根据自然地质条件，存在的天然能量一般有：岩石和流体的弹性能、原油中溶解气的弹性能、边底水的压能和弹性能、气顶中压缩气的弹性能、原油自身的重力等。

对于一个实际开采的油藏，不可能只有一种驱油能量起作用，而往往是两种或三种驱油能量同时起作用，这时油藏的驱动类型称为综合驱动。在综合驱动条件下，往往是某一种驱油能量占据支配地位，成为驱油的主要动力。

对于气藏来说，在投入开发之后，由于生产井的生产，造成地层压力的下降。对于有边底水的气藏，其主要驱油能量为边底水的压能和膨胀能，以及气藏本体内天然气和储层岩石与束缚水的弹性能。对于没有边底水或边底水不活跃的气藏，其主要驱油能量是气藏本体内的弹性膨胀能。在开采过程中，也可通过向地层注入工作剂来补充地层能量，如注水、注气等。

油藏的驱油能量不同，则开采方式不同，在开采过程中，产量、压力、生产气油比等重要的开发指标及其变化特征也不同，所以，可以通过分析它们的变化关系来判断油藏的驱动方式。

确定油藏的驱动方式对于油田开发具有重要指导意义：在油藏工程设计中选择合理的开发方式、井网布置、油井工作制度等，在一定程度上要根据驱动方式来确定；要建立哪种驱动方式，应根据油田开发需要和油藏的地质条件来确定。驱动方式不同，开发效果不同，采收率也不同。

下面分别介绍不同驱动方式及其生产特征。

1）弹性驱动

弹性驱动油藏的驱油动力主要来源于油藏本身岩石和流体由于压力降低而产生的弹性膨胀能。这类油藏一般属于被断层或岩性封闭的油藏。所以，这种驱动方式也称封闭弹性驱动。

形成弹性驱动油藏的条件：油藏无边底水、不注水、无气顶；有边底水但不活跃；原始地层压力高于饱和压力；在开采过程中，油层压力始终保持高于饱和压力。

这类油藏在开采过程中随压力不断下降，地层将不断释放弹性能，将油驱向井底。在开采过程中，产油量不断减少，生产气油比保持不变，且生产气油比等于原始溶解气油比。其生产特征曲线如图 2-7 所示。

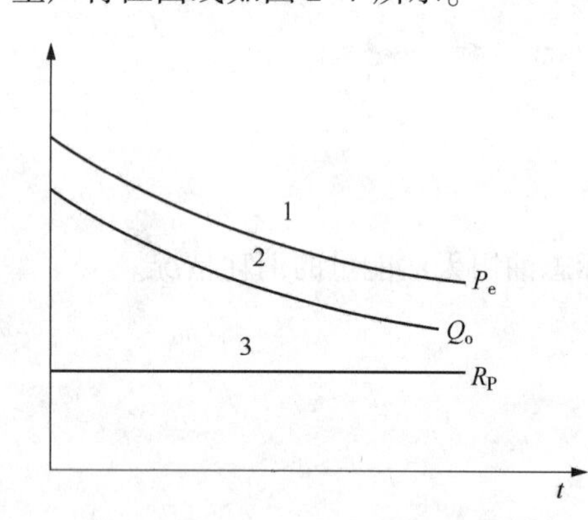

图 2-7　弹性驱动油藏生产特征曲线

1—油层压力；2—产油量；3—生产气油比

2）溶解气驱动

在弹性驱阶段，当油层压力降到低于饱和压力时，随着油层压力进一步降低，溶解状态的气体将从原油中分离出来，分离出气泡的膨胀能，将原油驱向井底，形成溶解气驱动。这类油藏的驱油动力主要来源于溶解气的弹性膨胀能。

形成溶解气驱的油藏应无边底水或有边水而不活跃，且不注水，无气顶，生产过程中油层压力低于饱和压力。

对单纯的溶解气驱来说，随着压力不断下降，原油中分离出的气泡，不断释放弹性能进行驱油；同时，岩石和液体也会释放弹性能造成驱油作用，但其主要驱油能量来自气泡的膨胀。

随着地层压力的进一步下降，分出气量增多，地层中临界含气饱和度形成之后，自由气开始流动，形成油、气两相共流。随着地层内含气饱和度的增加，含油饱和度的减少，气相的渗透率上升，油相渗透率下降；同时，气体从原油中的脱出又使原油黏度增加，导致油流阻力迅速增加。因此，地层压力下降很快，产油量也迅速下降，产气量迅速上升，生产气油比迅速增加。到开发后期，地层中气量已很小，所以气油比下降。其生产特征曲线如图 2-8 所示。

油藏开发经验证明，这种驱动方式开发效果差，最终采收率低。溶解气驱油藏的采收率一般在5%~25%之间。

3）水压驱动

当油藏存在边、底水或注入水时，则会形成水压驱动。水压驱动分为刚性水压驱动和弹性水压驱动。

（1）刚性水压驱动。

刚性水压驱动油藏的主要动力来源于有充足供水能力的边水或底水的水头压能。

形成刚性水压驱动的条件是：油层与边水或底水相连通，边水有露头或底水水源充足，边水露头与油层之间高差大，油水层的渗透率高，且油水区之间连通性好。当注水开发时，注采比等于1时，原始地层压力高于饱和压力。

在刚性压水驱动方式下，由于边、底水或注入水水源供给充足，所以生产过程中地层压力保持不变。当水驱前缘到达油井后，油井开始产水。随着含水不断上升，产油量不断下降。由于地层压力高于饱和压力且保持不变，因此，生产气油比保持不变。其生产特征曲线如图2-9所示。

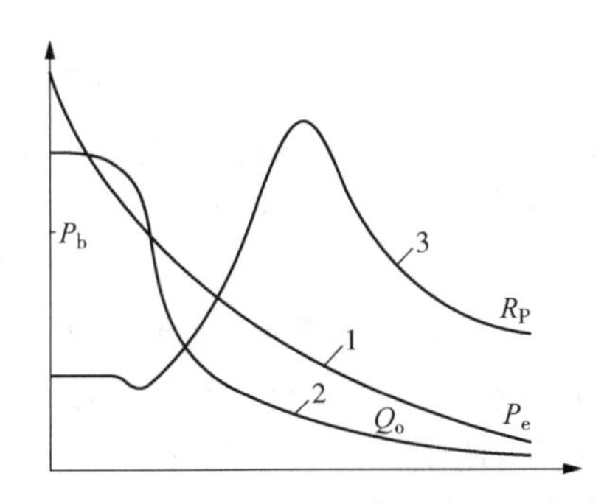

图2-8　溶解气驱动油藏生产特征曲线

1—油层压力；2—产油量；3—生产气油比

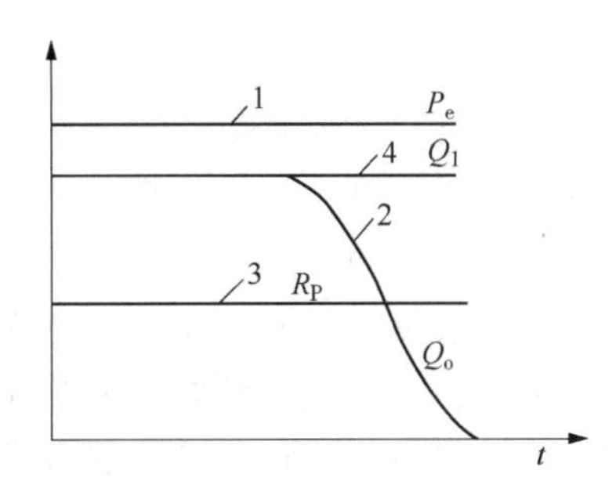

图2-9　刚性水驱油藏生产特征曲线

1—油层压力；2—产油量；3—生产气油比；4—产液量

（2）弹性水压驱动。

弹性水压驱动油藏的驱油动力主要依靠油藏含油部分以外广大含水区岩石和地层水弹性能。

形成弹性水驱油藏应满足以下条件：存在边、底水但不活跃，一般边水无露头，或边水有露头但因地层连通性差、渗透率低，水源供应不足；若人工注水开发时，注水速度赶不上采液速度；开采过程中，地层压力始终保持高于饱和压力。

当边、底水或注入水能量不足时，水侵量小于采液量，造成地层亏空，引起地层压力下降，含水区及含油区的岩石和流体释放弹性能进行驱油。因此，生产过程中地层压力不断下降，产液量下降。由于地层压力高于饱和压力，生产气油比保持不变。其生产特征曲线如图2-10所示。

4）气压驱动

对于具有原始气顶的油藏，当含油区的油井投入开发后，由于含油区地层压力下降，引起气顶气向含油区的体积膨胀，驱动原油流向井底。

当油藏存在气顶，且驱油动力主要是气顶中压缩天然气的弹性膨胀能时，则形成气压驱动。通过向地层人工注气也可形成气压驱动。

根据气顶能量的大小或注气地层的压力保持程度，气压驱动又可分为刚性气压驱动和弹性气压驱动。

(1) 刚性气压驱动。

当人工注气或气顶体积比含油区体积大得多时，驱油动力主要是人工注气或气顶气的压能，若开采过程中地层压力基本保持不变，则形成刚性气压驱动。

刚性气驱的开采特征与刚性水驱的开采特征类似。油层压力、产量和生产气油比基本保持不变。当油气前缘到达油井时，出现气窜，产气量迅速上升，生产气油比增加。其生产特征曲线如图 2-11 所示。

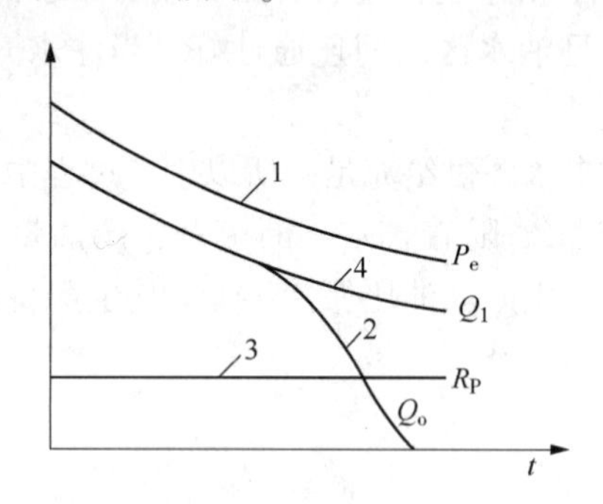

图 2-10 弹性水驱油藏生产特征曲线
1—油层压力；2—产油量；3—生产气油比；4—产液量

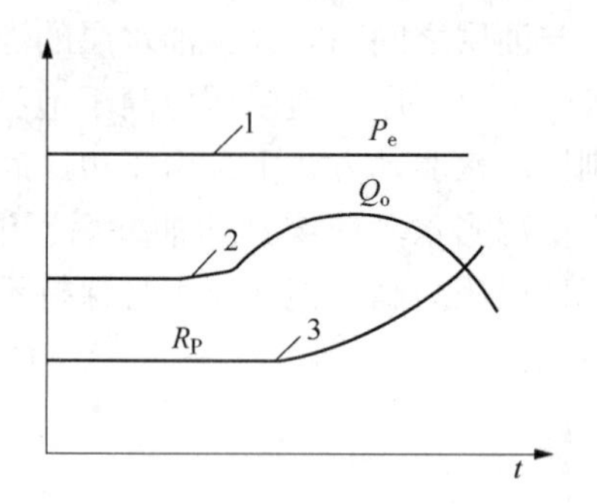

图 2-11 刚性气驱油藏生产特征曲线
1—油层压力；2—产油量；3—生产气油比

(2) 弹性气压驱动。

当气顶体积较小，又无注气补充的情况下，驱油动力主要是气顶气的弹性膨胀能。随着产油量不断增加，气顶气不断释放弹性能量，气顶压力不断下降，油井产量不断下降。同时，随着油层压力不断降底，原油中的部分溶解气脱出，使生产过程中的气油比逐步上升。其生产特征曲线如图 2-12 所示。

5) 重力驱动

重力驱动的油藏主要依靠原油自身的重力将油驱向井底。

一般情况下，一个油藏在其开发过程中，重力驱油作用往往是与其他能量同时存在的。但与其他能量相比，它起的作用并不大。

形成重力驱动的油藏，需具备倾角大、厚度大、垂向渗透性好等条件。一般在油田处于开发后期，或其他能量枯竭时，重力才能发挥主要作用。其生产特征曲线如图 2-13 所示。

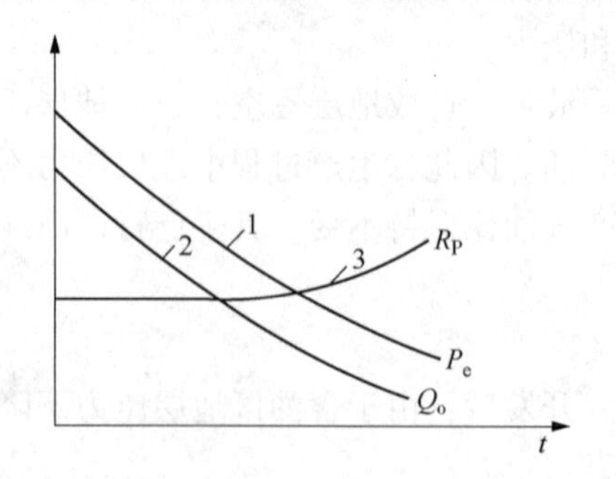

图 2-12 弹性气驱油藏生产特征曲线
1—油层压力；2—产油量；3—生产气油比

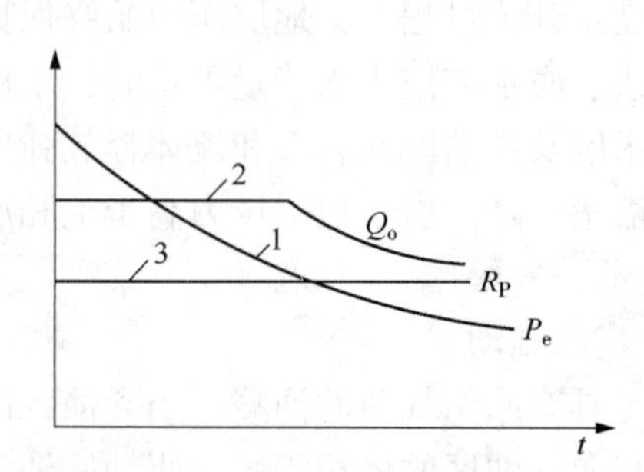

图 2-13 重力驱动油藏生产特征曲线
1—油层压力；2—产油量；3—生产气油比

综合上述可知，油藏的能量类型取决于油藏的地质条件，如油藏的埋藏深度，有无边底水、气顶及其大小，以及连通性好坏等，从而可能建立某种天然驱动条件。对一个实际开发的油藏来说，在同一驱动方式下，往往有 2 种或 3 种驱油能量同时作用，而其中某一种驱油能量占据支配地位，发挥主导作用。驱动方式就是依据这种起主导作用的驱油能量来确定的。同一个油藏，在开发过程中，驱动方式并不是一成不变的，而是随着开发的进程及开发措施的实施与调整，会发生变化。例如，一个无边、底水的未饱和封闭油藏，其原始地层压力高于饱和压力，在开发初期驱油进井的动力，主要是压力降范围内岩石和流体的弹性能，此时，驱动方式为弹性驱动。当地层压力低于饱和压力时，可能会转为溶解气驱。若采用人工注水方法补充能量，则会转为水压驱动。

驱动方式不同，油田开发效果和经济效益也不同。研究油藏驱动方式的目的就是要正确判断油藏驱动类型，充分利用天然能量，建立高效率的驱动方式，以便最佳地开发油田。

3. 储量评价

油气储量是石油和天然气在地下的蕴藏量，它是油气田勘探综合评价的重要成果之一，是决策者制定开发方案、确定油田建设规模和投资的依据。

油气储量计算贯穿于勘探开发全过程。储量计算是否准确，对石油公司的发展非常重要，它是油气田开发的物质基础。随着油气田的勘探开发，对地下油气藏的认识也逐步加深，储量精度也在逐步提高和接近于客观实际。这个过程既有连续性，又有阶段性，不同勘探、开发阶段所计算的储量精度不同。在进行勘探和开发决策时，要和不同级别的储量相适应。本节内容主要介绍有关油气储量的概念、分级分类、计算方法和技术评价指标等知识。

1）油气储量的概念及分级分类

（1）储量的基本概念。

① 总油气资源量。

总油气资源量是指在自然环境下，油气资源所蕴藏的地质总量。它包括已发现的资源量和未发现的资源量。目前，国外将已发现的资源量定名为原始地质储量，未发现的资源量定名为远景原始地质储量。

② 地质储量。

地质储量是指在原始地层条件下，把已发现的油气储层有效孔隙中储藏的油气总体积换算到地面标准条件下的油气总量。它是总油气资源量中已发现部分的油气总量。地质储量也称原始地质储量。

③ 可采储量。

可采储量是指在现有经济、技术条件下，从原始地质储量中预期能采出的油气总量。可采储量又称原始可采储量。

④ 剩余可采储量。

剩余可采储量是指已经投入开发的油田，在某一指定年份剩余的可采储量。它是原始可采储量与到某一指定年份累积采量的差值。它是以后油田开发的物质基础，也是最有实际意义的储量。

⑤ 储采比。

储采比是指开采到某年剩余可采储量于当年年产量之比，单位为年，又称储量寿命。其含义是现有的剩余可采储量，若以该年的年产量生产，还能开采多少年。当储采比近于10~12时，说明油田开发开始进入递减阶段。因此储采比也是分析与判断开发形势的一个重要指标。

(2) 我国储量的分级与分类。

我国于2004年颁布了GB/T 19492—2004《石油与天然气资源、储量分类》。以地质储量为核心可划分为探明地质储量、控制地质储量和预测地质储量3级。中国资源/储量分类见图2-14。

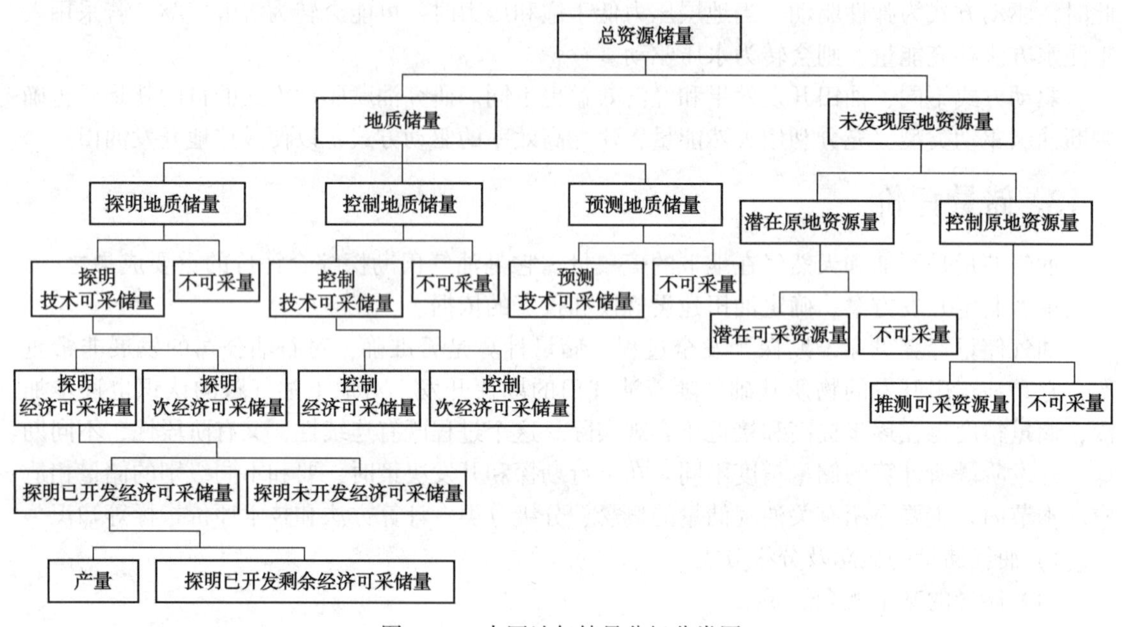

图2-14　中国油气储量分级分类图

① 探明地质储量。

探明地质储量是指在现有技术和经济条件下，可供开采并获得社会经济效益的可靠储量，是在油气田评价勘探阶段完成后，或在开发过程中计算的储量。

② 控制地质储量。

控制地质储量是在圈闭预探获得工业油气流后，以建立探明储量为目的，在评价勘探过程中计算的储量。控制储量可作为进一步勘探、编制中期和长期开发规划的依据，储量的可信系数大于50%。

③ 预测储量。

预测储量是在地震普查和其他地方提供的圈闭内，经过预探井钻探获得油气流，或综合分析有油气层存在，根据区域地质条件分析和类比，对可能存在的油气藏进行估算的储量。预测储量是制定评价勘探方案的依据，储量的可信系数大于10%。

2）储量计算方法

根据油气田勘探开发所处的不同阶段，及其取得资料的情况，石油与天然气的储量计算方法大体上可以划分为类比法、容积法和动态法3类。其中容积法是最基本、最常用的方法，本节主要介绍此种方法。

容积法，是在油气田经过早期评价勘探，基本搞清了含油气构造、油气水分布、储层类型及岩石物性与流体物性之后，利用油气藏静态资料和参数，以确定油气藏储油气体积来计算油气地质储量的一种方法。其实质是计算地下岩石孔隙中油(气)所占的体积，然后用地面的质量单位或体积单位表示。

（1）油藏的原始地质储量。

$$N = 100Ah\phi S_{oi}/B_{oi} \tag{2-8}$$

式中　N——原油地质储量，10^4m^3；

A——油藏的含油面积，km^2；

h——平均有效厚度，m；

ϕ——平均有效孔隙度；

S_{oi}——原始含油饱和度；

B_{oi}——原始地层条件下原油体积系数。

在油藏的原油中，溶解气的原始地质储量为：

$$G_s = 10^{-4}NR_{si} \tag{2-9}$$

式中　G_s——溶解气的原始地质储量，10^8m^3；

R_{si}——原始溶解气油比，m^3/m^3。

（2）气藏的原始地质储量。

$$G = 0.01Ah\phi S_{gi}/B_{gi} \tag{2-10}$$

$$B_{gi} = p_{sc}Z_iT/p_iT_{sc} \tag{2-11}$$

式中　G——气藏的原始地质储量，10^8m^3；

S_{gi}——原始含气饱和度；

B_{gi}——天然气的原始体积系数；

p_i——原始地层压力，MPa；

p_{sc}——地面标准压力，MPa；

T_{sc}——地面标准温度，K；

T——地层温度，K；

Z_i——原始气体压缩因子，无因次量；

其他参数同前式所注。

（3）凝析气藏的原始地质储量。

凝析气藏在原始油层条件下呈单一气相状态，称为凝析气。而当采到地面时，能够分离出液态凝析油和气态的天然气。在计算原始地质储量时，首先应将原始烃类气体的地质储量计算出来。在此基础上再计算原始凝析油的地质储量。

① 凝析气的原始地质储量。

由气体状态方程，在原始油层条件下，凝析气藏中天然气和凝析油的总摩尔数为：

$$n_t = \frac{p_iV_p}{Z_iRT} \tag{2-12}$$

式中　n_t——凝析气藏中流体总物质的量，kmol；

V_p——凝析气藏中，凝析气所占的孔隙体积，m^3；

R——通用气体常数，R=0.008 3159 MPa·m^3/(kmol·K)。

在标准条件(0.101MPa 和 20℃)下，1kmol 气体所占的体积为 24.056m³，因此，n_t 摩尔凝析气藏中的流体所占的体积为：

$$G_t = \frac{24.056 \times 10^{-2} Ah\phi S_{gi} p_i}{Z_i RT} \tag{2-13}$$

将 $R=0.0083159\text{MPa}\cdot\text{m}^3/(\text{kmol}\cdot\text{K})$ 代入式(2-13)得：

$$G_t = \frac{28.9277 Ah\phi S_{gi} p_i}{Z_i T} \tag{2-14}$$

式中　G_t——凝析气的原始地质储量，10^8m^3。

② 天然气的原始地质储量。

已知凝析气藏在稳定生产条件下的生产气油比为 GOR，即在地面采出 1m³凝析油时，所采出天然气的体积是 $GOR\text{m}^3$。因此地面采出 $GOR\text{m}^3$天然气的摩尔数为：

$$n_g = \frac{GOR}{24.056} \tag{2-15}$$

式中　n_g——采出天然气的物质的量，kmol；

GOR——生产气油比，m³/m³。

已知 1 m³水的质量为 1000kg，则 1 m³凝析油的质量为：

$$m_o = 1000\gamma_o \tag{2-16}$$

所以，采出 1m³凝析油和 GOR m³天然气的摩尔数分别为：

$$n_o = \frac{1000\gamma_o}{M_o} \tag{2-17}$$

$$n_g = \frac{GOR}{24.056} \tag{2-18}$$

式中　n_o——采出凝析油的物质的量，kmol；

n_g——采出天然气的物质的量，kmol；

γ_o——凝析油的相对密度；

M_o——凝析油的相对分子质量，可由如下相关经验公式确定：

$$M_o = \frac{44.29\gamma_o}{1.03 - \gamma_o} \tag{2-19}$$

地面采出天然气的物质的量浓度为：

$$f_g = \frac{n_g}{n_g + n_o} = \frac{GOR}{GOR + \dfrac{24056\gamma_o}{M_o}} \tag{2-20}$$

式中　f_g——地面产出天然气的物质的量浓度。

所以，在总的原始地质储量中，天然气的原始地质储量为：

$$G_d = G_t f_g \tag{2-21}$$

式中　G_d——凝析气藏中天然气的原始地质储量，10^8m^3。

③ 凝析油的原始地质储量。

在凝析气藏中凝析油的原始地质储量为：

$$N_o = \frac{10^4 G_d \gamma_o}{GOR}$$

式中　N_o——凝析油原始地质储量，10^4t。

应用举例：

已知某凝析气藏，含油气面积为 $A=30\text{km}^2$，有效厚度 $h=15\text{m}$，原始地层压力 $p_i=57.26\text{MPa}$，原始地层温度 $t=135℃$，由岩心分析和 PVT 油气高压物性分析测得：岩石孔隙度为 $\phi=0.18$，原始含气饱和度为 $S_{gi}=0.70$，原始地层条件下凝析气压缩因子 $Z_i=1.209$。若该凝析气田日产天然气量 $q_g=28.96\times10^4\ \text{m}^3/\text{d}$，日产凝析油 $q_o=98.7\ \text{m}^3/\text{d}$，凝析油相对密度 $\gamma_o=0.7815$，天然气相对密度 $\gamma_g=0.639$。试分别计算：凝析气、天然气和凝析油的原始地质储量。

解：由式(2-14)，凝析气的原始地质储量为：

$$G_t = \frac{28.927 Ah\phi S_{gi} p_i}{Z_i T} = \frac{28.927 \times 30 \times 15 \times 0.18 \times 0.70 \times 57.28}{1.209 \times 408} = 190 \times 10^8 (\text{m}^3)$$

凝析油相对分子质量为：$M_o = \dfrac{44.29\gamma_o}{1.03-\gamma_o} = \dfrac{44.29\times0.7815}{1.03-0.7815} = 128(\text{kg/kmol})$

气油比为：$GOR = \dfrac{q_o}{q_o} = \dfrac{28.96}{98.7} = 2934(\text{m}^3/\text{m}^3)$

地面产出天然气的物质的量浓度为：

$$f_g = \frac{GOR}{GOR + \dfrac{24056\gamma_o}{M_o}} = \frac{2934}{2934 + \dfrac{24056 \times 0.7815}{128.1}} = 0.952$$

所以，天然气原始地层储量为：

$$G_d = G_t f_g = 190.5 \times 10^8 \times 0.952 = 181.4 \times 10^8 (\text{m}^3)$$

凝析油原始地质储量为：

$$N_o = \frac{10^4 G_d \gamma_o}{GOR} = \frac{10^4 \times 181.4 \times 0.7815}{2934} = 4.82 \times 10^4 (\text{t})$$

3）储量技术指标评价

这里的储量技术评价的对象是探明储量。在探明储量投入开发之前，对储量的保证程度、储量可动用程度、采收率、采油速度等技术指标进行合理判断及预测。根据油藏早期的综合研究和储量计算结果，对储量技术指标的优劣作出综合评价，其评价结果要求具有全国可比性。

（1）油藏类型。

根据油藏的复杂程度对油藏类型及落实程度进行阐述。油藏类型的排序如表 2-4 所示。

表 2-4　油藏类型排序

控制因素	油藏类型
单一因素	背斜油藏、地层油藏、断块油藏、岩性油藏、裂缝油藏等
双重因素	构造—岩性油藏、地层—构造油藏、断块—岩性油藏等
多重因素	复杂储层及多种圈闭组合的复式油藏

(2) 油藏储量规模评价。

根据储量计算结果及等级划分标准，对储量规模进行评价(表 2-5)。

表 2-5 油田储量规模等级划分表

等级 项目	特大	大	中	小	超小
油田储量/10^8t	>10	1~10	0.1~1	0.01~0.1	<0.01

(3) 储量丰度评价。

储量丰度即单位平方千米的石油地质储量，它是反应油藏储量品味的指标之一。储量丰度等级标准如表 2-6 所示。

表 2-6 储量丰度等级划分表

等级 项目	特高*	高	中	低	超低
油田储量丰度/(10^4t/km^2)	>500	300~500	100~300	50~100	<50

注：*表示与储量规范对应评价项目所扩散等级的相应数据。

(4) 油藏生产能力评价。

油藏生产能力的指标一般用流度、采油指数、千米井深日产油来表示。

流度是指石油在多孔介质中的流动能力。流度的计算公式是：

$$M = \frac{K}{\mu_0} \tag{2-22}$$

式中 M——流度，$10^{-3}\mu m^2/(mPa \cdot s)$；

K——储层空气渗透率，$10^{-3}\mu m^2$；

μ_0——地层原油黏度，mPa·s。

采油指数是单位生产压差下的日产油量，其计算公式是：

$$J_0 = \frac{Q}{\Delta P} \tag{2-23}$$

每米采油指数的计算公式是：

$$J'_0 = J_0/h \tag{2-24}$$

式中 J_0——采油指数，t/(d·MPa)；

J'_0——每米采油指数，t/(d·MPa·m)；

Q——油井日产油量，t/d；

ΔP——油井生产压差，MPa；

h——油层有效厚度，m。

油藏生产能力评价标准如表 2-7 所示。

(5) 储层埋藏深度评价。

储层埋藏深度与开发投资、采油成本及采油工艺技术难度均有直接关系。储层深度划分标准如表 2-8 所示。

表 2-7　原油稳定生产能力指标等级划分表

等级 / 项目	特高*	高	中	低	特低
流度/[$10^{-3}\mu m^2$/(mPa·s)]	>120	80~120	30~80	10~30	<10
每米采油指数/[t/(d·MPa·m)]	>2.0	1.5~2.0	1.0~1.5	0.5~1.5	<0.5
千米井深日产油/[t/(d·MPa)]	>50	15~50	5~15	1~5	<1

注：* 表示与储量规范对应评价项目所扩散等级的相应数据。

表 2-8　储层埋藏深度区间划分表　　单位：m

浅	中*	中深	深	超深
<1500	1500~2400	2400~3200	3200~4000	>4000

注：* 表示与储量规范对应评价项目所扩散等级的相应数据。

(6) 原油采收率评价。

石油采收率是采出地下原油原始储量的百分数，即可从油藏中累计采出的油量与地下原始石油储量的比值。申报探明储量时，标定的石油采收率是在现有工艺技术下的采收率。它反映的是石油储量优劣及工艺水平高低。石油采收率的计算公式是：

$$E_R = \frac{N_P}{N_0} \times 100\% \tag{2-25}$$

式中　E_R——石油采收率,%；

N_P——石油可采储量，10^4t；

N_0——原始石油地质储量，10^4t。

石油采收率标准如表 2-9 所示。

表 2-9　石油采收率等级划分表

等级	特高	高	中	低	特低
采收率/%	>45	35~45	25~35	10~25	<10

(7) 采油速度评价。

采油速度有 3 种表示方法：第一种是地质储量的采油速度，即年产油量占原始地质储量的百分数；第二种是可采储量的采油速度，即年产油量占可采储量的百分数；第三种是剩余可采储量的采油速度，即年产油量占剩余可采储量的百分数。这里评价的采油速度是指地质储量的采油速度，其计算公式是：

$$v_0 = \frac{Q_0}{N_0} \times 100\% \tag{2-26}$$

式中　v_0——采油速度,%；

Q_0——年产油量，10^4t；

N_0——原始石油地质储量，10^4t。

一个油藏采油速度的高低主要与石油储量的优劣、开采工艺技术水平有关，也与国民经济的需要有关系。采油速度等级划分标准如表 2-10 所示。

表 2-10 采油速度等级划分表

等 级	特高	高	中	低	特低
采油速度	>2.5	1.5~2.5	1.0~1.5	0.5~1.0	<0.5

4. 油藏采收率的计算方法

原油采收率是指累积采油量占地质储量的百分数。一个油藏的采收率不仅与地质条件有关，而且与油田开发方式、油藏管理水平和采油工艺技术水平有关，它是评价油田开发效果和开发水平的综合指标。在油田生产过程中，为了对不同开发阶段的开发效果和生产动态进行综合评价，人们给出了几种不同采收率的概念：无水采收率是指无水采油阶段采出的油量占地质储量的百分数；目前采收率也称采出程度，是指截至目前(计算时间)，所采出的油量占地质储量的百分数；最终采收率是指油藏开发至废弃时，所采出的累积采油量占地质储量的百分数。

一般情况下，原油采收率是指可采储量占地质储量的百分数。目前我国油田平均采收率在30%~40%之间，也就是说，地层中仍剩余有50%以上的原油。对一个大油田来说，如果采收率提高10%~20%，其净增原油产量也是相当可观的，如一个储量为10×10^8t的大油田，将采收率提高10%，则可净增原油1×10^8t，且不需新的产能建设，所以目前世界各石油生产国都非常重视采收率的研究工作。本节内容主要介绍影响原油采收率的因素和预测原油采收率的几种常用方法。

1）影响采收率的因素

大量生产实践表明，不同驱油机理采收率不同，同一驱油机理不同油田的采收率变化范围也很大(表2-11)。

表 2-11 不同驱动方式的采收率

驱动方式		采收率变化范围/%	备 注
一次采油	弹性驱	2~5	个别情况可达10%以上(指采出程度)
	溶解气驱	10~30	
	气顶驱	20~50	
	水驱	25~50	对于薄油层可低于10%，但偶尔可高达70%
	重力驱	30~70	
二次采油	注水	25~60	个别情况可达80%左右
	注气	30~50	
	混相驱	40~60	
	热力驱	20~50	一次开采的重油

这是因为影响采收率的因素很多也很复杂。但概括起来可分为两大方面：地质因素和开发因素。前者取决于油藏本身，后者则与人为的开发和工艺措施有关。具体内容分析如下：

(1) 地质因素。

① 油藏的类型，如构造、断块、岩性和裂缝性油气藏。

② 油藏的天然能量，如油田气顶、边水和底水以及能量的可利用程度。

③ 储层岩石性质，如岩石孔隙结构特征、连通性、非均质程度、渗透率、孔隙度、饱和度等。

④ 储层流体性质，如油层的原油黏度。

(2) 开发因素。

① 开发层系划分和开发方式选择的合理性。

② 井网密度的合理性和开发调整的效果。

③ 钻采工艺技术水平和增产措施。

④ 提高原油最终采收率方法的应用规模与效果。

2) 确定采收率的方法

由上述分析可知，影响采收率的因素很多，不可能用一种方法准确地预测出最终采收率，而必须用不同的方法，通过计算分析、综合考虑、对比，从而选择适合于不同油田的方法，用以确定其恰当的最终采收率值，为油田调整和制定油田开发规划提供科学依据。目前计算油田采收率通常趋向于利用油田实际资料，进行综合分析。常用的方法有 6 种：油田统计资料获得的经验公式法；室内水驱油实验法；岩心分析法；地球物理测井法；分流量曲线法；油田动态资料分析法。

(1) 油田统计资料获得的经验公式法。

经验公式法是根据油藏实际生产资料进行统计，并加以适当的数学处理来获得某一相关经验公式，来估算油藏采收率的一种方法。这种方法综合地包含了各种地质因素和开发过程中各种人为因素的影响，所以运用得好往往可以得到比较满意的结果。而且方法比较简单，所以应用十分普遍。在使用经验公式时，需了解经验公式所依据的油田地质和开发特性，参数的确定方法和应用范围，量纲单位，选择有代表性的参数值进行计算。

① 我国水驱砂岩油藏的相关经验公式。

由我国东部地区 150 个水驱砂岩油藏，统计得到的相关经验公式为：

$$E_R = 0.05842 + 0.08461\lg\frac{K}{\mu_o} + 0.3464\phi + 0.003874S \tag{2-27}$$

式中 E_R——原油采收率；

K——空气渗透率，μm^2；

μ_o——地层原油黏度，mPa·s；

ϕ——有效孔隙度；

S——井网密度，口/km^2。

式(2-27)的相关系数为 0.7614，各项参数的变化范围如表 2-12 所示。

表 2-12 式(2-27)中各项参数的分布范围

参数	地层原油黏度 μ_o/(mPa·s)	空气渗透率 $K/10^{-3}\mu m^2$	有效孔隙度 ϕ	井网密度 S/(口/km^2)
变化范围	0.5~154	4.8~8900	0.15~0.33	3.1~28.3
平均值	18.4	1269	0.25	9.6

② Guthrie 和 Greenberger 法(1955)。

Guthrie 和 Greenberger，根据 Craze 和 Buckley 为研究井网密度对采收率的影响所提供的

103 个油田中 73 个完全水驱和部分水驱砂岩油田的基础数据，利用多元回归分析法得到的相关经验公式为：

$$E_R = 0.11403 + 0.2719\lg K - 0.1355\lg \mu_o + 0.25569S_{wi} - 1.538\phi - 0.00115h \tag{2-28}$$

式中 E_R——采收率；

K——算术平均的绝对渗透率，μm^2；

μ_o——地层原油黏度，mPa·s；

S_{wi}——地层束缚水饱和度；

ϕ——有效孔隙度；

h——有效厚度，m。

式(2-28)的相关系数为 0.8694。

③ 美国石油学会(API)的相关经验公式(1967)。

美国石油学会(API)采收率委员会，在 Arps 的主持下，于 1956 年至 1967 年期间，对北美(美国和加拿大)和中东地区 72 个水驱砂岩油田的采收率进行了广泛的研究。

对于 72 个水驱砂岩油田的相关经验公式为：

$$E_R = 0.3225\left[\frac{\phi(1-S_{wi})}{B_{oi}}\right]^{+0.0422} \times \left(\frac{K\mu_{wi}}{\mu_{oi}}\right)^{+0.077} \times (S_{wi})^{-0.1903} \times \left(\frac{p_i}{p_a}\right)^{-0.2159} \tag{2-29}$$

式中 E_R——采收；

ϕ——有效孔隙度；

S_{wi}——地层束缚水饱和度；

K——算术平均的绝对渗透率，μm^2；

μ_{wi}——在原始地层压力下的地层水黏度，mPa·s；

μ_{oi}——在原始地层压力下的地层原油黏度，mPa·s；

p_i——原始地层压力，MPa；

p_a——油田废弃时的地层压力，当早期注水保持地层压力时，$p_a = p_i$，MPa。

式(2-29)的相关系数为 0.958，标准差为 17.6%。72 个水驱砂岩油田的基础参数的变化范围如表 2-13 所示。

表 2-13 72 个水驱油藏的参数变化范围

参 数	沙层或砂岩			灰岩、白云岩及其他		
	最小	中值	最大	最小	中值	最大
$K/10^{-3}\mu m^2$	11	56.8	4000	10	127	1600
ϕ/%	11.1	25.6	35.0	2.2	15.4	30.0
S_{wi}/%	5.2	25	47.0	3.3	18.0	50.0
μ_{oi}/(mPa·s)	0.2	1.0	500	0.2	0.7	142
μ_{wi}/(mPa·s)	0.24	0.46	0.95	–	–	–
B_{oif}(差异分离)	0.997	1.238	2.950	–	–	–
B_{obt}(闪蒸分离)	1.008	1.259	2.950	1.110	1.321	1.933
h/m	1.981	5.334	48.768	2.743	15.301	56.389

续表

参　数	沙层或砂岩			灰岩、白云岩及其他		
	最小	中值	最大	最小	中值	最大
T/℃	28.9	72.8	132.2	32.2	83.3	107.8
P_i/MPa	3.103	19.133	46.801	4.826	22.063	39.079
P_b/MPa	0.359	12.514	37.231	0.207	12.445	26.345
URF/[m^3/(km^2·m)]	19979	73601	211524	773	22171	183295
E_R/%	27.8	51.1	86.7	6.3	43.6	80.5
S_{or}/%	11.4	32.7	63.5	24.7	42.1	90.8

注：URF 为单采系数（Unit Recovery Factor）。

Wayhan 等，利用式(2-29)对美国科罗拉多州丹佛盆地的 23 个注水开发的砂岩油田进行了采收率的测算。这 23 个注水开发的油田已接近开发的结束阶段。他们的统计研究表明，注水开发的采收率随注水前因一次采油地层压力消耗程度的增加而减小。这是由于注水前地层压力低于饱和压力时，会引起地层原油的收缩，从而增加了原油黏度和地层残余油饱和度，并降低了水驱的流度比。根据他们的统计研究结果，需要对式(2-29)作如下的修正：

$$E_{RS} = C_r\left[1-(1-E_R^*)\frac{B_{ob}}{B_{owf}}\right] \tag{2-30}$$

$$E_R^* = 0.54898\left[\frac{\phi(1-S_{wi})}{B_{oi}}\right]^{+0.0422}\cdot\left(\frac{K\mu_{wi}}{\mu_{owf}}\right)^{+0.077}\cdot(S_{wi})^{-0.1903} \tag{2-31}$$

式中　E_{RS}——考虑地层原油收缩影响修正后的采收率；

E_R^*——假定没有地层压力降(即 $p_i/p_a=1$)和在注水时的地层原油黏度(μ_{owf})，由式(2-30)计算的采收率；

B_{ob}——饱和压力下的地层原油体积系数；

B_{owf}——在开始注水时的地层原油体积系数；

C_r——相对波及系数，即人工注水和天然水驱波及系数之比，其大小在 0.91～0.97 之间。

④ 前苏联全苏石油科学研究所(ВНИИ)的相关经验公式。

根据乌拉尔—伏尔加地区(又称第二巴库)约 50 个水驱砂岩油田的实际开发数据，利用多元回归分析法，得到确定采收率的相关经验公式。Кожакин 的相关经验公式(1972)为：

$$E_R = 0.507-0.167\lg\mu_R+0.0275\lg K-0.000855a+0.171S_K-0.15V_K+0.0018h \tag{2-32}$$

式中　E_R——采收率；

μ_R——地层油水黏度比；

K——平均空气渗透率，μm^2；

a——平均井控面积，km^2；

S_K——砂岩系数(开发层系的有效厚度除以井段地层厚度)或称净毛比；

V_K——渗透率变异系数(标准差除以均值)；

h——有效厚度，m。

乌拉尔—伏尔加地区50个水驱砂岩油田的地质与地层流体性质参数的变化范围如表2-14所示。

表2-14 拉乌尔—伏尔加地区50个水驱砂岩油藏的参数变化范围

参 数	变化范围	参 数	变化范围
平均空气渗透率/$10^{-3}\mu m^2$	140~3200	砂岩系数	0.32~0.96
地层原油黏度/(mPa·s)	0.4~42.3	有效厚度/m	2.6~26.9
地层原油流度/[μm^2/(mPa·s)]	60~1460	平均井控面积/km^2	7.1~74
流动系数/[μm^2·m/(mPa·s)]	200~11000		

不同参数对水驱油藏采收率的影响性质和相对影响程度由式(2-32)作出的估计列于表2-15内。对采收率的相对影响程度，主要体现于砂岩系数、地层油水黏度比和储层渗透率。

表2-15 不同参数对水驱采收率的影响

参 数	$\log\mu_R$	$\log K$	a	S_K	V_K	h
影响方式	减小	增大	减小	增大	减小	增大
相对影响程度/%	18.5	21.3	8.1	36.8	10.4	4.9

此外，还有一些其他预测油田水驱采收率的相关经验公式，在此不一一罗列。从上述经验公式的应用可以看出，参数值的确定是计算的关键。如果超出了经验公式中统计油藏参数的范围，势必造成大的误差值。因此，在使用中应依据各类砂岩油藏特征，对经验公式进行必要的修改和完善，以提高方法的适应性和预测结果的准确度。

(2) 分流量曲线法。

根据油水相对渗透率曲线，用下列公式计算采收率：

$$E_R = 1 - \frac{B_{oi}(1-\overline{S}_w)}{B_o(1-S_{wi})} \tag{2-33}$$

式中，$\overline{S}_w$ 为在预定的极限含水率($f_w = 98\%$)下，水淹区的平均含水饱和度；S_{wi} 为束缚水饱和度；B_{oi}、B_o 分别为原始压力和在任一压力条件下的原油体积系数。

上式中的 S_{wi} 可由岩心分析或测井解释结果得到，而 $\overline{S}_w$ 可根据含水率曲线求出。考虑到地层的垂向非均质性，应乘以一经验的校正系数，于是最终采收率为：

$$E_R = C\left[1 - \frac{B_{oi}(1-\overline{S}_w)}{B_o(1-S_{wi})}\right] \tag{2-34}$$

C 值可由下式求得：

$$C = \frac{1-v_k^2}{M} \tag{2-35}$$

式中，M 为流度比，v_k^2 为渗透率变异系数。

$$M = \frac{\mu_o K_{rw}}{\mu_w K_{ro}} \tag{2-36}$$

第三章　采油工程基础知识

第一节　复杂条件下的开采技术

随着石油工业的发展和石油开采工艺水平的提高，为满足世界对石油的需求，人们进行了砂、蜡、水、稠、凝、低渗等复杂条件下的油藏开发，并在原油开采过程中产生了一系列相应的采油技术。

1. 防砂与清砂

油井出砂是指构成储层岩石的部分骨架颗粒产生移动，并随地层流体流向井底的现象。

出砂所造成的伤害主要表现在以下几个方面：

(1) 造成油层砂埋、油管砂堵，严重时会引起井壁坍塌而损坏套管(或衬管)，甚至使油井被迫停产；

(2) 加剧井下工具和地面设备的磨损；

(3) 增大产出液流入井底的阻力，从而影响产量，增加井下作业工作量。

因此，油井防砂工艺技术的开发和应用对于疏松砂岩油藏的开采至关重要。防砂与清砂技术是这类油藏正常生产的重要保证。

1) 油层出砂原因

油层出砂是由于井底附近地带的岩层结构破坏而引起的，它是一系列因素综合作用和影响的结果。这些因素可归结为两个方面，即地质条件和开采因素。其中，地质条件是内因，开采因素是外因。

(1) 内因——地质条件。

① 岩石的胶结强度。

岩石的胶结强度主要取决于胶结物的种类、数量和胶结方式。通常，油层砂岩的胶结物主要为黏土、碳酸盐和硅质3类。其胶结强度以硅质胶结为最高，碳酸盐胶结次之，黏土胶结最低。对于同一类型的胶结物，其数量愈多，则胶结强度愈高；反之则愈低。

岩石的胶结方式不同，胶结强度也不同(图3-1)。对于砂岩而言，基底胶结的强度最高；接触胶结的胶结物中常含有黏土，其强度最低；孔隙胶结强度介于上述两种胶结方式之间。

a. 基底胶结。胶结物含量较多，岩石颗粒孤立分布于胶结物之中，彼此互不接触或极少接触。这种岩石的胶结强度很高，但由于其孔隙度和渗透率均很低，很难成为好的储油层。

b. 接触胶结。胶结物的数量很少，分布于颗粒相互接触处，颗粒呈点状或线状接触，其胶结强度最低。

c. 孔隙胶结。胶结物的数量介于基底胶结和接触胶结之间，胶结物不仅存在于岩石颗粒接触处，还充填于部分孔隙中，其胶结强度也处于基底胶结和接触胶结之间。

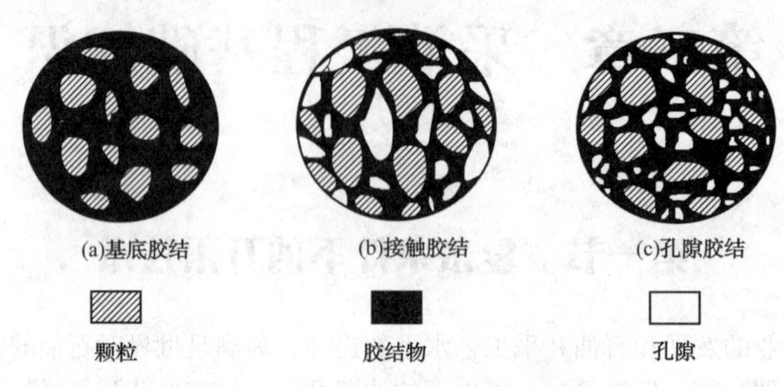

图 3-1　油层砂岩胶结方式示意图

容易出砂的油层岩石主要以接触胶结方式为主，其胶结物数量少，而且其中往往含有较多的黏土胶结物。

② 岩石的力学稳定性。

在油层岩石结构相同的条件下，其埋藏越深、上覆围岩的密度越大、生产压差越大，则井壁围岩越容易破坏而出骨架砂。

③ 渗透率的影响。

渗透率的高低是油层岩石颗粒组成、孔隙结构和孔隙度等岩石物理属性的综合反应。实验和生产实践证明，当其他条件相同时，砂岩油层的渗透率越高，其胶结强度越低，油层越容易出砂。

另外，原油的黏度越高、密度越大，则其在地层中的渗流阻力越大，对岩石的冲刷力以及携砂能力越强，从而降低了岩石的抗剪强度极限，容易导致油层出砂。

(2) 外因——开发因素。

油层出砂的外因主要是指人为的开发因素。主要包括下述 5 个方面。

① 固井质量差。由于固井质量差，使得套管外水泥环和井壁岩石没有黏在一起，在生产中形成高、低压层的串通，使井壁岩石不断受到冲刷，黏土夹层膨胀，岩石胶结遭到破坏，因而导致油井出砂。

② 射孔密度太大。射孔完井是目前各油田普遍采用的沟通油流通道的方法，如果射孔密度过大，有可能使套管破裂和砂岩油层结构遭到破坏，引起油井出砂。

③ 油井工作制度不合理。在油井生产过程中，流体渗流而产生的对油层岩石的冲刷力和对颗粒的拖曳力是疏松油层出砂的重要原因。在其他条件相同时，生产压差越大，流体渗流速度越高，则井壁附近流体对岩石的冲刷力就越大。另外，油、水井工作制度的突然变化，使得油层岩石受力状况发生变化，也容易引起油层出砂。

④ 油井含水上升。油层含水后部分胶结物被溶解使得岩石胶结强度降低或者油层压力降低，增加了地应力对岩石颗粒的挤压作用，扰乱了颗粒间的胶结. 可能引起油井出砂。

⑤ 措施不当引起出砂。不适当的措施，如压裂和酸化等，降低了油层岩石胶结强度，使得油层变得疏松而出砂。

总之，不适于易出砂油藏的工程措施、不合理的油井工作制度及工作制度的突然变化、频繁而低质量的修井作业、设计不良的措施和不科学的生产管理等都可能造成油气井出砂。

2）防砂方法

为防止油层出砂，一方面应针对油层和油井条件正确地选择完井方式；另一方面应根据油井出砂规律制定合理的开采措施。

（1）制定合理的开采措施。

① 制定合理的油井工作制度，通过生产试验使所确定的生产压差不会造成油井大量出砂。控制生产压差基本上就是控制产液量，限制油层中的渗流速度，从而减小流体对油层砂岩颗粒的冲刷力。对于受生产压差限制而无法满足采油速度的油层，要在采取必要的防砂措施之后提高生产压差，否则将无法保证油井正常生产。

② 加强出砂层油水井的管理，开、关操作要求平稳，防止因生产压差的突然增大而引起油层大量出砂。对易出砂的油井应避免强烈抽汲的诱流措施。

③ 对胶结疏松的油层，酸化、压裂等措施要以不破坏油层结构为前提。

④ 根据油层条件和开采工艺要求，正确选择完井方法和改善完井工艺。

（2）采取合理的防砂工艺方法。

目前，防砂方法发展迅速，无论采用哪一种方法，都应该能够有效地阻止油层中砂岩固体颗粒随流体流入井筒。对于每一具体的油层和油井条件，最终要以防砂后的经济效果来选择和评价。根据防砂原理，目前常用的防砂方法可归纳为以下几类。

① 机械防砂。

机械防砂可分为两类：

第一类：下入防砂管柱挡砂，如割缝衬管、绕丝筛管、各类地面预制成形的滤砂器（如双层预充填筛管、树脂砂粒滤砂管、金属丝纤维滤砂管、多孔陶瓷滤砂管等）。这类方法工艺简单，施工成本低，具有一定的防砂效果。缺点是防砂管柱的缝隙或孔隙易被油层细砂所堵塞，一般效果差、有效期短，只宜用于中、粗砂岩油层。

第二类：下入防砂管柱加充填物，充填物的种类很多，如砾石、果壳、果核、塑料颗粒、玻璃球或陶粒等，这种防砂方法能有效地将油层砂限制在油层中，并使油层保持稳定的力学结构，防砂效果好，寿命长。

机械防砂对油层的适应能力强、成功率高、成本低，目前应用十分广泛。下面主要阐述绕丝筛管砾石充填防砂机理及工艺。

砾石充填防砂方法是应用较早的防砂方法。由于近年来理论、工艺及设备的不断完善，这种方法被认为是目前防砂效果最好的方法之一。

a. 砾石充填防砂机理。

砾石充填防砂方法是指将割缝衬管或绕丝筛管下入井内防砂层段处，用一定质量的流体携带地面选好的具有一定粒度的砾石，充填于管和油层之间形成一定厚度的砾石层，以阻止油层砂粒流入井内的防砂方法。砾石粒径根据油层砂的粒度进行选择，预期将油层流体携带的砂粒阻挡于砾石层之外，通过自然选择在砾石层外形成一个由粗到细的砂拱，既有良好的流通能力，又能有效地阻止油层出砂。

绕丝筛管砾石充填防砂是以地层砂在砾石充填面上形成砂桥为理论基础，即仍然是利用砂拱防砂机理，只不过是多下了一套机械阻挡砂子的井下装置。在机械防砂中最重要的设计考虑因素是合理选择与产出地层砂颗粒大小相对应的衬管割缝开口或砾石孔隙间隙的大小。目的是既要形成砂桥阻止地层出砂，又要不过分地限制产出液流通过的能力。索西尔(Saucier)利用一个砾—砂实验筒装置，在大量实验的基础上确立了砾石/地层砂粒径之比与防砂效果的关系(图 3-2)。从图中可以看出，当砾/砂粒度比小于 6 时，充填的砾石层渗透率不下降，表明砾石与油层砂界面清楚，砾石挡住了油层砂，油气井生产液中不含砂。粒度比为 6~14 时，砾石区的渗透率明显下降。表明地层砂部分侵入砾石充填层，形成了粒、砂互混，砾石区渗透率下降，尽管油井不出砂，但产量下降。粒度比大于 14 时，充填砾石的渗透率又开始上升，地层砂可以自由通过砾石充填层，防砂失效。

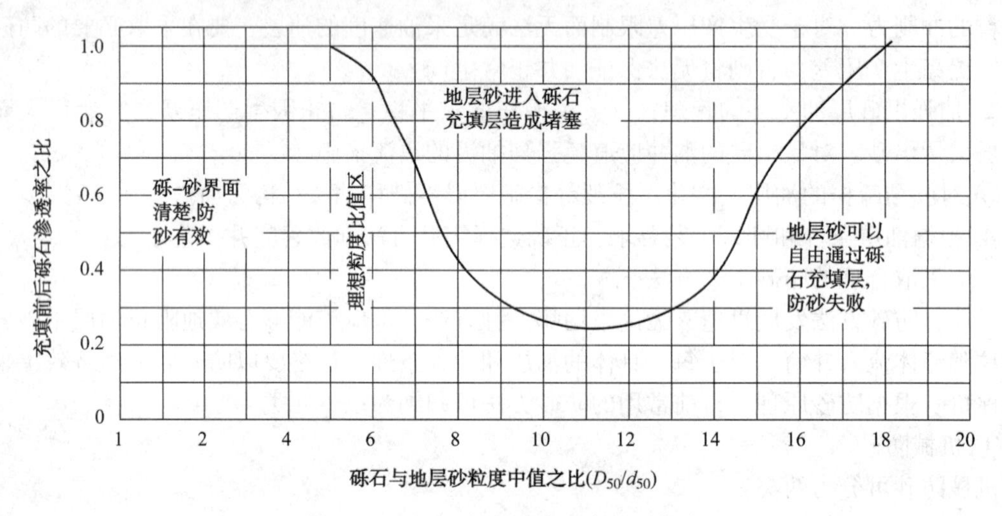

图 3-2　D_{50}/d_{50}与砾石渗透率关系曲线

图 3-2 所示的曲线就是油气井砾石充填防砂机理曲线。根据索西尔这一研究结果，所用充填的砾石粒度中值应 5~6 倍于地层砂的粒度中值，即：

$$D_{50} = (5 \sim 6) d_{50} \tag{3-1}$$

式中　D_{50}——工业砾石的粒度中值，mm；

d_{50}——地层砂的粒度中值，mm。

从图 3-2 中还可以看出，$D_{50} / d_{50} < 6$ 时防砂都有效，之所以采用 $D_{50} = (5 \sim 6) d_{50}$，而不采用 1~4 倍是因为较大的砾石有较高的渗透性，而且在作业中不易堵塞筛管缝隙，有利于施工。

从式(3-1)中可以看出，砾石充填防砂设计中最重要的参数就是地层砂的尺寸。有了这个参数，便可确定出砾石尺寸，从而设计筛管或割缝衬管的缝隙尺寸。为了确定地层砂粒径尺寸，必须对防砂层段的地层砂取样分析，并且地层砂样最好是在钻井过程中用橡胶取心筒取心。与普通取心相比，用橡胶筒取心可以使岩心的砂粒保持原样，而且在从井下取上来直到运送到实验室的过程中不会发生物理扰动，因而最能真实地反映地层砂的实际情况。

取得砂样后，在实验室进行筛析，将筛目号与对应的累积质量百分比描绘到半对数纸上，得到一条被称为筛析曲线的 S 形曲线(图 3-3)。在曲线上找出累计质量分数为 50%这一点所对应的筛目尺寸，即地层砂粒度尺寸，定义为该砂样的粒度中值 d。近期又出现了一种利用光电原理制成的粒度分析仪，可用来直接对地层砂进行粒度分析，不但速度快，精度高，还可消除钻井液和黏土颗粒的影响。

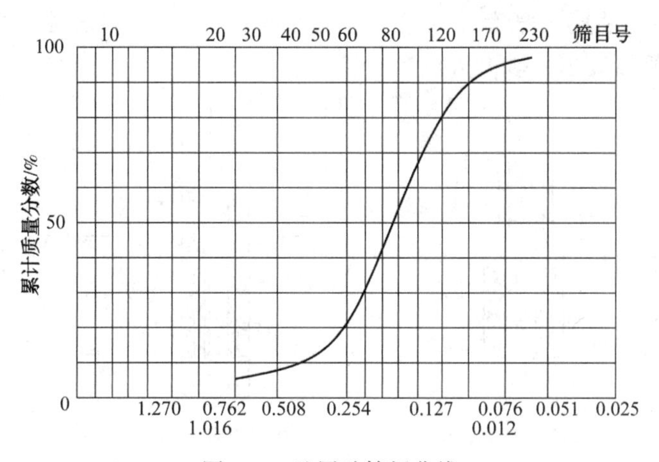

图 3-3　地层砂筛析曲线

b. 绕丝筛管。

绕丝筛管用以支撑充填的砾石，并要完全阻止砾石进入井筒。绕丝筛管由筛套和带孔中心管组成(图 3-4)。国内选用不锈钢丝作为原料，轧制成一定尺寸，截面为梯形的绕丝和纵筋。在将绕丝缠绕在纵筋上时，使用接触电阻焊接的方法将每一个交叉接触点焊接在一起，制成具有一定整体强度的筛套。然后再将带孔中心管穿入筛套，把筛套两端接箍焊在中心管上。用这种工艺制成的筛管就称为全焊接不锈钢绕丝筛管，它具有工作寿命长，适应性强，流通面积大，筛管内外几乎没有压力降，施工中不易堵塞，作业成功率高等优点，因而得到广泛应用。

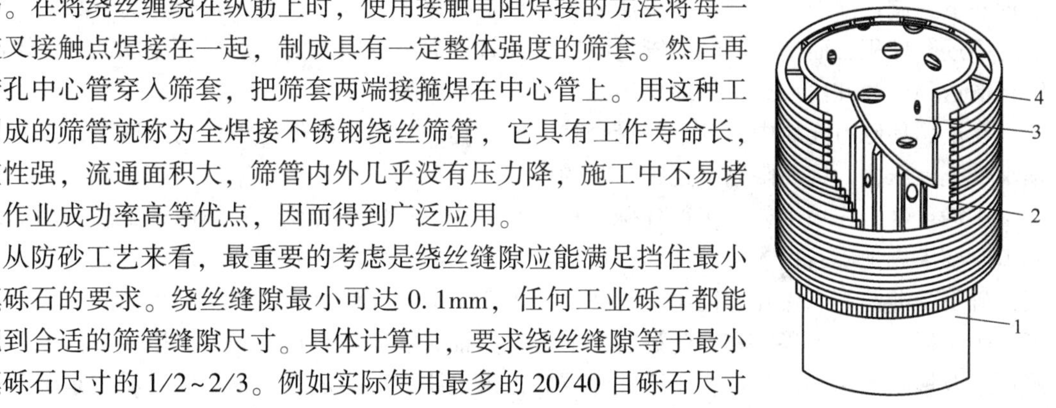

图 3-4　绕丝筛管示意图
1—接箍；2—纵筋；3—带孔中心管；4—不锈钢绕丝

从防砂工艺来看，最重要的考虑是绕丝缝隙应能满足挡住最小充填砾石的要求。绕丝缝隙最小可达 0.1mm，任何工业砾石都能选配到合适的筛管缝隙尺寸。具体计算中，要求绕丝缝隙等于最小充填砾石尺寸的 1/2～2/3。例如实际使用最多的 20/40 目砾石尺寸为 0.419～0.838mm，相应的缝隙尺寸应在 0.209～0.279mm 之间，实际使用可取缝隙尺寸 0.3 mm 。设计筛管直径的原则是既要尽可能加大以增加过流面积，又要在套管(或井壁)与筛管之间留出足够的环形空间，以保证充填层有足够的厚度。使充填体具有良好的挡砂能力和稳定性。对于裸眼砾石充填完井，砾石充填的环形空间径向厚度不小于 50 mm；套管内砾石充填环形空间的径向厚度不小于 25 mm 。筛管的长度应超过产层上、下界各 1m 以上，确保筛管对准产层，以利于提高产量。

在机械防砂中，有时还使用割缝衬管，它是直接使用锯片铣刀在铣床上铣削套管壁制成的，受铣刀强度的限制，最小缝宽只能加工到 0.25mm。因此割缝衬管仅适用于地层砂较粗，井液腐蚀性弱且产能又偏低的油井。

c. 砾石充填工艺。

常用的砾石充填方式有两种，即用于裸眼完井的裸眼砾石充填和用于射孔完井的套管内砾石充填(图 3-5)。裸眼砾石充填的渗滤面积大，砾石层厚，防砂效果较好，对油层产能的影响小。但其常用于油井先期防砂，工艺较复杂，且对油层结构要求有一定的强度，对油层条件要求高(如单一油层，厚度大，无气、水夹层等)。因而多数油井采用套管射孔完井后，再进行套管内砾石充填防砂的方法。

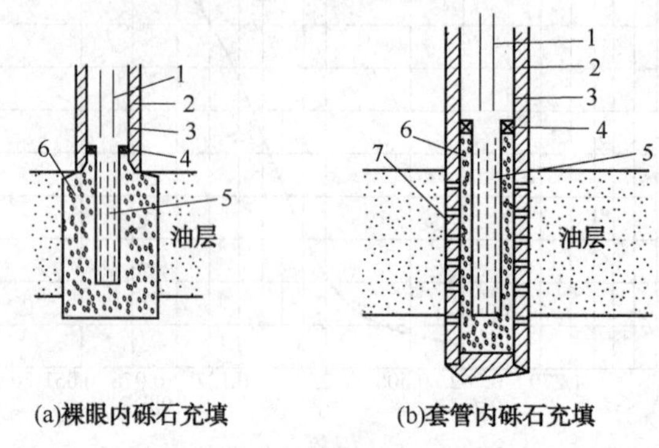

图 3-5　砾石充填防砂示意图

1—油管；2—水泥环；3—套管；4—封隔器；5—衬管；6—砾石；7—射孔孔眼

砾石充填工艺可分为反循环和正循环两种充填方法。

反循环砾石充填工艺：是应用最早、最简单的一种砾石充填工艺。将带有绕丝筛管的防砂管柱下到设计深度后，砾石砂浆从油井环形空间泵入，砾石在井底筛管与套管之间的环形空间中逐渐堆积，而携砂液经筛管过滤后沿油管柱向上返回地面，形成液流反循环，不断将砾石输送到产油井段形成阻挡地层出砂的砾石充填屏障。

在反循环砾石充填中，砂浆易受套管内壁杂物的污染，降低充填体的渗透率，且套管必须承受充填压力，因而限制了这种工艺的应用。

正循环砾石充填工艺：正循环砾石充填有下冲法充填和转换法充填两种工艺。用下冲法充填时要求先把砾石投入防砂井筒，再下入带有下冲喷头的防砂管柱。从油管柱内泵入工作液，砾石受冲泛起悬浮在井筒中，管柱得以逐渐下放，而后沉降在绕丝筛管周围形成挡砂屏障。为了提高防砂效果，在下防砂管柱前可先用油管柱向炮眼挤压砾石，迫使砾石充填到炮眼通道及炮眼通道外，目的在于不让地层砂进入炮跟，称为炮眼充填，这可看作是砾石充填的第一步，称为预充填。此种工艺及所用工具简单，但作业中易造成砾石分级现象，只适用浅井和薄层段防砂。

正循环转换砾石充填是利用井下转换充填工具来完成的。利用转换工具进行充填作业时，地面泵将砾石砂浆从油管柱泵入到井底，通过充填工具转换通道进入油井绕丝筛管与套管之间，砾石在重力作用下逐渐堆积于环形空间，而携砂液经筛缝过滤而进入冲管向上自旁通孔流入转换工具上方的油套环形空间返出井口。这种转换充填工艺同时具有正循环和反循环的优点，因而得到广泛的使用。

② 化学防砂。

化学防砂大致可分 3 类：一是人工胶结砂层。人工胶结砂层防砂方法是指从地面向油层挤入液体胶结剂及增孔剂，然后使胶结剂固化，在油气层层面附近形成具有一定胶结强度及渗透性的胶结砂层，达到防砂的目的。目前已使用的方法主要有酚醛树脂溶液及酚醛溶液地下合成等方法。二是人工井壁。人工井壁防砂方法通常是指从地面将支护剂和未固化的胶结剂按一定比例拌和均匀，用液体携至井下挤入油层出砂部位，在套管外形成具有一定强度和渗透性的壁面，可阻止油层砂粒流入井内而又不影响油井生产的工艺措施，如水泥砂浆、树脂核桃壳、树脂砂浆、预涂层砾石人工井壁等。

化学防砂方法适用于渗透率相对均匀的薄层段，在粉细砂岩油层中的防砂效果优于机械防砂。但其对油层渗透率有一定的损害，成功率也不如机械防砂，并且还具有老化、相对成本较高等缺点，应用程度不如机械防砂。

a. 水泥砂浆人工井壁。

水泥砂浆人工井壁是以水泥为胶结剂，石英砂为支撑剂，按比例混合均匀拌以适量的水，用油携至井下，挤入套管外，堆积于出砂部位，凝固后形成具有一定强度和渗透性的人工井壁，防止油气层出砂的方法。该方法是油井后期防砂方法，形成的人工井壁渗透率较高，原材料来源广泛，施工简单；但用油量较大，胶结后抗折强度小于1MPa，有效期较短。配方为(质量分数)水：水泥：砂=0.5：1：0.4。

b. 水带干灰砂人工井壁。

这种人工井壁防砂仍是以水泥为胶结剂，以石英砂作为支撑剂，按比例在地面拌和均匀后用水携至井下挤入套管外，堆积于由于出砂而形成的空穴部位，凝固后形成具有一定强度和渗透性的人工井壁防砂层。该方法适用于高含水油井和注水井后期防砂，优点是原料来源广，成本低，但堵塞较严重。其配方为(质量分数)水泥：砂=1：2。

c. 柴油乳化水泥浆人工井壁。

用活性水配制水泥浆，按比例加入柴油，充分搅拌形成柴油水泥浆乳化液，挤入出砂部位，水泥凝固后形成人工井壁。由于柴油的连续性，使凝固后的水泥具有一定的渗透性，使液流能较顺利地通过人工井壁而达到防砂目的。这种方法适用于出砂不多的油水井早期防砂。其优点是原料来源广，成本低，但堵塞较严重。配方为(质量分数)柴油：水泥：水=1：1：0.5。

d. 树脂核桃壳人工井壁。

树脂核桃壳人工井壁以酚醛树脂为胶结剂，以粉碎成一定直径颗粒的核桃壳为支撑剂，按一定比例拌和均匀，使每个核桃壳颗粒表面都涂有一层树脂，并加入少量柴油浸润，然后用油或活性水携至井下，挤入射孔层段套管外堆积于出砂层位，在固化剂盐酸的作用下，经一定时间的反应后树脂固结，形成具有一定强度和渗透性的人工井壁，防止油气层出砂。该方法适用于油水井早期防砂，胶结后人工井壁渗透率较高，强度较大，具有较好的防砂效果，但原材料来源困难。配方为(质量分数)树脂：核桃壳=1：1.5。

e. 树脂砂浆人工井壁。

树脂砂浆人工井壁以树脂为胶结剂，石英砂为支撑剂，按比例拌和均匀，使石英砂表面涂敷一层均匀的树脂薄膜，并加入少量的柴油浸润，然后用油携至井下挤入套管外出砂层位，凝固后形成具有一定强度和渗透性的人工井壁，防止油气层出砂。该方法是油水井后期防砂方法，适用于吸收能力较高的油水层，适应性较强，不受井深限制，但施工中现场拌和劳动量大，加携砂液困难。配方为(质量分数)树脂：砂=1：4。

f. 预涂层砾石人工井壁。

预涂层砾石人工井壁是指在石英砂外表面，通过物理化学方法均匀涂敷一层树脂，在常温下干固，形成不发生黏连的稳定颗粒。将这种预涂层砾石使用携砂液携带至油井的出砂层位，在一定的条件下(挤入固化剂和受温度的作用)砾石表面的树脂软化，黏连并固结，形成具有良好渗透性和一定强度的人工井壁，以防止油、气层出砂。该方法适用于油层温度高于60℃的油水井早期和后期防砂。施工简单，成功率高，胶结后的砾石抗折强度可达5MPa左右，渗透率可保持在原始值的90%以上，是目前较好的化学防砂方法。配方为(质量分数)树脂：砾石=1：(10~20)。

g. 酚醛树脂胶结砂层。

酚醛树脂胶结砂层以苯酚、甲醛为主料，以碱性物质为催化剂，按比例混合，经加温熬制成甲阶段树脂(黏度控制在300MPa·s左右)，将此树脂溶液挤入砂岩油层，以柴油增孔，再挤入盐酸作固化剂，在油层温度下反应固化，将疏松砂岩胶结，防止油、水井出砂。该方法适用于油水井早期防砂，胶结后砂岩抗折强度为0.8MPa左右，渗透率可保持为原来的50%左右，耐温100℃，耐水、油、盐酸等介质；不耐土酸浸蚀，施下较易掌握，但成本较高，施工作业时间较长。配方为(质量分数)苯酚：甲醛：氨水=1：1.5：0.5。

h. 酚醛溶液地下合成防砂。

酚醛溶液地下合成防砂是将加有催化剂的苯酚与甲醛按比例配料搅拌均匀，并以柴油为增孔剂，酚醛溶液挤入出砂层后，在油层温度下逐渐形成树脂并沉积于砂粒表面，固化后将油层砂胶结牢固，而柴油不参加反应，作为连续相充满孔隙，使胶结后的砂岩保持良好的渗透性，从而提高砂岩的胶结强度，防止油气层出砂。该方法为油井先期和早期防砂方法，适用于温度高于60℃，黏土含量较低的中、细砂岩油层。平均有效期2年以上，施工较为简单。但是对已大量出砂或出水后的油层，防砂效果差，不宜选用。配方为(质量分数)苯酚：甲醛：固化剂=1：2：(0.3~0.36)。

上述各种防砂方法均以化学胶固为基础，在一些油田分别取得了一定的防砂效果。但各种方法均有各自的适用条件，必须根据油层和油井的具体情况而选择应用。具体配方和用量应根据各个油田的油层条件通过实验室和现场试验来确定。

③ 焦化防砂。

焦化防砂的原理是向油层提供热力学能，促使原油在砂粒表面焦化，形成具有胶结力的焦化薄层，主要有注热空气固砂和短期火烧油层固砂两种方法。

④ 套管外膨胀式封隔器防砂(砂拱防砂)。

这是一种油、气井射孔完成后不再下入任何机械防砂装置或充填物，也不注入任何化学药剂，而是依靠油气层砂粒在流经射孔孔眼入口处时，在一定条件下自然形成具有一定承载能力或挡砂能力的砂拱，达到防砂目的的方法(图3-6)。

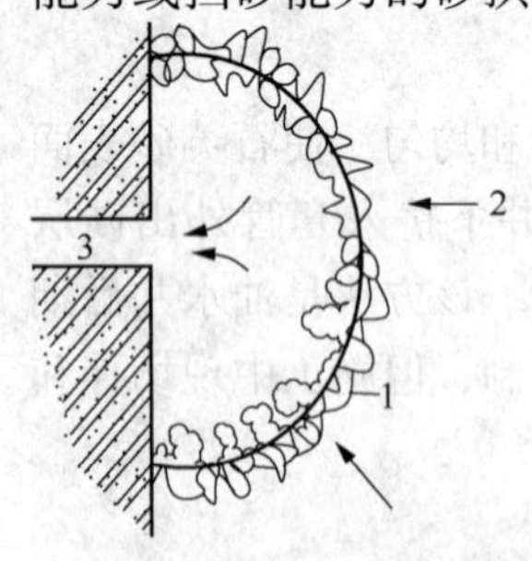

图3-6 砂拱防砂原理示意图

1—三维应力下的砂粒；2—流体；3—射孔孔眼

该方法成败的关键在于砂拱的稳定性。经过大量实验研究证明，要保证砂拱稳定性必须考虑两个关键问题：一是降低并稳定油层流体速度，二是保持或提高井筒周围油层的径向应力。一般来说，对套管射孔完井的砂拱防砂要求小孔径和高孔密的炮眼。小孔径有利于形成砂拱和提高砂拱的稳定性；高孔密可以增大过流面积，降低井壁附近油层中流体的流速。但在实际生产过程中，由于采油方式和世界消费原油的需求等原因，流体的流速和变化不易控制，使得这种单纯的套管射孔完井砂拱防砂方法的实际应用受到限制。

在砂拱防砂中，如果能对井壁施加并保持井筒周围地层的径向应力，就会进一步促使砂拱形成，增强砂拱的稳定性。为此，美国完井工具公司(CTC)研制成功了一种充水泥膨胀式裸眼封隔器完井工艺，可以达到为防砂而向井壁施加应力的目的。这种裸眼膨胀式封隔器的内筒是套管，外壁是橡胶筒，外壁与内筒之间可以注入水泥，注水泥后橡胶筒向外膨胀压实裸眼井壁，使近井油层岩石径向应力恢复，甚至超过钻井前的水平。水泥凝固后，再用高孔密、小孔径射孔技术射开，形成油层流体流动通道。油层砂在此通道壁外形成比较坚固的砂拱，从而达到防砂目的。

⑤ 复合技术防砂。

20 世纪 90 年代以来，对某些严重出砂的地层或开发后期高含水地层，由于采液强度高、流速高，对防砂工艺提出了更高的要求。单一的防砂方法往往不能满足控砂采油的需要，发展形成了两种或两种以上的防砂方法组合的复合防砂技术。它们的挡砂强度更高，防砂更可靠，有效期更长。现场目前主要的组合方式有：

a. 压裂与砾石充填复合防砂技术；

b. 预涂层砾石与砾石充填复合防砂技术；

c. 预涂层砾石与各类滤砂管复合防砂技术；

d. 固砂剂与滤砂管复合防砂技术。

压裂与砾石充填复合防砂技术是两种传统采油工艺的结合与创新，从而发挥两种优势互补的作用。基本上解决了防砂要以牺牲部分产能为代价的矛盾，同时在油层严重伤害井也展示了强大的生命力，应用前景广阔。缺点是施工工艺复杂，一次性投资高，但长期综合效益好。

复合防砂技术发挥了单一防砂技术的优势，并扬长避短、相互补充，可以获得更为理想的效果，应根据不同地区、不同油层的实际情况，选择最佳的组合方式，这是复合防砂技术的关键。

3）清砂方法

尽管对油层实施各种防砂方法，但油井出砂往往是不可避免的。油层出砂，可能在井内形成砂堵而影响生产。因此，必须进行作业清砂。常用的清砂方法有捞砂和冲砂两种。

（1）冲砂。

通过冲管、油管或油套环空间向井底注入高速流体冲散砂堵，由循环上返的液体将砂粒带到地面，以解除油水井砂堵的工艺措施。它是目前广泛应用的清砂方法。

冲砂的目的在于解除砂堵及恢复油井、水井、气井的正常生产。但是往往由于所用液体和冲砂方式选择不当，反而会引起冲砂液大量漏入油层造成油层损害或冲砂失败从而影响生产，因此应当正确地选择冲砂液和冲砂方式。

① 冲砂液。

常用的冲砂液有油、水、乳状液、气化液等。为防止污染油气层，一般的油井用原油作冲砂液，水井用清水（或盐水）作冲砂液，而低压井则使用加入表面活性剂的混气冲砂液。

对冲砂液的基本要求：

a. 具有一定的黏度，以确保良好的携砂能力；

b. 具有一定的密度，以形成适当的液柱压力，防止井喷，或防止因液柱压力过大产生漏失而无法建立循环；

c. 不损害油气层；

d. 货源广，价格便宜。

② 冲砂方法。

冲砂方式主要有正冲砂、反冲砂、正反冲砂、联合冲砂等。

正冲砂是指冲砂液由冲砂管(或油管)泵入井下，被冲散的砂粒随冲砂液一起沿油套环形空间返至地面的冲砂方式。随着砂堵冲开程度的增大，逐渐加深冲砂管。为增大液流对砂堵的冲刷力，可在冲砂管下端装上收缩管或喷嘴。若将冲砂管下端做成斜尖形，则有利于防止因冲砂管下放过快而引起憋泵。正冲砂的特点是冲击力大，易冲散砂堵，但因油套环空过流断面较大，上返流速较小而导致携砂能力较低。

反冲砂是与正冲砂循环方向相反的冲砂方式。反冲砂冲击力小，但液流上返速度大，携砂能力强。

正反冲砂是指先用正冲砂将砂堵冲散，使砂粒处于悬浮状态；再迅速改为反冲砂，将冲散的砂粒从油管内返出地面的冲砂方式。正反冲砂利用了正冲砂和反冲砂二者的优点，可迅速解除较紧密的砂堵，提高了冲砂效率。采用该方式冲砂时，地面应配备改换冲洗方式的总机关。

联合冲砂是指冲砂液从油套环空泵入井内，经装在冲砂管柱底端以上的分流器进入下部冲砂管冲开砂堵，被冲散的砂粒随同液体从下部冲砂管与套管环空返至分流器后进入上部冲砂管内返至地面。这种冲砂方式既具有正冲砂冲击力大的优点，又具有反冲砂上返流速高、携带能力强的优点，同时又不需要改换冲洗方式的地面设备，其冲砂效率显著提高。

③ 负压冲砂。

负压冲砂是利用某种特殊性能的携砂液(可由某种气液混合物组成)，冲砂时从冲砂管中打入并从套管返出，使井底建立低于油层的压力(称为“负压”)，在负压差作用下，依靠携砂液冲散井内积砂并携带出井，达到冲砂的目的。

泡沫负压冲砂是用压缩机和水泥车将空气与水(溶解 0.5%起泡剂 ABS 和 0.2%稳定剂 Na_2CO_3)同时打入油管内形成混气量为 80%左右的均匀泡沫，因泡沫的黏度高(0.8Pa · s)、密度小，其携砂能力强(约是水的 10 倍)，当泡沫液压至油管鞋处时便从套管环空迅速上返，在井底与地层间建立负压，依靠泡沫向下的冲击力和向上携带作用，清除井底积砂。

施工时应根据砂面深度资料配足泡沫液，反排不易释放压力，防止油层出砂；若井深、漏失严重可采用两段负压冲砂，即先将冲砂管下至井深一半处冲砂，上部举空后，再继续加深油管至砂面进行冲砂。建立负压值可根据本地经验，一般在 0.2~0.5MPa 左右。应注意：出砂特别严重的井不易负压冲砂，对于堵水井或套管断裂井可根据经验使用，措施后减产或虽然增产但产量下降很快的井可优先使用。

(2) 捞砂。

捞砂是用钢丝绳向井内下入专门的捞砂工具——捞砂筒——将井底积存的砂粒捞到地面上来的方法，一般适用于砂堵不严重、井浅、油层压力低或有漏失层等无法建立循环的油井。

2. 防蜡与清蜡

石油主要是由各种组分的烃(碳氢化合物)组成的多组分混合物溶液。各种组分的烃的相态随着其所处的状态(温度和压力等)不同而变化，呈现出液相、气液两相和气、液、固三相。其中，固相物质主要是含碳原子数为16~64的烷烃(即$C_{16}H_{34}$~$C_{64}H_{130}$)，这种物质叫石蜡。

纯石蜡为白色、略带透明的结晶体，密度为880~905kg/m^3，熔点为49~60℃。在油藏条件下一般处于溶解状态，随着温度的降低其在原油中的溶解度降低，同时油越轻对蜡的溶解能力也越强。对于溶有一定量石蜡的原油，在开采过程中，随着温度、压力的降低和气体的析出，溶解的石蜡便以结晶体析出、长大聚集和沉积在管壁等固相表面上，即出现所谓的结蜡现象。

油井结蜡一方面影响着流体举升的过流断面，增加了流动阻力；另一方面影响着抽油设备的正常工作。因此，防蜡和清蜡是含蜡原油开采中需要解决的重要问题。

1）油井防蜡机理

为了实施油田防蜡和清蜡等措施，必须充分了解影响结蜡的各种因素和掌握结蜡规律。通过对油井结蜡现象的观察和实验室对结蜡过程的研究，认为影响结蜡的因素主要包括4个方面，即原油组成、油井的开采条件、原油中的杂质以及沉积表面的粗糙度和表面性质。

（1）油井结蜡的过程。

① 当温度降至析蜡点以下时，蜡以结晶形式从原油中析出；

② 温度、压力继续降低，气体析出，结晶析出的蜡聚集长大形成蜡晶体；

③ 蜡晶体沉积于管道和设备等的表面上。

从形成新相(石蜡晶体)所需要的能量角度来看，石蜡首先要在油流中的杂质及固体表面粗糙处形成，因为这样需要的能量小。

大量研究表明，当温度降低到某一值时，原油中溶解的蜡便开始析出，蜡开始析出的温度称为蜡的初始结晶温度或析蜡点。

（2）影响结蜡的因素。

① 原油的性质及结蜡量。

油井结蜡的内在因素是因为原油中溶解有石蜡，在其他条件相同的前提下，原油中含蜡量越高，油井就越容易结蜡。另外，油井的结蜡与原油的组分也有一定的关系。原油中所含轻质馏分越多，则蜡的初始结晶温度就越低，保持溶解状态的蜡就越多，即蜡不易析出。实验证明，在同一含蜡量的原油中，含轻质成分少的原油，其中的蜡更容易析出。

② 原油中的胶质、沥青质。

实验表明，随着胶质含量的增加，蜡的初始结晶温度降低。这是因为胶质为表面活性物质，它可以吸附于是蜡结晶的表面，阻止结晶体的长大。沥青质是胶质的进一步聚合物，它不溶于油，而是以极小的颗粒分散于油中，可成为石蜡结晶的中心，对石蜡结晶起到良好的分散作用。根据观察，胶质、沥青质的存在使蜡晶体分散得均匀而致密，且与胶质结合得较紧密。但有胶质、沥青质存在时，在管壁上沉积的蜡的强度将明显增加，而不易被油流冲走。因此，原油中的胶质、沥青质对防蜡和清蜡既有有利的一面，也有不利的一面。

③ 压力和溶解气油比。

在压力高于饱和压力的条件下，压力降低时，原油不会脱气，蜡的初始结晶温度随压力的降低而降低。在压力低于饱和压力的条件下，由于压力降低时原油中的气体不断脱出，气体分离与膨胀均使原油温度降低，降低了原油对蜡的溶解能力，因而使蜡的初始结晶温度升高。

④ 原油中的水和机械杂质。

原油中的细小砂粒及机械杂质将成为石蜡析出的结晶核心，使蜡晶体易于聚集长大，加剧了结蜡过程。油井含水量增加，结蜡程度有所减轻，其主要原因包括：水的比热容大于油，故含水量增加后可减少液流温度的降低；含水量增加易在管壁形成连续水膜，不利于蜡沉积于管壁。

除上述因素外，液流速度、管壁的表面粗糙度和表面性质等也是影响油井结蜡的因素。

2）油井防蜡方法

油井防蜡可从3个方面入手：

① 阻止蜡晶的析出。在原油开采过程中，采用某些措施(如提高井筒流体的温度)，使得油流温度高于蜡的初始结晶温度，从而阻止蜡晶的析出。

② 抑制石蜡结晶的聚集。在石蜡结晶已析出的情况下，控制蜡晶长大和聚集的过程。如在含蜡原油中加入防止和减少石蜡聚集的某些化学药剂——抑制剂，使蜡结晶处于分散状态而不会大量聚集。

③ 创造不利于石蜡沉积的条件，如提高沉积表面光洁度、改善表面润湿性、提高井筒流体速度。

具体防蜡方法包括下述几种类型。

(1）油管内衬和涂层防蜡。

这类方法的防蜡作用主要是通过光滑表面和改善管壁表面的润湿性，使石蜡不易在表面上沉积，从而达到防蜡的目的。应用比较多的是玻璃衬里油管及涂料油管。

玻璃衬里油管就是在油管内壁衬上由SiO_2、Na_2O、CaO、Al_2O_3、B_2O_3等氧化物烧结而成的玻璃衬里，因其表面被羟基化而具有憎油亲水特性。玻璃衬里的厚度为0.5~1.0mm。其防蜡原理是：利用玻璃衬里油管表面具有亲水憎油特性，在原油含水的情况下，管壁被水优先润湿形成一层水膜，使蜡不易附着而被液流携走；同时，玻璃表面十分光滑，不利于蜡的沉积；玻璃具有良好的绝热性能，使井筒流体的温度不易散失，从而减少了蜡的析出。

涂料油管就是在油管内壁涂一层固化后表面光滑且亲水性强的物质，其防蜡原理与玻璃衬里油管相似。目前应用较多的是聚氨基甲酸酯类的涂料。涂料油管有一定的防蜡效果，特别是对于新油管的防蜡效果较好，使用一段时间后，由于表面蜡清除不净以及石油中的活性物质，可以使管壁表面性质发生变化而失去防蜡效果。涂料油管主要用于自喷井防蜡和注水井防腐。

(2）化学防蜡。

化学防蜡是通过向井筒中加入液体化学防蜡剂或在抽油泵下的油管中连接上装有固体化学防蜡剂的短节，防蜡剂在井筒流体中溶解混合后达到防蜡目的。

防蜡剂的主要作用是：包住石蜡分子阻止石蜡结晶；改变油管表面的性质，使其由亲油变为亲水；分散石蜡结晶，防止聚集和沉积。防蜡剂主要有活性剂型和高分子型两大类。

(3）磁防蜡技术。

磁防蜡技术的基本原理是：原油通过强磁防蜡器时，石蜡分子在磁场作用下定向排列做有序流动，克服了石蜡分子之间的作用力，而不能按结晶的要求形成石蜡晶体；已形成蜡晶的微粒通过磁场后，石蜡晶体细小分散，并且有效地削弱了蜡晶之间、蜡晶与胶体分子之间的黏附力，抑制了蜡晶的聚集长大。另外，磁场处理后还能改变井筒中的结蜡状态，使蜡质变软，易于清除。

3）油井清蜡方法

在含蜡原油的开采过程中，虽然可采用各类防蜡方法，但油井仍不可避免地存在蜡沉积的问题。蜡沉积严重地影响着油井正常生产，所以必须采取措施将其清除。

目前油井常用的清蜡方法根据清蜡原理可分为机械清蜡和热力清蜡两类。

（1）机械清蜡。

机械清蜡是指用专门的工具刮除油管壁上的蜡，并靠液流将蜡带至地面的清蜡方法。

有杆抽油井的机械清蜡是利用安装在抽油杆上的活动刮蜡器清除油管和抽油杆上的蜡。油田常用尼龙刮蜡器，在抽油杆相距一定距离(一般为冲程长度的1/2)的两端固定限位器，在两限位器之间安装尼龙刮蜡器。抽油杆带着尼龙刮蜡器在油管中往复运动，上半冲程刮蜡器在抽油杆上滑动，刮掉抽油杆上的蜡；下半冲程由于限位器的作用，抽油杆带动刮蜡器刮掉油管上的蜡。同时油流通过尼龙刮蜡器的倾斜开口和齿槽，推动刮蜡器缓慢旋转，提高刮蜡效果，由于通过刮蜡器的油流速度加快，使刮下来的蜡易被油流带走，因而不会造成淤积堵塞。

（2）热力清蜡。

热力清蜡是利用热力学能提高液流和沉积表面的温度，熔化沉积于井筒中的蜡。根据提高温度的方式不同可分为热流体循环清蜡、电热清蜡和热化学清蜡 3 种方法。

① 热流体循环清蜡法。

热流体循环清蜡法的热载体是在地面加热后的流体物质(如水或油等)，通过热流体在井筒中的循环传热给井筒流体，提高井筒流体的温度，使得蜡沉积熔化后再溶于原油中，从而达到清蜡的目的。根据循环通道的不同，可分为开式热流体循环、闭式热流体循环、空心抽油杆开式热流体循环和空心抽油杆闭式热流体循环 4 种方式。

热流体循环清蜡时，应选择比热容大、溶蜡能力强、经济、来源广泛的介质，一般采用原油、地层水、活性水、清水及蒸汽等。为了保证清蜡效果，介质必须具备足够高的温度。在清蜡过程中，介质的温度应逐步提高，开始时温度不宜太高，以免油管上部熔化的蜡块流到下部，堵塞介质循环通道而造成失败。另外，还应防止介质漏入油层造成堵塞。

② 电热清蜡法。

电热清蜡法是把热电缆随油管下入井筒中或采用电加热抽油杆，接通电源后，电缆或电热杆放出热量，提高液流和井筒设备的温度，熔化沉积的石蜡，从而达到清防蜡的作用。

③ 热化学清蜡法。

为清除井底或井筒附近油层内部沉积的蜡，曾采用热化学清蜡方法，它是利用化学反应产生的热力学能来清除蜡堵，例如 NaOH、Al、Mg 与 HCl 作用产生大量的热力学能：

$$NaOH + HCl = NaCl + H_2O + 99.5kJ$$

$$Mg + 2HCl = MgCl_2 + H_2\uparrow + 462.8kJ$$

$$2Al + 6HCl = 2AlCl_3 + 3H_2\uparrow + 529.2kJ$$

（3）微生物清蜡。

微生物清蜡是近年来发展的，在我国已逐步推广应用的一种技术。用于清蜡的微生物主要有食蜡性微生物和食胶质及沥青质性微生物。油井清蜡的微生物其形状为长条螺旋状体，长度为 1~4μm，宽度为 0.1~0.3μm。该类微生物能降低原油凝固点和含蜡量，以石蜡为食物。微生物注入油井后，它主动向石蜡方向游去，猎取食物，使蜡和沥青降解，微生物中的硫酸盐还原菌的增殖，产生表面活性剂，降低油水界面张力，同时微生物中的产气菌还可以生成溶于油的气体，如 CO_2、N_2、H_2，使原油膨胀降黏，由此达到清蜡的目的。

3. 油井堵水

1）油井出水原因及找水技术

(1) 油井出水来源。

油井出水按其来源可分为注入水、边水、底水、上层水、下层水和夹层水。

① 注入水及边水。

由于油层的非均质性及开采方式不当，使注入水及边水沿高渗透层及高渗透区不均匀推进，在纵向上形成单层突进，在横向上形成舌进，使油井过早水淹。

② 底水。

当油田有底水时，由于油井生产在油层中造成的压力差，破坏了由于重力作用所建立起来的油水平衡关系，使原来的油水界面在靠近井底处呈锥形升高，即所谓的“底水锥进”现象。结果在油井井底附近造成水淹，含水率上升，产油量下降。

③ 上层水、下层水及夹层水。

它们是从油层以外来的水，往往是由于固井质量不高、套管损坏或误射水层造成的，这些水在可能的条件下均应采取水层封堵措施。

(2) 油井出水的危害。

① 油层出水会使砂岩油层胶结结构受到破坏，造成油井出砂；

② 油井长期大量出水会腐蚀井筒和地面设备；

③ 油井见水后含水量不断增加，对井底改造的回压增大，从而导致油井过早停喷；

④ 高渗透层过早见水，使低渗透层形成死油区，降低油藏的采收率；

⑤ 会给注水、堵水带来大量的工作，增加采油成本。

(3) 油井防水措施。

对付油井出水，应以防为主，防堵结合，综合处理，概括起来有以下 3 个方面的措施：

① 制订合理的油藏工程方案，合理部署井网和划分注采系统，建立合理的注、采井工作制度和采取合适的工程措施以控制油水边界均匀推进；

② 提高固井和完井质量，以保证油井的封闭条件，防止油层与水层串通；

③ 加强油水井日常管理、分析，及时调整分层注采强度，保持均衡开采。

(4) 油井找水技术。

找水是指油气井出水后，通过各种方法确定出水层位和流量的工作。

在油田开发过程中，油井不正常出水是难以完全避免的。发现油井出水后，首先必须通过各种途径确定出水层位，然后才能采取必要的技术措施。目前确定出水层位的方法主要有以下几种。

① 综合对比分析法。

对出水井的地质情况进行仔细分析和研究。油井的地质情况包括：井身结构、开采层位、各层油水井连通情况、各层渗透率、存在的断层、裂缝及边水、底水、夹层水、上下层水等。结合油井的地质情况，对采油动态资料进行综合分析对比，判断出水层位。采油动态资料包括：产量、压力、含水、生产油气比、注水情况、水质资料等。

② 化学分析法。

化学分析法是指对油井产出的水进行水质化验，通过分析水的 Cl^- 含量和总矿化度来判断出水层位。该方法根据地层水和注入水具有不同的化学成分，通过分析矿化度的方法来区分所出的水是地层水还是地面水。

③ 地球物理测井法。

目前常用的地球物理测井法主要有：电阻率测井法、井温测井法和放射性同位素测井法。

a. 电阻率测井法：根据不同矿化度的水具有不同的电阻率的特点，用电阻率测井法测出井筒电阻率曲线，从而确定出水层位。电阻率曲线发生突变的位置就是出水层位。

b. 井温测井法：井温测井法是利用地层水具有较高的温度的特点来确定出水层位的方法。测井温时先用均质流体冲洗井筒，使井筒内液柱分布均匀后，测一条井内温度变化曲线作为基线。然后降低液面使地层水进入井内，再测井温曲线，可多测几次，直到曲线显示异常为止。

c. 放射性同位素测井法：放射性同位素测井法是向井内注入同位素液体，人为提高出水层段的放射性强度来判断出水层位的找水方法。根据注同位素液体前后所测得的放射性曲线来鉴别出水层位。其具体测试步骤为：先测井内自然放射性曲线，然后向井内注入一定数量含同位素的液体，并用清水将其替入地层，洗井后，再测放射性曲线。对比前后两次测得的放射性曲线，判断出水层位。此法可确定套管破裂位置、出水层位等。若在油井注入放射性同位素可确定套管破裂位置，若从水井注入放射性同位素则可确定出水层位。

以上几种测井方法各有优缺点，在实际找水工作中，往往需要两种或两种以上方法相互补充，才能较准确地定出出水层位。

④ 机械法找水。

a. 压木塞法：对套管有一处损坏引起的出水油井，将木塞放在套管内，然后注入液体挤压木塞下行，最后木塞停留位置正好是套管损坏的位置。

b. 封隔器找水：封隔器找水是指利用封隔器将各层分开，然后分层求产，找出出水层位的方法。这种方法工艺比较简单，能准确确定出水层位，但施工时间长，在窜槽井上，必须封窜后才能应用。在油、水层之间的夹层很薄的层中则无法确定油水层。

⑤ 找水仪找水。

找水仪找水是指在油井正常生产的情况下，下人专门仪器——找水仪，不停产确定主要出水层位和流量的找水方法。找水仪主要由电磁振动泵、注排换向阀、皮球集流器、涡轮流量计、油水比例计等几部分组成。

随着微电子技术的发展，井下电视技术也被用于找水。

2）油井封堵水技术

（1）封隔器卡封高含水层(机械堵水)。

注水开发的多层非均质油藏，由于层间差异大，尽管在注水井上采取了分注或调剖措施，然而总难以避免个别层过早水淹，使油井含水迅速升高。为了降低油井含水，减少层间干扰，提高油井产量，可采用封隔器卡封高含水层，使其停止工作。目前已用于现场、技术又比较成熟的机械堵水管柱结构主要有两大类：一是自喷井堵水管柱，由油管、配产器和封隔器等构成；二是机械采油井堵水管柱，一般采用丢手管柱结构，所用井下工具基本与自喷井堵水管柱相同。封隔器卡封管柱虽然具有可调整卡封层位的灵活性，但不具有降低生产层含水的作用。

(2) 油井化学堵水。

油井化学堵水技术是用化学剂控制油井出水量和封堵出水层的方法。根据化学剂对油层和水层的堵塞作用，化学堵水可分为非选择性堵水和选择性堵水两种。

① 非选择性堵水。

非选择性堵水是指在油井上采用适当的工艺措施分隔油水层，并用堵剂堵塞出水层的化学堵水方法。

② 选择性堵水。

选择性堵水是指通过油井向生产层注入适当的化学剂堵塞水层或改变油、水、岩石之间的界面张力，降低油水同层的水相渗透率，而不堵塞油层或对油相渗透率影响较小的化学堵水方法。

(3) 底水封堵技术。

为了防止和减少底水锥进而广泛采用的方法是在靠近油水界面的上部以一定的工艺措施注入封堵剂，在井底附近形成“人工隔板”，即采用人工隔板法堵水。所用的封堵剂有树脂、硅酸钙、硅酸溶胶、稠油、油基水泥等。

油井出水原因不同，采取的封堵方法也就不同。一般对于外来水，或者水淹后不再准备生产的水淹油层，在搞清出水层位并有可能与油层封隔开时，采用非选择性堵水剂(如水泥、树脂等)堵死出水层位；不具备与油层封隔开的条件时，采用具有一定选择性的堵水剂(如油基水泥等)进行封堵。对于同层水(边水和注入水)一般采用选择性堵水剂进行堵水；为了控制个别水淹层的含水，消除合采时的层间干扰，大多采用封隔器来暂时封住高含水层。对于底水，在有条件的情况下则采用在井底附近油水界面处建立隔板，以阻止底水锥进。

4. 稠油与高凝油开采技术

在我国，稠油和高凝油分布广、储量大，产量占总产油量的比例较大。稠油流动性差是开采中的主要问题：一方面，原油黏度高，油层渗流阻力过大，使得原油不能从油层流入井筒；另一方面，即使原油能够流到井底，在从井底向井口的流动过程中，由于降压脱气和散热降温而使原油黏度进一步增加，严重地影响了原油生产的正常进行。在高凝油的开发过程中，当原油温度低于凝固点时，原油凝固而失去流动性，油井无法正常生产。

1) 稠油及高凝油开采特征

(1) 稠油的基本特点。

① 稠油的分类标准。

稠油是指黏度大的原油，重油是指密度大的原油，其黏度也大，因此稠油也就是重油。1981 年 2 月，联合国训练署通过了关于重油和沥青砂的标准：

a. 重油：在原始油藏温度下，脱气油黏度为 10~10000mPa · s 或在 15.6℃及 101.3kPa 条件下密度为 934~1000kg/m^3。

b. 沥青砂：在原始油藏温度下，脱气油黏度大于 10000mPa · s 或在 15.6℃及 101.3kPa

条件下密度大于 1000kg/m^3。

表 3-1 列出了适合我国的稠油分类标准。

表 3-1　中国稠油分类标准

稠油分类		黏度/(mPa·s)	相对密度(20℃)
普通稠油	Ⅰ	50*~100*	>0.9000(<25°API)
	Ⅱ	100~10000	>0.9200(<22°API)
特稠油		1000~5000	>0.9500(<17°API)
超稠油(天然沥青)		>50000	>0.9800(<13°API)

② 稠油的特点。

稠油与常规轻质原油相比主要有以下特点：

a. 黏度高、密度大、流动性差。

b. 稠油的黏度对温度敏感。

c. 稠油中轻质组分含量低，而胶质、沥青质含量高。

(2) 高凝油的基本特点。

高凝油是指蜡含量高、凝固点高的原油。在开发过程中，当原油温度低于凝固点时，原油中的某些重质组分(如石蜡)凝固、析出，并沉积到油层岩石颗粒、抽油设备或管线上，造成油层渗流阻力剧增，或抽油设备正常工作困难。

高凝油在较高的温度条件下会失去流动性，这是含蜡量高所致，而且这种蜡主要是碳原子数在 16 以上、结构复杂的高饱和烃的混合物。高凝油胶质、沥青质含量较低。

虽然高凝油和稠油在一定条件下都有流动性差的特点，但原因是不同的。高凝油在原油温度高于凝固点时，油中的蜡处于溶解状态，流体属单相体系，流动性与普通原油无甚差别，只是重质烃组分含量高而黏度稍大一些。当原油温度下降到凝固点后，蜡晶析出且相互连接形成空间网络结构，液态烃则被分隔成为分散相，使原油失去流动性，即发生所谓的凝固。

我国大多数高凝油油藏埋藏较深，在油藏温度和压力条件下具有较好的流动性，使原油可以从油层流入井筒。原油在沿井筒向上流动的过程中，由于压力和温度降低，当油流温度低于所含蜡的初始结晶温度后，大量析出蜡晶并聚集，使原油逐渐失去流动性，最终堵塞管线，导致自喷井停喷或抽油井无法正常生产。因此，高凝油开采的关键在于提高井筒中流体的温度。

2) 热处理油层采油技术

热处理油层采油技术是通过向油层提供热力学能，提高油层岩石和流体的温度，从而增大油藏驱油动力，降低油层流体的黏度，防止油层中的结蜡现象，减小油层渗流阻力，达到更好地开采稠油及高凝油油藏的目的。目前常用的热处理油层采油技术主要有注热流体(如蒸汽和热水)和火烧油层两类方法。

注蒸汽处理油层采油方法提高油井产量和油层采收率的主要原因是通过蒸汽将热力学能提供给油层岩石和流体，一方面使油层原油的黏度大大降低，增加原油的流度；另一方面原油受热后发生体积膨胀，可减少最终的残余油饱和度。注蒸汽处理油层采油方法根据其采油工艺特点主要包括蒸汽吞吐和蒸汽驱两种方式。

火烧油层则是在油层中燃烧部分原油产生热量，通过适当的井网将空气或氧气自井中注入油层，并用点火器将油层中部分原油点燃，然后向油层不断注入空气或氧气，以维持油层燃烧，燃烧前缘的高温不断加热油藏岩石和流体，且使原油蒸馏、裂解，并被驱向生产井。

(1) 蒸汽吞吐采油技术。

蒸汽吞吐是向采油井注入一定量的蒸汽，关井浸泡一段时间后开井生产，当采油量下降到不经济时，再重复上述作业的开采方式。由于其见效快，容易控制，工作灵活，所以该技术的研究和应用在国内外油田均得到了较快的发展。

蒸汽吞吐是在同一口井中注蒸汽和采油，所以又叫做单井吞吐采油，在单井吞吐采油的每一个吞吐周期中可分为注汽、焖井和生产 3 个阶段。

① 注汽阶段。

由锅炉产生的高温高压蒸汽，经地面管线由井口沿井筒注入油层。在这一阶段主要控制注汽量、注汽速度、注汽压力和注蒸汽干度 4 个参数。

② 焖井阶段。

焖井是指注蒸汽后停注关井，使蒸汽与油层岩石和流体进行热交换的过程。为了提高蒸汽热力学能的效率，必须进行焖井。焖井时间的长短也是影响蒸汽吞吐效果的一个重要因素。若焖井时间过长，则热力学能传递到非目的层或向油层纵深传热过多，井底附近油层温度下降太大，原油的黏度又会升高；焖井时间过短，则热量没有得到充分的交换，使得蒸汽热力学能作用半径小，两者均会影响吞吐周期的产量。合理的焖井时间由现场实际来确定，一般为 1~4 天。

③ 生产阶段。

焖井结束后，开井进行生产，生产方式多种多样，采用何种方式主要以最大限度地利用热力学能和提高吞吐周期的产油量为目标。

蒸汽吞吐油井在一个吞吐周期的采油过程中不再向油层提供热力学能，所以一般在开井初期产量较高，随着生产时间的持续，油藏温度逐渐降低，原油黏度回升，油井产量也随之下降。另一方面，对同一口油井，不同的吞吐周期内产量也不一样。一般在前两个周期产量较高，这是因为此时油藏中含油饱和度和油藏压力高的缘故，随着吞吐周期次数的增加，产量逐渐递减，且每一周期的有效生产时间也相应缩短。

油井注汽焖井后，由于大量蒸汽集中于近井地带，随着热量的传递，蒸汽温度下降冷凝成热水，所以油井含水变化很大。在同一周期内，随着生产时间的持续，含水率呈下降趋势。对不同的吞吐周期，在相同的生产时间，其含水率逐渐升高。这是因为周期注汽量随周期次数的增多而增大，油层含水饱和度逐渐上升，而含油饱和度逐渐下降。

衡量蒸汽吞吐开采效果的另一个重要指标是油汽比。油汽比是指生产出的原油量与注入的蒸汽量之比，其值越大说明开采效果越好。我国实践表明：只有油汽比大于 0.15t/t 才具有经济开采价值。

虽然单井蒸汽吞吐工艺简单，见效快，但波及面积小，采收率并不高，一般不超过 15%。因此，它通常作为蒸汽驱的先导。

(2) 蒸汽驱采油技术。

蒸汽驱是按一定的注采井网，从注汽井注入蒸汽将原油驱替到生产井的热力开采方法。

蒸汽驱采油原理是蒸汽注入到油层后，在注入井周围形成饱和蒸汽带，蒸汽带前缘由于蒸汽与油藏岩石和流体的热交换而冷却，形成蒸汽的凝析水带(热水带)，因此蒸汽驱的采收率是热水驱、汽驱、蒸馏及抽提等各种作用的综合结果。

在蒸汽驱生产过程中，从注蒸汽到蒸汽突破油井，最后淹没油井，一般经历3个阶段。

① 注汽初始阶段。

油层注入蒸汽后，大量蒸汽的热力学能被注入井井底附近的油层吸收，逐步提高油层的温度，油层压力稳定地回升。

② 注汽见效阶段。

随着累积注入汽量的增加，油层能量和热量得到了很好地补充，大量蒸汽热力学能已传递到生产井周围，使原油的流动能力得以提高，原油产量上升，注汽见效，生产井进入高产阶段。

③ 蒸汽突破阶段(汽窜阶段)。

随着开采时间的延长，油层中的原油逐步被驱替出来，蒸汽和热水在油层中向生产井推进，到一定时间，蒸汽驱前缘突破油井，蒸汽和热水进入油井随同原油一起被采出来。

在蒸汽驱的3个阶段中，初始阶段时间较短，而后两个阶段的时间相对较长。为了尽量多地采出油层孔隙中的原油，提高原油采收率，应采取一切有效措施，延长注汽见效阶段的生产时间。到最后的汽窜阶段，则应采取关闭严重产汽井，或关闭采油井一段时间，使得蒸汽能够加热油层中下部的原油，减少蒸汽超覆现象带来的不利影响，然后再开井生产，从而提高采收率。

造成蒸汽驱开采稠油效果差的主要原因有两方面：一方面是在蒸汽驱过程中发生早期汽窜；另一方面是由于蒸汽驱存在超覆现象，使得驱油效率较低。因此在生产过程中要采取封堵汽窜和降低超覆影响程度等方面的措施来提高蒸汽驱效果。

3) 井筒降黏技术

井筒降黏技术是指通过热力、化学、稀释等措施使得井筒中的流体保持低黏度，从而达到改善井筒流体的流动条件，缓解抽油设备的不适应性，提高稠油及高凝油的开发效果等目的的采油工艺技术。该技术主要应用于原油黏度不是很高或油层温度较高，所开采的原油能够流入井底，只需保持井筒流体有较低的黏度和良好的流动性，采用常规开采方式就能进行开采的稠油油藏。目前常用的井筒降黏技术主要包括化学降黏技术和热力降黏技术。

(1) 井筒化学降黏技术。

井筒化学降黏技术是指通过向井筒流体中掺入化学药剂，从而使流体黏度降低的开采稠油及高凝油的技术。其作用机理是在井筒流体中加入一定量的水溶性表面活性剂溶液，使原油以微小油珠分散在活性水中形成水包油型乳状液或水包油型粗分散体系，同时活性剂溶液在油管壁和抽油杆柱表面形成一层活性水膜，可起到乳化降黏和润湿降阻的作用。

① 乳化剂的选择。

乳化剂在化学降黏中起着重要的作用，如乳状液的形成类型及稳定性等都与乳化剂本身的性质有直接关系。选用乳化剂一般按其亲油亲水平衡值(*HLB*)来确定，通常形成水包油型乳状液的 *HLB* 值为8~18。在实际应用中，为了满足开采要求，乳化剂选择标准有3条：

a. 乳化剂比较容易与原油形成水包油型乳状液，具有好的流动性和一定的稳定性；

b. 乳化剂用量少，经济合理；

c. 油水采出后重力分离快，易于破乳脱水。

② 化学降黏工艺技术。

乳化降黏开采工艺是在地面油气集输中建设降黏流程。根据加药剂地点不同，可分为单井乳化降黏、计量站多井乳化降黏及大面积集中管理乳化降黏3种地面流程；根据化学剂与原油混合点的不同，又可分为地面乳化降黏和井筒中乳化降黏技术。根据单流阀与抽油泵的相对位置，井筒中乳化降黏技术又可分为泵上乳化降黏和泵下乳化降黏，其管柱如图3-7所示。

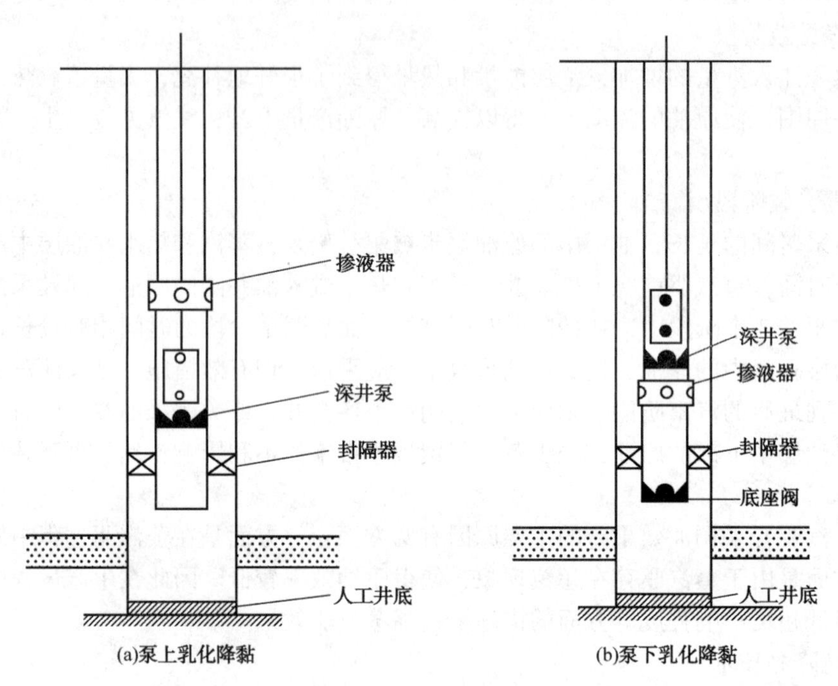

图3-7 井筒中乳化降黏管柱结构示意图

化学降黏工艺一定要根据油井的实际情况进行选择，其设计中的主要参数包括活性剂溶液的浓度、温度、水液比和掺药剂点位置。

(2) 井筒热力降黏技术。

井筒热力降黏技术是利用高凝油、稠油的流动性对温度敏感这一特点，通过提高井筒流体的温度，使井筒流体黏度降低的工艺技术。目前常用的井筒热力降黏技术根据其加热介质可分为两大类：热流体循环加热降黏技术和电加热降黏技术。

① 热流体循环加热降黏技术。

热流体循环加热降黏技术应用地面泵组，将高于井筒生产流体温度的油或水等热流体，以一定的流量通过井下特殊管柱注入井筒中建立循环通道，以伴热井筒生产流体，从而达到提高井筒生产流体的温度、降低黏度、改善其流动性目的的工艺技术。根据井下管(杆)柱结构的不同，主要分为以下4种形式：

a. 开式热流体循环工艺。

开式热流体循环工艺的井下管柱结构如图3-8所示。开式热流体循环根据循环流体的通道不同又可分为正循环和反循环两种。开式热流体反循环工艺是油井产出的流体或地面其他来源的流体经过加热后，以一定的流量通过油套环形空间注入井筒中，加热井筒生产流体及油管、套管和地层，然后在泵下或泵上的某一深度上进入油管并与生产流体混合后一起采到地面。开式热流体正循环工艺则是指热流体由油管注入井筒中，在井筒中的某一深度处进入油套环形空间与生产流体混合。这种工艺技术适用于自喷井和抽油井等不同采油方式生产的高凝油及稠油油井。

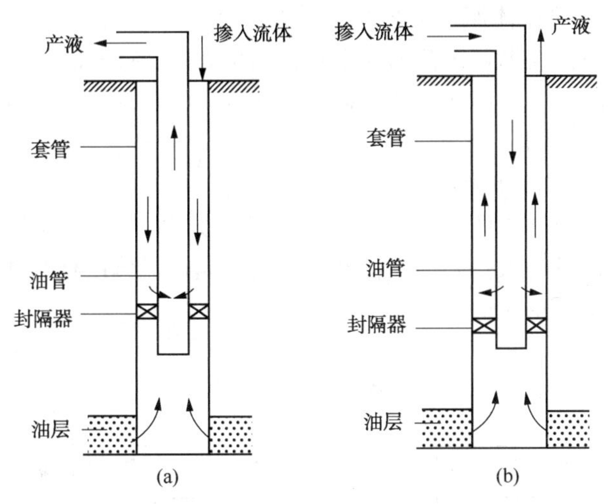

图 3-8 开式热流体循环工艺管柱结构示意图

b. 闭式热流体循环工艺。

闭式热流体循环工艺循环的热流体与从油层采出的流体不相混合，而且循环流体也不会对油层产生干扰。图 3-9 中列出了 3 种闭式热流体循环的基本井下管柱结构：图中(a)为加热管同心安装，从油套环形空间采油，该管柱的最大优点是不需要封隔器，井下作业方便，相当于井筒中悬挂了一个加热器，在循环方式上热流体可从中间油管进入，从两油管环形空间返出，也可反向循环，但由于其从套管采油，因而不能用于抽油井；图中(b)为加热管同心安装，油管上安装有封隔器，热流体从两油管环形空间进入井筒，由油套环形空间返回地

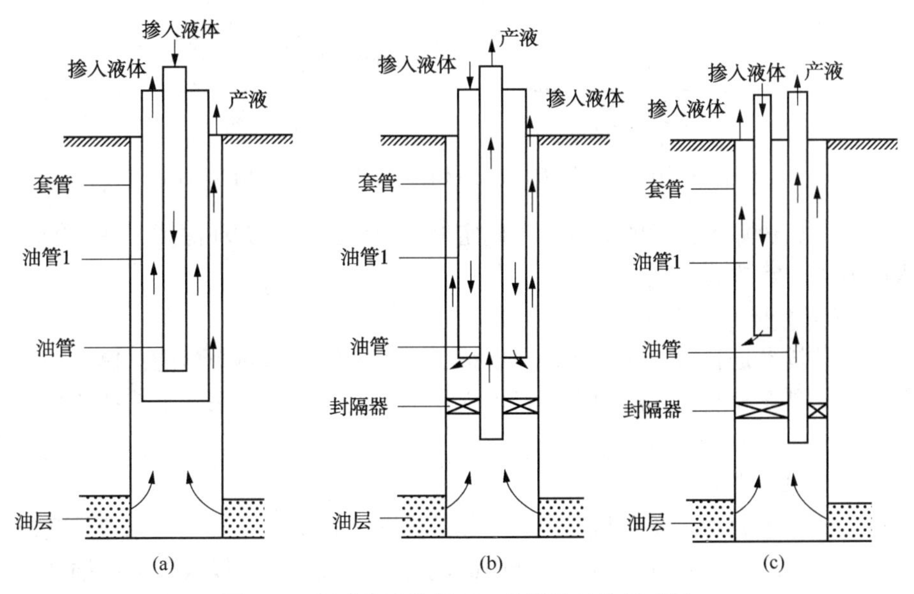

图 3-9 闭式热流体循环工艺管柱结构示意图

面，油层采出流体由中心油管举升到地面；图中(c)为加热管与生产油管平行安装，在油管下部装有封隔器，热流体由加热管注入井筒，由油套环形空间返回地面，油层采出流体经油管举升到地面，这种结构需有较大的套管空间，且井下作业困难。

c. 空心抽油杆开式热流体循环工艺。

空心抽油杆开式热流体循环工艺的井下管柱结构如图3-10(a)所示。它是将空心抽油杆与地面掺热流体管线连接，热流体从空心抽油杆注入，经杆底部阀流到油管内与油层采出流体混合后一同被举升到地面。

d. 空心抽油杆闭式热流体循环工艺。

空心抽油杆闭式热流体循环工艺的井下管柱结构如图3-10(b)所示。油层流体进入油管后，经特定的换向设备进入空心抽油杆流向地面，而热流体由杆与油管的环形空间进入井筒，然后由油套环形空间返回地面。

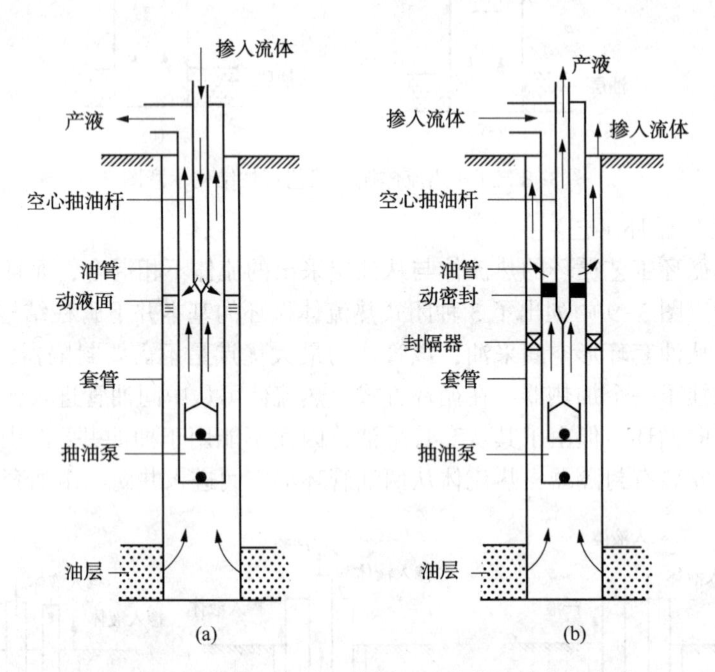

图3-10 空心抽油杆热流体循环工艺管柱结构示意图

热流体循环加热降黏技术的关键在于确定循环流体的量、循环深度、井口循环流体的温度和注入压力4个参数。

② 电加热降黏技术。

电加热降黏技术是利用电热杆或伴热电缆，将电能转化为热力学能，提高井筒生产流体温度，以降低其黏度和改善其流动性。目前常用的方法有电热杆采油工艺和伴热电缆采油工艺两种技术：

a. 电热杆采油工艺。

电热杆采油工艺的井筒杆柱和管柱结构如图3-11(a)所示。其工作原理是交流电从悬接器输送到电热杆的终端，使得空心抽油杆内的电缆发热或利用电缆线与空心抽油杆杆体形成回路，根据集肤效应原理将空心抽油杆杆体加热，通过传热提高井筒生产流体的温度，降低黏度，改善其流动性。

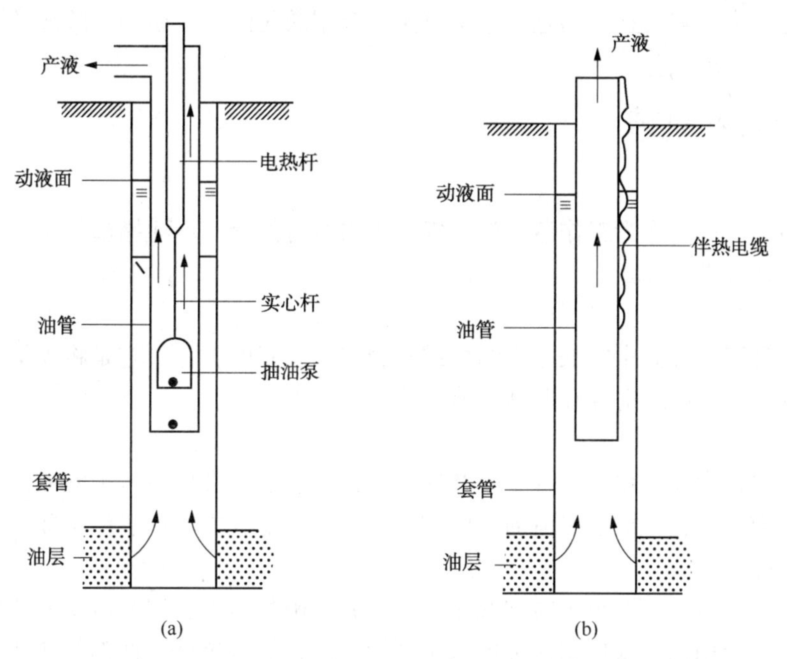

图 3-11　电加热降黏工艺井筒管柱结构示意图

b. 伴热电缆采油工艺。

伴热电缆采油工艺的井筒管柱结构如图 3-11(b)所示，伴热电缆分为恒功率伴热电缆与恒温(自控温)伴热电缆两种，后者节约电能，但价格贵，前者则相反。在生产高凝油和稠油的油井中，将伴热电缆利用卡箍固定在油管外部，通电后电缆发热以加热井筒中的生产流体。

在电加热降黏技术的工艺设计中，关键是确定加热深度和加热功率两个主要的参数。

电加热降黏技术对电缆和电热杆制造工艺要求比较高，要求其质量稳定、工作可靠、温度调节容易。在工艺实施过程中，其地面设备简单，生产管理方便，温度调节和控制容易、快速，沿程加热均匀，停电凝管处理容易，热效率高，便于实现自动控制，且对环境无污染，使用安全。电热杆采油工艺还具有井下作业和维修施工方便、简单，一次性投资少，资金回收快的特点，且电热杆的质量加在悬点上，因此只适用于有杆抽油系统采油的油井。而伴热电缆的井下作业和维修施工复杂，且一次性投资较高，但其应用不受采油方式的影响，因而适用范围更广。

第二节　酸　化

酸化是使油气井增产和注水井增注的又一有效措施，它是通过向地层注入一种或几种酸液及添加剂，利用酸与地层中某些矿物的化学反应，溶蚀储层中的连通孔隙、天然裂缝及人造裂缝壁面岩石，增加流体在孔隙、裂缝中的流动空间，与井底附近孔隙中的堵塞物质起反应，解除污物堵塞，达到增加油气井增产和注水井增注的目的。

油气主要储集在砂岩和碳酸盐岩地层中，不同的地层所使用的酸液不同，同一种酸液加入不同的添加剂，则效果不一样，同一种酸液与相同的添加剂，若施工程序不同其效果也不会一样，等等。为了解决这些问题，本章将主要介绍酸化的增产原理、酸液及添加剂、酸化的设计方法及酸处理工艺。

1. 酸化增产机理

1）酸化分类

酸化是指一切以酸作为工作液对油、气、水层进行的增产增注措施的统称。

(1) 按工艺分类。

① 酸洗。

酸洗是一种清除井筒中的酸溶性结垢或疏通射孔孔眼的工艺。它是将少量酸液注入预定井段，溶解井壁结垢物或射孔孔眼堵塞物。

② 基质酸化。

基质酸化也称常规酸化，即施工时井底压力低于岩层破裂压力，把酸液注入地层，溶蚀并扩大天然孔隙或裂缝并溶解渗流通道中的堵塞物，使油气井增产、注水井增注。

③ 压裂酸化。

压裂酸化也称酸压，即施工时井底压力高于岩层破裂压力，把酸液挤入地层，靠酸液的水力作用和溶蚀作用，在处理层段形成人工裂缝，改善渗流条件，使油气井增产。

压裂酸化不加支撑剂，在裂缝形成过程，靠酸液的不均匀溶蚀作用把裂缝壁面刻蚀成凹凸不平的表面，停泵卸压后，裂缝不会完全闭合，保持较高的导流能力，从而增加油流的通道，达到增加产量的目的。压裂酸化的增产原理与水力压裂基本相同。

(2) 按施工所用酸液体系分类。

按处理液类型可分为盐酸及其改性酸液类(如乳化酸、胶凝酸、泡沫酸等)和土酸两大类，还可按施工方式分为全井酸化、分层酸化、暂堵酸化等。但现场应用最多的还是盐酸和土酸类酸化。

2）酸化增产原理

(1) 基质酸化增产原理。

基质酸化增产作用主要表现在:

① 酸液挤入孔隙或天然裂缝并与其发生反应，溶蚀孔壁或裂缝壁面，增大孔径或扩大裂缝，提高储层的渗流能力。

② 溶蚀孔道或天然裂缝中的堵塞物质，破坏泥浆、水泥及岩石碎屑等堵塞物的结构，疏通流动通道，解除堵塞物的影响，恢复储层原有的渗流能力。

(2) 压裂酸化增产原理。

压裂酸化是碳酸盐岩储层增产措施中应用最广的酸处理工艺。压裂酸化施工中酸液壁面的非均匀刻蚀是由于岩石的矿物分布和渗透性的不均一性所致。沿裂缝壁面，有些地方的矿物极易溶解(如方解石)，有些地方则难以被酸所溶解，甚至不溶解(如石膏、砂等)。易溶解的地方刻蚀得厉害，形成较深的凹坑或沟槽，难溶解的地方则凹坑较浅，不溶解的地方保持原状。此外，渗透率好的壁面易形成较深的凹坑，甚至是酸蚀孔道，从而进一步加重非均匀刻蚀。酸化施工结束后，由于裂缝壁面凹凸不平，裂缝在许多支撑点的作用下不能完全闭合，最终形成了具有一定几何尺寸和导流能力的人工裂缝，大大提高了储层的渗流能力。

与水力压裂技术类似，压裂酸化的增产原理主要表现为：

① 压裂酸化裂缝增大油气向井内渗流的渗流面积，改善油气的流动方式，增大井附近油气层的渗流能力；

② 消除井壁附近的储层污染；

③ 沟通远离井筒的高渗透带、储层深部裂缝系统及油气区。

无论是在近井污染带内形成通道，还是改变储层中的流型，都可获得增产效果。小酸量处理可消除井筒污染，恢复油气井天然产量，大规模深部酸压处理可使油气井大幅度增产。

酸压工艺不能用于砂岩储层，其原因是砂岩储层的胶结一般比较疏松，酸压可能由于大量溶蚀，致使岩石松散，引起油井过早出砂；酸压可能压破储层边界以及水、气层边界，造成储层能量亏空或过早见水、见气；由于酸液沿缝壁均匀溶蚀岩石，不能形成沟槽，酸压后裂缝大部分闭合，形成的裂缝导流能力低，且由于用土酸酸压可能产生大量沉淀物堵塞流道。因此，砂岩储层一般不能冒险进行酸压，要大幅度提高产能需要采用水力压裂措施。

2. 碳酸盐岩地层的盐酸处理

1）盐酸与碳酸盐岩的化学反应

碳酸盐岩地层的主要矿物成分是方解石（$CaCO_3$）和白云石[$CaMg(CO_3)_2$]。其中方解石含量多于50%的称为石灰岩类，白云石含量多于50%的称为白云岩类。

碳酸盐岩地层的储集空间分为孔隙和裂缝两种类型。根据孔隙和裂缝在地层中的主次关系又可把碳酸盐岩油气层分为3类：孔隙性碳酸盐岩油气层，则孔隙是油气的主要储集空间和渗流通道；孔隙—裂缝性碳酸盐岩油气层，则孔隙是主要储集空间，裂缝是主要渗流通道；裂缝性碳酸盐岩油气层，则微、小裂缝及溶蚀孔洞是主要储集空间，较大裂缝是主要渗流通道。

碳酸盐岩地层酸处理，就是要解除孔隙、裂缝中的堵塞物质，或扩大沟通地层原有的孔隙、裂缝以提高地层的渗透性能。碳酸盐岩油气层酸化通常是用盐酸或盐酸与有机酸的混合酸液等。

酸处理中，主要的工作介质是盐酸，盐酸进入地层孔隙或裂缝后，将与裂缝壁面发生化学反应。现以石灰岩的主要成分——方解石为例，盐酸与其中碳酸钙的化学反应如下：

分子式	$2HCl$	$+ CaCO_3 ==$	$CaCl_2$	$+ H_2O$	$+ CO_2\uparrow$
相对分子质量	73	100	111	18	44
$1m^3$ 28%HCl(kg)	320	438	486	79	193

这说明溶解1mol $CaCO_3$需要2mol HCl，生成1mol $CaCl_2$、1mol H_2O、1mol CO_2。与反应物分子量相乘的数就是化学当量系数(例：2 HCl中的“2”即是化学当量系数)。由上述反应中各种组分的分子量(表3-2)，计算出的$1m^3$28%HCl含纯HCl的质量(kg)，溶解的碳酸盐的质量，反应生成物的数量以及其他化学当量数据。

盐酸与白云岩地层(主要成分为碳酸钙镁)的化学反应，亦可用化学反应方程式来表示。

$$4HCl + MgCa(CO_3)_2 = CaCl_2 + MgCl_2 + 2H_2O + 2CO_2\uparrow$$

由于其化学反应及生成物状态和盐酸与碳酸钙反应相似，故不再重复。

表 3-2　反应物和反应产物的相对分子质量

成　分	分子式	相对分子质量
盐酸	HCl	36.47
甲酸	$HCOOH$	46.03
乙酸	HCH_2COOH	60.5
方解石	$CaCO_3$	100.09
白云石	$CaMg(CO_3)_2$	184.30
氯化钙	$CaCl_2$	110.99
氯化镁	$MgCl_2$	95.30
甲酸钙	$Ca(COOH)_2$	130.12
甲酸镁	$Mg(COOH)_2$	114.35
乙酸钙	$Ca(CH_2COOH)_2$	158.16
乙酸镁	$Mg(CH_2COOH)_2$	142.39
水	H_2O	18.02
二氧化碳	CO_2	44.01

2）酸液的溶解能力

为了更方便地表示化学反应的计算法，Williams 等引入了溶解能力概念，即单位体积酸液与岩石完全反应后，所能溶解的岩石体积。用 X 表示：

$$X = \frac{\text{溶解能力系数}\beta \times \text{酸液密度}}{\text{岩石密度}} \tag{3-2}$$

这一数值可用以直接比较各种用酸成本。具体计算时，首先计算溶解能力系数 β_{100}，即单位质量的纯酸反应完全后所能溶解的矿物质量。然后计算每一种反应的溶解能力。即

$$\beta_{100} = \frac{\text{矿物相对分子质量} \times \text{矿物在反应方程式中的物质的量}}{\text{酸的相对分子质量} \times \text{酸在反应方程式中的物质的量}} \tag{3-3}$$

例：根据盐酸与碳酸钙的化学反应方程式，以 100% 盐酸与纯石灰岩反应时的溶解能力为：

$$\beta_{100} = \frac{100.09 \times 1}{36.47 \times 2} = 1.372$$

同理，可计算出不同酸与不同矿物反应的溶解能力系数(表 3-3)。

表 3-3　纯酸与碳酸盐岩反应的 β_{100}

酸　液	反应矿物	
	方解石	白云石
	β_{100}	β_{100}
盐　酸	1.37	1.26
甲　酸	1.09	1.00
乙　酸	0.83	0.77

若酸的浓度不是100%，而为15%(质量)，则

$$\beta_{15}=\beta_{100}\times 0.15=0.206$$

相应的溶解能力为：

$$X=\frac{\beta_{15}\times\rho_{HCl}}{\rho_{CaCO_3}}=\frac{0.206\times 1.07}{2.71}=0.082$$

HCl溶液的相对密度如表3-4所示，其他酸液的相对密度可查阅相关手册。同理，可以计算出任何已知百分比浓度的酸液和岩石矿物反应的溶解能力。不同酸液与碳酸盐岩的溶解能力如表3-5所示。

表3-4　盐酸浓度与密度的关系（15℃）

浓度/%	密度/(kg/m³)	浓度/%	密度/(kg/m³)
5.14	1025	22.86	1115
10.17	1050	25.75	1130
15.16	1075	28.61	1145
20.01	1100	30.55	1155

注意，X值中的岩石体积不包括孔隙体积，当计算地层中酸蚀体积时，应将X值除以$(1-\phi)$，其中ϕ为孔隙度值；其次，表3-5可用作酸的对比，盐酸的溶解能力最强，甲酸次之，然后是乙酸。表中所列数据没有考虑化学平衡的影响。

表3-5　常用酸液对碳酸盐岩的溶解能力（X）　　单位：m³/m³

反应矿物	酸液类型	酸液浓度/%			
		5	10	15	30
方解石	盐酸	0.026	0.053	0.082	0.175
	甲酸	0.02	0.041	0.062	0.129
	乙酸	0.016	0.031	0.047	0.096
白云石	盐酸	0.023	0.046	0.071	0.152
	甲酸	0.018	0.036	0.064	0.112
	乙酸	0.014	0.627	0.041	0.083

3）反应生成物的状态

从盐酸溶解碳酸盐岩的数量关系来看，渗透性应有明显的增加。然而酸处理后，地层的渗透性能能否得到改善，仅仅根据盐酸能溶解碳酸盐岩还是不够的。可以设想，如果反应生成物都沉淀在孔隙或裂缝里，或者即使不沉淀但黏度很大，以致于在现有工艺条件下排不出，那么，即使岩石被溶解掉了，但对于地层渗透性的改善仍是无济于事的。因此，必须研究反应生成物的状态和性质。

(1) 氯化钙的溶解能力。

根据化学反应方程式可知，1m³28%浓度的盐酸和碳酸钙反应，生成486kg的氯化钙。假设全部溶解于水，则此时氯化钙水溶液的质量浓度$X\%$为：

$$X\%=\frac{\text{氯化钙质量}}{\text{全部水质量}+\text{氯化钙质量}}\times 100\% \qquad (3-4)$$

全部水质量即 1m³28%浓度盐酸溶液中水的质量与反应生成水的质量之和。将具体数值代入式(3-4)，则得：

$$X\% = \frac{486}{820 + 79 + 486} \times 100\% = 35\%$$

图 3-12 所示为氯化钙在不同温度下，在水中的溶解度曲线。由曲线可知，氯化钙极易溶于水。而当温度为 30℃时，氯化钙的溶解度为 52%，此值大大超过 35%。因此，486kg 的氯化钙能全部呈溶解状态，不会产生沉淀。由于实际油层温度一般都高于 30℃，而且盐酸浓度一般最高使用 28%左右，因此在实际施工条件下，是不会产生氯化钙沉淀的。我们可以把残酸水当成为水。

(2) 二氧化碳的溶解能力。

由化学反应方程式可知，1m³28%浓度的盐酸和碳酸钙反应，生成 193kg 质量的二氧化碳，根据亚佛加德罗定律，这 193kg 二氧化碳在标准状况下的体积为 98m³。这 98m³(标准状况)的二氧化碳，在油层条件下，部分溶解于酸液中，部分呈自由气状态。这与地层压力的大小有关。

由图 3-13 可知，二氧化碳的溶解度和地层温度、压力及残酸水中的氯化钙溶解量有关，地层温度愈高、残酸水中的氯化钙溶解量愈多，地层压力愈低，二氧化碳愈难以溶解。

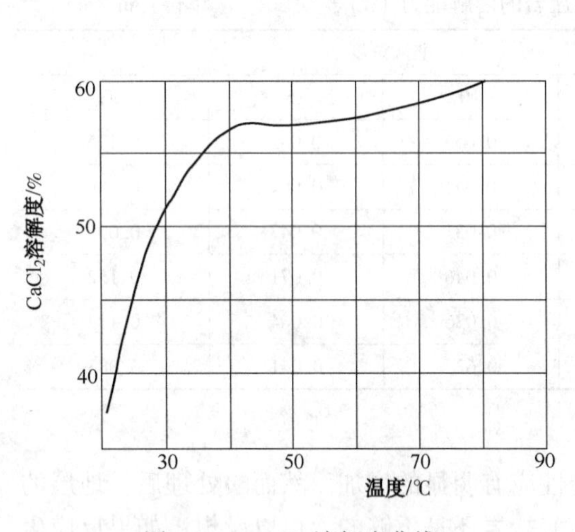

图 3-12　$CaCl_2$ 溶解度曲线

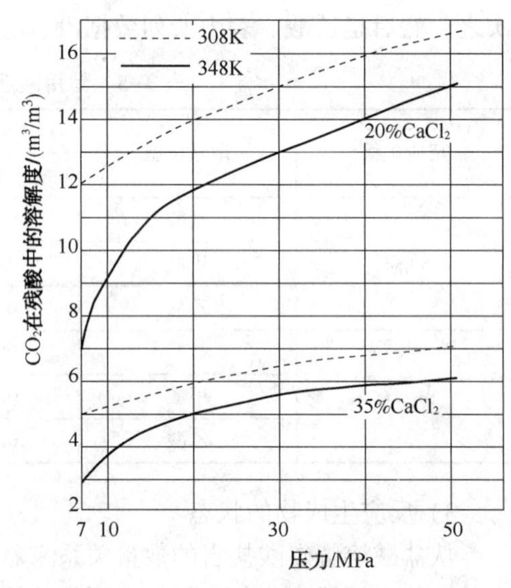

图 3-13　CO_2 溶解度曲线

归纳以上分析可知，酸处理后，地层中大量的碳酸盐岩被溶解，增加了裂缝的空间体积，为提高孔隙性和渗透性提供了必要条件。另一方面，反应后的残酸水是溶有少量二氧化碳的氯化钙水溶液，同时留有部分二氧化碳呈小气泡状态分布于其中。假如，存在于裂隙中的反应生成物对地层的渗透性没有妨害，通过排液可以把这些反应物排出地层，那就为提高地层的渗透性能创造了条件。因此，研究反应生成物对渗流的影响是很有必要的。

(3) 反应生成物对渗流的影响。

如前所述，盐酸与碳酸盐岩反应后，生成物氯化钙全部溶解于残酸中，氯化钙溶液的密度和黏度都比水高。这种黏度较高的溶液，对流动有两面性：一方面由于黏度较高携带固体微粒的能力较强，能把酸处理时从地层中脱落下来的微粒带走，防止地层的堵塞；另一方面，由于其黏度较高，流动阻力增大，对地层渗流不利。至于游离状态的小气泡对渗流的影响，应从相渗透率和相饱和度的关系上作具体的研究分析。

残酸液一般都具有较高的界面张力，有时残酸液和地层油还会形成乳状液，这种乳状液有时相当稳定，其黏度有时高达几个 Pa·s，对地层渗流非常不利。此外，油气层并不是纯的碳酸盐，或多或少含有如 Al_2O_3、Fe_2O_3、FeS 等金属氧化物杂质，在盐酸与碳酸盐反应的同时，也会与这些杂质反应。并且，当盐酸经由金属管柱进入地层时，首先会腐蚀金属设备，或者将一些铁锈(Fe_2O_3)及堵塞在井底的杂质带入地层，盐酸与这些杂质反应后，生成 $AlCl_3$、$FeCl_3$等，当残酸水的 pH 值逐渐增加到一定程度以后，$AlCl_3$、$FeCl_3$等会发生水解反应，生成 $Fe(OH)_3$、$Al(OH)_3$等胶状物，这些胶状物是很难从地层中排出来的，形成了所谓二次沉淀，堵塞了地层裂缝，对渗流极为不利。

4）酸岩反应速度

（1）酸岩复相反应。

酸—岩反应是多相反应，在酸化施工的特定条件下，其反应只在酸岩界面上进行。反应的实质是酸液中的氢离子与岩石矿物反应生成金属离子。

酸—岩反应，可看成由以下几步组成(图 3-14)：

a. 酸液中不断地电离出 H^+；

b. 酸液中的 H^+不断运动到岩石表面；

c. H^+在岩面与矿物进行反应；

d. 反应生成物离开岩面。

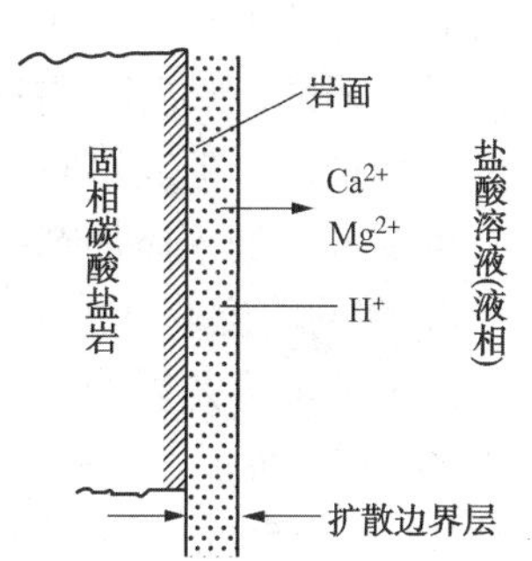

图 3-14　酸岩复相反应示意图

① 酸—岩反应速度。

酸岩反应速度，可用单位时间内酸浓度的降低值来表示，常用单位为 mol/(m^3·s)；也可用单位时间内岩石单位反应面积的溶蚀量来表示(或称溶蚀速度)，常用单位有 g/(cm^2·s)。这两种定义的实质是相同的，在实际工作中，按需要对两种单位进行选择。

酸岩反应只能在固—液界面发生，因此，其反应速度与酸液浓度、系统温度、岩石类型、流动速度、反应面容比及酸液类型和性质有关，一般都只能通过实验的方法测定。

酸岩总反应速度又受两种速度控制：表面反应速度和离子传质速度，两种速度受不同的机理控制，但也是有联系的，通常在酸岩反应过程中，某一个将比其他过程慢的多，为了研究方便，可忽略快的过程，以最慢的反应速度近似表示系统总的反应速度。表面反应速度取决于参与反应的总表面积。石灰岩与盐酸的表面反应非常快，几乎是 H^+接触岩面后立刻就反应完毕，它们之间反应主要受传质速度控制。而白云岩与盐酸的反应在低温下主要受表面反应速度控制，但随着温度升高逐渐变成受传质速度控制。

② 传质速度。

在酸岩反应中，氢离子向岩面迁移的速度称为离子传质速度，它包含扩散及对流的形式。当溶液中的某种离子存在浓度差时，这种离子就将从高浓度处向低浓度方向运动。这种现象称为离子扩散运动。离子对流是指活性酸与残酸之间的密度差引起的自然对流和酸液在岩石孔隙或裂缝中流动，因为虑失、紊流或因岩面不光滑造成的强迫对流(图 3-15)。目前确定离子传质速度通常由实验测定。

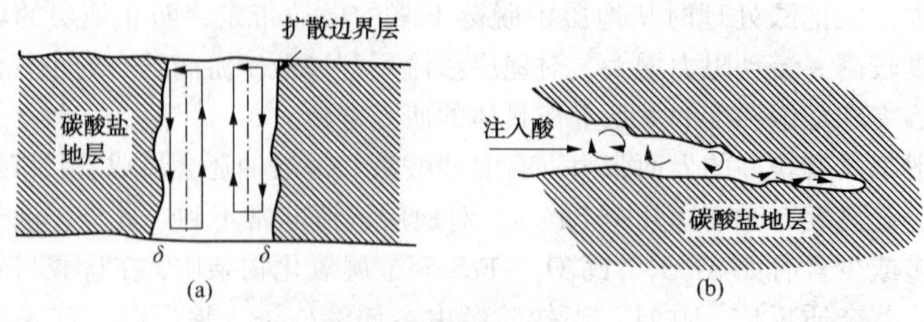

图 3-15　酸液向壁面传递的流动模型

(2) 影响酸岩反应速度的因素。

影响盐酸与碳酸盐反应速度的因素很多，主要有温度、压力、酸液浓度、酸岩系统的面容比、酸液流速、岩性等。下面结合一些实验资料来定性地讨论这些因素的影响。

① 酸的类型。

根据酸液反应的一般概念，酸液中 H^+ 浓度愈大，反应速度就愈快。各种类型的酸液离解度相差很大。在相同条件下(18℃，0.1 当量浓度)，HCl 的离解度为 92 %，即绝大部分的 HCl 分子被离解成 H^+ 和 Cl^-，而醋酸离解度仅 1.3%。所以，采用强酸时反应速度快，采用弱酸时反应速度慢。

虽然弱酸(如甲酸、柠檬酸等有机酸)可延缓反应速度，扩大酸处理范围并有利于高温深井的酸处理，但其溶解岩石的能力低，价格贵。所以，盐酸仍是酸处理中最广泛使用的酸类，但需采取加入添加剂的办法使其缓速。

② 酸的浓度。

酸液的浓度是影响反应速度的主要因素。盐酸与碳酸盐岩反应，酸浓度对反应速度的影响如图 3-16 所示。图中反应速度以溶蚀速度表示。实线表示各种浓度的新鲜酸液的初始反应速度。如 15%的鲜酸其初始反应速度为 69mg/(cm^3·s)，22%的为 73mg/(cm^3·s)，28%的为 72mg/(cm^3·s)。由此实线可知，盐酸的初始浓度在 24%~25%之前，随浓度增加，其初始反应速度增加，盐酸初始浓度超过 24%~25%之后，随浓度增加则初始反应速度反而下降。图 3-16 中各虚线表示不同浓度的盐酸在反应过程中反应速度的变化规律。如 28%浓度的盐酸初始反应速度为 72 mg/(cm^3·s)，反应过程中，反应速度随浓度降低而线性下降，浓度降为 15%时，其反应速度为 38 mg/(cm^3·s)；22%浓度的盐酸初始反应速度为 73 mg/(cm^3·s)，当反应浓度降为 15%时，其反应速度为 49mg/(cm^3·s)。

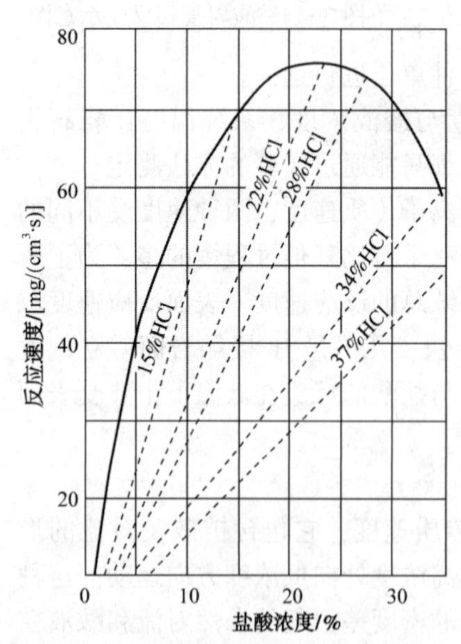

图 3-16　盐酸浓度对反应速度的影响

由虚线可知，浓酸的初始反应速度虽然较高，但当其变为某浓度(如 15%)的余酸时，其余酸的反应速度比 15%的浓度的盐酸的反应速度慢得多，且初始浓度愈高，相应浓度余酸的反应愈慢。说明浓酸的反应时间比稀酸的反应时间长，有效作用距离远。图 3-16 中虚线从左到右其初始浓度分别为15%、22%、28%、34%和37%。

根据以上认识，加之对浓酸的防腐问题已经有了一些比较有效的措施，因此现场越来越倾向于采用高浓度酸液。

③面容比 。

盐酸与碳酸盐岩间的反应速度与面容比有关。面容比是指单位体积酸液所接触的岩石表面积。当其他条件不变时，面容比愈大，传递到岩面上的 H^+ 数量愈多，反应速度就愈快。

渗透性差的孔隙性地层，面容比很大。常规酸处理时，挤入地层孔隙的酸液与岩石孔隙的接触面积很大，酸液类似于铺洒在岩石表面上，酸岩反应速度接近于表面反应速度，酸液几乎是瞬时就反应完毕，活性酸深入地层的距离仅几十厘米就变为残酸。酸压时，由于压成的裂缝较宽，裂缝的面容比较小，酸岩反应速度相对变慢，活性酸深入地层的距离可增加到十几米，因此，裂缝压得愈宽，酸处理的增产效果愈显著。

④酸液的流速。

由实验可知，酸液在层流范围内流动时，酸液流速的变化对反应速度并无显著的影响，在湍流流动时，由于酸液液流的搅拌作用，H^+ 的传递作用显著增加，但酸岩反应速度增加的倍比小于酸液流速增加的倍比，酸液来不及反应完毕就已经流入地层深处，故提高注酸排量可以增加活性酸深入地层的距离。

⑤地层温度。

温度升高，酸液中离子的热运动加快，岩石反应速度也加快，同时也加快了对管线的腐蚀，因此，对高温深井施工时，不但要采取有效的防腐剂，在必要时还要采取冷却措施，以减缓反应速度。

⑥其他因素。

反应速度随压力增加而减慢。在压力高于6MPa时，压力的影响可忽略不计。在低压(3MPa以下)时，压力对反应速度影响显著。但是在地层中，压力一般都高于6MPa，所以可以说，压力不影响酸岩反应速度。

此外，岩石的化学组分，物化性质、酸液黏度等都影响酸岩反应速度。如石灰岩比白云岩反应快，砂岩与盐酸反应很困难。酸液黏度越高，限制了 H^+ 的传递，反应速度越慢。

通过以上分析可知，影响酸岩反应速度的因素十分复杂，因此，延缓酸岩反应速度的途径多种多样。如：压成宽裂缝以减小面容比，采用高浓度盐酸、弱酸处理、井底冷却降温、提高注酸排量和稠化酸液使用等均是现场已采用的工艺措施。

3. 砂岩油气层的土酸处理

1) 砂岩的组成

砂岩地层通常采用以解堵为目的的常规酸化处理，而不适宜酸化压裂。与碳酸盐岩酸处理有所不同，其原因是砂岩由砂粒和粒间胶结物所组成，砂粒主要是石英和长石，胶结物主要为硅酸盐类(如黏土)和碳酸盐类。砂岩的油气储集空间和渗流通道都是砂粒与砂粒之间未被胶结物完全充填的孔隙。

砂岩地层的酸处理，就是通过酸液溶解砂粒之间的胶结物和部分砂粒，或者溶解孔隙中的泥质堵塞物，或其他结垢物，以恢复、提高井底附近地层的渗透率。

2）砂岩地层土酸处理原理

氢氟酸对砂岩中的一切成分(石英、黏土、碳酸盐)都有溶蚀能力，又是溶解硅酸盐类的唯一普通酸。因此，所有用于砂岩酸化的配方都包含氢氟酸或其化合物。最常采用的是土酸，即10%~15%浓度的盐酸和3%~8%浓度的氢氟酸与添加剂所组成的混合酸液。但不能单独使用氢氟酸，其主要原因有以下两个方面。

(1) 氢氟酸与硅酸盐类以及与碳酸盐类反应时，其生成物中有气态物质，也有可溶性物质，也会生成不溶于残酸液的沉淀。如氢氟酸与碳酸钙的反应：

$$2HF + CaCO_3 = CaF_2 \downarrow + CO_2 \uparrow + H_2O$$

氢氟酸与硅酸钙铝(钙长石)的反应：

$$16HF + CaAl_2Si_2O = CaF_2 \downarrow + 2AlF_3 \downarrow + 2SiF_4 \uparrow + 8H_2O$$

在上述反应中生成的CaF_2，当酸液浓度高时，处于溶解状态，当酸液浓度降低后，即会沉淀。酸液中若含有HCl时，依靠HCl维持酸液在较低的pH值，可以提高CaF_2的溶解度。

氢氟酸与石英的反应：

$$6HF + SiO_2 = H_2SiF_6 + 2H_2O$$

反应生成的氟硅酸(H_2SiF_6)在水中可解离为H^+和SiF_6^-，而后者又能和地层水中的Ca^{2+}、Na^+、K^+、NH_4^+等离子相结合，生成的$CaSiF_6$、$(NH_4)_2SiF_6$易溶于水，不会产生沉淀，而Na_2SiF_6及K_2SiF_6均为不溶物质会堵塞地层。但是，有关实验表明，这些硅胶体沉淀过程不是瞬时完成的，而可能是以相当慢的速度进行的。因此在酸处理过程中，应先将地层水顶替走，避免与氢氟酸接触。其次，酸处理后应马上返排残酸。

(2) 氢氟酸与砂岩中各种成分的反应速度各不相同。氢氟酸与碳酸盐的反应速度最快，其次是硅酸盐(黏土)，最慢是石英。因此，当氢氟酸进入砂岩地层后，大部分氢氟酸首先消耗在与碳酸盐的反应上，不仅浪费了大量价值昂贵的氢氟酸，并且妨碍了它与泥质成分的反应。但是盐酸和碳酸盐的反应速度比起氢氟酸与碳酸盐的反应速度还要快，因此土酸中的盐酸成分可以先把碳酸盐类溶解掉，从而能充分发挥氢氟酸溶蚀黏土和石英成分的作用。

总之，依靠土酸液中的盐酸成分溶蚀碳酸盐类，并维持酸液较低的pH值来溶解反应产物，依靠氢氟酸成分溶蚀泥质成分和部分石英颗粒，其反应结果就能清除井壁的泥饼及地层中的黏土堵塞，恢复和提高近井地带的渗透率。

3）溶解能力

氢氟酸对SiO_2和硅酸盐的溶解能力可以用前面介绍的方法根据化学反应式计算，因此，可算出混合酸的溶解能力。表3-6所示为不同浓度配比的“土酸”对石英和硅酸盐矿物的溶解能力值。

表3-6　土酸对砂岩矿物的溶解能力

酸液质量浓度/%		溶解能力/(m^3/m^3)	
HF	HCl	Na_4SiO_4	SiO_2
2.1	12.9	0.017	0.007
3.0	12.0	0.024	0.010
4.2	10.8	0.033	0.014
6.0	9.0	0.047	0.020

对比表 3-5 和表 3-6 可以发现，土酸对砂岩矿物溶解能力比盐酸对碳酸盐岩的溶解能力低得多。这不难理解，因为虽然综合浓度一样，但土酸参与反应的成分只有氢氟酸，并且只在岩石孔隙中反应。因此对砂岩地层的酸化，一般只会在离井筒很近的地层中发生反应。

4. 酸液及添加剂

酸液与添加剂的混合液是酸化处理工作液。合理的选择、配制及使用，对酸处理增产效果起着重要作用。否则，增产效果差，甚至会对油气层造成新的伤害。因此，对酸化工作液性能一般要求有：

① 溶蚀能力强，与地层配伍性好，不产生二次伤害等；

② 物理、化学性质能满足施工要求；

③ 残酸液易返排，易处理；

④ 运输、施工方便、安全；

⑤ 价格便宜，货源广等。

1）酸液

目前酸化施工使用的酸液主要有两大类：无机酸-包括盐酸、氢氟酸、氟硼酸、磷酸；有机酸——甲酸和乙酸。

（1）盐酸。

我国的工业盐酸是以电解食盐水得到的氯气和氢气为原料，用合成法制得氯化氢气体，再溶解于水得到氯化氢的水溶液即盐酸液。工业盐酸浓度为 31%～34%，其规格如表 3-7 所示。

表 3-7 工业盐酸标准

品 质	指标(质量百分数)	品 质	指标(质量百分数)
氯化氢含量	≥31%	硫酸含量	≤0.07%
铁含量	≤0.01%	砷含量	≤0.00002%

盐酸性能：无色或淡黄色透明液体，在空气中发烟，有刺激性酸味。溶于水、乙醇和乙醚，并能与水任意混溶，是一种具有强腐蚀性的强酸还原剂。

适用性：适用于碳酸盐地层及含碳酸盐成分较高的砂岩油层的酸处理。

其主要缺点是与石灰岩反应速度快，特别是高温深井，由于地层温度高盐酸与地层作用太快，因而处理不到地层深部。此外，盐酸会使金属坑蚀成许多麻点斑痕，腐蚀严重。H_2S 含量较高的井，盐酸处理易引起钢材的氢脆断裂。

盐酸相对密度与浓度的关系是配制酸液中常用的数据，常温下其相对密度随浓度增加而增加的关系如图 3-17 所示。盐酸相对密度与浓度的关系亦可查采油技术手册的数据表，或采用下列经验公式近似得到。

$$\rho_{HCl} = 1 + C/2 \tag{3-5}$$

式中 ρ_{HCl}——盐酸密度，t/m^3；

C——盐酸浓度。

例：15%盐酸，其密度 $\rho_{HCl} = 0.15/2 + 1 = 1.075(t/m^3)$；密度为 $1.1t/m^3$ 盐酸，其浓度

$C=(1.1-1)\times2=0.2=20\%$。

盐酸的黏度随其浓度的增加而增加，随温度升高而降低。图 3-18 为 25℃(298K) 时盐酸液黏度与其浓度的关系曲线。

盐酸的用量，很难在理论上进行计算，已有的近似公式意义也不大。通常各油田都有经验用量数据，一般可根据处理方式、地层性质、结合地区施工实践的经验数据加以确定。

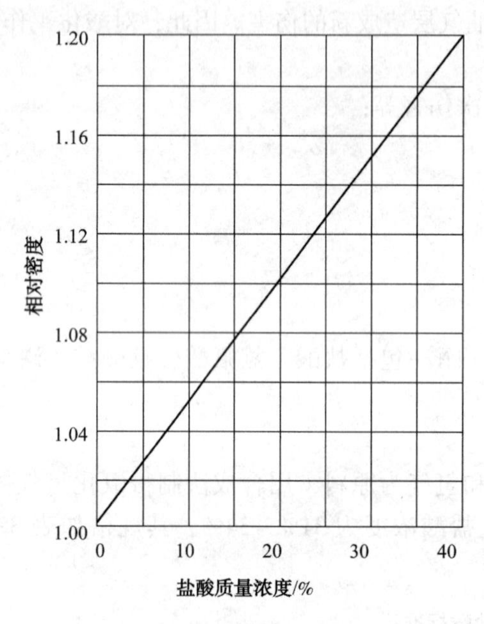

图 3-17　盐酸相对密度与浓度的关系图

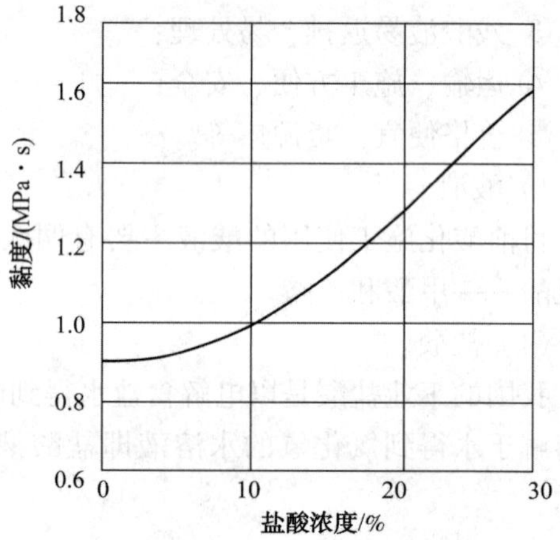

图 3-18　盐酸黏度与浓度关系曲线

当按设计要求确定盐酸浓度和用量后，可按下式算出配制该盐酸溶液所需的浓盐酸数量：

$$V_{HCl}=\frac{V\rho\cdot C}{\rho_{HCl}\cdot C_{HCl}} \tag{3-6}$$

$$m=\frac{V\rho\cdot C}{C_{HCl}} \tag{3-7}$$

式中　V——需配稀酸的体积，m^3；

ρ——稀酸的密度，t/m^3；

C——稀酸的浓度(质量)，%；

ρ_{HCl}——商品浓酸的密度，t/m^3；

C_{HCl}——商品浓酸的浓度(质量)，%；

V_{HCl}——所需商品浓酸的体积，m^3；

m——所需商品浓酸的质量，t。

配制稀酸液所需的清水量(包括添加剂)则为：

$$V_{H_2O}=V-V_{HCl} \tag{3-8}$$

式中　V_{H_2O}——清水量，m^3。

其他参数与式(3-6)中相同。

(2) 氢氟酸。

氢氟酸为氟化氢气体的水溶液。

性能：无色透明液体，具有强酸性，对金属和玻璃有强烈的腐蚀性，我国工业用氢氟酸其氟化氢的浓度一般为40%，相对密度为1.11~1.13。其规格如表3-8所示。

表3-8 工业氢氟酸标准

品　质	指标(质量分数)	品　质	指标(质量分数)
氟化氢含量	≥40%	硫酸含量	≤0.01%
铁含量	≤0.02%	硅氟酸含量	≤2%

适应性：氢氟酸通常都是与盐酸混合使用，主要用于解除泥质、黏土和钻井液等造成的堵塞及进行砂岩油层的酸处理。

土酸液的用量，基本上是地区性的经验数据。土酸的用量和氢氟酸的浓度都应有所控制，若用量过多，氢氟酸浓度过大(超过8%)时，一则氢氟酸价格昂贵，二则由于大量溶解胶结物，有可能使砂粒脱落，破坏砂岩的结构，引起地层出砂。

也有用地层损害半径来估算土酸用量的：

$$V = \pi h\phi(r_s^2 - r_w^2) \tag{3-9}$$

首次酸化，酸化半径一般不超过1m，以后逐渐增大。土酸配方选择原则一般为若堵塞物若以碳酸盐和铁盐为主，则盐酸取上限15%，氢氟酸取下限3%；若堵塞物以泥质为主，则盐酸取下限10%，氢氟酸取上限8%，具体配方各油田应根据油田实际岩石及其堵塞物的特点进行试验确定。

土酸溶液的用量及成分确定后，在配制土酸时，所需商品浓度的氢氟酸和盐酸的数量，可按下列计算公式确定：

$$m_{HF} = \frac{V \cdot \rho \cdot C'_{HF}}{C_{HF}} \tag{3-10}$$

$$m_{HCl} = \frac{V \cdot \rho \cdot C'_{HCl}}{C_{HCl}} \tag{3-11}$$

式中 m_{HF}——土酸中商品氢氟酸用量，t；

m_{HCl}——土酸中商品盐酸的用量，t；

C_{HF}——商品氢氟酸浓度(质量),%；

C_{HCl}——商品盐酸浓度(质量),%；

V——酸液用量，m^3；

ρ——所配制土酸液的密度，t/m^3；

C'_{HF}——土酸中氢氟酸浓度(质量),%；

C_{HCl}——土酸中盐酸浓度(质量),%。

氢氟酸浓度与密度的关系如表3-9所示。

表 3-9　氢氟酸浓度与密度的关系（15℃）

浓度/%	密度/(kg/m³)	浓度/%	密度/(kg/m³)
2	1005	16	1057
4	1013	18	1064
6	1021	20	1070
8	1028.5	24	1084
10	1036	30	1102
12	1043	34	1114
14	1050	40	1128

（3）甲酸和乙酸。

甲酸又名蚁酸(HCOOH)，无色透明液体，有刺激性气味，能与水、醇、醚和甘油任意混溶。甲酸密度为 1.2178g/cm³，我国工业甲酸的浓度为 90%以上。

乙酸又名醋酸(CH_8COOH)，无色透明液体，极易溶于水，密度为 1.049g/cm³。我国工业乙酸的浓度为 98%以上。因为乙酸在低温时会凝成象冰一样的固态，故又称为冰醋酸。

甲酸和乙酸都是有机弱酸，它们在水中只有小部分离解为氢离子和酸根离子，即离解常数很低(系统温度为 25℃时甲酸离解常数为 1.772×10^{-4}，乙酸离解常数为 1.754×10^{-5}，而盐酸接近于无穷大)。它们的反应速度仅为同浓度的盐酸的几分之一甚至十几分之一。所以，只有在高温(393K 以上)深井中，盐酸液的缓速和缓蚀问题无法解决时，才使用它们酸化碳酸盐岩层。甲酸比乙酸的溶蚀能力强，售价较便宜，如果使用，最好用甲酸。

甲酸或乙酸与碳酸盐作用生成的盐类在水中的溶解度较小。所以，酸处理时采用的浓度不能太高，以防生成甲酸或乙酸钙镁盐沉淀堵塞渗流通道。一般甲酸液的浓度不超过 10%；乙酸液的浓度不超过 15%。盐酸与有机酸的溶蚀能力、反应速度如表 3-10 所示。

表 3-10　盐酸与有机酸溶蚀能力、反应速度对比表

酸液种类及浓度	1m³ 酸溶蚀 $CaCO_3$ 的质量/kg	相对反应时间
7.5%HCl	106.5	0.7
15% HCl	220.4	1.0
20% HCl	440.0	6.0
10%HCOOH	109.0	5.0
10%CH_3COOH	85.0	12.0
15%CH_3COOH	127.0	18.0
14%HCl	290.0	6.0
7.5%HCOOH		
14%HCl	28.5	12.0
10%CH_3COOH		

注：相对反应时间以 15%HCl 浓度降到 1.5%，消耗时间为 1 个单位。

（4）多组分酸。

所谓多组分酸就是一种或几种有机酸与盐酸的混合物。20 世纪 60 年代初，国外一度采用这种多组分酸来缓速，取得了显著效果。

酸岩反应速度依据氢离子浓度而定。因此当盐酸中混掺有离解常数小的有机酸(甲酸、乙酸、氯乙酸等)时，溶液中的氢离子数主要由盐酸的氢离子数决定。根据同离子效应，极大地降低了有机酸的电离程度，因此当盐酸活性耗完前，甲酸或乙酸几乎不离解，盐酸活性耗完后，甲酸或乙酸进而离解起溶蚀作用。所以，盐酸在井壁附近起溶蚀作用，甲酸或乙酸在地层较远处起溶蚀作用，混合酸液的反应时间近似等于盐酸和有机酸反应时间之和，因此可以得到较长的有效酸化处理距离。

在碳酸盐岩类油气层和砂岩油气层的酸化施工中，因储层条件、矿物成分及储层流体性质不同，对酸液组成及其物理化学性质的要求不同，从而产生了不同体系的酸液，将在酸化工艺中加以叙述。

2）酸液的添加剂

酸液作为一种改善储层渗流能力的工作液，须根据储层条件和工艺要求加入各种添加剂，才能使其性能得到完善和提高，以满足施工要求，并获得好的酸化效果。常用添加剂的种类有：缓蚀剂、缓速剂、稳定剂、表面活性剂，有时还用增黏剂、减摩剂、暂堵剂和防滤剂等。

（1）缓蚀剂。

酸处理时，无论是盐酸还是氢氟酸对钢材都有很强的腐蚀性。特别是深井，井底温度很高，而所用的酸又比较浓时，便会给这些金属设备带来严重的腐蚀，缩短寿命，甚至造成事故。

因此，为保证施工安全，保护油气井的井口装置和井下设施，酸处理时都必须使用缓蚀剂，其作用主要是抑制金属的阴极或阳极腐蚀，通过吸附作用在金属表面形成一层保护膜，阻止酸液中的 H^+ 靠近金属表面，减轻酸液对钢铁管柱、设备的腐蚀。对于注入酸液对金属的腐蚀速度，国内外都有具体的规定，国外的一般要求是在整个施工过程中，腐蚀总量不超过 98g/m^2，高温深井的腐蚀量不超过 245 g/m^2。我国规定如表 3-11 所示。

表 3-11　我国酸化允许腐蚀速度规定

井温/℃	允许腐蚀速度/[g/(m^2·h)]	井温/℃	允许腐蚀速度/[g/(m^2·h)]
≤ 120	40	>150	100
121~150	80		

国内外使用的酸化用缓蚀剂一般可分为两大类。一类是无机缓蚀剂，如含砷化合物(亚砷酸钠、三氯化砷等)。在井温超过 120℃，缓蚀时间要求 8h 以上时，一般用含砷缓蚀剂，效果良好。另一类为有机缓蚀剂，醛类(甲醛)、胺类(苯胺和松香胺)、吡啶类(烷基吡啶)、炔醇类(丙炔醇)等。有机缓蚀剂比无机缓蚀剂缓蚀效果好，由有机和无机缓蚀剂或两种以上有机缓蚀剂组成的复合缓蚀剂效果最好，如丁炔二醇和碘化钠混合缓蚀剂，此缓蚀剂适用于 100~120℃高温油气井酸化，且有破乳作用。各种缓蚀剂的性能及适用性可查阅采油技术手册。

值得注意的是，酸液在流动状态下对金属的腐蚀速度会比静态试验结果大得多。所以在选用缓蚀剂时最好使用动态缓蚀仪试验的结果，如果没有此资料，就要充分考虑动态缓蚀因素，确保施工安全。

(2) 铁离子稳定剂。

酸处理油气井过程中，酸液与金属(Fe)及铁锈(Fe_2O_3)接触，因而酸液中引进了Fe^{2+}、Fe^{3+}。

$$2HCl + Fe \longrightarrow Fe^{2+} + 2Cl^- + H_2\uparrow$$

$$6HCl + Fe_2O_3 \longrightarrow 2Fe^{3+} + 6Cl^- + 3H_2O$$

此外，油层本身或多或少含有二价铁和三价铁的氧化物，酸进入油层与其氧化物反应，使酸液中也引进了Fe^{2+}、Fe^{3+}。

$$2HCl + FeO \longrightarrow Fe^{2+} + 2Cl^- + H_2O$$

$$6HCl + Fe_2O_3 \longrightarrow 2Fe^{3+} + 6Cl^- + 3H_2O$$

Fe^{3+}和Fe^{2+}在酸液中能否沉淀，取决于酸液的 pH 值与铁盐$FeCl_2$、$FeCl_3$的含量。当$FeCl_3$的含量>0.6(质量)及 pH 值>1.86 时，Fe^{2+}会水解，生成凝胶状沉淀。当$FeCl_2$的含量>0.6 及 pH>6.84 时，Fe^{2+}也会水解生成凝胶状沉淀。

$$Fe^{3+} + 3H_2O \longrightarrow Fe(OH)_3\downarrow + 3H^+$$

$$Fe^{2+} + 2H_2O \longrightarrow Fe(OH)_2\downarrow + 2H^+$$

为了减少氢氧化铁沉淀，避免发生堵塞地层现象而用的某些化学物质就是稳定剂。如醋酸，其醋酸根比氢氧根与铁离子的结合能力强，所以酸液中的铁离子优先与醋酸根结合生成溶于水的络合物，从而减少了产生$Fe(OH)_3$沉淀的机会。

$$Fe^{3+} + 6CH_3COO^- \longrightarrow [Fe(CH_3COO^-)_6]^{3-}$$

此外，醋酸与地层的氧化铁等反应很慢，在酸化中浓度变化不大，因此可保持酸液较低的 pH 值。国内油气田主要使用过的铁离子稳定剂如表 3-12 所示。

表 3-12 铁离子稳定剂

名 称	一般加入量/%	适用井温/℃	备 注
乙酸	2.0	≤60	
柠檬酸	2.0	≤93	
EDTA	3.7	≤93	
CT1-7	0.5~1.5	204	川天研所
L58		204	(美)Dowell

值得注意的是，稳定剂本身对地层也有潜在的污染，一般来说，只有当明显表明酸化过程中有$Fe(OH)_3$沉淀时，才使用这些物质。

(3) 黏土稳定剂。

在酸液中加入黏土稳定剂的作用是防止酸化过程中酸液引起储层中黏土膨胀、分散、运移造成对储层的污染。常用的黏土稳定剂如下：

① 简单阳离子类黏土稳定剂。主要包括K^+、Na^+、NH_4^+等的氯化物，如 KCl、NH_4Cl等，将其添加在酸液中依靠离子交换作用稳定黏土，但其效果不佳，一般已不在酸液中使用，而是在前置液或后置液中使用。

② 无机聚合物阳离子类黏土稳定剂。如羟基铝及锆盐、氢氧化锆，可加在酸液中使用，羟基铝在酸处理后的后置液中，能起较好的防止黏土分散、膨胀作用。

③ 聚季铵盐。加在酸液中，兼有使酸绸化和缓速作用，或用于酸液的前置液或后置液中，该类黏土稳定剂可用于温度高达200℃的井中，稳定效果好。目前，许多油田均广泛将其用于压裂、酸化施工作业中，取得了明显的效果。

其他类型的黏土稳定剂还有聚氨类黏土稳定剂、季铵盐类等，但因其可使岩石油湿，导致酸化后产水上升，目前已较少使用。

（4）表面活性剂。

表面活性剂是指那些少量存在就能大大降低表面张力的物质。在酸中加入表面活性剂，可防止和减少在地层中形成油包水乳化液，便于残酸液的返排。有的表面活性剂还具有缓速、抗渣、悬浮等作用，实际应用时要注意对比选择。国内外最常用的活性剂为阴离子型的烷基磺酸盐、烷基苯磺酸盐及非离子型的聚氧乙烯基醇醚等，常用的浓度一般为0.1%～3%。具体浓度和配方应由实验确定。

（5）增黏剂与减摩剂。

酸化中希望降低酸岩反应速度，增大活性酸的有效作用距离，就要使用高黏度的酸液。因此须在酸液中加入增黏剂，如水解烯聚丙烯酰胺、胍胶等，一般能在150℃内使盐酸增黏几mPa·s至十几mPa·s，长时间内保持良好的黏温性能。

在酸压处理中，要求以最大排量，而地面泵压不允许超过某一规定值时挤入前置液或酸液，这就需要降低工作液的沿程摩阻压降，其方法之一就是在其中加入减摩剂。凡溶于某一工作液能降低其在管路中的沿程摩阻压降的化学物质就称为减摩剂。如水解烯聚丙烯酰胺、胍胶、纤维素等，可使稠化酸摩阻降到和水一样或更低。

（6）暂时堵塞剂。

进行分层酸化或选择性酸化时，将暂堵剂加入酸液中，暂时堵住处理层段，使继续泵注的酸液进入未处理的低渗透层段起溶蚀作用。

暂时堵塞剂的种类很多，如遇酸膨胀的聚合物和油溶性树脂粉粒等，暂堵效果都很好。常用的膨胀性聚合物有聚乙烯、聚甲醛、聚丙烯酰胺、爪胶加硅胶粉及其聚合物等。

暂时堵塞剂也可作为酸压时的降滤剂，减少酸液沿裂缝壁面的滤失量，一般降滤效能比暂时堵塞的效能好。

5. 酸化工艺设计

酸化设计是指导现场施工的重要依据，要想获得好的酸化效果，就必须有一个符合地层情况和具体井况的技术上可行、经济上合理、可操作性强的高水平的酸化施工设计。

酸化设计包括的内容较多，如资料收集、井层的选择、工艺选择、配方选择、施工参数确定以及方案的优选，经济评价等。

1）酸化施工设计的主要内容

（1）收集或录取施工井的基础资料、井史资料。

收集基础资料主要包括井的基本数据、地层岩石和流体数据、工作液数据等；井史资料主要包括试油、试井、采油、以往进行增产措施的资料等。其次，还应同周围生产油气井情况作对比分析，通过井况分析，提出该井的酸化目的，是酸压还是基质酸化。

（2）选择施工参数进行设计计算。

设计计算的内容较多，它主要包括以下几部分：

① 选择施工方式;

② 施工压力、压裂车台数等确定;

③ 酸液有效作用距离计算，酸压时，包括动态裂缝几何尺寸的计算;

④ 增产倍数的计算，酸压时，包括酸蚀裂缝导流能力的计算，基质酸化时，包括渗透率的变化情况;

⑤ 设备、材料费用、人工等费用的预算。

(3) 经济分析评价、对比，确定最优施工方案。

要做比较全面经济分析，还应包括预测施工后的生产情况、计算累计产量、估计总收入以及贷款的利息偿还、纯收入等。

2) 酸压施工设计

酸压施工设计需确定施工方案和主要施工参数，包括工作液(前冲洗液、前置液、酸液及后冲洗液等)的类型及数量，泵注排量及所需水功率等。此后，还需用增产倍数比较或投资回报率比较法来优化实施方案(经验设计法除外)。设计步骤如下:

(1) 给定一种工作液类型和数量。可以从区域内的施工经验选定，也可以通过试验选取性能优越、成本较低者，获取工作液的视黏度和流变学参数。

(2) 计算可能达到的最大排量。

(3) 计算工作液的综合滤失系数，参阅水力压裂设计的计算方法。

(4) 计算酸液有效穿透距离。

① 计算动态裂缝几何尺寸，参阅水力压裂设计计算方法。

② 计算酸液的流动雷诺数 N_{Re}，并按图 3-19 查出相应酸浓度在地层温度下的 H^+有效传质系数。

盐酸的 H^+向岩石表面的传递速度叫 H^+有效传质系数。盐酸与碳酸盐的反应速度主要取决于流动条件下的 H^+有效传质系数 D_e。而碳酸盐岩石的成分不同，酸液的浓度、温度和流动雷诺数不同，D_e和 $\bar{V}$ 会发生很大的变化，目前还没有公认较好的计算 D_e和 $\bar{V}$ 的公式。为了便于施工设计计算，这里介绍常用的计算方法，有文献介绍利用综合滤失系数近似计算平均滤失速度。其表达式为:

$$\bar{V} = \frac{C_c}{\sqrt{t_1}} \tag{3-12}$$

式中 C_c——酸液的综合滤失系数，$m/\sqrt{\min}$;

t_1——酸液接触岩石的第一分钟，即 $t_1 = 1\min$。

用无腐蚀的液体压裂，压裂液从裂缝壁面向地层滤失的速度随时间的增加而逐渐减小。而用酸液压裂时，酸液会不断腐蚀裂缝壁面上的孔隙，使滤失速度增加，时间愈长腐蚀越严重，滤失速度愈大。为了计算简便，近似认为这两种因素可以相互抵消，滤失速度基本不变。一般用 $t=1\min$ 计算出来的滤失速度作为平均滤失速度。

应当说明，这种方法未考虑滤入深度和反应后滤孔的影响，或者说人为地认为这两种不同的影响可以相互抵消。因此，滤失速度为一不变数值，会产生一定的误差。

要想直接建立 H^+有效传质系数 D_e计算的数学模型较困难，为了便于计算，通常是利用模拟试验，计算出一系列 D_e值，再根据流动雷诺数，最后整理成一系列 $D_e \sim N_{Re}$数据，并作成如图 3-19 曲线图以供实用。

图 3-19 为 15%盐酸与川南阳新灰岩在恒温恒压流动条件下，氢离子有效传质系数与雷诺数关系曲线图。

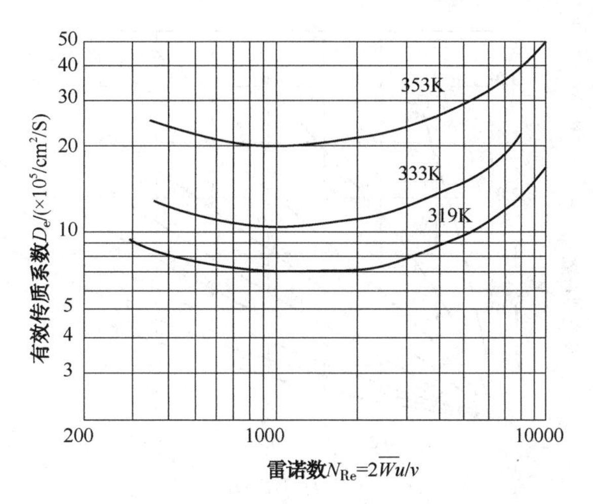

图 3-19 H$^+$有效传质系数与流动雷诺数关系

图 3-19 中，纵座标为氢离子有效传质系数 D_e，单位为 cm^2/s；横坐标为酸液流动雷诺数 N_{Re}，$\overline{W}$ 为动态裂缝平均宽度，单位为 cm；u 为酸液在裂缝内流速，单位为 cm/s；v 为酸液运动黏度，单位为 cm/s。

若已知 $\overline{W}$ 、u、v 就可求得 N_{Re}，再由图 3-19 就可查出 D_e。

其中，$\overline{W}$ 可由压裂一章现有的公式求出，u 可根据排量和动态裂缝尺寸确定，但准确地计算地层中某一位置的 Q、W、h 较困难，为了方便，通常用平均值代替，所以 u 也可由平均值来代替，即：

$$u \approx u_0 = \frac{Q}{2\overline{W}h} \tag{3-13}$$

将上式带入酸液流动雷诺数得到：

$$N_{Re} = \frac{2\overline{W}u}{v} = \frac{Q}{vh} \tag{3-14}$$

再由图 3-19 就可查出 D_e。有的文献中还介绍了求解 D_e的方程，对于编程上机较为方便。对于不同浓度的盐酸确定 D_e可参考《采油技术手册》。应当说明，以上介绍图表和计算式仅可供参考使用，设计时应当根据施工层岩心与拟用酸液的模拟试验求取。

③ 计算酸液有效穿透距离。

石灰岩—盐酸系统有效穿透距离计算：

较准确地计算酸液的有效穿透距离，是正确估计酸化增产倍数的重要参数之一。酸液的有效穿透距离指酸液被注入裂缝与缝壁岩石发生反应，酸浓度将随穿透深度的增加而降低。当酸浓度降低到一定程度后(一般认为是酸液初始浓度的 10%)，已不能再溶解壁面岩石了(俗称“残酸”)，这时酸液在裂缝中已流过的距离即称为酸液的有效穿透距离或有效作用距离。

最早用于计算酸穿透有效作用距离的方法是，采用静态反应实验，测出岩心与已知酸量反应达到残酸浓度的时间，认为此时间是酸在裂缝中起反应的时间，然后通过计算裂缝中的平均流速得到酸穿透有效作用距离。随后发展起来的是数学模型与物理模型相结合的情况，对模型求解，为了方便实用，把数值解作在图上，即威廉斯和尼罗德图版法。现在又逐渐开始发展数值计算方法。其中图版法(图3-20)在工程上简单实用。

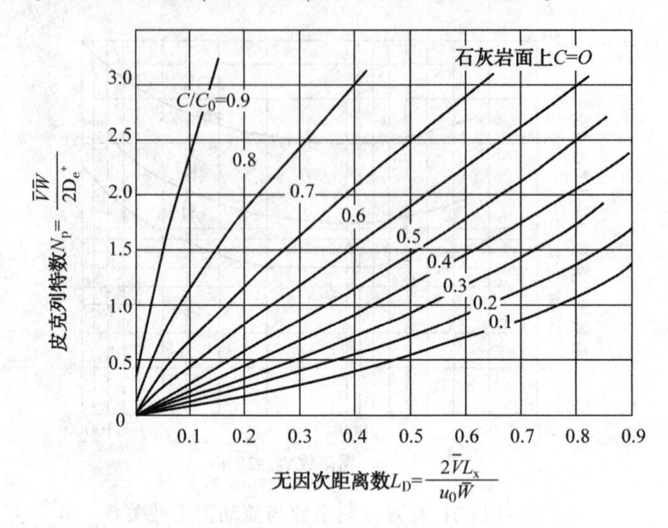

图3-20 漏失情况下酸液有效作用距离计算图

图中定义的两个无因次数组分别为皮克列特数 N_p 和无因次距离系数 L_D：

$$N_p = \frac{\bar{V}\bar{W}}{2D_e} \tag{3-15}$$

$$L_D = \frac{2\bar{V}L_x}{u_0\bar{W}} \tag{3-16}$$

式中 N_p——皮克列特数；

L_D——无因次距离系数；

$\bar{V}$——酸液平均滤失速度，cm/s；

$\bar{W}$——动态裂缝平均宽度，cm；

D_e——盐酸的 H^+ 传质系数，cm^2/s；

L_x——酸液有效作用距离(酸蚀裂缝长度)，cm；

u_0——裂缝入口处酸液平均流速，cm/s。

如果知道了 $\bar{V}$、$\bar{W}$、D_e，便可计算出 N_p，由图3-20查出 C/C_0 为某常数时的 L_D，再利用已知的 u_0 或 Q、h 即可计算出有效作用距离 L_x。反之，计算 N_p，给定 L_x，就可以算出 L_D，利用图3-20，查得 L_x 位置的无因次酸浓度 C/C_0 值，即可得到任意断面位置 L_x 的酸液浓度 C 值。

研究酸岩复相反应有效作用距离，是为了寻找延长有效作用距离的工艺途径，提高酸压增产效果。从以上讨论可知，主要途径是提高注酸排量、改善酸液性能，其次为提高酸液初始浓度，此外，这与酸岩反应速度、地层温度等也有直接关系。

(5) 裂缝导流能力的计算。

酸蚀裂缝导流能力是指酸压施工结束，压力释放(闭合应力作用于裂缝)后，不闭合裂缝的平均宽度与裂缝渗透率的乘积，即 $\bar{W}_f K_f$。

酸溶蚀后导流能力的大小与岩石强度、闭合压力、岩石非均质程度、岩石矿物被溶解的数量及其分布等因素有关。而且有些参数是难以准确估计的。本小节介绍一种常用的简单算法，即假定在酸蚀裂缝中岩石的溶解量用一个理想宽度 W_a 表示，定义为裂缝闭合前被酸溶解所产生的裂缝宽度。如果所有注入裂缝中的酸都溶解裂缝表面的岩石(例如，没有活性酸穿入基岩或在裂缝壁上形成酸蚀洞)，则平均理想宽度就简单定义为溶解的岩石体积除以裂缝面积，即

$$W_a = \frac{XQt}{2L_x h(1-\phi)} \tag{3-17}$$

式中　X——酸液的溶蚀能力，如 15%HCl 的 $X_{15\%}$ 为：

$$X_{15\%} = \frac{溶解岩石的体积}{参与反应酸液体积} = 0.82 \tag{3-18}$$

式中　Q——酸液排量，m^3/min；

t——泵酸时间，min；

L_x——有效作用距离，m；

h——缝高，m；

ϕ——孔隙度；

W_a——酸蚀缝宽，m。

缝的理论导流能力可按下式计算：

$$WK_f = 8.4 \times 10^{10} W_a^{\ 3} \tag{3-19}$$

式中　W_a——缝宽，m；

WK_f——裂缝理论导流能力，$\mu m^2 \cdot m$。

然后再考虑裂缝在应力下的导流能力。此时应将闭合应力及岩石的嵌入压力计入。

$$W_F K_f = C_1 \exp(-142 C_2 \sigma) \tag{3-20}$$

式中　C_1——中间变量：

$$C_1 = 0.0403\ (WK_f)^{0.822} \tag{3-21}$$

C_2——中间变量，根据嵌入压力 S_{Re} 的大小，有两种算法：

① 当 $0MPa < S_{Re} < 140MPa$，

$$C_2 = (13.457 - 1.31 \ln S_{Re}) \times 10^{-3} \tag{3-22}$$

② 当 $S_{Re} > 140MPa$，

$$C_2 = (2.41 - 0.28 \ln S_{Re}) \times 10^{-3} \tag{3-23}$$

式中　$W_F K_f$——考虑应力后的缝导流能力，$\mu m^2 \cdot m$；

σ——闭合应力，MPa。

该方法的优点在于计算简单，应用较方便，但其从酸蚀裂缝宽度来计算导流能力，虽然也考虑了闭合应力和岩石的嵌入强度，但仍不能反映不同时刻酸蚀模式的差异，会造成一定误差。若为了使裂缝导流能力更适合实际情况，可参考有关文献叙述的 Nierode 和 Kruk 的计算法。

值得说明的是，预测酸蚀裂缝导流能力的各种方法不能期望很精确，通过现场试井测量酸蚀裂缝的有效导流能力，可对这些方法进行校正。

(6)增产倍比的计算。

当已知有效作用距离 L_x 与供油半径 R_e 的比及裂缝导流能力 $W_f K_f$ 与地层渗透率 K 的比

后，与水力压裂的增产比求法一样，可查增产倍数曲线。但当 L/R_e 的值小于 0.1 或查曲线不方便时，由平面径向稳定渗流模型和达西定律，可推出油井处理前稳定时的产量，再求出压裂后的产量，两者之比即为增产倍比 J/J_0。即：

$$\frac{J}{J_0}=\frac{Q_1}{Q_0} \tag{3-24}$$

下面分几种情况讨论 J/J_0的具体表达式：

若无污染地层，裂缝导流能力为常数。即 $r_w \leqslant r \leqslant r_e$，$K(r)=K_o$；

$r_w \leqslant r \leqslant r_f$，$W(r)K(r)=\overline{W}K_f$。则：

$$\frac{J}{J_0}=\frac{\ln\dfrac{r_e}{r_w}}{\ln\dfrac{r_e}{r_f}+\ln\dfrac{r_f+\dfrac{1}{\pi}\left(\dfrac{\overline{W}K_f}{K_o}-1\right)}{r_w+\dfrac{1}{\pi}\left(\dfrac{\overline{W}K_f}{K_o}-1\right)}} \tag{3-25}$$

因为 $\overline{W}\cdot K_f/K_o \gg 1$，$r_f \gg r_w$，所以上式可简化为：

$$\frac{J}{J_0}=\frac{\ln\dfrac{r_e}{r_w}}{\ln\dfrac{r_e}{r_f}+\ln\dfrac{\pi r_f+\dfrac{\overline{W}K_f}{K_o}}{\dfrac{\overline{W}K_f}{K_o}}} \tag{3-26}$$

若裂缝导流能力无限大，则：

$$\frac{J}{J_0}=\frac{\ln\left(\dfrac{r_e}{r_w}\right)}{\ln\left(\dfrac{r_e}{r_f}\right)} \tag{3-27}$$

式中 r——距井轴的距离，m；

r_w——井筒半径，m；

r_e——供油半径，m；

r_f——裂缝长度，m；

K_o——地层渗透率，μm^2；

K_f——裂缝渗透率，μm^2；

$\overline{W_f}$——缝宽，m；

$\overline{W_f}K_f$——裂缝导流能力，$\mu m^2 \cdot m$；

Q_0——油井处理前的产量；

Q_1——油井处理后的产量。

实际上，由于缝中酸浓度的变化，缝宽及缝导流能力沿缝长是变化的。

下面用一个实例说明酸化增产倍比的计算。

例：某灰岩气层的有效厚度 $h=20\text{m}$，气层温度 353K(80℃)，15%浓度的盐酸溶液，排量 $Q=2.4\text{m}^3/\text{min}$，地层条件下酸液黏度 $\mu=0.6157\times10^{-2}\text{cm}^2/\text{s}$，前置液造缝的平均缝宽 $W=0.5\text{cm}$，酸液的平均滤失速度 $V=6\times10^{-4}\text{m/min}$，孔隙度 = 0.1，渗透率 $K=0.001\mu\text{m}^2$，供油半径 $r_e=200\text{m}$，井半径 $r_w=0.15\text{m}$。

解：① 计算酸液的平均滤失速度：

$$V=6\times10^{-4}\text{m/min}=1\times10^{-3}\text{cm/s}$$

② 计算酸液在缝中的流动雷诺数：

$$N_{\text{Re}}=\frac{2\overline{W}\mu}{v}=\frac{Q}{vh}=\frac{2.4\times10^6}{60\times0.6157\times10^{-2}\times20\times10^2}=3248$$

③ 由图 3-19 查出 H^+ 有效传质系数：

$$D_e=25\times10^{-5}\text{cm}^2/\text{s}$$

④ 计算滤失的皮克列特数：

$$N_p=\frac{\overline{V}\overline{W}}{2D_e}=\frac{1.0\times10^{-3}\times0.5}{2\times25\times10^{-5}}=1.0$$

⑤ 由图 3-20 查出酸作用有效无因次距离：

$$L_D=0.77(C/C_0=0.1\text{ 为终点值})$$

⑥ 计算有效作用距离：

$$L_X=\frac{L_D\mu\overline{W}}{2\overline{V}}=\frac{L_DQ}{4\overline{V}h}$$

$$=\frac{0.77\times1.2\times10^6}{60\times2\times1.0\times10^{-3}\times20\times10^2}\text{cm}=3850\text{cm}=38.5\text{m}$$

⑦ 计算泵入酸量：

为了能得到一定的裂缝导流能力，建议泵入酸量至少为裂缝体积的 3 倍。

$$V_{15\%}=3\Delta t=3(2\times38.5\times0.005\times20)\text{m}^3=23.1\text{m}^3$$

⑧ 计算酸溶蚀平均缝宽：

$$W_a=\frac{0.082\times23.1}{2\times38.5\times20(1-0.1)}\text{m}=1.37\times10^{-3}\text{m}=1.37\text{mm}$$

⑨ 计算理论导流能力：

$$\overline{W}_fK_f=8.4\times10^{10}\times(1.37\times10^{-3})^3\mu\text{m}^2\cdot\text{m}=216\mu\text{m}^2\cdot\text{m}$$

⑩ 计算应力下的导流能力，

设 $S_{\text{Re}}=352\text{MPa}$，$\sigma=21.1\text{MPa}$，则：

$$W_fK_f=C_1\exp(-142C_2\sigma)$$

$$C_1=0.0403\times216^{0.822}=3.344$$

$S_{\text{Re}}=352>140$，故：

$$C_2=(2.41-0.28\ln352)\times10^{-3}=0.768\times10^{-3}$$

$$W_f K_f = 3.344\exp(-142 \times 0.768 \times 10^{-3} \times 21.1) = 0.3344\mu m^2 \cdot m$$

⑪ 计算增产比：

$$\frac{J}{J_0} = \frac{\ln\left(\frac{200}{0.15}\right)}{\ln\frac{200}{38.5} + \ln\frac{3.14 \times 38.5 + \frac{0.3344}{0.001}}{\frac{0.3344}{0.001}}} = 3.7$$

在上述参数下施工，在理论上可增加约3.7倍的产量。

从上述计算步骤可以看出，很多参数采用了平均值，实际上在缝中各处的雷诺数、H^+有效传质系数、缝宽度、导流能力等都不相同。为了取得更为确切的结果，最好采用分段算法，计算出各段的参数然后再综合算出增产比。

(7) 计算施工成本。一般只算直接与施工方案相关的成本项目。包括施工设备费用、工作液费用和与施工方案有关的其他费用(如化学添加剂运输费、配液费和特殊作业费)。

(8) 从施工增产倍数确定施工后可望获得的增产收益。并可用投资回收期法(静态评价)或净现值法(动态评价)评价该施工方案的经济效果。

(9) 重新给定一组参数(工作液类型和数量)，重复计算第(2)~(8)步，可得出第二种施工方案的计算参数、增产效果和经济效益。如此反复就可得出多种施工方案及其效果。

(10) 将已算出的各种施工方案和经济评价结果列表，综合对比分析可找出最优设计方案。当然，应将有关计算公式和计算中必须查用的图表都储存在计算机程序中，即使计算仍较繁琐，完成3~5个方案计算，也只需要2~3h。

应当说明的是，这种计算程序算出的结果是比较粗的。因为所有中间计算参数(包括动态裂缝几何尺寸、温度、滤失速度和滤失雷诺数、流动速度和流动雷诺数、H^+有效混合系数等)都是以初始值或平均数参加计算，这与裂缝中的实际状况相差较远。更精确的计算应将动态裂缝按一定格式(定长或动态缝长的若干分之一)分成小段，逐段计算有关参数，可得出其参数沿裂缝的变化剖面。在编制酸压设计程序时可考虑采用这种方法。

3) 基质酸化设计

基质酸化是一种处理近井地带的作业。无论是砂岩或碳酸盐岩地层，在基质孔隙内反应条件下，无论用什么方法计算，活性酸的有效作用距离一般不会超过数米，这个数量应当成为基质酸化设计结果分析的大致标准。

因此，该方法的目标是大幅度恢复或增加近井地带的渗透率，但对油藏深部没有作用。所以，确定井是否需要基质酸化，首先要确定近井地带是否有损害，相反，对未损害井却没有显著效果。实践和模拟计算都说明，未受损害井基质酸化增产倍比最大约为1.3。通常对于有试井资料的井，可处理试井资料确定损害情况，无试井资料的井，可用钻井、完井及试油等资料结合岩石物性进行统计分析确定。

基质酸化设计时，一般先根据酸化井层段的岩石物性和储层特征、堵塞情况，以及室内试验数据，选用合适的酸液、添加剂及其浓度，然后制定切实可行的施工工艺，一般分为前置液—处理液—后置液—顶替液，依次由油管注入。其设计步骤如下所述。

(1) 碳酸盐岩基质酸化设计。

① 确定地层破裂梯度：

a. 按邻近井层资料确定。

b. 按压裂施工瞬时关井压力估算：

$$\beta = (p_{瞬} + p_{h})/H \tag{3-28}$$

c. 估算公式：

$$\alpha = a + (\alpha_0 - a)\frac{p_s}{H} \tag{3-29}$$

式中　a —— 经验系数，10~12kPa/m；

α_0 ——上覆岩层压力梯度，24~28 kPa/m；

p_s —— 储集层压力，kPa；

H—— 储集层深度，m；

p_h——液柱压力，kPa。

② 确定挤酸排量：

$$Q_{max} = \frac{Kh(\alpha H - p_s)}{\mu \ln(r_e - r_w)} Q_{max} = \frac{2\pi kh(\alpha H - \Delta P - P_s)}{\mu B \ln\left(\frac{R_e}{R_w} + s\right)} \tag{3-30}$$

式中　Q_{max} ——不压开地层的最大排量，m^3/min；

K——地层平均渗透率，$10^{-3}\mu m^2$；

μ——酸液黏度，mPa·s。

为安全起见，挤酸排量不高于 $0.9Q_{max}$。

③ 确定最大施工压力(泵压)：

以不压裂储集层为基本原则，注液初期可适当提高泵压，一旦注酸成功，应降低排量以控制泵压。通常，最大注入压力按破裂压力与酸液静液柱压力之差估计。

④ 确定酸液类型：

酸液类型应按储层岩性室内试验结果确定。在一般情况下，对砂岩储层，选用配伍合适的土酸、泥酸、互溶土酸或其他酸液，而对碳酸盐岩储层则选用不同浓度的盐酸体系。对高温井，也可采用盐酸与有机酸(如甲酸、乙酸)的混合酸液或其他弱酸和磷酸等。

⑤ 确定酸液用量：

合理的用酸量应按有效作用距离推算，一般为酸液穿透距离内地层孔隙体积的 2~4 倍。当使用经验方法时，估算酸液用量比较简单，而且不必先算出有效作用范围，一般为每米处理层用酸 0.4~2.5m^3。

⑥ 计算可望获得的增产量。

⑦ 计算完成施工应投入的资金总量净现值(含设备、材料和施工费用)，并用净现值方法折算增产油(气)实物量的收益净现值，从而计算出投资回报率。一般情况下，以完成施工油井投产 1~2 年的增产量作为经济评价收益量。

⑧ 计算另一施工方案。改变施工参数(如酸液类型、浓度、排量和用酸量等)，重复⑤~⑦步的计算，得出不同施工参数的投资回报率，并可根据回报率优选出最佳施工方案。

⑨ 按选出的最佳施工方案编写施工设计任务书。

(2) 砂岩基质酸化设计。

第①~③步与“碳酸盐岩基质酸化设计”步骤相同。

④ 确定酸液类型：

按储集层岩心的室内试验结果选择配伍好的土酸、泥酸等酸液体系。

⑤ 确定酸液用量：

前置液：5%~15%HCl，用量主要取决于储集层碳酸盐含量，最小用量由共生水排替量和经油管泵入前置液的酸液混合得出。

$$V_{HCl}=\frac{\pi(1-\varphi)\gamma(r_s^2-r_w^2)}{\beta} \tag{3-31}$$

式中 V_{HCl} —— 盐酸用量，m^3/m；

γ ——溶于盐酸的地层矿物质量分数,%；

β ——单位体积酸液的溶解能力，m^3/m^3。

酸液：常规土酸一般用量为 1.0~2.0 m^3/m。

后置液：3%~10%HCl，NH_4Cl 或轻质烃，一般为 0.3~0.6m^3/m。

⑥ 确定土酸液有效作用半径和增产比：

常用土酸配方(3%HF+12%HCl)对不同储集层温度、不同注酸排量下的有效作用距离推荐使用 Williams & Whitely 方法计算。

第⑦~⑨步与“碳酸盐岩基质酸化设计”步骤相同。

第三节 水力压裂技术

水力压裂是利用地面高压泵组，将高黏液体以大大超过地层吸收能力的排量注入井中，在井底憋起高压，当此压力大于井壁附近的地应力和地层岩石抗张强度时，便在井底附近地层产生裂缝；继续注入带有支撑剂的携砂液，裂缝向前延伸并填以支撑剂，关井后裂缝闭合在支撑剂上，从而在井底附近地层内形成具有一定几何尺寸和高导流能力的填砂裂缝，使井达到增产增注的目的。

水力压裂增产增注的原理。

压裂增产倍数：压裂后与压裂前油井的采油指数之比称为压裂增产倍数。压裂增产倍数越大，压裂效果越好。

地层系数：原地层的渗透率与有效厚度的乘积 K_h，代表原地层让流体通过的能力。

导流能力：形成的填砂裂缝宽度与缝中渗透率的乘积 W_fK_f，代表填砂裂缝让流体通过的能力。

压裂增产的机理为：

(1) 形成的填砂裂缝的导流能力比原地层系数大得多，可大几倍到几十倍，大大增加了地层到井筒的连通能力。

(2) 由原来渗流阻力大的径向流渗流方式转变为单向流渗流方式，增大了渗流截面，减小了渗流阻力。

(3) 可能沟通独立的透镜体或天然裂缝系统，增加新的油源。

(4) 裂缝穿透井底附近地层的污染堵塞带，解除堵塞，因而可以显著增加产量(图 3-21)。

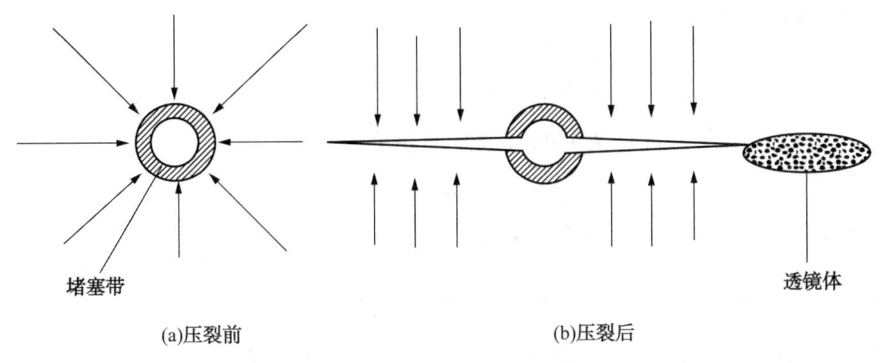

图 3-21　压裂增产原理示意图

1. 造缝机理

在水力压裂中，了解裂缝的形成条件、裂缝的形态(垂直或水平)、裂缝的方位等，对有效发挥裂缝在增产、增注中的作用是很重要的。在区块整体压裂改造和单井压裂设计中了解裂缝的方位对确定合理的井网方向和裂缝几何参数尤为重要，这是因为，有利的裂缝方位和几何参数不仅可以提高开采速度，而且可以提高最终采收率，相反，则可能出现生产井过早水窜，降低最终采收率。造缝条件及裂缝的形态、方位等与井底附近地层的地应力及其分布、岩石的力学性质、压裂液的渗滤性质及注入方式有密切关系。本节主要分析形成裂缝的条件。

1) 地层的破裂压力及其影响因素

地层开始形成裂缝时的井底注入压力称为地层的破裂压力 p_F。破裂压力与地层深度的比值称为破裂压力梯度 $\alpha = p_F/H$。

图 3-22 是压裂施工过程中井底压力随时间的变化曲线。图中 p_F 是地层破裂压力，p_E 是裂缝延伸压力，p_S 是油藏压力。

在致密地层内，当井底压力达到较高的破裂压力 p_F 后，地层发生破裂，如图 3-22(a)所示，然后在较低的裂缝延伸压力 p_E 下，裂缝向前延伸。对高渗或微裂缝发育地层，压裂过程中无明显的破裂显示，破裂压力与延伸压力相近[图 3-22(b)]。

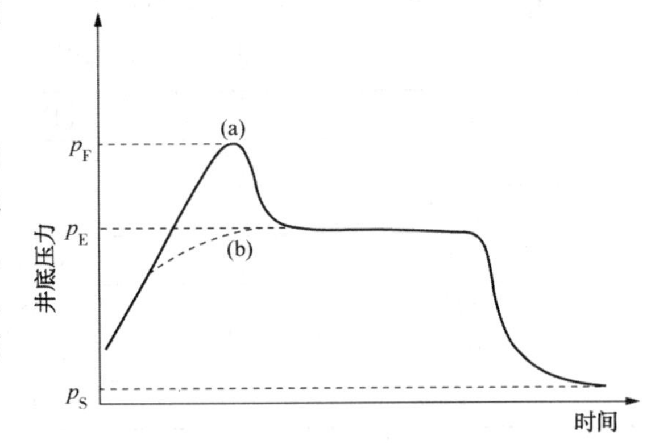

图 3-22　压裂过程中井底压力变化曲线

(a)致密岩石；(b)微裂缝，高渗岩石

(1) 沉积地应力。

一般情况下，地层中的岩石处于压应力状态，作用在地下岩石某单元体上的应力为垂向主应力 σ_z 和水平主应力 σ_h(可分为两个相互垂直的主应力 σ_x，σ_y)。

作用在单元体上的垂向主应力来自上覆层的岩石重力，它的大小可以根据密度测井资料计算，一般为：

$$\sigma_z = \rho_s g H \tag{3-32}$$

式中 σ_z——垂向主应力，Pa；

H——地层深度，m；

g——重力加速度，m/s^2；

ρ_s——上覆层岩石平均密度，kg/m^3。

由于油气层中有一定的孔隙压力 p_s(即油藏压力或流体压力)，孔隙中的流体对岩石骨架有支撑作用，故作用在岩石骨架上的有效垂向主应力可表示为：

$$\overline{\sigma_z} = \sigma_z - p_s \tag{3-33}$$

两个水平主应力与垂向主应力的关系为：

$$\overline{\sigma_x} = \overline{\sigma_y} = \frac{\upsilon}{1-\upsilon}\overline{\sigma_z} \tag{3-34}$$

如果岩石处于弹性状态，并考虑到构造应力等因素的影响，两个水平主应力可能不相等，设 σ_x 为最大水平主应力的方向，根据弹性力学公式可以得到最大、最小水平主应力分别为：

$$\sigma_x = \frac{1}{2}\left[\frac{\xi_1 E}{1-\upsilon} - \frac{2\upsilon(\sigma_z - \alpha p_s)}{1-\upsilon} + \frac{\xi_2 E}{1+\upsilon}\right] + \alpha p_s \tag{3-35}$$

$$\sigma_y = \frac{1}{2}\left[\frac{\xi_1 E}{1-\upsilon} - \frac{2\upsilon(\sigma_z - \alpha p_s)}{1-\upsilon} - \frac{\xi_2 E}{1+\upsilon}\right] + \alpha p_s \tag{3-36}$$

式中 ξ_1，ξ_2——水平应力构造系数，可由室内试验测试结果推算；

υ——泊松比；

E——岩石弹性模量，Pa；

α——毕奥特常数。

各种岩石的泊松比和弹性模量如表3-13所示。

表3-13 各种岩石的泊松比和弹性模量

岩　石	泊松比	弹性模量/Pa
硬砂岩	0.15	4.4×10^{10}
中硬砂岩	0.17	2.1×10^{10}
软砂岩	0.20	3.0×10^{10}
硬灰岩	0.25	7.4×10^{10}
中硬灰岩	0.27	—
软灰岩	0.30	8.0×10^{10}

(2)井壁上的应力。

① 井筒对地应力及其分布的影响。

在地层中钻井以后，井壁上及其周围地层的应力分布受到井筒的影响，这种影响是复杂的，为了简化，将地层中三维应力问题改用二维方法来处理。在这种情况下，与弹性力学中双向受力的无限大平板中钻有一个圆孔的受力情况相近(图3-23)。

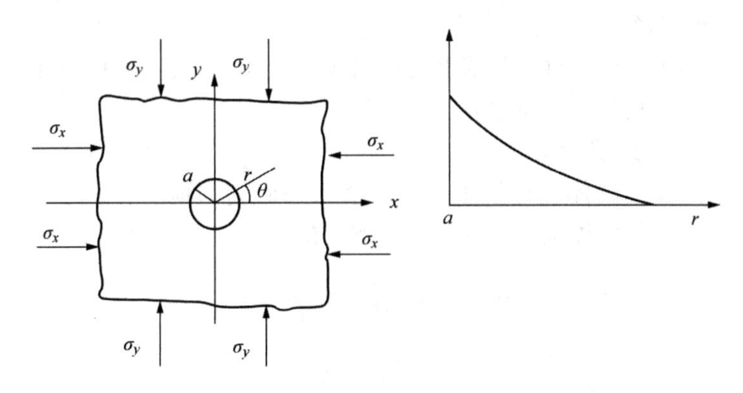

(a) 钻孔平板受力分布　　(b) 应力随r增大的变化

图 3-23　无限大平板中钻一圆孔的应力分布

在无限大平板上钻了圆孔之后，将使板内原来均匀的应力重新分布，造成圆孔附近的应力集中。下面是双向应力状态下，圆孔周向应力的计算，压裂后裂缝的形态和方位与周向应力有密切的关系。弹性力学给出了平板为固体的、各向同性与弹性材料的周向应力计算的公式：

$$\sigma_\theta = \frac{\sigma_x + \sigma_y}{2}\left(1 + \frac{a^2}{r^2}\right) - \frac{\sigma_x - \sigma_y}{2}\left(1 + \frac{3a^4}{r^4}\right)\cos 2\theta \tag{3-37}$$

式中　σ_θ——圆孔周向应力，Pa；

a——圆孔半径，m；

r——距圆孔中心的距离，m；

θ——任意径向与σ_x方向的夹角，(°)。

a. 当$r = a$，$\sigma_x = \sigma_y = \sigma_h$时，$\sigma_\theta = 2\sigma_x = 2\sigma_y = 2\sigma_h$，说明圆孔壁上各点的周向应力相等，且与$\theta$值无关。

b. 当$r = a$，$\sigma_x > \sigma_y$时，$(\sigma_\theta)_{min} = (\sigma_\theta)_{0°,180°} = 3\sigma_y - \sigma_x$，$(\sigma_\theta)_{max} = (\sigma_\theta)_{90°,270°} = 3\sigma_x - \sigma_y$，说明最小周向应力发生在$\sigma_y$的方向上，而最大周向应力却在$\sigma_x$的方向上。

c. 随着r的增加，周向应力迅速降低[图 5-3(b)]，大约在几个圆孔直径之外，即降为原始地应力值。这种应力分布表明，由于圆孔的存在，产生了圆孔周围的应力集中，孔壁上的应力比远处的大得多，这就是地层破裂压力大于裂缝延伸压力的一个重要原因。

② 井眼内压所引起的井壁应力。

压裂过程中，向井筒内注入高压液体，使井内压力很快升高，井筒内压必然导致井壁上产生周向应力。可以把井筒周围的岩石看作是一个具有无限壁厚的厚壁圆筒，根据弹性力学中的拉梅公式(拉应力取负号)计算井壁上的周向应力：

$$\sigma_\theta = \frac{p_e r_e^2 - p_i r_a^2}{r_e^2 - r_a^2} + \frac{(p_e - p_i) r_e^2 r_a^2}{r^2 (r_e^2 - r_a^2)} \tag{3-38}$$

式中　p_e——厚壁筒外边界压力，Pa；

r_e——厚壁筒外边界半径，m；

r_a——厚壁筒内半径，m；

p_i——井筒内压，Pa；

r——距井轴半径，m。

当 $r_e=\infty$, $p_e=0$ 及 $r=r_a$ 时，井壁上的周向应力 $\sigma_\theta=-p_i$，即由于井筒内压而导致的井壁周向应力与内压大小相等，但符号相反。

③ 压裂液径向渗入地层所引起的井壁应力。

由于注入井中的高压液体在地层破裂前，渗入井筒周围地层中，形成了另外一个应力区，它的作用是增大了井壁周围岩石的应力。增加的周向应力值为：

$$\sigma_\theta=(p_i-p_s)\alpha\frac{1-2v}{1-v} \tag{3-39}$$

$$a=1-\frac{c_r}{c_b}$$

式中 c_r——岩石骨架压缩系数；

c_b——岩石体积压缩系数。

④ 井壁上的最小总周向应力。

在地层破裂前，井壁上的最小总周向应力应为地应力、井筒内压及液体渗流所引起的周向应力之和，即：

$$\sigma_\theta=(3\sigma_y-\sigma_x)-p_i+(p_i-p_s)a\frac{1-2v}{1-v} \tag{3-40}$$

2）造缝条件

(1) 形成垂直裂缝。

当井壁上存在的周向应力 $\overline{\sigma_\theta}$ 达到井壁岩石的水平方向的抗拉强度 σ_t^h 时，岩石将在垂直于水平应力的方向上产生脆性破裂，即在与周向应力相垂直的方向上产生垂直裂缝。此时有：

$$\overline{\sigma_\theta}=-\sigma_t^h \tag{3-41}$$

将式(3-39)与式(3-38)联立便可得到形成垂直裂缝时的破裂压力。为了使等式更符合多孔介质中存在有孔隙压力(油藏压力) p_s 的情况，应当换为有效应力：

$$\overline{\sigma_x}=\sigma_x-p_s$$

$$\overline{\sigma_y}=\sigma_y-p_s$$

$$\overline{\sigma_\theta}=\sigma_\theta-p_i$$

当产生裂缝时，井筒内注入流体的压力 p_i 即为地层的破裂压力 p_F，所以：

$$p_F-p_s=\frac{3\overline{\sigma_y}-\overline{\sigma_x}+\sigma_t^h}{2-a\frac{1-2v}{1-v}} \tag{3-42}$$

由于最小总周向应力发生在 $\theta=0°$ 及 $\theta=180°$ 的对称点上，垂直裂缝也产生在与井筒相对应的两个点上($\theta=0°$，$\theta=180°$)，所以在理论上一般假定垂直裂缝是以井轴为对称的两条缝。实际上，由于地层的非均质性和局部应力场的影响，产生的裂缝往往是不对称的。

(2) 形成水平裂缝。

假设液体滤失会增大垂向应力，增加量和水平方向的情况一样，那么垂向的总应力为：

$$\sigma_{zt}=\sigma_z+a(p_i-p_s)\frac{1-2v}{1-v} \tag{3-43}$$

有效垂向应力为：

$$\overline{\sigma_{zt}} = \sigma_{zt} - p_i$$

$$\overline{\sigma_z} = \sigma_z - p_s$$

将有效应力 $\overline{\sigma_z}$ 及 $\overline{\sigma_{zt}}$ 代入式(3-43)得到：

$$\overline{\sigma_{zt}} = \overline{\sigma_z} - (p_i - p_s)\left[1 - a\frac{1-2v}{1-v}\right] \tag{3-44}$$

形成水平裂缝的条件是：

$$\overline{\sigma_{zt}} = -\sigma_t^{\nu} \tag{3-45}$$

式中　σ_t^{ν}——岩石垂向抗张强度。

当产生水平裂缝时，井筒内注入流体的压力 p_i 等于地层的破裂压力 p_F，所以：

$$p_F - p_s = \frac{\overline{\sigma_z} + \sigma_t^{\nu}}{1 - a\frac{1-2v}{1-v}} \tag{3-46}$$

但是由式(3-46)计算出来的破裂压力总是大于实验室里所得到的在井眼底端附近造成水平裂缝所需要的压力。为了使计算值接近实验值，式(3-40)可修正为：

$$p_F - p_s = \frac{\overline{\sigma_z} + \sigma_t^{\nu}}{1.94 - a\frac{1-2v}{1-v}} \tag{3-47}$$

(3) 破裂压力梯度(破裂梯度)。

为了便于比较与预测各油田(油井)的破裂压力，常使用破裂压力梯度 α 来表示，它是指地层破裂压力与地层深度的比值，单位为 MPa/m。

理论上，由式(3-42)和式(3-43)可以计算裂缝破裂时的有效破裂压力，除以压裂层的中部深度后即可得到破裂梯度值。实际上，各油田的破裂梯度值都是根据大量压裂施工资料统计出来的，破裂梯度值的一般范围为：$\alpha = (1.5\times10^{-2} \sim 1.8\times10^{-2}) \sim (2.2\times10^{-2} \sim 2.5\times10^{-2})$MPa/m。

可以用各地区的破裂梯度的大小估计裂缝的形态，一般情况下 α 为 $1.5\times10^{-2} \sim 1.8\times10^{-2}$ MPa/m 时，多为深地层，常形成垂直裂缝，而大于 2.3×10^{-2}MPa/m 时则是浅地层，多形成水平裂缝。这是由于浅地层的垂向应力相对比较小，近地表地层中构造运动也较多，尤其是在褶皱和逆断层类型的地层中，水平应力大于垂向应力的几率也大，所以浅地层出现水平裂缝。但是，浅地层也可能出现垂直裂缝，有时还会遇到破裂梯度特高的地层，如果 $\alpha > 2.8\times10^{-2}$MPa/m，则可能是由于构造应力太大或岩石抗张强度大造成的。井底附近地层严重堵塞时也可能导致很高的破裂梯度，这种情况是不正常的。如果地层破裂压力过高，难以进行正常施工，可进行预处理以降低破裂压力。这些方法的实质是降低井底附近地层的应力，如高效射孔、密集射孔、水力喷砂射孔及小规模酸化等措施，实践证明这些方法是有效的。

有些井破裂时并没有明显的破裂压力峰值[图 3-21(b)]，可能原因为：两个水平应力的比值较大时，井壁上的周向应力就小，例如，当两个应力的比为 3 时，破裂压力会很低。地层中有微裂隙、井经过预处理、地层渗透率较高等都会有这样的现象。

(4)人工裂缝方向。

在天然裂缝不发育的地层，裂缝形态(垂直缝或水平缝)取决于其三向应力状态。根据最小主应力原理，裂缝总是产生于强度最弱、阻力最小的方向，即岩石破裂面垂直于最小主应力轴方向。当σ_z最小时，形成水平裂缝；当σ_z最大时，形成垂直裂缝。若$\sigma_z > \sigma_x > \sigma_y$，裂缝面垂直于$\sigma_y$方向；若$\sigma_z > \sigma_y > \sigma_x$，裂缝面垂直于$\sigma_x$方向(图3-24)。

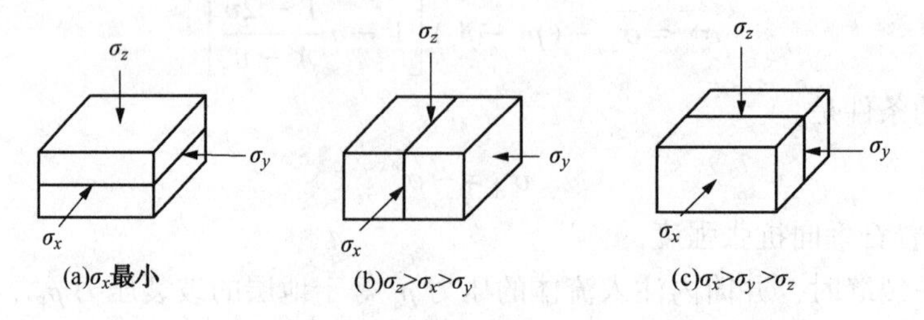

图3-24　人工裂缝方向示意图

2. 压裂液

影响压裂施工成败的诸因素中，压裂液的性能是主要因素之一。对大型压裂来说，这个因素更为突出。这是因为压裂施工的每个环节都与压裂液的类型和性能有关。

1) 压裂液的作用及对压裂液的要求

(1) 压裂液的作用。

在压裂过程中注入的液体统称为压裂液，根据压裂过程中注入井内的压裂液在不同施工阶段所起的作用不同，可把压裂液分为前置液、携砂液、顶替液3种。

① 前置液。它的作用是破裂地层并造成一定几何尺寸的裂缝，以便后面的携砂液进入到温度较高的地层中，它还可起到一定的降温作用。有时为了提高前置液的工作效率，在前置液中还加入一定量的细砂(粒径100~140目，砂比10%左右)以堵塞地层中的微隙，减少液体的滤失。

② 携砂液。它起到将支撑剂带入裂缝中并将支撑剂填在裂缝内预定位置上的作用，在压裂液的总量中，这部分比例很大。携砂液和其他压裂液一样，有造缝及冷却地层的作用。携砂液由于需要携带密度很高的支撑剂，故必须使用交联的压裂液(如冻胶等)。

③ 顶替液。中间顶替液用来将携砂液送到预定位置，并有预防砂卡的作用。注完携砂液后要用顶替液将井筒中全部携砂液替入裂缝中，以提高携砂液的效率和防止井筒沉砂。

(2) 对压裂液的性能要求。

根据压裂不同阶段对液体性能的要求，压裂液在一次施工中可能使用一种以上性能不同的液体，其中还加有不同使用目的的添加剂。占总液量绝大多数的前置液及携砂液，都应具备一定的造缝能力并使裂缝壁面及填砂裂缝有足够的导流能力。所以，为了获得好的水力压裂效果，对压裂液的性能要求为：

① 滤失少。这是造长缝、宽缝的重要条件，压裂液的滤失性主要取决于它的黏度与造壁性，黏度高则滤失少；在压裂液中添加防滤失剂，能改善造壁性，大大减少滤失量。

② 悬砂能力强。压裂液的悬砂能力主要取决于黏度，压裂液只要有较高的黏度，支撑剂(常用砂粒或陶粒)即可悬浮于其中，这对支撑剂在缝中的分布是非常有利的。

③ 摩阻低。压裂液在管道中的摩阻愈小，则在设备功率一定的条件下，用于造缝的有效功率也就愈大。摩阻过高会导致井口施工压力过高，从而降低排量甚至限制压裂施工。

④ 稳定性好。压裂液应具备热稳定性，不能由于温度的升高而使黏度有较大的降低。液体还应有抗机械剪切的稳定性，不会因流速的增加而发生大幅度的降解。

⑤ 配伍性好。压裂液进入油层后与各种岩石矿物及流体相接触，不应产生不利于油气渗流的物理、化学反应。

⑥ 低残渣。要尽量降低压裂液中水不溶物(残渣)的数量，以免降低油气层和填砂裂缝的渗透率。

⑦ 易于返排。施工结束后大部分注入液体应能返排出井外，以减少压裂液的损害，排液越完全，增产效果越好。

⑧ 货源广、便于配制、价钱便宜。

2）压裂液类型

目前常用的压裂液有水基压裂液、酸基压裂液、油基压裂液、乳状及泡沫压裂液等。20世纪50年代初期多使用原油、清水作压裂液，近十几年来发展了水基冻胶压裂液，它具有黏度高、摩阻低及悬砂能力好等优点，已成为矿场主要使用的压裂液。

（1）水基压裂液。

水基压裂液是用水溶胀性聚合物(称为成胶剂)经交链剂(又叫交联剂)交链后形成的冻胶。常用的成胶剂有植物胶(瓜尔胶、田菁、皂仁等)、纤维素衍生物(羟乙基纤维素、羧甲基羟乙基纤维素等)以及合成聚合物(聚丙烯酰胺、聚乙烯醇)；交链剂有硼酸盐和钛、锆等有机金属盐等。在施工结束后，为了使冻胶破胶，还需要加入破胶剂。常用的破胶剂有过硫酸胺、高锰酸钾和酶等。

（2）油基压裂液。

对水敏性地层，使用水基压裂液会导致地层黏土膨胀影响压裂效果，对此，可使用油基压裂液。矿场原油或炼厂黏性成品油均可作油基压裂液，但其悬砂能力差，性能达不到要求。目前多用稠化油，基液为原油、汽油、柴油、煤油或凝析油，稠化剂为脂肪酸皂(如脂肪酸铝皂、磷酸酯铝盐等)，矿场最高砂比可达30%(体积比)。稠化油压裂液遇地层水后自动破胶，所以无需加入破胶剂。

油基压裂液虽然适用于水敏性地层，但受价格昂贵、施工困难和易燃等问题的影响，应用受到一定的限制。

（3）泡沫压裂液。

泡沫压裂液是近10年内发展起来的用于低压低渗油气层改造的新型压裂液。其最大特点是易于返排、滤失少以及摩阻低等。基液多用淡水、盐水、聚合物水溶液，气相为二氧化碳、氮气、天然气，发泡剂用非离子型活性剂。泡沫干度为65%~85%，低于65%则黏度太低，超过92%则不稳定。

泡沫压裂液也具有不利因素：

① 由于井筒气—液柱的密度小，产生的气—液柱重力小，压裂过程中为达到破裂压力，需要较高的注入压力，因而对深度大于2000m的油气层，实施泡沫压裂是困难的。

② 使用泡沫压裂液的砂比不能过高，在需要注入高砂比的情况下，可先用泡沫压裂液将低砂比的支撑剂带入，然后再泵入可携带高砂比支撑剂的常规压裂液。

其他应用的压裂液还有聚合物乳状液、酸基压裂液和醇基压裂液等，它们都有各自的适用条件和特点，但在矿场上应用很少。

3) 压裂液的滤失性

压裂过程中，压裂液向地层的滤失是不可避免的。由于压裂液的滤失使得压裂液效率降低，造缝体积减小，因此研究压裂液的滤失特性对裂缝几何参数的计算和对地层损害的认识都是必不可少的。压裂液滤失到地层受3种机理控制，即压裂液的黏度、油藏岩石和流体的压缩性及压裂液的造壁性。

(1)压裂液黏度控制的滤失系数 C_1。

当压裂液黏度大大超过油藏流体的黏度时，压裂液的滤失速度主要取决于压裂液的黏度，由达西方程可以导出滤失系数 C_1 为：

$$C_1 = 5.4 \times 10^{-3} \left(\frac{k\Delta p\phi}{\mu_f}\right)^{\frac{1}{2}} \tag{3-48}$$

滤失速度为：

$$v = \frac{C_1}{\sqrt{t}} \tag{3-49}$$

式中 C_1——受压裂液黏度控制的滤失系数，$m/\sqrt{min}$；

k——垂直于裂缝壁面的渗透率，μm^2；

Δp——裂缝内外压力差，kPa；

μ_f——裂缝内压裂液黏度，mPa·s；

ϕ——地层孔隙度；

v——滤失速度，m/min；

t——滤失时间，min。

从式(3-48)和式(3-49)可以看出，滤失系数 C_1 与储层参数 k、ϕ 及缝内外的压力差和压裂液黏度有关。当这些参数不变时，C_1 为常数，但滤失速度却是滤失时间的函数，时间愈长，滤失速度愈小。

(2) 受储层岩石和流体压缩性控制的滤失系数 C_2。

当压裂液黏度接近于油藏流体黏度时，控制压裂液滤失的是储层岩石和流体的压缩性，这是因为储层岩石和流体受到压缩，让出一部分空间压裂液才得以滤失进去。由体积平衡方程可得到 C_2 表达式：

$$C_2 = 4.3 \times 10^{-3} \Delta p \left(\frac{kC_f\phi}{\mu_f}\right)^{1/2} \tag{3-50}$$

式中 C_f—— 油藏综合压缩系数，kPa^{-1}。

在研究滤失系数 C_1、C_2时，常将式中的压力差取为延伸压力与油藏压力之差。实际情况并非如此，压裂液滤失于储层后的总压力差分为两部分：Δp_1是使压裂液滤失于储层内的压差，Δp_2是压缩并使油藏流体流动的压差。如果考虑裂缝壁面滤饼的压力差部分，则总压力降就包括了3个部分。

(3) 由压裂液造壁性控制的滤失系数 C_3。

具有固相颗粒及添加有防滤失剂(如硅粉或沥青粉等)的压裂液，施工过程中将会在裂缝壁面上形成滤饼，它会有效地降低滤失速度，此时压裂液的滤失速度受造壁性控制。滤失系数 C_3 是由实验方法测定的。利用一台高温高压静滤失仪，滤筒底下有带孔的筛座，其上有滤纸或岩心片，筒内有压裂液，在恒温下加压，在下端出口处放一量筒计量滤失量，并记录时间。数据处理后得出如图 3-25 所示的曲线。形成滤饼以前，液体滤失较快；形成滤饼以后，滤失受滤饼的控制，滤失量比较稳定。将 V_{SP} 记为形成滤饼前的滤失量，称为初滤失量。滤失量与时间的关系曲线，可用下列方程描述：

$$V=V_{SP}+m\sqrt{t} \tag{3-51}$$

式中 V——总滤失量，cm^3；

m——斜率，$cm^3/\sqrt{min}$；

t——滤失时间，min。

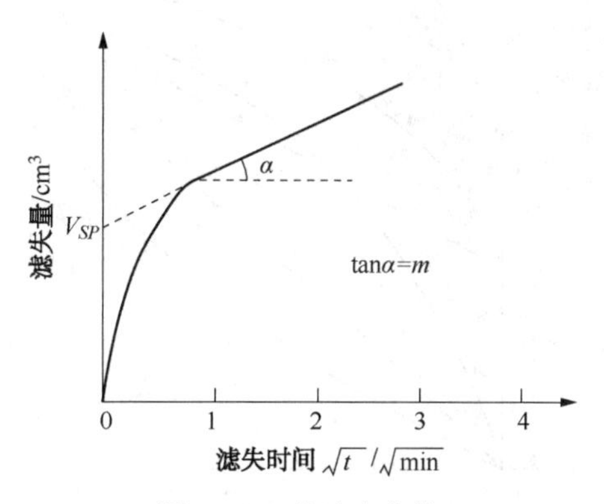

图 3-25 静滤失曲线

式(3-51)除以滤纸或岩心断面积 A 并对 t 求导，得到滤失速度：

$$v=\frac{0.005m}{A\sqrt{t}}=\frac{C'_w}{\sqrt{t}} \tag{3-52}$$

令造壁液体的滤失系数为 c'_w，若实验压差 Δp 与实际施工过程中裂缝内外压力差 Δp_f 不一致，则应进行修正：

$$C_3=C'_w\left(\frac{\Delta p_f}{\Delta p}\right)^{1/2} \tag{3-53}$$

式中 C_3——修正后的滤失系数，$m/\sqrt{min}$。

静态滤失系数一般用于筛选评价压裂液体系，静态测定 C_3 的方法与裂缝中实际滤失条件相差较大。为了更加符合地下条件，研制出了动态滤失仪。但由于动态滤失测量复杂，所以目前仍大量采用静滤失法测定。

(4) 综合滤失系数 C。

压裂液的滤失虽然根据机理可以分为 3 种情况，但实际压裂过程中，压裂液的滤失同时受 3 种机理控制，综合滤失系数 C 如下：

$$\frac{1}{C}=\frac{1}{C_1}+\frac{1}{C_2}+\frac{1}{C_3} \tag{3-54}$$

综合滤失系数 C 的另一种确定方法是考虑到 C_1、C_2 和 C_3 分别是由不同的压力降控制的，即 C_1 是由滤失带压力差 ΔP_1 控制的，C_2 是由压缩带压力差 ΔP_2 控制的，C_3 是由滤饼内外压力差 ΔP_3 控制的。根据分压降公式可以得到综合滤失系数的另一表达式：

$$C=\frac{2C_1C_2C_3}{C_1C_3+\sqrt{C_1^2C_3^2+4C_2^2(C_1^2+C_3^2)}} \tag{3-55}$$

综合滤失系数 C 是压裂设计中的重要参数，也是评价压裂液性能的重要指标。目前比较好的压裂液在油层及裂缝中的流动条件下，综合滤失系数 C 可达 $10^{-4}m/\sqrt{min}$。

4) 压裂液的流变性

压裂液流变性是指压裂液在外力作用下产生运动和变形的关系。目前使用的压裂液，除了水、活性水、油(低黏油或成品油)外，凡是使用各种高分子聚合物增稠或交链的油基或水基压裂液，在其流动特性上均有程度不同的非牛顿液体的性质。它们的剪切应力与剪切速率之间的关系，受剪切引起的内部分子结构变化的影响。这种变化包括分子或颗粒在剪切方向上的定位或定向排列。为了对压裂液的流动进行简单地分析与运算，有必要介绍一些与时间无关的黏滞液体的流变特性。几种典型流体的流变曲线如图 3-26 所示。

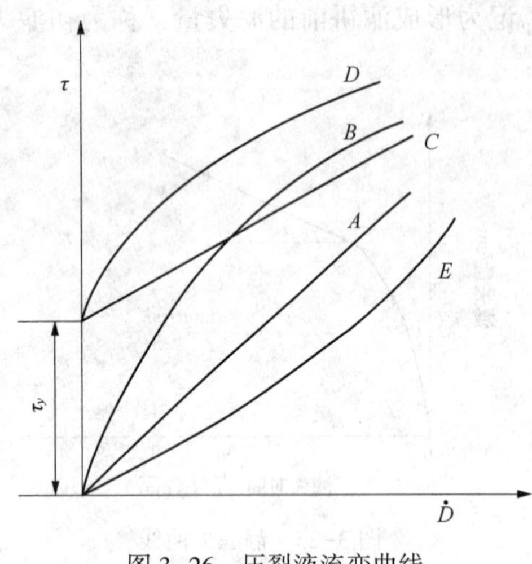

图 3-26　压裂液流变曲线

(1) 各类压裂液的流变曲线。

① 牛顿压裂液：凡是满足牛顿内摩擦定律的液体都称为牛顿液体。牛顿内摩擦定律在圆管流中为：$F=-\mu A\dfrac{dv}{dr}$；在渠道中或裂缝中为：$F=\mu A\dfrac{dv}{dy}$。

令 $\tau=\dfrac{F}{A}$称为剪切应力，$\dot{D}=-\dfrac{dv}{dr}=\dfrac{dv}{dy}$称为剪切速率，简称剪速，代入牛顿内摩擦定律可得，牛顿液体的剪切应力 τ 与剪切速率 $\dot{D}$ 成正比关系：

$$\tau=\mu\dot{D} \tag{3-56}$$

比例常数μ(黏度)不随剪切速率的改变而变化，为常数。如图 3-36 中的 A 所示，其流变曲线是一通过原点的直线。式(3-56)是牛顿流体的本构方程，其特点是剪切应力 τ 和剪切速率 $\dot{D}$ 成正比关系。压裂液中未经稠化的水、油等均属于此类流体。

② 假塑性压裂液。

假塑性流体又称为幂律流体，图 3-26 上的曲线 B 是假塑性流体的剪切应力与剪切速率的关系曲线。随剪切速率的增加，其斜率变小，说明压裂液结构被破坏，黏度随之降低。有一个经验方程可描述这种流体的流变特性：

$$\tau=K\dot{D}^n \quad (n<1) \tag{3-57}$$

式中　K——稠度系数，$mPa\cdot s^n$；

n——流态指数。

式(3-57)为假塑性流体的本构方程(也称为幂律方程)，是由两参数(n、K)控制的流变方程。当 $n=1$ 时，即为式(3-56)。

令
$$\mu_a=K\dot{D}^{n-1} \tag{3-58}$$

可把式(3-57)化成类似于牛顿液体的形式：

$$\tau=\mu_a\dot{D} \tag{3-59}$$

式中　μ_a——视黏度，$mPa\cdot s$。

由于式(3-58)中的 $n<1$ 可知，剪切速率愈大，视黏度愈小。因此假塑性流体的“黏度”不是定值，在一定温度下，视黏度随 K、n、$\dot{D}$ 的改变而变化。

假塑性液体具有两个流变参数 K、n。对式(3-57)两边取对数得到：

$$\lg\tau=\lg K+n\lg\dot{D}\quad \lg\tau=\lg K+n\lg\dot{D} \tag{3-60}$$

这是直线方程式，直线的斜率是 n，直线在纵轴上的截距为 K 值。用图示方法便可根据实验获得的 τ、$\dot{D}$ 数据确定流变参数。有了 n、K 值，即可写出幂律方程，计算流体的视黏度。

目前多数水基冻胶压裂液在一定的剪切速率范围内均可近似为幂律流体，这种液体无论是在圆管中还是在裂缝中的流动，都可粗略地取用相同的 n、K 值。

③ 其他流动类型的压裂液。

a. 宾汉型液体。

这种流体具有屈服值，加上一定的压力后，液体才从静止状态开始流动，然后像牛顿流体一样，剪切应力与剪切速率成线性关系，图 3-26 中的曲线 C 所示，直线的斜率是黏度 μ，截距 τ_y 是屈服值。沥青、某些乳状液、泥浆等具有这种流变性。

宾汉型液体的流动方程是：

$$\tau-\tau_y=\mu\dot{D} \tag{3-61}$$

式中 τ_y——屈服值。

b. 屈服假塑性液体。

这种流体是带有屈服值的假塑性流体，如图 3-26 中曲线 D 所示，其流变方程为：

$$\tau-\tau_y=K\dot{D}^n \tag{3-62}$$

c. 胀流型液体。

这种流体与幂律流体的流动方程的差别在于其流态指数 $n>1$，如图 3-26 中曲线 E 所示：

$$\tau=K\dot{D}^n\quad (n>1) \tag{3-63}$$

这种类型的液体在压裂液中不多见。

用合成高分子聚合物(如部分水解聚丙烯酰胺)制备的压裂液具有不同程度的黏弹性：温度高、流速低时以黏性为主，温度低而流速高时则以弹性为主。目前对黏弹性液体的流动规律了解得还不够。

对非牛顿液体流变性质的测定，可以用旋转黏度计(如 RV 系列或 FANN 系列)或用实验室小管道等仪器来测定。

(2) 摩阻计算。

压裂液从泵出口经地面管线→井筒→射孔孔眼进入裂缝，在每个流动通道内都会因为摩阻而产生压力损失，压力损失愈大，造缝的有效压力就愈小，因此计算这些压力损失并分析其影响因素，对准确地确定施工压力和提高能量的利用率都是十分重要的。一般情况下，由于地面管线比较短，其摩阻可忽略，本小节主要分析井筒、射孔孔眼和裂缝内的摩阻计算方法。

① 油管内的摩阻。

油管或油套环空内的摩阻可根据流态用相应的摩阻公式计算，流态由 Metzner—Reed 广义雷诺数确定。

若广义雷诺数小于 2000，则为层流。

对于管流，其层流时的幂律液摩阻压力降可表示为；

$$\Delta p_f = 0.333 \times 1.647^n \frac{LK_P q^n}{d^{1+3n}} \tag{3-64}$$

对于环形流，其层流时的幂律液摩阻压力降可表示为：

$$\Delta p_f = 0.003 \times 2.741^n \frac{LK_{an} q^n}{(d_c + d_t)^n (d_c - d_t)^{1+2n}} \tag{3-65}$$

式中 Δp_f——摩阻压力降，kPa；

L——油管或环空长度，m；

d——油管内径，cm；

d_t——油管外径，cm；

d_c——套管内径，cm；

K_P、K_{an}——管流、环流的压裂液稠度系数，$Pa \cdot s^n$；

n——压裂液流态指数。

当广义雷诺数大于2000时，流动为紊流。紊流时的摩阻压力降计算需要借助于室内实验结果，计算非常复杂。

② 射孔孔眼内的摩阻。

压裂施工和分析中，了解压裂液流经孔眼时的摩阻是非常重要的，这是因为当射孔不足或孔眼发生堵塞时，将导致井筒内压力大大提高，有时甚至会使油管或套管破裂。而在限流法压裂设计中，却需要有意限制射孔数以产生高的井底压力，使具有不同闭合压力的油层同时压开。在压裂施工分析中，只有当射孔摩阻压力降已知时，才能准确地计算裂缝内靠近井筒处的压力(即常说的“井底压力”)，进行相应的压裂压力分析。

射孔孔眼的摩阻计算也是很复杂的，恒定流量下的摩阻计算公式为：

$$(\Delta p_f)_{perf} = \frac{B\rho q_0^2}{d_0^4} \tag{3-66}$$

式中 B——比例常数，$B = 0.20 \sim 0.50$；

q_0——通过孔眼流量，m^3/s；

d_0——孔眼直径，cm；

$(\Delta p_f)_{perf}$——通过孔眼处的摩阻，kPa；

ρ——压裂液密度，kg/m^3。

③ 裂缝内的摩阻压力降。

幂律液体流经裂缝的压力降可按无限大平行板之间的层流作近似处理，摩阻计算式为：

$$\Delta P_f = 0.167 \times 80.85^n L_f K_f w^{-2n-1} \left(\frac{q_f}{H_f}\right)^n \tag{3-67}$$

$$K_f = K\left(\frac{2n+1}{3n}\right)^n \tag{3-68}$$

式中 K_f——幂律液缝流稠度系数，$Pa \cdot s$；

H_f——裂缝高度，m；

w——裂缝宽度，cm；

L_f——裂缝单翼长度，m；

q_f——单翼裂缝内流量，m^3/s。

3. 支撑剂

支撑剂的作用在于支撑、分隔开裂缝的两个壁面，使压裂施工结束后裂缝能够得到有效支撑，从而消除地层中大部分径向流，使井液以线性流方式进入裂缝。水力压裂的目标是在油气层内形成足够长度的高导流能力填砂裂缝，所以，水力压裂工程中的各个环节都是围绕这一目标选择支撑剂类型、粒径和携砂液性能以及施工工序等。

填砂裂缝的导流能力是指油层条件下填砂裂缝渗透率与裂缝宽度的乘积，常用 FRCD 表示，导流能力也称为导流率。

1）支撑剂的性能要求

对支撑剂的性能要求如下：

① 粒径均匀，密度小。一般地，水力压裂用支撑剂的粒径并不是单一的，而是有一定的变化范围，如果支撑剂分选程度差，在生产中，细砂会运移到大粒径砂所形成的孔隙中，堵塞渗流通道，影响填砂裂缝导流能力，所以对支撑剂的粒径大小和分选程度是有一定要求的。以国内矿场常用的 20/40 目支撑剂为例，最少有 90%的砂子经过筛析后位于 20~40 目之间，同时要求大于第一个筛号的砂重小于 0.1%，而小于最后一个筛子的量不能大于 1%。

比较理想的支撑剂要求密度小，最好小于 $2000kg/m^3$，以便于携砂液携带至裂缝中。

② 强度大，破碎率小。支撑剂的强度是其性能的重要指标。由于支撑剂的组成和生产制作方法不同，其强度的差异也很大，如石英砂的强度为 21.0~35.0MPa，陶粒的强度可达 105.0MPa。水力压裂结束后，裂缝的闭合压力作用于裂缝中的支撑剂上，当支撑剂强度比缝壁面地层岩石的强度大时，支撑剂有可能嵌入地层里；当缝壁面地层岩石强度比支撑剂强度大，且闭合压力大于支撑剂强度时，支撑剂易被压碎。

这两种情况都会导致裂缝闭合或渗透率很低。所以为了保证填砂裂缝的导流能力，在不同闭合压力下，对各种目数的支撑剂的强度和破碎率有一定要求。

③ 圆度和球度高。支撑剂的圆度表示颗粒棱角的相对锐度，球度是指砂粒与球形相近的程度。圆度和球度常用目测法确定，一般在 10~20 倍的显微镜下或采用显微照相技术拍照，然后再与标准的圆、球度图版对比，确定砂粒的圆、球度。用圆、球度不好的支撑剂时，其填砂裂缝的渗透率差且棱角易破碎，粉碎形成的小颗粒会堵塞孔隙，降低其渗透性。

④ 杂质含量少。支撑剂中的杂质对裂缝的导流能力是有害的。天然石英砂的杂质主要是碳酸盐、长石、铁的氧化物及黏土等矿物质。一般用水洗、酸洗(盐酸、土酸)消除杂质，处理后的石英砂强度和导流能力都会提高。

⑤ 来源广，价格低廉。

2）支撑剂的类型

支撑剂按其力学性质分为两大类：一类是脆性支撑剂，如石英砂、玻璃球等，特点是硬度大，变形小，在高闭合压力下易破碎；另一类是韧性支撑剂，如核桃壳、铝球等，特点是变形大，承压面积随之加大，在高闭合压力下不易破碎。目前矿场上常用的支撑剂有两种：一是天然砂；二是人造支撑剂(陶粒)。此外，在压裂中曾经使用核桃壳、铝球、玻璃珠等支撑剂，由于强度、货源和价格等方面的原因，现多已淘汰。

(1) 天然砂。

自从世界上第一口压裂井使用支撑剂以来，天然砂已广泛使用于浅层或中深层(1500m)的压裂中，而且都有很高的成功率。高质量的石英砂往往都是古代的风成砂丘，在风力的搬运和筛选下沉积而成，因此石英含量高，粒径均匀，圆、球度也好；另外，石英砂资源很丰富，价格也便宜。世界上有多处质量较高的石英砂，如美国的 Ottwa 砂，北部白砂，我国的兰州砂、通辽砂等。天然砂的主要矿物成分是粗晶石英，没有晶体解理，但在高闭合压力下会破碎成小碎片，虽然仍能保持一定的导流能力，但效果已大大下降，所以在深井中应慎重使用。石英砂的最高使用应力为 21.0~35.0MPa。

(2) 人造支撑剂(陶粒)。

最常用的人造支撑剂是烧结铝钒土，即陶粒。它的矿物成分是氧化铝、硅酸盐和铁—钛氧化物，形状不规则，圆度为 0.65，密度为 $3800kg/m^3$，强度很高。在 70.0MPa 的闭合压力下，陶粒所支撑缝的渗透率约比天然砂所支撑的高一个数量级，因此它能适用于深井高闭合压力的油气层压裂。对于一些中深井，为了提高裂缝导流能力也常用陶粒作尾随支撑剂。

国内矿场应用较多的有宜兴陶粒和成都陶粒，强度上也有低、中、高之分，低强度适用的闭合压力为 56.0MPa，中强度约为 70.0~84.0MPa，高强度达 105.0MPa，并已基本上形成了比较完整和配套的支撑剂体系。

陶粒的强度虽然很大，但密度也很高，给压裂施工带来一定的困难，特别是在深井条件下，由于高温和剪切作用，对压裂液性能的要求很高。为此，近年来研制了一种具有空心或多孔的陶粒，其空心体积约为 30%，视密度接近于砂粒。试验表明：这种多孔或空心陶粒的强度与实心陶粒相当，因而实现了低密度高强度的要求。但由于空心陶粒的制作比较困难，目前现场还没有广泛使用。

(3) 树脂包层支撑剂。

树脂包层支撑剂是中等强度，低密度或高密度，能承受 56.0~70.0MPa 的闭合压力，适用于低强度天然砂和高强度陶粒之间强度要求的支撑剂，其密度小，便于携砂与铺砂。它的制作方法是用树脂把砂粒包裹起来，树脂薄膜的厚度约为 0.0254mm，约占总质量的 5%以下。树脂包层支撑剂可分为固化砂与预固化砂，固化砂是在地层的温度和压力下固结，这对于防止地层出砂和压裂后裂缝的吐砂有一定的效果；预固化砂则在地面上已形成完好的树脂薄膜包裹砂粒，像普通砂一样随携砂液进入裂缝。

树脂包层支撑剂具有如下优点：

① 树脂薄膜包裹砂粒，增加了砂粒间的接触面积，从而提高了支撑剂抗闭合压力的能力。

② 树脂薄膜可将压碎的砂粒小块或粉砂包裹起来，减少了微粒的运移与堵塞孔道的机会，从而改善了填砂裂缝的导流能力。

③ 树脂包层砂总的体积密度比上述中强度与高强度陶粒要低很多，便于悬浮，因而降低了对携砂液的要求。

④ 树脂包层支撑剂具有可变形的特点，能使其接触面积有所增加，可防止支撑剂在软地层中的嵌入。

3) 支撑剂在裂缝内的运移及分布

支撑剂在裂缝内的分布状况，决定了压裂后填砂裂缝的导流能力和增产效果。为使压裂后能最大限度地发挥油层的潜力和裂缝的作用，设计的裂缝导流能力需要按一定的规律变化。根据裂缝内的渗流特性，靠近井筒处的导流能力应该最大而在缝端最小，以便减少裂缝内的渗流阻力。要实现这一目标，必须根据支撑剂在裂缝内的分布规律及导流能力要求来设计。

支撑剂在裂缝内的分布规律随裂缝类型(水平缝、垂直缝)和携砂液性能而异，由于国内大部分油田压裂形成的裂缝为垂直缝，这里主要介绍高黏压裂液(全悬浮型)垂直裂缝内支撑剂浓度与地面砂比的关系，以及低黏压裂液(沉降型)垂直裂缝内支撑剂的分布规律。

(1) 全悬浮型支撑剂的分布。

高黏压裂液一般是指压裂液黏度足以把支撑剂完全悬浮起来，在整个施工过程中没有支撑剂的沉降，停泵后支撑剂充满整个裂缝内，因而携砂液到达的位置就是支撑裂缝的位置。这种压裂液称为全悬浮压裂液，对全悬浮压裂液可以建立裂缝内砂浓度与地面砂比的关系。

裂缝内的砂浓度(也称为裂缝内砂比)是指单位体积裂缝内所含支撑剂的质量。裂缝闭合后的砂浓度(也称铺砂浓度)是指单位面积裂缝上所铺的支撑剂质量。地面砂比有两种不同的定义方法：一种是单位体积混砂液中所含的支撑剂质量；另一种是支撑剂体积与压裂液体积之比，两者可以通过简单的关系式转换。

裂缝内砂浓度与地面砂比的关系，可以用有关公式计算。使用完全悬浮液体作为携砂液体，适合于低渗透率地层，在这里并不需要很高的填砂裂缝导流能力，就能有很好的增产效果。因为低渗透率岩层中的滤失液量不会多，所以不会因为造成一定导流能力的填砂裂缝，在施工中就难以实现所要求的加砂浓度。

虽然有时这种悬浮填砂受缝宽的限制，其导流能力小于沉降加砂缝的导流能力，但它的支撑面积很大，能最大限度地将压开的面积全部支撑起来，因而具有很大的优越性。在一定条件下，如果沉降出来的是砂堤，虽然缝较宽，但沉砂缝往往由于填砂缝较短，且填砂缝的高比悬浮式填砂缝的高小，因此只有具体地加以比较，才能择优采用。

(2) 沉降型支撑剂的分布。

矿场实际使用的压裂液，由于剪切和温度等降解作用，在裂缝内的携砂性能并不能达到全悬浮，在裂缝延伸过程中，部分支撑剂随携砂液一起向缝端运动，另一部分则可能沉降下来。支撑剂沉降速度、砂堤堆起高度等都与裂缝参数(长、宽、高)有关。目前对于支撑剂沉降和在裂缝内的分布规律的研究仍是基于20世纪60年代巴布库克的实验结果，分析多次实验结果可得出如下规律：

① 支撑剂在缝高度上的分布。

携带支撑剂的液体进入裂缝后，固体颗粒主要受到水平方向液体携带力、垂直向下重力以及向上浮力的作用；当颗粒相对于携带液有沉降运动时，还会受到黏滞阻力的作用。使用低黏压裂液作为携砂液时，由于颗粒的重力大于浮力与阻力，所以具有很大的沉降倾向，沉在缝底形成砂堆。砂堆减少了携砂液的过水流断面，使流速提高。液体的流速逐渐达到使颗粒处于悬浮状态的能力，此时颗粒停止沉降，这种状态称为平衡状态。平衡时的流速称为平衡流速，平衡流速可以定义为携带颗粒的最小流速。在此流速下，颗粒的沉积与卷起处于动平衡状态。

在平衡状态下，垂直裂缝中颗粒的垂直剖面上存在着浓度差别，可以分为4个区域(图3-27)。区域Ⅰ是沉降下来的砂堆，在平衡状态下砂堆的高度为平衡高度；区域Ⅱ是在砂堆面上的颗粒滚流区；区域Ⅲ则是悬浮区，虽然颗粒都处于悬浮状态，但不是均匀的，存在浓度梯度；最上面的Ⅳ区是无砂区。在平衡状态下增加地面排量，则Ⅰ、Ⅱ与Ⅳ区均将变薄，Ⅲ区则变厚；如果流速足够大，那么Ⅰ区可能完全消失；再进一步增加排量，则缝内的浓度梯度剖面消失，成为均质的悬浮流。

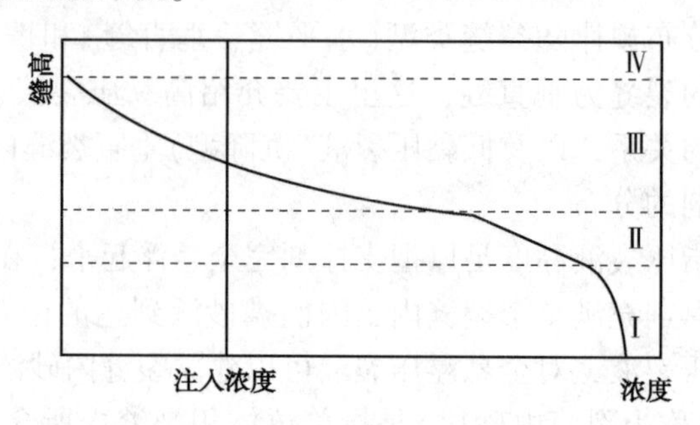

图 3-27　颗粒在缝高上的浓度分布

② 裂缝宽度非均质对支撑剂分布的影响。

由于裂缝宽度的非均质和缝口流速快，往往会造成缝口无砂和裂缝中砂堆断桥(图 3-28)。停泵后，在无砂的断桥处，裂缝会完全闭合，断桥点以后的填砂裂缝就失去作用成为无效裂缝。而当缝口无砂时，会造成缝口闭合使压裂失败。对于这种情况可以通过改变携砂液的流速和在缝口填入大颗粒的支撑剂来解决。注完携砂液后，为防止过度顶替造成缝口无砂，其顶替液体体积应略小于井筒体积。

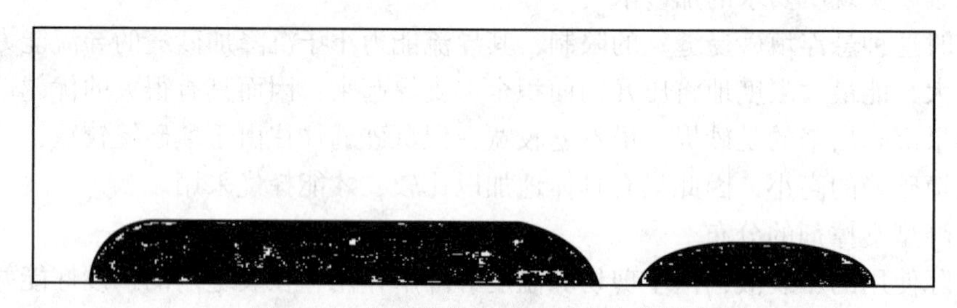

图 3-28　缝宽非均质对砂堆分布的影响

4）支撑剂的选择

支撑剂的选择主要是指选择支撑剂的类型和粒径，选择的目的是为了达到一定的裂缝导流能力。由于压裂井的产量主要取决于裂缝长度和导流能力，所以在选择支撑剂和设计压裂规模时，应立足于油层条件，要最大限度地发挥油层潜力，提高单井产量。研究表明：对低渗地层，水力压裂应以增加裂缝长度为主，但为了有效地利用裂缝，也需要有足够的导流能力；对中、高渗地层，水力压裂应以增加裂缝导流能力为主。因此，支撑剂的选择非常重要。

影响支撑剂选择的因素有：

(1) 支撑剂的强度。

选用支撑剂首先要考虑其强度。如果支撑剂的强度不能抵抗闭合压力，它将被压碎并导致裂缝导流能力下降，甚至压裂失败。一般来说，对浅地层(深度小于 1500m)闭合压力不大时使用石英砂；对于深层，闭合压力较大时多使用陶粒；对中等深度(2000m 左右)的地层一般缝中用石英砂，在缝口尾随部分陶粒。

（2）粒径及其分布。

在低闭合压力下砂子的粒径越大，支撑的填砂裂缝的渗透率越高，但还要视地层条件而定。对疏松或可能出砂的地层，要根据地层出砂的粒径分布中值确定支撑剂粒径，以防止地层砂进入裂缝堵塞孔道。由于粒径越大，所能承受的闭合压力越低，越易破碎，所以在深井中受到破碎及铺砂等诸因素限制，使用粗粒径砂子不如使用小粒径的砂子支撑的裂缝的导流能力高。所以选择原则是浅地层用粗砂，深地层用细砂。

（3）支撑剂类型及浓度的影响。

不同类型支撑剂在不同闭合压力和铺砂浓度条件下，支撑裂缝的导流能力相差很大，从试验中可以看到：在低闭合压力下，陶粒和石英砂支撑裂裂缝的导流能力相近，在高闭合压力下，陶粒要比石英砂所支撑裂缝的导流能力大一个数量级；同时也可以看到，铺砂浓度愈大，导流能力也越大(图 3-29)。这也是为什么要提高施工砂比的依据之一。

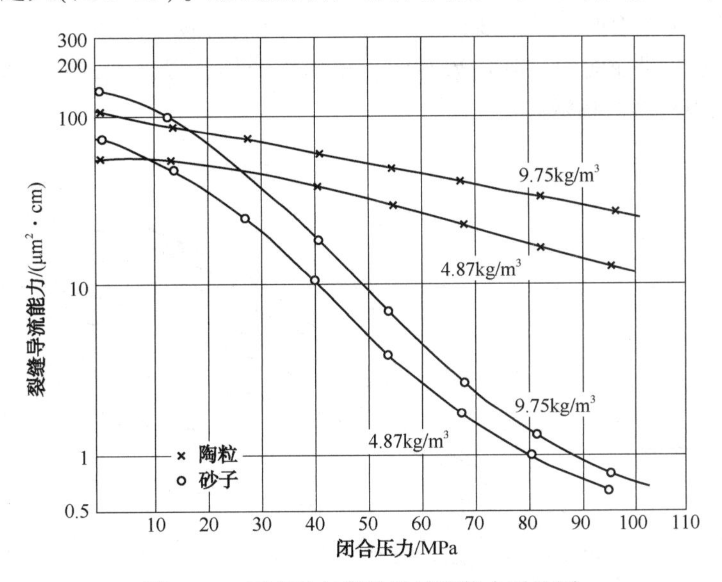

图 3-29 石英砂与陶粒的导流能力对比图

（4）其他因素。

支撑剂的嵌入也是影响裂缝导流能力的一个因素，颗粒在高闭合压力下嵌入到岩石中，由于增加了抗压面积，有可能提高它的抵抗闭合压力的能力，但由于嵌入会使裂缝变窄，因而也降低了导流能力。

其他因素如支撑剂的质量、密度，以及颗粒圆、球度等也都会影响裂缝的导流能力。

4. 压裂设计

压裂设计书是压裂施工的指导性文件，它能根据地层条件和设备能力优选出经济可行的增产方案。压裂设计的基础是正确认识压裂层，包括油藏压力、渗透性、水敏性、油藏流体物性以及岩石抗张强度等，并以它们为基础设计裂缝几何参数、确定压裂规模以及压裂液与支撑剂的类型等。施工加砂方案设计及排量等受压裂设备能力的限制，特别是深井，其破裂压力高，要求有较高的施工压力，对设备的要求很高。

压裂设计的原则是最大限度地发挥油层潜能和裂缝的作用，使压裂后的生产井和注入井达到最佳状态，同时还要求压裂井的有效期和稳产期长。压裂设计的方法是根据油层特性和设备能力，以获取最大产量(增产比)或经济效益为目标，在优选裂缝几何参数基础上，设计合适的加砂方案。

压裂设计方案的内容包括：裂缝几何参数优选及设计；压裂液类型、配方选择及注液程序；支撑剂选择及加砂方案设计；压裂效果预测和经济分析等。对区块整体的压裂设计还应包括采收率和开采动态分析等内容。

本小节以压裂后油井产量(或净现值)为目标，分析单井压裂设计方法。

1) 影响压裂井增产幅度的因素

影响压裂井增产幅度的因素主要是油层特性和裂缝几何参数。油层特性主要是指压裂层的渗透率、孔隙度、流体物性、油层能量、含油饱和度和泄油面积等；裂缝参数是指填砂裂缝的长、宽、高和导流能力。麦克奎尔与西克拉用电模型作出了垂直裂缝条件下增产倍数与裂缝几何尺寸和导流能力的关系曲线(图 3-30)。该曲线的假设条件有：拟稳定流动，定产或定压生产，正方形泄油面积，外边界封闭，可压缩流体，以及裂缝穿过整个产层。图 3-30 的纵坐标是无因次增产倍数：

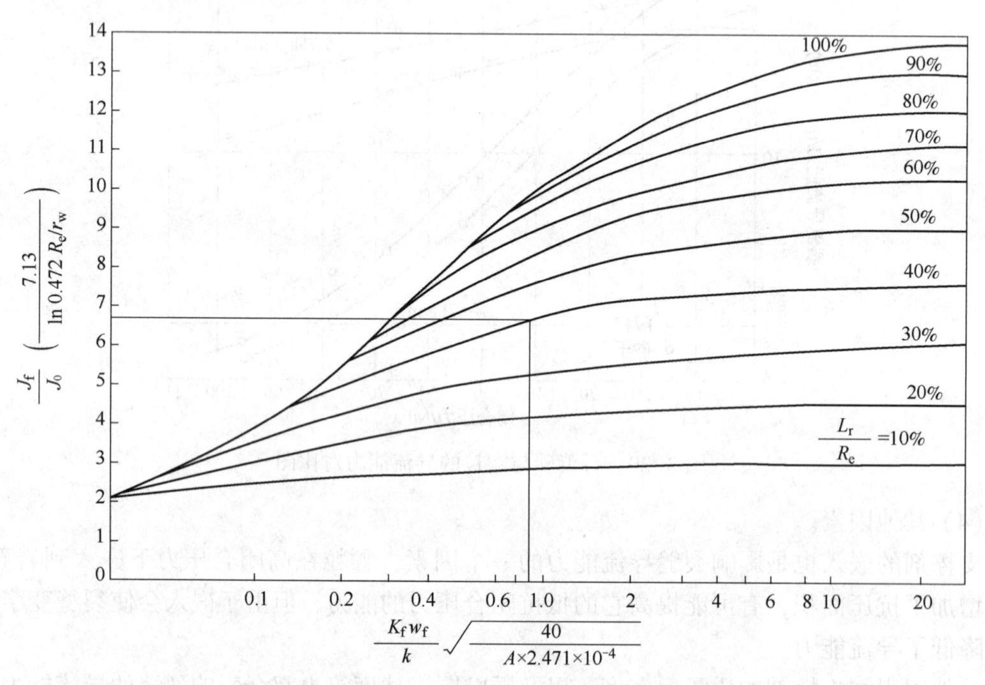

图 3-30　麦克奎尔-西克拉垂直裂缝增产倍数曲线

$$无因次增产倍数=\frac{J_f}{J_0}\left(\frac{7.13}{\ln 0.472R_e/r_w}\right) \tag{3-69}$$

式中　J_0，J_f——压裂前、后油井的采油指数，t/(d · MPa)；

R_e，r_w——油井供液半径和井筒半径，m。

横坐标为相对导流能力：

$$相对导流能力=\frac{K_f w_f}{K}\sqrt{\frac{40}{A\times 2.471\times 10^{-4}}} \tag{3-70}$$

式中　$K_f w_f$——裂缝导流能力，$\mu m^2 \cdot m$；

　　K——地层渗透率，μm；

　　A——井控面积(泄油面积)，m^2。

横坐标根号内的数字是当井控面积不是40英亩($0.162km^2$)时的修正系数；纵坐标分式内的数字是当井径不是6in(15.24cm)时的修正系数。曲线上的数字是缝长(单翼)与供油半径的比(称为裂缝的穿透比)。可以把横坐标上的数值看成裂缝与油层导流能力的比值，在同样情况下，裂缝导流能力愈高，增产倍数也愈高；造缝愈长，倍数也愈高。从曲线的变化趋势上看，在横坐标上以$0.4\mu m^2 \cdot m$为界，在它的左边要提高增产倍数，就应以增加裂缝导流能力为主。以裂缝长度为供油半径的50%这条曲线为例，导流能力比从0.1提高到0.4，增产倍数则从3倍提高到6倍多。此时增加缝长对增加倍数并不起多大的作用。在$0.4\mu m^2 \cdot m$的右边，曲线趋于平缓，增产主要靠增加缝的长度，进一步提高裂缝的导流能力已基本不能增加增产倍数。从增产倍数曲线可以得到如下结论：

① 在低渗透油藏中，增加裂缝长度比增加裂缝导流能力对增产更有利。因为低渗透油层容易得到高的导流能力，要提高增产倍数，应以加大裂缝长度为主，这是当前在压裂特低渗透层时，强调增加裂缝长度的依据。而对高渗地层正好相反，应以增加导流能力为主。

② 对一定的裂缝长度，存在一个最佳的裂缝导流能力。因为对一定的油层条件，油层的供液能力是有限的，所要求的渗流条件(导流能力)也是有限的，过分追求高导流能力是不必要的。

2）裂缝几何参数计算模型

裂缝几何参数的准确计算是预测压裂后产量和经济评价的基础。从20世纪50年代中期起，人们相继研究并发展了多种压裂设计模型，随着对压裂液流变性、固—液两相流和岩石的破裂及延伸等机理的深入研究，压裂设计模型也愈来愈接近实际。目前矿场上使用的设计模型主要有二维(PKN，KGD)、拟三维(P3D)和真三维模型，它们的主要差别是裂缝的扩展和裂缝内的流体流动方式不同。二维模型假设裂缝高度是常数，即流体仅沿缝长方向流动；拟三维模型和真三维模型认为缝高沿缝长方向是变化的，不同的是前者裂缝内仍是一维(缝长)流动，而后者在缝长、缝高方向均有流动(即存在压力降)。国内已研制了拟三维和真三维模型，在地应力和岩石力学资料比较齐全的情况下，应尽可能选用拟三维或真三维模型进行设计。地层条件比较单一时也可采用二维模型。这里介绍常用的裂缝二维延伸模型。

(1) 卡特模型。

1957年，卡特在考虑了液体渗滤条件下，导出了裂缝面积公式，如果缝宽已知，则可求出水平裂缝半径和垂直裂缝长度。基本假设如下：

① 裂缝是等宽的，定缝高的长方体；

② 压裂液从缝壁面垂直而又线性地渗入地层；

③ 缝壁上某点的滤失速度取决于此点暴露于液体中的时间；

④ 缝壁上各点的速度函数是相同的；

⑤ 裂缝内各点压力相等，等于井底延伸压力。

取单翼裂缝为研究对象，根据物质平衡原理，水力压裂过程中，注入裂缝中的压裂液量等于裂缝体积增量与滤失量之和。流量的平衡形式为：

$$Q = Q_L + Q_F + Q_S \tag{3-71}$$

式中　Q——单位时间内压裂液的注入量，m^3/min；

Q_L——压裂液在 t 时刻的滤失流量，m^3/min；

Q_F——压裂液在 t 时刻的裂缝体积变化增量，m^3/min；

Q_S——压裂液在 t 时刻的初滤失流量，m^3/min。

根据卡特模型的几何假设，上式改写为：

$$Q = 2\int_0^t v(t-\tau)\left[\frac{dA(t)}{d\tau}\right]d\tau + w\frac{dA(t)}{dt} + 2S_p\frac{dA(t)}{dt} \tag{3-72}$$

式中　$A(t)$——t 时刻的裂缝面积，m^2；

$v(t-\tau)$——压裂液的滤失速度，m^3/min；

w——裂缝宽度，m；

t——压裂施工时间，min；

τ——某点暴露于压裂液的时间，min；

S_p——压裂液的初滤失系数，m^3/m^2。

对上式两端同时施行拉普拉斯变换，可解出裂缝壁面面积：

$$A(t) = Q\frac{w+2S_p}{4\pi c^2}\left[e^{x^2}erfc(x) + \frac{2x}{\sqrt{\pi}} - 1\right] \tag{3-73}$$

$$x = \frac{2c\sqrt{\pi t}}{w}$$

$erfc(x)$ 为 x 的误差补偿函数(余误差函数)，可按下式近似计算：

$$e^{x^2}erfc(x) = 0.254829592y - 0.284496736y^2 + 1.42143741y^3 - 1.453152027y^4 + 1.061405429y^5 \tag{3-74}$$

$$y = \frac{1}{1+0.3275911x}$$

对于垂直对称双翼裂缝，如果已知缝高 H_f，则单翼缝长为：

$$L_f = \frac{A(t)}{2H_f} \tag{3-75}$$

对于水平裂缝，裂缝半径为：

$$R = \sqrt{\frac{A(t)}{\pi}} \tag{3-76}$$

(2) PKN 模型。

PKN 模型是 Perkins，Kern 和 Nordgren 提出的，它是目前应用较多的二维设计模型，几何模型如图 3-31 所示，其基本假设如下：

① 岩石是弹性、脆性材料，当作用于岩石上的张应力大于某个极限值后，岩石张开破裂。

② 缝高在整个缝长方向上不变，即在上、下层受阻；造缝段全部射孔，一开始就压开整个地层。

③ 裂缝断面为椭圆形，最大缝宽在裂缝中部。

④ 缝内流体流动为层流。

⑤ 缝端部压力等于垂直于裂缝壁面的总应力。

⑥ 不考虑压裂液滤失于地层。

基于弹性力学理论，可得到裂缝张开宽度方程：

$$w(x,\ t)=\frac{2(1-\upsilon^2)h_f\Delta P(x)}{E} \tag{3-77}$$

$$\Delta p(x)=p_f(x)-p_c$$

式中　$w(x,\ t)$——裂缝内 x 点的最大缝宽，m；

υ——岩石泊松比；

E——岩石弹性模量，Pa；

h_f——裂缝高度，m；

$\Delta p(x)$——裂缝内 x 点的净压力，Pa；

$p_f(x)$——裂缝内 x 点的压力，Pa；

p_c——裂缝闭合压力，Pa。

① 牛顿型压裂液。

裂缝内的压力分布，可由 Lamb 实验相关公式确定。对于偏心度为零的椭圆管、牛顿液体而言：

$$\frac{dP}{dx}=-\frac{32Q\mu_f}{\pi w^3h_f} \tag{3-78}$$

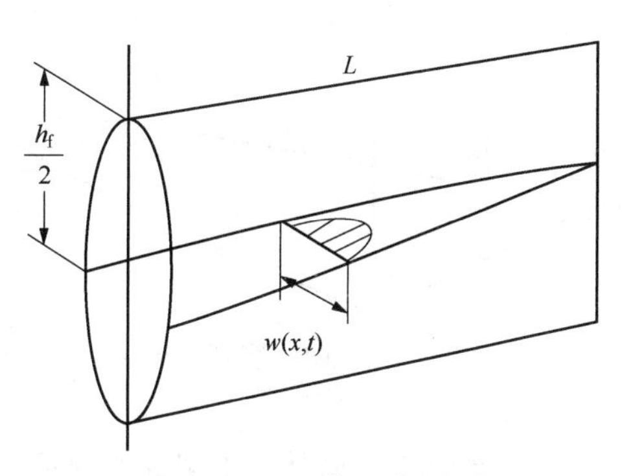

图 3-31　PKN 模型裂缝形状

联立式(3-77)和式(3-78)可得裂缝内的压力分布和垂直裂缝宽度公式分别为：

$$p_f(x)-p_c=\alpha\left[\frac{1}{60}\cdot\frac{\mu_fQLE^3}{h_f^{\ 4}(1-\upsilon^2)^3}\right]^{1/4} \tag{3-79}$$

$$w_{max}(x)=2\alpha\left[\frac{1}{60}\cdot\frac{(1-\upsilon^2)\mu_fQL}{E}\right]^{\frac{1}{4}} \tag{3-80}$$

式中　$w_{max}(x)$——牛顿液体在层流条件下裂缝的最大缝宽，m；

μ_f——压裂液黏度，Pa·s；

Q——压裂液排量，m^3/min；当 Q 取地面总排量时，$\alpha=1.26$；当 Q 取地面排量的一半时，$\alpha=1.5$；

L——裂缝半长，m。

② 非牛顿型压裂液。

垂直裂缝最大缝宽为：

$$w_{max}(x)=\left[\left(\frac{128}{3\pi}\right)(n+1)\left(\frac{2n+1}{n}\right)^n(1-\upsilon^2)\left(\frac{1}{60}\right)^n\left(\frac{Q^nK_fLh_f^{1-n}}{E'}\right)\right]^{\frac{1}{2n+2}} \tag{3-81}$$

$$E'=\frac{E}{1-\upsilon^2}$$

式中　K_f——压裂液稠度系数，Pa·s；

E'——平面应变弹性模量，Pa。

裂缝的平均宽度：

$$\bar{w}=\frac{\pi}{4}w_{max}(x) \tag{3-82}$$

在用解析方法求解裂缝几何参数时，常把 PKN 缝宽公式与卡特面积公式联立，给定一个缝宽，通过迭代求解 w 和 L。以上导出的缝宽公式，是在没有考虑滤失条件下得出的。

(3) KGD 模型。

KGD 模型是常用的二维压裂设计模型之一，它是由 Khristionovch，Geertsma，Daneshy 提出的，假设条件为：

① 地层均质，各向同性；

② 线弹性应力—应变；

③ 裂缝内为层流，考虑滤失；

④ 缝宽截面为矩形，侧向为椭圆形(图 3-32)。

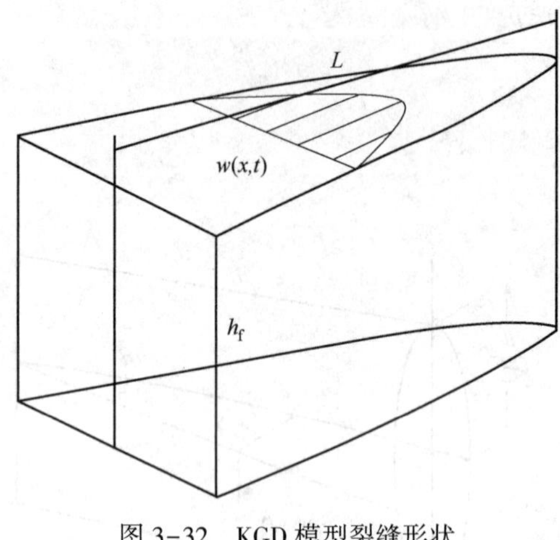

图 3-32　KGD 模型裂缝形状

根据泊稷叶理论，牛顿液体在裂缝中流动时的压降方程为：

$$\frac{\partial P}{\partial x}=-\frac{12\mu Q}{h_f w^3} \tag{3-83}$$

根据英格兰与格林计算裂缝宽度延伸的积分公式得到：

$$w_{max}=\left[\frac{84(1-\upsilon)}{\pi}\cdot\frac{1}{60}\cdot\frac{\mu_f QL^2\bar{p}}{Gh_f p_w}\right]^{\frac{1}{4}} \tag{3-84}$$

$$L=\frac{Q}{32\pi h_f c^2}(\pi w_{max}+8S_p)\left[\frac{2\alpha_L}{\sqrt{\pi}}-1+e^{\alpha_L}erfc(\alpha_L)\right] \tag{3-85}$$

$$\alpha_L=\frac{8c\sqrt{\pi t}}{\pi w_{max}+8S_p}$$

式中　w_{max}——井底最大缝宽，m；

Q——排量，m^3/min；

L——单翼缝长，m；

$\bar{p}$——裂缝内平均压力，Pa；

p_w——井底压力，Pa；

μ_f——裂缝内压裂液黏度，Pa · s；

S_p——初滤失系数，$m/\sqrt{min}$。

吉尔兹玛等基于牛顿液体推导了缝长和缝宽的计算式，流动方程采用合理的边界条件，缝端部的闭合圆滑，并考虑了液体滤失。在岩石泊松比 υ=0.25 时，吉尔兹玛方程为：

$$L=\frac{1}{2\pi}\frac{Q\sqrt{t}}{h_f c} \tag{3-86}$$

$$w=0.135\left(\frac{\mu_f QL^2}{Gh_f}\right)^{\frac{1}{4}} \tag{3-87}$$

$$G=\frac{E}{2(1+\upsilon)} \tag{3-88}$$

式中　L——缝的长度，m；

w——裂缝的缝口宽度，m；

Q——压裂液排量，m^3/min；

μ_f——压裂液黏度，Pa·s；

G——岩石的剪切模量，kPa；

E——岩石的弹性模量，Pa。

3）压裂后油气井产能预测

压裂后油气井产能预测是进行压裂优化设计的基础。效果预测有增产倍数和产量预测两种，垂直缝的增产倍数一般可用麦克奎尔—西克拉增产倍数曲线确定，水平缝可用解析公式计算。对产量、压裂的有效期和累计增产量等的预测可用典型曲线拟合和数值模拟方法。

（1）增产倍数计算。

增产倍数可以认为是压裂前、后油气井采油指数的比值，它与油层和裂缝参数有关。

对垂直缝压裂井，压裂后的增产倍数可用麦克奎尔—西克拉增产倍数曲线确定，其中裂缝参数(L_f，k_f，w_f)可由压裂设计和支撑剂导流能力实验确定，地层参数(R_e，r_w，A)可由试井和开发数据确定。在这些参数一定后，可查图求出增产倍数(J_f/J_0)。

如图3-30所示横坐标为相对导流能力：

$$x=\frac{K_f w_f}{K}\sqrt{\frac{40}{2.471\times10^{-4}A}} \tag{3-89}$$

纵坐标为增产倍数：

$$y=\frac{J_f}{J_0}\left[\frac{7.13}{\ln\dfrac{0.472r_e}{r_w}}\right] \tag{3-90}$$

式中　A——井控面积，m^2；

K_f，K——分别为裂缝渗透率和地层渗透率，$10^{-3}\mu m^2$；

J_f，J_0——分别为压后与压前的油井采油指数；

r_e，r_w——分别为泄油半径和井半径，m。

对水平缝压裂井，压裂前后的增产倍数：

$$PR=\left(\frac{K_f w_f}{Kh}\right)\left[\frac{\left(1+\dfrac{Kh}{K_f w_f}\right)\ln(r_e/r_w)}{\left(1+\dfrac{K_f w_f}{Kh}\right)\ln(r_e/r_w)+\ln(r_f/r_w)}\right] \tag{3-91}$$

式中　K_f——裂缝区内的平均渗透率，μm^2；

K——油层渗透率，μm^2；

h——油层厚度，m。

（2）Agarwal典型曲线预测压裂井产量。

用增产倍数法预测压裂井产量虽然简单，但它仅适用于稳定阶段；对低渗透地层而言，压裂后很长时间内油层都是不稳定流，用增产倍数法预测的结果将会有很大的误差。1979

年，Agarwal 用数值模拟方法预测了油井压裂后产量随时间变化的情况，并绘制了计算图版(图 3-33)。由此曲线可以预测压裂井的产量。

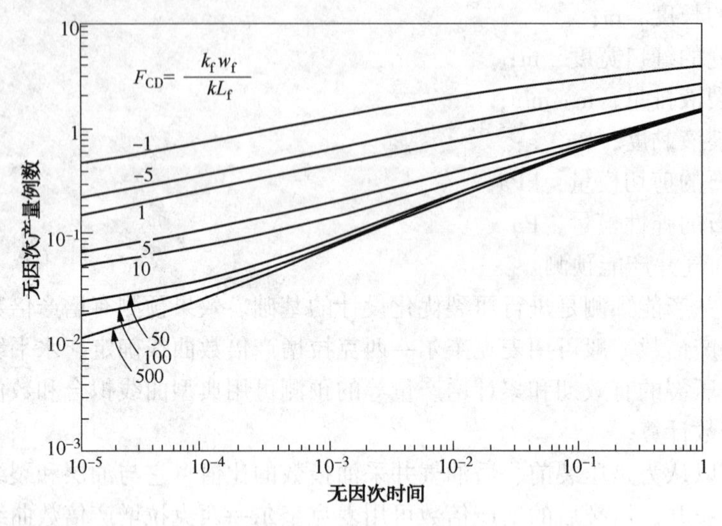

图 3-33　Agarwal 曲线

① 基本假设：油层流体微可压缩，且黏度为常数；导流能力为常数；不存在井筒存储和井筒附近的油层损害；边界影响可忽略；忽略气体紊流影响。

② 基本关系式。

无因次时间：

$$t_D=\frac{0.03561Kt}{\varphi\mu c_t L_f} \tag{3-92}$$

无因次产量倒数：

$$\frac{1}{q_D}=\frac{535.68Kh\Delta p}{q\mu B}\quad（油） \tag{3-93}$$

$$\frac{1}{q_D}=\frac{1371.76Kh\Delta p^2}{q\mu ZT}\quad（气） \tag{3-94}$$

无因次导流能力：

$$F_{CD}=\frac{K_f w_f}{KL_f} \tag{3-95}$$

式中　F_{CD}——无因次导流能力；

$K_f w_f$——裂缝导流能力，$\mu m^2\cdot m$；

φ——储层孔隙度；

c_t——综合压缩系数，MPa^{-1}；

h——由层厚度，m；

Δp——生产压差，MPa；

Z——天然气压缩因子；

q——油气井日产量，m^3/d；

T——油层温度，K；

B——原油体积系数。

③ 预测方法。

由地层参数和裂缝参数计算给定生产时间的无因次时间，由 F_{CD} 和 t_D 查曲线确定 $1/q_D$，再由式(3-93)计算油气井产量。

5. 压裂设备及施工工艺

压裂设备和工具是完成压裂施工的重要手段。随着压裂工艺的不断发展，对设备工具的要求也越来越高。为此，国内外制造了许多专门的水力压裂设备及工具。下面仅对其中主要部分作简要介绍。

1）地面动力机械设备

压裂用的动力机械设备很多，仅专用特殊施工车辆就达数十辆之多。这些设备能造成高压条件，泵送高压液体，快速均匀搅拌混砂液体。根据它们在压裂施工中的不同功能，分别称为压裂车、混砂车、平衡车、仪表车等。本节主要分析各种压裂设备的作用及要求。

（1）压裂车。

压裂车是压裂的主要设备，它的作用是向井内注入高压的压裂液，将地层压开，并把支撑剂挤入裂缝。压裂车主要由运载、动力、传动、泵体、操作面板等五大件组成。压裂泵是压裂车的工作主机。现场施工时对压裂泵的技术性能要求很高，必须具有压力高、功率大、耐腐蚀、抗磨等特点，并要求性能稳定、工作可靠。绝大多数压裂车装备的压裂泵为卧式三缸单作用柱塞泵。

目前，我国从美国 SS、BJ、DAWELL、DAGA 等公司引进了压裂车，如四川的 SS-1000 型、SS-1200 型，中原的 FT-1800X-CH 型、BL-1600 型，华北的道威尔 B516 等，均具有质量轻、压力高、功率大的特点。

（2）其他压裂车辆。

① 混砂车。

混砂车的作用是根据施工设计要求，将压裂液和支撑剂按一定比例混合后供给压裂车泵入井。所有压裂车均由混砂车供给压裂液，所以要求混砂车性能好、工作可靠、机械化程度高。有的混砂车带贮砂槽，有的装有按比例、按顺序混合各种添加剂的装置，并配有自动记录和测量流量、累计流量、混砂比等的装置。大部分装有螺旋输砂器或真空吸砂泵等装置。输砂量一般在 30~50t/h，排量达 $3m^3/min$ 左右。

混砂车主要由供液系统、输砂系统及传动系统 3 部分组成，一般用运载汽车的发动机做动力。供液系统包括供液泵、混砂装置、砂泵等，供液泵将贮液罐的压裂液泵送到混砂罐内，支撑剂和压裂液在混砂罐内进行混合，砂泵再把混合液泵送到压裂车的上水管线。供液泵和砂泵出口管线上装有流量计和自动控制阀，以便测流量和控制排量。输砂系统装有螺旋输砂器或风动输砂器，将砂子从地面或某一高度，输送到混砂罐内。输砂时要求满足砂量、上砂均匀、砂量可调。传动系统有机械传动和液压传动两种。

② 平衡车。

分层压裂施工中，压裂管柱最上部封隔器的上、下压力不一样，且相差很大。在这样的工作条件下，封隔器强度会受到影响。如果封隔器受到破坏，压裂管柱中的高压液体就会通过套管环形空间向上窜。封隔器上部的套管压力突增，可能导致套管断裂或其他恶性事故。另一方面，当封隔器上、下压差过大时，可能使压裂层段的高压液体通过夹层上窜，破坏夹层。

为了保护封隔器，平衡车从油套管环形空间注入一定压力的液体，平衡封隔器的部分压差，改善封隔器的工作条件。另外，当施工中出现砂堵、砂卡等事故时，平衡车可立即进行反洗或反压井，排除故障。

③ 仪表车。

仪表车是在压裂施工时供现场工程技术人员准确、及时地掌握各种施工参数，帮助了解和判断井下施工情况，正确指导施工的特种车辆。仪表车上装有计量压裂参数的各种仪表，如计量压力、液量、排量、砂量、混砂比等。此外还装有扩大器、送活器等通讯联络装置。

④ 管汇车。

管汇是压裂时高压液流汇集通过的总机关，由高压三通、四通、单流阀、控制阀等部件组成。因为是组装在汽车上的，所以称管汇车。要求管汇耐高压、机械强度高、适应性好。

2）井下工具

为实现压裂工艺要求，除了地面设备外，还必须有一套适应压裂的井下工具，这就是以井下压裂封隔器为主体的井下压裂管柱。其中包括压裂封隔器、喷砂器、水力锚等（图 3-34）。压裂时，液体的传压作用，使封隔器胶筒张开分隔层段，水力锚的锚体伸出紧贴套管壁，起固定管柱的作用。油管内的压力增加到一定值时，喷砂器开启，压裂液流向目的层。

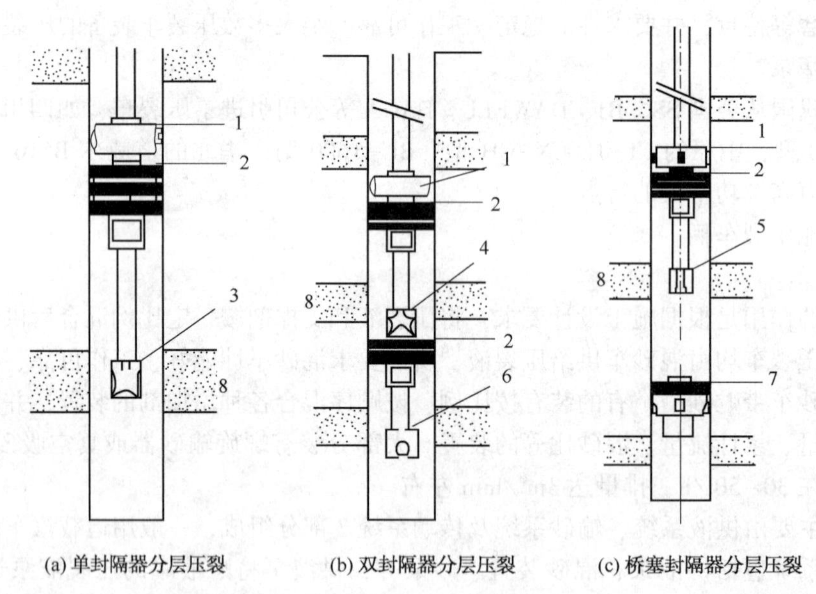

图 3-34　封隔器分层压裂管柱结构示意图

1—水力锚；2—封隔器；3—喷砂器；4—导压喷砂器；5—节流喷砂器；6—球座；7—桥塞封隔器；8—压裂层

（1）压裂封隔器。

压裂封隔器是分隔井的压裂层段的主要井下工具。各油田根据井的特点使用的压裂封隔器各有不同，主要有水力压差式、水力机械式和水力压缩式等，现以 K344-114 水力压差式封隔器为例(表 3-14，图 3-35)，其结构是由上接头、下接头、盘根、钢碗、中心管、胶筒、滤网等几部分组成，其工作原理是当封隔器下入井内预定位置以后，地面泵开始向井内注入液体，使压力增高。当液体通过封隔器的滤网而进入胶筒与中心管的环形空间时，由于液体的压力作用，促使胶筒向外扩张，直到与套管内壁接触，使油套管环形空间上下隔绝。随着压力的增高，胶筒的密封性也越来越可靠。

当油管内卸压以后，胶筒又依靠自己的弹性收缩力，将胶筒与中心管之间的液体排至油管中，重新恢复到原来的状态。

表 3-14 K344-114 封隔器技术规范

项目名称	技术规范	项目名称	技术规范
最大外经	114mm	胶筒外经	112mm
最小内径	58mm	两端丝扣类型	2½平式油管扣
最大长度	905mm		

（2）喷砂器。

喷砂器的作用如图 3-36 所示，一是向地层喷砂液；二是造成节流压差，保证封隔器所需的座封压力。目前喷砂器有弹簧式和喷嘴式两种。

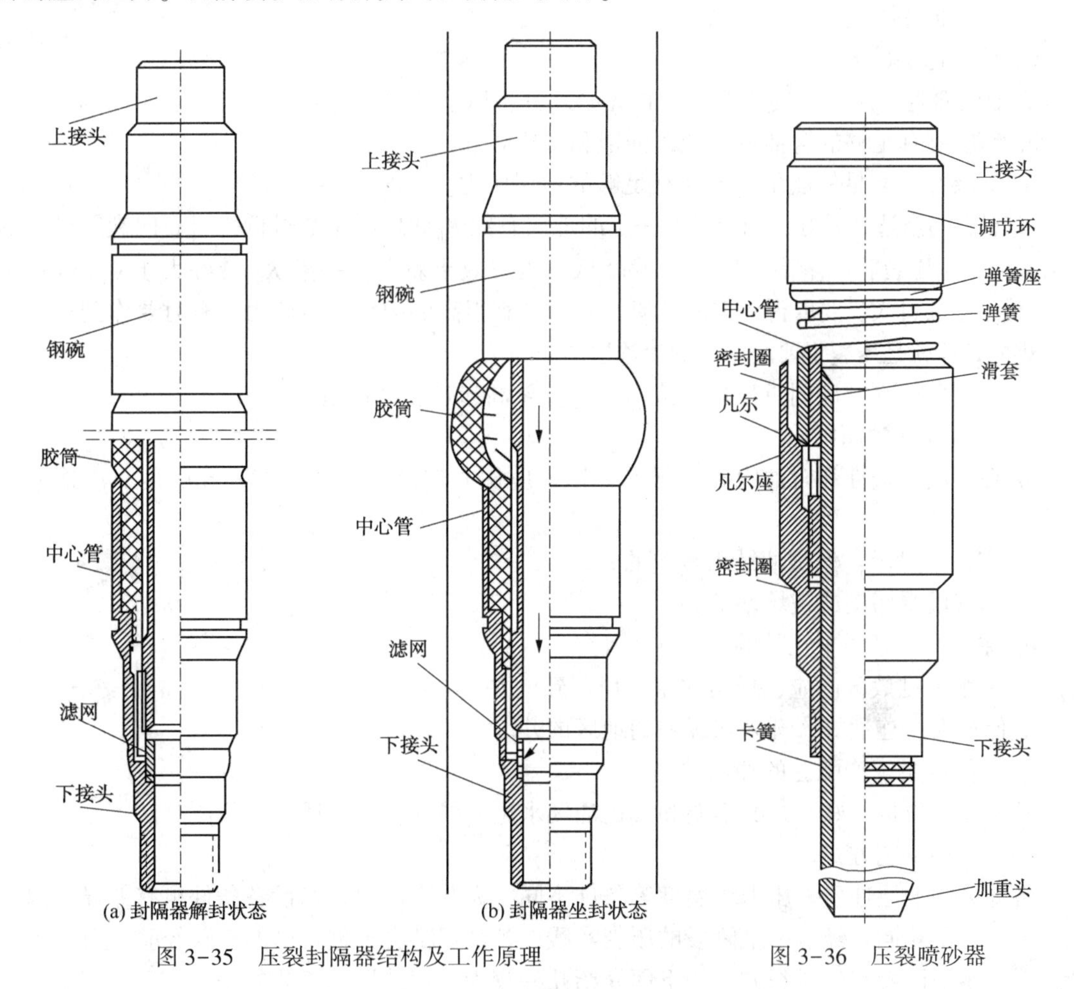

图 3-35 压裂封隔器结构及工作原理

图 3-36 压裂喷砂器

喷砂器单级使用时，不装滑套芯子。多级使用时，最下面一级也可不装滑套，其余各级均应装入相应的滑套。连接管柱时，按照从上到下滑套通径由大变小的原则，不得接错。

(3) 水力锚压裂时，为了防止因压力波动而引起的封隔器上下蠕动，避免因上、下封隔器不协调或下部封隔器损坏而引起的油管上顶，可下入水力锚来固定井下管柱，以保证施工正常进行。

水力锚的主要结构是由主体、扶正器、密封圈、外弹簧、内弹簧、锚体、扶正器套组成的，当油管内加压后，随着压力上升，水力锚体开始压缩弹簧向外推移，直到水力锚体外牙与套管壁接触为止，压力越高嵌得越紧，管柱不致上下移动。卸压后，弹簧推动水力锚体，使外牙离开套管内壁，恢复到原来位置。

使用水力锚时，应注意下入位置要在水泥返高范围之内，防止由于压力过高而造成套管变形。如果水力锚有防砂装置，可下在管柱底部。若没有防砂装置，水力锚应在最上一级封隔器上部，以免被砂卡。

3) 压裂工艺方法

压裂的成功率一般都很高，但偶而也会效果不明显，甚至失败。这主要与压裂井(层)的选择、压裂方式、施工参数等许多因素有关。

(1) 选压裂井(层)的一般原则。

① 压裂选层的原则。

就油层而言，压裂后要能增产，首先必须具备以下几个条件：

a. 油层要有足够的含油量，即含油饱和度要高。

b. 油层要有充足的能量，即要有足够的地层压力。

c. 岩石的渗透性要好，油层具有一定的地层系数 K_h。地层系数过低，岩石向裂缝供油的能力太弱，刚压裂后产量高，但很快就降低，压裂效果就差。一般 K_h 最好大于 $0.15\mu m^2 \cdot mm$，地层系数过大，要取得一定的效果，必须具有很高的裂缝导流能力，有时要作到这一点是困难的。这就是压裂主要应用于低渗透层的原因。

d. 压裂后能在井底附近地层形成一条或数条高渗透裂缝通道。

② 压裂选井的原则。

a. 在油层渗透性和含油饱和度低的地区，应优先选择油气显示好，孔隙度、渗透率较高的井。

b. 有油气显示，但试油结果较差的井。

c. 油气层受污染或被堵塞的井。

d. 注水见效区内未见效的井。

e. 注水未见效区内应选择与注水层位一致的井。

f. 储量大、连通好、开采状况差的地区的井。

g. 不能满足配产配注的油水井。

凡属固井质量不好，井况不明和靠近油气水边界的井，均不适宜进行压裂。

(2) 压裂工艺方式。

各地区的油层性质、压力、温度等条件不同，完井方法、技术设备条件也有差异，因此压裂方法也不相同。经过一个阶段的压裂实践，各油田都会根据自己的实践经验，总结出一套适合于本地区特点的压裂方式。下面介绍几种较为常用的压裂工艺方法。

① 合层压裂。

油气井的生产层往往是一个层组，压裂时对这个层组的各个小层同时进行施工，就叫合层压裂。对于裸眼完成的井，其裸眼段由于难以分小层，常用此方法压裂。具体施工时，又分下列 3 种情况：

a. 油管压裂。油管压裂是将高压液体由油管挤入井底，适合于对自喷井压裂。较深的井，应在油层上部座封隔器，并采取带水力锚和套管加平衡压力等保护措施。

b. 套管压裂。套管压裂是井内不下油管，装好井口直接进行压裂。其优点是施工简单，可以大大降低管路摩阻。但是这种方法携砂能力低，一但造成砂堵，则无法进行循环。

c. 油、套管同时压裂。施工时，油管和套管出口各接一部分压裂车，同时向井内注入液体，从套管加砂。这种压裂方式的优点是利用油管泵入的液体流向改变，可以防止压裂砂下沉，一旦发生砂堵须进行反循环冲洗。因此，油、套管同时压裂适合于深井。该方法的缺点是施工压力受到套管强度的限制。

因为油管压裂能分层，套管压裂不能分层，故现场主要使用油管压裂。

② 分层压裂。

分层压裂就是多层分压或单独压开预定的层位，也叫选择性压裂。多用于射孔完成的井。这种方法由于处理井段小，压裂强度及处理半径相对增高，能够充分发挥各产层的潜力，因而增产效果比较好。我国有的油田已能分压 20 层以上。

a. 上提封隔器法。上提封隔器法是用两级封隔器卡住压裂层段。施工时先压下层，压完后上提至第二层，这样依次将各层压开。应用上提法压裂，主要应防止上提封隔器时发生井喷。为此，在最上部几根油管各装上旋塞阀。起油管时关一个阀，卸去一根油管，并在井口装有封井器，可以保证上提封隔器时，不会发生井喷。上提法压裂的缺点是当选压层段距离差别较大时，配封隔器比较困难且施工速度慢。这种方法多用于选压层段间距均匀，选压层位较少的井。

b. 滑套喷砂器分层压裂。滑套喷砂器分层压裂是采用自下而上直径增大的滑套，用销钉将其固定在喷砂器上堵死喷砂器孔眼。只有最下一级喷砂器不堵，压开最下层后，投球封上面一级滑套，并憋压剪断销钉，使滑套下移，露出上面一级喷砂器孔，使下面一级堵死。压开上面一层后，依次自下而上投球逐层压开。自下而上一次可分压 4 层。

③ 一次压裂多条裂缝。

对于厚油层，常希望多压开几条裂缝，以获得较大的增产效果，通常采用的方法有下述几种。

a. 塑料球封堵法。对于射孔完成的井，可以采用塑料球、尼龙核心橡胶球、铝合金球、橡胶包铅球等将已压开裂缝处的射孔孔眼暂时封堵起来，继续憋开新的裂缝。施工时，压开裂缝充填支撑砂后，由井口专门的投球器，不停泵投入比处理层段射孔数多 10%～20%的封堵球，堵着已压开裂缝段的射孔孔眼，继续压开新裂缝。依此可连续压开几条裂缝。

要求堵塞球有一定强度，能变形，密度适当，直径大于射孔孔眼，以便在压裂时球不被挤进孔眼；卸压后，在油气层流体冲力下又能退出孔眼。

b. 暂时堵塞剂法。对于裸眼完成井或射孔井段套管变形不宜用封隔器卡开，或油井套管虽然完好，但固井质量不好，容易窜槽的井，都可采用暂堵剂进行分层压裂。将颗粒状或纤维状堵塞剂，随同压裂液注入井中，较大的堵塞剂在缝口或缝内桥架起来，小颗粒充填于大颗粒之间，将已形成的裂缝堵住，致使地层吸水量下降，井底压力增加，而将其他部位再压开裂缝。几天后，暂堵剂自行溶解，地层恢复原来的吸水能力。油井中用的堵塞剂是油溶性萘粒或石蜡粒；水井用水溶性盐岩粒或聚乙烯醇以及美国引进的 J187、J145 等。此外，还有在油水中均可溶解的聚甲醛或苯甲酸。

近年来，制备了一种屈服应力很高的宾汉型液体，作为液体堵塞剂。把预定数量的这种液体注入裂缝后，停泵数分钟。再开泵时，由于这种液体具有很高的屈服应力，在流体尚未运动前，井底压力已升高到其他部位中产生裂缝的压力值，使其他部位形成裂缝。这种液体在地层温度下，可自动破胶。

④ 定向压裂。

沿着地层的某一预定方位压开裂缝，称为定向压裂。压裂前，首先利用水力喷砂器或机械切割工具在欲压层段的井壁上进行切割，形成沟槽，破坏岩层结构，造成压开薄弱点，控制裂缝的形成方位。例如，若要压开一条垂直裂缝，则预先切割一条垂直的沟槽；若要压开一条水平裂缝，则预先切割成一条水平沟槽。如果再配合使用炸药爆炸，定向压裂的效果会更加理想。实际上，这种方法只能起到定位的作用，定向控制一般难于实现。因为裂缝在地层中的形成及其延伸方向主要是受地层岩石应力的分布状况控制，即裂缝总是在最小应力轴的垂直方向形成和延伸。

在国内，由于定向装置尚未解决，因此定向压裂工艺尚未实现。

⑤ 深层压裂。

深层的特点是岩石致密坚硬，闭合压力大、地温高、摩阻大，因此，在压裂设备、压裂液、井下工具、支撑剂等方面遇到了新的需求，一般压裂工艺难以解决这些问题。

在闭合压力较高的致密岩层中，砂子很容易被压碎，可以采用高强度的陶粒代替砂子作支撑剂。地面压力因井深而提高，为此可进一步降低压裂液的摩阻，并在井下工具上装特殊开关，压裂地层前，由油管注入，破裂后，油、套管混压。压裂液在井底及裂缝中的携砂能力、滤失性都受温度及剪切的控制。因此，压裂液的热稳定性与抗剪切能力在深井中显得特别重要。除选择耐温的压裂液外，延迟交链也是解决热稳定性的方法之一。深层压裂多属于大型压裂，为便于连续配制压裂液，要采用速溶粉剂。

我国四川地区和大港油田深层压裂都取得了成功。

⑥ 限流压裂。

新完钻的加密调整井或旧井，如果油层多而薄，夹层薄，不适应常规压裂时，可采用射孔完井限流压裂，以动用这部分薄层的出油能力并提高油井的产量。

限流法完井压裂技术是通过严格控制油层的射孔密度，并尽可能提高注入排量，使最先被压开的层吸收大量压裂液而增大炮眼摩阻，造成井底压力大幅度上升，迫使注入的压裂液分流，相继压开破裂压力接近的邻近层，达到一次压裂几个层的目的。

4) 压裂施工程序及压裂后井的管理

压裂施工就是采用合理的工艺技术和设备、工具等手段，安全、快速、优质地实现施工设计的要求。

压裂是多工序连续作业，每项工序的施工质量对整个施工效果都有直接影响，决定着施工的成败。因此，必须保证各项工序质量全优；油层情况一般都较复杂，施工前必须设想几种可能出现的情况及相应措施，由于是多工种联合作业，必须有严密的组织，以便统一指挥；由于工作压力高，必须有相应的安全措施。

（1）施工准备。

施工准备主要包括：

① 井况调查如井场、道路、井架、采油树、不压井装置等地面设备及设施；井内落物、试井情况(包括分层产量、见水层位、含水量、静压、流压、微井径测井资料)、油层出砂情况、井底砂面高度、压井液、水质等井下情况。

② 器材与物质准备，压裂施工井所需要的器材与物质除去一般修井作业所需设备外，还应包括压裂液、支撑剂、大罐、井下工具等。

③ 清理井筒、下管柱、换装井口、连接管线、布置井场等。摆车时应做到以下几点：安排紧凑，便于操作和施工指挥；摆放整齐，车头向外；尽量缩短压裂车到高压管汇的距离，以减轻施工时管线跳动和减小流动摩阻。

井下工具入井顺序自下而上依次为：筛管、定压单流凡尔、封隔器、水力锚、上部油管。此顺序不能错动，否则封隔器不能正常工作。一般定压单流凡尔应对准处理层段中部，封隔器应避开套管接箍。

④ 安全设施。压裂施工是在高压状态下进行，必须采取有力的安全措施。全部管线和井口装置要进行耐压试验，高压管线区严禁非岗位人员接近，以免管线憋爆造成人身及设备事故。使用油类易燃品做压裂液时，现场严禁明火及吸烟，关闭一切火源，备好消防车、消防砂、灭火机等灭火器材。

（2）压裂施工程序。

除特殊情况外，压裂施工程序大都相同，一般分为以下 8 步：

① 循环。

地面循环：用混砂车将压裂液由大罐打到压裂车再返回大罐，逐车逐挡循环检查地面设备是否通畅，搅拌压裂液使其温、黏均匀。井下循环：用一台压裂车小排量循环井液，检查井口及井下管柱畅通情况。

② 试压。

将井口总闸关死，用一台车对地面高压管线、井口及连接丝扣、由壬等憋压直到破裂压力的 1.2~1.5 倍，保持 2~3min 不刺、不漏为合格。地面试压合格后，打开总闸门，先用 1~2台车将井内灌满压裂液。

③ 投球及胀封隔器。

打开投球器，投入凡尔球(如果无投球器则卸掉压力表接头投球)。待球落座后，憋压胀封隔器。当油压(泵压)升至 9.8~14.7MPa 时，套压(平衡压)仍为零，证明封隔器已膨胀，应开动平衡车向环形空间注清水平衡。保持油、套压差为 14.7~24.5MPa 情况下，油、套压同时升高。

④ 试挤。

挤至压力稳定为止，以检查井下工具是否正常，并掌握地层吸收指数。吸收指数代表地层形成裂缝前(或后)吸收液体的能力。它的含义是：油井在 1MPa 的压差下每天能吸收液体的数量。计算公式是：

$$K=q/(P_{\mathrm{f}}-P_{\mathrm{S}}) \tag{3-96}$$

式中 K——吸收指数，$m^3/(d \cdot MPa)$；

q——每天注入量，m^3/d；

P_f——压注液体时的井底压力，MPa；

P_S——油层静止压力，MPa。

为了施工时计算方便且及时，将上式改变：

$$K' = q/P_p \tag{3-97}$$

式中 P_p——泵压，MPa；

K'——视吸收指数，$m^3/(d \cdot MPa)$。

视吸收指数一样能够正确地表示出产层压裂前后吸收能力的变化。一般每隔 2~3min 记录一次压力和排量的数值，共 2~3 个点，以便求地层平均视吸收指数。

⑤ 压裂。

在试挤压力与排量稳定后，同时启动全部车辆向井内高速泵入压裂液，使地层形成裂缝。压裂过程中的关键环节是判断裂缝是否形成，其判断方法有以下 3 种：

a. 根据压力与排量的变化判断。压裂施工过程中，压力上升排量随之变化呈一定比例关系。但地层压开裂缝时，出现两种情况：一是泵压迅速下降，排量上升；二是压力不变而排量上升。第一种情况比较好掌握，第二种情况由于压力变化不大，地层开始形成裂缝的突变过程不大，所以较难掌握。对于这种情况，必须待排量增加幅度较大时才能认为裂缝已形成。

b. 根据机械设备的变化判断。裂缝形成之前，由于压力高，压裂车上柴油机负荷大，发出的声音沉重，排气管发出火焰或浓烟。混砂罐里液体排量不大，翻腾较小。一旦地层被压开，开始形成裂缝时，柴油机立即改变声音，混砂罐内液体排量突然增加，形成翻腾浪花，尤其是控制供油泵出口的闸门必须马上开大，才能使液体供应得上。

c. 利用地层吸收指数的变化判断。比较施工时和试挤时的吸收指数，若发现吸收指数较快地增大，说明地层已形成裂缝。因为随裂缝面增加，地层吸收面积增大，打破了原来的排量压力比例关系。

⑥ 加支撑剂。

当地层已被压开，待压力、排量稳定以后即可加支撑剂。开始含砂比要小，控制在 5%~7%左右，当判断砂子已进入裂缝，再相应提高含砂比，有时先加入 70~100 目的细砂，可有效地降滤失并集中压开大缝。一般含砂比可以在 15%~30%左右，用高黏度压裂液，含砂比可提高到 40%~50%。如果采用砂柱式加砂方式，高黏携砂液与中间顶替液交替注入。

⑦ 替挤。

预计加砂量全部加完后，就立即泵入顶替液，以便把井筒中的携砂液全部顶替到裂缝中去，防止余砂沉积井底形成砂卡，但如果顶替液过量，井筒附近裂缝会闭合。

替挤过程中，随携砂液进入地层，井筒液体相对密度下降，泵压会上升。为使裂缝不闭合，应适当增加排量，补充因泵压上升而使排量下降的影响。

⑧ 反洗或活动管柱。

反洗是为了防止余砂残存在井筒与封隔器卡距之内，造成砂卡。活动管柱可加速封隔器的回收。

压裂施工程序应根据油层具体情况加以调整。例如对破裂压力较高的油层，先注入少量酸液可降低施工压力，对于高温地层，注压裂液前可注入一定量冷却液。

各工序结束后，关井 8~24h 等待压力扩散。

(3) 压裂井的管理。

油井经过压裂，油层的出油状况有了重大变化。在生产管理中应注意适应这一新的情况，使井的工作制度及其他工艺措施与压裂后的地下状况相适应。否则，将会直接影响井的生产，降低压裂效果。

① 压裂后及时开井排出压裂液。压裂施工结束后，经过一段时间的压力扩散、压裂液水化，应及时开井排出进入油层的压裂液，使油井正常生产。

② 选择合理的工作制度。经压裂后，油井的生产状况发生了变化，和压裂前相同的油嘴对比，压裂后一般规律是采油指数增加，见水井含水量下降。油管压力、流动压力上升，生产压差变小。因此，压裂后初开井生产时，生产压差不能过大，防止砂子倒流回井筒，掩埋油层或使井壁缝口闭合，影响出油。

③ 取全取准各项生产资料加强井的观察分析。生产中的各项数据，是油井综合分析的依据，必须定期取全取准，不放过任何一个新的变化，定期综合分析，及时采取合理管理措施。

④ 压裂井不得轻易采用压井措施，如果进行其他工艺作业不得不采用压井时，对压井液的性能要严格选择，压井后要酸处理以消除压井液对油层的损害。

(4)压裂效果评价。

油井压裂后的生产动态有 4 种情况：①压裂后油井持续增产，递减曲线平缓；②压裂后油井持续高产，递减速度与压裂前大致相同；③产量暂时上升，时间从 1~2 个月至几个月不等，然后按处理前的递减趋势下降；④压裂后不增产，仍以原来的一般生产状况生产。压裂油井的生产动态表明，无论属于哪种，压裂对油井都是无害的，多数可达到油井增产的目的。

为了对压裂的技术经济效果作出全面分析，可从下面 3 个方面进行评价：

① 增产倍数。根据压裂前后的实际产量，计算采油指数比 J/J_0。

② 增产原油量。根据压裂前后的产量递减曲线分析，算出压裂增产的原油量。先按压裂前井的产量递减曲线外推，得到在某个时间内不进行压裂油井能生产的产量，然后，统计出在此阶段压裂后的产油量，就得到压裂后多采出的原油数量，扣除压裂注入的液体量，剩下的原油量就是此阶段内该井压裂增产的原油。

③ 增产有效期。根据压裂后油井产量的情况，绘出产量递减曲线(双曲线型的递减曲线与生产数据吻合较好)与压裂前产量递减曲线的对比，就可估算出压裂增产的有效期。

压裂效果还可以从整个油田的开发来分析，它可提高最终采收率和缩短油田开发期限，并使过去认为无开采价值的地区获得工业油气流，或使一些因已经采出全部可采原油而认为报废的地区又重新获得新生。所以从整个油田效益来分析，不仅要考虑单井的增产效益，还要考虑提高最终采收率及缩短开发期限的影响。

第四章　油田注水基础知识

通过注水井向油层注水补充能量，保持油层压力，是在依靠天然能量进行采油之后，或在油田开发早期为提高采收率和采油速度而被广泛采用的一项重要的开发措施。

我国大部分油田采用早期注水开发。经过多年的实践，在多油层、小断块、低渗透和稠油油藏进行注水开发方面逐步形成了适合油藏特点的配套技术。特别是近些年来，在注水油田高含水期为实现“控水稳油”发展了以注水井调剖为核心的注水配套新工艺。

注水过程中确保注水水质合格、减少注水过程中的油层损害及降低注水的能耗等是实现有效注水的重要工作。

第一节　水源、水质及注水系统

1. 水源及水质要求

油田注水要求水源的水量充足、水质稳定。水源的选择既要考虑到水质处理工艺简便，又要满足油田日注水量的要求及设计年限内所需要的总注水量。

1）水源类型

目前作为注水用的水源主要有下述几种类型。

（1）地面水源。

江、河、湖、泉的地面淡水已广泛应用于注水。地面水源的特点是：水质随着季节变化很大，含氧量高，携带大量悬浮物和各种微生物。海水资源丰富，但是含氧量和含盐量高，腐蚀性强，悬浮的固体颗粒随季节变化大。通常是先钻一些浅井到海底，使其过滤从而减少水的机械杂质。

（2）地下水源。

地下水源包括浅层地下水和深层地下水。浅层地下水一般产于河流冲积和沉积层中，水量丰富，水质较好。深层地下水的矿化度比地面水的高，水中含有铁、锰等离子。对于含铁较高的水应进行除铁。

这种水源的特点是：水量稳定，水质变化不大，通常无腐蚀性；由于自然过滤，混浊度不受季节影响；水中含氧稳定，便于处理。

需要注意的是，不同水层的水作注入水时彼此不能产生化学反应而结垢。

（3）油层采出水。

油层采出水指含油污水，一般偏碱性，硬度较低，含铁少，矿化度高。含油污水必须经过水质处理后才能回注到地下油层或外排。由于这部分水随着油田开发时间延长，采出水量不断增多，已成为油田注水的主要水源。油层采出水既能作为注水的水源，同时污水回注又是环境保护的重要措施。

除上述 3 种水源外，还有工业废水等可利用的水源。

好的水源是排量大而成本低的水源。因此，首先应按标准(SY/T5329—94)分析和评价水源，结合注入油层的水质标准，综合考虑水处理、防腐、施工成本及由此增加的开发成本等因素，进行全面的经济评价。选择水源应遵循以下基本原则：

① 水量充足，供水量稳定；

② 水质良好或相对良好，水处理工艺相对简单或水处理技术可行；

③ 优先考虑含油污水，以减少环境污染；

④ 应考虑水的二次或多次利用，减少资源浪费。

2）注入水的水质要求

水质是指对注入水所规定的质量指标，包括注入水中的矿物盐、有机质、气体以及悬浮物的组成及含量等。它是储层对外来注入水适应程度的内在要求。

在注水过程中，往往发现某些地层刚开始注水时吸水能力较好，但经过一段时间后便急剧下降。造成这种后果的原因之一是注入水的水质不合格。劣质注入水会严重损害油层特别是低渗透油层，造成的油层损害主要有堵塞、腐蚀和结垢 3 种类型。对注水水质的基本要求是：不堵塞孔隙，不产生沉淀，没有腐蚀性，具有良好的洗油能力。

因此，制定合理的水质标准是保证油田正常注水的前提。对水质的要求应根据油藏的孔隙结构与渗透性分级、流体的物理化学性质以及水源的水型并通过实验来确定。

SY/T 5329—94 对水质的推荐标准是：

① 悬浮物固体含量及颗粒直径、腐生菌(TGB)含量、硫酸盐还原菌(SRB)含量和滤膜系数(MF)如表 4-1 所示。

② 含油量指标：当地层渗透率 $K \leqslant 0.1 \mu m^2$ 时，含油量≤5.0mg/L；当地层渗透率 $K \geqslant 0.1 \mu m^2$ 时，含油量≤10.0mg/L。

③ 总含铁量应小于 0.5mg/L。因 Fe^{3+} 能与油层中的 OH^- 生成不溶于水的 $Fe(OH)_3$ 沉淀，而堵塞地层。

④ 溶解氧含量指标：地层水总矿化度大于 5000mg/L 时，溶解氧含量不大于 0.05mg/L；地层水总矿化度不大于 5000mg/L 时，溶解氧含量不大于 0.5mg/L。

⑤ 平均腐蚀率应小于或等于 0.076mm/a。

⑥ 游离二氧化碳浓度应小于或等于 1.0mg/L。

⑦ 硫化物(指二价硫)浓度应小于(或等于)10mg/L，pH 值为 7～8；在清水中不应含硫化物，回注污水中硫化物浓度应小于 2.0mg/L。

水质主要控制指标如表 4-1 所示。

2. 注入水处理工艺

不符合水质要求的水源水，在注入地层之前都需要根据实际情况进行处理。水源不同，水处理的工艺也不同。注入水处理的工艺流程是根据水源水的清洁程度和处理措施确定的。通常处理来自河床等冲积层的水源、海底的水源及有些地下水层的水源，流程较简单；处理地面水源(江、河、湖等)、海水及污水，流程较复杂。

表 4-1　水质的主要控制指标

注入层平均空气渗透率/$10^{-3}\mu m^2$		<100			100~600			>600		
标准分级		A1	A2	A3	B1	B2	B3	C1	C2	C3
控制指标	悬浮固体质量浓度/(mg/L)	<1.0	<2.0	<3.0	<3.0	<4.0	<5.0	<5.0	<7.0	<10.0
	悬浮物颗粒直径中值/μm	<1.0	<1.5	<2.0	<2.0	<2.5	<3.0	<3.0	<3.5	<4.0
	含油量/(mg/L)	<5.0	<6.0	<8.0	<8.0	<10.0	<15.0	<15.0	<20	<30
	平均腐蚀率/(mm/a)	<0.076								
	点蚀率	A1、B1、C1 级：试片各面都无点腐蚀								
		A2、B2、C2 级：试片有轻微点腐蚀								
		A3、B3、C3 级：试片有明显点腐蚀								
	SRB 菌含量/(个/mL)	0	<10	<25	0	<10	<25	0	<10	<25
	铁细菌含量/(个/mL)	$<10^3$			$<10^4$			$<10^5$		
	腐生菌含量/(个/mL)	$<10^3$			$<10^4$			$<10^5$		

注：清水水质指标中无含油量。

现场上常用的水处理技术有以下 6 种：

1）曝晒

作用是除掉水中含有的重碳酸盐类，当水源含有大量的过饱和碳酸盐(如重碳酸钙、重碳酸镁、重碳酸亚铁等)时，由于它们极不稳定，当注入地层后由于温度升高可能产生碳酸盐沉淀而堵塞地层。因此需要预先进行曝晒处理，将碳酸盐沉淀下来。

2）沉淀

作用是除掉水中悬浮的较大的固体颗粒杂质，地面水源的水总是含有一定数量的机械杂质。因此，水质处理首先是沉淀，以便除去这些杂质。沉淀是让水在沉淀池内有一定的停留时间，使其中所悬浮的大的固体颗粒在自身重力作用下沉淀下来。沉淀池结构如图 4-1 所示。

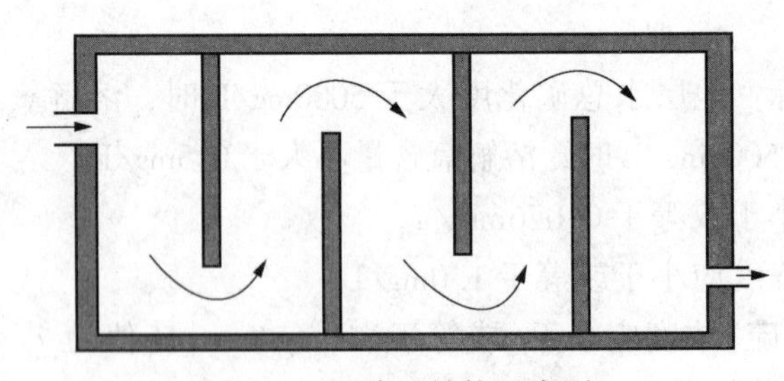

图 4-1　沉淀池结构示意图

通常对沉淀池的要求是：要有足够的沉降时间，以便使悬浮固体凝聚并沉淀下来。一般在池内装有迂回挡板，利于颗粒凝聚与沉淀。

为加速水中的悬浮物和非溶性化合物的沉淀，一般在沉淀过程中加入聚凝剂。常用的聚凝剂有硫酸铝、硫酸亚铁、三氯化铁和偏铝酸钠。

3）过滤

作用是除掉水中悬浮的细小固体颗粒杂质，过滤设备常用过滤池或过滤器，内装石英砂、大理石屑、无烟煤屑及硅藻土等。水从上向下经砂层、砾石支撑层，然后从池底出水管流入澄清池加以澄清。滤料颗粒的大小、形状、组成以及滤料层厚度，对于过滤池的过滤速度、滤污能力、工作周期等有着直接影响。使用的过滤材料必须具备足够的机械强度，以免冲洗时颗粒过度磨损和破碎而降低滤池的工作周期；过滤的水须有足够的化学稳定性，且价格低廉。

滤池的工作强度是用过滤速度来表示的。过滤速度是指在单位时间内，从单位面积滤池通过的水量，单位通常为$m^3/(m^2 \cdot h)$或m/h表示。滤池中的水面与大气接触，利用滤池与底部水管出口或与水管相连的清水池水位标高差进行过滤的，称为重力式滤池；滤池完全密封，水在一定压力下通过滤池的，称为压力式滤罐。油田常用的压力式滤罐如图4-2所示。压力式滤罐是一个立式或卧式的密闭金属容器，由滤料层、支撑介质和进水管、排水管、洗水管等组成。

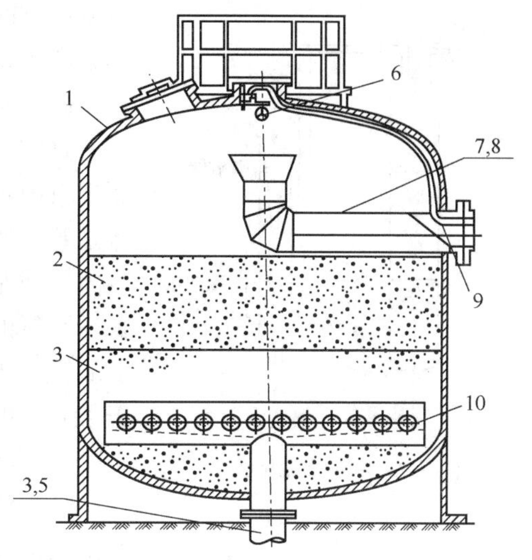

图4-2　压力式滤罐结构示意图

1—罐体；2—滤料层；3—垫料层；
4，5—出水管及反冲洗进水管；6—自动排气阀；
7，8—进水管及反冲洗排水管；9—排气管；
10—配集水管

不同的过滤器其过滤标准或过滤对象也不尽相同。压力滤罐能除去大部分25～30μm的颗粒，硅藻土过滤器能除去小于5μm的颗粒，高速深度过滤器在没有用絮凝剂时也能除去5～10μm的颗粒，若加0.5～2.0ppm（$1ppm=10^{-6}$）的絮凝剂，可清除1～2μm的颗粒。对于低渗透油田应考虑采用更精细的过滤技术。

4）杀菌

地面水中多数含有藻类、粪类、铁菌或硫酸还原菌，在注入水时必须将这些物质除掉以防止堵塞地层和腐蚀管柱，因此，要进行杀菌。考虑到细菌适应性强，一般使用两种以上的杀菌剂，以免细菌产生抗药性。

常用的杀菌剂有氯化物或其他化合物，如次氯酸、次氯酸盐及氟酸钙，甲醛既有杀菌又有防腐的作用。如用氯气杀菌时，氯气与水作用可产生次氯酸：

$$Cl_2+H_2O = HCl+HOCl$$

生成的次氯酸可作为强氧化剂起到杀菌作用。

5）脱氧

作用是除掉水中溶解的氧气及其他有害气体，脱氧方法主要有化学脱氧、气提脱氧和真空脱氧3种。氧是造成注水系统腐蚀最主要、最直接的因素，也是决定其他水质指标能否达到标准的关键。

（1）化学脱氧。

利用脱氧剂与水中的溶解氧反应除去氧，常用的化学除氧剂有亚硫酸钠、二氧化硫和联氨等。例如溶解氧与亚硫酸钠反应：

$$Na_2SO_3+O_2 = Na_2SO_4$$

（2）气提脱氧。

利用天然气对水表面进行逆流冲刷除去水中的氧是一项有效措施。其原理是：当天然气

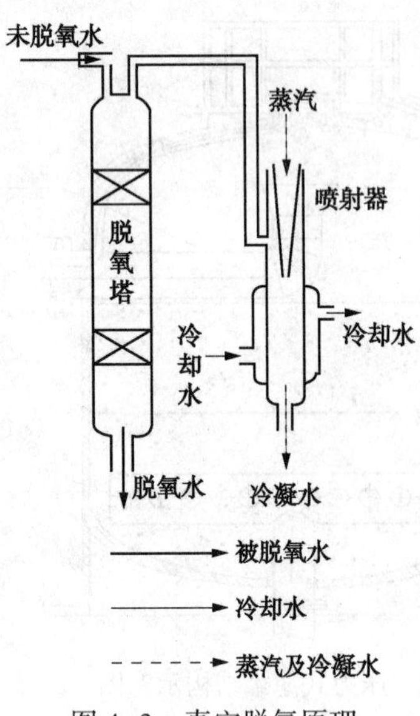

图 4-3　真空脱氧原理

逆流冲刷时，使得水表面氧的分压降低，水中的氧便从水中分离出来，被天然气带走。

(3) 真空脱氧。

真空脱氧的原理是用抽空设备将脱氧塔抽成真空，从而把塔内水中的氧气分离出来并被抽掉。常用的抽真空设备是蒸气喷射器(图 4-3)。通过喷嘴的高速水蒸气在喷射器内造成低压，使塔内水中的氧分离出来被水蒸气带走。真空脱氧的流程如图 4-4 所示。为防止脱氧后的水二次溶解氧，要求脱氧塔的下出口与外输泵的入口的高差要不小于 11m，即外输泵入口管线内的压力要大于 1 个大气压。

6) 含油污水处理

随着油田开发到了中后期，产出水越来越多。通过将产出水回注地层可以达到如下目的：

① 产出水中含表面活性物质，能提高洗油能力，提高最终采收率；

② 高矿化度产出水回注后，防止黏土膨胀；

③ 产出水回注保护了环境，提高了水的利用率。

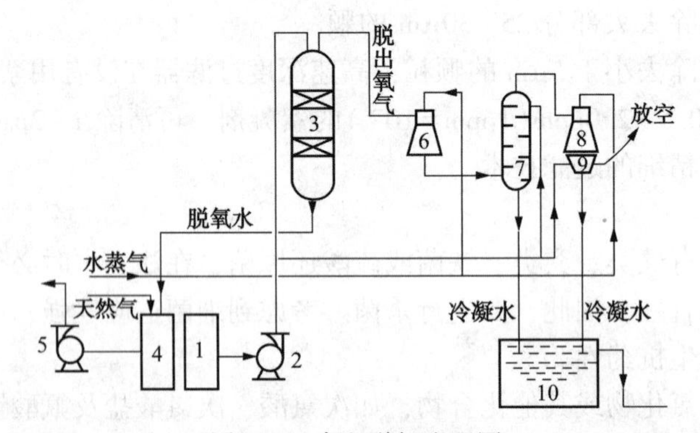

图 4-4　真空脱氧流程图

1—脱氧前储水池；2—脱氧泵；3—脱氧塔；4—脱氧后储水池；5—外输泵；
6 一级喷射器；7—中间冷却；8—二级喷射泵；9—消音器；10—水封槽

产出水又称污水，含有少量油滴状的悬浮烃类，而且这些油滴的直径很小。在管流中油滴处于分散状态，但在大罐中油滴处于聚合状态。

污水回注应解决下列问题：处理后的污水应达到注水水质标准；水在设备和管线中既不产生堵塞性结垢，又不产生严重腐蚀；和地层水不起化学反应生成沉淀，以免堵塞地层。

含油污水处理的目的主要是除去油及悬浮物，除油的基本方法为重力分离法和气体浮选法。气体浮选是通过大量的小直径气泡注入水中，气泡与悬浮在水流中的油滴接触，使它们像泡沫一样上升到水面。一般含油污水处理的过程包括沉降、撇油、凝絮、浮选、过滤、加抑垢剂、防腐、杀菌及其他化学药剂等，具体工艺和流程应依据具体情况设计。图 4-5 所示是目前油田常用的混凝除油、重力式石英砂过滤处理含油污水工艺流程图。

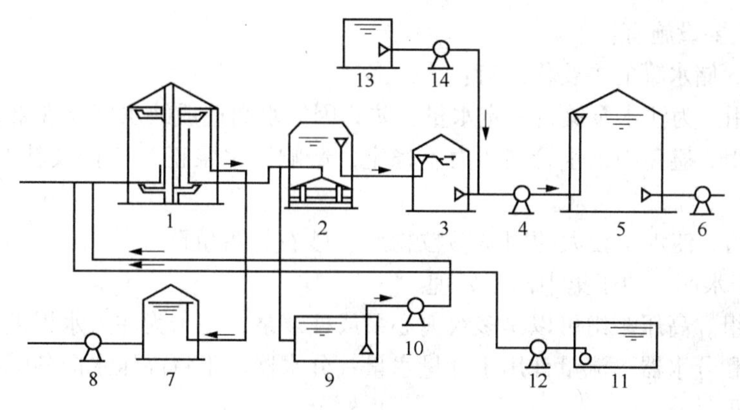

图 4-5　含油污水处理流程图

1—除油罐；2—单阀过滤罐；3—缓冲水罐；4—输水泵；5—储水罐；6—高压注水泵；7—污油罐；8—输油泵；9—污水回收池；10—回收水泵；11—混凝剂溶药罐；12—加药泵；13—杀菌剂溶药罐；14—加杀菌剂泵

3. 注水地面系统

从水源到注水井的注水地面系统通常包括水源泵站、水处理站、注水站、配水间和注水井。水源水经过处理达到油田注水水质标准后，被送到注水站。

1）注水系统主要设备

（1）注水站。

注水站是注水系统的核心，主要作用是将来水升压，以满足注水井对注入压力的要求。站内注水工艺流程主要考虑满足注水水质、计量、操作管理及分层注水等方面的要求。图 4-6所示为注水站的流程示意图，其工艺流程为：水源进站→计量→水质处理→储水罐→泵出。

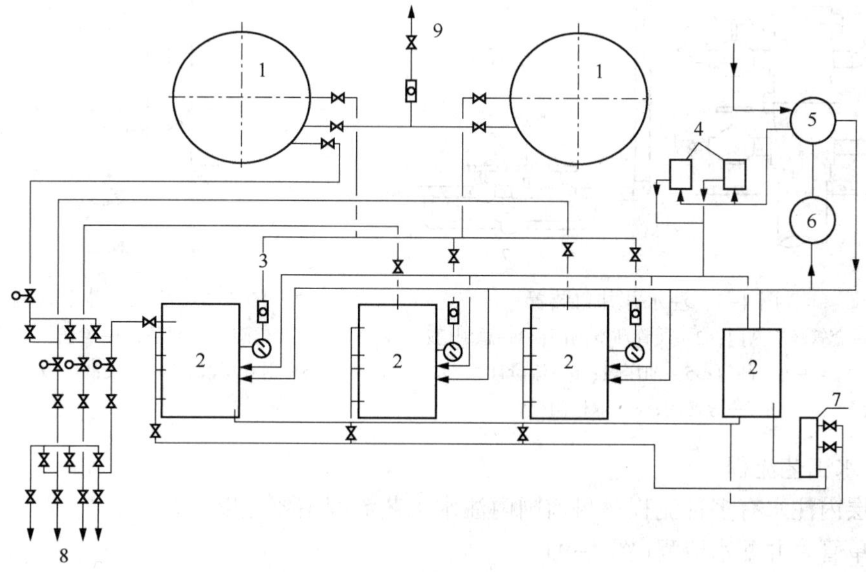

图 4-6　注水站流程示意图

1—储水罐；2—高压注水泵；3—润滑油供应系统；4—冷却水泵；5—冷却水罐；6—冷却塔；7—缓冲器；8—去配水间；9—净化站来水

注水站的主要设施有：

① 储水罐。储水罐的主要作用有：

a. 储备作用。为注水泵储备一定水量，防止因停水而造成缺水停泵现象。

b. 缓冲作用。避免因供水管网压力不稳定，影响注水泵正常工作及其他系统的供水量及水质。

c. 分离作用。使水中较大的固体颗粒物质、砂石等可沉降于罐底，含油污水中较大颗粒的油滴可浮于水面，便于集中回收处理。

② 高压泵组。高压泵组可以是多级离心泵或柱塞泵，用于为注入水提供高压。

③ 流量计和分水器。流量计用于计量水量；分水器用于将高压水向各配水间分配。

(2) 配水间。

配水间用来调节、控制和计量一口注水井注水量，主要设施为分水器、正常注水和旁通备用管汇、压力表和流量计。配水间一般分为单井配水间和多井配水间两种。

(3) 注水井。

注水井是注入水从地面进入地层的通道，井口装置与自喷井相似，不同点是无清蜡闸门，不装油嘴，同时承压高，图 4-7 所示为双层同心油管井口装置。井口有一套控制设备，它的主要作用是：悬挂井内管柱；密封油、套环形空间；控制注水和洗井方式，如正注、反注、合注、正洗、反洗和进行井下作业。除井口装置外，注水井内还根据注水要求(分注、合注、洗井)下有相应的注水管柱(图 4-8)。

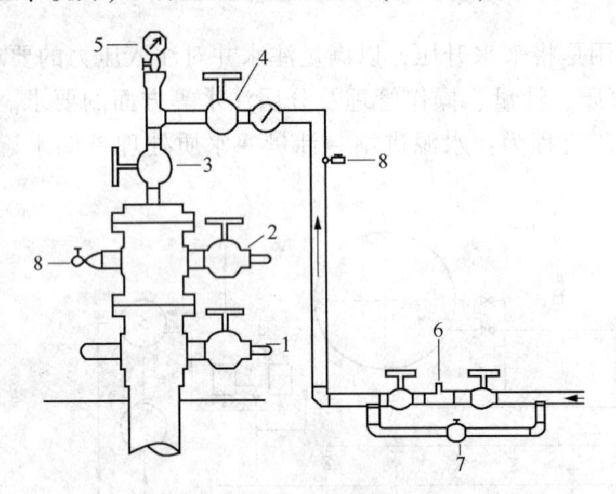

图 4-7　注水井井口装置

1—套管环空闸门；2—油管环空闸门；3—总闸门；4—生产闸门；5—油压表；6—流量计；7—旁通阀；8—取样阀

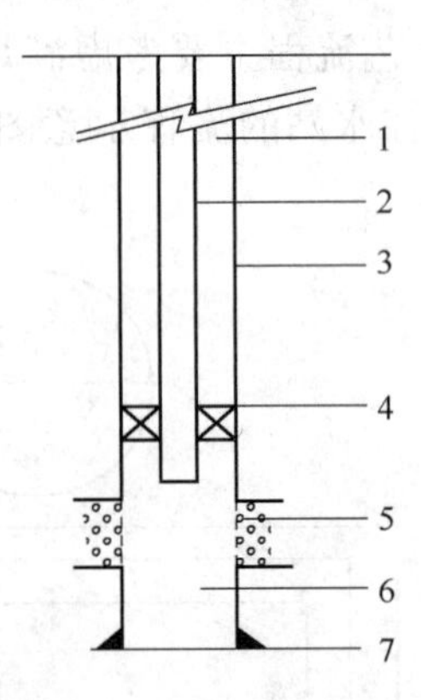

图 4-8　注水井井下管柱

1—环形空间；2—油管；3—套管；4—封隔器；5—射孔层段；6—口袋；7—人工井底

2) 注水工艺流程

向地层内注水有多种流程，目前国内注水工艺流程主要有以下几种。

(1) 单管多井配水流程(图 4-9)。

注水站将水经单管配水干线送到多井配水间，分别计量后进注水井。这种流程的特点是配水间可与计量间合建，便于管理，也易于调整管网。该流程适用于油田面积大、注水井多、注水量大的注水开发区块。

（2）单管单井配水流程（图 4-10）。

配水间在井场，每条干线辖几十口井，分层测试方便。适用于油田面积大、注水井多、注水量较大的行列注水开发区块。

（3）双管多井配水流程（图 4-11）。

该流程从注水站到配水间有两条干线，一条用于注水，另一条用于洗井。该流程适用于单井注水量较小的区块，有利于保持水质；对于洗井次数多和酸化、压裂较多的区块，可考虑使用该配水流程。

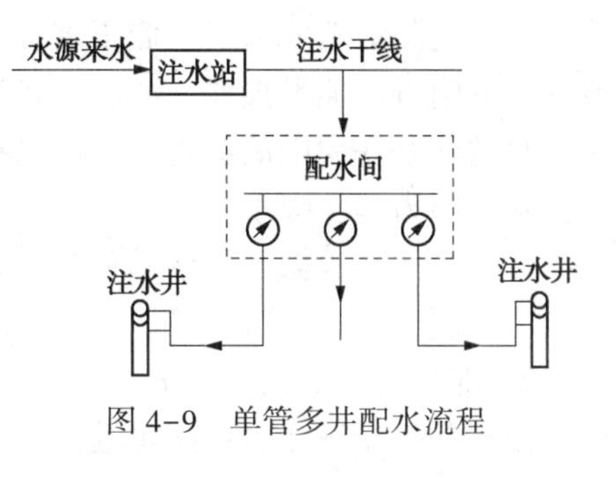

图 4-9 单管多井配水流程

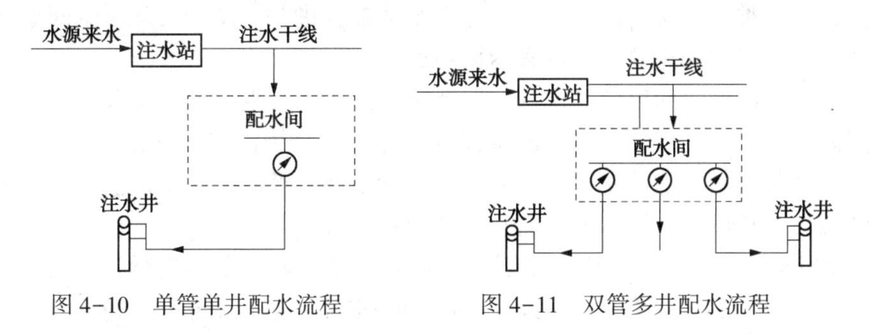

图 4-10 单管单井配水流程　　图 4-11 双管多井配水流程

（4）分压注水流程（图 4-12）。

当多油层油田的油层渗透率差别很大时，需采用压力不同的两套管网，对高、中渗透层和低渗透层实施分压注水。

（5）增压注水流程（图 4-13）。

对于同一区块内少部分低渗透层的注水井，可采取阶梯式增压注水工艺。根据井网半径大小，可使几口井集中增压或单井增压。

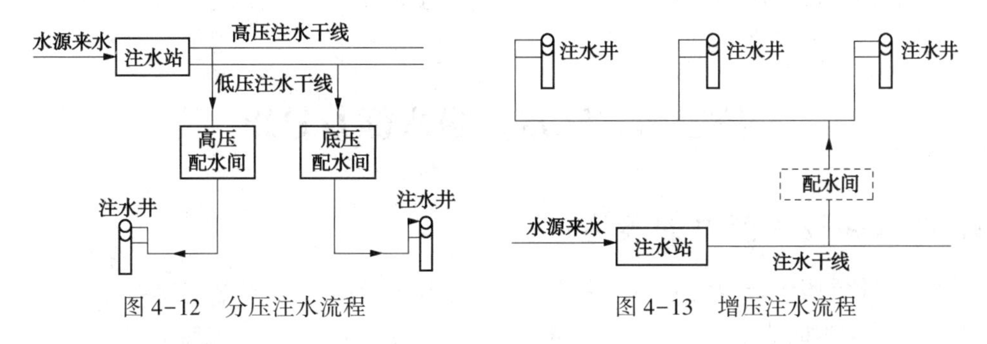

图 4-12 分压注水流程　　图 4-13 增压注水流程

4. 注水井的投注程序

注水井的投注程序为：排液、洗井、试注、转注。注水井从完钻到正常注水，一般要经过排液、洗井、试注之后才能转入正常注水。我们把从油管注水称为正注水井，从油套环形空间注水称为反注水井，从油、套管同时注水的称为合注水井。

1）排液

注水井在投注前，通常要经过排液（也可不排液）。排液的目的在于清除油层内的堵塞物，在井底附近造成适当的低压带，为注水创造有利条件；采出部分弹性油量，减少注水井或注水井附近的能量损失。油层形状不同，排液的目的也不同。对于均质地层，排液的目的主要是清除井底周围油层内部的堵塞物，使井底周围畅通；对于渗透率较低的地层，由于地层的吸水能力差，吸水启动压力高，不易注水，因此排液的目的在于造成一个低压带。

排液时间可根据油层性质和开发方案来决定，排液的强度以不损伤油层结构为原则，含砂量应控制在0.2%之内。

2）洗井

注水井在排液之后还需要进行洗井。洗井的目的是把井筒内的腐蚀物、杂质等污物冲洗出来，避免油层被污物堵塞，影响注水。

洗井方式有两种：正洗和反洗。正洗是指水从油管进井，从油套环形空间返回地面；反洗是指水从油套环形空间进井，从油管返回地面。

井下有封隔器的井只能反洗。洗井时要严格注意进入和返出的水量及水质，要求油层达到微吐，严防漏失。在油层压力低于静水柱压力时，可采用注混气或泡沫负压洗井的方法，将井壁及近井地带的堵塞物清洗掉，然后升压至近平衡，替出井内不清洁的水；再升压，采用注热水或活性水正压洗井，将井筒内和近井地带清洗干净，直到进出口水质一致时为止。

为防止黏土颗粒的膨胀和运移，在注水井投注或油井转注前需进行防膨处理。由于钻井或排液生产过程中油层受到损害，因此在投(转)注前需要进行解堵预处理。

3）试注

试注的目的在于确定能否将水注入油层并取得油层吸水启动压力和吸水指数等资料，然后根据所要求的注入量选定注入压力。因此，试注时要进行水井测试，求出注水压力和地层吸水压力，地层吸水能力大小一般用吸水指数表示。如果试注效果好，即可进行转注。如果效果不好，要进行调整或采用酸洗、酸化、压裂等措施，直至合格为止。

4）转注

注水井通过排液、洗井、试注，取全、取准试注的资料，并绘出注水指示曲线，再经过配水就可以转为正常注水。

第二节　注水井吸水能力分析

1. 注水井吸水能力的表达

要表示注水井吸水能力的大小，主要采用下述几个指标。

1）注水井指示曲线

稳定流动条件下注入压力随注水量的变化曲线称为注水井指示曲线(图4-14)。

在分层注水的情况下，分层指示曲线是表示各分层注入压力(经过水嘴后的压力)与分层注水量之间的关系曲线。

2）吸水指数

吸水指数是指单位注水压差下的日注水量，常用K表示，单位是$m^3/(d \cdot MPa)$。

$$K=\frac{q}{p_f-p_r} \tag{4-1}$$

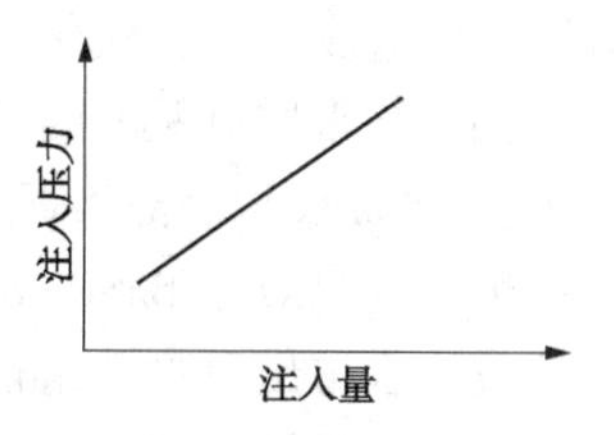

图 4-14 注水井指示曲线

式中 p_f——注水井井底流压，MPa；

p_r——注水井静压，MPa；

q——日注水量，m^3/d；

K——吸水指数，$m^3/(d \cdot MPa)$。

吸水指数的大小反映了地层吸水能力的好坏。正常注水时不可能经常关井测压，为了求取吸水指数，常采用测指示曲线的方法，测量在不同流压下的日注水量，然后按下式计算出吸水指数：

$$K=\frac{q_1-q_2}{p_{f1}-p_{f2}} \tag{4-2}$$

式中 q_1，q_2——分别是井底流压为 p_{f1}、p_{f2}时的注水量，m^3/d。

因此，吸水指数在数值上等于注水井指示曲线斜率的倒数。

在进行不同地层吸水能力对比分析时，需采用“比吸水指数”或“每米吸水指数”为指标，它是指地层的吸水指数与地层有效厚度的比值。

3）视吸水指数

求吸水指数时，需要先测得注水井的流压数据。在注水井日常管理分析中，为了及时掌握油层吸水能力的变化，常采用视吸水指数。视吸水指数是指日注水量与井口压力的比值，单位仍为 $m^3/(d \cdot MPa)$。即：

$$K_s=\frac{q}{p_t} \tag{4-3}$$

式中 K_s——视吸水指数，$m^3/(d \cdot MPa)$；

p_t——井口压力，MPa。

井口压力很容易测得，因此现场常用视吸水指数反映吸水能力的大小。

在未进行分层注水的情况下，若采用油管注水，则式(4-3)中的井口压力取套管压力；若采用套管注水，则式(4-3)中的井口压力采用油管压力。

4）相对吸水量

相对吸水量是指在同一注入压力下，某小层的吸水量占全井总吸水量的百分数。其表达式为：

$$\text{相对吸水量}=\frac{\text{某小层吸水量}}{\text{全井吸水量}}\times 100\% \tag{4-4}$$

相对吸水量是表示各小层相对吸水能力的指标。有了各小层的相对吸水量，就可以由全井指示曲线绘制各小层的分层指示曲线，而不必进行分层测试。

保持和提高注水井吸水能力是完成配注指标、保证注水开发效果的一个重要手段。但许多注水开发的油田，在开发过程中都不同程度地存在注水井吸水能力下降的现象。

2. 影响吸水能力的因素

根据现场资料分析和实验室研究，影响注水井吸水能力下降的因素主要有下述 5 个方面。

（1）与注水井井下作业及注水井管理操作等有关的因素。主要包括：进行作业时压井液对注水层造成堵塞；酸化、洗井等作业过程中因措施不当等原因造成注水层堵塞等。

(2) 与水质有关的因素。主要包括：

① 注入水与设备和管线的腐蚀产物[如 $Fe(OH)_3$及 FeS 等]造成的堵塞，以及水在管线内产生垢($CaCO_3$、$BaSO_4$等)造成的堵塞。在油田注水过程中，往往发现注入水在水源、净化站或注水站出口含铁量很低，但经过地面管线到达井底的过程中，含铁量逐渐增加。这是由于注入水对管壁产生了腐蚀，有时腐蚀产物占注水井所排出固体沉淀物的40%~50%左右。注水过程中腐蚀所产生的堵塞物主要是 $Fe(OH)_3$ 和 FeS。有时在一些注水井内排出的水为黑色并带有臭鸡蛋味，就是含有 H_2S 和 FeS 的缘故。

② 注入水中所含的某些微生物(如硫酸盐还原菌、铁茵等)，除了自身堵塞作用外，其代谢产物也会造成堵塞。

③ 注入水中所带的细小泥砂等杂质堵塞油层。

④ 注入水中含有在油层内可能产生沉淀的不稳定盐类(如注入水中所溶解的重碳酸盐，在注水过程中由于温度和压力的变化，可能在油层中生成碳酸盐沉淀)，堵塞储层孔道，降低储层的吸水能力。

(3) 油层中的黏土矿物遇水后发生膨胀。

(4) 注水井区地层压力上升。注水井区地层压力上升，减小了注水压差，使注水量下降。

(5) 细菌堵塞。根据国内外一些研究表明，注入水中含有的细菌(如硫酸盐还原菌、铁菌等)在注水系统和油层中的繁殖将引起储层孔隙的堵塞，使吸水能力降低。这些菌的繁殖除了菌体本身会造成地层堵塞外，还会由于它们的代谢作用生成的 FeS 及 $Fe(OH)_3$沉淀而堵塞地层。

3. 改善吸水能力的措施

在注水过程中应采取以预防为主的措施，防止造成油层堵塞。造成吸水能力下降的主要原因是水质差或是注水系统管理不善。因此必须首先保证水质符合要求，避免由于水质不合格而引起的各种堵塞。其次是加强对注水井的日常管理，为此，应当定期取水样化验分析，发现水质不合格则立即采取措施，定期冲洗地面管线、储水设备和洗井，平稳注水以免破坏油层结构，防止管壁上的腐蚀物污染水质和堵塞地层等。

对于吸水能力差的井，可采用压裂增注、酸化增注、黏土防膨等处理措施，改善注水井的吸水能力。

1) 压裂增注

压裂是改善油层吸水能力的常用方法，该方法有普通压裂和分层压裂两种。普通压裂适用于吸水指数低、注水压力高的低渗地层和污染严重的地层，对于目的层尽可能用封隔器卡开。对于油层较厚、层内岩性差异大或多油层层面差异大的地层，可采用分层压裂的方法改善层间吸水矛盾。

对注水井采取压裂增注措施时，其压裂规模不宜过大，并注意裂缝方位，以免引起水窜。

2) 酸化增注

酸化是改善注水井吸水能力的另一主要措施。一方面酸化可用来解除井底堵塞物，另一方面可以用来提高中低渗透层的绝对渗透率。其原理与一般酸化处理的原理相同。堵塞的原因不同，采用的解堵方法也不同。

3）黏土防膨

对于含黏土砂岩油藏的开采，如何防止水敏、速敏、酸敏是一个十分重要的问题，是直接关系到能否开发好这类油藏的重要问题。

防止注水过程中的黏土膨胀是一项有效的增注措施，而注防膨剂是防止注水过程中黏土膨胀的有效措施。黏土防膨剂主要包括：

(1) 无机盐类，如 KCl、NH_4Cl 等。此类药剂虽然能防止不膨型黏土的分散、运移及膨胀型黏土的膨胀，但有效期短。

(2) 无机物表面活性剂，如铁盐类。此类药剂对施工条件要求严，成本高，有效期短。

(3) 离子型表面活性剂，如聚季铵。此类药剂有效期长，成本较低，易于施工。

由于黏土矿物成分和储层岩石的差异，没有一种固定的现成防膨剂通用于各类油层，欲取得理想的防膨效果，必须经过精心的室内筛选。

第三节　分层注水技术

1. 分层吸水能力的测试及分层配水

分层吸水能力可用指示曲线、吸水指数、视吸水指数和相对吸水量等指标表示。分层注水指示曲线是注水层段注入压力与注入量的关系曲线。指示曲线的性质主要取决于油层条件和井下配水工具的工作状况。因此，同一层段在不同时间内指示曲线的变化反映了油层吸水能力的变化及井下工具的工作状况。图 4-15 所示是某井的分层指示曲线示意图。

目前国内分层吸水能力的测试方法主要有两大类：一类是测定注水井的吸水剖面；另一类是在注水过程中直接进行分层测试。

吸水剖面是指在一定注入压力下沿井筒各射开层段吸水量的大小。测吸水剖面的目的是掌握各层的吸水能力，为全井的分层配水提供依据。吸水剖面是用相对吸水量来反映分层吸水能力的大小。

直接进行分层测试是为了解油层或注水层段的吸水能力，检查分层配水方案的准确性，作出分层指示曲线，检查封隔器及配水器工作是否正常等。将分层测试结果进行整理，得到注水井的分层指示曲线，从而求得分层吸水指数，以此来反映分层吸水能力的好坏。

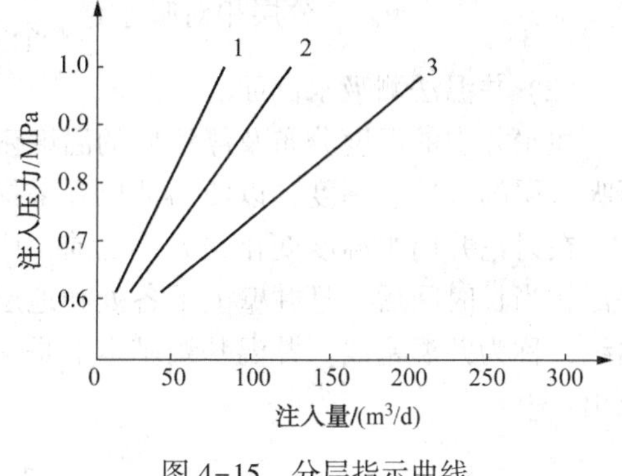

图 4-15　分层指示曲线

1）测吸水剖面以测定各层的相对吸水量

(1) 放射性同位素测吸水剖面。

① 原理。

利用医用骨质活性碳作固相载体吸附放射性同位素离子的原理，使其与水配制成一定浓度的活化悬浮液，在正常注水条件下注入井内，地层内各小层在吸水的同时也吸入活化悬浮液。

由于所选择的固相载体颗粒直径稍大于地层孔隙，悬浮液的水进入地层而固相载体被滤积在井壁上。地层吸收的活化悬浮液越多，对应该层段井壁上滤积的固相载体就越多，此时测得的放射性同位素的强度也就相应增高。因此，地层的吸水量与滤积载体的量及放射性同位素强度三者之间成正比关系。

由于岩层本身具有不同的自然放射性，将注同位素前后所测得的两条放射性测井曲线进行对比，注同位素以后的放射性曲线上所增加的异常值就反映了相应层位的吸水能力(图 4-16)。

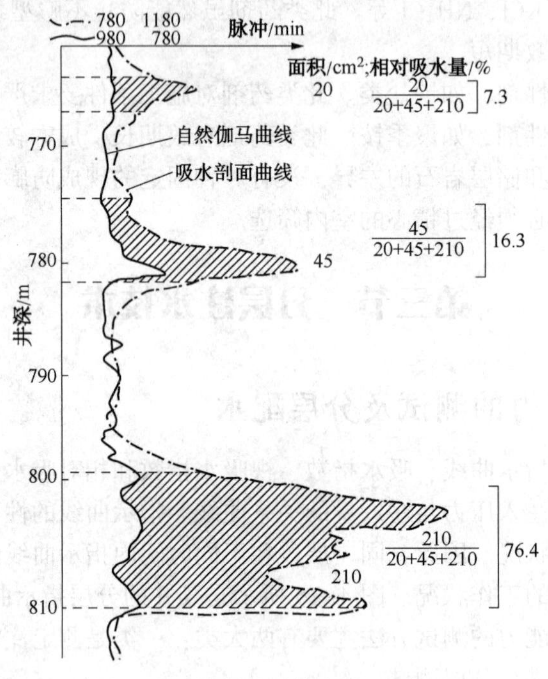

图 4-16 放射性同位素测吸水剖面

② 计算分层相对吸水量。

从图 4-16 中可以看出，自然伽马曲线与同位素曲线不重合的曲线异常部分即吸水层位。两曲线未重合所包围的面积与相对应层段的吸水量成正比，因此，可用不重合的阴影面积计算对应分层的相对吸水量：

$$分层相对吸水量=\frac{该层不重合的阴影面积}{全井不重合的阴影面积}\times 100\% \tag{4-5}$$

(2) 井温法测吸水剖面。

注水井中的温度分布及停注后的温度恢复是受各种因素控制的，可以利用这些差别来分析吸水层的位置、厚度，以便为油层开采提供地层的吸水情况。

在讨论井筒中温度变化的大小之前，应当有一条可供比较的基线。这条基线是在注水井停注相当长时间后，且井壁上下各处和地层温度达到平衡时，所测出的井温随深度而变化的曲线，称为井温基线。井温基线基本上是一条直线，如图 4-17 中的 A 线所示，它可用下式求出：

$$T_{\mathrm{h}}=T_{\mathrm{avg}}+\frac{h}{\alpha} \tag{4-6}$$

式中　T_h——静止条件下，井筒任意深度的温度，℃；

h——从地面算起的深度，m；

T_{avg}——地表常年平均温度，℃；

α——地温梯度，m/℃。

从地面向井中注冷水后，由于井筒及地层受到冷却，井中的温度分布偏离了井温基线 A。偏离程度与注入速度、注入水的地面温度以及累计注入量有关。

图4-17中的 B、C 曲线就是在有限注入速度与无限注入速度条件下的井温分布曲线。这两条曲线代表了两种极限情况，说明了注入速度对温度分布曲线的影响。注入速度较低时，水有足够的时间与地层进行换热，则偏离程度小。曲线 C 在实际上是得不到的，只是一种极端情况。根据这两条曲线，就可对其他注入速度下的井温分布情况进行粗略估计。

值得注意的是，吸水层中的温度分布沿油层厚度基本上是一条直线，如图4-17中的直线 ab 所示。吸水层以下的温度曲线会急剧回升到地温曲线的数值。

停注后的井温分布曲线则随停注后的时间而定(图4-18)，其中曲线 A 是地温基线，C 是注水过程中的温度分布曲线，B 是停注后若干时间的曲线。

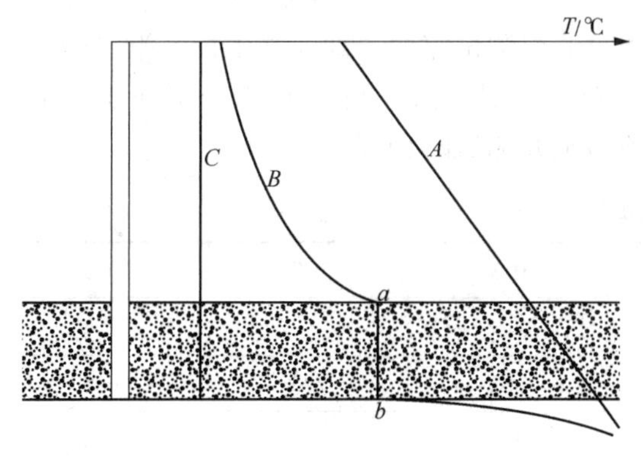

图4-17　井温法测吸水剖面

A—井温基线；B—有限注入速度时的井温曲线；C—无限注入速度时的井温曲线

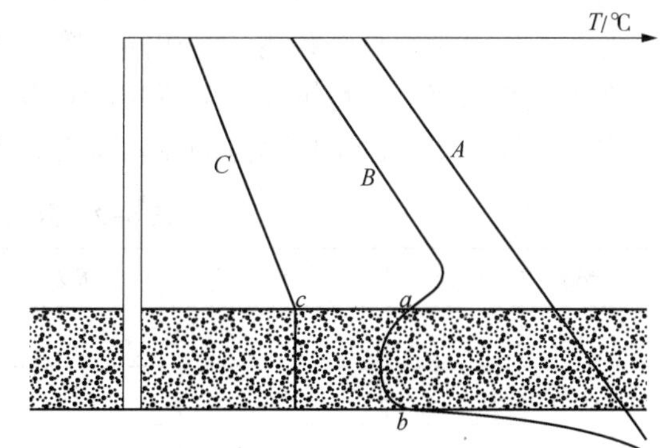

图4-18　停注后的井温分布曲线

现在来分析曲线 B 的形状。吸水层位以上由于水泥环及地层的传热系数很差，虽然经过长时间的注入，其温度仍然比较接近原始地温。因此，吸水层以上井筒周围的温度梯度较大，停注后温度恢复得也较快。但是在吸水层中，由于大量冷水注入地层很远，使地层得到很大的冷却，这样井底附近的径向温度梯度便很低，因此吸水层位的温度恢复很慢。停注后井中温度分布在吸水层处出现很大的温度负异常便是该原因所致，这也为鉴别吸收层位提供了重要的依据。

上述分析的是一个吸水层的情况。实际上多数井为多层吸水，这种情况下一方面要看温度计的精度及下入仪器的速度，另外也要看两个吸水层相隔的距离。如果靠得很近则不易区分，例如10m左右的两个吸水层就难以检查出来。

有些情况下，对井温曲线可以进行一些定量的解释，但由于井下情况十分复杂，因此这些解释有的可靠，有的也只能作为参考。

一般说来，吸水层的顶部位于井温分布曲线转向垂线的一点(图4-17中的 a 点)，而吸水层的底部则位于曲线急剧转向地温曲线上的一点(图4-17中的b点)。

关于停注后在什么时候测井温能得到最清楚的解释，要根据注入量、注入速度及注入水温度来定，一般是在24~48h之内进行测试可得出较好结果。每个地区应当从连续测试所得到的结果中得到地区性的经验。

2) 用分层注水管柱测试各层的绝对吸水能力

(1) 投球测试法。

① 测全井指示曲线。

采用投球法进行分层测试，需要首先测出全井指示曲线。全井指示曲线一般要测4~5个点，即由大到小控制注水压力，测4~5个不同注入压力及相应的全井注水量。两者的关系曲线即为全井指示曲线。测试压力点的间隔为0.5~1.0MPa，每点压力对应的注水时间一般需稳定30min左右。

② 测分层指示曲线。

在测得全井指示曲线后，便开始分层测试，投球测试管柱如图4-19所示，所用的钢球与球座的规格如表4-2所示。先投小钢球入井并坐在最下一级球座上，这样便堵死了钢球以下的第Ⅲ层段；开始对第Ⅰ和第Ⅱ层测试，测出4~5个不同压力下的注入水量，每个控制点的注入压力必须与全井测试时相同。第Ⅰ和第Ⅱ层测试完毕，即向井中投入第二个钢球并坐在第二级球座上，将第Ⅱ、第Ⅲ层段堵死；对第一层测试，测出4~5个不同压力下的注入水量，同样要求每个控制点的注入压力必须与全井测试时相同。

表4-2　分层测试成果表

注入压力/MPa	1	0.9	0.8	0.7	0.6
层段	注入水量/(m^3/d)				
全井	741	671	602	533	465
1+2	396	351	313	272	232
1	124	110	96	83	69
2	272	241	217	189	163
3	345	320	289	261	233

③ 资料的整理。

以图4-19中所示的3个层段为例，各层注入水量的计算结果为：

第Ⅰ层注水量=投第二个球后测得的注水量；

第Ⅱ层注水量=投第一个球后注水量-投第二个球后测得的注水量；

第Ⅲ层注水量=全井注水量-投第一个球后的注水量。

测试数据及计算整理的数据如表4-2所示。

将全部测试数据整理后，绘出各分层的注入压力与注水量的关系曲线，即分层指示曲线，如图7-15所示。

如果井下分为5层段注水，则需从下到上逐级投入由小直径到大直径的4个球，进行测试。球与球座配合关系如表4-3所示。

表 4-3　球座配套

配合级数	钢球直径/mm	球座孔径/mm
一	47.5	45
二	43	40
三	38	35
四	33	30
五	28	25

④ 分层指示曲线的压力校正。

由上述方法测出的指示曲线，是井口注入压力与小层吸水量之间的关系曲线。而各小层的真正注入压力并不是井口注入压力，真正对地层有效的压力要小于测试时测得的井口压力；且在同一注入压力下，由于各小层的水嘴直径不同，压力损失也有所不同。

有效井口压力可用下式计算：

$$p_{ef}=p_t-p_{fr}-p_{cf}-p_v \tag{4-7}$$

式中　p_{ef}——有效压力，Pa；

p_t——实测井口注水压力，Pa；

p_{fr}——注入水在油管中的摩阻，Pa；

p_{cf}——注入水通过水嘴时的压力损失，Pa；

p_v——注入水打开配水器节流阀时所产生的压力损失，Pa。

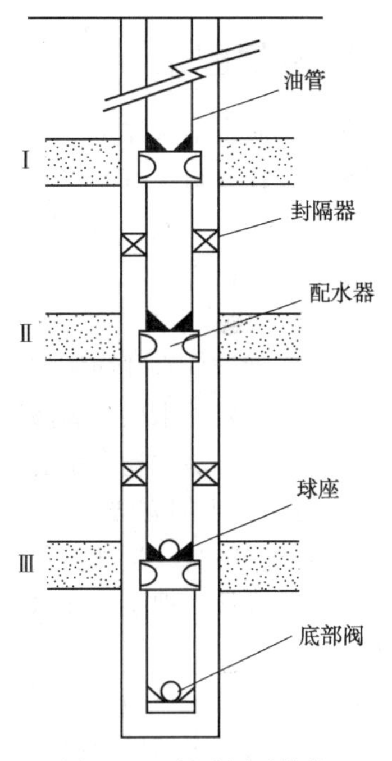

图 4-19　投球测试管柱

(2) 浮子流量计测试法。

浮子式流量计是利用与被测试管柱配套的密封及定位装置密封，并定位于被测试层段的配水器上，使注入地层的全部液体流量通过仪器的锥管，冲动锥管里的浮子，使浮子产生与流量成正比的位移，通过记录笔杆与浮子相连的记录笔则在记录纸上记下了这一位移；而记录笔与弹簧相连，当液流冲动浮子向下移动使得弹簧被拉长时，笔尖随之下移。当流量减小对浮子的冲击力时，浮子在弹簧作用下向上复位，同时，时钟带动装有记录卡片的记录纸筒旋转，这样笔尖就可在记录卡片上画出一定高度的台阶。在不同流量下，画出的台阶的高度也不同，于是便可记录出流量的变化。例如用 106 井下浮子流量计测得的分 4 层注水的记录卡片如图 4-20 所示。

从右向左的台阶依次对应着井中从上到下 1、2、3、4 层每一级配水器上方测得的吸水量，而在每一级上方测得的水量是该级以下配水器共同的吸水量。在地面用实验测出每毫米台阶高度表示的水量 β，测量出台阶高度，便可算出通过每一级配水器上方的注水量 $Q_i=\beta h$，每一层的注水量为：

$$q_i=Q_i-Q_{i+1} \tag{4-8}$$

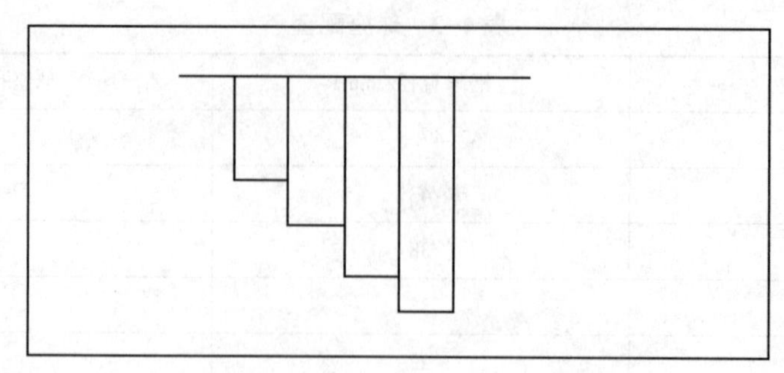

图 4-20　流量计记录卡片

2. 分层配水

在非均质多油层注水井中下入封隔器将各油层分隔开，并在各注水层段安装所需要尺寸的配水嘴，在井口保持同一压力的情况下，利用配水嘴的“节流损失”降低井底注入压力，产生不同的注水压差，达到限制高渗透层注水，加强低渗透层注水，保持水线均匀推进，各层注采平衡、压力稳定的目的。为了实现分层配水，必须做好以下几项工作。

1）合理划分水井中注水层段

（1）做到油、水井内所划分的层段互相对应。

（2）对主要见水层及高渗透层段要进行控制注水。

（3）对厚油层中高含水的小层应划分出来，进行控制注水。

2）分层配水的方法

根据各层的采液量和注采比，确定各层的注水量，根据油层的渗透率等性质、注水井与油井连通的好坏，把小层注水量分配到各口注水井。一般分为限制层、接替层、加强层(表4-4)。

（1）限制层：对高渗透层用小水嘴限制注水量，并限制采油量。例如油、水井单向连通性好，油井已见水的层位以及吸水能力很强的层位。

（2）接替层：中等渗透率的层，不限制也不加强。

（3）加强层：对低渗透层用大水嘴提高注水强度。

以上分层控制注水都是利用配水管柱、封隔器及配水嘴来实现的。

表 4-4　注水层与渗透率的关系

油井层	水井层		
	高渗透层	中渗透层	低渗透层
高渗透层	限制层	限制层	加强层
中渗透层	限制层	接替层	加强层
低渗透层	加强层	加强层	加强层

3）配水嘴的选择

根据分层配水原理可知，分层配水是通过在各注水层位安装相应的不同直径的配水嘴，利用配水嘴造成的节流损失大小进行注入量的控制。很明显，经过嘴子的嘴损是由嘴子直径及配水量的大小决定的。水嘴直径、配水量及通过水嘴的压力损失三者之间的关系曲线称为嘴损曲线(图 4-21)。利用嘴损曲线，根据配注水量和嘴损值即可查得相对应的配水嘴直径大小。

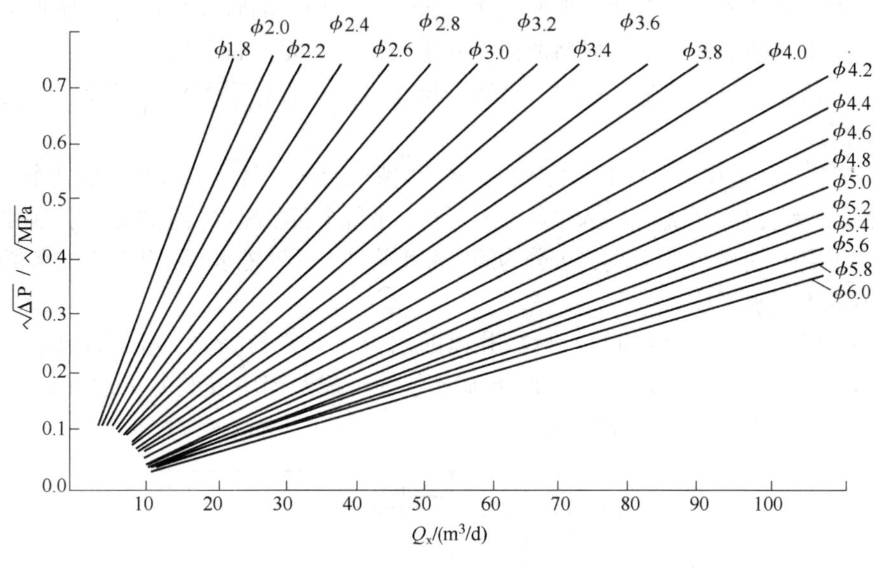

图 4-21　嘴损曲线

(1) 新投注水井水嘴选择方法：

① 首先进行投球测试。

② 整理出全井指示曲线及分层指示曲线(按实测井口注入压力绘制)。

③ 用各层段的配注量在分层指示曲线上查得各层的配注压力。

④ 用已确定的井口注入压力减去分层井口配注压力即得各分层的井口嘴损值。

⑤ 根据各层的配注量及求出的嘴损值，在相应的嘴损曲线图上即可查得应选用的水嘴大小和个数。

(2) 带有水嘴井的水嘴的调配。

对已下配水管柱进行注水的井，经测试发现水量达不到配注方案要求时，则需要进行调整配水嘴。调整程序如下：

① 根据投球测试资料整理出各分层指示曲线。

② 根据分层配注量的要求，在分层指示曲线上查出相应的配注压力。

③ 根据实际情况确定井口注入压力。

④ 求出水嘴损失。

⑤ 利用嘴损曲线确定水嘴直径。

(3) 配水嘴选择的注意事项：

① 选择的配水嘴是否准确与测试资料准确程度有直接的关系。一般要求连续两次以上的测试资料基本相同，调整水嘴才能确保准确。

② 要经常分析水井的资料和动态，及时掌握油层变化情况，找出变化原因。

③ 每次调整配水嘴必须检查原水嘴与配水管柱，修正实测资料的准确程度。

3. 分层注水管柱

为了解决层间矛盾，调整油层平面上注入水分布不均匀的状况，从而控制油井含水上升和油田综合含水率的上升速度，提高油田的开采效果，需要进行分层注水。

分层注水的工艺方法较多，如油、套管分层注水，单管分层配水，多管分层注水等。

1) 单管分层注水管柱

单管分层注水，是在井中只下一根管柱，利用封隔器将整个注水井段封隔成几个互不相通的层段，每个层段都装有配水器。注入水从油管入井，由每个层段配水器上的水嘴控制水量，注入到各层段的地层中。按配水器结构，可分为固定配水管柱、活动配水管柱和偏心配水管柱。

(1) 固定式配水管柱。

如图 4-22 所示，主要由油管、封隔井筒的水力压差式封隔器、控制注水用的配水器、用于投球测注水量的测试球座以及底部单流凡尔等组成。当不安装井下水嘴时，为测试管柱，安装上井下水嘴后成为配水管柱。

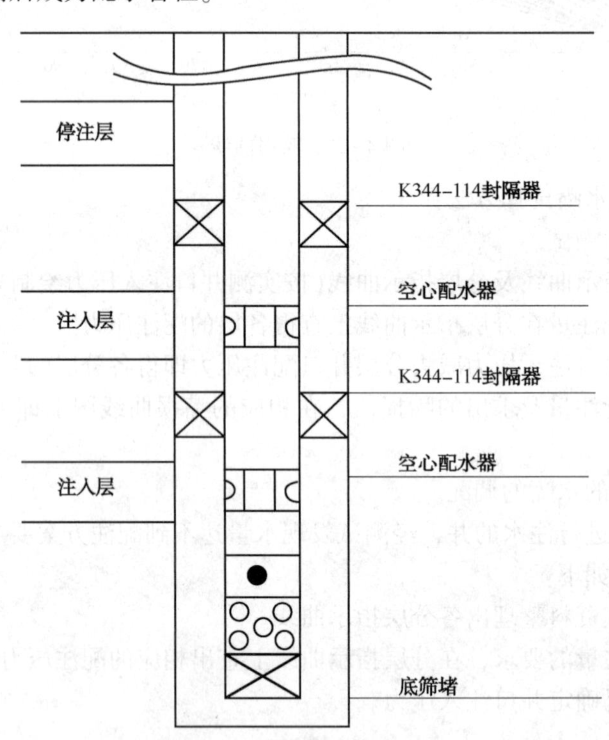

图 4-22　空心活动配水管柱

要求各级配水器的开启压力必须大于 0.7MPa，以保证封隔器座封。

固定式配水管柱的主要缺点是：更换水嘴时必须起下油管；因受球座直径的影响，使配注级数受到限制；测分层水量时需要多次投捞测试工具。因此，这类管柱已逐渐被空心及偏心管柱所代替。

(2) 空心活动配水管柱。

空心活动配水管柱如图 4-23 所示，空心活动配水管柱是由油管将封隔器、空心活动配水器及底部球座等井下工具串接而成的。

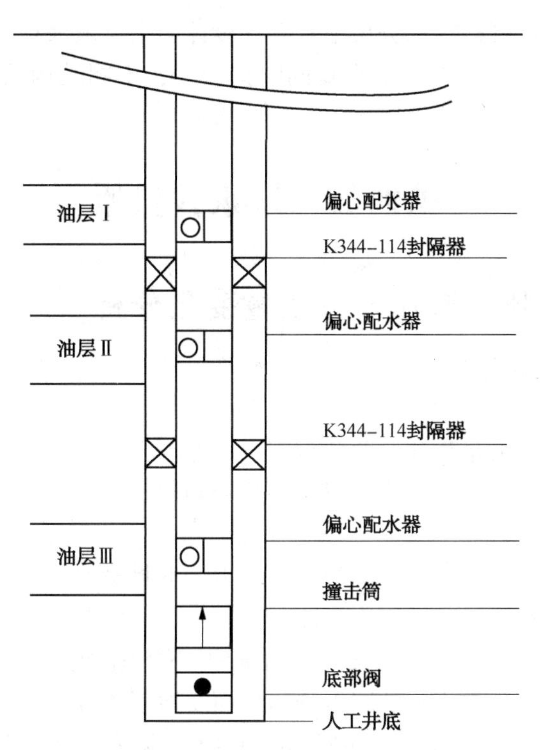

图 4-23　偏心配水管柱的结构示意图

要求各级配水器的开启压力大于 0.7MPa；各级空心配水器的芯子直径由上而下从大到小，故应由上而下逐级投送，由上而下逐级打捞。

该管柱的优点是：便于测试；更换配水嘴不需动管柱。缺点是：因受配水器尺寸限制，使用级数受到限制，一般是 3 级，最多为 5 级；因调整下一级配水嘴时，必须捞出上一级，故投捞次数多。

为了克服以上缺点，进一步发展而出现了偏心配水器，并为油田广泛采用。

（3）偏心配水管柱。

偏心配水管柱是由封隔器、偏心配水器、撞击筒、底部单流凡尔及油管等组成的。可用于深井中分层注水。

该管柱的技术要求为：

① 封隔器应按编号顺序下井。

② 各级配水器的堵塞器编号不能混淆，以免数据混淆，资料不清。

偏心配水管柱的优点为：可投捞井中任意一级，一口井可以下多级不受限制。

偏心配水管柱用的封隔器分为可洗井的压缩式封隔器或扩张式封隔器两种。

2）双管分层注水管柱

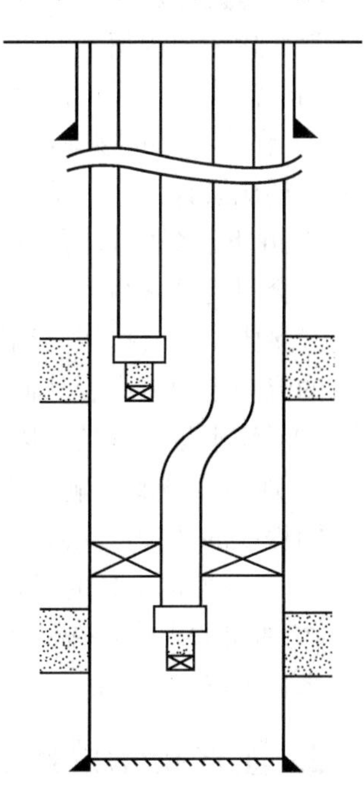

图 4-24　双管分层注水管柱

双管分层注水管柱如图 4-24 所示。另外还有同心管分层注水管柱、一投三分配水管柱等。分层配水管柱设计的主要依据是各分层指示曲线，它是反映吸水能力的曲线；另一个依据是配水嘴的嘴损曲线，不同结构的配水器的嘴损曲线也不相同。

第四节　注水井分析

1. 注水井的油压、套压及注水量变化分析

1）油压及套压的变化分析

(1) 油管压力。

对于正注井，油管压力是指注水井井口压力。即：

$$油管压力=泵压-地面管损 \tag{4-9}$$

(2) 套管压力

正注井的套压表示油、套环形空间的井口压力。下封隔器的井，套管压力只表示第一级封隔器以上油、套环形空间的井口压力。即：

$$套压=井口油压-井下管损 \tag{4-10}$$

因此，影响油、套管压力变化的因素分为地面及地下两方面。在地面上的因素有泵压的变化、地面管线发生漏失或堵塞等；在井下的因素有封隔器失效、配水嘴被堵或脱落、管外水泥串槽、底部凡尔球与球座密封不严等。因此，根据油压、套压的变化就可判断地面设备及井下设备发生的变化。

2）注水量的变化

注水量是注水井的主要配注指标。因此，由注水量的变化可分析注水井是否正常。引起注水量变化的原因概括起来有以下几种。

(1) 注水量上升的原因。

① 地面设备的影响：流量计指针不落零，造成记录数值偏高；地面管线漏失；实际孔板的孔径比设计的小，造成记录的压差偏大；泵压升高造成注水量增加。

② 井下设备的影响：封隔器失效；油管漏失；配水嘴被刺大或脱落；球与球座密封不严等都会引起注水量上升。

③ 油层的影响：由于不断注水，改变了油层含水饱和度，从而引起相渗透率的变化，使水的流动阻力减小，从而造成油层的吸水能力不断增加。

(2) 注水量下降的原因。

① 地面设备的影响：流量计指针的起点落到零以下，使记录的压差数值偏小；地面管线不同程度的堵塞；实际安装的孔板孔径比设计的大，造成记录压差值偏低。

② 井下配水工具的影响：水嘴被堵塞会引起注水量下降。

③ 油层的影响：在注水过程中油层孔道被脏物堵塞；油层压力回升使注水压差变小引起注水量下降。

2. 注水指示曲线分析及应用

如前所述，按实测井口压力绘制的实测指示曲线，不仅反映油层吸水情况，而且还与井

下配水工具的工作状况有关。因此，通过对实测指示曲线的形状及斜率变化的情况进行分析，就可以掌握油层吸水能力的变化，分析井下配水工具的工作状况，作为分层配水、管好注水井的重要依据。

1）指示曲线的形状

如图 4-25 所示，为分层测试时可能遇到的几种指示曲线的形状。

（1）直线型的指示曲线。

第一种为直线递增式，它表示油层吸水量与注入压力成正比关系。如图 4-26 所示，由注水指示曲线上任取两点（注水压力 p_1 和 p_2 及相应的注入量 q_1 和 q_2），用下式可计算出油层的吸水指数 K。

$$K=\frac{q_2-q_1}{p_{t2}-p_{t1}} \tag{4-11}$$

式中　K——吸水指数，$m^3/(d \cdot MPa)$；

q_1，q_2——分别为两点的注入量，m^3/d；

p_{t1}，p_{t2}——分别为两点的井口注入压力，MPa。

由上式可以看出，直线斜率的倒数即为吸水指数。

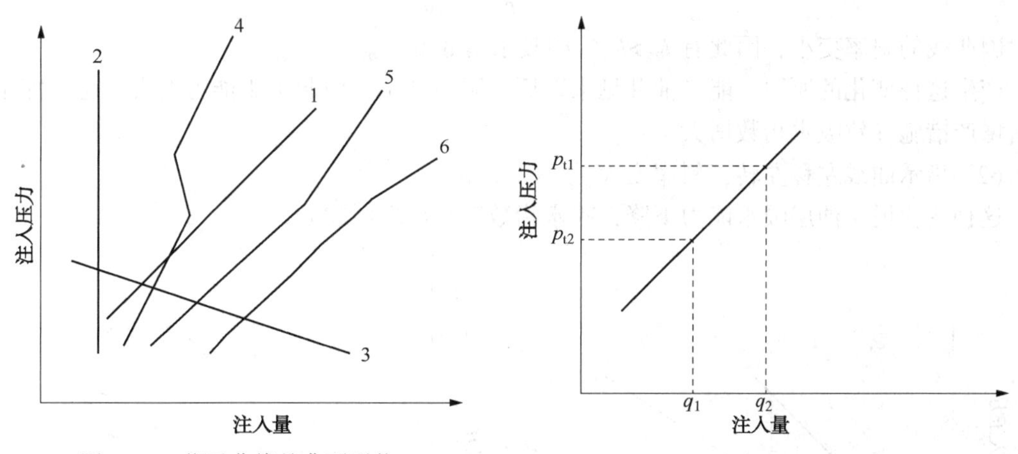

图 4-25　指示曲线的典型形状　　图 4-26　用指示曲线求吸水指数

第二种为垂直式指示曲线，出现这种曲线的原因有以下几种：油层渗透性较差，虽然泵压增加，但注水量并没有增加；仪表不灵或测试有误差；井下管柱有问题，如水嘴堵死等。

第三种为递减式指示曲线，出现的原因是仪表设备等有问题。因此，这种曲线是不正常的，不能用。

（2）折线型指示曲线。

图 4-25 中曲线 4 为曲拐式，是因为仪器设备出故障而导致的，不能应用。

第 5 种为上翘式。出现上翘的原因，除了与仪表、设备有关外，还与油层性质有关，即当油层条件差、连通性不好或不连通时，注入水不易扩散，使油层压力逐渐升高时，注入量的增值逐渐减小，造成指示曲线上翘。

第 6 种为折线式，表示在注入压力高到一定程度时，有新油层开始吸水，或是油层产生微小裂缝，致使油层吸水量增大。因此，这种曲线是正常指示曲线。

综上所述，直线式和折线式是常见的，它反映了井下和油层的客观情况。而垂直式、曲拐式、递减式则主要受仪表、设备的影响。因此，不能反映注入时井下及油层的客观情况。

2）用指示曲线分析油层吸水能力的变化

正确的指示曲线可以看出油层吸水能力的大小，因而通过对比不同时间内所测得的指示曲线，就可以了解油层吸水能力的变化。以下就几种典型情况进行简要分析。在图 4-27～图 4-30 中，“Ⅰ”代表先测的曲线，“Ⅱ”代表过一段时间后所测得的曲线。

（1）指示曲线右移右转，斜率变小。

这种变化说明油层吸水能力增强，吸水指数增大(图 4-27)。从图上可看出：在同一注入压力 p_2 下，原来的注入量为 $q_{Ⅰ2}$，过一段时间后的注入量为 $q_{Ⅱ2}$，$q_{Ⅱ2}>q_{Ⅰ2}$，说明在同一注入压力下注入量增加了，即油层吸水能力变好了。

设原先的吸水指数为 I_1，则：

$$K_1=\frac{q_{Ⅰ2}-q_{Ⅰ1}}{p_2-p_1}=\frac{\Delta q_{Ⅰ}}{\Delta p} \tag{4-12}$$

后来的吸水指数为 I_2，则：

$$K_2=\frac{q_{Ⅱ2}-q_{Ⅱ1}}{p_2-p_1}=\frac{\Delta q_{Ⅱ}}{\Delta p} \tag{4-13}$$

因曲线的斜率变小，因此有 $K_2>K_1$，即吸水指数变大。

产生这种变化的原因可能是油井见水以后，阻力减小，引起吸水能力增大；也可能是采取了增产措施导致吸水指数增大。

（2）指示曲线左移左转，斜率变大。

这种变化说明油层吸水能力下降，吸水指数变小(图 4-28)。

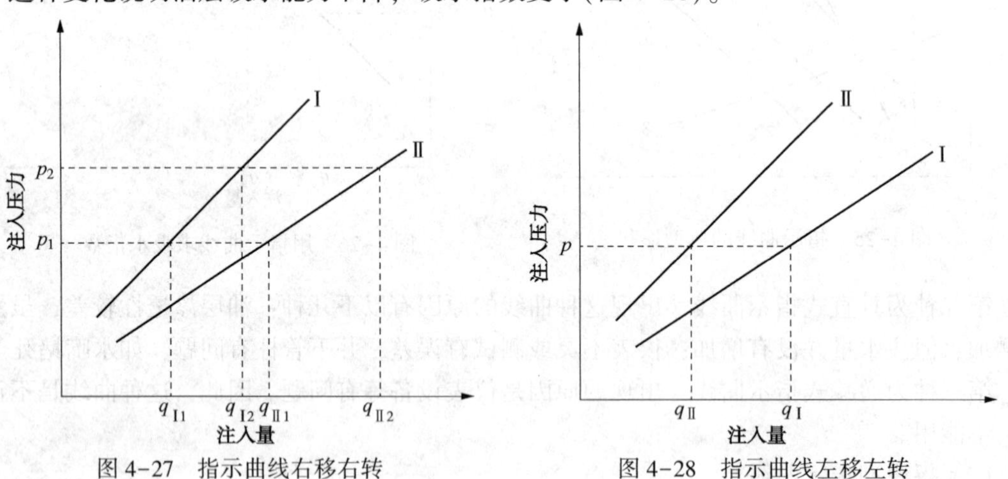

图 4-27　指示曲线右移右转　　图 4-28　指示曲线左移左转

从图 4-28 中可看出，在同一注入压力 p 下，注入量减少，曲线靠近纵坐标轴，曲线斜率增大了，因此曲线左移说明吸水指数变小了。

产生这种变化的原因可能是地层深部吸水能力变差，注入水不能向深部扩散，或是地层堵塞等。

（3）曲线平行上移。

如图 4-29 所示，由于曲线平行上移，斜率未变，故吸水指数未变化，但同一注水量所需的注入压力却增加了；说明曲线平行上移是油层压力增高所导致的。

产生这种变化的原因可能是注水见效(注入水使地层压力升高)，或是注采比偏大等。

(4) 曲线平行下移。

如图4-30所示，曲线平行下移，油层吸水指数未变。但同一注水量所需的注入压力却下降了，说明地层压力下降了。

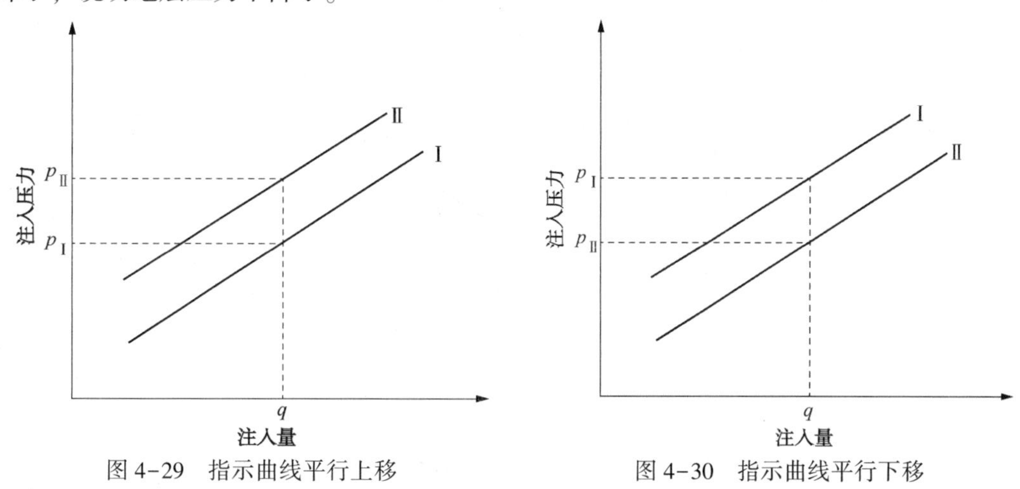

图4-29　指示曲线平行上移　　　　图4-30　指示曲线平行下移

产生这种变化的原因可能是地层亏空，即注采比偏小，注入水量小于采出的液量，从而导致地层压力下降。

以上是4种典型曲线的变化情况及产生的原因分析。

严格地说，分析油层吸水能力的变化，必需用有效压力绘制油层真实指示曲线。若用井口实测的压力绘制指示曲线，必需是在同一管柱结构的情况下所测的，而且只能对比吸水能力的相对变化。同一注水井在前、后不同管柱情况下所测得的指示曲线，由于管柱所产生的压力损失不同，因此不能用于对比油层吸水能力的变化；只有校正为有效井口压力并绘制成真实指示曲线后，才能对比分析油层吸水能力的变化。

此外，井下工具的工作状况也影响着指示曲线的变化。

3) 用指示曲线分析井下配水工具的工作状况

分层配注时，井下配水工具可能发生各种故障，所测指示曲线也相应发生各种变化。因此，根据指示曲线的变化，就可对井下配水工具的工作状况进行分析判断。以下仅就封隔器失效及配水嘴发生的故障进行分析。

(1) 封隔器失效。

造成封隔器失效的主要原因是：封隔器胶皮筒变形或破裂无法密封；配水器弹簧失灵及管柱底部凡尔不严；使油管内外达不到封隔器胶皮张开所需要的压力差。

封隔器失效的判断方法包括下述几种。

① 第一级封隔器失效的判断。

一般下水力压差式封隔器的注水井，油、套管压差需保持为0.5~0.7MPa。正注井如果出现油、套管压力平衡或套压随油压变化，注水量增加，则可判断为由于封隔器失效导致上下串通，使吸水能力高的控制层段注水量增加。

第一级封隔器失效后，控制层段的吸水量将上升，导致全井吸水量上升，套压上升，油压下降，油套压接近平衡。

② 第一级以下的各级封隔器失效的判断。

多级封隔器一级以下某级封隔器不密封，则表现为油压下降(或稳定)，套压不变，注水量上升。若要确定是哪一级不密封，则需通过分层测试来判断。在投球测试的分层指示曲线上，失效封隔器的上层段大幅度偏向压力轴，下层段大幅度偏向流量轴(图4-31)。

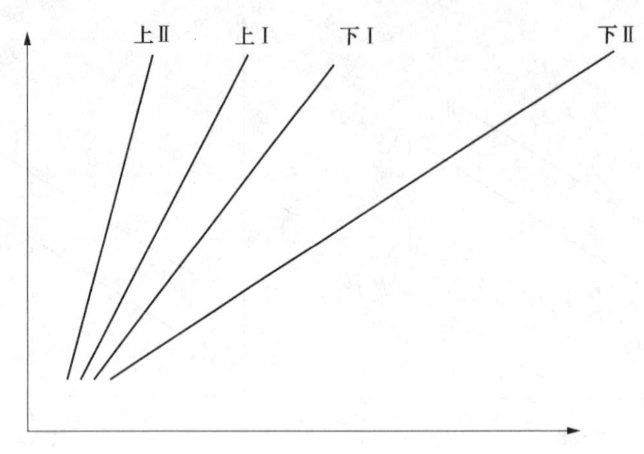

图4-31　封隔器失效示意图

(2) 配水嘴故障。

① 水嘴堵塞。表现为注水量下降或注不进水，指示曲线向压力轴偏移。

② 水嘴孔眼被刺大。孔眼被刺大的过程一般是逐渐变大的，所以短时间内指示曲线变化不明显；经过较长时间后，则历次所测曲线有逐渐向注水量轴偏移的趋势。

③ 水嘴掉落。表现为全井注水量突然增加，层段指示曲线向注水量轴偏移。

4) 井下工具故障与地层吸水能力变化的区别

利用指示曲线分析注水井工作时，应将井下工具工作状态与油田生产情况联系起来进行分析。

(1) 例如，当发现某井注水量下降时，可能有以下原因引起：

① 地层堵塞：吸水指数逐渐降低。

② 注水见效：吸水指数不变，地层压力上升。

③ 水嘴堵塞：吸水指数突然降低。

(2) 又如，某井注水量上升，可能的原因有：

① 油井见水，油井中有显示，吸水指数会增加。

② 地层亏空，吸水指数不变，地层压力下降。

③ 水嘴被刺大，吸水指数逐渐增大。

④ 水嘴脱落，吸水指数突然增大。

第五节　注水井调剖与检测

油层是非均质的。注入油层的水，80%~90%的水量常常被厚度不大的高渗透层所吸收，注水层吸水剖面很不均匀，且其不均质性常常随时间的推移而加剧。这是因为水对高渗透层的冲刷提高了它的渗透性，从而使它更易于受到注入水的冲刷。因此，注水油层常常局部出现特高渗透性，使注水油层的吸水剖面更不均匀。

为了调整注水井的吸水剖面，提高注入水的波及系数，改善水驱效果，可以向地层中的高渗透层注入堵剂。堵剂凝固或膨胀后，降低高渗层的渗透率，提高了注入水在低渗透层位的驱油作用，这种工艺措施称为注水井调剖。

1. 调剖方法

注水井调剖封堵高渗透层的方法有单液法和双液法两种。

1）单液法

这一方法是向油层注入一种液体，该液体进入油层后，依靠自身发生反应后变成的物质可封堵高渗透层，降低渗透率，实现堵水。单液法可使用下列堵剂：

（1）石灰乳。

石灰乳是氢氧化钙在水中的悬浮体。由于氢氧化钙的颗粒直径较大（大于 10^{-5}cm），所以它特别适合于封堵裂缝性的高渗透层。而氢氧化钙可与盐酸反应生成可溶于水的氯化钙：

$$Ca(OH)_2+2HCl = CaCl_2+2H_2O$$

因此，在不需要封堵时，可随时用盐酸解除。

（2）硅酸溶胶。

硅酸溶胶是一种典型的单液法堵剂，处理时只将一种硅酸溶胶液体注入油层。经过一定时间后，硅酸溶胶即可胶凝变成硅酸凝胶，将高渗透层堵住。

硅酸溶胶是由水玻璃和活化剂反应生成的。水玻璃又名硅酸钠；活化剂是指那些可使水玻璃先变成溶胶而随后变成凝胶的物质，如盐酸、硝酸、硫酸、氯化铵、碳酸铵等无机活化剂及甲酸、乙酸、乙酸铵、甲酸乙酯等有机活化剂。单液法用的硅酸溶胶通常用盐酸作活化剂，它与水玻璃反应如下：

$$Na_2O \cdot mSiO_2+2HCl = mSiO_2 \cdot H_2O+2NaCl$$

（3）铬冻胶。

铬冻胶是以 Cr^{3+} 作交联剂，交联含有—COONa 的高分子（如部分水解聚丙烯酰胺、钠羧甲基纤维素、钠羧甲基田菁胶等）而得到的。

（4）硫酸。

硫酸是利用油层中的钙（或镁）源产生堵塞。若将浓硫酸或化工废液浓硫酸注入注水井，硫酸先与近井地带的碳酸盐（岩体或胶结物中的碳酸盐）反应，增加注水井的吸水能力。但是产生的细小硫酸钙颗粒将随酸液进入油层，并在适当的位置（如孔隙结构的喉部）沉积下来，形成堵塞。由于高渗透层进入更多的硫酸，因而有更多的硫酸钙。故堵塞主要发生在高渗透层。

（5）水包稠油。

水包稠油是一种乳状液，它通过油珠在孔喉结构中液阻效应的叠加，增加高渗透层中水的流动阻力。例如用1%NaOH 与相对密度为 0.973 的稠油可配成含油 14%、平均油珠直径为 3μm、黏度为 200mPa·s 的乳状液。当将这种乳状液注入油层，注入量约为孔隙体积的3%时就可有效地改变水的注入剖面。

2）双液法

这一方法是向油层注入由隔离液隔开的两种可反应（或作用）的液体。若两种液体中的物质可发生反应，则把两种液体分别叫做第一反应液和第二反应液。当将这两种液体向油层内部推至一定距离后，隔离液将变薄以至不起隔离作用，两种液体就可发生反应(或作用)，产生封堵地层的物质。由于高渗透层吸入更多堵剂，故封堵主要发生在高渗透层，从而达到调剖的目的。双液法可使用下列堵剂。

(1) 沉淀型堵剂。

这类堵剂主要是无机堵剂，是由两种反应液在地层中反应生成沉淀，从而起到封堵高吸水层的目的。例如以碳酸钠溶液作第一反应液，以三氯化铁作第二反应液，二者相遇后的反应为：

$$3Na_2CO_3+2FeCl_3 = 6NaCl+Fe_2(CO_3)_3\downarrow$$

生成的 $Fe_2(CO_3)_3$沉淀可起到封堵高吸水层的目的。为使第二反应液易于进入第一反应液，需要将第一反应液稠化。隔离液一般用水；为了防止水对反应液的稀释，可用烃类液体(如煤油、柴油)代替，也可用其他液体代替，只要是不与反应液反应的液体都可以使用。具体使用时，隔离液的用量取决于沉淀物沉淀的位置。为了提高封堵效果，双液法常采用多次处理的方法。

(2) 凝胶型堵剂。

这类堵剂由水玻璃和它的活化剂组成。例如以水玻璃作第一反应液，以硫酸铵作第二反应液，中间以隔离液(如水)隔开，两种工作液在地层相遇后发生的反应为：

$$Na_2O\cdot mSiO_2+(NH_4)_2SO_4+2H_2O = mSiO_2\cdot H_2O+Na_2SO_4+2NH_4OH$$

其中，$mSiO_2\cdot H_2O$ 可由溶胶转为凝胶。反应所产生的凝胶可封堵高渗透层。

(3) 冻胶型堵剂。

这类堵剂由聚合物和它的交联剂组成。如 HPAM 溶液和 $KCr(SO_4)_2$溶液相遇后形成铬冻胶，HPAM 溶液和 CH_2O 溶液相遇后形成醛冻胶，PAM 溶液和 $ZrOCl_2$溶液相遇后形成锆冻胶。

(4) 胶体分散体型堵剂。

泡沫和乳状液属于这类堵剂。例如当用泡沫封堵高渗透层时，可向油层先后注入起泡剂水溶液和气体，它们在油层相遇后产生泡沫。通过泡沫中气泡的气阻效应的叠加，使高渗透层产生封堵。

此外，以黏土为主要封堵材料的颗粒堵剂在一些油田进行封堵高渗油藏的大孔道中，获得了成功的应用。深部调剖和调驱结合的技术也正在发展。

注水井调剖的选井条件可考虑以下几个方面：位于综合含水率高、采出程度较低、剩余油饱和度较高的注水井；与井组内油井连通情况好的注水井；吸水和注水状况良好的注水井；固井质量好、无窜槽和层间窜漏现象的注水井。

2. 示踪剂检测

1) 示踪剂简介

为了解和掌握地层中有无裂缝或高渗透层，评价调剖及堵水的效果，矿场上常使用示踪剂进行检测。示踪剂是指能随流体在地层中流动的、低浓度下易于被检测的易溶物质，将这种物质溶于注入水后随着注入水进入地层，通过检测示踪剂的含量以确定注入水在地层中的流动方向、渗流速度等情况。

(1) 良好的示踪剂应满足以下条件：

① 在地层中的背景浓度很低、滞留量少；

② 与地层矿物不发生反应，与地层中流体的配伍性好；

③ 其化学和生物稳定性好；

④ 易检测，灵敏度高；

⑤ 无毒，安全，对测井无影响；

⑥ 来源广，成本低。

最常用的示踪剂有放射性示踪剂和化学示踪剂两大类。

常用的放射性示踪剂有氚水、氚化氢、氚化丁醇等。此类示踪剂易检测出，用量少，易防护，不影响自然伽马测井，而且价格低廉。

常用的化学示踪剂有硫氰酸铵、硝酸铵、溴化钠、碘化钠等。此类示踪剂使用其中的阴离子，在地层表面吸附量少，并易被分光度仪检测出。但化学示踪剂的用量大，成本高，注入前需要进行大量的室内评价工作，由于用量大造成工艺复杂、施工困难，且易在地层中扩散和吸附，因此使得解释较困难，影响测试结果。

井间示踪剂用于跟踪从注入井到生产井的注入液。注入示踪剂后，记录各时间上的示踪剂浓度(图 4-32)。因为产出示踪剂的时间和浓度是由示踪剂的流经路径决定的，所以可用于确认油藏的特性。

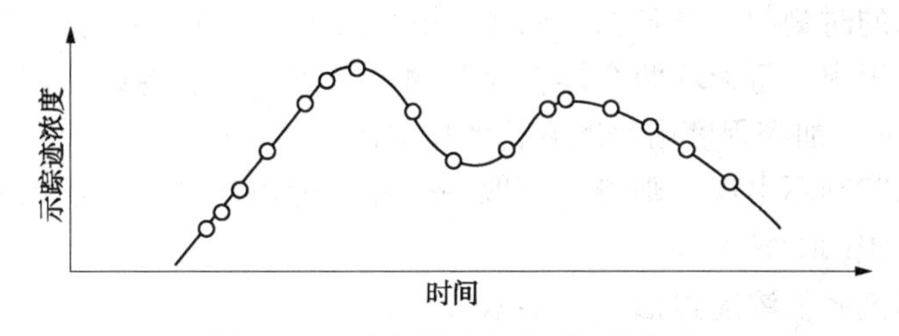

图 4-32　示踪剂浓度随时间的变化

(2) 在注入水中加入示踪剂可以达到以下目的：

① 确认是否有断层；

② 认识流体阻挡层的边界；

③ 获得突破点处的体积波及系数；

④ 认识井网平衡；

⑤ 鉴别可疑注水井；

⑥ 划定流体定向流动趋势；

⑦ 区分是锥进还是串槽。

2) 示踪剂的加药量

示踪剂的用量取决于所投放油层的非均质性、体积(即井距、厚度、孔隙度)、含水饱和度、井网外入侵水的稀释效应和示踪剂在地层表面的吸附量等因素。目前还没有一个全面描述上述因素的计算公式。若按五点法布井，对于均质油层，当只考虑示踪剂段塞前后水的稀释作用时，则可用计算示踪剂用量的 Brigham—Smith 公式。

对放射性示踪剂，公式为：

$$G=1.44\times10^{7}h\varphi S_{w}C_{p}\alpha^{0.265}L^{1.735} \tag{4-14}$$

式中　G——放射性示踪剂用量，Bq(即贝克、贝克勒尔，放射性活度单位)；

h——油层厚度，m；

φ——油层的孔隙度；

S_w——含水饱和度；

C_p——从油井采出示踪剂浓度的峰值，Bq/L；

α——分散系数，m；

L——井距，10^2m。

对化学示踪剂，公式为：

$$G=1.44\times10^{-2}h\varphi S_w C_p \alpha^{0.265} L^{1.735} \tag{4-15}$$

式中　G——化学示踪剂用量，t；

C_p——从油井采出示踪剂浓度的峰值，t/L。

3) 示踪剂的投放和取样

(1) 示踪剂的投放。

放射性示踪剂是将应投放的剂量由注水系统带入油层；化学示踪剂则一般配成8%～10%的溶液，以10～18m^3/h的速度注入油层。

(2) 取样。

① 投放示踪剂前7天，每天在相关的油井取样，取得示踪剂的背景浓度。

② 从注示踪剂的时刻起，在各相关油井取第一个水样，作为示踪剂的初始浓度。

③ 在开始的7天内，每天取两个样，监测油层是否存在裂缝或特高渗透层。若示踪剂出现，则加密取样，其加密程度由浓度变化的情况决定。

④ 若7天内示踪剂不出现，则将一天取一个样改为正常监测。示踪剂出现后，同样根据浓度变化情况，加密取样。

⑤ 第一个示踪剂峰值浓度过后，仍要取样分析，以监测第二个、第三个……峰值浓度的出现。油层分几层，示踪剂浓度就有几个峰值。

⑥ 全部峰值出现以后，不能骤然终止取样。应采取渐减法，即每一天一次→每两天一次→每四天一次→……，继续取样一段时间，然后终止取样。

第五章　油藏数值模拟技术

油藏数值模拟

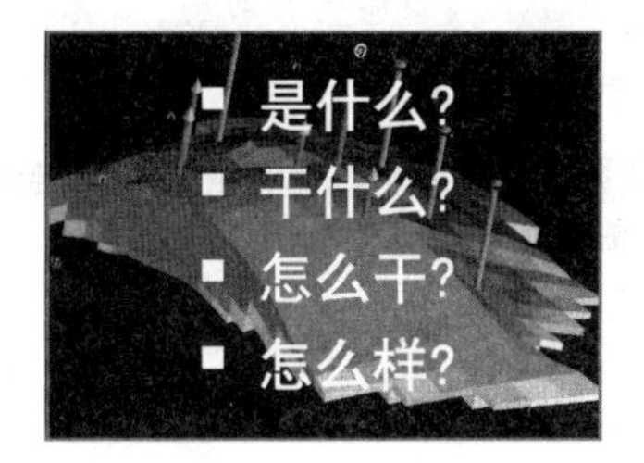

1

提　纲

一、油藏数值模拟基础知识及应用流程

二、油藏数值模拟关键技术及应用技巧

三、水驱油藏数值模拟应用案例

2

一、油藏数值模拟基础知识及应用流程

1.1 基本概念

●模拟：用模型来研究物理过程，实现真实物理过程的近似再现。

●油藏模拟：就是用油藏模型研究油藏的各种物理性质和流体在其中的分布、运动规律，以便更好地认识油藏，并作出正确的评价，确定合理的开发方案和提高采收率的措施。油藏模拟可分为*物理模拟*和*数学模拟*两大类。

●数学模拟：用数学方程（组）来描述所研究过程的物理状态，并通过求解这些方程（组）来研究这个物理过程的变化规律。

3

一、油藏数值模拟基础知识及应用流程

1.1 基本概念

●数学模型：将要模拟的物理系统用适当的数学方程表示。

●数值模型：应用离散数学方法将数学模型（通常是连续模型）转换为离散形式，再用适当的方法求解。这种离散化的模型称数值模型。用来描述和研究油气藏中流体运动规律的数值模型称油藏数值模型。

●计算模型：所编写的求解数值模型的一个计算机程序或一组程序就是油藏的计算模型。

4

一、油藏数值模拟基础知识及应用流程

1.1 基本概念

最早最原始的油藏数学模型是最简单的物质平衡方程

累积采出油量=

原始石油储量-剩余石油储量

油藏渗流数学模型：一组带有初始条件和边界条件的偏微分方程组

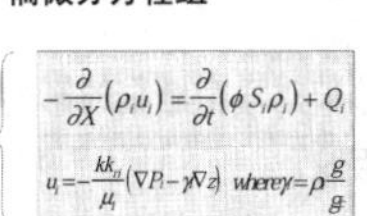

空间离散

时间离散

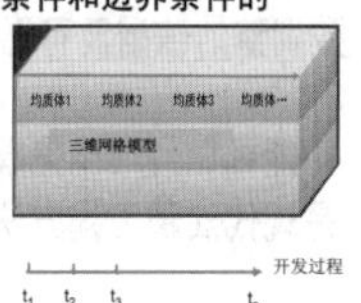

5

一、油藏数值模拟基础知识及应用流程

1.1 基本概念

数值模型：适合于计算机求解的代数方程组

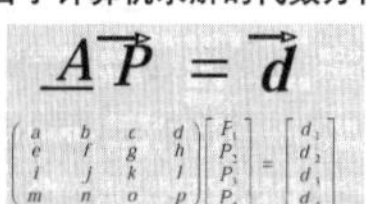

计算模型：数值模拟软件（模拟器）

Eclipse黑油模型

Eclipse组分模型

Eclipse热采模型

FrontSim流线模型

6

一、油藏数值模拟基础知识及应用流程

1.1 基本概念

●油藏数值模拟：从地下流体渗流过程中的特征出发，建立描述渗流过程的基本物理现象，并能描述油藏边界条件和原始状况的数学模型，借助计算机计算求解描述油气藏渗流数学模型，并结合油藏地质学、油藏工程学等学科知识重现油田开发的全过程，主要用于解决油田开发实际问题。简单地说就是*在电子计算机上开发油藏*。

●油藏模拟器：油藏数值模拟中，针对某一特定油藏渗流问题而建立的特定数学模型和专用软件。

7

一、油藏数值模拟基础知识及应用流程

1.1 基本概念 ——油藏模拟与油藏工程

油藏工程应用分为四项：

观测—数据采集整理与分析，包括建模、钻井、取心、测井、试井及分析化验等；

假设—根据观测数据进行适合油藏特征的判断；

计算—依赖假设条件运用数学模型进行定量计算，并评估计算过程及结果的正确性；

开发决策—根据计算结果决定开发方案。

油藏数值模拟是油藏工程应用计算的重要组成部分，是油藏工程师的主要辅助技术手段。

8

一、油藏数值模拟基础知识及应用流程

1.1 基本概念 ——油藏模拟与油藏工程

油藏工程开发动态研究方法：

类比法—在资料十分缺乏的情况下的一种行之有效的研究方法，但对于不同开发策略的考虑无法判断。

如：采收率统计关系式、水驱特征曲线、产量递减方程及经验公式等。

水动力学法—以渗流力学模型为基础，该方法机理明确，但简化条件过于理想。只适合于早期开发指标概算。

如：垂向非均质管流模型、等值渗流阻力法、Buckey-Leverett方程非活塞驱替模型等。

9

一、油藏数值模拟基础知识及应用流程

1.1 基本概念 ——油藏模拟与油藏工程

油藏工程开发动态研究方法：

物质平衡法—忽略了油层非均质性和动态参数的分布，只适合于油田宏观开发指标研究，不适合于油田局部动态预测。

数值模拟法—能够考虑油藏的复杂几何形状、非均质性、岩石和流体性质变化、井网方式和产量等因素，是迄今为止油藏动态研究中考虑因素最多的一种方法。

因此，数值模拟方法又称为“现代油藏工程”，以区别除了数值模拟以外的“传统油藏工程”。

10

一、油藏数值模拟基础知识及应用流程

1.1 基本概念 ——油藏模拟与油藏工程

传统油藏工程特点：

需要相当的专业知识和判断能力，它总是企图用简单的方程来描述一种复杂的物理现象，符合油藏工程的逆定律：**油藏系统越是复杂，简化的尝试越是适用，说服力越强。**

能否做到合理准确的简化，是传统油藏工程方法的最大难题。

11

一、油藏数值模拟基础知识及应用流程

1.1 基本概念 ——油藏模拟与油藏工程

现代油藏工程特点：

理论基础与传统的油藏工程一致，研究内容可以辐射到油田开发的各阶段及各领域，考虑的因素更全面。其研究的重点在于：**模拟之前的传统油藏工程的运用分析、非均质模型描述的合理性分析、输入数据正确处理；模拟中参数调整的依据及可靠性分析；模拟结果的解释分析。**

能否做到准确把握油藏各参数对模拟结果的影响，是现代油藏工程方法的最大难题。

12

一、油藏数值模拟基础知识及应用流程

1.2 基本原理

单/多相流公式　离散化　线性化

开采过程 → 非线性偏微分方程 → 非线性代数方程 → 线性代数方程

①建立数学模型　②建立数值模型

A、通过质量/能量守恒方程、运动方程、状态方程、辅助方程建立基本方程组。
B、根据所研究的具体问题建立相应的初始和边界条件。

A、通过离散化将偏微分方程组转换为有限差分方程组。
B、将非线性系数线形化，得到线形代数方程组。

13

一、油藏数值模拟基础知识及应用流程

1.2 基本原理

求解　程序化　商业化

--- → 压力、饱和度分布及井流量 → 油藏模拟器 → 模拟应用

②建立数值模型　③建立计算模型　④油藏模拟应用

C、应用线性代数方程组的解法求得未知量（压力、饱和度等）的数值分布。

A、将求解数值模型进行程序化。
B、连同前后处理软件，形成油藏模拟器。

利用油藏模拟器研究和解决具体的油气田开发问题。

14

一、油藏数值模拟基础知识及应用流程

1.2 基本原理

●描述油藏流体渗流这一具体物理过程的完整的数学模型是非线性的偏微分方程，不宜直接求解，需要通过离散转化成比较容易求解的代数方程组。离散方法一般为有限差分法。
●离散后形成的代数方程组是非线性的差分方程组，还要采用某种线性化方法将其线性化，然后求解。常用的线性化方法有隐压显饱法、半隐式方法或全隐式方法等。
●对数学模型离散化并线性化，得到每个网格节点上的一个（单相）或多个（多相）线性代数方程。每个方程除含有本点上的未知变量外，一般还含有相邻节点上的未知变量。因此，为了求得线性方程的解，需要将各点上的方程联立，形成联立代数方程组。该方程组一般为大型稀疏方程组。
●求解线性代数方程组所用的方法有直接法和迭代法两大类，直接法常用的有高斯消去法、主元素消去法、D 4方法等；迭代法常用的有交替方向隐式方法、超松弛迭代法、强隐式方法、预处理正交极小化方法等。

15

一、油藏数值模拟基础知识及应用流程

1.2 基本原理

●黑油模型：在这种模型中，烃类系统可以用两组分描述（1）非挥发组分（黑油）；（2）挥发组分，即溶于油中的气。黑油模型也称低挥发油双组分模型。

●组分模型：在这种模型中，烃类物质按组分研究相变化和组分转移，主要用于高挥发烃类系统。

●热采模型：类比热载体（热蒸汽、热水或燃烧油等）在油藏中驱油、热能的转换和交换的数值模型。一般用于蒸汽吞吐、蒸汽驱、热水和火烧过程的模拟。

●化学驱模型：模拟有化学添加剂（聚合物、表面活性剂或碱等）的流体在油藏中驱油，液、固相间质量转移和交换的数值模型。一般用于聚合物驱、表面活性剂驱、碱水驱等驱油过程的模拟。

16

一、油藏数值模拟基础知识及应用流程

1.3 主要作用

干什么？

——有效的油田开发科学决策工具！

在理论上：探索多孔介质中各种复杂渗流问题的规律；
在工程上：作为开发方案设计、动态监测、开发调整、反求参数、提高采收率的有效手段，能为油气田开发中的各种技术措施的制定提供理论依据。

•渗流机理研究　•剩余油分布研究
•开发可行性评价　•开发方案优化
•参数敏感性分析　•动态跟踪分析
•反演油藏地质模型　•提高采收率研究

17

一、油藏数值模拟基础知识及应用流程

1.3 主要作用

□模拟初期开发方案

1）实施方案的可行性评价；

2）选择井网、开发层系、井数和井位；

3）选择注水方式；

4）对比不同产量效果；

5）对油藏和流体性质的敏感性研究。

18

一、油藏数值模拟基础知识及应用流程

1.3 主要作用

□对已开发油田历史模拟

1）证明地质储量，确定基本的驱替机理及驱替类型（是溶解气驱、注水驱、蒸汽驱或是重力驱？）

2）确定产液量和生产周期；

3）确定油藏和流体特性，拟合全油田和单井的压力、含水（气油比）动态历史；

4）指出问题、潜力所在区域。

19

一、油藏数值模拟基础知识及应用流程

1.3 主要作用

□动态预测

1）评价提高采收率的方法（一次采油、注水、注气、注聚等）

2）研究剩余油饱和度分布规律

●研究剩余油饱和度分布的范围和类型

●单井进行调整，改变液流方向、改变注采井别、改变注水层位的效果；

●扩大水驱效率和波及系数的方法；

●回答油田开发中所遇到的问题并致力解决问题的方法。

3）评价潜力和提高采收率方向

●确定井位和加密井的位置；

●确定产量、开采方式；

●确定地面和井的设备；

●各种调整开发方案和开发指标对比及经济评价。

20

一、油藏数值模拟基础知识及应用流程

1.3 主要作用 □专题和机理问题的研究

1）对比注水、注气和天然枯竭开采动态；

2）研究各种注水方式的效果；

3）研究井距、井网对油藏动态的影响；

4）研究不同开发层系对油藏动态的影响；

5）研究不同开发方案的各种指标；

6）研究单井产量对采收率的影响；

7）研究注水速度对产油量和采收率的影响；

8）研究油藏平面和层间非均质性对油藏动态的影响；

9）验证油藏的面积和地质储量；

10）检验油藏数据资料；

11）为谈判和开发提供必要的数据资料。

21

一、油藏数值模拟基础知识及应用流程

2.1 软件产品 怎么干？

● 黑油模型模拟软件：用于水驱油藏数值模拟研究

ECLIPSE 软件 （斯伦贝谢公司）

CMG软件IMAX模块 （加拿大CMG公司）

● 组分模型模拟软件：用于气藏、凝析气藏数值模拟研究

CMG-Gem 模型 （加拿大CMG公司）

Eclipse 300模块 （斯伦贝谢公司）

● 稠油热采模拟软件：用于稠油吞吐，蒸汽驱、火烧等热采模拟研究。

CMG软件stars模块 （加拿大CMG公司）

● 聚合物及化学驱模拟软件：用于聚合物驱油及复合驱油藏模拟研究

ECLIPSE软件聚合物驱模块 （斯伦贝谢公司）

UTCHEM化学驱软件 （德克萨斯大学）

SLCHEM化学驱软件 （改进，勘探开发院）

22

一、油藏数值模拟基础知识及应用流程

2.1 软件产品 ■ECLIPSE主要模块

ECLIPSE 100: 黑油模拟器

ECLIPSE 300: 组分模拟器

Frontsim: 流线模拟器

Flogrid: 建模

Floviz: 三维显示

GRAF: 图形显示

OFFICE: 项目管理

PVTi: EOS分析

SCAL: 岩芯数据

Schedule: 动态数据

Simopt: 历史拟合

VFPi: 垂直管流

23

一、油藏数值模拟基础知识及应用流程

2.1 软件产品 ■ECLIPSE工作流

构造数据，属性数据，井数据，流体性质数据

原始输入数据筛选

模拟器

黑油模拟器

组分模拟器

流线模拟器

Eclipse Office

项目|数据|运行|图形|报告管理

后处理

GRAF

FloViz

NWM

PlanOpt

WelTest

工作流模块

Application Links

前处理

FloGrid

PVTi

SCAL

Schedule

24

一、油藏数值模拟基础知识及应用流程

ECLIPSE数据类型分八部分，各部分内的关键字除几个个别的外不能混用。

（1）**RUNSPEC:** 定义模型维数以及模型基本类型，包括模型网格维数，最大井数，井组数，流体类型，输出类型控制等。

（2）**GRID:** 定义模型网格和属性，包括顶部深度，厚度，孔隙度，渗透率，净毛比，一般由前处理软件Flogrid或Petrel输出。

（3）**EDIT:** 编辑孔隙体积，传导率。

（4）**PROPS:** 流体PVT及岩石数据，包括油，气体积系数，粘度随压力变化，水的体积系数，粘度。油，气，水地面密度等。岩石数据是相渗曲线和毛管压力。

25

一、油藏数值模拟基础知识及应用流程

（5）**REGIONS:** 分区数据，包括流体分区，岩石分区，储量区，平衡区等。

（6）**SOLUTION:** 平衡区数据，包括油水界面，油气界面，参考压力，参考深度。水体参数。

（7）**SUMMARY:** 计算结果输出，包括油田，井组，单井的油，气，水产量，压力输出，网格的压力，饱和度输出等。

（8）**SCHEDULE:** 动态数据部分，包括定义井位，射孔，产量，压力，历史拟合，预测等。

26

一、油藏数值模拟基础知识及应用流程

2.2 工作流程

确定研究目标（5%）：明确目的、确定基本策略、划分可用资源、决定研究所需

获取检查数据（20%）：收集数据、分析数量和品质、校正错误、合理转换

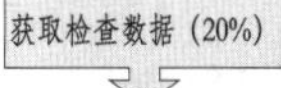

建立油藏模型（15%）：选择模拟器、测算工作量、制定辅助措施、设计网格

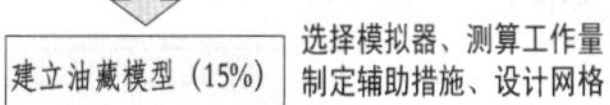

开展历史拟合（40%）：落实拟合目标、确定拟合质量、提出油藏认识、分析剩余潜力

进行动态预测（20%）：制定预测方案、选择优化方法、确定控制条件、分析预测指标

合理的时间分配是确保模拟研究质量的必要条件。

27

一、油藏数值模拟基础知识及应用流程

2.2 工作流程　（1）确定研究目标

需主要考虑的因素：

- 目标油藏或区块的主要地质特征；
- 目标油藏的流体及开发动态特征；
- 油藏的开发阶段及其面临的主要矛盾；
- 能够获得的资料数据的数量和质量；
- 研究的时间周期要求；
- 人为的目标要求及实现的可能性。

制定有针对性的切实可行的研究目标。

巧妇难为无米之炊！（目标过高）

28

一、油藏数值模拟基础知识及应用流程

2.2 工作流程　（2）获取检查数据

收集： 根据研究目标收集相关数据资料信息。

评价： 分析所采集数据的来源渠道、数据的质量、数据的有效性及数据的齐全程度。

处理： 对于被证实可靠的数据进行适当处理，以确保他们在技术上适合油藏模拟技术的需求。（环境校正、尺度放大、代表性选取等）

29

一、油藏数值模拟基础知识及应用流程

油藏数值模型数据类型 → 油藏模拟中应用数据信息

数据类型	应用数据信息
地球物理数据	构造图、断层、地层尖灭、不整合、储层展布等；
地质数据	孔隙度、渗透率、有效厚度、流动屏障、岩石类型分布等；
常规岩心分析数据	孔隙度、绝对渗透率、原始饱和度等；
特殊岩心分析数据	压缩性、端点饱和度、相渗曲线、毛管压力等；
裸眼井测井数据	饱和度、孔隙度、储层净/总厚度、垂向压力梯度等；
压力瞬变数据	有效渗透率、地层损害、流体PVT、关井压力、油藏静压等；
生产历史数据	产油、水、气量、井底流压、油藏静压、射孔及完井信息等；
套管井测井数据	油藏温度、产液剖面、吸水剖面、饱和度剖面等；
非油藏岩石描述数据	非产层分布、水体分布等；
流体描述数据	流体高压物性及相态分析；

资料收集：

- 基础地质资料
- 油藏特征信息
- 生产动态资料
- 流体PVT资料
- 特殊岩心资料

30

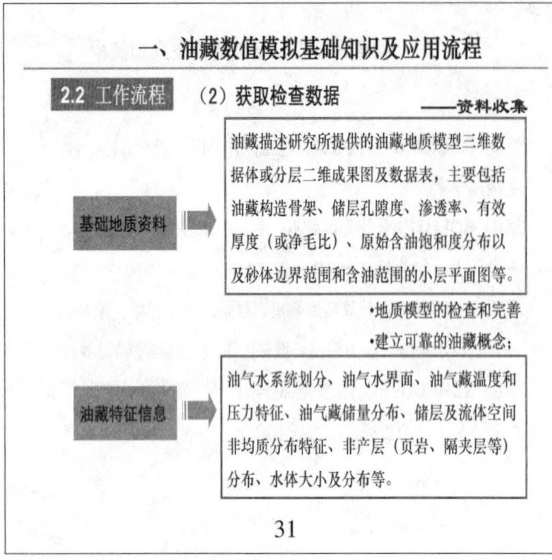
一、油藏数值模拟基础知识及应用流程
2.2 工作流程
（2）获取检查数据
——资料收集
基础地质资料
油藏描述研究所提供的油藏地质模型三维数据体或分层二维成果图及数据表，主要包括油藏构造骨架、储层孔隙度、渗透率、有效厚度（或净毛比）、原始含油饱和度分布以及砂体边界范围和含油范围的小层平面图等。
•地质模型的检查和完善
•建立可靠的油藏概念；
油藏特征信息
油气水系统划分、油气水界面、油气藏温度和压力特征、油气藏储量分布、储层及流体空间非均质分布特征、非产层（页岩、隔夹层等）分布、水体大小及分布等。
31

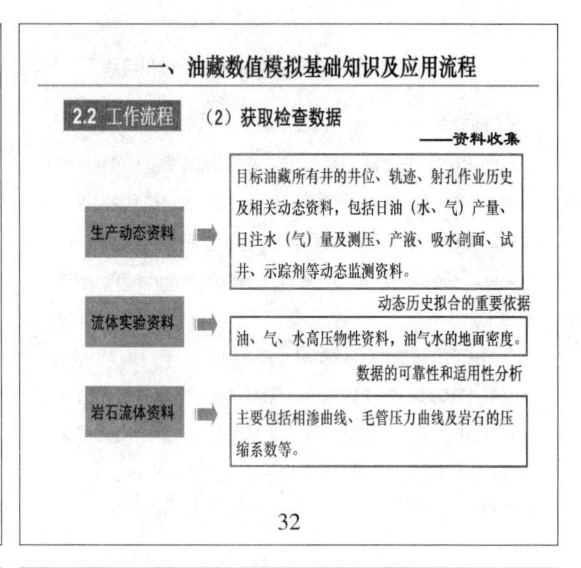
一、油藏数值模拟基础知识及应用流程
2.2 工作流程
（2）获取检查数据
——资料收集
生产动态资料
目标油藏所有井的井位、轨迹、射孔作业历史及相关动态资料，包括日油（水、气）产量、日注水（气）量及测压、产液、吸水剖面、试井、示踪剂等动态监测资料。
动态历史拟合的重要依据
流体实验资料
油、气、水高压物性资料，油气水的地面密度。
数据的可靠性和适用性分析
岩石流体资料
主要包括相渗曲线、毛管压力曲线及岩石的压缩系数等。
32

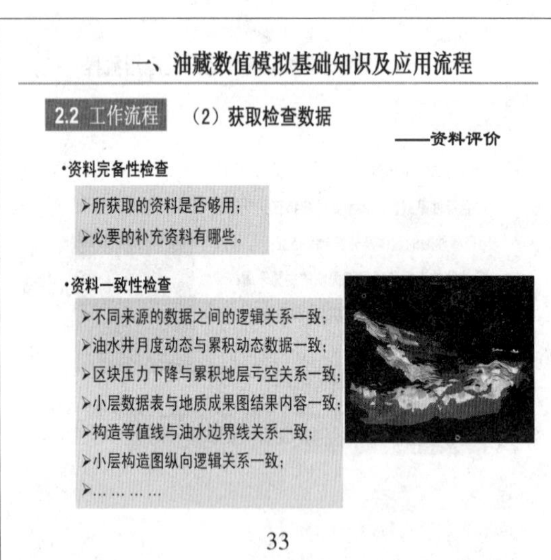
一、油藏数值模拟基础知识及应用流程
2.2 工作流程
（2）获取检查数据
——资料评价
•资料完备性检查
➢所获取的资料是否够用；
➢必要的补充资料有哪些。
•资料一致性检查
➢不同来源的数据之间的逻辑关系一致；
➢油水井月度动态与累积动态数据一致；
➢区块压力下降与累积地层亏空关系一致；
➢小层数据表与地质成果图结果内容一致；
➢构造等值线与油水边界线关系一致；
➢小层构造图纵向逻辑关系一致；
➢… … … …
33

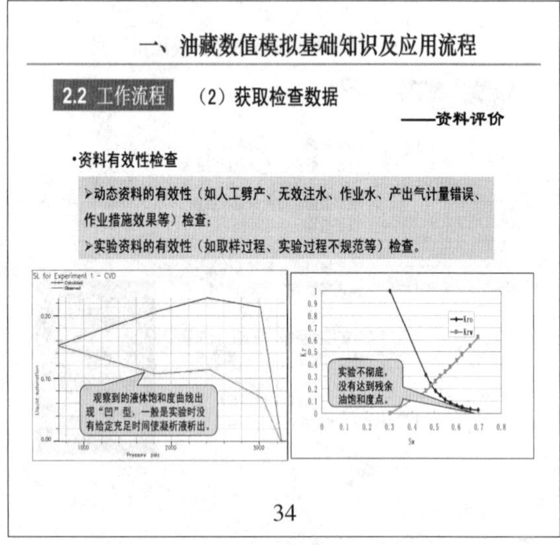
一、油藏数值模拟基础知识及应用流程
2.2 工作流程
（2）获取检查数据
——资料评价
•资料有效性检查
➢动态资料的有效性（如人工劈产、无效注水、作业水、产出气计量错误、作业措施效果等）检查；
➢实验资料的有效性（如取样过程、实验过程不规范等）检查。
观察到的液体饱和度曲线出现“凹”型，一般是实验时没有给定充足时间使凝析液析出。
实验不彻底，没有达到残余油饱和度点。
34

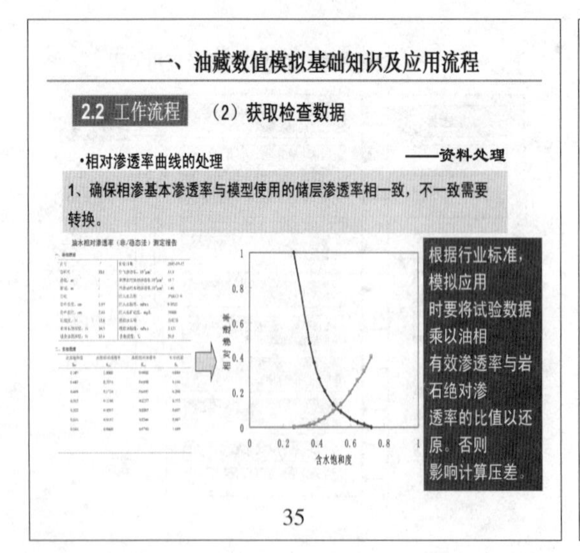
一、油藏数值模拟基础知识及应用流程
2.2 工作流程
（2）获取检查数据
——资料处理
•相对渗透率曲线的处理
1、确保相渗基本渗透率与模型使用的储层渗透率相一致，不一致需要转换。
含水饱和度
根据行业标准，模拟应用时要将试验数据乘以油相有效渗透率与岩石绝对渗透率的比值以还原。否则影响计算压差。
35

一、油藏数值模拟基础知识及应用流程
2.2 工作流程
（2）获取检查数据
——资料处理
•相对渗透率曲线的处理
2、为获取不同区块典型的相渗曲线，需要对多个实验样品进行分类、筛选、平均、还原处理。
Relative Permeability
36

一、油藏数值模拟基础知识及应用流程

2.2 工作流程　（2）获取检查数据

——资料处理

•毛管压力曲线曲线的处理

1、为获取不同区块典型的毛压曲线，需要对多个实验样品进行分类、筛选、平均、还原处理（与相渗处理方法类似）。

$$J(S_w)=\frac{P_c(S_w)}{\sigma\cos(\theta_c)}\left(\frac{k}{\phi}\right)^{1/2}$$

毛管压力标准化公式（取试验参数）

$$P_c(S_w)=\sigma\cos(\theta_c)J(S_w)\left(\frac{\phi}{k}\right)^{1/2}$$

毛管压力还原公式（取油藏参数）

37

一、油藏数值模拟基础知识及应用流程

2.2 工作流程　（2）获取检查数据

——资料处理

•毛管压力曲线曲线的处理

2、不同实验方法毛管压力转换（压汞法和半渗隔板法）

$$\frac{P_{cHg}}{P_{cw}}=\frac{\sigma_{Hg}\cos\theta_{Hg}}{\sigma_w\cos\theta_w}\approx 5$$

P_{cHg}为压汞毛压

P_{cw}为半渗隔板毛压

3、实验条件向地层条件毛管压力转换

$$P_{cres}=P_{clab}\frac{\sigma_{res}\cos\theta_{res}}{\sigma_{lab}\cos\theta_{lab}}\sqrt{\frac{K_{lab}}{K_{res}}}$$

38

一、油藏数值模拟基础知识及应用流程

2.2 工作流程　（3）模型建立

——模型选择

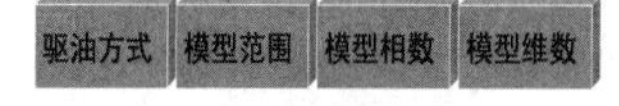

确定研究模型类型

39

选择内容	模型分类	主　要　作　用
模拟方法	概念模型	对油藏整体不确定性因素进行敏感性分析，具体应用需要判断和分析。
	实际模型	真实油藏模拟，直接指导应用，但对其它油藏其结果不具普遍代表性。
流体性质	黑油模型	模拟油、气、水存在时的低挥发油藏。
	组分模型	存在流体相间传质，模拟挥发油藏、凝析气藏及注气混相等。
储集类型	单介质模型	单一孔隙度和渗透率，如普通砂岩油藏。
	多介质模型	双孔隙度模型或双渗透率模型，如天然裂缝性油藏，火成岩油藏，灰岩油藏。
驱油过程	水驱模型	模拟常规注水、注气等一次或二次采油油藏。
	热采模型	模拟蒸汽吞吐、蒸汽驱、火烧油层开发的稠油油藏。
	化学驱模型	模拟采用化学驱开采的油藏（如聚合物驱、二元及三元符合驱等。
模型范围	单井模型	主要用于评价各种完井措施、预测锥进动态、分析复杂的压力瞬变数据及产生拟函数等。
	剖面模型	主要用于研究所有与粘度、重力和毛细管力之间相互作用有关的问题。
	井组模型	主要用于跟踪井网中的驱替前缘、确定油田某部位的新钻加密井位置、检测气顶膨胀或水侵过程等。
	全油田模型	油田开发调整与预测。
模型维数	零维模型	主要用于确定原始地层流体、预测全油田产量、估算水侵情况及确定整个开采时间内油藏平均压力及饱和度等。
	一维模型	主要用于实验室研究。
	（多层）二维模型	包括单井模型（r-z）、剖面模型（x-z）和平面模型(x-y)，主要用于研究有关油藏动态的许多问题，具有广泛的用途。
	三维模型	能够用于大多数研究目标。
流体相数	一相模型	气藏（干气、湿气）。
	二相模型	边底水气藏（气、水），未饱和油藏注水保持压力开采。
	三相模型	饱和油藏或未饱和油藏枯竭式开采。

40

一、油藏数值模拟基础知识及应用流程

2.2 工作流程　（3）模型建立　——模型选择

•模拟方法选择　**根据研究的目的，确定选择理论（概念）模拟或实际模拟。**

O理论（概念）模拟（模型）：平均油藏参数，局部代表区域。常用于敏感性分析或机理研究。

O实际模拟（模型）：非均质油藏参数，结果没有普遍性。

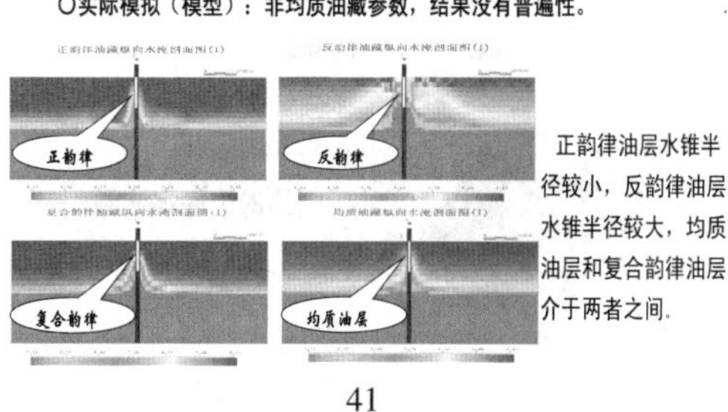

正韵律油层水锥半径较小，反韵律油层水锥半径较大，均质油层和复合韵律油层介于两者之间。

41

一、油藏数值模拟基础知识及应用流程

2.2 工作流程　（3）模型建立

——模型选择

•储层类型选择

单纯介质模型：单一孔隙度和渗透率，如普通砂岩油藏。

双（三）重介质模型：双孔隙度模型或双渗透率模型，如天然裂缝性油藏，火成岩油藏，灰岩油藏。

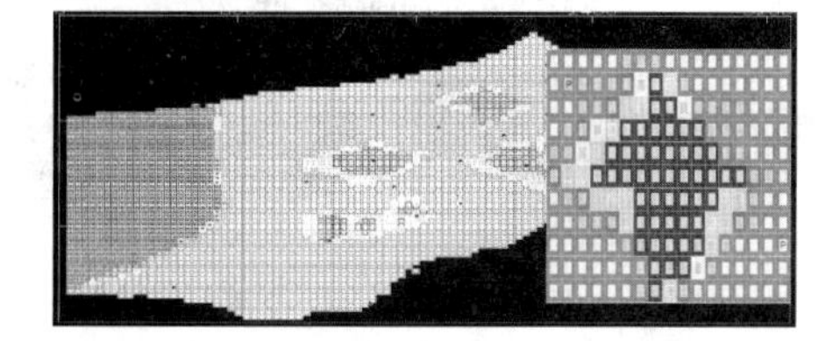

42

一、油藏数值模拟基础知识及应用流程

2.2 工作流程 （3）模型建立 ——模型选择

•模型范围选择

模型范围是指所模拟的油藏区域大小及其与主要油藏区域的连通性。根据油藏模拟研究所要达到的目标选择模型范围。主要包括：

O单井模型：（通常用r-z坐标系）该模型主要用于评价各种完井措施、预测锥进动态、分析复杂的压力瞬变数据及产生拟函数等。

O剖面模型：（通常用x-z坐标系）该模型主要用于研究所有与粘度、重力和毛细管力之间相互作用有关的问题，主要有：确定边缘水侵或气顶膨胀的影响及产生块间拟函数等。

单井径向模型立体示意图

利用单井径向模型确定提液参数来确定埕岛油田馆陶组地层压力水平、生产压差与单井产液量的关系。

43

一、油藏数值模拟基础知识及应用流程

2.2 工作流程 （3）模型建立 ——模型选择

•模型范围选择

O井组模型：考虑一个典型的井网。井组模型既可以是二维也可以是三维，该模型主要用于跟踪井网中的驱替前缘、确定油田某部位的新钻加密井位置、检测气顶膨胀或水侵过程等；

O全油田模型：考虑整个生产区域中所有形式的水力连通情况。全油藏研究中连通类型包括：油藏连通、井筒连通和整个地面设施的连通。全油藏模型能够实现大多数而非全部的研究目标。

井组概念模型示意图

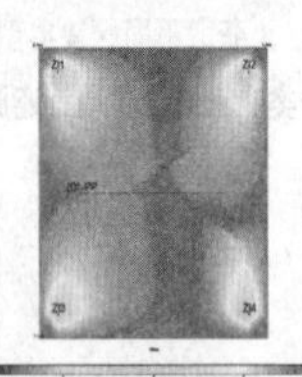

利用井组概念模型进行鱼骨状分支水平井的不同注采井网开发效果。

44

一、油藏数值模拟基础知识及应用流程

2.2 工作流程 （3）模型建立 ——模型选择

•模型维数选择

模型维数是指目标油藏中流体流动方向的数量。根据油藏模拟研究所要达到的目标确定模型维数。

O零维模型：也叫物质平衡方程，仅考虑了油藏能量而不能区分任何方向的流动。该模型主要用于确定原始地层流体、预测全油田产量、估算水侵情况及确定整个开采时间内油藏平均压力及饱和度等。

O一维模型：考虑流体在一个方向的流动。该模型主要用于实验室研究 。

O二维模型：包括单井模型（r-θ）、剖面模型（x-z）和全油田模型(x-y)，该模型主要用于研究有关油藏动态的许多问题，具有广泛的用途 。

45

一、油藏数值模拟基础知识及应用流程

2.2 工作流程 （3）模型建立 ——模型选择

•模型维数选择

O多层二维模型：由几个平面二维模型组成，这些二维模型在整个油藏中由于垂向的传导率屏障而处于不连通状态，但可能由于合采或合注而在井筒中连通。该模型的研究目标与二维模型相同，同时还可以用于测试各种合采措施、修井、二次完井措施以及油管与地面设备的性能等。

o三维模型：能够用于大多数研究目标。

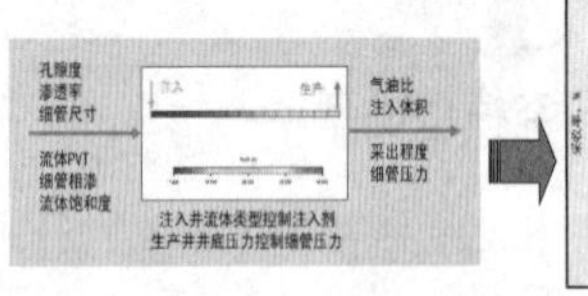

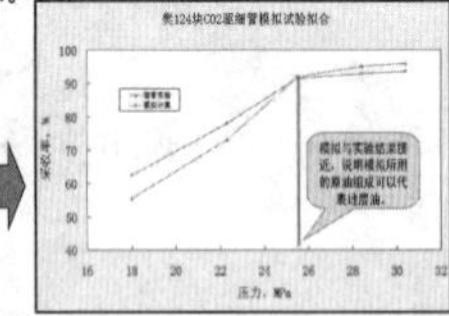

46

一、油藏数值模拟基础知识及应用流程

2.2 工作流程 （3）模型建立 ——模型选择

•流体类型选择

黑油模型：模拟油、气、水存在时的低挥发油藏。

组分模型：存在流体相间传质，模拟挥发油藏、凝析气藏及注气混相等。

G89块低渗透油藏CO2混相驱模拟研究

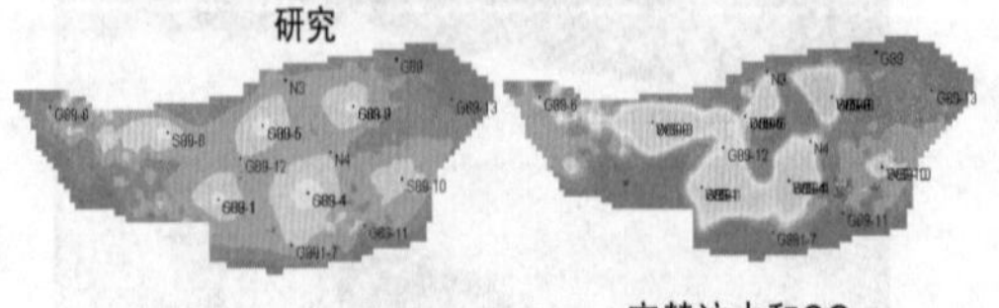

注水开发　　交替注水和CO_2混相

47

一、油藏数值模拟基础知识及应用流程

2.2 工作流程 （3）模型建立 ——模型选择

•模型相数选择

一相模拟：气藏（干气、湿气）。

两相模拟：边底水气藏（气、水），未饱和油藏注水保持压力开采。

三相模拟：饱和油藏或未饱和油藏枯竭式开采。

扎尔则油田

—带气顶的边底水油藏

48

一、油藏数值模拟基础知识及应用流程

2.2 工作流程 （3）模型建立

——网格模型设计

•三个因素

油藏边界、构造（断层、微构造）特征、储层非均质性、纵向隔夹层、地层尖灭。

地质因素　动态因素　数值因素

井网、井距、地层脱气、底水锥进、边水指进、气体超溢、前缘饱和度变化。

数值弥散（大网格）、方向效应、截断误差、收敛性等。

49

一、油藏数值模拟基础知识及应用流程

2.2 工作流程 （3）模型建立

——网格模型设计

•五个方面

网格类型：地质特征、动态特征描述需求

网格边界：油藏几何形态，主渗流方向

网格步长：截断误差，数值弥散，井距影响，均匀性与收敛性，运算规模

网格方向：构造主轴，断层走向，井网布局，方向效应

网格分层：韵律厚油层，高渗透薄层，隔夹层，底水过渡带，水平井设计

50

一、油藏数值模拟基础知识及应用流程

2.2 工作流程 （3）模型建立

——网格模型设计

•五个方面—网格类型

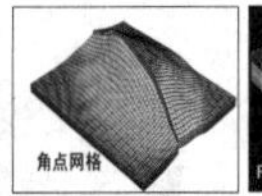

网格类型	适应性
正交网格	适于构造简单、储层发育状况良好的油藏。
角点网格	适于复杂构造油藏及储层发育较差的岩性油藏。
FEBI网格	适于复杂结构井及水平井开发模拟或复杂构造油藏。
局部加密网格	适于局部油藏区域的精细描述与预测模拟。
动态网格	适于稠油油藏前缘跟踪模拟。

51

一、油藏数值模拟基础知识及应用流程

2.2 工作流程 （3）模型建立

——网格模型设计

•五个方面—网格边界

设计原则：

（1）能够正确描述油藏外边界；

（2）能够较好地控制油藏内部流体的主渗流方向。

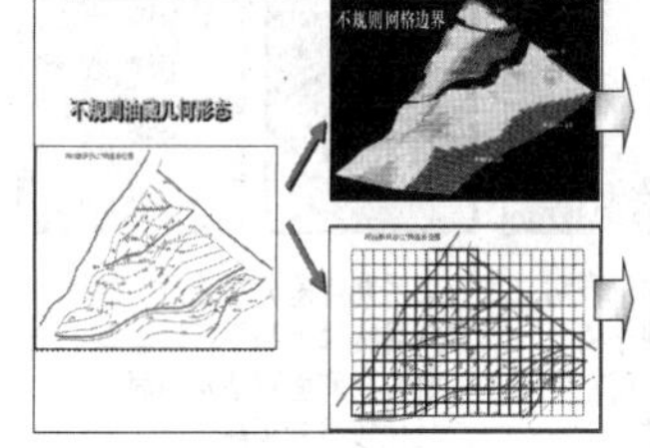

油藏边界描述准确，流体主渗流方向控制合理，但网格正交性有所丧失。

网格正交性强，但不规则边界的描述精度偏低。

52

一、油藏数值模拟基础知识及应用流程

2.2 工作流程 （3）模型建立

——网格模型设计

•五个方面—网格步长

小网格步长优势：精确描述不规则油藏边界、油藏的不连续性、断层轨迹、微构造、注采井间及附近压力与饱和度变化，减小数值弥散等。

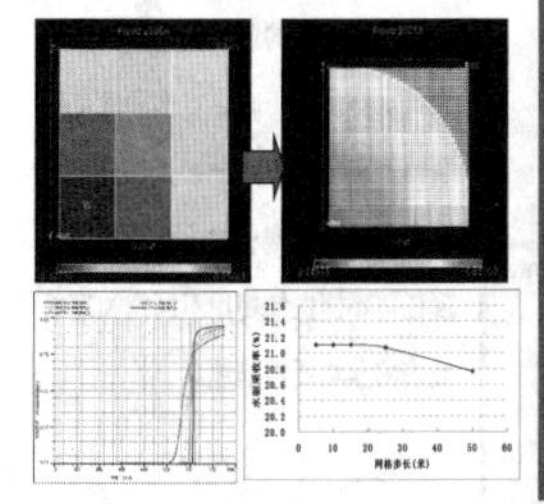

概念模型（水驱平面）的研究表明：受数值弥散的影响，随着网格步长的减小，数值弥散减小，计算的驱替效率会增加，生产井达到相同含水时的采收率增加，但波及系数减小，且总采收率偏高。

53

一、油藏数值模拟基础知识及应用流程

2.2 工作流程 （3）模型建立

——网格模型设计

•五个方面—网格步长

CO_2混相驱概念剖面模型

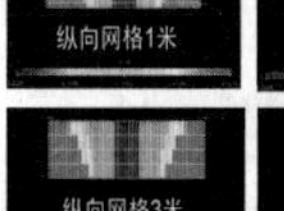

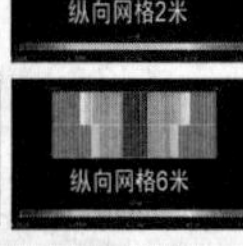

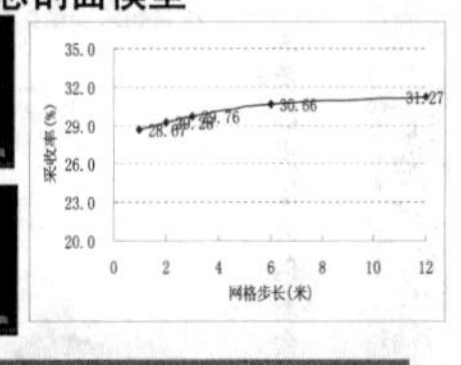

剖面模型研究表明：随着纵向网格步长的减小，采收率减小，这是由于细网格能反映出油藏流体的重力分异作用，即CO2气体的超覆现象。计算结果更加符合实际。

54

一、油藏数值模拟基础知识及应用流程

2.2 工作流程 （3）模型建立

——网格模型设计

•五个方面—网格步长

CO2混相驱概念剖面模型

网格步长减小，计算时间大幅度上升。且太小会使求解流动方程发生困难，引起计算收敛和误差问题。

对比不同网格步长情况下饱和度和压力分布、驱替采收率、井动态变化及计算时间的敏感性。

也可采用局部网格加密描述关注区域的物理现象，如井密集区域、驱替指进和舌进现象、凝析液析出区域、水力压裂裂缝等区域。

55

一、油藏数值模拟基础知识及应用流程

2.2 工作流程 （3）模型建立

——网格模型设计

•五个方面—网格方向

主要考虑的因素：

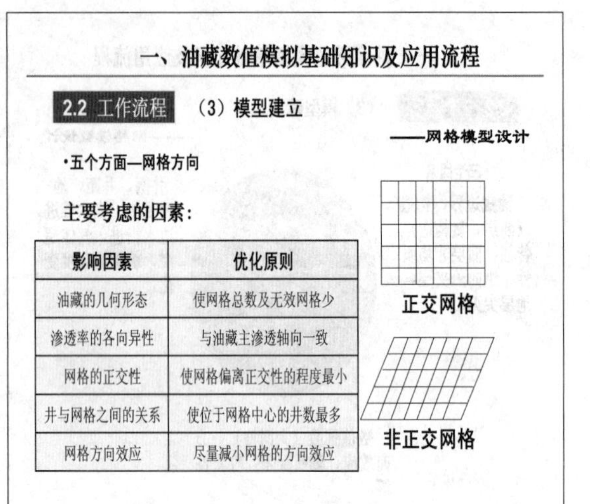

影响因素	优化原则
油藏的几何形态	使网格总数及无效网格少
渗透率的各向异性	与油藏主渗透轴向一致
网格的正交性	使网格偏离正交性的程度最小
井与网格之间的关系	使位于网格中心的井数最多
网格方向效应	尽量减小网格的方向效应

56

一、油藏数值模拟基础知识及应用流程

2.2 工作流程 （3）模型建立

——网格模型设计

•五个方面—网格方向

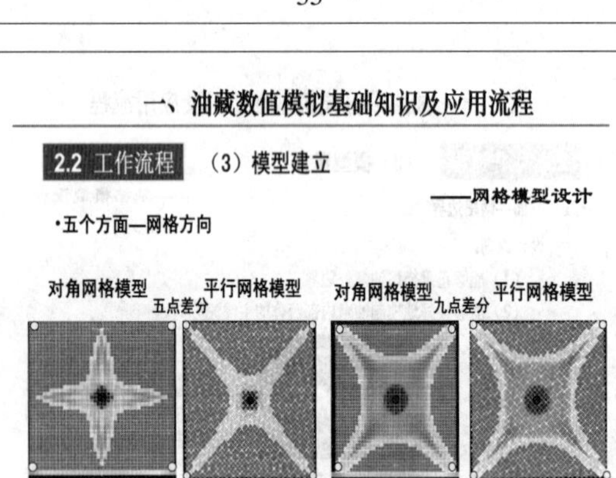

CO2混相驱概念模型研究表明：五点差分算法下对角网格模型中驱替过程严重失真，而在平行模型中指进过分严重。

采用九点差分算法后，对角网格模型和平行模型驱替方向和面积基本相同，且比较符合实际。

57

一、油藏数值模拟基础知识及应用流程

2.2 工作流程 （3）模型建立

——网格模型设计

• 五个方面—纵向网格划分

下列情况需要细分：

•具有明显韵律特征的厚油层
•层内含有薄的高渗透层或低渗透夹层
•底水油藏的过渡层（描述水锥）
•需要拟合纵向饱和度剖面
•部分完井和射孔情况
•水平井设计

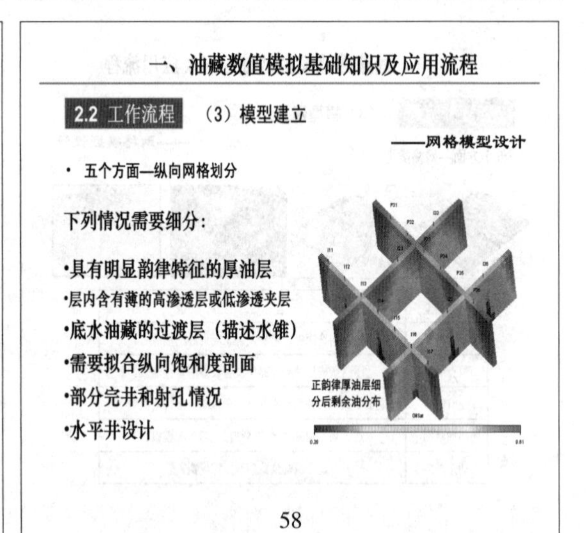

58

一、油藏数值模拟基础知识及应用流程

2.2 工作流程 （3）模型建立

——网格模型设计

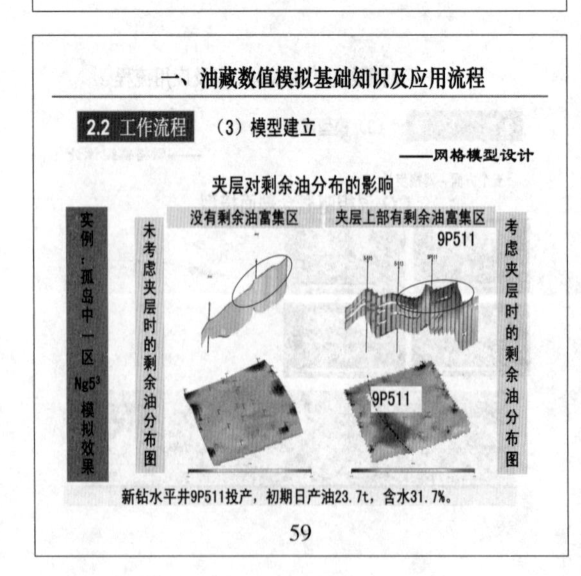

59

一、油藏数值模拟基础知识及应用流程

2.2 工作流程 （3）模型建立

——流体模型赋值

•渗流物理参数—饱和度函数标定

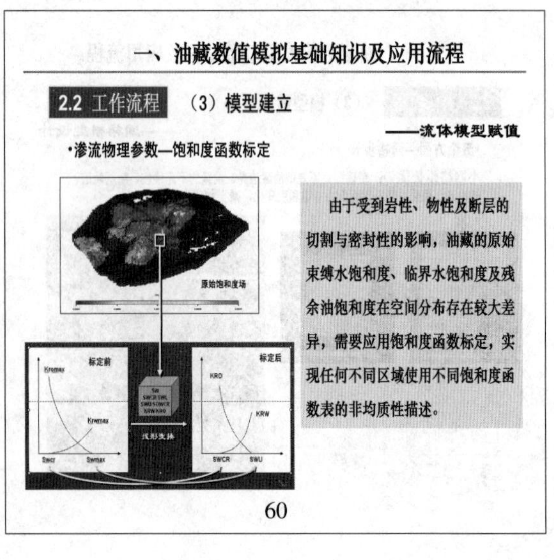

由于受到岩性、物性及断层的切割与密封性的影响，油藏的原始束缚水饱和度、临界水饱和度及残余油饱和度在空间分布存在较大差异，需要应用饱和度函数标定，实现任何不同区域使用不同饱和度函数表的非均质性描述。

60

一、油藏数值模拟基础知识及应用流程

2.2 工作流程 （3）模型建立

——流体模型赋值

•渗流物理参数—饱和度函数标定

Kromax　Krwmax　Swcr　Swmax　线形变换　KRO　KRW　SWCR　SWU

$$K_{rw}=K_{rw}(\text{table})\left(\frac{\text{KRW(grid block)}}{K_{rw\,\max}(\text{table})}\right)$$

$$S_w'=S_{wcr}+\frac{(SW-SWCR)(S_{wmax}-S_{wcr})}{SWU-SWCR}$$

$K_{rw}(SW)=K_{rw}(S_w')(table)$ for $SWCR\le SW\le SWU$.

$K_{rw}(SW)=0$ For $SW\le SWCR$

$K_{rw}(SW)=K_{rwmax}(table)$. for $SW\ge SWU$

61

一、油藏数值模拟基础知识及应用流程

2.2 工作流程 （3）模型建立

——流体模型赋值

•渗流物理参数—PVT分区

地面原油密度 g/cm3　深度 m

ro = 0.00019 H + 0.70217, R = 0.9136

ro = 0.000216 H + 0.65823, R = 0.9847

ro = 0.000171 H + 0.70391, R = 0.7809

ro = 0.00016 H + 0.70298, R2 = 0.6994

1+2砂组　3砂组　4砂组　5、6砂组

根据油藏开发动态或流体测试情况，分析流体非均质特征。

根据流体非均质特征，进行流体性质分类。

对于不同类型流体，根据实验结合动态建立典型的PVT表。

根据流体类型与油藏空间的对应关系，建立流体空间类型分区。

62

一、油藏数值模拟基础知识及应用流程

2.2 工作流程 （3）模型建立

——流体模型赋值

•水体参数　根据认识及模拟需要，选择不同水体。

水体类型	数字水体	网格水体	通过调整网格的孔隙体积来描述水体大小，此类水体一般用于有限水体的模拟。
		数值水体	通过调整水体参数（水体长度、横截面积、孔隙度、渗透率、深度、初始压力等）来描述水体性质，可以较好地描述实际封闭水体状况。
	解析水体	FK水体（拟稳态水体）	通过调整水体参数（体积、深度、初始压力、综合压缩系数、水侵指数等）来描述水体性质。
		CT水体（不稳定水体）	通过调整水体参数（厚度、孔隙度、渗透率、深度、初始压力、综合压缩系数、水体外半井、水侵角等）来描述水体性质。
		恒流量水体（稳态水体）	水体的作用大小根据动态分析的认识直接给定水侵入量（或水侵出量）。

63

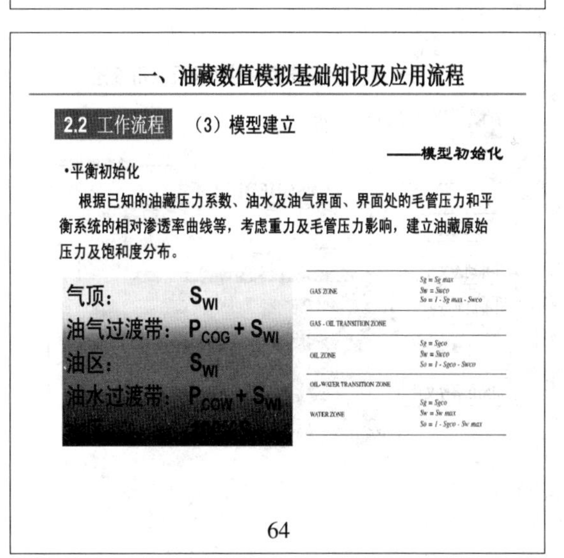

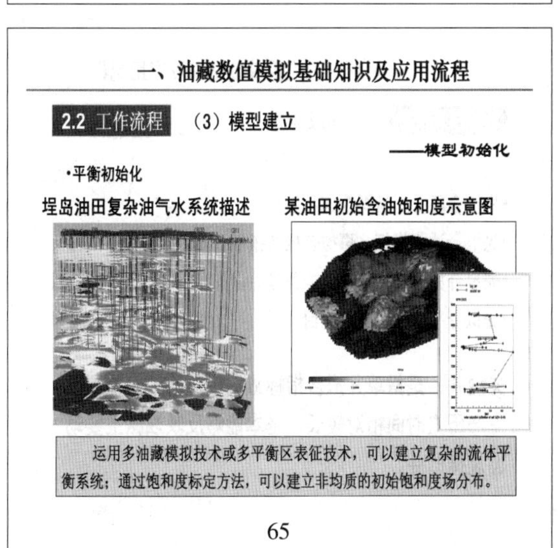

一、油藏数值模拟基础知识及应用流程

2.2 工作流程 （3）模型建立

——模型初始化

•非平衡初始化

两种方式：

•利用模型重启；

•给定油、气、水饱和度场及压力分布（一般压力分布很难合理给定）。

66

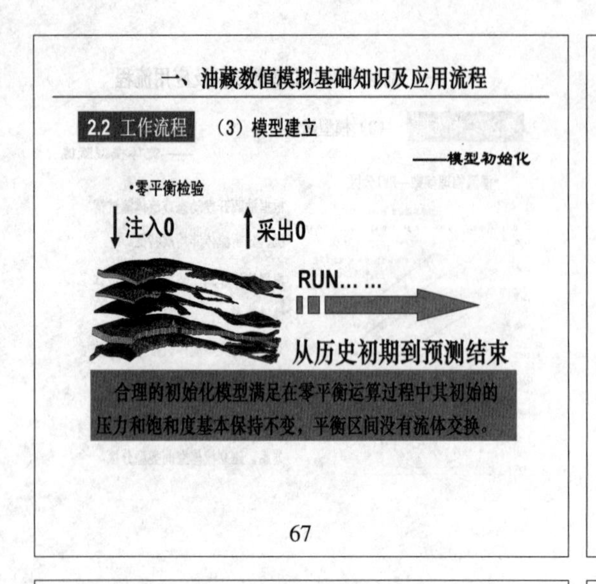

一、油藏数值模拟基础知识及应用流程

2.2 工作流程 （3）模型建立

——模型初始化

·地质储量核实

利用合理初始化后的计算模型，对比分析模型计算原始地质储量与实际地质储量的一致性。对于差别较大的情况，分析产生的原因，必要时并对模型参数作适当的调整。

储量核实差异因素分析：

（1）输入油藏构造和厚度，初始化模型，计算总岩石体积，并于地质数据比较，校正相关参数；	（2）输入网格净毛比，初始化模型，计算净岩石体积，并于地质数据比较，校正相关参数；	（3）输入网格孔隙度，初始化模型，计算有效孔隙体积，并于地质数据比较，校正相关参数；	（4）初始化毛管压力函数，计算原始地质储量，并于地质数据比较，校正相关参数。

有利于发现储量差异主要因素，且保证每一步建模与地质模型保持一致。

68

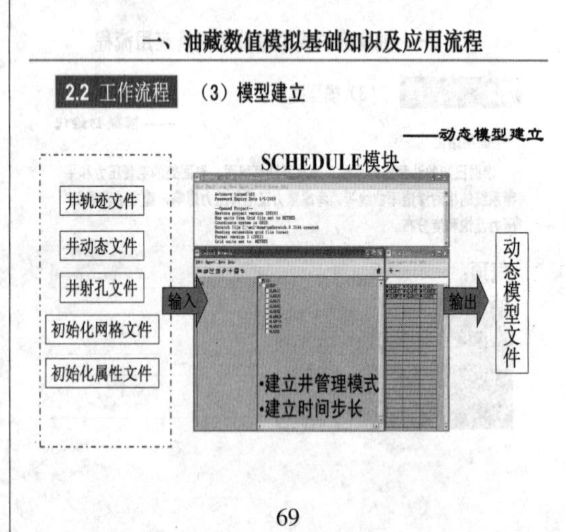

一、油藏数值模拟基础知识及应用流程

2.2 工作流程 （4）历史拟合

历史拟合的目的：使模拟计算的油（气）藏动态与实际观测值达到某种逼近（逼近程度由实际问题而定）。

历史拟合的手段：修改油藏参数，对比动态历史指标。

历史拟合的作用：

- 验证地质模型的可靠性
- 调整完善油藏地质模型
- 加深对油藏静动态认识
- 提高模拟预测的准确性

70

一、油藏数值模拟基础知识及应用流程

2.2 工作流程 （4）历史拟合 ——历史拟合指标

压力拟合指标：

- 油藏（或单元）平均地层压力
- 井的静压
- 井底流动压力
- 井口压力

饱和度拟合指标：

- 油藏（或单元）含水及采出程度
- 单井产水动态（包括见水时间、见水动态）
- 单井产量（定液生产，拟合产油量或定油生产，拟合产液量））
- 单井油气比
- 单井气水比
- 生产剖面
- 注入剖面

根据历史资料的收集状况及项目研究的目标精度要求确定拟合指标，要确保历史拟合指标数据的可靠性。

71

一、油藏数值模拟基础知识及应用流程

2.2 工作流程 （4）历史拟合 ——历史拟合原则

- 先拟合压力、后拟合饱和度；
- 先拟合油藏指标、再拟合区块指标、最后拟合单井指标；
- 先拟合关键井、后拟合非关键井；
- 先拟合平面、后拟合剖面。

关键井：是指单井拟合指标数据相对比较完整可靠、生产历史时间相对较长、基本能够反映油藏主要动态规律的井。

72

一、油藏数值模拟基础知识及应用流程

2.2 工作流程 （4）历史拟合

——历史拟合方法

·压力拟合一般步骤

✓分析确定影响压力历史的地质参数及可能的变化范围。

✓检查油藏平均压力变化与实际情况的一致性，通过调整水体性质、地层压缩系数、地层孔隙度、有效厚度和流体饱和度等参数来拟合，并适当考虑外部边界条件，如气顶、断层、不封闭边界等的影响。

✓检查地层压力分布的合理性，通过修改局部区域的渗透率，从而改变流体流动方向来拟合。

✓检查单井压力的匹配程度，根据单井投产及投注后压力不匹配的时间调整井的表皮系数、局部区域的渗透率或方向渗透率及相对渗透率曲线来拟合。合采与合注井要考虑分层产（注）量的分配不合理对单井压力的影响。

73

一、油藏数值模拟基础知识及应用流程

2.2 工作流程 （4）历史拟合

——历史拟合方法

·饱和度拟合一般步骤

·分析影响水或气流动的油藏或水层的主要特征参数，估算这些参数的大致变化范围。

·分析油藏开采过程，确定锥进和指进对油气比和油水比变化的影响，并根据需求引入井拟函数或局部加密网格。

·检查油藏全区油气比及水油比的拟合情况，与地质师沟通并整体调整分层渗透率大小或部分选定区域的渗透率分布以及油藏相对渗透率曲线，并根据需求适当考虑垂向渗透率取值、网格划分方式等的影响。

·检查单井油气比及水油比的拟合情况，根据注采对应关系及水、油驱动方向调整局部区域的渗透率或方向渗透率、相对渗透率曲线、油气或油水界面来拟合。与地质师沟通并考虑油藏内部断层、裂缝、隔夹层等渗流屏障影响。

·再次检查单井压力拟合情况，防止饱和度拟合对压力拟合的影响，并根据需求再次对模型参数进行调整。

·检查油藏产量，确保整个油藏累积产量与实际情况的一致性。

74

一、油藏数值模拟基础知识及应用流程

2.2 工作流程 （4）历史拟合

——历史拟合方法

没有标准的拟合程序，每个研究只能用自己的解决程序解决自己的问题！

—卢卡.劳森蒂诺

地质认识+工程判断+油藏经验+模拟经验+专业协作

75

一、油藏数值模拟基础知识及应用流程

2.2 工作流程 （4）历史拟合

——历史拟合质量

正确理解拟合质量与拟合率之间的关系

·模拟模型必须要体现控制油田生产的主要机理，不可能预测所有油田驱替过程规律中的例外情况；

·牺牲油藏地质的完整性或生产过程中的物理规律的拟合虽然拟合率高，但拟合质量不高；

·拟合的目的是为了合理的预测，把拟合当作一种概率的工具，只要主要的规律把握住了，预测基本就可靠。

76

一、油藏数值模拟基础知识及应用流程

2.2 工作流程 （4）历史拟合

——历史拟合质量

拟合精度的一般要求：

·区块拟合精度应高于单井；

·历史末期拟合精度应高于初期和中期；

·含水拟合精度应高于压力；

·高产井拟合精度应高于低产井；

·主力层的拟合精度应高于非主力层。

77

一、油藏数值模拟基础知识及应用流程

2.2 工作流程 （5）方案预测

基础方案：即油藏最可能采用的开发方案。可以将保持目前油藏管理方式不变的方案或预期实施的油藏管理方案选择为基础方案。

计划方案：所有有别于基础方案的设计方案。

敏感性方案：对于同一计划，研究与该计划相关的一些不确定因素对计划方案结果的影响，由此设计的方案叫敏感性方案。

78

一、油藏数值模拟基础知识及应用流程

2.2 工作流程 （5）方案预测

——预测控制条件

·生产控制方式　生产方式的选择应与油田的实际管理方式和生产控制情况相一致。

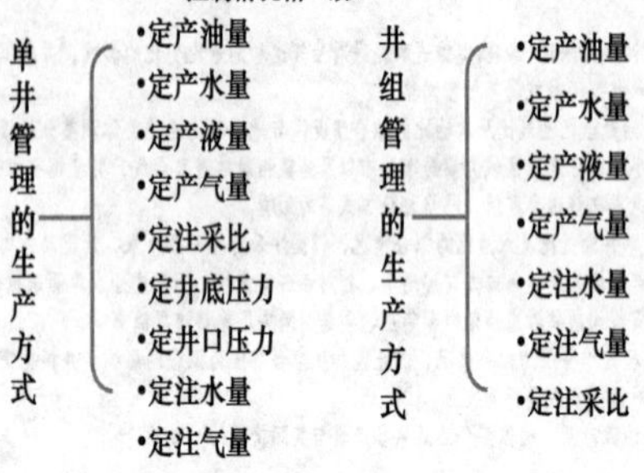

79

一、油藏数值模拟基础知识及应用流程

2.2 工作流程 （5）方案预测

——预测控制条件

·生产限制条件　指满足油井、井组（或区块）生产最低经济极限的生产技术指标要求。

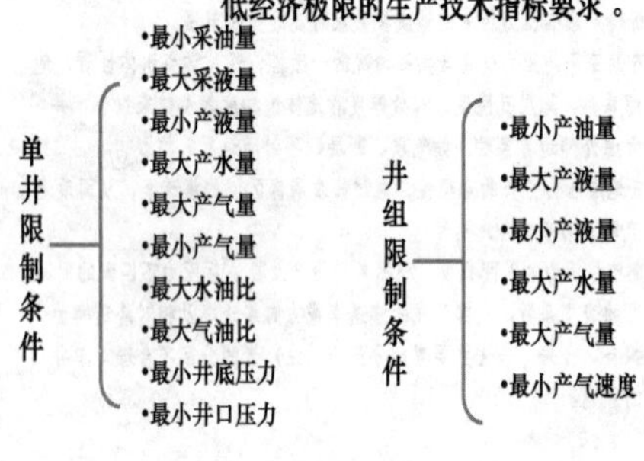

80

一、油藏数值模拟基础知识及应用流程

小结

·油藏数值模拟是什么？

- 模型分类（数学模型/数值模型/计算模型）；
- 油藏数值模拟、油藏模拟器；
- 油藏数值模拟基本原理（数学模型组成/离散化的方式/数值模型线性化的方式/大型稀疏方程组/迭代求解法/模拟器模型的选择）

·油藏数值模拟干什么？

- 与传统油藏工程的区别；
- 开发初期、已开发油田的历史模拟、动态预测、专题及机理问题分析

81

一、油藏数值模拟基础知识及应用流程

小结

·油藏数值模拟怎么干？

- 主流软件产品；
- 工作流程：

确定研究目标（地质/动态特征、开发矛盾、资料状况、时间及其他）

获取检查数据（收集资料的种类、资料检查评价、资料的处理）

模型建立（模型类型的选择、网格模型设计原则、流体模型、初始化设置、动态模型建立）

历史拟合（拟合指标、原则、拟合方法、质量评价）

方案预测（方案类型、生产控制方式、生产限制条件）

82

提　纲

一、油藏数值模拟基础知识及应用流程

二、油藏数值模拟关键技术及应用技巧

三、水驱油藏数值模拟应用案例

83

二、油藏数值模拟关键技术及应用技巧

1、地质模型质量评价技术

2、饱和度函数标定技术

3、水体模拟技术

4、模型收敛性影响与控制

5、精细历史拟合技术

6、方案预测与优化技术

84

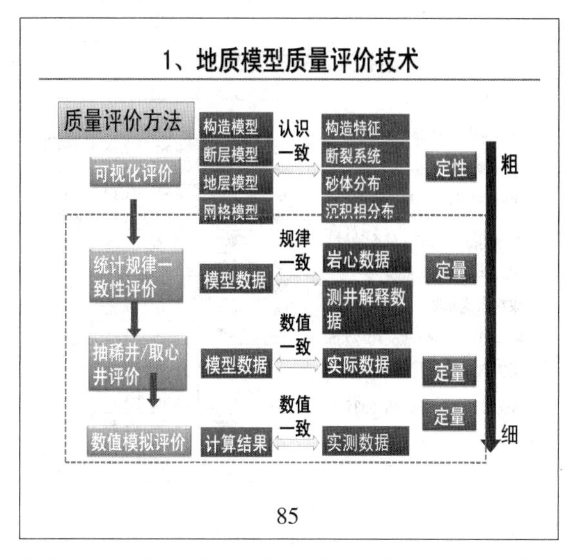
1、地质模型质量评价技术
质量评价方法
可视化评价
构造模型
断层模型
地层模型
网格模型
认识一致
构造特征
断裂系统
砂体分布
沉积相分布
定性
粗
统计规律一致性评价
规律一致
模型数据
岩心数据
测井解释数据
定量
抽稀井/取心井评价
数值一致
模型数据
实际数据
定量
数值一致
数值模拟评价
计算结果
实测数据
定量
细
85

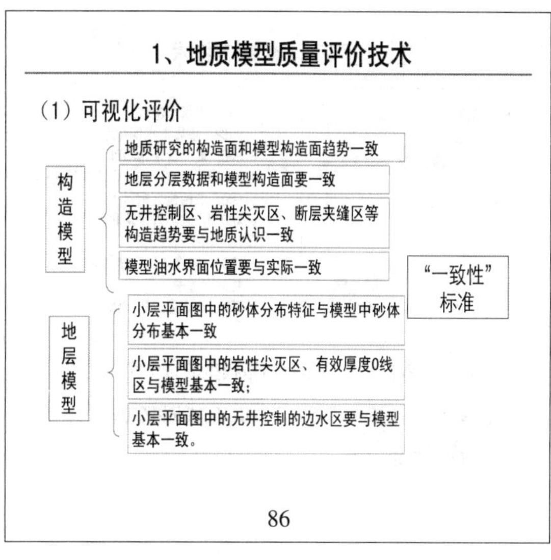
1、地质模型质量评价技术
（1）可视化评价
构造模型
地质研究的构造面和模型构造面趋势一致
地层分层数据和模型构造面要一致
无井控制区、岩性尖灭区、断层夹缝区等构造趋势要与地质认识一致
模型油水界面位置要与实际一致
"一致性"标准
地层模型
小层平面图中的砂体分布特征与模型中砂体分布基本一致
小层平面图中的岩性尖灭区、有效厚度0线区与模型基本一致；
小层平面图中的无井控制的边水区要与模型基本一致。
86

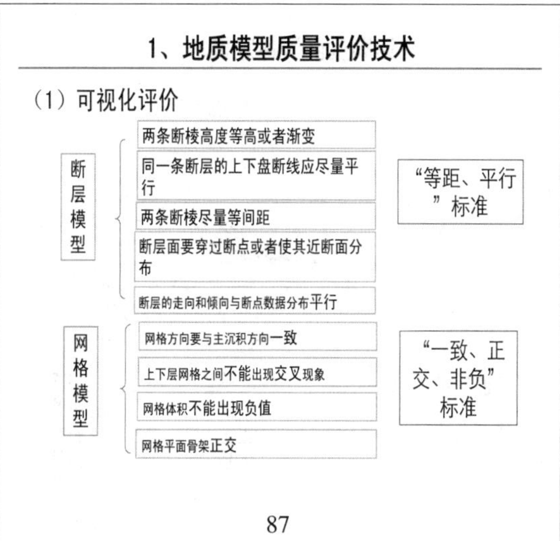
1、地质模型质量评价技术
（1）可视化评价
断层模型
两条断棱高度等高或者渐变
同一条断层的上下盘断线应尽量平行
两条断棱尽量等间距
断层面要穿过断点或者使其近断面分布
断层的走向和倾向与断点数据分布平行
"等距、平行"标准
网格模型
网格方向要与主沉积方向一致
上下层网格之间不能出现交叉现象
网格体积不能出现负值
网格平面骨架正交
"一致、正交、非负"标准
87

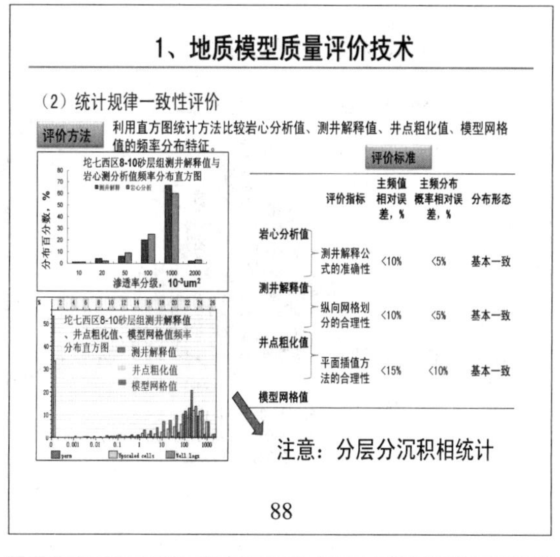
1、地质模型质量评价技术
（2）统计规律一致性评价
评价方法
利用直方图统计方法比较岩心分析值、测井解释值、井点粗化值、模型网格值的频率分布特征。
坨七西区8-10砂层组测井解释值与岩心测分析值频率分布直方图
分布百分数，%
渗透率分级，$10^{-3}um^2$
坨七西区8-10砂层组测井解释值、井点粗化值、模型网格值频率分布直方图
测井解释值
井点粗化值
模型网格值
评价标准
评价指标
主频值相对误差，%
主频分布概率相对误差，%
分布形态
岩心分析值
测井解释值
井点粗化值
模型网格值
测井解释公式的准确性
<10%
<5%
基本一致
纵向网格划分的合理性
<10%
<5%
基本一致
平面插值方法的合理性
<15%
<10%
基本一致
注意：分层分沉积相统计
88

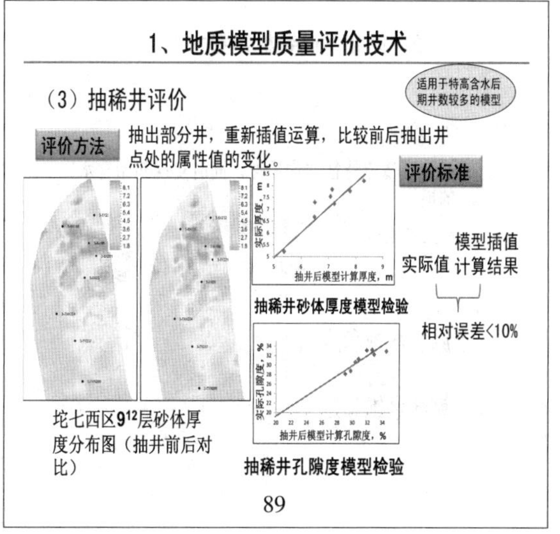
1、地质模型质量评价技术
（3）抽稀井评价
适用于特高含水后期井数较多的模型
评价方法
抽出部分井，重新插值运算，比较前后抽出井点处的属性值的变化。
评价标准
实际厚度，m
抽井后模型计算厚度，m
抽稀井砂体厚度模型检验
实际孔隙度，%
抽井后模型计算孔隙度，%
抽稀井孔隙度模型检验
实际值
模型插值计算结果
相对误差<10%
坨七西区9¹²层砂体厚度分布图（抽井前后对比）
89

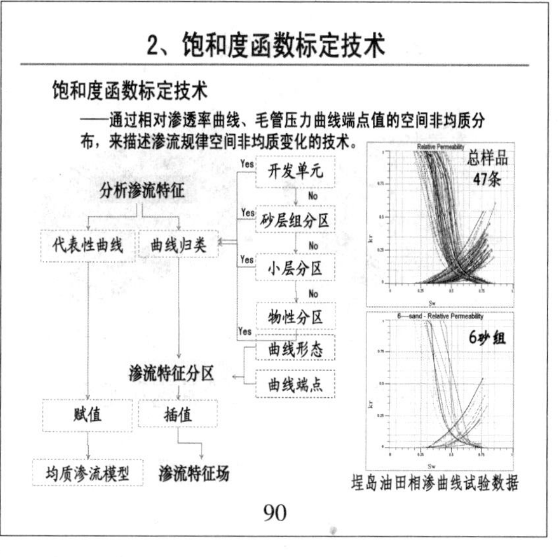
2、饱和度函数标定技术
饱和度函数标定技术
——通过相对渗透率曲线、毛管压力曲线端点值的空间非均质分布，来描述渗流规律空间非均质变化的技术。
分析渗流特征
代表性曲线
曲线归类
开发单元
砂层组分区
小层分区
物性分区
曲线形态
曲线端点
Yes
No
渗流特征分区
赋值
插值
均质渗流模型
渗流特征场
总样品47条
6砂组
埕岛油田相渗曲线试验数据
90

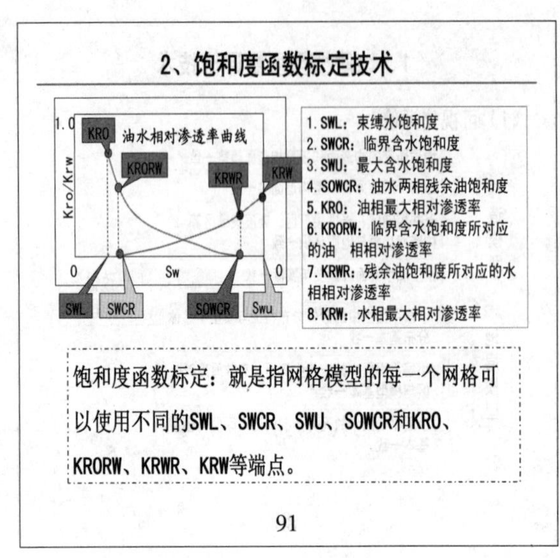

2、饱和度函数标定技术

应用一

某油田油水相对渗透率统计规律

空气渗透率（um^2）

$kair=2.1236\times Koc^{0.7814}$

水相相渗（ um2，残余油时）

$kwir=0.4501\times Koc^{1.143}$

束缚水饱和度

$Swc=-0.0442\times \ln Koc+0.2235$

最大含水饱和度

$Swr=0.3266\times Swc+0.5937$

Koc-束缚水时，油相渗透率，um^2

Kair(md)	Kormax	Kwrmax	Swc	Swr
100	0.20	0.052	0.396	0.723
250	0.26	0.079	0.345	0.706
300	0.27	0.086	0.334	0.703
500	0.31	0.109	0.305	0.693
600	0.33	0.118	0.295	0.690
700	0.35	0.127	0.286	0.687
800	0.36	0.135	0.279	0.685
900	0.37	0.142	0.272	0.683
1000	0.38	0.150	0.266	0.681
1100	0.39	0.156	0.261	0.679
1200	0.40	0.163	0.256	0.677
1300	0.41	0.169	0.251	0.676
1400	0.42	0.175	0.247	0.674
1500	0.43	0.180	0.243	0.673
1600	0.44	0.186	0.240	0.672

92

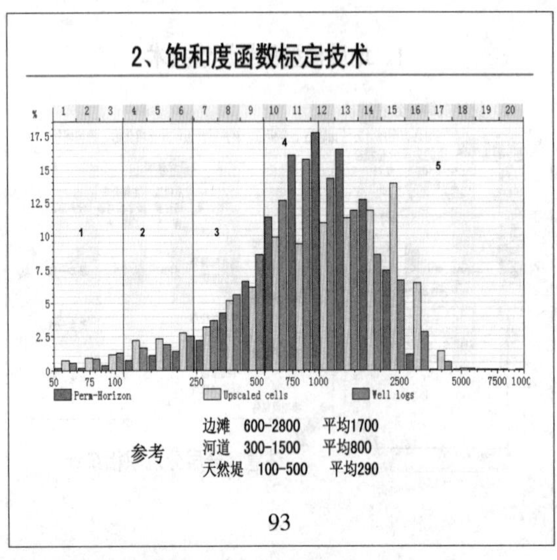

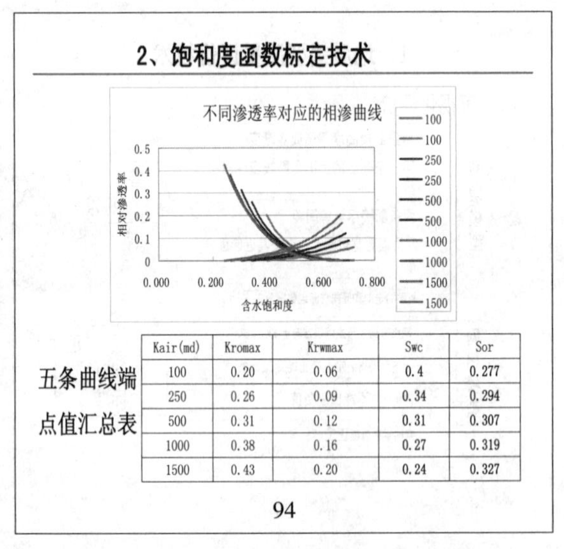

Kair(md)	Kromax	Krwmax	Swc	Sor
100	0.20	0.06	0.4	0.277
250	0.26	0.09	0.34	0.294
500	0.31	0.12	0.31	0.307
1000	0.38	0.16	0.27	0.319
1500	0.43	0.20	0.24	0.327

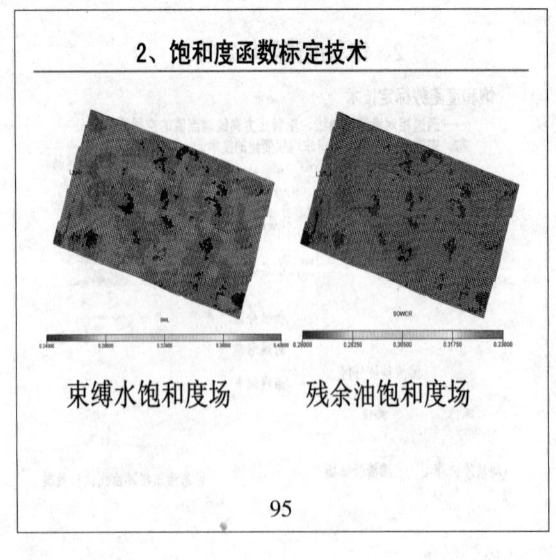

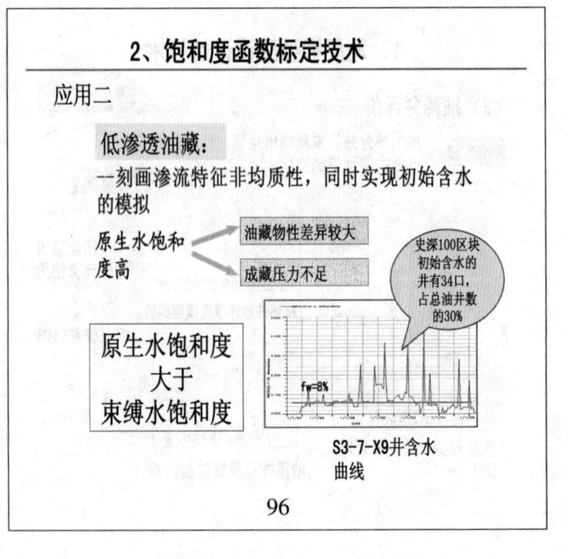

2、饱和度函数标定技术

相渗及毛管压力标定

- 物性及渗流能力的非均质刻画
- 原生水饱和度和束缚水饱和度的差异性

相渗分区4个

S3-7-X9井含水曲线

利用34口井动态资料进行井点原生水饱和度标定，插值得到三维空间原生水饱和度场

束缚水饱和度模型

原生水饱和度模型

97

2、饱和度函数标定技术

相渗及毛管压力标定

- 物性及渗流能力的非均质刻画
- 原生水饱和度和束缚水饱和度的差异性

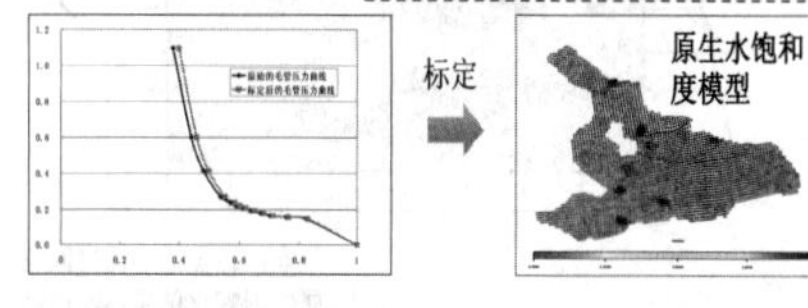

●原生水饱和度转换为表中对应的饱和度

$$SW' = S_{wco} + \frac{(SW-SWL)(S_{wmax}-S_{wco})}{SWU-SWL}$$

●在表中查找出对应的毛管压力

$$P_{cow}(SW) = P_{cow}(SW')(table)$$

98

3、水体模拟技术

水体描述

•稳定渗流 steady state flow

流体在多孔介质中渗流时，密度和速度等物理量仅为空间函数而不随时间变化的渗流。亦称定常流动、稳态流动。

•不稳定渗流 unsteady-state flow

流体在多孔介质中渗流时，各物理量不仅是空间的函数，而且是时间的函数。亦称非定常流动；非稳定流动。

•拟稳定渗流 pseudo-steady-state flow

油藏中各点的压力随时间的变化率为常量时的不稳定流动。

压力

非稳态流

拟稳态流

稳态流

时间

99

3、水体模拟技术

水体描述

•水侵速度 water invasion rate

边水或底水单位时间的入侵量。

•水侵系数 water invasion coefficient

单位时间、单位压降下，边水或底水侵入量。

•定态水侵 steady state water invasion

当油藏边底水有地面水补充，供水区压力不变，且采出量与水侵量相当，油藏总压降不变时，则水侵是定态的。

•准定态水侵 quasi-steady state water invasion

当油藏边底水有地面水补充，供水区压力不变，但采液速度大于或小于水侵速度时，则引起油区压力变化，水侵为准定态的。

•非定态水侵 non-steady state water invasion

单位时间的水侵量是随累积采出液量的增加而减少的，而单位压降下的水侵量则为一常数，称为非定态水侵。

100

3、水体模拟技术

ECLIPSE水体描述：

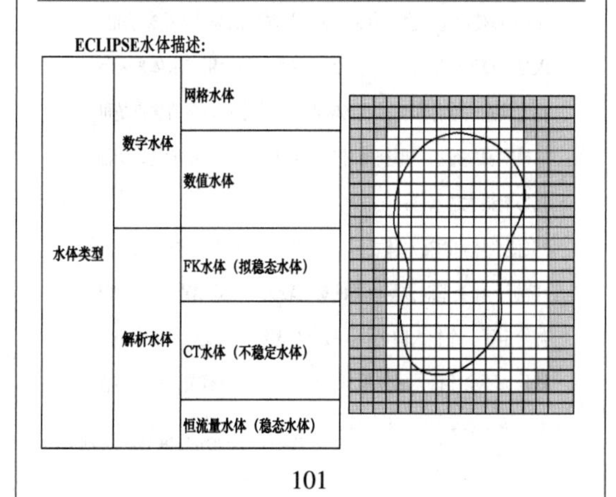

水体类型	数字水体	网格水体
		数值水体
	解析水体	FK水体（拟稳态水体）
		CT水体（不稳定水体）
		恒流量水体（稳态水体）

101

3、水体模拟技术

●数值水体是用网格来表示水体，采用数值解计算水侵。而解析水体不用网格，直接用解析解来计算水侵量。

●数值水体可以连接到网格的任何方向，有点象虚拟井。

●Fetkovich水体，Carter-Tracy水体和常流量水体主要针对不同的水体大小，最早Carter-Tracy水体是描述环状水体围绕径向对称油藏，Fetkovich水体是基于拟稳态生产指数，适用于小水体。不过在模型中通过提供不同的参数，都可以用来模型各种水体。

●水体用的关键字是

AQUANCON, AQUFETP, AQUCT, AQUYFLUX, AQUDIMS.

REALITY, INNOVATION, TRANSCENDENCY

102

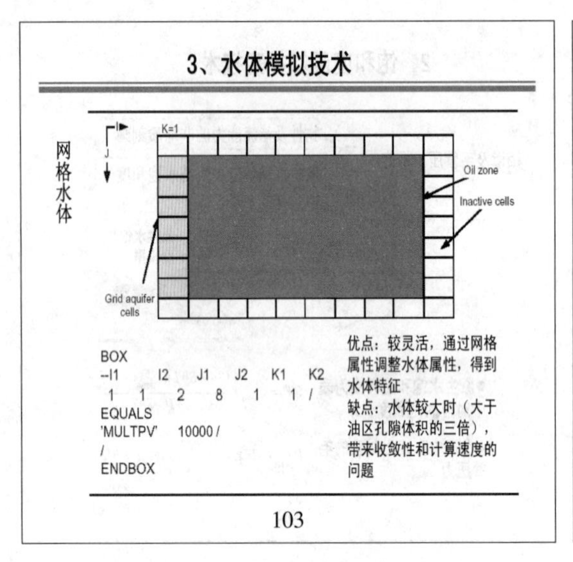

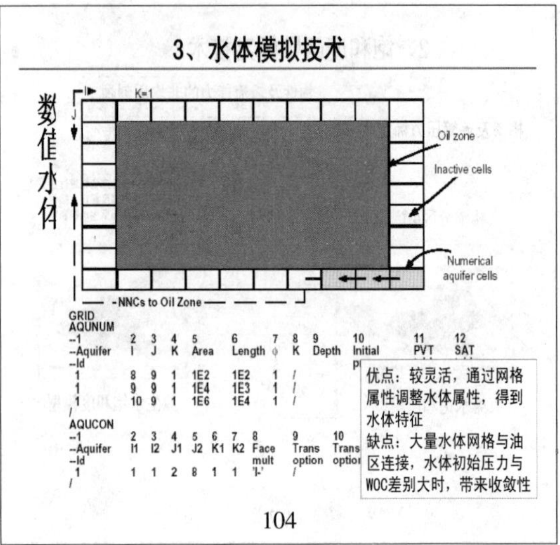

3、水体模拟技术

Fetkovich Aquifers

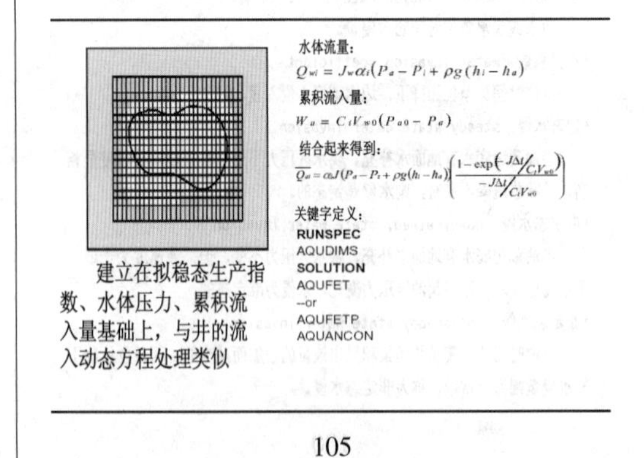

3、水体模拟技术

- FK水体适合于可以快速达到拟稳态的较小水体；
- FK水体可以有效的代表很广泛的水体类型，从处于稳定状态能够提供稳定压力的无限水体，到与油藏相比体积很小，其形态由油藏的流入来决定的水体，都可以用FK水体来表示；
- FK如果水体能够长时间保持稳定，则油藏压力的变化对它影响会很小，它的形态就接近于稳定状态的水体。如果水侵指数PI很大，则稳定时间会很短，它的形态就接近于小水体，它与油藏在所有时间压力平衡的联系都是很紧密的。

REALITY, INNOVATION, TRANSCENDENCY

106

3、水体模拟技术

Carter-Tracy Aquifers

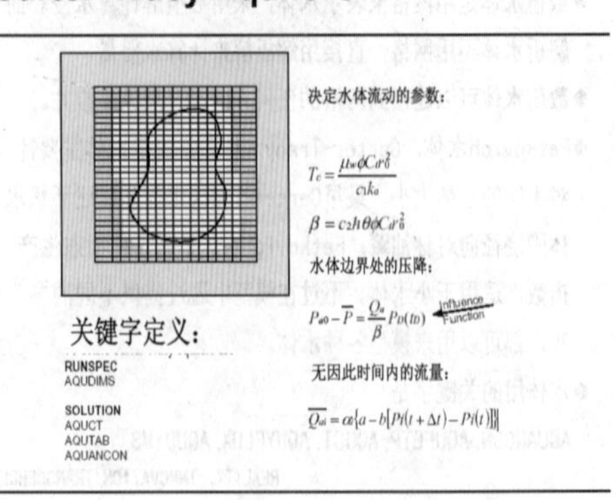

107

3、水体模拟技术

- CT水体使用无因次压力关于无因次时间的关系表格来决定流入量。模型近似为一个完全瞬间模型。很少用CT水体来表示稳定状态的水体和受油藏影响很大的小水体。它的优点是可以模拟瞬间形态，即初始时是稳定状态，然后逐渐变成受油藏影响很大的水体；
- 数值水体和网格水体表征一个有限的封闭水体大小；
- 解析水体类型对预测模型的影响较大，需要慎重选择。如果你给定了一个很大的水体，接近稳态流，则变化水体大小油藏压力不会下降。水侵量与你模型的压力降有关，从而与你的产液量有关。

REALITY, INNOVATION, TRANSCENDENCY

108

3、水体模拟技术

Flux Aquifers

稳定的水侵量：

$Q_{ai} = F_a A_i m_i$

关键字定义：

RUNSPEC
AQUDIMS

SOLUTION
AQUFLUX
AQUANCON

SCHEDULE
AQUFLUX

109

4、模型收敛性影响与控制

模拟计算推进的步骤

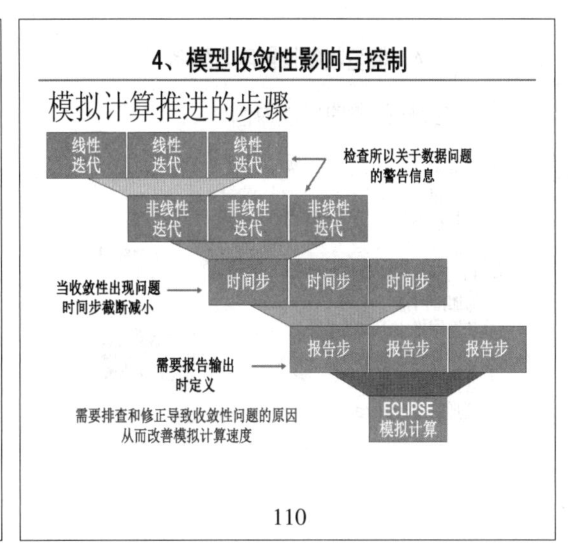

110

4、模型收敛性影响与控制

收敛性定义

- ECLIPSE 基于牛顿迭代来求解非线性方程
- 非线性迭代的次数可以作为收敛性好坏的判断准则

1	非常容易收敛
2 to 3	容易收敛
4 to 9	求解难度增加
> 10	模型存在问题？

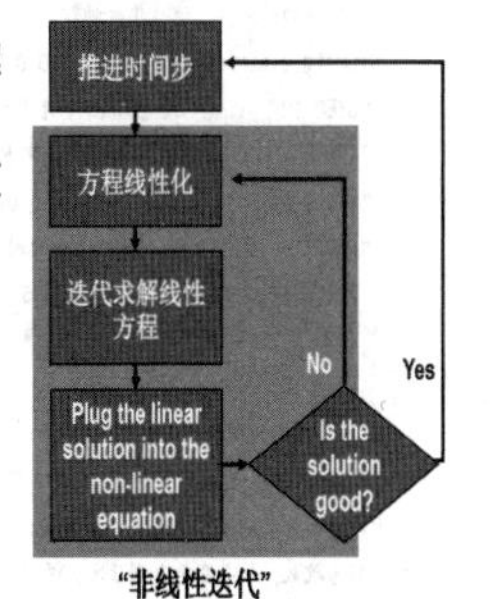

111

4、模型收敛性影响与控制

输出收敛信息

- RPTSCHED
- "NEWTON=2" /

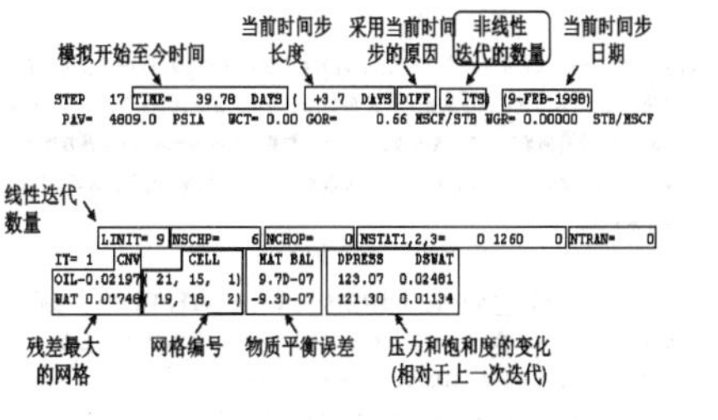

112

4、模型收敛性影响与控制

EXTRAPMS关键字

- 输出 PVT (或 VFP) 的外插信息.
- ECLIPSE 在内部通过体积系数的倒数或者粘度和体积系数乘积的倒数来储存 PVT 表.
- 如果PVT 表的覆盖范围不够, ECLIPSE 会外插计算，这种情况可能会导致不准确甚至不合理的值!

113

4、模型收敛性影响与控制

TUNING 关键字

- SCHEDULE 部分进行控制:
  - TUNING 设置时间步，迭代及收敛判断准则
  - TUNINGL 用于局部加密网格
- Guidelines:
  - 时间步控制修改频度较高
  - 非常极端的情况下才修改收敛判断准则
  - 较少修改迭代控制

114

4、模型收敛性影响与控制

导致收敛性问题的可能原因

- 数据错误
  - 输入错误
  - 字符问题
- 网格形态
  - 相邻网格孔隙体积差异大
- 局部加密网格
  - 加密网格小于泄油半径
  - 初始界面在加密网格外
- 双重孔隙度模型
  - 高形状因子sigma

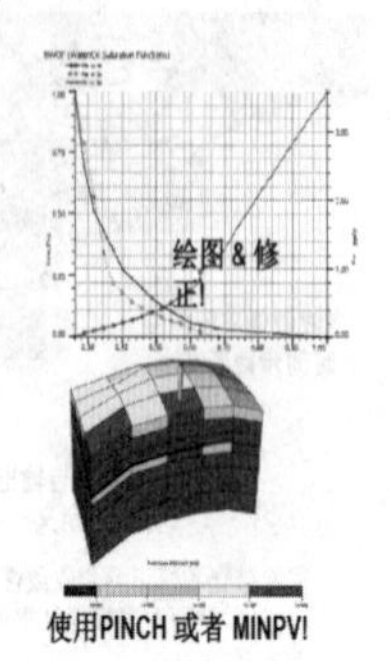

使用PINCH或者 MINPV!

115

4、模型收敛性影响与控制

收敛性检查列表

- 检查所有问题problem 和警告 warning 信息.
- 移除TUNING 关键字.
- 查找问题网格，并排查导致其不收敛的原因.
  - 例如PINCH和 MINPV 减少由于通量导致的收敛问题.
- 检查相渗曲线的光滑性.
- 避免 PVT 外插 (EXTRAPMS).
- 避免 VFP 外插 (EXTRAPMS).

116

4、模型收敛性影响与控制

不收敛解决方案　　基本概念

1. 报告步：一个数模作业包括多个报告步，报告步是用户设置要求多长时间输出运行报告，比如可以每个月，每季度或每年输出运行报告，运行报告包括产量报告和动态场（重启）报告。在ECLIPSE软件中，报告步是通过DATES和TSTEP关键字来设置的。

2. 时间步：一个报告步包括多个时间步，时间步是软件自动设置（VIP需要用户设置）即通过多个时间步的计算来达到下一个报告步，以 ECLIPSE 为例，假如报告步为一个月，在缺省条件下，ECLISPE第一个时间步取一天，然后以三倍增加，即第二个时间步取三天，然后取九天，下一个时间步是 17 天来达到 30 天的报告步，然后会以每 30 天的时间步来计算。时间步可以通过 TUNING 关键字来修改。

3. 非线形迭代：一个时间步包括多次非线形迭代。在缺省情况下，ECLIPSE 如果通过 12 次的非线形迭代没有收敛，ECLIPSE 将对时间步减小 10 倍。比如下一个时间步应该是 30 天，如果通过 12 次的迭代计算不能达到收敛，ECLIPSE 将把时间步缩短为 3 天。下一个时间步将以 1.25 倍增长，即 3.75 天，4.68 天,.... 如果在计算过程中经常发生时间步的截断，计算将很慢。

117

4、模型收敛性影响与控制

不收敛解决方案　　基本概念

4. 线形迭代：一个非线形迭代包括多次线形迭代。线形迭代是解矩阵。在 ECLIPSE 输出报告 PRT 文件中可以找到时间步，迭代次数的信息，

STEP 10 TIME= 100.00 DAYS (+10.0 DAYS REPT 5 ITS) (1-FEB-2008)

"STEP 10"：说明这是第 10 个时间步。

"TIME= 100.00 DAYS"：说明现在模拟到第 100 天。

"+10.0 DAYS"：说明这个时间步是 10 天。

"REPT"：说明为什么选 10 天做为时间步，REPT 是指由于到了下一个报告步。

"5 ITS"：说明此 10 天时间步需要 5 次非线形迭代。

"(1-FEB-2008)"：现在的模拟时间。

模拟计算的时间取决于时间步的大小，如果模型没有发生时间步的截断而且能保持长的时间步，那表明该模型没有收敛性问题，反之如果经常发生时间步截断，那模型计算将很慢，收敛性差。时间步的大小主要取决于非线形迭代次数。如果模型只用一次非线形迭代计算就可以收敛，那表明模型很容易收敛，如果需要 2 到 3 次，模型较易收敛，如果需要 4 到 9 次，那模型不易收敛，大于 10 次的化模型可能有问题，如果大于 12 次，时间步将截断。在 PRT 文件中如果看到以下信息：

118

4、模型收敛性影响与控制

不收敛解决方案　　基本概念

PROBLEM: AT TIME 200 DAYS ((1-FEB-2009):　NON-LINEAR EQUATION CONVERGENCE FAILURE ITERATION LIMIT REACHED - TIME STEP CHOPPED FROM 10

STEP 20 TIME= 200.00 DAYS (+1.0 DAYS CHOP 5 ITS) (1-FEB-2009)

那表明时间步发生了截断。（注：另外如果你见到如下信息：

WARNING AT TIME 0.0 DAYS (1-MAR-2004):　LINEAR EQUATIONS NOT FULLY CONVERGED - RUN MAY GO FASTER IF YOU INCREASE LITMX (=25 - TUNING KEYWORD) 你可以不必管。这只是线形方程不收敛）

除了 REPT,CHOP 外，在 RPT 文件中还常见以下信息来表明为什么选择现在的时间步：

INIT：表明是初始时间步

TRNC：为满足时间截断误差

MINS：最小时间步

MAXS：最大时间步

HALF：接近报告步时的时间步取半

DIFF：时间步截断 CHOP 之后的增长

（在 ECLIPSE 技术手册的第 125 页还会找到更多）

如果模型中有很多 CHOP,DIFF,MINS,那模型有严重的收敛性问题。

119

4、模型收敛性影响与控制

不收敛解决方案　　不收敛产生原因及解决方法

1、网格部分

网格正交性差和网格尺寸相差太大是导致不收敛的主要原因之一。正交性差会给矩阵求解带来困难，而网格尺寸相差大会导致孔隙体积相差很大，大孔隙体积流到小孔隙体常会造成不收敛。

解决办法：

- 网格正交性差通常是在建角点网格时为描述断层或裂缝的走向而造成的。在此情况下，最好能使边界与主断层或裂缝走向平行，这样一方面网格可以很好地描述断层或裂缝，另一方面正交性也很好。
- 在平面上最好让网格大小能够较均匀，在没有井的地方网格可以很大，但最好能够从大到小均匀过渡。
- 纵向上有的层厚，有的薄，最好把厚层能再细分。在检查模型时应该每层每层都在三维显示中检查。
- 径向局部网格加密时里面最小的网格不要太小。在ECLIPSE里用MINPV关键字可以把小于设定孔隙体积的网格设为死网格，这样通常会有用。

120

4、模型收敛性影响与控制

不收敛解决方案 不收敛产生原因及解决方法

2、属性参数

不合理的插值计算会导致属性分布很差，如果是从地质模型粗化为数模模型，通常问题不大，只是有时候数模人员自己插值时会有问题。

解决办法：

- 有可能尽量用地质模型的数据，自己插值时可以加一些控制点使属性合理分布。X,Y方向的渗透率最好相等或级差不大。
- 在井连通网格的Z方向渗透率不要设为0，如果想控制垂向流动，可给一个很小的值。

121

4、模型收敛性影响与控制

不收敛解决方案 不收敛产生原因及解决方法

3、流体PVT参数

流体PVT参数会有两种可能的问题，一是数据不合理导致了负总压缩系数，二是压力或气油比范围给的不够导致模型对PVT参数进行了外插。

解决办法：

- 检查PRT文件中的WARNING信息，如果在油藏压力范围内有负总压缩系数的警告，应该修改PVT参数，否则会有收敛性问题。如果负总压缩系数是在油藏压力范围之外，可以忽略该警告。此部分的修改主要可以小规模修改油和气的FVF和RS。
- 在ECLIPSE中加EXTRAPMS关键字可以要求输出如果发生PVT插值后的警告信息。
- 在提供PVT表时，压力应该覆盖所有范围，包括注水后的压力上升。RS值也应该考虑到气在油中的重新溶解。

122

4、模型收敛性影响与控制

不收敛解决方案 不收敛产生原因及解决方法

4、岩石相渗曲线和毛管压力曲线

ECLIPSE不会对输入模型的相渗曲线和毛管压力曲线进行光滑，将会应用每一个输入饱和度和相渗值，所以要保证输入的参数是合理的。

通常的问题有：（1）饱和度和相对渗透率的数据位数过多；（2）饱和度值太接近，导致相渗曲线的倾角变化很大；（3）饱和度有很小变化但相对渗透率发生了很大变化。

解决办法：（1）饱和度和相对渗透率最多给两位小数就够了。（2）检查相渗曲线的导数，导数要光滑。（3）将临界饱和度和束缚饱和度设为不同的值。

123

4、模型收敛性影响与控制

不收敛解决方案 不收敛产生原因及解决方法

5、端点标定

在应用端点标定时，有时标定完后的相渗曲线倾角很大，标定后的毛管力很大。

解决办法：在三维显示中检查标定完的PCW,可以给PCW一个最大值来控制毛管压力。输出每个网格标定后的相渗曲线进行检查。

124

4、模型收敛性影响与控制

不收敛解决方案 不收敛产生原因及解决方法

6、初始化

初始化最容易发生的问题是在初始时模型不稳定，流体在初始条件下就会发生流动，这也会导致模型不收敛。

造成模型初始不稳定的主要有：（1）手工赋网格饱和度和压力值。（2）拟合初始含水饱和度。

解决办法：

- 尽量不要直接为网格赋压力和饱和度值，尽量由模型通过油水界面及参考压力来进行初始化计算。
- 要想拟合地质提供的初始含水饱和度分布，应该进行毛管压力的端点标定，这样毛管压力会稳住每个网格的水，在初始条件下不会流动。
- 可以通过让模型在没有任何井的情况下计算十年来检查初始条件下模型是否稳定，如果10年的计算模型压力和饱和度没有变化，说明模型初始是稳定的。

125

4、模型收敛性影响与控制

不收敛解决方案 不收敛产生原因及解决方法

7、井轨迹

在进行井处理时井可能以之字型在网格中窜过，有可能发生井的实际穿过方向与模型关键字定义的方向不符，这也会导致不收敛。

解决办法：

- 在三维显示中检查井轨迹。
- 如果井已经关掉，在模拟时不要给零产量，要用关键字把井关掉。
- 检查井射孔，井不要射在孤立的网格上。

126

4、模型收敛性影响与控制

不收敛解决方案 不收敛产生原因及解决方法

8、垂直管流曲线：

有了垂直管流曲线很容易导致模型不收敛，这有两种可能：（1）曲线有交叉。（2）曲线发生了外插。

解决办法：（1）用前处理软件（ECLIPSE中的VFPi)检查曲线。（2）在ECLIPSE中加EXTRAPMS关键字可以要求输出如果发生VFP插值后的警告信息。（3）曲线应该覆盖所有井口压力，含水，油气比及产量。(4）在ECLIPSE用WVFPEXP。

127

4、模型收敛性影响与控制

不收敛解决方案 不收敛产生原因及解决方法

9、其他解决办法：

如果模型数据没有问题，可以调整模拟器的收敛计算参数，对于ECLIPSE，可以做以下调整：

（1）调整TUNING中的最大时间步。如果模型每计算到30天就会截断时间步，可以将最大时间步调整为20天，这样计算会快很多。

（2）调整TUNING中的最大线形迭代次数到70次。

（3）降低TUNING中的线形收敛误差标准。

（4）对于组分模型用FREEZEPC和DPCDT。

128

5、精细历史拟合技术

——是精细历史拟合的核心技术，动静结合、以动制静是基本原则，多专业知识合理充分融合是基本目标。

实现流程：

运行模型

生产数据 → 发现问题 ← 计算结果

压力　产量　含水

分析问题根源

储量、能量　油藏连通性　油水渗流规律

物质平衡方程 —— 达西定律 —— 分流量方程

寻找依据

地质分析　测井解释　试油资料　室内实验　射孔数据　生产监测

解决问题

No　Yes

129

5、精细历史拟合技术

油藏能量及连通性分析

压力数据 ＋ 产量数据

压力下降快　单井含水低

生产能力分析 ← 物质平衡方程

原来 － 出去 ≠ 目前

物质不平衡：

20A-6井

控制储量：28.6×10⁴t

可采储量：12.9×10⁴t

累产油：23.55×10⁴t

采出了可采储量的82%

20A-6井问题根源分析

512层　542层　20A-6　12C-4井

20A-6井单井剖面图　砂体分布图

130

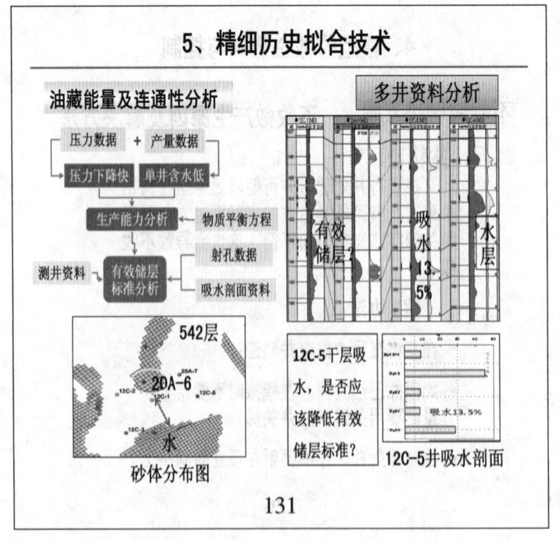

砂体分布图　12C-5井吸水剖面

131

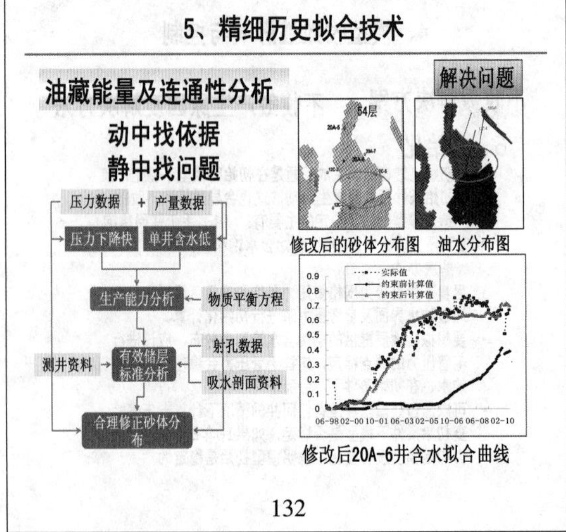

修改后的砂体分布图　油水分布图

修改后20A-6井含水拟合曲线

132

5、精细历史拟合技术

动态跟踪分析——是一项实时历史拟合技术，是对油藏不断深化认识、及时完善调整措施，改善开发效果的关键技术。

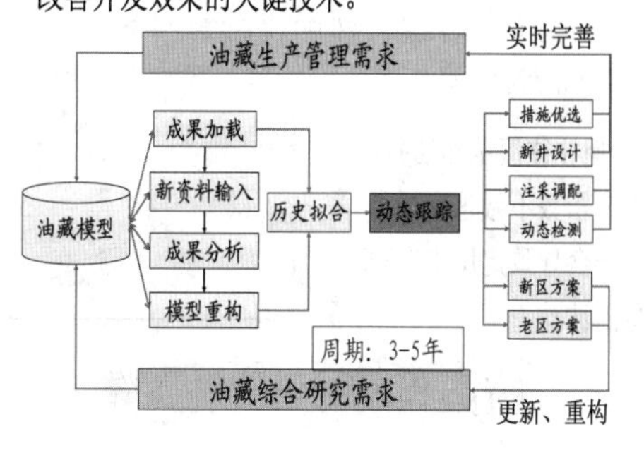

133

5、精细历史拟合技术

跟踪研究中动态突变分析

（1）动态与预测矛盾

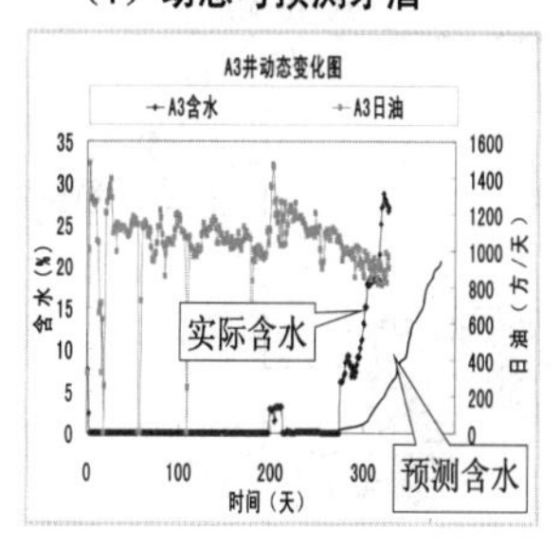

该井初期以日产1000方油量生产274天（采出程度6.7%）后开始见水，月含水上升25%，地层压降0.05MPa。见水时间比预测早，含水上升速度比预测快。

134

5、精细历史拟合技术

跟踪研究中动态突变分析

（2）一体化动态分析

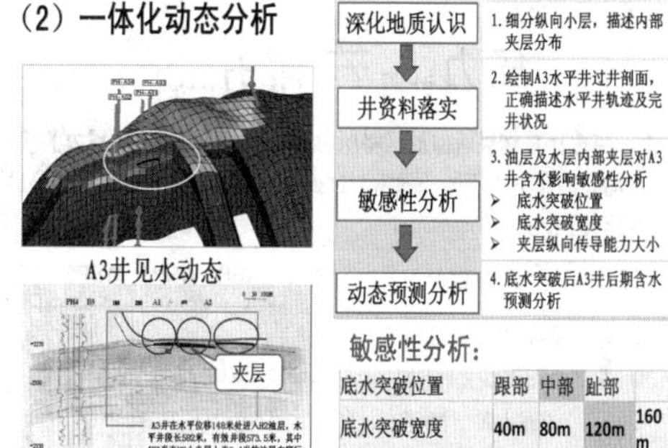

A3井见水动态

A3井轨迹

模型完善方案

深化地质认识 → 井资料落实 → 敏感性分析 → 动态预测分析

1. 细分纵向小层，描述内部夹层分布
2. 绘制A3水平井过井剖面，正确描述水平井轨迹及完井状况
3. 油层及水层内部夹层对A3井含水影响敏感性分析
   - 底水突破位置
   - 底水突破宽度
   - 夹层纵向传导能力大小
4. 底水突破后A3井后期含水预测分析

敏感性分析：

底水突破位置	跟部	中部	趾部	
底水突破宽度	40m	80m	120m	160m
夹层纵向传导能力大小Kz/Kx	0.1	0.2	0.3	0.5

135

5、精细历史拟合技术

跟踪研究中动态突变分析

研究结果

1. 模型的夹层的刻画到位
2. 渗流规律认识清楚
3. 预测结果可靠

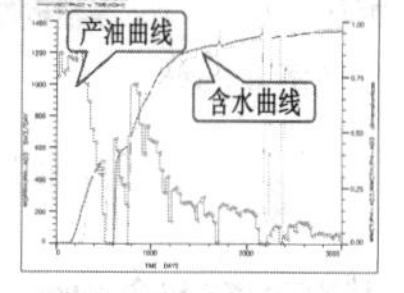

见水时间、见水速度与实际吻合；A3井后期含水变化验证本次研究结果可靠

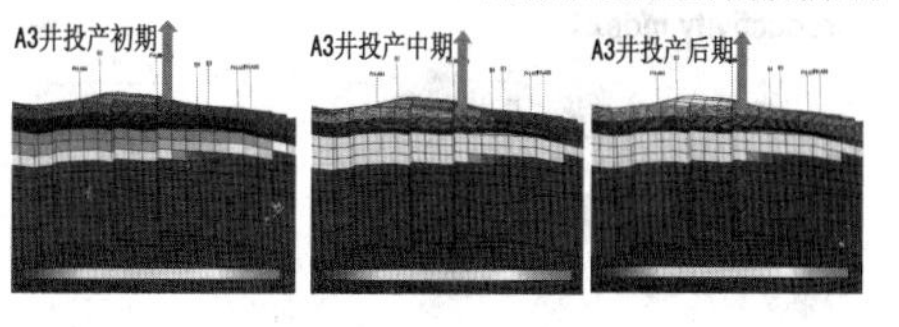

136

6、方案预测与优化技术

精细油藏数值模拟技术和方法

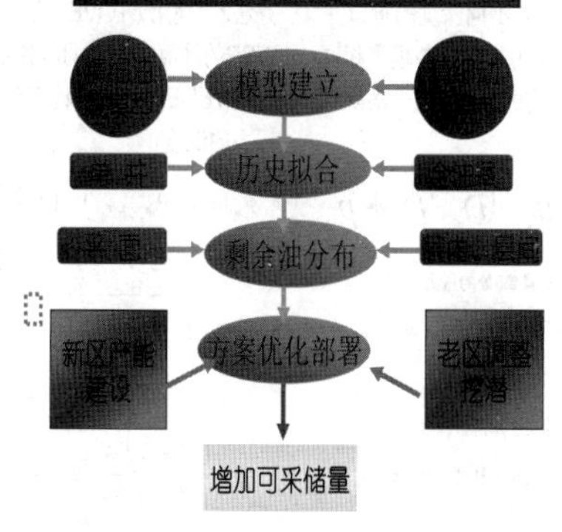

137

6、方案预测与优化技术

存在的问题

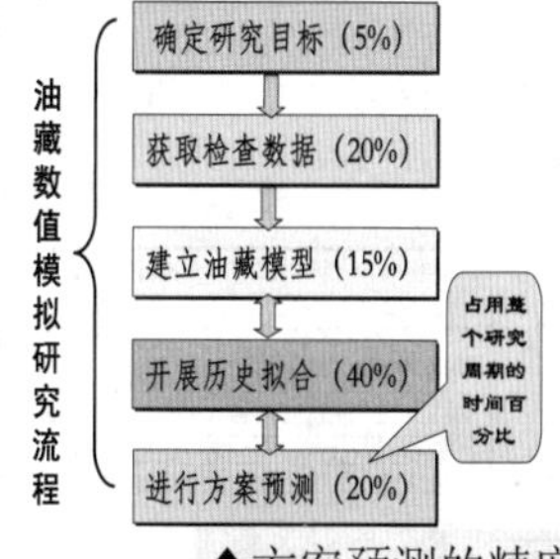

1、历史拟合占据了很大的研究时间，挤压了方案预测的研究时间。
2、历史拟合的不断反复，消耗了研究人员在方案预测环节上的精力。
3、对方案预测环节的关注力度不够。

◆方案预测的精度大打折扣

◆沦为计算工具

138

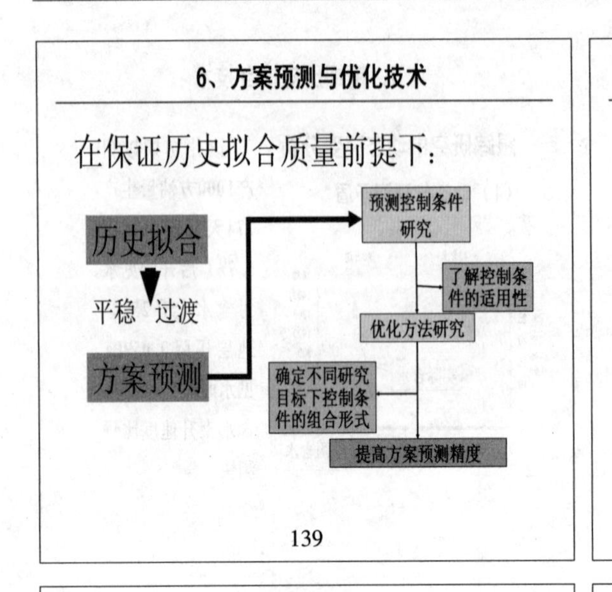

6、方案预测与优化技术

□拟合与预测平稳过渡

从历史拟合阶段过渡到预测阶段，若对油藏的开发对策不发生重大变化，计算动态的变化应当是稳定的、平滑的，不应出现明显的间断或跃变。

但往往流压和油井生产指数不做重点拟合，这样会导致定压生产产量的波动。

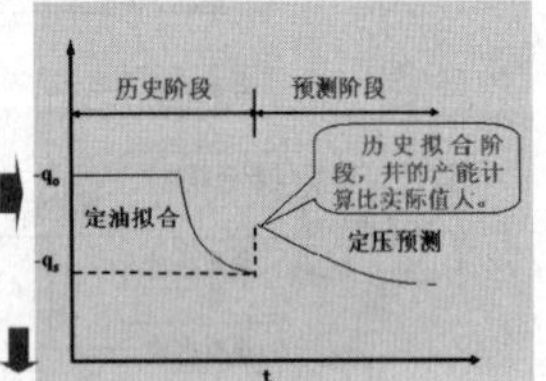

方案预测的可信度下降

140

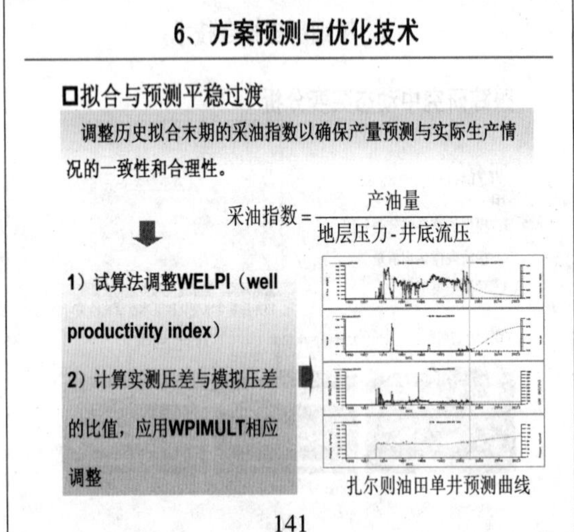

6、方案预测与优化技术

□拟合与预测平稳过渡

✓压力校正

基准面不同

$$压力_{计算} \neq 压力_{实测}$$

模拟计算结果输出的网格压力通常是折算成模拟区域内的基准面处的压力，不同于通常测试或计算的地层压力，不能直接进行比较。

井底流压 WBHP

默认输出井底流压WBHP为井射开网格最上面一个网格中深对应的压力。

静压 WBP，WBP4，WBP5，WBP9

井射开网格中部网格中深对应的压力。

d	n	d
n	i	n
d	n	d

142

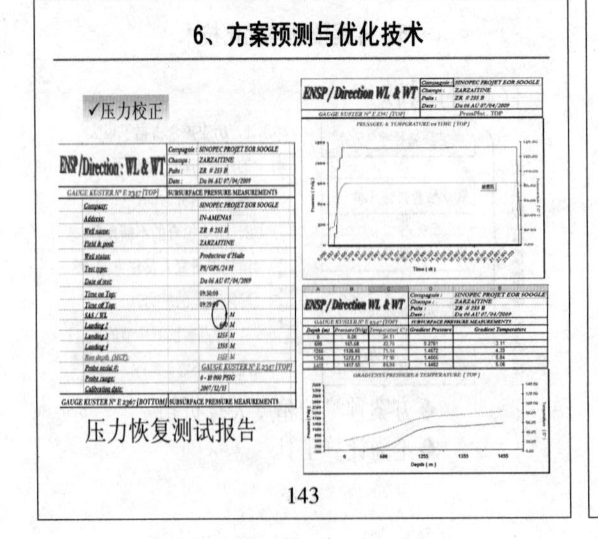

6、方案预测与优化技术

✓压力校正

方法1:把代表不同深度的每口井实测地层压力折算成与模型相同的基准面深度处的压力，消除深度的影响。

方法2：使用WPAVE关键字控制WBP的计算方法，同时使用WPAVEDEP将WBP校正到实测压力的深度。

$$p_{wsd} = p_{ws} + (D_d - D_{ms}) \cdot p_d$$

P_{wsd}—折算到D处的压力，MP；

P_{ws}—关井后稳定压力，Mp_a；

D_d—基准面深度，m；

D_{ms}—油层中部海拔深度，m；

P_d—油的压力梯度，Mp_a/m。

$$\bar{P}_w = F2\,\bar{P}_{w,\,cf} + (1-F2)\bar{P}_{w,\,pv}$$

$$\bar{P}_{w,\,pv} = \frac{\sum_j V_j P_j}{\sum_j V_j} \qquad \bar{P}_{w,\,cf} = \frac{\sum_k T_k \bar{P}_k}{\sum_k T_k}$$

$$\bar{P}_k = F1\,P_{i,k} + (1-F1)\frac{\sum_{o,k} P_{o,k}}{N_{o,k}} \quad \text{when } F1 \ge 0$$

$$\bar{P}_k = \frac{V_{i,k}P_{i,k} + \sum_{o,k} V_{o,k}P_{o,k}}{V_{i,k} + \sum_{o,k} V_{o,k}} \quad \text{when } F1 < 0$$

144

6、方案预测与优化技术

□预测控制条件选择

确定合理的预测控制生产模式 → 建立合理的预测控制条件

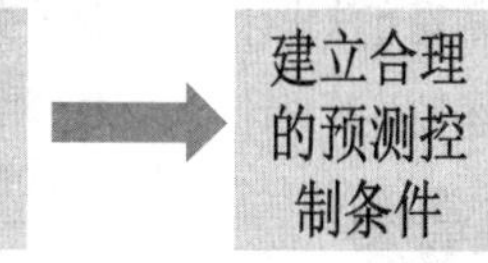

正确反映油井的实际产能

提高模拟预测结果的科学性与可行性

自喷井　抽油机井　电潜泵井

145

6、方案预测与优化技术

□预测控制条件选择

➢研究区管理方式

油田管理/区块管理

井组管理　•单井管理

在预测方案设计当中，要根据实际研究区的管理策略选择与之对应的管理方式。

146

6、方案预测与优化技术

➢生产控制方式

对于单井管理，产量控制方式有：

(1) 定油量生产
(2) 定水量生产
(3) 定气量生产
(4) 定液量生产
(5) 定油藏产液量
(6) 定井底压力
(7) 定井口压力
(8) 受井组产量控制

对于井组\油田管理，产量控制方式有：

(1) 定井组或油田油量生产
(2) 定井组或油田水量生产
(3) 定井组或油田气量生产
(4) 定井组或油田液量生产
(5) 定井组或油田油藏产液量

各种控制方式的适用条件？

单井的产量可以有以下几种操作方式：

1）根据每口井的产能进行分配
2）为每口井提供参考产量，井组根据井参考产量值进行匹配
3）优先设定，优先值大的井先生产，这些井不能满足井组产量，再生产优先值低的井
4）自动钻新井，当井不能满足井组产量，自动钻新井。

147

6、方案预测与优化技术

➢生产控制方式

对于单井管理，产量控制方式有：

(1) 定油量生产
(2) 定水量生产
(3) 定气量生产
(4) 定液量生产
(5) 定油藏产液量
(6) 定井底压力
(7) 定井口压力
(8) 受井组产量控制

新区方案设计中，为采油工艺以及地面设计提供依据：

采油方式（自喷、气举、机械）地面管线设计等。

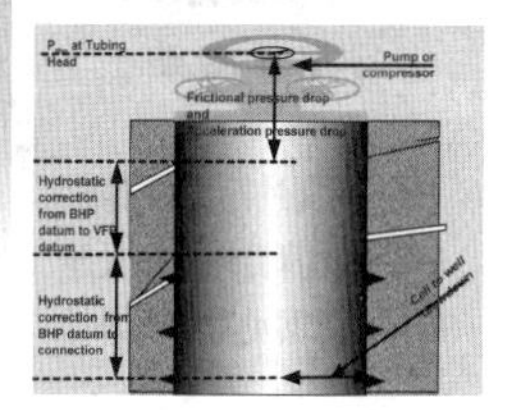

148

6、方案预测与优化技术

➢生产控制方式

对于单井管理，产量控制方式有：

(1) 定油量生产
(2) 定水量生产
(3) 定气量生产
(4) 定液量生产
(5) 定油藏产液量
(6) 定井底压力
(7) 定井口压力
(8) 受井组产量控制

老区方案调整中，比较符合现场实际。

采油方式比较固定。

149

6、方案预测与优化技术

➢生产控制方式

对于单井管理，产量控制方式有：

(1) 定油量生产
(2) 定水量生产
(3) 定气量生产
(4) 定液量生产
(5) 定油藏产液量
(6) 定井底压力
(7) 定井口压力
(8) 受井组产量控制

采油方式为自喷或气举的情况下考虑垂直管流

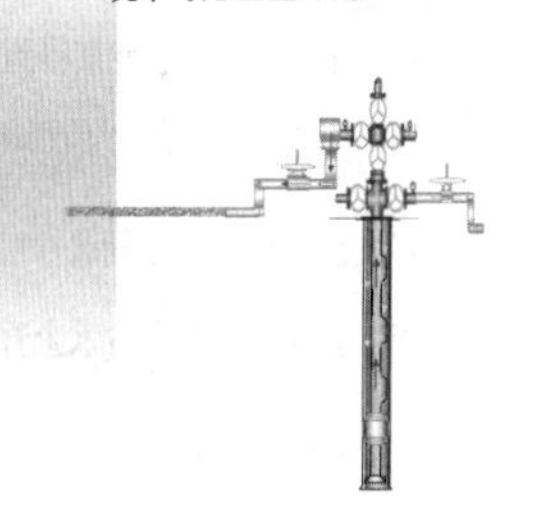

150

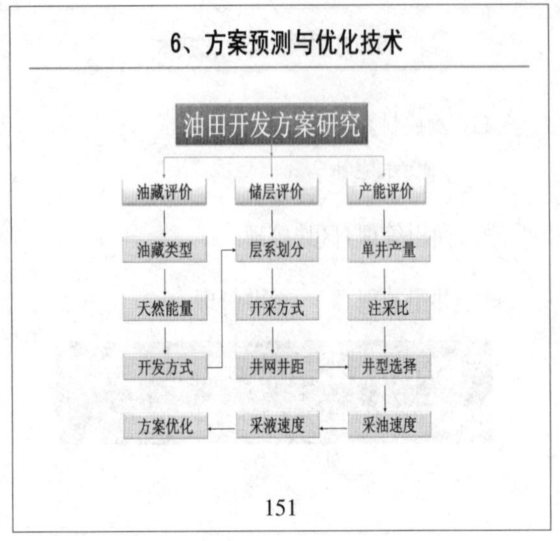

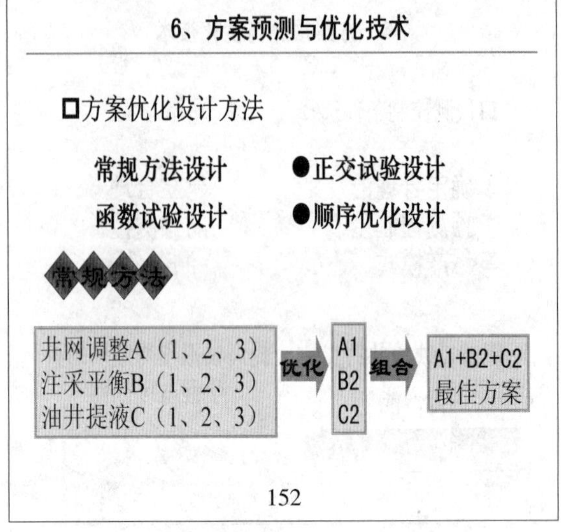

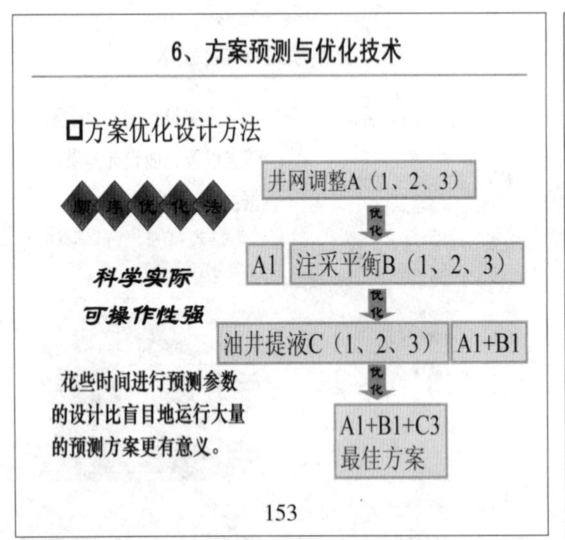

6、方案预测与优化技术

□方案优化设计方法

针对某一参数优化时：

□首先，要分析为什么要进行该参数的优化，即变化该参数会产生什么有利方面和不利方面；

□其次，控制条件要考虑全面，既能体现有利方面，也能涵盖不利方面；

□再次，控制参数的取值一定要合理。

154

6、方案预测与优化技术

注采比优化

变化注采比会影响油藏能量，继而会对井的液量和含水产生影响。

✓增大注采比，地层能量得到补充，单井液量提高

✓增大注采比，加快了水的突进，单井含水上升速度加快。

✓减小注采比，地层能量亏空，单井液量下降

✓减小注采比，单井含水上升速度延缓。

155

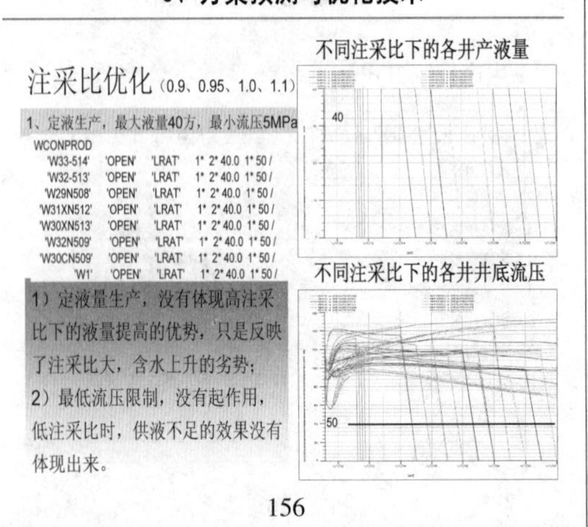

6、方案预测与优化技术

注采比优化(0.9、0.95、1.0、1.1)

1、定液生产，最大液量40方，最小流压5MPa

不同注采比下的油藏压力　不同注采比下的含水与采出程度关系曲线

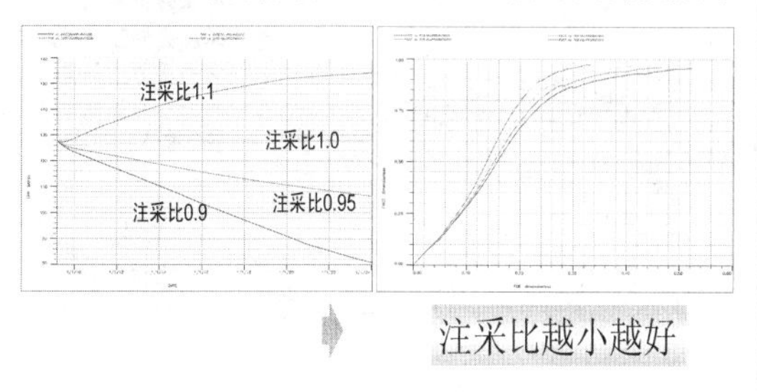

注采比越小越好

157

6、方案预测与优化技术

注采比优化(0.9、0.95、1.0、1.1)

2、定流压生产，限制最大液量100方

```
WCONPROD
'W33-514'   'OPEN'   'BHP'   1* 2* 100 1* 120 /
'W32-513'   'OPEN'   'BHP'   1* 2* 100 1* 120 /
'W29N508'   'OPEN'   'BHP'   1* 2* 100 1* 120 /
'W31XN512'  'OPEN'   'BHP'   1* 2* 100 1* 120 /
'W30XN513'  'OPEN'   'BHP'   1* 2* 100 1* 120 /
'W32N509'   'OPEN'   'BHP'   1* 2* 100 1* 120 /
'W30CN509'  'OPEN'   'BHP'   1* 2* 100 1* 120 /
'W1'        'OPEN'   'BHP'   1* 2* 100 1* 120 /
```

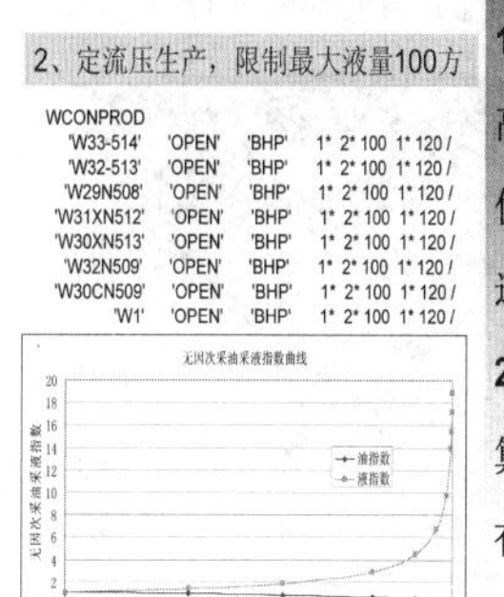

1）定流压生产，既体现了高注采比下的液量提高的优势，又反映了含水上升速度快，不利开发的劣；

2）最大液量限制，使得计算结果符合现场实际，具有一定的可信度。

158

6、方案预测与优化技术

注采比优化(0.9、0.95、1.0、1.1)注采比为**1.0**时的各井流压及产液量

2、定流压生产，限制最大液量100方

注采比为**0.9**时的各井流压及产液量

注采比为**0.95**时的各井流压及产液量

注采比为**1.1**时的各井流压及产液量

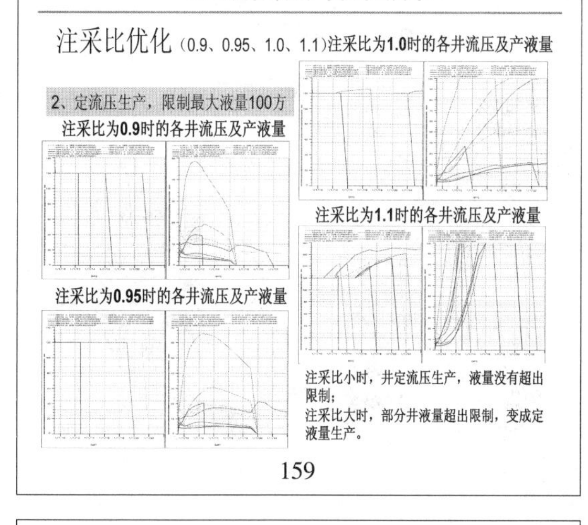

注采比小时，井定流压生产，液量没有超出限制；

注采比大时，部分井液量超出限制，变成定液量生产。

159

6、方案预测与优化技术

注采比优化(0.9、0.95、1.0、1.1)

2、定流压生产，限制最大液量100方

不同注采比下的采出程度　不同注采比下的含水与采出程度关系曲线

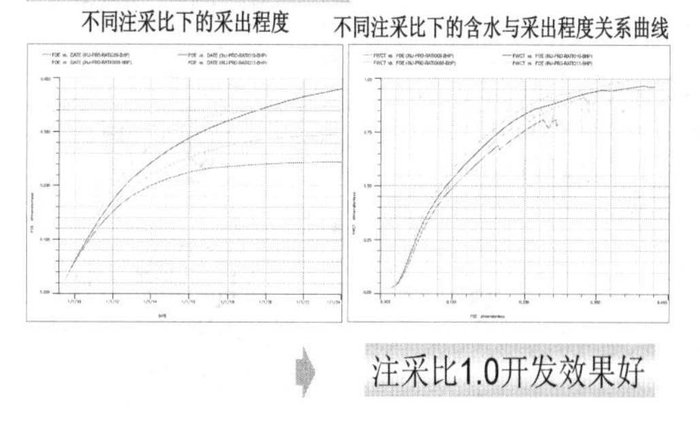

注采比1.0开发效果好

160

6、方案预测与优化技术

小结

- ✓ 可靠的地质模型是开展油藏数值模拟的基础；
- ✓ 在资料具备的条件下，流体渗流能力非均质性刻画有助于深化认识非均质剩余油分布；
- ✓ 油藏模拟是一个油藏能量及连通性的分析过程，不应该局限于关注油的流动，水的流动及分布同样重要；
- ✓ 了解数值模拟的基本原理可以帮助发现模型收敛性问题，辨识收敛性问题根源，提高计算精度及速度；
- ✓ 历史拟合不是纯粹的数学指标的调整，是结合地质、实验、动态等资料对油藏模型再认识的过程；
- ✓ 方案预测与优化很重要，应给予足够的重视，预测控制条件一定要合理即能合理的反映控制生产模式，参数优化时，要考虑全面，既要包含有利方面，也要涵盖不利方面。

161

提　纲

一、油藏数值模拟基础知识及应用流程

二、油藏数值模拟关键技术及应用技巧

三、水驱油藏数值模拟应用案例

162

三、水驱油藏数值模拟应用案例
1、落实水体能量
（1）油藏特征简介
梁38块位于梁家楼油田的中部，油藏为中孔中渗岩性构造边水油藏
边 水
梁38块沙三中顶面构造图
163

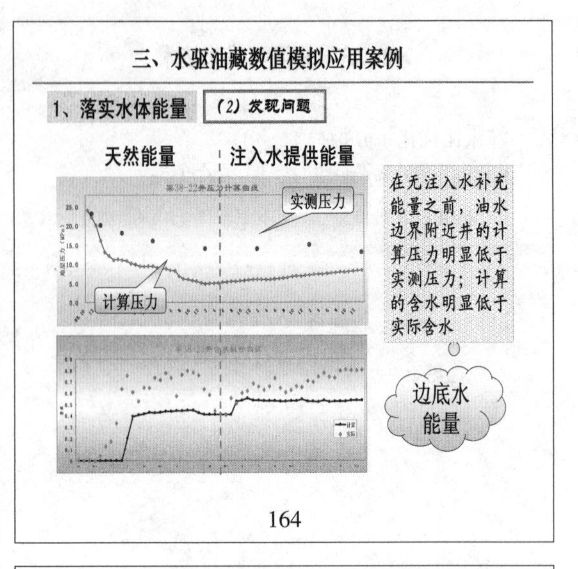
三、水驱油藏数值模拟应用案例
1、落实水体能量
（2）发现问题
天然能量
注入水提供能量
实测压力
计算压力
在无注入水补充能量之前，油水边界附近井的计算压力明显低于实测压力；计算的含水明显低于实际含水
边底水能量
164

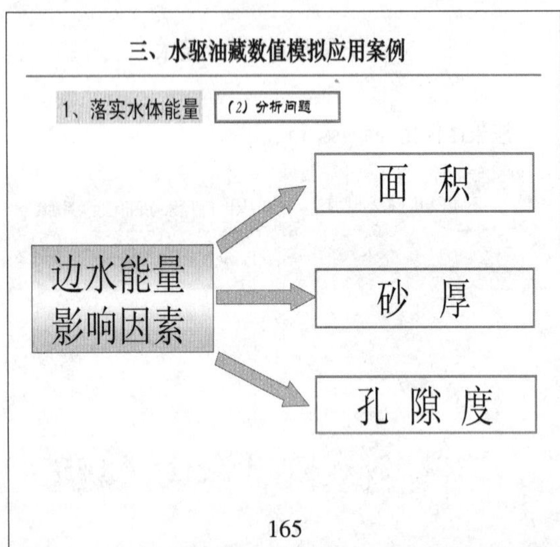
三、水驱油藏数值模拟应用案例
1、落实水体能量
（2）分析问题
边水能量影响因素
面 积
砂 厚
孔 隙 度
165

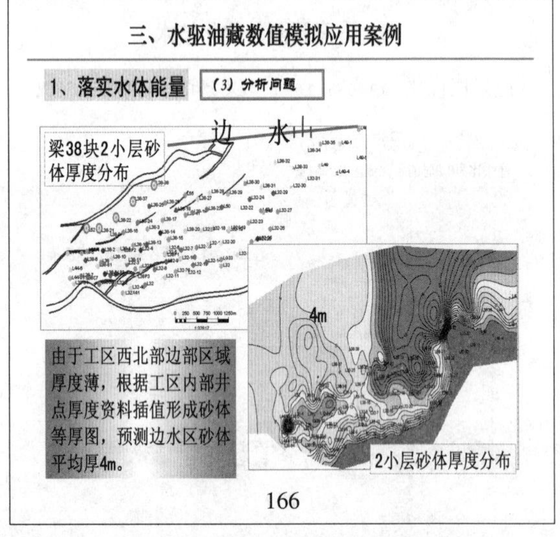
三、水驱油藏数值模拟应用案例
1、落实水体能量
（3）分析问题
梁38块2小层砂体厚度分布
边 水
4m
由于工区西北部边部区域厚度薄，根据工区内部井点厚度资料插值形成砂体等厚图，预测边水区砂体平均厚4m。
2小层砂体厚度分布
166

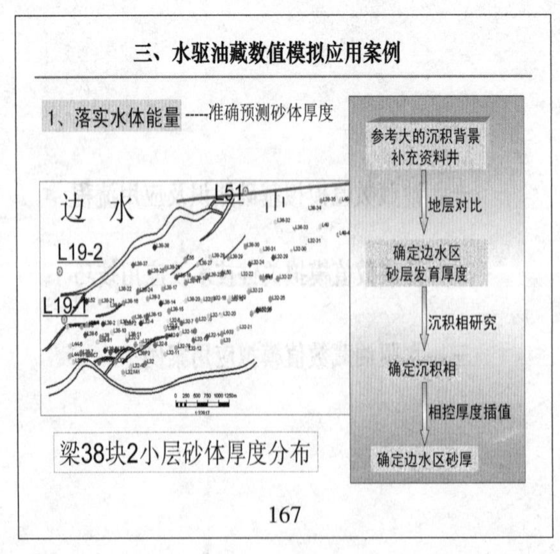
三、水驱油藏数值模拟应用案例
1、落实水体能量-----准确预测砂体厚度
边 水
L51
L19-2
L19-1
参考大的沉积背景补充资料井
地层对比
确定边水区砂层发育厚度
沉积相研究
确定沉积相
相控厚度插值
确定边水区砂厚
梁38块2小层砂体厚度分布
167

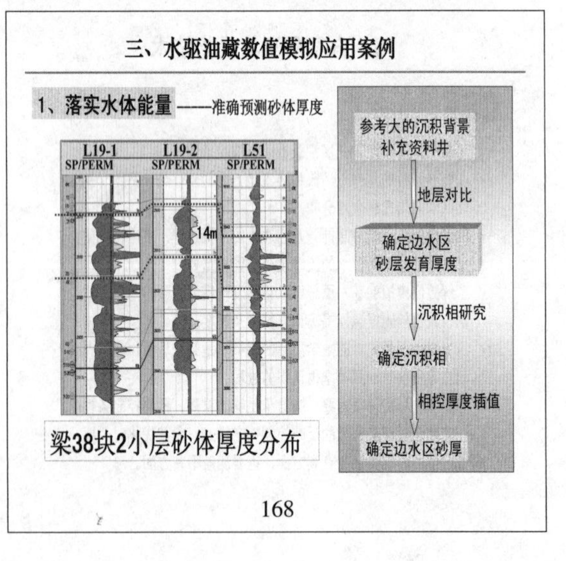
三、水驱油藏数值模拟应用案例
1、落实水体能量-----准确预测砂体厚度
L19-1
SP/PERM
L19-2
SP/PERM
L51
SP/PERM
14m
参考大的沉积背景补充资料井
地层对比
确定边水区砂层发育厚度
沉积相研究
确定沉积相
相控厚度插值
确定边水区砂厚
梁38块2小层砂体厚度分布
168

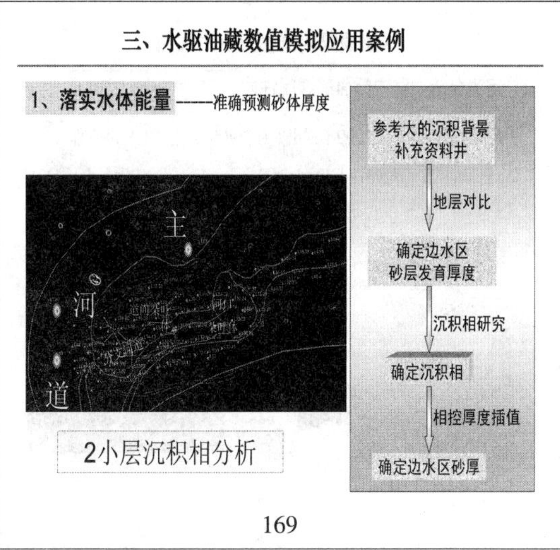
三、水驱油藏数值模拟应用案例
1、落实水体能量 ——准确预测砂体厚度
参考大的沉积背景
补充资料井
地层对比
确定边水区
砂层发育厚度
沉积相研究
确定沉积相
相控厚度插值
确定边水区砂厚
主
河
道
2小层沉积相分析
169

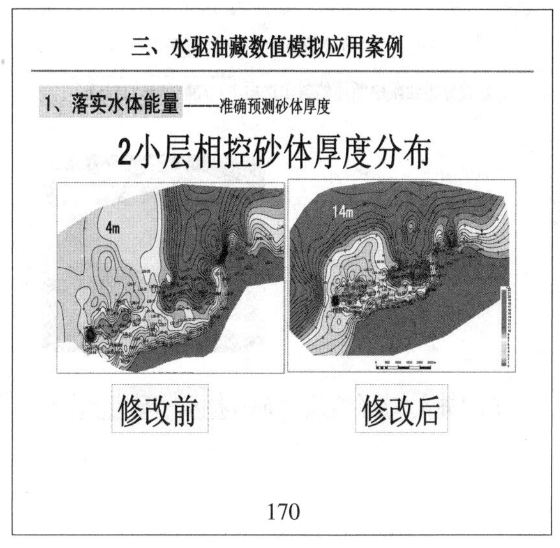
三、水驱油藏数值模拟应用案例
1、落实水体能量 ——准确预测砂体厚度
2小层相控砂体厚度分布
4m
14m
修改前
修改后
170

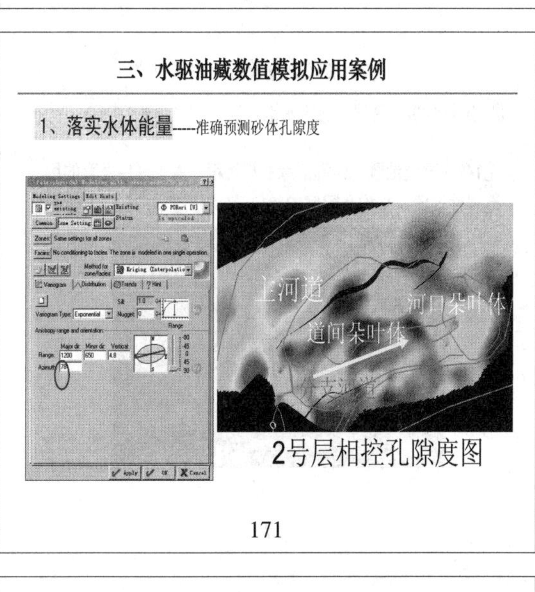
三、水驱油藏数值模拟应用案例
1、落实水体能量----准确预测砂体孔隙度
上河道
道间朵叶体
河口朵叶体
2号层相控孔隙度图
171

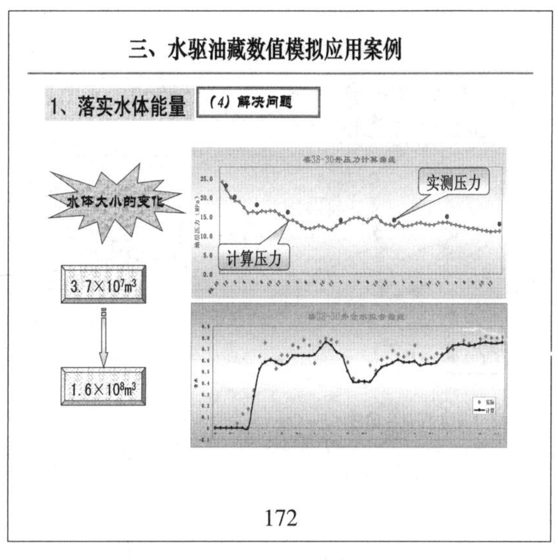
三、水驱油藏数值模拟应用案例
1、落实水体能量
(4) 解决问题
水体大小的变化
3.7×10⁷m³
1.6×10⁸m³
实测压力
计算压力
172

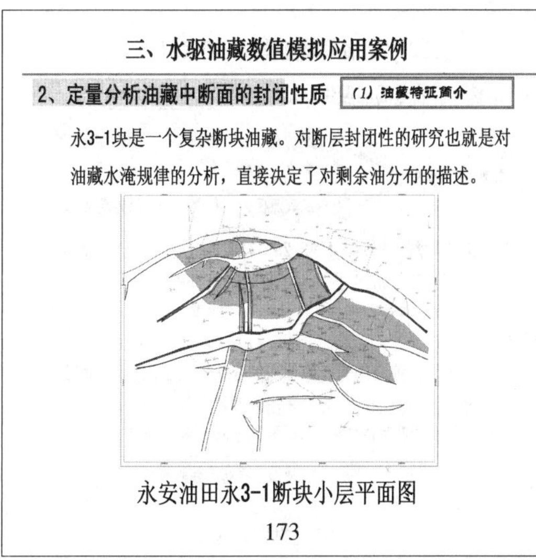
三、水驱油藏数值模拟应用案例
2、定量分析油藏中断面的封闭性质
(1) 油藏特征简介
永3-1块是一个复杂断块油藏。对断层封闭性的研究也就是对油藏水淹规律的分析，直接决定了对剩余油分布的描述。
永安油田永3-1断块小层平面图
173

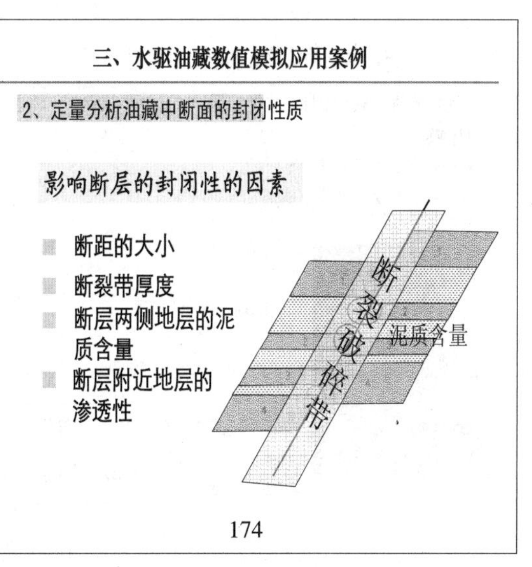
三、水驱油藏数值模拟应用案例
2、定量分析油藏中断面的封闭性质
影响断层的封闭性的因素
断距的大小
断裂带厚度
断层两侧地层的泥质含量
断层附近地层的渗透性
断裂破碎带
泥质含量
174

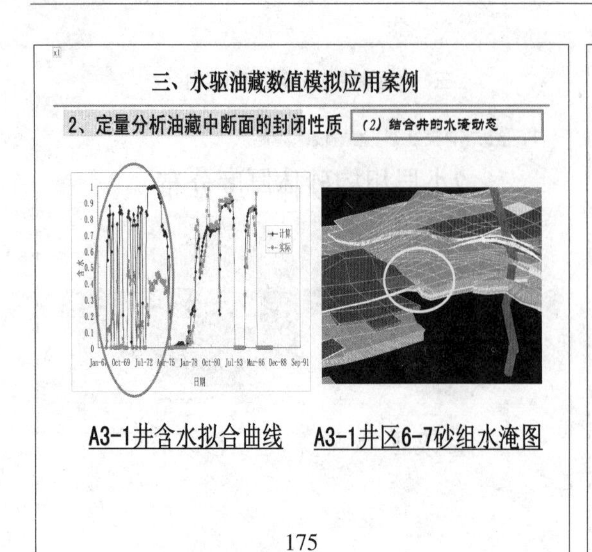

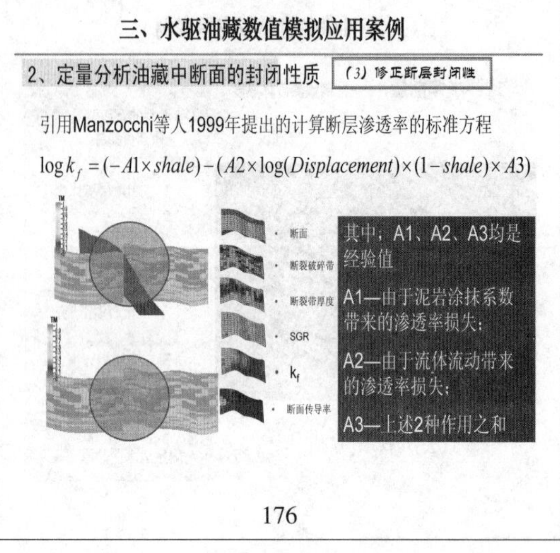

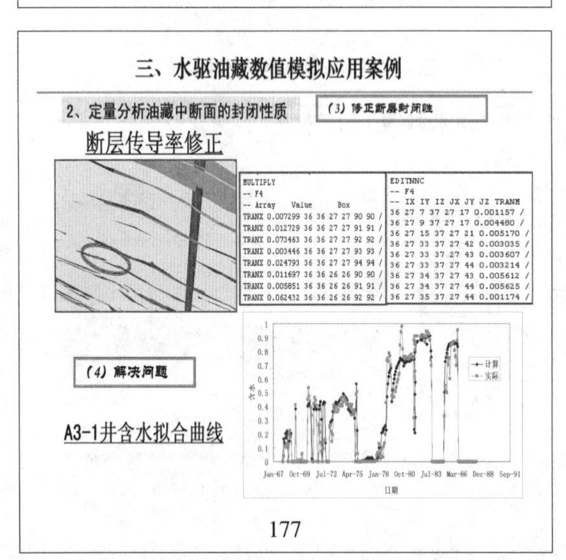


```
MULTIPLY
-- F4
-- Array    Value       Box
TRANX 0.007299 36 36 27 27 90 90 /
TRANX 0.012729 36 36 27 27 91 91 /
TRANX 0.073463 36 36 27 27 92 92 /
TRANX 0.003446 36 36 27 27 93 93 /
TRANX 0.024793 36 36 27 27 94 94 /
TRANX 0.011697 36 36 26 26 90 90 /
TRANX 0.005851 36 36 26 26 91 91 /
TRANX 0.062432 36 36 26 26 92 92 /
```

```
EDITNNC
-- F4
-- IX IY IZ JX JY JZ TRANM
36 27 7 37 27 17 0.001157 /
36 27 9 37 27 17 0.004480 /
36 27 15 37 27 21 0.005170 /
36 27 33 37 27 42 0.003035 /
36 27 33 37 27 43 0.003607 /
36 27 33 37 27 44 0.003214 /
36 27 34 37 27 43 0.005612 /
36 27 34 37 27 44 0.005625 /
36 27 35 37 27 44 0.001174 /
```

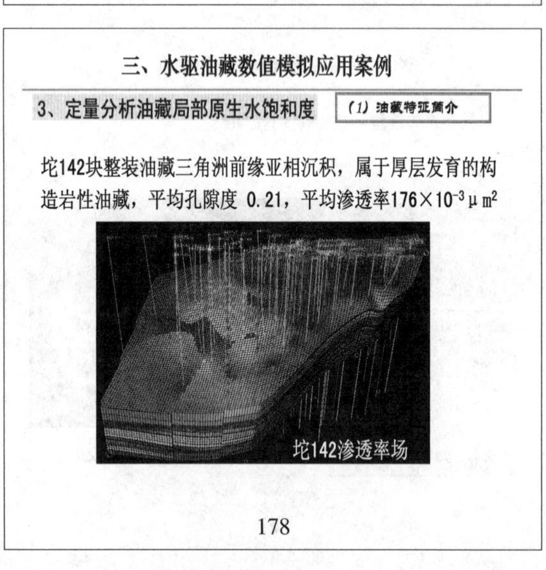

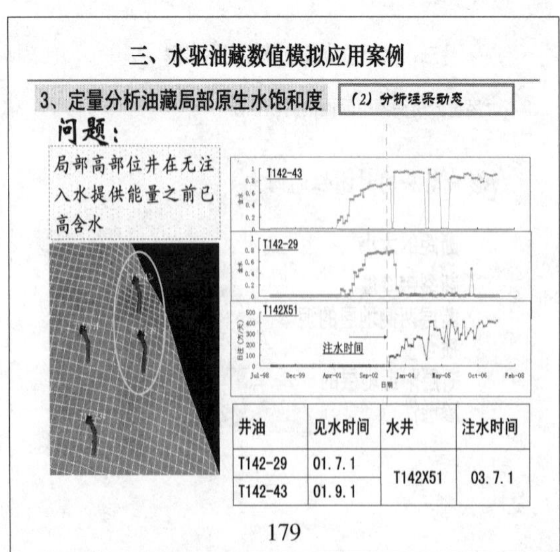

井油	见水时间	水井	注水时间
T142-29	01.7.1	T142X51	03.7.1
T142-43	01.9.1		

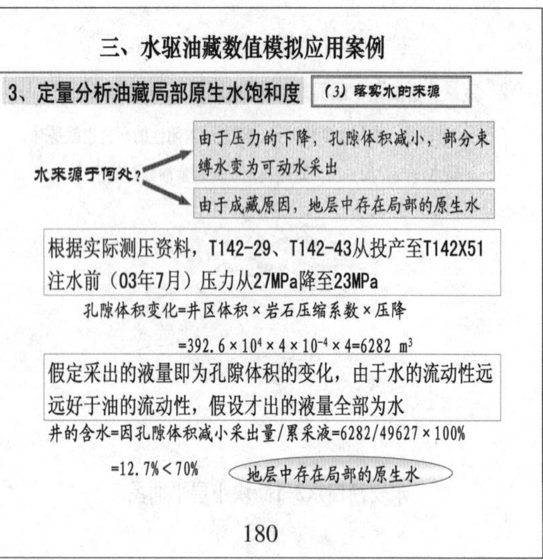

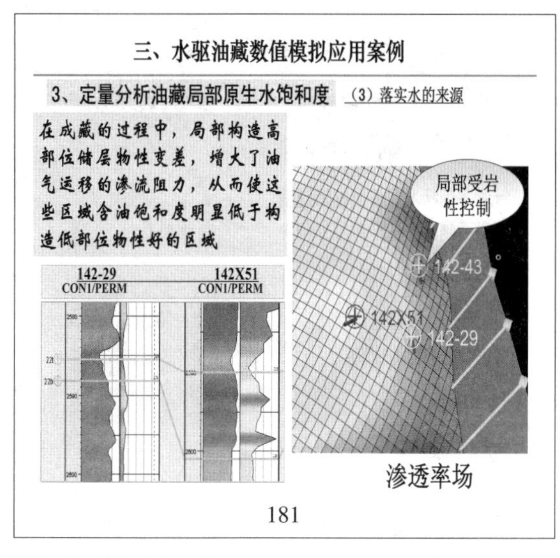

三、水驱油藏数值模拟应用案例
3、定量分析油藏局部原生水饱和度
(3) 落实水的来源
在成藏的过程中，局部构造高部位储层物性变差，增大了油气运移的渗流阻力，从而使这些区域含油饱和度明显低于构造低部位物性好的区域
142-29
CON1/PERM
142X51
CON1/PERM
局部受岩性控制
142-43
142X51
142-29
渗透率场
181

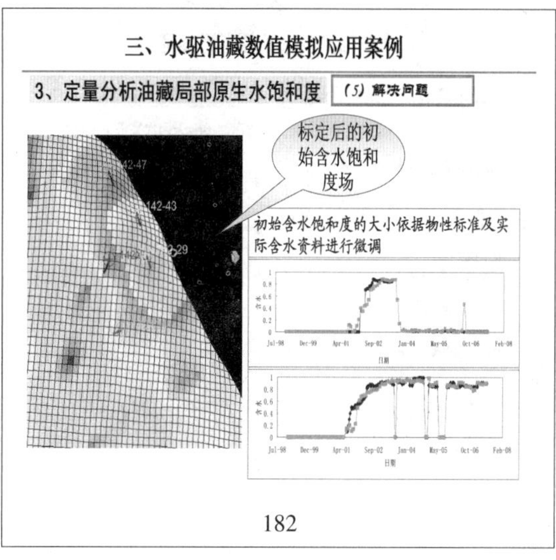

三、水驱油藏数值模拟应用案例
3、定量分析油藏局部原生水饱和度
(5) 解决问题
标定后的初始含水饱和度场
初始含水饱和度的大小依据物性标准及实际含水资料进行微调
182

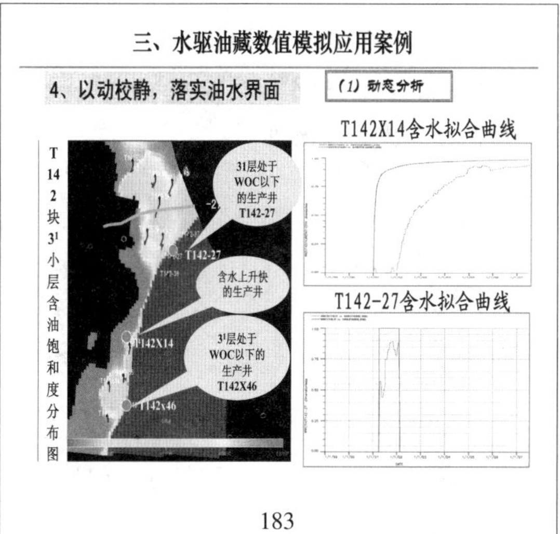

三、水驱油藏数值模拟应用案例
4、以动校静，落实油水界面
(1) 动态分析
T142块3¹小层含油饱和度分布图
31层处于WOC以下的生产井T142-27
含水上升快的生产井
3¹层处于WOC以下的生产井T142X46
T142-27
T142X14
T142x46
T142X14含水拟合曲线
T142-27含水拟合曲线
183

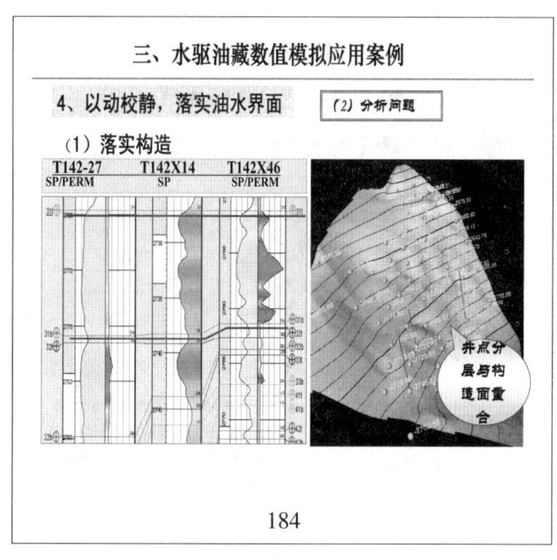

三、水驱油藏数值模拟应用案例
4、以动校静，落实油水界面
(2) 分析问题
(1) 落实构造
T142-27
SP/PERM
T142X14
SP
T142X46
SP/PERM
井点分层与构造面重合
184

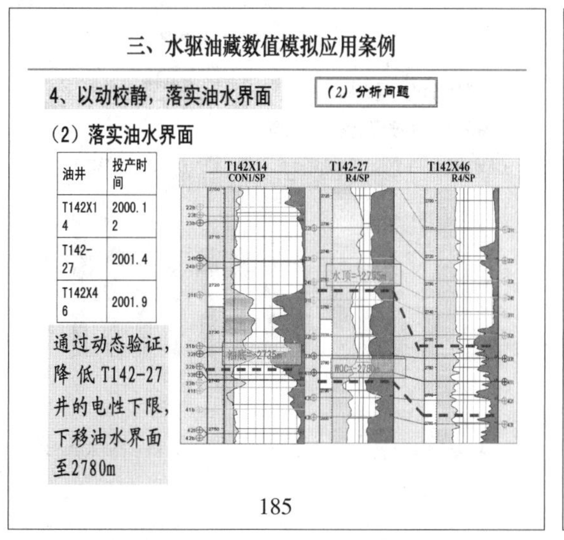

三、水驱油藏数值模拟应用案例
4、以动校静，落实油水界面
(2) 分析问题
(2) 落实油水界面
油井
投产时间
T142X14
2000.12
T142-27
2001.4
T142X46
2001.9
通过动态验证，降低T142-27井的电性下限，下移油水界面至2780m
T142X14
CON1/SP
T142-27
R4/SP
T142X46
R4/SP
185

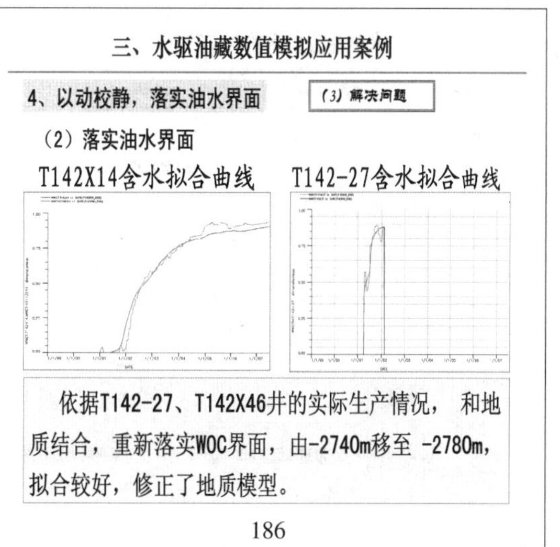

三、水驱油藏数值模拟应用案例
4、以动校静，落实油水界面
(3) 解决问题
(2) 落实油水界面
T142X14含水拟合曲线
T142-27含水拟合曲线
依据T142-27、T142X46井的实际生产情况，和地质结合，重新落实WOC界面，由-2740m移至 -2780m，拟合较好，修正了地质模型。
186

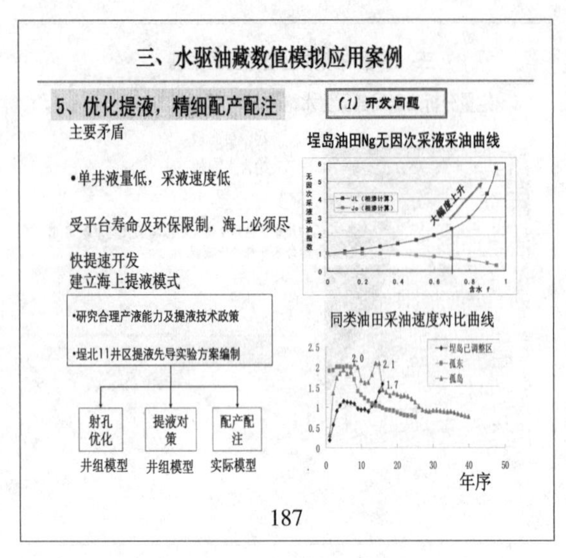
三、水驱油藏数值模拟应用案例
5、优化提液，精细配产配注
(1) 开发问题
主要矛盾
•单井液量低，采液速度低
受平台寿命及环保限制，海上必须尽快提速开发
建立海上提液模式
•研究合理产液能力及提液技术政策
•埕北11井区提液先导实验方案编制
射孔优化
提液对策
配产配注
井组模型
井组模型
实际模型
埕岛油田Ng无因次采液采油曲线
大幅度上升
同类油田采油速度对比曲线
埕岛已调整区
孤东
孤岛
年序
187

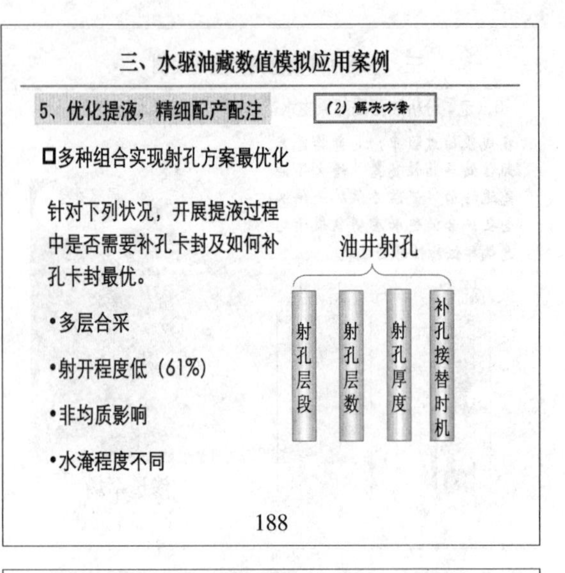
三、水驱油藏数值模拟应用案例
5、优化提液，精细配产配注
(2) 解决方案
□多种组合实现射孔方案最优化
针对下列状况，开展提液过程中是否需要补孔卡封及如何补孔卡封最优。
•多层合采
•射开程度低（61%）
•非均质影响
•水淹程度不同
油井射孔
射孔层段
射孔层数
射孔厚度
补孔接替时机
188

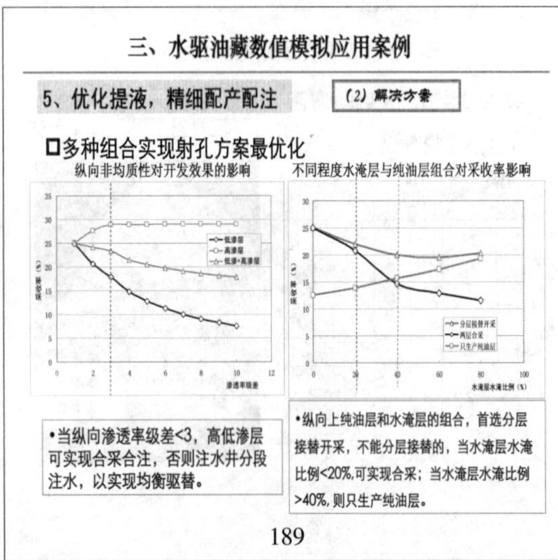
三、水驱油藏数值模拟应用案例
5、优化提液，精细配产配注
(2) 解决方案
□多种组合实现射孔方案最优化
纵向非均质性对开发效果的影响
不同程度水淹层与纯油层组合对采收率影响
•当纵向渗透率级差<3，高低渗层可实现合采合注，否则注水井分段注水，以实现均衡驱替。
•纵向上纯油层和水淹层的组合，首选分层接替开采，不能分层接替的，当水淹层水淹比例<20%,可实现合采；当水淹层水淹比例>40%,则只生产纯油层。
189

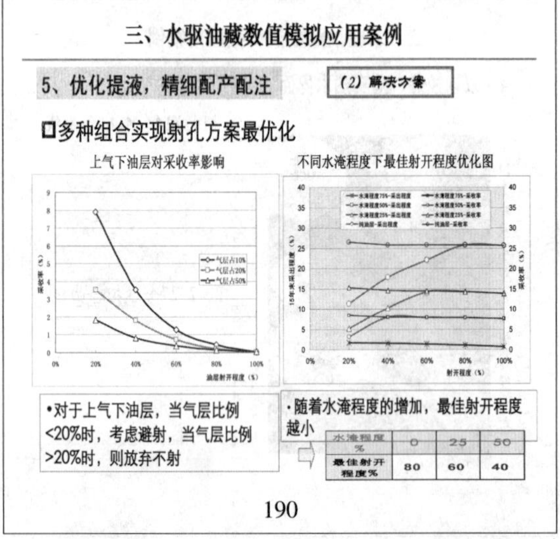
三、水驱油藏数值模拟应用案例
5、优化提液，精细配产配注
(2) 解决方案
□多种组合实现射孔方案最优化
上气下油层对采收率影响
不同水淹程度下最佳射开程度优化图
•对于上气下油层，当气层比例<20%时，考虑避射，当气层比例>20%时，则放弃不射
•随着水淹程度的增加，最佳射开程度越小
水淹程度% | 0 | 25 | 50
最佳射开程度% | 80 | 60 | 40
190

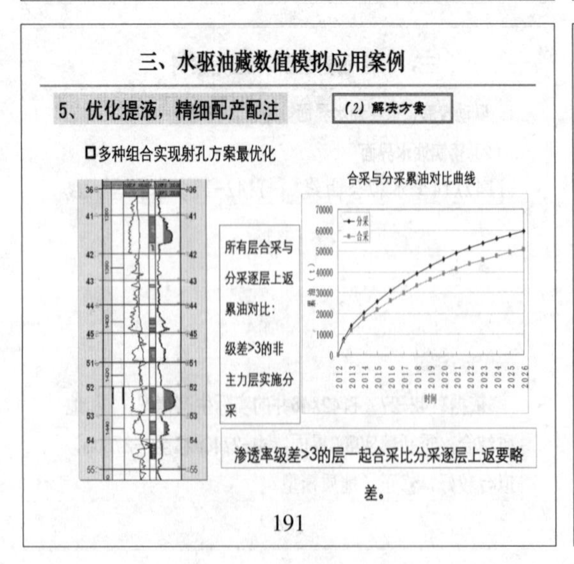
三、水驱油藏数值模拟应用案例
5、优化提液，精细配产配注
(2) 解决方案
□多种组合实现射孔方案最优化
合采与分采累油对比曲线
分采
合采
所有层合采与分采逐层上返累油对比：
级差>3的非主力层实施分采
渗透率级差>3的层一起合采比分采逐层上返要略差。
191

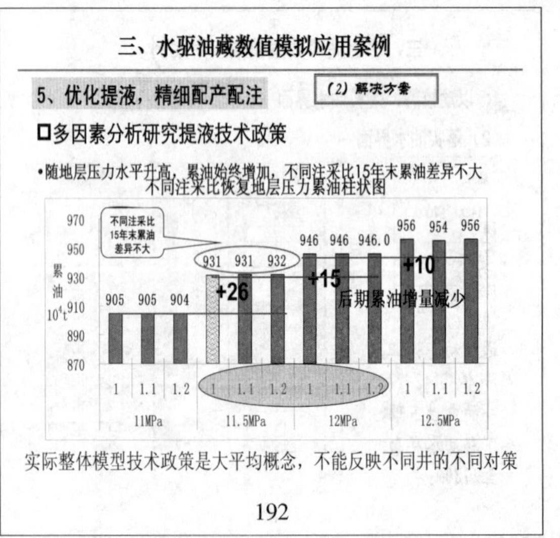
三、水驱油藏数值模拟应用案例
5、优化提液，精细配产配注
(2) 解决方案
□多因素分析研究提液技术政策
•随地层压力水平升高，累油始终增加，不同注采比15年末累油差异不大
不同注采比恢复地层压力累油柱状图
不同注采比15年末累油差异不大
累油 10^4t
905 905 904 931 931 932 946 946 946.0 956 954 956
+26
+15
+10
后期累油增量减少
11MPa
11.5MPa
12MPa
12.5MPa
实际整体模型技术政策是大平均概念，不能反映不同井的不同对策
192

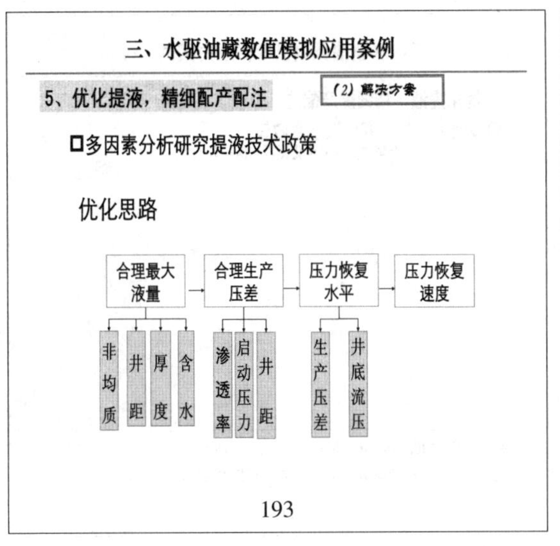
三、水驱油藏数值模拟应用案例
5、优化提液，精细配产配注
(2) 解决方案
□多因素分析研究提液技术政策
优化思路
合理最大液量
合理生产压差
压力恢复水平
压力恢复速度
非均质
井距
厚度
含水
渗透率
启动压力
井距
生产压差
井底流压
193

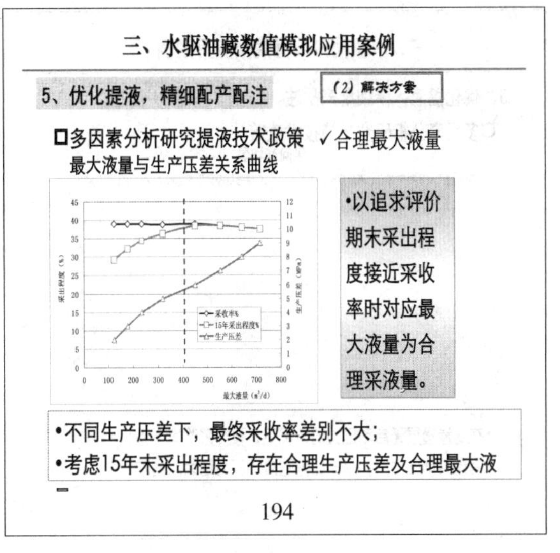
三、水驱油藏数值模拟应用案例
5、优化提液，精细配产配注
(2) 解决方案
□多因素分析研究提液技术政策 ✓合理最大液量
最大液量与生产压差关系曲线
采收率%
15年采出程度%
生产压差
最大液量（m³/d）
•以追求评价期末采出程度接近采收率时对应最大液量为合理采液量。
•不同生产压差下，最终采收率差别不大；
•考虑15年末采出程度，存在合理生产压差及合理最大液
194

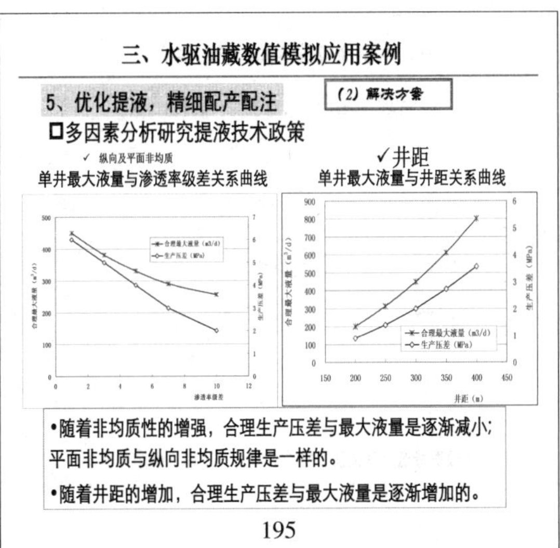
三、水驱油藏数值模拟应用案例
5、优化提液，精细配产配注
(2) 解决方案
□多因素分析研究提液技术政策
✓ 纵向及平面非均质
单井最大液量与渗透率级差关系曲线
✓井距
单井最大液量与井距关系曲线
合理最大液量（m3/d）
生产压差（MPa）
井距（m）
•随着非均质性的增强，合理生产压差与最大液量是逐渐减小；平面非均质与纵向非均质规律是一样的。
•随着井距的增加，合理生产压差与最大液量是逐渐增加的。
195

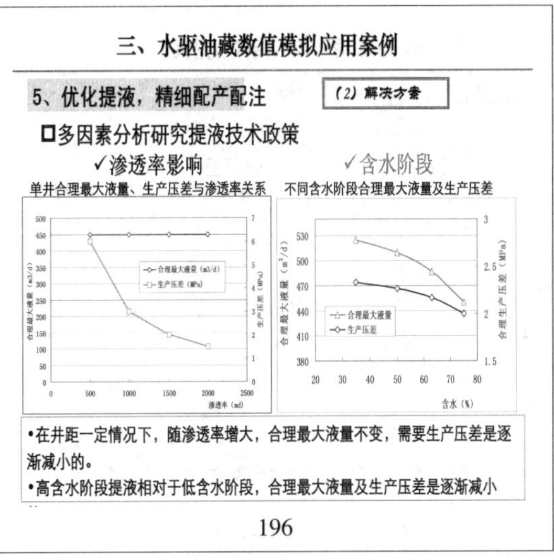
三、水驱油藏数值模拟应用案例
5、优化提液，精细配产配注
(2) 解决方案
□多因素分析研究提液技术政策
✓渗透率影响
✓含水阶段
单井合理最大液量、生产压差与渗透率关系
不同含水阶段合理最大液量及生产压差
合理最大液量（m3/d）
生产压差（MPa）
渗透率（mD）
合理最大液量
生产压差
含水（%）
•在井距一定情况下，随渗透率增大，合理最大液量不变，需要生产压差是逐渐减小的。
•高含水阶段提液相对于低含水阶段，合理最大液量及生产压差是逐渐减小
196

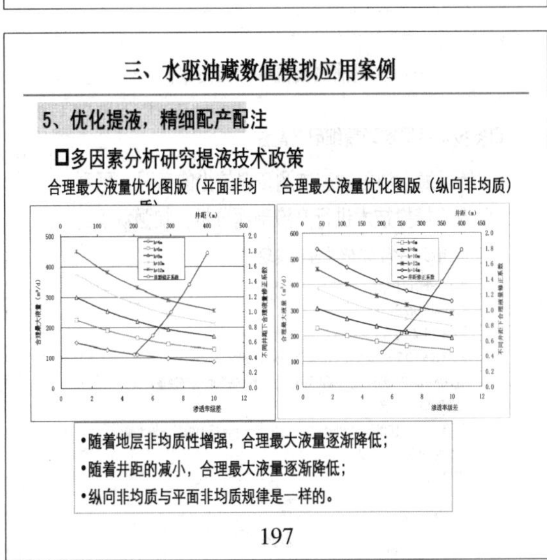
三、水驱油藏数值模拟应用案例
5、优化提液，精细配产配注
□多因素分析研究提液技术政策
合理最大液量优化图版（平面非均质）
合理最大液量优化图版（纵向非均质）
井距（m）
渗透率级差
•随着地层非均质性增强，合理最大液量逐渐降低；
•随着井距的减小，合理最大液量逐渐降低；
•纵向非均质与平面非均质规律是一样的。
197

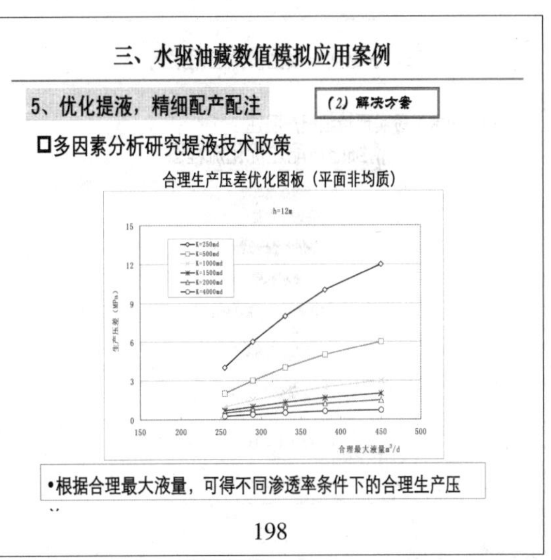
三、水驱油藏数值模拟应用案例
5、优化提液，精细配产配注
(2) 解决方案
□多因素分析研究提液技术政策
合理生产压差优化图板（平面非均质）
h=12m
K=250md
K=500md
K=1000md
K=1500md
K=2000md
K=4000md
生产压差（MPa）
合理最大液量m³/d
•根据合理最大液量，可得不同渗透率条件下的合理生产压
198

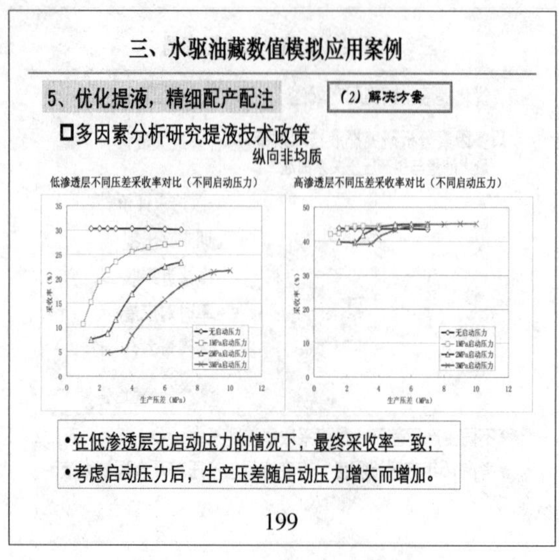

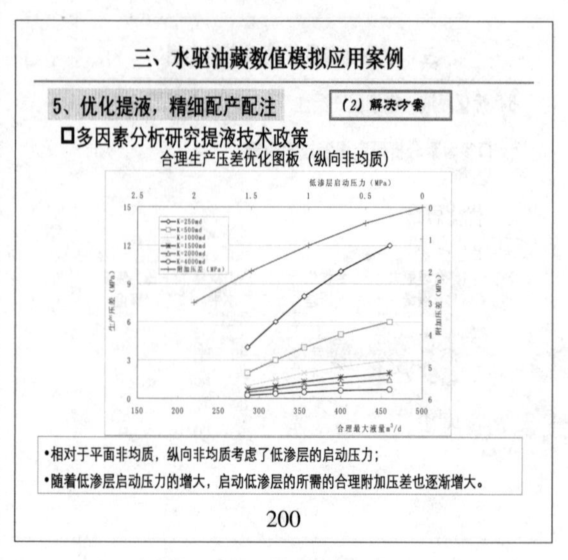

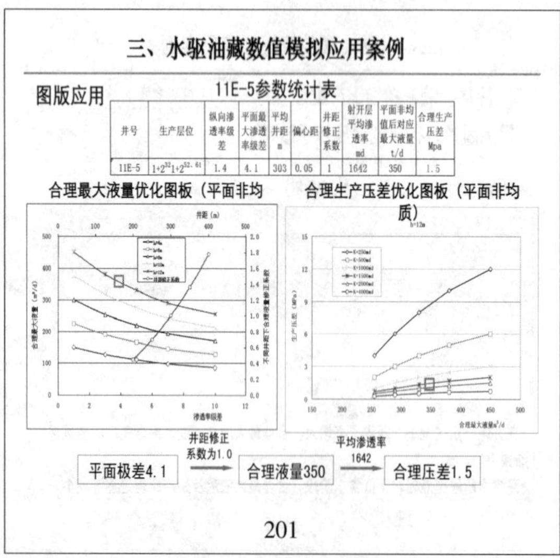

井号	生产层位	纵向渗透率级差	平面最大渗透率级差	平均井距 m	偏心距	井距修正系数	射开层平均渗透率 md	平面非均值后对应最大液量 t/d	合理生产压差 Mpa
11E-5	$1+2^{32}1+2^{52.61}$	1.4	4.1	303	0.05	1	1642	350	1.5

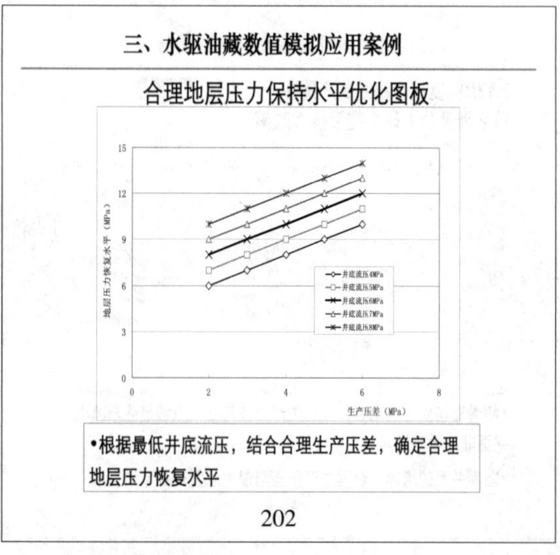

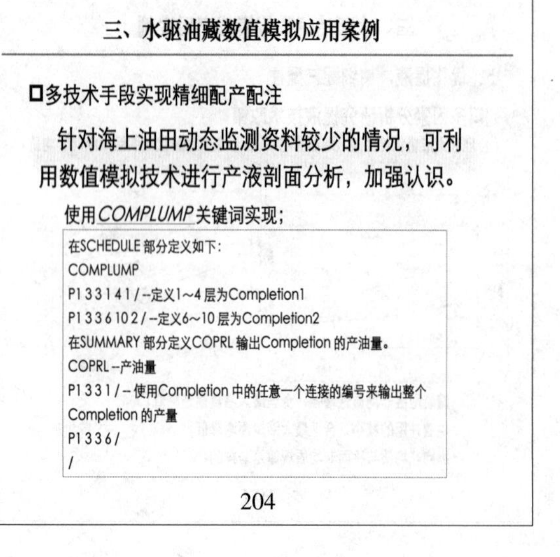

三、水驱油藏数值模拟应用案例

□多技术手段实现精细配产配注

埕北11井区单井产液剖面统计

井号	拟合期末				
	层位	日油	日水	日液	剖面系数
CB11E-5	1232	19.9	16.5	36.4	0.84
CB11E-5	1252	5.1	1.7	6.8	0.16
11E-5小计		25	18.2	43.2	
CB11E-1	1232	4.5	14.8	19.3	0.50
CB11E-1	1241	0	0.3	0.3	0.01
CB11E-1	322	9.1	9.8	18.9	0.49
11E-1小计		13.6	24.9	38.5	
CB11E-3	1232	14.7	69	83.7	0.80
CB11E-3	1261	8.2	13.1	21.3	0.20
11E-3小计		22.9	82.1	105	

根据油井产液剖面进行水井单井配注量确定

205

三、水驱油藏数值模拟应用案例

□多技术手段实现精细配产配注

除了利用监测资料进行常规油藏工程分析注采受效状况，如何更加准确把握注采受效状况，“示踪剂技术”则是加强动态分析、提高注采状况认识程度有力手段之一。

➤每口生产井的水到底来自哪里，比如网格水、人为定义水体里的水、注入水；

➤每口注水井的水到底使哪些生产井受效了。

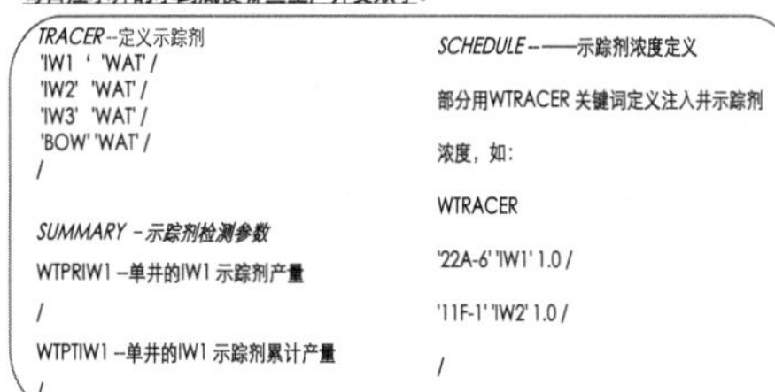

206

三、水驱油藏数值模拟应用案例

□多技术手段实现精细配产配注

根据吸水剖面及示踪剂分析确定单井分层注水量

某口注水井的示踪剂注入量=所有生产井的这种示踪剂产量，就可以知道这口注水井是如何使生产井受效的。

Ng1+232小层平面图

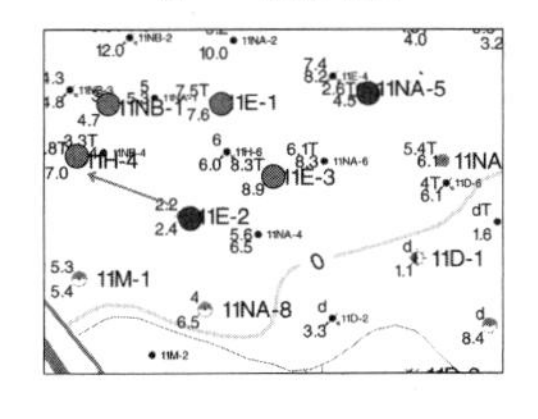

CB11E-2井周围油井示踪剂产出量变化曲线

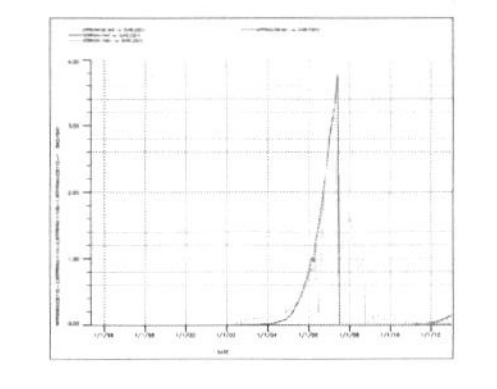

207

三、水驱油藏数值模拟应用案例

□多技术手段实现精细配产配注

根据末期产液剖面及吸水状况分析结果，进行“人机交互”式配注调整。

11E井组周围水井配注情况统计表

井号	分段	层位	根据拟合末期油井剖面配注		根据运算3个月指标调整	
CB11E-2	1	$Ng1+2^{32、41、61}$	90	490	110	400
	2	$Ng4^{42}.5^{22、31、32}$	300		240	
	3	$Ng6^{1}$	100		50	
CB11E-6	1	$Ng1+2^{32、41}$	50	80	90	140
	2	$Ng1+2^{52、61}$	30		50	
CB11H-1	1	$Ng1+2^{32、41、52}$	40	60	80	140
	2	$Ng3^{32}$	20		60	
CB11NA-5	1	$Ng1+2^{32、41、52、61}$	130	160	80	130
	2	$Ng3^{22、31}$	30		50	

208

三、水驱油藏数值模拟应用案例

□多技术手段实现精细配产配注

根据压力恢复状况、含水上升、平面是否均衡驱替等确定配注量合理性，反复修正，直至单井最优，整体效果也最优化。

井号	拟合期末静压 MPa	拟合期末含水 %	预测3个月后静压 MPa	预测3个月后含水%	静压回升 MPa	含水上升 %
11E-1	10.09	67.5	10.12	68.2	0.03	0.7
11E-3	10.12	78.7	10.04	76.6	-0.08	-2.1
11E-5	7.73	46.1	7.86	47.7	0.13	1.6

11E井组饱和度场图变化对比

$1+2^{32}$层（拟合期末）

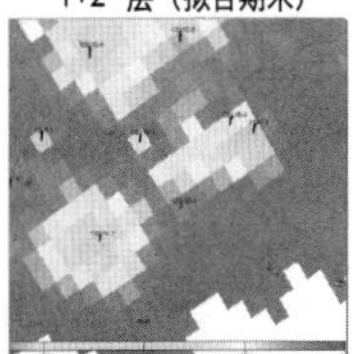

$1+2^{32}$层（1年后）

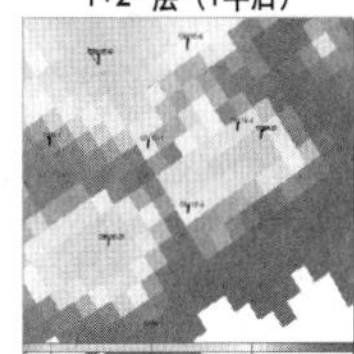

209

三、水驱油藏数值模拟应用案例

小结

1、油藏数值模拟实践就是对油藏不断深化认识（油藏储量、能量、连通性）的过程，始终要把油藏模型放在第一位；

2、油藏数值模拟是一个先进、综合、有效、经济的研究工具，要结合生产管理具体问题及开发需求，有效地设计分析及优化方法，才能物尽其用。

210

第二篇

油田注水工艺

第六章　分层注水工艺技术

提　　纲

一、前言（分注的概念，重要性）

二、国内外分注技术现状

三、分层注水技术的发展历史

四、胜利油田主导分注技术及其应用情况

五、智能注水新技术

1

一、前　言

注水是保持油层压力，实现油田稳产、提高油田开发效果的重要措施。对于多油层油田，为调整层间矛盾，控制原油含水上升和提高原油采收率，实行分层注水。

分层注水的实质是在注入井中下入封隔器，分隔各油层，加强对中、低渗透油层的注入量，而对高渗透层的注入量进行控制，防止注入水的单层突进现象，实现均匀推进，提高油田的采收率。

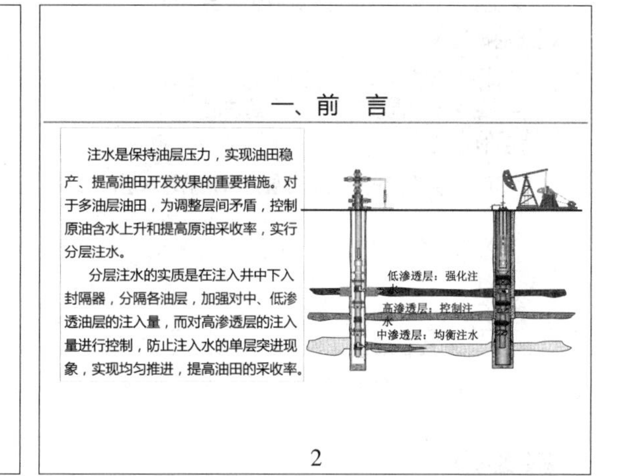

2

一、前　言

油藏研究表明：细分可以提高采出程度，为水驱开发提供了理论支撑。

细分与提高采出程度关系曲线

对应率（多向）下降，采收率降低

四向→三向：　降低ER=2.49%

三向→双向：　降低ER=3.02%

双向→单向：　降低ER=3.61%

整装油藏细分注水政策界限

油藏类型	多层油藏	厚层油藏
层段内渗透率级差	2	2
层段内小层数(个)	4	2
层段内砂岩厚度(m)	8	9

断块油田细分注水政策界限

单　位	东辛	现河
标　准	"3364"	"3355"
渗透率级差	2.5（3）	2.5（3）
含油条带宽度级差	2.5（3）	2.5（3）
层段内砂岩厚度（m）	6	5
层段内小层数（个）	4	5

低渗油田细分注水政策界限

油藏类型	渗透率级差	小层数（个）	厚度（m）	分注界限
厚层构造	4	4	6	446
薄互层	3	3	15	3315
透镜体岩性	4	4	10	4410

3

一、前　言

分注工艺技术进步推进了水驱开发提质增效。

分层注水 —支撑→ ◆提高注采对应 ◆实现均衡驱替 ◆保持地层能量 → 提高水驱油藏开发效果

当前油价持续低位运行，水驱方式低于分公司平均运行成本，是油田最经济和最有效的开发方式。分层注水、精细注水是提高油田开发质量的关键！

围绕提高水驱开发质量，强化分注测调关键技术创新，注重技术优化和集成配套，形成了以测调一体化技术为主导的精细分层注水技术，支撑了注水“三率”提高，提升水驱开发质量。

4

一、前　言

什么是注水“三率”？

◆分注率：实际分注率=实际分注井数（口）/总分注井数（口）*100%

◆层段合格率：检查时间段内注水井合格层数占检查层数的比例叫注水层段合格率。

◆注采对应率：指现有井网条件下与注水井连通的采油井射开有效厚度与井组内采油井射开总有效厚度之比，用百分数表示。

5

一、前　言

什么是合格层段？

◆加强层，实注在配注的90%～130%范围内。

◆均衡层，实注在配注的80%～120%范围内。

◆控制层，实注在配注的70%～110%范围内。

合格层的定义

日实注量在日配注的范围内为日合格层。月实注量在月配注的范围内为月合格层。

6

一、前 言

欠注层的定义

日实注量小于日配注的范围的为日欠注层。月实注量小于月配注的范围为月欠注层。

超注层的定义

日实注量大于日配注的范围的为日超注层。月实注量大于月配注的范围为月超注层。

不清层的定义

没有取得合格测试资料的分层注水井的注水层。

7

一、前 言

自然递减率

自然递减率是指扣除多种增产措施增加的产量后，老井单位时间内油气产量的自然变化率或自然下降率。

自然递减率不考虑新井投产及老井各种增产措施所增加的产量，只考虑老井产量的自然下降。在油气田生产管理中，将自然递减率定义为：油气田或油气井阶段末产量(扣除新井投产及各种增产措施所增加的产量)与阶段初产量之差除以阶段初产量。它反映油气田或油气井产量自然递减的状况。

8

一、前 言

综合递减率

综合递减率是指单位时间内油气产量的变化率或下降率。 综合递减率只讲老井而不讲新井，即考虑老井及其各种增产措施情况下的产量综合递减。

在油气田生产管理中，将综合递减率定义为：油气田或油气井阶段末产量(扣除新井投产所增加的产量)与阶段初产量之差除以阶段初产量。它反映油气田老井及其各种增产措施情况下的实际产量综合递减的状况。

9

提 纲

一、前言（分注的概念，重要性）

二、国内外分注技术现状

三、分层注水技术的发展历史

四、胜利油田主导分注技术及其应用

情况五、智能注水新技术

10

二、国内外分注技术现状

国外分层注水现状

套管尺寸：9 5/8"、10 3/8 "、13 6/8"

分注层数：一般为2层~3层。

管柱结构：多为锚定式结构，以同心管、平行管、混合分注完井工艺为主。

国外套管尺寸较大，工艺选择性强；国内套管尺寸以5 1/2 "、7 "为主，国外分层注水技术在国内适应性不强，需结合自身特点，开展精细分层注水技术研究。

哈利伯顿同心双管分层注水

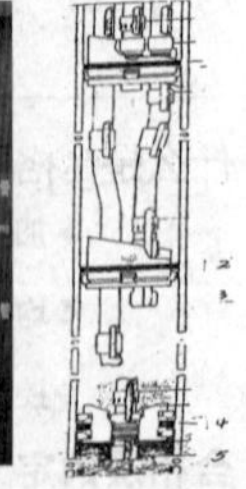
贝克休斯三管三层注水管柱

11

二、国内外分注技术现状

国内分层注水现状

近年来，国内各油田均结合自身油藏特征和井况条件，开展了精细分层和提高测调效率等研究，主要代表性有大庆偏心测调一体化和胜利空心测调一体化分层注水技术。

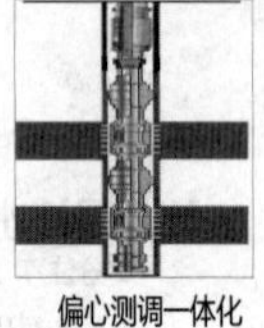
偏心测调一体化

	大庆偏心测调一体化技术	胜利空心测调一体化技术
性能指标：	分层段数：7-11段；	分层段数：7段；
	最小配水间距：2m；	最小配水间距：2m；
	封隔器卡夹层距：0.7m；	封隔器卡夹层距：0.5m；
	井深：900~1200m。	井深：3500m。
油藏类型：	整装油藏。	整装、断块、低渗等。

偏心测调一体化技术在大庆进行了大规模推广应用，取得较好的效果；胜利油田埋藏深、配注量小，经试验偏心测调一体技术仅适应部分浅层油藏。而自主研究的空心测调一体化技术在推广应用过程取得较好的效果，适应各类油藏开发需求，因此需将精细分层与测调一体化结合，优化完善胜利精细分层注水技术。

12

提　　纲

一、前言（分注的概念，重要性）

二、国内外分注技术现状

三、分层注水技术的发展历史

四、胜利油田主导分注技术及其应用情况

五、智能注水新技术

13

三、分层注水技术的发展历史

随着地质研究的进步和开发需求的变化，分层注水工艺技术不断取得进步和发展，按照测调技术的进步可以分为三个阶段：

第一代：固定式配水技术

第二代：活动式分层注水技术（偏心、空心）

第三代：测调一体化注水技术（偏心、空心）

14

三、分层注水技术的发展历史

第一代：固定式分层注水技术

应用时间：1960s—1975s（目前孤东9口）

管柱结构：K344封隔器和固定式配水器（745-5、745-4节流器）、底球组成。

技术特点：

结构简单、作业施工简便

只能测试，不能进行调配，若配注变化或水嘴刺坏堵塞都要进行动管柱作业，有效寿命较短，成本高。

固定式分层注水技术

节流器
测试球座
封隔器
节流器
测试球座
封隔器
节流器
球座

15

三、分层注水技术的发展历史

第二代：活动式分层注水技术-偏心、空心

1）偏心活动式分注工艺技术

应用时间：偏心：1976—目前；

管柱结构：封隔器和偏心式配水器（665-2）、撞击筒、循环凡尔组成。

技术特点：
1）可以进行投捞堵塞器，地面更换水嘴，不需要作业，调配任意层；
2）停注时易管内串通；
3）分注层数不受限制:8层，间距8m。
4）投捞测试调配成功率低。

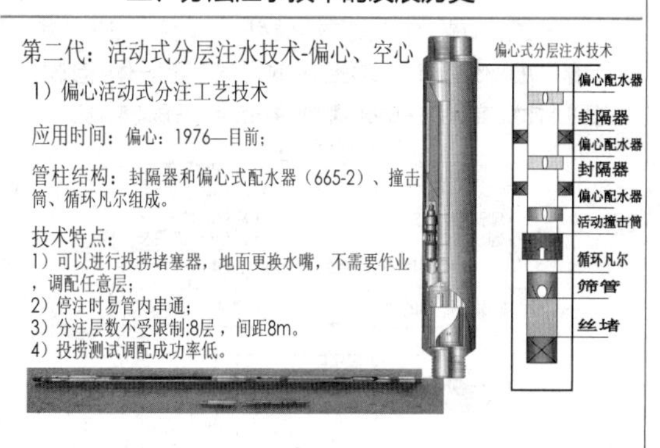

16

三、分层注水技术的发展历史

第二代：活动式分层注水技术-偏心、空心

1）偏心活动式分注工艺技术
为了测试单层压力和流量，大庆改进设计了桥式偏心配水器。

测分层流量：流量计坐到位后，测试密封段中间对准两中心管出液口，测得本层水量，在测本层水量的同时，注入水经桥式通道进入下级偏心配水器，不影响测试层段下部的层段注入。

06年孤东、孤岛试验应用

堵塞器孔是盲孔很容易堵塞

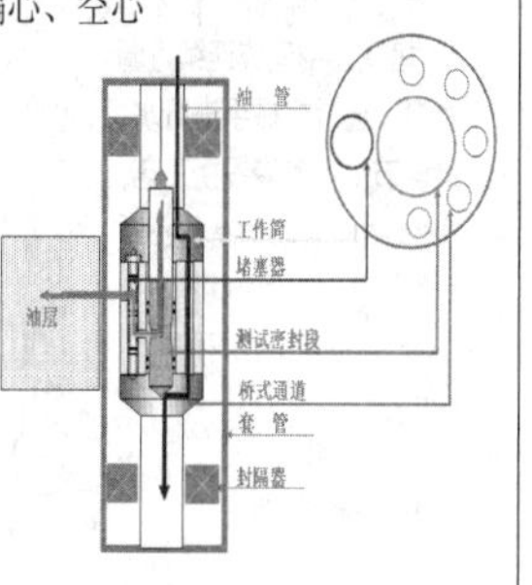

17

三、分层注水技术的发展历史

第二代：活动式分层注水技术-偏心、空心

2）空心活动式分注工艺技术

应用时间：空心：1985—目前

胜采：井比较深超过2000m，注污水后，偏心配水器调配遇阻率逐渐增加，到1984年，一次调配成功率低于20%，主要是捞不着堵塞器，造成作业。85年开始胜采东辛现河等井比较深的采油厂逐渐转空心活动式分注工艺技术；黄河以北因井浅测调成功率仍然保持较高水平保留了偏心。

管柱结构：封隔器和空心式配水器（SC402\403\404）、循环凡尔组成。

技术特点：

1）可以进行芯子投捞，地面换水嘴，不需要作业。

2）投捞测试调配成功率高。

3）只能分4层。

空心配水器
封隔器
空心配水器
封隔器
空心配水器
循环凡尔
筛管
丝堵

18

三、分层注水技术的发展历史

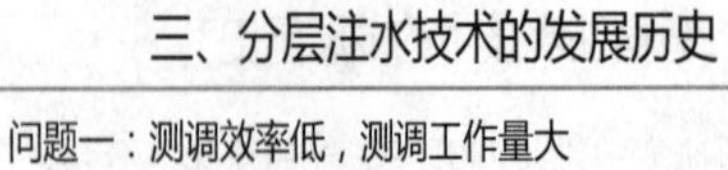

问题一：测调效率低，测调工作量大

◆ 三层分注井：常规测调理想情况至少需要8次钢丝绳起下作业，陆地上时间至少2天，海上时间更长。

◆ 分注井数不断增加，按照每季度测调一次的要求，现场工作量在12000井次以上。

分层测试+捞出配水芯子（两趟）　验封（两趟）　投配水芯子+测试（四趟）

近年分注井井数变化趋势图

2010-2014年分注井变化曲线

19

三、分层注水技术的发展历史

问题二：常规测调对井况要求高，投捞方式对特殊井况无法实现

• 水嘴为台阶式，需要反复投捞芯子试注校对，测调精度亟需提升；

• 频繁开停井易造成地层返吐，测试工具易遇阻遇卡。

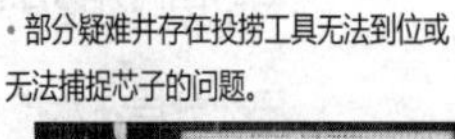

• 井斜增加，投捞芯子、堵塞器难度大，测调成功率降低；

• 部分疑难井存在投捞工具无法到位或无法捕捉芯子的问题。

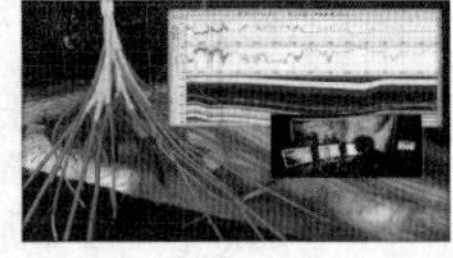

水嘴测试调配对照图版 Φ1.8、Φ2.0…… Φ6.0mm　芯子　大斜度井

20

三、分层注水技术的发展历史

"十二五"以来，针对现场需求和技术瓶颈，以提高"三率"为目标，以提高效率、降本增效为目的，攻关形成了测调一体化精细分层注水技术，实现了胜利油田水驱油藏细分注水、提质增效开发。

研究思路

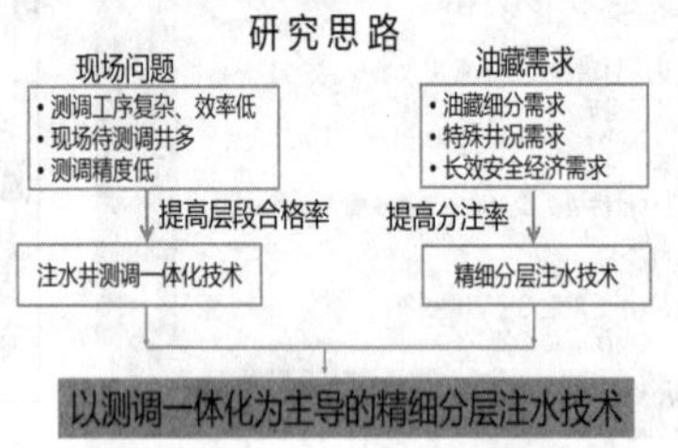

21

三、分层注水技术的发展历史

第三代：测调一体化注水技术（偏心、空心）

◆测调一体化组成及原理

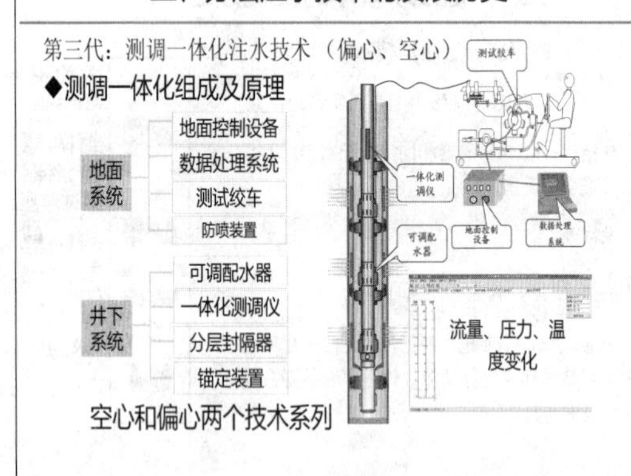

空心和偏心两个技术系列

22

三、分层注水技术的发展历史

◆空心测调一体化技术

电缆携带测调仪与井下可调配水器对接，地面仪器监测流量、压力，并发出指令调整水嘴开度，实现边测边调。

◆可调水嘴采用"阀片式"设计，阻力大幅降低；

◆连续无级可调精度±5%；

◆测调仪最大输出扭矩可达150N.m;

◆单井测调时间5h

空心配水器　一体化测调仪　空心测调一体化管柱

23

三、分层注水技术的发展历史

◆偏心测调一体化技术

堵塞器中集成连续可调水嘴，通过机械手进行水量调节，不改变投捞工艺。

✓ 水嘴采用"拉套式"结构设计，通过机械手直接在线调节

✓ 嘴径无级差限制，实现高精度测调±5%

✓ 单层一次投放

✓ 单井测调时间5~7h

偏心配水器结构及测试工具图　测调工作原理示意图

24

三、分层注水技术的发展历史

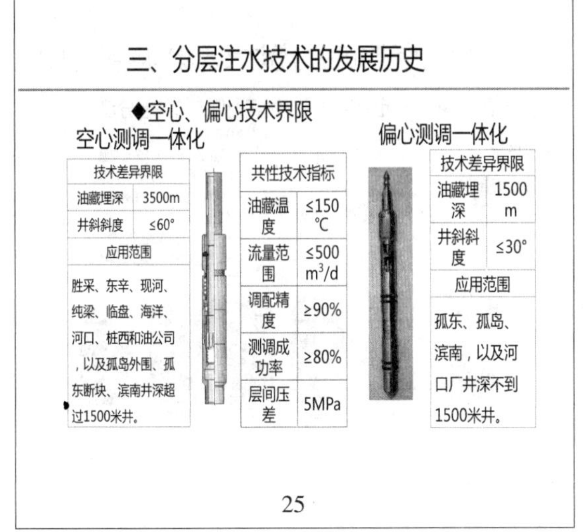

25

三、分层注水技术的发展历史

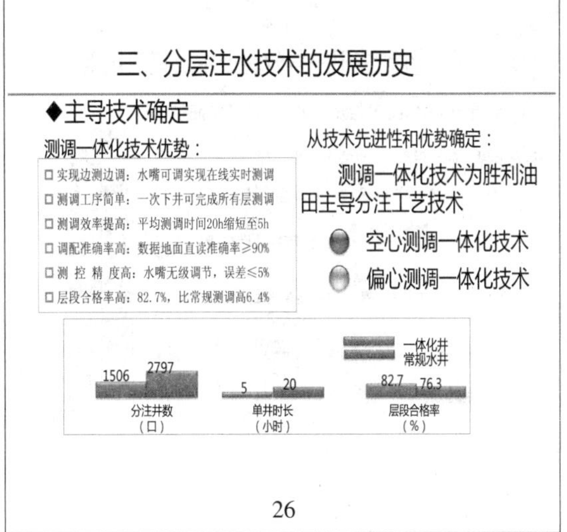

26

提　　纲

一、前言（分注的概念，重要性）

二、国内外分注技术现状

三、胜利油田分层注水技术的发展历史

四、胜利油田主导分注技术及其应用情况

五、智能注水新技术

27

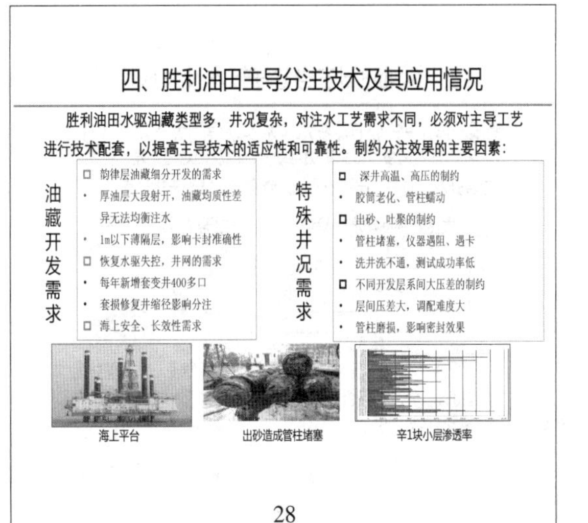

28

四、胜利油田主导分注技术及其应用情况

◆ 根据特殊井况(注水压力高，高压卡封)、特殊工况(深井、高温、套损)，油藏要求（韵律层层内卡封、小卡距）组合完善了七套分注技术。

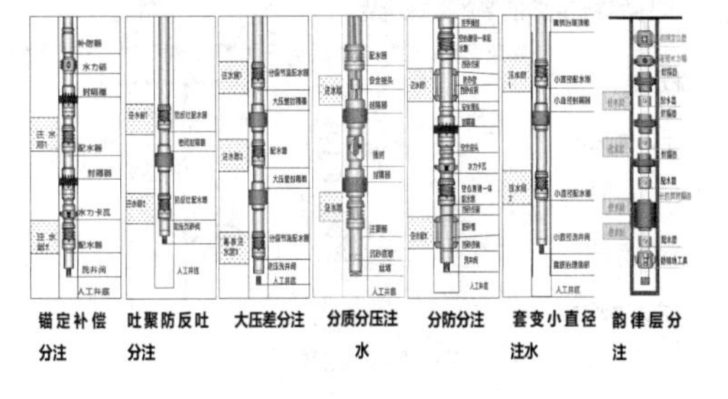

锚定补偿分注　吐聚防反吐分注　大压差分注　分质分压注水　分防分注　套变小直径注水　韵律层分注

29

四、胜利油田主导分注技术及其应用情况

1、测调一体化+锚定补偿分注技术实现低渗透油藏分注

▪ 深井、高温、高压等外因加剧管柱蠕动，坐封、洗井等措施也会造成封隔器胶筒偏磨失效，影响管柱寿命。

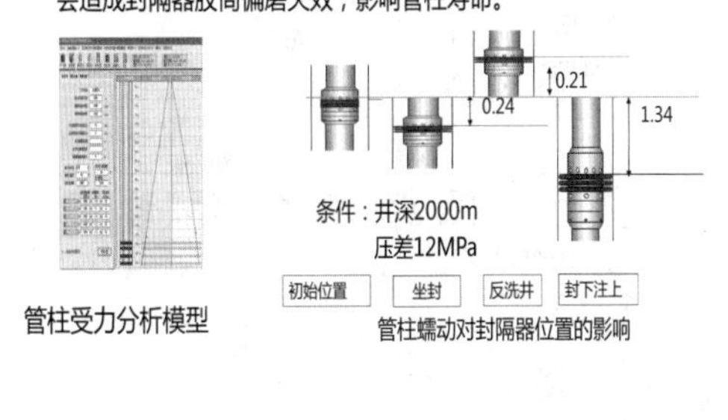

管柱受力分析模型　管柱蠕动对封隔器位置的影响

30

四、胜利油田主导分注技术及其应用情况

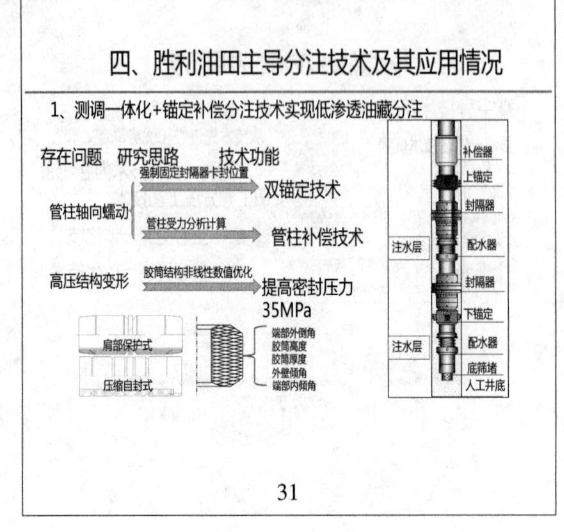

31

四、胜利油田主导分注技术及其应用情况

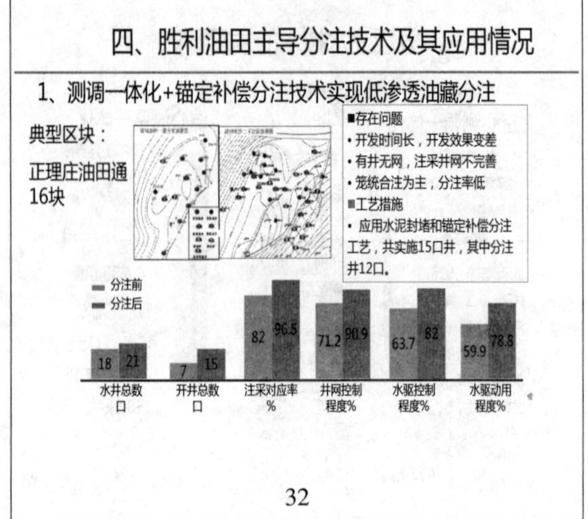

32

四、胜利油田主导分注技术及其应用情况

2、测调一体化+分级节流配水技术实现层间大压差有效分注

油田井网调整、层系重组与细分、以及相对薄、差、低渗等潜力层开发，同井内层间矛盾越来越突出，层间干扰严重。

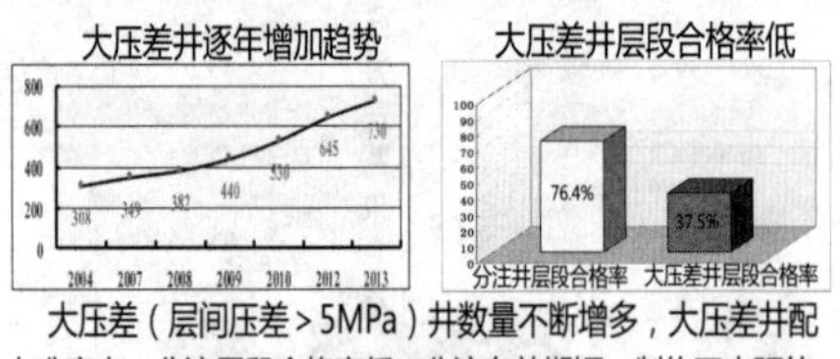

大压差（层间压差＞5MPa）井数量不断增多，大压差井配水难度大，分注层段合格率低，分注有效期短，制约了水驱的细分高效开发。

33

四、胜利油田主导分注技术及其应用情况

2、测调一体化+分级节流配水技术实现层间大压差有效分注

存在问题：层间大压差造成调配困难

研究思路：增加沿程摩阻实现节流压差

功能指标：分级节流配水技术满足层间12MPa的分注要求

分级节流配水器

I-V级节流压差2.5-8.0MPa

节流管增加摩阻，平衡高低压层间压差。

节流管沿程压力场分布

不同节流级数的压力场、速度场数值模拟

注水层1　分级节流配水器　大压差封隔器　注水层2　配水器　大压差封隔器　高渗注水层3　分级节流配水器　定压洗井阀　人工井底

34

四、胜利油田主导分注技术及其应用情况

2、测调一体化+分级节流配水技术实现层间大压差有效分注

商河油田SHS69-5井

层间压差 7.5MPa　19　11.5

SHS69-5 测试资料

层位	油层深度，m	测调前		测调后			
		配注 m3/d	达到配注时的压力	油压 MPa	配注 m3/d	实注 m3/d	是否合格
S2S	1939.6-1949.8	30	11.5	19.5	30	29.4	合格
S2S	1959.9-1985	30	19		30	29.6	合格

35

四、胜利油田主导分注技术及其应用情况

3、测调一体化+精确定位和长胶筒技术实现韵律层细分注水

随着精细油藏描述技术发展，开发潜力瞄准韵律层、薄差油层等，给分注技术的应用提出了新的要求和挑战。

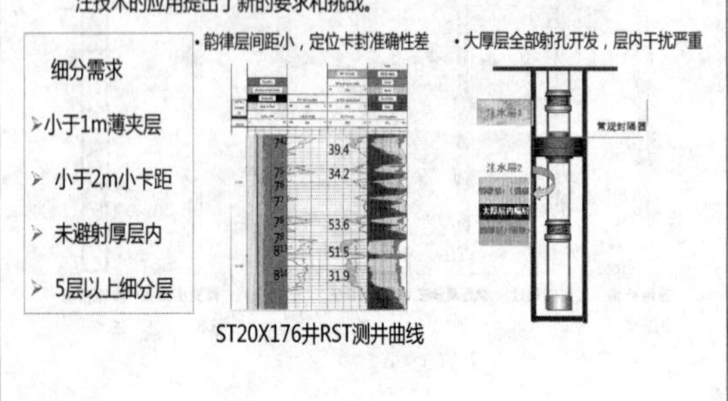

ST20X176井RST测井曲线

36

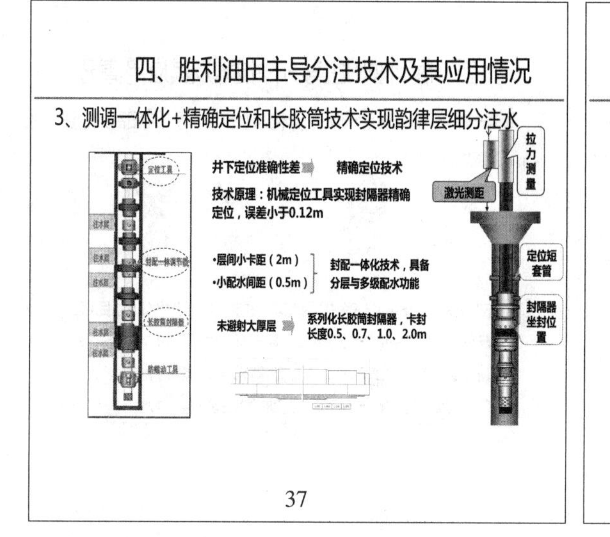

四、胜利油田主导分注技术及其应用情况

3、测调一体化+精确定位和长胶筒技术实现韵律层细分注水

胜坨油田坨7断块

存在问题：层系多，非主力韵律层受干扰严重。薄夹层间距小，分注卡封难度大。

工艺措施：注水井多级细分、反韵律层细分、小卡距韵律层细分注水工艺应用7井次。

注采对应率由93.9%上升为97.3%，增加有效注水$1.01\times10^4m^3$，目前累计增油1403.7t。

细化

五级细分

ST3-4-103井区开发生产曲线

38

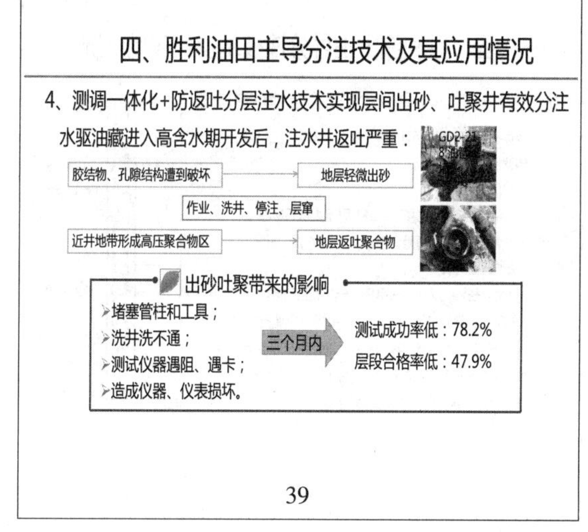

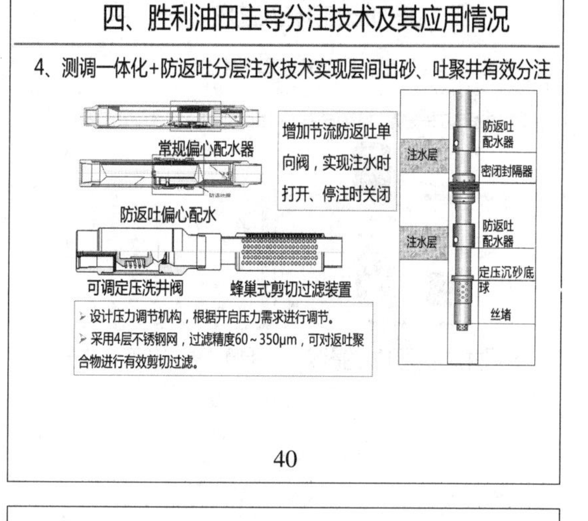

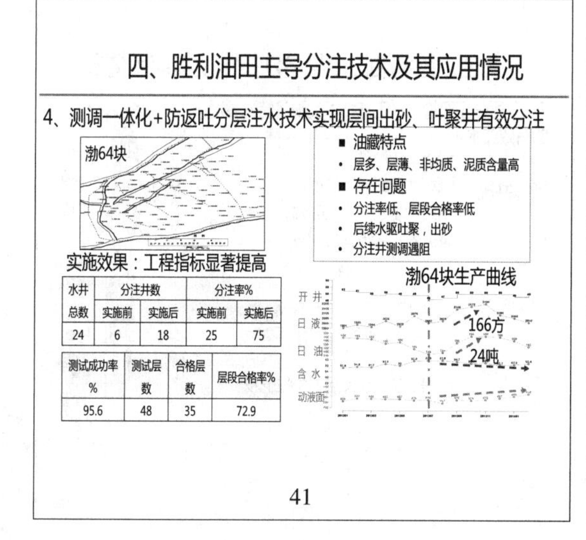

水井总数	分注井数实施前	分注井数实施后	分注率%实施前	分注率%实施后
24	6	18	25	75

测试成功率%	测试层数	合格层数	层段合格率%
95.6	48	35	72.9

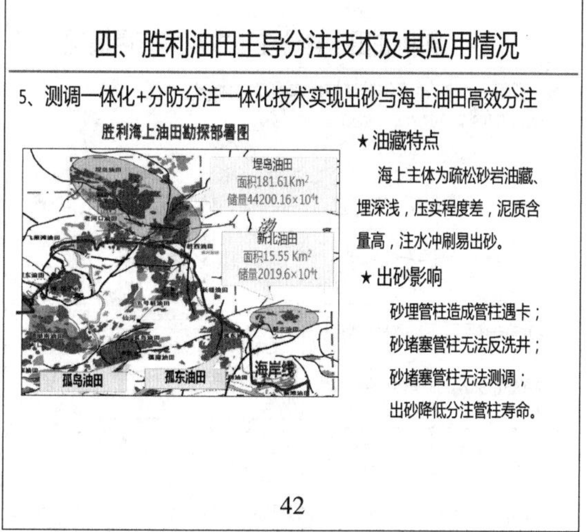

四、胜利油田主导分注技术及其应用情况

5、测调一体化+分防分注一体化技术实现出砂与海上油田高效分注

◆技术特点

- 防砂、注水管柱分体设计
- 分层注水管柱单独检换
- 测试成功率高，分注有效期长特点。

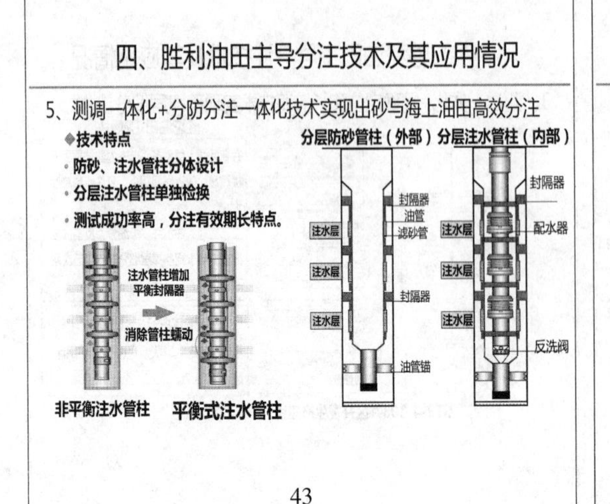

四、胜利油田主导分注技术及其应用情况

5、测调一体化+分防分注一体化技术实现出砂与海上油田高效分注

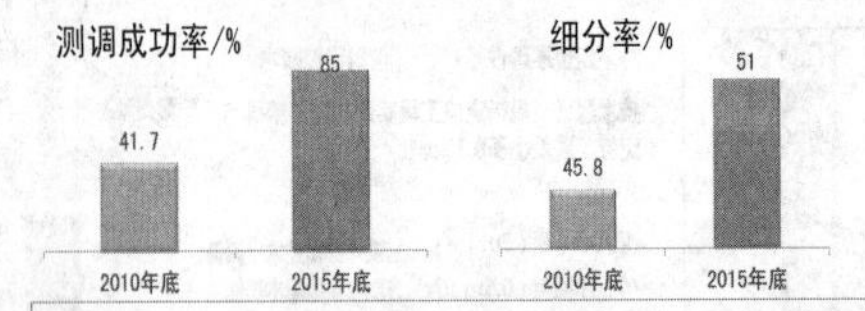

在胜利海上油田应用200余井次，实现单井最大细分到六段注水，目前已实施四段以上分注井42口（四段24口、五段16口、六段2口），在井时间3年以上。目前海上分注率85.9%。层段合格率75.4 %。解决了测调难度大、测调劳动强度大的问题，实现了海上油田的高效注水、精细注水。

四、胜利油田主导分注技术及其应用情况

6、测调一体化+小直径分注技术实现套损井分注

- 套损井造成注采失衡，储量失控
- 套损修复井存量大，分注需求迫切

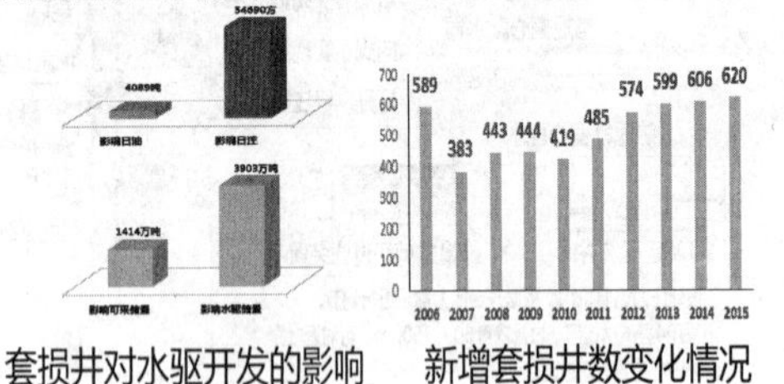

套损井对水驱开发的影响　　新增套损井数变化情况

四、胜利油田主导分注技术及其应用情况

6、测调一体化+小直径分注技术实现套损井分注

◆存在问题：套变修复井井径变小，现有分注工具和测调设备无法下入。

◆分注工艺方面

- 大膨胀比胶筒：膨胀比≥1.4，耐压达到35MPa
- 小直径封隔器：适用套管 $3^1/2$、4、$4^1/2$、5in

◆测调工艺方面

- 套管内径> $4^1/2$in，采用测调一体化工艺技术
- $3^1/2$ in <套管内径< $4^1/2$in，沿用常规测调技术

有效解决了小套管井、缩颈井、微套变等特殊井况的分层注水问题，在不打井的情况下，最大程度恢复了注采井网，有效加强了水驱控制储量。

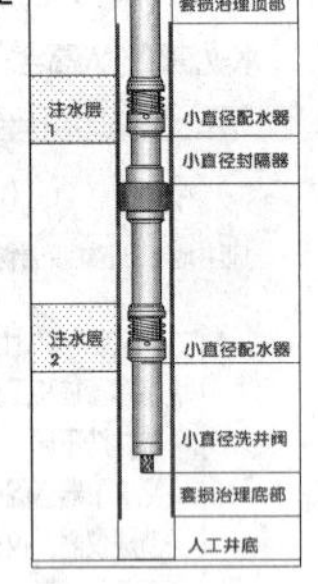

四、胜利油田主导分注技术及其应用情况

6、测调一体化+小直径分注技术实现套损井分注

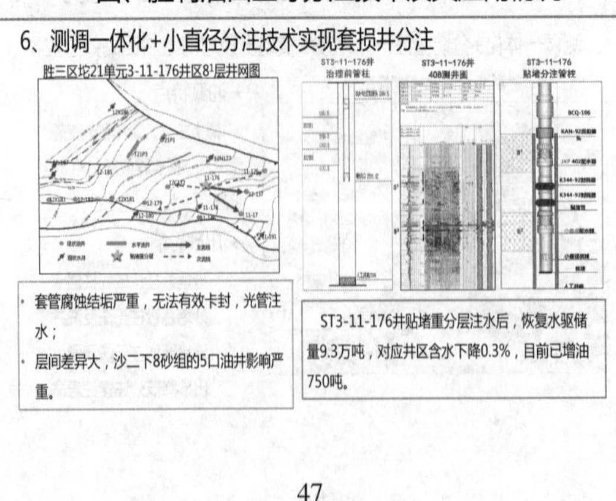

- 套管腐蚀结垢严重，无法有效卡封，光管注水；
- 层间差异大，沙二下8砂组的5口油井影响严重。

ST3-11-176井贴堵重分层注水后，恢复水驱储量9.3万吨，对应井区含水下降0.3%，目前已增油750吨。

四、胜利油田主导分注技术及其应用情况

7、分质分压双管注水工艺技术实现了特殊井况的有效注水

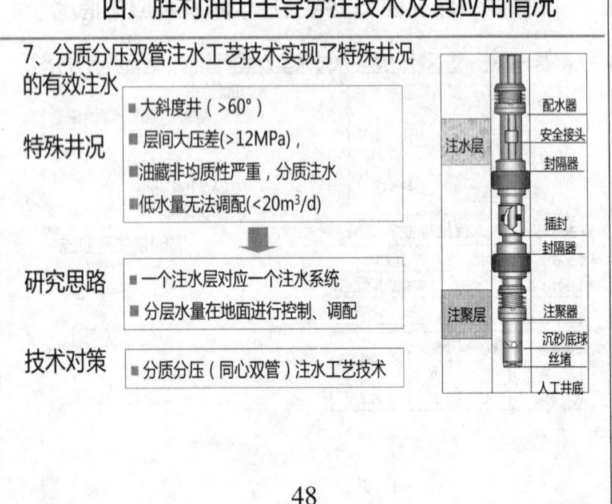

特殊井况

- 大斜度井（>60°）
- 层间大压差(>12MPa)，
- 油藏非均质性严重，分质注水
- 低水量无法调配(<20m³/d)

研究思路

- 一个注水层对应一个注水系统
- 分层水量在地面进行控制、调配

技术对策

- 分质分压（同心双管）注水工艺技术

四、胜利油田主导分注技术及其应用情况

7、分质分压双管注水工艺技术实现了特殊井况的有效注水

- 技术原理

  - 内管、外管分别建立两套注水系统，各层流量测试、调配在地面进行控制，直观方便。

- 技术优势

  - 能实时调节注水量，提高层段合格率；
  - 在井口测调流量、压力，免除井下测调；
  - 在井口判断封隔器密封状态，免除井下验封；
  - 后期操作维护简单，减少测调工作量；
  - 具有分层配注可靠、密封可靠性高等特点。

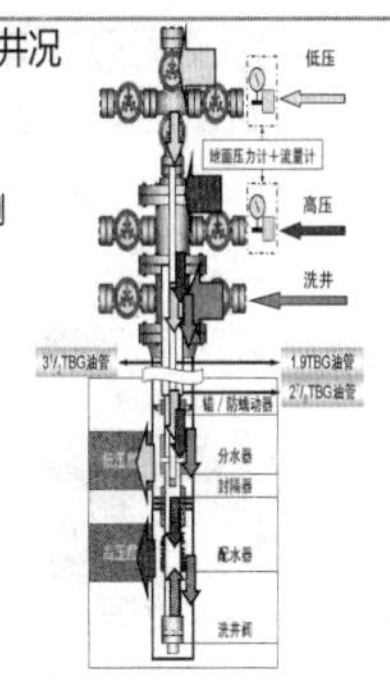

49

四、胜利油田主导分注技术及其应用情况

7、分质分压双管注水工艺技术实现了特殊井况的有效注水

典型井例：ST1-4-68

层位	射孔井段m	厚度m	渗透率 um^2	孔隙度 %	泥质含量 %
沙二1^1	2002.4-2004.0	1.6	0.5863	26.28	16.44
沙二2^3	2040.0-2043.0	3	2.0437	30.96	6.12

1^1层配注80m^3，实注66m^3，注入压力15MPa

2^3层配注100m^3，实注108m^3，注入压力6.3 MPa

对应油井见效明显：

11层对应3口油井，2^3层对应2口油井，动液面由1003m上升到898m，井组日增油1.1t。

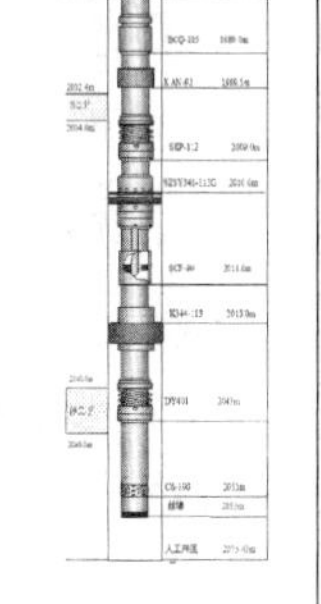

50

四、胜利油田主导分注技术及其应用情况

◆ 分注工艺基本满足了油藏需求，分注平均有效期达到3年以上。

主要技术指标及能力

主要项目	技术指标	主要项目	技术指标	主要项目	技术指标
油藏温度 ℃	150	夹层厚度 m	1	层间压差 MPa	12
油藏深度 m	4000	最小卡距 m	2	注水压力 MPa	35
井斜斜度 °	60	分注层数层	8	套管规格 in	$3^1/_2$、4、$4^1/_2$、5、$5^1/_2$、7、$9^5/_8$

51

四、胜利油田主导分注技术及其应用情况

"十二五"期间，以提升"水井分注率"和"层段合格率"为目标，依托分注示范区、老油田一体化治理等平台，不断深化技术创新、规范管理运行，测调一体化精细分层注水技术取得了规模化应用，效果显著。

1、制定技术管理标准，规范分注技术选择

2、强化测调跟踪配套，确保分注实施质量

3、拓展分注应用规模，水驱质量持续向好

52

四、胜利油田主导分注技术及其应用情况

1、制定技术管理标准，规范分注技术选择

◆ 制定了标准化管柱基本管柱和特殊工况条件下标准化管柱，规范分注技术选择、设计、指导现场施工。

标准化基本管柱

主导技术：

空心测调一体化技术

偏心测调一体化技术

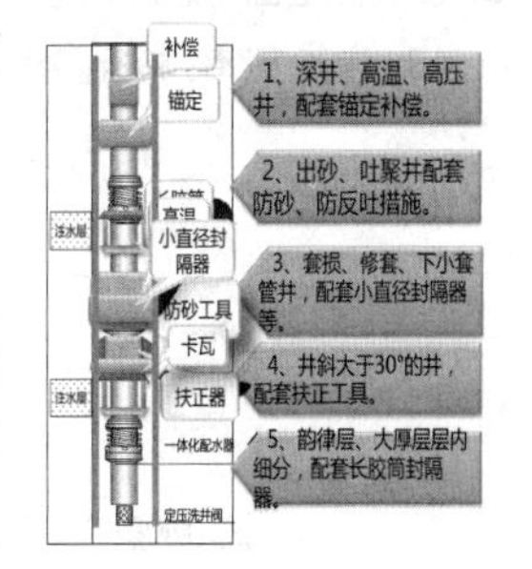

53

四、胜利油田主导分注技术及其应用情况

1、制定技术管理标准，规范分注技术选择

◆ 制定细化了分注管柱标准模板，为工艺设计编制提供了帮助。

管柱类型	集成配套	油藏需求和条件				
		油藏埋深，m	井斜，°	卡距，m	注水压力，MPa	油藏和井况
空心测调一体化管柱	标准悬挂式	≤1500	≤60	≥1	≤15	常规分层
	锚定或补偿式	1500~2500	≤60	≥1	≤25	常规分层
	扶正式	≤2500	30~60	≥1	≤15	大斜度井
	防返吐分注管柱	≤2500	≤60	≥1	≤15	注聚转水驱
	防砂注水一体化	≤2500	≤60	≥1	≤20	水井出砂
	小直径分注管柱	≤2500	≤60	≥1	≤15	套变修复井大于100mm
	锚定补偿分注管柱	≤3500	≤60	≥1	≤35	卡封分注
偏心测调一体化管柱	标准悬挂式	≤1500	≤30	≥1	≤15	常规分层
	防返吐分注管柱	≤1500	≤30	≥1	≤15	注聚转水驱
	防砂注水一体化	≤1500	≤30	≥1	≤20	水井出砂
	小直径分注管柱	≤1500	≤30	≥1	≤15	套变修复井大于100mm

54

四、胜利油田主导分注技术及其应用情况

2、强化测调跟踪配套，确保分注实施质量

（1）规范水井“三线两表”测调制度，为提高分注质量提供了保障

水井测调“三线两表”制度。

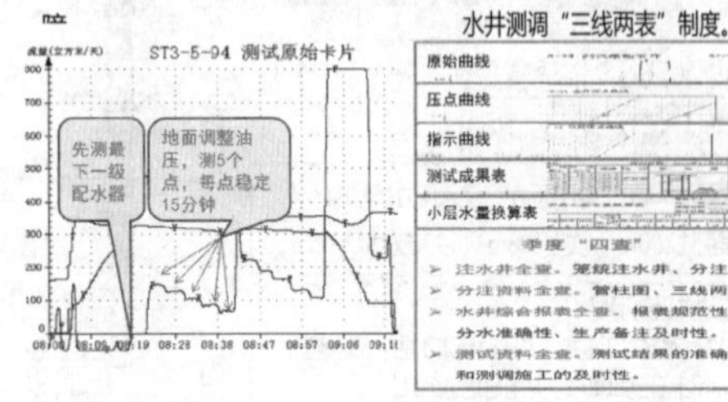

55

四、胜利油田主导分注技术及其应用情况

2、强化测调跟踪配套，确保分注实施质量

（2）配套测调车辆、设备。完成一体化测调车改造、更新25台/套，实现了5000井次的年测调能力。

（3）持续强化技术培训。组织各类理论培训、现场实操、专业培训等10期/700余人次。

钢丝绞车

电缆绞车

地面控制系统

56

四、胜利油田主导分注技术及其应用情况

3、拓展分注应用规模，水驱质量持续向好

“十二五”期间，累计实施分层注水技术4162井次，分注井数比“十一五”末增加1480口，分注率达到41.5%，提高8.5个百分点，层段合格率达到80.1%，提高6.0个百分点。

（1）分注技术规模化，覆盖所有水驱油藏类型，对油藏适应性增强

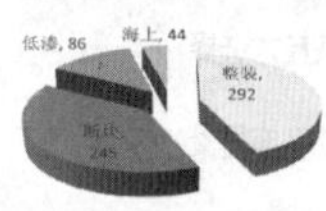

2015年不同油藏的应用情况

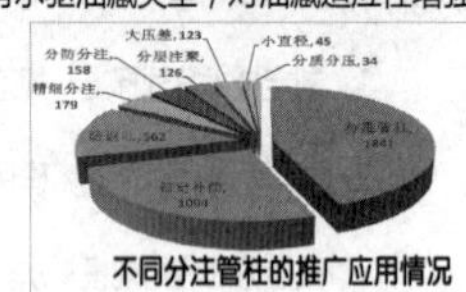

不同分注管柱的推广应用情况

57

四、胜利油田主导分注技术及其应用情况

3、拓展分注应用规模，水驱质量持续向好

◆ 基本满足了油藏提出的提高“三率”开发需求，分注技术水平和适应性大幅度提升，实现了长期有效分注。

- 最多层数：7层
- 最大井深：3760m
- 最高温度：137℃
- 最大井斜：56.2°
- 最小卡距：1.2m
- 最大注水压力：33.5MPa
- 最大层间压差：12MPa

平均有效期达到3年以上，应用指标不断创新

58

四、胜利油田主导分注技术及其应用情况

3、拓展分注应用规模，水驱质量持续向好

（2）测调一体化精细分注技术逐年提升，主导技术凸显

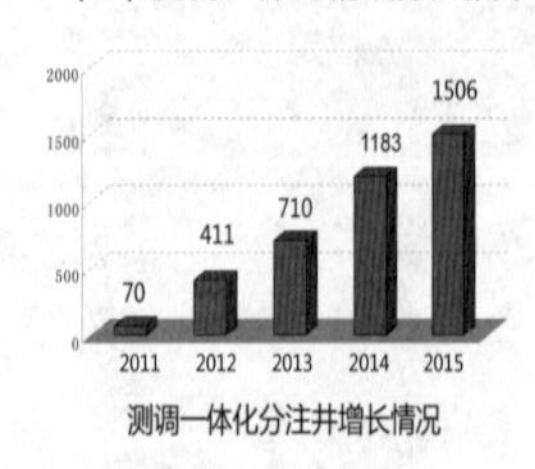

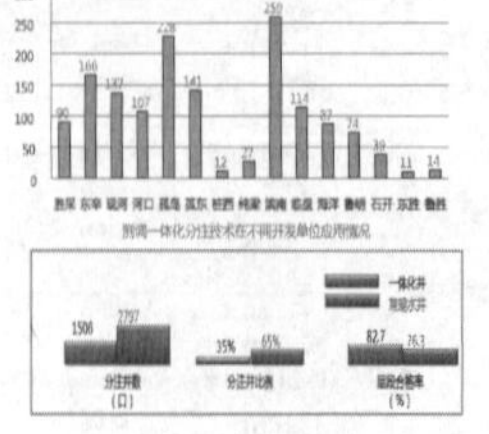

59

四、胜利油田主导分注技术及其应用情况

3、拓展分注应用规模，水驱质量持续向好

（3）注水“三率”指标显著提高

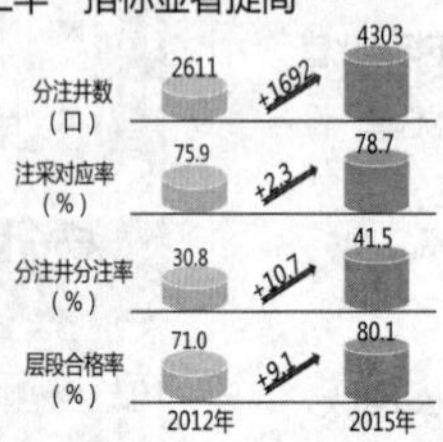

油田水驱“三率”指标变化图

60

四、胜利油田主导分注技术及其应用情况

3、拓展分注应用规模，水驱质量持续向好

◆水驱开发质量持续提升

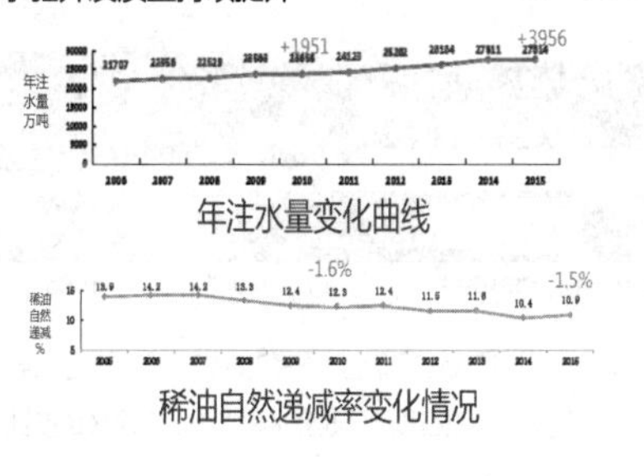

61

提 纲

一、前言（分注的概念，重要性）

二、国内外分注技术现状

三、胜利油田分层注水技术的发展历史

四、胜利油田主导分注技术及其应用情况

五、智能注水新技术

62

五、智能注水新技术

1、有线智能测调注水技术

（1）技术简介

结构组成

地面部分：
- 地面控制器
- 电缆穿越装置
- 计算机

井下部分：
- 多功能配注器
  流量测试装置
  流量控制装置
- 电缆穿越可洗井封隔器
- 电缆保护器
- 电缆连接器
- 电缆
- 锚定工具

地面控制器　电源　井口电缆穿越装置　计算机终端　通信及供电电缆　流量测试装置　流量控制装置　电缆连接器　电缆穿越封隔器

63

五、智能注水新技术

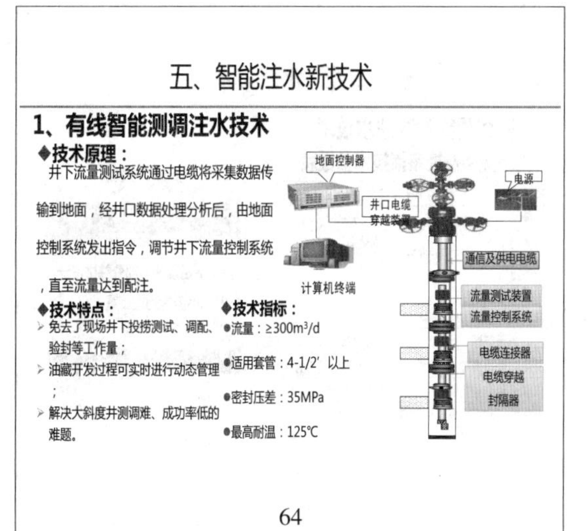

1、有线智能测调注水技术

◆技术原理：
井下流量测试系统通过电缆将采集数据传输到地面，经井口数据处理分析后，由地面控制系统发出指令，调节井下流量控制系统，直至流量达到配注。

◆技术特点：
- 免去了现场井下投捞测试、调配、验封等工作量；
- 油藏开发过程可实时进行动态管理；
- 解决大斜度井测调难、成功率低的难题。

◆技术指标：
- 流量：≥300m³/d
- 适用套管：4-1/2′以上
- 密封压差：35MPa
- 最高耐温：125℃

64

五、智能注水新技术

1、有线智能测调注水技术

思路：设计机电一体化控制机构，改变出水孔大小，控制测试后流量。

目标：满足流量连续可调、低调节扭矩等要求，实现注水量的线性稳定调配。

技术关键：（1）小直径流量测试技术
（2）流量低扭矩调节控制

65

五、智能注水新技术

1、有线智能测调注水技术

1）流量测量方式-孔板式差压流量计

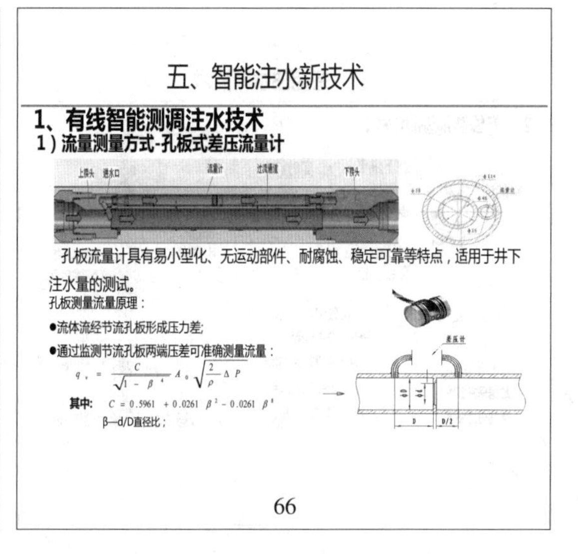

孔板流量计具有易小型化、无运动部件、耐腐蚀、稳定可靠等特点，适用于井下注水量的测试。

孔板测量流量原理：
- 流体流经节流孔板形成压力差；
- 通过监测节流孔板两端压差可准确测量流量：

$$q_v = \frac{C}{\sqrt{1-\beta^4}} A_0 \sqrt{\frac{2}{\rho}\Delta P}$$

其中：$C = 0.5961 + 0.0261\beta^2 - 0.0261\beta^8$

β—d/D直径比；

66

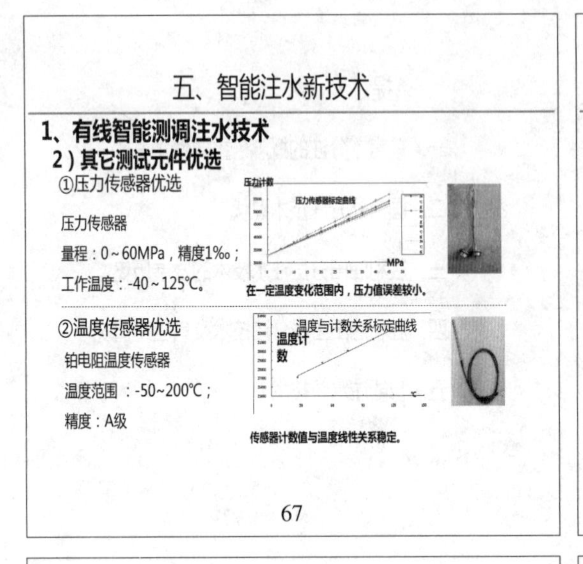

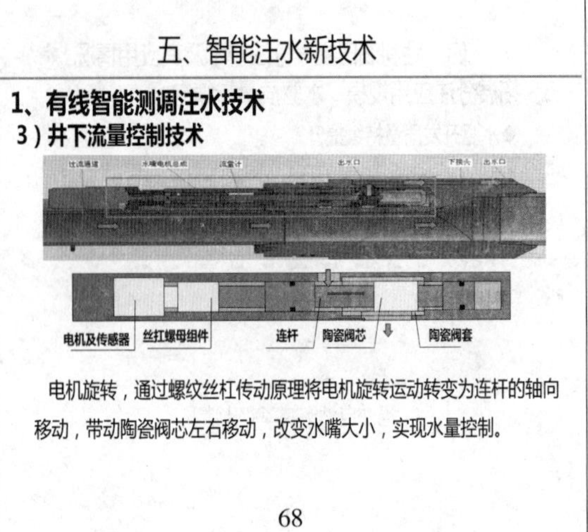

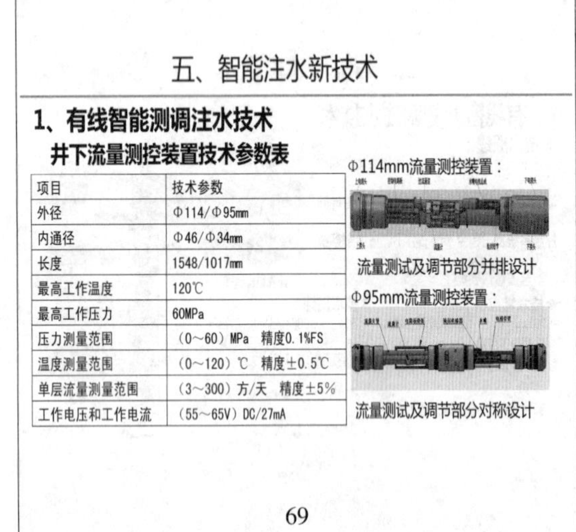

项目	技术参数
外径	Φ114/Φ95mm
内通径	Φ46/Φ34mm
长度	1548/1017mm
最高工作温度	120℃
最高工作压力	60MPa
压力测量范围	（0～60）MPa 精度0.1%FS
温度测量范围	（0～120）℃ 精度±0.5℃
单层流量测量范围	（3～300）方/天 精度±5%
工作电压和工作电流	（55～65V）DC/27mA

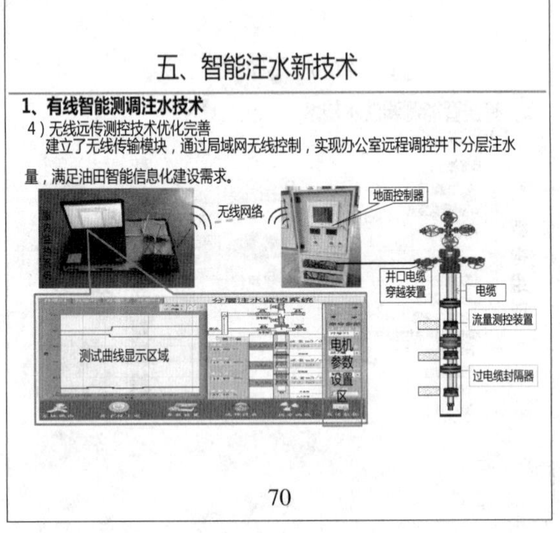

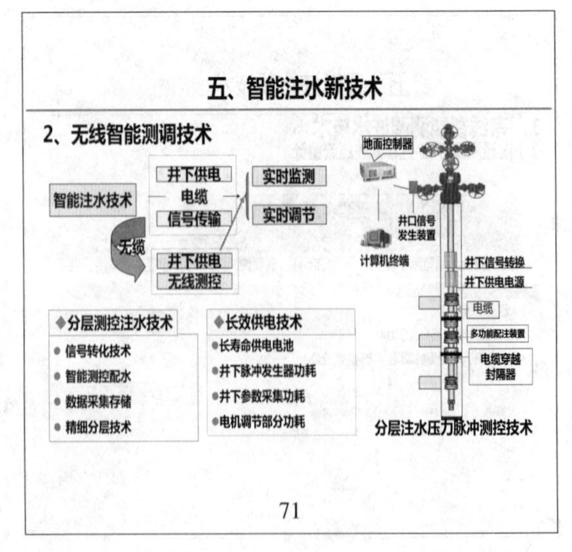

第七章　注水分层测试及资料解释

第一节　偏心分注测试工艺介绍及资料应用

1

目　录

一、测井、测试知识简介测井

二、偏心配水器结构与原理测井

三、偏心分注测试工艺介绍及资料应用

分层测试

偏心测调

在线验封

2

一、测井、测试知识简介

测井具体的定义是：利用各种仪器测量井下地层的各种物理参数和井眼的　技术状况，以解决地质和工程问题的工程技术。

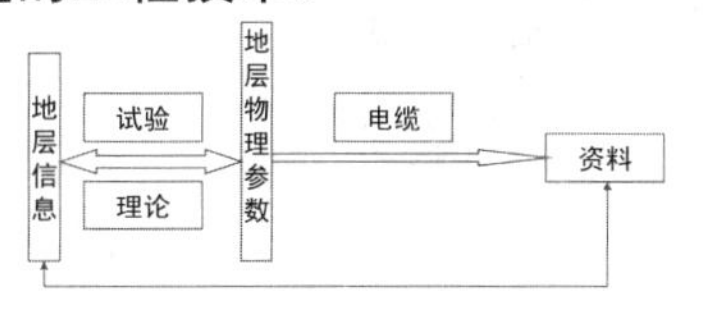

3

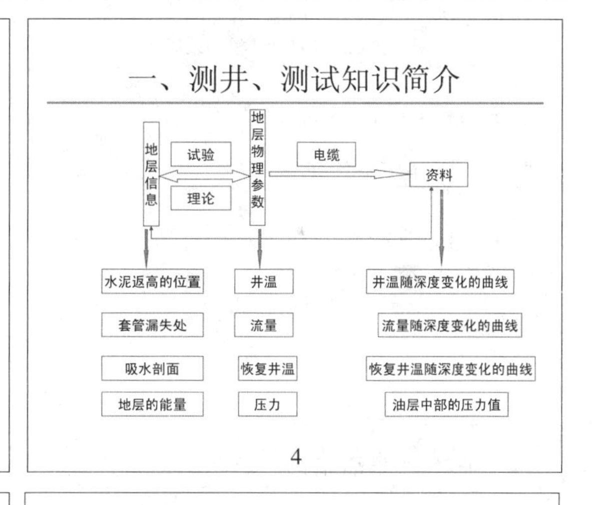

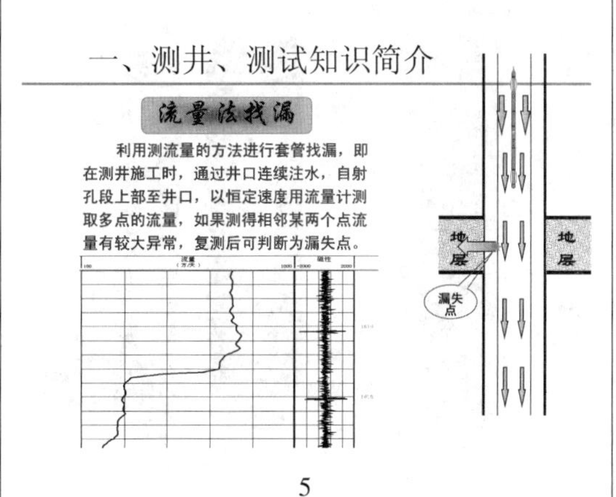

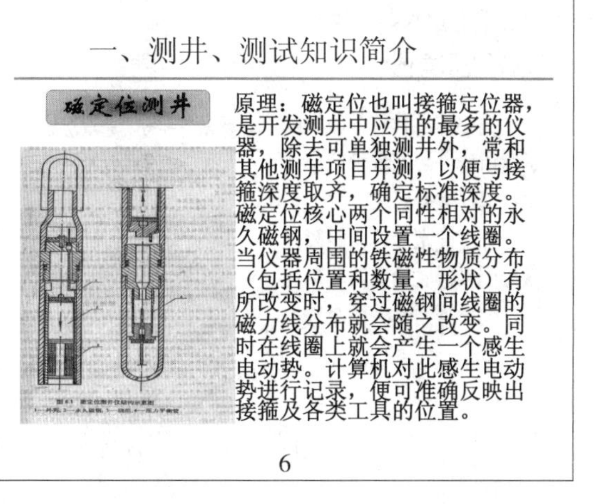

一、测井、测试知识简介

磁定位测井

磁定位测井主要是井下工具深度定位以及射孔深度的检验。如何校深呢？

磁定位验封仪器是放射性探测仪和磁定位仪器的组合仪器。用放射性探测仪测得地层的自然咖吗射线，自然咖吗曲线与完井的自然咖吗曲线比对可确定放射性探测仪的精确位置，再根据放射性探测仪与磁线圈的相对位置就可得到井下工具、管柱接箍、射孔层段的精确位置了。

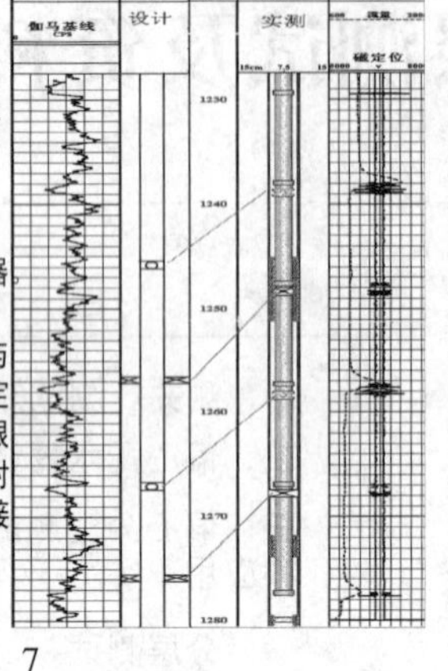

7

一、测井、测试知识简介

测试仪器一般分为两种：直读和存储

直读仪器可以直接得到测量值随深度变化的曲线；

存储仪器只能得到测量值随时间变化的曲线；所以在存储仪器现场 操作时，就需要地面人员记录深度和时间的对应关系，存储仪器的时间和地面记录的时间统一后，就可以得到测量值随时间的对应关系了。

8

一、测井、测试知识简介

油层中部压力计算：测压只能获得测量点压力，测压深度往往受各方面因素的限制不能直接下至油层中部、为了获取油层中部压力，就需要把仪器下入深度处的压力按实测压力梯度进行折算到油层中部深度

（1）首先计算梯度（即每百米增加多少压力）

梯度=（第二下入深度压力–第一下入深度压力）/（第二下入度深度–第一下入深度）

（2）测压点至油层中部压差：

（油层中部深度–第二下入深度）×梯度

（3）油层中部压力=第二下入深度压力+油层中部压差

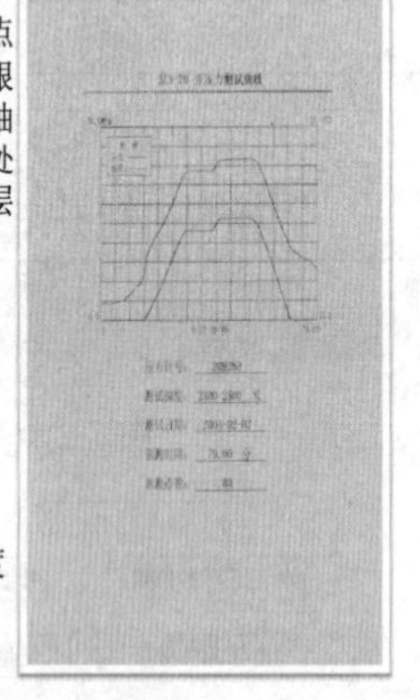

9

目　录

一、测井、测试知识简介测井

二、偏心配水器结构与原理测井

三、偏心分注测试工艺介绍及资料应用

分层测试

偏心测调

在线验封

10

二、偏心配水器结构与原理

1、偏心配水器分层注水管柱示意图

偏心注水管柱是因为配水器堵塞器与油管轴线不同心，故称偏心。

分层注水管柱由封隔器偏心配水器、堵塞器与单流阀、死堵等工具共同组成。

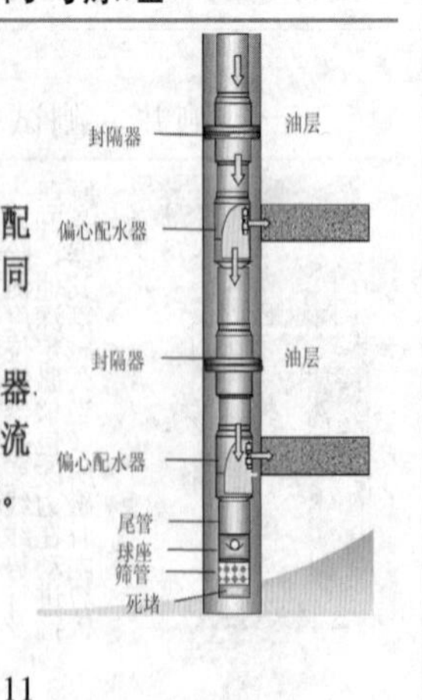

11

二、偏心配水器结构与原理

2、偏心配水器剖面结构示意图

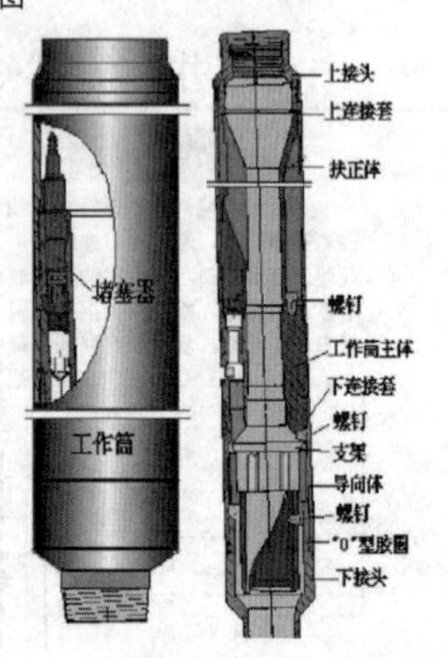

12

二、偏心配水器结构与原理

3、偏心配水器导向部件图片

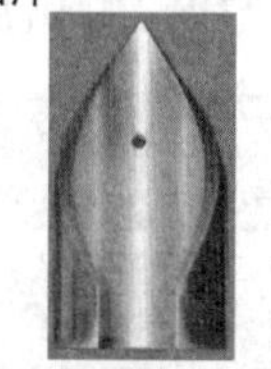
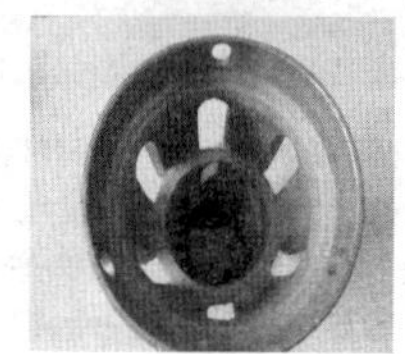

13

二、偏心配水器结构与原理

4、偏心配水器投捞仪器结构示

锁定凸轮
投捞爪主体
堵塞器
导
向
爪

14

二、偏心配水器结构与原理

5、偏心配水器出水口图片

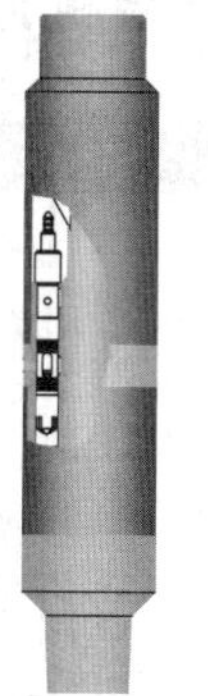

15

二、偏心配水器结构与原理

6、偏心配水器堵塞器图片

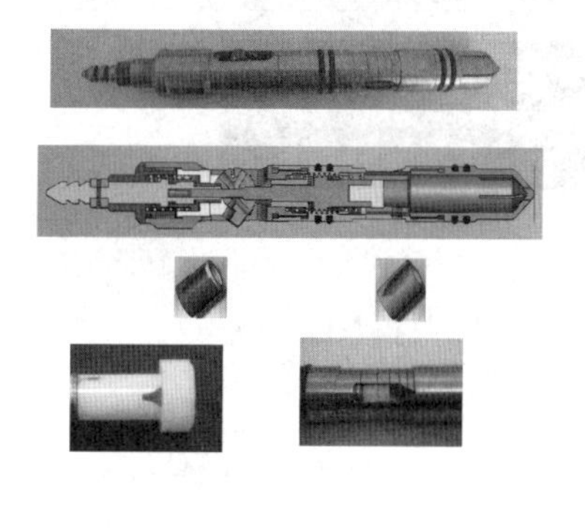

16

目　录

一、测井、测试知识简介测井
二、偏心配水器结构与原理测井
三、偏心分注测试工艺介绍及资料应用
分层测试
偏心测调
水嘴投捞
在线验封

17

三、偏心分注测试工艺介绍及资料应用

分层测试

测试原理

分层注水井测试就是用试井钢丝配接仪器下入井内，通过停点深度的不同，在井口或配水间调节注水压力或流量，测出不同注水压力下各层吸水量，从而做出分层注水指示曲线。

18

三、偏心分注测试工艺介绍及资料应用

分层测试　测试仪器

测试仪器：是测试效率高、数据准确以及资料处理智能化的流量计(电磁或超声波）。

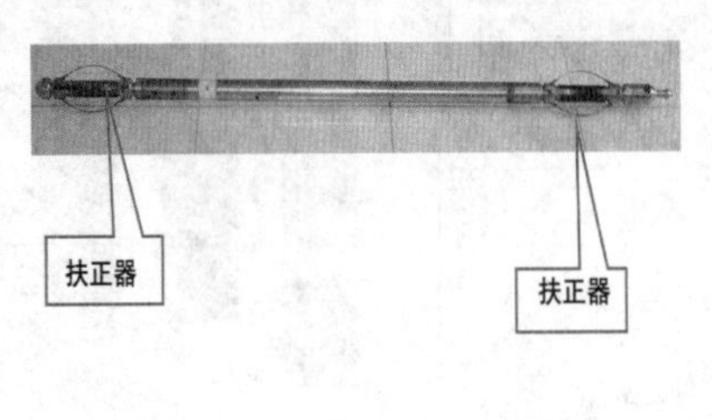

19

三、偏心分注测试工艺介绍及资料应用

分层测试　测试施工方法

1、测前准备：了解待测井的管柱结构、各层水嘴规格、封隔器、配水器的规格型号及深度，记录配注、实注、油压、泵压等相关数据，填写好测试施工单。

2、检查仪器：打开仪器加入电池，准确记录加电时间。观察仪器加电后工作是否正常：LED灯亮0.25秒，连续闪亮1.75秒表示电池电量充足；LED亮0.25秒，灭1.75秒，此现象表示电池电量不足以完成本次测量，提醒应更换电池。

3、上好井口装置：上紧电池保护帽，拧上绳帽，连接扶正器，开始下井。试井过程中注意绞车的车速保持小于80米/分钟，通过层位时、探底时手摇或提前减速。

20

三、偏心分注测试工艺介绍及资料应用

分层测试　测试施工方法

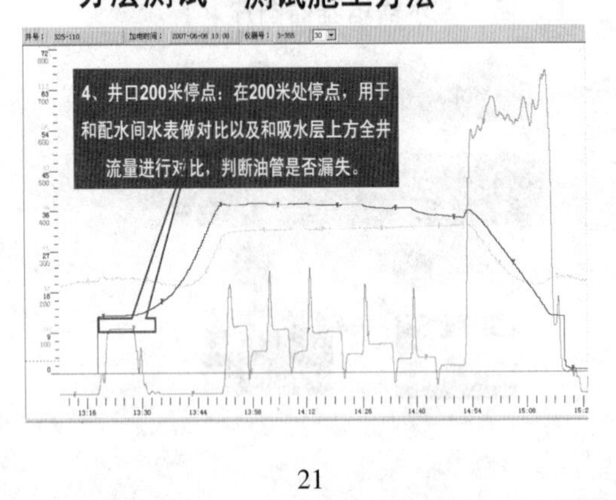

21

三、偏心分注测试工艺介绍及资料应用

分层测试　测试施工方法

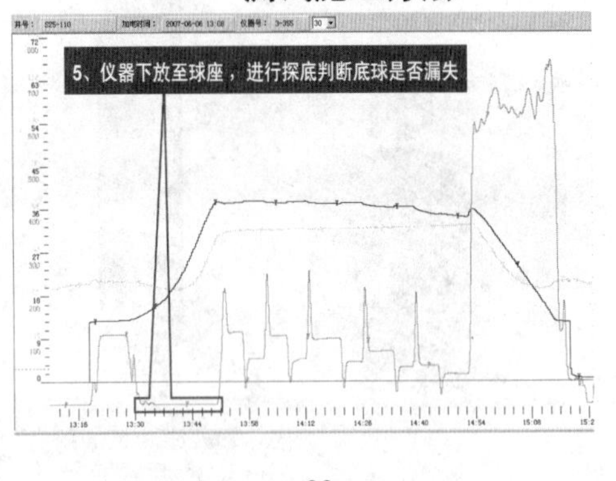

22

三、偏心分注测试工艺介绍及资料应用

分层测试　测试施工方法

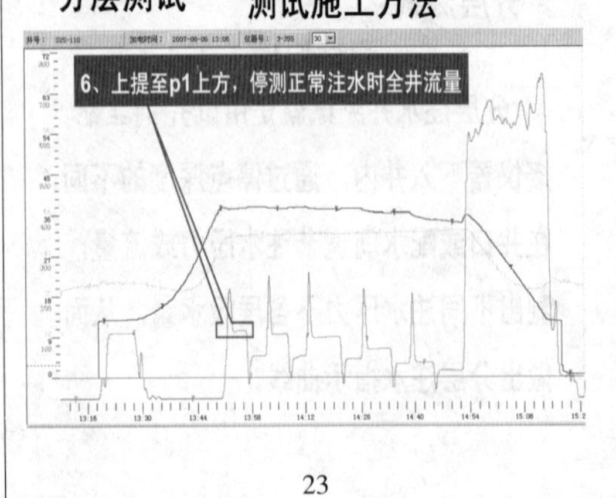

23

三、偏心分注测试工艺介绍及资料应用

分层测试　测试施工方法

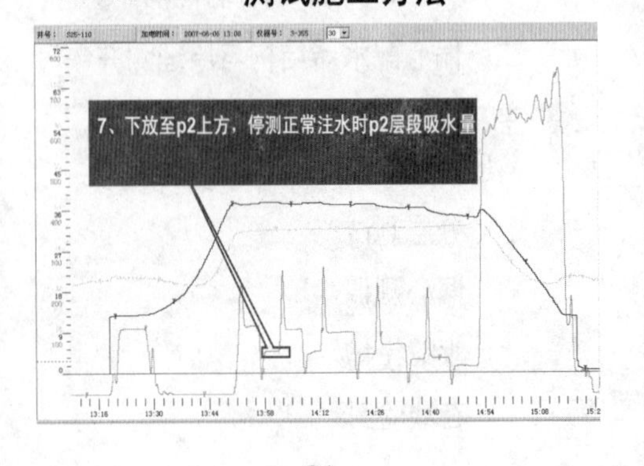

24

三、偏心分注测试工艺介绍及资料应用

分层测试　测试施工方法

8、正常注水压力点停完后，用降压法测分层注水量指示曲线，井口注水压力以0．5MPa—1MPa的间隔下调，测试层段处不同注入压力的注入量，停测时间为5—10分钟，再测4个压力点，总计为5个压力点。

p1层段上方停测流量

p2层段停测流量

25

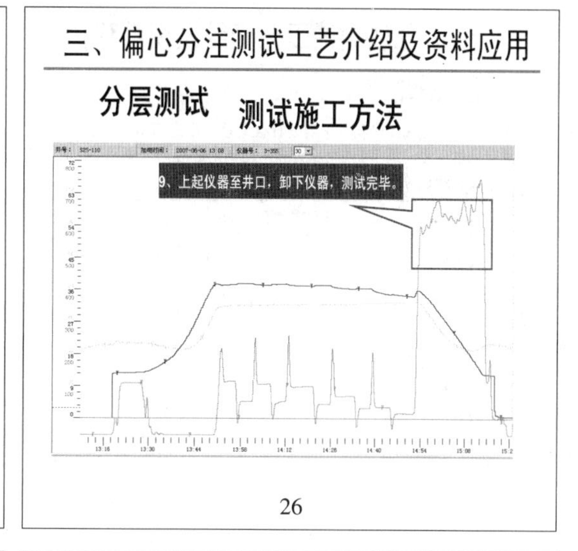

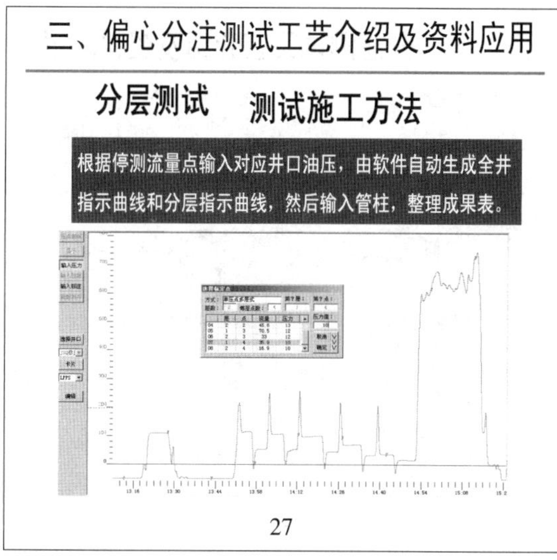

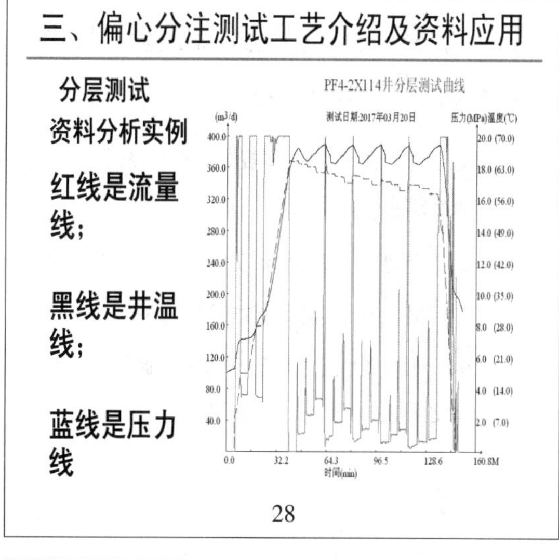

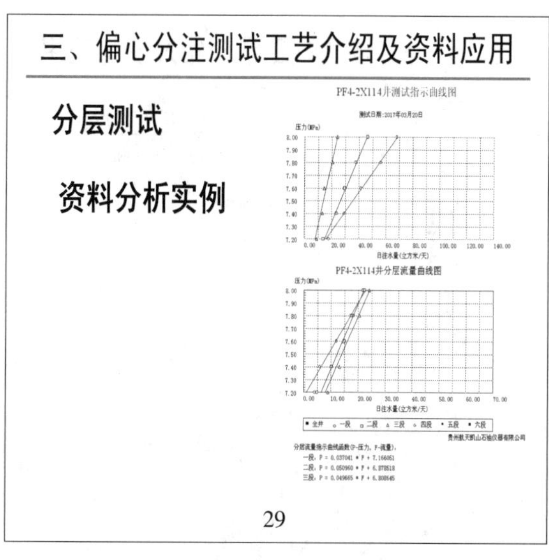

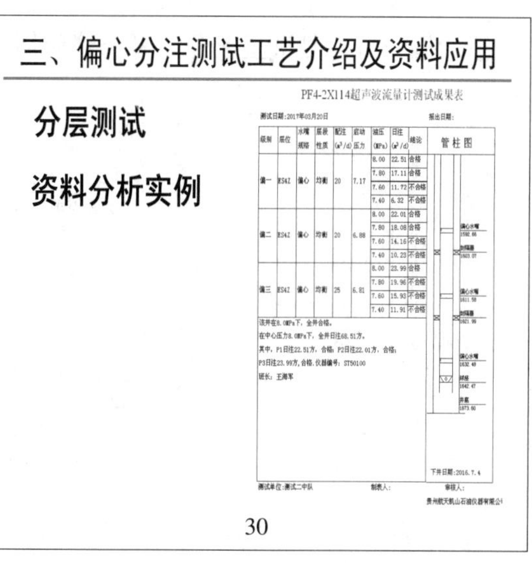

PF4-2X114超声波流量计测试成果表

测试日期:2017年03月20日　　报出日期:

级别	层位	水嘴规格	层段性质	配注 (m³/d)	启动压力	油压 (MPa)	日注 (m³/d)	结论
偏一	ES4Z	偏心	均衡	20	7.17	8.00	22.51	合格
						7.80	17.11	合格
						7.60	11.72	不合格
						7.40	6.32	不合格
偏二	ES4Z	偏心	均衡	20	6.88	8.00	22.01	合格
						7.80	18.08	合格
						7.60	14.16	不合格
						7.40	10.23	不合格
偏三	ES4Z	偏心	均衡	25	6.81	8.00	23.99	合格
						7.80	19.96	不合格
						7.60	15.93	不合格
						7.40	11.91	不合格

管柱图：偏心水嘴 1592.66；封隔器 1603.07；偏心水嘴 1611.58；封隔器 1621.99；偏心水嘴 1632.40；球座 1642.47；井底 1673.60

该井在8.0MPa下，全井合格。
在中心压力8.0MPa下，全井日注68.51方。
其中，P1日注22.51方，合格；P2日注22.01方，合格；
P3日注23.99方，合格．仪器编号：ST50100
班长：王海军

下井日期:2016.7.4

测试单位:测试二中队　　制表人:　　审核人:

三、偏心分注测试工艺介绍及资料应用

分层测试

定点调压测试方法：仪器下到设计位置后，固定不动，调节注水压力，调节4~5个压力点，测试完成后，上提或下放在测试另一层流量。

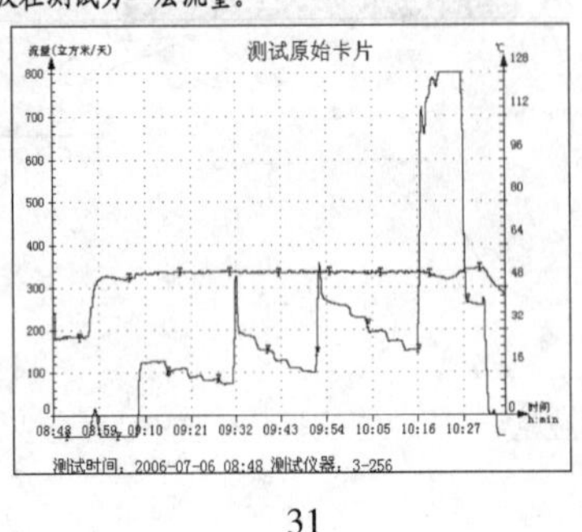

31

三、偏心分注测试工艺介绍及资料应用

分层测试

定压调点测试方法：仪器下到设计位置后，不调节注水压力，测试完成一个压力下流量后，上提或下放在测试另一层流量。全部测试完成后，再调整压力，继续把仪器下到对应位置测试，直至完成4~5个压力点测试。

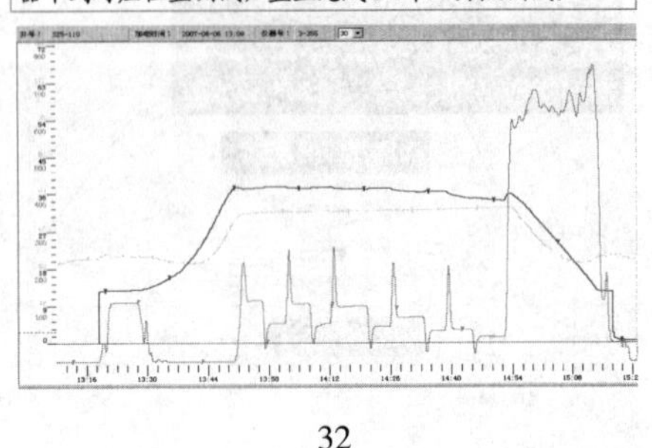

32

三、偏心分注测试工艺介绍及资料应用

分层测试　　资料应用

1、测出不同注水压力下各层吸水量，从而做出分层注水指示曲线

2、判断地面水表工作状况

3、判断底球、封隔器、油管是否漏失

4、计算出中心压力点及分水比例，指导注水站调整注水压力，分层测试也是测调

33

三、偏心分注测试工艺介绍及资料应用

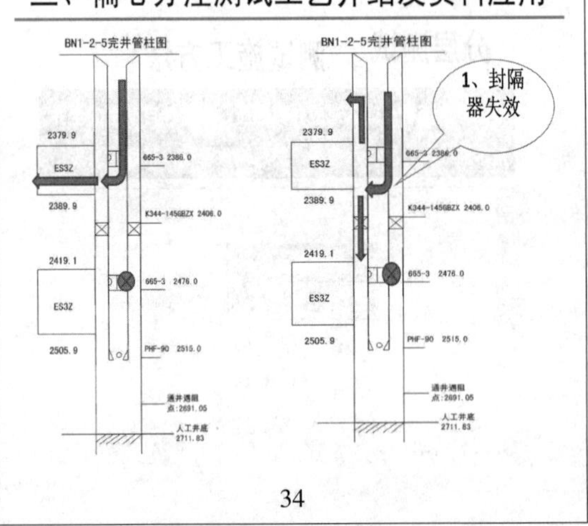

34

三、偏心分注测试工艺介绍及资料应用

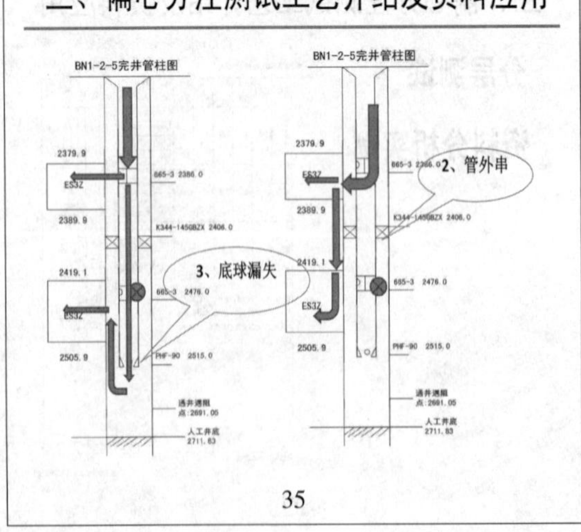

35

三、偏心分注测试工艺介绍及资料应用

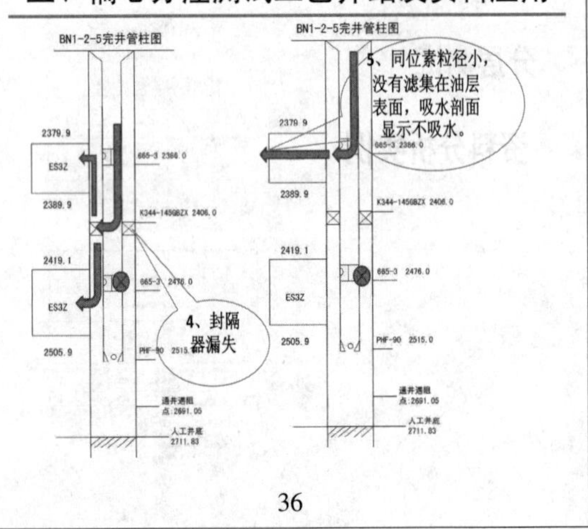

36

三、偏心分注测试工艺介绍及资料应用

BN1-2-5完井管柱图

2379.9

ES3Z

2389.9

665-3 2386.0

K344-145BZX 2406.0

2419.1

ES3Z

665-3 2476.0

2505.9

PHF-90 2515.0

遇井遇阻点：2681.05

人工井底 2711.83

6、同位素密度大，同位素沉积在油管底部，吸水剖面显示p2吸水，而分层测试不吸水。

7、分层测试的深度不准确（钢丝拉长或工具位置近等因素）

8、井内结垢、井内原油污染等造成分层测试的流量值不准确

37

目　录

一、测井、测试知识简介测井

二、偏心配水器结构与原理测井

三、偏心分注测试工艺介绍及资料应用

分层测试

偏心测调

在线验封

38

三、偏心分注测试工艺介绍及资料应用

偏心测调---发展历程

2006年以前　　2006-2010年　　2010年-至今

39

三、偏心分注测试工艺介绍及资料应用

偏心测调---投捞测调

工艺原理	投捞水井堵塞器，地面更换不同直径的水嘴，直至达到配注要求。
优点	1、不用上作业； 2、水嘴直径清晰可见
不足	1、测调周期长； 2、成功率极低

40

三、偏心分注测试工艺介绍及资料应用

偏心测调---投捞测调

41

三、偏心分注测试工艺介绍及资料应用

偏心测调---存储测调

工艺原理	地面设定期望值，下井后，井下仪测量流量后，根据期望值自动调节堵塞器孔径大小。
特点	1、不用上作业； 2、不需要投捞水嘴； 3、测调时间相对减少
不足	1、一次下井只能调节一个堵塞器； 2、成功率非常低； 3、调节过程不直观； 4、测调扭矩很小（电池供电）。

42

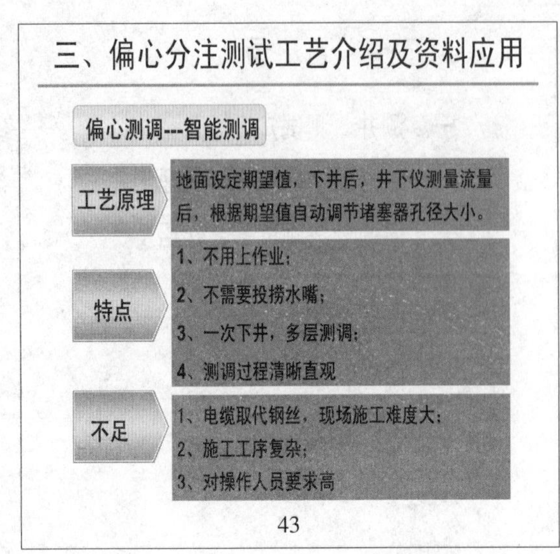

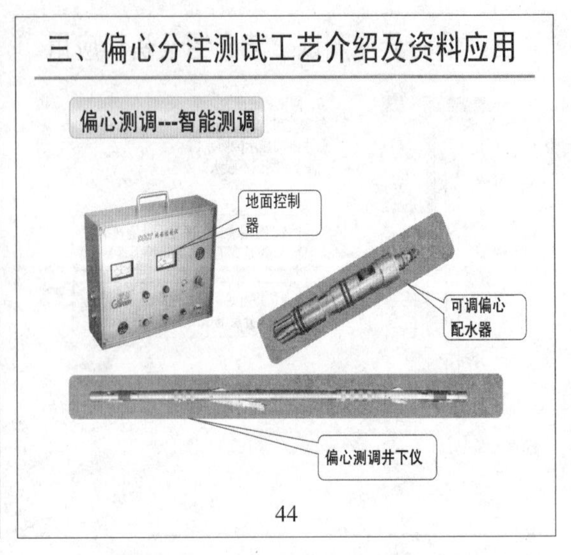

三、偏心分注测试工艺介绍及资料应用

偏心测调---智能测调

偏心测调仪器与测调工作筒对接和水嘴调节过程演示

多媒体演示

井下测调仪及配备工艺

45

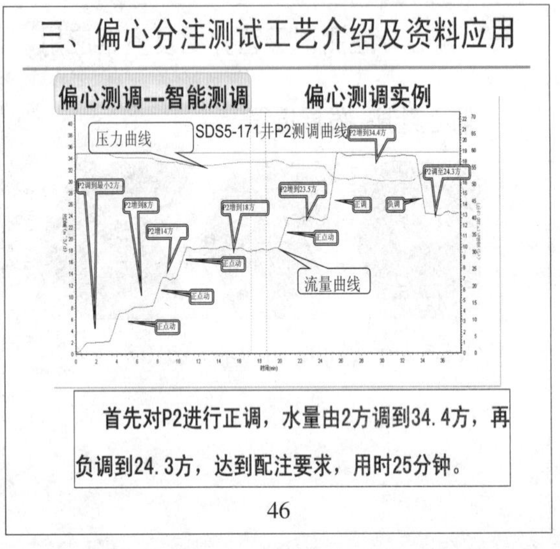

三、偏心分注测试工艺介绍及资料应用

偏心测调---智能测调

施工过程

坚持“测-调-测-调-测”的原则，根据测量的水量来调大相应的水嘴改变水量，调完后再测，直到达到配注或满足地质需

施工过程测调仪与水嘴存在的问题

1、碰不见---遇阻

2、抓不住---未导入 、堵塞器上部结垢

3、调不动---堵塞器锈死、仪器故障

4、调无效---堵塞器调节丝杠断脱、该层不吸水、层间差异大、底球严重漏失等

47

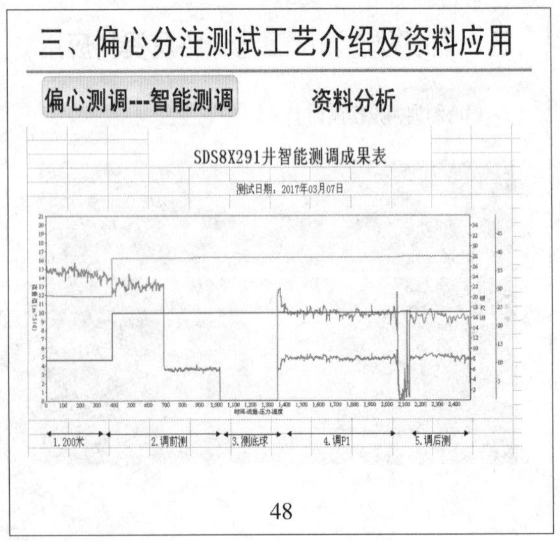

三、偏心分注测试工艺介绍及资料应用

偏心测调---智能测调　　资料分析

SDS8X291井智能测调成果表

测试日期：2017年03月07日

井号 SDS8X291			配注：10方/天	P1:5方 P2:5方		
测调过程	序号	工作内容	调前水量	调后水量	结论	备注
	1	200米停点	14.55	/	超注	
	2	调前测分层	P1：9.38 P2：3.52		P1超注，P2欠注	全井：12.9
	3	测底球	0.00	/	不漏	
	4	调小P1，P2水量上升	P1--9.38	5.22	合格	全井：9.94
			P2--3.52	4.72	合格	
	5	调后测分层	P1：4.93 P2：5.03		合格	全井：9.96

调节结论：测得全井水量为9.96方，P1设计注水5方，实际4.93方，合格；P2设计注水5方，实际5.03方，合格。

49

三、偏心分注测试工艺介绍及资料应用

成功井	井斜		作业时间		井深		工具距离		
							深度	P1-P2距离	P2-P3距离
	<10°	41	<1年	55	1000-2000	41	<20	23	2
	10-20°	6	1-2年	16	2000-2500	32	21-30	8	1
	20-30°	20	2-3年	1	2500-3000	1	31-40	28	2
	>30°	8	>3年	3	>3000	1	>40	16	4
合计		75		75		75		75	9
部分成功井	井斜		作业时间		井深		工具距离		
							深度	P1-P2距离	P2-P3距离
	<10°	18	<1年	20	1000-2000	19	<20	4	2
	10-20°	0	1-2年	7	2000-2500	9	21-30	5	1
	20-30°	6	2-3年	1	2500-3000	0	31-40	5	2
	>30°	4	>3年	0	>3000	0	>40	14	4
合计		28		28		28		28	9
不成功井									
	井斜		作业时间		井深				
	<10°	48	<1年	42	1000-2000	42			
	10-20°	3	1-2年	23	2000-2500	28			
	20-30°	15	2-3年	4	2500-3000	2			
	>30°	8	>3年	5	>3000	2			
合计		74		74		74			

把部分成功井归纳到成功井中可以看出：井斜大于30度的井合计20口，成功率达到60%。

作业时间小于1年的成功率为64.1%，1-2年为60%，2-3年为33.33%，3年以上的为37.5%，作业时间越长，成功率越低。

井深小于2000米的成功率为58.82%，2000-2500米的为59.42%， 2500-3000米的为33.3%，3000米以上干得少不做分析。井深越大，成功率越低。

50

目　录

一、测井、测试知识简介测井

二、偏心配水器结构与原理测井

三、偏心分注测试工艺介绍及资料应用

- 分层测试
- 偏心测调
- 在线验封

51

三、偏心分注测试工艺介绍及资料应用

在线验封

在线验封有存储和直读两种，由于存储采用钢丝投送，撑开密封段时，上下压力差较大，容易造成一起落井，目前主要以直读为主。

直读式水井验封仪采用可控的电动密封段实现胀封和卸压，即在地面计算机上下发指令，通过地面测控仪及测井电缆，传输至井下仪智能主控电路，控制井下电机的转动，以实现皮碗的膨胀与收缩，达到密封和解封配水器中央通道的目的。

地面计算机上可实时显示井下油管压力、地层压力、温度和流量等四条测试曲线，直观判断封隔器密封情况。

52

三、偏心分注测试工艺介绍及资料应用

在线验封

直读验封仪通过单芯电缆给地面控制系统发送测量数据，同时地面控制器通过发送不同的控制命令来控制测调仪，验封仪通过控制电机来产生：开臂、坐封、解封、收臂四个动作。

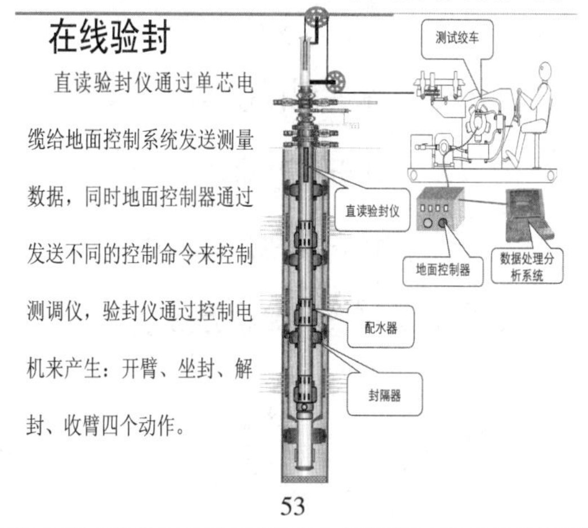

53

三、偏心分注测试工艺介绍及资料应用

在线验封

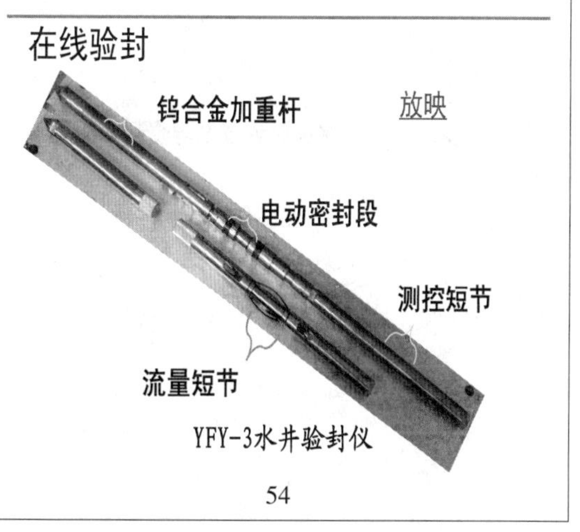

54

三、偏心分注测试工艺介绍及资料应用

在线验封　　　现场操作

下井过程中在P1～P6各层配水器上方吊测流量，曲线如下：

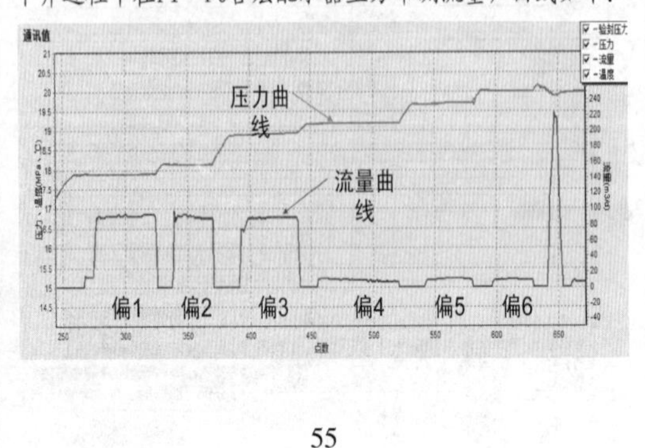

55

三、偏心分注测试工艺介绍及资料应用

在线验封

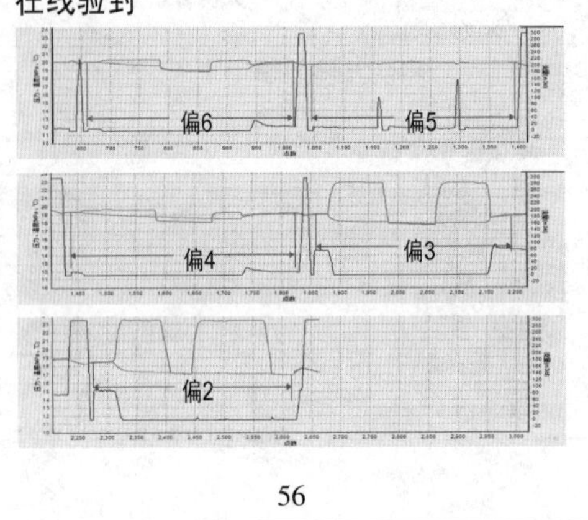

56

三、偏心分注测试工艺介绍及资料应用

在线验封

以偏3为例介绍一下验封过程：

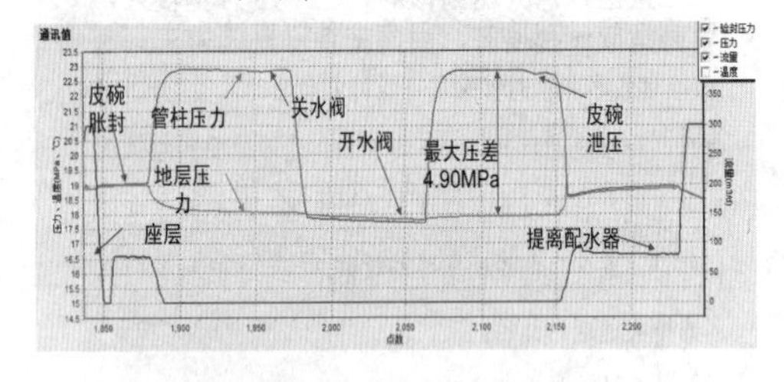

57

三、偏心分注测试工艺介绍及资料应用

在线验封　　　验封典型案例

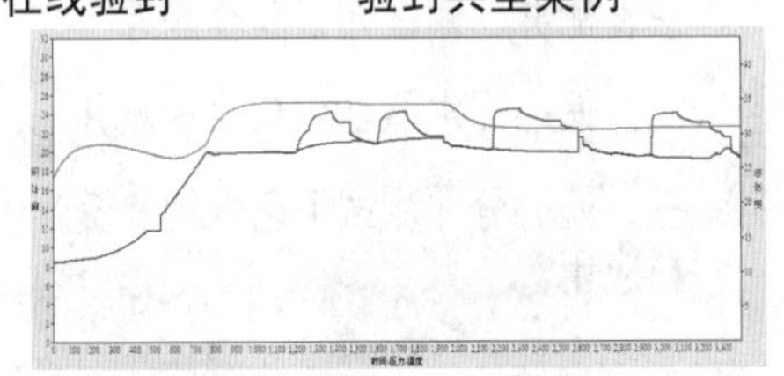

座封后有开——关——开井动作，p1处压差3Mpa左右，p2处压差4Mpa左右

验封表明：

1）各封隔器工作状况良好，达到验封目的。2）座封后压差不明显，需开——控——开控井，即可分辨出封隔器状态。

58

第二节　注水井测调技术与资料分析

59

目录

一、注水井测试技术

二、注水井投捞技术

三、测试资料包括的内容

四、测试资料分析方法

60

一、注水井测试技术

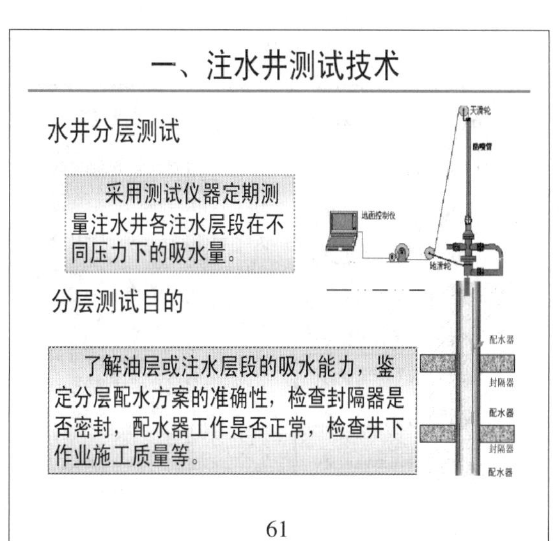

水井分层测试

采用测试仪器定期测量注水井各注水层段在不同压力下的吸水量。

分层测试目的

了解油层或注水层段的吸水能力，鉴定分层配水方案的准确性，检查封隔器是否密封，配水器工作是否正常，检查井下作业施工质量等。

61

一、注水井测试技术

分层测试方法

注水井分层测试时采用降压法。按测试工具不同分为：投球测试法和井下流量计测试法。目前测试仪器主要是外流式电磁流量计、超声波流量计、智能测调一体化仪器为主，测试球杆为辅。

操作台距离地面2m及以上，操作人员应系带安全带

62

一、注水井测试技术

Q/SH 0183—2011《注水井资料录取规定》

1）分层注水井每季度测试一次，每层测试不少于3个点，每个点应稳定15min以上。如注水井（或相邻油井）有特殊变化应及时测试。

2）测试前一天测试队应通知被测试单位；测试当天被测试单位负责人应到达现场配合测试，测试结果双方签字有效。

3）增注、换封或其他措施作业完井后，稳定注水3d方能测试，一周之内应取得合格的分层测试资料。

4）单层注水井每季度测试全井指示曲线一次。

63

一、注水井测试技术

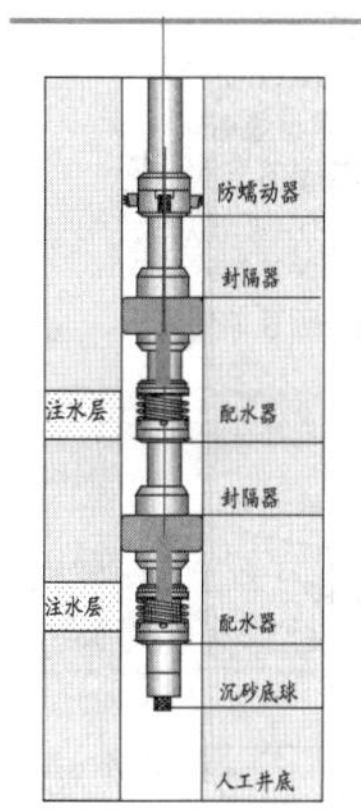

投球测试是采用水量"递减逆算法"求各层段吸水量。测试时，从下至上进行投球，每投一次测试球杆，使堵死测试球杆以下的层段，地面水表反映的水量是测试球杆以上层段的水量。

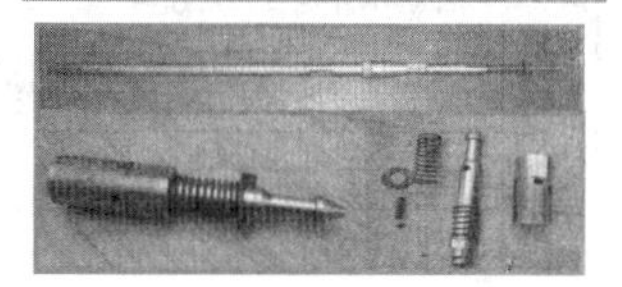

64

一、注水井测试技术

投球测试法特点：

- 仪器维护成本低
- 改变了注水井的工作制度测试误差大
- 测试时工序繁琐，测试时间长

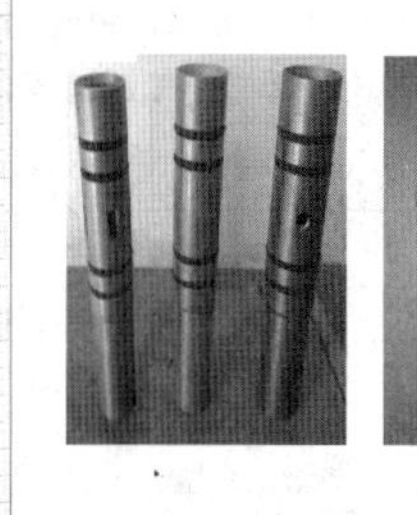

空心配水器

级别	配水器内径（mm）	芯子外径（mm）	芯子内经（mm）	测试球杆直径（mm）
401	59	58	49	50.8-52
402	56	55	44	47.5
403	52	51	39	42
404	48	47	32	35-38

65

一、注水井测试技术

"108" 流量计测试

"108"井下浮子式流量计测试，是利用与测试管柱配套的密封及定位装置，从上到下，从大到小的测试密封段进行测试。采用"递减"法求各层段吸水量。

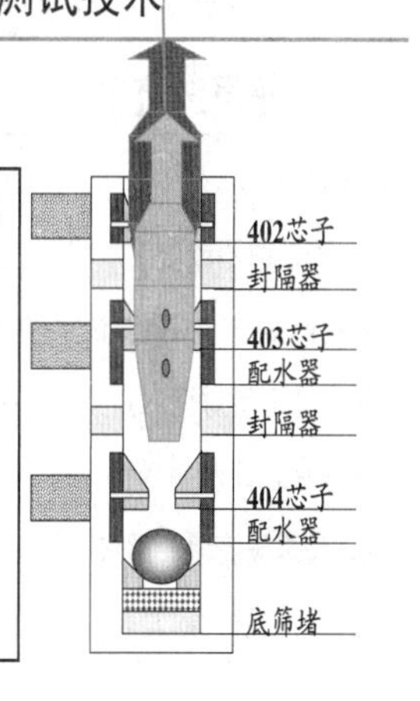

66

一、注水井测试技术

存在不足 →

1、测试工序繁琐，测试时间长。

2、不能准确测量管柱具体漏失位置。

3、装卡片工序繁琐，浮子、时钟易损。

针对以上存在不足之处，加之配件无厂家生产，95年已淘汰停用。

67

一、注水井测试技术

外流式电磁流量计

工作原理：外流式电磁流量计测试，是利用电磁感应的原理测量管道中导电液体流量的仪器，测试方法是不需聚流，只需检测流过仪器时的液体流速，通过转换计算出液体流量。

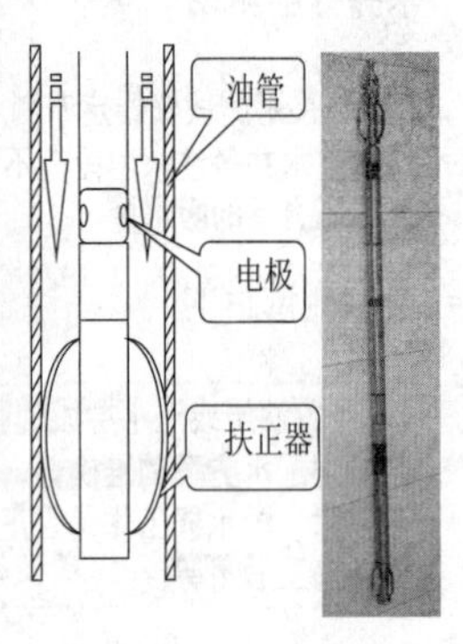

68

一、注水井测试技术

外流式电磁流量计测试

特点

1:测试时不改变注水状态，一次下井可测多层，根据测试水量与地面水表计量水量对比，判断注水井是否正常注水。

2:测试仪器探头受注水水质影响大，探头一旦沾上油污，影响测试资料的准确性。

配水器
封隔器
配水器
封隔器
配水器

69

一、注水井测试技术

超声波流量计

工作原理：超声波流量计采用超声波来测量流体流速，它通过测量高频超声波速的传播时间差来推算流体流量。

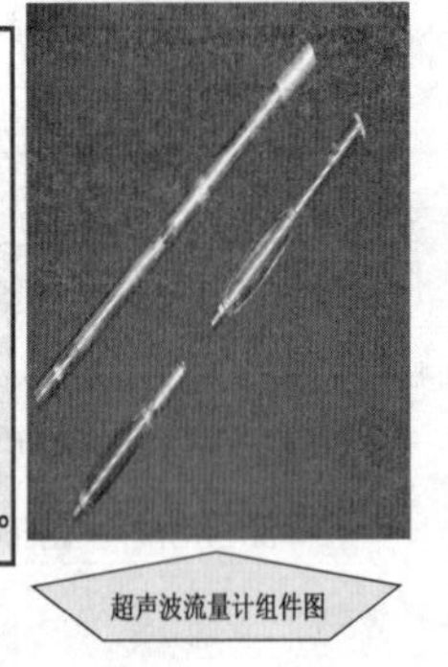

超声波流量计组件图

70

一、注水井测试技术

超声波流量计

特点

1、测试时不改变注水状态，一次下井可测多层，根据测试水量与地面水表计量水量对比，判断注水井是否正常注水。

2、超声波流量计解决了油污对电磁流量计的制约问题。

配水器
封隔器
配水器
封隔器
配水器

71

一、注水井测试技术

ZDLII-C35/090W电磁流量计和CLJE超声波流量计两种仪器都是多参数测试仪器，可以测试压力、温度和流量。

流量计技术参数

项目	ZDLII-C35W电磁流量计	CLJE非集流超声波流量计
仪器外形（mm）	Φ35×1150	Φ36×1600
流量量程（m^3/d）	700	700
流量精度（F.S）	1.0	1.0
流量灵敏度（m^3/d）		0.5
压力量程（Mpa）	60	60
流量量程（℃）	125	125
压力精度（F.S）		0.5
温度精度（℃）	±1	±1

72

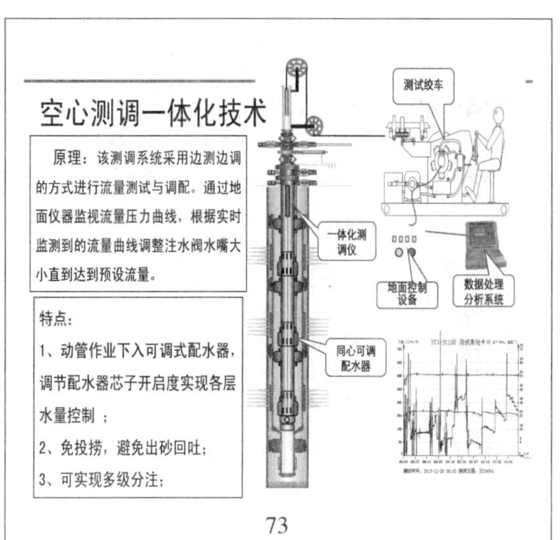

73

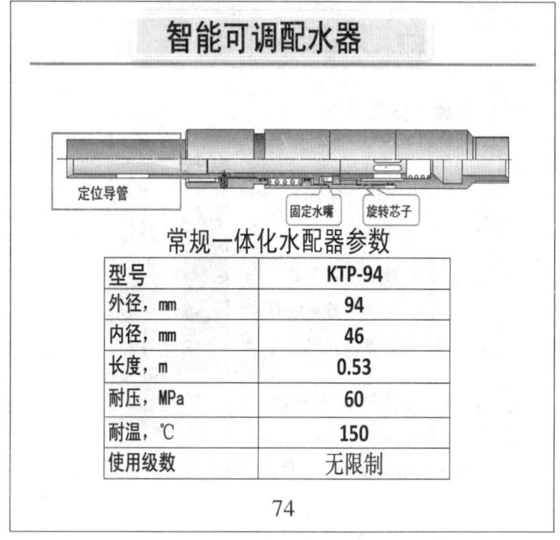

常规一体化水配器参数

型号	KTP-94
外径，mm	94
内径，mm	46
长度，m	0.53
耐压，MPa	60
耐温，℃	150
使用级数	无限制

74

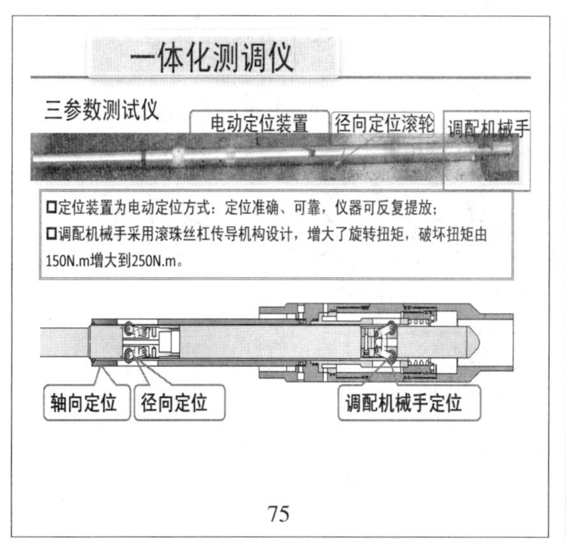

75

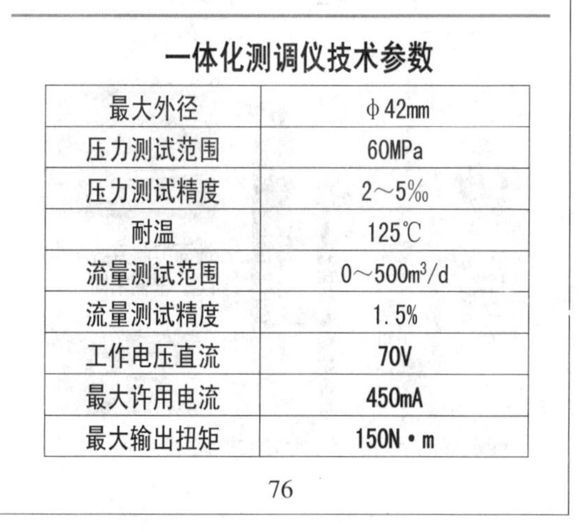

一体化测调仪技术参数

最大外径	φ42mm
压力测试范围	60MPa
压力测试精度	2～5‰
耐温	125℃
流量测试范围	0～500m³/d
流量测试精度	1.5%
工作电压直流	70V
最大许用电流	450mA
最大输出扭矩	150N·m

76

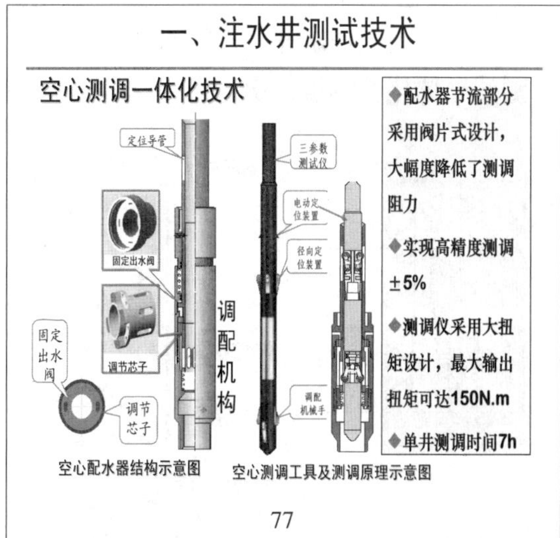

77

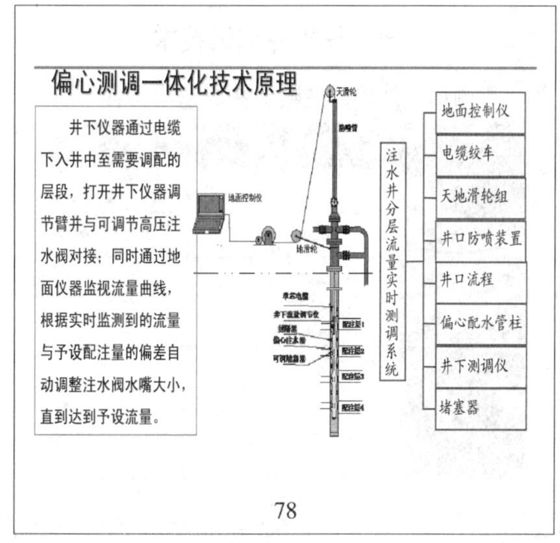

78

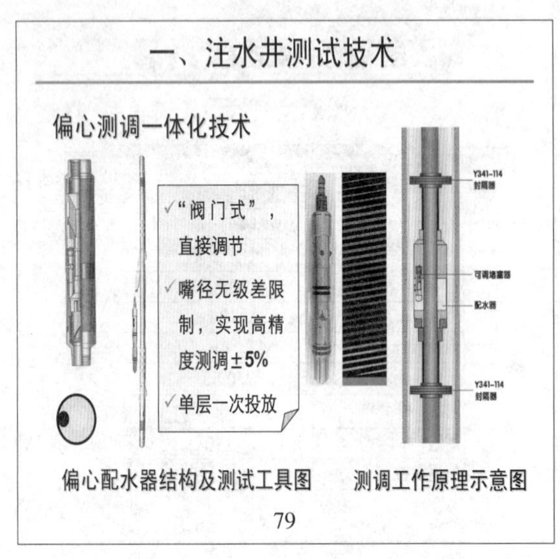

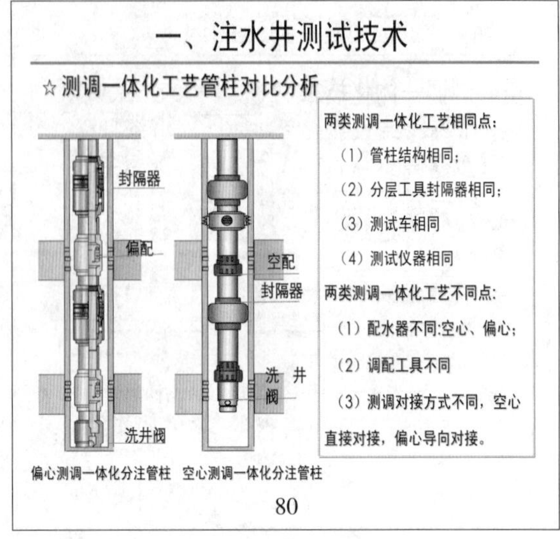

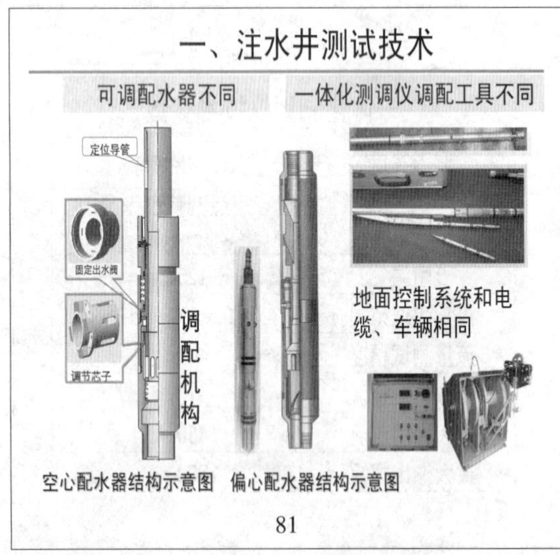

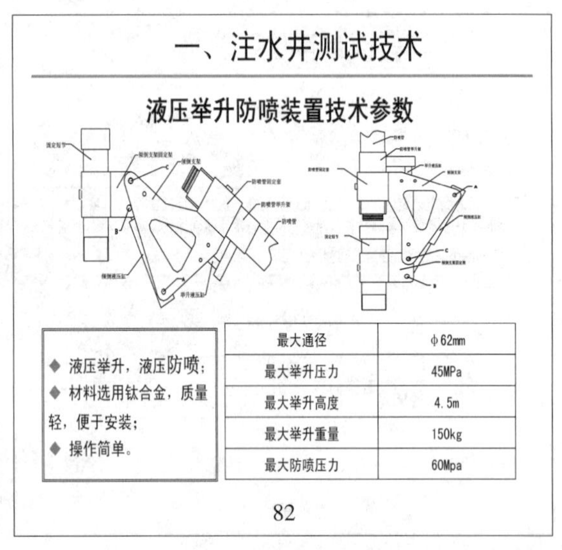

最大通径	ф62mm
最大举升压力	45MPa
最大举升高度	4.5m
最大举升重量	150kg
最大防喷压力	60Mpa

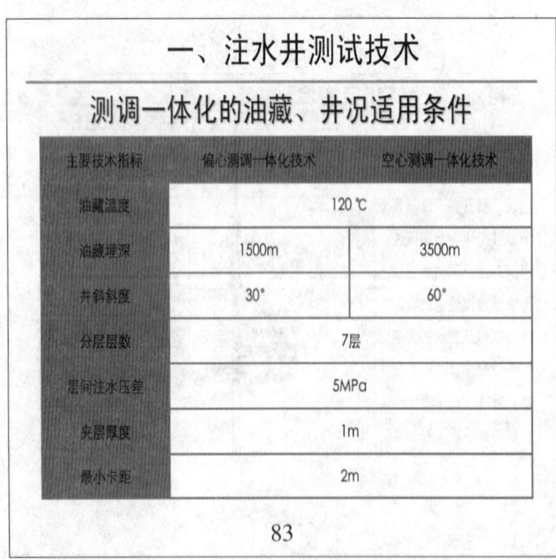

主要技术指标	偏心测调一体化技术	空心测调一体化技术
油藏温度	120℃	
油藏埋深	1500m	3500m
井斜斜度	30°	60°
分层层数	7层	
层间注水压差	5MPa	
夹层厚度	1m	
最小卡距	2m	

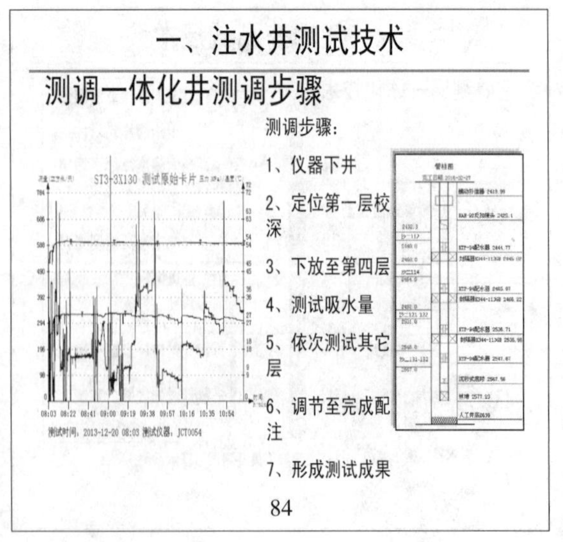

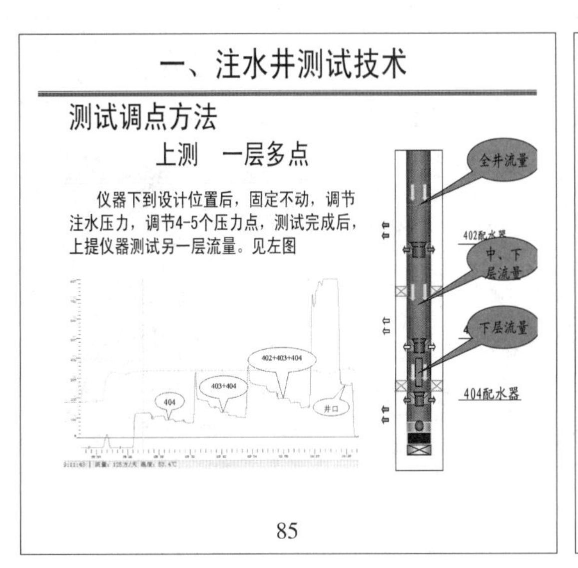
一、注水井测试技术
测试调点方法
上测 一层多点
仪器下到设计位置后，固定不动，调节注水压力，调节4-5个压力点，测试完成后，上提仪器测试另一层流量。见左图
全井流量
402配水器
中、下层流量
下层流量
404配水器
402+403+404
403+404
404
井口
85

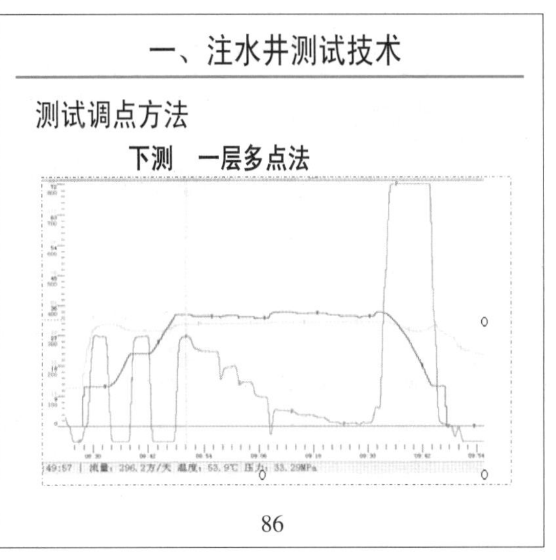
一、注水井测试技术
测试调点方法
下测 一层多点法
86

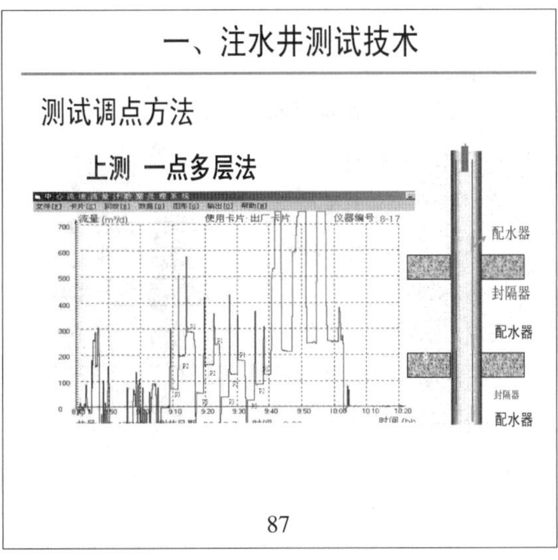
一、注水井测试技术
测试调点方法
上测 一点多层法
配水器
封隔器
配水器
封隔器
配水器
87

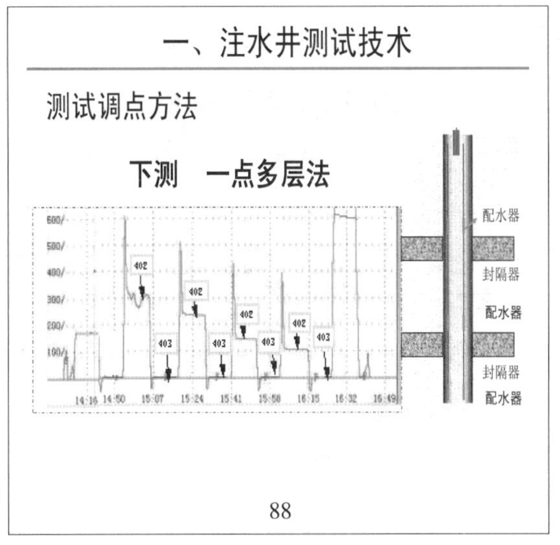
一、注水井测试技术
测试调点方法
下测 一点多层法
402
403
配水器
封隔器
配水器
封隔器
配水器
88

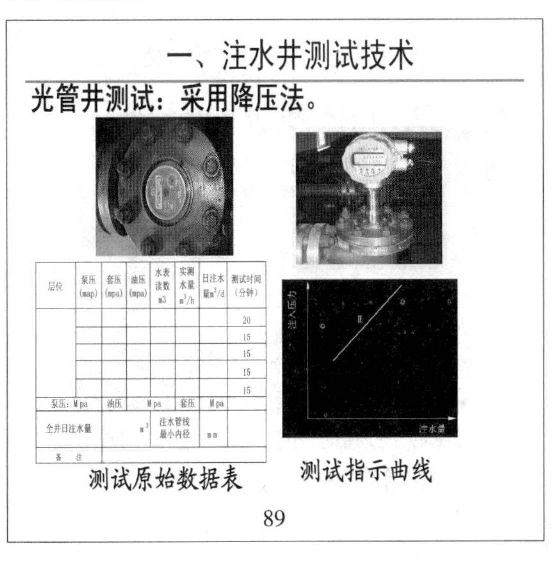
一、注水井测试技术
光管井测试：采用降压法。
测试原始数据表
测试指示曲线
注入压力
注水量
89

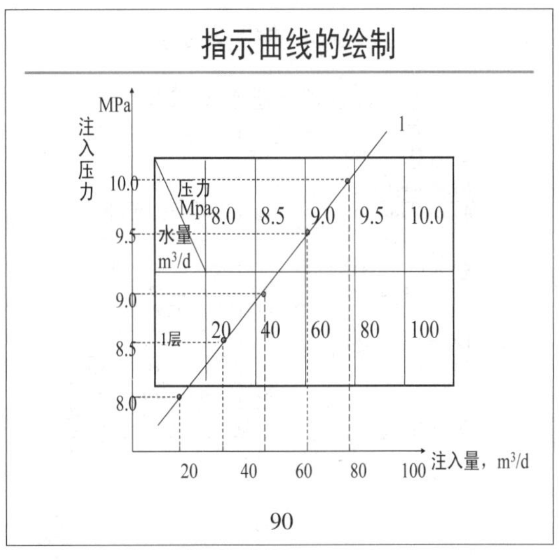
指示曲线的绘制
MPa
注入压力
压力 Mpa
水量 m³/d
8.0
8.5
9.0
9.5
10.0
1层
20
40
60
80
100
注入量，m³/d
90

二、注水井投捞技术

投捞工艺

录井钢丝投捞
测调一体化仪器
→适用于空心和偏心分层注水管柱

钢丝绳投捞 →只适用于空心分层注水管柱

91

二、注水井投捞技术

偏心配水器工作原理：

注水井正注水时，堵塞器靠支撑体（22毫米的台阶）座于工作筒主体上，凸轮卡于偏孔部位(此部位作用是剪断销钉和堵塞器防飞)。堵塞器上下两组四道盘根封住偏空出液孔，注入水经过滤网、水嘴、密封段出液槽、偏孔出液孔进入油套环形空间。

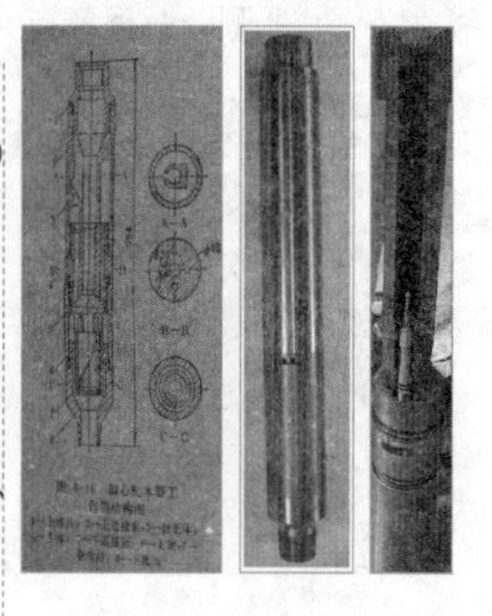

92

二、注水井投捞技术

偏心配水器、堵塞器技术参数

工作筒		堵塞器	
全长(毫米)	1000	全长(毫米)	200
最大外径(毫米)	113	最大外径(毫米)	22
最小内径(毫米)	46	支承座以下外径(毫米)	20
试验压力(兆帕)	25		
重量(公斤)	35	重量(公斤)	0.25

偏心配水器较长，偏心配水器的最小内径是46mm，投捞器的外径44mm。

93

二、注水井投捞技术

空心配水器工作原理：

芯子坐入工作筒正当位置后，由盘根与工作筒密封段密封。油管注水时，注入水经过水嘴，当配水器内外压差大于0.5-0.7兆帕时，凡尔打开，使水进入油套环形空间，注入油层，停注时凡尔关闭，地层水不能倒流入油管内。

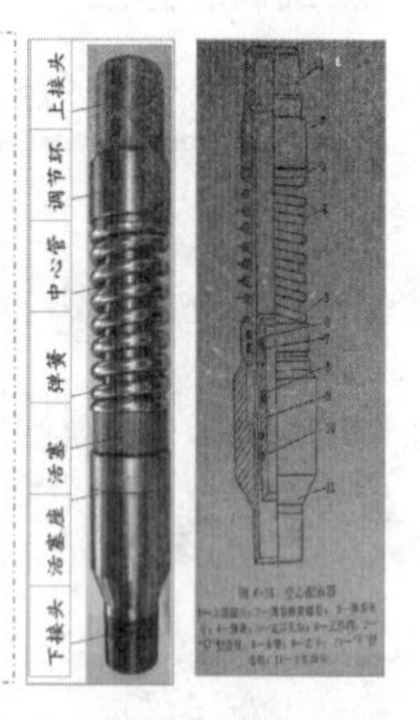

94

二、注水井投捞技术

空心配水器、芯子技术参数

型号	401	402	403	404
总长（mm）	542	542	542	542
最大外径 (mm)	106	106	106	106
启开压力 (Mpa)	0.5-0.7	0.5-0.7	0.5-0.7	0.5-0.7
工作压力 (Mpa)	25	25	25	25
中心管定位台阶内径 (mm)	57	53	49	45
中心管密封内径 (mm)	59	56	52	48
芯子最大外径 (mm)	58	55	51	47
芯子最小外径 (mm)	55	51	47	43
芯子内径 (mm)	49	44	39	32
芯子长度 (mm)	250	250	250	250

空心配水器最多分四级，每级注水芯子级都有相对应的投捞工具。

95

二、注水井投捞技术

投捞方法 → 投捞车—钢丝绳—打捞器—投捞注水芯子。此方法投捞时需关井施工。

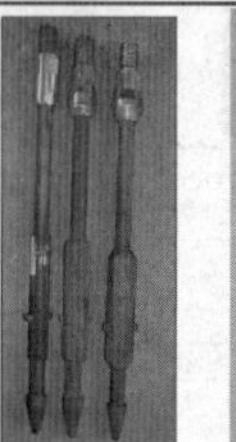
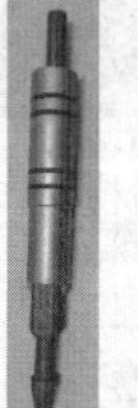
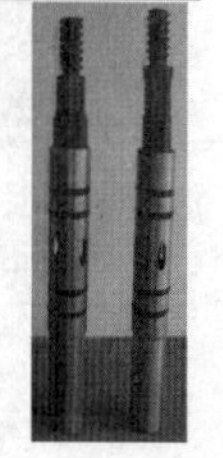

注水芯子投捞时，不能任意投捞，只能从下至上投捞。用打捞车连接钢丝绳进行投捞。

96

二、注水井投捞技术

投捞方法 → 测试车—钢丝—偏心投送器—投捞堵塞器。

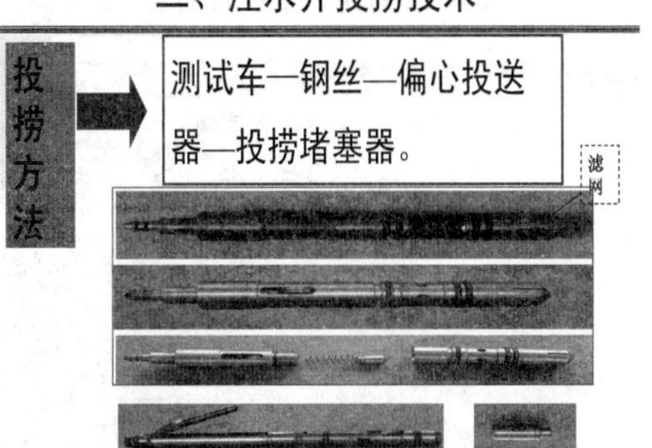

偏心配水器各级的几何尺寸一样，不分级别，分层级数也不受限制，各级堵塞器都可以用同一偏心投捞工具。能做到任意投捞其中一级同时调换水嘴。

97

二、注水井投捞技术

配水嘴选择原理

分层配水技术的实质是控制高渗透层的问题。在高渗透层部位的配水器上装有配水嘴，这样，在井口保持高压的情况下，利用配水嘴节流损失降低了注水压力，从而控制了高渗透层的注入量，达到分层配水的目的。因此，可以通过配水嘴后需要降低的注水压力（即嘴损）来求配水嘴尺寸。

98

二、注水井投捞技术

配水嘴选择原理

当油层无控制时：

Q=K．ΔP

$\Delta P = P_{井口} + P_{水柱} - P_{管损} - P_{启动}$

式中Q---分层无控制时的注水量，m^3/d

K----地层吸水指数m^3/d．MPa

同理，当油层控制注水时：

Q 配= K．ΔP配

ΔP配 = P 井口+ P水柱- P 管损-P嘴损-P 启动

Q 配---- 分层控制时的注水量，m^3/d

P井口----井口注水压力，MPa

P水柱----静水注压力，MPa

P管损----注水时油管内沿程的压力损失，MPa

P启动---地层开始吸水时的井地压力，MPa

P嘴损---注水时配水嘴所造成的压力损失，MPa

99

二、注水井投捞技术

◈ 嘴损曲线：描述配水嘴尺寸，配水量和通过配水嘴的节流损失三者之间的定量关系曲线。

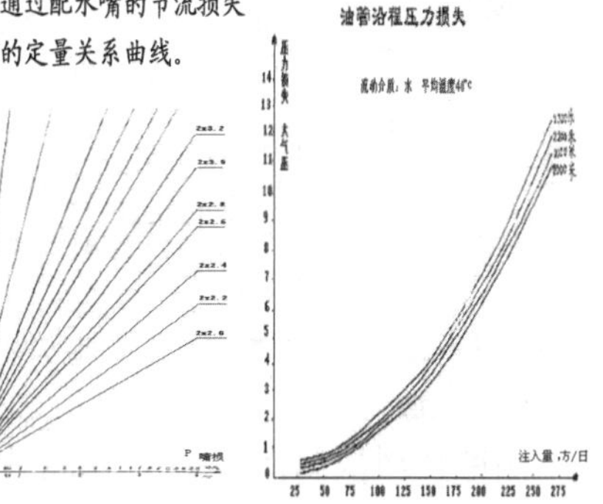

100

二、注水井投捞技术

◈ 嘴损曲线法选择水嘴：

①据测试资料绘制分层吸水指示曲线

②在分层指示曲线上，查出与各层段注水量相对应的井口配注压力

③计算各分层的嘴损压差或确定嘴损压差

④借用嘴损压差值和需要的配注量在嘴损曲线上查出水嘴尺寸

101

二、注水井投捞技术

◈ 简易法选择水嘴：对于调整水量不大的层段

$$d_2 = d_1\sqrt{\frac{Q_1}{Q_0}}$$

D_1—原用水嘴直径，mm　d_2—需调整水嘴直径，mm

Q_0—原注入量，m^3　　Q_1—配注量，m^3

102

二、注水井投捞技术

选择配水嘴时的注意事项

① 选择配水嘴的准确与否和测试资料准确程度有直接的关系。一般要求连续两次以上的测试资料基本相同，调整水嘴才能准确；

② 要对水井的资料和动态等作经常分析，及时掌握油层变化情况，找出变化原因；

③ 每次调整配水嘴必须检查原水嘴与配水管柱，判断实测资料的准确程度

103

三、测试资料包括的内容

测试卡片　　测试原始数据

104

三、测试资料包括的内容

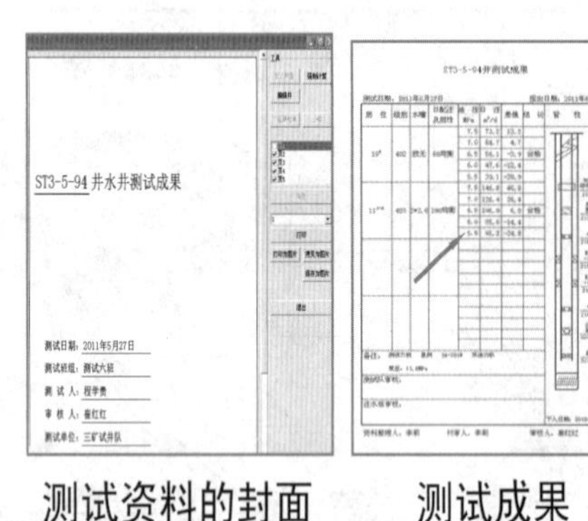

测试资料的封面　　测试成果

105

三、测试资料包括的内容

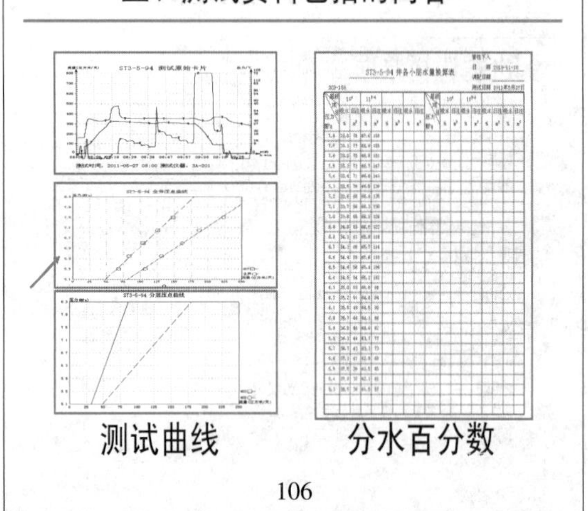

测试曲线　　分水百分数

106

三、测试资料包括的内容

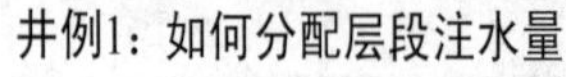

如何分配层段注水量

正常分注井，按分层测试取得的不同压力下分层吸水百分数乘以全井日注水量得出分层日注水量，分层日注水量取整数。分层吸水百分数之和等于100%，分层日注水量之和等于全井日注水量。

分层吸水百分数

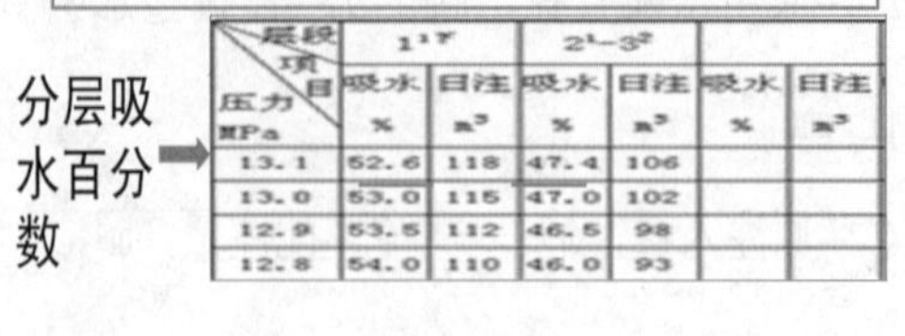

层段/项目/压力 MPa	1^{1F} 吸水 %	1^{1F} 日注 m^3	2^1-3^2 吸水 %	2^1-3^2 日注 m^3	吸水 %	日注 m^3
13.1	52.6	118	47.4	106		
13.0	53.0	115	47.0	102		
12.9	53.5	112	46.5	98		
12.8	54.0	110	46.0	93		

107

三、测试资料包括的内容

井例1：如何分配层段注水量

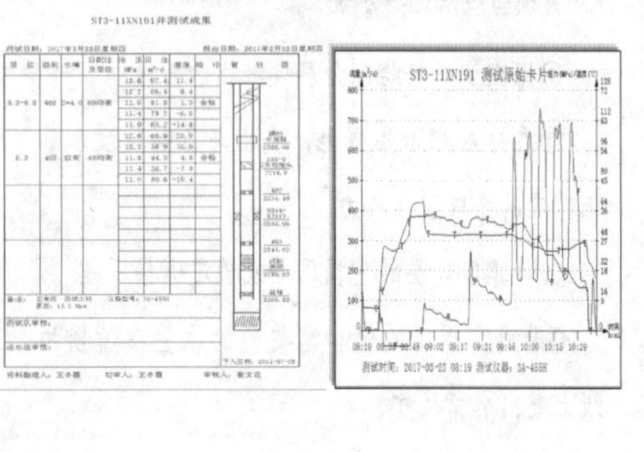

108

三、测试资料包括的内容

井例1：如何分配层段注水量

ST3-11XN191 井各小层水量换算表

水井单井日数据　年 2017　月 04　井号 ST3-11XN191　查询　返回　1024835

井号	日期	时间	层位	干压	油压	套压	配注	日注	备注	段数
ST3-11XN191	2017.04.01	24	ES2X82 -ES2X83	13.6	12.3	9.4	120	122	一类 校压	2
ST3-11XN191	2017.04.02	24	ES2X82 -ES2X83	13.5	12.2	9.3	120	123	一类	2
ST3-11XN191	2017.04.03	24	ES2X82 -ES2X83	13.5	12.1	9.2	120	126	一类	2
ST3-11XN191	2017.04.04	24	ES2X82 -ES2X83	13.4	12.1	9.2	120	125	一类	2
ST3-11XN191	2017.04.05	24	ES2X82 -ES2X83	13.6	12.2	9.3	120	123	一类	2

水井分注井单井日数据　年 2017　月 04　井号 ST3-11XN191　查询　返回　420335

井号	日期	层段	水嘴	日配	日注	层段性质	层位	干压	油压	套压	砂厚	层数	层段月注水
ST3-11XN191	2017.04.01	1	2*4.0	80	74	均衡层	ES2X82 -ES2X83	13.6	12.3	9.4			74
ST3-11XN191	2017.04.01	2	掖有	40	48	均衡层	ES2X83 -ES2X83	13.6	12.3	9.4			48
ST3-11XN191	2017.04.02	1	2*4.0	80	75	均衡层	ES2X82 -ES2X83	13.5	12.2	9.3			149
ST3-11XN191	2017.04.02	2	掖有	40	48	均衡层	ES2X83 -ES2X83	13.5	12.2	9.3			96
ST3-11XN191	2017.04.03	1	2*4.0	80	78	均衡层	ES2X82 -ES2X83	13.5	12.1	9.2			227
ST3-11XN191	2017.04.03	2	掖有	40	48	均衡层	ES2X83 -ES2X83	13.5	12.1	9.2			144
ST3-11XN191	2017.04.04	1	2*4.0	80	77	均衡层	ES2X82 -ES2X83	13.4	12.1	9.2			304
ST3-11XN191	2017.04.04	2	掖有	40	48	均衡层	ES2X83 -ES2X83	13.4	12.1	9.2			192
ST3-11XN191	2017.04.05	1	2*4.0	80	75	均衡层	ES2X82 -ES2X83	13.6	12.2	9.3			380
ST3-11XN191	2017.04.05	2	掖有	40	48	均衡层	ES2X83 -ES2X83	13.6	12.2	9.3			240

第一个层水量是

61.9%X126=78(m³/d)

109

四、测试资料分析方法

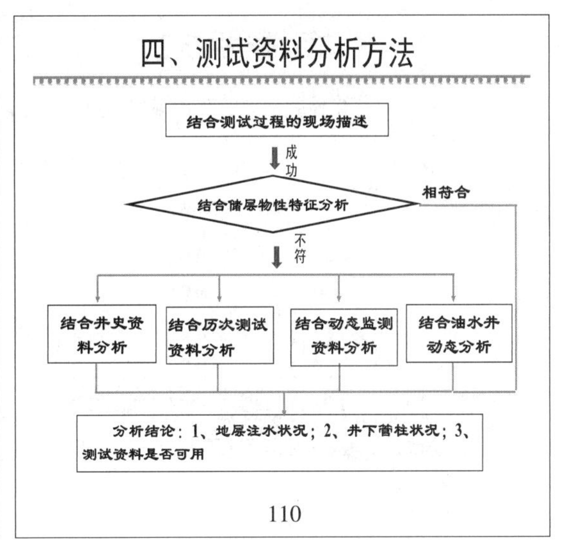

110

四、测试资料分析方法

（1）结合测试方法分析测试资料

测试资料描述	井筒内状况诊断	验证方法
1. 流量计、投球测试均下不到位 2. 下部注水层吸水量减少，全井水量均集中在上部层中 3. 全井吸水量与下部吸水量同步减少	1. 井筒内出砂 2. 井筒内有异物造成堵塞	洗井复测
1. 流量计测试井口水量高于最上一级配水器以上水量 2. 流量计测试水量高于地面水表水量	井口结垢	投球座封最上一级配水器验证

111

四、测试资料分析方法

测试水量与水表水量对比

根据井下测试水量与地面水表计量水量进行对比，再结合在不同深度下的测试水量进行分析。

配水器

封隔器

配水器

封隔器

配水器

112

四、测试资料分析方法

井例　测试水量与水表水量对比

测试水量高于地面水表计量水量

由于测试仪器水量换算是在62毫米油管的内径下换算的。出现这种现象的原因是油管缩径，内径小于62毫米，此时测出的水量高；水表芯子、密封圈及水表壳内有损坏，造成水量没有经过水表计量而注入井内；测试仪器本身的误差。

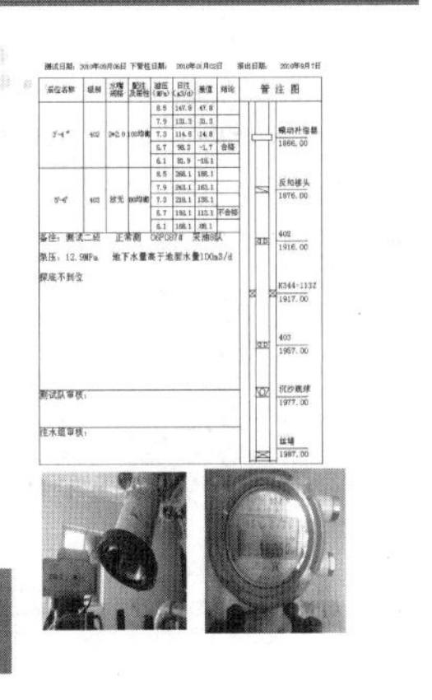

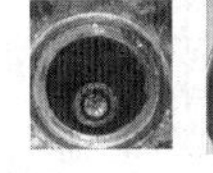

113

四、测试资料分析方法

井例　测试水量与水表水量对比

测试水量低于地面水表计量水量

该井2010年11月1日测试，油压：10.5MPa，水表水量：96m³/d，井下、井口：13m³/d。

主要原因：注水井地面管线穿孔或有掺水流程；井口套管闸门损坏，悬挂器和密封圈损坏；水表损坏、水表总成内有污物，造成水表计量水量偏高；测试仪器本身误差。

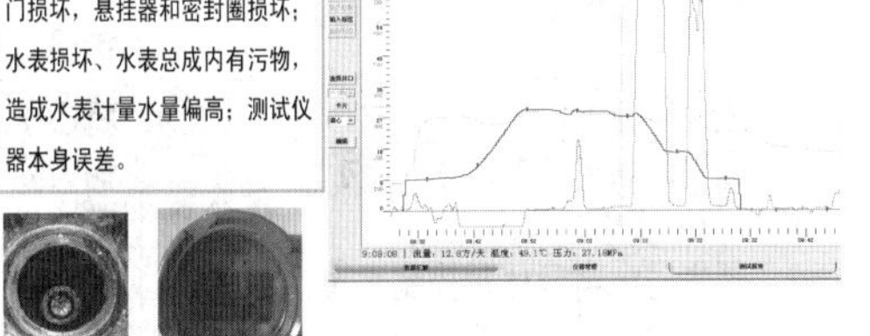

114

四、测试资料分析方法

（2）结合井史、历次测试资料分析测试资料

吸水剖面　分层流量

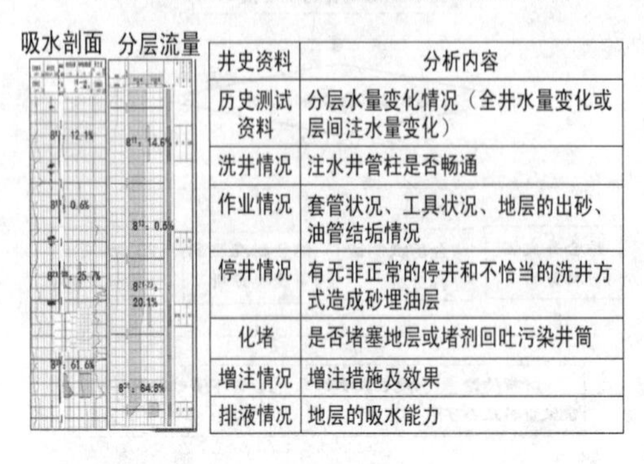

井史资料	分析内容
历史测试资料	分层水量变化情况（全井水量变化或层间注水量变化）
洗井情况	注水井管柱是否畅通
作业情况	套管状况、工具状况、地层的出砂、油管结垢情况
停井情况	有无非正常的停井和不恰当的洗井方式造成砂埋油层
化堵	是否堵塞地层或堵剂回吐污染井筒
增注情况	增注措施及效果
排液情况	地层的吸水能力

115

四、测试资料分析方法

井例 ST2-4-713井

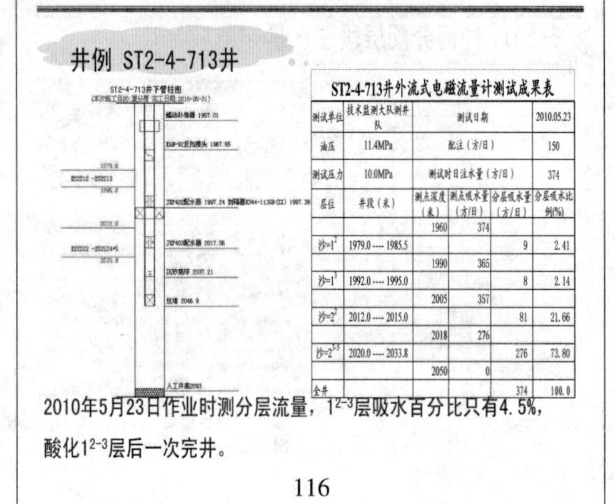

ST2-4-713井外流式电磁流量计测试成果表

测试单位	技术监测大队测井队	测试日期			2010.05.23
油压	11.4MPa	配注（方/日）			150
测试压力	10.0MPa	测试时日注水量（方/日）			374
层位	井段（米）	测点深度（米）	测点吸水量（方/日）	分层吸水量（方/日）	分层吸水比例(%)
		1960	374		
沙=1²	1979.0 ---- 1985.5			9	2.41
		1990	365		
沙=1³	1992.0 ---- 1995.0			8	2.14
		2005	357		
沙=2²	2012.0 ---- 2015.0			81	21.66
		2018	276		
沙=2³⁻⁵	2020.0 ---- 2033.8			276	73.80
		2050	0		
全井				374	100.0

2010年5月23日作业时测分层流量，1^{2-3}层吸水百分比只有4.5%，酸化1^{2-3}层后一次完井。

116

四、测试资料分析方法

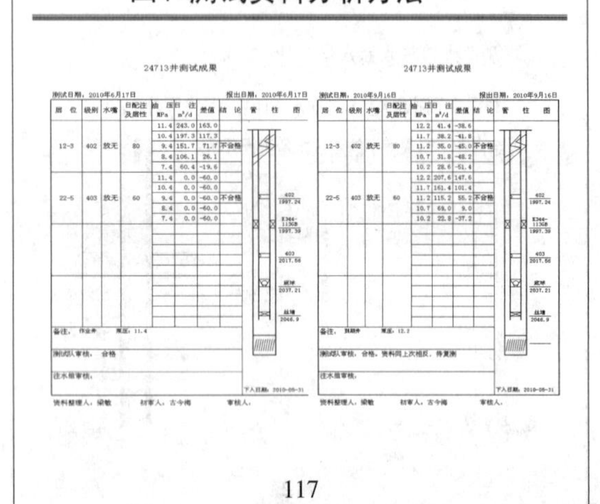

117

四、测试资料分析方法

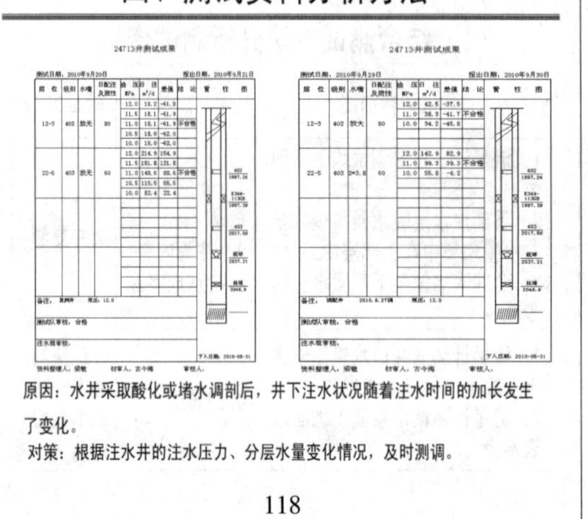

原因：水井采取酸化或堵水调剖后，井下注水状况随着注水时间的加长发生了变化。

对策：根据注水井的注水压力、分层水量变化情况，及时测调。

118

四、测试资料分析方法

（3）结合管柱结构分析测试资料（例举1）

测试资料描述	问题判断	验证方法
1. 注入压力下降 2. 吸水指示曲线斜率变小 3. 注水量可能增加	油管漏失	流量计与投球结合测试验证
1. 注入压力下降 2. 漏失注水量增加，吸水指示曲线斜率变小 3. 漏失层水嘴变化对控制水量无效	配水器失效	将芯子调为死嘴，投球座封验证

119

ST3-1XN151

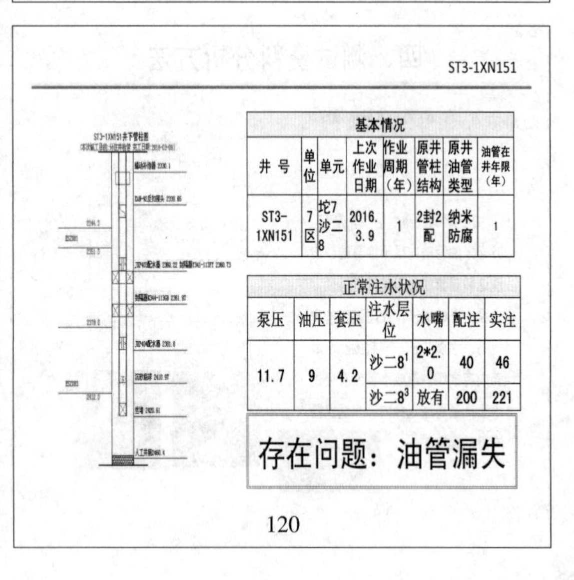

基本情况

井号	单位	单元	上次作业日期	作业周期（年）	原井管柱结构	原井油管类型	油管在井年限（年）
ST3-1XN151	7区	坨7沙二8	2016.3.9	1	2封2配	纳米防腐	1

正常注水状况

泵压	油压	套压	注水层位	水嘴	配注	实注
11.7	9	4.2	沙二8¹	2*2.0	40	46
			沙二8³	放有	200	221

存在问题：油管漏失

120

四、测试资料分析方法

ST3-1XN151

该井2017.3.6日正常测试，资料显示油管在1330-1830m漏失106m³/d 。

121

四、测试资料分析方法

ST3-1XN151

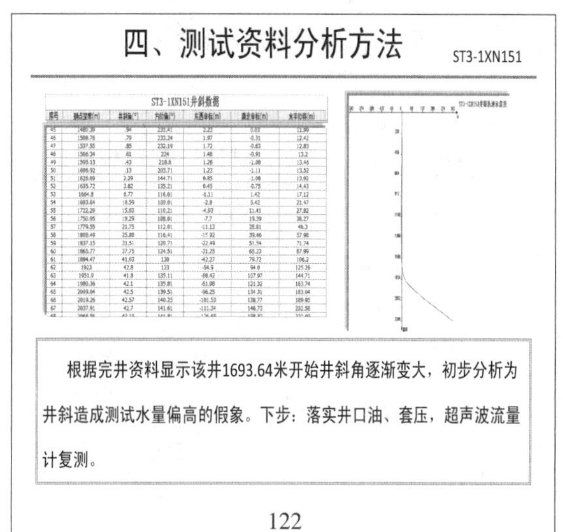

根据完井资料显示该井1693.64米开始井斜角逐渐变大，初步分析为井斜造成测试水量偏高的假象。下步：落实井口油、套压，超声波流量计复测。

122

四、测试资料分析方法

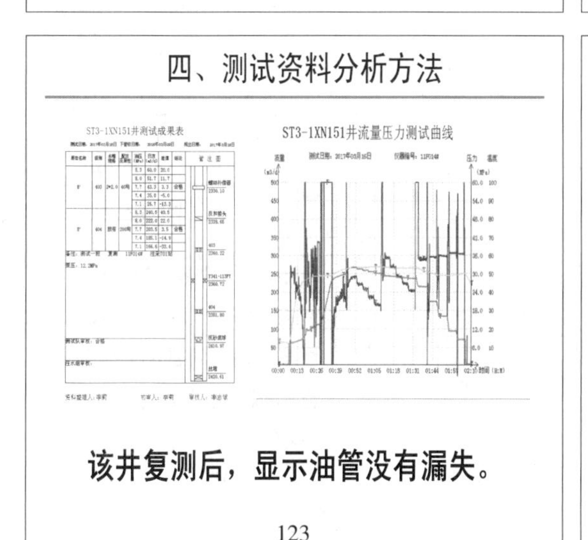

该井复测后，显示油管没有漏失。

123

四、测试资料分析方法

（4）结合管柱结构分析测试资料（例举2）

测试资料描述	问题判断	验证方法
1．第一层为动停层的正常注水井，套压值应较低。当录取的套压明显上升，与油压相近时分析一级封隔器可能不密封 2．同一注水井层间差异明显，若全井注入油压明显下降或测试单层水量突增，说明分隔高低渗透层间的封隔器可能失效 3．对测试资料反映各层均注水合格，但是动态上有不良反映的注水井，可能是封隔器失效造成水窜	封隔器失效	采用验封工艺验证
1．作业完管柱憋压时有漏失现象 2．最下注水层水量增加，吸水指示曲线斜率减小	底球漏失	将注水芯子调为死嘴，憋压试注

124

四、测试资料分析方法

现场应用压力法---判断封隔器工作状况

油套压力变化法。具体方法为：上部油层停注，下层注水，若油套压平衡或压差较小，且改变油压后，套压随着油压变化而变化，则认为上一级封隔器失效。

压力 MPa　15　10　5
油压
套管压力（失效）
套管压力（完好）
时间 min　5　10　15　20

P_1 Q_1 V_1
上层
下层
P_2

125

四、测试资料分析方法

现场应用验封仪器---判断封隔器工作状况

应用四参数验封仪进行测试验封。具体方法：下入验封仪，利用密封段将封隔器上下层密封分割，改变上部注水压力，若下部压力与上部压力变化一致，则封隔器失效，若变化不一致，封隔器不失效。

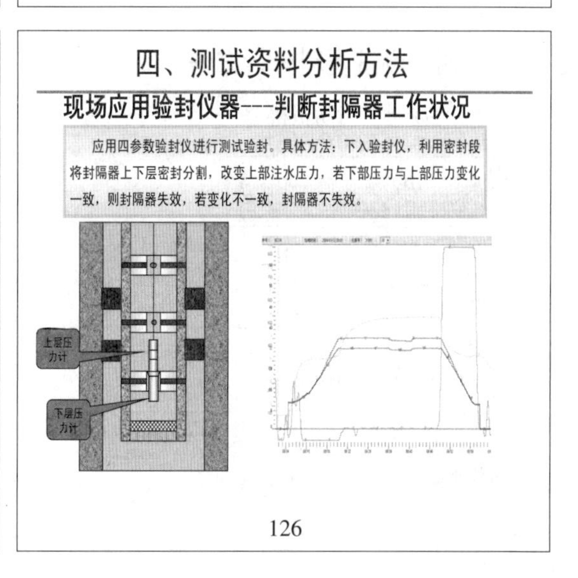

126

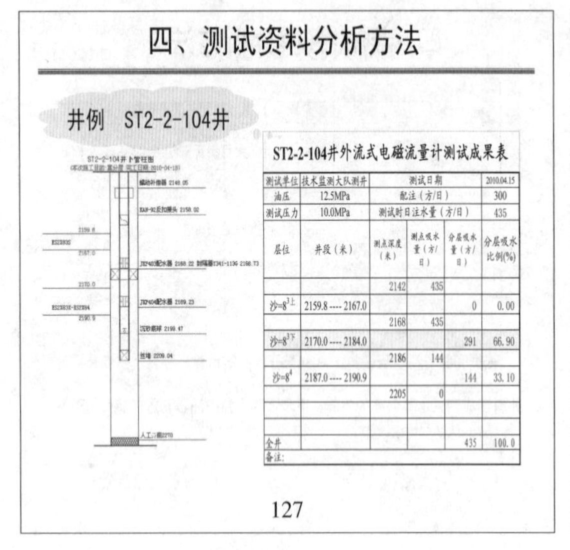

测试单位	技术监测大队测井	测试日期			2010.04.15
油压	12.5MPa	配注（方/日）			300
测试压力	10.0MPa	测试时日注水量（方/日）			435
层位	井段（米）	测点深度（米）	测点吸水量（方/日）	分层吸水量（方/日）	分层吸水比例(%)
		2142	435		
沙=$8^{3上}$	2159.8 ---- 2167.0			0	0.00
		2168	435		
沙=$8^{3下}$	2170.0 ---- 2184.0			291	66.90
		2186	144		
沙=8^{4}	2187.0 ---- 2190.9			144	33.10
		2205	0		
全井				435	100.0
备注:					

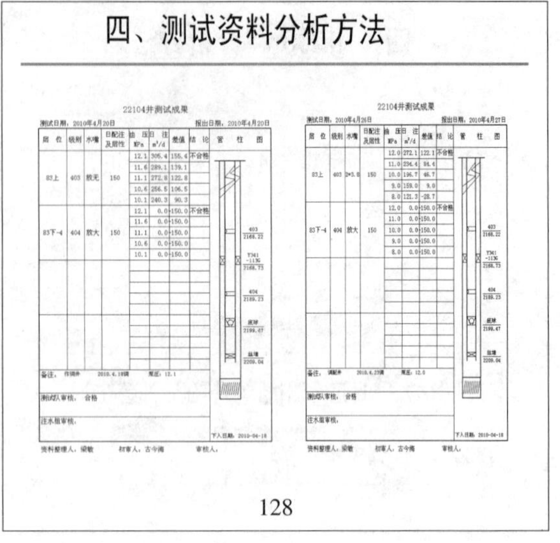

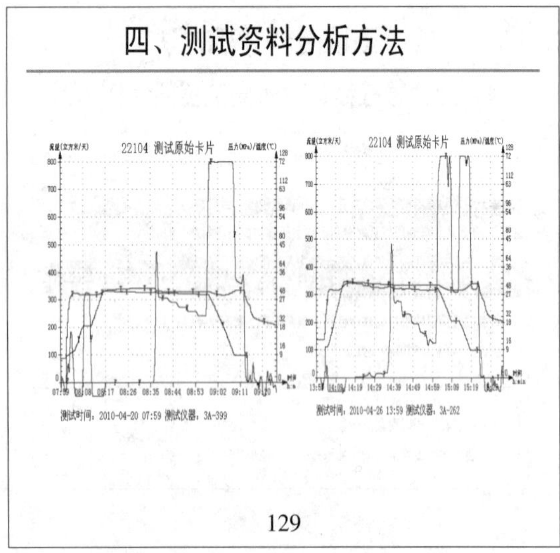

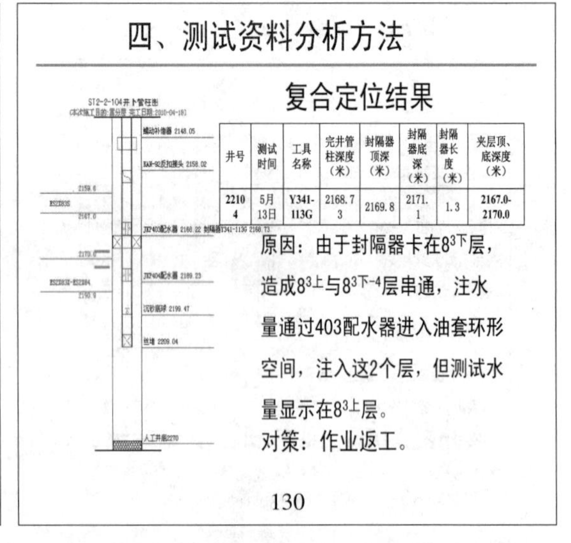

井号	测试时间	工具名称	完井管柱深度（米）	封隔器顶深（米）	封隔器底深（米）	封隔器长度（米）	夹层顶、底深度（米）
22104	5月13日	Y341-113G	2168.73	2169.8	2171.1	1.3	2167.0-2170.0

基本数据：

油田（区块）	胜坨	完钻井深	2110m	投(转)注日期
人工井底	2098.6m	水泥塞面	m	2011-3-7
水泥返高		联顶节方入	4.8m	上次作业日期
套管尺寸及深度	? 139.7mm 2105.22m	油补距	4.24m	2016-9-13
油层套管壁厚		特殊套管位置	1370.61-1372.79;1813.39-1815.56;1996.31-1998.48	
射开层位	ES2X814-ES2X816	套管接箍位置	2078.44,2066.95,2055.57,2044.08,2032.59,2021.22,2009.85,1998.48	

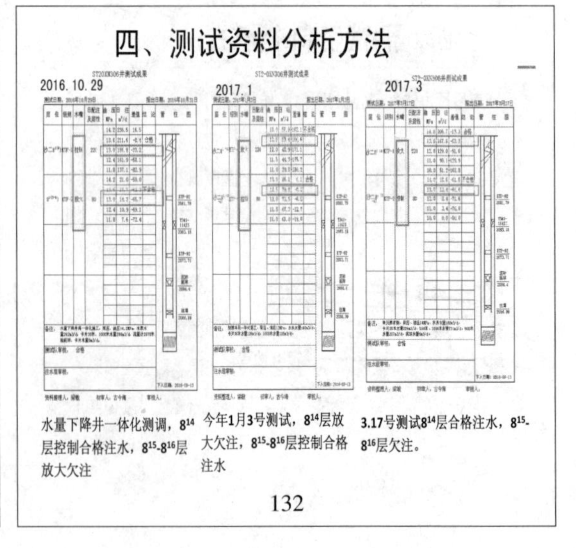

四、测试资料分析方法

➢油水井对应情况

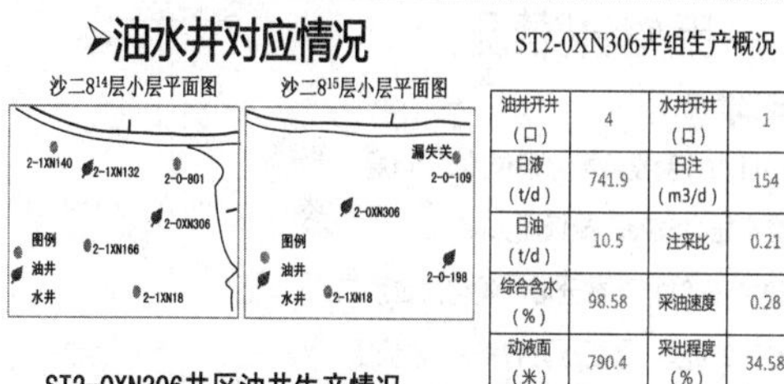

ST2-0XN306井组生产概况

油井开井（口）	4	水井开井（口）	1
日液（t/d）	741.9	日注（m3/d）	154
日油（t/d）	10.5	注采比	0.21
综合含水（%）	98.58	采油速度	0.28
动液面（米）	790.4	采出程度（%）	34.58

ST2-0XN306井区油井生产情况

井号	层位	工作制度	日液	日油	含水	动液面
ST2-1XN18	沙二8^{14-15}	200/电	245.8	2.2	99.1	850
ST2-1XN166	沙二8^{1}	250/电	289.5	5.5	98.1	530
ST2-0-801	沙二8^{14}	250/电	206.6	2.8	98.6	991.2
ST2-0-109	沙二8^{15}	漏失关				
			741.9	10.5	98.58	790.40

ST2-0XN306井区水井生产情况

井号	干压	油压	套压	层位	水嘴	配注	日注
ST2-0XN306	14	14	6	沙二814	放大	220	62
				沙二815-816	控制	80	92
							154

井区油水井间连通状况良好。

133

➢吸水能力分析-静态资料分析

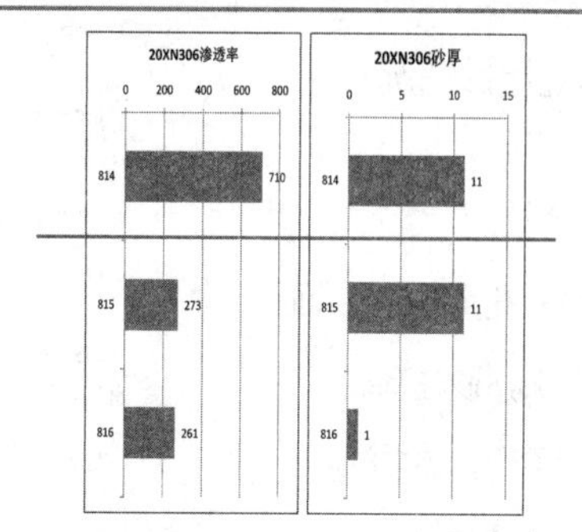

沙二8^{14}层渗透率最好，砂厚较厚，沙二8^{15}渗透率较低，但砂厚较厚。

134

四、测试资料分析方法

➢吸水能力分析-历史注水情况分析

ST2-0XN306历史注水情况表

井号	年月	层位顶层	压力			日配注 m3/d	日注	
			泵压Mpa	套压Mpa	油压Mpa		能力 m3/d	水平 m3/d
ST2-0XN306	201103	S281-S281	13.4	0.2	0.2	200	232	180
ST2-0XN306	201201	S281-S281	13.2	13.2	13.2	250	405	395
ST2-0XN306	201301	S281-S281	12.7	9.3	9.3	250	307	299
ST2-0XN306	201401	S281-S281	13.8	10.9	10.9	250	297	297
ST2-0XN306	201501	S281-S281	14.4	10.2	12.1	300	316	307
ST2-0XN306	201601	S281-S281	13.4	11.4	13.4	300	306	298
ST2-0XN306	201701	S281-S281	13.6	5.8	13.6	300	144	140
ST2-0XN306	201702	S281-S281	14	6.3	14	300	141	137

该井2011.3月该井新投光管注水沙二8^{14}，2014.5月射孔沙二8^{16}层分层注水。

135

➢吸水能力分析-吸水情况分析

20XN306分层流量

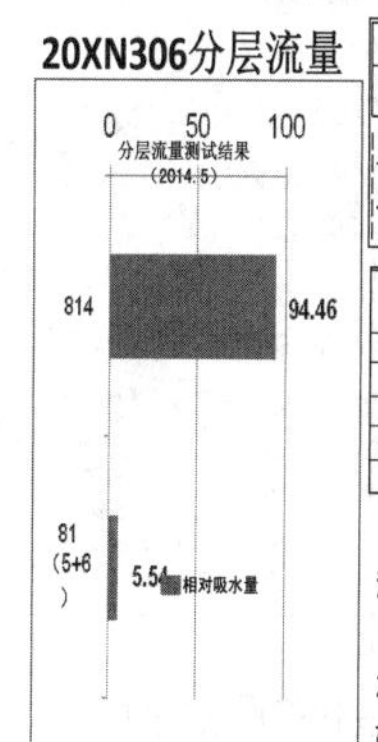

20XN306　吸水剖面成果表 2014.7

层位	层号	解释井段（m）	厚度（m）	吸水面积	相对吸水量（%）	相对吸水强度（%）
814	1	2055.0 - 2061.0	6.0	4.58	45.03	7.51
815	2	2064.0 - 2065.0	1.0	3.21	31.59	31.59
816	3	2066.5 - 2067.5	1.0	2.38	23.38	23.38

2016.9

层位	射孔井段（米）	测点深度（米）	测点吸水量（方/日）	分层吸水量（方/日）	分层吸水比例（%）
		2045	496		
沙=8^{14}	2055.0---- 2061.0			451	90.93
		2063	45		
沙=8^{15-16}	2064.0---- 2067.5			45	9.07
		2075	0		

2014.5月射开沙二8^{16}层后测分层流量主要吸水层沙二8^{14}，对沙二8^{16}酸化最高泵压17MPa，停泵降至0MPa。

2014.7月测吸水剖面，8^{14}层吸76.62%，8^{16}层吸23.38%。

2016.9月测分层流量主要吸水层沙二8^{14}层，对8^{15}-8^{16}酸化，最高泵压12MPa，停泵降至0MPa。

136

➢吸水能力分析-测试情况分析

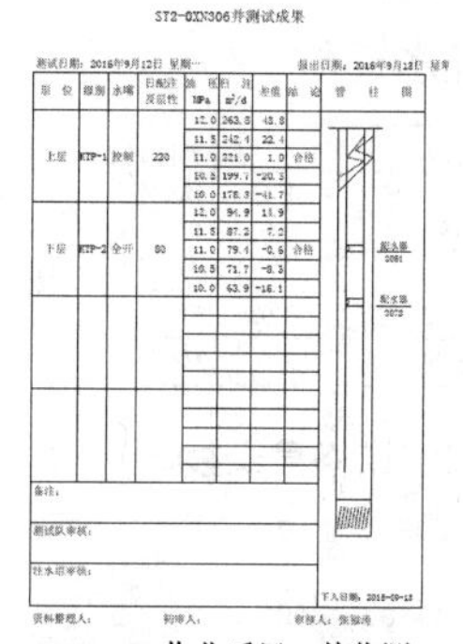

2016.9.12作业后局一体化测试，合格注水

ST20XN306井测试成果

2016.10.29水量下降井一体化测调，8^{14}层合格注水，8^{15}-8^{16}层欠注

137

➢套管情况

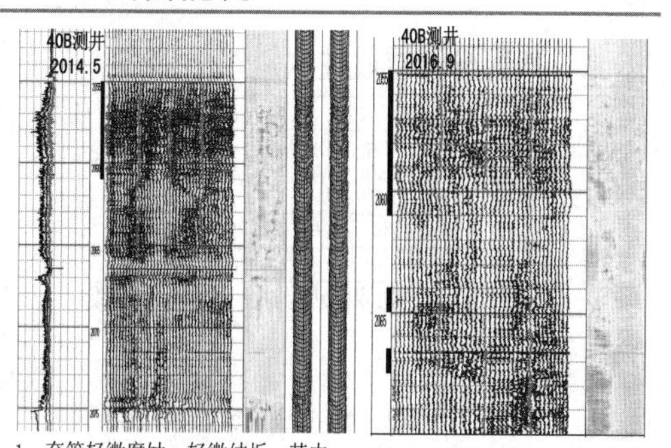

1、套管轻微腐蚀、轻微结垢，其中在生产层段2055-2080米多处结垢较为严重。2、在2075-2080米40臂井径值显示异常，为井内异物所致。

套管生产层段2055-2070m结垢较严重；

138

四、测试资料分析方法

➢历次作业出砂情况

出砂情况：

2011.3.7新投；

2014.5.21补孔重分层，砂面深度2091.6m，砂柱7m；

2016.9.13检管，砂面深度2087.8m，砂柱10.8m；

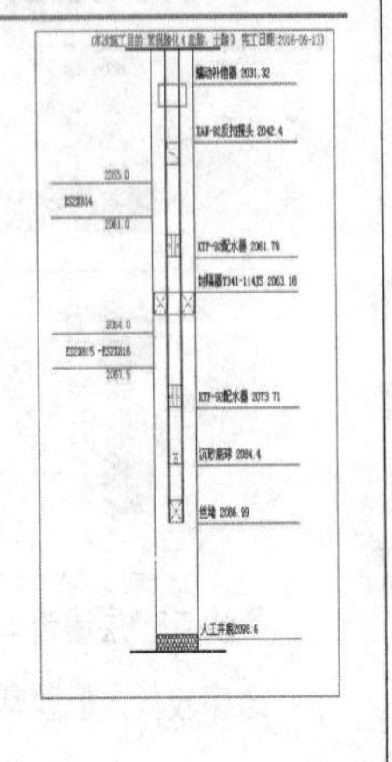

139

四、测试资料分析方法

➢历次酸化情况

酸化情况：

2011.3.7新投，酸化层位沙二814层，最高压力2MPa，最低压力0MPa；

2014.5.21补孔重分层，酸化层位沙二815-816层，最高压力17MPa，最低压力0MPa；

2016.9.13检管，酸化层位815-816，最高压力12MPa，最低压力9MPa；

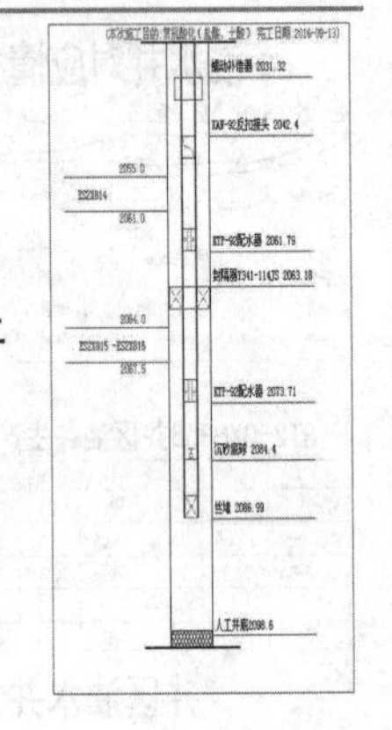

140

➢注水受效情况

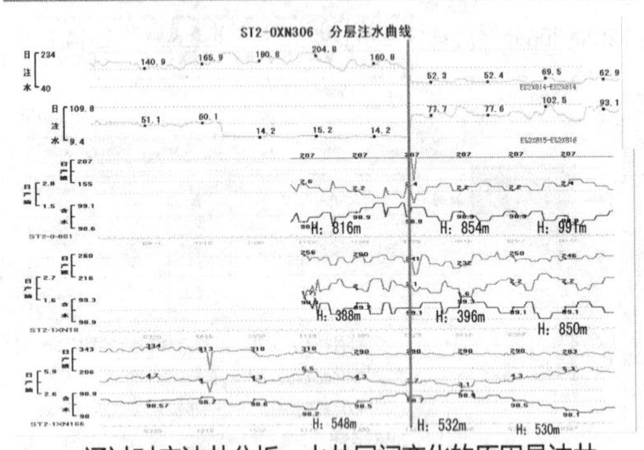

通过对应油井分析，水井层间变化的原因是油井的生产变化导致的。

141

练习题

1、如何分配层段注水量？

某注水井分三段注水，测试成果表如下，当油压为8.6MPa时，注水井全井日注水量230m³/d，求某注水井油压在8.6MPa时1、2、3层的日注水量各是多少？

油压（MPa）	1层		2层		3层		全井日注（m³/d）
	日注（m³/d）	吸水百分数	日注（m³/d）	吸水百分数	日注（m³/d）	吸水百分数	
8.0	78	38.52	46	22.56	79	38.92	203
9.0	98	41.18	56	23.52	84	35.30	238

142

练习题

1、如何分配层段注水量？

油压（MPa）	1层		2层		3层		全井日注（m³/d）
	日注（m³/d）	吸水百分数	日注（m³/d）	吸水百分数	日注（m³/d）	吸水百分数	
8.0	78	38.52	46	22.56	79	38.92	203
9.0	98	41.18	56	23.52	84	35.30	238

答案：井口压力为8.6MPa时，各层吸水百分数是：

第一层38.52+6/10X（41.18-38.52）=40.12%

第二层22.56+6/10X（23.52-22.56）=23.13%

第三层38.92+6/10X（35.30-38.92）=36.75%

143

练习题

1、如何分配层段注水量？

油压（MPa）	1层		2层		3层		全井日注（m³/d）
	日注（m³/d）	吸水百分数	日注（m³/d）	吸水百分数	日注（m³/d）	吸水百分数	
8.0	78	38.52	46	22.56	79	38.92	203
9.0	98	41.18	56	23.52	84	35.30	238

答案：井口压力为8.6MPa时，各层日注水量：

第一层230 X 40.12%=93(m³/d)

第二层230 X 23.13%=53(m³/d)

第三层230 X 36.75%=84(m³/d)

144

练习题

2、根据下面某注水井三层测试成果数据，在一个坐标内画出三个层的注水指示曲线。

某注水井测试成果

1^1		1^2		2^{2-4}	
油压（Mpa）	日注(m3/d)	油压（Mpa）	日注(m3/d)	油压（Mpa）	日注(m3/d)
13.0	88	13.0	34	13.0	98
12.5	81	12.5	31	12.5	83
12.0	74	12.0	28	12.0	68
11.5	67	11.5	25	11.5	53
11.0	60	11.0	22	11.0	38

145

练习题

答案：

(MPa) | 1^2 | 1^1 | 2^{2-4}

13.0 | 12.0 | 11.0

20 | 40 | 60 | 80 | 100 | (m^3/d)

146

3、某注水井分三段注水，2014年1月20日测试，全井配注390m³/d，配水间水表计量水量420m³/d，测试原始卡片如下图。请根据测试原始卡片回答问题：

（1）注水井井下管柱存在问题是什么？为什么？

（2）哪个位置存在问题？

（3）下步措施是什么？

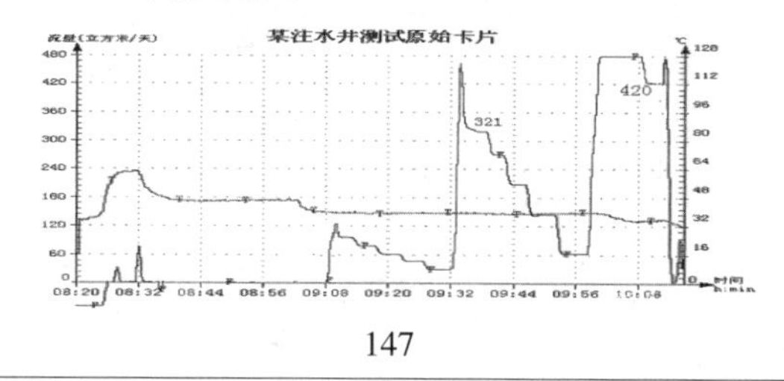

147

答案：

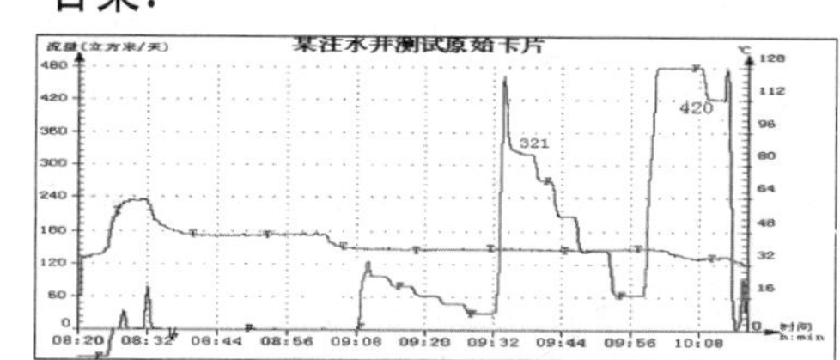

（1）油管漏失。因测试全井水量与井口验漏水量和地面水表计量水量相差99m³。

（2）第一层配水器至井口验漏位置之间存在漏失现象。

（3）复测，验证漏失的具体位置，上作业治理。

148

常见注水井变化的原因

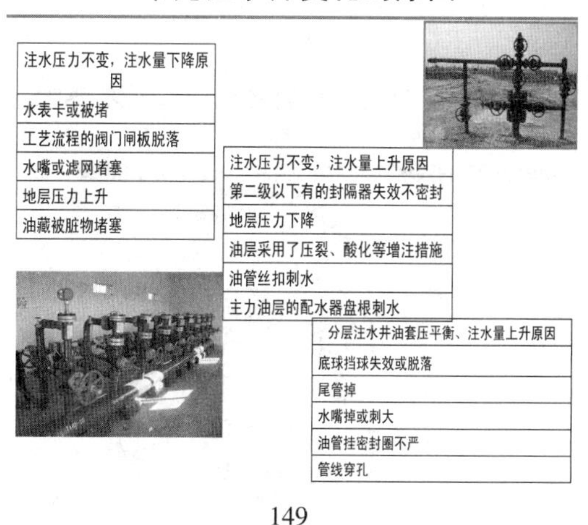

149

第八章　堵水调剖技术及方案编制

第一节 堵水调剖工艺技术

1

目　录

一、堵水调剖的概念及必要性

二、胜利油田堵水调剖技术发展历程

三、堵水调剖主导技术

2

一、堵水调剖的概念及必要性

◆技术提出背景

多油层注水开发是油田的基本开发方式。

沙二1-3单元1砂组井位图

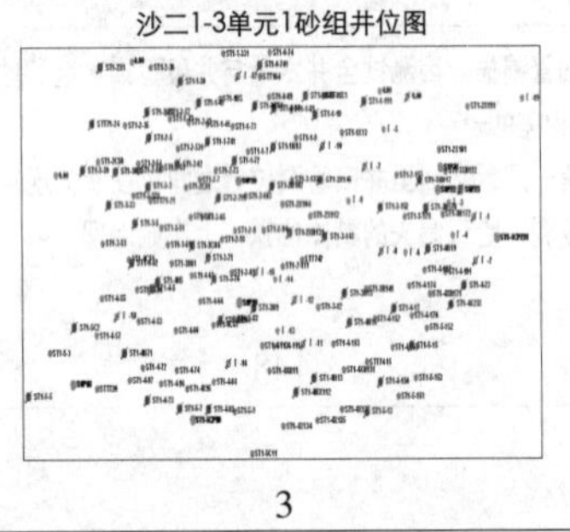

3

一、堵水调剖的概念及必要性

◆技术提出背景

多油层注水开发是油田的基本开发方式。

胜一区1-2-17井～1-4-152井南北向地层对比剖面

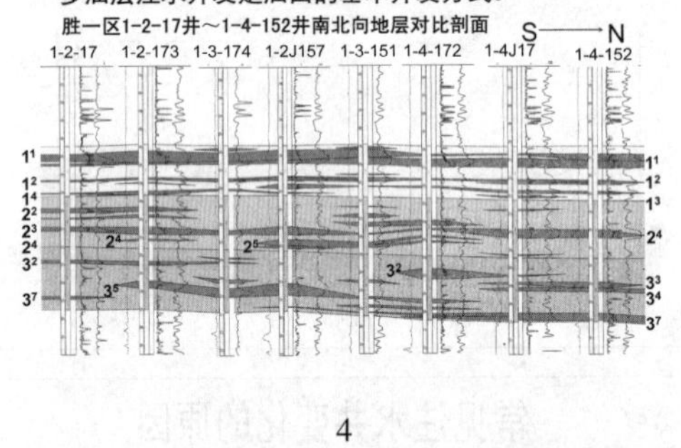

4

一、堵水调剖的概念及必要性

◆技术提出背景

储层非均质导致水驱不均匀，注入水低效循环，采收率不高。

1-3XJ142井取心剖面图　　永3-检1水淹剖面图

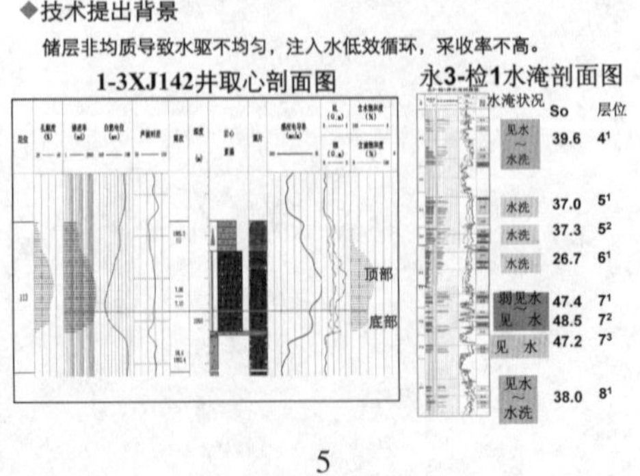

5

一、堵水调剖的概念及必要性

◆技术提出背景

储层非均质导致水驱不均匀，注入水低效循环，采收率不高。

ST1-0N84井吸水剖

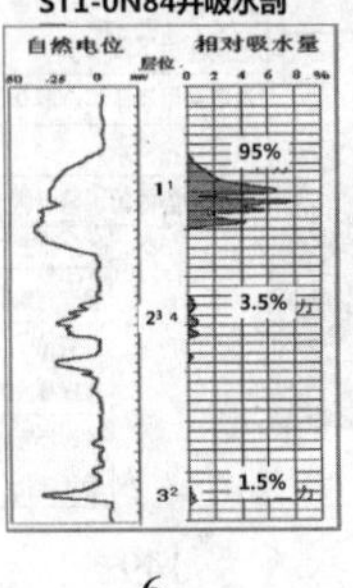

6

一、堵水调剖的概念及必要性

◆什么是水井调剖

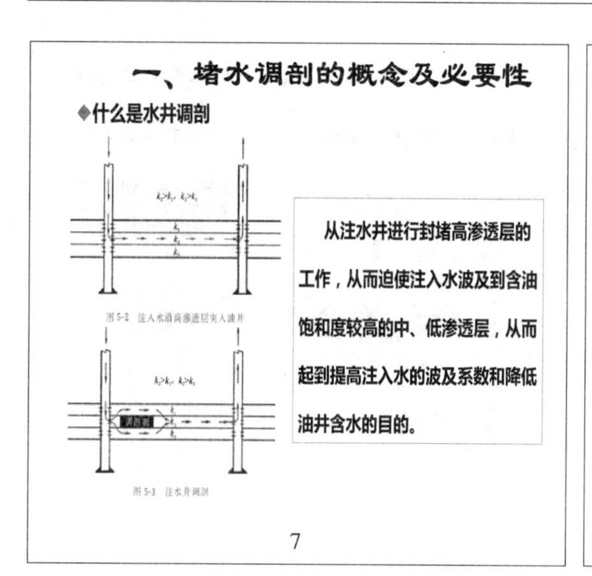

从注水井进行封堵高渗透层的工作，从而迫使注入水波及到含油饱和度较高的中、低渗透层，从而起到提高注入水的波及系数和降低油井含水的目的。

7

一、堵水调剖的概念及必要性

◆什么是水井调剖

简言之，就是调整注水油层的吸水剖面。

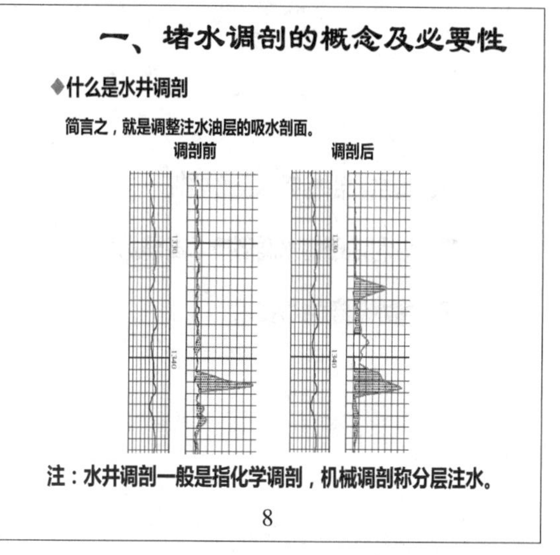

注：水井调剖一般是指化学调剖，机械调剖称分层注水。

8

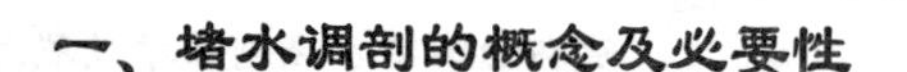

一、堵水调剖的概念及必要性

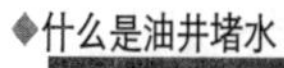

◆什么是油井堵水

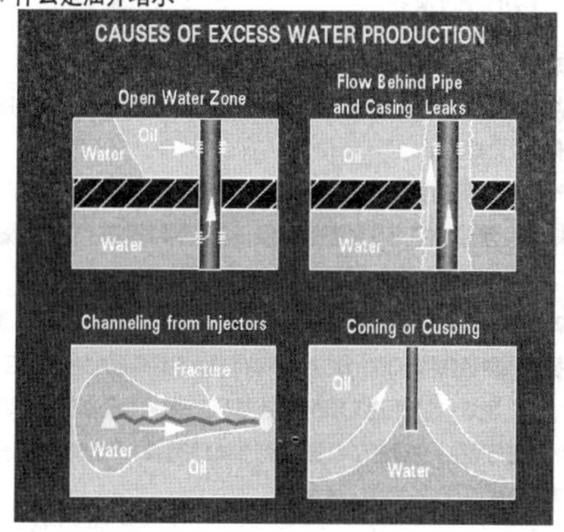

9

一、堵水调剖的概念及必要性

◆什么是油井堵水

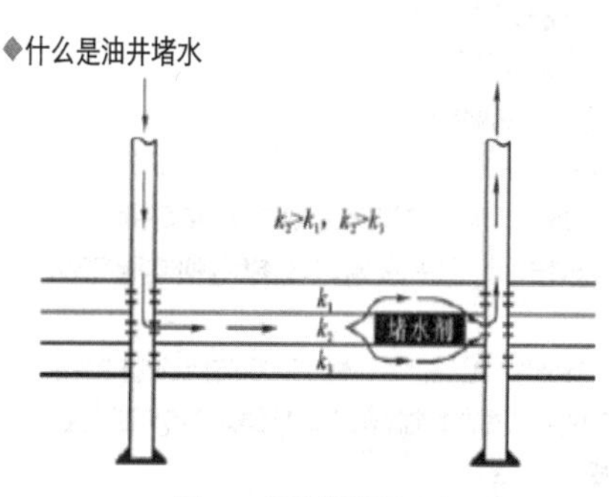

图 5-9 从油井控制注入水

向油井注入堵水剂，封堵高渗透层，控制注入水的产出。

10

一、堵水调剖的概念及必要性

解决的关键问题：通过深度调控储层非均质，强化水驱波及，有效遏制储层非均质引发的注入水无效或低效循环，提升水驱开发质量。

采收率 E_R = 洗油效率E_D × 波及体积E_V

层内：高耗水段

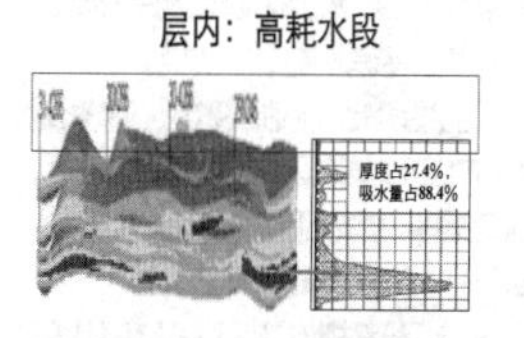

埕东油田示踪剂检测结果

研究结果表明，极端高耗水区体积约占油藏3-10%，消耗注入水量占80%以上。

11

一、堵水调剖的概念及必要性

低油价下，堵水调剖在成本投入、施工工艺、精细调控等方面具有明显的优势。

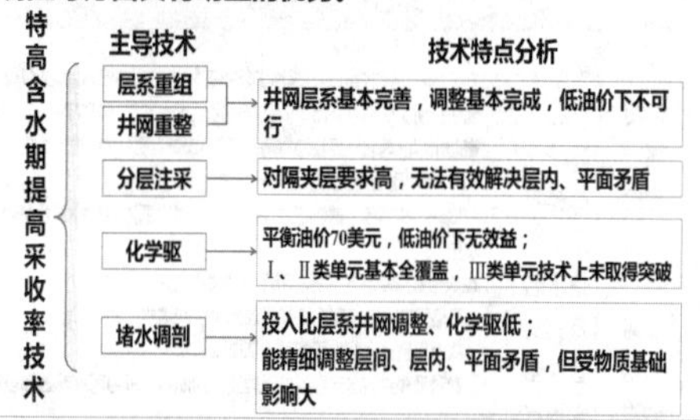

特高含水期提高采收率技术

主导技术	技术特点分析
层系重组 井网重整	井网层系基本完善，调整基本完成，低油价下不可行
分层注采	对隔夹层要求高，无法有效解决层内、平面矛盾
化学驱	平衡油价70美元，低油价下无效益； Ⅰ、Ⅱ类单元基本全覆盖，Ⅲ类单元技术上未取得突破
堵水调剖	投入比层系井网调整、化学驱低； 能精细调整层间、层内、平面矛盾，但受物质基础影响大

因此，特高含水后期堵调技术研究与应用可盘活存量、节省投资、提升水驱质量，对老油田的可持续发展具有重大的支撑作用。

12

目 录

一、堵水调剖的概念及必要性

二、胜利油田堵水调剖技术发展历程

三、堵水调剖主导技术

13

二、胜利油田堵水调剖技术发展历程

胜利油田堵水调剖技术自上世纪70年代开始应用，共经历了四个发展阶段。

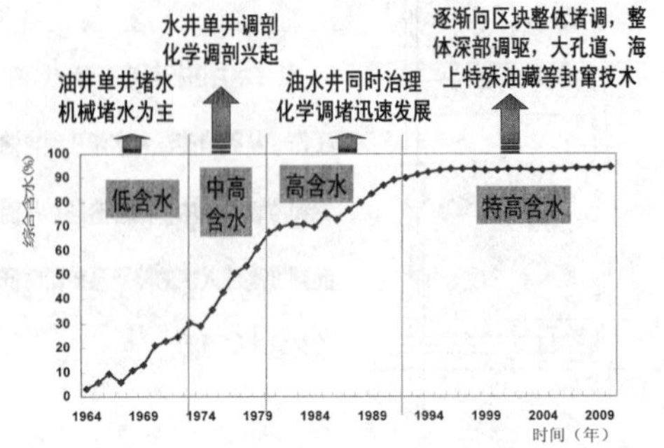

油井单井堵水
机械堵水为主

水井单井调剖
化学调剖兴起

油水井同时治理
化学调堵迅速发展

逐渐向区块整体堵调，整体深部调驱，大孔道、海上特殊油藏等封窜技术

低含水

中高含水

高含水

特高含水

综合含水(%)

100
90
80
70
60
50
40
30
20
10
0

1964 1969 1974 1979 1984 1989 1994 1999 2004 2009

时间（年）

14

二、胜利油田堵水调剖技术发展历程

一、油井堵水

（一）机械堵水

1、自喷井机械堵水

始于20世纪60年代。

★ 1965年，九二三厂井下作业大队研制出自喷井桥式配产器油管支撑堵水管柱，主要由Y111封隔器和KQS配产器组成。

★ 1968年，九二三厂井下作业指挥部研制出机械卡瓦支撑管柱。主要由Y211封隔器、Y111封隔器和KQS配产器组成。

★ 1985年后，胜利油田采油工艺研究院研制开发出桥式堵水管柱。主要由Y211封隔器、Y341封隔器与配产器组成。

15

二、胜利油田堵水调剖技术发展历程

（一）机械堵水

2、抽油井机械堵水

抽油井机械堵水，一般采用丢手管柱结构。20世纪90年代以后，抽油井封隔器有了较大发展。

▲ 1990年，胜利采油工艺研究院研制出Y441卡封管柱。

▲1991年，胜利采油工艺研究院研制出高压防顶丢手封隔器（Y445封隔器），主要由密封、卡瓦、坐封、解封、锁定机构等部分组成。

▲ 2001—2002年，胜利采油工艺研究院研制出侧钻井堵水工艺管柱、套变缩径井小直径封隔器卡堵水管柱和以SPY441丢手封隔器为主的卡封工具。

▲ “九五”期间，胜利采油工艺研究院完成不动管柱换层采油工艺技术的研究。该工艺管柱，主要由Y441封隔器、Y341封隔器、多功能液控开关、液压丢手组成。

16

二、胜利油田堵水调剖技术发展历程

（二）化学堵水

技术	油藏类型	推广工艺	应用情况
直井油井堵水	非均质严重的东营组、沙河街组砂岩油藏	水泥、冻胶、凝胶和沉淀类堵水剂及其配套的化学堵水工艺	1. 1977年，胜利油田钻井采油工艺研究院（胜利油田石油勘探开发工艺研究所）研制开发出“丙凝非选择性堵水剂”；1977—1979年，研制出丙烯酰胺选择性堵水剂、甲醛交联聚丙烯酰胺选择性堵水剂；1982年，研制开发出水玻璃复合堵水剂。 2. 1981—1985年，胜利采油指挥部研制出木质素磺酸钙复合凝胶堵水剂。 3. 埕东用铬交联部分水解聚丙烯酰胺堵水剂堵水 孤岛用LWSD-1型木质素磺酸钙堵水剂堵水 临盘用部分水解聚丙烯酰胺选择性堵水 针对需要封堵水淹层后换新层生产的油井，采用丙凝非选择性堵水 针对丙凝黏度较低，封堵后有效期短的情况，采用木钙封堵高含水层，均见到一定效果。

17

二、胜利油田堵水调剖技术发展历程

（二）化学堵水

技术	油藏类型	推广工艺	应用情况
直井油井堵水	馆陶组疏松砂岩油藏砂岩油藏	水泥浆、干灰砂、稠油固体粉末、甲基氯硅烷、CAN-1、有机铬冻胶	1.1978年4月孤岛采油指挥部研制出适用于出砂严重的高含水油井的具有防砂、堵水双重功效的干灰砂堵水工艺技术，在孤岛、孤东等油田广泛应用。 2.1979年3月，为了提高堵水剂的选择性，孤岛采油指挥部研制并推广应用了稠油固体粉末堵水工艺技术。 3.1984年，孤岛指挥部研发出甲基氯硅烷选择性堵水剂，并在孤岛油田进行现场试验。 4. 1990年孤岛采油厂研制并推广应用了CAN-1堵水剂。 高含水开发期以后，重点推广应用了具有堵水防砂双重功效的干灰砂堵水技术。

18

二、胜利油田堵水调剖技术发展历程

（二）化学堵水

技术	油藏类型	推广工艺	应用情况
水平井油井堵水	筛管完井水平井	常规筛管完井水平井堵水技术 测调堵疏一体化堵水技术	1. 2006年~2009年，在海洋、桩西等采油厂进行常规筛管完井水平井堵水技术现场应用，效果不理想 2. 2013年以来利用改进技术先后在中海油、胜利采油厂进行现场应用，效果良好

技术	油藏类型	应用情况
碳酸盐岩油井堵水	碳酸盐岩	1. 2004年—2005年胜利油田采油院研究形成“潜山油藏堵水工艺技术” 2. 针对中石化西北分公司塔河碳酸盐岩油藏高角度裂缝发育和高温、高压、高盐的地层条件，自2010年开始，经过研究，形成适用于该类油藏堵水的工艺技术。

19

二、胜利油田堵水调剖技术发展历程

二、注水井调剖

时间	堵剂类型	应用情况
20世纪70年代至80年代初	硅酸凝胶、水玻璃 - 氯化钙、稀水泥浆、聚丙烯酰胺溶液、黏土等进行单井小剂量调剖	1.1971.6九二三厂采油指挥部应用研制的硅酸凝胶单液法调剖技术 2.1981.9胜利采油指挥部应用研发的水玻璃 - 氯化钙双液法 3.1982年，河口指挥部引进榆树皮粉--生蚌壳粉调剖工艺 4.1989—1998年，孤岛形成CAN-1和榆树皮粉调剖及其配套工艺技术 5.1991年，采油院采用廉价的黏土颗粒堵水剂 6.1997年以来，研发应用了水膨体调剖剂。
20世纪80年代中期至90年代中期	推广应用冻胶类和颗粒类调剖剂及其配套工艺	1．1983年，钻采院开发研制出TP-910调剖剂，适用于温度20 ℃~80℃砂岩地层和灰岩地层 2. 1984年，研制出“聚丙烯酰胺-乌洛托品-间苯二酚堵水剂”（简称HR-PAM堵水剂） 3. 1985年，研制出“Na-HPAN高温堵水剂” 4. 1986年，研制出“BD-861调剖剂”（AM地下聚合、交联生成高强度冻胶），40 ℃ ~80℃的砂岩油藏 5. 1986年，研制出“锆冻胶堵水剂”，采用聚丙烯酰胺与无机锆盐通过双液法注入地层，在地层相遇生成冻胶 6. 1999年以后，研发应用了成胶时间可控、运移性能较强的可深部大剂量调驱的弱冻胶调驱剂

20

二、胜利油田堵水调剖技术发展历程

三、区块整体堵调

- 1989年11月，中国石油天然气总公司在昆山召开全国堵水工作会议。胜利石油管理局把堵水、调剖、封堵大孔道作为“控水稳油”的主导工艺之一。由科技处牵头组织衔接，由采油工艺研究院与生产单位、石油大学（华东）的有关科研人员组成科研攻关队伍，开展区块整体堵调先导试验研究。
- 1992年，在孤岛、胜坨、孤东、埕东等油田的20个区块的39口油井、224口注水井上，实施整体堵调先导试验。
- 1993—2005年，在孤岛中二南馆陶组馆三层系至馆四层系等10个区块，应用CAN-1、榆树皮分散体和黏土+部分水解聚丙烯酰胺等进行大剂量深部调剖。
- “八五”期间，在孤东油田七区西馆陶组馆五层系2+3小层，应用PI决策技术、示踪剂检测技术和吸水剖面测试技术，对28口注水井进行了51井次的剖面调整，同时选择8口油井进行堵水试验。
- 根据中国石油天然气总公司“第七次全国堵水会议”要求，胜利石油管理局河口采油厂与石油大学（华东）合作完成“渤南油田五区沙三9^{1-2}层高温低渗透砂岩油藏整体调剖技术研究”项目。

21

二、胜利油田堵水调剖技术发展历程

三、区块整体堵调

- 1996年4月，中国石油天然气总公司设立“胜坨油田大面积堵水调剖技术工业化应用研究”项目。胜利石油管理局胜利采油厂在胜坨油田胜二区沙一段，胜二区沙二段1 - 2砂层组等15个注水开发单元，应用黏土颗粒、木钙系列、水玻璃 - 氯化钙、水膨体等堵水剂和PI决策技术、RE决策技术以及FD决策（充满度决策）技术，重点开展区块整体调剖，共实施注水井调剖261井次。
- 1997年11月至1998年1月，在孤东油田七区西馆陶组馆五层系4小层至馆六层系1小层，应用RE决策技术并结合油水井对应关系，从77口注水井中选择27口井进行调剖。
- 至2005年，区块整体堵调工艺技术已经成为胜利油田实现特高含水开发期“控水稳油”主导技术之一，胜坨、孤岛、孤东等主力油田共实施区块整体堵调38个区块。

22

一、堵水调剖的概念及必要性

“整体堵调”的内涵

胜二区东二砂层组平面流线分布图

由于中高渗透水驱油藏储层非均质性强，注采关系方面普遍存在“静态对应、动态不对应”的情况。

区块整体堵调是以油藏整体为研究对象，立足于地下流场及饱和度场分布，优选核心油、水井实施堵调，达到提高区块动态注采对应率、实现扩大波及体积的目的。

23

一、堵水调剖的概念及必要性

“整体堵调”的内涵

①数值模拟　　模拟方案

方案一 堵1条大孔道　　方案二 堵2条大孔道

方案三 堵3条大孔道　　方案四 堵4条大孔道

24

一、堵水调剖的概念及必要性

"整体堵调"的内涵

不同方案调剖后剩余油饱和度图　中心井含水曲线　总采出程度对比曲线

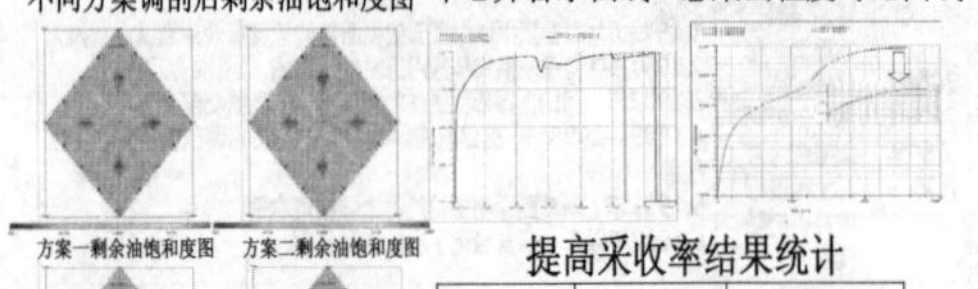

方案一剩余油饱和度图　方案二剩余油饱和度图

方案三剩余油饱和度图　方案四剩余油饱和度图

提高采收率结果统计

堵调方案编号	含水下降，%	提高采收率，%
方案一	0.12	0.03
方案二	0.25	0.06
方案三	0.53	0.11
方案四	1.26	0.43

整体就是要对与油井相通的所有大孔道进行同时封堵，这样才会取得良好的增油降水效果。

25

一、堵水调剖的概念及必要性

"整体堵调"的内涵

②物模实验

物理模拟模型示意图　大孔道封堵条数对采出程度的影响

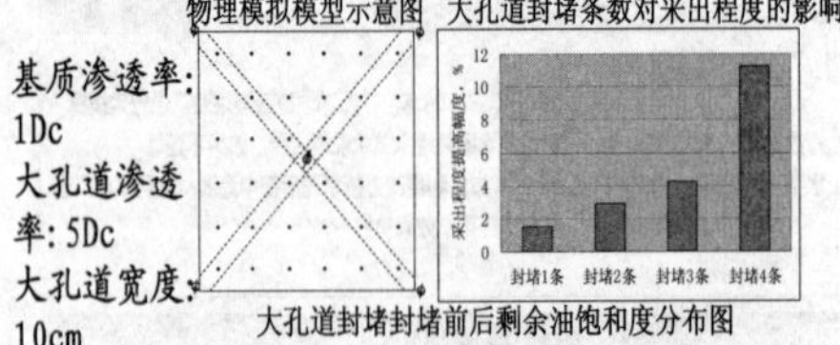

基质渗透率：1Dc

大孔道渗透率：5Dc

大孔道宽度：10cm

大孔道封堵封堵前后剩余油饱和度分布图

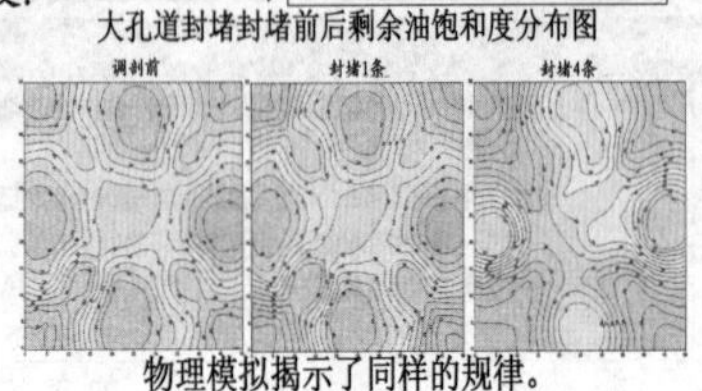

物理模拟揭示了同样的规律。

26

二、胜利油田堵水调剖技术发展历程

经过40年的研究与实践，胜利油田堵水调剖技术取得了长足进步，逐渐形成了涵盖堵调决策、体系研发、机理及参数优化、设备配套、效果评价等五个方面的堵水调剖技术体系。

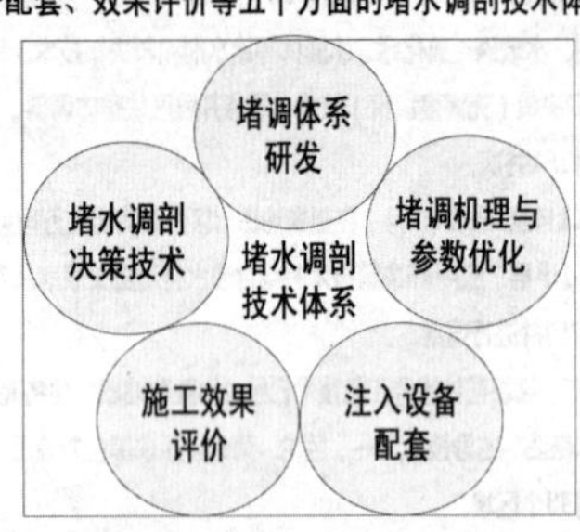

27

二、胜利油田堵水调剖技术发展历程

胜利油田"十五"以来堵水调剖井次及实施效果

时间	井次	累增油（万吨）	累降水（万吨）	平均单井增油（吨）
十五	1155	82	308	710
十一五	847	58.5	216	691
十二五	1053	46.69	343	448
累计	3055	187.19	867	612.73

"十五"以来累实施井次3055井次，增油187.19万吨、累降水867万吨，为水驱油藏特高含水期稳油控水提供了有利的支撑。

28

目　录

一、堵水调剖的概念及必要性

二、胜利油田堵水调剖技术发展历程

三、堵水调剖主导技术

29

三、堵水调剖主导技术

- ◆决策技术
- ◆调剖体系
- ◆调剖机理
- ◆优化设计
- ◆施工工艺
- ◆效果评价

30

三、堵水调剖主导技术

1、常用决策技术　（1）PI决策技术

☞压力指数决策技术主要使用注水井井口压降曲线计算所得的压力指数值(Pressure Index)决定区块整体治理中重大问题的技术。

☞ 注水井井口压降曲线是指关井后测得的注水井井口压力随时间的变化曲线。

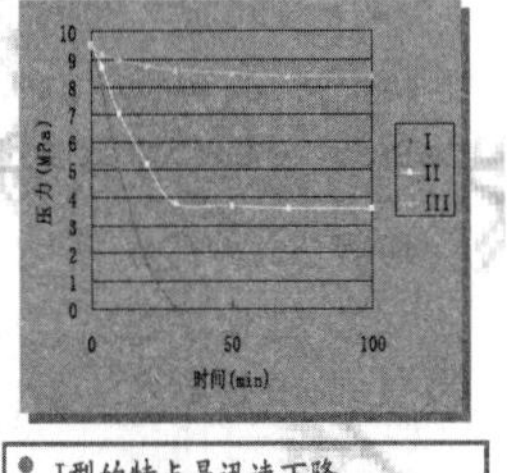

- I型的特点是迅速下降
- II型的特点是先迅速下降然后缓慢下降
- III型的特点是缓慢下降

31

三、堵水调剖主导技术

（1）PI决策技术

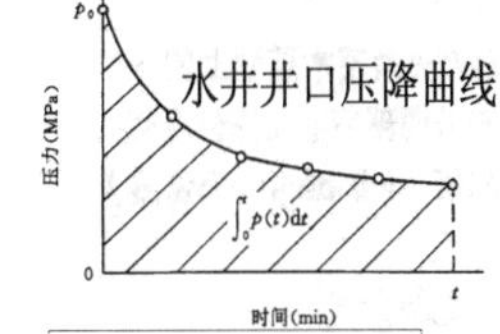

$$PI=\frac{q\mu}{15kh}\ln\frac{12.5r_e^2\varphi\mu c}{kt}$$

$$PI=\frac{\int_0^t p(t)\mathrm{d}t}{t}$$

PI —注水井的压力指数(MPa);
$p(t)$ —注水井关井时间t后井口的油管压力MPa);
t —关井时间(min)。

q——注水井日注量（m3·d-1）；
μ——流体动力粘度（mPa·s）；
k——地层渗透率（μm2）；
h——地层厚度（m）；
φ——孔隙度（%）；
c——综合压缩系数（Pa-1）；
r_e ——注水井控制半径（m）；
t——关井测试时间（s）。

32

三、堵水调剖主导技术

PI决策技术的应用

判断区块和单井调剖的必要性

1. 计算注水井的PI改正值并排序；
2. 计算区块注水井PI改正值的极差；
3. 由区块PI改正值的极差判断区块调剖的必要性；
   从统计得到，其值超过5MPa的区块均需要调剖
4. 根据注水井的PI改正值的大小确定调剖井；
   小于区块平均PI改正值：调剖；
   接近区块平均PI改正值：不调；
   大于区块平均PI改正值：增注。

33

三、堵水调剖主导技术

一个区块注水井的井口压降曲线

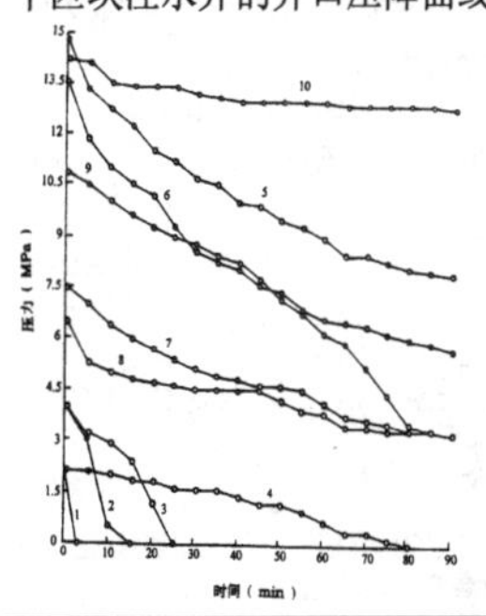

1—798井；2—2605井；3—606井；4—6320井；5—7-7井；6—703井；7—607井；8—6010井；9—707井；10—504井

34

三、堵水调剖主导技术

$$PI\text{改正值}=\frac{PI\text{值}}{(q/h)}\times q/h\text{平均值的归整值}$$

一个区块的注水井按 PI 改正值大小的排列

序号	井号	q ($m^3 \cdot d^{-1}$)	h (m)	q/h ($m^3 \cdot d^{-1} \cdot m^{-1}$)	PI_{90} (MPa)	PI_{90}^1 (MPa)	说明
1	798	25.0	70.6	0.35	0.03	0.09	调剖井
2	2605	46.0	99.0	0.46	0.31	0.67	
3	606	92.0	99.6	0.92	0.65	0.71	
4	6320	55.0	121.8	0.45	1.11	2.47	
5	7-7	276.0	90.0	3.07	10.09	3.29	
6	607	45.0	61.0	0.74	4.98	6.73	不处理井
7	703	83.0	76.0	1.09	8.19	7.51	
8	707	52.0	75.0	0.69	7.32	10.61	增注井
9	504	68.0	79.8	0.85	13.16	15.48	
10	6010	30.0	116.4	0.26	4.21	16.19	
平均		77.2	88.9	0.89	5.01	6.38	

35

三、堵水调剖主导技术

关于PI决策技术的探讨

1、PI的核心是什么?

2、PI决策的理论依据是不是充分?

（PI能不能反映储层的非均质？）

36

三、堵水调剖主导技术

（2）FD决策技术

*FD*决策技术是建立在堵水调剖*PI*决策技术基础上的一个充分调剖的理论,通过对注水井充分调剖特征及充分调剖判别方法的定性和定量研究，以*FD*值（full degree充满度）决策注水井是否调剖。定义式如下：

$$FD=\int_0 P(t)dt/P_O t=1/P_O\times\int_0 P(t)dt/t=PI/P_O$$

上式中若FD=0，即PI=0，表示地层为大孔道控制；若FD=1,即PI=P0表示地层无渗透性。注水井FD以0.75-0.90为最佳值，当FD≤0.75时，应进行调剖。调剖剂类型及用量计算同PI决策技术。

37

三、堵水调剖主导技术

（3）吸水剖面决策技术

孤岛西—2-181井吸水剖面（2007年）

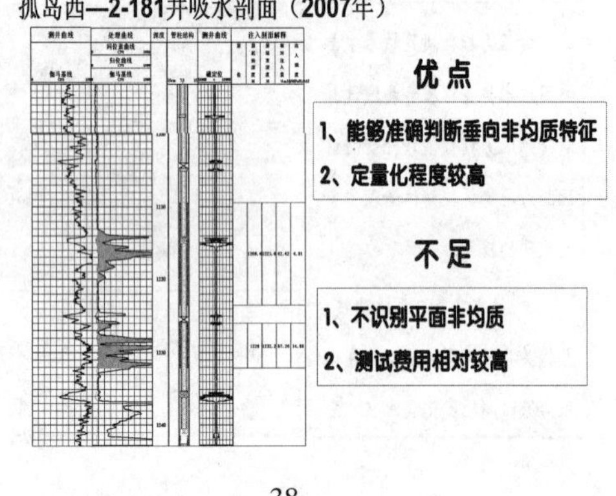

优点

1、能够准确判断垂向非均质特征

2、定量化程度较高

不足

1、不识别平面非均质

2、测试费用相对较高

38

三、堵水调剖主导技术

关于吸水剖面决策技术的探讨

1、吸水剖面漂移问题

7-32-266井吸水剖面对比

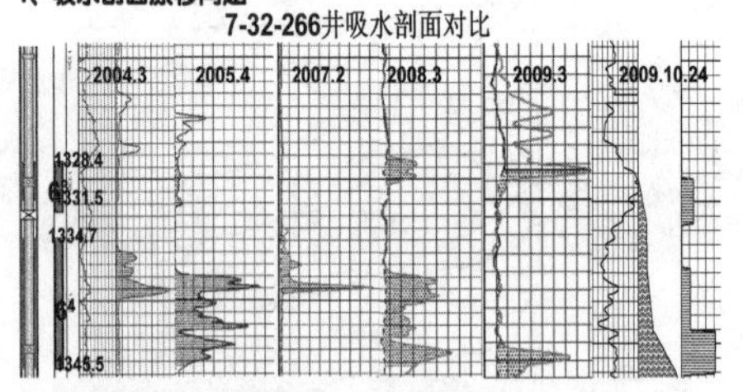

在没有大的作业措施情况下，吸水剖面随时间做无序漂移，时下吸水剖面能否代表地下真实的储层非均质?

2、吸水剖面测试精度问题

同位素颗粒粒径与孔喉尺寸不匹配易得出相反结论，如大孔道小颗粒。

39

三、堵水调剖主导技术

⑷ 示踪剂决策技术

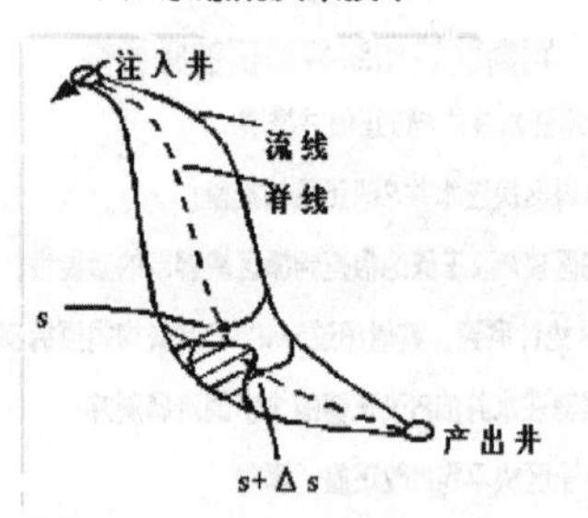

主要是通过放射性示踪剂产出计算，推导出注入水在平面各方向的流速；油井的水淹方向；计算高渗透层的渗透率、厚度及喉道半径等。

40

三、堵水调剖主导技术

⑷ 示踪剂决策技术

- 井间示踪剂产出浓度曲线的数学模型
  - ◆ 连续注入示踪剂时任意流管中的对流扩散方程

$$\alpha\frac{\partial^2 C}{\partial s^2}-\frac{\partial C}{\partial s}=\frac{1}{v(s)}\frac{\partial C}{\partial t}$$

  - ◆ 示踪剂对流扩散方程的解析解

$$C(s,t)=\frac{C_0}{2}erfc\left(\frac{s-vt}{2\sqrt{\alpha vt}}\right)$$

  - ◆ 注入示踪剂段塞时任意流管中的对流扩散方程

定义时间弧长：$\bar{s}=v[s(\theta,t)]\cdot t$　流线上质点随时间变化的位置

$$C(s;\bar{s}_1,\bar{s}_2)=\pm\frac{1}{2}\left[-\frac{2}{\sqrt{\pi}}\exp\left(-\left(\frac{s-\bar{s}}{\sqrt{2}\sigma(s)}\right)^2\right)\right]\left(\frac{\bar{s}_2-\bar{s}_1}{\sqrt{2}\sigma(s)}\right)=\left(\frac{\bar{s}_1-\bar{s}_2}{\sqrt{2\pi}\sigma(s)}\right)\exp\left(-\left(\frac{s-\bar{s}}{\sqrt{2}\sigma(s)}\right)^2\right)$$

41

三、堵水调剖主导技术

◆井网中生产井的示踪剂产出浓度方程

流管的浓度产出方程

$$\frac{C(\theta)}{C_0}=\frac{\sqrt{K(m)K'(m)}\sqrt{\frac{a}{\alpha}}F_r}{\pi\sqrt{\pi Y(\theta)}}\exp\left[-\frac{K(m)K'(m)^2\frac{a}{\alpha}(V_{PDbt}(\theta)-V_{PD})^2}{\pi^2 Y(\theta)}\right]$$

生产井产出的示踪剂无因次浓度

$$\frac{\bar{C}}{C_0}=\int_0^{\pi/4}q\frac{C(\theta)}{C_0}d\theta\Big/(q_t/8)$$

五点法或交错行列注水

$$\bar{C}_D=\frac{4\sqrt{K(m)}K'(m)}{\pi^2\sqrt{\pi}}\int_0^{\pi/4}\frac{1}{\sqrt{Y(\theta)}}\exp\left[-\frac{K(m)K'(m)^2\frac{a}{\alpha}(V_{PDbt}(\theta)-V_{PD})^2}{\pi^2 Y(\theta)}\right]d\theta$$

42

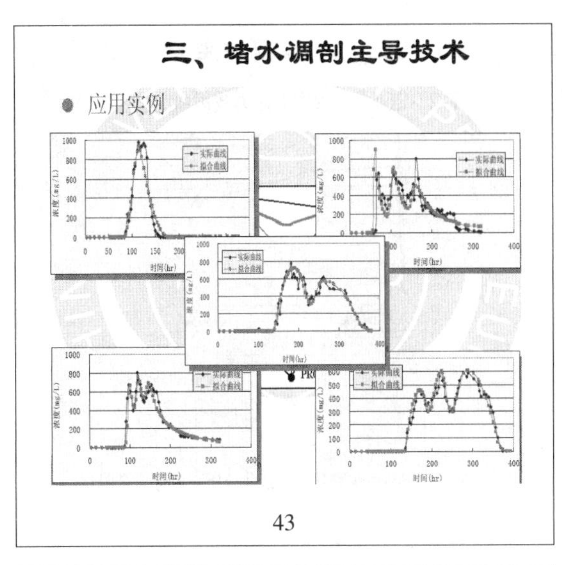

三、堵水调剖主导技术

表1　地层参数

井组	对应油井	渗透率/$10^{-3}\mu m$	见示踪剂峰值时间/d	前缘水线推进速度/(m/d)	峰值个数	吸水厚度/m	孔道半径/μm	孔道分类
7-112	7-111	2 694.39~8 935.22	4	63.75	2	0.002 5	9.68~17.63	大孔道、高渗带
	7-116	2 248.68	35	6.86	1	0.034 0	11.34	高渗带
	7-118	648.04~4 123.05	6	41.67	4	0.017 1	6.09~15.35	大孔道、高渗带
	7-175	2 905	4	28.57	1	0.013 2	15.25	大孔道

表1　商8-71注水井2口监测井解释结果

纵向非均质状况	小层号	高渗层厚度/m	渗透率/$10^{-3}\mu m^2$	孔道半径/μm
商8-71-商8-66	1	1.0	1 540.6	7.85
	2	1.2	1 452.5	7.62
	3	0.6	1 205.3	6.94
商8-71-商8-35	1	1.2	908.2	6.03
	2	1.1	776.1	5.57

商8-71井注示踪剂

商8-66和商8-35井检测

44

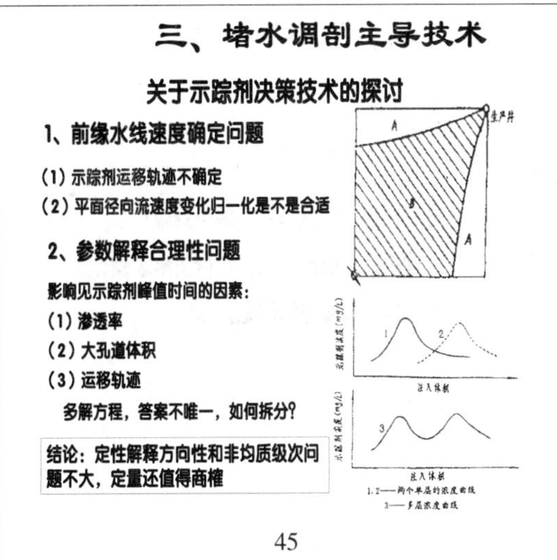

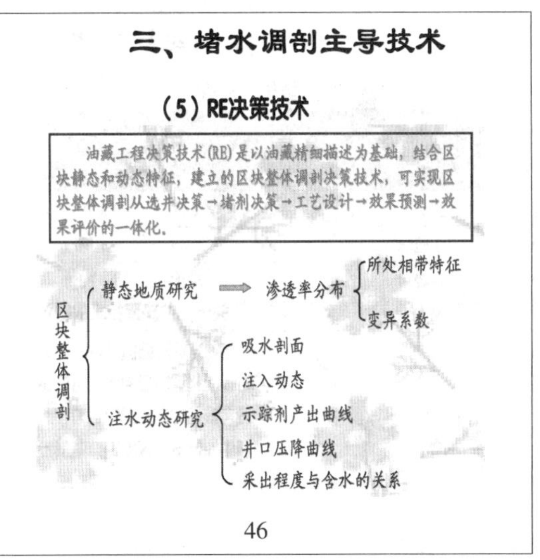

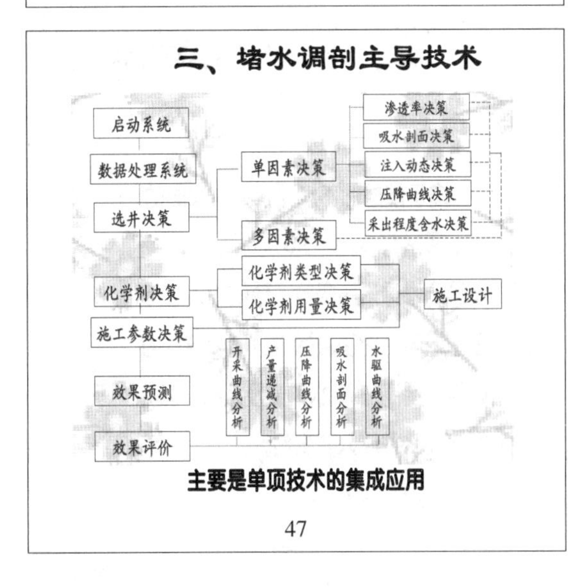

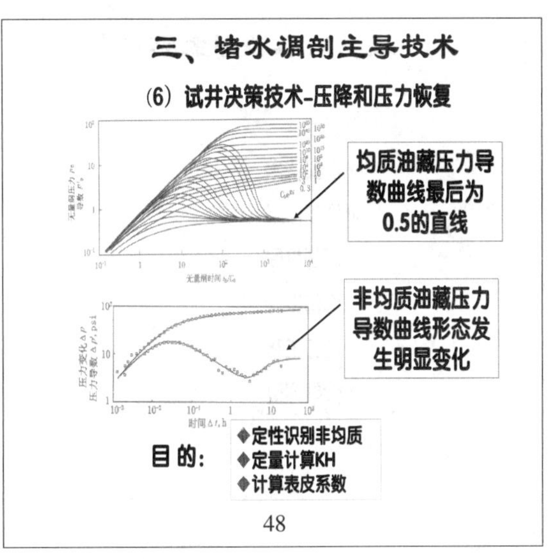

三、堵水调剖主导技术

(6) 试井决策技术-干扰试井

一口井激动，多井监测

7-27-266井区6^4层井位图

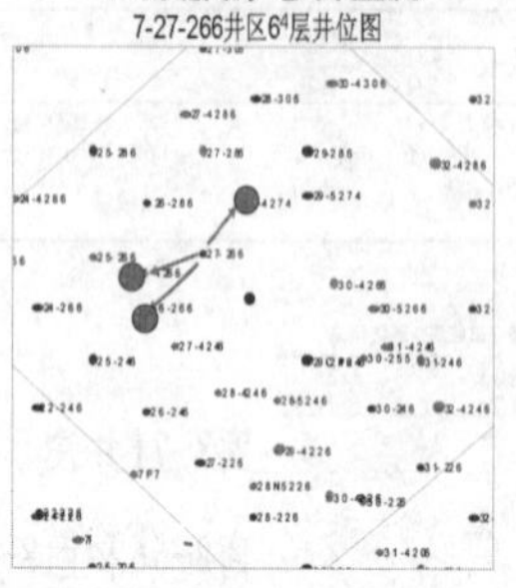

(测试日期2009.10.07—2009.10.11)

49

三、堵水调剖主导技术

7-27-266井组观察井压力数据曲线总图

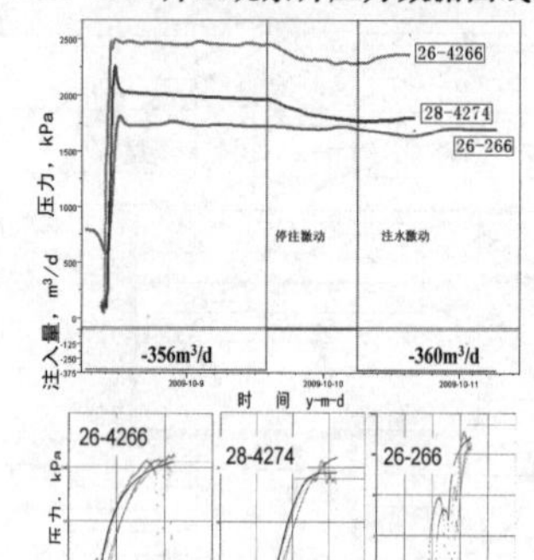

7-27-266井组观察井干扰试井分析双对数拟合图

50

三、堵水调剖主导技术

分析结果汇总表

观察井	井距 m	收到信号历时 h	流动系数 Kh/μ	导压系数 m^2/s
7-26-266	210	9.5	651	0.351
7-26-4266	200	1.0	2626	1.544
7-28-4274	170	1.0	5400	3.702

7-27-266井组井间流度分布示意图

7-28-4274

7-27-266

7-26-4266

7-26-266

关于试井决策技术的探讨

试井方法基础假设是单相流，对于两相流和多相流，目前还没有成熟的试井理论，如在上表中，若要计算K，μ该如何取值?

51

三、堵水调剖主导技术

小 结

- **方法很多，但没有完全解决问题；**
- **定性决策准确度较高，定量决策较差；**
- **还没解决调驱位置问题。**

52

三、堵水调剖主导技术

- **决策技术**
- **调剖体系**
- **调剖机理**
- **优化设计**
- **施工工艺**
- **效果评价**

53

三、堵水调剖主导技术

由于油层的不均质，注入油层的水，通常有80%~90%的量为厚度不大的高渗透层所吸收，致使注入剖面很不均匀。为了发挥中、低渗透层的作用，提高注入水的波及系数，就必须向注水井注入调剖剂。

54

三、堵水调剖主导技术

按调剖剂的作用原理、使用条件和注入工艺的不同，可将其分为三类:

1 固体颗粒状调剖剂

2 单液法调剖剂

3 双液法调剖剂

55

三、堵水调剖主导技术

1 固体颗粒状调剖剂

特点：来源丰富易得、价廉、耐温、耐盐、抗剪切、强度大、稳定性好和 易施工等特点。

种类：果壳、青石灰、石灰乳、搬土、轻度交联的聚丙烯酰胺、聚乙烯醇粉等。

机理：这些颗粒封堵的作用机理都是物理堵塞作用，注入的颗粒在岩石的 孔隙中间，堵住水流通道。

56

三、堵水调剖主导技术

1 固体颗粒状调剖剂

①非体膨型

常用的有石英粉、粉煤灰、氧化镁、氧化钙(生石灰)、碳酸钙、硅酸镁、 硅酸钙、水泥、膨润土、碳黑、果壳、活性炭、木粉和各种塑料颗粒。可将其 分散在水中或悬浮在水玻璃、泡沫和聚合物溶液介质中，直接注入地层的渗滤 面封堵大孔道和高渗透层。

57

三、堵水调剖主导技术

1 固体颗粒状调剖剂

②水膨体型

是一种适当交联、遇水膨胀而不溶解的聚合物颗粒。使用时将它分散在油、醇或饱和盐水中带至渗滤面沉积。几乎所有适当交联的水溶性聚合物都可制成水膨体颗粒，如聚丙烯酰胺水膨体、聚乙烯醇水膨体、聚氨酯水膨体、丙烯酰胺-淀粉水膨体、丙烯酸-淀粉水膨体等。

58

三、堵水调剖主导技术

2 单液法调剖剂

(1)硅酸凝胶

硅酸凝胶是一种典型的单液法堵剂，在处理时将硅酸溶胶注入地层，经过一定时间，在活化剂的作用下可使水玻璃先变成溶胶而后变成凝胶，将高渗透层堵住。

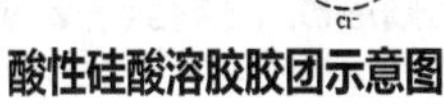

$$Na_2O \cdot mSiO_2 + 2HCl \longrightarrow H_2O \cdot mSiO_2 + 2NaCl$$

(硅酸)

酸性硅酸溶胶胶团示意图

59

三、堵水调剖主导技术

2 单液法调剖剂

(1)硅酸凝胶

活化剂分为两类：

一类是无机活化剂，如盐酸、硝酸、硫酸、氨基磺酸、碳酸铵、碳酸氢铵、氯化铵、硫酸铵、磷酸二氢钠等；

另一类是有机活化剂，如甲酸、乙酸、乙酸铵、甲酸乙酯、乙酸乙酯、氯乙酸、三氯乙酸、草酸、柠檬酸、苯酚、邻苯二酚、间苯二酚、对苯二酚、间苯三酚、甲醛、尿素

60

三、堵水调剖主导技术

硅酸溶胶的缺点

胶凝时间短(一般小于24h)，而且地层温度越高，它的胶凝 时间越短。为了延长胶凝时间，可用潜在酸活化或在50~80℃地 层用热敏活化剂如乳糖、木糖等活化。此外，硅酸凝胶缺乏韧性，用HPAM将水玻璃稠化后再活化的方法予以改进。

61

三、堵水调剖主导技术

2 单液法调剖剂

（2）硫酸

是利用地层中的钙、镁源产生调剖物质。将浓硫酸或 含浓硫酸的化工废液注入井中，使硫酸先与井筒周围地层 中碳酸盐反应，增加了注水井的吸收能力，而产生的细小硫酸钙、硫酸镁将随酸液进入地层并在适当位置(如孔隙结构的喉部)沉积下来，形成堵塞。由于高渗透层进入硫酸多，产生的硫酸钙、硫酸镁也多，所以主要的堵塞发生在高渗透层。

62

三、堵水调剖主导技术

硫酸进行调剖的主要反应

$$CaCO_3+H_2SO_4 \longrightarrow CaSO_4\downarrow +CO_2\uparrow +H_2O$$

$$MgCa(CO_3)_2+2H_2SO_4 \longrightarrow MgSO_4\downarrow +CaSO_4\downarrow +2CO_2\uparrow +2H_2O$$

63

三、堵水调剖主导技术

2 单液法调剖剂

(3)盐酸-硫酸盐溶液调剖剂

该体系利用地层的钙、镁源产生调剖物质。例如将一种配方为4.5%~12.3%HCl、5.1%~12.5%Na2SO4盐酸-硫酸盐溶液注入含碳酸钙的地层，则可通过化学反应产生沉淀，起调剖作用。

64

三、堵水调剖主导技术

2 单液法调剖剂

（4）硫酸亚铁

$$FeSO_4+2H_2O \longrightarrow Fe(OH)_2\downarrow +H_2SO_4$$

- 硫酸是增注调剖剂；
- 氢氧化亚铁是一种沉淀，同样可起调剖作用。

三氯化铁可起与硫酸亚铁类似的作用。

65

三、堵水调剖主导技术

2 单液法调剖剂

（5）氢氧化铝凝胶

氢氧化铝凝胶是将三氯化铝与尿素配成溶液注入地层生成的。尿素在地层温度下分解，使溶液由酸性变成碱性，生成氢氧化铝溶胶，接着转变为氢氧化铝凝胶。

66

三、堵水调剖主导技术

2 单液法调剖剂

(6) 锆冻胶

用Zr^{4+}组成的多核羟桥络离子交联溶液中带COO^-的聚合物（如HPAM）生成。

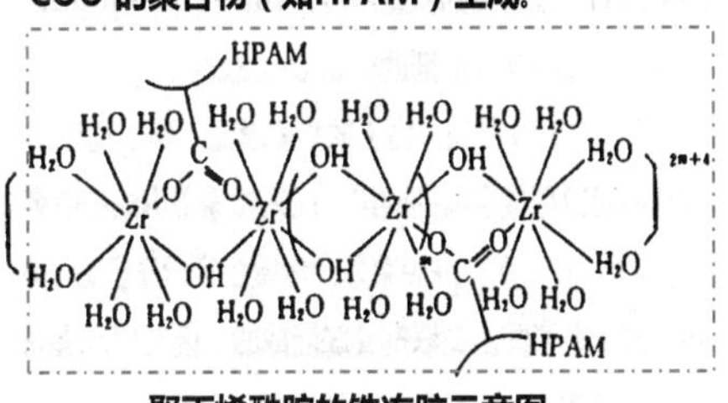

聚丙烯酰胺的锆冻胶示意图

67

三、堵水调剖主导技术

2 单液法调剖剂

锆的多核羟桥络离子如何形成？

- 络合

$$Zr^{4+} + 8H_2O \longrightarrow [(H_2O)_8Zr]^{4+}$$

- 水解

$$[(H_2O)_8Zr]^{4+} \longrightarrow [(H_2O)_7Zr(OH)]^{3+} + H^+$$

- 羟桥作用

$$2[(H_2O)_7Zr(OH)]^{3+} \longrightarrow [(H_2O)_6Zr(OH)_2Zr(H_2O)_6]^{6+} + 2H_2O$$

68

三、堵水调剖主导技术

2 单液法调剖剂

- 进一步水解和羟桥作用

$$[(H_2O)_6Zr(OH)_2Zr(H_2O)_6]^{6+} + 2H_2O + n[(H_2O)_7Zr(OH)]^{3+} \longrightarrow$$

$$[(H_2O)_6Zr(OH)_2Zr(H_2O)_4(OH)_2Zr(H_2O)_6]^{(2n+4)+} + nH^+ + 2nH_2O$$

（锆的多核羟桥络离子）

大的无机阳离子

69

三、堵水调剖主导技术

2 单液法调剖剂

- 多核羟桥络离子与HPAM交联

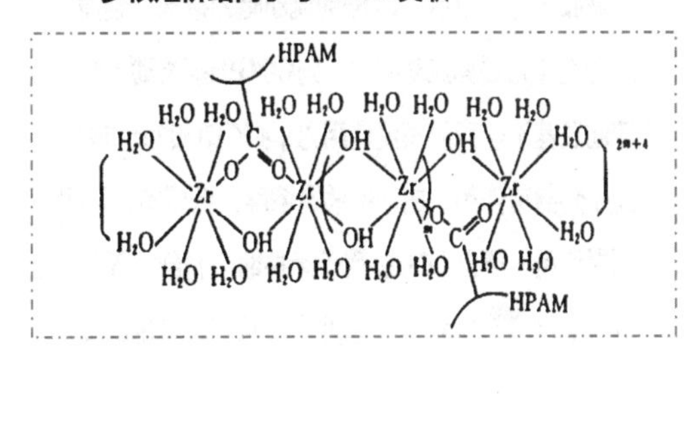

70

三、堵水调剖主导技术

2 单液法调剖剂

(7) 铬冻胶

用Cr3+组成的多核羟桥络离子交联溶液中带COO-的聚合物（如HPAM）生成。

聚丙烯酰胺的铬冻胶示意图

71

三、堵水调剖主导技术

2 单液法调剖剂

Cr^{3+} 的来源：

- $KCr(SO_4)_2$、$CrCl_3$、$Cr(NO_3)_2$、$Cr(CH_3COO)_3$

- 由Cr^{6+}（如$K_2Cr_2O_7$、$Na_2Cr_2O_7$）用还原剂（如$Na_2S_2O_3$、Na_2SO_3、$NaHSO_3$）还原得到

72

三、堵水调剖主导技术

2 单液法调剖剂

(8) 铝冻胶

铝冻胶是用Al3+组成的多核羟桥络离子交联溶液中带—COO-的聚合物（如HPAM）生成的。

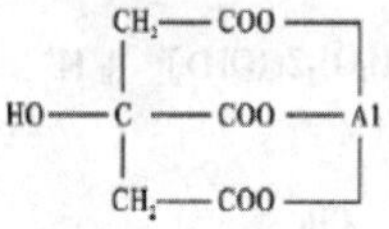

铝冻胶强度低，所以通常将它配成胶态分散体冻胶（colloidal dispersion gel，CDG）使用。

73

三、堵水调剖主导技术

2 单液法调剖剂

CDG是由低质量浓度的聚合物和低质量浓度的交联剂配成的。聚合物的质量浓度在100~1 200 mg·L^{-1}范围，聚合物与交联剂的质量浓度之比在20∶1~100∶1范围。由于质量浓度低，聚合物与交联剂不足以形成连续的网络，而只能缓慢形成冻胶束（gel bundle）。冻胶束是少量聚合物分子在分子内和（或）分子间由交联剂交联而成的，因此CDG是冻胶束的分散体。

74

三、堵水调剖主导技术

2 单液法调剖剂

冻胶束形成以后，CDG的流动阻力增加。若流动压差能克服其流动阻力，则CDG仍能流动；若流动压差不能克服其流动阻力，则CDG的流动停止，起封堵作用。由于低质量浓度、低成本、可大剂量使用，因此CDG适用于远井地带调剖，而且远井地带流动压差小，有利于CDG封堵作用的发挥。

75

三、堵水调剖主导技术

2 单液法调剖剂

(9)酚醛树脂冻胶

酚醛树脂冻胶是用酚醛树脂交联溶液中带—$CONH_2$的聚合物（如HPAM）生成的。

酚醛树脂是由甲醛与苯酚在氢氧化钠催化下缩聚产生的。

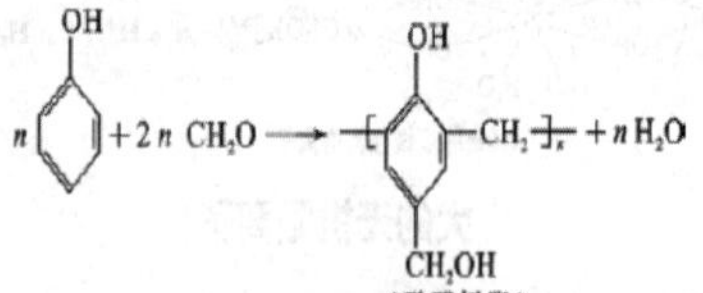

（酚醛树脂）

76

三、堵水调剖主导技术

2 单液法调剖剂

酚醛树脂中的—CH2OH通过与聚合物中的—CONH2的脱水反应起交联作用交联反应生成的交联体称为酚醛树脂冻胶。

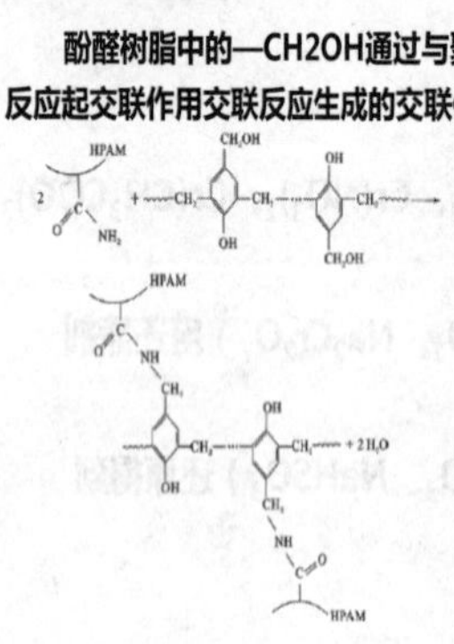

e.g.当w(HPAM)为0.4%，w(酚醛树脂)为0.8%时，可配得一种在80 ℃下成冻时间为72 h的酚醛树脂冻胶，用于封堵高渗透层。

77

三、堵水调剖主导技术

2 单液法调剖剂

（10）木素冻胶

木素冻胶的主剂为木质素磺酸盐（酸法造纸工业的副产品，为木质素和芳香植物醇的总称）。

油田常用的为木质素磺酸钙盐（简称木钙）和木质素磺酸钠盐（简称木钠）。木钙和木钠中含有甲氧基、羟基、双键、醚键、羧基、芳香基和磺酸基等多种官能团，其化学结构十分复杂。

木素冻胶调剖剂中，木钙、木钠和PAM为主剂，起交联作用的为Cr^{3+}。

78

三、堵水调剖主导技术

2 单液法调剖剂

木钙或木钠中的还原糖及其分子中的羟基和醛基在一定条件下将Cr^{6+}还原为Cr^{3+}，Cr^{3+}在水中通过与水络合、水解、羟桥作用产生多核羟桥络离子：

$$R\text{-}CH_2OH + Na_2Cr_2O_7 + 8H^+ \rightarrow R\text{-}CHO + 2Na^+ + 2Cr^{3+} + 7H_2O$$

$$R\text{-}CHO + Na_2Cr_2O_7 + 8H^+ \rightarrow R\text{-}COOH + 2Na^+ + 2Cr^{3+} + 4H_2O$$

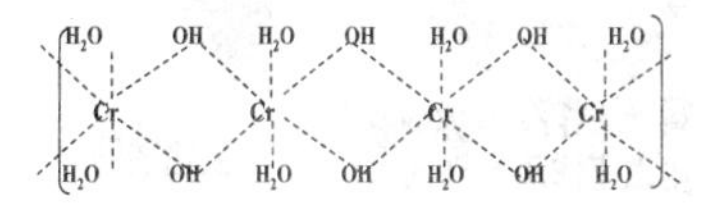

79

三、堵水调剖主导技术

2 单液法调剖剂

◆ 木钙之间或木钠之间的交联反应

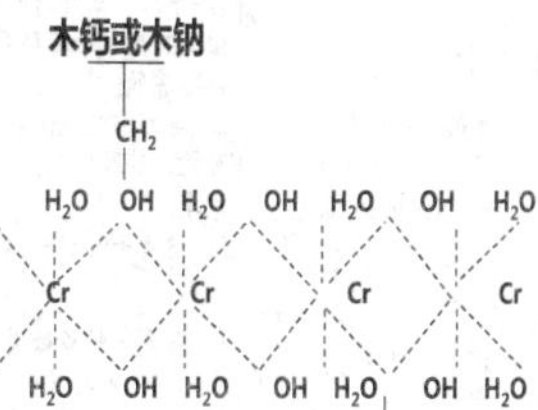

CH2

木钙或木钠

80

三、堵水调剖主导技术

2 单液法调剖剂

◆ PAM与木钙之间的交联反应

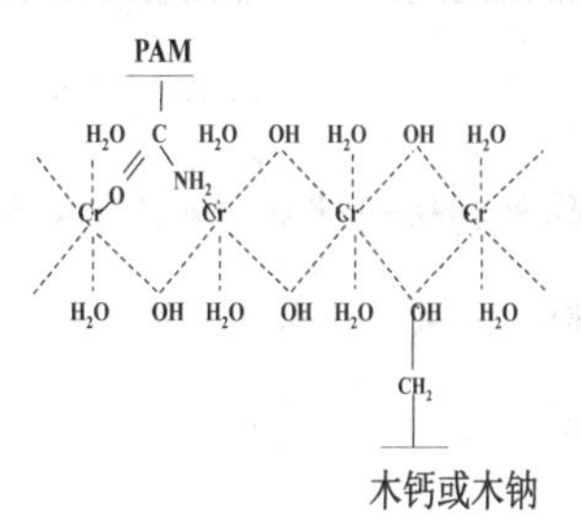

81

三、堵水调剖主导技术

常用的木素冻胶调剖剂

序号	名称	基本组成，%（质量）	主要性能与适用条件
1	铬木素冻胶调剖剂	木钙：2.0～5.0 Na2Cr2O7：4.5	适用于50℃～70℃的地层大剂量调剖。
		木钠：4.0～6.0； Na2Cr2O7：2.2～2.5	适用于50℃～70℃的地层大剂量调剖。
2		木钙：3.0～6.0； PAM：0.7～1.1； CaCl2：0.7～1.1； Na2Cr2O7：1.0～1.1	1. 木钙中的还原糖、羟基和醛基在一定条件下还原Cr6+为Cr3+。 2. Cr3+交联木钙、PAM，木钙交联PAM，形成结构复杂的冻胶。 3. 适用于纵向渗透率级差大、油层厚度大的注水井调剖。
3	木质素磺酸钠调剖剂	木钠：4.0～5.0； PAM：1.0； CaCl2：1.0～1.6； Na2Cr2O7：1.0～1.4	1. 成胶前粘度低（0.10mPa·s～0.15mPa·s）、成胶时间可控、热稳定性好、可酸化解堵。 2. 适用于温度低于90℃的地层调剖。
		木钠：3.0～4.0； PAM：0.4～0.6； CaCl2：0.5～0.6； Na2Cr2O7：0.5～0.6	1. 成胶前粘度低（0.10mPa·s～0.15mPa·s）、成胶时间可控、热稳定性好、可酸化解堵。 2. 成胶时间长，适用于大剂量处理高渗透地层。
		木钠：4.0～6.0； PAM：0.8～1.0； CaCl2：0.4～0.6； Na2Cr2O7：0.9～1.1	1. 成胶前粘度低（0.10 15mPa·s ～0.15mPa·s）、成胶时间可控、热稳定性好、可堵可解（酸解）。 2. 适用于温度为90℃～120℃的地层调剖。

82

常用聚丙烯酰胺冻胶调剖剂　导技术

序号	名称	基本组成，%（质量）	主要性能与适用条件
1	铬交联部分水解聚丙烯酰胺冻胶	HPAM：0.6～1.0 $Na_2Cr_2O_7$:0.05～ 0.10 $Na_2S_2O_3$：0.05～0.15	1. $Na_2S_2O_3$在一定条件下还原Cr^{6+}成Cr^{3+}，Cr^{3+}交联带有$-COO^-$基团的HPAM生成冻胶。 2. 堵剂溶液地面粘度低、成胶时间可控、冻胶粘度：>2×10^4mPa·s、堵塞率：>95%。 3. 适用于50℃～80℃砂岩、碳酸盐岩油藏堵水调剖。
2	甲醛交联部分水解聚丙烯酰胺冻胶	HPAM:0.8～1.5 甲醛（37%）：0.18～1.10 苯酚:0.1～0.5 $Na_2S_2O_3$：0.05	1. 甲醛、苯酚与HPAM中的$-CONH_2$基团反应生成带有环状结构的聚合物－树脂冻胶。冻胶中接入芳环，增加其热稳定性能。 2. 堵剂地面粘度低，成胶时间可控，冻胶粘度：（15～20）×10^4mPa·s、堵水率：>98%。 3. 适用于120℃～150℃砂岩和碳酸盐岩油藏堵调。
3	丙凝	AM:5～8； N、N-甲叉基双丙稀酰胺：0.01～0.03； 过硫酸铵:0.05～0.15； 缓凝剂：0.001～0.1。	1. AM与MBAM在过硫酸铵引发下发生聚合、交联反应生成冻胶。 2. 配制液粘度低（<3 mPa·s）、成胶时间：30～180min、冻胶粘度：80×10^4mPa·s、堵水率：>95%。 3. 适用于渗透率差异大的40℃～80℃的地层堵水调剖。
4	TP-910调剖剂	AM：3.5～5.0； MBAM:0.015～0.03； 过硫酸钾:0.008～0.02； 缓凝剂：0～0.004； 缓冲剂：0～0.6。	1. AM与MBAM在过硫酸铵引发下发生聚合、交联反应，生成具有网状结构的高粘聚合物，封堵高渗透吸水层，迫使注入水转向；聚合物在注入水冲刷下溶胀、溶解，增加水的粘度，改善流度比。 2. 配制液地面粘度低（1.04 mPa·s）、成胶时间：1 h～15h、冻胶粘度：200×10^4mPa·s。 3. 适用于30℃～90℃的砂岩和碳酸盐岩油藏堵调。

83

三、堵水调剖主导技术

常用聚丙烯酰胺冻胶调剖剂

序号	名称	基本组成，%（质量）	主要性能与适用条件
5	BD-861调剖剂	AM：4.0～5.0； 过硫酸铵：0.2～0.4； 861：0.05～0.10	1. AM在过硫酸铵作用下，生成PAM。PAM与861反应生成冻胶。调剖剂优先进入高渗透层，生成冻胶堵塞大孔道。冻胶吸水膨胀，扩大调剖剂影响半径。 2. 地面粘度低、冻胶强度大、封堵能力强、热稳定性好、有效期长。 3. 适用于50℃～80℃地层堵水调剖。
6	PAM-HR调剖剂	PAM：0.6～1.0； 乌洛托品：0.12～0.16； 间苯二酚：0.03～0.05	1. 乌洛托品在酸性条件下加热变成甲醛，甲醛与间苯二酚反应生成多羟甲基间苯二酚，交联PAM，生成复合冻胶。 2. 多羟甲基间苯二酚与PAM反应，分子链中引入苯环，增强冻胶体的耐温性。 3. 适用于50℃～80℃地层堵水调剖。
7	聚丙烯酰胺－柠檬酸铝调剖剂	PAM：0.1～0.16 隔离液（水）； 柠檬酸铝：0.05～0.10 可多段赛重复。	1. PAM溶液在岩石表面产生吸附，阻止水的流动。 2. 柠檬酸根与地层中高价离子反应生成沉淀，Al^{3+}与PAM交联生成冻胶。 3. 连续交替注入PAM和柠檬酸铝，可增加吸附层厚度，降低处理层段渗透率。

84

三、堵水调剖主导技术

其他冻胶调剖剂

序号	名称	基本组成，%（质量）	主要性能与适用条件
1	部分水解聚丙烯腈高温冻胶堵剂	HPAN：4.0～6.0； 甲醛：0.4～0.6； 苯酚：0.01～0.05； NH_4Cl：0.3～0.5。	1. 甲醛、苯酚与HPAN中的 $-CONH_2$ 基团反应生成带有环状结构的聚合物－树脂冻胶。 2. 堵剂溶液地面粘度低、成胶时间可控、冻胶粘度：>2×10^4mPa·s、堵塞率：>95%。 3. 适用于90℃～140℃砂岩油藏堵水调剖
2	黄孢胶调剖剂	XC：0.25～0.35； 甲醛：0.1～0.2； $Na_2Cr_2O_7$：0.015～0.018 Na_2SO_3：0.014～0.020	1. XC是一种多糖类生物聚合物，其中的羧基可与多价金属离子（Cr^{3+}、Al^{3+}）结合成黄孢菌冻胶。 2. 黄孢菌冻胶受剪切时变稀，剪切力消除后，又可恢复到原交联强度。 3. 适用于30℃～70℃地层堵水调剖。

85

三、堵水调剖主导技术

3 双液法调剖剂

双液法定义：

向地层注入相遇后可产生封堵物质的两种工作液（或工作流体）。

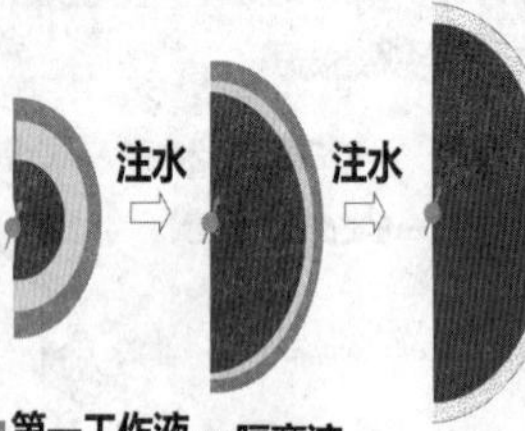

隔离液作用：调节封堵位置

■第一工作液 ■隔离液 ■第二工作液 ■注入水 ■封堵物质

86

三、堵水调剖主导技术

3 双液法调剖剂

- ◆沉淀型双液法堵剂
- ◆凝胶型双液法堵剂
- ◆冻胶型双液法堵剂
- ◆泡沫型双液法堵剂
- ◆絮凝体型双液法堵剂

87

三、堵水调剖主导技术

◆沉淀型双液法堵剂

- 指两种工作液相遇后可产生沉淀封堵高渗透层的堵剂。

$$3Na_2CO_3 + 2FeCl_3 \longrightarrow Fe_2(CO_3)_3\downarrow + 6NaCl$$

$$Na_2O\cdot mSiO_2 + FeSO_4 \longrightarrow FeO\cdot mSiO_2\downarrow + Na_2SO_4$$

$$Na_2O\cdot mSiO_2 + CaCl_2 \longrightarrow CaO\cdot mSiO_2\downarrow + 2NaCl$$

$$Na_2O\cdot mSiO_2 + MgCl_2 \longrightarrow MgO\cdot mSiO_2\downarrow + 2NaCl$$

88

三、堵水调剖主导技术

◆凝胶型双液法调剖剂

- 指两种工作液相遇后可产生凝胶封堵高渗透层的调剖剂。例如向地层交替注入水玻璃和硫酸铵，中间以隔离液(如水)隔开，当两种工作液在地层相遇时可发生下面的反应，产生凝胶，封堵高渗透层：

$$Na_2O\cdot mSiO_2 + (NH_4)_2SO_4 + 2H_2O \longrightarrow H_2O\cdot mSiO_2 + Na_2SO_4 + 2NH_4OH$$

（可由溶胶变凝胶）

89

三、堵水调剖主导技术

◆冻胶型双液法调剖剂

- 是指两种工作液相遇后可产生冻胶封堵高渗透层的调剖剂。在两种工作液中，通常一种工作液为聚合物溶液，另一种工作液为交联剂溶液。

例1
第一工作液HPAM溶液或XC溶液
第二工作液柠檬酸铝溶液
这两种工作液相遇后产生铝冻胶。
例2
第一工作液HPAM溶液或XC溶液
第二工作液丙酸铬溶液
这两种工作液相遇后产生铬冻胶。

90

三、堵水调剖主导技术

◆泡沫型双液法调剖剂

- 若将起泡剂溶液与气体交替注入地层，就可在地层(主要是高渗透层)中形成泡沫，产生调剖剂。可用的起泡剂包括非离子型表面活性剂（如聚氧乙烯烷基苯酚醚）和阴离子型表面活性剂（如烷基芳基磺酸盐）。可用的气体包括氮气和二氧化碳气。

91

三、堵水调剖主导技术

◆絮凝体型双液法调剖剂

- 若将粘土悬浮体与HPAM溶液分成几个段塞，中间以隔离液隔开，交替注入地层，它们在地层中相遇会形成絮凝体，这种絮凝体能有效地封堵特高渗透层。

92

三、堵水调剖主导技术

调剖剂的选择

1. 高渗透层

可选择锆冻胶、铬冻胶、酚醛树脂冻胶、水膨体、石灰乳、粘土/水泥分散体、沉淀型双液法调剖剂、泡沫型双液法调剖剂和絮凝体型双液法调剖剂等。

2. 低渗透层

可选择硫酸、硫酸亚铁、冻胶微球、冻胶型双液法调剖剂、沉淀型双液法调剖剂等。

93

三、堵水调剖主导技术

3. 高温高矿化度地层

主要使用无机调剖剂如硫酸、硫酸亚铁、石灰乳、粘土/水泥分散体、沉淀型双液法调剖剂等。

4. 近井地带

可选择硅酸凝胶、锆冻胶、铬冻胶、水膨体、石灰乳、粘土/水泥分散体等。

5. 远井地带

可选择胶态分散体冻胶、冻胶微球、冻胶型双液法调剖剂、沉淀型双液法调剖剂等。

94

三、堵水调剖主导技术

调剖体系性能评价内容和方法

主要评价内容

（1）耐温抗盐性

（2）（热）稳定性

（3）运移能力

（4）封堵能力

（5）选择性封堵性

95

三、堵水调剖主导技术

（1）耐温抗盐性-有机调剖剂

评价方法

◆目测

◆测流变

Anton Paar MCR101流变仪

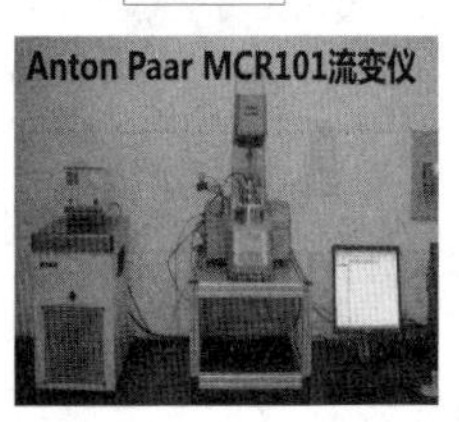

96

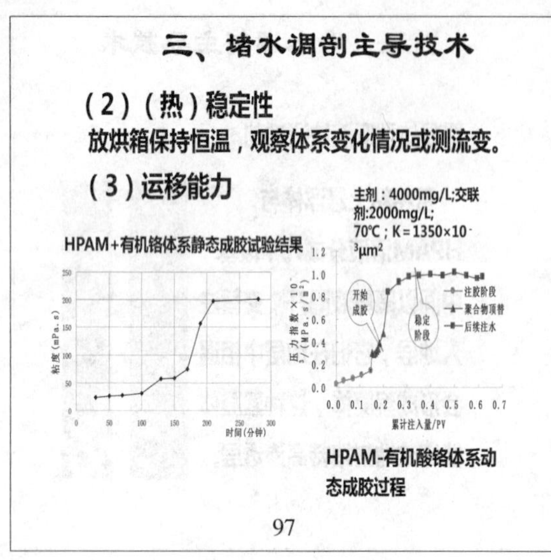

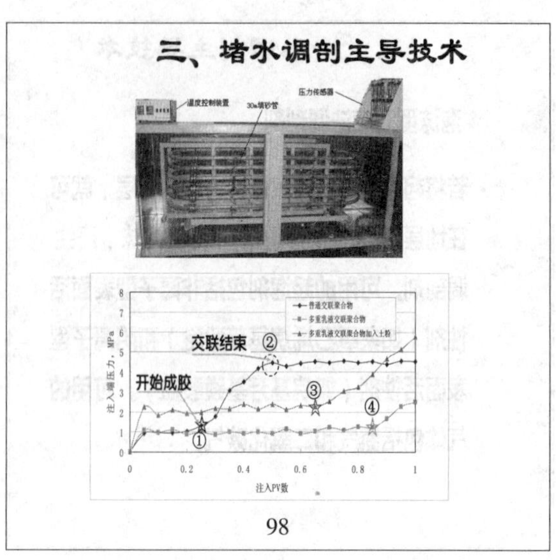

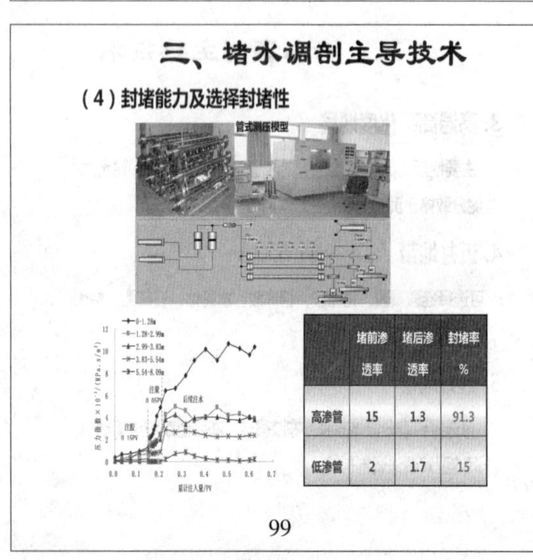

	堵前渗透率	堵后渗透率	封堵率%
高渗管	15	1.3	91.3
低渗管	2	1.7	15

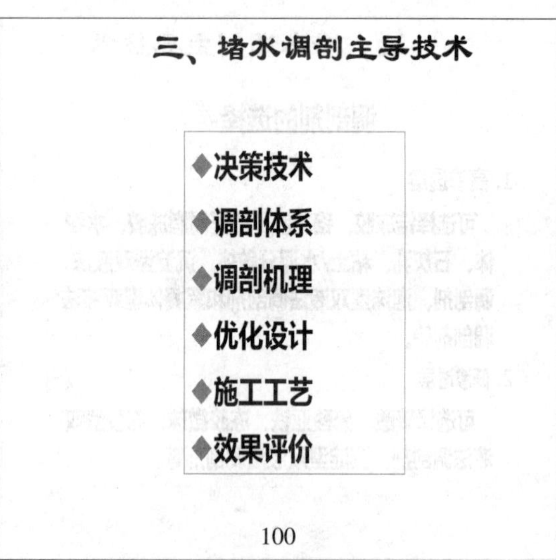

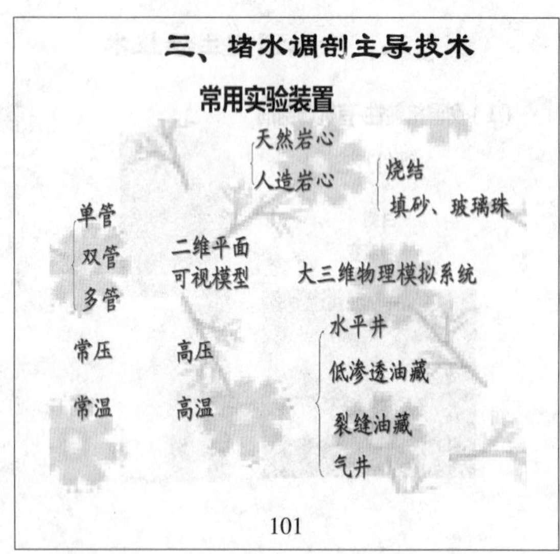

三、堵水调剖主导技术

模型主要功能与存在问题

微观可视化模型

◆实现功能：可以直观地研究堵剂的运移规律和封堵效果。

◆存在问题：模型与油藏实际差距很大，只能定性观察。

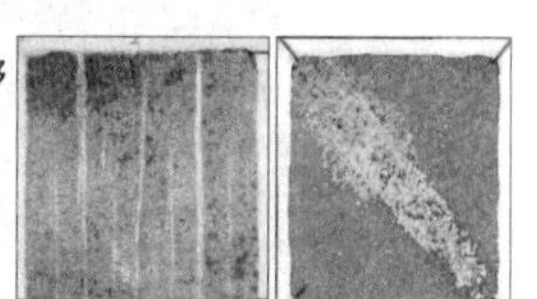

管式填砂模型

◆实现功能：

1、模拟地层温度条件下，评价堵剂的注入性能及封堵性能；

2、研究层间非均质性与堵剂封堵效果的关系。

◆存在问题：

1、手工充填，重复性较差；

2、无法实现对层内非均质性的模拟；

3、无法模拟径向流；

103

三、堵水调剖主导技术

平板胶结模型

◆实现功能：

1、模拟油藏条件下平面径向流。

2、能够实现饱和度和压力的连续测试。

◆存在问题：

1、模型制作工艺复杂，代价较高；

2、试验周期长，岩心不能重复使用。

平板填砂模型（西南）

◆实现功能：

研究在油藏温度、压力条件下，不同驱油体系驱替时的驱油效果/渗流特征。

存在问题：

1、模型庞大，试验难度大；

2、仅有24组压力传感器，不能测量饱和度。

104

三、堵水调剖主导技术

☞ 针对不同堵剂的性能开展的封堵机理研究

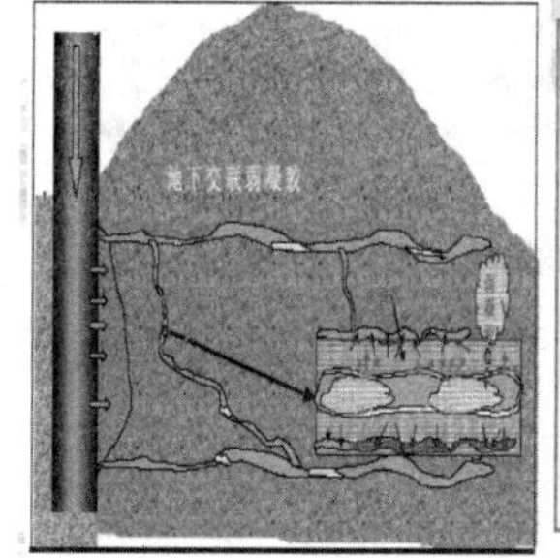

弱凝胶的爬行机理

弱凝胶在爬行过程中，因地层孔喉的不断变化从而动态改变地层深部微压力场分布，模拟实验中表现为多孔介质渗透率的不规则波动，这种动态堵塞使后驱替流体在地层深部发生液流转向，驱替到更多的可波及孔隙，从而提高注入水扫油效率，达到提高原油采收率的目的。

105

三、堵水调剖主导技术

颗粒型堵剂的封堵机理研究

通过颗粒堵剂注入能力和微观封堵机理模拟实验，及大平面均质正韵律、反韵律玻璃模型堵调驱油实验，研究了孔喉尺寸与粘土颗粒粒径的配伍性（架桥机理），颗粒堵剂在岩心中的注入能力，颗粒堵剂微观封堵机理，注入工艺参数（段塞尺寸、封堵次数、堵剂类型）对封堵效果的影响等。

☞ 絮凝堵塞

☞ 积累膜降低渗透率（在岩石表面产生多层膜）

☞ 机械堵塞

☞ 耦合机理（静电耦合机理，粘土带负电，冻胶带正电）

106

三、堵水调剖主导技术

盐沉淀堵塞

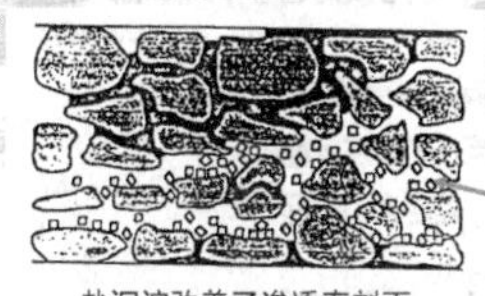

盐沉淀改善了渗透率剖面

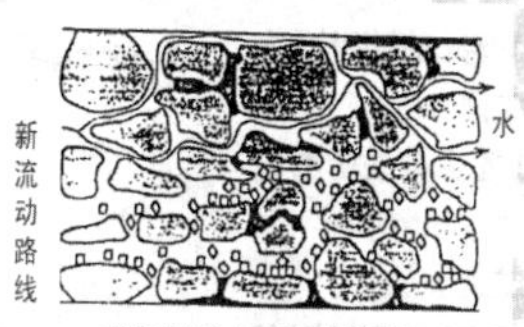

盐沉淀后水的流动路线

107

三、堵水调剖主导技术

☞堵剂选择性封堵实验

（美国新墨西哥实验研究中心）

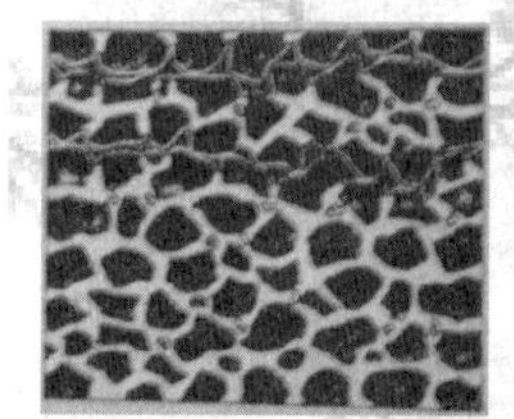

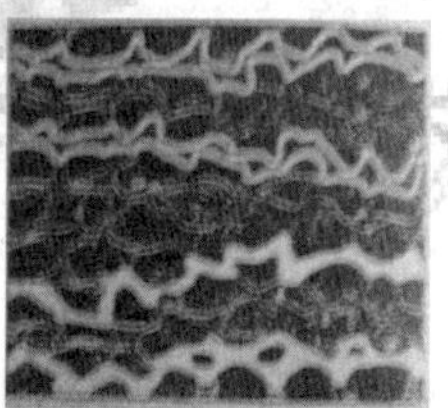

油水通道是各自分隔的，凝胶处理时，水基凝胶主要进入水流通道而封堵水流，对油流通道影响不大。

108

三、堵水调剖主导技术

☞调剖堵水改变压力场实验——液流转向实验

（北京石油勘探开发研究院）

注入井

生产井

109

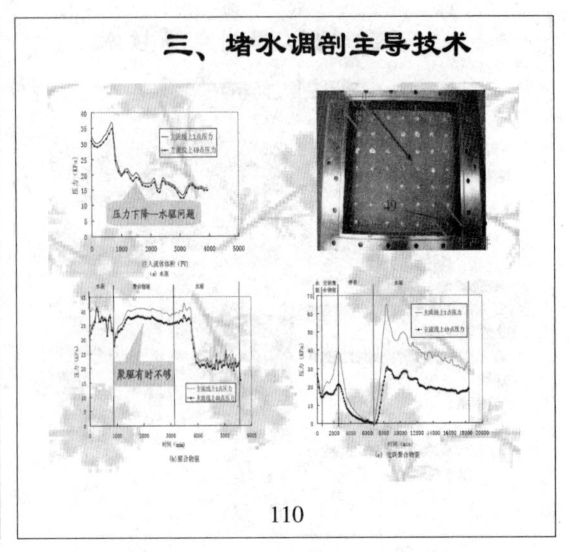

三、堵水调剖主导技术

化学调剖堵水物理模拟研究内容

- ☞ 化学剂引起渗透率下降，即封堵率的研究
- ☞ 渗透率及渗透率级差对调剖堵水效果的影响
- ☞ 残余阻力系数的研究
- ☞ 启动压力或注入压力
- ☞ 含水率、产油量、产液量、采出程度（驱油实验）
- ☞ 化学剂组分配比（配方实验）
- ☞ 化学剂用量
- ☞ 可泵时间、注入速度
- ☞ 调堵时机
- ☞ 施工参数，如段塞数、段塞大小

111

三、堵水调剖主导技术

1、动态成胶试验　调剖堵水物模实验

动态成胶分三个阶段

1、吸附、剪切、稀释阶段（<6h）：压力随调剖剂注入量的增加而缓慢上升。

2、交联反应孕育、发展阶段(6～30h)：视黏度增大，注入压力迅速升高。

3、冻胶成熟且稳定阶段(>25h)：压力指数趋于平缓，调剖剂已经完全成胶。

动态成胶时间一般比静态长3～5倍

主剂：4000mg/L;交联剂:2000mg/L;70℃；K＝1350×10⁻³μm²

开始成胶　稳定阶段　注胶阶段　聚合物顶替　后续注水

累计注入量/PV

HPAM-有机酸铬体系动态成胶过程

时间（分钟）

HPAM+有机铬体系静态成胶试验结果

主剂:4000mg/L；交联剂：2500mg/L

HPAM+有机铬体系动态成胶试验结果

112

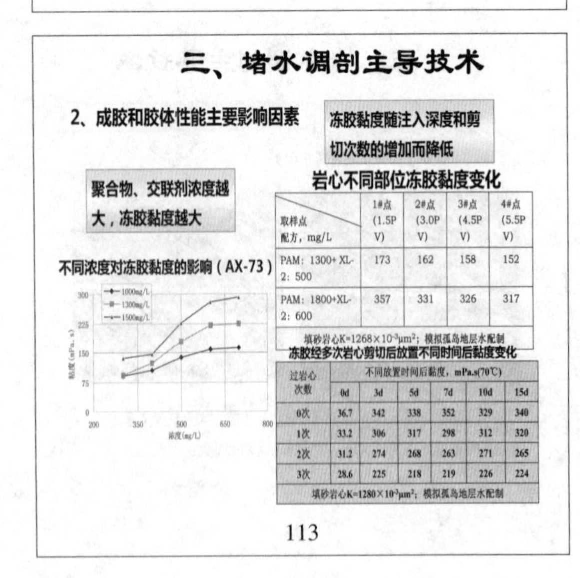

岩心不同部位冻胶黏度变化

取样点 / 配方，mg/L	1#点(1.5PV)	2#点(3.0PV)	3#点(4.5PV)	4#点(5.5PV)
PAM：1300+ XL-2：500	173	162	158	152
PAM：1800+XL-2：600	357	331	326	317

填砂岩心K=1268×10⁻³μm²；模拟孤岛地层水配制

冻胶经多次岩心剪切后放置不同时间后黏度变化

过岩心次数	不同放置时间后黏度，mPa.s(70℃)					
	0d	3d	5d	7d	10d	15d
0次	36.7	342	338	352	329	340
1次	33.2	306	317	298	312	320
2次	31.2	274	268	263	271	265
3次	28.6	225	218	219	226	224

填砂岩心K=1280×10⁻³μm²；模拟孤岛地层水配制

113

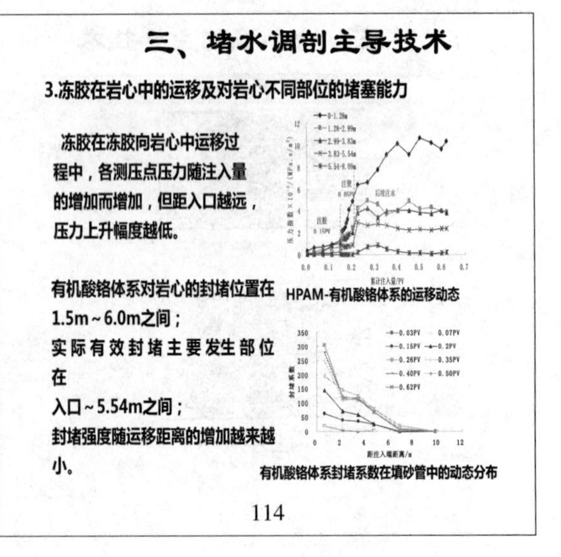

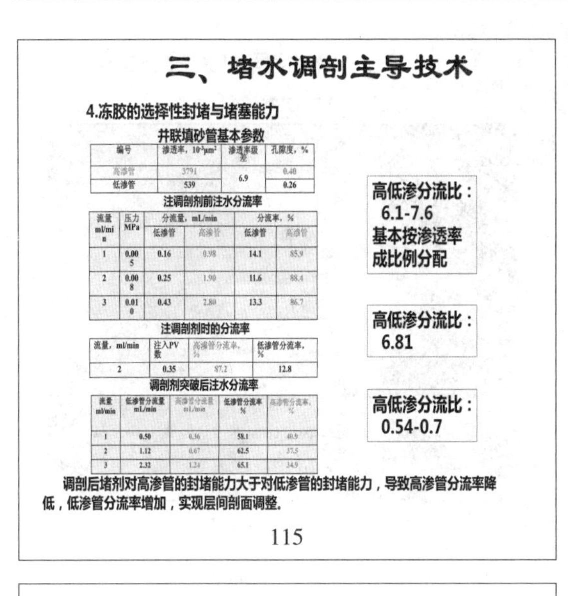

三、堵水调剖主导技术

4.冻胶的选择性封堵与堵塞能力

井联填砂管基本参数

编号	渗透率，$10^{-3}\mu m^2$	渗透率级差	孔隙度，%
高渗管	3791	6.9	0.40
低渗管	539		0.26

注调剖剂前注水分流率

流量 ml/min	压力 MPa	分流量，mL/min		分流率，%	
		低渗管	高渗管	低渗管	高渗管
1	0.005	0.16	0.98	14.1	85.9
2	0.008	0.25	1.90	11.6	88.4
3	0.010	0.43	2.80	13.3	86.7

注调剖剂时的分流率

流量，ml/min	注入PV数	高渗管分流率，%	低渗管分流率，%
2	0.35	87.2	12.8

调剖剂突破后注水分流率

流量 ml/min	低渗管分流量 mL/min	高渗管分流量 mL/min	低渗管分流率 %	高渗管分流率，%
1	0.50	0.36	58.1	40.9
2	1.12	0.67	62.5	37.5
3	2.32	1.24	65.1	34.9

高低渗分流比：6.1-7.6 基本按渗透率成比例分配

高低渗分流比：6.81

高低渗分流比：0.54-0.7

调剖后堵剂对高渗管的封堵能力大于对低渗管的封堵能力，导致高渗管分流率降低，低渗管分流率增加，实现层间剖面调整。

115

三、堵水调剖主导技术

- ◆决策技术
- ◆调剖体系
- ◆调剖机理
- ◆优化设计
- ◆施工工艺
- ◆效果评价

116

三、堵水调剖主导技术

堵水调剖优化设计技术

- ◆堵剂类型筛选
- ◆堵剂用量设计
- ◆堵剂段塞优化设计
- ◆堵剂注入方式优化

117

三、堵水调剖主导技术

1、传统设计方法

调剖剂类型筛选

堵剂类型的选择主要考虑堵剂与地层的配伍性：

- *堵剂粒径与地层孔喉的匹配关系*
- *堵剂与地层水矿化度的匹配关系*
- *堵剂与地层温度的匹配关系*
- *堵剂与地层水PH的匹配关系*

将常用堵剂的性能参数建库，然后将实际区块的特征参数与堵剂库匹配来优选堵剂类型。

118

三、堵水调剖主导技术

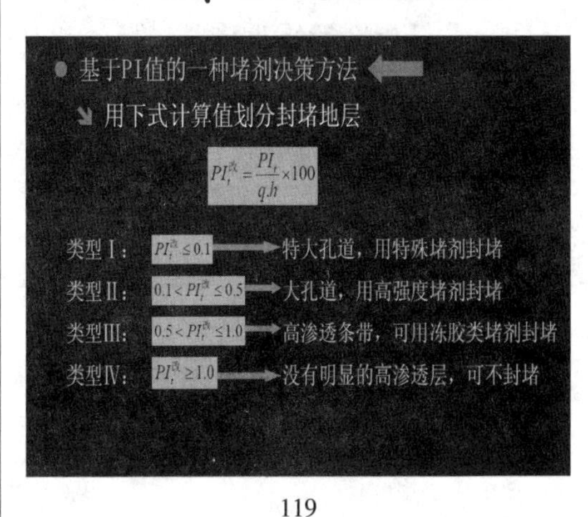

119

三、堵水调剖主导技术

调剖剂类型选择

序号	调剖剂	地层温度（℃）	地层水矿化度（$\times 10^4 mg.L^{-1}$）	注水井 PI 值（MPa）
1	粘土悬浮体	30~360	0~30	0~8
2	钙土/水泥悬浮液	30~120	0~30	0~6
3	水膨体悬浮体	30~90	0~6	0~8
4	铬冻胶	30~90	0~6	1~18
5	铬冻胶双液法	30~90	0~6	3~20
6	水玻璃-盐酸	30~150	0~30	8~20
7	水玻璃-硫酸亚铁	30~360	0~30	3~16
8	水玻璃-氯化钙	30~360	0~30	2~14
9	粘土-聚丙烯酰胺	30~90	0~30	0~8
10	粘土-铬冻胶	30~90	0~6	0~4

120

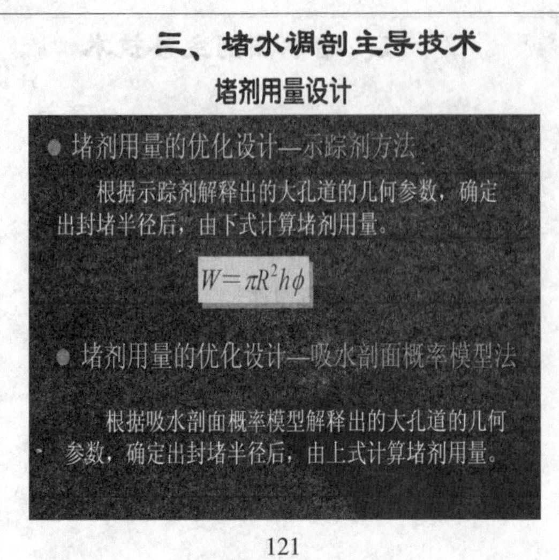

121

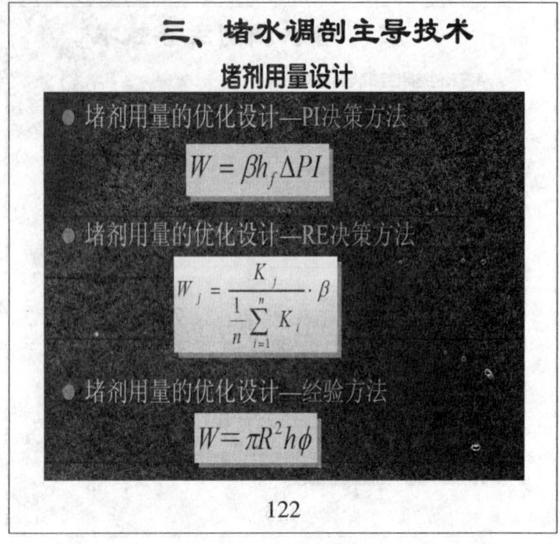

122

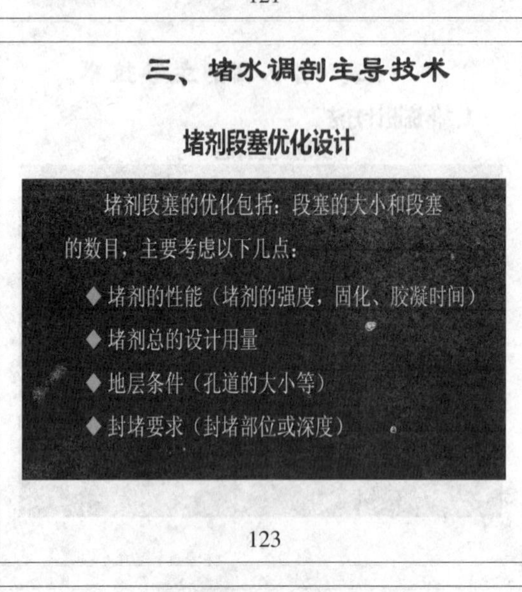

123

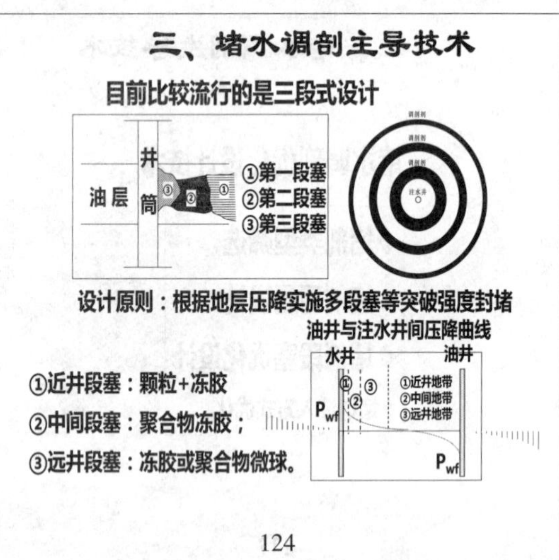

124

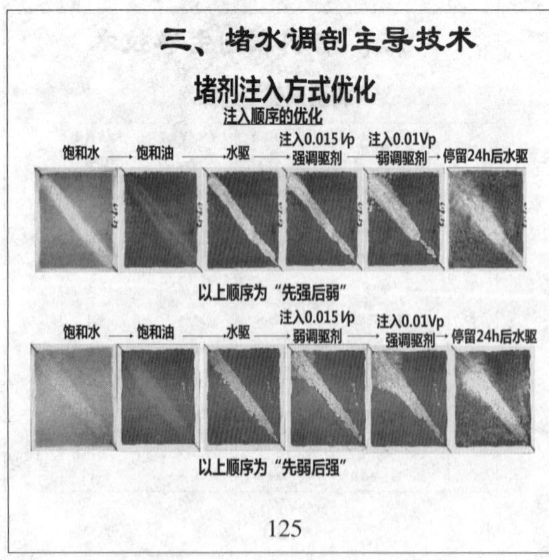

125

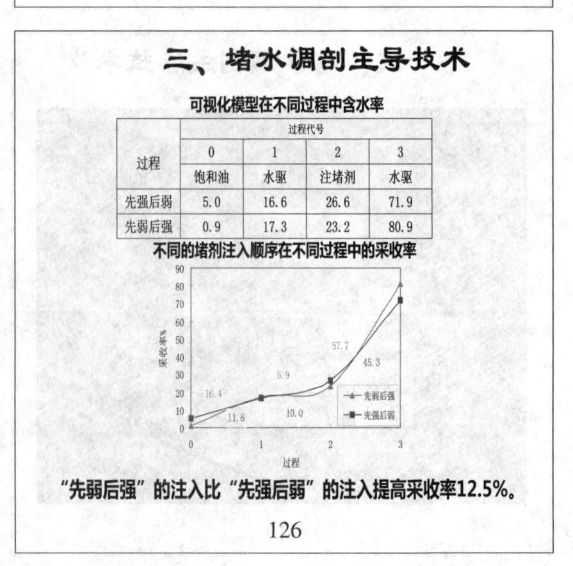

过程	过程代号			
	0	1	2	3
	饱和油	水驱	注堵剂	水驱
先强后弱	5.0	16.6	26.6	71.9
先弱后强	0.9	17.3	23.2	80.9

126

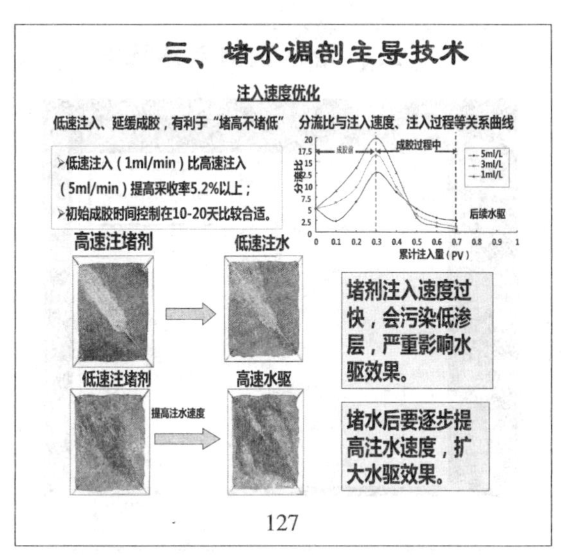

127

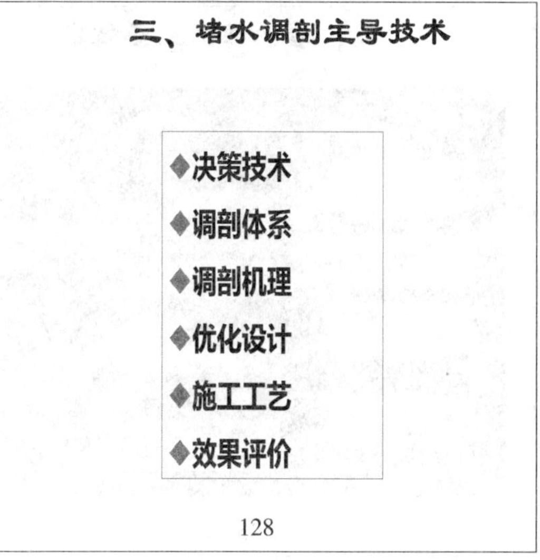

128

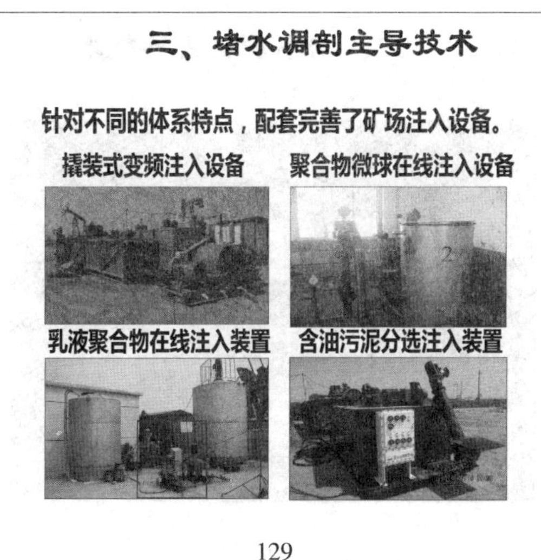

129

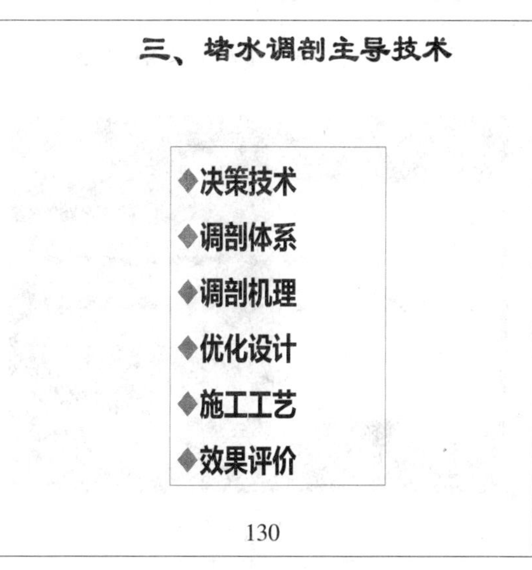

130

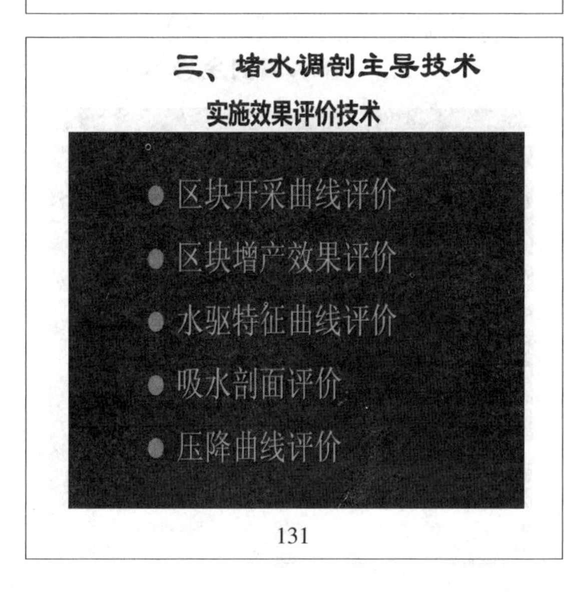

131

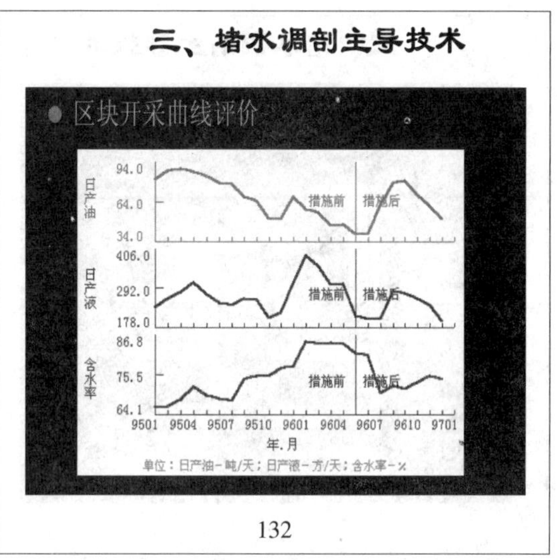

132

三、堵水调剖主导技术

● 区块增产效果评价

指数递减规律 $q_o(t)=q_i\cdot e^{-a_i t}$

双曲递减规律 $q_o(t)=q_i/(1+a_i nt)^{1/n}$

调和递减规律 $q_o(t)=q_i/(1+a_i t)$

增油量公式 $\Delta N_p=\int_0^T[Q_o(t)-q_o(t)]dt$

133

三、堵水调剖主导技术

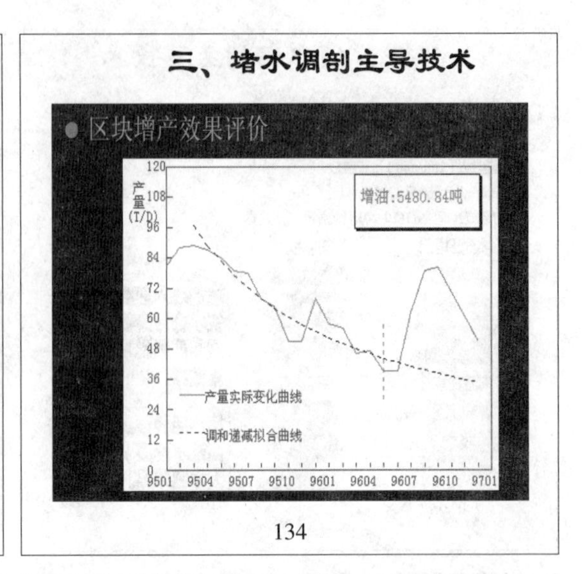

134

三、堵水调剖主导技术

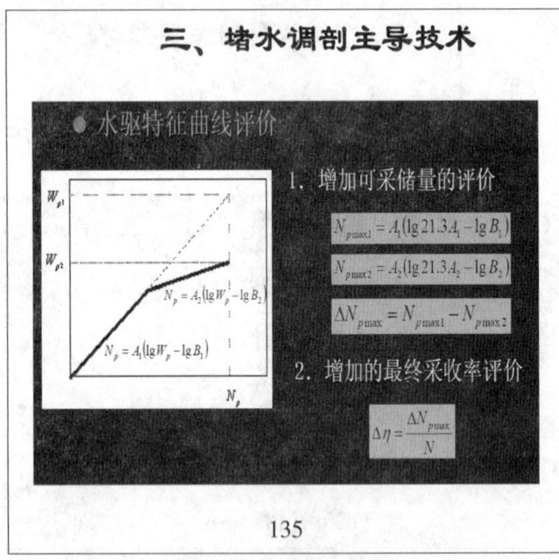

135

三、堵水调剖主导技术

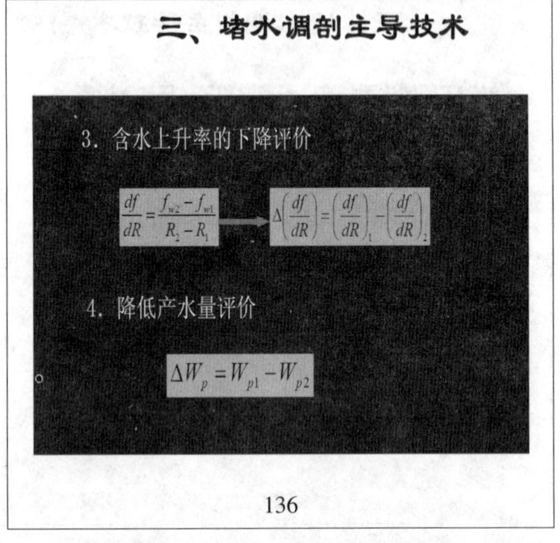

136

三、堵水调剖主导技术

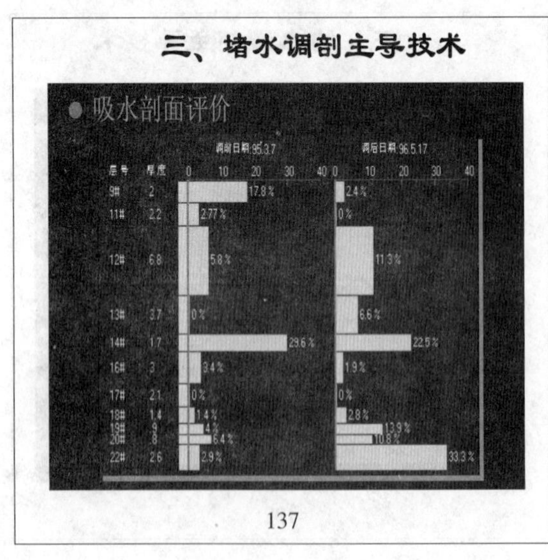

137

三、堵水调剖主导技术

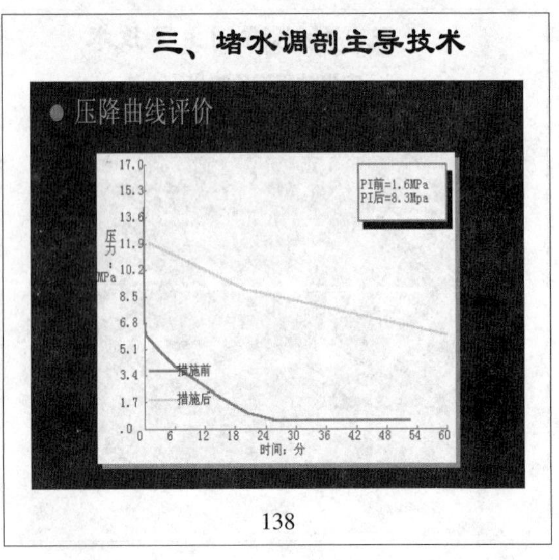

138

三、堵水调剖主导技术

实施效果评价手段集成

注 入 井：压降曲线、霍尔曲线、吸水剖面等；

对应生产井：产液剖面、示踪剂产出曲线、含水曲线、产出液化学特性等；

区块整体评价：增油降水量、增加可采储量、增加采收率、增加波及系数等。

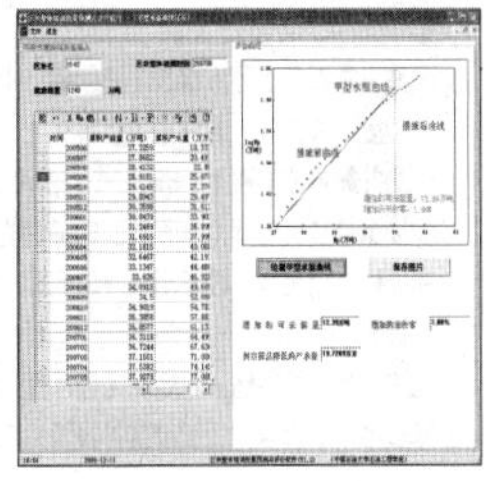

139

第二节　堵水调剖整体方案的编制

140

提 纲

一、堵水调剖方案编制流程

二、堵水调剖方案需要资料

三、堵水调剖方案研究内容

141

一、堵水调剖方案编制流程

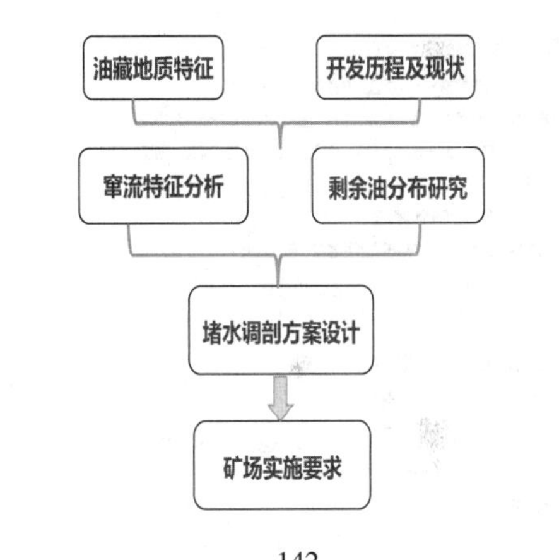

142

汇报提纲

一、堵水调剖方案编制流程

二、堵水调剖方案需要资料

三、堵水调剖方案研究内容

143

二、堵水调剖方案需要资料

1、调剖区块开发方案

2、静态资料

3、动态资料

4、取心井资料

5、动态监测及化验资料

6、历年调剖井效果及注聚效果分析

144

二、堵水调剖方案需要资料

1、调剖区块开发方案
（1）投产方案
（2）井网调整方案
（3）注聚方案及调剖方案等
（4）油藏精细描述材料

2、静态数据 （1）图件
①区域构造井位图 ②目前井网图（包括断层线）
③油藏纵向、横向剖面图 ④小层平面图
⑤油藏顶面微构造图 ⑥砂体厚度等值图
⑦有效厚度等值图 ⑧主力小层渗透率等值图
⑨主力小层粘度等值图

145

二、堵水调剖方案需要资料

2、静态数据 （2）数据
①油藏基本参数表（含油面积，有效厚度，地质储量，单储系数，孔隙度，渗透率，含油饱和度，粘度，密度，矿化度，钙镁离子含量，温度、压力、原始油水界面高度、水体大小等）
②高压物性资料（岩石压缩系数、原油、水的压缩系数、粘度、密度、体积系数）
③油水井单井小层数据表（油层组、小层号、顶底深度、砂层厚度，有效厚度、孔隙度，渗透率、含油饱和度等）
④测井解释成果表（0.8米一个点的渗透率、孔隙度、含油饱和度等数据）
⑤油水井井位坐标（水平井、斜井需要井身轨迹：斜深、方位角、倾角，井口横坐标、纵坐标，校正后的井位坐标，垂深；靶点坐标，A靶点坐标、B靶点坐标等）
⑥油水井测井曲线（包括微电极、四米电阻梯度、感应、自然电位、自然伽玛等曲线），水平井需要垂直井眼测井资料。

146

二、堵水调剖方案需要资料

3、动态数据
①单元综合开发数据（历年综合开发数据（表、曲线））
②油、水井历年月度数据（油井：年月、生产层位、日产液、日产油、含水、动液面，月产油、月产水、累产油、累产水、备注；水井：年月、层位、油压、日注、月注、累注、备注）
③油水井日度数据（6个月数据）
④油水井作业简史（投产后历次射孔数据，作业数据）

4、取心井资料
①取心井地质总结（文字材料）
②取心井相渗曲线（图、表）
③取心井常规岩心物性分析
④覆压下孔隙度、渗透率参数、孔喉半径
⑤五敏性资料

147

二、堵水调剖方案需要资料

5、监测资料及化验资料
①压力资料
②试井分析资料
③产液剖面资料
④吸水剖面资料
⑤C/O等含油饱和度测试资料
⑥示踪剂资料
⑦水井分层指示曲线
⑧油水井水性分析及物性分析化验资料

6、历年调剖井效果及注聚效果分析
①包括所用堵剂、堵剂封堵机理、用量、注入工艺、堵后效果
②注聚井的注入量、注入时间；聚合物的浓度、粘度、密度、分子量、残余阻力系数等参数，注聚增油和提高采收率数据。

148

汇报提纲

一、堵水调剖方案编制流程

二、堵水调剖方案需要资料

三、堵水调剖方案研究内容

149

三、堵水调剖方案研究内容

研究内容一：堵调区块的选择

选择非均质强、窜流严重、剩余油富集的区块开展堵调

静态：储层渗透率
渗透率变异系数
渗透率级差
渗透率突进系数
} 区块对比，了解储层的非均质性

动态：水驱特征曲线
含水上升曲线
存水率与含水上升率曲线
} 区块对比，分析区块水窜程度的强弱及剩余油的高低

150

一、堵水调剖方案编制流程

研究内容二：堵调方案的编制

（一）油藏地质特征

（二）开发历程及现状

（三）窜流特征分析

（四）剩余油分布特征研究

（五）堵水调剖方案设计

151

（一）油藏地质特征

1.构造特征　- 区域构造特征

- 断裂构造特征

2.沉积特征　- 沉积相发育特征

3.地层层序及小层对比　- 小层有效厚度重新认识

4.储层特征　- 岩性特征

- 砂体展布特征

- 隔夹层分布特征

- 非均质性

- 油水界面

5.流体特征、温度、压力等

152

（一）油藏地质特征

1.构造特征 - 区域构造特征

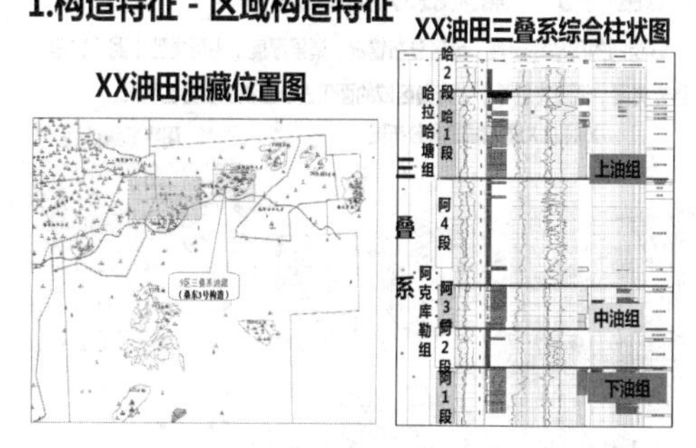

区域构造位置，圈闭类型，主要含油层位，油层埋深，油藏类型介绍清楚。

153

（一）油藏地质特征

1.构造特征 - 断裂构造特征

XX顶面构造图

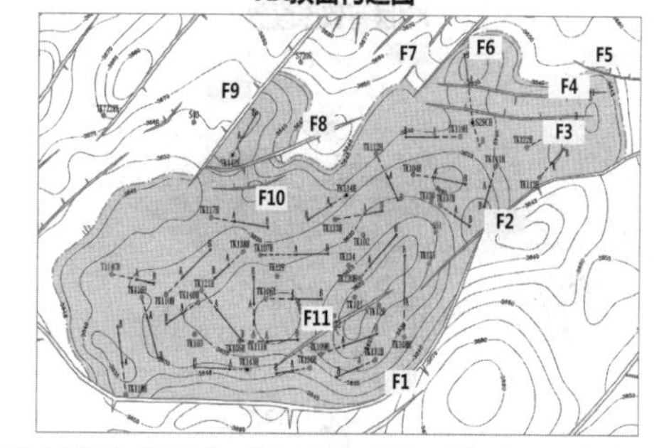

区内几条断层、断层走向、倾向、倾角，断距，延伸距离，断层的封闭性。

154

（一）油藏地质特征

2.沉积特征

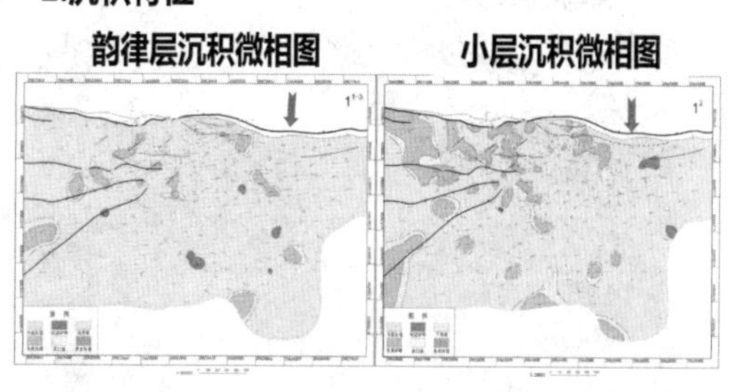

沉积特征：主要了解沉积相、亚相或微相分布特征，了解物源方向，物源供给和河流能量等特征。

155

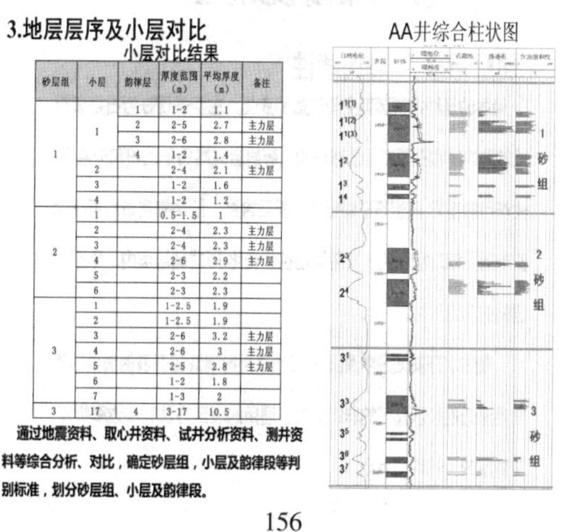

一、油藏地质特征

3.地层层序及小层对比

小层对比结果

砂层组	小层	韵律层	厚度范围（m）	平均厚度（m）	备注
1	1	1	1-2	1.1	
		2	2-5	2.7	主力层
		3	2-6	2.8	主力层
		4	1-2	1.4	
	2		2-4	2.1	主力层
	3		1-2	1.6	
	4		1-2	1.2	
2	1		0.5-1.5	1	
	2		2-4	2.3	主力层
	3		2-4	2.3	主力层
	4		2-6	2.9	主力层
	5		2-3	2.2	
	6		2-3	2.3	
3	1		1-2.5	1.9	
	2		1-2.5	1.9	
	3		2-6	3.2	主力层
	4		2-6	3	主力层
	5		2-5	2.8	主力层
	6		1-2	1.8	
	7		1-3	2	
3	17	4	3-17	10.5	

通过地震资料、取心井资料、试井分析资料、测井资料等综合分析、对比，确定砂层组，小层及韵律段等判别标准，划分砂层组、小层及韵律段。

156

（一）油藏地质特征

3.地层层序及小层对比

小层有效厚度重新认识

取心井物性特点进行分析研究，以岩性、含油性、物性、电性四性一致的变化规律为依据，利用试油及生产实际资料，研究制定油层有效厚度电性标准。

XX测井曲线与取心分析对比

油层、水层判断标准

分类	水层	油水同层	油层	高饱和油层
电阻率（欧姆/米）	小于0.5	0.5～1	1～2	大于等于2
含油饱和度（%）	0	0~30	40~70	大于50
平均含油饱和度（%）	0	20	65	70

157

（一）油藏地质特征

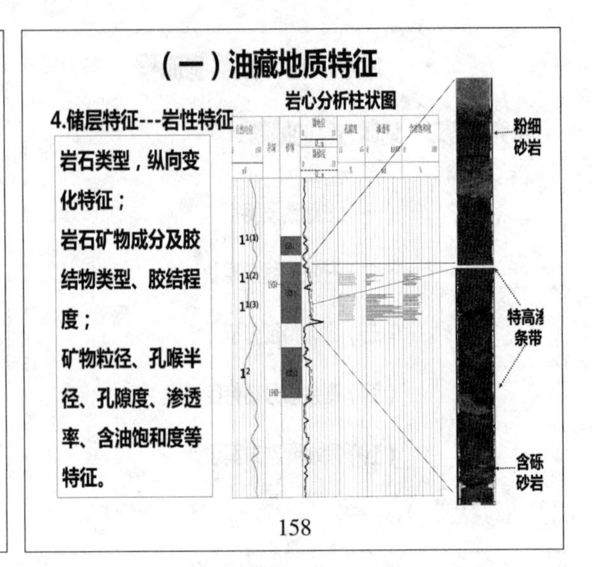

158

（一）油藏地质特征

4.储层特征---砂体展布特征

XX层有效厚度图

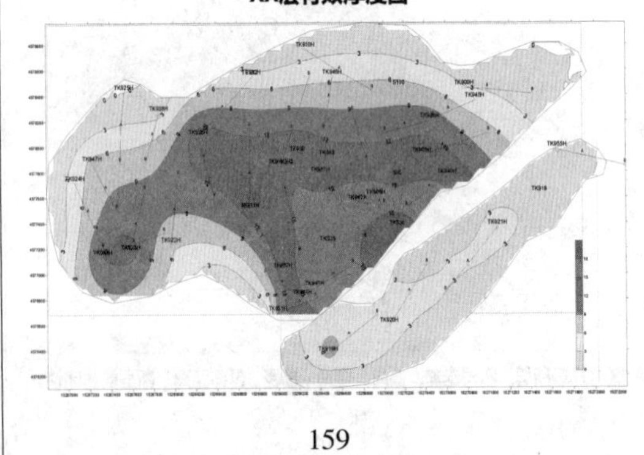

159

（一）油藏地质特征

4.储层特征---隔夹层分布特征

砂组间的隔层稳定性，全区分布情况，隔层厚度，夹层类型（泥质夹层、物性夹层，钙质夹层等），连通区域的面积占总面积的百分比情况。

XX和XX层夹层厚度分布图

无夹层区

隔夹层统计表

隔夹层	钻遇率(%)	分布范围(m)	平均值(m)
A-B	50.8	0.2-6.4	2.3
B-C	84.1	0.4-5.9	1.8
C-D	90.2	1.0-6	4.0
D-E	98.1	0.6-5.8	2.6
E-F	99.5	4.4-7	5.8
F-G	87.5	0.8-6.9	2.5
G-H	97.1	1.0-7	4.2

160

（一）油藏地质特征

4.储层特征---非均质性

储层的各种性质随其空间位置而变化。主要表现在岩石物质组成的非均质和孔隙空间的非均质。碎屑岩储层由于沉积和成岩后生作用的差异,其岩石矿物组成、基质含量、胶结物含量均不相同,影响到孔隙形状和大小及储层物性的变化,形成储层层内、平面和层间的非均质性。

在注水开发油田中,储层的渗透率是影响油田开发的重要因素。常用渗透性表示储层的非均质性。通用的表示方法有渗透率级差、变异系数、非均质系数。

161

（一）油藏地质特征

4.储层特征---平面非均质性

储层渗透率分布图　物源方向

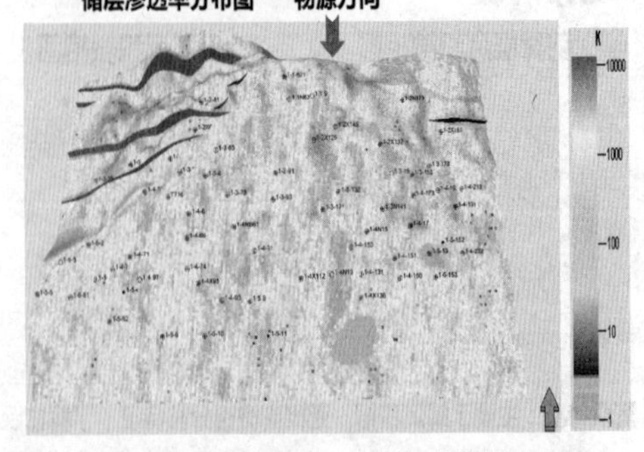

平面上，高渗条带分布情况，不同相带渗透率高低。

162

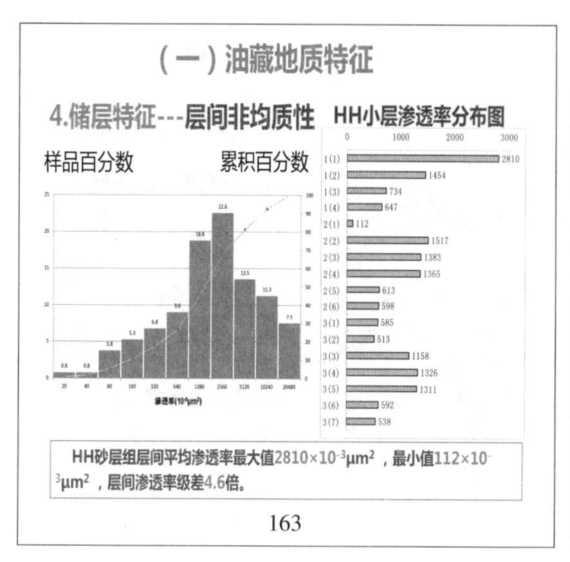

HH砂层组层间平均渗透率最大值2810×10^{-3}μm^2，最小值112×10^{-3}μm^2，层间渗透率级差4.6倍。

163

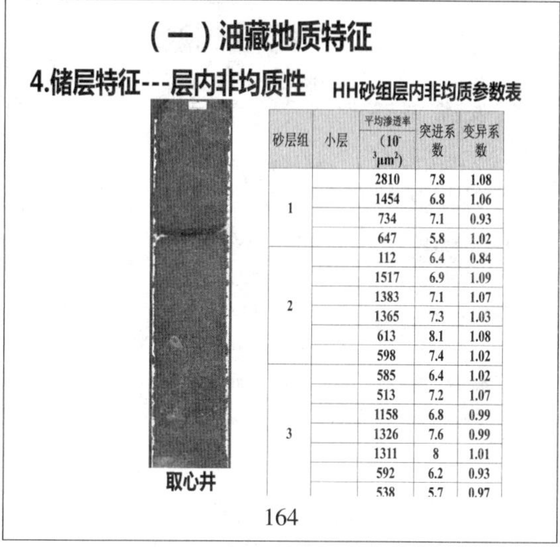

HH砂组层内非均质参数表

砂层组	小层	平均渗透率（10^{-3}μm^2）	突进系数	变异系数
1		2810	7.8	1.08
		1454	6.8	1.06
		734	7.1	0.93
		647	5.8	1.02
2		112	6.4	0.84
		1517	6.9	1.09
		1383	7.1	1.07
		1365	7.3	1.03
		613	8.1	1.08
		598	7.4	1.02
3		585	6.4	1.02
		513	7.2	1.07
		1158	6.8	0.99
		1326	7.6	0.99
		1311	8	1.01
		592	6.2	0.93
		538	5.7	0.97

164

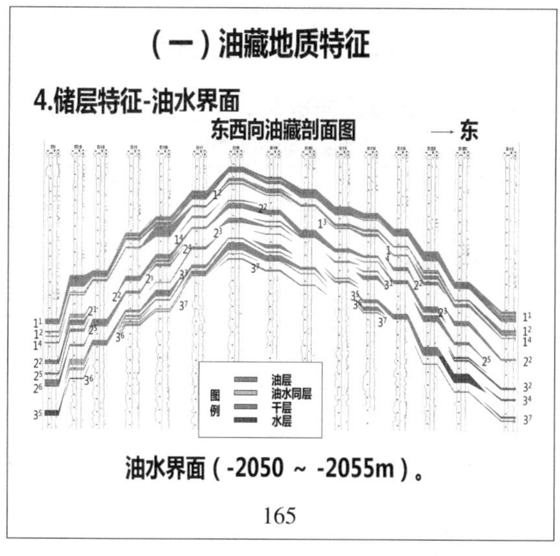

165

（一）油藏地质特征

5.流体特征

流体参数表

内容	单位	参数	内容	单位	参数
原油地面粘度	mPa.s	100-3000	原始地层压力	MPa	20.2
原油地下粘度	mPa.s	10-26	目前地层压力	MPa	14.2
原油地面密度	g/cm^3	0.92-0.95	饱和压力	MPa	11.9
原油地下密度	g/cm^3	0.84-0.88	原始地层温度	℃	80
原始地层水矿化度	mg/L	21053	目前地层温度	℃	75
目前地层水矿化度	mg/L	10500	$Ca^{2+}+Mg^{2+}$	mg/L	125

166

一、堵水调剖方案编制流程

研究内容二：堵调方案的编制

（一）油藏地质特征

（二）开发历程及现状

（三）窜流特征分析

（四）剩余油分布特征研究

（五）堵水调剖方案设计

167

（二）开发历程及现状

1.开发历程

主要经历的开发阶段和各个阶段主要开发方式、开采特征。

单元开发历程图

天然能量开发阶段
注水开发初期阶段
边部加密产量递减阶段
加密完善综合治理阶段
聚合物驱开发阶段
后续水驱阶段

168

（二）开发历程及现状

2.开发现状 - 单元现状

SA块开采现状表

油井数(口)		剩余可采储量（*10⁴t）	
开井数(口)		累采油（*10⁴t）	
日产液(t)		年产油（*10⁴t）	
日产油(t)		年采油速度（%）	
含水(%)		采出程度（%）	
地质储量（*10⁴t）		剩余可采储量采油速度（%）	
可采储量（*10⁴t）		采收率（%）	

169

（二）开发历程及现状

2.开发现状 - 井网现状

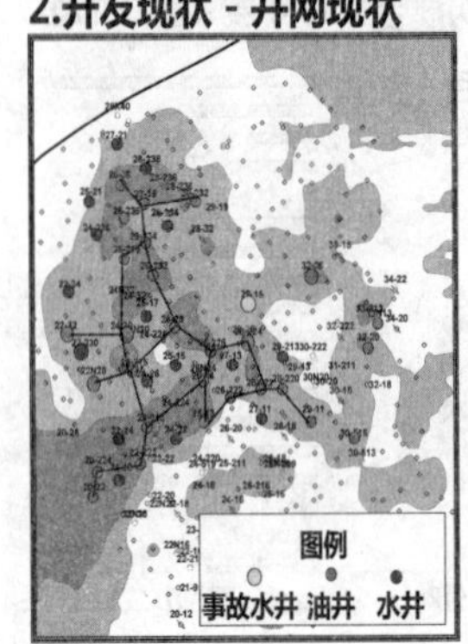

AA井区油井目前有48口井，注采井网主力油层不规则面积注采井网，油水井井距平均200米左右，其主力小层注采对应状况好，非主力小层注采对应差。

170

（二）开发历程及现状

2.开发现状 - 油水井生产现状

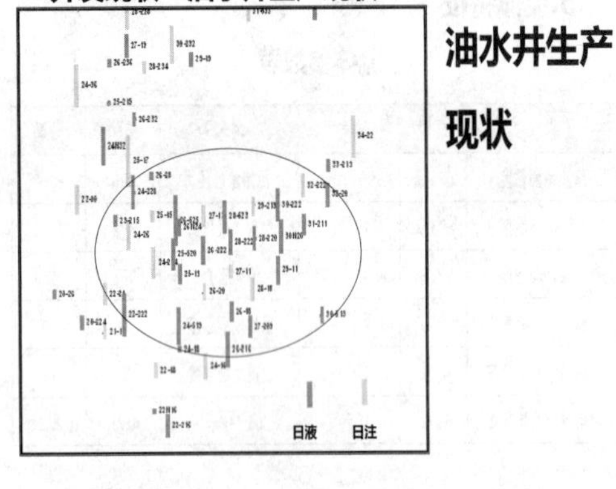

油水井生产现状

171

（二）开发历程及现状

2.开发现状 - 压力保持现状

采出程度与地层压力曲线

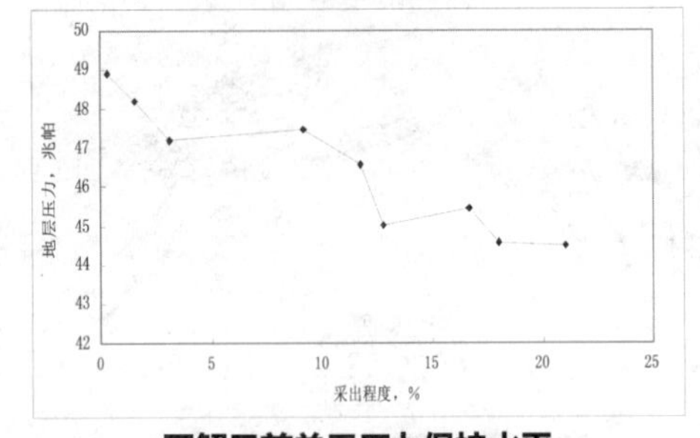

了解目前单元压力保持水平

172

一、堵水调剖方案编制流程

研究内容二：堵调方案的编制

（一）油藏地质特征

（二）开发历程及现状

（三）窜流特征分析

（四）剩余油分布特征研究

（五）堵水调剖方案设计

173

（三）窜流特征分析

窜流特征分析研究内容

窜流通道识别：
- 平面
- 层间
- 层内

窜流通道特征：
- 韵律性
- 厚度
- 孔隙度
- 渗透率
- 含油饱和度

174

（三）窜流特征分析

1.静态方法识别窜流通道

（1）不同阶段取心井识别方法

AA井 3^5底岩心照片

175

（三）窜流特征分析

（2）测井资料特征值识别方法

窜流通道的判别标准：含油饱和度接近于残余油饱和度，产水率≥90%。

水淹层 → 窜流通道、水淹通道、弱水淹通道、未水淹孔隙

176

（三）窜流特征分析

（2）测井资料特征值识别方法

典型的强水淹层电测曲线

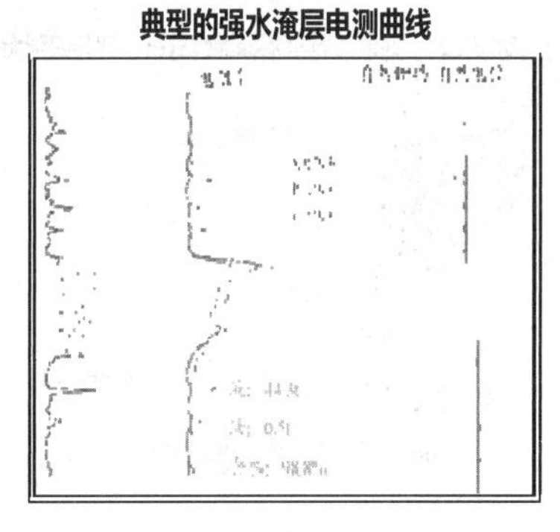

177

（三）窜流特征分析

（2）测井资料特征值识别方法

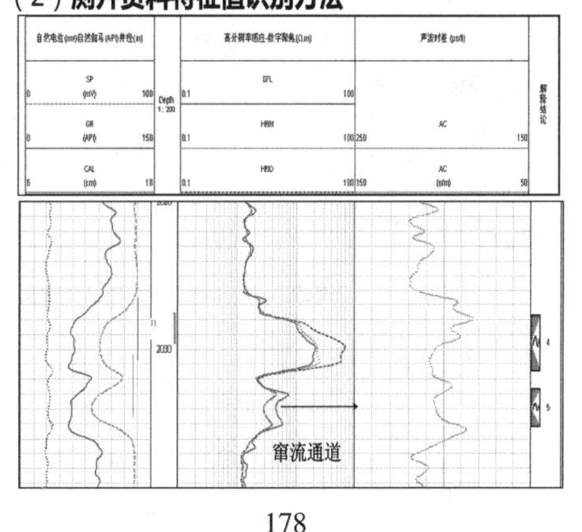

178

（三）窜流特征分析

（2）测井资料特征值识别方法

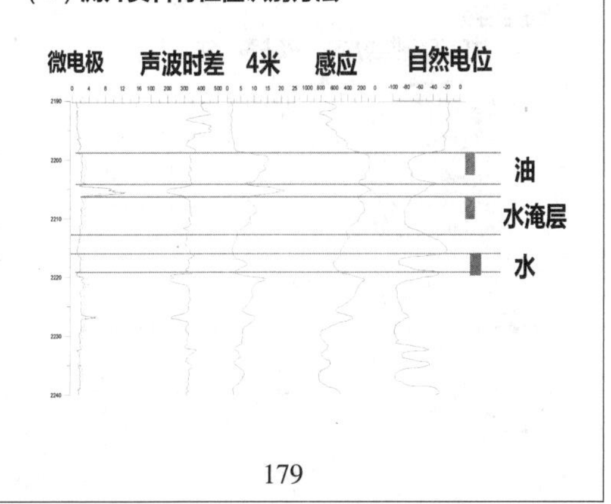

179

（三）窜流特征分析

2.动态方法识别窜流通道　软件方法

（1）大孔道多因素模糊识别

综合利用动静态资料，对不同因素赋予不同权重，通过模糊评判识别大孔道是否存在。

➢静态因素：储层渗透率、突进系数、沉积韵律等；

➢动态因素：吸水级差、含水率、存水率等。

评判模型

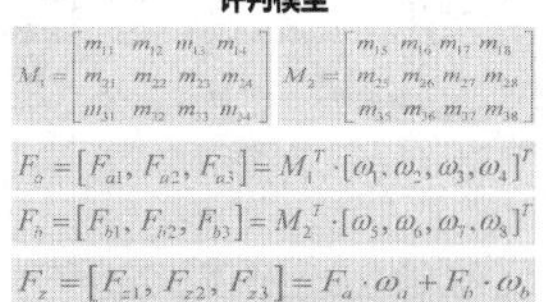

$F_a=[F_{a1},F_{a2},F_{a3}]=M_1^T\cdot[\omega_1,\omega_2,\omega_3,\omega_4]^T$

$F_b=[F_{b1},F_{b2},F_{b3}]=M_2^T\cdot[\omega_5,\omega_6,\omega_7,\omega_8]^T$

$F_z=[F_{z1},F_{z2},F_{z3}]=F_a\cdot\omega_a+F_b\cdot\omega_b$

◆可以对大孔道是否存在及发育程度进行快速判断。

180

（三）窜流特征分析

（2）大孔道FieldCT描述技术 **数值模拟方法**

应用油藏静态资料，建立地质模型，结合油田动态资料，根据渗流力学原理模拟生产过程中油水流动，进行参数修正与自动历史拟合，对地下流体渗流方向和渗流能力进行动态模拟，从而确定剩余油和大孔道的分布状况。

181

（三）窜流特征分析

主要特点

- ◆采用栅状流动模拟，运行速度快；
- ◆考虑因素多，模拟精度高（启动压力、波及系数、相对吸水、渗透率等）
- ◆实现了自动历史拟合，减少了工作量；
- ◆模拟结果直观。

三维流动模拟　　栅状流动模拟

- ◆可以实现大孔道发育层段和发育方向数值模拟识别；
- ◆能够反演大孔道的演化规律。

182

（三）窜流特征分析

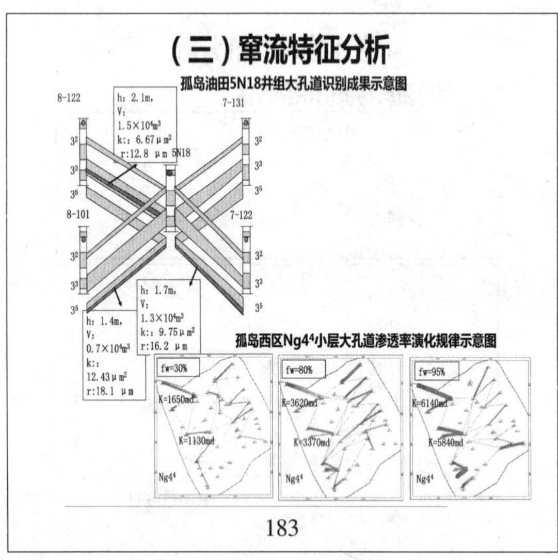

183

（三）窜流特征分析

（3）产能方程识别方法（达西公式）

综合利用动态资料，对窜流特征指标综合分析，评判识别大孔道是否存在。

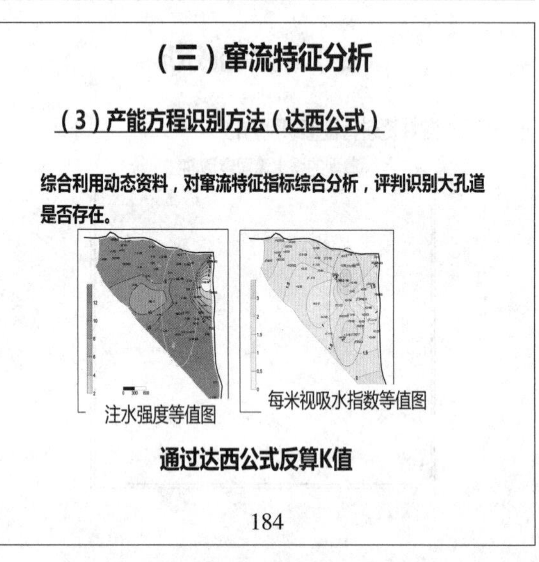

通过达西公式反算K值

184

（三）窜流特征分析

（4）水驱特征曲线方法综合判断窜流井

驱替特征曲线公式（甲型）logWp=a+b*Np

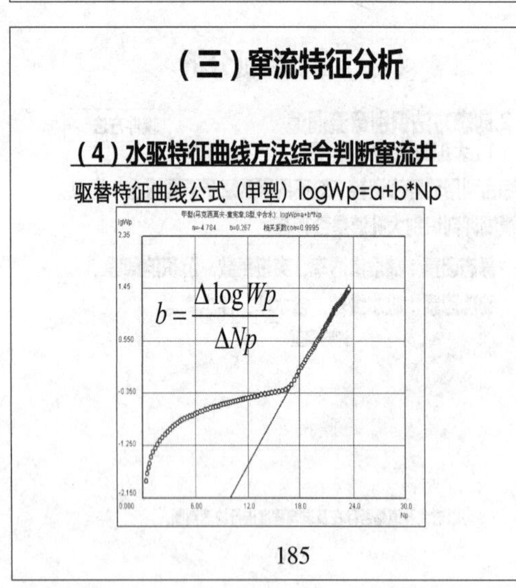

185

（三）窜流特征分析

（5）井间测试识别方法 - 通过井间测试技术，判断大孔道是否存在

A、井口压降曲线方法 - PI决策方法

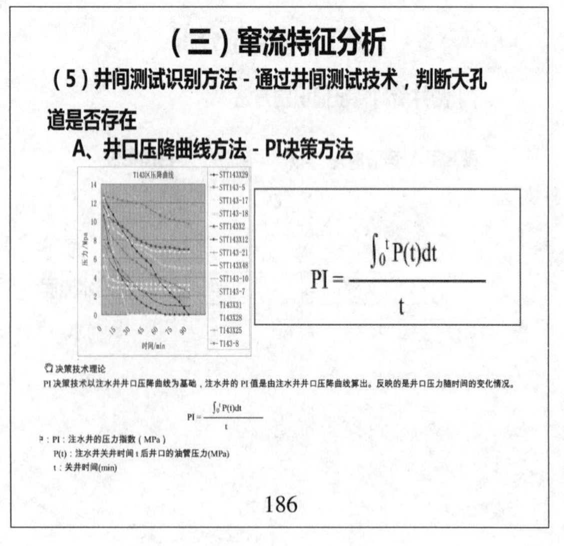

186

（三）窜流特征分析

（5）井间测试识别方法 - 通过井间测试技术，判断大孔道是否存在

B、示踪剂监测技术综合判断

示踪剂推进速度示意图

示踪剂峰值示意图

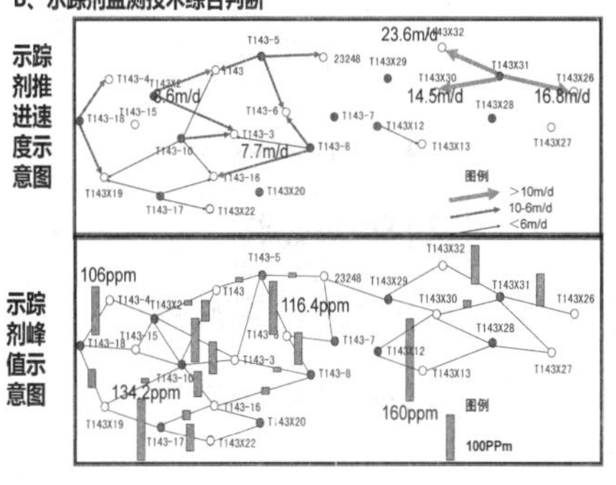

187

（三）窜流特征分析

（5）井间测试识别方法 - 通过井间测试技术，判断大孔道是否存在

C、吸水剖面、含油饱和度 - 层间、层内窜流分析

层内渗透率统计表

层位	渗透率($10^{-3}\mu m^2$)			渗透率级差	突进系数
	最大	最小	平均		
4^1	20000	154	1544	129.9	13.0
4^2	13500	453	1333	29.8	10.1
4^3	20000	15	1513	1333.3	13.2

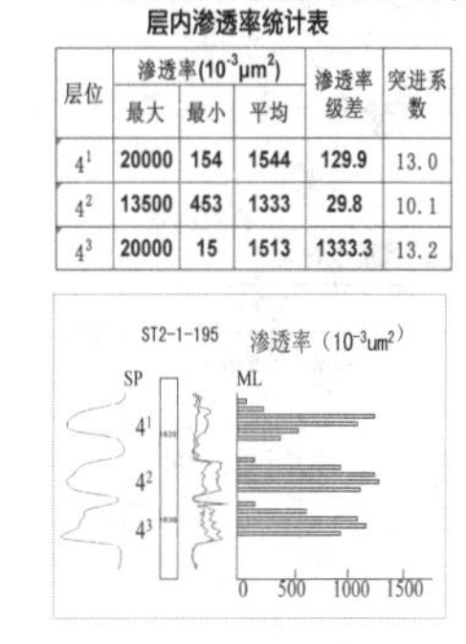

188

（三）窜流特征分析

通过油藏工程方法计算窜流层的渗透率、孔喉半径

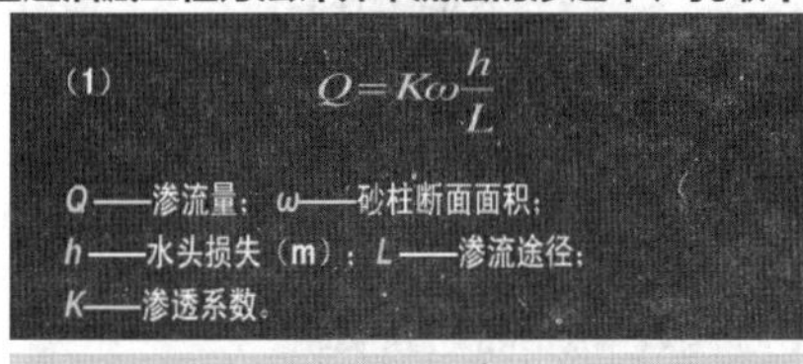

$$K=\frac{\phi r^2}{8\tau^2}$$

K —气体渗透率，μm²

—孔隙度

r—岩石孔喉半径，μm

—迂曲度　渗流过程中流体质点实际走过的平均路程长度Le与宏观渗流方程中所假定的流体质点通过的路程长度L的比值的平方（Le/L）2定义为迂曲度

189

一、堵水调剖方案编制流程

研究内容二：堵调方案的编制

（一）油藏地质特征

（二）开发历程及现状

（三）窜流特征分析

（四）剩余油分布特征研究

（五）堵水调剖方案设计

190

（四）剩余油分布特征研究

采用方法

1、数值模拟方法

2、采出程度对比方法

3、新老井测井曲线对比法　单元剩余储量丰度图

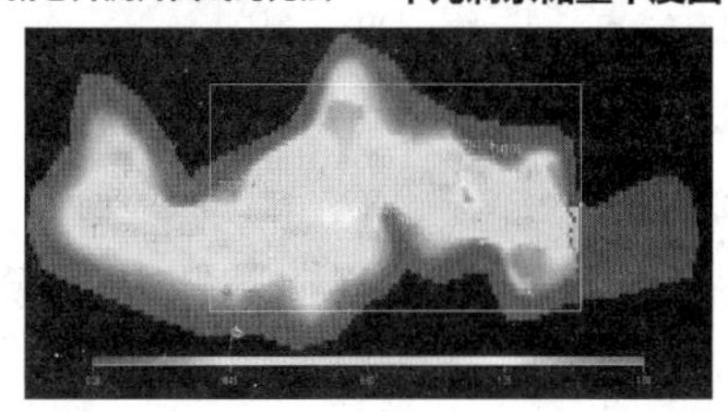

191

（四）剩余油分布特征研究

采用方法

1、数值模拟方法

2、采出程度对比方法

3、新老井测井曲线对比法　试验区剩余地质储量分布图

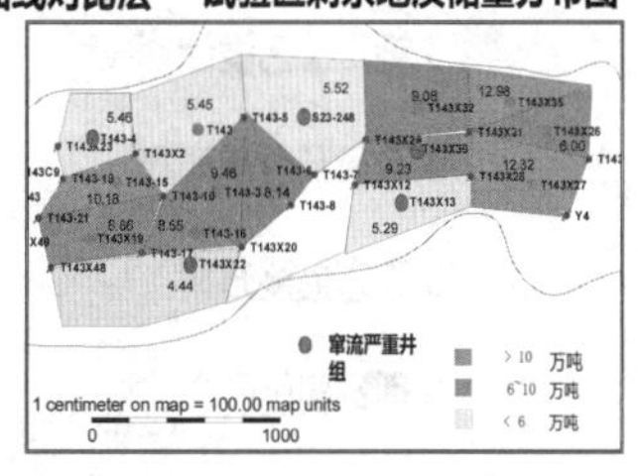

192

（四）剩余油分布特征研究

采用方法

1、数值模拟方法

2、采出程度对比方法

3、新老井测井曲线对比法

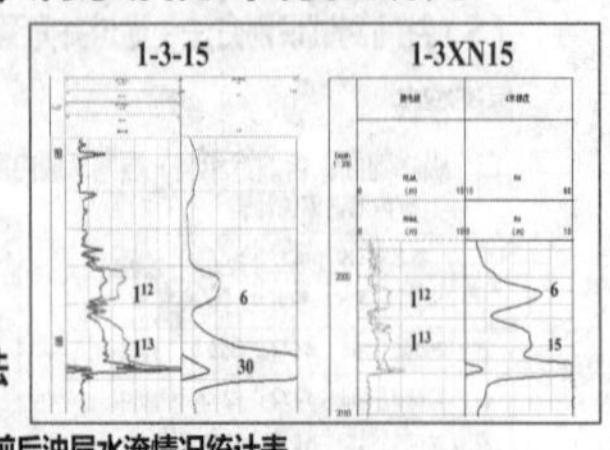

注聚前后油层水淹情况统计表

时间	油层上段		油层中段		油层下段		统计井数（口）
	厚度（m）	感应电导率（mS/m）	厚度（m）	感应电导率（mS/m）	厚度（m）	感应电导率（mS/m）	
注聚前	3.2	40	4.4	80	3.4	150	35
注聚后	3.3	70	4	146	3.5	200	42

193

一、堵水调剖方案编制流程

研究内容二：堵调方案的编制

（一）油藏地质特征

（二）开发历程及现状

（三）窜流特征分析

（四）剩余油分布特征研究

（五）堵水调剖方案设计

194

（五）堵水调剖方案设计

目的及对策：不同窜流通道模式有不同的治理目的及对策

窜流模式	治理原则	达到目的
窜流通道	封窜＋综合调整措施	宏观提高波及系数
水淹通道	调＋驱＋综合调整措施	宏观＋微观提高波及系数
弱水淹通道	驱＋综合挖潜措施	均衡驱替，提高波及系数

195

（五）堵水调剖方案设计

堵水调剖井选井

选井原则

1、窜流严重区域

2、剩余油相对富集区域

3、井网完善区域

4、注水井压力有上升空间

5、油水井井况较好

196

（五）堵水调剖方案设计

1.体系筛选

2.用量及段塞设计

3.施工工艺设计

4.效果及费用预测

5.动态监测方案

6.现场实施要求

197

（五）堵水调剖方案设计

窜流通道与堵剂性能匹配关系

大孔道类型
大孔道渗透率
大孔道孔道半径
大孔道厚度

→ 大孔道类型及参数 → 室内试验研究 → 堵剂性能指标

可注入性
成胶时间
封堵强度
耐冲刷性
地层温度
地层水矿化度

198

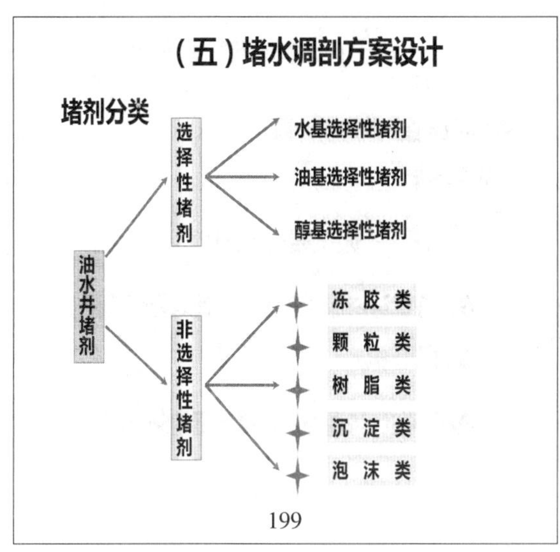

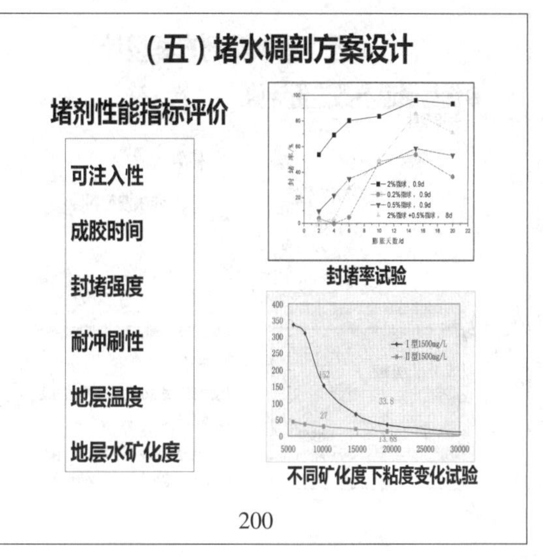

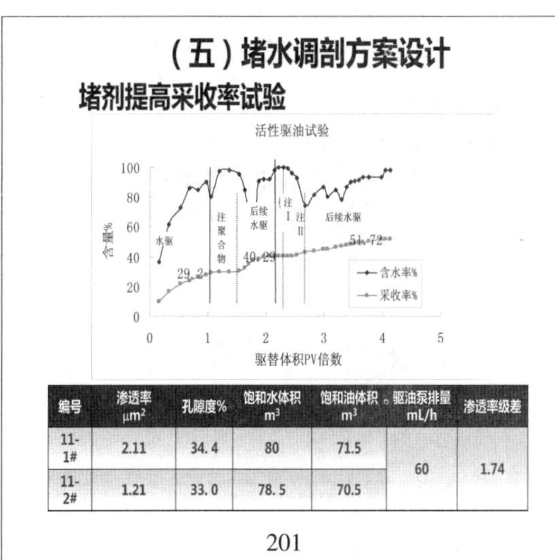

编号	渗透率 μm^2	孔隙度%	饱和水体积 m^3	饱和油体积 m^3	驱油泵排量 mL/h	渗透率级差
11-1#	2.11	34.4	80	71.5	60	1.74
11-2#	1.21	33.0	78.5	70.5		

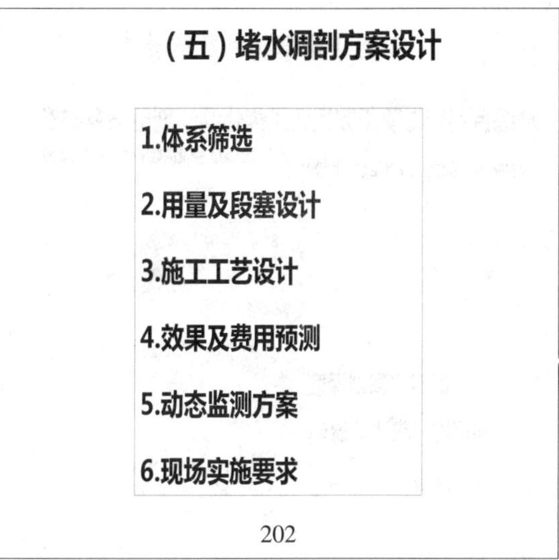

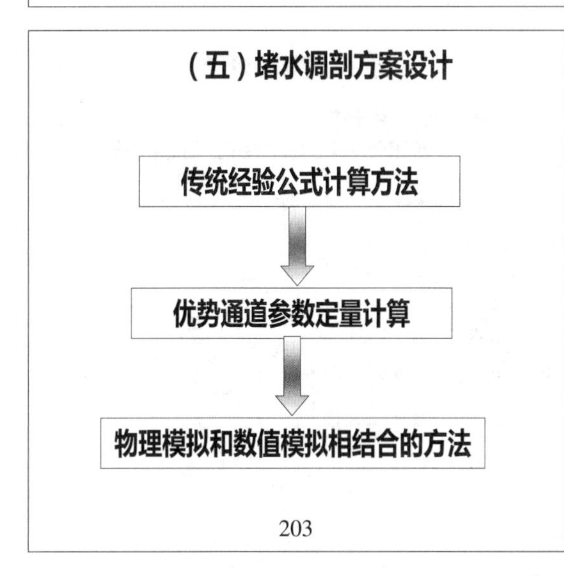

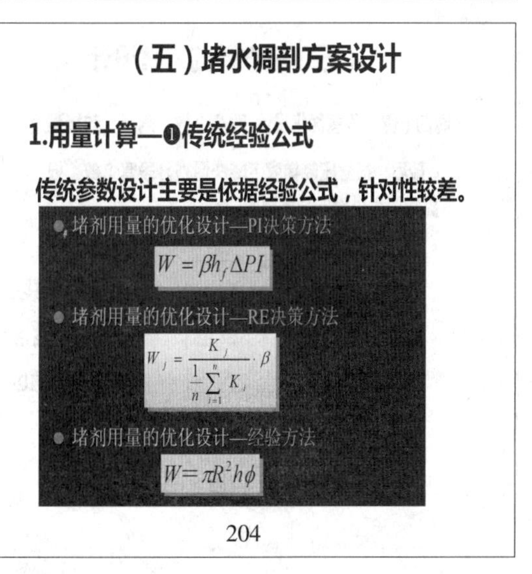

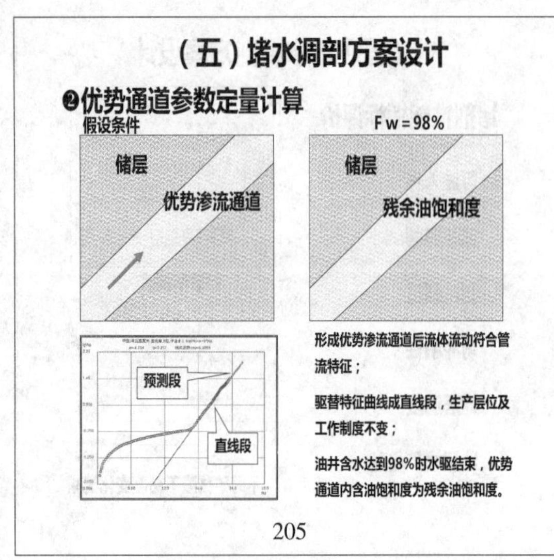

（五）堵水调剖方案设计

❷优势通道参数定量计算

计算方法

优势通道体积计算

❶存在优势渗流通道区域，计算是优势渗流通道体积

❷不存在优势通道，计算水驱控制体积

206

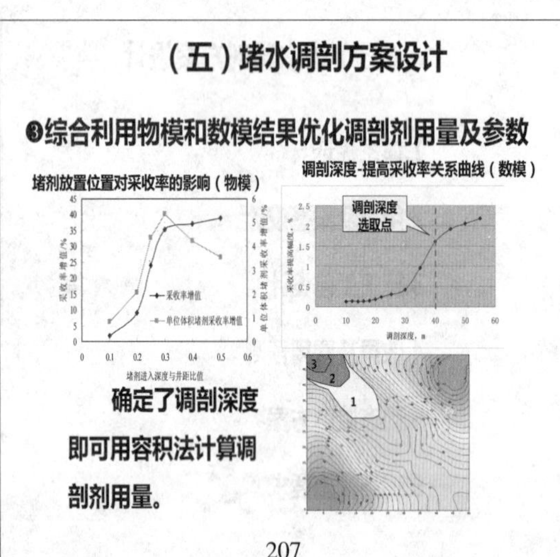

（五）堵水调剖方案设计

2.段塞优化设计方法

调剖（驱）段塞优化设计-段塞个数，用量，封堵强度

a.首先，将调剖（驱）体积折算成调剖深度

b.然后，利用油藏工程方法计算沿程压降梯度

$$\frac{dp}{dr}=\frac{Pe-Pw}{\ln\dfrac{Re}{Rw}}\bullet\frac{1}{r}$$

208

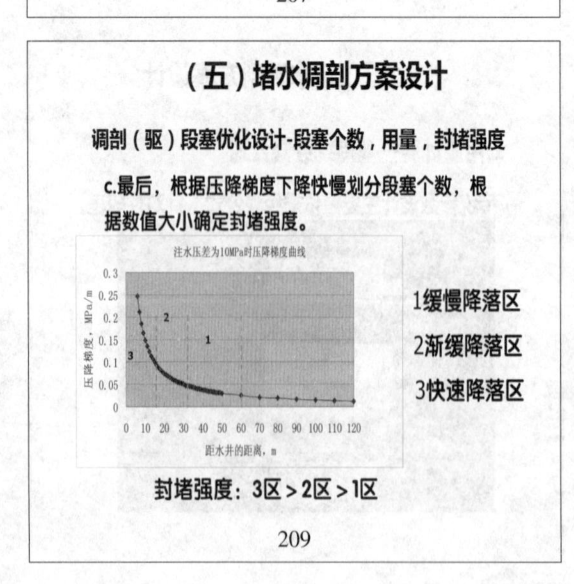

（五）堵水调剖方案设计

3.用量及段塞设计结果

调剖封窜井聚合物、交联剂、助剂用量表

井号	封堵段塞有机冻胶注入量m3	聚合物浓度mg/L	聚合物用量t	交联剂浓度mg/L	交联剂用量t	助剂浓度mg/L	助剂用量t	小计t
STT143X29	3500	2200	7.7	4000	14	1000	3.5	25.2
STT143X31	3300	2200	7.26	4000	13.2	1000	3.3	23.76
STT143X28	1600	2200	3.52	4000	6.4	1000	1.6	11.52
STT143X25	1600	2200	3.9	4000	6.4	1000	1.6	11.9
STT143X12	2200	2200	4.84	4000	8.8	1000	2.2	15.84
STT143-18	3000	2200	6.6	4000	12	1000	3	21.6
STT143-8	1700	2200	4.2	4000	6.8	1000	1.7	12.7
STT143-17	4100	2200	10	4000	16.4	1000	4.1	30.5
STT143X20	1100	2200	2.42	4000	4.4	1000	1.1	7.92
合计/t	22100		50.44		88.4		22.1	160.94

210

（五）堵水调剖方案设计

1.体系筛选

2.用量及段塞设计

3.施工工艺设计

4.效果及费用预测

5.动态监测方案

6.现场实施要求

211

（五）堵水调剖方案设计

施工工艺为堵水调剖工艺技术的重要组成部分

（一）堵水调剖施工工艺设计

（二）堵水调剖施工工艺流程

212

（五）堵水调剖方案设计

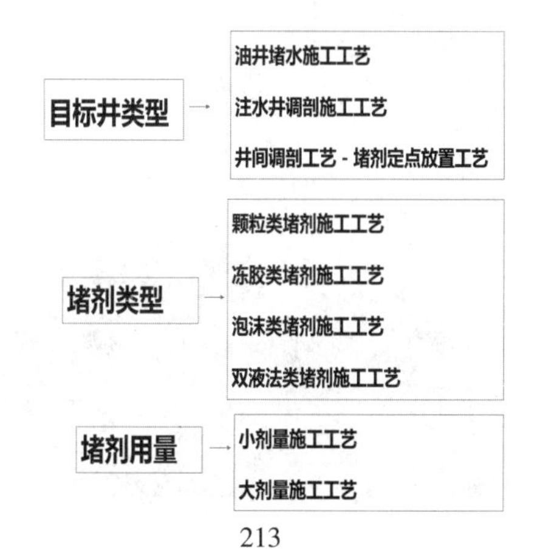

213

（五）堵水调剖方案设计

例：井间调剖工艺－堵剂定点放置工艺

新钻井测井资料反应油水井井间油层上部含油饱和度较高

15-015-15-013井井间水淹厚度剖面图

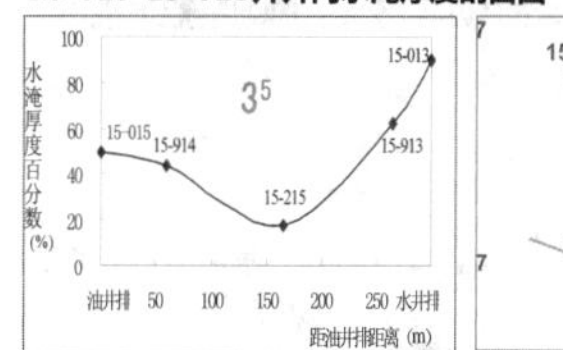

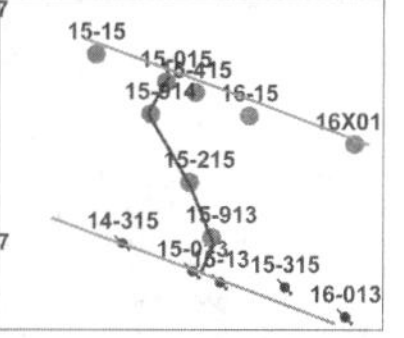

在油水井井排上，油层水淹比较严重。水淹厚度占50%，水井排上油层水淹厚度占90%。油水井中间水淹较弱，水淹厚度为20%。井排间井15-215投产初期日产油23.8t，含水2.4%，累产油2.22*10⁴t。

214

（五）堵水调剖方案设计

施工排量

施工时注入调剖剂的挤注排量需依据调剖井的具体地层条件确定。为减少对非目的层的伤害，应当采用低压低排量的注入方式。

挤注排量：

$$Q=\frac{2\pi Kh(p_w-p_e)}{\mu\ln(r_e/r_w)}$$

p_w－调剖井井底压力

p_e－油层平均压力

215

（五）堵水调剖方案设计

注入压力

注入压力与地层条件、注入排量、累计注入量、调剖剂性能（类型、理化性能等）等多方面因素有关。在施工设计中需要注明施工压力上限。一般原则为：从施工安全和不伤害地层的角度考虑，施工压力不超过地层破裂压力的80%；从调剖治理后能够保证有效注水的角度考虑，施工压力不超过注水干线压力；另外，从保证施工效果的角度考虑，一般选取注入过程中的爬坡压力为3.0MPa～5.0MPa。

216

（五）堵水调剖方案设计

施工管柱

STT143-10井下管柱图

(本次施工目的 注水井换管柱 完工日期:2011-05-21)

KAN-92反扣接头 2928.86

2946.6

喇叭口 2948.01

ES3Z31 -ES3Z32

2979.6

鱼顶 3002.57

人工井底3016.5

217

（五）堵水调剖方案设计

施工工艺为堵水调剖工艺技术的重要组成部分

（一）堵水调剖施工工艺设计

（二）堵水调剖施工工艺流程

218

（五）堵水调剖方案设计

目前较常用的配套流程设备主要有活动式、撬装式和固定站式三种类型。

（一）活动式注入流程

一般由2～3台400型或700型泵车、2个40m³方罐和配套高压管汇组成。该套流程适用于油井堵水及边远、分散井的调剖施工作业。

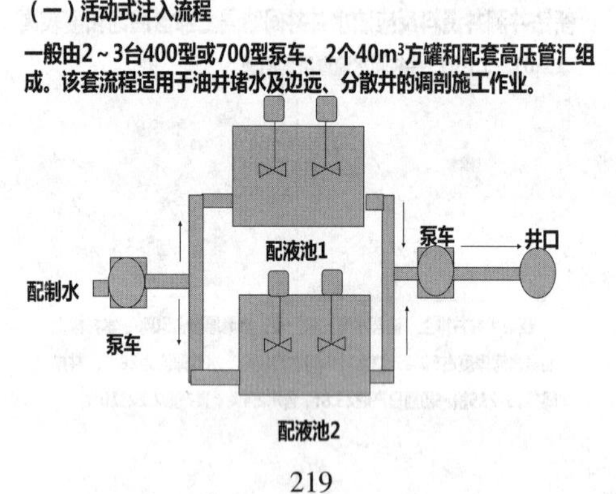

219

（五）堵水调剖方案设计

（一）活动式注入流程

220

（五）堵水调剖方案设计

（二）撬装式注入流程

该流程用高压泵作动力，特别适用于连续注入颗粒类调剖剂。

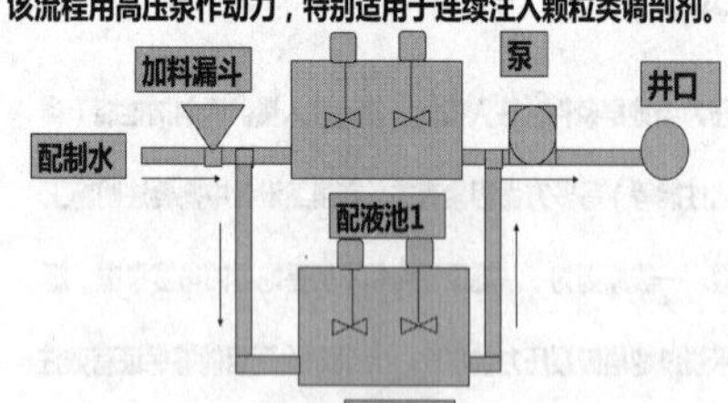

（三）地面站式注入流程

以地面堵调站为核心的辐射型堵水网络，利用配水间与注水井原有的注水管网注入调剖井点。主要适用于粘土类堵剂（单液法和双液法）的大剂量施工。

221

（五）堵水调剖方案设计

移动式注入设备

222

（五）堵水调剖方案设计

变频注入设备

223

（五）堵水调剖方案设计

小型注聚站

224

（五）堵水调剖方案设计

在线注入

225

（五）堵水调剖方案设计

1.体系筛选

2.用量及段塞设计

3.施工工艺设计

4.效果及费用预测

5.动态监测方案

6.现场实施要求

226

（五）堵水调剖方案设计

增油效果预测

区块整体增油量：净增油、递减增油

区块提高采收率幅度

自然递减下降幅度

单井产能增加幅度：含水下降幅度、日油能力上升幅度、有效期、累积增油量

储层剖面改善情况

注入剖面或者产出剖面改善情况

吸水指数与启动压力变化情况

油压升高幅度

井口压降曲线是否改善（PI）

数模预测调驱含水与水驱含水对比曲线

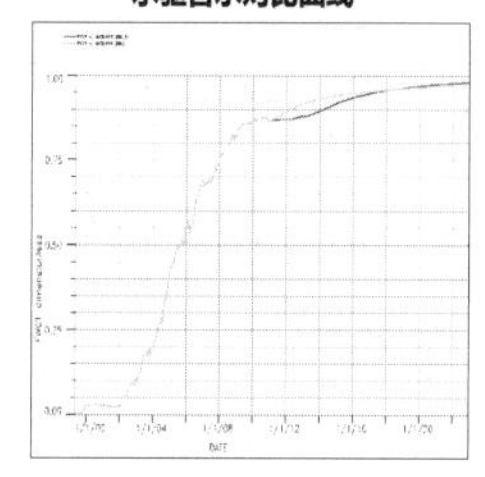

227

（五）堵水调剖方案设计

调剖经济效益评价

调剖经济效益评价主要是评价投入产出比和经济效益。

1）投入产出比

累计增产油量　原油价格　注水费用

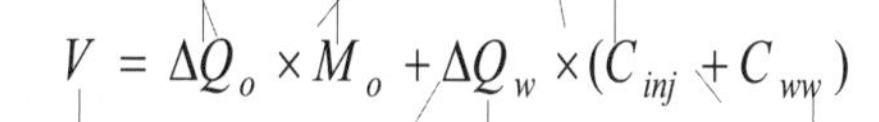

$$V = \Delta Q_o \times M_o + \Delta Q_w \times (C_{inj} + C_{ww})$$

总产出价值　累计降低产水量　污水处理费用

投入产出比：C_f / V

堵调施工总投入，包括药剂费、作业费、施工费等

228

（五）堵水调剖方案设计

2）经济效益

调剖经济效益　累计增产油量

$$E = V - C_f - C_d \times \Delta Q_o$$

总产出价值　投入费用　直接采油成本

229

（五）堵水调剖方案设计

1.体系筛选

2.用量及段塞设计

3.施工工艺设计

4.效果及费用预测

5.动态监测方案

6.现场实施要求

230

（五）堵水调剖方案设计

试验区动态监测计划表

井别	监测项目	井号	实施要求
注入井	常规吸水剖面	全部水井	试验前
	定点吸聚剖面	全部水井	季度一次
	声波变密度	全部水井	试验前
	压力降落	全部水井	半年一次
	指示曲线	全部水井	试验前一次 季度一次
生产井	产液剖面		季度一次
	定点测压		季度一次
	压力恢复		年度一次
	PND 监测		半年一次
	声波变密度		试验前
	定点物性监测		季度一次
	定点全分析监测		半年一次

为准确分析堵调效果和动态变化特点，便于实施及时有效的调整，需要动态监测

231

（五）堵水调剖方案设计

1.体系筛选

2.用量及段塞设计

3.施工工艺设计

4.效果及费用预测

5.动态监测方案

6.现场实施要求

232

（五）堵水调剖方案设计

（1）前期油藏准备

为保证试验顺利进行，根据试验区存在的问题，设计以下作业工作量：

坨143断块水井其他工作量表

类型	转注（井次）	检换管（井次）	酸化（井次）	水力深穿（井次）	合计（井次）
井号					
小计	1	11(完成)	13	1	26

主要工作量为检管和酸化

233

（五）堵水调剖方案设计

（2）配产配注方案

水井井号	目前 日注水(m3)	调整后配注(m3)	油井井号	目前 日产液/t	目前 日产油/t	目前 含水/%	调驱期间液量/t	注采比 目前	注采比 调整后
								1.13	1.07

234

（五）堵水调剖方案设计

（3）矿场注入方案

①封窜体系（9口井）：

有机交联冻胶，污水配注，22100m³

聚合物2200mg/L+交联剂4000mg/L+助剂1000mg/L

注入速度：72m³/d

②调驱体系（13口井）：

微球体系注入303320m³

浓度：2000—3000mg/L

注入速度：0.07PV/a

235

（五）堵水调剖方案设计

（4）增油效果预测

调驱年增油柱状图

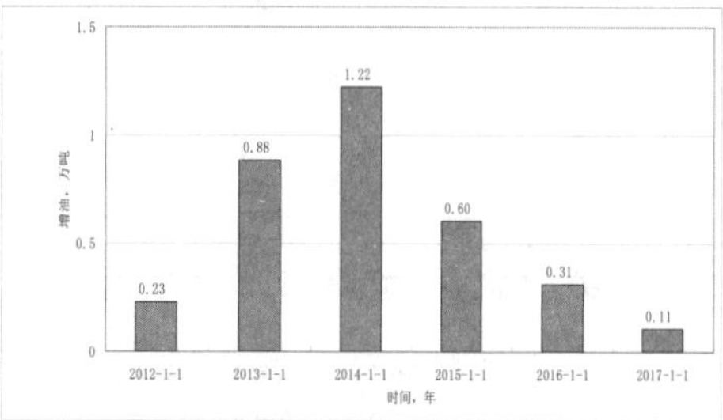

增油，万吨

1.5
1
0.5
0

0.23
0.88
1.22
0.60
0.31
0.11

2012-1-1
2013-1-1
2014-1-1
2015-1-1
2016-1-1
2017-1-1

时间，年

提高采收率 ，累增原油，折算吨化学剂增油。

236

（五）堵水调剖方案设计

（5）方案实施要求

❶严格控制注入化学剂的质量

酚醛交联剂质量控制指标

项目	指标
外观	无色至黄色透明液体
密度，g/cm³（25℃）	1.0～1.1
pH值	5～7
增粘比	≥ 10
剪切恢复性，%	≥50.0
凝胶稳定性，（90℃，90d），%	≥75

聚合物质量控制指标

序号	项目		要求	实验条件
1	固含量（%）		>89	SY/T 5862-2008
2	水解度（%）		<22.0	SY/T 5862-2008
3	表观粘度(mPa.s)		>30.0	区块条件，1500mg/L
4	溶解性		<2h	50℃
5	特性粘数（mL/g）		>1800	SY/T 5862-2008
6	热稳定性	85℃无氧条件下1个月后粘度保留率（%）	>90.0或>20mPa.s	区块条件，1500mg/L
		85℃无氧条件下3个月后粘度保留率（%）	>80.0或>17mPa.s	区块条件，1500mg/L

聚合物微球质量控制指标

项目		指标
外观		棕黄色半透明均相液体
固含量，%		≥45.0
可析出固形物含量，%		≥20.0
密度，g/cm³（25℃）		0.95～1.05
分散性能（1%浓度，搅拌5min）		静置24h后不分层
初始粒径，nm		≤500
粒径符合率，%		≥80.0
膨胀倍数，（70℃，蒸馏水，7d）		≥10.0
梯形膨胀倍数（70℃，蒸馏水）	1d	≥1.5
	3d	≥5.0
	5d	≥8.0
耐温、耐盐性（85℃，10%NaCL，7d）		无沉淀，膨胀倍数≥5.0

237

（五）堵水调剖方案设计

（5）方案实施要求

❷配注污水达到水质指标

配注水水质项目要求

水质项目		推荐水质控制指标
悬浮固体含量	mg/L	≤50
含油	mg/L	≤100
SRB菌	个/mL	≤25
铁细菌	个/mL	n×10⁴
腐生菌	个/mL	n×10⁵
溶解氧	mg/L	0
Fe^{2+}	mg/L	<0.5
COD	mg/L	≤500

238

（五）堵水调剖方案设计

（5）方案实施要求

❸施工要求

为了确保矿场试验的顺利进行，达到降水增油目的，矿场实施要求遵循以下原则：

a.加强化学剂产品的质量监测，保证注入浓度、粘度及其稳定性。

b.控制注入速度在方案设计的范围内。

c.在方案实施过程中，加强地面注入设备的维护和保养，确保注入时率>80%。

d.井口注入压力严格控制在油层破裂压力以下。

e.按动态监测方案要求取全取准各项资料。

❹HSE要求

a.配液人员必须穿戴好劳保护具，现场必备清水，随时清洗；

b.管线试验压力为20MPa，不渗不漏为合格。合格后方可进行下步工序；

c.高压区严禁非施工人员进入，严禁带压进行整改操作；

d.施工用料包装袋认真清理，集中后统一处理，不遗留井场。

239

第九章　油水井水泥封堵工艺技术

封堵分类：堵炮眼、堵漏、二次固井堵管外窜

水泥封堵施工流程图

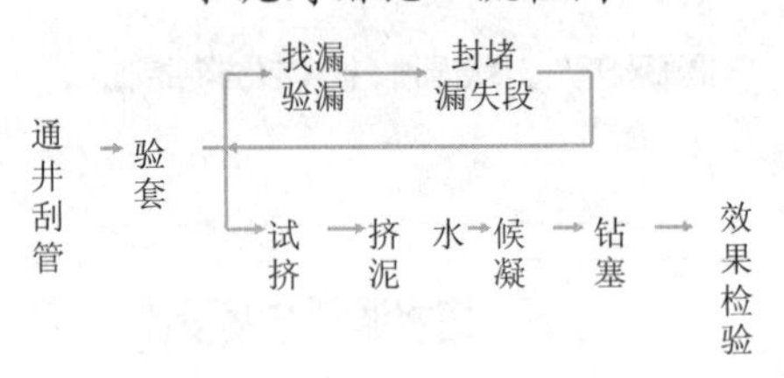

1

一、油水井套管找漏配套技术

油水井套管腐蚀穿孔、破裂，一般称为套管漏失。确定漏失点的测井施工称为找漏。

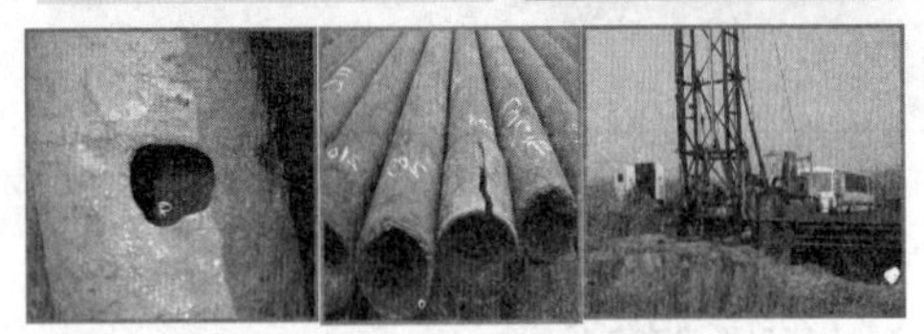

2

1、微差井温法找漏技术---全井找出套破或者疑似套破点

技术方法：用双温度探头　实测井内相隔1米间的温度差值。

施工工艺技术：采用动态井温测井工艺。地面设备除仪器车外，还需要高压压风机配合。测井前，起出原井内管柱、冲砂、通井，并完成测井管柱。

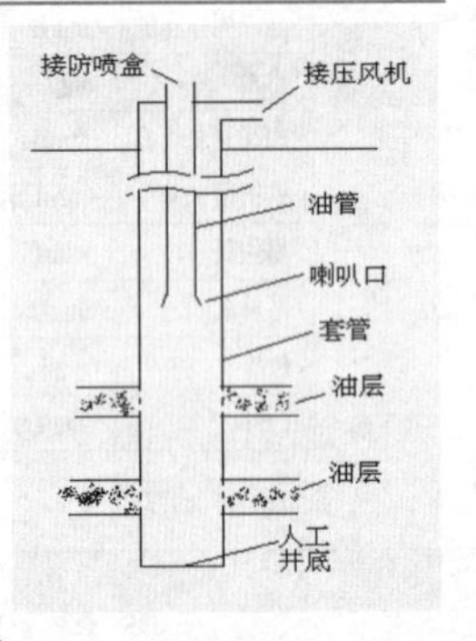

3

井温找漏应用井例

典型井例--****井

正常生产：日产油3.6吨，含水57%。因含水突然上升到100%、水分析矿化度4268mg/L、含硫酸根1417mg/L，故认为套管破，于2004年6月4日进行微差井温找漏。

资料解释：1255-1265米套破，作业验证结果准确。挤灰封堵后，日产油恢复到4吨，含水68.8%，恢复正常生产。

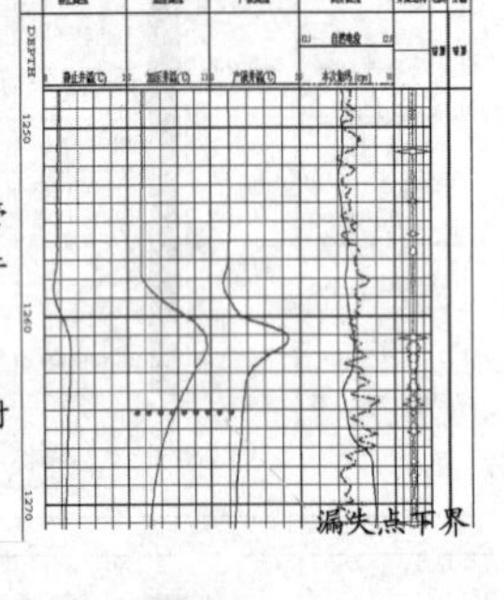

4

2、多臂井径找漏---精确找出套破段以及腐蚀情况

井径仪利用机械探测臂接触井壁，每一个探测臂都连接一个非接触式位移传感器，探测臂均匀分布于井径仪一周的平面上。

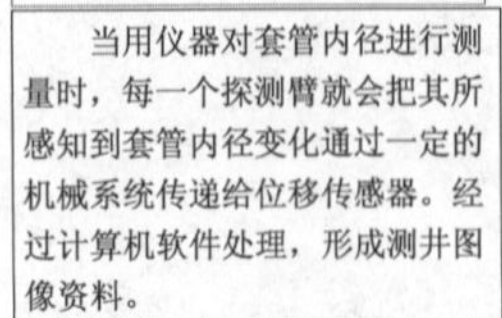

当用仪器对套管内径进行测量时，每一个探测臂就会把其所感知到套管内径变化通过一定的机械系统传递给位移传感器。经过计算机软件处理，形成测井图像资料。

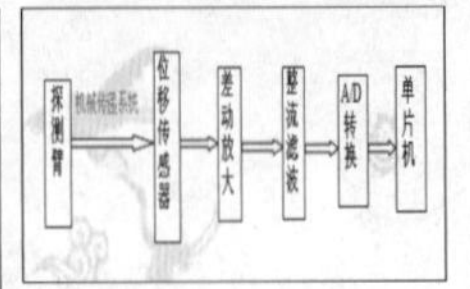

5

多臂井径测井技术应用井例

6

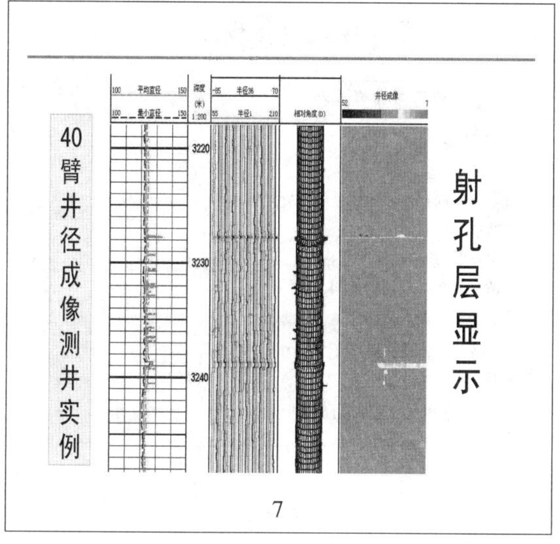
40臂井径成像测井实例
射孔层显示
7

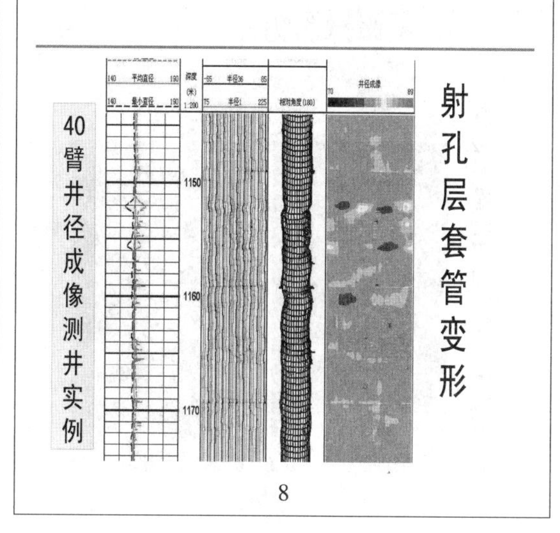
40臂井径成像测井实例
射孔层套管变形
8

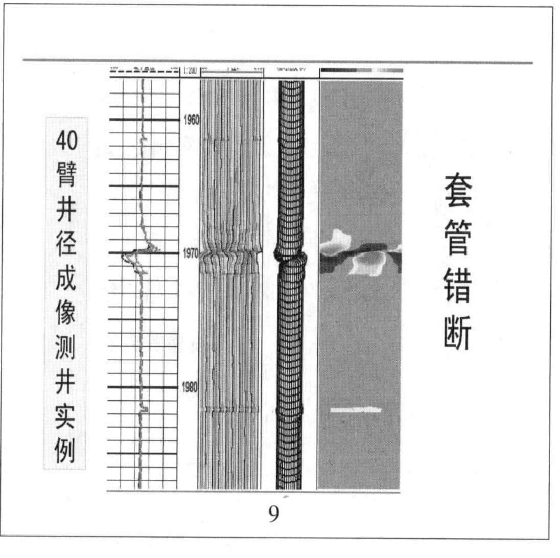
40臂井径成像测井实例
套管错断
9

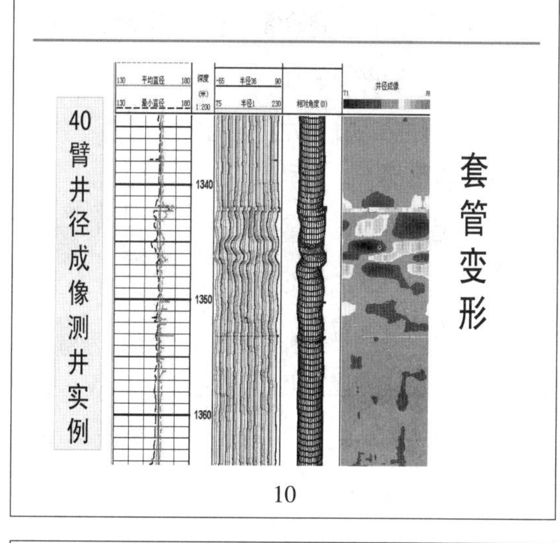
40臂井径成像测井实例
套管变形
10

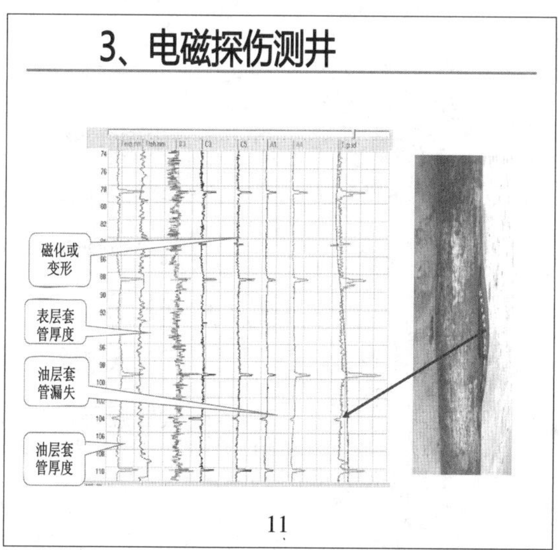
3、电磁探伤测井
磁化或变形
表层套管厚度
油层套管漏失
油层套管厚度
11

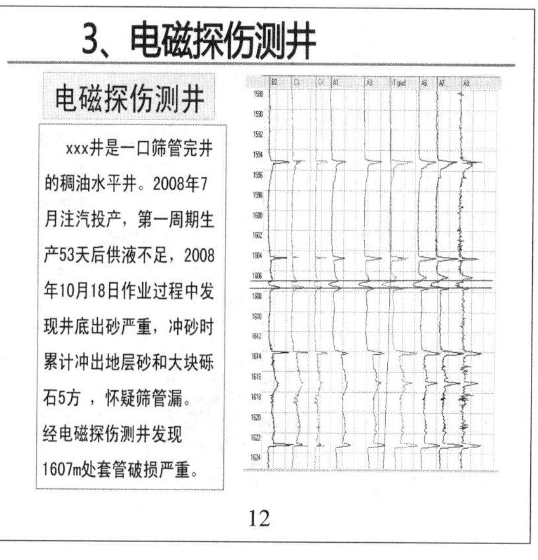
3、电磁探伤测井
电磁探伤测井
xxx井是一口筛管完井的稠油水平井。2008年7月注汽投产，第一周期生产53天后供液不足，2008年10月18日作业过程中发现井底出砂严重，冲砂时累计冲出地层砂和大块砾石5方，怀疑筛管漏。
经电磁探伤测井发现1607m处套管破损严重。
12

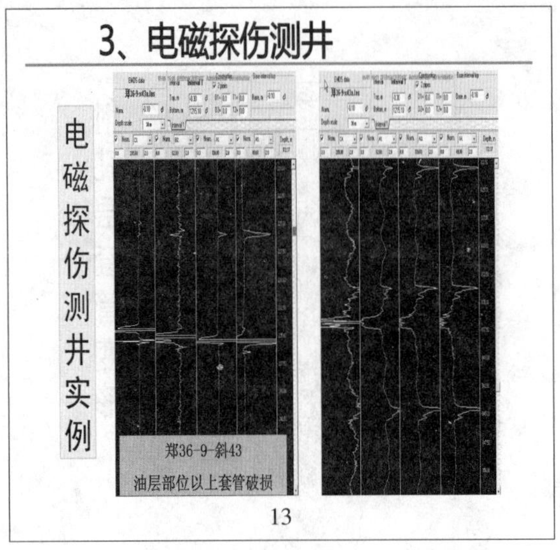
3、电磁探伤测井
电磁探伤测井实例
郑36-9-斜43
油层部位以上套管破损
13

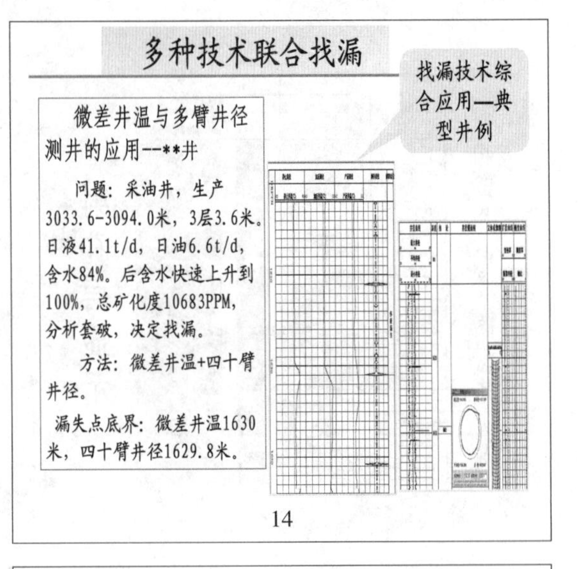
多种技术联合找漏
找漏技术综合应用—典型井例
微差井温与多臂井径测井的应用--**井
问题：采油井，生产3033.6-3094.0米，3层3.6米。日液41.1t/d，日油6.6t/d，含水84%。后含水快速上升到100%，总矿化度10683PPM，分析套破，决定找漏。
方法：微差井温+四十臂井径。
漏失点底界：微差井温1630米，四十臂井径1629.8米。
14

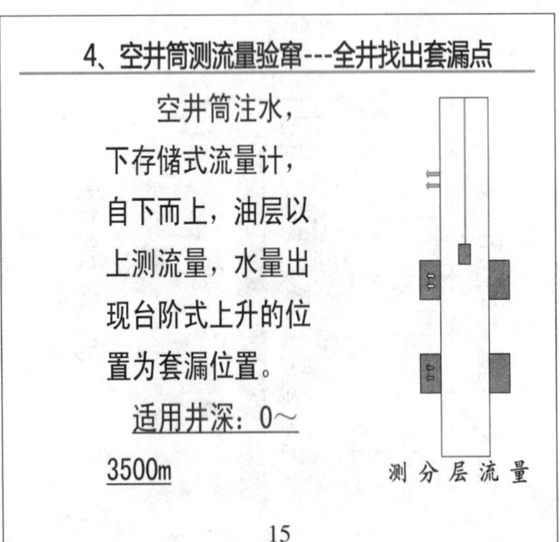
4、空井筒测流量验窜---全井找出套漏点
空井筒注水，下存储式流量计，自下而上，油层以上测流量，水量出现台阶式上升的位置为套漏位置。
适用井深：0～3500m
测分层流量
15

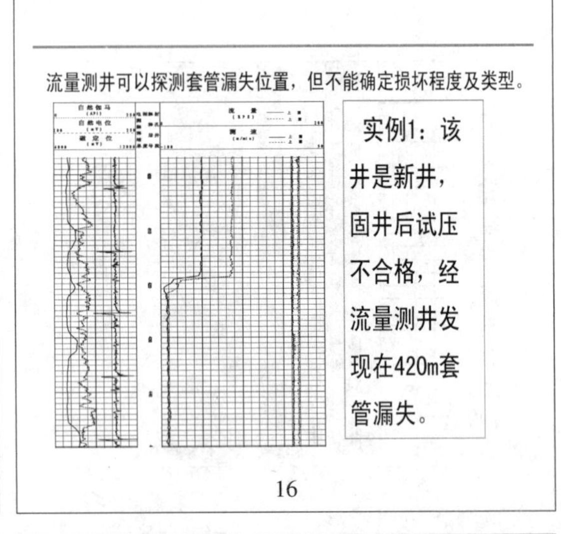
流量测井可以探测套管漏失位置，但不能确定损坏程度及类型。
实例1：该井是新井，固井后试压不合格，经流量测井发现在420m套管漏失。
16

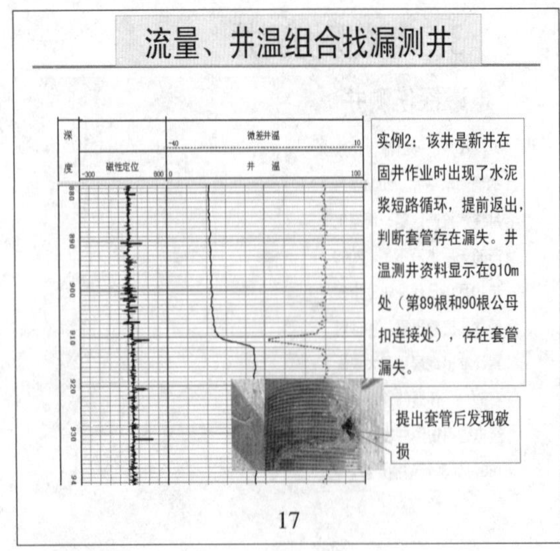
流量、井温组合找漏测井
深度
微差井温
磁性定位
井温
实例2：该井是新井在固井作业时出现了水泥浆短路循环，提前返出，判断套管存在漏失。井温测井资料显示在910m处（第89根和90根公母扣连接处），存在套管漏失。
提出套管后发现破损
17

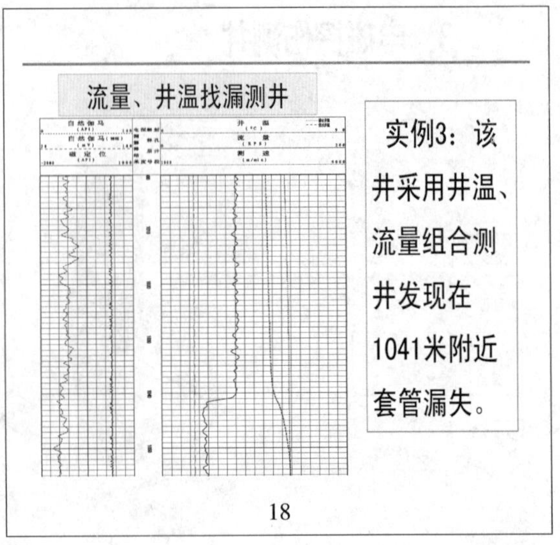
流量、井温找漏测井
实例3：该井采用井温、流量组合测井发现在1041米附近套管漏失。
18

流量、井温找漏测井

实例4：辛50-13井

测井前：日产液76m3，日产油0.8m3，综合含水99 %，怀疑套管破损，要求找漏点。

措施： 流量曲线在304米处套管接箍下部变化明显，分析确定该处套管破损，导致井内大量出水，生产层位上部设置封隔器卡封后，重新投产开采。

措施后：日产液70.9m3，日产油18.6m3，综合含水73.7%，日增油15.8m3，综合含水下降了25.2%。

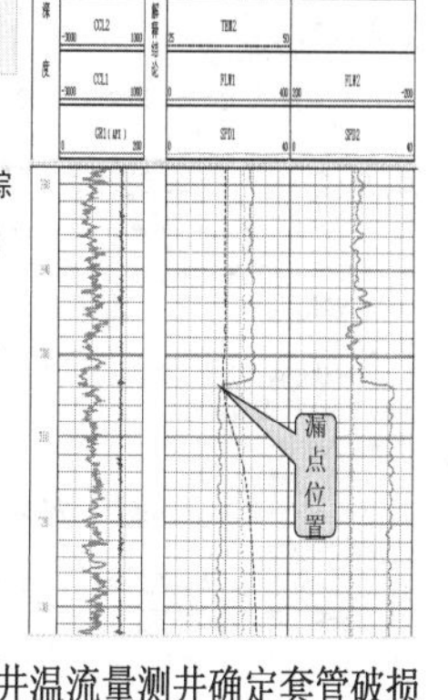

井温流量测井确定套管破损

19

5、封隔器找漏-对井温及多臂井径结果验证

组成及适用范围

该管柱由常规Y111封隔器、水力锚、高强度找漏器、Y221封隔器、单向凡尔组成。

适用井深：1000～3500m

主要技术参数

工作压力：25MPa

工作温度：120℃

坐封载荷：60～90KN

漏点
水力锚
Y111封隔器
高强度找漏器
Y221封隔器
油层
油层
单向凡尔

20

5、封隔器找漏-对井温及多臂井径结果验证

组成及适用范围

该管柱由常规K344封隔器、745-5节流器、单向凡尔组成。

适用井深：0～2500m

主要技术参数

工作压力：25MPa

工作温度：120℃

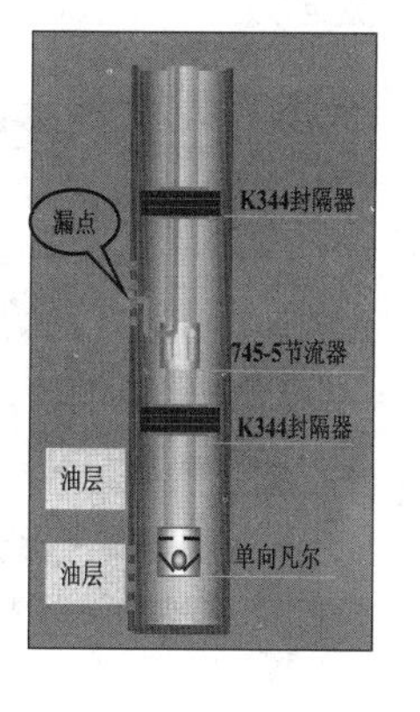

21

二、油水井水泥封堵工艺技术　循环法

循环法：适用于普通堵炮眼和短井段封堵

超细水泥封堵封串规程QSH1020_1606-2003、找串漏封串堵漏规程SYT5587.4-2004

1、下封堵管柱至设计规定的深度，一般至封堵井段上界20-30米；
2、水泥车就位后，连接井口进、出口管线，对井口和高压管线进行水压密封试验；
3、大排量反洗井降温，要求按SY/T5587.7；
4、关井口，试挤求吸水指数，若试挤压力高压20MPa或吸水量小于400L/h，用酸液预处理封堵井段；
5、按设计要求加入水泥外添加剂体系（减阻剂和缓凝剂），配置水泥浆。水泥浆应混合均匀，不得混入杂物；
6、正替（挤）入设计规定的水泥浆；
7、正替入设计要求的顶替液量，将水泥浆顶替至油管脚；
8、关套管闸门，正挤顶替液，直至达到一定挤水泥压力或已泵入一定量流体为止，压力由试挤压力挤套管所能承受强调决定；
9、挤完后立即倒管线，控制出口压力为挤注压力的0.7-0.8倍，大排量反洗井，洗出油管内多余水泥浆；
10、上提油管至作业井段200米以上，关井带压侯凝24-48h；

适用单处漏点、短井段封堵

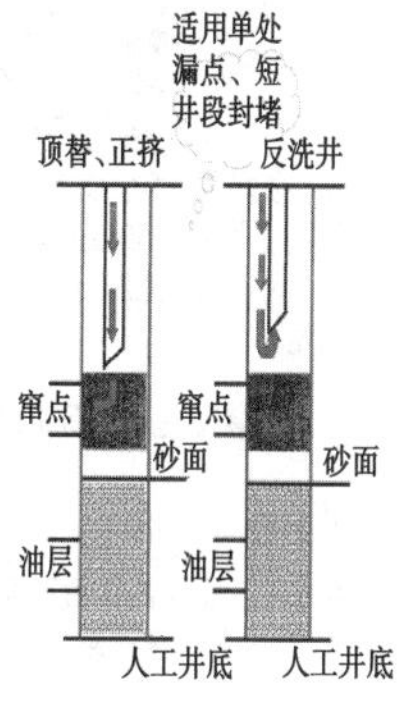

22

循环法

ǒ 规范原则

安全先行，质量优先

ǒ 适应条件

井况条件
- □ 套窜部位套管状况好；
- □ 套窜部位以上套管无别的窜层；
- □ 套窜部位位于直或斜井段

漏层条件　单处窜层

ǒ 施工细化方案

按照能否建立循环分两种情况进行细化

循环法施工管柱图

顶替、正挤
反洗井
窜点
窜点
砂面
砂面
油层
油层
人工井底
人工井底

23

循环法

规范方案1 施工工序

1） 调整管柱至离窜层上界20-30m；
2） 正洗井至进出口液体性质一致，计算漏失量；
3） 关套管闸门，对漏层试挤，并求吸水指数；
4） 配置相对密度1.80g/cm³的水泥浆4m³；
5） 打开套管闸门，正替清水隔离液2-3m³；
6） 正替水泥浆至油管鞋处；
7） 关套管闸门，正挤至泵压升至12MPa后改用清水顶替；
8） 用400型水泥车1档车正挤清水隔离液1m³+污水，待压力升至施工最高限压后，停泵，压力扩散3-5min，若压力1min内下降2MPa以上，则再次顶替水至施工最高限压，直到压力1min内下降1MPa以内为止
9） 压力扩散完成后，缓慢打开套管闸门泄压至零；
10）反洗井，洗出油套环空和油管内多余水泥浆；
11）上提管柱20-30根
12）关油管闸门，套管反挤至施工最高限压5min压降为1MPa为止
13）带压侯凝48h

典型井例　DXX109X162

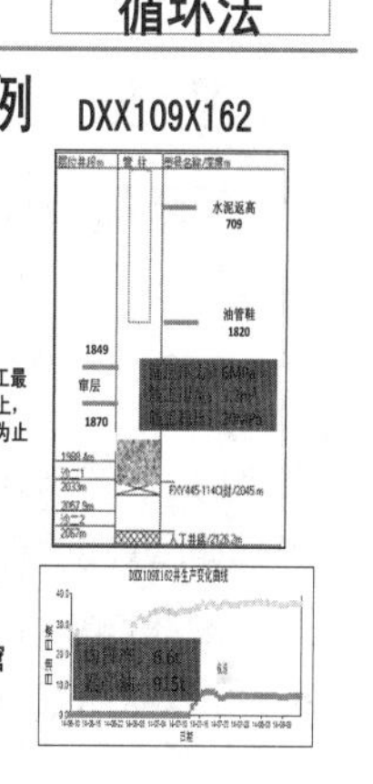

方案说明

1、此方案适应于设计用量在4m³的堵炮眼或窜层；

2、洗井过程中要求5min分钟内能建立循环；

24

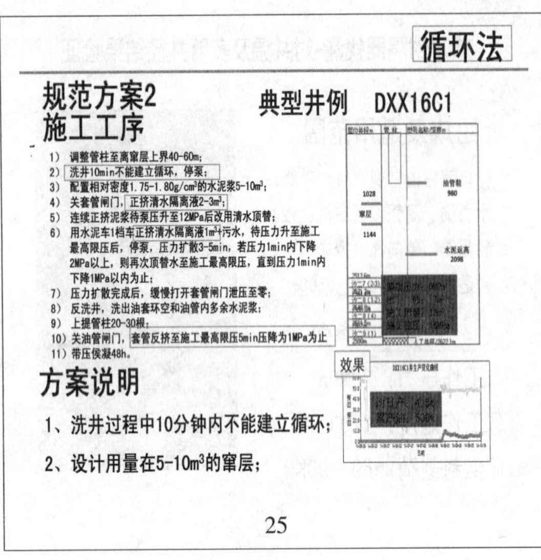
循环法
规范方案2
施工工序
典型井例 DXX16C1
1） 调整管柱至离窜层上界40-60m；
2） 洗井10min不能建立循环，停泵；
3） 配置相对密度1.75-1.80g/cm³的水泥浆5-10m³；
4） 关套管闸门，正挤清水隔离液2-3m³；
5） 连续正挤泥浆待泵压升至12MPa后改用清水顶替；
6） 用水泥车1档车正挤清水隔离液1m³+污水，待压力升至施工最高限压后，停泵，压力扩散3-5min，若压力1min内下降2MPa以上，则再次顶替水至施工最高限压，直到压力1min内下降1MPa以内为止；
7） 压力扩散完成后，缓慢打开套管闸门泄压至零；
8） 反洗井，洗出油套环空和油管内多余水泥浆；
9） 上提管柱20-30根；
10） 关油管闸门，套管反挤至施工最高限压5min压降为1MPa为止
11） 带压侯凝48h。
方案说明
1、洗井过程中10分钟内不能建立循环；
2、设计用量在5-10m³的窜层；
1028
窜层
1144
效果
25

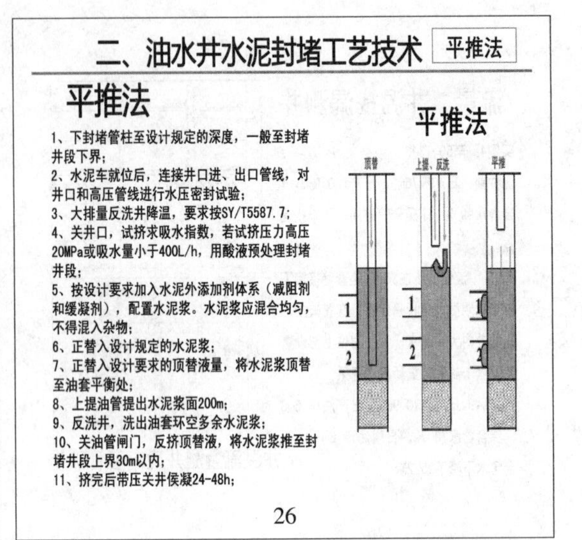
二、油水井水泥封堵工艺技术
平推法
平推法
1、下封堵管柱至设计规定的深度，一般至封堵井段下界；
2、水泥车就位后，连接井口进、出口管线，对井口和高压管线进行水压密封试验；
3、大排量反洗井降温，要求按SY/T5587.7；
4、关井口，试挤求吸水指数，若试挤压力高压20MPa或吸水量小于400L/h，用酸液预处理封堵井段；
5、按设计要求加入水泥外添加剂体系（减阻剂和缓凝剂），配置水泥浆。水泥浆应混合均匀，不得混入杂物；
6、正替入设计规定的水泥浆；
7、正替入设计要求的顶替液量，将水泥浆顶替至油套平衡处；
8、上提油管提出水泥浆面200m；
9、反洗井，洗出油套环空多余水泥浆；
10、关油管闸门，反挤顶替液，将水泥浆推至封堵井段上界30ml以内；
11、挤完后带压关井侯凝24-48h；
平推法
顶替
上提、反洗
平推
1
2
26

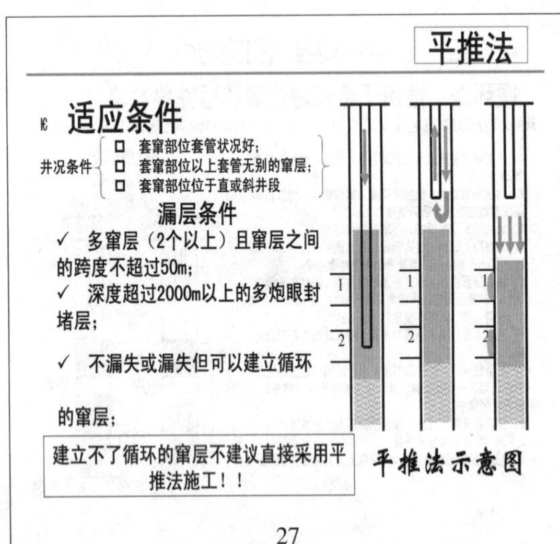
平推法
适应条件
井况条件
套窜部位套管状况好；
套窜部位以上套管无别的窜层；
套窜部位位于直或斜井段
漏层条件
✓ 多窜层（2个以上）且窜层之间的跨度不超过50m；
✓ 深度超过2000m以上的多炮眼封堵层；
✓ 不漏失或漏失但可以建立循环的窜层；
建立不了循环的窜层不建议直接采用平推法施工！！
1
2
平推法示意图
27

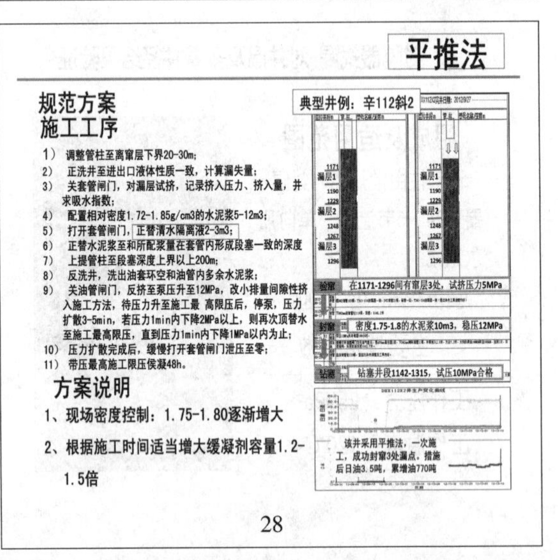
平推法
规范方案
施工工序
典型井例：辛112斜2
1） 调整管柱至离窜层下界20-30m；
2） 正洗井至进出口液体性质一致，计算漏失量；
3） 关套管闸门，对漏层试挤，记录挤入压力、挤入量，并求吸水指数；
4） 配置相对密度1.72-1.85g/cm3的水泥浆5-12m3；
5） 打开套管闸门，正替清水隔离液2-3m3；
6） 正替水泥浆至和所配浆量在套管内形成段塞一致的深度
7） 上提管柱至段塞深度上界以上200m；
8） 反洗井，洗出油套环空和油管内多余水泥浆；
9） 关油管闸门，反挤至泵压升至12MPa，改小排量间隙性挤入施工方法，待压力升至施工最 高限压后，停泵，压力扩散3-5min，若压力1min内下降2MPa以上，则再次顶替水至施工最高限压，直到压力1min内下降1MPa以内为止；
10） 压力扩散完成后，缓慢打开套管闸门泄压至零；
11） 带压最高施工限压侯凝48h。
方案说明
1、现场密度控制：1.75-1.80逐渐增大
2、根据施工时间适当增大缓凝剂容量1.2-1.5倍
1171
漏层1
1190
1229
漏层2
1248
1267
漏层3
1296
验窜
在1171-1296间有窜层3处，试挤压力5MPa
封窜
密度1.75-1.8的水泥浆10m3，稳压12MPa
钻塞
钻塞井段1142-1315，试压10MPa合格
该井采用平推法，一次施工，成功封窜3处漏点，措施后日油3.5吨，累增油770吨
28

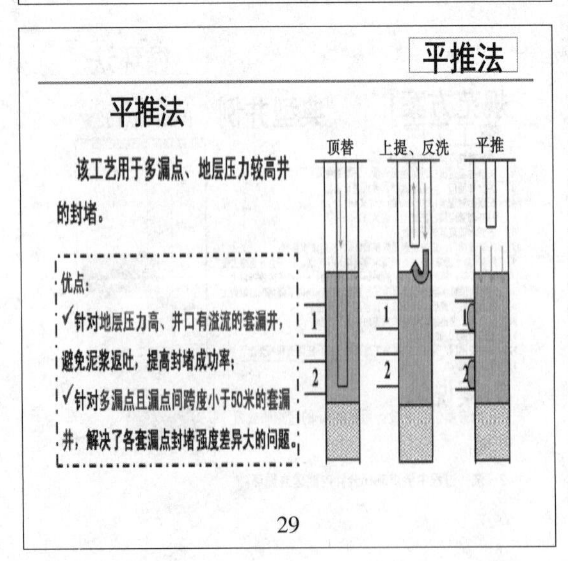
平推法
平推法
该工艺用于多漏点、地层压力较高井的封堵。
优点：
✓针对地层压力高、井口有溢流的套漏井，避免泥浆返吐，提高封堵成功率；
✓针对多漏点且漏点间跨度小于50米的套漏井，解决了各套漏点封堵强度差异大的问题。
顶替
上提、反洗
平推
1
2
29

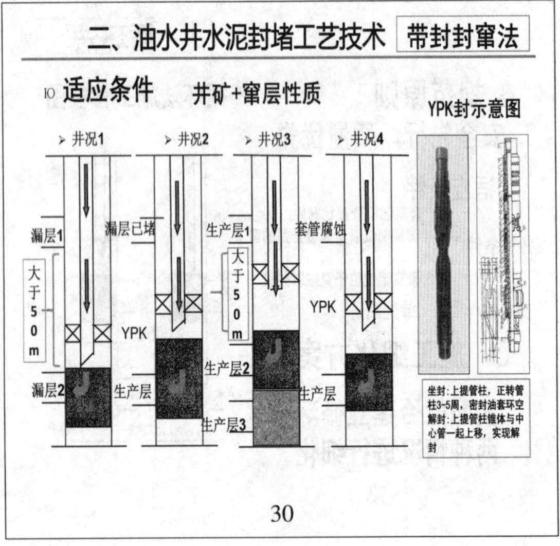
二、油水井水泥封堵工艺技术
带封封窜法
适应条件
井矿+窜层性质
YPK封示意图
井况1
井况2
井况3
井况4
漏层1
漏层已堵
生产层1
套管腐蚀
大于50m
YPK
漏层2
生产层
生产层2
生产层3
坐封：上提管柱，正转管柱3-5周，密封油套环空
解封：上提管柱锥体与中心管一起上移，实现解封
30

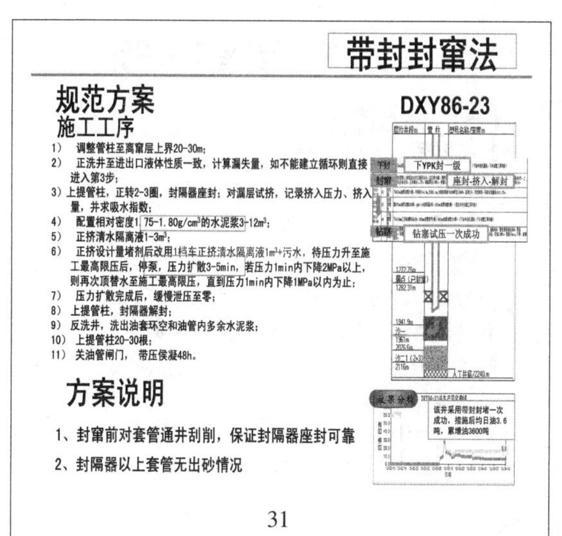

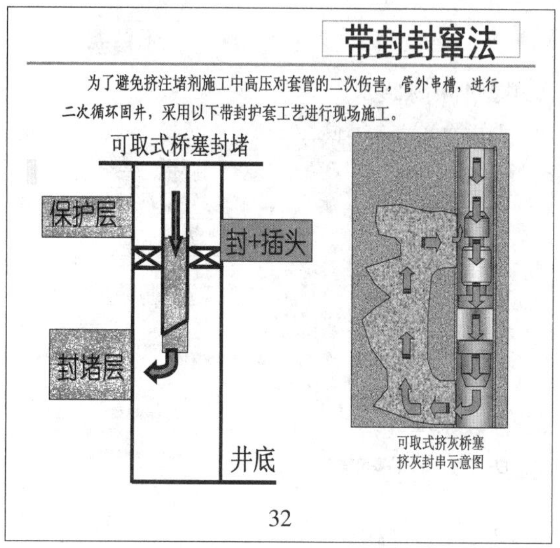

目前现场常用的是可取式挤灰桥塞挤灰工艺，该工艺具有以下特点：

（1）保护上部套管；

（2）避免灰浆上返进入油套环空、防止上部油层污染；

（3）实现井下快速关井，水泥在高压下凝固，保证了堵剂凝固质量和封堵效果。

（4）、防止堵剂反吐，准确的控制灰面

33

带封封窜法

封隔器法

该工艺用于多漏点且跨度大（大于50米）的套漏井及套漏点以上套管有问题（曾封窜或整形）的封堵井。

优点：

✓对多漏点且漏点间跨度大（大于50米）的井，保证每个漏点的封堵质量；

✓对套漏点以上套管有问题的井，保护井筒，消除漏点上部井筒对施工不利影响 。

第一次封堵　第二次封堵

封隔器　漏层　漏层　灰面　封隔器　漏层　漏层

34

二、油水井水泥封堵工艺技术　不留塞法

适应条件

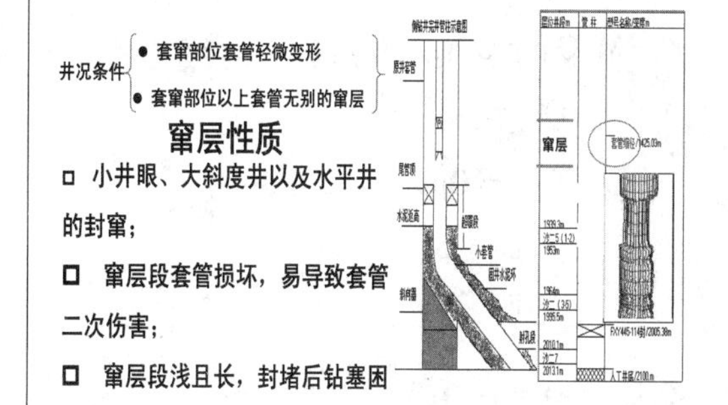

35

不留塞法

规范方案1

1） 调整管柱至离窜层上界40-60m；
2） 如打入20m3-30m³不能建立循环，停泵；
3） 配置相对密度1.75-1.80g/cm³的水泥浆5-10m³；
4） 关套管闸门，正挤清水隔离液2-3m³；
5） 连续正挤泥浆待泵压升至12MPa后改用清水顶替；
6） 用水泥车1档车正挤清水隔离液1m3+污水，待压力升至施工最高限压后，停泵，压力扩散3-5min，若压力1min内下降2MPa以上，则再次顶替水至施工最高限压，直到压力1min内下降1MPa以内为止
7） 压力扩散完成后，缓慢打开套管闸门泄压至零；
8） 采用边下边冲的方式浆套管内水泥浆全部冲出，至进出口一致为止；
9） 上提管柱至窜层上界200m以上
10） 关油管闸门，套管带压施工最高压力侯凝
11） 带压侯凝48h

方案说明

洗井时不能建立循环

规范方案2

1） 调整管柱至离窜层上界20-30m；
2） 正洗井至进出口液体性质一致，计算漏失量；
3） 关套管闸门，对漏层试挤，记录挤入压力、挤入量，并求吸水指数；
4） 配置相对密度1.80g/cm3的水泥浆1-4m3；
5） 打开套管闸门，正替清水隔离液2-3m3；
6） 正替水泥浆至油管鞋处；
7） 关套管闸门，正挤至泵压升至12MPa后改用清水顶；
8） 用水泥车1档车正挤清水隔离液1m3+污水，待压力升至施工最高限压后，停泵，压力扩散3-5min，若压力1min内下降2MPa以上，则再次顶替水至施工最高限压，直到压力1min内下降1MPa以内为止。
9） 压力扩散完成后，缓慢打开套管闸门泄压至零；
10） 采用边下边冲的方式浆套管内水泥浆全部冲出，至进出口一致为止；
11） 上提管柱至窜层上界200m以上
12） 关油管闸门，套管带压施工最高压力侯凝
13） 带压侯凝48h

方案说明

洗井时能建立循环

36

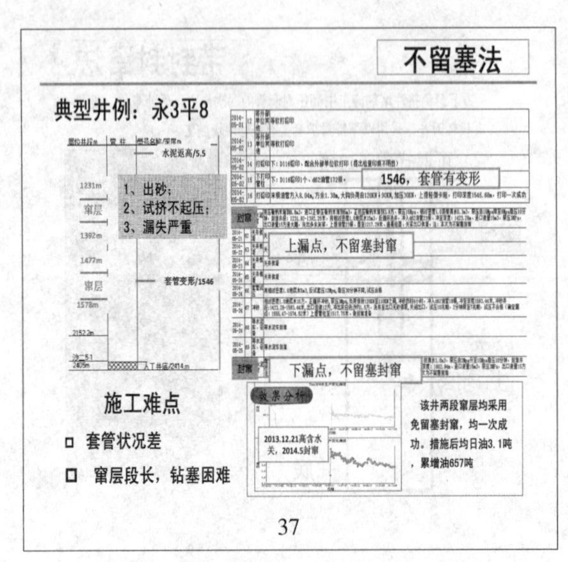

三、油水井水泥封堵工艺设计

（一）基础数据

1、封堵层（目的层）参数：

（1）封堵层厚度：h 米 （多层时各小层射孔井段累加）

（2）封堵层孔隙度：Φ （一般为25%-30%）

2、套管参数：

（1）外径D：139.7mm （0.1397米）

（2）壁厚r′：7.72/9.17mm （0.00772/0.00917米）

3、井筒状况

（1）塞面、砂面位置

（2）封堵层与其他油层的位置关系和间距

确定是否填砂、打塞，施工管柱等等。

38

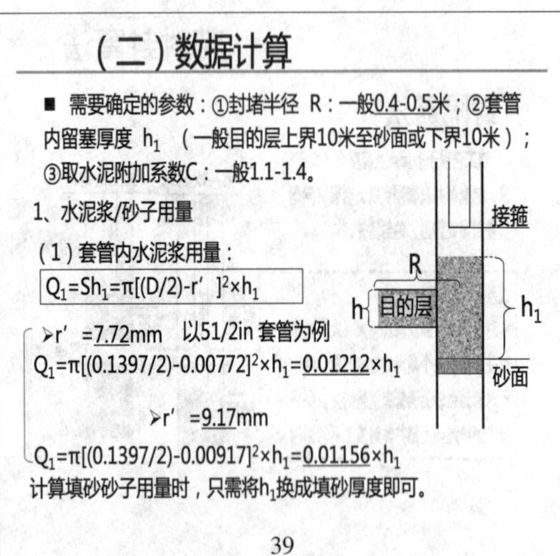

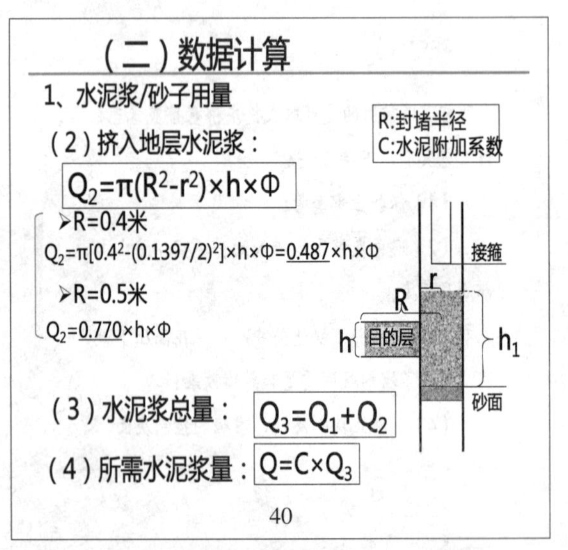

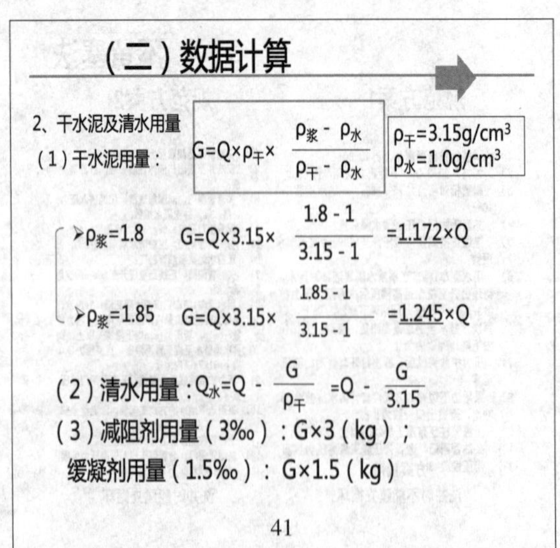

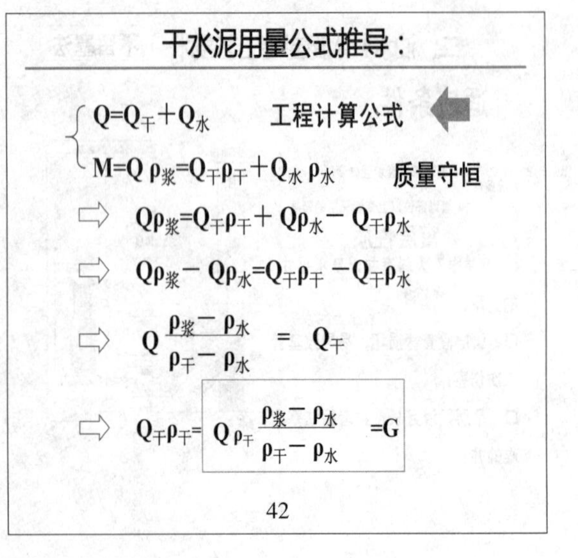

（二）数据计算

3、清水顶替量

（1）水泥浆在油管内所占高度：

$$H=\frac{Q}{3.02}\times 1000\text{（米）}$$

62mm油管千米内容积：3.02m³/Km

（2）清水顶替量：

$Q_{顶}=3.02\times(H_{管柱}-H)\div 1000$

$Q_{挤}=Q+0.12$

若$H>H_{管柱}$时，将水泥浆替满油管后，挤完剩余水泥浆，再挤清水： $Q_{挤}=3.02\times H_{管柱}\div 1000+0.12$

Q顶 H管柱 H h′ 目的层 h1 砂面

43

（三）施工步骤

1、上动力，提出原井管柱。

2、通井。下通井规通井至人工井底，大排量反洗井彻底；提出通井管柱。

3、刮管。下刮管器刮管至人工井底，地层水反洗井至出口水质合格；提出刮管管柱。

3、试压。下入油、套试压管柱（如图1），油管正挤试压20MPa，稳压10分钟；套管反挤试压20MPa，稳压10分钟；提出试压管柱。

4、填砂。下填砂管柱，管柱下步带笔尖，填砂，调整砂面位置。

5、试挤。

➢ 不带封隔器：上提管柱（如图2），生活水正洗井一周，试挤求吸水指数。

➢ 带封隔器：下注灰管柱带YPK封隔器（如图3），反洗井一周，YPK坐封，试挤求吸水指数。

44

（三）施工步骤

6、注灰。配制相对密度合适的水泥浆，正替水泥浆，正替水，正挤水，施工压力控制在18Mpa，关井10min平衡压力。反洗井洗出多余水泥浆；上提管柱，关井反应48h。

7、下油管探塞面，提出堵炮眼管柱。

8、钻塞。下刮刀钻头及螺杆钻，钻塞（窜层下界），大排量反洗井至进出口水质一致，正试压15Mpa，验证封堵效果；试压合格后继续钻透留塞，大排量反洗井洗出水泥碎屑。提出钻塞管柱。

9、探冲砂至人工井底，地层水反洗井至出口水质合格。

10、下入完井管柱，油管用通管规通着下，下完后反洗井彻底。

11、试注，合格后交井。

45

（三）施工步骤

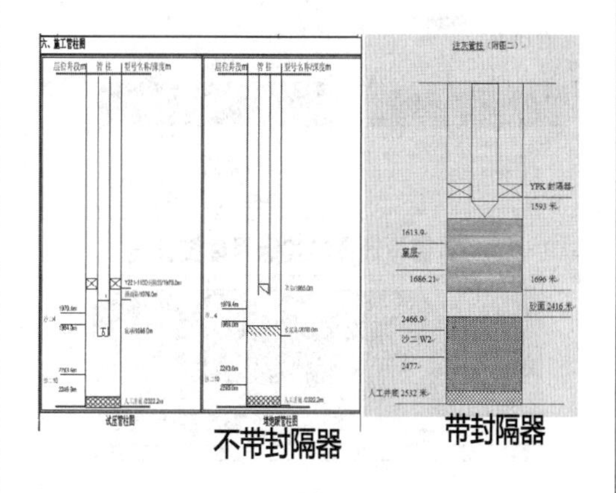

46

（三）施工步骤

五、施工用料、车辆及设备

设备名称	设备型号	设备数量	设备单位
400型水泥车	400型水泥车	2	部
4m³水泥搅拌罐		1	个
清水罐车		1	部
污水罐车		2	部
13m³池子		1	个
比重计		1	台
G级高抗油井水泥		3	吨
减阻剂		8	公斤
缓凝剂		4	公斤
清水		10	方

47

（三）施工步骤

井控要求：

1、根据地质设计提供的地层压力状况，确定安装压力等级为不低于21MPa的井控装置组合，井控装置及其组合形式按《胜利油田分公司井控管理实施细则》胜油公司发[2016]39号文执行。注水井口采用KZ25/65型采油树。清水试压25MPa，稳压时间不少于15min，不渗不漏合格。

2、按地质设计要求，作业过程中全井灌液。压井液采用密度1.02-1.07g/cm3，固相含量小于0.1%的本地区处理污水，现场常备12m3保持大罐常满，后备量不小于28m3。

3、井场周围情况描述：井口东15米为院墙，北20米为河沟，西25米为河沟，南面为空地。施工时注意井控！防喷管线的出口接至安全地带，施工现场配置足够的防火、防爆消防器材、管柱内防喷工具等设施，并保证灵活好用。

4、根据地质设计中的风险提示，根据该井钻完井地质报告无有毒有害气体显示，本井及200米以内邻井生产时，测试未发现有毒有害气体。

5、起下油管，空井筒、等工况的最大允许的关井压力分别为10Mpa、10Mpa。

6、套管规格尺寸：139.7*7.72mm。抗内压强度：53.3 Mpa。

48

(三)施工步骤

施工要求及其他：

1、施工时由工艺所及作业大队工程组相关技术人员统一指挥，施工人员分工明确、密切协作，使各工序衔接良好，确保施工快速顺利进行。

2、施工用油管要仔细检查，下油管时丝扣要上紧，管柱丈量要准确。

3、大、小罐清洗干净，计量准确。

4、施工前硬管线试压25Mpa，要求不刺不漏。

5、水泥浆配制准确，并连续挤入，中途不得停泵。

6、施工中若水泥车发生故障，应及时上提管柱至安全的高度。

7、作业机车出现故障要及时反洗井洗出井筒内水泥浆。

8、注意安全，标准化施工。

9、施工现场做到无污染，合格交井。

10、施工前请与工艺所注水室联系8533490。

11、相关套管接箍：2191.86，2202.78。

12、封堵前做封堵层温度条件下（约75℃）水泥浆与添加剂配物性试验。如不能满足地层要求，则提高水泥级别。

49

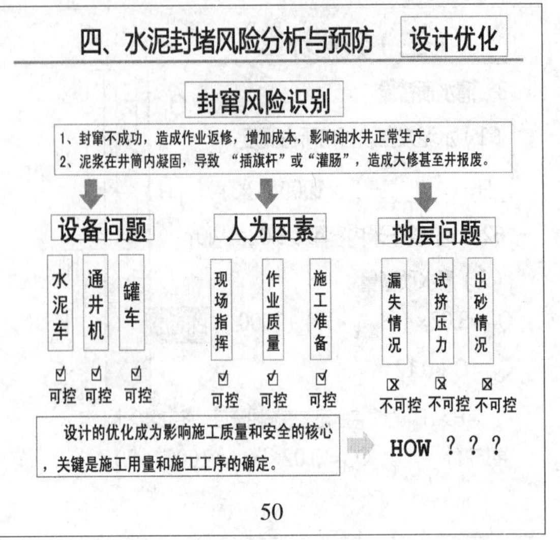

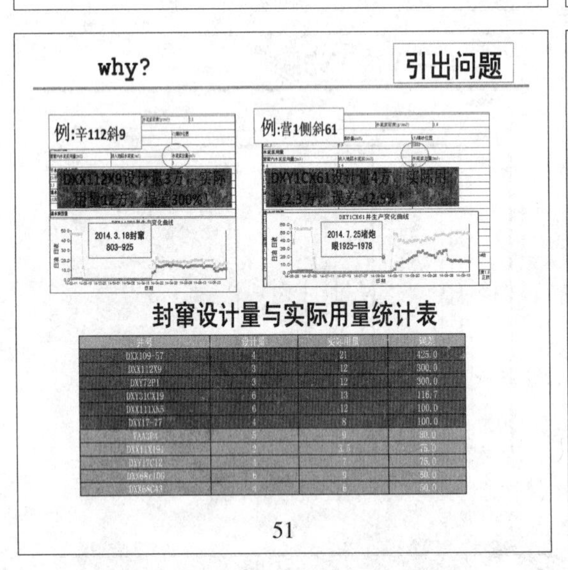

井号	设计量	实际用量	误差
DXX109-57	4	21	425.0
DXX112X9	3	12	300.0
DXY72P1	3	12	300.0
DXY31CX19	6	13	116.7
DXX111XN5	6	12	100.0
DXY17-77	4	8	100.0
YAA3P4	5	9	80.0
DXX11X194	2	3.5	75.0
DXY17C12	4	7	75.0
DXX68c10G	6	9	50.0
DXX68C43	4	6	50.0

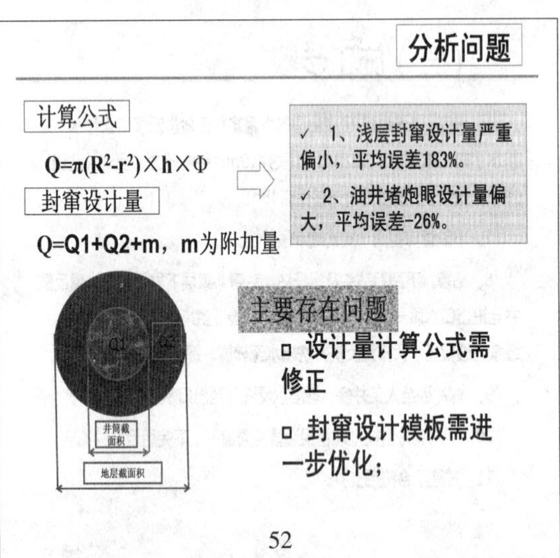

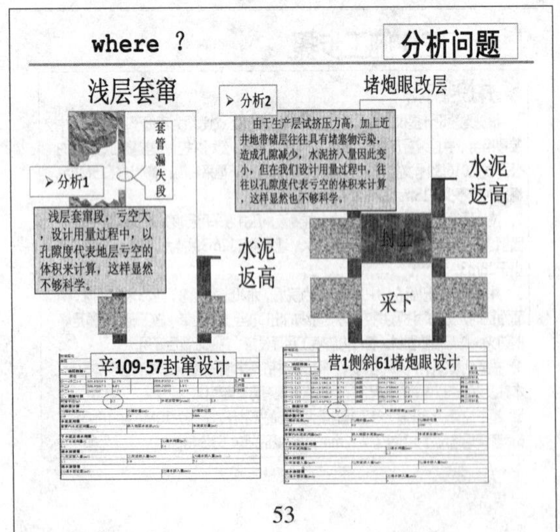

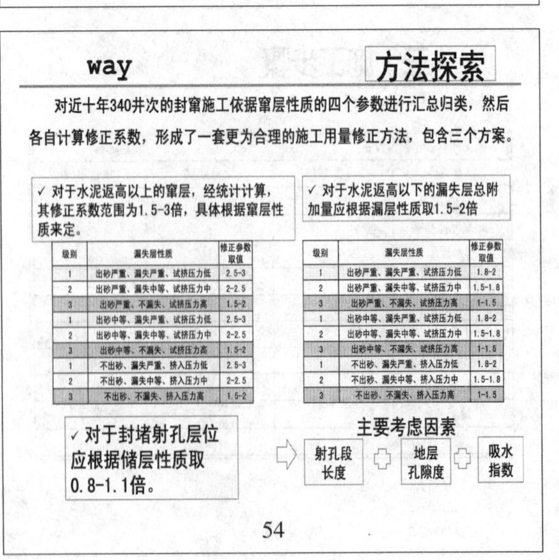

级别	漏失层性质	修正参数取值
1	出砂严重、漏失严重、试挤压力低	2.5-3
2	出砂严重、漏失中等、试挤压力中	2-2.5
3	出砂严重、不漏失、试挤压力高	1.5-2
1	出砂中等、漏失严重、试挤压力低	2.5-3
2	出砂中等、漏失中等、试挤压力中	2-2.5
3	出砂中等、不漏失、试挤压力高	1.5-2
1	不出砂、漏失严重、挤入压力低	2.5-3
2	不出砂、漏失中等、挤入压力中	2-2.5
3	不出砂、不漏失、挤入压力高	1.5-2

级别	漏失层性质	修正参数取值
1	出砂严重、漏失严重、试挤压力低	1.8-2
2	出砂严重、漏失中等、试挤压力中	1.5-1.8
3	出砂严重、不漏失、试挤压力高	1-1.5
1	出砂中等、漏失严重、试挤压力低	1.8-2
2	出砂中等、漏失中等、试挤压力中	1.5-1.8
3	出砂中等、不漏失、试挤压力高	1-1.5
1	不出砂、漏失严重、挤入压力低	1.8-2
2	不出砂、漏失中等、挤入压力中	1.5-1.8
3	不出砂、不漏失、挤入压力高	1-1.5

way

方法探索

分类设计封窜模块

堵炮眼模块

堵炮眼设计中应明确封堵类型、射孔段性质以及井筒状况

封窜模块

封窜设计中应明确窜层性质、井筒状况

✓ 封堵类型包括二次固井、封上采下，封中间采两头等；

✓ 封窜段性质应明确射孔段长度、地层物性以及吸水指数等；

✓ 漏失层性质应包括漏层挤入压力，出砂量和漏失状况等情况说明；

两个模块中都需明确套管状况，主要内容应该包括套管使用年限、有无历史套损及详细情况、有无注水及注水状况等！！！

55

四、水泥封堵风险分析与预防

（一）水泥封堵风险点分析

1、油管、套管试压

未对油管及封堵段以上套管试压或试压不合格，使水泥浆上返导致插旗杆

试压要求：

油管类型	试压要求
73油管（2.5寸）	试压20MPa10分钟不降
89油管（3寸）	试压20MPa10分钟不降
60侧钻用小油管	试压15MPa10分钟不降
48侧钻用小油管	试压15MPa10分钟不降

试压15-20MPa，10分钟不降为合格，若不合格记录吸水量、压力下降时间。考虑套管使用年限及腐蚀等因素，结合封堵井段注入压力，可适当提高试压要求

56

（一）水泥封堵风险点分析

1、油管、套管试压

风险识别

➢ 当油管有漏失点时，泵入的水泥浆会发生“短路”，水泥浆在环空内凝固，造成封堵失败

➢ 待堵层以上套管有漏失、腐蚀、缩径、变形、错断等套损问题，封窜施工压力过高套管遭受二次损害，导致封窜后施工管柱卡。

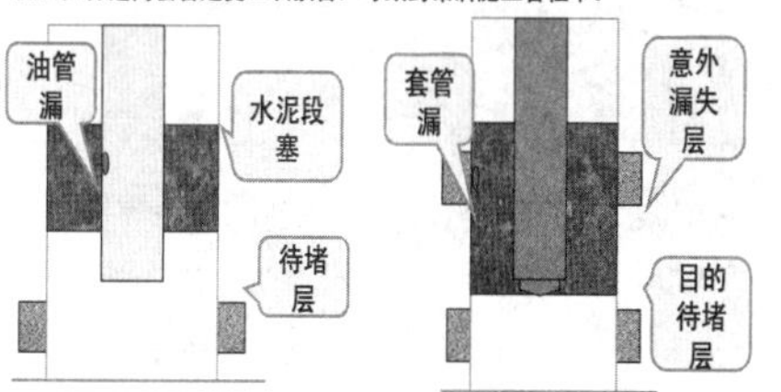

57

（一）水泥封堵风险点分析

2、封堵前洗井不彻底

井温是影响水泥初凝时间和稠化时间的重要因素，因此在挤封施工过程中，尤其是超深井的挤封施工中，必须重视井温的影响。如果洗井不彻底，底层不能有效降温，高温会使水泥浆初凝时间缩短，水泥提前凝固造成插旗杆

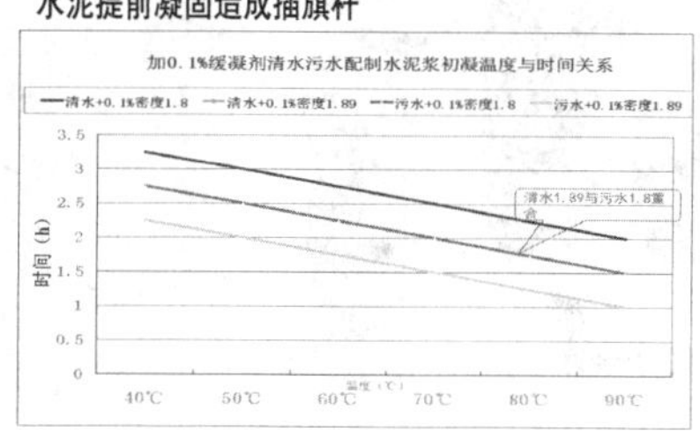

58

（一）水泥封堵风险点分析

3、施工用水矿化度高

搅拌罐和拉清水罐车内存留的高矿化度污水回造成施工用水被污染，高矿化度都会使水泥浆初凝时间缩短，水泥提前凝固造成插旗杆

59

（一）水泥封堵风险点分析

4、顶替量计算失误

顶替量计算严重失误会导致过顶。顶替量是否准确不仅影响封堵效果，还会影响封堵施工的安全。如果施工过程中实际顶替量超出较多，会导致插旗杆

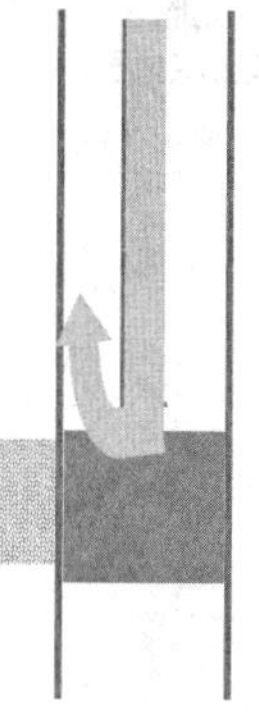

60

(一)水泥封堵风险点分析

5、封堵后洗井不彻底

有效的反洗井能及时排除因计算或施工不准、液柱不平衡等因素造成的过顶，从而排除事故隐患

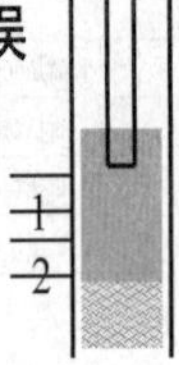

6、施工管柱下入深度有误

由于施工管柱下深不准，致使实际水泥浆面和候凝期间管柱安全深度错误，为事故发生造成隐患

1
2

61

(一)水泥封堵风险点分析

7、井口密封不严

除用插管桥塞封堵外，绝大多数封堵作业都要带压候凝，井口压力一般较高，关井候凝时间井口密封不严会导致计入窗层的水泥浆外吐，极易形成插旗杆事故。

62

(二)风险控制与预防措施

1、强化工程测井，保证封堵成功率

通过加强井径、声幅等套管监测工程测井技术手段应用的范围和频率，精准治理井段，精细施工方案，科学验证施工效果，保证封堵成功率。

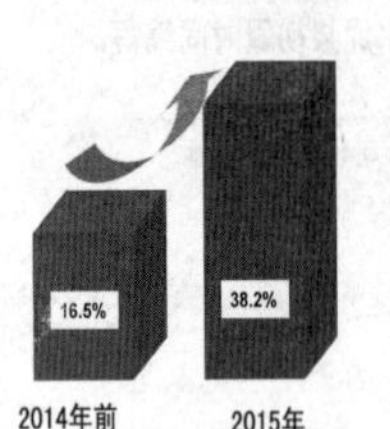

工程测井在封窜治理中应用频率

40臂井径仪

声幅测井示意图

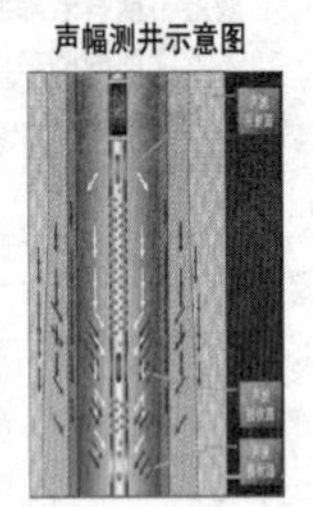

63

(二)风险控制与预防措施

1、强化工程测井，保证封堵成功率

可以通过对比封堵前后声幅测井数据来判断封堵效果

封堵前　封堵后

如辛76斜11，封堵井段2676-2808.5，前后变密度测井，证实效果良好，生产天数36d，油77.8t

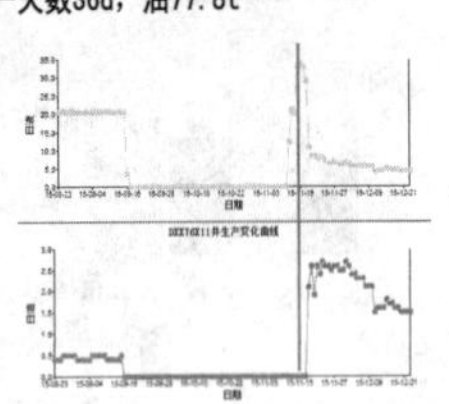

64

(二)风险控制与预防措施

2、精细施工参数，优化施工

1）制定油套试压新标准—保证施工安全，避免多轮次封堵问题

油套试压管柱示意图

漏层
砂面
油层
人工井底

油管试压时，需满足如下要求

1）油管试压压力应不低于20MPa，且稳压至少15min，压降小于0.5MPa为合格；

2）油管试压压力应不小于封窜最高压力；

验窜时，窜层以上套管试压需满足：

1）窜层段以上套管试压压力大小应根据套管状况决定，具体参照SY/T5467-2007标准执行

2）窜层封堵最高压力应小于窜层段以上套管试压压力，具体参照SY/T5587.42004标准执行；

65

(二)风险控制与预防措施

2、精细施工参数，优化施工

1）制定油套试压新标准— 保证施工安全，避免多轮次封堵问题

套管钻塞管柱示意图

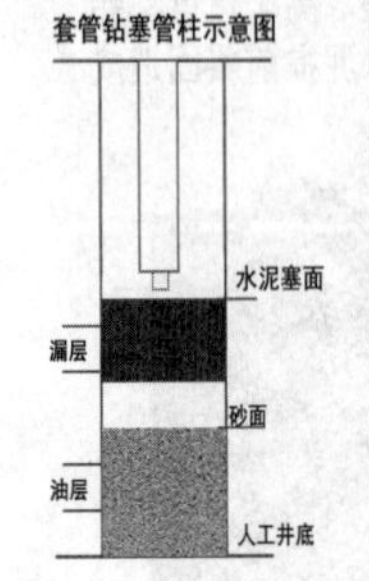

钻塞套管试压试压标准参照SY/T5467-2007执行，需满足：

1）钻塞前，塞面以上试压；

2）钻塞中，每钻下10-30m进行试压；

3）钻塞后如有磨铣、打捞等特殊作业工序，待工序完成后根据需要对套管再进行试压，确保投产前套管试压合格；

66

（二）风险控制与预防措施

2、精细施工参数，优化施工

2）精准顶替量计算—避免施工事故，提高施工成功率

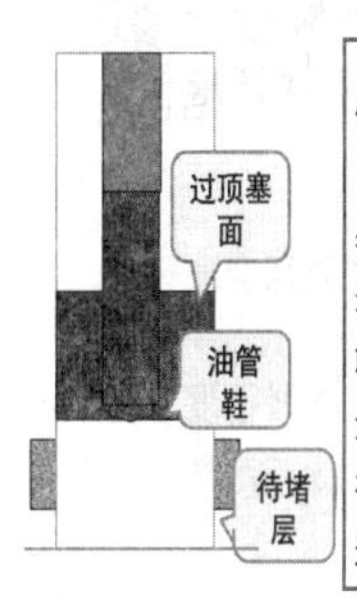

风险点

顶替量是否准确不仅影响挤水泥封堵效果，还影响到挤水泥施工的安全，如果施工过程中实际顶替量比设计顶替量“过顶”，就可能导致“插旗杆”事故的发生，若顶替量不足，容易出现“灌香肠”的事故。在所有水泥事故中，由于顶替量计算不准确原因造成的事故占比例最高，约30%。

67

（二）风险控制与预防措施

2、精细施工参数，优化施工

3）优化水泥浆稠化时间

水泥初凝时间图表

配制		密度	40℃ 初凝	50℃ 初凝	60℃ 初凝	70℃ 初凝	80℃ 初凝	90℃ 初凝
清水	54	1.80	3.0	2.75	2.5	2.25	2.0	1.75
	44	1.89	2.5	2.25	2.0	1.75	1.5	1.25
清水+0.1%	54	1.80	3.25	3.0	2.75	2.5	2.25	2.0
	44	1.89	2.75	2.5	2.25	2.0	1.75	1.5
清水+0.15%	54	1.80	3.5	3.25	3.0	2.75	2.5	2.25
	44	1.89	3.0	2.75	2.5	2.25	2.0	1.75
污水	54	1.80	2.5	2.25	2.0	1.75	1.5	1.25
	44	1.89	2.0	1.75	1.5	1.25	1.0	0.75
污水+0.1%	54	1.80	2.75	2.5	2.25	2.0	1.75	1.5
	44	1.89	2.25	2.0	1.75	1.5	1.25	1.0
污水+0.15%	54	1.80	3.0	2.75	2.5	2.25	2	1.75
	44	1.89	2.5	2.25	2.0	1.75	1.5	1.25

从上表可以看出，在其它条件不变的情况下：

- 污水配置的灰浆初凝时间比清水配置的初凝时间缩短30min，为75-150min；
- 不同比例缓凝剂的加入，初凝时间可延长15-30min；
- 温度从40度到90度，初凝时间缩短率平均50%，最高达到62%。；
- 密度从1.8到1.89，初凝时间缩短30min。

68

（二）风险控制与预防措施

2、精细施工参数，优化施工

3）优化水泥浆稠化时间

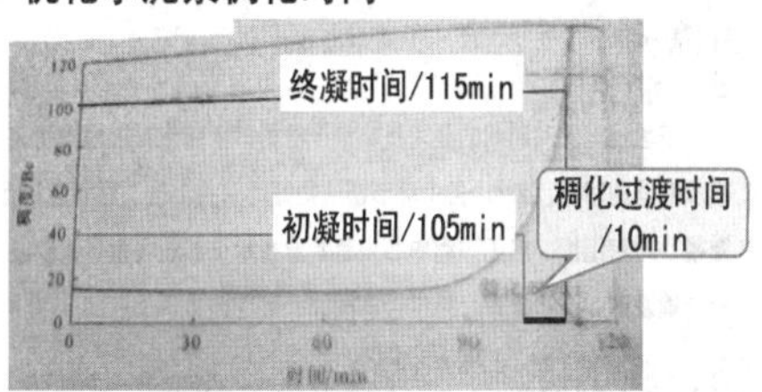

水泥浆的稠度随时间变化的曲线

注水泥施工时间：根据编号为SY/T 5587.4-2004的《常规修井作业规程 第4部分：找串漏、封串堵漏》规定顶替水泥浆的全部工作应在水泥初凝时间的70%以内完成。

69

（二）风险控制与预防措施

2、精细施工参数，优化施工

3）优化水泥浆稠化时间

- 水泥浆封堵室内试验必须用施工井的井筒水配浆+模拟措施段温度和压力，以确保实验结果的可靠性

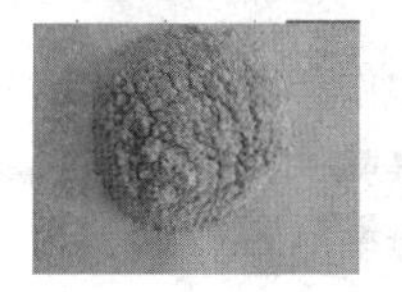

- 替浆前打入一定量隔离液体，隔离液体可以是清水，防止地层水对水泥浆初凝的影响

70

（二）风险控制与预防措施

3、井深＞2500m堵漏井或封堵炮眼井

◆ 开展J级油井水泥

区块	渗透率	面积	储量	层数	油藏中深
盐22	4.1	2.3	1047	5	3600
永920	7.1	1.2	397	9	3500
盐222-3	4	0.8	124	7	3500
盐227	1.6	1.3	339	3	3650
盐222	1.5	2.6	605	7	3850
永928	1.2	2.6	521	5	3900
盐斜228	1.1	0.4	79		3950
永935	1.4	2.4	459	7	4000
永936	0.8	2.2	404	12	3900
永928斜1	1.2	1.6	192		3930

东辛深层高温油藏主要集中在永北砂砾岩区域，其具有油藏深（3500-4000）、高温（120℃以上）高压（40MPa）的特点，需开展抗高温水泥封窜及配套技术来适应砂砾岩油藏开发的需求

71

（二）风险控制与预防措施

要想获得封堵施工的成功，应必须把好以下5道关口：

1. 准备关；
2. 材料关
3. 水质关；
4. 时间关；
5. 施工关；

72

(二)风险控制与预防措施

1、准备关--资料齐全准确

收集相应的地质资料和井史。包括地层性质、地层压力、孔隙度、渗透率、井筒状况、生产情况等数据。

关键资料-温度

水泥浆底部与顶部的温度差	水泥浆的凝固时间
井底循环温度	水泥浆的抗压强度
井底静止温度	水泥浆的失水控制
配浆用水温度	

关键资料-压力

地层孔隙压力
破裂压力
挤注顶替压力

封堵安全和封堵效果

73

(二)风险控制与预防措施

1、准备关--资料齐全准确

收集相应的地质资料和井史。包括地层性质、地层压力、孔隙度、渗透率、井筒状况、生产情况等数据。

关键资料-地层情况

漏失井段的深度 确定注水泥时环空顶替返速的范围

漏失井段的固井状况 准确设计水泥浆密度

漏失井段的漏失压力 选择水泥浆体系类型

74

(二)风险控制与预防措施

2、材料关

1)水泥是否符合设计要求的标号。

2)水泥添加剂是否合格及数量是否符合设计要求。

3)配灰池子清洁无油污,无杂物及其他化学药品等。

4)检查、校对现场计量器具。

5)复查计量池子和配灰池子内容积。

6)检查泵车水柜是否符合施工要求。

7)提前检查设备使其处于良好状态。

8)检查井口设备及配件是否齐全。

9)检查管线联接是否符合要求。

10)检查施工所需液量是否足够。

75

(二)风险控制与预防措施

3、水质关

严格检查水质是否合格。水泥浆前后都应泵入适量的隔离液(清水)

4、时间关

挤水泥施工对时间的要求是非常严格的,全部施工过程控制在水泥浆初凝时间的70%。因此,各个环节都应把好时间关,各工序都应引起高度重视,严密组织。施工过程中必须有专业技术干部现场指导,以使发生意外时能及时、准确处理,减少经济损失。

5、施工关

施工过程中必须严格按照操作规程施工,有专业技术干部现场指导,以使发生意外时能及时、准确处理,减少经济损失。

76

(三)水泥封堵失效井分析

统计自2013年以来,水井封堵施工发生事故井有1口。

失效井分析--DXX50XN62

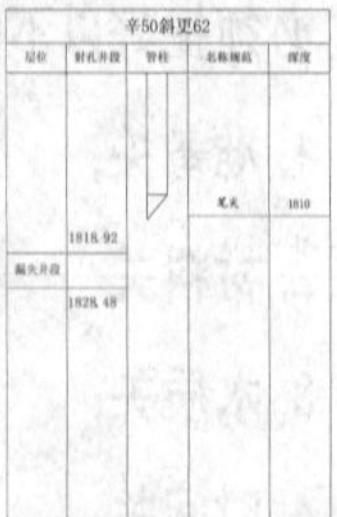

施工过程

下午3:30 配置水泥浆。同时,替入前隔离液清水1方,把搅拌好的水泥浆替入2.2方,替入后隔离液清水1方,替入顶替液1.8方,

3:50 关套管闸门,正挤顶替液2方。

4:00 压力由9Mpa缓慢升至15Mpa

4:10 压力突降至12兆帕,

4:15 又升至15兆帕

4:20 倒反洗井管线洗井不通,提管遇卡,活动解卡无效。

77

(三)水泥封堵失效井分析

失效井分析--DXX50XN62

原因分析

1、在施工过程中存在着不按标准施工情况。

(1)填沙埋住油层进行封堵前,未再进行试挤、求吸水试挤指数,掌握漏失段最高压力。在主观认为套管已验窜试过压,简化了工序,对突发意外情况准备不足;

(2)封堵油管未进行单独试压。所使用的油管进行过封隔器验套、打压至15Mpa,在主观上认为油管没有问题。

(3)水泥未做初凝试验。所用水泥厂家为油田供应处指定的合格水泥厂家,在主观上认为水泥质量合格。

2、该井在施工中按要求清水配灰、做前、后隔离液,但封堵时间从配灰到油管卡用时1:10分钟,时间偏长。

3、造成该井封堵油管遇卡的主要原因:出现压力变化异常,未及时采取果断措施,导致时间延误。下午4:00正挤压力由9Mpa缓慢升至15Mpa,4:10后压力突降至12兆帕,4:15又升至15兆帕,事后分析封堵段套管上部可能有新的漏点。

78

五、研发高强度堵剂为“疑难杂症”井 提供技术支持

近三年，针对目前G级水泥封窜暴露出浅层堵漏一次成功率低、界面胶结强度不稳定等问题，结合东辛油区的套漏状况，通过研制新型堵剂体系和新技术，逐步完善封堵工艺体系，为“疑难杂症”井提供技术支撑

浅层套破，由于位置浅，跨度大，往往具有以下特点：

1、漏失点在水泥返高以上，套管外无固井水泥；

2、地层胶结疏松，常有钻井过程中因井壁坍塌造成的空穴；

3、封堵材料难以在套管外迅速堆积，封堵材料的用量大；

4、封堵材料用量难以准确设计，施工中不易提高封堵压力，因而会影响固结　　强度。

封堵思路：先对地层进行预封堵工艺，用预堵剂填充高渗层、封堵大孔道，再用高强度堵剂封口。

⇨ 高水膨胀成岩粉封堵工艺

⇨ 压敏纳米体系封堵技术工艺

79

五、研发高强度堵剂为“疑难杂症”井 提供技术支持

1、研制开发高水膨胀成岩粉封堵工艺

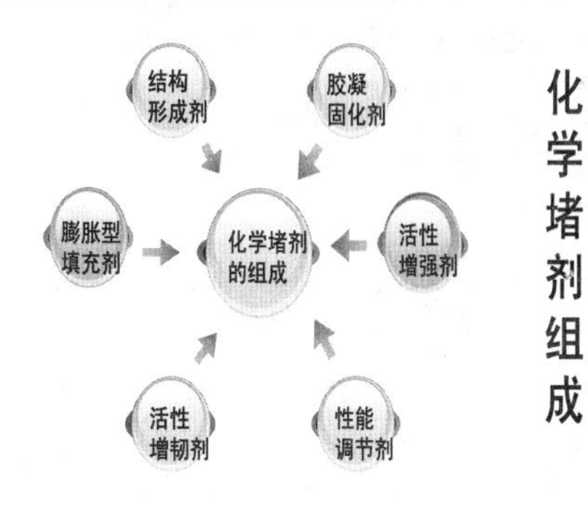

化学堵剂组成

80

五、研发高强度堵剂为“疑难杂症”井 提供技术支持

1、研制开发高水膨胀成岩粉封堵工艺

优点：

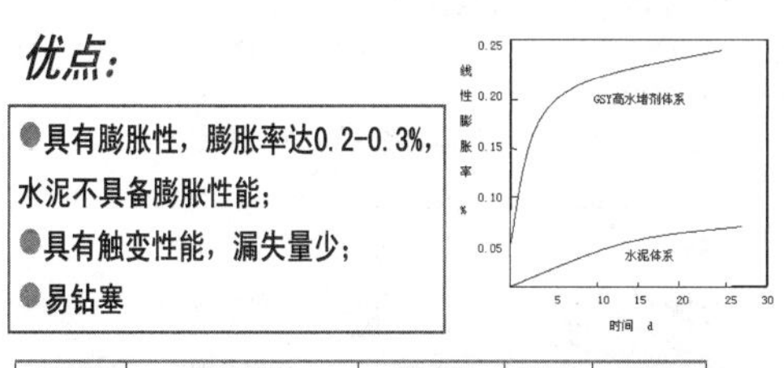

- 具有膨胀性，膨胀率达0.2-0.3%，水泥不具备膨胀性能；
- 具有触变性，漏失量少；
- 易钻塞

堵剂名称	硬化体状态	钻具/钻压	进尺/m	时间/min
GSY成岩粉	70℃/固化48h/抗压10 MPa	螺杆钻/9.8KN	10	10-25
G级水泥	70℃/固化48h/抗压10 MPa	螺杆钻/9.8KN	10	40-180

81

五、研发高强度堵剂为“疑难杂症”井 提供技术支持

1、研制开发高水膨胀成岩粉封堵工艺

针对不同井下技术状况和漏层性质，结合高水膨胀成岩粉性能特点，主要创新完善了2种封堵工艺

1）、多段塞堵漏工艺

ǒ 适应条件

该工艺用于洗井可以建立循环的浅层套漏井的封堵。

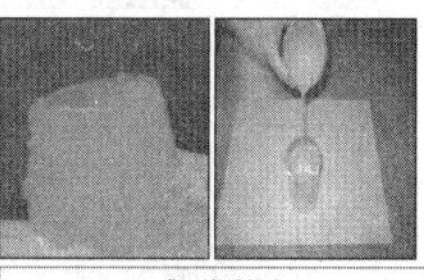

ǒ 体系特点

- ✓ 稠化时间可调（1.5-10h），抗高温、耐盐等；
- ✓ 驻留性强，界面胶结强度高（25MPa）；
- ✓ Ⅲ号堵剂在催化调节下，粘度可以快速（几分钟）由初始表观粘度100.3mPa·S增加到28000mPa·S，形成高粘弹胶凝体；
- ✓ 胶凝体粒径小，穿透力强，封堵半径大。

ǒ 施工工艺

1、先注入Ⅲ号堵剂，预堵建立高粘弹性体的驻留屏障；

2、再注入Ⅰ、Ⅱ号堵剂混合物，形成耐冲刷、耐压强度高封堵层。

82

五、研发高强度堵剂为“疑难杂症”井 提供技术支持

1、研制开发高水膨胀成岩粉封堵工艺

难点：营87-26井，窜点682-702m和889-916m两处均位于水泥返高以上，因地层亏空大，多次采用填砂措施再封窜均失败。

对策与效果：使用高水膨胀成岩粉堵剂，实施多段塞注入工艺，一次成功。

窜点1

窜点2

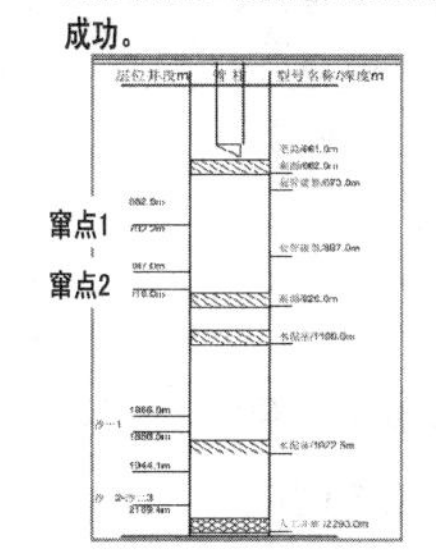

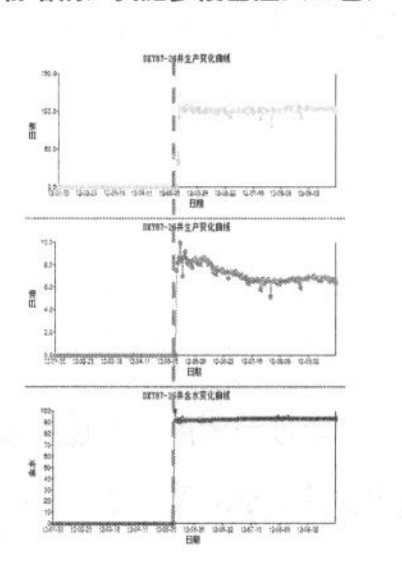

83

五、研发高强度堵剂为“疑难杂症”井 提供技术支持

1、研制开发高水膨胀成岩粉封堵工艺

2）、“先期暂堵、后期封口”堵漏工艺

ǒ 适应条件

该工艺用于反洗时井口不返液的严重漏失套漏井的封堵。

ǒ 施工工艺

- ➢ 2%-4%促凝剂的成岩粉泥浆形成隔板
- ➢ 密度1.6的成岩粉泥浆封口

氯化钙的加入可显著缩短水泥浆的稠化时间最低到28%

序号	水固比	抗压强度（MPa）
1	0.44	26.6
2	0.6	26.4
3	0.8	25.7

不同水固比的Ⅰ号堵剂固化体的抗压强度

84

五、研发高强度堵剂为“疑难杂症”井 提供技术支持

1、研制开发高水膨胀成岩粉封堵工艺

2）、“先期暂堵、后期封口”堵漏工艺

永3平7井，漏失段为1243-1267m、1397-1472 m和1706-1731m，地层出砂，洗井不反液，漏失严重，封堵初期注入2%$CaCl_2$的成岩粉泥浆，后期注入比重1.6的成岩粉，提高封口强度，封堵一次成功

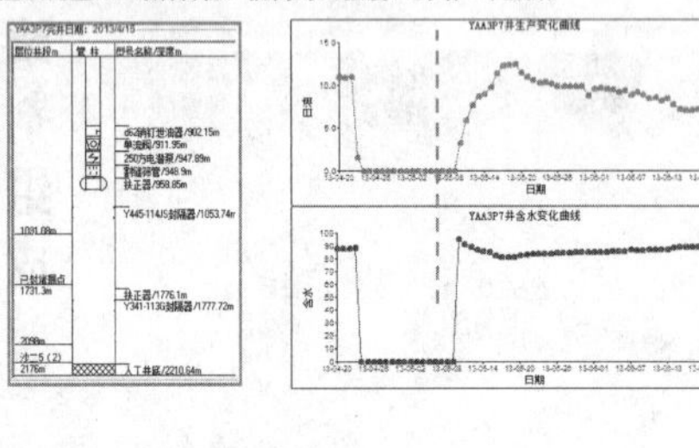

85

五、研发高强度堵剂为“疑难杂症”井 提供技术支持

1、研制开发高水膨胀成岩粉封堵工艺

应用效果分析

近3年共施工6井次，一次成功率83.3%，比水泥一次成功率提高32.5%，由此减少占产周期24d，节约劳务费18万元，措施初期单井平均增油3.25吨 /天，累计增油1461吨/井，总增油8785吨。

86

五、研发高强度堵剂为“疑难杂症”井 提供技术支持

2、自主研发压敏纳米体系封堵工艺

压敏纳米体系基本组分及其作用表

序号	材料名称	主原料	主要作用
1	固化胶结剂	超细水泥	早强高强、耐蚀、高抗渗
2	纳米充填剂	活性SiO_2	加强抗压强度、促进水化
3	悬浮稳定剂	木钙	吸附、分散，易于泵注
4	压力敏感性失水剂	藻类硅质岩石	耐温耐盐、压敏快速失水
5	架桥剂	纤维	组裂、防渗、控制返吐
6	微膨胀剂	金属氧化物和酸盐	线性膨胀

所研制开发的压敏纳米体系封堵剂主要有以下功能：固结体不收缩；堵剂具有网状架桥功能；快速封堵漏失点;封堵强度高；具有快速失水功能；微膨胀。

87

五、研发高强度堵剂为“疑难杂症”井 提供技术支持

2、自主研发压敏纳米体系封堵工艺

性能优势1：胶结强度高

压敏纳米封堵体系线膨胀率为0.07%左右，具有微膨胀性能，有利于提高界面胶结强度。

压敏纳米封堵体系线膨胀率试验数据

	1号模块	2号模块	3号模块	4号模块	平均
线膨胀率，%	0.076	0.068	0.074	0.062	0.07

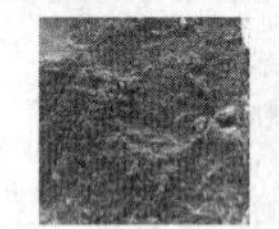

压敏纳米固化体界面微观结构

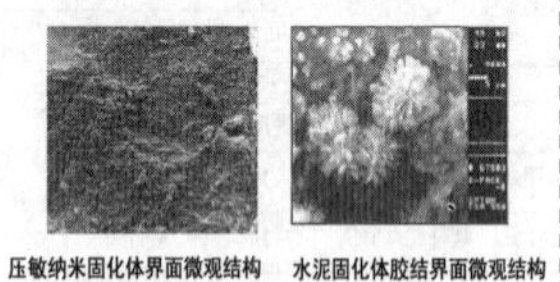

水泥固化体胶结界面微观结构

封堵剂与岩芯界面颗粒均匀细小，较为平整，表明胶结面有着很高的胶结强度。

88

五、研发高强度堵剂为“疑难杂症”井 提供技术支持

2、自主研发压敏纳米体系封堵工艺

性能优势2：驻留性强

室内试验　　室外试验

●在0.7MPa压差下，全失水时间为60-120s，堵剂快速失水，其流动性能变差，快速驻留在近井地带形成封堵层。

●模拟挤注压力15MPa，泥饼厚度0.5m左右。

89

五、研发高强度堵剂为“疑难杂症”井 提供技术支持

2、自主研发压敏纳米体系封堵工艺

性能优势3：初凝时间可控

1）高温120℃稠化试验　2）90℃稠化试验　3）60℃稠化试验

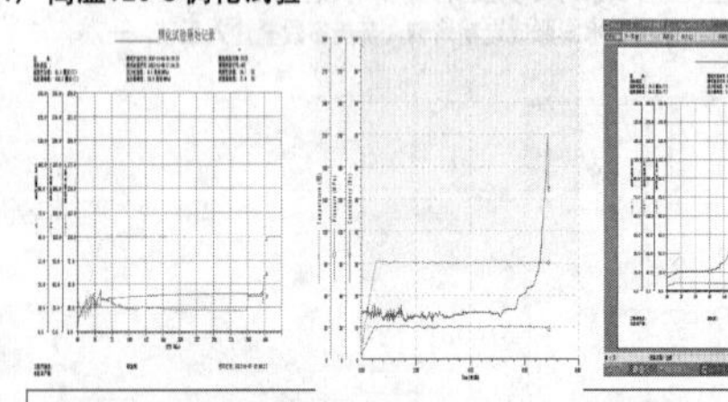

针对不同温度封堵层，通过添加不同比例缓凝剂，堵剂稠化时间可控制在5-8h，完全满足现场安全施工要求

90

五、研发高强度堵剂为“疑难杂症”井 提供技术支持

2、自主研发压敏纳米体系封堵工艺

针对不同井下技术状况和漏层性质，结合压敏纳米封堵体系性能特点，在G级油井水泥和成岩粉封堵工艺基础上，主要创新完善了一种封堵工艺。

“间隙性挤入、环空强化封口”封堵工艺

ǒ 适应条件

该工艺用于地层亏空大，套窜井段长，漏失严重，挤入地层后返吐严重的浅层套漏井的封堵。

ǒ 施工工艺

- ✓ 浆体挤入地层，达到设定的第一级压力后，停泵3-5min，让其压力扩散快速失水，在近井地带形成稳定封堵屏障再实施第二次挤入
- ✓ 反洗井上提管柱一定高度后，实施套管反挤，提高封口强度

91

五、研发高强度堵剂为“疑难杂症”井 提供技术支持

2、自主研发压敏纳米体系封堵工艺 井例：辛111侧斜24井“间隙性挤入、环空强化封口”封堵工艺

难点：窜点位于水泥返高以上，窜层380-1187m，井段长，窜层吐脏物8m3，亏空大，40臂所测井段450-1100，显示600-810缩径5mm，井矿复杂，封窜难度大

辛111侧斜24井40臂测井结果图

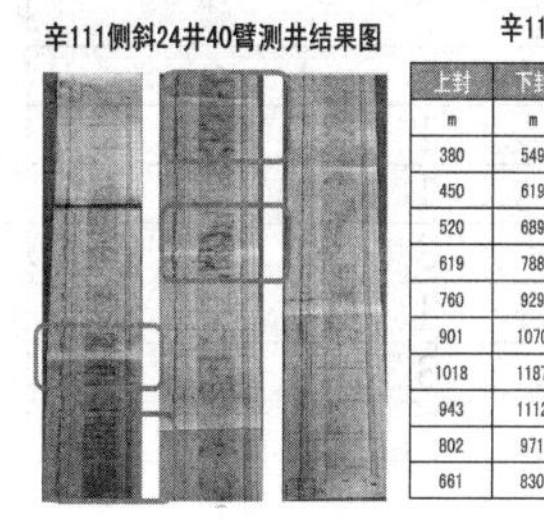

辛111侧斜24井验窜结果表

上封	下封	挤入最高压力	稳压	压降
m	m	MPa	MPa	MPa
380	549	4	1	0
450	619	6	1	0
520	689	4	1	0
619	788	不起压		
760	929	15	3	10
901	1070	15	3	0
1018	1187	13	1	0
943	1112	13	1	0
802	971	13	1	0
661	830	13	1	0

92

五、研发高强度堵剂为“疑难杂症”井 提供技术支持

2、自主研发压敏纳米体系封堵工艺

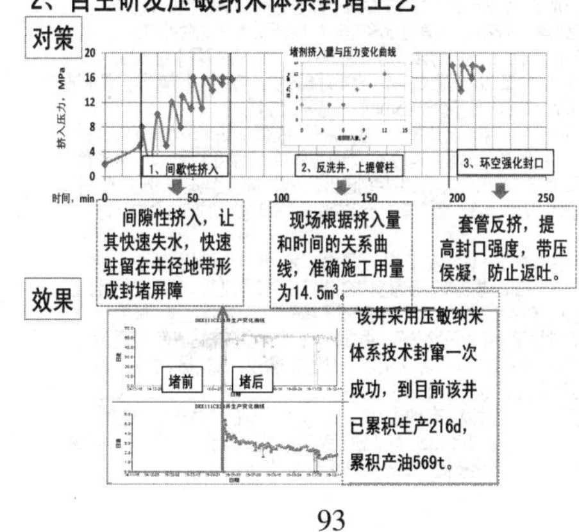

93

3、典型井例1——YAA63-15

➢基本情况

完钻井深(m)	2090	油层套管组合方式	一级	侧钻井悬挂器(m)		钻井泥浆密度(g/cm^3)	1.24	斜井造斜点(m-度)	x
人工井底(m)	2057	套管1尺寸*壁厚*深度(mm*mm*m)	177.8*9.19*2080.71	悬挂器顶1(m)		补心高(m)	5.2	最大井斜(m-度)	x
水泥返高(m)	1080	套管2尺寸*壁厚*深度(mm*mm*m)		悬挂器顶2(m)		油补距(m)	4.43	特殊套管(m)	1657-1659.6，2056.39-2058.95
固井质量	合格	套管3尺寸*壁厚*深度(mm*mm*m)		水平井水平段(m)		基本单元代码	YAAD	套管钢级	N80
套管接箍(m)			1670.95，1682.29，1693.61，1704.94，1716.29，1727.62，1738.95，1750.29，1761.63，1772.97，1784.32，1795.67，1807.01，1965.65，1976.99，1999.69，2011.03						

地质设计要求:

1、转注

2、水泥封堵沙二下，井段：1693.3-1695.3m，填砂保护沙三中1、2、3层；

3、笼统注水，层位：沙三中1、2、3，井段：1985-2031m，配注50方/天，具体管柱由工艺优化。

94

➢所需水泥用量计算

水泥浆密度按1.8设计，封堵半径0.5米，封堵孔隙度34%，封堵井段厚度2m，套管内留塞33m。

1、水泥浆用量：

（1）套管内水泥浆用量：Q1=Sh2=0.01996×33=0.66（m³）

（2）挤入地层水泥浆用量

Q2=π（R2-r2）.h3.φ=3.14×[0.5²-（0.1778/2）²]×2×34%=0.52（m³）

（3）水泥浆总量：Q3=1.18（m³）

考虑附加量后，所需水泥浆量取为：Q=2.0（m³）

95

➢所需水泥用量计算

2、干水泥用量计算

$$G=Q\times\rho_{干}\times\frac{\rho_{浆}-\rho_{水}}{\rho_{干}-\rho_{水}}$$

$$=2\times3.15\times\frac{1.8-1}{3.15-1}$$

$$=2.34(吨)$$

3、清水用量：

Q水=2-2.34/3.15=1.26(方)

96

➢施工准备

施工用料、车辆及设备

设备名称	设备型号	设备数量	设备单位
水泥	G级	2.34	吨
清水		10	方
水泥车	400型	2	辆
大罐	13方	1	个
比重计		1	台
清水罐车		1	部
污水罐车		3	部
搅拌罐	4方	1	个
缓凝剂		3.5	公斤
减阻剂		7	公斤

97

➢施工工序

1	探冲砂	提出原井管柱,探冲砂至人工井底2020m。
2	通井	通井：通井至人工井底2020m。反洗井，排量500l/min，洗至进出口水质一致。
3	试压、填砂	下入油、套管试压管柱，油管正挤试压20Mpa，稳压10分钟；套管反挤试压20Mpa，稳压10分钟。压降小于0.5MPa为合格。下填砂管柱，管柱下部带笔尖，调整砂面位置在1955m。
4	试挤	上提管柱至1673m，试挤求吸水指数。
5	注灰	配制相对密度1.8的水泥浆2m3（普通水泥干粉2.34t，生活水1.26方，减阻剂7公斤，缓凝剂3.5公斤），正替清水1.5m3,水泥浆2m3，正替清水3.05m3,正挤水5.05m3.（注意：设计中油管按D62mm计算，施工时请根据现场实际情况改变用量施工。）压力控制在18Mpa，关井10min平衡压力；反洗井洗出多余水泥浆；上提管柱至1473m，关井反应48h。下油管探塞面，提出堵炮眼管柱。
6	钻塞	下D145mm刮刀钻头及螺杆钻钻至油层下届，大排量反洗井洗出水泥碎屑至进出口水质一致，正试压15Mpa，验证封堵效果，试压合格后，继续钻透水泥塞,反洗井洗出水泥碎屑,提出钻塞管柱。
7	探冲砂	探冲砂至人工井底2057m，地层水反洗井至出口水质合格。
8	完井	下完井管柱：按设计要求下玻璃钢完井。油管用通管规通着下。大排量反洗井两周，水量不少于60m3,排量不低于25m3/小时。
9	交井	试注，合格后交井。

98

➢施工管柱

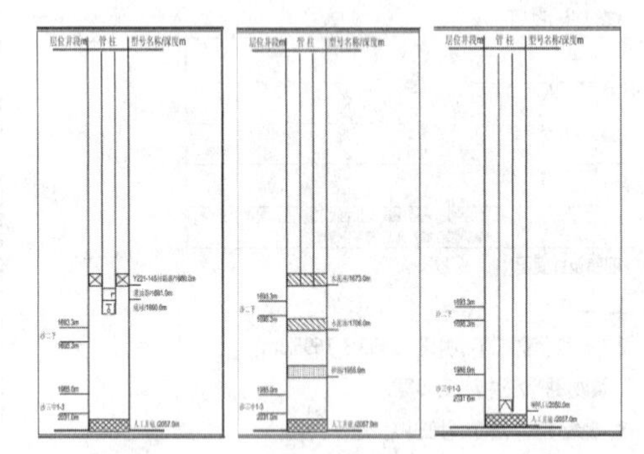

99

➢井控要求:

1、根据地质设计提供的地层压力状况，确定安装压力等级为不低于21MPa控装置，井控装置及其组合形式按《胜利石油管理局胜利油田分公司井下作业（陆上）井控工作细则》（胜油局发[2011]247号）中3.2执行。注水井口采用KZ25/65型采油树，电缆射孔时安装电缆射孔防喷器。清水试压25MPa，稳压时间不少于15min，不渗不漏合格。

2、按地质设计要求，全井灌液，压井液采用密度1.02-1.07g/cm3，固相含量小于0.1%的本地区处理污水，现场常备12m3保持大罐常满，后备量不小于33m3，采用反循环压井控制进出口排量平衡，至进出口压井液密度差不超过0.02g/cm3。提管等原因造成液面下降时要及时向井筒内补充压井液。

3、井场周围情况：该井东30米为七干渠，南、北、西30米为耕地，A类井，施工过程注意环境保护。防喷管线的出口接至安全地带，施工现场配置足够的防火、防爆消防器材、管柱内防喷工具等设施，并保证灵活好用。

4、根据地质设计中的风险提示，根据该井钻完井资料未钻遇有毒有害气体层。现场配备有毒有害及易燃易爆气体检测报警仪、风向标，井场有逃生通道和2个以上的逃生出口，并有标识。

5、起下油管，空井筒，电缆射孔等工况的最大允许的关井压力分别为10Mpa、10Mpa、10Mpa，酸化施工等工况的最大允许关井压力和井控装置的压力等级，严格按相关工艺设计执行。

100

➢措施效果:

2016.4.15开井,油压5.5兆帕，配注50方,日注51方。

YAA63-15井日注变化曲线

日注　日期

YAA63-15井油压变化曲线

油压　日期

101

3、典型井例2：DXY12-220

➢基本情况

一、油井基本数据:

完钻井深(m)	2520	油层套管组合方式	一级	侧钻井悬挂器(m)		钻井泥浆密度(g/cm^3)	1.2	斜井造斜点(m×度)	×
人工井底(m)	2488.3	套管1:尺寸*壁厚*深度(mm*mm*m)	139.7*7.72*2506.88	悬挂器顶1(m)		补心高(m)	5.25	最大井斜(m×度)	×
水泥返高(m)	940	套管2:尺寸*壁厚*深度(mm*mm*m)		悬挂器顶2(m)		油补距(m)	4.74	特殊套管(m)	1694-1696.4；1985.1-1987.5；2156.9-2159.3
		套管3:尺寸*壁厚*深度(mm*mm*m)							
固井质量	合格			水平井水平段(m)		基本单元代码	DX16	套管钢级	N80
套管接箍(m)		1435.48、1445.45、1455.18、1465.15、1475.08、1485.04、1494.97、1504.94、2126.96,2136.91,2146.84							
侧钻井原井套管尺寸×壁厚×深度(mm*mm*m)									

DXY12-220井日注变化曲线

DXY12-220井油压变化曲线

压力下降管窜

102

典型井例：DXY12-220

地质设计要求:

1、封串层一,井段:1431-1441米,封隔器卡封保护串层二,井段:158-178米。

2、分层试挤油层，若压力高则配套酸化；

3、分层注水，层段1：沙二8（4），井段2136.5-2138.5米，配注40方/天 。层段2：沙二8（5），井段2140.9-2143.0米，配注40方/天。

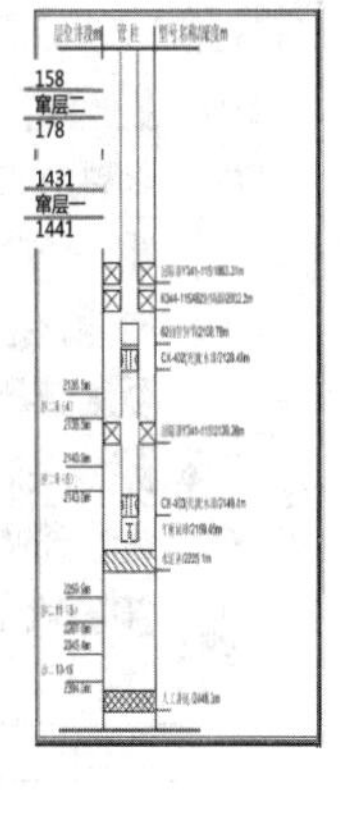

103

➢所需水泥用量计算

先封串层一:水泥浆密度按1.8计算，封堵半径0.5米，封堵孔隙度23%，封堵井段厚度10m，套管内留塞40m。

1、水泥浆用量：

（1）套管内水泥浆用量：

Q1=Sh2=0.01212×40=0.48（m3）

（2）挤入地层水泥浆用量

$Q2=\pi(R^2-r^2).h3.\varphi=3.14\times[0.5^2-(0.1397/2)^2]\times10\times0.23=1.77(m^3)$

（3）水泥浆总量：$Q3=2.25(m^3)$

考虑附加量后，所需水泥浆量取为：$Q=3.0(m^3)$

104

2、干水泥用量计算

$$G=Q\times\rho_{干}\times\frac{\rho_{浆}-\rho_{水}}{\rho_{干}-\rho_{水}}$$

$$=3\times3.15\times\frac{1.8-1}{3.15-1}$$

$$=3.52(吨)$$

3、清水用量：

Q水=3-3.52/3.15=1.88(方)

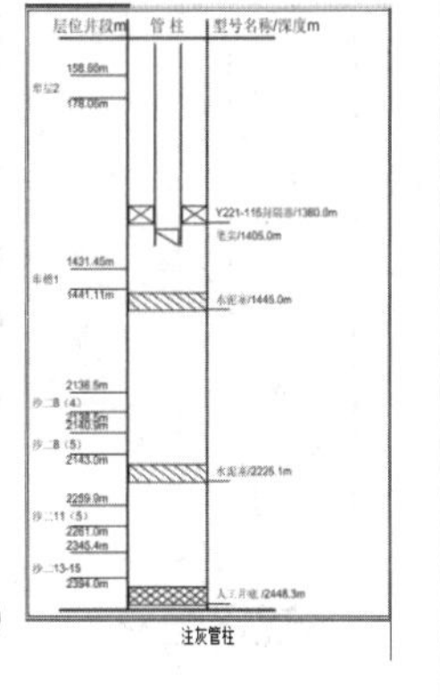

105

➢所需水泥用量计算

再封串层二:水泥浆密度按1.8计算，封堵半径0.5米，封堵孔隙度23%，封堵井段厚度20m，套管内留塞50m。

1、水泥浆用量：

（1）套管内水泥浆用量：

Q1=Sh2=0.01212×50=0.61（m3）

（2）挤入地层水泥浆用量

$Q2=\pi(R^2-r^2).h3.\varphi=3.14\times[0.5^2-(0.1397/2)^2]\times20\times0.23=3.54(m^3)$

（3）水泥浆总量：$Q3=4.15(m^3)$

考虑附加量后，所需水泥浆量取为：$Q=8.5(m^3)$

106

2、干水泥用量计算

$$G=Q\times\rho_{干}\times\frac{\rho_{浆}-\rho_{水}}{\rho_{干}-\rho_{水}}$$

$$=8.5\times3.15\times\frac{1.8-1}{3.15-1}$$

$$=10(吨)$$

3、清水用量：

Q水=8.5-10/3.15=5.32(方)

107

➢施工准备

施工用料、车辆及设备

设备名称	设备型号	设备数量	设备单位
水泥车	400型	2	部
大罐	13方	1	个
水泥		9.38	吨
清水	10		方
比重计		1	台
清水罐车		1	部
污水罐车		3	部
搅拌罐	4方	2	个
缓凝剂		14	公斤
减阻剂		28	公斤

108

➢施工工序

序号	工序	内容
1	通井	该井目前正作业，已验出二处窜点：158.86-178.06米，1431.45-1441.11米。下Φ116mm*1.5m通井规通井至塞面2225.1米。反洗井，洗至进出口水质一致。
2	试压	下入油管试压管柱，油管正挤试压20Mpa，稳压10分钟。
3	打悬空塞	在1455米处打悬空塞。回探塞面，提出管柱
4	试挤	如图下入注灰管柱，坐封封隔器，生活水正洗井一周，试挤求吸水指数。
5	注灰1	封堵窜层1；配制相对密度1.8的水泥浆3m3（G级高抗油井水泥干粉3.52t，生活水1.88方，减阻剂10.6公斤，缓凝剂5.3公斤），正挤清水1.5m3，正挤水泥浆3m3，正挤清水1.24m3，正挤清水4.24m3（注意：设计中油管按D62mm计算，施工时请根据现场实际情况改变用量施工。）压力控制在15Mpa，关井10min平衡压力；解封,反洗井洗出多余水泥浆；上提管柱至1200m，关井反应24h。
6	探塞面,试挤	下油管探塞面后提出管柱。空井筒试挤,求串层二吸水指数。
7	注灰2	封堵窜层2；空井筒挤注相对密度1.8的水泥浆8.5m3（注意：设计中油管按D62mm计算，施工时请根据现场实际情况改变用量施工。）压力控制在15Mpa，关井10min平衡压力；关井反应24h。
8	钻塞	下刮刀钻头及螺杆钻钻至串层下界，大排量反洗井洗出水泥碎屑至进出口水质一致，正试压12Mpa，验证封堵效果，试压合格后，继续钻透水泥塞（包括1455米处水泥塞），大排量反洗井洗出水泥碎屑至进出口水质一致，提出钻塞管柱。

109

➢施工工序

序号	工序	内容
9	探冲砂	探冲砂至塞面塞面2225.1米，地层水反洗井至出口水质合格。
10	测井	40臂测井，井段2135-2145m。结果通知工艺所，根据测试结果调整封隔器位置。
11	分层试挤	如图下入分层试挤施工管柱，反洗井彻底。磁定位，调整封隔器胶筒位置，避开套管接箍。试挤下层，求吸水指数。结果通知工艺所，如需酸化，另见酸化设计。投球打压，打开滑套配水器，试挤上层，求吸水指数。结果通知工艺所，如需酸化，另见酸化设计。
12	下完井管柱	按设计要求下完井管柱。油管用通管规通着下。下完后反洗井彻底。
13	磁定位	调整封隔器胶筒位置，避开套管接箍。
14	坐封封隔器	油管打压12MPa、16MPa和18MPa，每点稳压5-8min。测试队捞402、403死芯子，投402、403放大芯子。
15	交井	试注合格后交井。

110

➢施工管柱

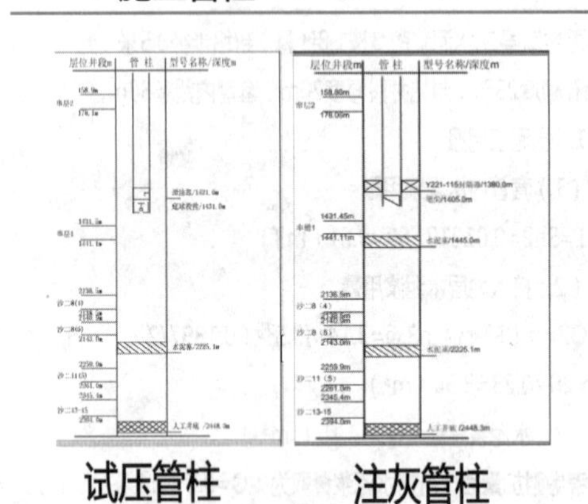

试压管柱　　注灰管柱

111

➢施工管柱

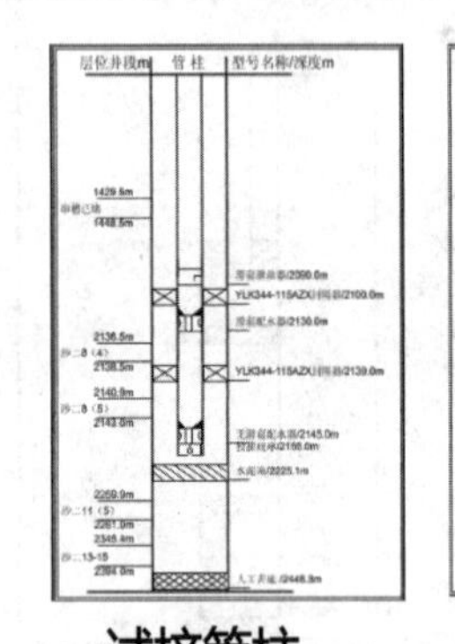

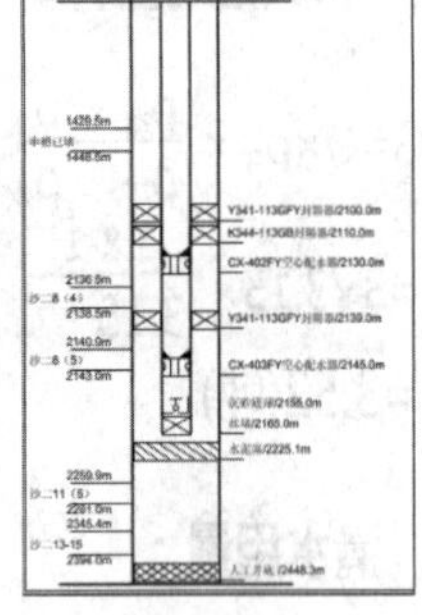

试挤管柱　　完井管柱

112

➢井控要求:

1、根据地质设计提供的地层压力状况，确定安装压力等级为不低于21MPa的井控装置组合，井控装置及其组合形式按《胜利油田分公司井控管理实施细则》胜油公司发[2016]39号文执行。注水井口采用KZ25/65型采油树。清水试压25MPa，稳压时间不少于15min，不渗不漏合格。

2、按地质设计要求，作业过程中全井灌液。压井液采用密度1.02-1.07g/cm3，固相含量小于0.1%的本地区处理污水，现场常备12m3保持大罐常满，后备量不小于28m3，采用反循环压井控制进出口排量平衡，至进出口压井液密度差不超过0.02g/cm3（特殊情况：油套不连通时，挤注法压井）。提管等原因造成液面下降时要及时向井筒内补充压井液。

3、井场周围情况：井口东15米为院墙，北20米为河沟，西25米为河沟，南面为空地。施工时注意井控！防喷管线的出口接至安全地带，施工现场配置足够的防火、防爆消防器材、管柱内防喷工具等设施，并保证灵活好用。

4、根据地质设计中的风险提示，根据该井钻完井地质报告无有毒有害气体显示，本井及200米以内邻井生产时，测试未发现有毒有害气体。

5、起下油管，空井筒、等工况的最大允许的关井压力分别为10Mpa、10Mpa。

6、套管规格尺寸：139.7*7.72mm。抗内压强度：53.3 Mpa。

113

措施效果:

2017.7.26开井,油压6兆帕，配注80方,日注50方。

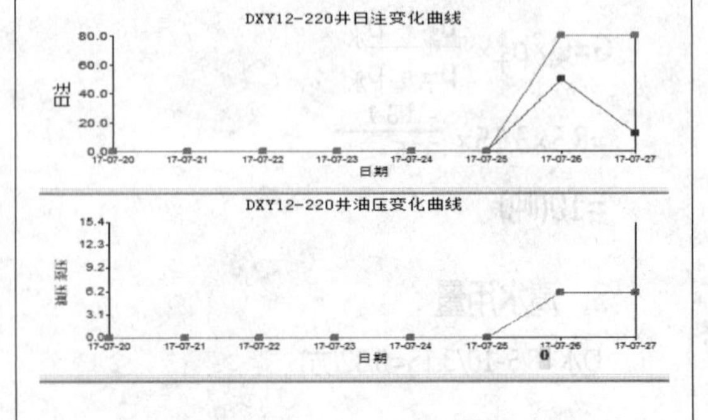

114

4、新下分注井设计流程

新下分注井的设计要点主要是：

1、管柱的有效性。能够满足地质开发的需要，让分注井分得开、注得进、注的好。

2、管柱的可靠性。保障管柱长期有效。

3、管柱的安全性。下次作业能够顺利提出，不损坏套管。

115

六、新下分注井设计流程

新下分注井的设计流程是：

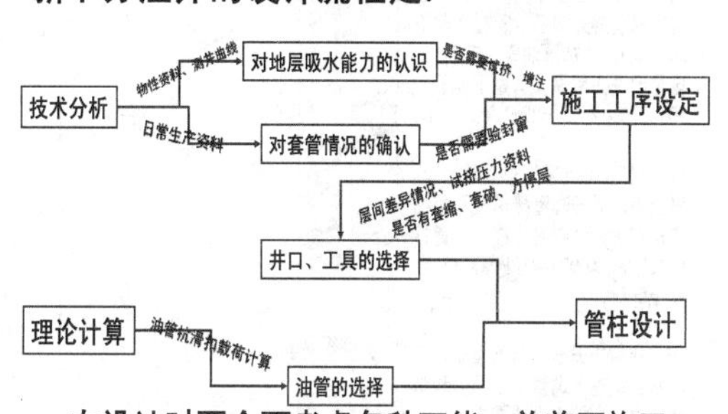

在设计时要全面考虑各种可能，并兼顾施工工序的针对性、必要性、安全性、有效性。

116

新下分注井设计流程

举例说明：　《**DXX11XN91**井转注分层增注工艺设计》

技术分析：　基础数据整理

表1　DXX11XN91井井身结构数据

完钻井深(m)	2550	油层套管组合方式	一级	钻井泥浆密度(g/cm3)	1.23	斜井造斜点(m×度)	1826
人工井底(m)	2518.5	套管1:尺寸*壁厚*深度(mm*mm*m)	177.8*10.3*2537.08	补心高(m)	5.35	最大井斜(m×度)	26度*2310
水泥返高(m)	1049	套管2:尺寸*壁厚*深度(mm*mm*m)	177.8*9.19*	油补距(m)	4.75	特殊套管(m)	1822.37-1824.72
固井质量	合格	套管3:尺寸*壁厚*深度(mm*mm*m)	177.8*8.05*	基本单元代码	DX04	套管钢级	N80
套管接箍(m)			1885.70,1895.94,1936.69,1975.16,1967.32,1977.55,1997.90,2180.87,2191.10,2201.23,2231.47,2241.60,2261.88				
侧钻井原井套管尺寸×壁厚×深度(mm*mm*m)							

井身结构数据是我们制定施工工序、完井管柱的重要参数。比如：套管组合决定完井、施工工具的外径，根据井斜角大小我们要决定是否需要扶正、能否正常测调、投捞等，套管接箍位置影响封隔器卡封位置等等。

117

新下分注井设计流程

技术分析：

表2　DXX11XN91井油层及配注数据

层位	油层井段（m）	厚度(m)	电测解释	实射井段（m）	厚度(m)	孔隙度（%）	渗透率（$10^{-3}μm^2$）	泥质含量（%）	配注（m^3/d）	备注
沙一4	1890.9/1895.4	4.5/1	油水同层	1891/1895	4/1	26.7	550.1	10.22	80	待射
沙二3	1973.8/1994.8	14.4/3	油层	1973.8/1994	4.3/3	27.4	566.4	14.94	100	已射
沙二W1	2446.6/2471.9	25.3/1	上油层下水层	2451/2453	2/1	19.9	226.5	4.21		已射已封

从物性数据来看，该井泥质含量较高，本次作业中应设计试挤、增注工序。

表3　该井生产情况

生产状况	生产层位	日期	工作制度	日产液(t	日产油(t	含水(%)	动液面(m)	相对密度	粘度(mPa.s)
正常	沙二3	2016-12-6	56*3*4.2	38.4	0.1	99.8	476	0.931	725.5
正常	沙二3	2017-1-6	56*3*4.2	39.3	0.1	99.7	443		

从生产情况来看，该井高含水，能量较为充足。

小结：　施工目的为转注井补孔沙一4，分注沙一4和沙二3，补充地层能量。那么从基础资料分析来看，基础施工步骤应该是：1、处理、确认套管状态。2、确认地层吸水能力，于配注对比，确定是否需要增注。3、完井配套。

118

新下分注井设计流程

施工工序设计：

常规工序

1、起出原井管柱，检查油管和井下工具，检查测调遇阻原因；记录描述管柱的解封、解卡情况和工具与油管的腐蚀、结垢情况。对于大四通及套管短节，根据损坏情况更换。（空井筒或者新投井除外）

2、探冲砂至水泥塞面2031.8m。

3、通井：下Φ150mm*1.5m通井规（根据套管通径选择合适的通井规）通井至水泥塞面。反洗井，排量500l/min，洗至进出口水质一致。

4、补孔，详见射孔通知单。

套管处理

5、刮管：下GX-T178刮管器（根据套管通径选择）刮至人工井底，并在封隔器坐封位置及射孔井段位置上下10m反复刮削5 次。认真观察负荷，遇阻加压应小于10kN。反洗井，排量500l/min，洗至进出口水质一致。

套管确认

6、40臂测井，要求测1890-2000m套管情况。根据结果优选调整封隔器坐封位置。

119

新下分注井设计流程

7、如图下入分层试挤管，根据40B结果调整封隔器位置。洗井，洗井排量不低于25m3/小时，连续洗井时间2小时以上，至进出口水质一致后合格。试挤最下层，求吸水指数。

8、如需酸化另见酸化设计。如无需酸化则直接下步施工。

9、酸化上层：投球打压，打开滑套配水器，试挤上层，如需酸化，另见酸化设计。如无需酸化则直接按下步施工。

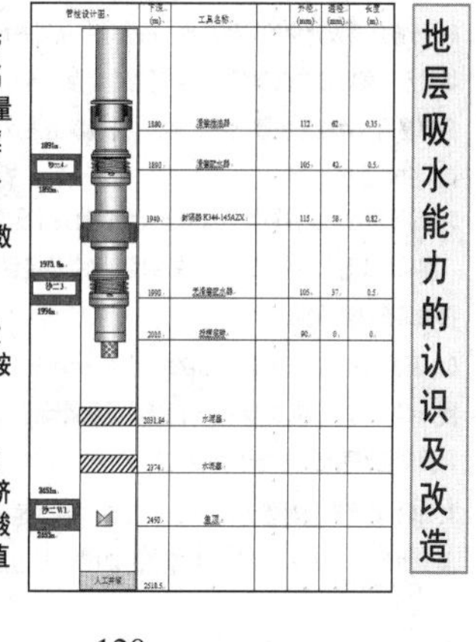

120

新下分注井设计流程

10、按设计要求下完井管柱。油管用通管规通着下，管柱上部下50米2 7/8"加厚油管下完后大排量反洗井两周（水量不少于60m³，排量不低于25m³/h）。

11、根据40B结果调整封隔器胶筒位置，避开套管接箍及套管缩扩颈井段。坐封封隔器。油管打压12MPa、16MPa和18MPa，每点稳压5-8min。

12、提前一天通知监测大队打开配水器试注：调整注水压力和排量使之达到地质设计要求。

13、试注，合格后交井。

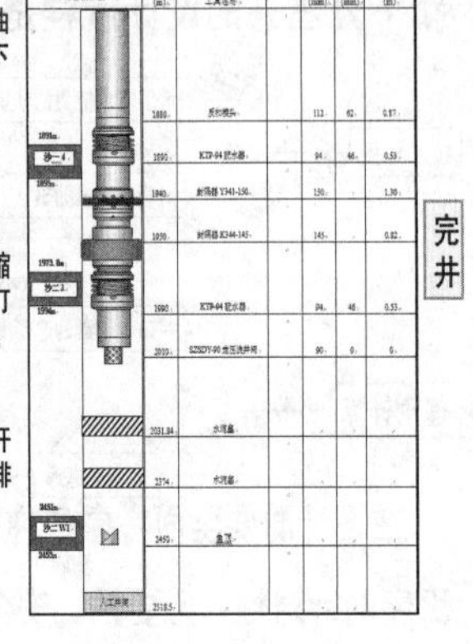

完井

121

新下分注井设计流程

理论计算：

管柱最大下入深度：

Y341压缩式封隔器的解封力T为60-80KN，等直径油管的分层管柱最大允许下入深度计算公式为：

$$h = \frac{P_{滑} - T}{mq}$$

式中：m——安全系数，取1.3

q——油管每米重量，N/m

h1=（323012-80000）/1.3*9.52*9.8≈2003m

为保障管柱长期有效，2寸半（$2^7/_8$TBG）油管最大下入深度取2000m。

122

新下分注井设计流程

同理，计算下入2000m 2寸半钢管后，2寸半加厚油管的最大长度：

h2=（443585-80000-9.52*9.8*2000）/1.3*9.67*9.8≈1436m

上部2寸半加厚（$2^7/_8$ UPTBG）油管的最大下入长度应为1400m。

因此，本设计的油管组合为2寸半J55平式油管1960m+50米2寸半外加厚油管，深度超过3400m注水井应考虑油管钢级的提升（N80）。

123

井控要点：

常规标准

1、根据地质设计提供的地层压力状况，确定安装压力等级为35MPa的井控装置组合，井控装置及其组合形式按《胜利油田分公司井控管理实施细则》胜油公司发[2016]39号文执行。注水井口采用KZ25/65型采油树。清水试压25MPa，稳压时间不少于15min，不渗不漏合格。

计算标准

2、按地质设计要求，全井灌液，压井液采用密度1.02-1.07g/cm3，固相含量小于0.1%的本地区处理污水，现场常备12m³保持大罐常满，后备量不小于76.5m³，采用反循环压井控制进出口排量平衡，至进出口压井液密度差不超过0.02g/cm3。提管等原因造成液面下降时要及时向井筒内补充压井液。(常备水量为井筒体积的1.5倍)

周围环境

3、井场周围情况：井场周围路况好，不影响作业施工。该井北临青岛路15米，西邻辛118计量站50米，南邻锦苑一区，周围有数口油井，B类井，注意环境保护！防喷管线的出口接至安全地带，施工现场配置足够的防火、防爆消防器材、管柱内防喷工具等设施，并保证灵活好用。

124

硫化氢防护

4、根据地质设计中的风险提示，根据该井钻完井地质报告无有毒有害气体显示，同时该井以及邻井硫化氢监测含量为零。现场配备有毒有害及易燃易爆气体检测报警仪、风向标，井场有逃生通道和2个以上的逃生出口，并有标识。

关井压力

5、起下油管，空井筒等工况的最大允许的关井压力分别为10Mpa、10Mpa，酸化施工等工况的最大允许关井压力和井控装置的压力等级，严格按相关工艺设计执行。

套管防护

6、套管抗内压：该井套管组合为177.8*8.05/9.19/10.3mm。抗内压强度：43.7/49.9/56.3 Mpa（一般情况下取最低值，但本井套管标识不清，因此全部列出，根据实际情况选择）

地层压力

7、该井最大声波时差为375μs/m，目前该井同层油井辛109X106井的油层压力为18.12Mpa。目前该井静液面421米，地层压力未测，注意防喷。

125

七、分层措施工序要点

重新分层（细分层系）工序要点：

1、重新分层井重点是对各层系吸水能力的认识

可以先通过空井筒测流量结合地质物性资料、配注，对地层有初步认识之后，针对吸水差的层系有针对性的进行措施整治，保障注水有效性。

2、重新分层井要对套管状况进行确认，保障卡封长期有效。

封隔器卡封位置要避开套管接箍和40臂测井测出的缩扩径井段，以保障封隔器胶桶坐封后受力均匀，有效期长。如夹层较薄，对卡封位置精度要求高，则在下入完井管柱之后，打压坐封之前要有磁定位工序。

126

分层措施工序要点

新投分注工序要点：

1、常规新投井施工第一步应为替浆。第二步为射孔。

新投井中剩余部分钻井时遗留的泥浆，必须处理干净，防止污染待射地层。替浆之后需要根据地质设计要求射孔。需要注意的是一般情况下，带有射孔工序的设计在井控中都需要全井灌液。

2、新投井不需要确认套管状况。（无需冲砂、通井、测40臂、刮管等步骤）

一般新投井套管全部为新套管（侧钻井悬挂器以上为旧套管），所以不需要确认。

3、新投井对地层吸水能力的认识主要通过分层试挤手段（无流程，所以无法实施空井筒测直读流量。）部分特殊区块，如低渗区块井，在钻井工程设计中就已经定下了如压裂、径向射孔、降压增注等措施。需要结合方案制定措施。

127

分层措施工序要点

转注分注工序要点：

1、转注分注要重点确认、处理好井筒，洗井彻底。

转注分注井井筒中经常会有采油时遗留在井筒中的油泥，如果在作业中不能得到及时有效处理，会给后续生产带来诸多不便(如洗井不通、测调遇阻等）。

2、结合生产资料，分析转注井井况

着重分析转注前的生产情况，如果转注前有含水、动液面突升现象，结合矿化度变化分析是否有套窜的可能。

3、转注井对地层吸水能力的认识主要通过分层试挤手段（无流程，所以无法实施空井筒测直读流量。）结合地质设计中物性资料、措施要求有针对性的制定措施。

128

分层措施工序要点

套窜井分层工序要点：

1、套窜井分层要首先确认窜层是否吐砂

如窜层吐砂则实施封堵。并对窜层实施卡封保护。由于保护窜层的封隔器上下压差较大，因此一般使用双封或加锚定，以保障卡封管柱长期有效。

2、套窜井对地层吸水能力的认识主要通过分层试挤手段

在套窜井中，由于窜层影响，一般不能使用空井筒测流量来确认各层吸水能力。但可以使用空井筒测分层流量的方式粗略确认窜层位置。

3、套窜井分层必须处理好井筒

由于窜层影响，套窜分注井完井后一般不能洗井。因此在作业过程中井筒的处理尤为重要。

129

第十章 物理法储层改造技术

一、解堵技术概述

目前油水井储层改造方法主要分为三大类：化学方法，水力压裂，物理法解堵。

化学解堵	水力压裂	物理解堵
需要向地层注入各种类型的解堵剂或酸液。易产生沉淀，造成二次污染	水力压裂是一项有广泛应用前景的油气井增产措施，是开采天然气和低渗透油藏的主要形式	利用振动和波动理论为基础，来解除地层堵塞或产生微裂缝。不会造成二次污染

1

二、物理法解堵技术

一、振荡解堵技术

二、声波解堵技术

三、高能气体压裂解堵技术

四、电脉冲解堵技术

五、高压水射流径向钻孔技术

2

一、振荡解堵技术

20世纪70年代提出了用振动法处理油田的想法，经过大约10年的时间，研制出了井下振源和地面振源。国内1990年开始研究研究，吉林、大庆、玉门、克拉玛依等油田先后开展了试验，制造出不同振击力的大型可控地面振源和井下振源。油田应用试验表明，振动处理法能够对整个油层进行处理，使产量提高并降低含水。

3

井下水力振荡解堵技术

1、震源结构

活塞受水压推动下行时，压缩缸内液体，使高压水从射流孔喷出，活塞继续下移，射流孔卸压，活塞在弹簧弹力作用下上移，恢复原状。如此循环，形成低频水力波。

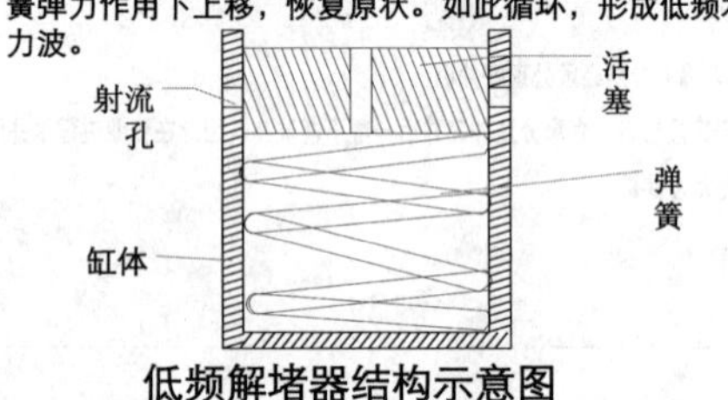

低频解堵器结构示意图

4

井下水力振荡解堵技术

2、解堵增注原理

振动冲击波强烈的同期性交变张应力，一是使堵塞物松散脱落；二是使岩石结构强度降低，当应力超过岩石疲劳极限时，岩石产生很多次生裂缝，裂隙延伸形成疲劳裂隙网，使岩层渗透率明显改善。

解除因地层堵塞，渗流不畅等原因造成的油井产量下滑和注水受阻等生产难题，达到油井增产、水井增注的目的。

水力震荡可以和化学采油结合起来一起作业。在振动作业中，可加入适量酸溶液，随着振动作业的进行，酸溶液向地层深处渗透。酸溶液进入地层后起到酸化解堵、溶蚀作用，疏通孔道，提高渗透率。

5

井下水力振荡解堵技术

3、施工要求及注意事项

1）对于深部堵塞井，采用低频解堵同酸化相结合工艺，这样可最大限度提高处理效果；

2）对于结垢严重井，采用盐酸预处理；

3）为保证冲击强度，使压力保持在20-25Mpa；

4）为保证充分冲击堵塞井段，工具移动速度控制在0.1m/min；

5）采用磁定位技术确定施工井段；

6）为避免因套变卡工具，采用通井措施；

7）施工后，采用大排量洗井。

6

井下水力振荡解堵技术

4、选井条件

1. 油井:

油层近井地带存在污染、堵塞;

地层表层损害，近井地带压力损失大;

油层近井地带存在液阻效应，渗流阻力大;

原油粘度高，流动性差。

2. 水井:

套变不影响工具下入欠注井;

地层渗透率较高，确属近井地带污染堵塞欠注井;

地层污染堵塞又具有酸敏、不宜实施酸化措施的欠注井;

层间干扰严重的多层欠注井;

7

井下水力振荡解堵技术

5、工作液的选择

工作液是振动系统的工作介质，它涉及到传递振动能量的效率、排除油层堵塞物的难易程度、与地层的配伍性及洗油效率等。因此，对工作液的选择提出以下要求:

1. 低粘度，低密度;
2. 不与地层及地层流体反应生成沉淀物;
3. 不与地层流体发生乳化;
4. 能降低界面张力;
5. 不使地层粘土膨胀。

8

井下水力振荡解堵技术

6、主要技术参数

输出功率：1.5~20KW（单个震源）

工作频率：1.5~6.0HZ

启动压力：1.5~4.0Mpa

工作排量：0.3-1.0m3/min

工作温度：0-250℃;

承受压力：0-125Mpa;

环境影响：套管纵横受力380kg/cm2(注入压力25Mpa)

适用范围：内径大于φ118mm套管井或裸眼井

仪器尺寸：外径φ114mm，长度1930mm

仪器自重：70kg左右

9

井下水力振荡解堵技术

7、工艺特点总结

1. 该工艺技术具有全方位处理堵塞层段的特点，技术水平高，能够保护油层。

2. 该工艺技术对于中、高渗透井效果好，对于低渗透、深部堵塞井效果相对较差。

3. 该技术费用低，工艺方便，易于推广，应用前景广阔。

10

二、声波解堵技术

声波解堵技术研究以声学原理为理论指导，设计并研制出以流体动力为激发源并能产生高强低频振动为目的的声波发生器。由声波发生器发射出的高强低频振动波作用于被处理地层层段达到解除地层堵塞、疏通液流通道、增加油水井产能的目的。

11

二、声波解堵技术

声波解堵助排工艺特点

- 加强了声波的机械振动作用
- 改善了空化条件增强了空化作用
- 加强了声波的热作用
- 气炮或气爆炸作用

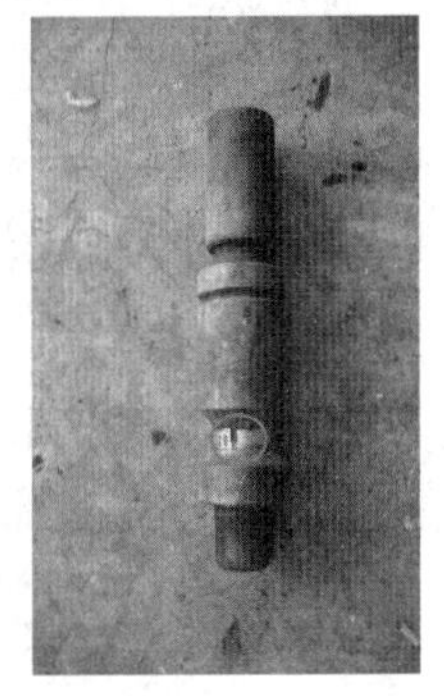

12

二、声波解堵技术

压风机
三通
水泥车
水罐
油管
油层
声波发生器
单流阀

13

二、声波解堵技术

现场应用效果分析

与混气水排液相比，其增液增油效果也是非常明显的。

声波助排与常规混气水排液效果对比表

项目	平均单井增液	平均单井增油	平均增液幅度	备注
常规混气水排液	3.73	1.08	25.12%	13口井统计
声波助排	24.2	5.30	186.2%	66口井统计

14

三、高能气体压裂技术

采用多种不同复合固体推进剂或同一复合固体推进剂经过一定的药型设计，使复合固体推进剂按照设计的反应面在油井筒内射孔段有规律地反应，产生多个脉冲波加载冲击岩石，使岩石产生多条裂缝，并促使裂缝在多脉冲加载波的连续作用下，快速拓展、延伸，形成较长的多裂缝体系。

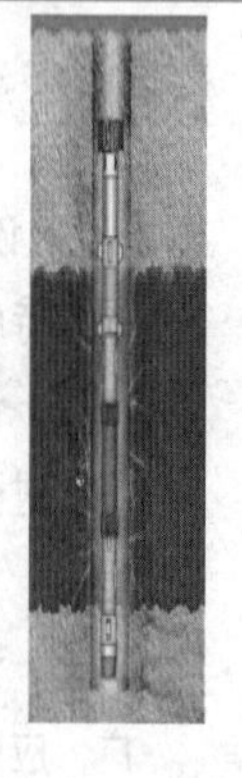

15

三、高能气体压裂技术

与单脉冲加载技术相比，该技术具有以下优点：

✓ 合理控制了装药的反应速度，起延伸裂缝的复合固体推进剂由于反应速度较慢，峰值压力就低，所以装药量可以适当加大，不会损害套管。而单脉冲加载技术由于一次药剂反应，由于套管承压极限的限制，不可随意提高药量。

16

三、高能气体压裂技术

选井原则

（1）井况良好，固井质量合格，套管无变形、破损

（2）油井优选油层单层厚度大且因污染产量下降快的油井

（3）水井优选因污染注水压力高，注水困难的井

（4）粘土含量低于25%

17

三、高能气体压裂技术

技术适用范围

（1）新井投产改造

（2）水井降压增注

（3）油井近井带改造，改善渗流条件

（4）解除由于修井、补孔等作业造成的产层近井带堵塞。

18

四、电脉冲解堵技术

1. 装置组成

◆地面电源控制柜

◆井下高压直流电源

◆井下高聚能电容器

◆井下能量控制器

◆井下能量转换器

电缆车送井下设备到储层位置并连接地面电源控制柜

19

四、电脉冲解堵技术

2 工作参数

表1-1　装置参数

项目	参数	项目	参数	项目	参数
放电电压	30kV	放电电流	50kA	装置储能	4.5kJ
设备外径	102mm	处理深度	<3-5km	井下温度	<100℃
设备长度	6.5m	设备重量	70-200kg	工作压力	<30MPa
工作频率	6～8次/min	电源功率	<2kw	供电电压	220V/50Hz
冲击波峰值压力	>100MPa				

20

四、电脉冲解堵技术

井下设备　升压变压器　整流硅堆　储能电容器　能量控制器　能量转换器

■工作原理：

- 地面5kW发电机提供：220V、20A、50Hz；
- 地面电源控制柜：逆变成1000Hz交流电；
- 通过电缆传输到井下高压直流电源；
- 能量控制器在10μs瞬间将电容器上储存的电能传递给能量转换器；
- 能量转换器以高电压击穿水、电爆炸丝或电爆炸丝驱动含能混合物等原理将电能转换成冲击波机械能；
- 冲击波在某一指定层段穿透套管作用于储层。

21

四、电脉冲解堵技术

3 解堵增注机理

※ 造 缝

（1）冲击波破裂储层

当冲击波的幅值大于储层的抗压强度时，以破裂模式致裂储层。

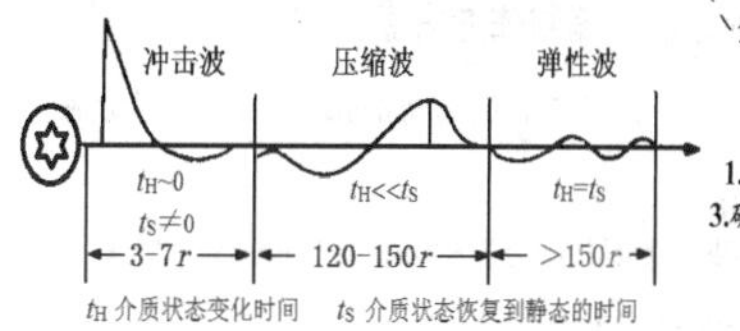

冲击波在岩石中的爆破效果示意图

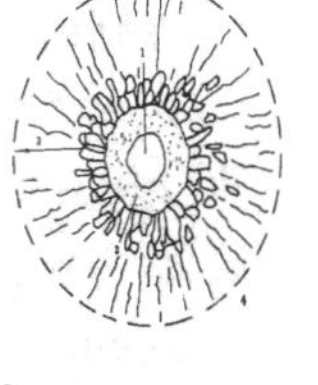

1.源区，2.破碎区，3.破裂区，4.弹性波区

22

四、电脉冲解堵技术

3 解堵增注机理

※ 解 堵

储层是由岩石颗粒、充填粘土矿物和饱和油气水等复杂的介质组成，它们的密度、波阻抗等物理性质大不相同。

冲击波在不同密度介质上产生的速度、加速度有很大的差异，从而在这些介质中的固固、固液和油水气等波阻抗相差较大的界面产生较强的剪切力；剪切力可以使：

◆岩石颗粒表面的粘土胶结物被振动脱落。

◆孔喉道桥状粘土微粒会松动或迁移，从而解除孔喉道堵塞，扩大孔喉半径和孔隙的连通性。

◆减小储层的附面层厚度，使渗流速度提高，渗流量增加。

23

四、电脉冲解堵技术

4 冲击波致裂砂岩的物模实验

冲击波主要以拉伸破坏模式拉伸、撕裂岩石形成微裂隙，并扩大、延伸、改造储层原有裂隙。

作用到实验样品的冲击波以各向同性的模式在样品四周产生了一定数量的裂隙或微裂隙，并随着冲击次数的增加继续延展、扩展。新的裂隙提高了储层的渗流能力，同时，降低了岩石的力学强度。

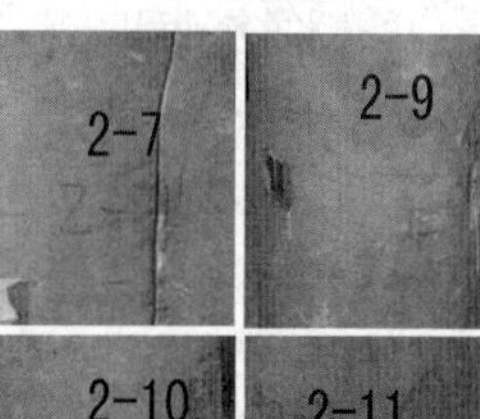

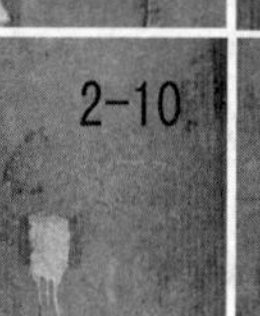

24

四、电脉冲解堵技术

4 冲击波致裂砂岩的物模实验

实验前的孔渗测试结果

编号	岩心长度/cm	岩心直径/cm	平均空气渗透率/$10^{-3}\mu m^2$	平均空气渗透率/$10^{-3}\mu m^2$	孔隙度%	平均孔隙度/%
1	3.600	2.536	0.708		15.50	
2	2.830	2.532	0.743		15.61	
3	3.562	2.520	1.579		14.57	
4	2.952	2.500	1.72451		14.69	
5	3.100	2.484	3.13729		15.96	
6	3.170	2.500	2.54551		15.22	
7	3.200	2.500	2.25601	1.75	15.56	15.24
8	3.058	2.480	1.54816		15.06	
9	3.118	2.500	2.24993		16.10	
10	3.060	2.472	2.18654		15.80	
11	3.140	2.484	1.60323		14.37	
12	3.100	2.472	0.70869		14.43	

25

四、电脉冲解堵技术

4 冲击波致裂砂岩的物模实验

实验后的孔渗测试结果

编号	岩心长度/cm	岩心直径/cm	平均空气渗透率/$10^{-3}\mu m^2$	平均空气渗透率/$10^{-3}\mu m^2$	孔隙度%	平均孔隙度/%
1	3.276	2.520	4.39721		16.08	
2	3.178	2.520	3.37309		15.42	
3	3.158	2.520	2.47621		15.70	
4	3.160	2.510	2.18007		15.02	
5	3.200	2.500	2.13031		15.38	
6	3.214	2.462	2.50613		15.16	
7	3.200	2.430	2.76595	2.47	15.89	15.62
8	3.310	2.456	1.38981	提高41%	15.22	增加2.5%
9	3.268	2.420	2.03809		15.95	
10	3.336	2.460	2.35937		16.21	
11	3.284	2.472	1.38055		15.33	
12	3.226	2.482	2.60816		16.09	

26

四、电脉冲解堵技术

5 现场施工

（1）选井

- 井深小于3500m，井底温度低于100℃；
- 固井质量良好，套管未变形；
- 井斜较小的井。

（2）分析井况、编制作业方案

- 根据储层的物性、生产历史、历史措施分析油、水井降产、欠注的原因；
- 根据分析结果，将储层划分为若干个小段进行有选择性作业；
- 选择在每一段实施冲击波作业的次数；

27

四、电脉冲解堵技术

5 现场施工

（3）施工准备

◆ 确保道路通畅，能使测井车辆行使；

◆ 负责井场平整，能够进行一辆测井车实施措施作业。做好备水、污水处理的后序工作，施工现场准备排污坑；

◆ 准备井下配套工具；协调与监督现场施工。

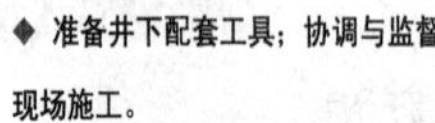

28

四、电脉冲解堵技术

5 现场施工

（4）注水井作业程序

- 起出井下生产管柱；
- 通井到人工井底，洗井；
- 安置井口防喷装置；
- 用电缆车将电脉冲装置下到作业油层位置；
- 从射孔段底部向上开始单点作业；
- 完成所有作业点后，将电脉冲装置提出井筒；
- 下注水管柱，完井；
- 整理井场，交井。

29

四、电脉冲解堵技术

6 应用情况-薄夹层区块的采油井

长庆油田措施采油井效果统计（截止2014.12.31）

井号	措施日期	层位	措施前生产情况			目前生产情况(2014.12.31)				累计增油(t)	有效天数(d)
			日产液(m^3)	日产油(t)	含水(%)	日产液(m^3)	日产油(t)	含水(%)	日增油量(t)		
张21-13	2013.10.10	延9	3.22	2.11	22.0	5.19	2.14	50.9	0.03	347.37	405
张23-13	2013.11.15	延9	1.21	0.91	10.5	3.94	2.98	9.80	2.07	800.61	392
镇47-39	2014.9.7	延8	0.80	0.55	18.2	3.81	2.13	33.4	1.58	144.14	97

新一代装置在长庆油田措施采油井3口，均有效，截止2014年12月31日：

- 累计增油1292.12t，
- 平均单井增油430.7t，
- 平均日增油1.23t；
- 平均单井有效期298天且持续有效。

30

四、电脉冲解堵技术

6 应用情况-薄夹层区块的采油井

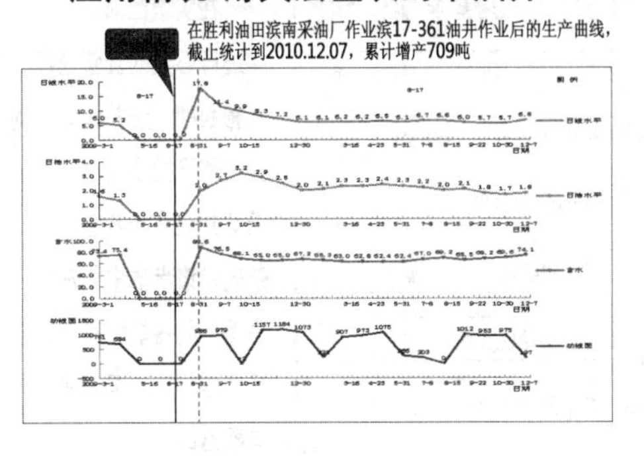

31

四、电脉冲解堵技术

6 应用情况-老井增注

长庆油田措施注水井效果统计（截止2014.12.31）

井号	有效天数	措施前注水情况			目前注水情况			累计增注（m^3）
		油压（MPa）	配注（m^3）	日注（m^3）	油压（MPa）	配注（m^3）	日注（m^3）	
镇269-5	233	21.7	17	1	21.9	17	17	3314
镇95-297	206	22.0	18	0	21.3	18	14	2748
镇301-02	58	20.7	15	2	16.3	20	22	1108
地219-74	204	17.5	23	6	14.0	28	28	4368
盐57-36	189	18.2	45	26	15.1	45	45	3535
盐45-48	164	17.1	45	16	17.2	45	45	4278
地91-51	101	18.3	38	18	17.6	38	38	1531
沙25-13	114	14.7	30	0	10.0	30	30	3448

32

四、电脉冲解堵技术

7 技术优势

1. 物理本质　不污染、伤害储层；
2. 方向可控　能产生定向冲击波，对储层进行有方向性的改造；
3. 范围控制　可对储层进行分段改造；
4. 强度可控　调整重复脉冲和作业次数，对各层位进行强度不等的改造；
5. 节能环保　以脉冲高功率为特点，具有的优势；
6. 无损套管　冲击波持续作用时间很短（纳秒级），对套管无任何损伤。

33

五、高压水射流径向钻孔技术

34

汇报内容

一）、技术简介

二）、应用情况

三）、存在问题

35

一）、径向钻孔技术简介

径向钻孔动画演示　　径向钻孔示意图

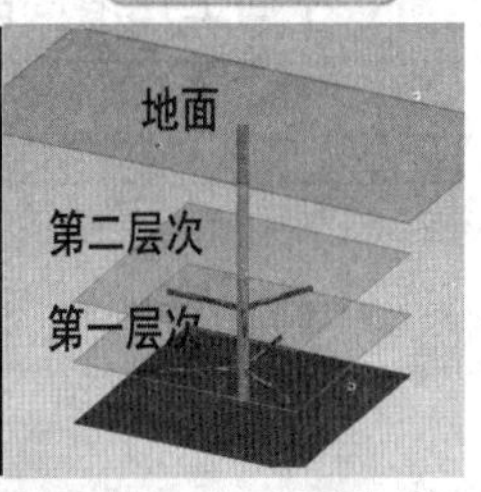

径向钻孔技术在国内为一项新技术，兼具传统水平钻井及射孔完井、储层改造之功能，通过径向射孔形成多层多向多分支的复杂结构井，建立地下储层流体新的渗流通道，连通远井地带剩余油。

36

一、径向钻孔技术简介

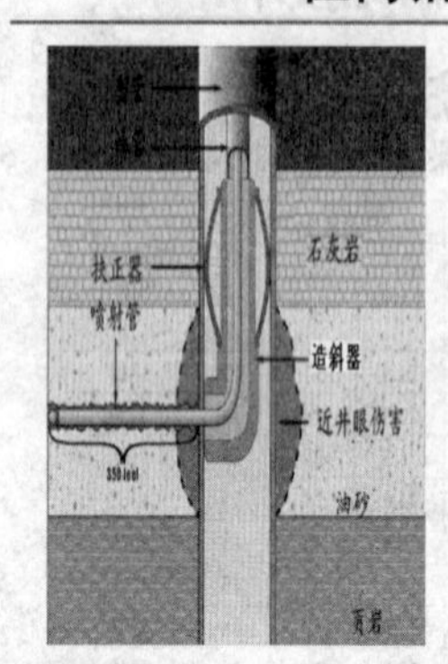

喷射水平钻孔井身结构示意图

原理概述

该技术是先用小钻头在油层部位的套管上开窗口，然后使用连续油管连接带喷嘴的软管，借助高压射流的水力破岩作用在油层中的不同方向上钻出多个（直径30-50mm、长达100m左右）小井眼。

37

一、径向钻孔技术简介

施工工序简述

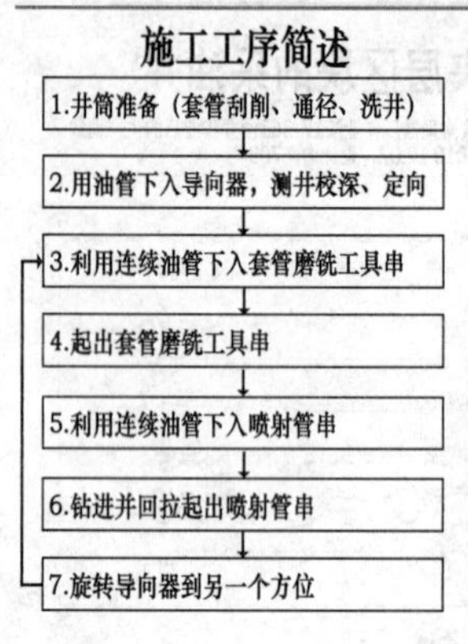

施工工序1：井筒准备

在实施径向钻孔之前，需进行必要的套管通径、套管刮削、洗井作业，确保套管无损伤变形、内壁无钻井泥浆和其它碎屑及杂质，该步骤主要是为了确保导向器能顺利下入至目的层段且不至于堵塞导向器出口。

38

适用范围

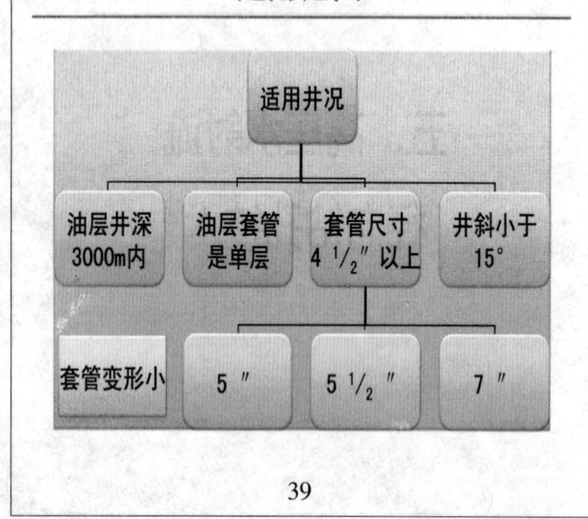

39

适用范围

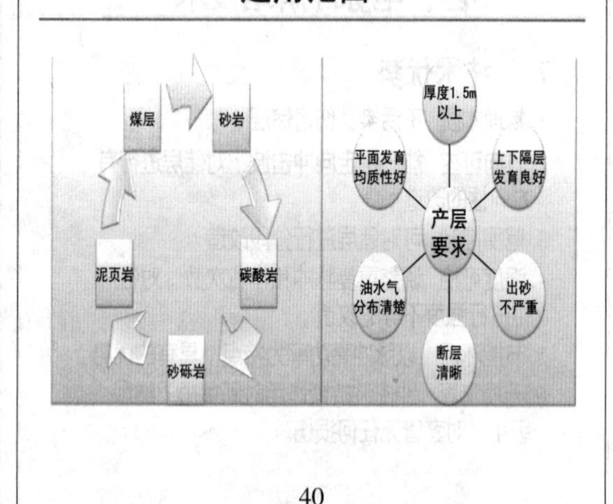

40

解决问题

1、平面上挖潜局部井网失控的剩余油

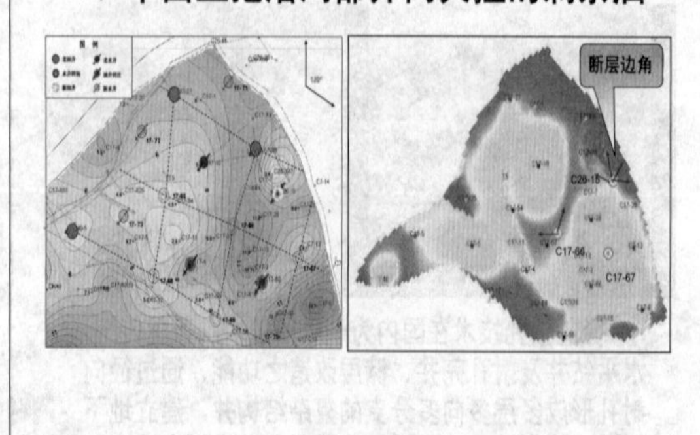

41

解决问题

2、控制底水锥进速度，提高采收率

樊29块剩余油剖面图

底水油藏，直井开发容易产生底水锥进，水平井开发成本高，利用径向钻井能够控制油井见水速度，提高油藏采收率。

42

汇报内容

一）、技术简介

二）、应用情况

三）、存在问题

43

二）现场应用

国外应用情况：

该技术具有作业速度快，作业成本较低，见效快及增产明显的特点。过去的四年当中，进行了超过350口井次的径向钻进作业，极大地提高了这些油井的产能，其产量增长一般在100%～500%。

国内应用情况：

在大港、长庆、大庆、辽河、胜利等油田施工油井116口，单井最高日增油18.7t，单井最高日增天然气980方。

东辛应用情况：

在永1块共实施4口井。

44

井组优选 ➡ 纵向优化 ➡ 平面优化 ➡ 作业优化 ➡ 油层保护 ➡ 效果评价

工艺技术的适应性与油藏特点相匹配，才能发挥工艺技术的最大优势，储层改造后才能取得好的效果。

渗透率对径向钻井与直井产能比的影响

渗透率越高，产能增加幅度减小；渗透率越低，产能增加幅度减大。

45

井组优选 ➡ 纵向优化 ➡ 平面优化 ➡ 作业优化 ➡ 油层保护 ➡ 效果评价

选井的原则一：低渗透性储层、自然产能低，需要进行改造；

原则二：储层埋深在3000米以内。

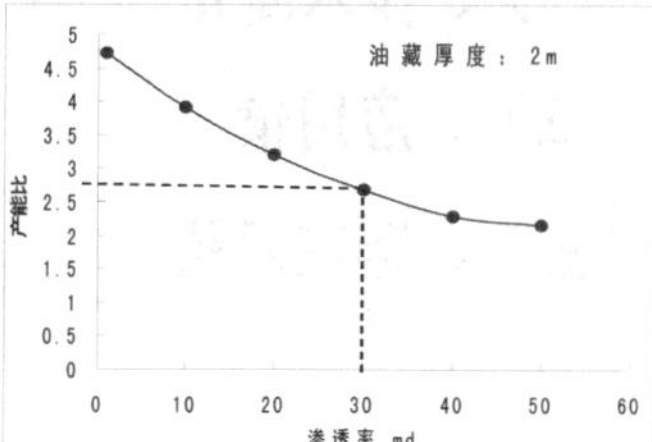

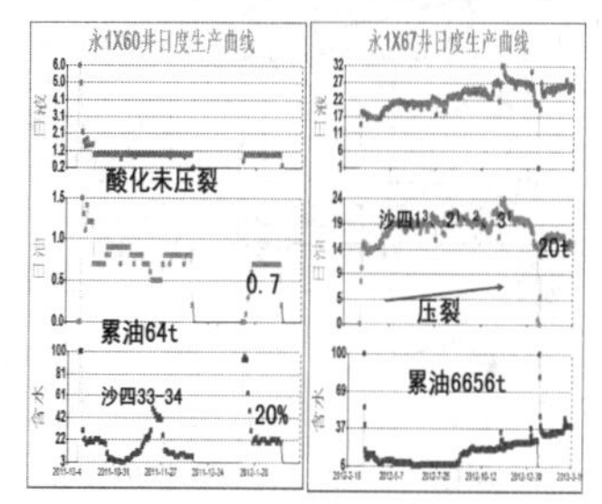

油藏埋深 1950-3020m
平均有效厚度 37-40m
孔隙度 11-15%
渗透率 10-35×10^{-3}μm^2

自然产能1.5t，压裂后平均单井日液6.1m^3，平均单井日油4.9t。

46

井组优选 ➡ 纵向优化 ➡ 平面优化 ➡ 作业优化 ➡ 油层保护 ➡ 效果评价

结合硼中子监测资料，选取水淹轻、动用差的小层径向钻孔

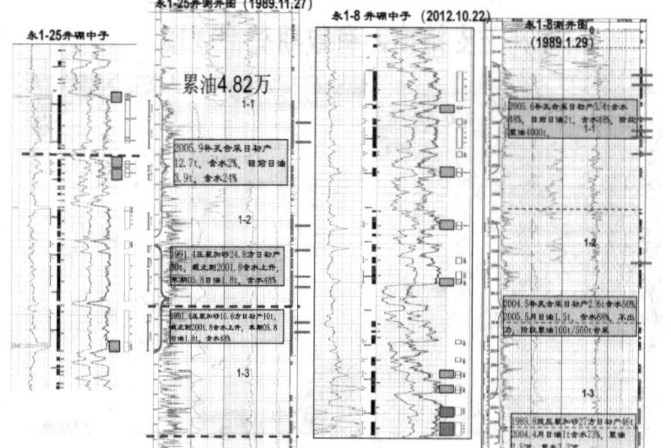

纵向上，永1-25分8段径向射孔，永1-8分7段径向射孔

47

井组优选 ➡ 纵向优化 ➡ 平面优化 ➡ 作业优化 ➡ 油层保护 ➡ 效果评价

2m油层条件下径向钻孔平面位置优化（四孔）

方案一（四孔同侧） 方案三（同深度四孔）

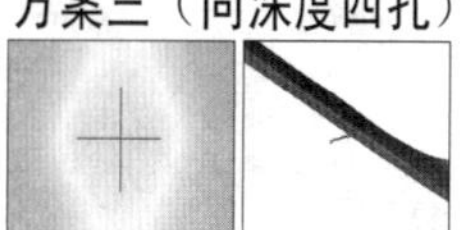

方案二（四孔两侧） 不同方式下径向钻井产能

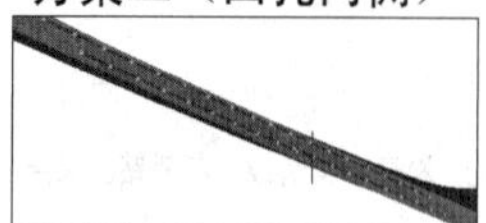

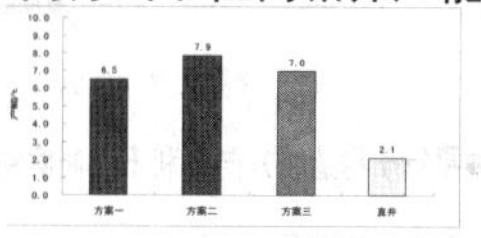

开发效果：四孔两侧＞同深度四孔＞四孔同侧＞直井

48

井组优选 ➡ 平面优化 ➡ 纵向优化 ➡ 作业优化 ➡ 油层保护 ➡ 效果评价

精细作业，做好方位保护：

两项措施降低钻孔方位偏差：

一是调整深度时，将大钩锁销打开，使大钩随动，消除了大绳产生扭矩，导致油管转动。

二是油管慢提下放、平稳操作。

设计部署　井口装置　连续油管

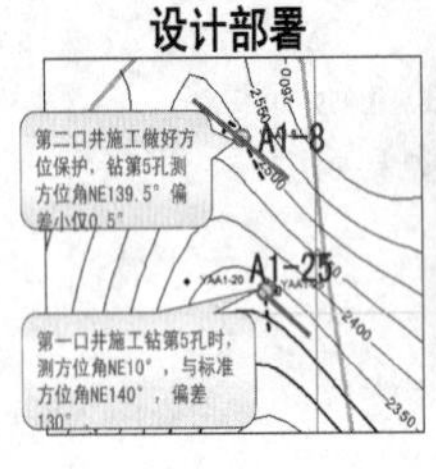

49

井组优选 ➡ 平面优化 ➡ 纵向优化 ➡ 作业优化 ➡ 油层保护 ➡ 效果评价

全过程油层保护，防止地层污染

（1）优选防膨剂，防止粘土膨胀

粘土含量>10%需要加防膨剂
永1粘土含量在8-36%

KC-1防膨剂防膨能力试验

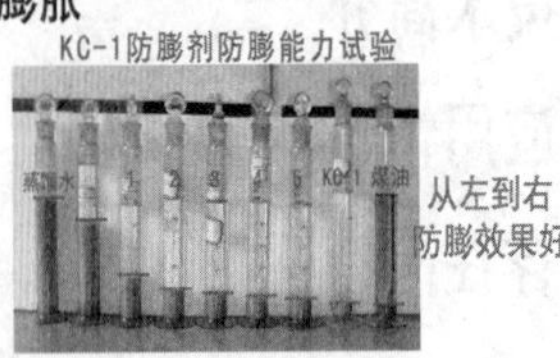

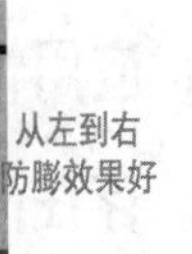

从左到右防膨效果好

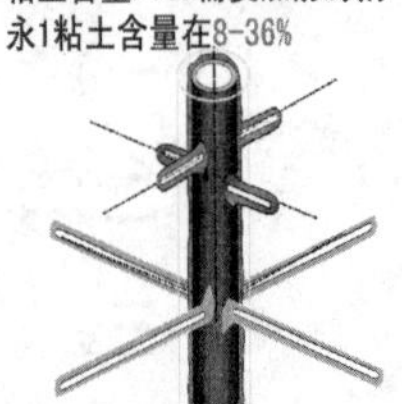

优选了配伍性能好，防膨率高的聚季胺盐类防彭剂，防止钻孔过程中的储层伤害。

50

井组优选 ➡ 平面优化 ➡ 纵向优化 ➡ 作业优化 ➡ 油层保护 ➡ 效果评价

◆ 提高单井产能

两口井径向钻孔效果好

产能增加3倍以上。

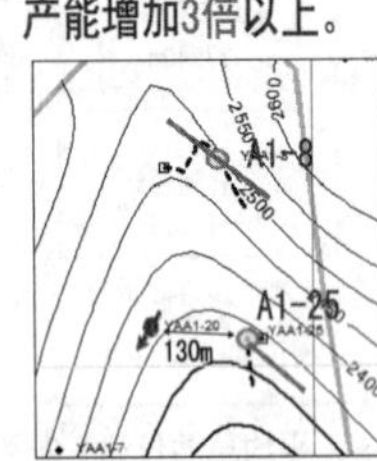

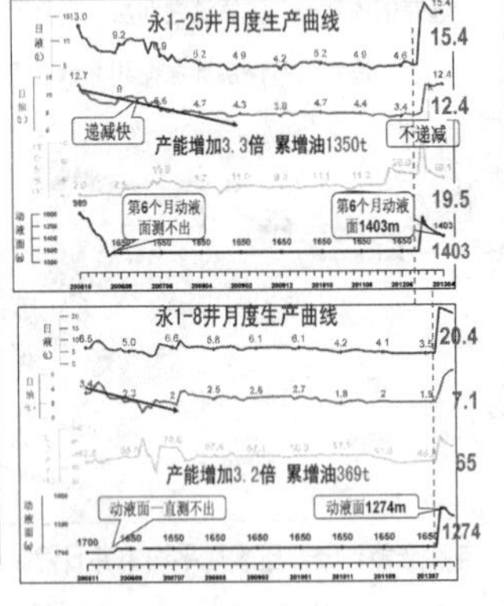

51

汇报内容

一）、技术简介

二）、应用情况

三）、存在问题

52

三）存在问题

1、井斜角大的不利于实施径向钻井

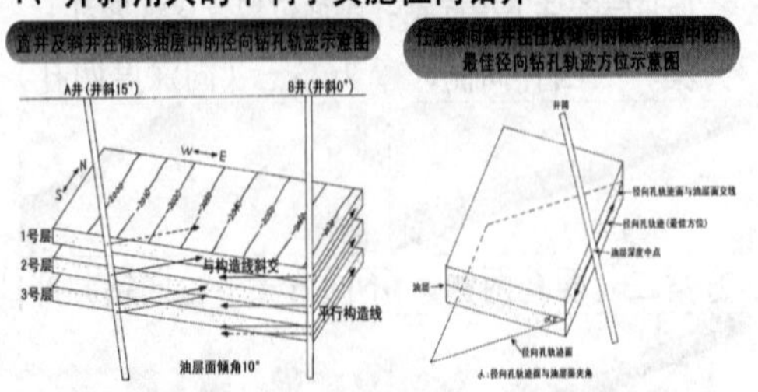

●平行于构造线方向有利于沿油层钻孔，斜交于构造线方向易钻出油层

●斜井比直井易钻出油层

●当径向钻井位于油层中部时效果佳

53

存在问题

3、钻孔有效期有待观察

钻的孔无支持物，有效期有待观察。

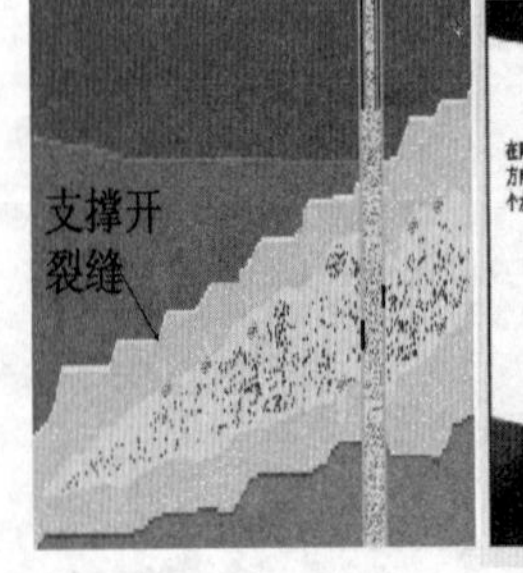

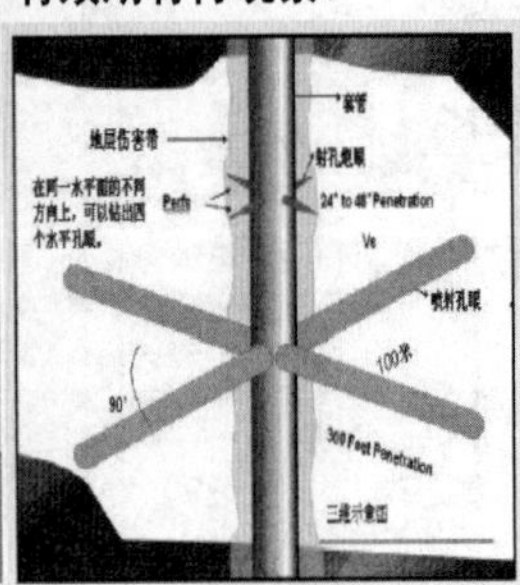

54

第十一章　配产配注技术

目 录

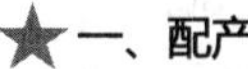

一、配产配注的定义

二、怎样寻找井组的配产配注潜力

三、五种模式15种现场操作方法解析

四、两类极端型配产配注类型

1

一、配产配注的定义　1配产配注工作实施的背景

50年勘探开发历程

资源接替形势严峻

	靠滚动勘探	靠打新井	靠措施补孔
产量接替模式	“块间”接替	“井间”接替	“层间”接替
开发对象	断块区	自然断块	层块

2

1配产配注工作实施的背景

“十五”以来，采油厂近80%储量断块开展过综合调整，主力断块油藏含水93.3%，采出程度35.7%，全面进入“深度开发、精细挖潜”阶段。

现阶段如何稳产？

综合调整 ——层系井网到位——“手术治疗”

注采调整 ——措施完善巩固——“药物巩固”

基层注采管理 ——日常注采管理——“补、调、养”

大力提升基层注采管理水平

3

配产配注工作实施的背景

近年来，通过不断强化稳产基础夯实，采油厂自然递减率呈现逐年减缓的良好态势。

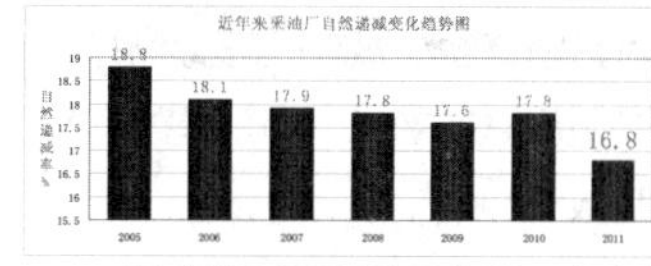

自然递减率1%：

相当于2.4万吨油

相当于55口措施投入

相当于25口新井投入

提升基层注采管理水平，夯实老区稳产基础是“降递减、降成本、控投资，延长开发经济寿命期”的必要手段。

4

1配产配注工作实施的背景

思考：提升基层注采管理水平的主抓手在哪里？

剖析断块油藏高含水阶段开发特点：

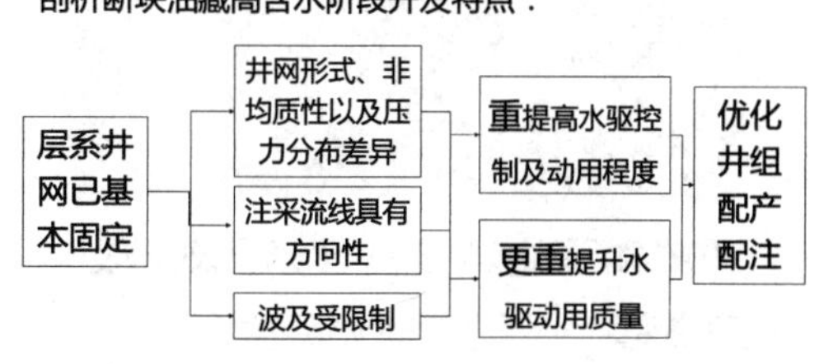

5

2配产配注技术理论支撑调研

专家观点：

理论采收率

采收率：$E_R = E_D \times E_V$

驱油效率 $E_d = \dfrac{S_{oi} - S_{or}}{S_{oi}}$

波及系数：$E_V = E_A \times E_Z$

Ed 驱油效率

Ev 波及系数

Soi 原始含油饱和度

Sor 残余油饱和度

E_A 平面波及系数

E_Z 纵向波及系数

6

2配产配注技术理论支撑调研

◆驱油效率的讨论

在同一驱替压力梯度下，注入倍数增大，驱油效率增大；驱替压力梯度增大，极限驱油效率增大。

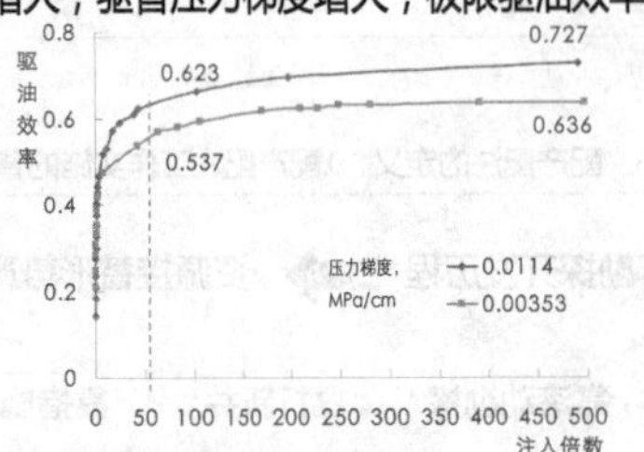

注入倍数-驱油效率关系曲线

7

2配产配注技术理论支撑调研

◆波及系数的讨论

传统理论采收率　　Ed 驱油效率

采收率：$E_R=E_D\times E_V$　　Ev 波及系数

驱油效率 $E_d=\dfrac{S_{oi}-S_{or}}{S_{oi}}$　　Soi 原始含油饱和度

Sor 残余油饱和度

在油藏特征和开发方式确定的情况下，原始含油饱和度和残余油饱和度是定值，由驱油效率定义可知，驱油效率也是确定的。

8

配产配注技术理论支撑调研

◆波及系数的讨论

波及系数：$E_V=E_A\times E_Z$　　E_A 平面波及系数

E_Z 纵向波及系数

若水驱开发方式不变，提高采收率的途径就是提高水驱波及系数或水驱波及体积

特高含水期，平面上处处高含水、纵向上层层高含水，即平面波及系数和纵向波及系数均接近1，如何再提高波及系数？如何再提高采收率？

9

2配产配注技术理论支撑调研

试验检测

典型压汞曲线

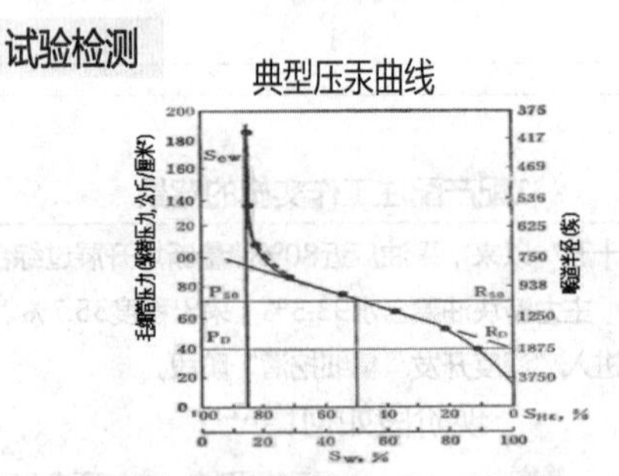

压汞实验表明，随着注入压力不断增大，水银会不断进入较小的孔隙。

10

2配产配注技术理论支撑调研

试验检测

核磁共振资料显示的岩石孔隙波及特征

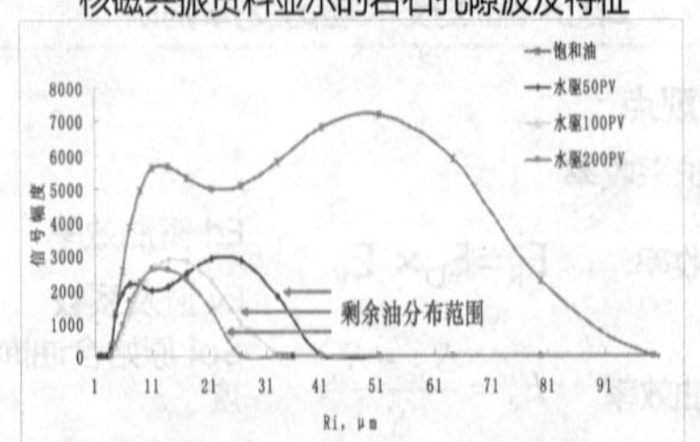

核磁共振检测显示，随着注水倍数增加，孔隙波及范围不断增大，剩余油分布范围随之变小。

11

2配产配注技术理论支撑调研

试验检测

微观驱油条件下的岩石孔隙波及特征

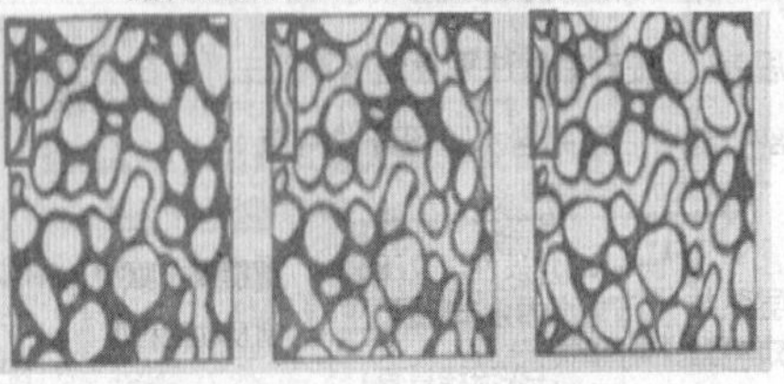

可视化微观驱油实验显示，已波及孔隙的波及程度在不断变大，直至达到残余油饱和度为止。

12

2配产配注技术理论支撑调研

分析可知，驱替过程实际上是孔隙波及程度不断增大的过程

一方面，一些在小驱替动力和小注水倍数条件下无法波及的孔隙，随着驱替动力和注水倍数的增加，也会进一步被波及而参与渗流；

另一方面，随着驱替剂的继续注入，已波及孔隙的波及范围在不断变大。

传统的体积波及系数定义为平面波及系数与纵向波及系数的乘积，没有反映驱替过程中的孔隙波及变化特征，因而体积波及系数中应引入孔隙波及系数。

13

2配产配注技术理论支撑调研

新的理论采收率公式

$$E_R = E_A \times E_z \times E_\varphi \times E_d$$

在水驱开发特高含水后期，即使平面上处处见水、纵向上层层见水，即平面波及系数、纵向波及系数达到较高水平甚至接近1以后，还可以通过改变液流方向、增大注水压差、增大注水倍数等方式，使未波及到的孔道被波及，使已波及孔道的波及范围更大，从而扩大孔隙波及系数达到提高采收率的目的。

14

3配产配注的定义

以往配产配注的重心："主要做水的文章"

水井方面：水井单一调配

不稳定注水、间歇注水以及脉冲注水等方式。

油井方面：油井单一调参

上调参数：力求增油

下调参数：降含水、保能量。

15

3、配产配注的定义

分析角度：分析往往只局限在"点"上，没有对油藏进行整体考虑，而且调整大多是在问题发生后实施。

现阶段配产配注思路：科学分析、精准调整，使地下水线按照油藏管理者的设想流动，对剩余油进行"围追堵截"，实现最大程度驱油，改善水驱效果。

16

3、配产配注的定义

井组配产配注是在动态分析的基础上，根据井组注采主要矛盾，通过优化油井产液量和水井注水量，调整地下注采流场，弱化强势水线，强化弱势水线，促进均衡水驱，进一步扩大水驱波及体积、减缓井组递减的目的。

17

目 录

一、配产配注的定义

★二、怎样寻找井组的配产配注潜力

三、五种模式15种现场操作方法解析

四、两类极端型配产配注类型

18

二、怎样寻找井组的配产配注潜力

为了使技术人员快速、准确的找到配产配注优化的潜力切入点，制定了注采井组分类原则，并且进一步明确每类井组的重点工作方向。

井组分类原则及重点工作方向

- ➤井网完善、注采关系协调 ➡ 重监控、保长久
- ➤井网完善、注采关系欠协调 ➡ 重发现、促协调
- ➤井网欠完善 ➡ 分层次、不忽视
- ➤井网不完善 ➡ 先完善、做储备

19

二、怎样寻找井组的配产配注潜力

➤井网完善、注采关系协调

重在开发指标的过程监控，努力确保注采关系协调的长久性。

需注意的事项：

一是井组整体指标貌似协调，不代表每个井层关系都协调；

二是目前井层注采关系协调；不代表注采关系会一直协调；

三是评价注采关系协调性，没有“最合适”只有“更合适”。

20

二、怎样寻找井组的配产配注潜力

为了使技术人员快速、准确的找到配产配注优化的潜力切入点，制定了注采井组分类原则，并且进一步明确每类井组的重点工作方向。

井组分类原则及重点工作方向

- ➤井网完善、注采关系协调 ➡ 重监控、保长久
- ➤井网完善、注采关系欠协调 ➡ 重发现、促协调
- ➤井网欠完善 ➡ 分层次、不忽视
- ➤井网不完善 ➡ 先完善、做储备

21

二、怎样寻找井组的配产配注潜力

➤井网完善、注采关系欠协调

重在问题的发现，找到配产配注优化的切入点。

对比方式　对比内容　“四比模式”找差异

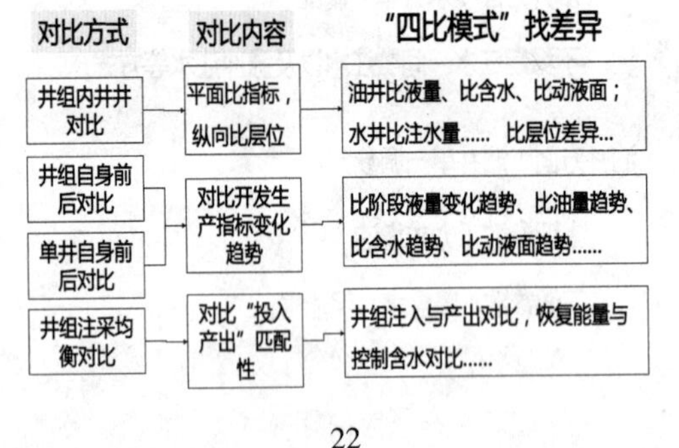

22

二、怎样寻找井组的配产配注潜力

表象指标简单对比，潜在问题显现化—比“当前”

对比方式 ➡ 井组内井井对比　对比结果 ➡ 含水、动液面

辛109-35井组注采井网图

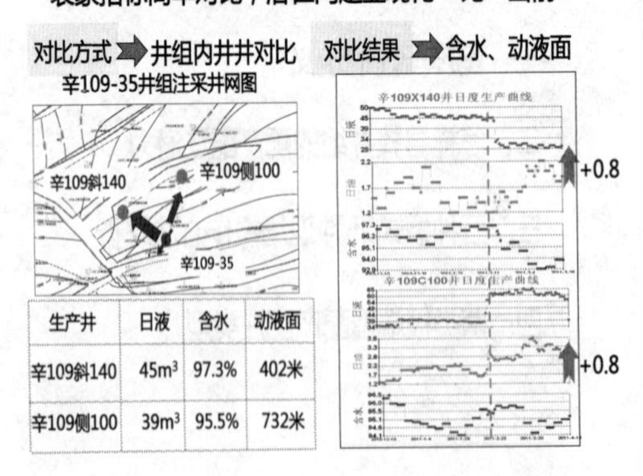

生产井	日液	含水	动液面
辛109斜140	45m³	97.3%	402米
辛109侧100	39m³	95.5%	732米

23

二、怎样寻找井组的配产配注潜力

表象指标简单对比，潜在问题显现化—比“过程”

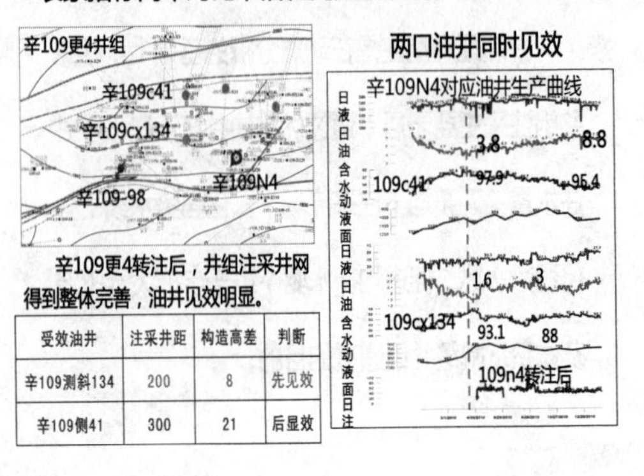

辛109更4转注后，井组注采井网得到整体完善，油井见效明显。

受效油井	注采井距	构造高差	判断
辛109测斜134	200	8	先见效
辛109侧41	300	21	后显效

24

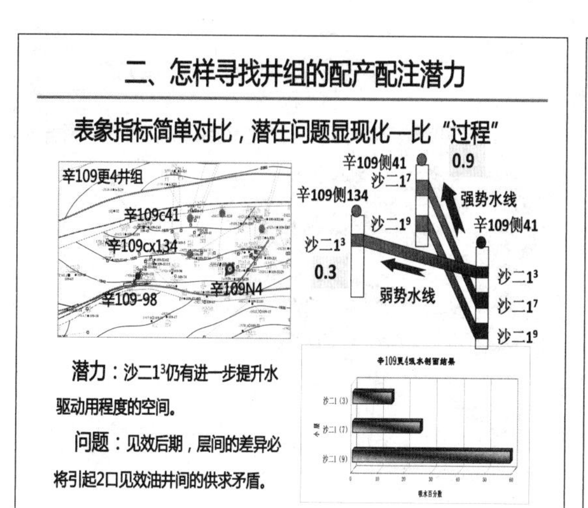
二、怎样寻找井组的配产配注潜力
表象指标简单对比，潜在问题显现化—比“过程”
辛109更4井组
辛109c41
辛109cx134
辛109N4
辛109-98
辛109侧41
0.9
沙二1⁷
辛109侧134
强势水线
沙二1⁹
辛109侧41
沙二1³
0.3
弱势水线
沙二1³
沙二1⁷
沙二1⁹
潜力：沙二1³仍有进一步提升水驱动用程度的空间。
问题：见效后期，层间的差异必将引起2口见效油井间的供求矛盾。
25

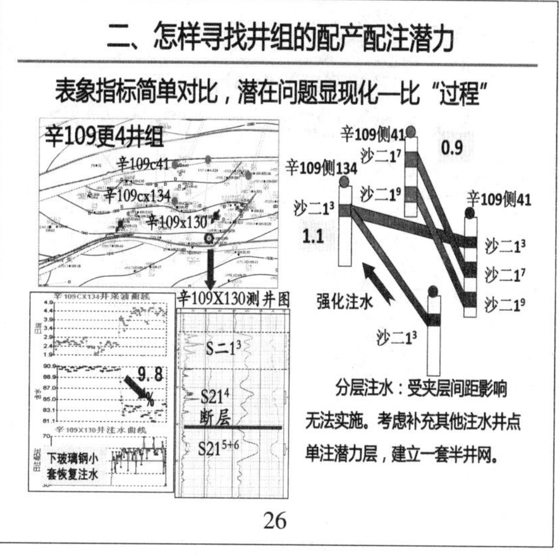
二、怎样寻找井组的配产配注潜力
表象指标简单对比，潜在问题显现化—比“过程”
辛109更4井组
辛109c41
辛109cx134
辛109x130
辛109X130测井图
辛109侧41
沙二1⁷
0.9
辛109侧134
沙二1⁹
辛109侧41
沙二1³
1.1
沙二1³
沙二1⁷
沙二1⁹
强化注水
沙二1³
9.8
下玻璃钢小套恢复注水
S二1³
S21⁴
断层
S21⁵⁺⁶
分层注水：受夹层间距影响无法实施。考虑补充其他注水井点单注潜力层，建立一套半井网。
26

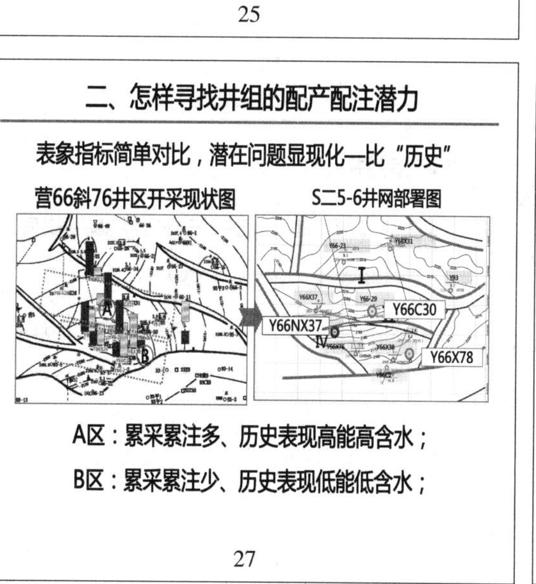
二、怎样寻找井组的配产配注潜力
表象指标简单对比，潜在问题显现化—比“历史”
营66斜76井区开采现状图
S二5-6井网部署图
Y66NX37
Y66C30
Y66X78
A区：累采累注多、历史表现高能高含水；
B区：累采累注少、历史表现低能低含水；
27

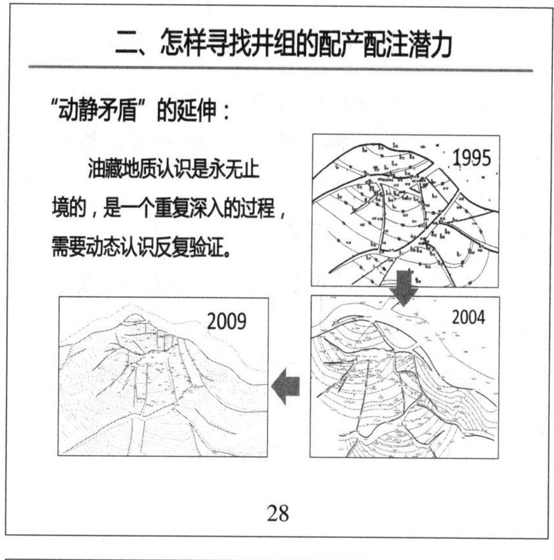
二、怎样寻找井组的配产配注潜力
“动静矛盾”的延伸：
油藏地质认识是永无止境的，是一个重复深入的过程，需要动态认识反复验证。
1995
2004
2009
28

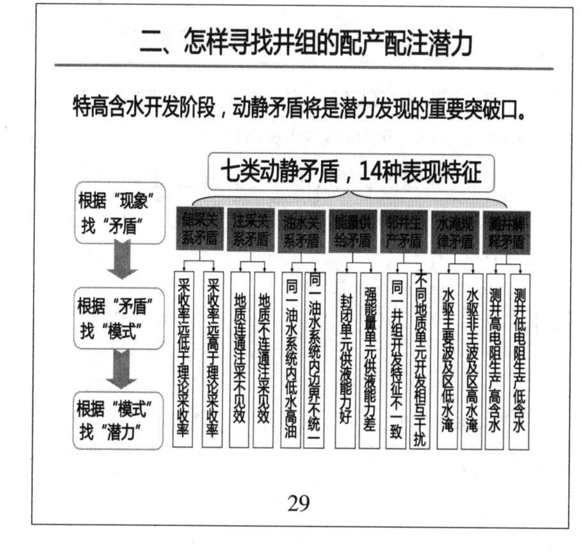
二、怎样寻找井组的配产配注潜力
特高含水开发阶段，动静矛盾将是潜力发现的重要突破口。
七类动静矛盾，14种表现特征
根据“现象”找“矛盾”
根据“矛盾”找“模式”
根据“模式”找“潜力”
储采关系矛盾
注采关系矛盾
油水关系矛盾
能量供给矛盾
邻井生产矛盾
水淹规律矛盾
测井解释矛盾
采收率远低于理论采收率
采收率远高于理论采收率
地质连通注采不见效
地质不连通注采见效
同一油水系统内低水高油
同一油水系统内边界不统一
封闭单元供液能力好
强能量单元供液能力差
同一井组开发特征不一致
不同地质单元开发相互干扰
水驱主要波及区低水淹
水驱非主波及区高水淹
测井高电阻生产高含水
测井低电阻生产低含水
29

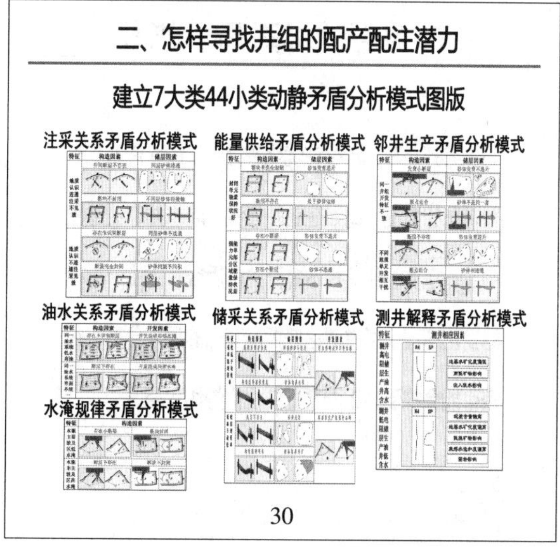
二、怎样寻找井组的配产配注潜力
建立7大类44小类动静矛盾分析模式图版
注采关系矛盾分析模式
能量供给矛盾分析模式
邻井生产矛盾分析模式
油水关系矛盾分析模式
储采关系矛盾分析模式
测井解释矛盾分析模式
水淹规律矛盾分析模式
30

二、怎样寻找井组的配产配注潜力

动静矛盾：水淹规律矛盾

68断块在边水附近部署新水井，钻遇6.4米纯油层

68块沙二5构造图(老图)

永68斜11

累注：16万m³

水淹规律矛盾分析模式：砂体发育稳定主要构造控藏；投产晚于确定边界井完钻；构造因素、储层因素、开发因素

68X11井日度生产曲线

20.3t

68斜11测井图

动静矛盾　分析模式

31

二、怎样寻找井组的配产配注潜力

低级序断层地震资料难识别，通过动静结合精确描述低级序断层

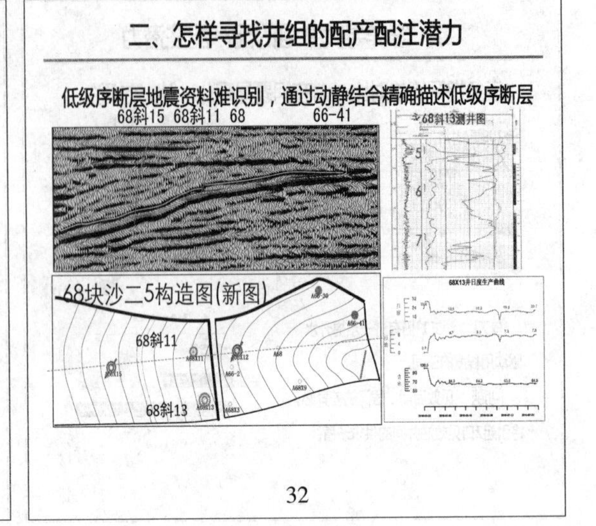

32

二、怎样寻找井组的配产配注潜力

为了使技术人员快速、准确的找到配产配注优化的潜力切入点，制定了注采井组分类原则，并且进一步明确每类井组的重点工作方向。

井组分类原则及重点工作方向

- 井网完善、注采关系协调 ➡ 重监控、保长久
- 井网完善、注采关系欠协调 ➡ 重发现、促协调
- 井网欠完善 ➡ 分层次、不忽视
- 井网不完善 ➡ 先完善、做储备

33

二、怎样寻找井组的配产配注潜力

- 井网欠完善井组

注采欠完善井组治理要分层次展开，在注重完善井网的同时，注采井网完善区域的配产配注不能忽视。

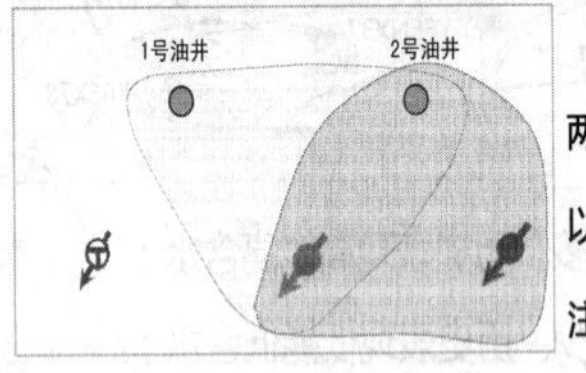

在井组中有2油1水或1油两水及其以上（3个油水井点以上）注采关系的就有配产配注优化调整的空间。

34

二、怎样寻找井组的配产配注潜力

另外，在配产配注优化过程中，还应注意到一些特殊的情况，比如在钻井停注、油水井作业过程中，一定要强化监控本井开关前后或邻井生产指标的变化情况，通过对这些指标变化的深入分析，很有可能会找到井组配产配注优化的切入点。

35

二、怎样寻找井组的配产配注潜力

典型实例：辛68斜106井，正常含水90%，套窜关井12天，验封串作业17天，开井后5天内含水下降到84%。

细节：开井后5天内含水下降，之后迅速上升至原始

思考：水舌回退？

优化："扩"

辛68斜106井区井网图

沙二14¹

100米

辛68斜106

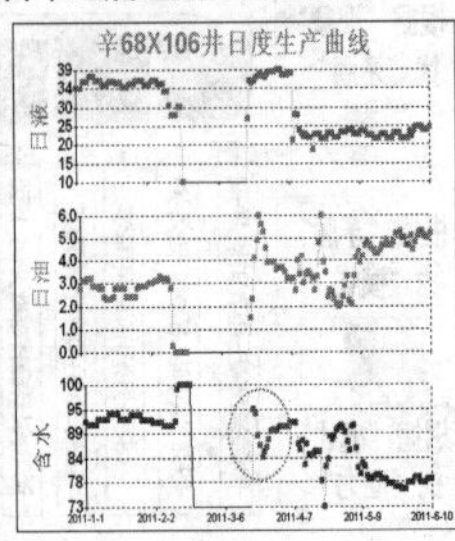

36

目 录

一、配产配注的定义

二、怎样寻找井组的配产配注潜力

★三、五种模式15种现场操作方法解析

四、两类极端型配产配注类型

37

三、五种模式15种现场操作方法解析

按照油藏开发整体考虑、协同驱油的方式，以优化配产配注为核心，从“两维、三线”对剩余油“围追堵截”，形成了“调、扩、促、引、控”5种流线优化模式。

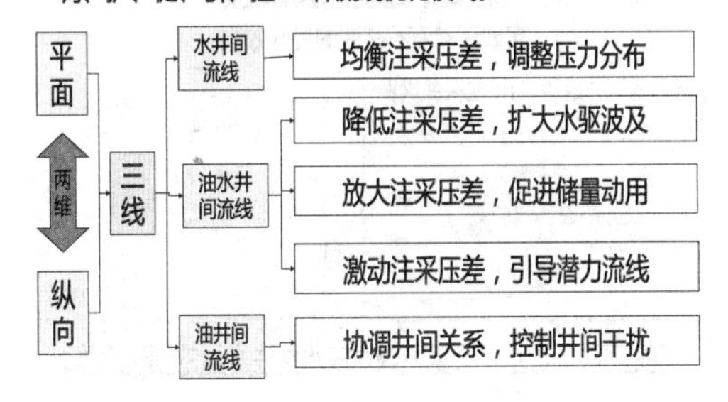

38

三、五种模式15种现场操作方法解析

基于服务于基层、推广于基层的理念，为了便于技术人员的现场实际操控，将5种流线模式进一步深化，形成了“降、提、稳”、“推、压、拉”等15种现场操作方法。

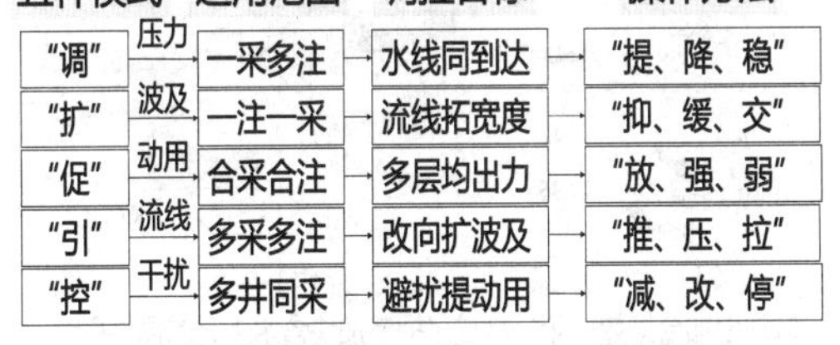

五种模式		适用范围	调控目标	操作方法
“调”	压力	一采多注	水线同到达	“提、降、稳”
“扩”	波及	一注一采	流线拓宽度	“抑、缓、交”
“促”	动用	合采合注	多层均出力	“放、强、弱”
“引”	流线	多采多注	改向扩波及	“推、压、拉”
“控”	干扰	多井同采	避扰提动用	“减、改、停”

39

三、五种模式15种现场操作方法解析

五种模式	适用范围	调控目的	操作方法
“调”	一采多注	水线同到达	“提、降、稳”

注采井网示意图

弱势　强势　均衡　提压　降压　稳压

“提”--弱势方向提压差

“降”--强势方向降压差

“稳”--均衡方向稳压差

通过优化不同方向配注，调整地下压力场分布状况，努力促进矢量水驱。

40

三、五种模式15种现场操作方法解析

“调”—“提、降、稳”

营6平4井区注采井网图

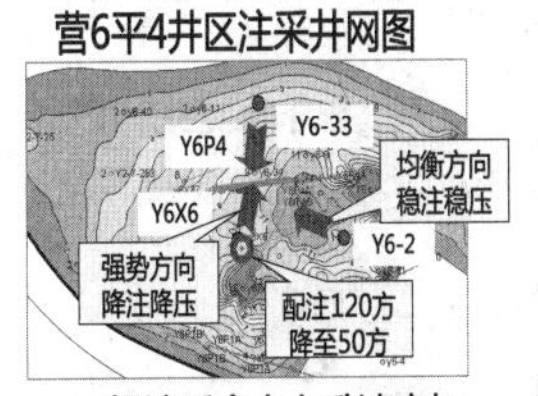

营6斜6井组注入采出曲线

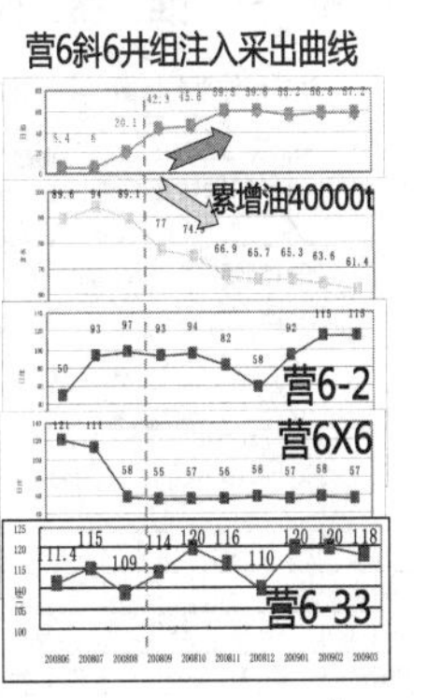

提液后含水上升速度加快，分析认为：平面的非均质导致了注水流线的非均衡突进。

41

三、五种模式15种现场操作方法解析

五种模式	适用范围	调控目的	操作方法
“扩”	一注一采	流线拓宽度	“抑、缓、交”

注采井网示意图

“抑”-油井降液抑制水线推进

“缓”-水井降注减缓水线推进

“交”-油水井交替采注不见面

通过降低注采压差的方式，使原有水舌宽度增加，扩大水驱波及。

42

三、五种模式15种现场操作方法解析

"扩"—"抑、缓、交"

问题：含油条带较窄，液量较高造成边水指进严重

对策：合理优化液量，减缓边水指进影响

实现了减液不减油的良好效果

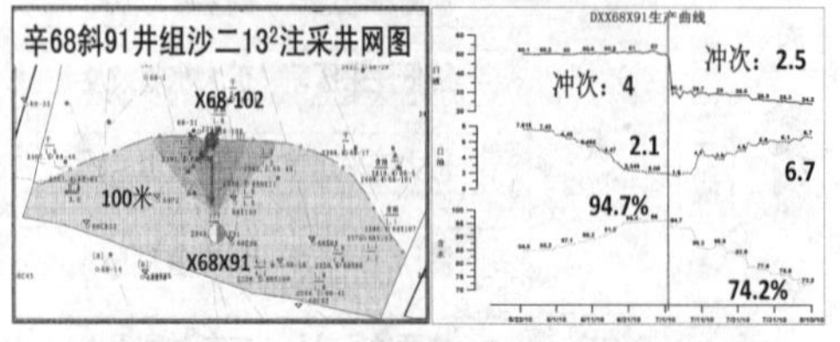

打破了看到含水上升就下调对应水井注水量的惯性思维。

43

三、五种模式15种现场操作方法解析

"扩"—"抑、缓、交"

特点：断块小，注采井距小

问题：控制含水与恢复能量难以有效统一

优化：注采耦合，油井采液、水井注水"不见面"

辛11斜更80井组注采井网图

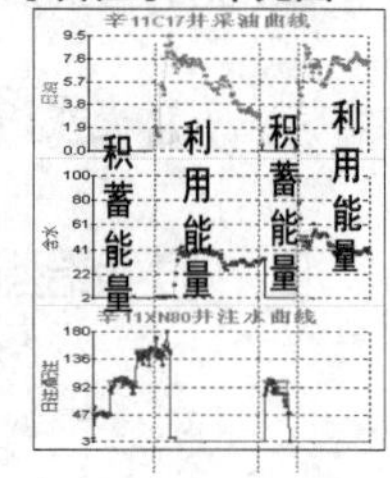

44

三、五种模式15种现场操作方法解析

五种模式	适用范围	调控目的	操作方法
"促"	合采合注	多层均出力	"放、强、弱"

"放"-生产井放大压差，均衡剖面

"强"-潜力层强化注水，均衡剖面

"弱"-主力层弱化注水，均衡剖面

通过放大压差或油水联动的方式，强化"弱层"的扶持力度，减缓干扰，促进储量均衡动用。

纵向产液剖面示意图

45

三、五种模式15种现场操作方法解析

"促"—"放、强、弱"

水井上分层注水，强化1、2号层注水，油井上放大生产压差，促进1、2号层潜力发挥。

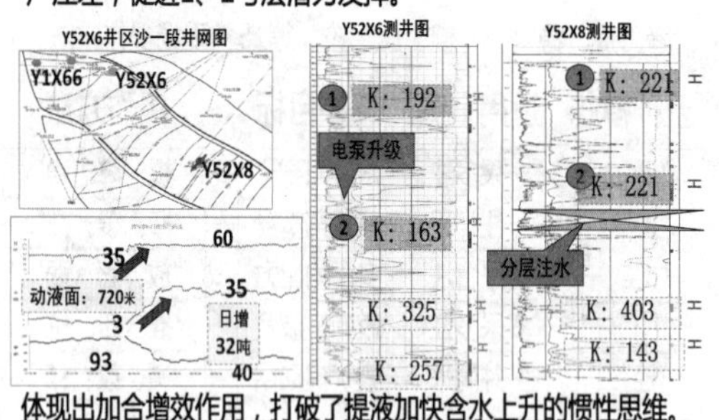

体现出加合增效作用，打破了提液加快含水上升的惯性思维。

46

三、五种模式15种现场操作方法解析

五种模式	适用范围	调控目的	操作方法
"引"	多采多注	改向扩波及	"推、压、拉"

"推"--井组主要水井提注推流线

"压"--强势受效油井降液压流线

"拉"--弱势受效油井提液拉流线

在流线分析清楚的基础上，通过"推压拉"的方式，使流线按照管理者设想流动，实现扩大水驱波及。

注采井网示意图

低液低能　高液高能　弱势方向　强势方向　提液拉流线　降液压流线　提注推流线

47

三、五种模式15种现场操作方法解析

"引"--"推、压、拉"

辛11斜176井组

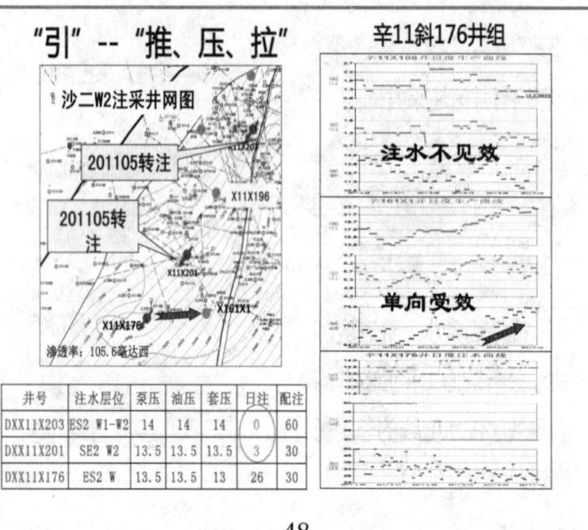

井号	注水层位	泵压	油压	套压	日注	配注
DXX11X203	ES2 W1-W2	14	14	14	0	60
DXX11X201	SE2 W2	13.5	13.5	13.5	3	30
DXX11X176	ES2 W	13.5	13.5	13	26	30

48

三、五种模式15种现场操作方法解析

❶ 水井增注—推流线　　单向受效→双向受效

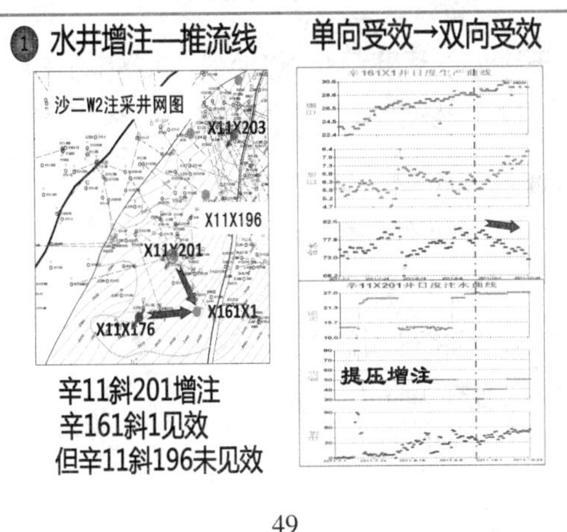

辛11斜201增注
辛161斜1见效
但辛11斜196未见效

49

三、五种模式15种现场操作方法解析

❶ 水井增注—推流线　　不受效→单向受效

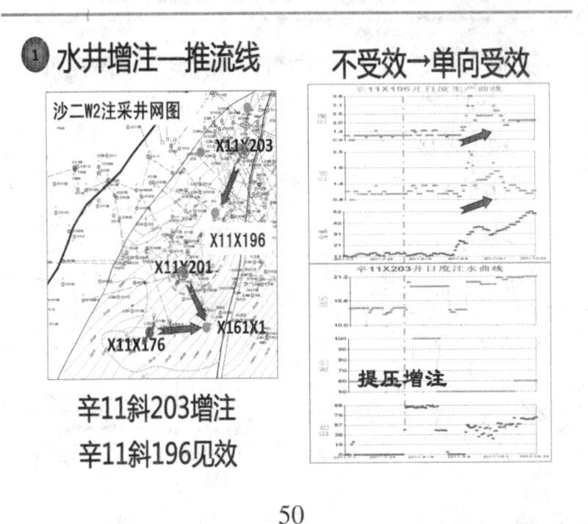

辛11斜203增注
辛11斜196见效

50

三、五种模式15种现场操作方法解析

❷ 油井提液—拉流线　　主要油井全部双向受效

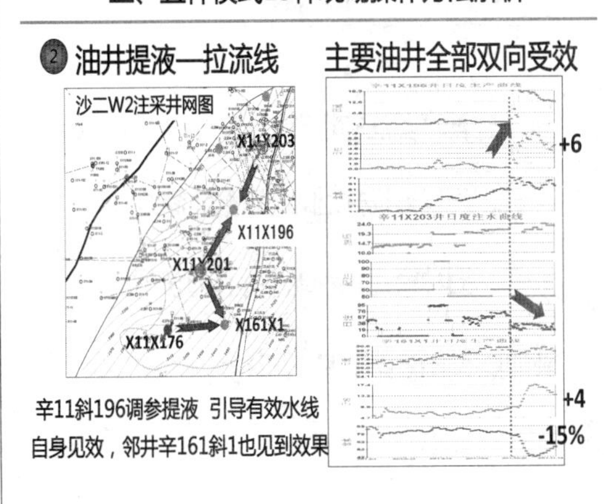

辛11斜196调参提液 引导有效水线
自身见效，邻井辛161斜1也见到效果

51

三、五种模式15种现场操作方法解析

电泵提液引流线实例：

莱17斜4井组井网图

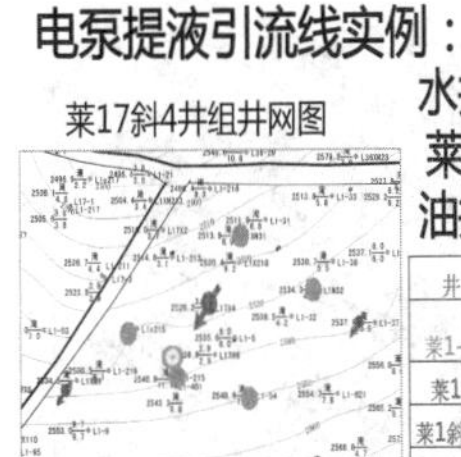

水井注水状况：
莱17斜4：分注沙四1-2/沙四25
油井生产状况：

井号	层位	采油方式	日液	日油	含水	动液面
莱1-401	沙四25	44*3*3.7	17.4	0.8	95.6	1213
莱1-54	沙四11-25	+100	94.4	2.5	97.4	1085
莱1斜更31	沙四11-25	+80	70.5	2.5	96.4	1066
莱1更32	沙四11-25	+150	166.3	2.8	98.3	1127
莱1侧215	沙四11-25	+150	131.9	8.3	93.7	1240

井组生产特点：
平面上莱1-401方向采液强度低，水线弱；
纵向上莱1-401方向沙四1-2未打开，水线目前未波及。

52

三、五种模式15种现场操作方法解析

潜力分析：

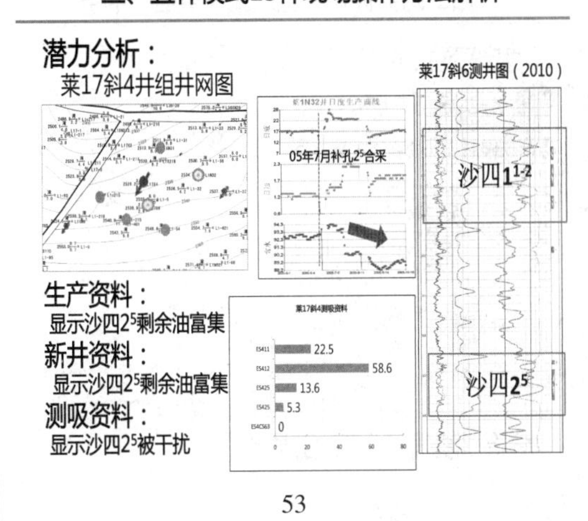

生产资料：
显示沙四2^5剩余油富集
新井资料：
显示沙四2^5剩余油富集
测吸资料：
显示沙四2^5被干扰

53

三、五种模式15种现场操作方法解析

方案设想：

莱17斜4井组井网图

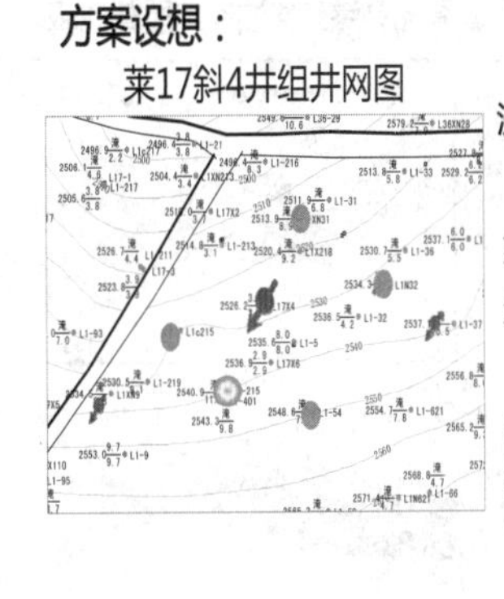

在莱1-401方向打开沙四1^{1-2}，提液拉流线。

一是水井莱17斜4与莱1-401之间沙四1^{1-2}储量得到有效动用。

二是莱1-401提液后，主力出水层沙四1^{1-2}其它油井方向水线能够有效分流，促进井组整体协调。

54

三、五种模式15种现场操作方法解析

实施效果：

单井增产3吨井组整体增产12吨。

- ➢水线优化
- ➢改善波及
- ➢井组增产
- ➢提高采收率

莱1-37井组井网图

转电泵

+3

+5.8

+1.2

+2.0

55

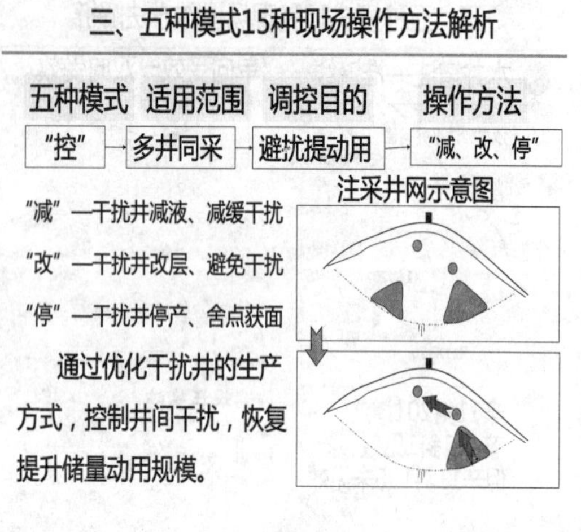

三、五种模式15种现场操作方法解析

“控”—“降、改、停”

Y451ZP1B井区东二[4]小层图

营451支平1

Y45X4

边水能量足

Y451ZP1日度生产曲线

30

24

8

22

两口井累油：9.3吨

两口井累油：23.4吨

打破了天然能量开发油井含水上升就是自然上升的惯性思维

57

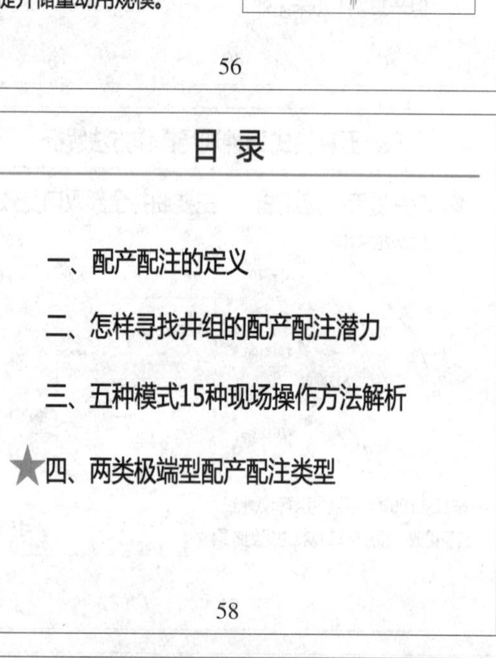

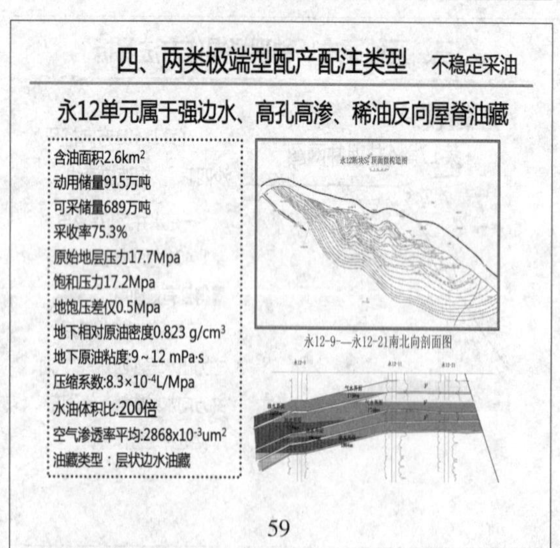

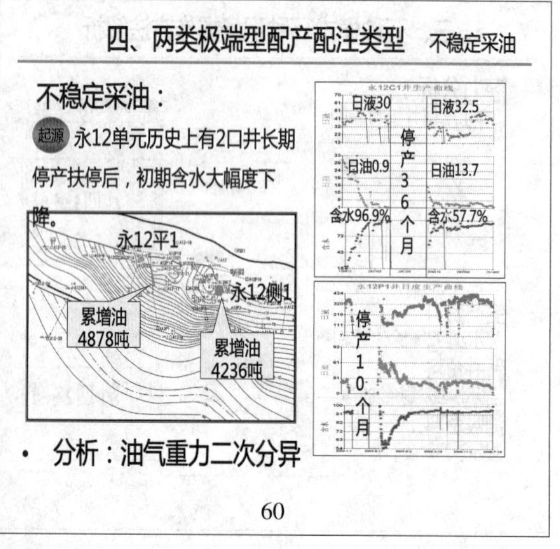

四、两类极端型配产配注类型 不稳定采油

发展 借鉴油水二次分异的八大有利条件，对永12平3井实施不稳定采油，效果显著。

永12平3

构造位置越高	地层倾角越大
油层厚度越大	地层能量越足
物性油性越好	停产时间越长

永12P3井日度生产曲线

日液340.6　日液330　累计增油2500吨　间停3个月　日油2.7　日油10.2　含水99.2%　含水96.9%

H：12.8米
K：1494md
粘度：81.3mpa.s
倾角：12.3度

61

四、两类极端型配产配注类型 不稳定采油

推广 借鉴不稳定采油效果，相继在永12-15井等井实施。

永12-15井区注采井网图

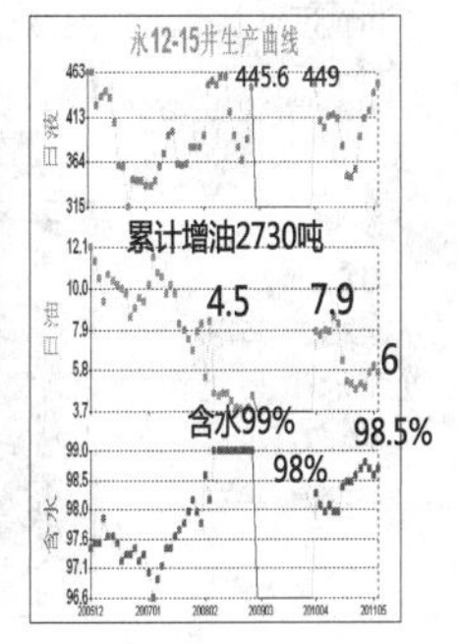

H：13米　K：2352md
粘度：191mpa.s
倾角：16.7度

62

四、两类极端型配产配注类型 不稳定采油

永12平18井不稳定采油效果不理想。

沙二3[1]永12平18井区井网图

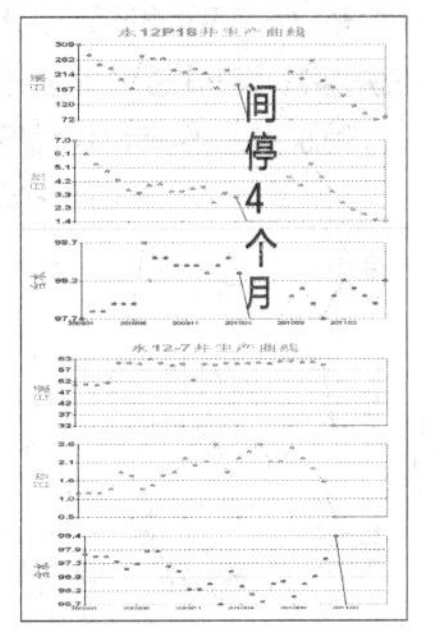

原因分析：永12平18井间停时，同层邻井永12-7生产，油藏没有处于相对静止状态，地下油水二次分异受干扰。

63

四、两类极端型配产配注类型 仿强边水驱

思考：天然强边水驱的屋脊断块油藏开发效果最好。

含油面积：2.6km^2
地质储量：915万吨，综合含水：96.8%
采出程度：71%，标定采收率：76%

含油面积：0.6km^2
地质储量：193万吨，综合含水：97.3%
采出程度：69.3%，标定采收率：75.6%

永12单元含油面积图

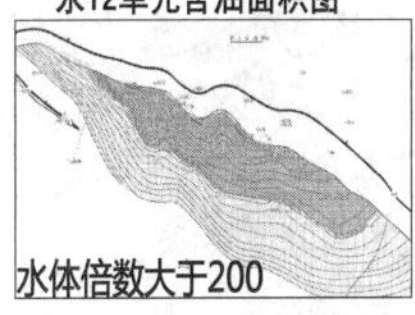

辛151单元含油面积图

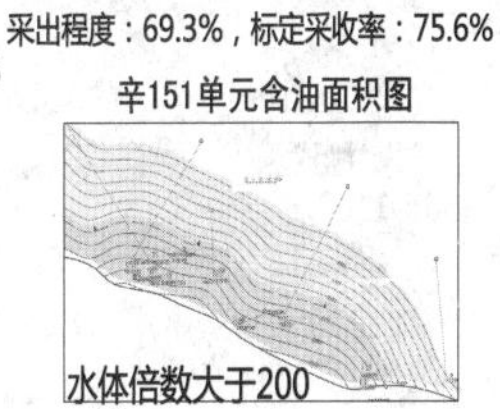

水体倍数大于200　水体倍数大于200

天然能量强大、剩余油均匀上移，形成水托油模式，波及高、采出程度高。

64

四、两类极端型配产配注类型 仿强边水驱

人工边水驱技术：在断块油藏水体内或者低部位部署新水井和利用老井增加注水井点，变边内小井距注水为边外大井距注水，变边内控制注水为边外强化注水，模仿天然强边水驱，提高驱油效率和波及系数，进而提高采收率。

65

四、两类极端型配产配注类型 仿强边水驱

先导试验区块：东辛油田辛一断块沙一4

水油体积比：10　厚度：8m　倾角：12.5°　含油条带：130-200
渗透率：464mD　孔隙度：25%　地面粘度：310mPa.s

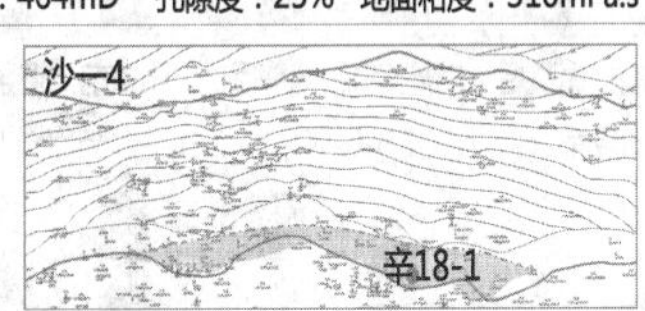

辛1沙一4地质储量65万吨，调整前开井1口辛18-1，日液28方，日油1.1吨，含水96.2%，动液面444米。采出程度48%，基本处于技术废弃状态。

66

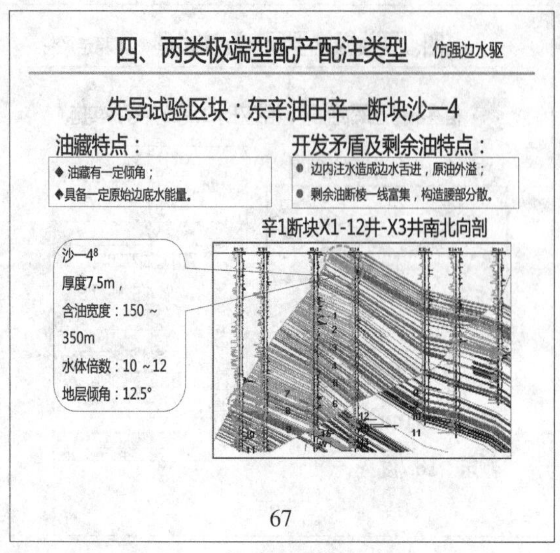

67

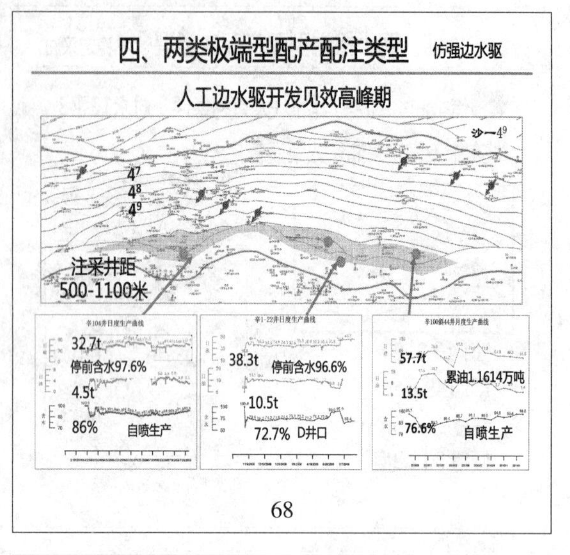

68

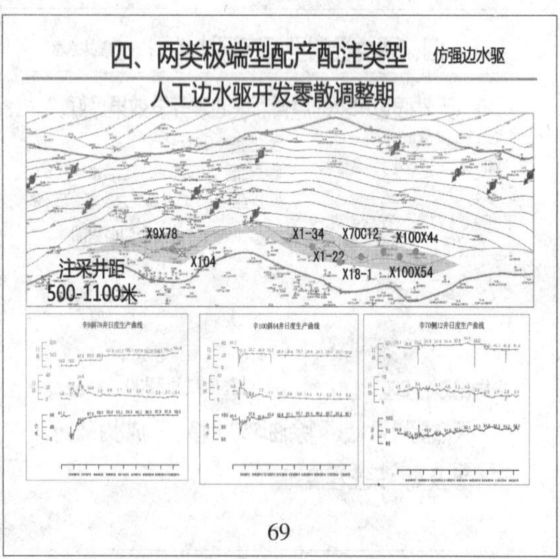

69

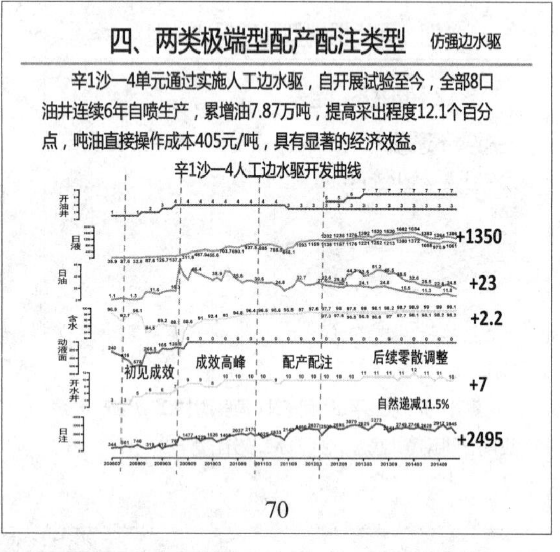

70

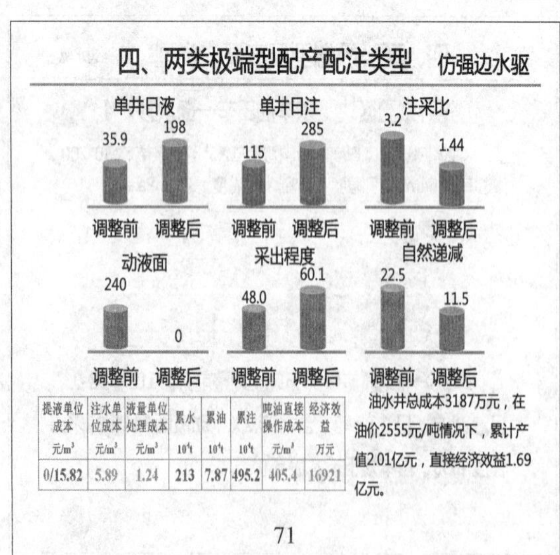

提液单位成本	注水单位成本	液量单位处理成本	累水	累油	累注	吨油直接操作成本	经济效益
元/m³	元/m³	元/m³	10^4t	10^4t	10^4t	元/m³	万元
0/15.82	5.89	1.24	213	7.87	495.2	405.4	16921

71

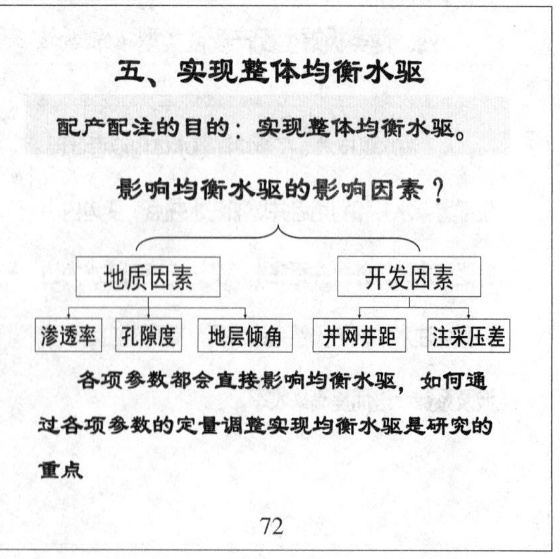

72

1、地层倾角：注采井之间的地层倾角，反映了注入流体在油水井间流动时由于重力形成的阻力或者动力

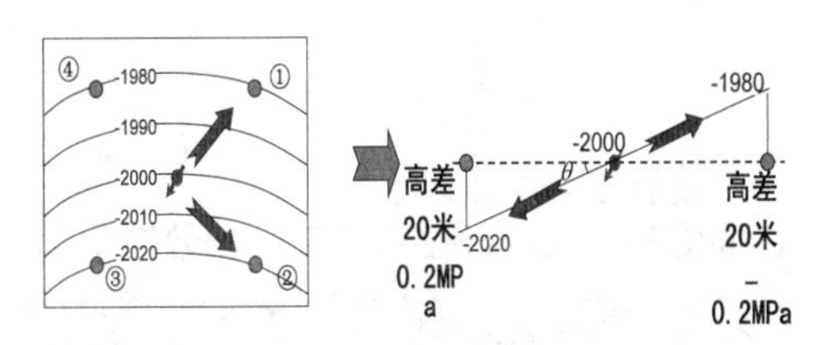

● 地层倾角为正时，重力对注入流体形成阻力

● 地层倾角为负时，重力对注入流体形成动力

73

2、孔隙度：表征了孔隙体积的大小，各向不均质会导致各向水淹程度存在差异

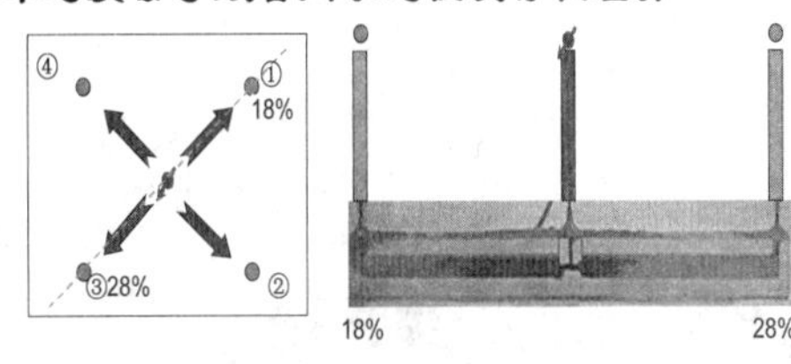

在其他条件都一致的情况下

● 注采井见孔隙体积越大，过水倍数越低，水淹程度越低

● 注采井见孔隙体积越小，过水倍数越高，水淹程度越高

74

3、渗透率：表征了某相流体在地层中渗流的能力，对于油水两相流动，需要用相渗透率表征

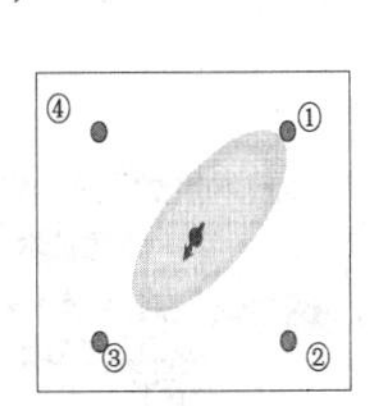

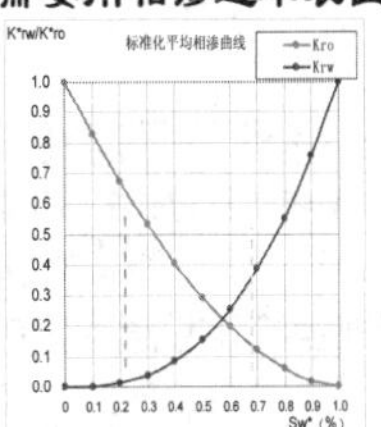

● 含水越高，水相渗透率越高，则水越容易流动

● 含水越高，油相渗透率越低，则油越难以流动

这就是形成优势通道的根本原因

75

4、井网井距：注采井距与注采见效情况正相关

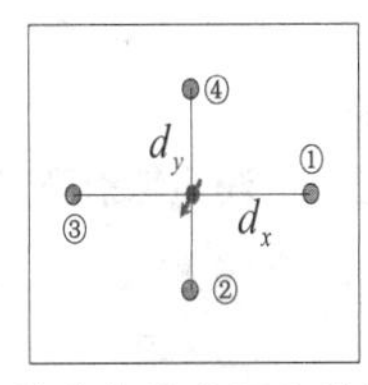

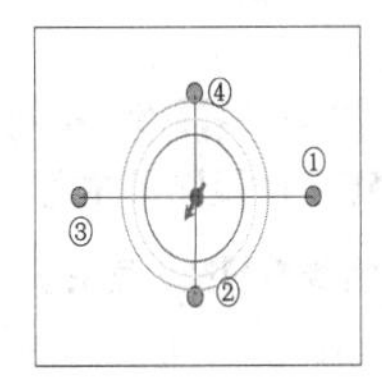

其他条件都不变的情况下

● 注采井距越小，注采见效越早

● 注采井距越小，注采见效越明显

76

5、注采压差：注采压差与注采见效情况正相关

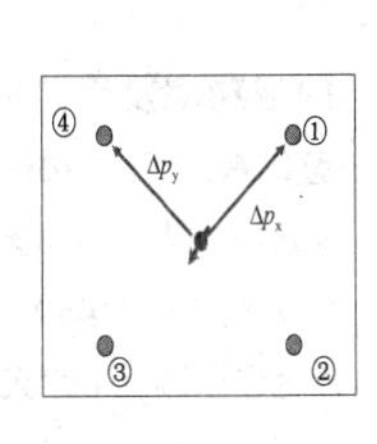

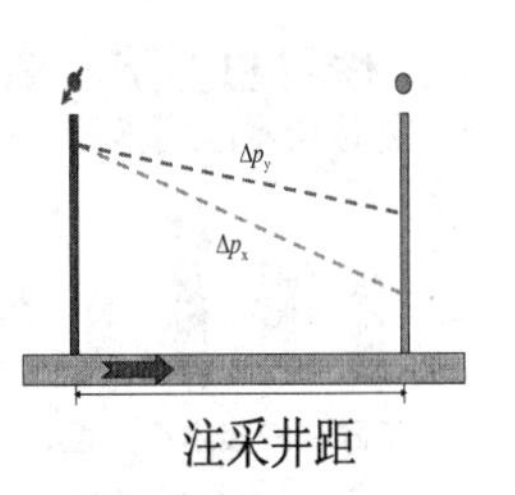

注采压差越大 → 压力梯度越大 → 流体流动越快 → 注采见效越快

77

第十二章　水井防砂技术

提纲

一、胜利油田防砂概况

二、化学防砂概述

1

一、胜利油田防砂概况

1、油藏特点及防砂主导工艺——分布概况

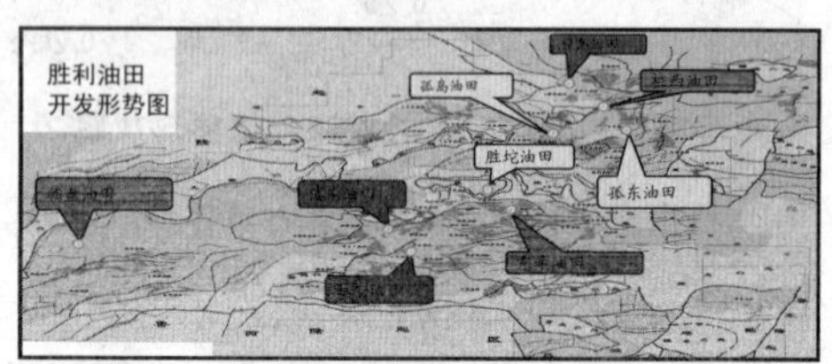

广泛分布在各个采油厂，探明的81个油田中，出砂油田有37个，储量37.16亿吨，年产量2300万吨，其储量和年产量均占80%以上。

防砂技术做为疏松砂岩油藏开发基础工艺，对油田持续稳产发挥着关键作用。

2

一、胜利油田防砂概况

1、油藏特点及防砂主导工艺——油藏特点及难点

➢油藏类型复杂，层系多，油层物性变化大

三类油藏	四套层组	物性变化大			
		孔隙度%	渗透率md	泥质%	粒度中值mm
整装 断块、稠油	明化镇、馆陶 东营、沙河街	20~35	60~3500	5~45	0.07~0.3

➢油藏埋深跨度长，厚度变化大，井眼类型多样

埋　深m	油层m	夹层m	井　型	井筒规格，in
600~1900	0.5~35	0.3~230	直斜井、水平井等10种	4~$9^5/_8$

➢开发时间差异大，出砂程度不一，对防砂的要求不断提高

- 开发时间：新投~50年，含水：10%~98%;
- 出砂程度：轻微、中度、流砂;
- 防砂要求：稳产措施——增产措施——长效增产措施

3

一、胜利油田防砂概况

1、油藏特点及防砂主导工艺——防砂技术系列及主导工艺

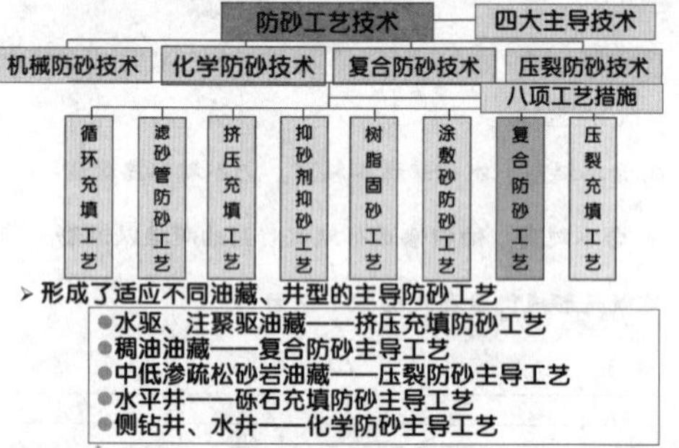

➢ 形成了适应不同油藏、井型的主导防砂工艺

- 水驱、注聚驱油藏——挤压充填防砂工艺
- 稠油油藏——复合防砂主导工艺
- 中低渗疏松砂岩油藏——压裂防砂主导工艺
- 水平井——砾石充填防砂主导工艺
- 侧钻井、水井——化学防砂主导工艺

4

一、胜利油田防砂概况

2、防砂技术应用效果——应用规模及生产效果

防砂技术应用规模

防砂技术年应用规模2300井次

- 挤压充填：1450井次/年
- 压裂防砂：190井次/年
- 化学防砂：320井次/年
- 复合防砂：140井次/年

不同防砂技术成功率与有效率

整体成功率93%，有效率89%

- ◆挤压充填：95%；91%
- ◆压裂防砂：96%；93%
- ◆化学防砂：76%；72%
- ◆复合防砂：87%；82%。

5

一、胜利油田防砂概况

2、防砂技术应用效果——防砂成功率及有效期

不同防砂技术有效期

整体有效期：970天

- ◆挤压充填：1026天
- ◆压裂防砂：1459天
- ◆化学防砂：687天
- ◆复合防砂：754天

防砂井生产情况

防砂后油井平均日液42.2m³/d，日油3.36t/d，含水92%。

6

3、滤砂管防砂技术

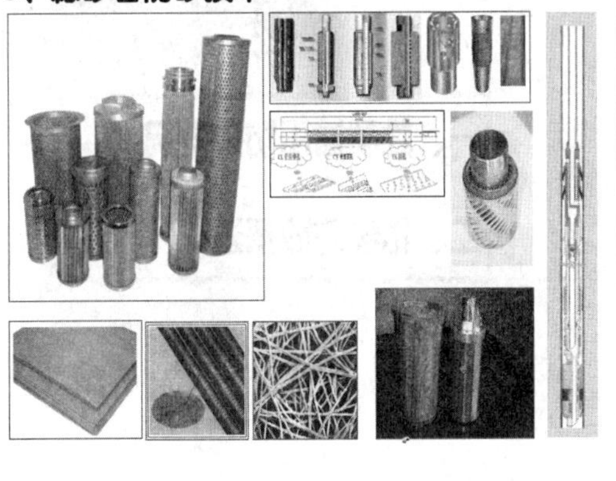

7

3、滤砂管防砂技术

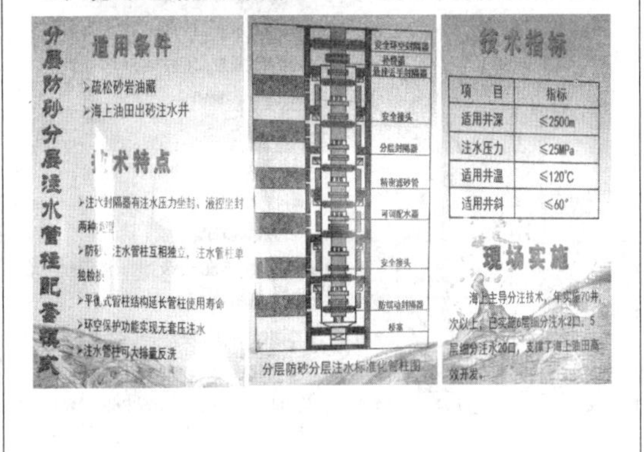

8

一、胜利油田防砂概况

4、砾石充填防砂技术

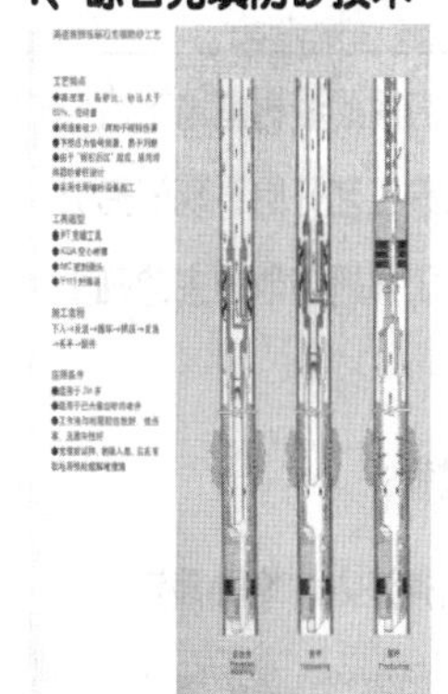

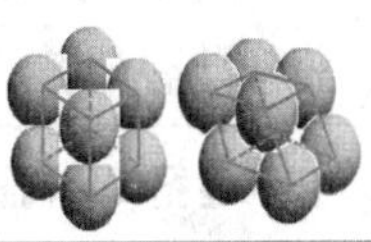

单层挤压充填管柱技术

分层挤压充填管柱技术

充填材料

中粘携砂液：40～60mpa·s、

支撑剂：D_{50}=（5～6）d_{50}，增大一级

参数优化技术（排量、压力、砂比）

9

一、胜利油田防砂概况

4、砾石充填防砂技术

主要功能：

●外管柱：封隔各层筛套环空、为地层挤压及循环充填提供通道、快速反洗井等功能，施工后留井；

●内管柱：配合外管柱坐封段间封隔器，实现挤压、循环及挤充转换、充填口开关等功能。

◆ 与笼统防砂相比，可根据物性差异，实现差异化充填防砂施工（挤压或循环，或挤压循环一体化）。

◆ 与两步法相比，可实现地层改造与环空充填一体化施工，确保充填密实性，减少作业工序，降低施工成

◆ 具有封隔压力高（35MPa）、分层能力强（≥5层）、充填排量大（5m³/min）、定位准确（100%）

◆ 具有中心管柱防砂卡快速反洗井、挤充转换灵活及无套压施工保护上部套管，安全可靠、成本低等特点。

10

一、胜利油田防砂概况

5、压裂防砂技术

——压裂防砂增产机理

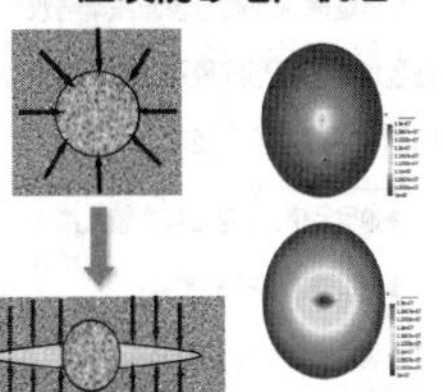

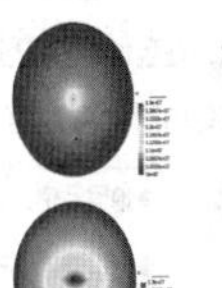

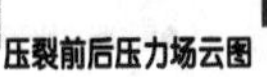

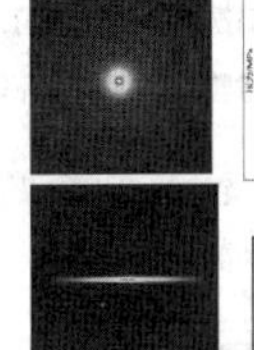

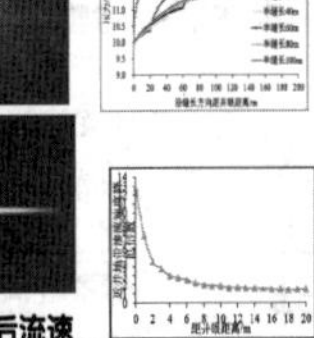

压裂防砂后，改变了流态，减小了近井附加阻力，降低渗流速度，扩大了渗流区域。

11

一、胜利油田防砂概况

5、压裂防砂技术

——压裂防砂工艺优化

结合中低渗油藏特点，对“前置液用量、砂比、携砂液体系、管柱”等进行了优化。

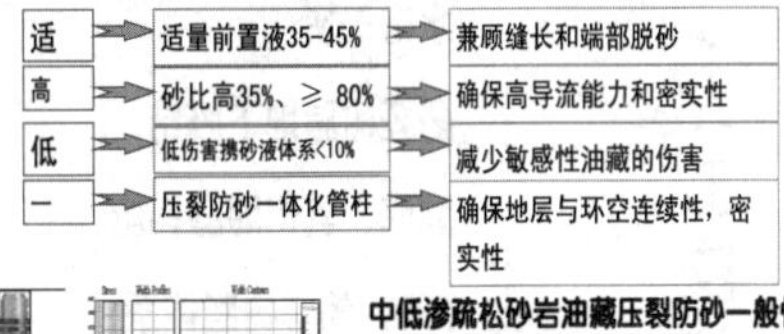

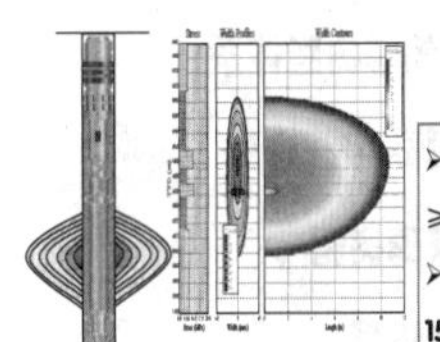

中低渗疏松砂岩油藏压裂防砂一般性参数

>排量2.5~5m³/min；砂比平均35%、最高≥80%；

>缝长60~80m，缝宽6~10mm，铺砂浓度15~25kg/m²，导流能力1000~1400mD.m；

12

一、胜利油田防砂概况

6、出砂预测部分

$$B = K + \frac{4}{3}G$$

$$K = \frac{E}{3(1-2\mu)}$$

$$G = \frac{\rho}{\Delta t_s^2}$$

$$E = \frac{\rho(3\Delta t_s^2 - 4\Delta t_p^2)}{\Delta t_s^2(\Delta t_s^2 - \Delta t_p^2)}$$

$$\mu = \frac{0.5\Delta t_s^2 - \Delta t_p^2}{\Delta t_s^2 - \Delta t_p^2}$$

式中B——出砂指数，10^4MPa；

K——体积弹性模量，10^4MPa；

G——切变弹性模量，10^4MPa；

E——杨氏模量，10^4MPa；

μ——泊松比；

Δt_s——横向声波时差，us/m；

Δt_p——横向声波时差，us/m；

ρ——岩石密度，g/cm³。

B值即为出砂指数。其值越小表明岩石强度越低，地层越容易出砂。其判定标准为：

- B大于2×10^4MPa，在正常生产中油层不会出砂；
- B大于1.4×10^4MPa但小于2×10^4MPa，轻微出砂；
- B小于1.4×10^4MPa，油井生产过程中出砂量较大。

13

提纲

一、胜利油田防砂概况

二、化学防砂概述

14

二、化学防砂概述

1、化学防砂定义

向井眼周围疏松地层挤入化学剂胶结地层砂或挤入表面涂覆有胶结剂的固体颗粒（支撑剂），在井底近井地带固结形成具有一定强度和渗透能力的人工井壁，将松散游离砂胶结起来，达到防砂的目的，称为化学防砂。

2、化学防砂特点、适应性

- 施工简单，井筒不留机械装置；
- 可用于侧钻井、小井眼井防砂；
- 对细粉砂、泥质含量较低油层较为有效；
- 对出砂轻微地层、含水较低油井施工成功率较高；
- 通常适用于厚度小于 5-10m、油层渗透率均匀出砂层段。

15

二、化学防砂概述

3、化学防砂分类

自20世纪60年代研究应用酚醛树脂地下合成、水带干灰砂等化学防砂工艺开始，现已形成了以化学剂胶结防砂、人工井壁防砂为主的几十种化学防砂方法。

化学胶结防砂施工过程：

预处理液注入、胶结剂注入、增孔液注入、胶结剂固化。

16

二、化学防砂概述

3、化学防砂分类 ——化学剂胶结防砂

人工胶结法 →

- 酚醛溶液地下合成
- 水带干灰
- 酚醛树脂地下胶结
- 脲醛、乳化脲醛树脂
- 环氧-酚醛树脂体系
- 糠醇-脲-甲醛树脂
- 改性呋喃树脂
- 氟硼酸体系

17

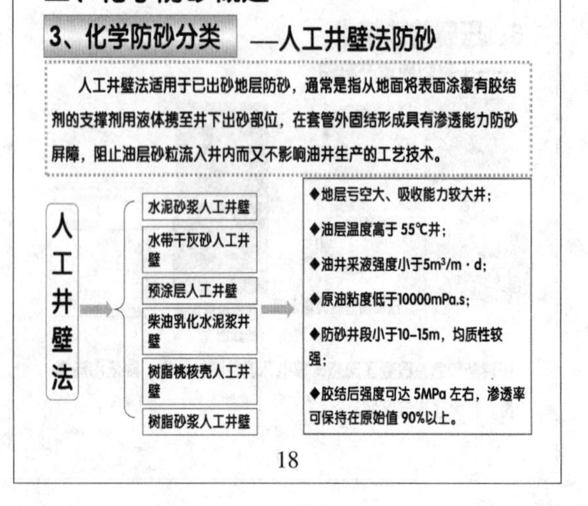

18

二、化学防砂概述

3、化学防砂分类 ——其它化学防砂方法

其它化学防砂方法

- 氢氧化钙固砂：氢氧化钙溶液在高于65℃温度下与油层中粘土矿物反应生成铝硅酸钙，把砂粒胶结在一起控制出砂；
- 四氯化硅固砂：四氯化硅注入地层后与地层水发生化学反应，生成无定形二氧化硅，将地层砂粒胶结起来，达到固砂目的；
- 聚氯乙烯固砂：聚丁二烯加入催化剂或聚丁二烯聚合反应胶结疏松砂岩；
- 氧化有机物固砂法：不饱和烯烃氧化物聚合反应在各分子间形成氧桥，使有机物生成网状聚合物，将疏松砂岩胶结在一起。
- 混纤维充填防砂：将纤维混入支撑剂中随压裂液一起挤入地层，使纤维在颗粒之间构成网络限制支撑剂移动，达到压裂充填效果。

19

二、化学防砂概述

4、化学防砂机理

化学防砂、固砂、稳砂剂主要由无机、有机胶结剂、固化剂、偶联剂和其它添加剂等组成，各组分种类和用量对化学防砂效果影响较大，有必要对胶结剂合成、固化机理、偶联机理、覆膜砂制备方法及各组分使用用量或浓度等进行详细探讨。

20

二、化学防砂概述

4、化学防砂机理 ➢树脂胶结剂优选与合成

树脂胶结剂主要有酚醛、环氧、脲醛、呋喃及改性树脂和复配树脂等，一般选用酚醛或改性酚醛树脂作为胶粘剂。

酚醛树脂在碱性和酸性条件根据单体用量、合成条件等不同，可生成热固性酚醛树脂（一步树脂、甲阶树脂）和热塑性酚醛树脂（线性酚醛树脂）。

化学防砂固砂剂和制备覆膜砂所用胶结剂大多采用热塑性酚醛树脂。

热塑性酚醛树脂制备方法

按苯酚：甲醛 = 1：0.9(摩尔比) 投入反应釜，加入盐酸作催化剂，控制 pH =1.9 ~ 2.3，水浴加热，反应温度逐渐升至 85 ℃左右时停止加热，由于反应放热，温度自动升到 95 ℃ ~ 100 ℃后，开始回流，并不断取样测试，达到要求的平均聚合度和熔点后，减压脱水，脱除未反应的苯酚。

21

二、化学防砂概述

4、化学防砂机理 ➢树脂胶结剂优选与合成

合成热塑性酚醛树脂时，先进行加成反应（羟甲基化），生成1 ~ 3羟甲基苯酚，一元羟甲基苯酚继续进行加成反应，生成二元及多元羟甲基苯酚；

然后进行缩合反应（亚甲基化），生成线性酚醛树脂预聚体。

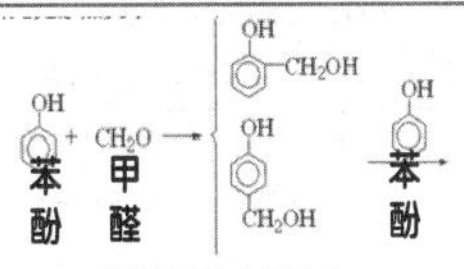

酚醛树脂

反应过程写成通式：

$(n+2)$ 苯酚 $+ (n+1)CH_2O \longrightarrow$ 线性酚醛树脂 $+ (n+1)H_2O \quad (n=4\sim12)$

预聚体的结构可表示为：

22

二、化学防砂概述

4、化学防砂机理 ➢ 树脂胶结剂固化 ——热固性酚醛树脂固化

热固性酚醛树脂常温下是棕色液体，能溶于乙醇，由于含有过量的羟甲基，固化时不需要固化剂，加热或加酸性物质即可固化。

热固化时反应温度越高固化越快，固结体越脆，热固性酚醛树脂也可加入无机酸（盐酸或磷酸等）或有机酸（甲苯磺酸、苯酚磺酸等）固化。

种类	对甲苯磺酸氯	苯磺酰氯	硫酸乙酯	石油磺酸	NL固化剂
外观	灰白色晶体	无色油状液体	无色液体	褐色粘稠液体	暗灰色粘稠液体
气味	有臭味	刺激性气味	味小	无味	无味
酸度	低	适中	较高	低	较高
固化速度	慢	较快	快	适中	适中
参考用量	10 ~ 12	8 ~ 10	8 ~ 10	8 ~ 15	6 ~ 8
特点及	先溶解或与填料，混合固化	易混匀，使用方便，但	适用期短，味小	无毒，操作方便，货源	无毒，操作方便，

23

二、化学防砂概述

4、化学防砂机理 ➢ 树脂胶结剂固化 ——热塑性酚醛树脂固化

热塑性酚醛树脂由于苯酚过量，限制了树脂分子量增大，分子中不存在没有反应羟甲基，长期加热也仅能熔化而不会固化，故称为热塑性酚醛树脂。

由于苯酚3个官能团没有全部反应，所以热塑性酚醛树脂与六次甲基四胺或多聚甲醛受热即可转变为热固性酚醛树脂。

固化剂：六次甲基四胺（乌洛托品）用量一般为树脂的10-12%。

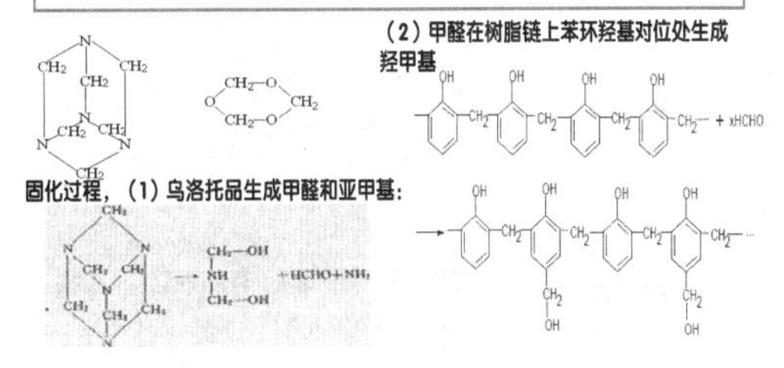

24

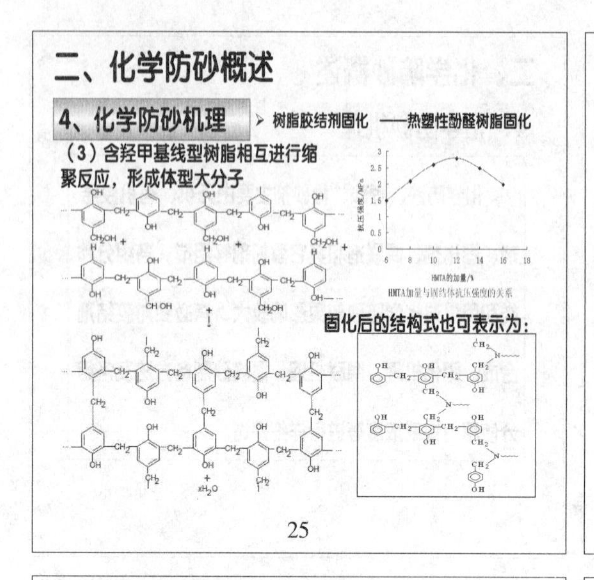

25

二、化学防砂概述

4、化学防砂机理 ➢树脂稀释剂

稀释剂可大幅降低树脂粘度，有利于泵送，也可使树脂溶液均匀包覆在砂粒表面；

稀释剂一般为乙醇或丙酮等有机溶剂，多为丙酮（丙酮溶解度参数和树脂溶解度参数相近）溶解稀释能力较好。

现场应用时将树脂和丙酮按比例混合均匀后密封保存，应现配现用，否则因溶剂挥发粘度又会增加。

树脂：溶剂	100：0	100：5	100：10	100：15	100：20
抗压强度/MPa	4.78	4.62	4.05	3.89	3.51
晾干时间/h	6	6	12	12	24

树脂中加入稀释剂不同程度的影响了固结体抗压强度，而且所制备涂覆石英砂也不容易晾干。

26

二、化学防砂概述

4、化学防砂机理 ➢偶联剂作用机理及优选

偶联剂是一类具有两性结构物质：分子中一部分基团可与无机物表面化学基团反应，形成牢固的化学键；另一部分基团可与有机分子反应或物理缠绕，从而把两种性质不同材料牢固结合起来。

偶联剂通式为：$RSiX_3$；R—有机基团：苯基、乙烯基、氨基等；

X—水解基团：$-OCH_3$、$-OCH_2CH_3$、-CL。

（1）有机硅偶联剂水解生成多羟基硅醇

$$CH_3-O-Si(OCH_3)_2-R + H_2O \longrightarrow HO-Si(OH)_2-R$$

有机硅　　　硅醇

（2）多羟基硅醇将石英砂和树脂偶联起来，增强了树脂和砂粒之间的亲和力

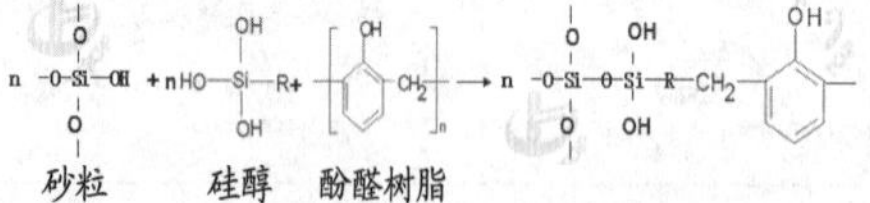

27

二、化学防砂概述

4、化学防砂机理 ➢偶联剂作用机理及优选

硅烷偶联剂与固砂体强度和渗透率的关系

偶联剂	抗折强度/MPa			抗压强度/MPa			渗透率/μm²		
	0	2	3	0	2	3	0	2	3
A1120	2.30	3.11	3.19	3.58	5.35	5.45	14.1	13.5	12.1
A1100	2.28	3.09	3.19	3.62	5.30	5.34	14.6	13.2	11.9
A189	2.36	2.35	2.66	3.67	4.54	4.53	15.3	13.8	11.5
A187	2.32	2.25	2.54	3.65	4.58	4.59	15.4	14.1	11.2
A174	2.32	2.29	2.48	3.56	4.53	4.58	15.9	14.3	10.9
A143	2.33	1.82	2.40	3.61	3.65	4.15	15.4	14.5	10.6

A1100用量与固砂体抗压强度的关系

恒温温度/℃	恒温时间/h	抗压强度/MPa				
		0	1	2	3	4
55	120	2.71	2.45	4.46	5.26	5.56
55	96	2.25	2.90	4.09	4.66	5.41
60	96	3.29	4.89	5.79	5.89	5.88
60	72	2.71	4.40	5.21	5.36	5.41

A1120 > A1100 > A189 > A187 > A174 > A143；

偶联剂一般为硅烷偶联剂，A1100（KH-550）用量为酚醛树脂用量的2～3%。

28

二、化学防砂概述

4、化学防砂机理 ➢化学防砂添加剂优选

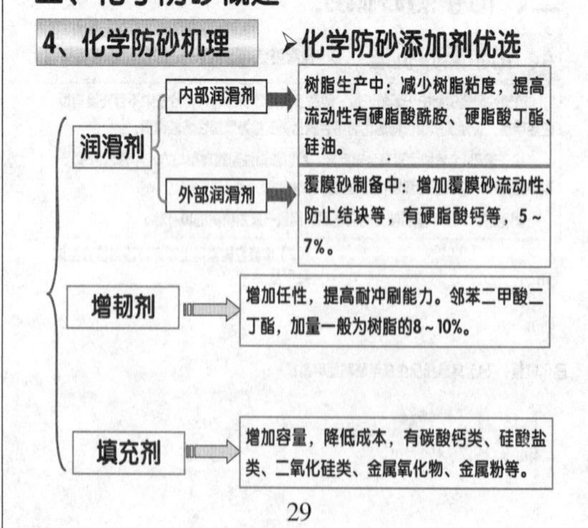

29

二、化学防砂概述

4、化学防砂机理 ➢覆膜砂（涂料砂、涂覆砂）制备

覆膜砂作为化学防砂中应用最多的产品之一，其覆膜工艺和覆膜材料选择是制备覆膜砂的重点工作。

覆膜材料与固砂剂所用胶结剂、偶联剂、固化剂等基本相同，覆膜砂发展主要是随着覆膜材料和覆膜工艺发展而进步。这里只对目前国内外覆膜工艺及原砂表面处理进行介绍。

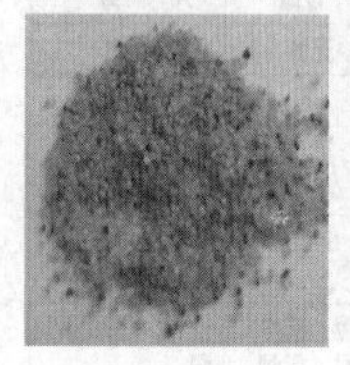
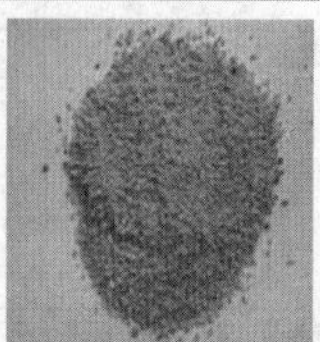

30

二、化学防砂概述

4、化学防砂机理 ➢ 覆膜砂（涂料砂、涂覆砂）制备——冷法覆膜工艺

目前，油气田防砂用覆膜砂的生产工艺主要有冷法覆膜和热法覆膜。

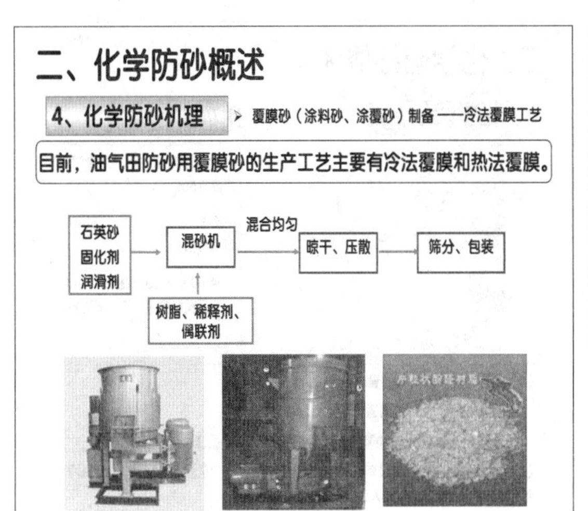

31

二、化学防砂概述

4、化学防砂机理 ➢ 覆膜砂（涂料砂、涂覆砂）制备——热法覆膜工艺

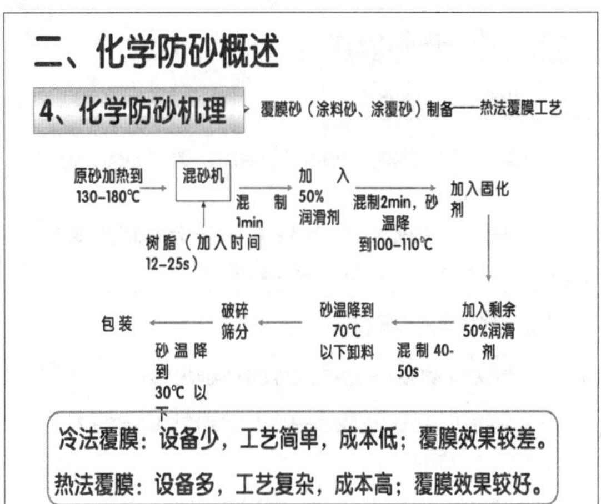

冷法覆膜：设备少，工艺简单，成本低；覆膜效果较差。

热法覆膜：设备多，工艺复杂，成本高；覆膜效果较好。

32

二、化学防砂概述

4、化学防砂机理 ➢ 覆膜砂（涂料砂、涂覆砂）制备——原砂要求及处理

原砂种类、性能要求

★原砂种类：

①石英砂；②陶粒。

★原砂要求：

①粒型圆整、表面光洁；

②含泥量、微分含量较低；

③碱性氧化物少。

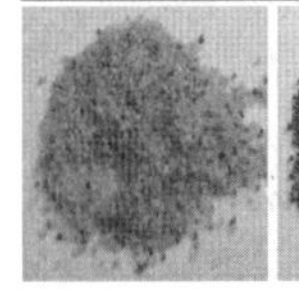

原砂表面处理方法

★擦洗：

去除原砂泥分。

★表面活化：

采用表面活性剂、酸液清洗，增加砂粒与树脂亲合力。

★加热：

加热到800～1000℃，去除原砂中云母、碳酸盐等杂质，减少微粉含量。

33

二、化学防砂概述

4、化学防砂机理 ➢抑砂剂作用机理

抑砂剂是指能够将松散砂粒桥接起来的化学剂，抑砂剂和固砂剂区别就在于桥接和固结；

桥接就是线性聚合物将砂粒吸附、缠绕起来，减轻了地层出砂，抑砂剂主要技术指标是出砂量和浊度；

固砂剂是线性高分子聚合物在砂粒表面反应形成高强度体型聚合物，防止了地层出砂，主要技术指标是固结强度和渗透率。

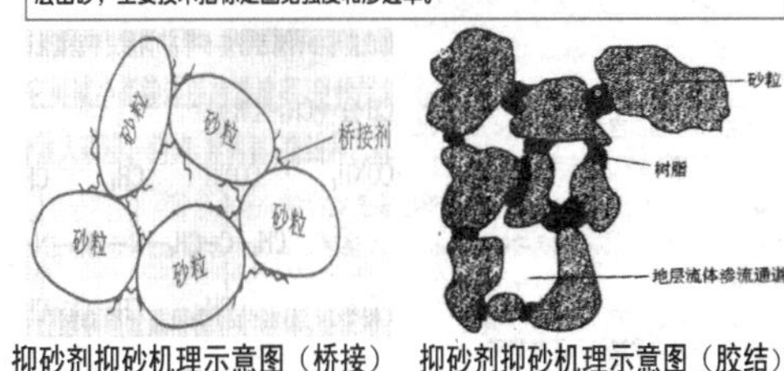

抑砂剂抑砂机理示意图（桥接） 抑砂剂抑砂机理示意图（胶结）

34

二、化学防砂概述

4、化学防砂机理 ➢ 抑砂剂作用机理 ——无机抑砂剂

抑砂剂分为无机阳离子聚合物和有机阳离子聚合物，羟基铝和羟基锆是两种最典型无机阳离子型聚合物。

由于羟基铝多核羟桥络离子为高价无机阳离子，可将表面带负电的松散砂粒桥接起来，减少地层砂的产出，以$AlCl_3$为例说明羟基铝制备过程：

i. 电离： $AlCl_3 \rightarrow Al^{3+} + 3Cl^-$

ii. 络合： $6H_2O + Al^{3+} \rightarrow [Al(H_2O)_6]^{3+}$

iii. 水解： $[Al(H_2O)_6]^{3+} \rightarrow [Al(OH)(H_2O)_5]^{2+} + H^+$

iv. 羟桥作用，产生多核羟桥高价阳离子：

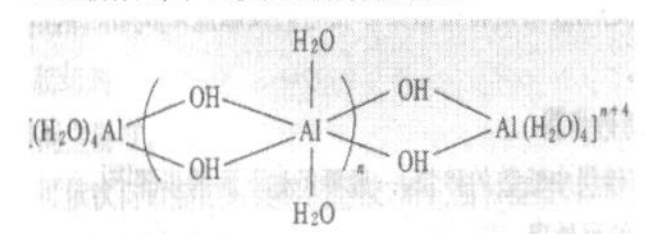

产生铝的多核羟桥络离子与其相应的阴离子一起叫羟基铝，是一种无机阳离子型聚合物--聚合铝。

整个聚合过程用碱适度中和至PH为3.2–3.6制得。

35

二、化学防砂概述

4、化学防砂机理 ➢ 抑砂剂作用机理 ——有机抑砂剂

有机抑砂剂一般为支链上具有季铵盐结构的有机阳离子型聚合物；

阳离子聚合物可通过其阳离子链节将表面带负电松散砂粒桥接起来，起到防砂作用；

此外，改性聚丙烯酰胺中酰胺基$-CONH_2$，也可与砂岩表面羟基形成氢键起到桥接作用。

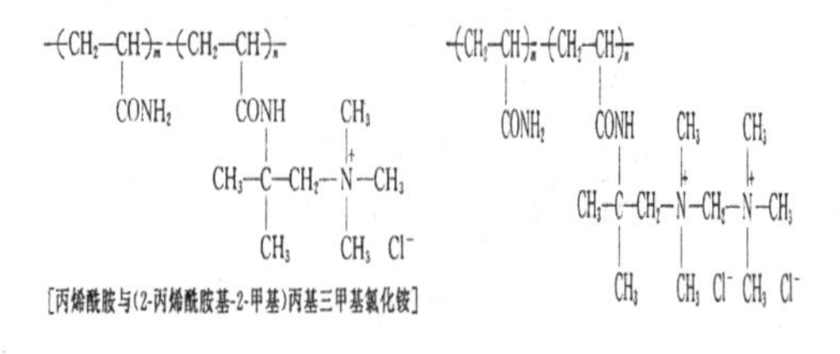

[丙烯酰胺与(2-丙烯酰胺基-2-甲基)丙基三甲基氯化铵]

36

二、化学防砂概述

5、化学防砂优选

化学防砂方式优选影响因素包括井型，完井方式，储层胶结程度，泥质含量，油层有效厚度，油层温度。

油层有效厚度决定化学防砂方式是否适用，泥质含量和油层温度决定了化学防砂中固砂剂类型，三个因素共同决定了化学防砂方式。

油层出砂程度三个等级

◆出砂轻微油层：游离砂析出的油层，出砂量随时间逐渐递减；

◆出砂中等油层：弱胶结或中等胶结出砂油层，出砂量稳定随时间变化不大；

◆出砂严重油层：砂岩骨架破碎的油层，短时间内大量出砂；

37

二、化学防砂概述

5、化学防砂优选 ——出砂轻微油层

（1）泥质含量≤5%，油层有效厚度≤5m；

●油层温度≤60℃，选用树脂固砂法；

● 60℃ < 油层温度≤120℃，选用树脂溶液地下合成防砂方法；

（2）泥质含量 >5%，油层有效厚度 >5m；

●油层温度≤60℃：选用树脂砂浆人工井壁法；

● 60℃ < 油层温度≤120℃：选用预涂层砾石人工井壁法；

（3）泥质含量≤10%，油层有效厚度≤10m，120℃ < 油层温度≤360℃，可选用硅或硼改性树脂高温涂敷砂人工井壁法。

38

二、化学防砂概述

5、化学防砂优选 ——出砂中等油层

（1）泥质含量≤3%，油层有效厚度≤3m；

●油层温度≤60℃，选用树脂固砂法；

● 60℃ < 油层温度≤120℃，选用树脂溶液地下合成防砂方法；

（2）当3% < 泥质含量≤6%，3 < 油层有效厚度≤6m；

●油层温度≤60℃：选用树脂砂浆人工井壁法；

● 60℃ < 油层温度≤120℃：选用预涂层砾石人工井壁法；

（3）泥质含量 > 6%，油层有效厚度 > 6m，油层温度≤120℃：选用预涂层砾石人工井壁法；

泥质含量≤10%，油层有效厚度≤10m，120℃ < 油层温度≤360℃：选用硅或硼改性树脂高温涂敷砂人工井壁法。

39

二、化学防砂概述

5、化学防砂优选 ——出砂严重油层

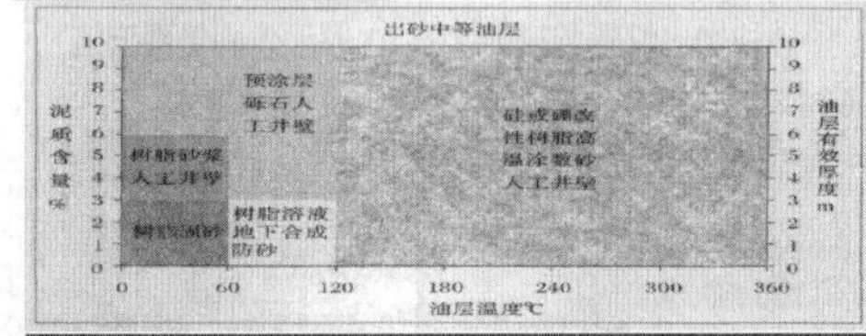

（1）泥质含量≤5%，油层有效厚度≤5m，油层温度≤60℃：选用树脂砂浆人工井壁法；

（2）泥质含量 > 5%，油层有效厚度 > 5m，油层温度≤120℃：选用预涂层砾石人工井壁法；

（3）泥质含量≤5%，油层有效厚度≤5m，60℃ < 油层温度≤120℃：选用预涂层砾石人工井壁法；

（4）泥质含量≤10%，油层有效厚度≤10m，120℃ < 油层温度≤360℃：选用硅或硼改性树脂高温涂敷砂人工井壁法。

40

参 考 文 献

[1] 崔树清,常兵民.石油地质基础[M].北京:石油工业出版社,2006.
[2] 中国石化员工培训教材编审指导委员会.采油地质工[M].北京:中国石化出版社,2013.
[3] 路秀广,王淑玲.油田勘探开发基础知识[M].东营:中国石油大学出版社,2012.
[4] 张厚福,等.石油地质学[M]. 北京:石油工业出版社,1999.
[5] 李爱芬.油层物理学[M].东营:中国石油大学出版社,2011.
[6] 郎兆新.油藏工程基础[M].东营: 中国石油大学出版社,1994.
[7] 刘德华,刘志森.油藏工程基础[M].北京:石油工业出版社,2004.
[8] 姜汉桥,姚军,姜瑞忠.油藏工程原理与方法[M].东营:中国石油大学出版社, 2003.
[9] 廉庆存. 油田开发[M].北京:石油工业出版社,1997.
[10] 于云琦,采油工程[M].北京:石油工业出版社,2008.
[11] 邹艳霞.采油工艺技术[M].北京:中国石化出版社,2006.
[12] 张琪.采油工艺技术[M].东营:中国石油大学出版社,2000.
[13] 孙焕泉,杨泉.低渗透砂岩油藏开发技术:以胜利油田为例[M].北京:石油工业出版社,2008.
[14] 金海英.油气井生产动态分析[M].北京:石油工业出版社,2010.
[15] 石仁委,龙媛媛.油气管道防腐蚀工程[M].北京:中国石化出版社,2008.
[16] 石仁委.油气管道地面检测技术与案例分析[M].北京:中国石化出版社,2012.
[17] 万仞溥.采油工程手册[M].北京:石油工业出版社,2000.
[18] 中国石油天然气总公司.石油地面工程设计手册(第二册)[M].东营:中国石油大学出版社,1995.
[19] GB 50391—2006 油田注水工程设计规范.
[20] GB/T 1226—2010 一般压力表范.
[21] Q/SH 1020 1831—2007 聚合物配注用污水水质控制指标及其分析方法.
[22] Q/SH 0583—2014 油田回注水水质检测评价方法.
[23] Q/SH 1020 1932—2016 注水井流量计仪表技术规范.
[24] Q/SH 0183—2011 注水井资料录取规定.
[25] Q/SH 0179—2008 注水井洗井技术规范.
[26] JJG 1033—2007 电磁流量计.
[27] JB/T 9249—2015 涡街流量计.
[28] SY/T 0026—1999 水腐蚀性测试方法.
[29] SY/T 0532—2012 油田注入水细菌分析方法 绝迹稀释法.
[30] SY/T 0600—2009 油田水结垢趋势预测.
[31] SY/T 0546—1996 腐蚀产物的采集与鉴定.
[32] SY/ 0049—2006 油田地面工程规划设计规.
[33] SY/T 5329—2012 碎屑岩油藏注水水质推荐指标及分析方法.
[34] SY/T 5523—2016 油田水分析方法.
[35] SY/T 5329—2012 碎屑岩油藏注水水质推荐指标及分析方法.
[36] SY/T 05674—93 油田采油井、注水井井史编制方法.
[37] SY/T 6569—2010 油田注水井系统运行规范.
[38] SY/T 0530—2011 油田采出水中含油量测定方法分光光度法.
[39] SY/T 0601—2009 水中乳化油、溶解油的测定.

采油注水

——采油工程技术人员业务指导书

（下册）

谢文献　李桂婷　主编

中国石化出版社

内 容 提 要

本教材收录了油田采油注水基础理论知识、油田注水工艺、油藏动态分析、注水现场管理等有关采油注水方面的理论知识和工艺技术，具有较强的专业指导性和实用性。

本书可作为石油石化系统各油田采油注水技术人员、采油注水岗位高技能人才等的业务竞赛参考书籍，也可以作为油田采油注水岗位员工培训及现场工程技术人员的参考用书。

图书在版编目(CIP)数据

采油注水:采油工程技术人员业务指导书 / 谢文献，李桂婷主编;李金妍,袁秀伟,赵学忠编写．—北京:中国石化出版社,2017.12
ISBN 978-7-5114-4795-1

Ⅰ.①采… Ⅱ.①谢… ②李… ③李… ④袁… ⑤赵… Ⅲ.①石油开采-注水(油气田) Ⅳ.①TE35

中国版本图书馆 CIP 数据核字(2017)第 319562 号

中国石化出版社出版发行
地址:北京市朝阳区吉市口路 9 号
邮编:100020 电话:(010)59964500
发行部电话:(010)59964526
http://www.sinopec-press.com
E-mail:press@sinopec.com
北京富泰印刷有限责任公司印刷
全国各地新华书店经销
*
787×1092 毫米 16 开本 44.75 印张 1097 千字
2018 年 8 月第 1 版 2018 年 8 月第 1 次印刷
定价:86.00 元

编 委 会

主　　编： 谢文献　李桂婷

副 主 编： 李金妍　袁秀伟　赵学忠

参编人员： 刘礼亚　李海燕　赵长春　李　娜　高宝国
田玉芹　马来增　丁　慧　马珍福　周海强
刘全国　李修文　谭小平　卢惠东　吴　琼
张海燕　周海刚　肖　坤　彭　刚　龙媛媛
王晓东　孙红霞　李　莉

前　言

注水开发是实现油田开发长期高产和稳产的重要技术手段。油田采油注水技术人员的业务素质对于油田当前开发及未来发展具有十分重要的影响。2017年，中国石油化工集团公司首次举办了注水专业业务竞赛，在赛前培训过程中，我们发现适合采油注水专业技术人员的业务指导书籍很少。为此，我们借助多方技术力量，编撰了大量教学资料，在培训班教学中使用并得到了技术人员的广泛认可。为了更好地服务于石油石化系统的油田注水业务，提高采油注水专业技术人员的基础理论、专业知识水平和解决生产实际问题的能力等，我们特编写了《采油注水——采油工程技术人员业务指导书》。

《采油注水——采油工程技术人员业务指导书》为专业技术类型的书籍。教材内容结合最新行业标准，专业特色明显、可操作性强。在保证基本内容的科学性、系统性的同时，本教材作者在编写过程中力求实现知识的实用性，弱化理论推导，强化能力培养，紧密结合现场实际，引入大量案例，使读者可以更好地将教材内容应用于现场实际问题的解决中。

本书由谢文献、李桂婷担任主编，李金妍、袁秀伟、赵学忠担任副主编。全书共分为五篇、二十四章：第一章由李桂婷编写，第二章由李海燕编写，第三、四章由刘礼亚编写，第五章由孙红霞、李桂婷编写，第六章由马珍福、李桂婷编写，第七章由李莉、周海强、袁秀伟编写，第八章由田玉芹编写，第九、十九章由马来增、袁秀伟编写，第十章由马来增、刘全国、李桂婷编写，第十一章由卢惠东、袁秀伟编写，第十二章由吴琼、李金妍编写，第十三、十四章由李娜编写，第十五章由刘礼亚、高宝国编写，第十六章由张海燕、李桂婷编写，第十七章由李修文、赵长春编写，第十八章由谭小平、赵长春编写，第二十章由周海刚、李金妍编写，第二十一章由丁慧、李金妍编写，第二十二章由龙媛媛、李金妍编写，第二十三章由彭刚、赵长春编写，第二十四章由肖坤、王晓东、李金妍编写。全书最后由李桂婷、李金妍、赵长春统稿。胜利油田组织部、工程技术管理中心、各开发单位的部分技术人员在本书的编写过程中也做了大量的工作，在此一并表示感谢。

尽管我们在编写过程中尽了最大的努力，但不足之处在所难免，恳请广大读者提出意见和建议。

目　录

（上册）

第一篇　油田注水基础理论知识

第一章　采油地质基础知识 ………………………………（ 3 ）

第一节　与油气关系密切的沉积岩、沉积相 ………………（ 3 ）

第二节　地质构造 ………………………………（ 8 ）

第三节　地质年代与地层 ………………………………（ 10 ）

第四节　油气藏 ………………………………（ 14 ）

第五节　油藏流体的物理性质 ………………………………（ 27 ）

第六节　储层岩石的物理性质 ………………………………（ 33 ）

第二章　油田开发基础知识 ………………………………（ 44 ）

第一节　油田开发前的准备阶段 ………………………………（ 45 ）

第二节　油田开发方针、原则及层系划分 ………………………………（ 48 ）

第三节　砂岩油田的注水开发 ………………………………（ 52 ）

第四节　油田开发方案编制简介 ………………………………（ 63 ）

第五节　油藏评价方法 ………………………………（ 69 ）

第三章　采油工程基础知识 ………………………………（ 87 ）

第一节　复杂条件下的开采技术 ………………………………（ 87 ）

第二节　酸化 ………………………………（109）

第三节　水力压裂技术 ………………………………（134）

第四章　油田注水基础知识 ………………………………（168）

第一节　水源、水质及注水系统 ………………………………（168）

第二节　注水井吸水能力分析 ………………………………（176）

第三节　分层注水技术 ………………………………（179）

第四节　注水井分析 ………………………………（188）

第五节　注水井调剖与检测 ………………………………（192）

第五章　油藏数值模拟技术 ………………………………（197）

第二篇　油田注水工艺

第六章　分层注水工艺技术 ………………………………（235）

第七章　注水分层测试及资料解释 ………………………………（247）

第八章　堵水调剖技术及方案编制 ………………………………（272）

第九章　油水井水泥封堵工艺技术 ………………………………（312）

第十章　物理法储层改造技术 …………………………………………………………… (334)
第十一章　配产配注技术 ……………………………………………………………… (343)
第十二章　水井防砂技术 ……………………………………………………………… (356)
参考文献 ………………………………………………………………………………… (363)

(下册)

第三篇　油藏动态分析

第十三章　动态分析指标计算 ………………………………………………………… (367)
　第一节　井组动态分析方法 ………………………………………………………… (367)
　第二节　动态分析所必需的图表和曲线 …………………………………………… (372)
第十四章　单井动态分析 ……………………………………………………………… (378)
　第一节　动态指标计算 ……………………………………………………………… (378)
　第二节　测井曲线 …………………………………………………………………… (383)
　第三节　抽油机悬点载荷分析与计算 ……………………………………………… (389)
　第四节　影响泵效的因素及提高泵效的措施 ……………………………………… (396)
　第五节　抽油井的测试与分析 ……………………………………………………… (402)
　第六节　电动潜油离心泵生产动态分析 …………………………………………… (411)
　第七节　注水井生产调控与动态分析 ……………………………………………… (424)
　第八节　油水井动态资料整理与分析 ……………………………………………… (429)
　第九节　单井动态分析方法 ………………………………………………………… (436)
第十五章　油水井水泥封堵工艺技术 ………………………………………………… (442)
第十六章　剩余油研究及开发调整方法 ……………………………………………… (465)

第四篇　注水现场管理

第十七章　工程测井 …………………………………………………………………… (477)
第十八章　注水泵 ……………………………………………………………………… (527)
　第一节　泵型特性及选择 …………………………………………………………… (527)
　第二节　两个重要概念 ……………………………………………………………… (533)
　第三节　特种泵及常见泵介绍 ……………………………………………………… (536)
　第四节　泵座基础知识 ……………………………………………………………… (543)
　第五节　注水工艺新技术应用 ……………………………………………………… (544)
第十九章　注水井故障诊断及处理 …………………………………………………… (556)
第二十章　水质检测技术 ……………………………………………………………… (590)
第二十一章　油田污水处理 …………………………………………………………… (603)
第二十二章　油田地面工程防腐防垢技术 …………………………………………… (621)
第二十三章　注水地面工程设计优化 ………………………………………………… (640)
第二十四章　注水系统效率综合分析 ………………………………………………… (657)
参考文献 ………………………………………………………………………………… (697)

第三篇

油藏动态分析

第十三章　动态分析指标计算

第一节　井组动态分析方法

在注水开发的油田，油水井的动态分析是以注采井组分析为主的。注采井组是以注水井为中心，联系周围的油井和水井所构成的油田开发的基本单元。

注采井组动态分析的核心问题，是在井组范围内，找出注水井合理的分层配水强度，能够使水线比较均匀地向油井推进；使油井能够保持足够的能量；使井组综合含水在较长时间内得到稳定；使井组产量得到稳定。

在一个注采井组中，注水井往往起主导作用，它是水驱油动力的源泉，从油井的不同变化，可以对比出注水效果。因此进行注采井组分析，一般是从注水井入手，最大限度地解决层间矛盾，在一定程度上尽量调整平面矛盾，以改善周围油井的工作状况。

进行注采井组分析的程序，一般是先收集资料，并将其整理填入表格，绘制曲线，进行对比，分析变化原因，最后找出存在问题，并提出下一步的调整措施。

1. 资料的收集和整理

油田地下动态指的是在油田开发过程中，其中的流体由原始的静止状态变为运动状态以后，油藏内部各种因素的变化状况。这些因素的变化，在一定程度上会影响油井的生产状况。主要表现为，油藏内部油气储量的变化，油藏分区压力和平均地层压力的变化，油藏内部驱油能力的变化，油气水分布状况的变化。

注采井组是油田开发的基本单元，每个注采井组的动态变化，又影响和制约着整个油藏的变化。因此，在注采井组中同样存在着以下几种因素的变化，要正确把握住这些变化情况，必须取得有关资料，这些资料一般分为两部分。

1）静态资料

（1）油井的生产层位和水井的注水层位。一般是指在一系列油层中，选择其中在技术上和经济上最有利的作为目前的开采层或注水层，则称为油井的生产层位或水井的注水层位。

（2）生产层的砂层厚度。是指油层的总厚度，包括油层不含油部分和含油部分的厚度。

（3）有效厚度。通常把能够采出的具有工业价值数量的石油的油层厚度，称为油层有效厚度。

（4）渗透率。表示液体流过岩石的难易程度。

以上各项指标，是衡量油层产油能力的重要参数。在收集这些资料的同时，还要了解注采井组所属区块的边水位置和断层线位置。这些静态资料通过单井油砂体数据表和小层平面图都可以查到，然后将其整理，绘制成井位图和油水井连通图。

2）动态资料

(1) 油井动态资料。

① 产能资料，包括油井的日产液量、日产油量和日产水量。这些资料可以直接反映油井的生产能力。

② 压力资料，现在一般用动液面和静液面表示。它们可以反映油层内的驱油能量。

③ 水淹状况资料，指油井所产原油的含水率和分层的含水率，它可以直接反映剩余油的分布及储量动用状况。

④ 原油和水的物性资料，是指原油的相对密度和黏度、油田水的氯离子、总矿化度和水型。它可以反映开发过程中油、气、水性质的变化。

⑤ 井下作业资料，包括施工名称、内容、主要措施、完井管柱结构。

(2) 注水井资料。

① 吸水能力资料，包括注水井的日注水量和分层日注水量。它直接反映注水井全井和分层的吸水能力和实际注水量。

② 压力资料，包括注水井的地层压力、井底注入压力、井口油管压力、套管压力、供水管线压力。它直接反映了注水井从供水压力到井底压力的消耗过程，井底的实际注水压力，以及地下注水线上的驱油能量。

③ 水质资料，包括注入和洗井时的供水水质，井底水质。水质是指含铁、含氧、含油、含悬浮物等项目，用它来反映注入水质的好坏和洗井筒达到的清洁程度。

④ 井下作业资料，包括作业内容、名称、主要措施的基本参数，以及完井的管柱结构。

3）油田动态资料

包括产液剖面资料、吸水剖面资料、示踪剂检测、大孔道定量描述等。

4）基础图件资料

包括井位图、沉积相图、小层平面图、微构造图、油水井连通图等。

动态资料的录取要求齐全、准确。“齐全”就是按照上面所列项目录取，而且要定期录取，以便对比分析；“准确”有两层意思，一是所取的资料真正反映油井、油层的情况，二是所取的资料要达到一定的精度。以上动态资料收集整理后，绘制成表格和曲线，为油水井动态分析所用。

2. 对比和分析

油水井的动态分析，主要研究分层注采平衡、压力平衡和水线推进状况。注水井采用一定的注水方式进行注水，由于各方面油层条件(有效厚度、渗透率)的差异，周围油井会有不同的反映。

有的油井注水效果好，水线推进均匀，油井产量、动液面和含水率都比较稳定。有的见不到注水效果(一般是低渗透井或有其他情况)，油井动液面、产液量明显下降。有的注入水出现单层突进或局部舌进，使油井含水上升快，出现不正常水淹。

根据井组内油水井的变化和不同开发阶段合理开采界限的要求，把调整控制措施落实到井和油层。如对注水井低渗透层采取增注措施，对油井高渗透层进行控制等。合理解决各阶段井与井之间，层与层之间的矛盾，这就是我们进行油水井动态分析的目的。现场中的油水井动态分析都是围绕这个中心进行的。

基层采油队进行的油水井动态分析，一般按下列程序进行。

1）了解注采井组的基本概况

进行油水井动态分析的第一步，就是了解注采井组的基本概况，它是进行动态分析的重要环节。它包括的内容有：

① 注采井组在区块(断块)所处的位置和所属的开发单元。

② 注采井组内有几口油井和注水井，它们的排列方式和井距。

③ 油井的生产层位和注水井的注水层段，以及它们的连通情况。

④ 注采井组目前的生产状况，包括井组目前的日产液量、日产油量、含水率以及平均动液面深度和日注水平、井组注采比。

2）指标对比

统计对比也是现场油水井动态分析中的一个重要内容。在现场分析中的对比指标主要包括：日产液量、日产油量、含水率和动液面，有时还要进行原油物性和水性的对比。这种对比有单井的、井区的和注采井组的，根据分析的需要来确定(如在井组分析中，除了注采井组的对比中，还有典型井的对比)。

(1) 通过对比出现的结果：

① 各项指标均为稳定。

② 含水率和日产液量同步上升，产量变化不大。

③ 含水率稳定，日产液量下降或上升，引起日产油量的下降或上升。

④ 日产液量稳定，含水率上升或下降，引起日产油量的下降或上升。

⑤ 含水率上升，日产液量下降，使日产油量大幅度下降。

通过对比，可以对井组某一阶段的生产有一个总体的认识，并找出影响产量变化的主要原因，为进一步分析奠定基础。

(2) 对比阶段的划分

纵观每一个注采井组的生产情况，总是波动起伏的，为了使分析的原因更加明确、清晰，有时还要把整个分析过程再细分为几个阶段，阶段划分的依据一般分为以下几种情况：

① 根据日产油量波动趋势划分为：产量上升阶段、产量下降阶段和产量稳定阶段。

② 根据注水井采取措施后，油井相应的变化情况划分阶段，如调配前阶段、调配后阶段或者堵水前阶段、堵水后阶段等。

③ 根据油井采取的措施划分阶段，如下电泵提液前阶段、下电泵提液后阶段。

3）原因分析

通过指标对比后，要将对比的结果进行细致地分析，为了将原因分析地清晰、明确，一般要分为下述几个层次。

(1) 找出井组生产情况变化的主要因素。

首先要找出井组中的主要变化因素。这种变化因素既可能影响分析的全过程，也可能影响分析的某一阶段。怎样才能找出主要因素呢？可以用列表对比法，也可用排列图法，这些方法都比较适用。

然后通过计算找出变化的主要因素，即产油量的变化是由于液量下降造成的，还是由于含水率上升造成的，计算公式如下：

$$M=(q_y-Q_y)(1-F) \tag{13-1}$$

式中 M——由于液量下降而影响的产油量，t；

q_y——阶段末产液量，t；

Q_y——阶段初产液量，t；

F——阶段初含水率。

$$N = q_y(F - f) \tag{13-2}$$

式中 N——由于含水上升而影响的产油量，t；

f——阶段末含水率。

如果是多油层合采的油井，还要找出它的主要出油层。要根据静态和动态两部分资料，进行综合对比。如果在一口油井的某个油层，它的有效厚度大，渗透率高，与注水井连通好，并且注水强度和累计注水强度比其他油层大，通过测产液剖面证明为主要产液层，那么它就可以判断为主要出油层。

(2) 分析主要原因。

① 在油井上找原因。

分析油井液量变化原因，主要从泵效、功图、液面、电流、负荷、停井时间、憋压等资料分析。

② 在水井上找原因。

要在水井上找原因就必须观察水井的变化情况。主要表现为，注水是否正常，各层段能否完成配注，是超注还是欠注，注水井是否进行测试、调配和作业，影响了多少注水量。

油井上的变化总是与注水井的变化相联系的。水井注水量的变化，一方面可能因不同井点注入水推进速度的不均衡而造成平面矛盾；另一方面也能因一口水井不同层段注入水的不均衡而造成层间矛盾。

③ 在相邻的油井(同层)找原因。

相邻的油井，如果井距比较近，又生产同一个油层，很容易造成井间的干扰。相邻油井放大生产压差生产，会造成井区能量下降，成为产液量下降的原因。相邻油井的改层生产，会使平面上注采失调，成为含水率上升的原因。相邻油井的开井或停产，都会成为产油量变化的原因。另窜层井也会造成油井产量的大幅度变化。

④ 分析依据。

静态资料依据：

a. 层位：考虑属同层连通。

b. 渗透率：对比连通层渗透率，与油井渗透率对比，渗透率高的注水井，水推进速度快，即高注低采。

c. 微构造：高部位注水井水推进速度快，即高注低采。

d. 沉积相：同一沉积相的油水井连通性好(若无沉积相资料，则考虑有效厚度与砂体厚度的比值，比值相近的油水井连通性好)。

动态资料依据：

a. 配(实)注：考虑全井或分层配(实)注变化。

b. 累计注水强度：对比强度的大小，强度大的注水井，水推进速度快。

c. 阶段注水强度：对比阶段强度的大小，强度大的注水井，水推进速度快。

d. 关井影响：考虑水井开关井时间、影响水量，可优先考虑。

3. 存在问题及措施

1）存在问题

是指在注采管理中所存在的问题，它主要包括以下几方面的内容。

① 平面矛盾突出，注采井网不够完善，油井存在着单向受益的问题。

② 层间矛盾突出，注水井注水不合理，潜力层需要水量但注不进去，高含水层却又注得太多，构成单层水淹严重。

③ 注采比过低，能量补充不够，地下亏空大，影响了油井的产液量。

④ 工作制度不合理，地下能量充足的油井生产压差过小，影响潜力的发挥；地下亏空较大的油井却仍然大排量抽汲，使地层能量严重不足。

⑤ 泵、杆、管等存在问题。

当然，根据具体情况，在注采管理方面还存在有其他问题，这些问题在不同程度上影响了油田的开发效果和采收率的提高。如出砂井，可根据含砂粒径分析，分析因出砂造成泵漏的原因。

2）措施调整

找出存在问题后就要着手解决，要在相应的油水井上，采取一系列的措施，提高油井的产量或使油井在一段时期内保持稳产。

（1）油水井的调整。

为了解决在注水开发中不断出现的三大矛盾，提高采收率，现场可以进行油水井的调整，这种调整以水井为主，调整方法如下所述。

① 提高中低渗透层的注水强度，适当降低高渗透层的注水量或间歇停注，以调整层间矛盾。

在油田开发的中后期，主力油层的采出程度已相当高，进入特高含水的采油期。在调整开发层位时，主力油层不断被封堵，生产油层越来越少，产油量大大下降。那些原来的非主力油层经过注水和一系列的油层改造措施，发挥越来越大的作用，逐渐弥补了主力油层下降的产量，使得油田得以保持稳产。在这种情况下，对于相应的注水井，就应当提高中低渗透层的注水强度(如果提高水量有一定的困难，应当酸化这些层段，以达到配注要求)，对于长期大排量、高强度注水的高渗透层，则应当减少注水量或定期停注。

② 加强非主要来水方向的注水，控制主要来水方向的注水，调整平面矛盾。

在注水开发的油田，有一部分井组，注采不完善，井网对油层的控制比较差，由于地质上的原因，水驱控制储量比较低，或者不成注采系统。有些井组，尽管井网比较完善，由于平面上渗透率的差异，仍然存在着单向受益问题，以致造成油层平面上的舌进。在这种情况下，应当加强非主要来水方向的注水，提高其注水量；同时控制主要来水方向的注水，降低其注水量，使注入水在平面上处于相对平衡状态，水线均匀推进，平面矛盾得到解决。

③ 层内堵水。

层内非均质严重，注入水沿高渗透带水窜的现象，严重地危害了油井的正常生产，使油井含水率大幅度上升，产油量下降。因此必须对油水井进行堵水，为油田长期高产稳产创造条件。堵水前，必须正确判断出水层位，水的来源不同，堵水的方法也不一样。对于浸入油井的注入水和边水，若油水同层，则应用选择性堵水剂进行封堵；若油水不同层，可采用非选择性堵剂封堵。

在搞好油水井调整的同时，要加强注水井的管理，始终保持油层长期稳定的吸水能力，完成好分井分层的配注任务。根据地下动态及时调整，确保油田长期稳产。

(2) 油井的增产措施。

① 改层生产。

在一个层系内，长期多层合采的生产井，如果含水率已经很高且产量很低，应当根据静态资料和井史资料，分析出高含水层，将其卡封，以发挥中低渗透层的作用。

如果只有主力油层参加生产的油井已达到高含水，则可以将主力油层封掉，射开其他薄层或二类有效厚度的油层，以发挥其生产潜力。在历史上曾经是高含水的油层，经过几年的卡封后，由于油水重新分布，很可能含水率有所下降。对此可以考虑将其重新打开并参加生产。

② 放大生产压差。

在能量充足、产液量高的井区，可以采取放大生产压差的办法，通过提液来增加产量，目前常用的主要是水力活塞泵、电动潜油泵、分抽泵等。

③ 改造油层。

在油田开采过程中，经常遇到一些低渗透油层。它们即使在较大生产压差下，也很难获得高产。这些低渗透层，有的是在钻井过程中受到泥浆侵蚀，使井底附近油层的渗透率变低，油井产量下降；还有的在生产过程中，由于各种原因造成井底附近的油层堵塞。总之，上述问题均会影响到采油速度的提高，对于非均质多油层的油田更为严重。因此，改造油层就成为油井增产的一项重要措施。油层改造的方法在现场主要是进行酸化和压裂。

第二节　动态分析所必需的图表和曲线

在现场油水井分析活动中常用的图表很多，一般油水井动态分析常用的图表有：井位图、油水井连通图、单层平面图、构造图、油井生产数据表、注水井生产数据表、井组注采曲线。

根据不同注采井组分析的需要，有的还绘制井组综合开发数据表、井组基本数据表、措施前后效果对比表、水淹图等。下面介绍几种常用图表的绘制和应用。

1. 井位图的绘制和应用

井位图是表示油田(或注采井组)地面井位的地质图。在现场注采井组分析中所用的井位图，一般都是示意图，井距不一定十分精确。

1) 绘制

(1) 首先确定比例尺。

(2) 根据注采井组油水井的地面具体位置，将井点用小圆圈表示。周围应多画出一排油井及一排水井。

(3) 将小圆圈上色(水井上绿色，油井上红色)。

2) 应用

(1) 应用井位图可以确定注采井组在地面的位置及周围油水井位置。

(2) 应用井位图可以弄清油井与油井、油井与注水井之间的井距。

(3) 通过井位图还可以大致看出注采井网的完善情况和注水方式。

2. 连通图的绘制和应用

油水井连通图是由油层剖面图和单层平面图组合成的立体图幅，习惯上也叫“栅状图”，它可以作为井组分析油水井动态用图，也可以作为油田地质开发研究的综合图幅。

1）绘制

（1）收集整理注采井组内油水井的单层数据(可应用油砂体数据表)，弄清每口井各小层的砂层厚度、有效厚度、渗透率等数据，以及小层的缺失、尖灭情况。

（2）绘出各井的柱形图：

① 各井柱形的相对位置，尽量安排得和井位图相似。

② 在井柱左侧标出小层号和渗透率，在井柱右侧标出有效厚度和砂层厚度。

③ 砂层厚度要按比例绘制；隔层厚度可不按比例，但厚度要一致，以使图形美观。

（3）画小层井间连线：

① 一口井和周围井的连线，一般是油井与油井或油井与注水井，左右成排连线，前后成斜排连线，构成棱形网；或根据开发井网去决定它们的关系，从注水井向油井连通。

② 为了保持图幅的立体感，连线应有顺序，先连前排井，即从图的下方连起，再连横排，然后向左上角连线，最后向右上角连线，后连的线与先连的线相遇即断开，不要交错。

③ 连线要注意几种情况：凡是两口井小层号相同的，可直接连线；凡是本井为一个小层，而邻井为两个以上小层的，则可在两井中间分成支层连线过去；凡是本井油层在其他井没有的，则应在两井中间画成尖灭；凡是两井小层号可以对应，而中间被断层隔开的，则在两井中间用断层符号断开。

（4）标注井类别符号及射孔符号，在井柱顶端，井号的下面标明井的类别符号，如注水井、生产井、观察井等。对射孔的井段，画出射孔符号。

（5）染色上墨，油井层位染粉红色，注水井层位染蓝色。

2）应用

（1）应用油水井连通图可以了解每口井的小层情况，如砂层厚度、有效厚度、渗透率以及小层储量，掌握油层特性及潜力层。

（2）应用油水井连通图可以了解油水井之间各小层的对应情况，认识注水井哪些层是在无功注水，油井哪些层没有受到注入水的影响，哪些层是多向受益，哪些层是单向受益。

（3）了解射开单层的类型，如水驱层(与注水井相连通的油层)、土豆层(与周围井全不连通的油层)、危险层(与注水井连通方向渗透率特高，有爆发性水淹危险的油层)。

（4）应用油水井连通图可以研究分层措施，对于油井采得出而注水井注不进的小层，要在注水井采取酸化增注。对于水井注得进而油井采不出的小层，要在油井放大生产压差生产或者进行酸化压裂。对于油井采不出，水井也注不进的小层则要在油水井同时采取措施，以改善油层的流动条件，发挥注水效能，稳产增产。

3. 单层平面图的绘制和应用

单层平面图是全面反映小层分布状况和物性变化的图幅(图 13-1)。

1）油砂体

多油层油田是由性质不同的单油层组成的。单层砂岩的顶面和底面大部分受泥岩分隔，但各个单层在纵向上仍然有分支、合并现象出现，构成三度空间的连通体；在同一单层平面上又有油层尖灭、渗透性变差、含油性变差、断层切割等情况存在，构成许多形状不同、大小不同的油砂体。全区分布、上下分隔最好的单层，也就是一个完整的油砂体；仅被个别井

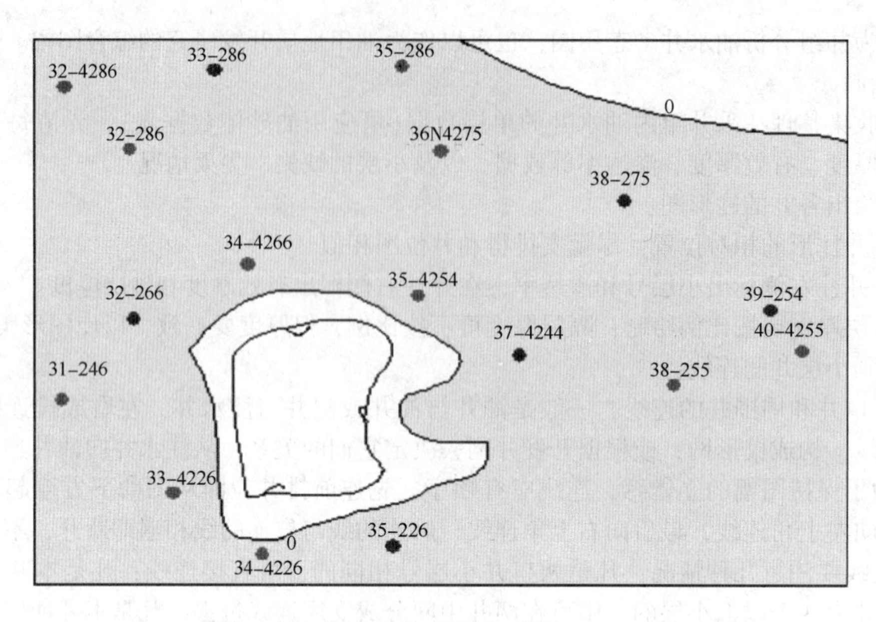

图 13-1　单层平面图

钻遇，与邻井互不连通的单层，就成为小“透镜体”或“小土豆层”。

2）应用

（1）掌握开发单元。大油田油层有分区局部变化，小断块油田有分块特点。了解每个单层平面上分布的具体特点和油井内多层组合的区域性共同特点，才能处理好层间矛盾和平面矛盾，创造高产稳产条件。

（2）选择注水方式。对于条带状分布的油层，注入水的流动方向直接受油层分布形态的支持，对于大片连通的油层，注入水的流动方向主要受油层渗透性的影响。应根据单层平面图综合研究，选择有利的注水方式。

（3）研究水线推进。油田注水以后，为控制好水线，调整好平面矛盾，可以单层平面图为背景画出水线推进图。研究水线推进与单层渗透率、油砂体形态和注采强度的关系，采取控制水线均匀推进的措施，提高平面扫油效率。

4. 构造图的绘制和应用

1）绘制

（1）绘制平面构造图(图 13-2)时，首先应选择制图标准层。通常把海平面作为绘图的基准面，以海平面的高度为 0m，而其上为正，其下为负。

（2）确定比例尺和等高距。

① 比例尺根据构造图的精度要求来确定，一般常用的比例尺有 1：5000、1：10000、1：25000、1：50000、1：100000 等。

② 构造图等高距的大小没有统一规定。等高距的大小与资料的丰富程度有密切关系，一般选择等高距时应确保既能反映地下构造形态特征，又不使其等高线过密或过稀。当构造的倾角平缓时，等高距常用 1m、2m 和 5m；而构造倾角较大时，等高距通常为 10m、25m 和 50m，有时甚至达 100m。

（3）计算制图标准层海拔标高。

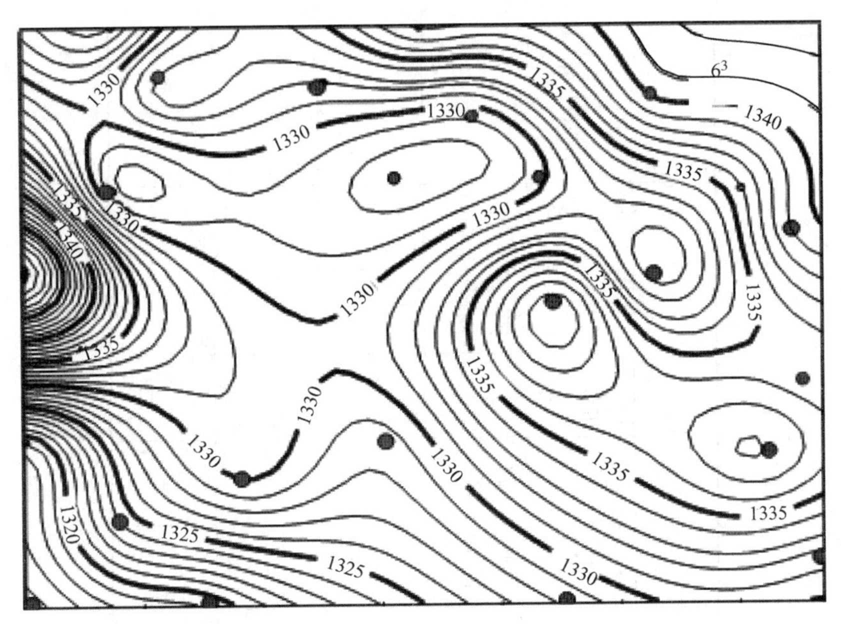

图 13-2　平面构造图

对直井来讲，制图层的海拔标高等于补心海拔减去制图层顶(或底)的井深。

若为斜井和弯井，其制图层的海拔则需要进行计算。首先求出它的垂直投影井深，以每口井斜测量点分成若干斜井段进行计算。其公式如下：

$$h = H - (L_0 + L_1 \cdot \cos\delta_1 + L_2 \cdot \cos\delta_2 + L_3 \cdot \cos\delta_3 + \cdots\cdots + L_n \cdot \cos\delta_n) \quad (13-3)$$

式中　h——校正后制图标准层(顶或底)的海拔高程，m；

H——补心海拔高程，m；

L_1，L_2，L_3，$\cdots L_n$——各斜井段的长度，m；

δ_1，δ_2，δ_3，$\cdots\delta_n$——各斜井段的井斜角度，(°)。

(4) 连三角网系统。

在校正后的井位图上将井点连成若干个三角形的网状系统。在连接三角形时应注意：构造不同翼上的点和位于断层两盘的点不能相接。

(5) 在三角形各边之间，用内插法求出不同的高程点。

(6) 用圆滑的曲线将高程相同的点连成曲线，即得等高线图。

2) 应用

(1) 能够较为准确地了解地下油层构造形态特征。

(2) 依据油水井分布的构造位置，作为分析注水推进的主要依据之一。

5. 井组注采曲线的绘制和应用

1) 绘制

(1) 绘制注采井组生产数据表(表 13-1)，将日产液、日产油、含水率、动液面、日注量、注采比数据列表。

表 13-1　井组注采数据表

时间		油井数据						对应水井数据									分析及措施
								井号：			井号：			井号：			
		层位	参数 $\Phi \cdot s \cdot n$	日产液/(t/d)	日产油/(t/d)	含水率/%	动液面/m	层位	配注/(m^3/d)	实注/(m^3/d)	层位	配注/(m^3/d)	实注/(m^3/d)	层位	配注/(m^3/d)	实注/(m^3/d)	
1月	上旬																
	中旬																
	下旬																

（2）在米格纸上以注采井组各项指标为纵坐标，以日历时间为横坐标，建立平面直角坐标系。

（3）将各项指标数据与日历时间相对应的点在平面直角坐标系中标出。纵坐标自上而下依次为油井、日产液、日产油、含水率、动液面、日注量。

（4）各参数相邻的点用直线连接，形成有棱角的折线。一般用彩色铅笔连线，颜色采用：日产液颜色为：玫瑰红色；日产油颜色为：大红色；含水率颜色为：浅蓝色；动液面颜色为：深蓝色；日注量颜色为：绿色。

（5）要求数据准确，图表美观(图 13-3)。

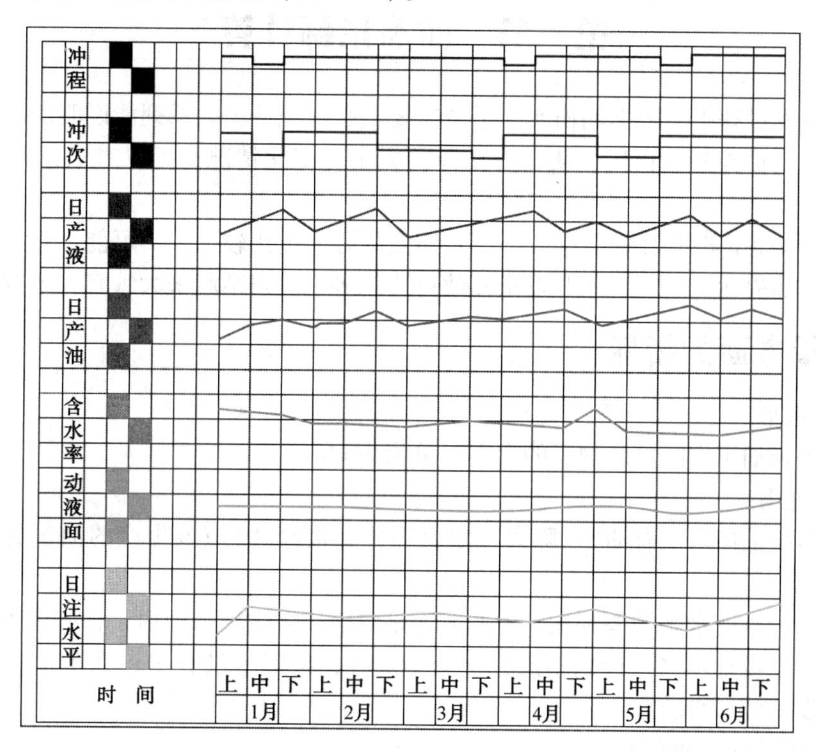

图 13-3　井组注采对应曲线

2）应用

（1）能够较直观地及时看出油水井动态变化规律。

（2）划分生产阶段，以利于分阶段重点分析，总结油水动态变化对应关系。

（3）综合阶段变化规律，掌握地下主要对应关系。

第十四章　单井动态分析

第一节　动态指标计算

在油田开发过程中，根据油田实际生产需要，必须统计出一系列能说明油田开发情况的数据，这些数据称为开发指标。从开发指标的大小和变化情况，可以对油田开发效果进行分析。

油田地下动态情况是比较复杂的，而且涉及的方面也比较广，不可能用几个指标就把油田生产情况全面表达清楚，所以开发指标数目比较多，但归结起来大致有 3 个方面。

1. 产量方面的指标

1）日产水平

日产水平指油田实际日产油量的大小，单位为 t/d。

2）生产能力

生产能力指油田内所有油井（除去计划暂闭井和报废井）应该生产的油量的总和，单位 t/d。

生产能力和日产水平的差别在于生产能力是应该出多少油，但由于种种原因如事故、停工、操作不当、设计不当、计划不周、供应不足等，实际上没有出这么多油。二者差别越小，说明开发工作做得越好。

3）平均单井日产油水平

平均单井日产油水平指油田（或开发区）日产油水平与当月油井开井数的比值，单位 t/d。

油井开井数是指当月内连续生产一天以上并有一定油气产量的油井。

4）折算年产量

折算年产量的计算公式为：

$$折算年产量 = \frac{月实际产油量}{该月日历天数} \times 365 \tag{14-1}$$

5）采油强度

采油强度指单位油层有效厚度的日产油量，单位为 t/(d · m)。计算公式为：

$$采油强度 = \frac{油井日产油量}{油井油层有效厚度} \tag{14-2}$$

6）综合生产气油比

综合生产气油比指每采出 1t 原油伴随产出的天然气量，单位为 m^3/t。计算公式为：

$$综合生产气油比 = \frac{月产气量}{月产油量} \tag{14-3}$$

需要注意的是，月产气量中不包含气井的产气量。

7）累计气油比

累计气油比表示油田投入开发以来天然气能量消耗的总的情况，单位为 m^3/t。计算公式为：

$$累计气油比 = \frac{累计产气量}{累计产油量} \tag{14-4}$$

8）实际采油速度

实际采油速度指油田或区块实际年产油量与动用地质储量比值的百分数，它是衡量油田开采速度快慢的指标。

9）折算采油速度

折算采油速度表示按目前生产水平开发所能达到的采油速度。用它可分析不同时期的采油速度是否达到开发要求，如果达不到要求，就要分析原因，并采取相应的措施。计算公式为：

$$折算采油速度 = \frac{折算年产油量}{动用地质储量} \times 100\% \tag{14-5}$$

10）采出程度

采出程度指油田在某时期的累计采油量与动用地质储量比值的百分数。它反映了油田储量的采出情况，也可以理解为不同开发阶段所达到的采收率。计算公式为：

$$采出程度 = \frac{累计采油量}{动用地质储量} \times 100\% \tag{14-6}$$

11）采油指数

采油指数指生产压差每增加 1MPa 所增加的日产油量，也称为单位生产压差的日产油量，单位为 t/(d·MPa)。它表示油井生产能力的大小。计算公式为：

$$采油指数 = \frac{日产油量}{静压 - 流压} \tag{14-7}$$

12）采液指数

采液指数指单位生产压差的油井日产液量，单位为 t/(d·MPa)。

$$采液指数 = \frac{日产液量}{静压 - 流压} \tag{14-8}$$

13）递减率

递减率是指单位时间的产量变化率，或是单位时间内产量递减的百分数。油田一般采用的是老井产油量综合递减率和自然递减率。

产量综合递减率反映油田老井采取增产措施情况下的产量递减速度，用 D_t 表示，是衡量油田一年来包括措施增产后的产量变化幅度的指标。若 $D_t>0$，说明产量递减；若 $D_t<0$，表示产量上升。综合递减率低，有利于油田长期高产稳产。综合递减率的计算公式为：

$$D_t = \frac{A \times T - (B - C)}{A \times T} \times 100\% \tag{14-9}$$

式中　D_t——综合递减率,%;
　　A——上月末(12月)标定日产油水平，t/d;
　　T——当年1~N月的日历天数，d;
　　B——当年1~N月的累计核实产油量，t;
　　C——当年1~N月新井的累计产油量，t。

所谓老井，是指去年12月末以前投产的油井。新井是指当年投产的油井。

产量自然递减率反映老井在未采取增产措施情况下的产量递减速度，用$D_{t自}$表示。若$D_{t自}>0$，说明产量递减；若$D_{t自}<0$，则产量没有递减。自然递减率越大，说明产量下降越快，稳产难度越大。产量自然递减率的计算公式为：

$$D_{t自}=\frac{A\times T-(B-C-D)}{A\times T}\times 100\% \tag{14-10}$$

式中　$D_{t自}$——自然递减率,%;
　　D——老井当年1~N月累计措施增产量，t。

14）采收率

在某一经济极限内，在现代工程技术条件下，从油藏原始地质储量中可以采出的石油量所占百分数，称为采收率。

2. 压力和压差指标

油田压力是反映油田驱动能量大小的重要指标。搞清驱动压力的变化规律，随时掌握油层压力的变化特征，是搞好油田开发的重要手段。在油田开发过程中主要涉及到以下压力和压差方面的指标。

1）原始地层压力

原始地层压力是指油层未开采前，从探井中测得的油层中部压力，单位为Pa或MPa。地层压力随地层深度的增加而增加，一般地层的压力与地层深度位置大体上成正比关系。

2）目前地层压力(静压)

目前地层压力简称为静压，是指油田投入开发后，在某些井点关井，压力恢复后所测得的油层中部压力，单位Pa或MPa。

静压是衡量地层能力的标志。在油田开发过程中，它的变化与采出量和注入量有关。如果采出的体积大于注入体积时，油层出现亏空，静压就会比原始地层压力低，为了及时掌握地下动态，油井需要定期测静压。

3）流动压力

流动压力简称为流压，是指油田正常生产时，所测出的油层中部压力，单位为Pa或MPa。流入井底的油靠流压举升到地面，流压高，油井举升流体的能力强。

4）静水柱压力

静水柱压力是指井口到油层中部的水柱压力，单位为Pa或MPa。计算公式为：

$$P=\rho\cdot g\cdot H \tag{14-11}$$

式中　P——静水柱压力，Pa;
　　ρ——水的密度，kg/m^3;
　　H——油层中部深度，m。

5）注水井井底压力(注水压力)

注水压力的计算公式为：

$$注水压力 = 注水井井口压力 + 静水柱压力 - 沿程阻力损失 \quad (14-12)$$

6）总压差

总压差的计算公式为：

$$总压差 = 目前地层压力 - 原始地层压力 \quad (14-13)$$

总压差标志油田天然能量的消耗情况。

7）地饱压差

地饱压差的计算公式为：

$$地饱压差 = 目前地层压力 - 饱和压力 \quad (14-14)$$

地饱压差是表示地层原油是否在地层中脱气的指标。

8）流饱压差

流饱压差的计算公式为：

$$流饱压差 = 流动压力 - 饱和压力 \quad (14-15)$$

流饱压差是表示原油是否在井底脱气的指标。

9）生产压差

生产压差的计算公式为：

$$生产压差 = 目前地层压力 - 流动压力 \quad (14-16)$$

生产压差又称为采油压差或工作压差。

10）注水压差

注水压差的计算公式为：

$$注水压差 = 注水井井底压力 - 目前地层压力 \quad (14-17)$$

3. 有关水的指标

有关水的指标很多，基本上可以分为三大类：①产水指标，如产水量、油井综合含水率、含水上升速度、含水上升率等；②注水指标，如注入量、注入速度、注入程度、注水强度等；③注采指标，如注采比、注采平衡、地下亏空、累计亏空体积、吸水指数、注水利用率等。

1）油井综合含水率

油井综合含水率指含水油井日产水量与日产液量的百分比，用f_w表示。

$$f_w = \frac{q_w}{q_o + q_w} \times 100\% \quad (14-18)$$

式中 f_w——油井综合含水率，%；

q_w——日产水量，t/d；

q_o——日产油量，t/d。

油井综合含水率反映了油田出水或水淹的程度，是注水开发油田极为重要的指标。

2）含水上升速度

含水上升速度指每月(或每季、每年)含水率上升了百分之几，相应地称为月(或季、年)含水上升速度。

$$月含水上升速度 = 当月综合含水 - 上月综合含水 \quad (14-19)$$

3）含水上升率

含水上升率指每采出1%地质储量时含水率上升的百分数，单位为%。

$$含水上升率 = \frac{f_{w1} - f_{w2}}{R_1 - R_2} \times 100\% \quad (14-20)$$

式中 f_{w1}——报告末期综合含水率,%；

f_{w2}——报告初期综合含水率,%；

R_1——报告末期采出程度,%；

R_2——报告初期采出程度,%。

含水上升速度和含水上升率都是表示油田(油井)含水上升快慢的重要指标，也是衡量油田注水效果好坏的重要指标。

4）注入量

注入量指单位时间内往油层注入的水量，单位是m^3/d、m^3/mon、m^3/a。如：一天向油层注入多少水称为日注入量，一个月注入多少水称为月注入量，从注水开始到目前共注了多少水称为累计注入量，单位是m^3。

5）注入速度

注入速度指年注入量与油层总孔隙体积的百分比。

6）注入程度(注入孔隙体积倍数)

注入程度指累计注入量与油层总孔隙体积的百分比。

7）注水强度

注水强度指注水井单位油层有效厚度的日注水量，单位为$m^3/(d \cdot MPa)$。

8）注采比

注采比指注入剂所占的地下体积与采出物(油气水)所占的地下体积的比值，计算公式为：

$$注采比 = \frac{注入水体积}{采油量 \times \frac{原油体积系数}{原油相对密度} + 产出水体积} \quad (14-21)$$

注采比分为月注采比和累计注采比。注采比是油田实际生产中极为重要的指标之一，用它来衡量地下能量补充程度和地下亏空弥补的程度。

9）注采平衡

注采平衡指进入油层流体(注入水和边水)的体积与采出物(油、气、水)的地下体积相等，注采比等于1。在这种情况下生产，就能保证油层始终维持一定的压力，油井生产能力旺盛。

10）地下亏空

注入剂的地下体积小于采出物的地下体积，叫地下亏空。此时，注采比<1，是注采不平衡的表现。

11）累计亏空体积

累计亏空体积指累计注入量所占地下体积与采出物所占地下体积之差。计算公式为：

$$累计亏空体积 = 累计注入体积 - \left(累计采油量 \times \frac{原油体积系数}{原油相对密度} + 累计产出水体积\right) \quad (14-22)$$

12）注水利用率

注水利用率指真正起驱油作用的注水量占注入水量的百分数。计算公式为：

$$注水利用率 = \frac{注水量 - 产水量}{注水量} \times 100\% \quad (14-23)$$

注水初期的油田不含水，注入 $1m^3$ 水就驱出 $1m^3$ 油，其注水利用率为 100%。当油田含水后，注入水有一部分随着油采出来，这些采出的水没起到驱油的作用，可以说是无效的。所以注水利用率可用于衡量油田的注水效果。

13）注水井吸水指数

注水井吸水指数指注水井在单位注水压差下的日注水量，单位为 $m^3/(d \cdot MPa)$。计算公式为：

$$吸水指数 = \frac{日注水量}{注水井流压 - 注水井静压} \quad (14-24)$$

由于正常注水时，不可能经常关井测注水井静压。现场常用指示曲线来计算吸水指数。计算公式为：

$$吸水指数 = \frac{两种工作制度下日注水量之差}{两种工作制度下流压之差} \quad (14-25)$$

为了及时掌握每天油层吸水能力的变化情况，现场还常采用视吸水指数。计算公式为：

$$视吸水指数 = \frac{注水井日注水量}{注水井井口压力} \quad (14-26)$$

第二节　测井曲线

测井技术是指利用各种仪器测量井下地层的各种物理参数和井眼的技术状况，以解决地质和工程问题的技术。其包括自然电位测井、普通电阻率测井、侧向测井、感应测井、声波测井 、放射性测井、井径测井、井温测井等多种方法。通常，利用上述方法所获得的资料都能定性(或定量)地分析、解决勘探、开发过程中一个或几个方面的问题。

为了更准确地分析问题，实际工作中，常将多种方法结合起来，进而组成了诸多测井系列。从主要作用可分为对比测井系列、岩性孔隙度测井系列、饱和度测井系列以及其他诸如测泥质含量、吸水剖面等。从物理性质，可分为电法测井(包括普通电阻率测井、自然电位测井、侧向测井、感应测井)和非电法测井(包括声波测井、放射性测井及其他诸如井径、井斜测井等)。

测井广泛应用于石油地质勘探和油田开发过程中，不仅可以划分井孔地层剖面，确定岩层厚度和埋藏深度，进行区域地层对比，而且还可以探测和研究地层的主要矿物成分、裂缝、孔隙度、渗透率、油气饱和度、断层等各种参数以及井眼的技术状况，对评价地层的储集能力、检测油气藏的开采情况，细致研究、分析油气水层具有重要意义。

1. 自然电位测井

1）自然电位测井概念

自然电位测井是在裸眼井中测量井轴上自然产生的电位变化，它是划分岩性和研究储集层性质的基本方法之一。

自然电位产生的原因：地层水含盐浓度和泥浆含盐浓度不同，引起离子的扩散作用和岩石颗粒对离子的吸附作用；地层压力与泥浆柱压力不同时，在地层孔隙中产生过滤作用(图14-1)。实践证明：油井的自然电位主要是由扩散作用产生的，只有在泥浆柱和地层间的压力差很大时，过滤作用才成为较为重要的因素。

2）曲线的基本特点

(1）大段泥岩(或页岩)，在自然电位曲线上显示为电位不变的直线(即所谓的泥岩基线)。

(2）渗透性砂岩地层处，自然电位曲线偏离泥岩基线。当地层水矿化度大于泥浆滤液矿化度时(默认)，自然电位显示为负异常(曲线偏向泥岩基线的左边)；反之，显示为正异常；若二者大致相等，曲线无显著异常。

(3）曲线对地层中点对称。厚地层的自然电位幅度值近似等于静自然电位，且曲线的半幅点深度正对着地层的界面(图 14-2)。

3）曲线的应用

(1）判断岩性，确定渗透性地层。

砂岩的渗透性与泥质含量有关，通常，泥质含量越少，其渗透性越好；反之，渗透性越差。因此，在砂泥质剖面中，自然电位曲线异常幅度值越大，表明砂岩中泥质含量越少，地层渗透性越好。

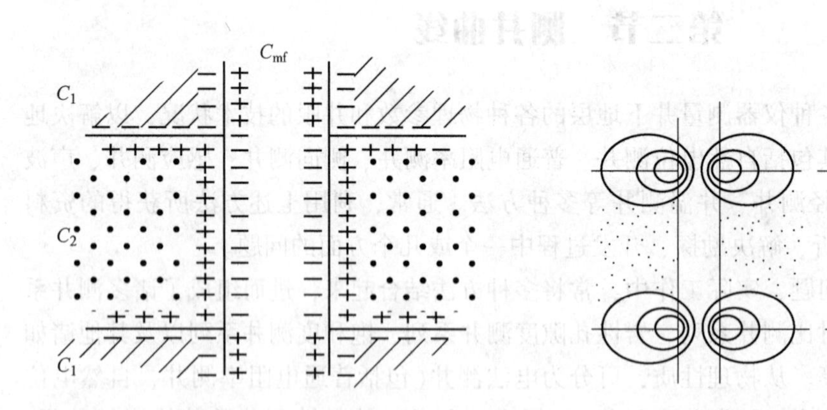

图 14-1　砂泥岩交界面处自然电场的分布

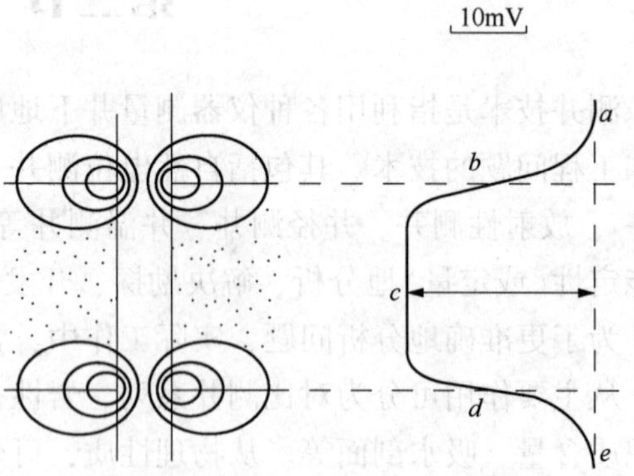

图 14-2　井内自然电场的分布和自然电位曲线形状

(2）判断油水层。

岩性相同的含油岩石比含水岩石电阻率大，而地层电阻率与自然电位异常幅度值成反比，因此，当岩层中含有油时，其自然电位异常幅度值略有减少。

(3) 判断水淹层位。

由于注入水的矿化度与油田水的矿化度不同，水淹层显示的基本特点是：基线在水淹层上下发生偏移，出现台阶(图 14-3)。由此可初步判断水淹层位，并且根据基线偏移的大小，可估算水淹的程度(图 14-4)。由统计资料得出，基线偏移大于 8mV 为高含水层；基线偏移小于 8mV 且大于 5mV，可以判断为中含水层；当基线偏移低于 5mV 时，可能是低含水层。

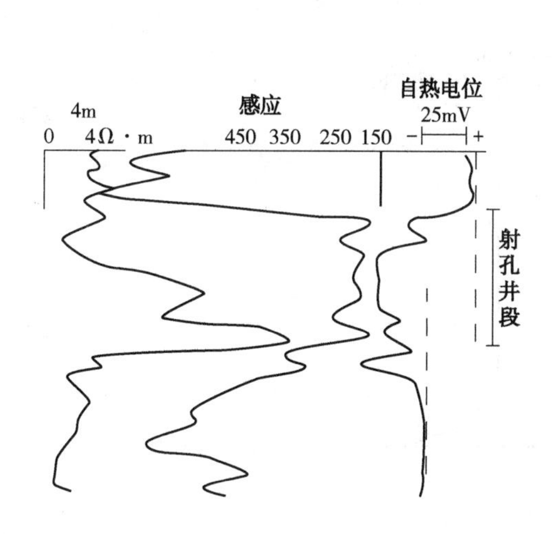

图 14-3　水淹层的自然电位曲线基线偏移示意图

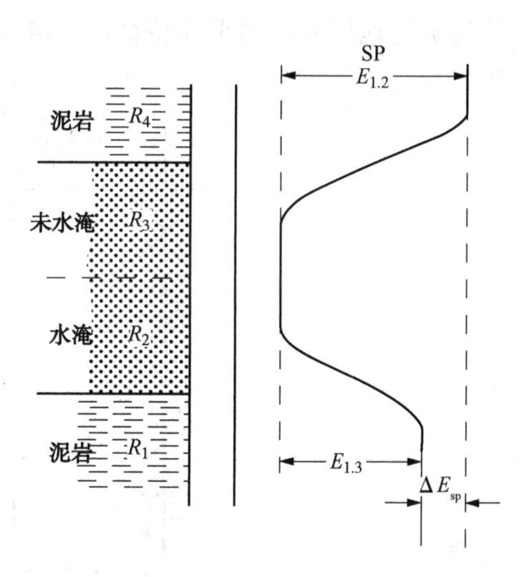

图 14-4　水淹层自然电位曲线

除上所述，利用自然电位曲线还可估算泥质含量、确定地层水电阻率等。

2. 普通电阻率测井

1) 普通电阻率测井概念

普通电阻率测井是把一个普通的电极系(由 3 个电极组成)放入井内，测量井内岩层电阻率的变化。

2) 电极系

电极系是由供电电极和测量电极按一定的相对位置和距离固定在一个绝缘体上组成的下井装置。一般电极系包括 3 个电极，如 2 个供电电极和 1 个测量电极组成的电极系或由 2 个测量电极和 1 个供电电极组成的电极系，另一个电极放在地面。在电极系的 3 个电极中，处在同一线路(供电线路或测量线路)中的两个电极称为成对电极或同名电极。另一个电极称为不成对电极或单电极。根据电极间相对位置不同，可将电极系分为梯度电极系和电位电极系两种基本类型。

(1) 梯度电极系。

成对电极之间的距离小于单电极到与之邻近的成对电极之间的距离。

(2) 电位电极系。

成对电极之间的距离大于单电极到与之邻近的成对电极之间的距离。

通常普通电阻率测井又称为视电阻率测井。因为在钻井过程中，泥浆侵入渗透性地层，使井壁附近形成了几个环带：泥饼、冲洗带、过渡带、未侵入带(原状地层)。在这种复杂情况下求出的地层电阻率是地层的视电阻率。

3）曲线的应用

(1) 划分岩性剖面。

通常使用底部梯度电极系，其视电阻率曲线在地层底界面出现极大值，顶界面出现极小值，这是确定地层界面的重要特征(图 14-5)。

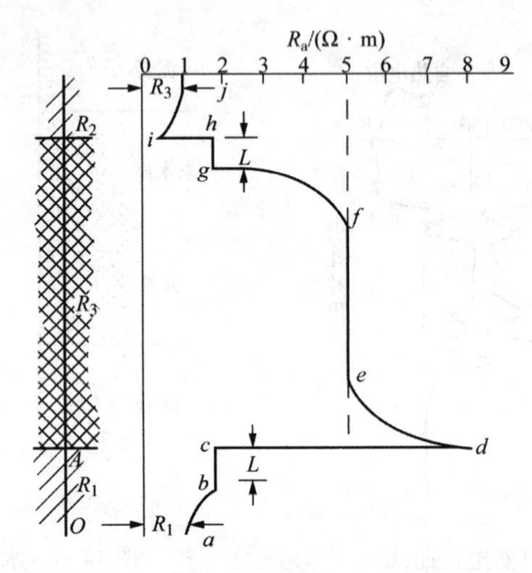

图 14-5 厚层理想梯度电极系视电阻率曲线

$h=10L$；$L=AO$；$R_2=5\Omega\cdot m$；

$R_1=R_3=1\Omega\cdot m$

(2) 判断渗透性地层。

泥岩电阻率低于砂岩，据此可判断渗透性地层。此外，运用视电阻率曲线及其他资料还可求岩层的真电阻率、孔隙度、含油饱和度等。

3. 微电极测井

微电极测井是在普通电阻率测井基础上发展的一种测井方法，其电极距比普通电极系的电极距小得多。微电极测井同时测出微梯度电极系和微电位电极系两条视电阻率曲线。

微电极测井主要应用于判断岩性、确定渗透性地层：曲线在渗透性地层处出现明显的正幅度差(即微电位大于微梯度)，而在泥岩等非储集层上两者基本重合(图 14-6)。这是由于微梯度的探测深度小于微电位电极系的探测深度，使得前者受泥饼影响较大，测量的视电阻率较低，而后者受冲洗带的电阻率的影响大，所测值较高。据此可判断渗透性地层。须注意的是，在高渗透大孔隙岩层中或含盐水的渗透性地层等情况下可能出现负幅度差。

此外，利用微电极测井还可确定岩层界面、含油砂岩的有效厚度、井径扩大段、冲洗带电阻率及泥饼厚度等。

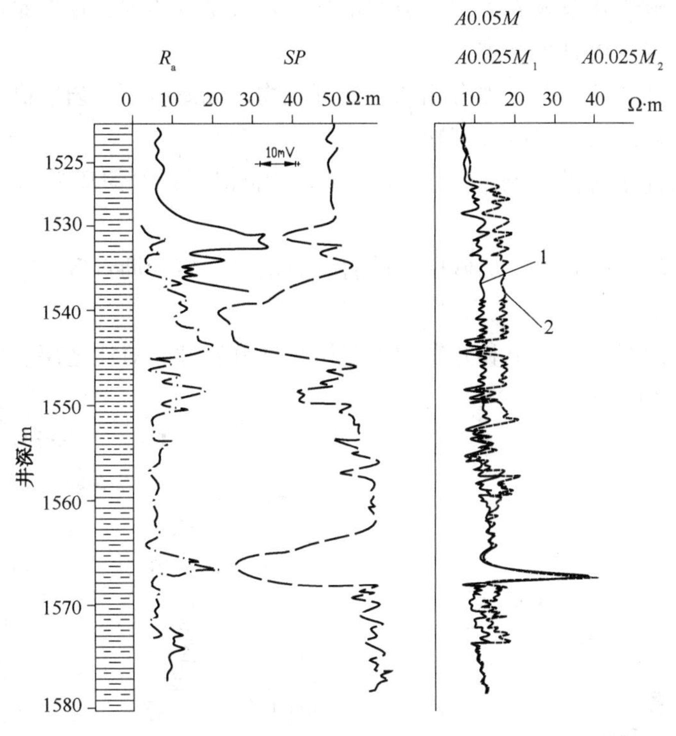

图 14-6 砂泥岩剖面微电极测井曲线

1—微梯度曲线；2—微电位曲线

4. 感应测井

为了解决油基钻井液和空气钻井时，井眼内没有钻井液做电导体的条件下测井，于是就产生了感应测井。感应测井是利用电磁感应原理，测量地层中涡流的次生电磁场在接收线圈产生的感应电动势(图14-7),也是研究地层电阻率的一种测井方法。感应测井记录的是随深度变化的导电率曲线。

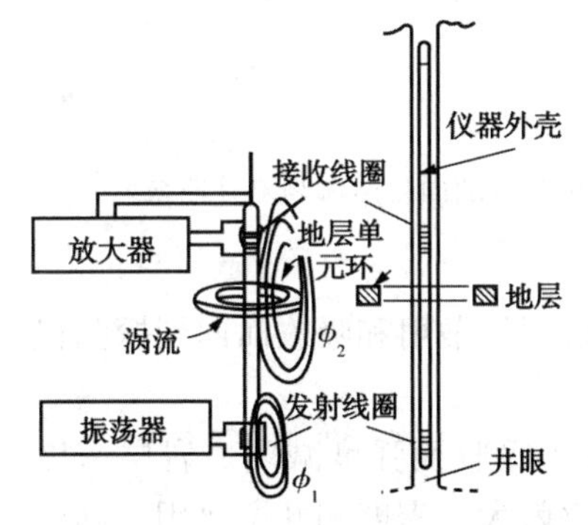

图 14-7 双线圈系感应测井原理图

感应测井曲线主要用于确定岩性和划分岩性界面、划分油水界面及求地层真电阻率。

5. 放射性测井

放射性测井是根据岩石和介质的核物理性质，研究钻井地质剖面，寻找油气藏以及研究油井工程问题的地球物理方法。据探测射线的类型，放射性测井可分为伽马测井和中子测井两大类。

油田常用的放射性测井有自然伽马测井、密度测井和放射性同位素测井。

1）自然伽马测井

自然伽马测井是在井内测量岩层中自然存在的放射性元素核衰变过程中放射出来的伽马射线的强度，并通过测量岩层的自然伽马射线的强度来认识岩层的一种放射性测井方法。

一般来说，火成岩在三大岩类中放射性最强，其次是变质岩，最弱是沉积岩。沉积岩按放射性元素含量的多少可分为3类。

(1) 伽马放射性高的岩石，深海相的泥质沉积物，如海绿石砂岩、高放射性独居石、钾钒矿砂岩、含铀钒矿的石灰岩以及钾盐等。

(2) 伽马放射性中等的岩石，它包括浅海相及陆相沉积的泥质砂岩、泥灰岩、泥质石灰岩。

(3) 自然伽马较低的岩石，如砂层、砂岩、石灰岩、煤和沥青等，但煤和沥青放射性性含量变化较大。

自然伽马测井曲线在油气田和开发中主要用来划分岩性、对比地层、确定地层中的泥质含量(图14-8、图14-9)。

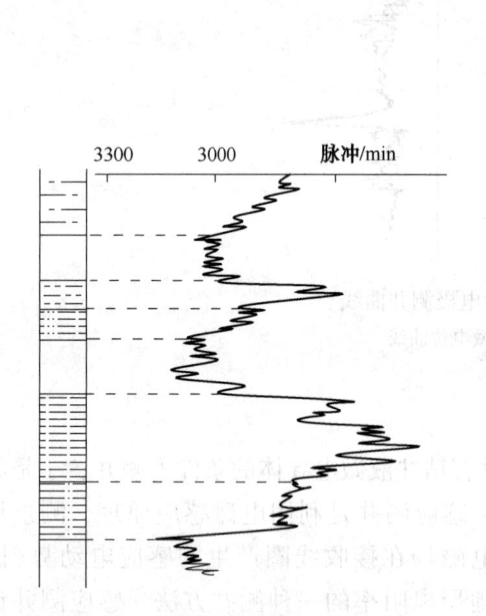

图14-8　泥砂岩剖面自然伽马测井曲线

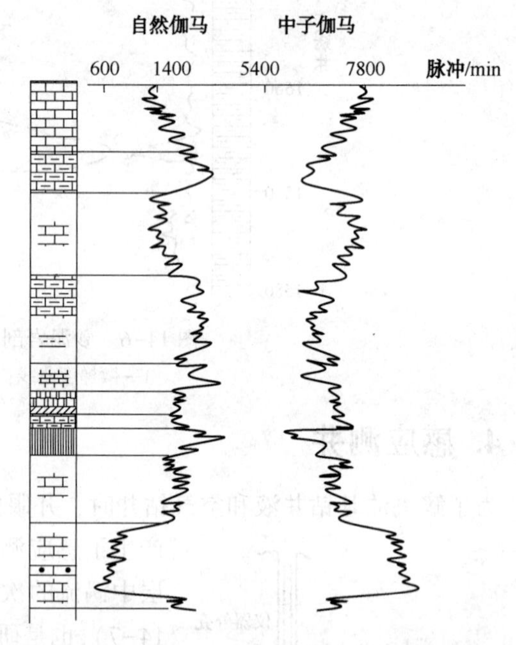

图14-9　碳酸盐岩剖面自然伽马测井曲线

2) 密度测井

密度测井是一种孔隙度测井，测量由伽马源放射出并经过岩层散射和吸收而回到探测仪器的伽马射线的强度。

当伽马射线通过物质时，由于光电反应，部分伽马射线被吸收而强度减弱。岩层密度大，则吸收就多，散射伽马射线的计数率就小，反之则计数率就大。密度测井主要用于确定孔隙度。

3) 放射性同位素测井

放射性同位素测井就是利用某些放射性同位素做示踪元素，人为地向井内注入被放射性同位素活化了的溶液和活化物质来研究井内地质剖面及井内技术状况的测井方法。放射性同位素主要用于找水、验窜、测分层吸水量。

6. 测井资料综合解释

1）测井资料解释的地质任务

（1）详细划分岩层等时面，准确确定岩层深度。

（2）划分渗透性地层。

（3）判断油气水层。

（4）计算油气层的含油气饱和度、孔隙度、渗透率、泥质含量等参数。

由于油田地质情况是复杂的，而各种地球物理测井资料只能在一定条件下反映地层的某些物理特性，因此在测井解释时，必须几种测井方法组合使用。

2）砂、泥岩的主要地球物理特征

砂、泥岩的主要地球物理特征如表14-1所示。

表14-1 砂、泥岩的主要地球物理特征

测井方法	泥岩	砂岩
自然电位测井	基值	明显异常
微电极测井	低、平值	中等明显正差异
电阻率测井	低值	低到中等
井径测井	大于钻头直径	略小于钻头直径

3）划分砂泥岩剖面渗透性地层

砂泥岩剖面的渗透主要是通过砂岩、砂层、粉砂岩进行的。在诸多测井方法中，比较有效的划分渗透性地层的测井方法是自然电位曲线、微电极曲线和井径曲线。

自然电位曲线：当泥浆滤液的电阻率大于地层水电阻率时，渗透性地层显示为负异常；小于时则显示为正异常。渗透层泥质越小，地层渗透性越好，自然电位异常幅度值越大。

微电极曲线：在微电位和微梯度视电阻率的“重叠”曲线上，渗透性地层处有正的幅度差，渗透性越好，正幅度越大。

井径曲线：渗透性地层处，实测井径小于钻头直径，曲线比较平直、规则。

4）油气水层的一般特点

油层：良好的渗透层，微电极数值中等，自然电位负异常。

气层：气层有“三高”特点，即电阻率高、气测读数高、声波时差高。自然电位和微电极曲线显示为渗透层。

水层：水层深探测电阻率呈低值，低于浅探测电阻率值。自然电位异常略大于油气层。

油水同层：其特征介于油层和水层之间。当地层岩性变化较小而厚度较大时，由顶部到底部，深探测电阻率曲线呈现明显降低现象，而自然电位异常增大。

第三节 抽油机悬点载荷分析与计算

抽油机悬点所承受载荷的变化能够反映出深井泵工作的好坏，通过悬点载荷的分析可以分析抽油泵的工作情况，同时也是选择抽油设备的重要依据。因此，必须了解悬点所承受的载荷及其计算方法。

1. 悬点所承受的载荷分析

掌握抽油机悬点的位移、速度和加速度的变化规律是研究抽油装置动力学，进行抽油设计，以及分析其工作状况的基础。为了正确地使用抽油装置，首先必须了解其运动规律。

游梁式抽油机是以游梁支点和曲柄轴中心的连线做固定杆，以曲柄、连杆和游梁后臂为3个活动杆所构成的四连杆机构。为了便于一般分析，可简化为简谐运动和曲柄滑块机构运动两种形式分别进行研究。

1)静载荷

(1) 抽油杆柱载荷。

驴头作上下运动时，带着抽油杆柱作往复运动，所以，抽油杆柱重力始终作用在驴头上。但在下冲程中，游动阀打开后，油管内液体的浮力作用在抽油杆柱上。所以，下冲程中作用在悬点上的抽油杆柱的重力减去液体的浮力，即它在液体中的重力作用在悬点上的载荷。而在上冲程中，游动阀关闭，抽油杆柱不受管内液体浮力的作用，所以上冲程中作用在悬点上的抽油杆柱载荷为杆柱在空气中的重力。

上冲程作用在悬点上的抽油杆柱载荷：

$$W_r = f_r \rho_s g L = q_r g L \tag{14-27}$$

式中 W_r——抽油杆柱在空气中的重力，N；

g——重力加速度，m/s^2；

f_r——抽油杆截面积，m^2；

ρ_s——抽油杆材料(钢)的密度，$\rho_s = 7850 kg/m^3$；

L——抽油杆柱长度，m；

q_r——每米抽油杆的质量，kg/m。

下冲程作用在悬点上的抽油杆柱载荷：

$$W'_r = f_r L(\rho_s - \rho_l) g = q'_r L g$$

$$q'_r = q_r(\rho_s - \rho_l)/\rho_s = q_r b \tag{14-28}$$

式中 W'_r——下冲程作用在悬点上的抽油杆柱载荷，N；

b——考虑抽油杆柱受液体浮力的失重系数，$b = (\rho_s - \rho_l)/\rho_s$；

ρ_l——抽汲液体的密度，kg/m^3。

为了便于计算，表14-2中列出了不同尺寸的抽油杆在空气中的质量。

表14-2 每米抽油杆的质量

直径 d/mm	截面积 f_r/cm^2	空气中每米抽油杆质量 $q_r/(kg \cdot m^{-1})$
16	2.00	1.64
19	2.85	2.30
22	3.80	3.07
25	4.91	4.17

（2）作用在柱塞上的液柱载荷。

在上冲程中，由于游动阀关闭，作用在柱塞上的液柱引起的悬点载荷为：

$$W_l = (f_p - f_r) L\rho_l g \tag{14-29}$$

式中　W_l——作用在柱塞上的液柱载荷，N；

f_p——柱塞截面积，m^2。

在下冲程中，由于游动阀打开，液柱载荷通过固定阀作用在油管上，而不作用在悬点上。

抽汲含水原油时，抽油杆和液柱载荷计算中所用的液体密度应采用混合液的密度。可按下式来近似计算：

$$\rho_l = f_w\rho_w + (1 - f_w\rho_o) \tag{14-30}$$

式中　ρ_l——油水混合液密度，kg/m^3；

ρ_o——原油密度，kg/m^3；

ρ_w——水的密度，kg/m^3；

f_w——原油体积含水率。

（3）沉没压力（泵口压力）对悬点载荷的影响。

上冲程中，在沉没压力作用下，井内液体克服泵的入口设备的阻力进入泵内，此时液流所具有的压力称为吸入压力。下冲程中，吸入阀关闭，沉没压力对悬点载荷没有影响。

（4）井口回压对悬点载荷的影响。

液流在地面管线中的流动阻力所造成的井口回压对悬点将产生附加的载荷，其性质与油管内液体产生的载荷相同。上冲程中增加悬点载荷；下冲程中减小抽油杆柱载荷。

由于沉没压力和井口回压在上冲程中造成的悬点载荷方向相反，可以相互抵消一部分，所以，在一般近似计算中可以忽略这两项。

2）动载荷

（1）惯性载荷。

抽油机运转时，驴头带着抽油杆柱和液柱做变速运动，因而产生抽油杆柱和液柱的惯性力。如果忽略抽油杆柱和液柱的弹性影响，则可以认为抽油杆柱和液柱各点的运动规律和悬点完全一致。所以，产生的惯性力除与抽油杆柱和液柱的质量有关外，还与悬点加速度的大小成正比，其方向与加速度方向相反。

抽油杆柱的惯性力 I_r 为：

$$I_r = \frac{W_r}{g} a_A \tag{14-31}$$

液柱的惯性力 I_l 为：

$$I_l = \frac{W_l}{g} a_A \varepsilon \tag{14-32}$$

式中　ε——考虑油管过流断面变化引起液柱加速度变化的系数。

悬点加速度在上、下冲程中，大小和方向是变化的，因此，作用在悬点上的惯性载荷的大小和方向也将随悬点加速度的变化而变化。因假定向上作为坐标的正方向，所以加速度为正时，加速度方向向上；加速度为负时，加速度方向向下。上冲程中，前半冲程加速度为正，即加速度向上，则惯性力向下，从而增加悬点载荷；后半冲程中加速度为负，即加速度向下，则惯性力向上，从而减小悬点载荷。在下冲程中，情况刚好相反：前半冲程惯性力向上，减小悬点载荷；后半冲程惯性力向下，增大悬点载荷。

上冲程中抽油杆柱引起的悬点最大惯性载荷 I_{ru} 为：

$$I_{ru}=\frac{W_r}{g}\cdot\frac{S}{2}\omega^2(1+\frac{r}{l})=\frac{W_r}{g}\cdot\frac{s}{2}\left(\frac{\pi n}{30}\right)^2(1+\frac{r}{l})=W_r\frac{sn^2}{1790}(1+\frac{r}{l})\qquad(14-33)$$

取 $r/l=1/4$ 时：

$$I_{ru}=W_r\frac{sn^2}{1440}\qquad(14-34)$$

下冲程中抽油杆柱引起的悬点最大惯性载荷 I_d 为：

$$I_{rd}=\frac{-W_r}{g}\cdot\frac{s}{2}\omega^2(1-\frac{r}{l})=-W_r\frac{sn^2}{1790}(1-\frac{r}{l})\qquad(14-35)$$

上冲程中液柱引起的悬点最大惯性载荷 I_{lu} 为：

$$I_{lu}=\frac{W_l}{g}\cdot\frac{s}{2}\omega^2\left(1+\frac{r}{l}\right)\varepsilon=W_l\frac{sn^2}{1790}\left(1+\frac{r}{l}\right)\varepsilon\qquad(14-36)$$

下冲程中液柱不随悬点运动，因而没有液柱惯性载荷。

上冲程中悬点最大惯性载荷 I_u 为：

$$I_u=I_{ru}+I_{lu}\qquad(14-37)$$

下冲程中悬点最大惯性载荷 I_d 为：

$$I_d=I_{rd}\qquad(14-38)$$

实际上，由于受抽油杆柱和液柱的弹性影响，抽油杆柱和液柱各点的运动与悬点的运动并不一致。所以，上述按悬点最大加速度计算的惯性载荷将大于实际数值。在液柱中含气比较大和冲数比较小的情况下，计算悬点最大载荷时，可忽略液柱引起的惯性载荷。

(2) 振动载荷。

抽油杆柱本身为一弹性体，由于抽油杆柱作变速运动和液柱载荷周期性地作用于抽油杆柱，从而引起抽油杆柱的弹性振动，它所产生的振动载荷亦作用于悬点上，其数值与抽油杆柱的长度、载荷变化周期及抽油机结构有关。

(3) 摩擦载荷。

抽油井工作时，作用在悬点上的摩擦载荷受以下 5 部分的影响：

① 抽油杆柱与油管的摩擦力；

② 柱塞与衬套之间的摩擦力；

③ 液柱与抽油杆柱之间的摩擦力；

④ 液柱与油管之间的摩擦力；

⑤ 液体通过游动阀的摩擦力。

上冲程中作用在悬点上的摩擦载荷受①、②及④ 3 项的影响，其方向向下，故增加悬点载荷。下冲程中作用在悬点上的摩擦载荷受①、②、③及⑤ 4 项的影响，其方向向上，故减小悬点载荷。

在直井中，无论稠油还是稀油，油管与抽油杆柱、柱塞与衬套之间的摩擦力数值都不大，均可忽略。但在稠油井内，液体摩擦所引起的摩擦载荷则是不可忽略的。

(4) 抽油过程中产生的其他载荷。

一般情况下，抽油杆柱载荷、作用在柱塞上的液柱载荷及惯性载荷是构成悬点载荷的3项基本载荷，在稠油井内的摩擦载荷及大沉没度井中的沉没压力对载荷的影响也是不可忽略的。

除上述各种载荷外，在抽油过程中尚有其他一些载荷，如在低沉没度井内，由于泵的充满程度差，会发生柱塞与泵内液面的撞击，产生较大冲击载荷，从而影响悬点载荷。各种原因产生的撞击，虽然可能会造成很大的悬点载荷，是抽油中的不利因素，但在进行设计计算时尚无法预计，故在计算悬点载荷时都不考虑。

2. 悬点最大载荷和最小载荷的计算

1) 悬点最大载荷和最小载荷的计算

根据前面对悬点所承受的各种载荷的分析，抽油机工作时，上、下冲程中悬点载荷的组成是不同的。最大载荷发生在上冲程中，最小载荷发生在下冲程中，其计算公式分别如下：

$$P_{max} = W_r + W_l + I_u + P_{hu} + F_u + P_v + P_i \tag{14-39}$$

$$P_{min} = W'_r + I_d - P_{hd} - F_d - P_v \tag{14-40}$$

式中 P_{max}，P_{min}——悬点最大和最小载荷；

W_r，W'_r——上、下冲程中作用在悬点上的抽油杆柱载荷；

W_l——作用在柱塞上的液柱载荷；

I_u，I_d——上、下冲程中作用在悬点上的惯性载荷；

P_{hu}，P_{hd}——上、下冲程中井口回压造成的悬点载荷；

F_u，F_d——上、下冲程中的最大摩擦载荷；

P_v——振动载荷；

P_i——上冲程中吸入压力作用在活塞上产生的载荷。

如前所述，在下泵深度及沉没度不很大、井口回压及冲数不是很高的稀油直井内，在计算最大和最小载荷时，通常可以忽略 P_v、F_u、F_d、P_i、P_h 及液柱惯性载荷。

此时，根据式(14-39)、式(14-27)、式(14-29)及式(14-33)可得：

$$P_{max} = W_r + W_l + \frac{W_r sn^2}{1790}\left(1 + \frac{r}{l}\right) = W'_r + W'_l + \frac{W_r sn^2}{1790}\left(1 + \frac{r}{l}\right) \tag{14-41}$$

如果取 $r/l = 1/4$，则：

$$P_{max} = W'_r + W'_l + \frac{W_r sn^2}{1440} \tag{14-42}$$

根据式(14-40)、式(14-28)及式(14-35)可得：

$$P_{min} = W'_r + I_{rd} = q'_r - W_r\frac{sn^2}{1790}\left(1 - \frac{r}{l}\right) \tag{14-43}$$

2) 计算悬点最大载荷的其他公式

抽油杆在井下工作时，受力情况是相当复杂的，所有用来计算悬点最大载荷的公式都只能得到近似的结果。现将国内外所用的一些比较简便的公式列在下面，供计算时参考：

$$P_{max} = (W_r + W'_l)\left(1 + \frac{sn}{137}\right) \tag{14-44}$$

$$P_{max} = (W_r + W'_1)(1 + \frac{sn^2}{1790}) \quad (14-45)$$

$$P_{max} = W'_1 + W_r[b + \frac{sn^2}{1790}(1 + \frac{r}{l})] \quad (14-46)$$

$$P_{max} = W_1 + W_r(1 + \frac{sn^2}{1790}) \quad (14-47)$$

$$P_{max} = (W_r + W_1)(1 + \frac{sn^2}{1790}) \quad (14-48)$$

式(14-44)可用于一般井深及低冲数油井。式(14-46)是式(14-42)的另一种表达形式，本质上是完全相同的。式(14-45)、式(14-47)、式(14-48)都是把悬点运动简化为简谐运动，取 $r/l=0$。式(14-47)只考虑了抽油杆柱产生的惯性载荷，式(14-45)和式(14-48)同时考虑了抽油杆柱和液柱的惯性载荷。考虑到摩擦力的影响，在式(14-44)和式(14-45)中的液柱载荷采用 W'_1（即作用在柱塞整个截面积上的液柱载荷），而式(14-48)中采用 W_1（即作用在柱塞环形面积 f_p-f_r 上的液柱载荷）。所以，式(14-48)的计算结果较式(14-45)小。采用哪种公式最终应根据油田的具体情况，通过与实测结果的对比来选用。

3. 抽油机平衡

抽油机没有平衡块，当电机带动抽油机运转时，在驴头的上下冲程过程中，电动机承受着相差较大的交变负荷，我们将这种上、下冲程负荷差异称为抽油机的不平衡。抽油机的不平衡将给抽油机带来危害，如浪费电动机功率，影响抽油机装置的寿命和抽油杆及泵的正常工作。所以，为了保持抽油井正常的生产，有杆泵抽油装置必须采用平衡装置。

1）抽油机平衡原理

下冲程靠抽油杆和电动机共同作功，将平衡块从低处移到高处，变成平衡块的位能储存起来；上冲程，平衡块靠自重下落释放位能，帮电动机作功；若平衡块选择合适，电动机上、下冲程作功相等。

2）抽油机的平衡方式

游梁式抽油机的平衡方式及平衡状态不仅影响减速器的工作状态，而且影响抽油机的工作效率。抽油机的平衡方式包括气动平衡和机械平衡(曲柄平衡、游梁平衡、复合平衡)。

(1）气动平衡。

平衡原理：下冲程时通过游梁带动活塞压缩气包中气体，把电动机做的功变成气体的压缩能储存起来；上冲程时被压缩的气体膨胀，将储存的压缩能转换成膨胀能帮电机作功。

(2）机械平衡。

据平衡块所处的位置不同分为游梁平衡、曲柄平衡和复合平衡 3 种。表 14-3 所示为游梁式抽油机两种平衡方式的比较。

表 14-3　游梁式抽油机平衡方式比较

平衡方式		优　点	缺　点	适用范围
机械平衡	曲柄平衡	(1)结构简单； (2)制造容易； (3)可避免在游梁上造成过大的惯性力	(1)消耗金属多； (2)调整较困难	重型机
	游梁平衡	(1)平衡方式简单； (2)可减小连杆及曲柄销的受力，可减小曲柄的弯曲力矩	(1)高冲数时惯性大； (2)抽油机大时平衡效果不良； (3)安装调节不便	小型机
	复合平衡	兼有曲柄平衡和游梁平衡的特点		大中型机
气动平衡		(1)质量轻，节约钢材； (2)调整方便，平衡效果好； (3)可改善抽油机受力状况	(1)结构复杂，制造质量要求高； (2)故障率相对较高	重型长冲程机

3）判断平衡状况

检验抽油机是否平衡的方法主要有观察法、测时法和测电流法。

（1）观察法。

抽油机工作时直接用眼睛观察抽油机的启动、运转和停机情况，判断抽油机是否平衡。

抽油机平衡时电动机没有“呜呜”声，抽油机比较容易启动，无怪叫声。而且当曲柄在任何转角停抽时，曲柄可停留在原位置或是曲柄向前滑动一个很小的角度后停下。

平衡偏重：驴头运动上快下慢，停抽时曲柄平衡块都要反复摆动几下后停在下方，驴头停在上死点。

平衡偏轻：驴头运动下快上慢，停抽时曲柄平衡块都要反复摆动几下后停在上方，驴头停在下死点。

（2）测时法。

测时法是指抽油机运行时用秒表测上、下冲程的时间。

设驴头上冲程的时间为 $t_{上}$、下冲程的时间为 $t_{下}$，则当 $t_{上}=t_{下}$时，说明抽油机平衡；$t_{上}>t_{下}$时说明平衡偏轻；$t_{上}<t_{下}$时说明平衡偏重。

（3）测电流法。

测电流法是用钳形电流表测量上、下冲程时电动机的三相电流，通过对比上、下冲程电流峰值来判断抽油机的平衡。当 $I_{上}=I_{下}$时说明抽油机平衡；$I_{上}>I_{下}$时说明平衡过轻(欠平衡)；$I_{上}<I_{下}$时说明平衡过重。

理论计算时一般用平衡率来表示，即抽油机驴头上、下行程中电动机电流峰值的小电流与大电流的比值。实际上，要使抽油机上、下行程时电动机的电流峰值相等是很困难的。一般规定，抽油机平衡率不小于85%即认为抽油机已处于平衡状态。

4）抽油机平衡的调整方法

平衡块偏轻：游梁平衡的抽油机可加重平衡块的质量；曲柄平衡、复合平衡的抽油机，既可增加平衡重，也可加大曲柄平衡块的旋转半径，即平衡块外调。

平衡块偏重：游梁平衡的抽油机可减轻平衡块的质量；曲柄平衡、复合平衡的抽油机，既可减轻平衡重，也可减小曲柄平衡块的旋转半径，即平衡块里调。

第四节　影响泵效的因素及提高泵效的措施

1. 泵效的概念

1) 抽汲参数

抽油机井抽汲参数是指地面抽油机运行时的冲程、冲速(冲次)及井下抽油泵的泵径，是抽油机井生产管理过程中重要的生产参数，其各自的意义为：

冲程(S)：指抽油机驴头上下往复运动时在光杆上的最大位移，单位为 m。

冲速(n)：指每分钟抽油机驴头上下往复运动的次数，单位为次/min。

泵径(D)：指井下抽油泵活塞截面积的直径，单位为 mm。

2) 泵效

(1)深井泵理论排量。

泵的理论排量就是深井泵在理想的情况下，活塞一个冲程可排出的液量。其在数值上等于活塞上移一个冲程时所让出的体积。其计算公式为：

$$Q_{理} = 1440 \times \frac{\pi}{4}D^2 \cdot S \cdot n \qquad (14-49)$$

式中　$Q_{理}$——抽油泵理论排量，m^3/d；

S——抽油机井冲程，m；

n——抽油机井冲速，次/min；

D——抽油泵泵径，mm。

$1440 \times \frac{\pi}{4}D^2$ 为抽油泵的排量系数 K，各种直径深井泵的排量系数如表 14-4 所示。

表 14-4　深井泵的排量系数

泵径/mm	38	43	44	56	70	83
活塞截面积/$10^{-4}m^2$	11.34	14.52	15.20	24.63	38.48	54.10
排量系数	1.63	2.09	2.19	3.54	5.54	7.79

(2) 泵效。

泵的实际排量与其理论排量之比的百分数称为泵效。泵效是衡量泵工作状况好坏的重要参数，也是反映油井管理水平的一项重要技术指标。

泵效的表达方式为：

$$\eta = \frac{Q_V}{Q_V} \times 100\% = \frac{Q_m}{Q_m} \qquad (14-50)$$

式中　η——泵效，%；

Q_V——泵每日的实际体积排量，m^3/d；

Q_m——泵每日的理论质量排量，t/d。

计算泵效时，要注意泵的实际排量和泵的理论排量在单位、时间上的统一。

一般除连抽带喷的抽油机井外，泵效都是小于100%的，在实际生产中，若泵效大于

70%则说明泵的工作状况良好。

2. 影响泵效的因素

影响泵效的因素很多，但最主要的影响因素有：油井的工作制度、冲程损失、气体、漏失和供液不足。

1）油井工作制度的影响

油井工作制度指的是冲程、冲数、泵径及下泵深度。当冲程、冲数、泵径、下泵深度选择过大，地层供液速度就会小于油井提液速度，使泵效降低。

2）活塞冲程

一般情况下，活塞冲程小于光杆冲程，它是造成泵效小于1的重要因素。抽油杆柱和油管柱的弹性伸缩愈大，活塞冲程与光杆冲程的差别也愈大，泵效就愈低。抽油机井在生产过程中抽油杆柱所受的载荷不同，则伸缩变形的大小不同。

（1）静载荷对活塞冲程的影响。

由于作用在活塞上的液柱载荷在上、下冲程中交替地作用在油管柱转和抽油杆柱上，从而造成抽油杆柱和油管柱的交替增载和减载，引起抽油杆柱和油管柱发生交替伸长和缩短（图14-10）。

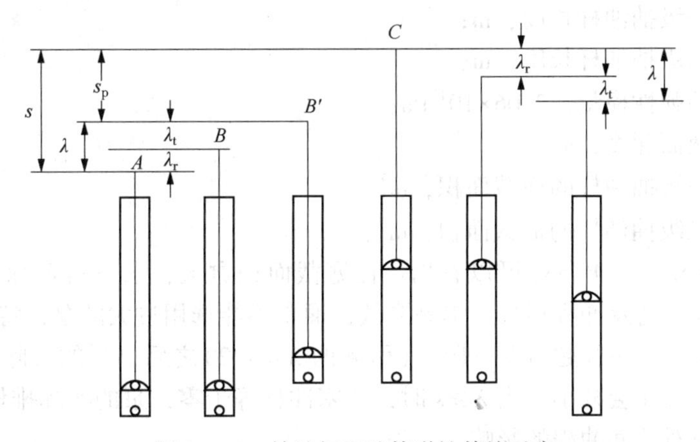

图14-10 抽油杆和油管弹性伸缩示意

A—下死点；*C*—上死点；*B′*—上冲程中活塞与泵筒开始发生相对位移时的悬点位置

当驴头开始上行时，游动阀关闭，液柱载荷作用在活塞上，使抽油杆发生弹性伸长。而在活塞尚未发生移动的情况下，悬点已从位置*A*移到位置*B*，这一段距离即为抽油杆柱的伸长量λ_r。

当悬点位置从*B*点移至*B′*点时，油管因卸载缩短一段距离λ_t。此时，活塞与泵筒之间没有相对位移。所以，吸入阀仍然是关闭的。

当驴头从位置*B′*移到位置*C*时，柱塞才开始与泵筒发生相对位移，吸入阀开始打开并吸入液体，一直到上死点*C*。由此看出，柱活塞冲程比光杆冲程小λ距离，而$\lambda = \lambda_r + \lambda_t$。

下冲程开始时，吸入阀立即关闭，液柱载荷由抽油杆柱逐渐移到油管柱上，使抽油杆柱缩短λ_r距离，而油管柱伸长λ_t距离。当驴头下行$\lambda = \lambda_r + \lambda_t$距离之后，活塞才开始与泵筒发生相对位移。因此，下冲程中活塞冲程仍然比光杆冲程小λ距离。

λ值可根据虎克定律来计算，如果为单级抽油杆，则：

$$\lambda=\frac{W'_1 L}{E}\left(\frac{1}{f_r}+\frac{1}{f_t}\right)=\frac{f_p\rho_1 L_f g}{E}\left(\frac{L}{f_r}+\frac{L}{f_t}\right) \tag{14-51}$$

如果为多级抽油杆(以二级组合杆柱为例)，则：

$$\lambda=\frac{f_p\rho_1 L_f g}{E}\left(\frac{L}{f_t}+\frac{L_1}{f_{r1}}+\frac{L_2}{f_{r2}}\right) \tag{14-52}$$

因液柱载荷引起的冲程损失使泵效降低的数值 η'_λ 为：

$$\eta'_\lambda=\frac{s-s_p}{s}=\frac{\lambda}{s} \tag{14-53}$$

式中 λ ——冲程损失，m；

s ——光杆冲程，m；

s_p ——活塞冲程，m；

W'_1 ——上、下冲程中静载荷之差(转移载荷)，N；

f_p ——活塞的横截面积，m^2；

f_r ——抽油杆的横截面积，m^2；

f_t ——油管金属的横截面积，m^2；

L ——抽油杆柱总长度，m；

L_1 ——第一级抽油杆长度，m；

L_2 ——第二级抽油杆长度，m；

E ——钢的弹性模量，2.06×10^{11}Pa；

L_f ——动液面深度，m；

f_{r1} ——第一级抽油杆的横截面积，m^2。

f_{r2} ——第二级抽油杆的横截面积，m^2。

由式(14-51)和式(14-53)可以看出：柱塞截面积愈大，泵下得愈深，则冲程损失愈大。为了减小液柱载荷及冲程损失，提高泵效，通常不能选用过大的泵，特别是深井中总是选用直径较小的泵。当泵径超过某一限度(引起的 $\lambda\geqslant s/2$)之后，泵的实际排量不但不会因增大泵径而增加，反而会减小。当 $\lambda\geqslant s$ 时，活塞冲程等于零，泵的实际排量等于零。

(2) 惯性载荷对活塞冲程的影响。

当悬点上升到上死点时，速度趋于零，但抽油杆柱有向下的最大加速度和向上的最大惯性载荷使抽油杆柱减载而缩短。所以，悬点到达上死点后，抽油杆柱在惯性力的作用下还会带着活塞继续上行，使活塞比静载变形时向上多移动一段距离 λ'。当悬点下行到下死点后，抽油杆柱的惯性力向下，使抽油杆柱伸长，活塞又比静载变形时向下多移动一段距离 λ''。因此，与只有静载变形情况相比，惯性载荷作用使柱塞冲程增加 λ_i：

$$\lambda_i=\lambda'+\lambda'' \tag{14-54}$$

式中 λ_i ——惯性载荷作用使活塞冲程增加的数值。

根据虎克定律：

$$\lambda'=\frac{I_{rd}L}{2f_r E}=\frac{W_r s n^2 L}{2\times1790 f_r E}\left(1-\frac{r}{l}\right) \tag{14-55}$$

$$\lambda''=\frac{I_{rd}L}{2f_r E}=\frac{W_r s n^2 L}{2\times1790 f_r E}\left(1+\frac{r}{l}\right) \tag{14-56}$$

由于抽油杆柱上各点所承受的惯性力不同，计算中近似取其平均值，即取悬点惯性载荷的一半。

将 λ' 及 λ'' 代入式(14-54)，得：

$$\lambda_i = \frac{W_r s n^2 L}{1790 f_r E} \tag{14-57}$$

考虑静载荷和惯性载荷后的活塞冲程为：

$$s_p = s - \lambda + \lambda_i = s\left(1 + \frac{W_r n^2 L}{1790 f_r E}\right) - \lambda \tag{14-58}$$

尽管惯性载荷引起抽油杆柱的变形使活塞冲程增大，有利于提高泵效，但增加惯性载荷会使悬点最大载荷增加，最小载荷减小，造成抽油杆受力条件变坏。所以，通常不采用增加惯性载荷的办法来增加活塞冲程。

(3) 抽油杆柱的振动对柱塞冲程的影响。

根据前面的分析，液柱载荷周期性地作用在抽油杆柱上。在上冲程静变形结束后，液柱开始随抽油杆柱做变速运动，于是引起抽油杆柱的振动。在下冲程静变形结束后，也会发生类似现象。由于抽油杆柱本身的振动而产生的附加载荷，使抽油杆柱在运动过程中发生周期性的伸长和缩短，从而影响泵效。如果在上冲程末抽油杆柱本身的振动恰好使抽油杆发生缩短，将使柱塞有效冲程增加；相反，则会减小柱塞有效冲程。抽油杆柱本身振动的振幅愈大，则上述变化愈明显。根据理论分析和实验表明：抽油杆柱本身振动的相位在上、下冲程中几乎是对称的，即如果上冲程末抽油杆柱伸长，则下冲程末抽油杆柱缩短；反之亦然。因此，不论上冲程还是下冲程，抽油杆振动引起的伸缩对柱塞冲程的影响都是一致的，即要增加都增加，要减小都减小。至于究竟是增加还是减小，将取决于抽油杆柱自由振动与悬点摆动引起的强迫振动的相位配合。因此，对于深井，在一定的冲程、冲数范围内，增加冲数时，由于振动的影响，泵的排量增加不多，甚至不增加。

3) 泵的充满程度

多数油田在深井泵开采期，都是在井底流压低于饱和压力下生产的，即使在高于饱和压力下生产，泵口压力也低于饱和压力。因此，在抽汲时总是气、液两相同时进泵，气体进泵必然减少进入泵内的液体量而导致泵效降低。当气体影响严重时，可能发生“气锁”。

通常采用充满系数 β 来表示气体的影响程度：

$$\beta = \frac{V'_1}{V_p} \tag{14-59}$$

式中 V_p——上冲程活塞让出的容积；

V'_1——每冲程吸入泵内的液体体积。

充满系数 β 表示了泵在工作过程中被液体充满的程度，β 愈高，则泵效愈高。泵的充满系数与泵内气液比和泵的结构有关。下面就利用图 14-11 来研究它们的关系。

由图 14-11 可以看出：

$$V_p + V_s = V_g + V_l$$

用 R 表示泵内气液比，即 $R = V_g / V_l$，则 $V_g = RV_l$，那么：

$$V_p + V_s = RV_l + V_l$$

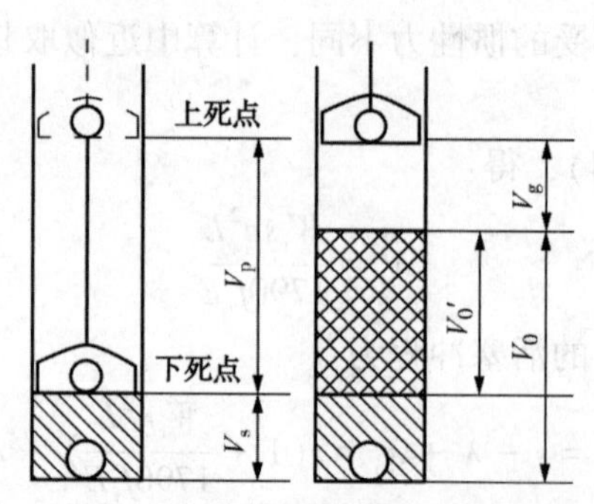

图 14-11　气体对泵充满程度的影响

V_1、V_g—活塞在上死点位置时，泵内液、气体积；

V'_1—吸入泵内的液体体积；V_p—活塞让出的容积；

V_s—活塞在下死点时，吸入阀与排出阀间的泵筒容积(称余隙容积)

即：

$$V_1 = \frac{V_p + Vs}{1 + R}$$

由图 14-11 还可以看出：

$$V'_1 = V_1 - V_s$$

则：

$$V'_1 = \frac{V_p + V_s}{1 + R} - V_s$$

将 V'_1 代入式(14-59)，得：

$$\beta = \frac{V'_1}{V_p} = \frac{V_p + V_s}{(1 + R)V_p} - \frac{V_s}{V_p}$$

令 $K=V_s/V_p$表示余隙比，则：

$$\beta = \frac{1 + K}{1 + R} - K = \frac{1 - KR}{1 + R} \tag{14-60}$$

分析式(14-60)可得出如下结论：

(1) K 值越小，β 值就越大。因为 $K=V_s/V_p$，所以，要减小 K 值，可使 V_s 尽可能小和增大柱塞冲程、提高 V_p。因此，在保证柱塞不撞击固定阀的情况下，应尽量减小防冲距，以减小余隙。

(2) R 愈小，β 就越大。为了降低进入泵内的气液比，可增加泵的沉没深度，使原油中的自由气更多地溶于油中；也可以使用气锚，使气体在泵外分离，以防止和减少气体进泵。

若油层能量低或原油黏度大使泵吸入时阻力很大，那么往往会使活塞移动快，供油跟不上，油还未来得及充满泵筒，活塞就已开始下行，出现所谓充不满现象，从而降低泵效。对于这种情况，一般可以加深泵挂增大沉没度，或选用合理的抽汲参数，以适应油层的供油能力。对于稠油，可采取降黏措施。

4）泵的漏失

影响泵效的漏失因素包括：

(1) 排出部分漏失。柱塞与衬套的间隙漏失、游动阀漏失，都会使从泵内排出的液量减少。

(2) 吸入部分漏失。固定阀漏失会减少进入泵内的液量。

(3) 其他部分的漏失。尽管泵正常工作，由于油管丝扣、泵的连接部分及泄油器密封不严，都会因漏失而降低泵效。

3. 提高泵效的措施

泵效的高低是反映抽油设备利用效率和管理水平的一个重要指标。前面仅就泵本身的工作状况进行了分析，谈到了相应的措施。实际上，泵效同油层条件有相当密切的关系。因此，提高泵效的一个重要方面是要从油层着手，保证油层有足够的供液能力。

下面简要分析为了提高泵效在井筒方面应采取的一般措施：

1) 选择合理的工作方式

当抽油机已选定，并且设备能力足够大时，在保证产量的前提下，应以获得最高泵效为基本出发点来调整参数。在保证 f_p、s、n 的乘积不变(即理论排量一定)时，可任意调整 3 个参数。但 f_p、s、n 组合不同时，冲程损失不同。一般是先用大冲程和较小的泵径，这样，既可以减小气体对泵效的影响，又可以降低悬点载荷。对于油比较稠的井，一般采用大泵、大冲程、小冲数；而对于连喷带抽的井则选用大冲数快速抽汲，以增强诱喷作用。深井抽汲时，s 和 n 的选择一定要避开 s 和 n 的不利配合区。

当油井产量不限时，应在设备条件允许的前提下，以获得尽可能大的产量为基础来提高泵效。f_p、s、n 的具体数值，除了可以用计算方法初步确定外，还可以通过生产试验来确定。先选择不同的参数组合分别进行生产，然后根据每组参数，在产量稳定的条件下，对所取得的各项资料进行综合分析，最后选出在保证强度条件下的高产量、高泵效的参数组合。

2) 确定合理沉没度

确定合理的沉没度可以降低泵口气液比，减少进泵气量，从而提高泵的充满程度。

3) 改善泵的特性

提高泵的抗磨、抗腐蚀性能，采取防砂、防腐蚀、防蜡及定期检泵等措施。

4) 使用油管锚减少冲程损失

如前所述，冲程损失是由于静载变化引起抽油杆柱和油管柱的弹性伸缩造成的。如果用油管锚将油管下端固定，则可消除油管伸缩，从而减少冲程损失。深井中将油管下部锚定可消除由于内压引起的油管螺旋弯曲，从而消除因此而降低的活塞冲程。

5) 合理利用气体能量及减少气体影响

气体对抽油井生产的影响随油井条件的不同而不同。对刚由自喷转为抽油的井，初期尚有一定的自喷能力，可合理控制套管气，利用气体能量来举油，使油井连喷带抽，从而提高油井产量和泵效。

对于一般含气的抽油井，要提高泵的充满系数就必须降低进泵气油比，其措施之一是适当增加沉没度，以减少泵吸入口处的自由气量。但要增大沉没度，就必须增加下泵深度。因此，用增大沉没度来提高泵效的措施总是受到某些条件的限制。

高含气抽油井减少气体对泵工作影响的有效措施是在泵的入口处安装气锚(井下油气分离器)，将油流中的自由气在进泵前分离出来，通过油套管环形空间排到地面。

气锚作为井下油气分离装置，基本分离原理是建立在油气密度差的基础上。为了更有效地利用油气密度差，使油气分离得更完善，科研人员曾设计了各种不同结构的气锚。其中最典型的是利用“回流效应”的简单气锚[图 14-12(a)]及带封隔器的井下分离器[图 14-12(b)]；另外，还有一种把“回流效应”与离心分离作用相结合的螺旋式井下分离器。

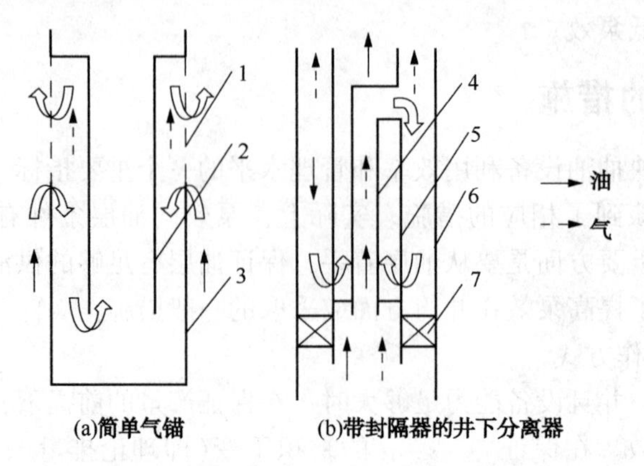

图 14-12 井下气液分离装置

1—孔眼；2—吸入管；3—外筒；4—中心管；5—外筒；6—套管；7—封隔器

第五节 抽油井的测试与分析

油井生产分析的目的是了解油层生产能力、设备能力以及它们的工作状况，为进一步制定合理的技术措施提供依据，使设备能力与油层能力相适应，充分发挥油层潜力，并使设备在高效率下正常工作，以保证油井高产量、高泵效生产。为此，抽油井分析应包括如下内容：

(1) 了解油层生产能力及工作状况，分析是否已发挥了油层潜力，分析、判断油层不正常工作的原因。

(2) 了解设备能力及工作状况，分析设备是否适应油层生产能力，了解设备潜力，分析、判断设备不正常的原因。

(3)分析检查措施效果。

总之，有杆抽油系统工况分析就是分析油层工作状况及设备工作状况，以及它们之间的相互协调性。

1. 抽油井液面测试与分析

1) 静液面、动液面及采油指数

静液面是关井后环形空间中液面恢复到静止(与地层压力相平衡)时的液面，可以用从井口算起的深度 L_s 表示其位置，也可以用从油层中部算起的液面高度 H_s 来表示其位置(图 14-13)。与它相对应的井底压力就是油藏压力静压 P_r。

动液面是油井生产时油套环形空间的液面。可以用从井口算起的深度 L_f表示其位置，亦可用从油层中部算起的高度 H_f来表示其位置。与它相对应的井底压力就是流压 P_f。

与静液面和动液面之差(即 $\Delta H = H_s - H_f$)相对应的压力差即为生产压差。

图 14-13 中，h_s是沉没度，它表示泵沉没在动液面以下的深度，其大小应根据气油比的高低、原油进泵所需的压头大小来定。

与自喷井不同的是，抽油井一般都是通过液面的变化来反应井底压力的变化。因此，抽油井的流动方程多采用下式来表示：

$$Q = K(H_s - H_f) = K(L_f - L_s) \tag{14-61}$$

式中　Q——油井产量，t/d；

H_s，L_s——静液面的高度及深度，m；

H_f，L_f——动液面的高度及深度，m；

K——采油指数，t/(d · m)。

由式(14-61)可得：

$$K = \frac{Q}{L_f - L_s} = \frac{Q}{H_s - H_f} \tag{14-62}$$

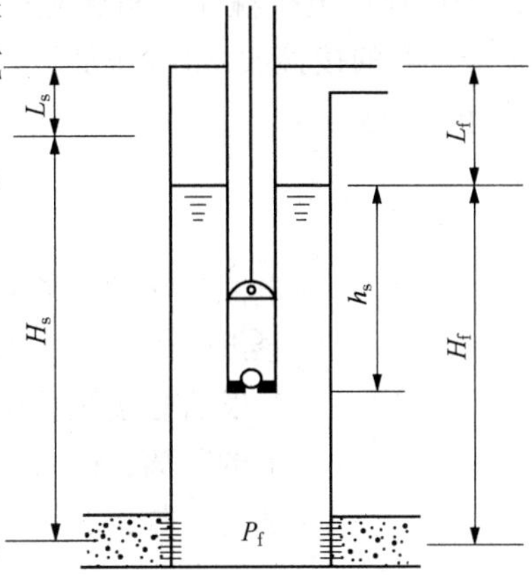

图 14-13　静液面与动液面的位置

由式(14-62)可以看出，与自喷井一样，采油指数 K 也表示单位生产压差下油井的日产量，但这里是用相应的液柱来表示压差。

在测量液面时，套管压力往往并不等于零，有时在 1MPa 以上。这样，在不同套压下测得的液面并不直接反映井底压力的高低。为了消除套管压力的影响，便于对不同资料进行对比，我们在这里提出一个“折算液面”的概念，即把在一定套压下测得的液面折算成套管压力为零时的液面：

$$L_{fc} = L_f - \frac{p_c}{\overline{\rho}_o g} \times 10^6 \tag{14-63}$$

式中　L_{fc}——折算动液面深度，m；

L_f——在套压为 p_c 时测得的动液面深度，m；

p_c——测液面时的套管压力，MPa；

g——重力加速度，m/s^2；

$\overline{\rho}_o$——环形空间中的原油密度，kg/m^3。

对于多数井，静液面和动液面往往是在不同的套管压力下测得的。因此，用式(14-62)计算采油指数时，应采用折算液面。

2）液面位置的测量

一般都是采用回声仪来测量抽油井的液面，利用声波在环形空间中的传播速度和测得的反射时间来计算其位置：

$$L = vt/2 \tag{14-64}$$

式中　L——液面深度，m；

v——声波传播速度，m/s；

t——声波从井口到液面后再返回到井口所需要的时间，s。

3）液面曲线的计算

(1) 无回音标液面曲线的计算。

① 利用高频记录曲线计算。

使用双频道回声仪，井下管柱不装回音标，由记录曲线上液面波的位置和所记录的油管接箍数目来计算液面深度。现场中，由于井筒条件、仪器、操作水平等多方面因素影响，井筒中液面以上接箍并不明显地全部反映在曲线上，因此，可在油管记录上选出连续、均匀的 n 个左右的接箍波(最少不低于5个，图14-14)，在油管记录上找到每根油管的长度，然后由下式计算：

$$L = \frac{L_e}{L_{接}} \times n \times \bar{L} \tag{14-65}$$

式中 L_e——电磁笔从井口波到液面反射波在记录纸带上所走的距离，mm；

$L_{接}$——N 根油管接箍长度反映在记录纸带上的距离，mm；

n——油管根数；

$\bar{L}$——平均油管长度，m。

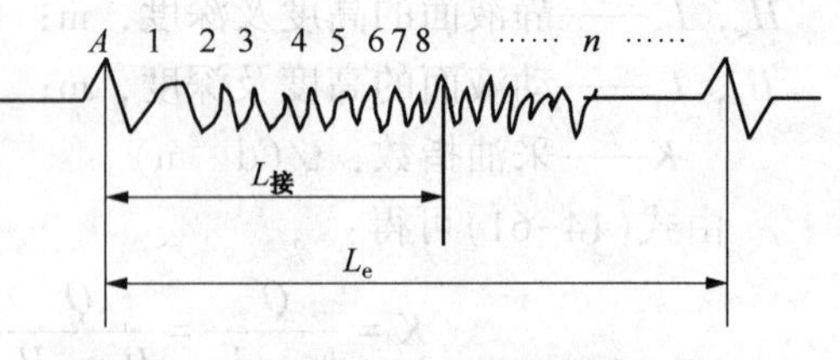

图14-14 油管记录上接箍波的选择

② 利用低频记录曲线计算，计算公式为：

$$L = \frac{L_e}{2v} \times 420 \tag{14-66}$$

(2) 有音标井的曲线计算：

$$L = L_{音} \times \frac{L_e}{L_s} \tag{14-67}$$

式中 $L_{音}$——音标下入深度，m

L_s——表示电磁笔从井口波到音标反射波在记录纸带上所走的距离，mm。

4) 液面曲线的应用

(1) 确定抽油泵的沉没度，根据抽油井的下泵深度和动液面深度就可计算出泵的沉没度，即：

$$H_{沉} = H_{泵} - H_{液} \tag{14-68}$$

(2) 计算油层中部的流动压力。

(3) 计算油层中部的静压。

(4) 利用动液面与示功图综合分析深井泵工作状态。

(5) 对于注水开发油田，根据油井液面的变化，能够判断油井是否见到注水效果，为调整注水层段注水量和抽汲参数提供依据。

(6) 根据液面曲线计算出的动、静液面深度是单井动态分析和井组动态分析不可缺少的资料。

2. 抽油机井示功图测试与分析

示功图是由载荷随位移的变化关系曲线所构成的封闭曲线图。表示悬点载荷与位移关系的示功图称为地面示功图或光杆示功图。在实际工作中以实测地面示功图作为分析深井泵工作状况的主要依据。由于抽油井的情况较为复杂，在生产过程中，深井泵将受到制造质量、安装质量以及砂、蜡、水、气、稠油和腐蚀等多种因素的影响，所以，实测示功图有时奇形怪状，各不相同。为了能正确分析和解释示功图，常常需要以绘制理论示功图为基础。

1）理论示功图及其分析

（1）静载荷作用下的理论示功图。

以悬点位移为横坐标，悬点载荷为纵坐标作出的静载荷作用下的理论示功图如图 14-15 所示。

在下死点 A 处的悬点静载荷为 W'_r，上冲程开始后液柱载荷 W'_1 逐渐加在柱塞上，并引起抽油杆柱和油管柱的变形，载荷加完后，停止变形（$\lambda = B'B$）。从 B 点以后悬点以不变的静载荷（$W'_r + W'_1$）上行至上死点 C。

从上死点开始下行后，由于抽油杆柱和油管柱的弹性，液柱载荷 W' 逐渐地由柱塞转移到油管上，故悬点逐渐卸载。在 D 点卸载完毕，悬点以固定的静载荷 W'_r 继续下行至 A 点。

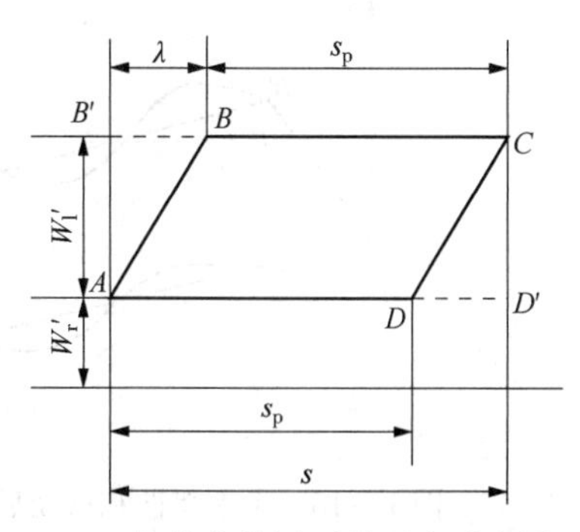

图 14-15　静载荷作用下的理论示意图

这样，在静载荷作用下的悬点理论示功图为平行四边形 $ABCD$。ABC 为上冲程的静载荷变化线。AB 为加载线，加载过程中，游动阀和固定阀同时处于关闭状态；由于在 B 点加载完毕，变形结束，$\lambda = B'B$，柱塞与泵筒开始发生相对位移，固定阀也就开始打开而吸入液体。故 BC 为吸入过程，$BC = s_p$（s_p 为泵的冲程），在此过程中，游动阀处于关闭状态。由于在 D 点卸载完毕，变形结束，$D'D = \lambda$，柱塞开始与泵筒发生向下的相对位移，游动阀被顶开而开始排出液体。故 DA 为排出过程，$DA = s_p$，排出过程中固定阀处于关闭状态。

（2）考虑惯性载荷后的理论示功图。

考虑惯性载荷时，是把惯性载荷叠加在静载荷上。如不考虑抽油杆柱和液柱的弹性对它们在光杆上引起的惯性载荷的影响，则作用在悬点上的惯性载荷的变化规律与悬点加速度的变化规律是一致的。在上冲程中，前半冲程有一个由大变小的向下作用的惯性载荷（增加悬点载荷）；后半冲程有一个作用在悬点上的由小变大的向上的惯性载荷（减小悬点载荷）。在下冲程中，前半冲程作用在悬点上的有一个由大变小的向上的惯性载荷（减小悬点载荷）；后半冲程则是一个由小变大的向下作用的惯性载荷（增加悬点载荷）。因此，由于惯性载荷的影响使静载荷的理论示功图的平行四边形 $ABCD$ 被扭歪成 $A'B'C'D'$（图 14-16）。

考虑振动时，则把抽油杆柱振动引起的悬点载荷叠加在四边形 $A'B'C'D'$ 上。由于抽油杆柱的振动发生在黏性液体中，所以为阻尼振动。叠加之后在 $B'C'$ 线和 $D'A'$ 线上就出现逐渐减弱的波浪线。

2）典型示功图分析

典型示功图是指某一因素的影响十分明显，其形状代表了该因素影响下的基本特征的示功图。在实际情况下，虽然有多种因素影响示功图的形状，但总有其主要因素，所以，示功图的形状也就反映着主要因素影响下的特征。

（1）气体和充不满对示功图的影响。

图 14-17 所示为有明显气体影响的典型示功图。

由于在下冲程末余隙内还残存一定数量的溶解气和压缩气，上冲程开始后泵内压力因气体的膨胀而不能很快降低，使吸入阀打开滞后（B' 点），加载变慢。余隙越大，残存的气量越多，泵口压力越低，则吸入阀打开滞后得越多，即 $B'B$ 线越长。

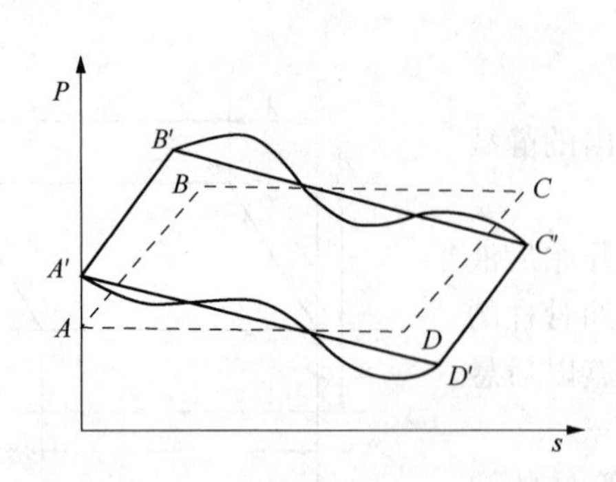

图 14-16　考虑惯性和振动后的理论示功图

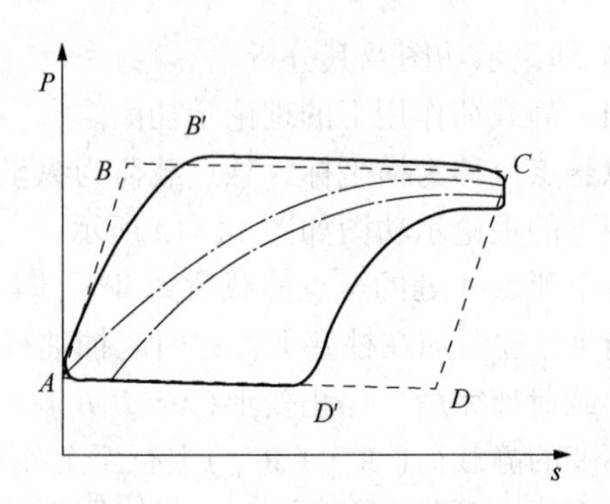

图 14-17　有气体影响的示功图

下冲程时，气体受压缩，泵内压力不能迅速提高，使排出阀滞后打开(D')卸载变慢(CD')。泵的余隙越大，进入泵内的气量越多，则 DD' 线越长，示功图的“刀把”越明显。当进泵气量很大而沉没压力很低时，泵内气体处于反复压缩和膨胀状态，吸入和排出阀处于关闭状态，出现“气锁”，如图 14-17 中的点画线所示。但气锁会因沉没压力升高而自动解除。

气体使泵效降低的数值可用下式近似计算：

$$\eta_s = \frac{DD'}{s} \tag{14-69}$$

而充满系数 β 为：

$$\beta = \frac{AD'}{AD} \tag{14-70}$$

当沉没度过小及供油不足使液体不能充满工作筒时的示功图如图 14-18 所示。充不满的图形特点是下冲程中悬点载荷不能立即减小，只有当柱塞遇到液面时，才迅速卸载。所以，卸载线较气体影响的卸载线上的凸形弧线(CD')陡而直。有时，当柱塞碰到液面时，振动载荷线会出现波浪。快速抽汲时往往因撞击液面而发生较大的冲击载荷，使图形变形得很厉害。

(2) 漏失对示功图的影响。

① 排出部分漏失。

上冲程时，泵内压力降低，柱塞两端产生压差，使柱塞上面的液体经排出部分的不严密处(阀及柱塞与衬套的间隙)漏到柱塞下部的工作筒内，漏失速度随柱塞下面压力的减小而增大。由于漏失到柱塞下面的液体有向上的“顶托”作用，所以悬点载荷不能及时上升到最大值，使加载缓慢(图 14-19)。随着悬点运动的加快，“顶托”作用相对减小，直到柱塞上行速度大于漏失速度的瞬间，悬点载荷达到最大静载荷(图 14-19 中的 B' 点)。

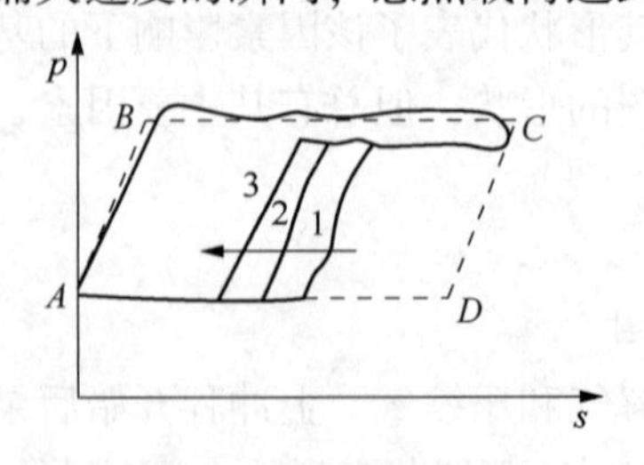

图 14-18　充不满的示功图

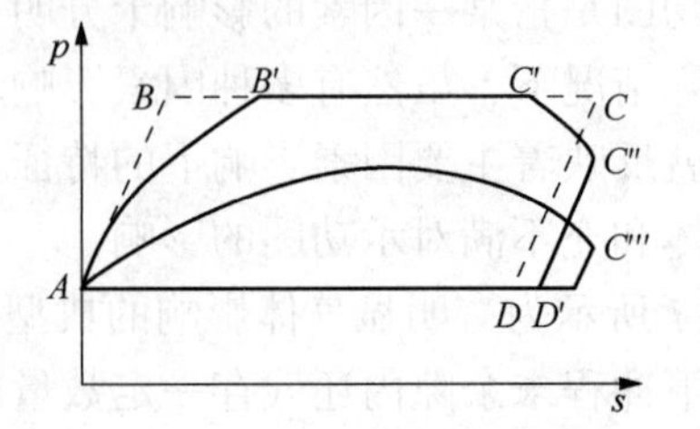

图 14-19　泵排出部分漏失的示功图

当柱塞继续上行到后半冲程时，因活塞上行，速度又逐渐减慢。在柱塞速度小于漏失速度的瞬间(图 14-19 中 C'点)，又出现了漏失液体的“顶托”作用，使悬点负荷提前卸载。到上死点时悬点载荷已降至 C''点。

由于排出部分漏失的影响，吸入阀在 B'点才打开，滞后了 $B'B$ 这样一段柱塞行程；而在接近上冲程时又在 C'点提前关闭。这样柱塞的有效吸入行程 $s_{pu}=B'C'$，在此情况下的泵效 $\eta= B'C'/s$。

当漏失量很大时，由于漏失液体对柱塞的“顶托”作用很大，上冲程载荷远低于最大载荷，如图 14-19 中的 AC''' 所示，吸入阀始终是关闭的，泵的排量等于零。

② 吸入部分漏失。

下冲程开始后，由于吸入阀漏失，泵内压力不能及时提高而延缓了卸载过程(图 14-20 的 CD'线)，同时使排出阀不能及时打开。

当柱塞速度大于漏失速度后，泵内压力提高到大于液柱压力，将排出阀打开而卸去液柱载荷。下冲程的后半冲程中因柱塞速度减小，当小于漏失速度时，泵内压力降低使排出阀提前关闭(A'点)，悬点提前加载。到达下死点时，悬点载荷已增加到 A''。

由于吸入部分的漏失而造成排出阀打开滞后(DD')和提前关闭(AA')，活塞的有效排出冲程 $s_{ped}=A'D'$。这种情况下的泵效 $\eta= A'D'/s$。

当吸入阀严重漏失时，排出阀一直不能打开，悬点不能卸载(图 14-21)。

吸入部分和排出部分同时漏失时的示功图是分别漏失时的图形的叠合，近似于椭圆形(图 14-22)。

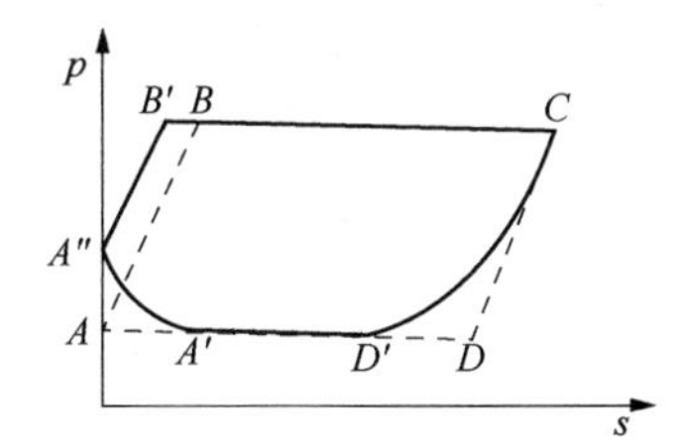

图 14-20　吸入阀漏失的示功图

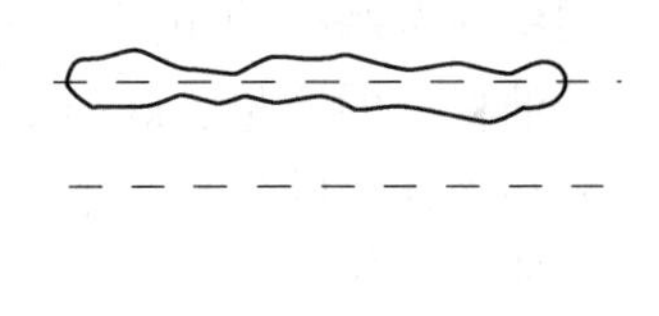

图 14-21　吸入阀严重漏失的示功图

③ 柱塞遇卡。

柱塞在泵筒内被卡死在某一位置时，在抽汲过程中柱塞无法移动而只有抽油杆的伸缩变形，图形形状与被卡位置如图 14-23 所示。上冲程中，悬点载荷先是缓慢增加，将被压缩而弯曲的抽油杆柱拉直，到达卡死点位置后，抽油杆柱受拉而伸长，悬点载荷以较大的比例增加。下冲程中，先是恢复弹性变形，到达卡死点后，抽油杆柱被压缩而发生弯曲。所以，在卡死点的前后段，悬点以不同的比例增载或减载，示功图出现两个斜率段。

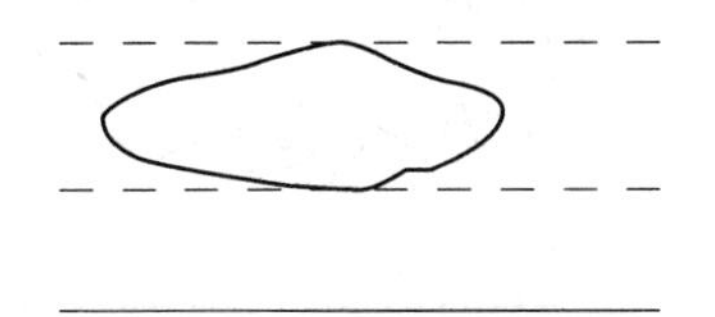

图 14-22　吸入阀和排出阀同时漏失的示功图

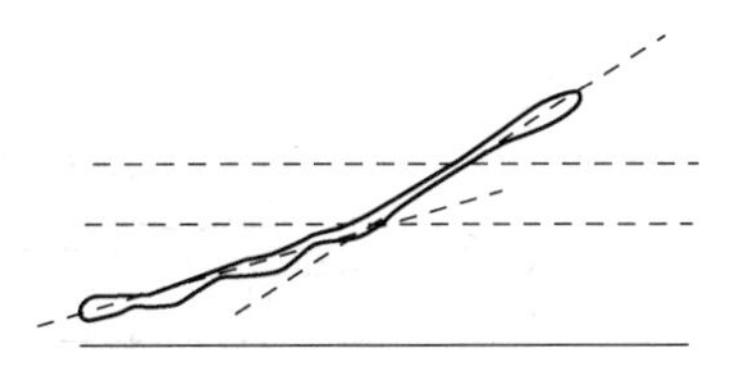

图 14-23　活塞卡在泵筒中部示功图

④ 带喷井的示功图。

对于具有一定自喷能力的抽油井，抽汲实际上只起诱喷和助喷作用。在抽汲过程中，游动阀和固定阀处于同时打开状态，液柱载荷基本加不到悬点。示功图的位置和载荷变化的大小取决于喷势的强弱及抽汲液体的黏度。图 14-24 和图 14-25 为不同喷势及不同黏度的带喷井的实测示功图。

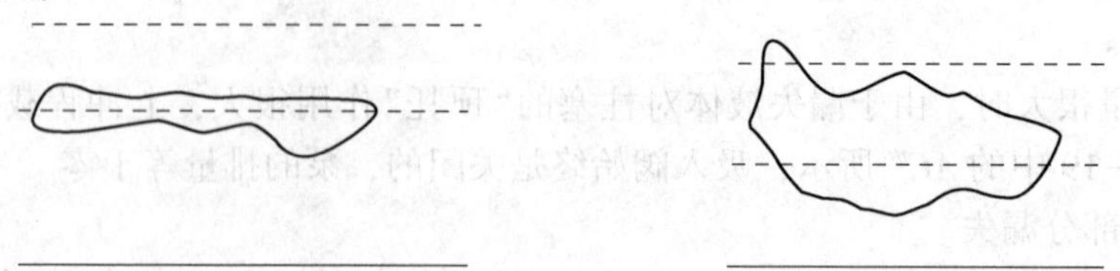

图 14-24　喷势强、油稀带喷的示功图　　图 14-25　喷势弱、油稠带喷的示功图

⑤ 抽油杆断脱。

抽油杆断脱后的悬点载荷实际上是断脱点以上的抽油杆柱重力，只是由于摩擦力的作用，才使上、下载荷线不重合。图形的位置取决于断脱点的位置。图 14-26 为抽油杆柱在接近中部断脱时的示功图。

抽油杆柱的断脱位置可根据下式来估算：

$$L = \frac{hC}{bq_r g} \tag{14-71}$$

式中　L——自井口算起的断脱点位置，m；

C——测示功图所用动力仪的力比，N/mm；

h——示功图中线至基线的距离，mm；

q_r——每米抽油杆柱的质量，kg/m；

b——抽油杆在液体中的失重系数；

g——重力加速度，m/s^2。

断脱位置比较低的示功图同有些带喷井的示功图在形状上是相似的。但带喷井泵效高、产量大，而抽油杆柱断脱的井的产量却等于零。

⑥ 其他情况。

油井结蜡及出砂和活塞在泵筒中下入位置不当，都会反映在示功图上。如图 14-27 及图 14-28 分别为出砂井和结蜡井在正常抽油时所测得的示功图。

图 14-29 为管式泵活塞下的过高，在上冲程中活塞全部脱出工作筒的油井所测的示功图。由于活塞脱出工作筒，在上冲程中悬点突然卸载。图 14-30 为防冲距过小，活塞在下死点与固定阀相撞的示功图。

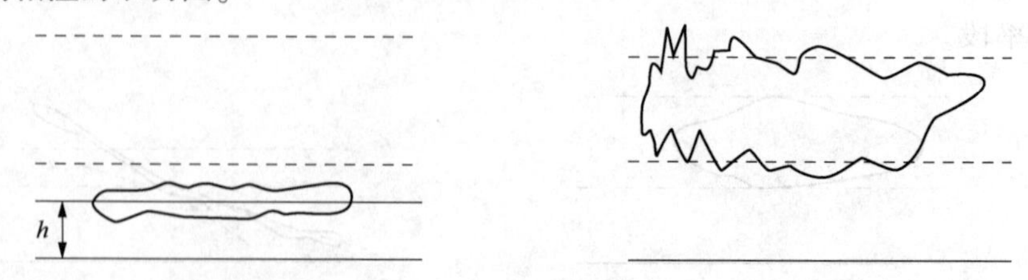

图 14-26　抽油杆断脱时的示功图　　图 14-27　出砂井在正常抽油时所测得的示功图

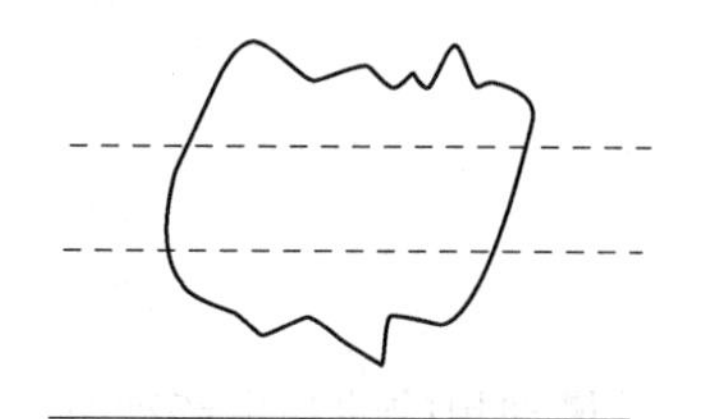

图 14-28 结蜡井在正常抽油时所测得的示功图

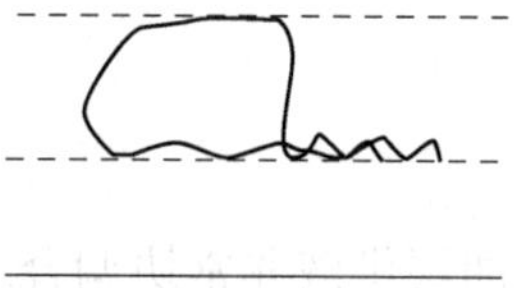

图 14-29 管式泵活塞脱出工作筒的油井所测的示功图

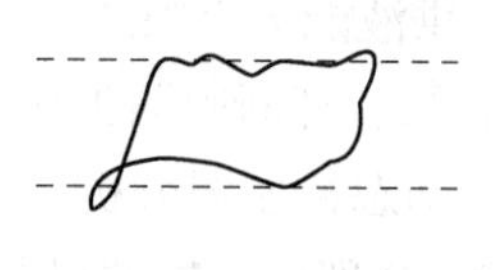

图 14-30 管式泵活塞脱出工作筒的油井所测的示功图

由于泵的工作条件比较复杂，在解释示功图时，必须全面了解油井情况(井下设备、管理措施、目前产量、液面、气油比以及以往的生产情况等)，才能对泵的工作状况和产生不正常的原因作出判断。

前面所讲的示功图分析，往往只能对泵的工作状况作某些定性分析，而无法作出定量的判断。在深井快速抽汲的条件下，由于泵的工作状况(活塞负荷的变化)要通过上千米的抽油杆柱传递到地面上，在传递过程中，因抽油杆柱的振动等因素，使载荷的变化复杂化了。因此，地面示功图的形状很不规则，往往对泵的工作状况无法作出任何推断。

在 20 世纪 30 年代，曾用井下动力仪直接测量泵的示功图，以便对泵的工作状况作出判断。这样，可消除分析中的许多不定因素，大大地简化了解释工作。然而仪器使用量大，工艺比较麻烦，因而未能推广，只用于一些专门的研究。20 世纪 80 年代以来，广泛地利用数学方法将地面示功图转换成泵示功图进行分析的计算机诊断技术，大大地提高了抽油系统工况的分析水平。

3. 抽油机井动态控制图分析

1）动态控制图

抽油机井动态控制图是把油层供液能力与抽油泵的抽油能力之间的协调关系有机地结合起来，在直角坐标系中把井底流压与抽油机井的抽油泵效描绘出来，非常直观地显示出一口井或一批井所处的生产状态(图 14-31)。

图 14-31 中，横坐标为抽油机井泵效，纵坐标为流压与饱和压力之比。整个坐标图内有 7 条线，共划分 5 个区域，各项参数是某油田根据实际生产规律而确定的。

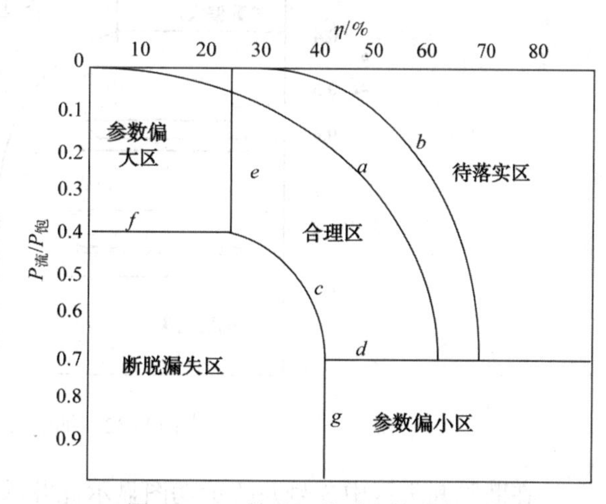

图 14-31 抽油机井动态控制图

各线及区域的意义是：

a：平均理论泵效线，即在该油田平均下泵深度、含水等条件下的理论泵效。

b：理论泵效的上线，即该油田最大下泵深度、最高含水等条件下的理论泵效。

c：理论泵效的下线，即该油田最小下泵深度、最低含水等条件下的理论泵效。

d：最低自喷流压界限线。

e：合理泵效界限线。

f：供液能力界限线。

g：泵、杆断脱漏失线。

2）动态控制图分析

(1) 合理区：抽油机井的抽油与油层供液非常协调合理，是最理想的油井生产动态。

(2) 参数偏小区：该区域的井流压较高、泵效高，表明供液大于排液能力，可挖潜上产，是一个潜力区。

(3) 参数偏大区：该区域的井流压较低、泵效低，表现供液能力不足，抽汲参数过大。

(4) 断脱漏失区：该区域的井流压较高，但泵效低，表明抽油泵失效，泵、杆断脱或漏失，是管理的重点对象。

(5) 待落实区：该区域的井流压较低、泵效高，表明资料有问题，须核实录取的资料。

3）动态控制图应用

抽油机井动态控制图可以说是检查抽油机井生产动态的一个标准，实际应用中根据生产实际数据(泵效、流压与饱和压力之比)把抽油机井点入图中，就知道该井所处的生产状态位于哪个区域，根据判断，可提出下一步工作重点是什么。如图 14-32 落实区内有两口井，1 号井从示功图看深井泵工作正常，但流压太低，说明这口井要落实动液面深度及套压资料，同时要进行产量复查，检查落实所取资料的准确性；2 号井从示功图上看泵工作状况不好，但泵效较高，而流压较低，需要落实产量问题，其次需要检查动液面深度。

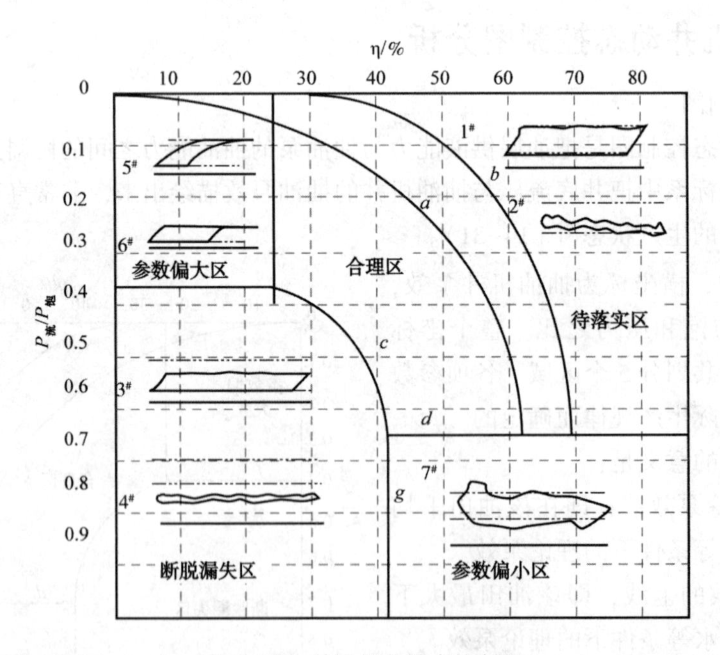

图 14-32　抽油机井动态控制图

在断脱漏失区中 3 号井的示功图显示此井深井泵工作正常，但泵效低、流压较高，可能是油管发生漏失(油套管窜)，此井要进行憋压验窜，同时核实产量；4 号井从示功图上分析，此井抽油泵断脱，而且是中部断脱，在确认油井不出油后进行检泵修井。

在参数偏大区域中，5号井明显是气体影响造成的泵效太低，对于此井可通过控制套管气、在井下下气锚等办法解决。而6号井则是地层供液不足造成的，说明该井抽汲参数过大，可调小生产参数，如果还不行，可分析对应注水井情况及地层情况，针对油井实际情况可对此井进行增产措施，对应注水井则要提高注水量，提高驱油能力从而补充地层能量。

对于参数偏小区域内的7号井从示功图上可以看出油井抽汲参数较高，泵的充满程度较高，但流压仍较高，说明此井抽汲参数过小，可调大抽汲参数或换大泵。

对于一批抽油机井，可以利用此方法将它们的生产数据点入图中，找出每口井所处位置，然后进行统计、分析，对每个区域的井进行归类、落实，为下一步动态分析提供可靠的资料。

第六节　电动潜油离心泵生产动态分析

电动潜油离心泵(简称电潜泵或电泵)是用油管把离心泵和潜油电机下入井中，将油举升到地面的采油设备。电潜泵是目前各油田应用较广泛的一种无杆泵抽油设备。

电动潜油泵作为一种新的机械采油设备，由于它排量大，在5-1/2in套管中可达700m^3/d，适应中高排液量、高凝油、定向井、中低黏度井，扬程可达2500m，井下工作寿命长，地面工艺简单，管理方便，经济效益明显，因此近十多年来在油田得到了广泛应用，是油田长期稳产的重要手段之一。

1. 电潜泵采油装置及其工作原理

电动潜油离心泵是一种在井下工作的多级离心泵，用油管下入井内，地面电源通过潜油泵专用电缆输入井下潜油电机，使电机带动多级离心泵旋转产生离心力，将井中的原油举升到地面。

电潜泵由井下部分、地面部分和联系井下地面的中间部分3部分组成(图14-33)。

井下部分主要是电潜泵的机组，它由多级离心泵、保护器和潜油电动机3部分组成，起着抽油的主要作用。一般布置是多级离心泵在上面，保护器在中间，潜油电动机在下面。三者的轴用花键连接，三者的外壳用法兰连接。在潜油电动机下部有的还装有井底压力探测器，测定井底压力和液面升降情况，将信号传递给地面控制仪表。

地面部分由变压器组、自动控制台及辅助设备(电缆滚筒、导向轮、井口支座和挂垫等)组成。自动控制台用来控制电潜泵工作，同时保护潜油电机，防止电机—电缆系统短路和电机过载。变压器组用以将电网电压变换成保证电机工作所需的电压(考虑到电缆中的电压降)。辅助设备包括电泵运输、安装及操作用的辅助工具设备。

中间部分由电缆和油管组成。将电流从地面部分传送给井下部分，采用的是特殊结构的电缆(有圆电缆和扁电缆两种)。在油井中利用钢带将电缆和油管柱、泵、保护器外壳固定在一起。

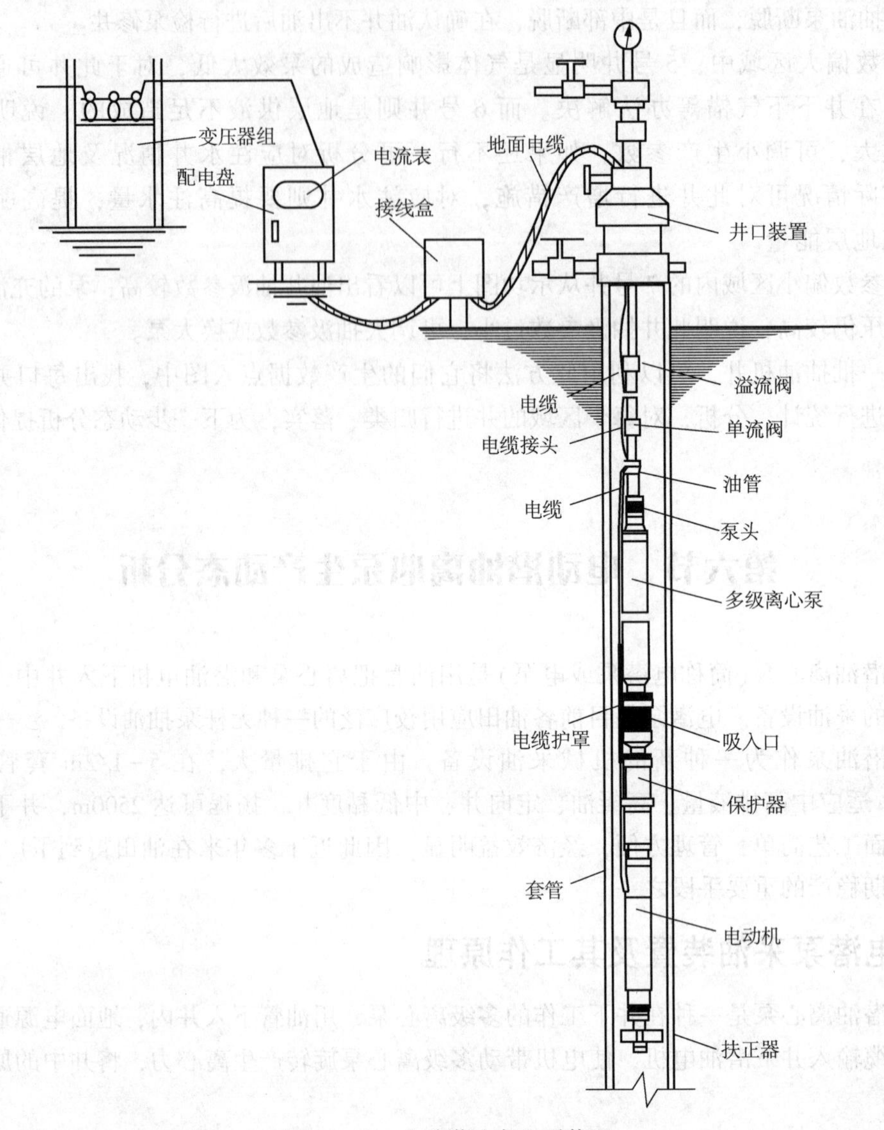

图 14-33　电动潜油离心泵装置

1) 电潜泵型号及主要部件

(1) 电潜泵型号。

① 潜油电泵机组表示方法：

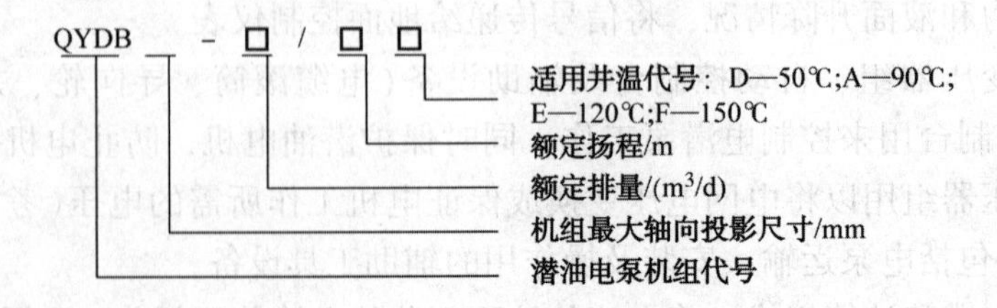

示例：

额定扬程 1000m，额定排量 $200m^3/d$，适用油井温度 120℃的 119mm 潜油电泵机组表示为：QYDB 119-200/1000E。

② 泵型号表示方法：

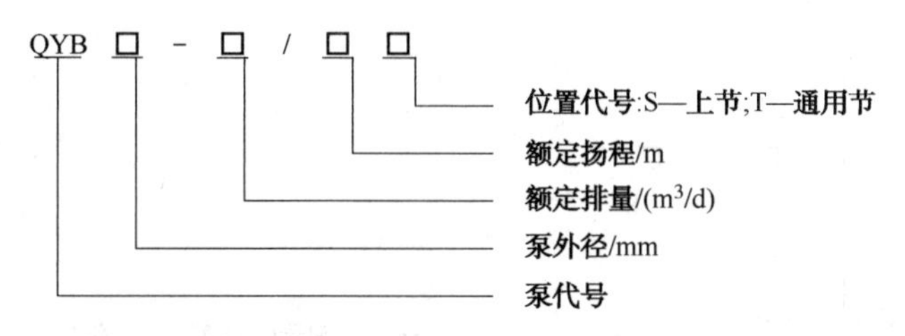

示例：

额定排量 $500m^3/d$，额定扬程 2000m 的 98mm 通用节泵表示为：QYB 98-500/2000T。

（2）电潜泵主要部件。

① 潜油电机。

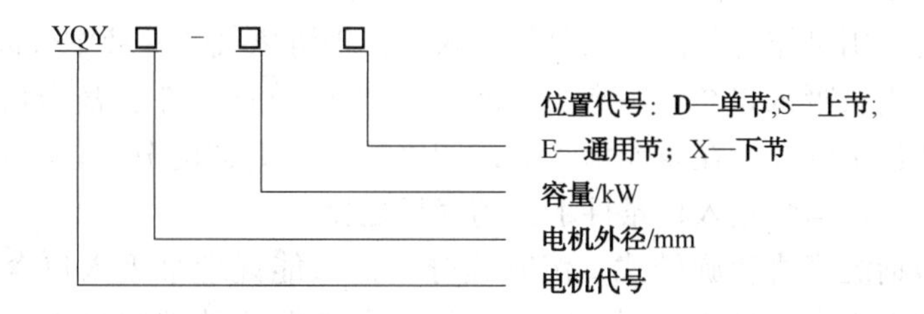

示例：

容量 45kW 的 114mm 潜油电泵机组用上节电机表示为：YQY 114-45S。

电机用于驱动离心泵转动。井下电机一般为两极三相鼠笼式感应电机，工作原理与地面电机相同，在 60Hz 时的转速为 3500r/min，目前电机的功率范围在 7.5～1000hp（1hp＝0.75kW）内，根据实际需要，电机可以采用几级串联达到特定的功率。电机内充满电机油，用于润滑和导热，运行电机产生的热量由电机油通过电机外壳传给井液，井液将热量带走冷却电机，因此电机必须安装在井液流过的地方。

② 保护器。

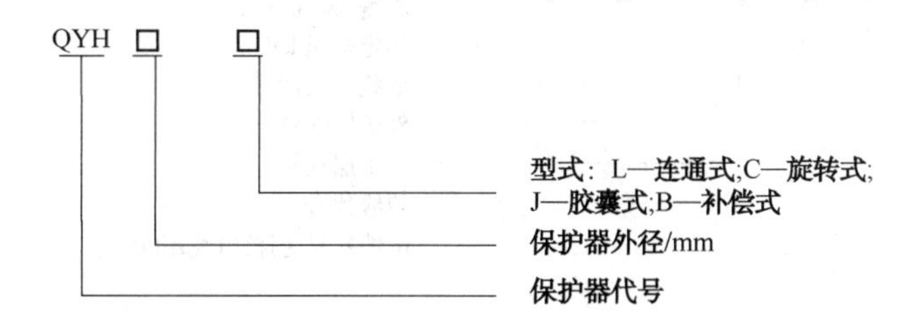

示例：

潜油电机组用 98mm 连通式保护器表示为：QYH98L。

保护器主要用于将电机油与井液隔开，平衡电机内压力和井筒压力。保护器的作用是连接电机的驱动轴与泵轴，连接电机壳与泵壳。保护器的充油部分与容许压力下的井液连通时，保证电机驱动轴密封，防止井液进入电机。当电机运行时，电机内的润滑油因温度升高而膨胀，保护器内有足够的空间储存因膨胀而溢出的电机油，防止电机内压力上升过高；反之，当油温下降收缩时，保护器内的油又补充给电机。保护器中的止推轴承用于承受泵轴的重量和各种不平衡力，保护器外壳也作为电机油附加冷却面，可以罩住电机上的止推轴承。普遍使用的保护器包括连通式、沉淀式和胶囊式，主要区别在于隔离电机油和井液的方式不同。

③ 油气分离器。

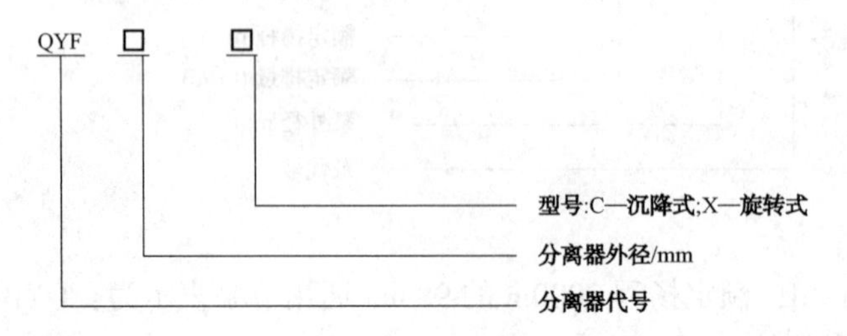

示例：

潜油电泵机组用98mm旋转式油气分离器表示为：QYF98X。

油气分离器的作用是作为井液进入泵的吸入口；把游离气从井液中分离出来，减少气体对泵特性的影响。当泵吸入口含气率超过10%时，泵的特性变差，甚至可能发生气锁，因此，采用分离器使进泵的气量在泵能承受的范围之内。分离器的分离能力由分离效率描述，分离效率是套管产气量与泵吸入口条件下游离气量之比。

分离器主要包括沉降式和旋转式。沉降式分离器只能处理泵吸入口含气率在10%以下的井液，而且分离效率最高只能达到37%。旋转式分离器能处理泵吸入口含气率在30%以内的井液，分离效率高达90%以上。

分离器应根据泵吸入口游离气量进行选择。如果分离器能力一定，反过来又可以确定出泵的最小吸入压力和井的产能。

对于气体含量很高的井，还须选用高级气体处理装置。该装置根据压降越低流体混合越均匀的原理工作。气液混合物在进泵前均匀混合，使其在泵中几乎像单相流一样，防止气锁，大大提高了泵的处理能力。

④ 电缆。

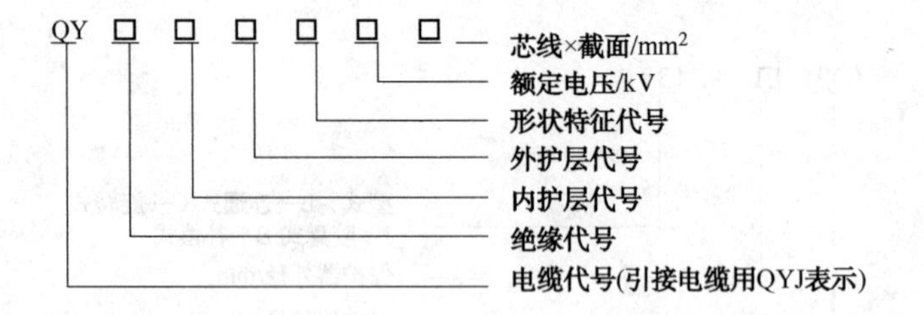

示例：

a. 额定电压3kV，聚丙烯绝缘，丁腈橡胶内护套，蒙乃尔钢带铠装3×16mm^{2}扁形潜油电缆，表示为：QYPNM3-3×16mm^2。

b. 额定电压6kV，乙丙橡胶绝缘，乙丙橡胶护套，镀锌钢带铠装3×20mm^{2}圆形潜油电缆表示为：QYEEY6-3×20mm^2。

电缆用于向井下电机供电，它由电缆卡子固定在油管上的动力电缆和带电缆头的电机扁电缆组成。电缆主要包括圆电缆和扁电缆，扁电缆主要用于电机或套管环形空间间隔较小的井。电缆中的导线有铜的或铝的，可以有多股，导线之间和导线外部有绝缘层，绝缘层必须耐温、耐压、耐井液浸蚀，有时在绝缘层外有一个铅护套，在护套外用金属铠皮进行铠装保护。

⑤ 控制屏。

控制屏主要用于控制井下电机的运行，它由电机启动器、过载和欠载保护、手动开关、时间继电器、电流表组成。控制屏的电压范围在600~4900V之间。控制屏的用途是自动控制潜油电泵系统的启动和停机；具有短路、过载、欠载保护功能，以及欠载延时自动启动功能；通过电器仪表随时测量电流和电压，可以跟踪系统运行状况；应用变频控制屏可以灵活调节和控制产量的大小。

变频控制屏可以改变传给井下电机的频率。变频控制屏通过变速驱动装置进行工作，变速驱动装置是一个可编程的集成控制系统。变频控制屏的频率可以在30~90Hz内任意变化，改变电机转速，灵活调节泵的排量，这种控制屏不会把电源瞬变传到井下，而且具有软启动功能，减少机组的损坏。

⑥ 变压器。

变压器用于将交流电的电源电压转变为井下电机所需要的电压，它是根据电磁感应原理工作的。一般采用3种变压器：3个单相变压器、三相标准变压器和三相自耦变压器。

⑦ 接线盒。

在井口和控制屏之间必须装一个接线盒。接线盒的作用是连接控制屏到井口之间的电缆；将井下电缆芯线内上升至井口的天然气放空，防止天然气直接进入控制屏，使控制屏产生电火花时引起爆炸。

⑧ 压力传感器。

压力传感器用于测量井下压力和温度。它可以确定井的产能，便于自动控制。

⑨ 单流阀和泄油阀。

单流阀一般装在泵上方2~3根油管处。当井液的气液比较高时，单流阀的位置还应上移，因为在停泵和防止气锁时，需要给泵内气体上升留出必要的空间。单流阀的作用是在泵内不工作时保持油管柱充满流体，易于起泵，消耗功率最小；操作安全可靠，地面关闸时油管柱内的气体易压缩，形成高压，操作不安全；防止停泵后液体倒流，使机组反转，这时起泵易烧毁电机，损坏轴和轴承，发生脱扣现象。

泄油阀应装在单流阀上方一根油管处，它是一个剪切插销装置。泄油阀的作用是在泵的油管柱上装有单流阀时，必须同时在单流阀上方装一个泄油阀，以防止起泵时油管柱中的井液在卸油管时流到地面上。

⑩ 扶正器。

扶正器对泵和电机起扶正作用，使机组处于井筒中间，以便电机很好冷却，防止电缆与管内壁摩擦损坏。扶正器应固定不动。

2）电潜泵的安装方式

潜油电泵的主要安装方式分为标准安装方式、底部吸入口安装方式和底部排出口安装方式。潜油电泵的安装方式不同，系统的组成和用途不完全一样。

对标准安装方式，从下往上依次是电机、保护器、气液分离器、多级离心泵及其他附属部件，主要用于油井采油。电机应在射孔段以上，使井液从电机旁流过，冷却电机，如果电机在射孔段以下，应采用电机罩引导流体从电机旁流过，电机罩还起气液分离器的作用。

底部吸入口系统用于油管摩阻损失大或泵径大的井。这种系统是从一根插到井底的尾管吸入流体进泵，通过带封隔器的油套管环形空间排出流体，因此提高了排量和效率。该系统的安装方式与标准安装方式不同，泵和电机的位置刚好是颠倒的，从上到下依次是电机、保护器、排出口、泵、吸入口。

底部排出口系统用于将上部层位的地层水转注到下部层位，适用于油田注水开发或气井排水采气。这种系统是从油套管环形空间吸入流体进泵，通过尾管排出到下部层位。该系统的安装方式与标准安装方式也不同，泵和电机的位置也是颠倒的，从上到下依次是电机、保护器、吸入口、泵、排出口。

2. 电潜泵的选择

1）选泵设计

（1）气液比界限确定。

目前电泵机组所带的分离器一般为旋转式，带旋转式油气分离器的机组可以使机组在气体占三相总体积25%时正常工作。因此，吸入口气液比界限规定为25%。

（2）气液比计算方法。

所谓泵吸入口气液比就是泵吸入口游离气体占油、气、水3相总体积百分数，可用下式算：

$$F_{gl}=\frac{(1-f_w)(R_{go}-R_s)B_g}{(1-f_w)B_o+(1-f_w)(R_{go}-R_s)B_g+f_w}\times 100\% \quad (14-72)$$

式中　F_{gl}——泵吸入口气液比，m^3/m^3；

f_w——含水率；

B_o，B_g——吸入口压下原油、自由气体积系数；

R_s——吸入口压力下溶解气油比，m^3/m^3；

R_{go}——生产气油比，m^3/m^3。

其中，R_s、B_o、B_g可在本区块高压物性曲线上查得。

（3）绘制泵吸入口气液比和压力曲线。

根据计算结果绘制泵吸入口气液比与泵吸入口压力关系曲线(图14-34)。

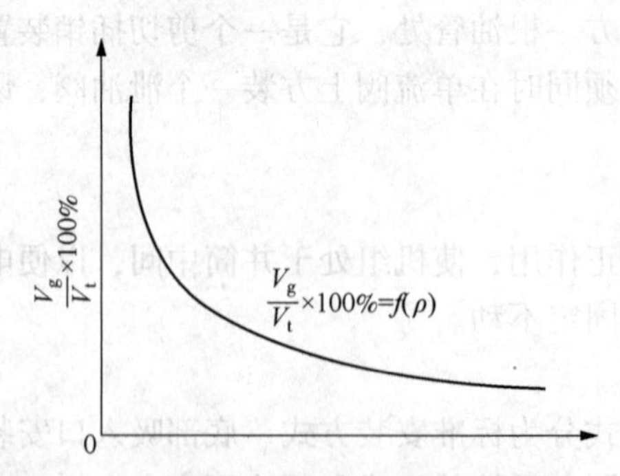

图14-34　泵吸入口压力与气液比关系曲线

V_g—日产气量，m^3；V_t—日产液量，m^3

根据泵吸入口压力与气液比关系曲线和分离器分离气体的能力，从曲线上可以查出在电泵抽油时的泵吸入口压力，从而决定沉没度下限。

(4) 多级离心泵的选择。

① 油井总动压头计算：

$$H = H_p + p_d + F_t - p \tag{14-73}$$

式中 H——油井总动压头，m；

H_p——泵挂深度，m；

p_d——油压折算压头，m；

p——吸入口压力折算压头，m；

F_t——油管损失，m(可从油管压力损失曲线中查得)。

② 多级离心泵的选择。根据计算出的油井产量和给出泵的工作特性曲线选择出合适的泵型，所需要的级数可用下式计算：

$$泵的总级数 = 油井总压头 / 泵的单级扬程 \tag{14-74}$$

其中，泵的单级扬程可从泵特性曲线查得。

(5) 潜油电机的选择。

当多级离心泵的型号、扬程及所需级数被确定以后，可计算潜油电机的功率：

$$P = \frac{QH\rho}{8.8 \times 10^6 \eta} \tag{14-75}$$

式中 P——潜油电机的功率，kW；

Q——泵的额定排量，m^3/d；

H——泵的额定扬程，m；

ρ——井液平均密度，kg/m^3；

η——泵的效率。

然后，用下式参考套管尺寸优选电机型号和级数：

$$P = P_d n \tag{14-76}$$

式中 P_d——单级功率，kW(可从泵特性曲线查出)；

n——级数。

(6) 潜油电缆的选择。

电缆型号可以根据井底温度、电机功率、电压和电流进行选择，电缆的压降损失和功率损失与电缆的截面积和长度有关。计算电缆压降损失和功率损失的公式如下：

$$\Delta U = 1.732IL\ (r\cos\phi + X\sin\phi) \tag{14-77}$$

$$\Delta P = 1.732I^2R \times 10^{-3} \tag{14-78}$$

式中 ΔU——电压损失，V；

I——电机工作电流，A；

L——电缆长度，m；

X——单位长度导体电抗，Ω/m；

$\cos\phi$——功率因数；

R——单位长度导体有效阻抗，Ω；

$\sin\phi$——无功功率因数；

ΔP——功率损失，kW；

R——电缆内阻，Ω。

此外，电缆的压降损失可以从电压损失曲线(图 14-35)上查得。该图曲线为 20℃时的压降值。

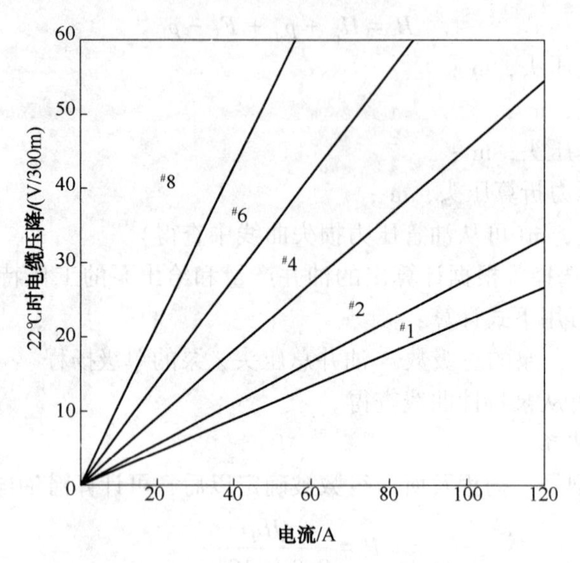

图 14-35　电缆压降损失曲线

图中线上所标示#1，#2，…为美国线规号(SWG)

(7) 自耦变压器的选择。

自耦变压器的容量必须能够满足电机最大负载的启动，所以应根据电机的负载来确定变压器的容量。可用下式进行计算：

$$P_{\mathrm{T}} = 1.732I\ (U + \Delta U)/1000 \tag{14-79}$$

式中　P_{T}——变压器容量，kV · A；

U——电机额定电压，V；

ΔU——电缆电压损失，V；

I——电机额定电流，A。

选择变压器容量必须满足最大容量的需求。因此，必须预测将来油井产能增加的要求，在现场使用过程中，必须根据电网电压来确定变压器副线圈的电压档位。变压器副线圈电压必须与电机额定电压和电缆压降之和相一致，如式(14-80) 所示，否则就要调节变压器的档位。

$$U_2 = U + \Delta U \tag{14-80}$$

式中　U_2——计算的变压器副线圈电压，V。

(8) 控制柜的选择。

选择控制柜时，根据现场使用条件和机组性能要求进行选择，但主要还是根据电机的最大功率、额定电流及地面所需电压来选择控制柜的容量，以保证电机在满载情况下长期使用。

(9) 选泵时的黏度校正。

在一般情况下，电动潜油泵的设计是假定井液的黏度和水的黏度相同，用标准水所作的特性曲线来进行选择，所以当井液的黏度较大时。就必须对选泵的结果进行校正，以保证电动潜油泵在最佳工作特性下运行。

2）电潜泵的生产管理与分析

（1）潜油电泵井机组投运前的技术要求。

① 潜油电泵井机组安装质量应符合 SY—5167.4 的要求。

② 井口装置和集输管线安装正确，符合设计要求，所有阀门均应处在合适的操作位置。

③ 供电线路及变压器安装正确，牢固可靠。变压器次级输出电压档调到与井下机组匹配的电压值，电压波动不超过±10%，三相电压不平衡值不大于2%。

④ 控制柜结构与性能应符合设计要求。井口电缆与控制柜之间应安装接线盒，接线牢固可靠，连接导线截面积不小于 $16mm^2$。

⑤ 控制柜、变压器、接线盒与井口采油树，都要进行可靠接地。接地线截面积不小于 $16mm^2$。

⑥ 投产前测量电泵整机的对地绝缘电阻值应不小于 100 MΩ，三相直流电阻不平衡值应小于2%。

⑦ 井口需配备油压表、套压表、回压表和套管放气阀。

⑧ 根据油井生产能力和电泵机组的排量选择适当的油嘴进行生产。

⑨ 按电流记录仪器规格安装电流卡片，记录笔尖应置于卡片零位。

（2）运行中启、停机组。

① 经检查，井口流程和机组符合要求后，将井口倒换成生产流程。

② 合上控制柜电源开关，检查主回路和控制回路电压应符合设计要求。

③ 将控制柜选择开关置于“手动”挡位置。

④ 将控制柜中心控制器过载值调至最大。

⑤ 按控制柜启动按钮，同时观察启动电流和电压；绿色指示灯亮表明启动成功。

⑥ 观察油压和电流变化，并确认机组转向。如发现机组反转，应立即停机，变换相序。

⑦ 中心控制器调整：

a. 调整过载保护值。将选择开关置过载(QL)挡，调整微调电位器至显示值为电机额定电流的1.2倍。

b. 调整欠载保护值。将选择开关置欠载(UL)挡，调整微调电位至显示值为电机正常运行电流的0.8倍，但不能小于电机空载电流。

c. 调整欠载停机延时启动时间。生产运行如采用“自动”挡，则需根据油井动液面恢复情况调整欠载延时再启动时间。

⑧ 电泵投产后井口试压值应大于泵的额定扬程计算值。

⑨ 机组如过载停机，应查明原因并排除故障。再次启动前应测量机组对地绝缘电阻和相间直流电阻。三相直流电阻不平衡值小于2%后方可进行启动。

⑩ 正常运行机组在如下情况可进行启、停操作：

a. 新井下泵和检泵投产时的启动。

b. 停电后重新送电时启动泵(手动挡运行时)。

c. 维修设备、排除故障时的停、启机组。

d. 流程改造时的停、启机组。

e. 测压时的停、启机组。

f. 因经常性欠载停机而采用人工启动操作时，允许停机 30min 后再启动一次，如不能正常运转，应报专业人员进行处理。

⑪ 正常停机操作应做如下工作：

a. 停机前要记录停机原因、油压、套压、电流和电压等。

b. 停机进行维修，必须做好相序标记。

c. 停机时应先停机，再拉下总电源开关。不准带负荷拉总电源开关。

⑫ 启动正常运行 30min 后操作人员方可离开现场。

(3) 运行管理及维护保养。

① 每天巡回检查地面设备和井口，检查电压、电流、油压和套压值，出现异常应及时处理。

② 按时更换电流卡片。投产初期三天内生产试验阶段和查找处理故障期间应使用 24h 记录卡片。正常运行后使用 7d 记录卡片。

③ 每季度应对控制柜进行检查和维修保养，电流记录卡片应按时更换并存档。遇有停机情况必须在卡片上注明原因。

④ 应经常检查变压器，保证油面显示在规定范围内。每年应抽油样化验一次，发现不合格或干燥剂失效时应及时更换。

⑤ 检查校对电流记录仪，每 7 天应上一次发条，保证笔尖清洁、动作灵敏可靠。

⑥ 利用停机时间检查机组对地绝缘电阻和相间直流电阻及接线盒接触紧固情况。

⑦ 经常检查井口电缆密封情况并及时处理渗漏。

⑧ 机组正常运行时，除按规定进行检修和正常操作情况以外，不允许随意停机。

⑨ 开展电泵运行电流卡片分析。

⑩ 开展电泵运行的故障诊断与处理。

(4) 安全质量要求。

① 控制柜距井口距离应大于 10m ，在户内使用应有防护措施。

② 接线盒距离井口和控制柜不小于 5m 。

③ 井口至控制柜的接地线应连接牢靠，导线截面积不得小于 $16mm^2$，井场埋地电缆处须做标记。

④ 处理机组故障人员必须持证操作。

⑤ 需要停机时，不允许带负荷拉闸。

⑥ 采用刮蜡片清蜡或下压力计测压时，其深度应严格控制在测压阀或泄油阀以上 10～20m 。

⑦ 在测量电泵机组参数时，必须把控制柜总电源断开，并挂牌。

⑧ 电泵出现故障停机时，在没有查明原因排除故障前，不允许二次启动。

⑨ 更换电力变压器控制柜或电缆时，要做好相序标志。

⑩ 阴雨天电泵自动停机后，必须由专业人员排除故障。

⑪ 每口电泵井要配备应急灭火设备。

(5) 潜油电泵井机组运行电流卡片电流变化的分析。

① 正常运行电流卡片(图 14-36)。

正常运行时，卡片上画出的是一条等于或近似于电机额定电流值的圆滑、匀称曲线。与此正常运行电流曲线图形有任何偏差都是电泵机组或油井有变化的征兆。

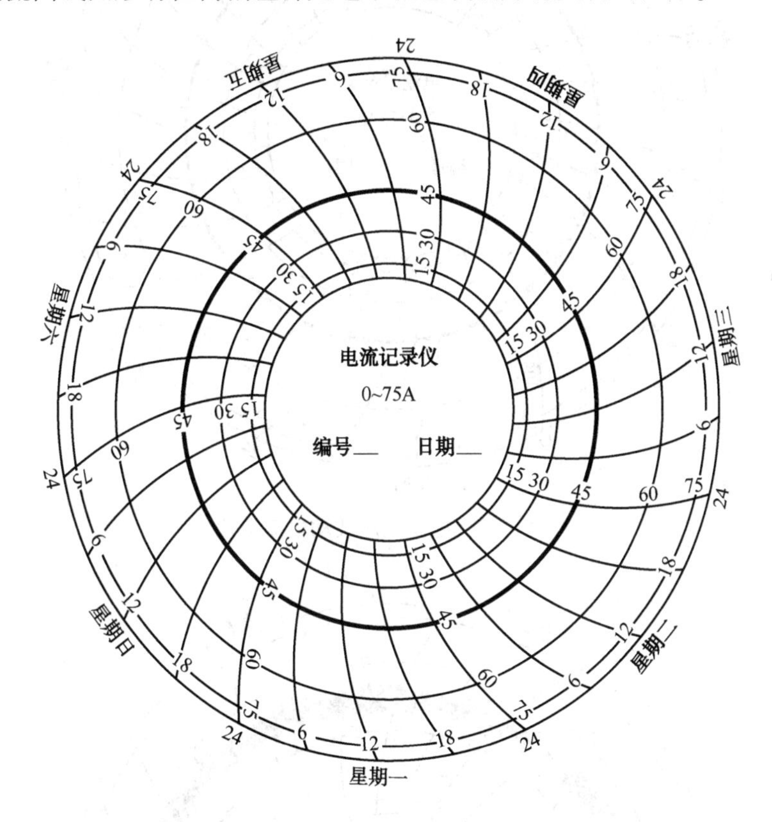

图 14-36　正常运行电流卡片

② 电源电压波动电流卡片(图 14-37)。

机组运行中工作电流与电压成反比变化。如果电源电压波动，则电流也波动以维持恒负荷。电流曲线上出现“钉子状” 突变，就是电压波动的反映。电压波动最常见的原因是主电源系统有周期性重负荷，是其他几种小的电压波动的组合。应避免多负荷同时启动，使其影响减至最小。电流尖峰常在雷电干扰中出现。

③ 气浸电流卡片(图 14-38)。

卡片上的曲线表明机组选型基本符合设计要求，但井液中含有一定程度的气体，受气体影响使产液能力下降。设计时应考虑气体影响，在泵吸入口处安装分离器并在井口安装套管定压放气阀。此种电流曲线也可能是由于泵内输送乳化液而造成的。曲线上的低值表示乳化体进入叶轮瞬间乳化液不致于影响叶轮的正常工作，只是降低了泵效。使用破乳剂可解决这个问题。

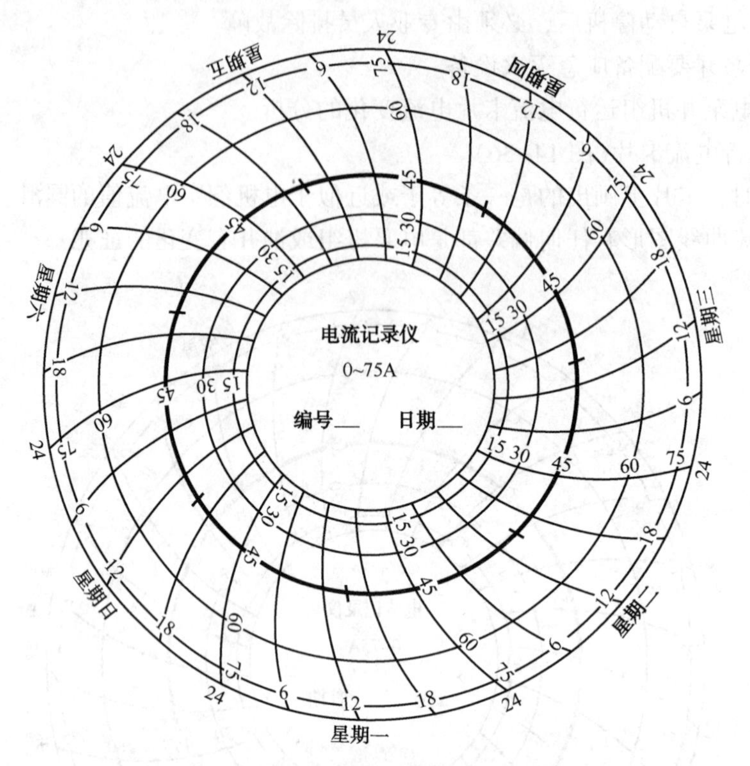

图 14-37　电源电压波动电流卡片

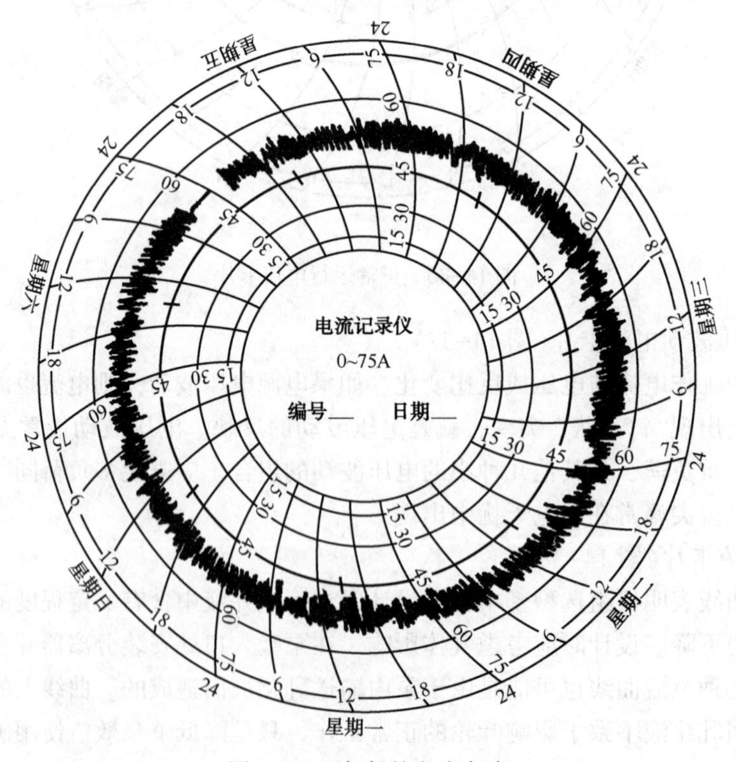

图 14-38　气侵的电流卡片

（6）潜油电泵故障分析及处理方法如表14-5所示。

表14-5　潜油电泵井机组运行故障诊断与处理方法

序号	故障现象	故障原因	处理方法
1	机组不能运转	控制柜无电压	检查三相电源保险管
		网路电压低	根据电机额定电压提升电压
		机组对地绝缘电阻过低	检查对地电阻，如过低起出机组
		机组（泵、保护器、电机）卡死	采用换电源相序或提升电压，如启动不起来，起出更换
		油黏度大，死油或泥浆过多	用轻质油（火油）或清水洗、浸泡
2	过载停机或烧保险	电缆、电机继路或短路	起出机组检查
		熔断丝小或过载系数整定值过低	检查溶继丝型号、规格，重新调整过载值
		单相运行或电压不平衡，电压过低	检查各相的电流值、保险及三相电压
		泵选过小或井底有杂质	排液量如过高可缩小油嘴，减小泵负荷，如有杂物可冲洗井底
3	欠载停机	机组某部位摩擦阻力太大	起出机组检查
		供电电压过低，压降太大	调整适当电压或更换电源线路
		中心控制器本身故障	更换、修理
		供液不足，泵抽空	缩小油嘴延长停泵时间或更换小排量泵
		油气比太高，泵产生气蚀	放套管气，安装旋转分离器
		轴断裂	先彻底洗井，确定泵吸入口没堵，可以测电流、检查产液量或起出更换
		中心控制器本身故障或信号线松断	更换、修理
4	泵没有排量	泵轴断裂	起出泵更换泵
		泵吸入口堵死	洗井或上提泵
		管柱蜡堵	用刮蜡片或化学清蜡
5	泵排量过小	管柱漏失或测压阀不严、泄油阀坏	起出泵检查或检查测压阀
		地面管线漏失	补漏
		管柱结蜡	清蜡
		气蚀	控制适当的套压
		泵吸入口堵塞	洗井或提泵检查
		泵叶轮、导壳结垢严重或磨损严重	酸洗或提泵检查
		电机反转	调换相序
		泵轴断裂	起出检查
6	机组运转电流高或电流不平衡	机组在弯曲的井中运转	上提或下放几根油管
		电压过低或单相运行	检查电压调整电压
		原油黏度过大或含砂量过多	加降黏剂或大排量洗井
		变压器电压不平衡	检查变压器三相直流电阻及三相电压或更换变压器
		控制柜主回路或接线盒接线接触不良	检查控制柜接线盒

续表

序号	故障现象	故障原因	处理方法
7	电流记录仪停止工作	信号线开路	检查电流记录仪接线头或电流互感器
		记录纸不转	卡片没锁住、卡片纸过薄需加厚，检查时钟是否运转
8	电流卡片计时不准	时钟不准	调整时钟快慢
9	电流记录与实际不符	记录仪与互感器不匹配	换记录仪或互感器
		卡片量程不对	换与记录仪配套卡片
		记录笔尖压卡片过紧或过松	调整笔杆压力或控制柜垂直度
		卡片记录线条过粗	卡片纸受潮或记录笔笔尖磨损严重应更换

3. 电动潜油泵井动态控制图分析

电动潜油泵井的生产动态分析也被采油人在生产实践中总结出了同抽油机井一样的分析方法，即电动潜油泵井动态控制图(图 14-39)。它也是把电动潜油泵井的油层供液与潜油泵采出的关系绘制在同一直角坐标系图中，以流压 $p_{流}$ 为纵坐标，以排量效率 J 为横坐标，同样直观地显示出一口井或一批井的生产动态。图 14-39 就是某油田电动潜油泵井特性曲线(流压与排量效率的关系)，其流压确定的原则是以油田开发制定的合理界限为准，最佳排量范围是以离心泵进出口压力最小与流量合适为准。统计本油田常用的圣垂(引进的) $250m^3/d$、$320m^3/d$、$425m^3/d$，雷达(引进的) $250m^3/d$、$320m^3/d$、$425m^3/d$、$550m^3/d$，天津(国产的) $200m^3/d$、$320m^3/d$ 主要泵型的最佳排量范围，确定了下述 4 条界限、5 个区域：

a：流压—排量效率最低线。

b：流压—排量效率最高线。

c：排量效率最低线。

d：排量效率最高线。

合理区：是电动潜油泵井流压与排量效率最佳范围区，即供液与抽出非常协调。

选泵偏小区：该区域的井流压较高、泵效高，即供液大于排液，可挖潜上产。

供液不足区：该区域的井流压较低、泵效低，即供液能力不足，抽吸参数过大。

生产异常区：该区域的井流压较高，但泵效低，即泵的排液能力丧失。

核实资料区：该区域的井排量效率与供液能力不相符，表明资料有问题，需核实录取的资料。

电动潜油泵井动态控制图的应用与抽油机井动态控制图相类似，在具体分析中结合电动潜油泵井的电流卡片基本上就可以准确地判断、分析电动潜油泵井的生产动态状况。

第七节　注水井生产调控与动态分析

注水井生产的调控主要是指围绕配注方案这个中心怎样控制实际注水量，也就是常说的

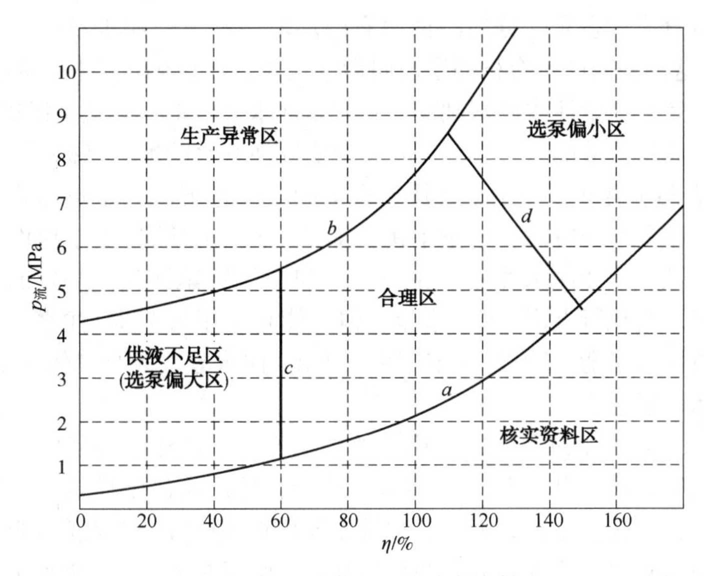

图 14-39　电动潜油泵井动态控制图

怎样定量定压注够水、注好水；而动态分析是围绕这个中心对配注计划完成的状况、注水合格率情况、井下配水管柱及油层吸水能力变化情况的分析。

1. 注够水、注好水

注水井的“注够水”是指在注水压力等条件正常的情况下首先要完成的就是配注计划，其注够水的标准是油田(多数)规定的：实际注水量应在配注(方案)计划的±10%范围内。“注好水”就是指在注够水的基础上尽量提高分层注水合格率，即高质量的注水。从注水井测试资料中可知，有的分层注水井注水合格率较高，但对应的注水压力范围却很小，如上一节注水井测试资料的例子中，当注水油压低于 13.50MPa 时，3 个层中就有 1 个层不合格，这也就是降低了注水质量；再如当注水油压高于 14.10MPa 时，就会使第三个层超过其注水合格范围(超注)，也会降低注水合格率。那么在实际注水工作中如何把握好既注够水，又注好水呢？这就是要认真严格执行“三定三率一平衡”的注水方法，这种方法是油田开发者在注水井生产管理实践中总结出来的比较科学的方法。

“三定”：首先是指对注水井全井或各层段的定性——地质开发中确定的该井或层段是加强注水层(油层吸水状况差，动用程度小)，还是控制注水层(油层水淹相对较严重，防止单层突进等)；其次是定量——在定性的基础上再根据配注方案确定每个层段的配注水量及全井的配注水量；最后才是定压——在各层段及全井注水量确定后进行分层测试，根据测试的成果找出要完成各层段及全井的注水量所需要对应的注水压力及范围(上限、中线、下限)。这里要注意的是定量决定定压，而定压是为了完成定量，即在日常注水时要以注水指示牌上的定压注水的原因。

“三率”：一是指分层井测试率——分层井有测试资料的井数占总分层注水井数的百分率，有测试资料是指分层井每半年必须测试一次(其间隔不得超过 6 个月)，在注水井上措施、方案调整等作业施工后还要及时上测试；二是指测试合格率——分层井测试合格的层段数占总层段数的百分率，在实际分层测试中有的层段完不成配注水量(尽管水嘴调到最大，注水压力也够)，这样的测试不合格的层段叫做平欠层，所以测试合格率的高低直接决定了能否真正注好水，是高质量注水的基础保证；三是注水合格率——就是指实际分层注水井注水合格的层段数占总层段数的百分率，它是反映实际注好水的惟一指标。

“一平衡”：有两个含义，一是指区块宏观上的阶段地下注入水量与采出地下的体积达到平衡；二是指注水井本身阶段注水量平衡，即某一阶段(时期)由于地面注水系统出现问题而使注水压力较低，致使注水井完不成配注(有时下限)累计欠注一定的水量，在注水压力恢复后，要尽量及时执行上限(最高水量，但不能超出压力范围)注水，补充前一段欠的水量，以实现阶段注采平衡。所以“三定三率一平衡”注水方法既是具体注水时执行的标准，又是宏观指导注水的思想。

“不对扣”：是实际注水过程中经常用到的一句术语，即注水井实际注水量及压力与测试水量及压力不相符。注水井一旦出现不对扣就会直接影响注水质量，严重时不能正常注水，所以要及时查找问题、分析原因。通常首先要检查并校对压力表有无问题，水表有无问题等；第二要及时检查生产流程有无问题，如闸阀的闸板有无脱落、管线有无穿孔；第三是洗洗井、吐吐水、看一看；第四是及时上报复测，通过测试来检查配水管柱有无问题(水嘴刺掉、堵塞)，封隔器是否失效等。以上 4 步都落实后，证明井下有问题就要及时上报作业处理；如果都无问题，就要通过测吸水剖面来检查油层吸水(能力是否发生了变化)状况。

2. 注水井动态分析

注水井动态分析主要有两个方面：一是日常生产管理中的注水状况分析，二是对注水管柱及油层吸水状况的分析。油层吸水能力的变化一般有两个原因：一是注入水质影响，如水质较差使井底油层被污染或堵塞；二是油层发生了较大的变化(连通的油井上措施等)，油层套管外发生窜槽等。

注水井通常注水状况分析基本为上文所述的“三定三率一平衡”的内容，而注水管柱状况与油层吸水能力则主要通过测试卡片、注水指示曲线及吸水剖面来分析。

(1) 注水井指示曲线。

注水井指示曲线是描述水井注水量与注水压力关系的曲线，如果把不同时期测试的曲线画在同一坐标内，就可以很清楚地对比出水井吸水能力变化情况，如图 14-40(a)中曲线Ⅰ为第一次测试的，曲线Ⅱ为第二次测试的，可以看出同一压力 $p_{下}$，下第二次吸水量 Q_2 比第一次吸水量 Q_1 容易($Q_2>Q_1$)。在图 14-40(b)中要注入同一水量 Q_1，第二次压力 p_2 比第一次压力 p_1 高，也就是说第二次吸水比第一次好，即该井吸水能力在变强。如果两次测试时间较短，第二次(通常叫检配)曲线整体与第一次曲线整体位移大，那么有可能是配水器内的水嘴被刺大(或掉)；反过来(曲线Ⅰ变为曲线Ⅱ)的话，则为水井吸水能力变差或水嘴堵(或塞)。如果是分层井，也用同样方法进行各层和全井逐一地对比，就可以得知某层变好还是变差，进而得出全井吸水(或管柱)变化情况。若怀疑配水管柱有问题，就要参考测试卡片以及吸水剖面来进一步验证。图 14-41 是常见典型的注水指示曲线。

(2) 分层测试卡片。

分层测试卡片反映井下配水管柱有时好于指示曲线，图 14-42 是常见的具有代表性的卡片。图 14-42(a)是正常测试卡片，(b)是测第二层时第四层水嘴有堵塞现象，(c)是时钟停走，没有画出台阶，(d)是第三层水嘴过大，造成封隔器不密封现象，或是第二级封隔器有漏失，(e)是第四层水嘴过大引起的第三级封隔器不密封，(f)是由于作业质量差，井底有死油或脏物等造成底部球座不严而引起的严重漏失或油管脱落。所以，测试卡片反映井下管柱情况比较直观，如果再结合下面的吸水剖面测试资料，则井下的多数问题基本都可以解决。

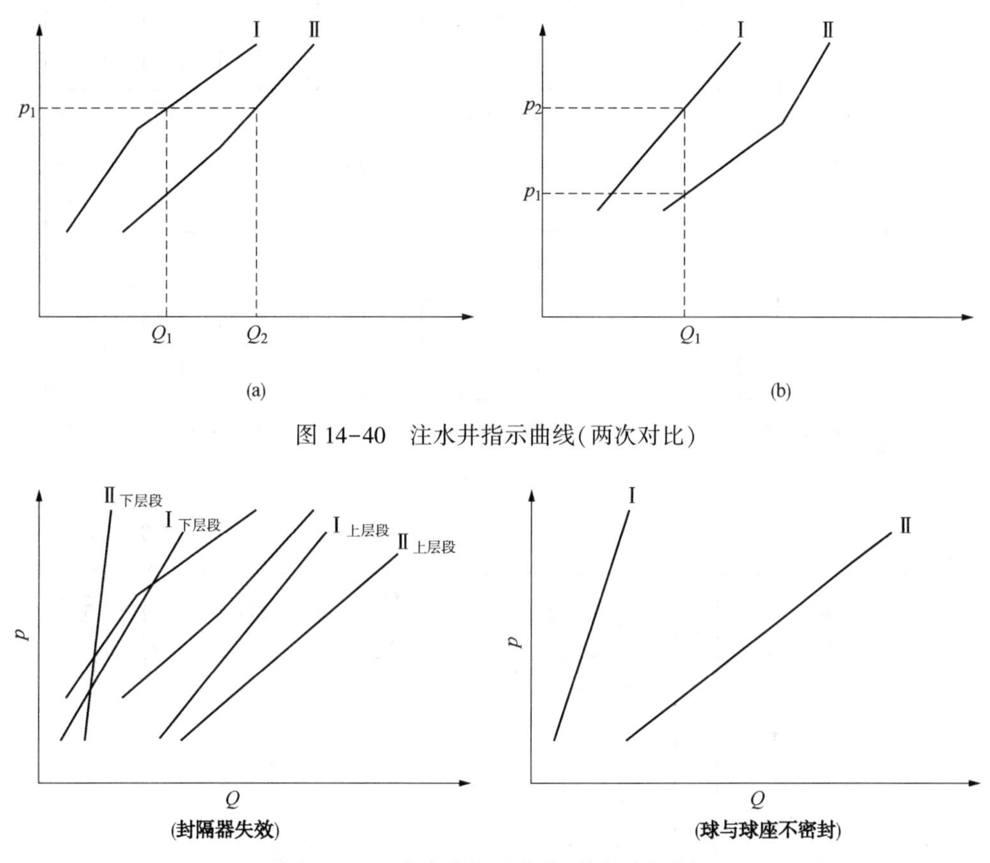

图 14-40　注水井指示曲线(两次对比)

图 14-41　注水井指示曲线(管柱有问题)

(3) 同位素吸水剖面曲线。

同位素测吸水剖面是利用放射性同位素做载体，与注入水配制成一定浓度的活化悬浮液注入油层内，其滤积在油层的浓度与吸水量成正比，再对其放射性进行测试，就会得出如图 14-43 所示的测试曲线。曲线上的异常值反映了对应层的吸水能力，并可根据其值的 XX 注水井同位素测吸水剖面图(二次对比示意图)大小计算出相对吸水量和绝对吸水量。其中，第二次测试的两条(同位素、自然伽马)曲线为编者所加，为了对比说明水井各层的吸水能力变化情况。两次测试结果为第三层段吸水量增大，第二层段吸水量降低，其他层吸水能力变化不大。吸水剖面除可以反映油层吸水状况外，还可以用来解决套管外窜槽井段及封隔器不密封问题，图 14-44 所示为利用吸水剖面找窜槽的例子。图 14-44 中的找窜原理是在检查已射开的吸水层位 Ⅰ、Ⅱ 之间，射开层位 Ⅱ 与未射开层位 Ⅲ 之间利用封隔器分别卡在图中的位置，由配水器注入放射性同位素活化液。从测试同位素曲线上可以看出：活化液已从套管外水泥槽窜入射开层位 1 内，证明层位 Ⅰ、Ⅱ 之间的井段套管外已窜槽。

总之，注水井的生产动态变化情况都可以由分层测试卡片、指示曲线、吸水剖面分析出

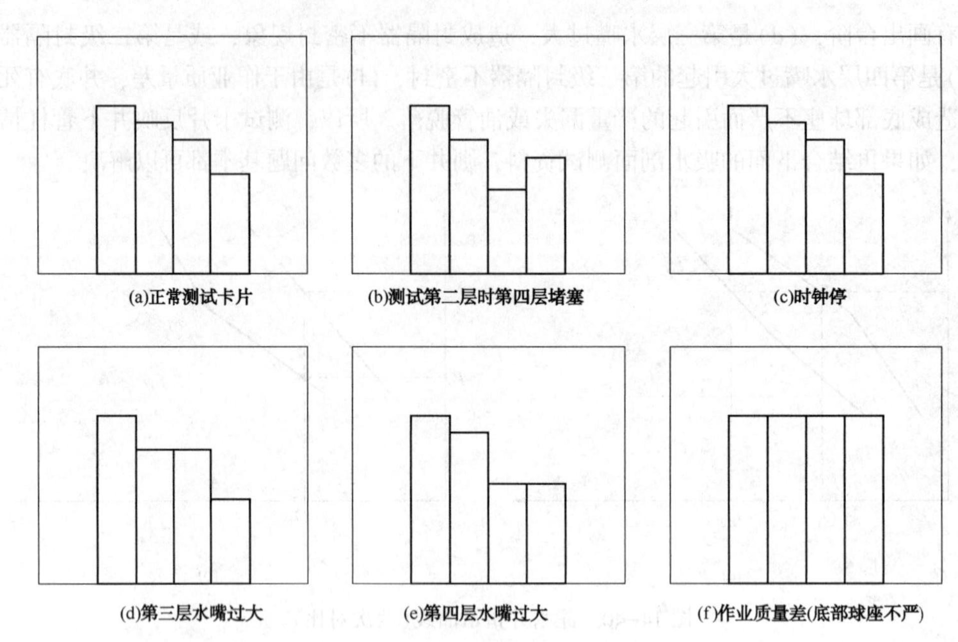

图 14-42　注水井分层测试典型卡片

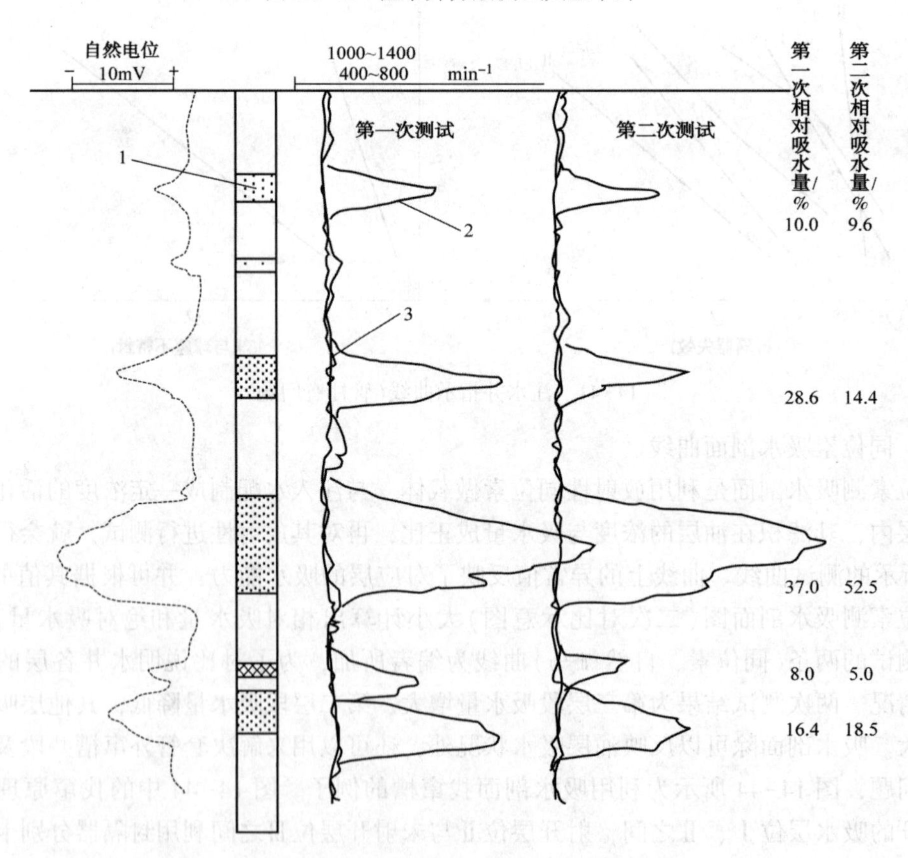

图 14-43　同位素测量吸水剖面图

1—吸水层；2—同位素曲线；3—自然伽马曲线

来，而几乎所有的问题最初都表现为注水不对扣，所以日常注水工作中的定压定量是进行注水动态分析的基础，必须学习、掌握好。

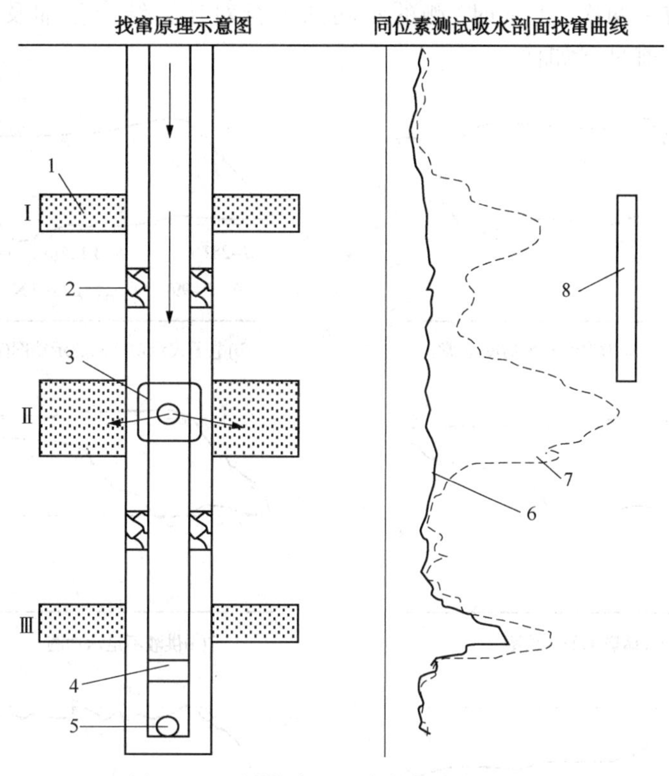

图 14-44　同位素测吸水剖面找窜解释图

1—射开油层；2—封隔器；3—配水器；4—工作筒；5—投球；6—自然伽马曲线；7—同位素曲线；8—窜槽井段

第八节　油水井动态资料整理与分析

1. 抽油机井示功图与动液面资料整理与分析

由于抽油机井采油在国内外各油田很早就被广泛应用了，所以对其深井泵抽油泵况分析——示功图的分析也有规律可寻。在大量生产实践中，人们总结了很多关于示功图分析的典型例子(图形)，如图 14-45、图 14-46 所示。

抽油机井示功图一般在现场具体分析的原则或方法是：

第一步：首先给示功图定性，即抽油泵是否在起作用——抽油(干活还是没干活)。

第二步：再对比典型的示功图以确定类型，核实并标定，画出上、下静载荷线。

第三步：最后在结合量油、动液面、井口憋压等更具体手段找出影响泵况(示功图)的原因。

如自喷图[图 14-45(i)]与漏失图[图 14-46(b)]在图形上相似，两者的动液面都很高(甚至在井口)，但通过量油就知道前者产量高(泵效高)，后者产量很低或者不出油。再如油管漏，即油套窜(上部)[图 14-45(e)]与正常图也相似，但前者量油时要比后者低一些，要准确地判断出来：一是看液面，即油管漏肯定是动液面高，井口一憋压就会发现套压也随着油压的升高而一点点地升高；还有一点更重要的是把该井本次测的示功图与前一两次(正常时)测的示功图进行对比，结合量油及动液面就可以较准确地分析该井目前泵况如何。

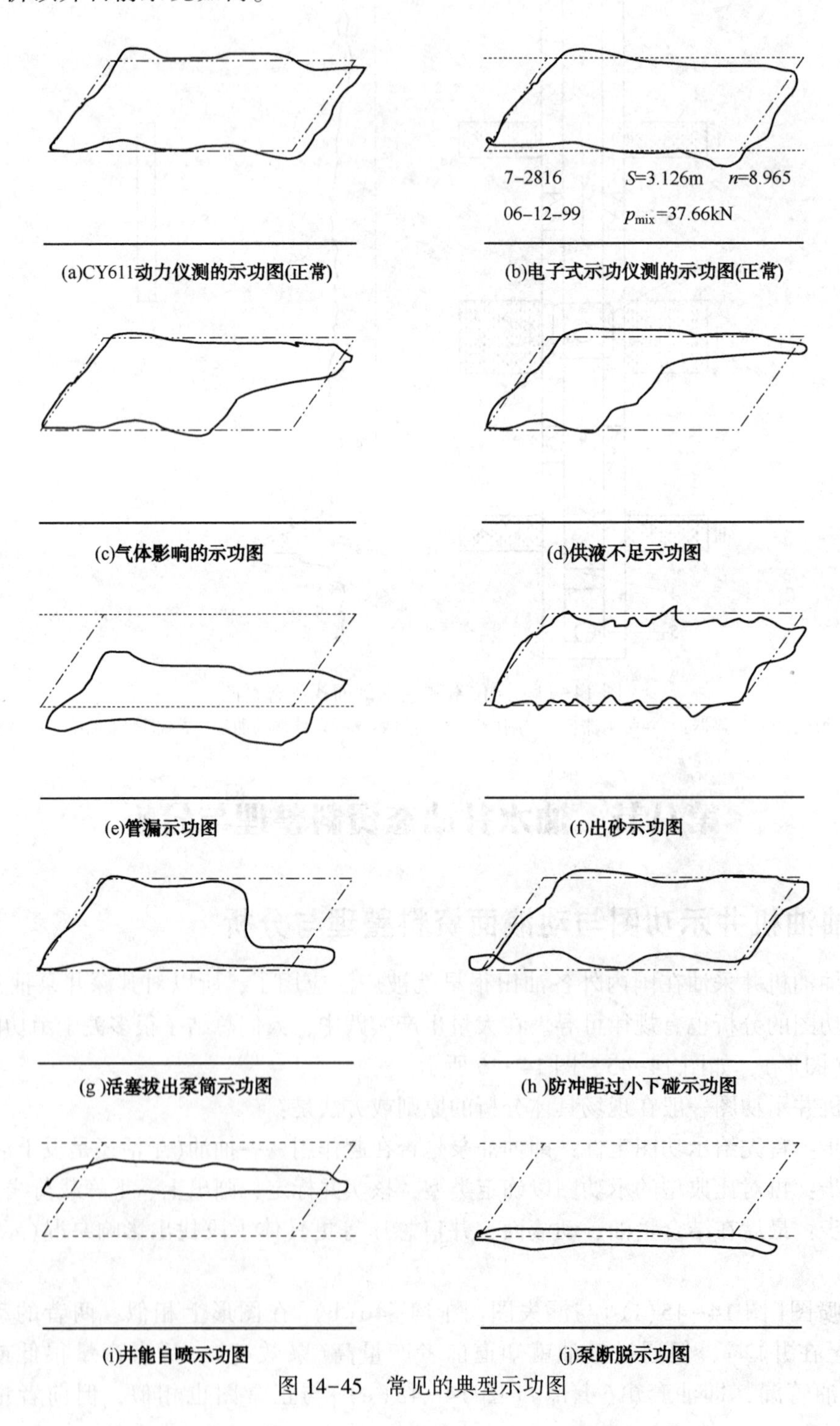

(a)CY611动力仪测的示功图(正常)

(b)电子式示功仪测的示功图(正常)

(c)气体影响的示功图

(d)供液不足示功图

(e)管漏示功图

(f)出砂示功图

(g)活塞拔出泵筒示功图

(h)防冲距过小下碰示功图

(i)井能自喷示功图

(j)泵断脱示功图

图 14-45　常见的典型示功图

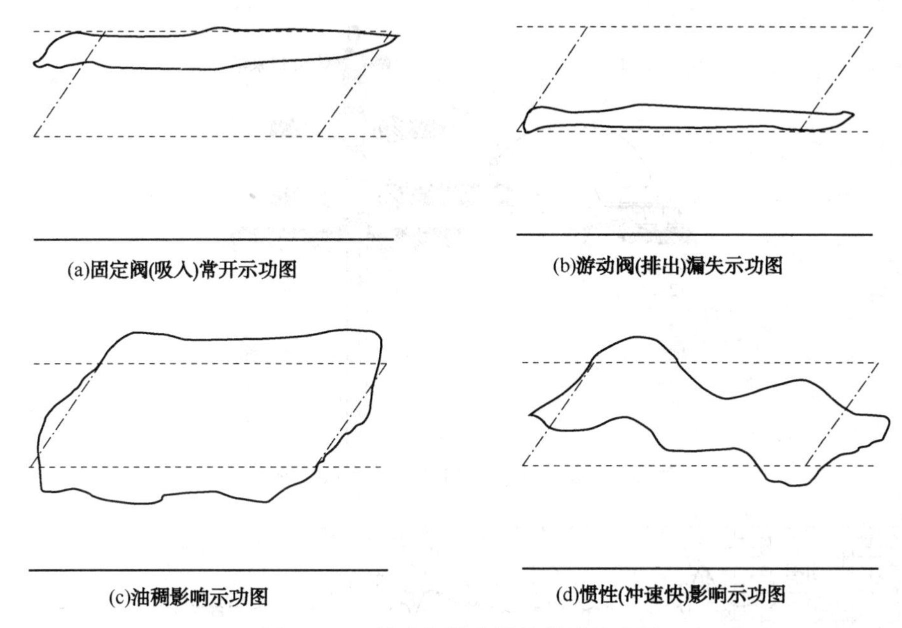

图 14-46 抽油机井常见的典型示功图

1）测动液面

动液面是指抽油机井(机采井)正常生产时利用专门的声波枪在井口套管测试阀处测得的油套环空液面深度数据。

目前国内大多数油田都采用的是 SJ-I 型双频回声仪来测试动液面(图 14-47)。其测试原理是：利用声波枪发出的声波，由井口经油套环空传递到液面处产生回声波返至井口声波枪后，与其前发枪时的声波均被双频回声仪接受并放大，再通过记录笔(电子)绘制出高、低两条声波曲线(图 14-48)。其测试(录取)过程为：首先检查确认测试仪器校检合格情况，确认声波枪、记录纸笔等无问题后，在井 VI 关套管测试阀，放压(在压力表处)，卸掉套管堵头装好声波枪，接好测试线(枪与记录仪)，给枪装好子弹(无弹头)，缓慢打开套管测试阀，开记录仪电源开关，选择慢速走纸挡，用手侧面轻敲枪体观察并调整高、低频记录笔至合适后，开快速挡走纸，同时迅速扳动枪机(放枪)，最后测出如图 14-48 所示的液面波曲线。图中 *A* 点为放枪时的声波，*B* 点为第一次液面返回波，*C* 点为第二次液面返回波。

测试的曲线合格标准在现场为：一是两次反回波峰点对折后曲线上的距离基本相等；二是当第二次返回波不明显时，就要重复第一次过程再装子弹测第二张液面波曲线，并且两次的液面波的距离也应基本相等。这样把测好的液面波曲线填好井号、测试日期、仪器号，就可回交地质(组)计算该井液面深度了。

2）测静液面(静压)

测抽油机井静液面是指根据油田动态检测点计划，在指定的抽油机井利用双频回声仪在井口套管处测得的关井后液面恢复(井停抽后动液面逐步上升)数据。其方法近似于测动液面，不同的是测静液面是从关井时刻测的第一次液面起，要按油田规定每隔几小时就要再测一次逐步回升的液面波，直至液面不再上升为止。最后，把测得的各条曲线一起回交地质(组)计算。

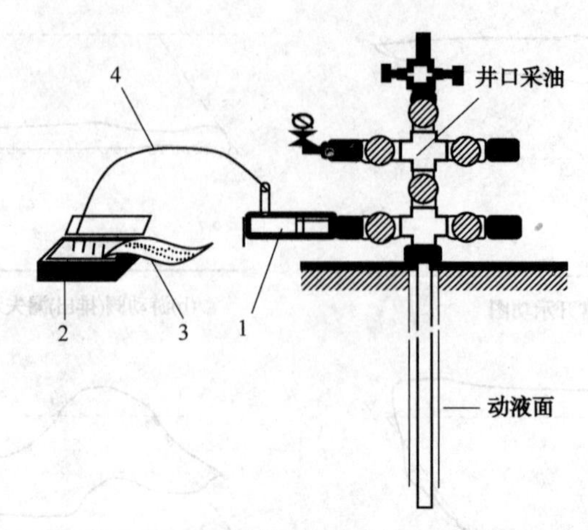

图 14-47 测抽油机井动液面示意图

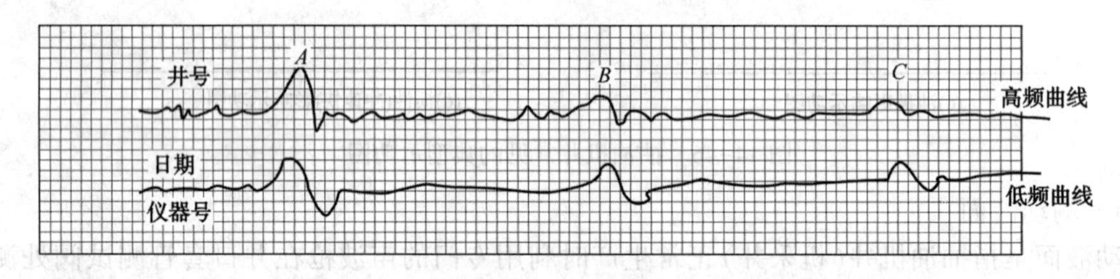

图 14-48 双频回声仪测的液面波曲线示意图

如果抽油机井井口是偏心型采油树，可直接下小直径压力计到井底测压，最后把测得的压力恢复卡片交回地质(组)计算出该井静压值。

2. 注水井测试资料的整理与分析

注水井测试资料是非常重要的资料，是通过井下测试流量计与井下配水管柱配合测试出的各段(分层注水井)或全井水量与压力的关系测试资料(注水井指示曲线)。这一测试过程一般都是由专业测试工来完成的，具体测试过程是把校检合格的井下流量计从井口油管下入到井下分层注水管柱，由下向上按各层段配注水量测出各层及全井水量与压力的关系。下文中将着重分析测试资料的整理过程及注水中如何应用其测试成果。

1）测试卡片

测试卡片是注水井井下测试时，由测试仪器把测试的各层注水量直接画在专用的测试卡片上的，是测试的第一手资料。目前测试卡片随着测试技术的发展，正由以前的机械式变成电子式卡片。图 14-49 所示为某井的实测卡片。

图 14-49 中 4 张卡片均为机械式卡片，其中前 3 张[(一)、(二)、(三)]为正常测试卡片，第四张[(检)]为检配卡片。该井分 3 个层段注水，图中 4 个台阶(柱状)的第一个为仪器下井过程，第二、三、四为 3 个层段测试水量。4 张卡片在技术上均为合格卡片，每张卡片左上角的标注依次为：井号(3-3722)、测试时的泵压、油压、井口油压、卡片序号，右上角为测试日期。另外，电子式测试卡片如图 14-50 所示。其特点是可记录全过程压力，分层水量及压力均可直接打印出来。

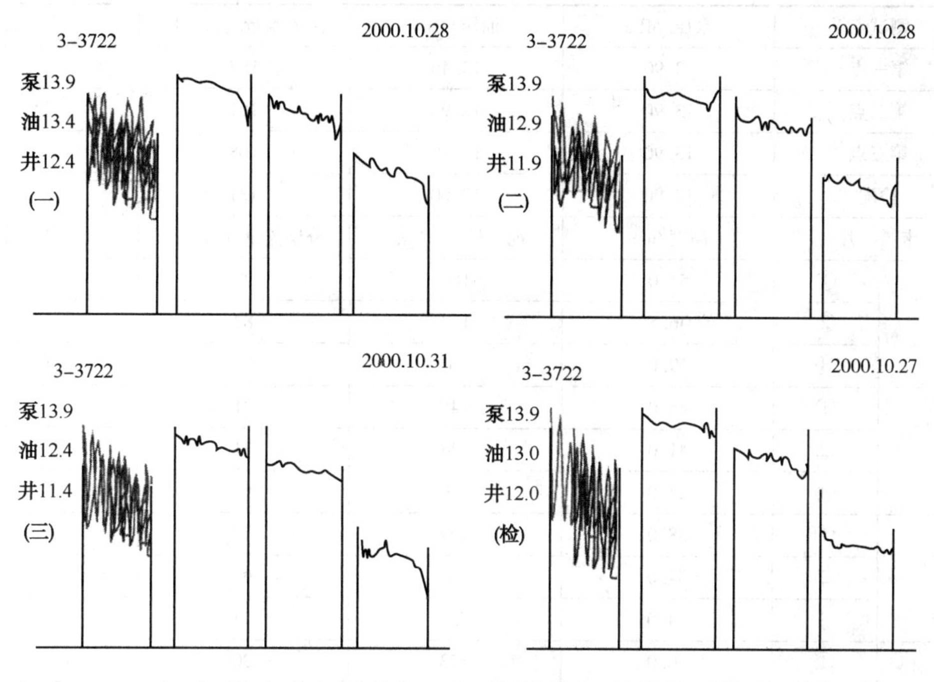

图 14-49　某油田 3-3722 注水井分层测试卡片

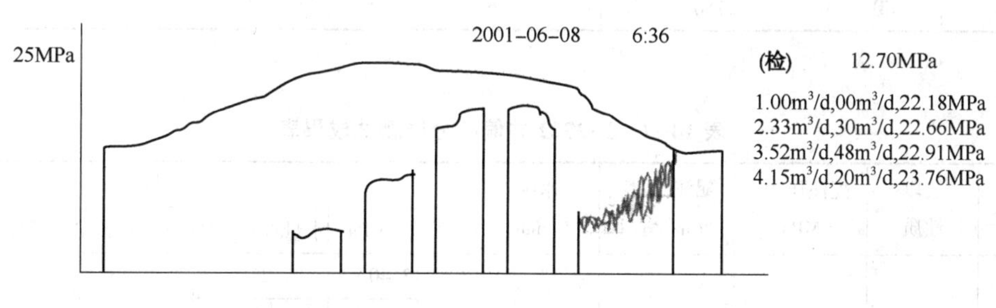

图 14-50　某注水井分层测试(电子式)卡片

2）测试水量

测试水量计算是先用直尺(mm)在卡片上测量出每个测试台阶高度，再由仪器流量校检曲线上查出相应的水量(视水量)。由于测试时是由下往上逐段测试的，即各层的实际水量是前一台阶与后一台阶的差，结果如表 14-6 所示。

3）测试成果

注水井分层测试成果就是把表 14-6 中的两项结果再进一步综合整理成如表 14-7 所示的分层测试后的各层段、各测试压力点水量的详细状况。表 14-7 并不是采油工注水时执行的依据，而是还要把测试成果再绘制出分层指示曲线，再从曲线上按各层配注及全井配注上、下限范围确定实际注水时的定量定压范围，其确定原则是：所有的上限中最低点(压力)为上限，所有的下限中的最高点(压力)为下限，再由此确定的上、下限压力找出全井的上、下限水量(图 14-51)。

表 14-6　3-3722 井分层流量测试记录表

	测试点		泵压/MPa	油压/MPa	注入水量/(m^3/d)	备　注
配水间记录	第一点		13.90	13.40	187	
	第二点		13.90	12.90	151	
	第三点		13.90	12.40	108	
	检配		13.90	13.00	181	
	卡　片		高度/mm	视水量/(m^3/d)	分层流量/(m^3/d)	备　注
卡片数据整理		①	51.0	180	27	
		②	46.5	153	82	
		③	19.0	71	71	
		①	45.0	145	21	
		②	41.0	124	71	
		③	24.0	53	53	
		①	38.0	109	18	
		②	34.0	91	68	
		③	14.0	23	23	
	检	①	50.0	173	20	
		②	46.5	153	89	
		③	27.0	64	64	

表 14-7　3-3722 井偏心分层测试成果表

配注层段	层段性质	配注压力/MPa	配注水量/(m^3/d)	水嘴/mm	资　料			
					压力/MPa	水量/(m^3/d)	差值/(m^3/d)	检配/(m^3/d)
P_{I}	控	13.40	40	12.0	13.40	27	-13	20
					12.90	21		
					12.40	18		
P_{II}	平	13.40	80	12.0	13.40	82	2	89
					12.90	71		
					12.40	68		
全井		13.40	190		13.40	180	-10	173
					12.90	145		
					12.40	109		

注：测试合格率为 2/3。

各层及全井上、下限的确定以其各自的配注为基数，其分层的范围为配注的±20%，全井的范围为配注的±10%(该井所属油田的标准)。这样该井的上、下限水量为：

第一层(P_{I})配注 40m^3/d，上、下限：48~32m^3/d；

第二层(P_{II})配注 80m^3/d，上、下限：96~64m^3/d；

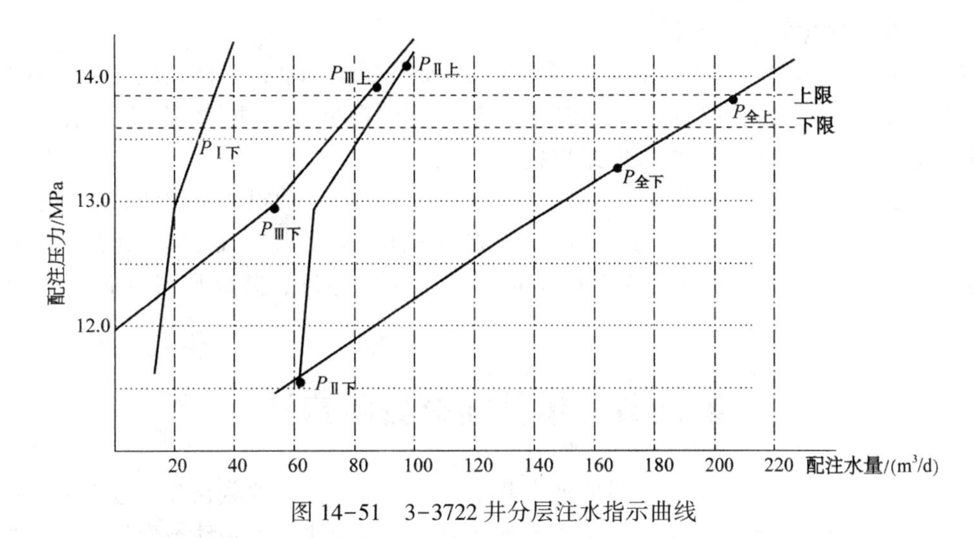

图 14-51　3-3722 井分层注水指示曲线

第三层($P_{Ⅲ}$)配注 70m³/d，上、下限：84~56m³/d；

全井($P_{全}$)配注 190m³/d，上、下限 210~170m³/d。

把所有的上限和下限标在各自的指示曲线上，就可以按前面的方法确定最终该井的定压范围，即 13.70~13.90MPa。所以该井的注水压力可调范围很小，这主要是第一层段吸水较差(最高测试压力点注水量相差 32.5%)所致。

4）注水指示牌

对于采油工来说，前面只是为最后确定定量定压指示牌而进行的整理过程，表 14-8 所示即为采油工日常注水执行的注水指示牌。

表 14-8　XX 间(站)3-3722 井注水卡片

序号	层　位	配注	水嘴	管　柱	注　水　指　标
1	XX1~YY1	40	12		全井日配注：190m³/d； 注水类别：分层井； 测试日期：2000.10.28； 定压范围：13.70~13.90MPa； 定量范围：192~210m³/d； 每分钟注水量：0.13~0.15m³/d； 每班注水量：64~70m³/8h； 测试合格层：2； 签发日期：2000.11.06
2	XX2~YY2	80	12		
3	XX3~YY3	70	孔 1.2		

实际上，采油工还要用一张小层分水百分表来计算每天的分层注水合格率，即由表 14-7 中的测试成果的 3 个测试点来推算每隔 0.1MPa 的压力点所对应的注水量。

需要注意的是，上限压力不能超过井的破裂压力。笼统井只有一个全井的注水曲线，注水范围是配注水量的±10%。

5）水质化验

注水井水质化验资料有两点含义：一是指对注入水质的监测化验资料，二是指对注水井洗井时的洗井状况化验结果资料。

注入水质监测的化验资料是依据油田对注入水质规定的标准，定期在注水系统的监测点处进行取样化验，通常是指对其注入水中悬浮物杂质的含量和含铁(离子)量的化验。化验的结果不能超标，如果超标就要及时采取措施。

洗井化验资料是指注水井按计划定期洗井或注水井调整作业投注时的洗井，对进口和出口都取样进行化验，其化验标准与上面的水质监测一样，除要求进口与出口化验的结果一致外，还要求洗井时的进、出口的 3 个排量也要符合洗井标准，并做好各项记录和资料的整理。

第九节　单井动态分析方法

油田动态分析工作就是通过大量的油水井第一性资料，分析油藏在开发过程中的各种变化，并把这些变化有机地联系起来，从而解释现象，发现规律，预测动态变化趋势，明确调整挖潜方向，对不符合开发规律和影响最终开发效果的部分进行不断调整，从而不断改善油田开发效果，提高油田最终采收率。

油田动态分析可分为单井动态分析、井组动态分析、区块动态分析和全油田动态分析，或者也可分为阶段分析，年度分析，月、季度分析。

1. 油田动态分析方法

油田动态分析的方法多种多样，基本方法有理论分析法、经验分析法、模拟分析法、系统分析法、类比分析法等，分析时可以多种方法综合利用，既互相弥补又相互印证。

1）理论分析法

就是运用数学的、物理的以及数学物理方法等理论手段，结合实验室分析方法，建立油田动态参数变化的数学模型，考虑各种影响因素，推导出理论公式，绘制出理论曲线(如相渗透率曲线等)，指导油田的开发和调整。

2）经验分析法

应用大量现场生产数据资料，回归出经验公式指导油藏的开发；也可以依靠长期的生产实际经验，建立某两种生产现象之间的数量关系，同样可以指导生产实践。

3）系统分析法

有两种系统分析法：其一称为节点分析法，即把井系统从地层泄油边界开始，到油层、井筒、地面计量当作一个整体，把这个整体分为几个组成部分，在其中选定一些节点，研究每个组成部分的压降与流量的关系，并相应建立起压力—产量关系的模型，通过对这些模型的分析，优选最佳生产状态，达到优化全系统生产的目的。

另一种是把井、区块和油藏按开发时间顺序分为不同开发阶段，系统地分析开发过程中动态参数的变化特点，总结出不同开发阶段的开发规律，分析其成因，从而指导人们进行正确的调整。

4）模拟分析法

分区块建立物理模型，借用大型计算机，通过流体力学方程，应用数学上的差分方法把模型分为若干个节点进行计算，重现已发生过的油藏开发过程，并模拟出今后一段时间内油藏各动态参数的变化结果，为油田的调整提供参考。

5）类比分析法

把具有相同或相近性质的区块或油藏进行分析对比，采用相同的指标对比其开发效果，以便及时总结经验教训，指导开发调整。

2. 单井动态分析

1）油井单井分析的任务和内容。

（1）主要分析产量、压力、含水率、油气比、采油指数的变化及原因。

（2）拟定合理的工作制度，提出合理管井及维修措施。

（3）分析井下技术状况。如封隔器工作状况、蜡堵、砂堵、串槽、套管变形等。

（4）分析油井注水状况，见效、见水、水淹情况，出水层位及来水方向，油井稳产潜力等。

（5）分析作业措施效果。

2）单井动态分析的方法

（1）统计整理单井分析所需资料。

① 静态资料。井别、投产时间、开采层位、完井方式、射开厚度、地层系数、所属层系、井位关系等。

② 动态生产数据及参数资料。日产液量、日产油量、含水率、日注水平、动液面深度，以及油井所用机型、泵径、冲程、冲次，投产初期及目前生产情况；注水井井下管柱、分层情况、注水压力、层段配注和实注水量等。

（2）绘制油、水井生产曲线等图幅及油、水井生产数据表、油水井措施前后对比表等。

（3）对油、水井进行初步分析。

① 油井分析产液量、产油量、含水率及动液面等指标的变化情况。

一般分为以下几种情况：a. 好，液量、含水率较稳定，液面与抽汲参数合理；b. 一般，液量略低、液面略降，继续对比分析查原因；c. 较差，主要液量明显下降，泵况变差，继续对比分析查原因；d. 很差，地下供液能力差而抽汲参数最小，可直接提措施调整。

多油层合采的油井要找出主要出油层，单层生产油井分析其层内主要出水部位或主要出水韵律层。

② 分析水井各小层实际注水量与配注水量的吻合情况，结合注水井分析油井生产指标随注水量变化的规律。

水井注水量一般分为几种情况：a. 最好，实际注水量与配注水量接近，全井及分层吸水量均达到方案要求，要继续保持下去；b. 较好，两者差值幅度在±10%范围内；c. 较差，两者差值幅度超出±20%范围。其中+20%的为超注，易导致油井含水率的上升，是开发方案不允许出现的，要找出人为调整注水量的原因。

（4）综合分析，找出主要问题。

① 油井主要从以下几个方面进行综合分析。

a. 抽油泵工作状况分析。

抽油泵工作正常与否，直接影响油井产量、含水率和压力的变化，因此油井动态分析要首先排除抽油泵工作状况的影响。要强调的是抽油泵工作状况分析，一定要结合油井产量、含水率、液面和流压等资料进行综合分析，不能单纯地依靠某一种资料。

b. 油井压力变化分析：主要分析静压、流动压力变化。

c. 油井含水情况分析：

水源分析。油井中的水一般包括两类，即地层水和注入水，判断方法如下：油层有底水时，可能是油水界面上升或水锥造成的；离边水近时，可能是边水推进或者是边水舌进造成的，这种情况通常在边水比较活跃或油田靠弹性驱动开采的情况下出现；水层窜通，夹层水或上、下高压水层，由于套管外或地层因素引起的水层和油层窜通；注水开发油田，可能是注入水推至该井；油井距边水、注入水都较近时，总矿化度长期稳定不变是边水，总矿化度逐渐降低是注入水；油井投产即见水，可能是误射水层，也可能是油层本身含水(如同层水或主要水淹层)。

分析主要见水层。判断主要见水层通常有5种方法：根据生产测井资料判断；根据分层测试资料判断；根据油层连通情况判断；注指示剂判断见水层位及来水方向；根据油水井动态资料判断。

含水率变化分析。注水开发的油田，油井含水率变化有一定的规律性，不同含水阶段，含水率上升速度不同。油井含水率上升速度除了受规律性的影响外，在某一阶段主要取决于注采平衡情况和层间差异的调整程度。一个方向(特别是主要来水方向)超平衡注水必然造成油井含水率突升；一个或多个层高压、高含水，必然干扰其他层的出油，使全井产量下降。因此，分析油井含水率变化时，可以从以下7个方面入手：结合油层性质及分布状况，搞清油、水井连通关系；搞清见水层特别是主要见水层主要来水方向和非主要来水方向；搞清油井见水层位及出水状况；分析注水井分层注水状况，根据各层注水强度的变化，分析主要来水方向、次要来水方向注水变化与油田含水率变化的关系；分析相邻油井生产状况的变化；分析油井措施情况；确定含水率变化的原因，提出相应的调整措施。

d. 产油量变化分析。

e. 分层运用状况分析。

在注水开发多油层非均质砂岩油田过程中，搞清油井产量及压力、含水率的变化，必须进行分层动态分析，了解分层运用状况及其变化。而分层运用状况分析，主要是层间差异的分析。层间差异产生的原因及表现形式：油层性质不同；原油性质不同；油层注水强度不同，造成油层压力的差异；油层含水不同，对水的相渗透率也不同，高含水层往往是高压层，干扰其他油层正常出油。

f. 气油比变化分析。

② 水井主要从以下几个方面进行综合分析。

a. 注水井油、套管压力变化分析。能够引起注水井压力变化的因素有：泵压变化；地面管线穿孔或被堵；封隔器失效；配水嘴被堵或脱落；管外水泥窜槽；底部凡尔球与球座不密封等。

b. 注水量变化分析。注水量上升的原因：地面设备的影响，井下工具的影响，地层的原因。注水量下降的原因：地面设备的影响，井下工具的影响，水质不合格，地层压力回升，注水井井况变差。

c. 吸水能力的分析。

分析分层吸水能力可通过所测得的指示曲线来求得分层吸水指数，或通过同位素或井温去测得吸水剖面，用各层的相对吸水量来表示分层吸水能力。

(5) 提出相应措施。

3. 聚合物驱动态分析

聚合物溶液注入油层后，可以增加注入水的黏度，控制注入层段中的水油流度比，同时，由于油层吸附而增加渗流阻力，可较大幅度地扩大注入水波及体积，增加可采储量，提高采收率。

1)动态变化特征及分析内容

(1) 动态变化特征。

① 油井流压下降，含水率大幅度下降，产油量明显增加，产液能力下降。

注聚合物后，增加了注入流体的黏度，流动阻力增加，使压力传导能力下降。因此，即使注入压力提高，生产井流压仍呈明显下降趋势。

② 注入压力升高，注入能力下降。

如大庆油田中西部注聚区块，注水和注聚相比，完成相同注入量，一般注水压力由4.8MPa提高到7.4MPa，提高2~3MPa，吸水指数下降35.6%。注入压力上升幅度与油层沉积状况关系较大，油层连通率高区域，压力上升幅度低于油层连通率相对较低的区域。

③ 采出液聚合物浓度逐渐增加。

由于地层对聚合物的吸附捕集量存在饱和(或平衡)值，随着注入量的不断增加，采出井中聚合物浓度必呈逐渐增加现象。

④ 聚合物驱见效时间与聚合物突破时间存在一定的差异。

根据聚合物驱动态反映统计，采出井多数是先见效后突破，或者同步，但少数井是先突破后见效；总的来看，先见效后突破的井，增油效果好，聚合物利用率高；先突破后见效的井，含水率下降幅度小，增油效果差。

⑤ 油井见效后，含水率下降最低点的稳定时间不同。

在油田实际生产中，由于各井地质条件不同，注采井连通状况各异，造成聚合物在地层中流动阻力不同，波及能力也有差别，因此，含水率下降到最低点的稳定时间也不同。

⑥ 改善了吸水、产液剖面，增加了吸水厚度及新的出油剖面。

聚合物驱室内模拟实验和矿场试验结果都表明，在非均质油层中，聚合物溶液的波及范围扩大到了水未波及到的中低渗透层，从而改善了吸水、产液剖面，增加了吸水厚度及新的出油剖面。

(2) 动态分析内容。

主要包括注入与采出状况、动态变化及影响因素。

① 采出状况分析包括产液(油)量，含水率，产液(油)指数，产液剖面变化及产出聚合物浓度。

② 注入状况分析包括注入压力状况，注入量，注入聚合物浓度，注入黏度，注入速度，注采比及吸水能力变化。

③ 各种动态变化规律及影响因素分析包括IRP曲线，驱替特征曲线，霍尔曲线等。

由于聚合物驱各采出井地质条件不同，注采井间连通状况各异，因此，不同的区块、不同的井组、不同的油井会出现不同的聚合物驱油效果，但总的规律大致上是相同的，在实际生产中要根据各个油(水)井的具体情况进行分析。

2)聚合物驱动态分析方法

(1) 分析全区块聚合物用量与含水、产油的关系。

与水相比，聚合物是一种昂贵的化学剂，聚合物用量(用 V_p 表示，单位为 mg/L)是指区块地下孔隙体积中所注入的聚合物溶液量，计算公式为：

$$聚合物用量=\frac{聚合物溶液注入量}{地下孔隙体积\times 聚合物溶液浓度} \tag{14-81}$$

根据数值模拟计算，在一定的油层条件和聚合物增黏效果下，聚合物用量越大，聚合物驱油效果越好，提高采收率值幅度越高，但当聚合物用量达到一定值以后，提高采收率的幅度就逐渐变小。

进行聚合物动态分析时，应结合注聚区块油层的地质特征，认识不同的聚合物用量下区块含水、产油之间的关系，确定吨聚合物增油量的最佳区间。一般情况下，随着聚合物的注入，油井含水率要逐渐上升，产油下降，注入到某一聚合物用量后，含水率达到最高值，油井开始见效，以后，随着聚合物用量的增加，含水逐渐下降而产油逐渐上升。

在整个区块，油井见效后，全区块含水率下降，产油上升；随着聚合物用量的增加，油井含水率下降幅度增大，产油上升值增大；当含水率下降幅度达到最大值(含水率达到最低点)后，随着聚合物用量的增加，含水率稳定一定的时间后又逐渐上升，产油开始下降，直到含水率上升到 98%，全区注聚结束。

(2) 分析注入压力上升与聚合物用量的变化。

注聚合物后，由于聚合物在油层中的滞留作用以及注入水黏度的增加，油水流度比降低，油层渗透率下降，流体的渗流阻力增加，因此，与水驱开发相比，在相同注入速度下，注入压力上升。注聚合物初期，聚合物用量较小，注入井周围油层渗透率下降较快，导致注入压力上升快；当聚合物达到一定量后，近井地带油层对聚合物的吸附捕集达到平衡后，渗流阻力趋于稳定，注入压力亦趋于稳定或上升缓慢。即随着聚合物用量的增加，注入压力上升较快，注入一定量后，注入压力趋于稳定或稳中有升。

(3) 以采出液浓度的变化分析采液指数的变化。

聚合物溶液具有较高的黏弹性，在油层中由于存在滞留、吸附、捕集等作用，而使其渗流阻力增加，油层渗透率下降，大大降低油层的导压性，反映在油井上，产液能力下降，产液指数下降。但是随着聚合物注入量的增加，采液指数不会持续下降，逐渐趋于一个稳定值。

采出液浓度在聚合物突破油井后，含量逐渐上升，此时，产液指数逐渐下降。当采出液浓度达到某一值时，聚合物驱油效果达到最佳，此时产液指数也处于逐渐稳定阶段。以后采出浓度快速上升，驱油效果随之缓慢下降，采液指数大体仍趋于稳定或稳中有升。

(4) 分析油层垂向和平面波及效果。

由于聚合物具有调整吸水剖面，扩大注入液的波及体积作用，因此，注聚合物后，使油层中未见水层段中采出无水原油，同时抑制高渗透、高水淹部位的出油能力。所以，在聚合物驱过程中，对油、水井进行分层测试以及注示踪剂监测，可以对比分析聚合物驱过程中油层吸水厚度和出油剖面变化，分析注聚合物后油层垂向和平面非均质波及调整效果。

（5）分析井组单井含水率变化。

在同一注聚区块内，同一井组的生产井，由于油层发育状况和所处的地质条件不同，注采井间的连通状况存在较大差别，水驱开发后，注聚油层中剩余油饱和度分布状况不同，因此，同一井组中的油井生产情况及见效时间也各自不同。在正常生产的情况下（注入井浓度、黏度符合方案要求并能保持连续注入，生产井井况、泵况正常且工作制度合理），一般是注采系统完善的中心采油井先见效，先见到聚合物驱效果。

因此，必须认真分析对比井组内各单井的动态变化，分析效果好、见效快井的地质特征，查找见效慢、增油量低井的原因，进行针对性的分析，揭露矛盾，分析发展趋势，采取有效措施，保证井组稳产，为聚合物驱生产提供保证。

（6）分析油层条件、油井连通状况与含水率变化的关系。

从实际生产来看，在聚合物驱过程中，一般采油井含水率变化有3种类型：

① 含水率下降速度快，幅度小，回升快。此时采油井多数地层系数小，含油饱和度低，连通性差，受效方向少。

② 含水率下降速度较慢，幅度较大，稳定时间较长，回升较快。此时采油井油层条件较好，剩余油饱和度较高。

③ 含水率下降速度较慢，幅度较大，稳定时间长，回升慢。此时采油井油层条件好，地层系数大，含油饱和度高，连通性好，受效方向多。

（7）分析剩余油饱和度、地层系数与含水率下降幅度的关系。

注聚合物后，采油井见效，含水率下降。含水率下降幅度与油层各层段剩余油饱和度（相当测试含水率）和地层系数存在一定关系。通常是层段含油饱和度高（含水率低），地层系数大的油井含水率下降幅度大。

第十五章 注采井组分析

第一节 油藏动态分析方法

1

目 录

一、油藏动态分析基础

二、单井动态分析方法

三、井组动态分析方法

2

目 录

一、油藏动态分析基础

1、油藏动态分析的概念

2、油藏动态分析的基本要求

3、油藏动态分析的主要内容

4、油藏动态分析需要的基础资料

5、油藏动态分析的分类

6、油藏动态分析的分级管理

3

1、油藏动态分析的概念

油藏动态分析是应用各种资料和手段分析油藏内流体的运动规律、开采规律和分布状态，其目的是通过分析认识油藏，提出治理改造油藏的措施，实现好的经济效益和高的采收率，经济有效地开发好油藏。

油藏动态分析是评价油藏开发效果，编制油藏综合调整方案、规划组织生产和实现油藏科学管理的一项重要工作，它贯穿于从油藏出油直至废弃的全过程，是搞好油藏经营管理的关键环节，是油田开发的一项经常性的基础工作。

4

2、油藏动态分析的基本要求

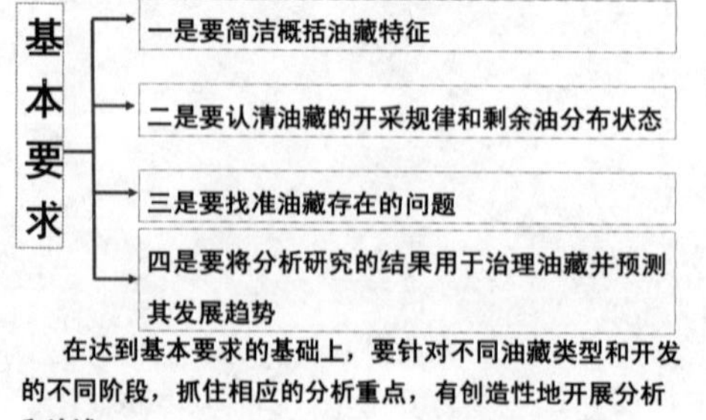

在达到基本要求的基础上，要针对不同油藏类型和开发的不同阶段，抓住相应的分析重点，有创造性地开展分析和论述。

5

3、油藏动态分析的主要内容

基本内容

- 单元概况及油藏基本特征
- 开发简历与现状
- 开发状况分析及效果评价
- 存在的主要问题及潜力分析
- 注采优化建议

①分析主要开发指标的变化；

②搞好注水效果的分析评价；

③搞好能量保持和利用状况的分析评价；

④搞好储量动用状况和油水分布状况的分析；

⑤搞好调整和重点措施效果的分析。

6

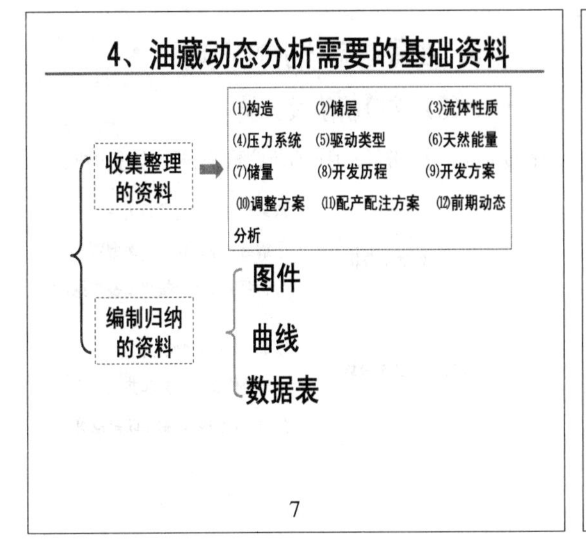

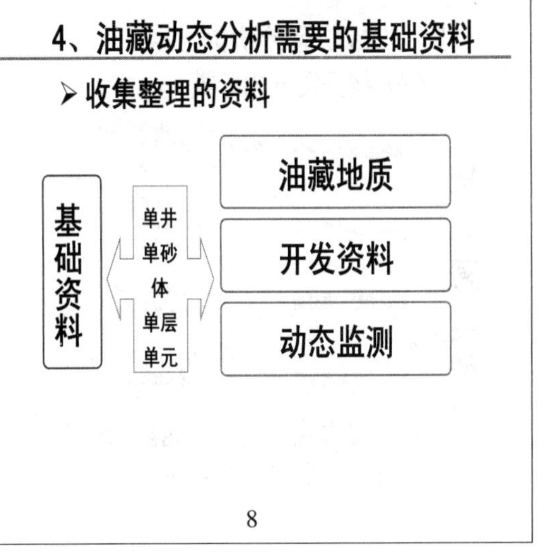

4、油藏动态分析需要的基础资料

➢编制归纳的资料

图件
- 构造井位图
- 油藏剖面图
- 油层等厚图
- 小层平面图
- 沉积微相图
- 孔、渗、饱等值图
- 油层物性频率分布图
- 开采现状图
- 流体性质变化图
- 油层含水等值图
- 油层压力分布图
- 剩余油饱和度等值图

9

4、油藏动态分析需要的基础资料

➢编制归纳的资料

曲线
- 毛管压力曲线
- 油水相对渗透率曲线
- 历年产油量构成曲线
- 历年递减率变化曲线
- 综合开发曲线
- 时间～油层压力（或总压降）曲线
- 油层总压降～累积亏空曲线
- 驱替特征曲线
- 含水率～采出程度理论、实际曲线
- 存水率、水驱指数～采出程度曲线
- 时间～平均吸水指数、启动压力曲线
- 采液、采油指数～含水理论、实际曲线

10

4、油藏动态分析需要的基础资料

➢编制归纳的资料

数据表
- 区块（或单元）开发基础数据表
- 开发综合数据表
- 综合调整效果对比表
- 注采对应数据表
- 分层储量动用状况数据表
- 产液剖面、吸水剖面变化对比表
- 阶段开发指标预测数据表
- 经济效益评价表

11

5、油藏动态分析的分类

（1）按分析目的分类

➢生产动态分析

主要分析开发生产指标的变化、措施效果的跟踪和分析评价，提出完成生产任务的保障措施。

➢油藏动态分析

主要是对油藏储量动用状况、水驱状况、能量保持和利用状况、开发工艺技术和地面配套技术的适应状况等进行分析和评价，提出改善单元整体开发效果的调整意见。

12

5、油藏动态分析的分类

（2）按开发方式分类

按油藏类型

- 水驱油藏动态分析 ➡
  - 不同开发阶段开发特点
  - 主要开发矛盾的分析
  - 剩余油潜力的分析
- 三采单元动态分析 ➡
  - 注入化学剂质量
  - 注入状况分析
  - 产出状况分析
- 断块油藏动态分析 ➡
  - 深化油藏地质认识
  - 注采对应状况分析
- 稠油油藏动态分析 ➡
  - 影响周期产油量的因素分析
  - 产量递减规律分析

不同开发方式（类型）油藏的动态分析，侧重点有所不同。

13

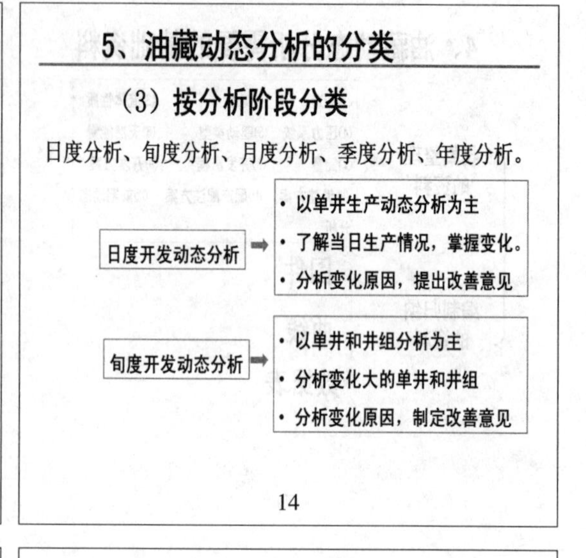

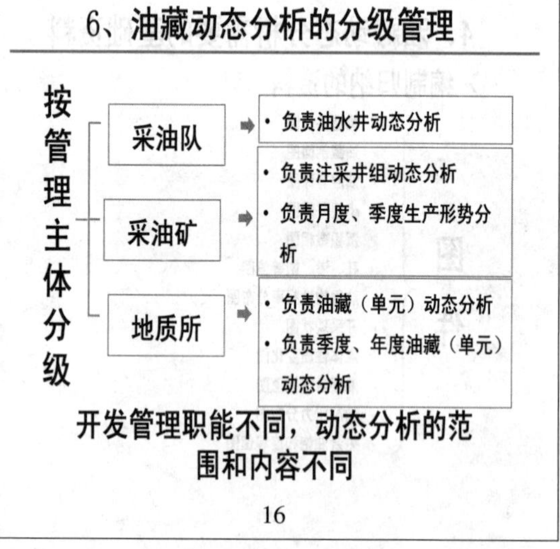

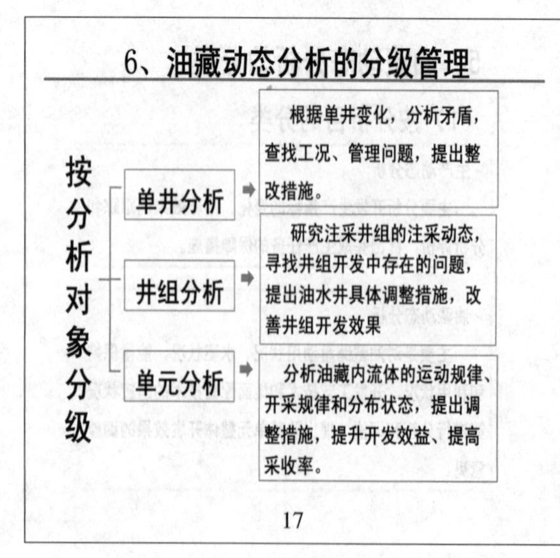

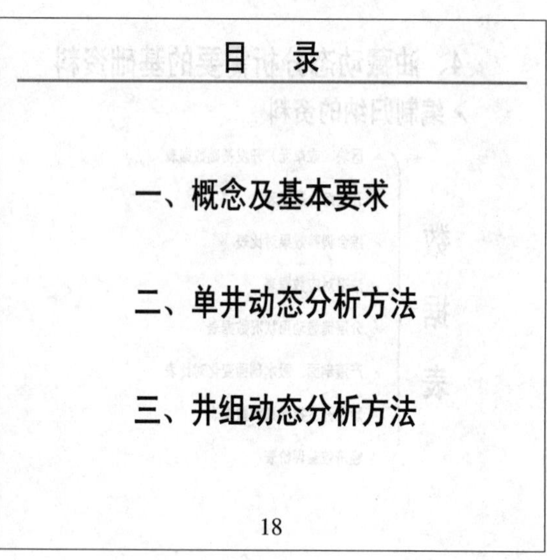

目　录

二、单井动态分析方法

1、单井动态分析需要的资料

2、单井动态分析的一般思路

3、单井动态分析程序

4、单井分析的内容

5、油井动态分析程序

6、水井动态分析程序

7、单井措施潜力分析方法

19

1、单井动态分析需要的资料

- 静态资料
  - 钻井、完井、取芯资料
  - 电测图及测井解释成果
  - 油层分层及小层数据表
- 动态资料
  - 生产动态资料
    - 油水井井史
    - 生产综合记录
    - 作业总结
  - 试井测试资料
    - 试油、试注资料
    - 试井、分层测试资料
    - 示功图、动液面
  - 流体性质资料
    - 原油性质及高压物性
    - 天然气性质分析资料
    - 地层水性质分析资料
  - 动态监测资料
    - 压力资料
    - 产液剖面
    - 含油饱和度测井
    - 吸水剖面
    - 工程测井

20

1、单井动态分析需要的资料

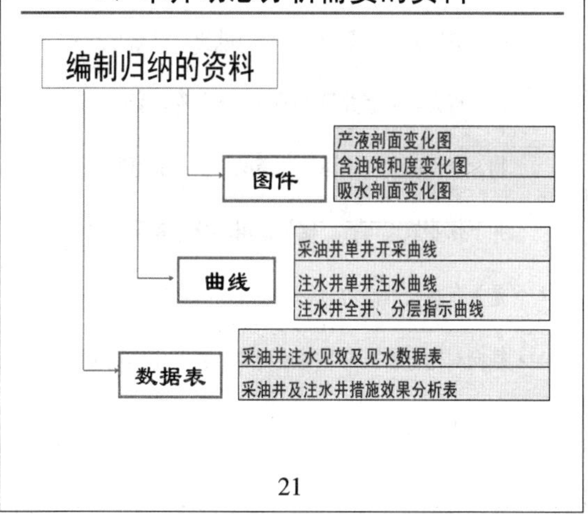

21

2、单井动态分析的一般思路

先本井后邻井 → 先地面、次井筒、后地下

根据变化，抓住矛盾，提出措施、评价效果。

22

3、单井动态分析程序

①收集资料、绘制图表和曲线。

对静态资料、生产资料、完井数据、施工作业情况、井史五大类资料收集齐全，编绘出必要的曲线和图表(如油水井连通图、注水—采油曲线、吸水产出剖面图等)。

②搞清单井情况。

包括地面流程和清蜡热洗等管理制度、井下管柱结构、机采井的抽油参数和示功图、油层的发育情况等。

③分析对比，揭露矛盾，从中找出主要问题。

23

4、单井动态分析的主要内容

①检查本井配产指标的完成情况、生产状况的变化及原因。

②分析油层压力是否稳定。

③分析含水变化情况是否符合指标要求。

④分析气油比变化情况。

⑤分析各个油层的生产情况，采取相应措施。

⑥分析含砂量变化情况及原因。

24

5、采油井动态分析程序及内容

采油井动态分析主要内容及方法

- 地面管理状况的分析
  - 热洗、清蜡制度，掺水管理，合理套压的控制等。
- 油井井筒动态变化的分析
  - 自喷井井筒动态变化：引起井筒动态变化的主要原因是油层堵塞、油管存在问题、油嘴不合适、其它情况。
  - 机采井井筒动态变化：抽油井泵效分析；油层供液能力的影响；砂、气、蜡的影响；原油粘度的影响；原油中含有腐蚀性物质使泵漏失，降低泵效；设备因素，工作方式的影响；动液面(沉没度)分析等。
- 油井地下动态变化的分析
  - 地层的压力变化
  - 流动压力的变化
  - 含水的变化
  - 产液量变化
  - 产油量的变化
  - 油井的生产能力
  - 分层动用状况的变化

25

6、注水井动态分析程序及内容

注水井动态分析的主要内容及分析方法

- 注水井井筒动态分析
  - ➢油、套压和注水量变化的表现及原因分析。
  - ➢测试资料的分析。
- 注水井油层动态分析
  - ➢注水井的油层情况分析
  - ➢油层堵塞情况分析
  - ➢注水量变化情况分析
  - ➢注水分层吸水量变化情况分析
  - ➢注采比的变化和油层压力情况分析
  - ➢周围生产井的含水变化分析

26

7、单井措施潜力分析方法

单井措施潜力分析要在动态分析的基础上，综合分析单井井史、井况、生产参数、井组注采状况、地层能量、储层特征、工艺适应性、增油潜力、经济效益等，提出技术可行、经济有效的单井措施建议。

27

7、单井措施潜力分析方法

- 纵向对比分析：掌握单井生产井史，根据开发规律找潜力。掌握井筒状况、井下条件，套损、落物、套管补贴、水泥返高情况，措施提出要保障井下作业施工可行。储量动用、分层累采情况，是否有剩余油潜力。
- 横向对比分析：与邻井或同类型井对比，在类比中找出潜力。

28

7、单井措施潜力分析方法

- 油藏与工艺结合分析：在明确油藏潜力的基础上，分析工艺和地面配套的适应性，以及工艺技术和配套完善挖潜力。目前工况是否良好，工作制度是否合理，储层改造措施是否有效等。
- 采出和注入结合分析：在提出油井措施时，要分析注采对应状况及水井注入能力能否满足油井措施需要。在提出水井措施时，要分析油井受效及增加水驱（可采）储量评价。

29

7、单井措施潜力分析方法

- 地层能量和储层特征分析：在分析油井产液量变化时，先分析工况是否正常，再分析对应水井注入状况及地层能量的变化，以及出砂状况。
- 单井与单元结合，油水井统筹兼顾：如油井调整工作制度、水井要相应调整配注。
- 增油和增效结合分析：在单井措施效果预测的同时，分析措施投入、增加可采储量，进行效益预测。

30

目 录

一、概念及基本要求

二、单井动态分析方法

三、井组动态分析方法

31

目 录

三、井组动态分析方法

1、井组动态分析的概念

2、井组动态分析的主要任务

3、井组动态分析需要的资料

4、井组动态分析的一般思路

5、井组动态分析的重点内容

32

1、井组动态分析的概念

注采井组是指以油井（或注水井）为中心、平面上可划分为一个注采单元的一组油水井。

2、井组动态分析的主要任务

（1）搞清井组内各单井的动态；

（2）搞清各井之间的相互影响；

（3）提出改善井组开发效果的建议。

33

3、井组动态分析需要的基本资料

除了单井动态分析所需要的资料外，还需要以下资料：

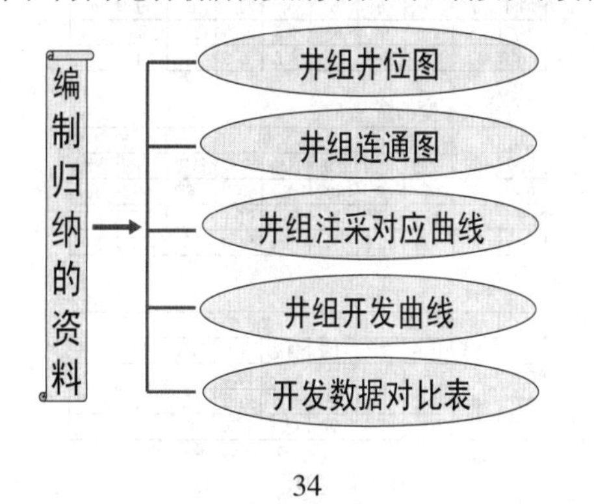

34

4、井组动态分析的一般思路

有两种不同的思路：

1、以单井分析为主线

首先，逐口井开展单井动态分析；

然后，分析井组注采对应状况、注采平衡状况、储量动用状况、地层能量状况、水淹及剩余油分布状况等；

最后，提出改善开发的建议。

2、以井组注采阶段为主线

首先，根据井组开展的主要工作，合理划分出分析阶段；

然后，逐个阶段分析该阶段内单井动态；

最后，提出改善开发的建议。

35

5、井组动态分析的重点内容

（1）注采井组油层连通状况分析

研究井组小层静态，主要是分析每个油层岩性、厚度和渗透率在纵向或平面上的变化，做出井组内的油层栅状连通图。

（2）井组注采平衡和压力平衡状况的分析

①分析注水井全井注入量是否达到配注水量的要求，再分析各采油井采出液量是否达到配产液量的要求，并计算出井组变化。

②分析各层段是否按分层配注量进行注水。

③对井组内各油井出液量进行对比分析，尽量做到各油井采液强度与其油层条件相匹配。

④对井组内的油层压力平衡状况进行分析。

36

5、井组动态分析的重点内容

（3）井组水淹状况分析

包括平面、层间、层内水淹状况。通过定期水淹和综合含水变化的分析，与油藏所处开发阶段含水上升规律对比，检查水淹和综合含水上升是否正常。

（4）井组剩余油分布状况

平面、层间、层内剩余油状况。通过饱和度测井、取心井、油藏工程和动态分析方法分析剩余油分布状况。

37

思考题

某井组内所有油井含水都上升，井组综合含水会（　）。

A. 上升　B. 不变　C. 下降　D. 都可能

38

思考题答案:D

综合含水上升的情况

井号	前期			后期			对比		
	日液	日油	含水	日液	日油	含水	日液	日油	含水
油井1	5	5	0	5	4	20.0	0	-1	20
油井2	45	4.5	90	60	4.5	92.5	15	0	2.5
小计	50	9.5	81.0	65	8.5	86.9	15	-1	5.9

综合含水不变的情况

井号	前期			后期			对比		
	日液	日油	含水	日液	日油	含水	日液	日油	含水
油井1	5	5	0	10	9	10.0	5	4	10
油井2	45	4.5	90	70	6.2	91.1	25	1.7	1.1
小计	50	9.5	81.0	80	15.2	81.0	30	5.7	0.0

综合含水下降的情况

井号	前期			后期			对比		
	日液	日油	含水	日液	日油	含水	日液	日油	含水
油井1	5	5	0	10	9	10.0	5	4	10
油井2	45	4.5	90	40	3.5	91.3	-5	-1	1.25
小计	50	9.5	81.0	50	12.5	75.0	0	3	-6.0

39

第二节　低渗透油藏动态分析

40

提 纲

一、概 况

二、低渗透油藏渗流特点

三、低渗透油藏动态分析重点

41

一、概 况

胜利低渗透油藏主要分布在渤南、纯化、牛庄等油田，探明石油地质储量11.7亿吨，动用储量8.22亿吨，年产油量366万吨，分别占总储量、产量的15.4%、15.5%。

地 质 特 点

- 低：渗透率低，小于10mD（储量占47%）
- 深：大于3000米储量占53%
- 薄：滩坝砂油藏滩砂厚度1-2m
- 贫：丰度小于100万吨/km²的占41.3%

42

一、概　况

渗透率　渗透率（$10^{-3}\mu m^2$）低渗透油藏分类依据　开发技术和水平

一般低渗透　50.0　常规低渗透

特低渗透　10.0　3.0

超低渗透　1.0　非常规低渗透

分为三类

（1）一般低渗透：10md～50md 常规水驱开发

（2）特低渗透：3md～10md 储层改造注水开发

（3）非常规（≤3md）：1md～3md 气驱开发（CO_2驱）；小于1md 大型压裂弹性开发

43

一、概　况

一般低渗透油藏分类及地质特征

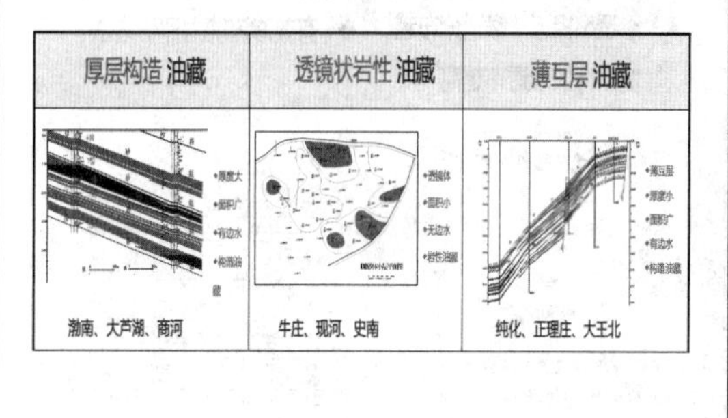

44

一、概　况

胜利油田不同类型低渗透油藏开发状况表

油藏类型		探明储量 10^8t	动用储量 10^8t	占比例 %	采收率 %	年产油 10^4t	单井日液 m^3/d	单井日油 t/d	综合含水 %	采出程度 %
一般低渗透（10～50mD）	厚层构造	2.28	2.22	27.0	19.4	89.8	11.2	2.4	78.7	13.8
	薄互层	1.93	1.79	21.8	17.9	86.8	10.4	2.3	77.7	16.3
	透镜状岩性	2.22	1.97	24.0	17.7	90.8	6.9	2.6	61.7	11.0
	小计	6.43	5.98	72.7	18.4	267.4	9.5	2.4	74.2	13.6
特低渗透（3-10mD）		2.56	2.04	24.8	11.3	86.7	5.4	2.5	54.5	9.1
非常规（≤3mD）		2.70	0.20	2.4	10	11.6	4.8	2.6	46.8	2.9
合计		11.69	8.22	100.0	16.5	365.7	8.4	2.5	70.7	12.2

45

提　纲

一、概　况

二、低渗透油藏渗流特点

三、低渗透油藏动态分析重点

46

二、低渗透油藏渗流特点

1. 喉道控流——喉道的大小和分布决定了有效渗流能力

2.压敏降渗——应力敏感性使喉道半径减小，渗流能力降低

3.边界层增阻——边界层减小喉道有效流动半径，增加渗流阻力

4. 协同作用——非线性渗流模型

47

二、低渗透油藏渗流特点

1. 喉道控流——喉道的大小和分布决定了有效渗流能力

◆ 不同渗透率的岩心，孔隙的大小和分布相近，喉道的大小和分布差别大

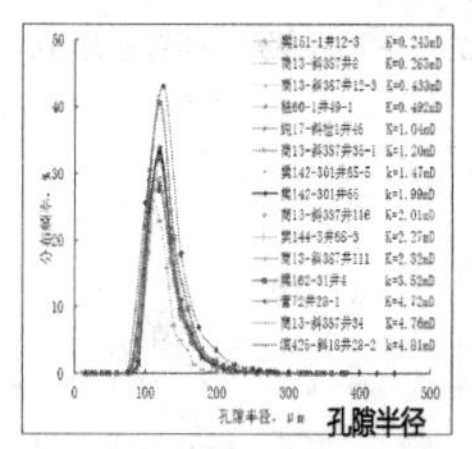

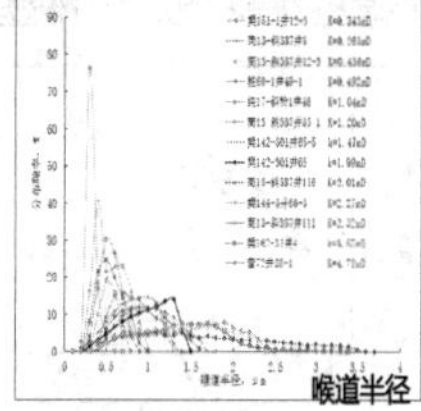

15块岩心的恒速压汞实验的喉道分布图

48

二、低渗透油藏渗流特点

1. 喉道控流——喉道的大小和分布决定了有效渗流能力

◆ 渗透率相近，喉道分布越宽，有效渗透率越高

◆ 有效渗流能力评价方法

—滨425-斜18　28　6.13mD

—樊142-斜7　42　6.74mD

分布频率，%

喉道半径，μm

滨425-斜18井　有效渗透率：4.38mD

樊142-斜7井　有效渗透率：1.96mD

有效渗流系数：$V_K=\sum_{i=1}^{100}\frac{(r_{i-1}-ax^b)^2+(r_i-ax^b)^2}{2}\Big/\sum_{i=1}^{100}\frac{r_{i-1}^2+r_i^2}{2}$

分布　大小

油田	井号	气体渗透率，$10^{-3}\mu m^2$	液体渗透率，$10^{-3}\mu m^2$	液体有效渗流系数	有效渗流系数分布范围
八面河	M2-1	16.1	2.60	0.16	0.02~0.27
八面河	面14-4-2	6.56	1.70	0.26	
八面河	面14-5-2	16.50	0.239	0.01	
八面河	面33-16-	45.9	12.3	0.27	
八面河	面4-12-1	25.6	0.456	0.02	
滨南	滨182-斜6	15.1	9.900	0.66	0.39~0.78
滨南	滨363-7	18.6	13.5	0.73	
滨南	滨425-44	37.0	28.7	0.78	
滨南	滨425-斜	23.9	18.1	0.76	
滨南	滨665	30.2	11.7	0.39	
博兴	博9-13	0.283	0.0448	0.16	0.16~0.32
博兴	樊143	1.26	0.524	0.42	
博兴	通83-9	2.20	0.712	0.32	

49

二、低渗透油藏渗流特点

2.压敏降渗——应力敏感性使喉道半径减小，渗流能力降低

➢ 低渗透储层喉道：抗压能力弱，容易变形、缩小

低渗透岩石的孔喉结构特征　孔喉平均半径的变化（压汞测试结果）

净上覆压力28MPa

净上覆压力43MPa

平均孔喉半径，μm

渗透率，mD

50

二、低渗透油藏渗流特点

2.压敏降渗——应力敏感性使喉道半径减小，渗流能力降低

➢ 受压敏影响，喉道半径减小，渗透能力下降

岩心渗透率随有效上覆压力变化曲线

升压过程1

降压过程1

升压过程2

降压过程2

升压过程3

降压过程3

K=0.374md

K=0.009md

有效应力（MPa）

压敏造成渗透率损失不可逆，第一轮次损失最大，且渗透率越低，压敏效应越强。

51

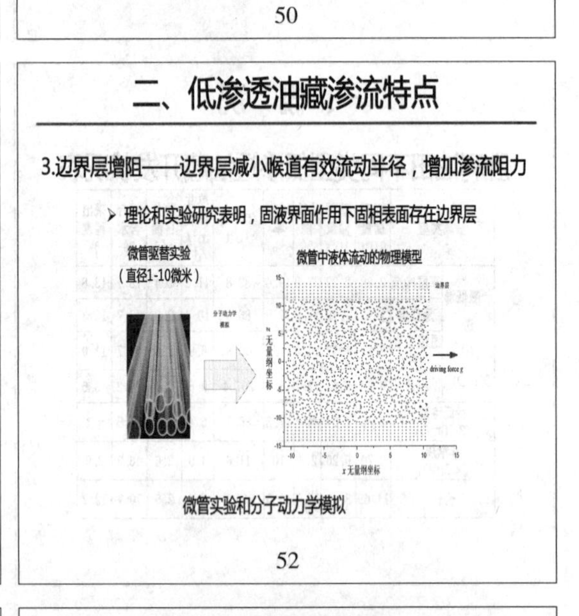

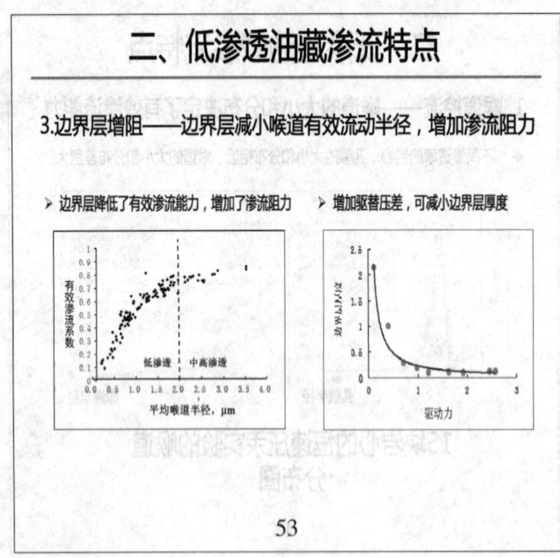

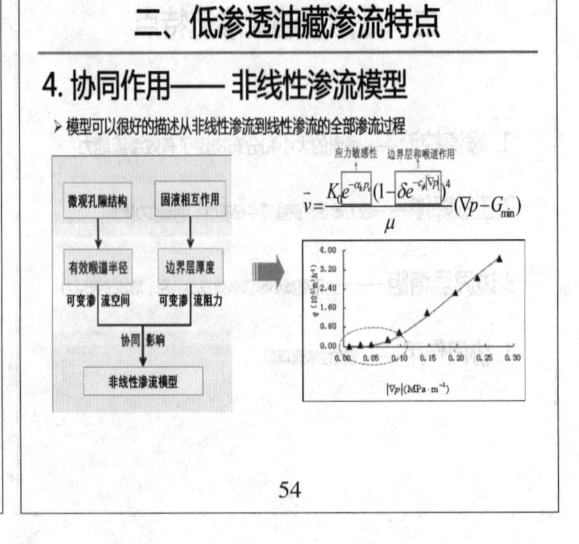

$$\bar{v}=\frac{K_0e^{-\alpha_k p_e}\left(1-\delta e^{-c_\delta|\nabla p|}\right)^4}{\mu}(\nabla p-G_{min})$$

二、低渗透油藏渗流特点

4. 协同作用—— 非线性渗流模型

➢ 模型描述了非线性到线性渗流段控制下的易流区和缓流区

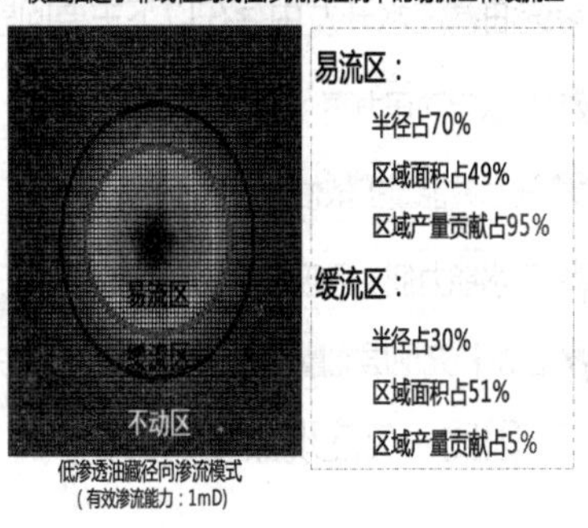

低渗透油藏径向渗流模式
（有效渗流能力：1mD）

55

二、低渗透油藏渗流特点

不同渗透率下的易流区和缓流区差异大

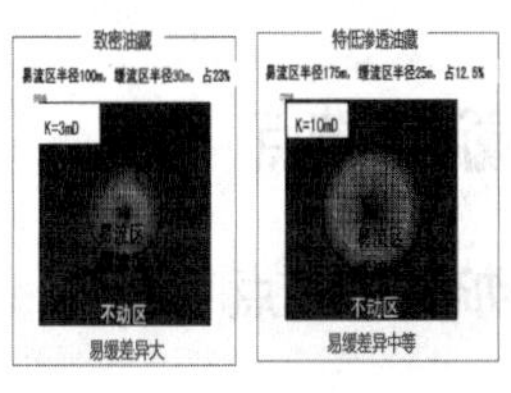

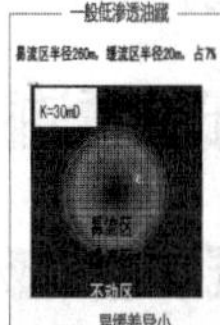

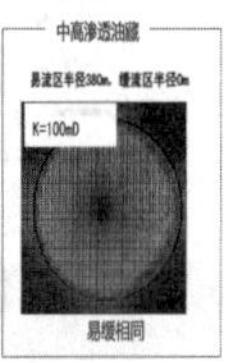

56

二、低渗透油藏渗流特点

➢ 基于启动压力梯度计算井距是一种工程近似，渗透率越低，误差越大

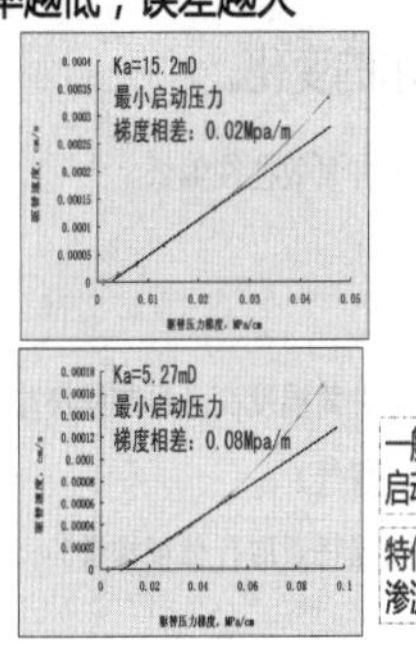

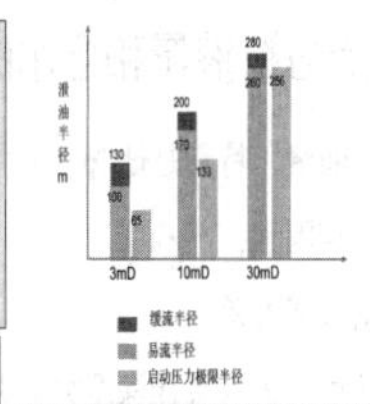

Ka=5.27mD
最小启动压力
梯度相差：0.08Mpa/m

一般低渗透：缓流区小，可利用启动压力梯度计算技术极限井距

特低渗：缓流区大，采用非线性渗流理论计算

57

二、低渗透油藏渗流特点

➢ 一般低渗透油藏启动压力梯度-技术极限井距图版

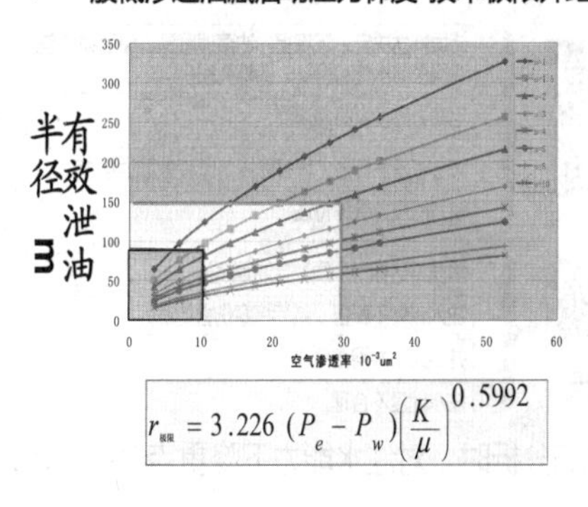

$$r_{极限} = 3.226\,(P_e - P_w)\left(\frac{K}{\mu}\right)^{0.5992}$$

58

二、低渗透油藏渗流特点

➢ 纵向非均质条件下启动压力梯度不能用平均渗透率求取

它接近高渗层的启动压力，小于平均渗透率求取的启动压力。

渗透率级差	样品渗透率 mD	单块启动压力 MPa/m	并联启动压力 MPa/m
1:1:1	2.29	1.22E-01	1.24E-01
	2.83	1.15E-01	
	2.49	1.32E-01	
1:2:4	3.80	1.29E-01	2.63E-02
	7.04	5.97E-02	
	18.8	2.33E-02	
1:3:12	1.1	2.08E-01	2.42E-02
	3.02	9.42E-02	
	13.4	2.49E-02	
1:8:20	0.461	2.74E-01	3.42E-02
	3.87	8.38E-02	
	9.70	3.45E-02	

$$\gamma = \frac{\Delta p_{\gamma}}{L} = \frac{\sum K_i A_i \gamma_i}{\sum K_i A_i}$$

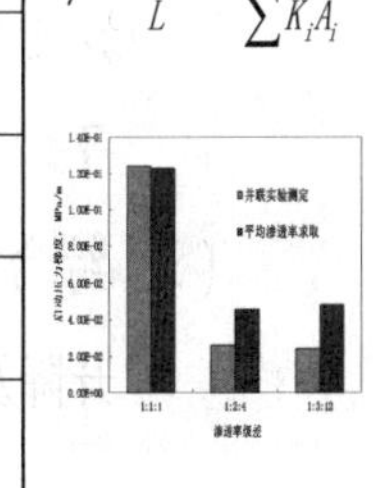

59

二、低渗透油藏渗流特点

低渗透油藏的开发要充分考虑喉道、压敏、边界层的影响

影响因素	工作方向	技术对策
喉道控流	开发方式	不同开发方式渗透率界限
	注采参数	考虑有效渗流系数的计算方法
	水质标准	建立考虑微观孔隙结构的水质配伍标准
压敏降渗	注水时机	超前注水、同步注水和滞后注水时机优化
	生产制度	注采参数及开采方式优化
边界层增阻	降压增注	提高驱替压力梯度
		表面活性剂改变润湿性
协同作用	井距设计	差异改造，提高驱替压力梯度
		有机分子膜降压增注，提高有效渗透率
		小泵深抽、高压注水，提高注采压差

60

提 纲

一、概 况

二、低渗透油藏渗流特点

三、低渗透油藏动态分析重点

61

三、低渗透油藏动态分析重点

1、注水状况分析

低渗透油藏注水开发中存在以下主要问题：

- 注水启动压力高，渗流阻力大
- 注水井能量扩散慢，注水压力不断上升
- 吸水能力低，且吸水能力不断下降
- 注水补充地层能量困难，地层压力下降快

因此，欠注现象较为常见。

62

三、低渗透油藏动态分析重点

➤影响低渗透油藏注水能力的因素

- 储层特性决定（沉积相、油藏埋藏深、储层物性差、油层束缚水饱和度高）孔隙孔喉小
- 毛管力以及岩石润湿性
- 储层敏感性伤害（矿物膨胀，微粒分散运移）
- 较强的应力敏等特性

外因

- 水质不达标，杂质、含油等超标
- 注入流体不配伍，结垢堵塞伤害地层
- 井距大，井网密度小
- 注水速度不合理

动态分析时，对注水能力下降重点分析外因。

63

三、低渗透油藏动态分析重点

2、采油状况分析

重点分析液量和含水的变化。

低渗透油藏，特别是低含水油井泵效往往偏低。

主要影响因素：

A.供液能力差

B.冲程损失（泵挂深度大、井筒温度高、短冲程快冲次）；

C.气油比高（体积系数大、脱气）；

D.实际排量取值偏低（用质量排量取代体积排量）。

64

三、低渗透油藏动态分析重点

3、注采综合分析

（1）注水见效

注意：低渗透油藏注水见效一般较慢，好几个月，甚至超过半年。有的井组注水时间很短，油井产量就上升，不要归结到注水见效，查找其他原因。

65

三、低渗透油藏动态分析重点

3、注采综合分析

（2）能量状况

地层压力测试资料；

平均动液面。

（3）综合含水变化

升降及其原因。

66

三、低渗透油藏动态分析重点

3、注采综合分析

（4）注采比

由于地层亏空，注水井转注初期注水能力大，而对应油井液量低，容易出现高注采比，需要合理控制（？），一般不宜超过2。

注水见效后，注采比保持在1.0-1.1较为合理。

67

三、低渗透油藏动态分析重点

3、注采综合分析

（5）井组注采比的计算

需要注意的问题：

A.注采对应

B.分层劈产：分层测试资料、吸水剖面、产液剖面、数值模拟，

地层参数。

C.平面劈产：井网系数、平面非均质（H、k、P）。

68

第三节 动态分析实例

69

12-1块开发动态分析

70

汇报提纲

一、地质静态资料

二、开发简历及开发现状

三、开发动态分析

四、存在问题及下步工作

胜采地质所

71

1、构造特征

顶面构造图

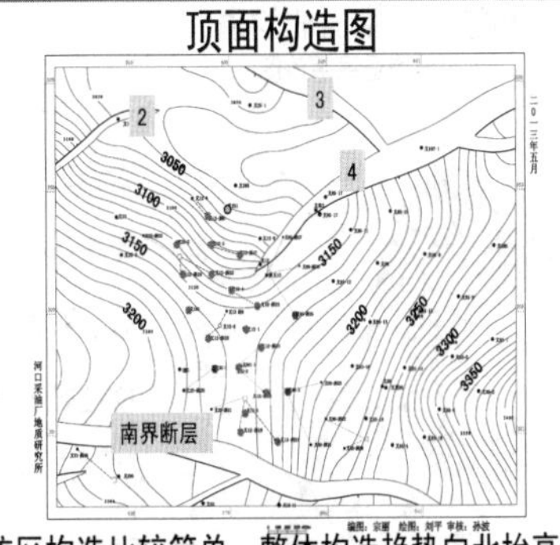

该区构造比较简单，整体构造趋势向北抬高，平均油藏埋深3160米，地层倾角1~5.7°。

72

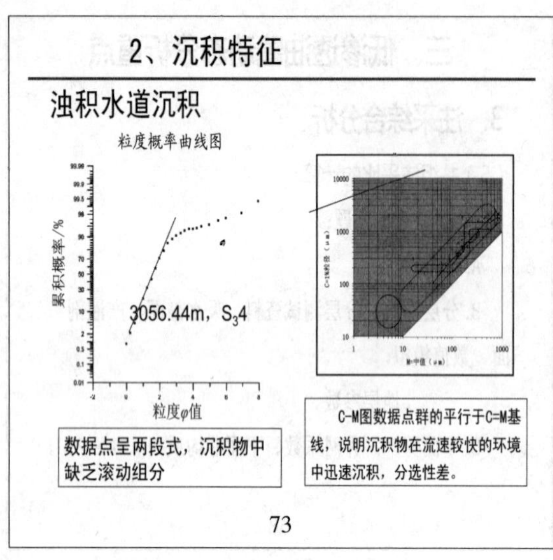

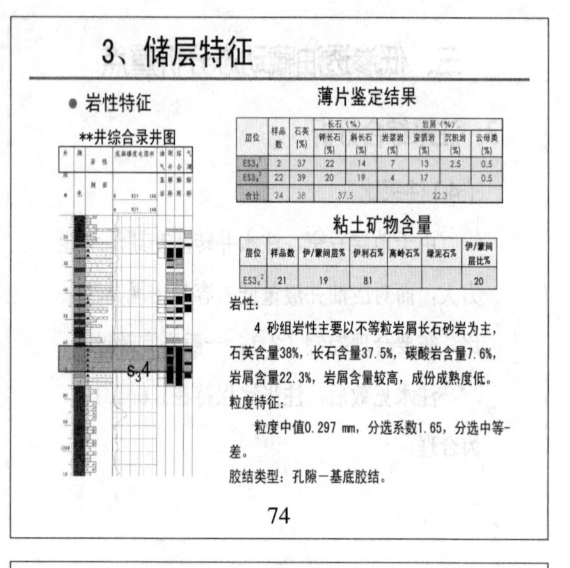

薄片鉴定结果

层位	样品数	石英(%)	长石(%)		岩屑(%)			
			钾长石(%)	斜长石(%)	岩浆岩(%)	变质岩(%)	沉积岩(%)	云母类(%)
$ES3_4^1$	2	37	22	14	7	13	2.5	0.5
$ES3_4^2$	22	39	20	19	4	17		0.5
合计	24	38	37.5		22.3			

粘土矿物含量

层位	样品数	伊/蒙间层%	伊利石%	高岭石%	绿泥石%	伊/蒙间层比%
$ES3_4^2$	21	19	81			20

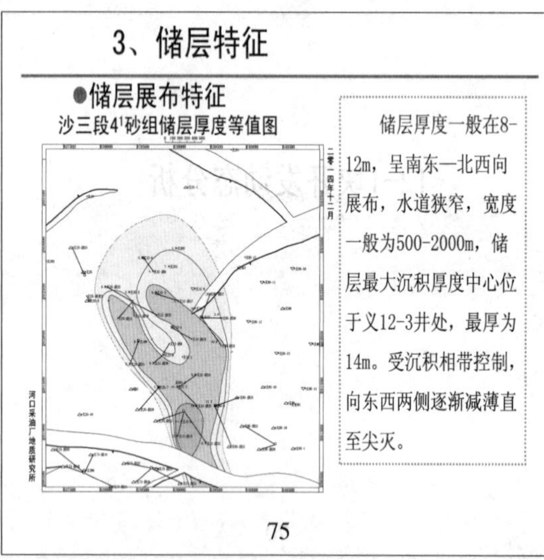

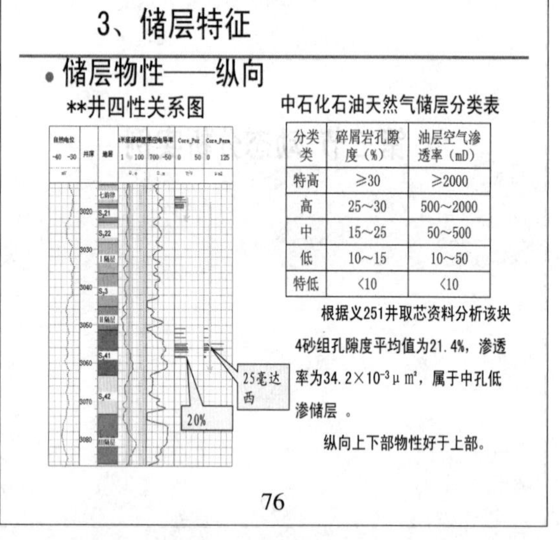

中石化石油天然气储层分类表

分类类	碎屑岩孔隙度(%)	油层空气渗透率(mD)
特高	≥30	≥2000
高	25~30	500~2000
中	15~25	50~500
低	10~15	10~50
特低	<10	<10

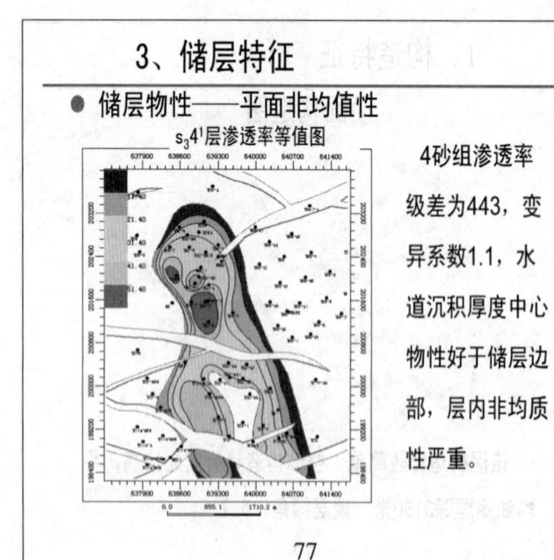

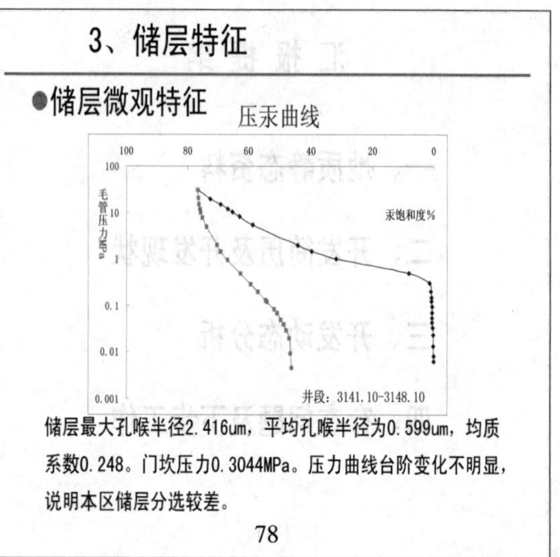

4、流体性质

- 原油物性

地面原油性质统计表

井号	层位	地面原油性质			
		密度	粘度	含硫	凝固点
		g/cm³	mPa·s	%	℃
	S_34	0.8704	16.20	0.26	32.0

高压物性统计表

井号		收缩率 %	30.25
测试日期	2004.5	地层原油密度 g/cm³	0.6966
生产井段 m	3384.0~3400.1	地层原油粘度 MPa.s	2
生产层位	S_34^2	脱气原油密度 g/cm³	0.8601
体积系数	1.434	脱气原油粘度 MPa.s	21.4
气油比 m³/m³	125.3	饱和压力 MPa	22.84
气体平均溶解系数 m³/(m³.MPa)	5.49	压缩系数 1/MPa	1.11×10-3

79

4、流体性质

- 地层水性质

地层水性质统计表

井号	日期	层位	PH	Cl^-	SO_4^-	总矿化度	水型
	2004.5.27	S_34	9	7404	157	16340	$NaHCO_3$

地层水矿化度16340mg/L，水型为$NaHCO_3$型。

- 温压特征

温度压力系统统计表——借用义12-5数据

井号	日期	层位	油层中深m	下入深度m	下入深度压力MPa	折算梯度	流压MPa	静压MPa	地层温度℃	地温梯度℃/100m
	2004.3.4	S_34	3116.90	3100	25.25	1.1300	25.38	35.24	128.60	3.53

常压、常温系统。

80

汇 报 提 纲

一、地质静态资料

二、开发简历及开发现状

三、开发动态分析

四、存在问题及下步工作

胜采地质所

81

1、勘探开发简历

s_34砂组有效厚度图

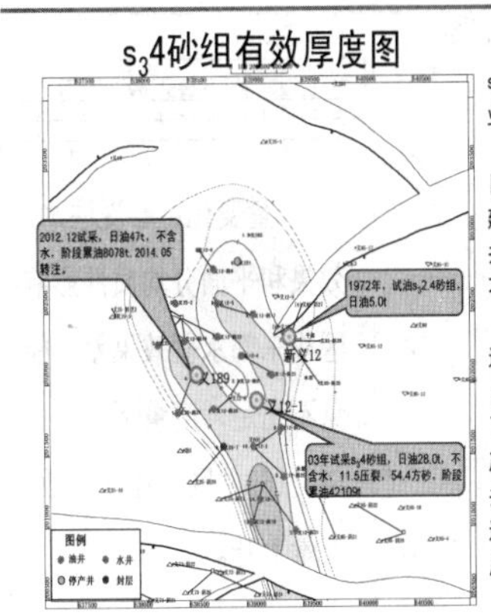

该块勘探始于1972年，试油$s_32.4$砂组获得了日产5.0t的工业油流。

2003年部署滚动井，试采s_34日油28t，随后对该块开展产能建设，又相继部署了11口开发井，初期平均单井日油26.7t，不含水。

2012年10月部署探井成功钻遇4砂组油层12.0m/1层，试采日油47t，不含水，进一步扩大了沙三段含油面积。随后编制产能方案进行老区新化，优化井网部署，通过完善注采关系，进一步提高区块的储量动用程度和采收率。

82

2、开发历程

开发历程图

弹性开采阶段　　注水开发阶段　　老区调整、井网优化阶段

开发阶段	时间	阶段末综合含水(%)	阶段末采出程度(%)	采油速度(%)	开发特点
弹性开采阶段	2003.04-2005.03	16.23	1.98	0.41	初期单井产能高，产量下降快
注水开发阶段	2005.03-2012.10	45.19	6.64	0.35	注水见效快，含水缓慢上升，水驱效果好
老区调整阶段	2012.10-今	10.91	18.34	1.69	井网优化，注采完善，产量稳定

83

3、开发现状

项目	数据	项目	数据
油井总井/口	16	水井总井/口	7
油井开井/口	12	水井开井/口	5
日产液量/方	67	日注水平/方	128
日产油量/吨	60	月注采比	1.36
综合含水/%	10.7	自然递减/%	9.1
采油速度/%	1.69	综合递减/%	9.1
采出程度/%	18.34	平均动液面/m	1614
累计注采比	0.66	累计产油量/10^4t	23.8466

84

汇报提纲

一、地质静态资料

二、开发简历及开发现状

三、开发动态分析

四、存在问题及下步工作

胜采地质所

85

1、开发指标分析

开发曲线

−4

−1

−40

项目	减产部分		减产部分			合计
	注水见效	其他	平面矛盾	能量	其他	
产量/t	8.9	1.2	1.2	7.7	2.5	-1.3
井数/口	2	2	1	3	2	10

区块日注水量减少40方，其余各项开发指标油井开井数、日液、日油、含水、水井开井数稳定，开发形势平稳。

86

2、产量变化分析

产量变化动态图

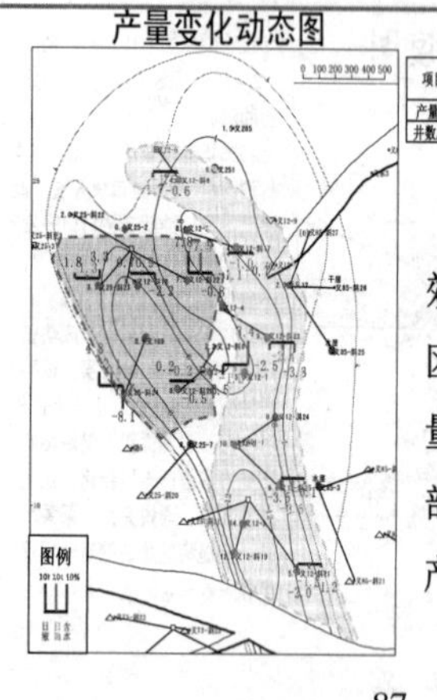

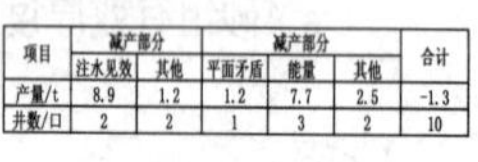

项目	减产部分		减产部分			合计
	注水见效	其他	平面矛盾	能量	其他	
产量/t	8.9	1.2	1.2	7.7	2.5	-1.3
井数/口	2	2	1	3	2	10

产量变化主要受注水效果和平面分均质性影响：区块东部水驱效果差，能量不充足，产量下降；西部义189井区，注水见效，产量上升。

87

(1) 12-1井因平面矛盾产量下降

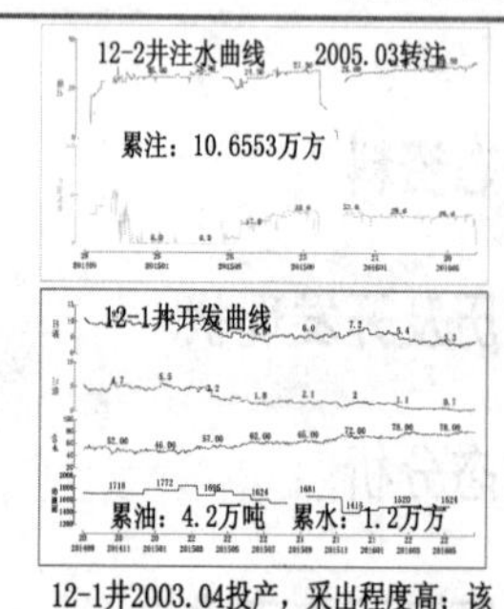

注采井网图

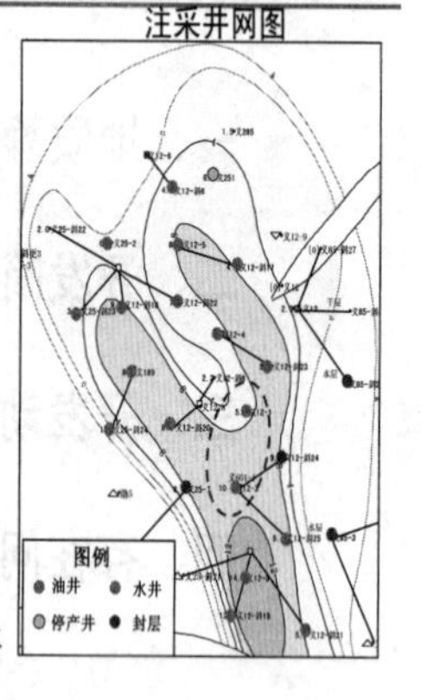

12-1井2003.04投产，采出程度高；该井北部12-2井注水时间长，累注量高，油水井间易形成优势通道，造成单向注水突进，导致含水上升，产量下降。

88

(2) 12-3和12-X25因能量不足产量下降

注采井网图

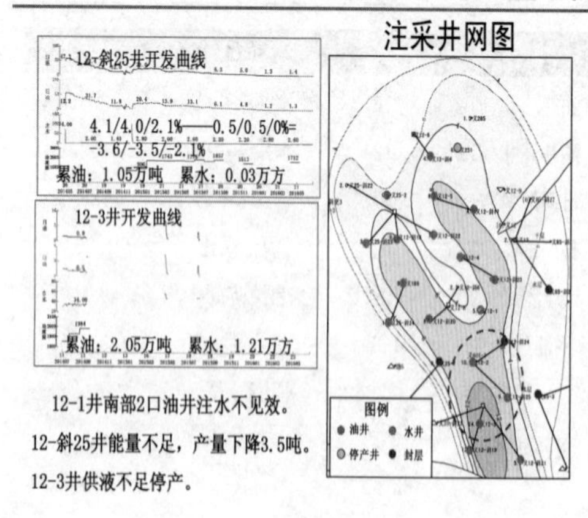

12-1井南部2口油井注水不见效。12-斜25井能量不足，产量下降3.5吨。12-3井供液不足停产。

89

(3) 12-X23因能量不足产量下降

12-4井注水曲线 2005.12转注

累注：2.7418万方 注不进停 酸化增注

12-斜23井开发曲线

3.0/2.9/3.3%——0.5/0.5/0%=

-2.5/-2.3/-3.3%

累油：0.50万吨 累水：0.18万方

注采井网图

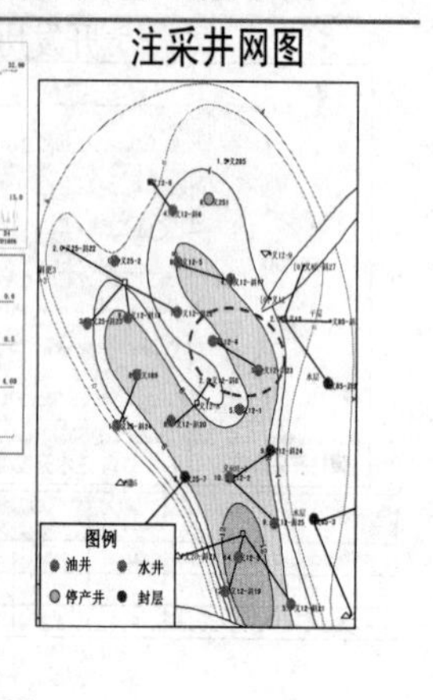

12-4井2005年12转注以来注水状况一直较差，酸化增注有效期短，造成该井区缺少能量补充，对应油井产量下降。

90

(4)12-X6和12-X7产量稳定

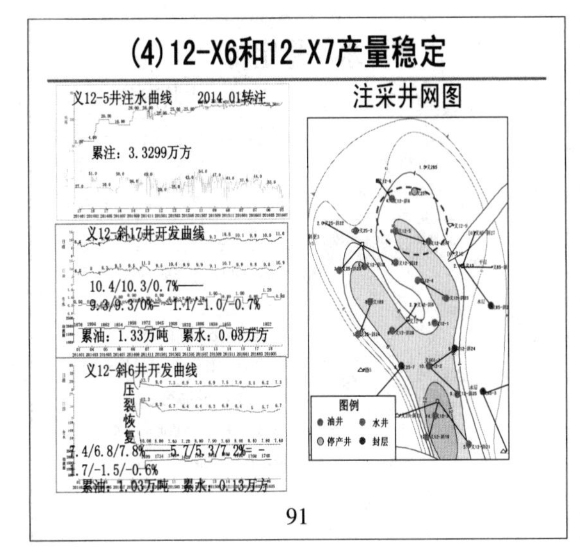

91

(5)12-X22注水见效产上升

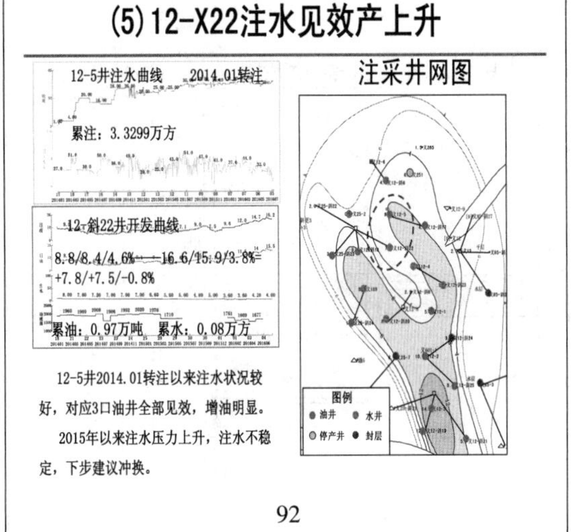

12-5井2014.01转注以来注水状况较好，对应3口油井全部见效，增油明显。

2015年以来注水压力上升，注水不稳定，下步建议冲换。

92

3、井组采出状况

$S_3$4累采累注图

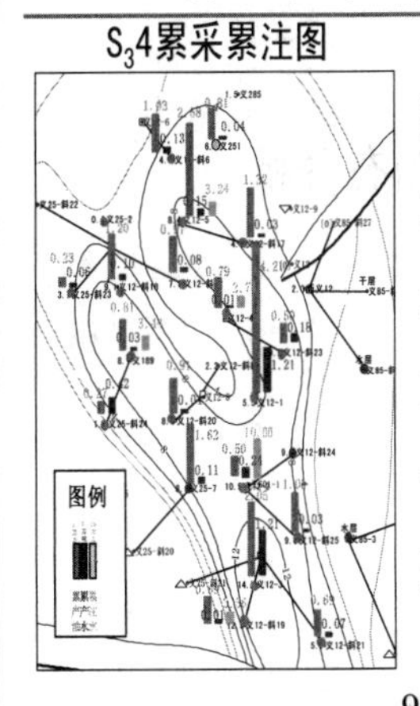

区块整体采出程度18.34，其中东部老井(12-1、12-3、12-5)采出程度大于西部，189井区采出程度相对较低。

93

3、井组采出状况

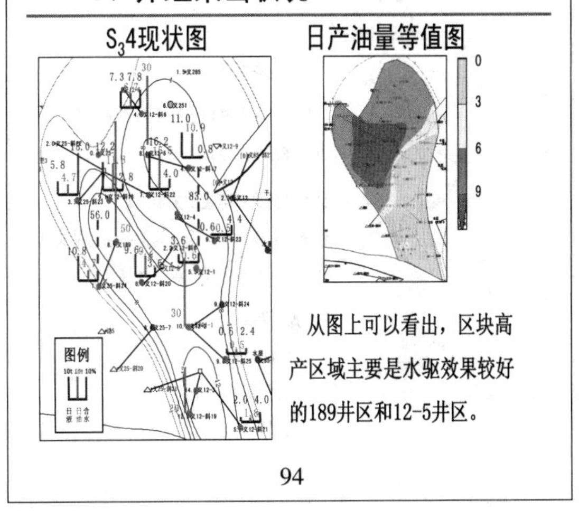

从图上可以看出，区块高产区域主要是水驱效果较好的189井区和12-5井区。

94

汇报提纲

一、地质静态资料

二、开发简历及开发现状

三、开发动态分析

四、存在问题及下步工作

胜采地质所

95

1、层间矛盾影响水驱效果

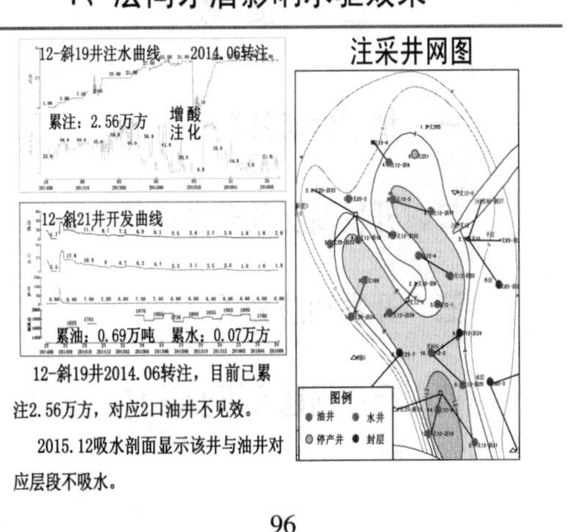

12-斜19井2014.06转注，目前已累注2.56万方，对应2口油井不见效。

2015.12吸水剖面显示该井与油井对应层段不吸水。

96

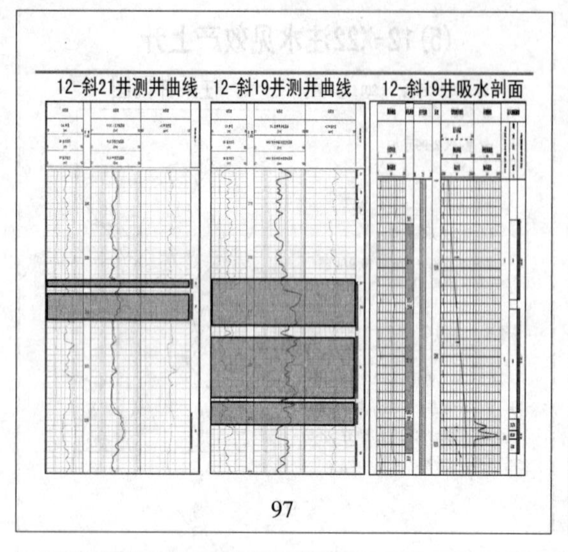

97

2、水井注水不稳定

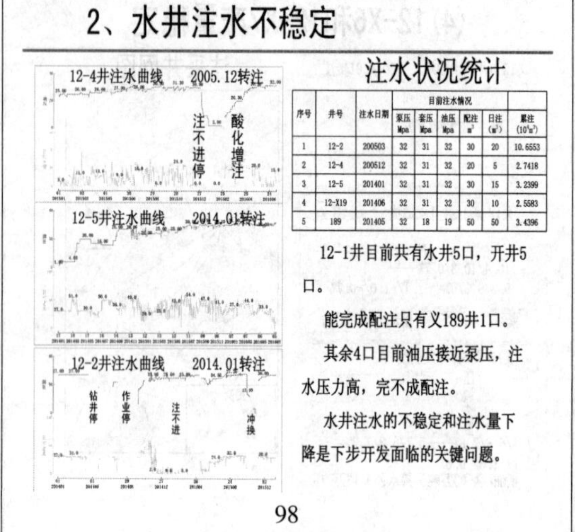

注水状况统计

序号	井号	注水日期	目前注水情况					
			泵压 Mpa	套压 Mpa	油压 Mpa	配注 m^3	日注 (m^3)	累注 (10^4m^3)
1	12-2	200503	32	31	32	30	20	10.6553
2	12-4	200512	32	31	32	20	5	2.7418
3	12-5	201401	32	31	32	30	15	3.2399
4	12-X19	201406	32	31	32	30	10	2.5583
5	189	201405	32	18	19	50	50	3.4396

12-1井目前共有水井5口，开井5口。

能完成配注只有义189井1口。

其余4口目前油压接近泵压，注水压力高，完不成配注。

水井注水的不稳定和注水量下降是下步开发面临的关键问题。

98

3、下步工作思路

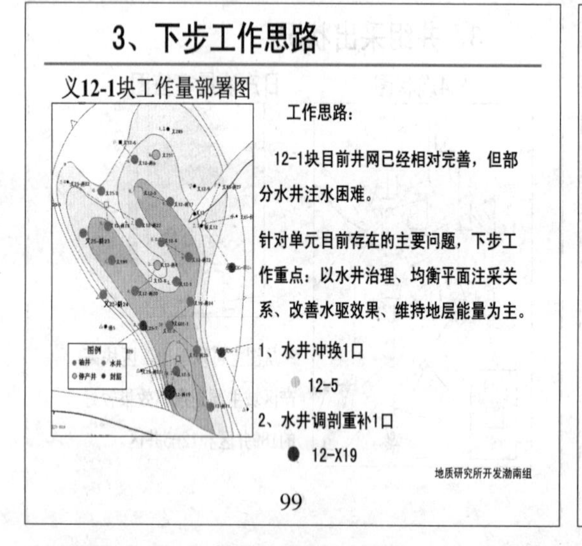

工作思路：

12-1块目前井网已经相对完善，但部分水井注水困难。

针对单元目前存在的主要问题，下步工作重点：以水井治理、均衡平面注采关系、改善水驱效果、维持地层能量为主。

1、水井冲换1口

12-5

2、水井调剖重补1口

12-X19

地质研究所开发渤南组

99

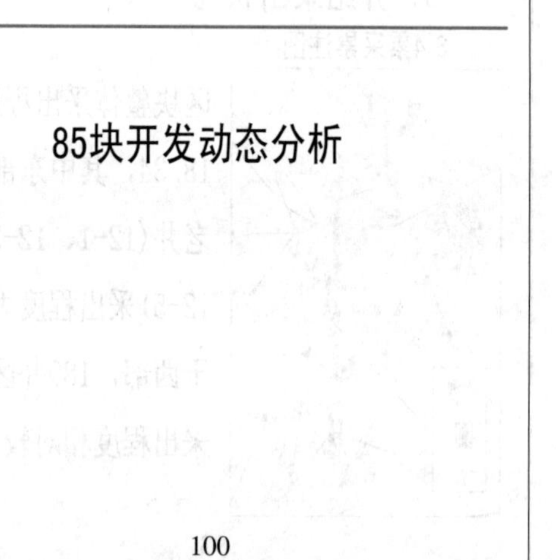

85块开发动态分析

100

汇 报 提 纲

一、地质静态资料

二、开发简历及开发现状

三、开发动态分析

四、存在问题及下步工作

胜采地质所

101

1、构造特征

$S_2 2^3$顶面构造图

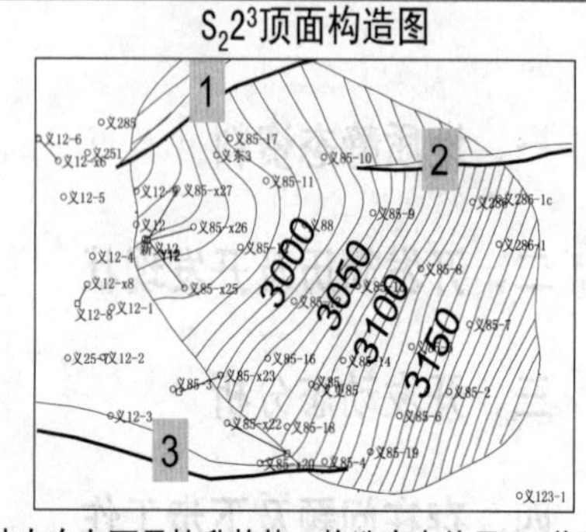

85块自东向西呈抬升趋势，构造高点位于Y12井附近，油藏中深3050m，地层倾角4-5度。

102

1、沉积特征

12号样品粒度概率图　48号样品粒度概率图　62号样品粒度概率图

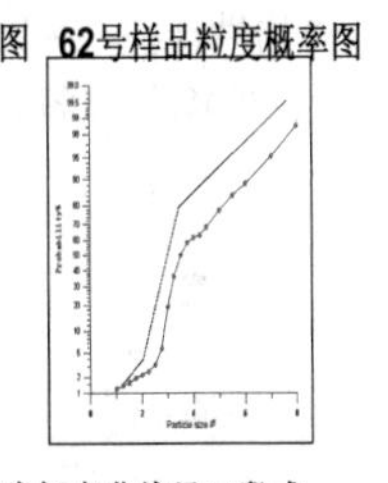

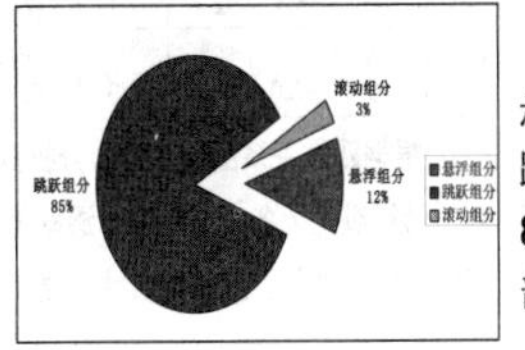

粒度概率曲线呈三段式，悬浮组分占到总量的12%，跳跃组分占到颗粒总量的85%。是沉积物的主要组成部分，跳跃组分分选较好。

103

2、沉积特征

85井区C-M图

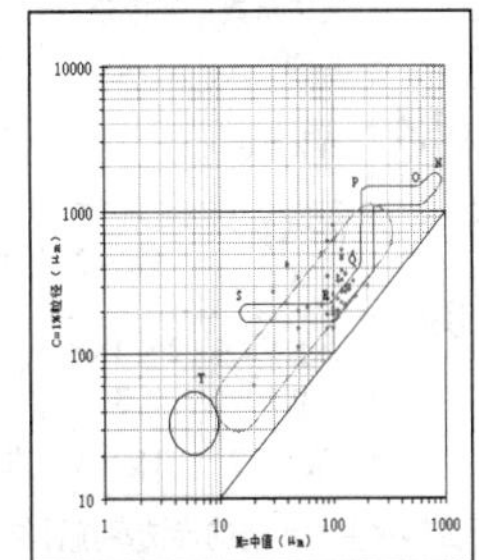

PQ、QR、RS段，代表以悬浮、跳跃沉积为主。

OP、NO段，以滚动搬运为主。

C-M图显示样品点集中分布于PQ、QR、RS段，说明沙二段滨浅湖滩坝以牵引流沉积为主。

104

2、沉积特征

储层平面沉积特征　沙二段2砂组沉积相图

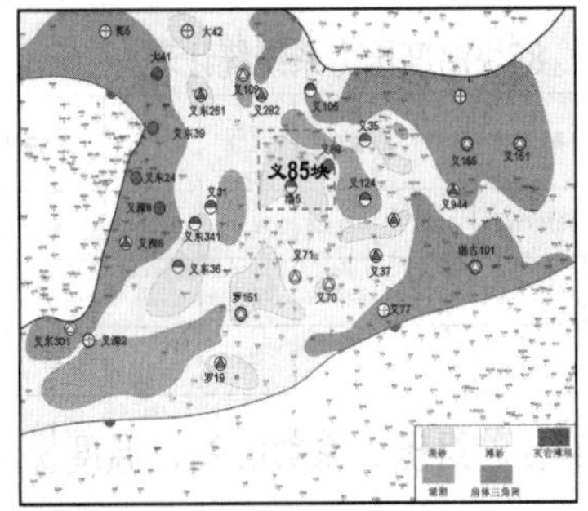

沙二段2砂组总体上属于滨浅湖沉积体系，主要发育滩坝相沉积，呈席状砂分布。

105

3、储层特征

- 岩性特征

85块薄片鉴定统计表

层位	样品数	分选	磨圆	石英(%)	长石（%）钾长石(%)	长石（%）斜长石(%)	岩屑(%)
$ES_2 2^1$	3	中-好	次棱	56.7	19.7	17.7	5.9
	8	中-好	次棱	44	21	20	15
	4	中-好	次棱	43	18	17	22
$ES_2 2^2$	1	中	次棱	55	15	22	8
$ES_2 2^3$	3	中	次棱	55	15	20.7	9.3
	5	好	次棱	38.4	21.6	19.2	20.8
	17	中-好	次棱	42.4	19	18	21
平均				47.8	18.5	19.2	14.6

沙二段2砂组储层岩性主要以灰质长石砂岩为主，石英含量约47.8%，长石含量约37.7%，岩屑含量约14.6%，泥质含量3.5%。

106

3、储层特征

- 粘土矿物含量

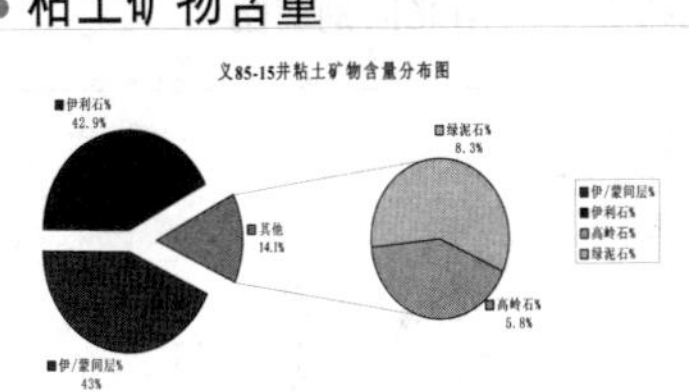

层位	井号	样品数	伊/蒙间层%	伊利石%	高岭石%	绿泥石%	伊/蒙间层比%
$ES_2 2^1$	85-15	13	50.3	37.2	5.8	6.7	20
$ES_2 2^2$	85-15	1	40	45	6	9	20
$ES_2 2^3$	85-15	7	38.6	46.6	5.7	9.1	20
平均			43	42.9	5.8	8.3	20

107

一、单元地质概况　4、储层特征

- 物性特征

85块岩心物性统计表

分层	样品数	样品厚度 m	平均孔隙度%	平均渗透率 $\times 10^{-3}um^2$	碳酸盐含量%
$ES_2 2^1$	16	4.8	19	48.6	14.1
$ES_2 2^3$	18	5.2	18.3	58.4	15.3
$ES_2 2^3$	29	7.3	17.5	27.6	15
平均			18.1	43.6	14.8

有效孔隙度为17.5%-19%,平均孔隙度18.1%；空气渗透率为27.6-58.4×10^{-3}μm²，平均渗透率43.6×10^{-3}μm²。属中孔、低渗储层。

碳酸盐含量平均14.8%，储层碳酸盐含量高。

108

3、储层特征

●物性特征---非均质性

(1) 层间非均质性

渗透率级差：$K_g=61.4$

突进系数：$K_f=1.8$

变异系数：$K_v=0.89$

变异系数值	突进系数值	储层评价结果
Vk = 0		理论均匀型
0 < Vk < 0.5	Tk < 2	均匀型
0.5 ≤ Vk ≤ 0.7	2 ≤ Tk ≤ 3	较均匀型
Vk > 0.7	Tk > 3	非均匀型

根据岩心分析资料对主力小层的渗透率统计结果，2砂组1、2、3小层层间变异系数：$K_v=0.89$，层间为非均质

109

3、储层特征

●物性特征---非均质性 (2) 层内非均质性

85-15四性关系图

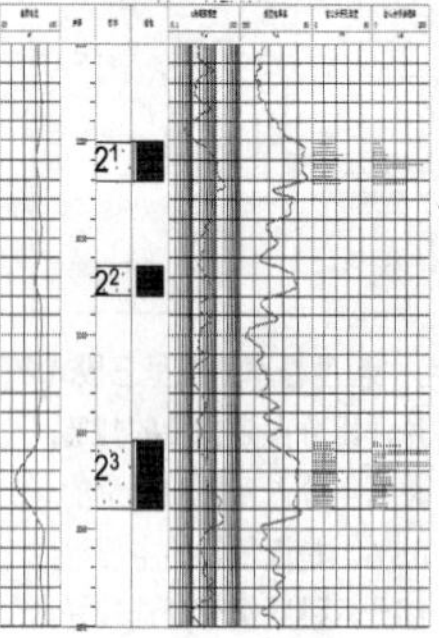

85块岩心分析层内非均质性表

小层	样品来源	渗透率级差	非均质系数	变异系数	非均质性
$ES_2 2_1$	Y85-15	79.0	3.4	1.0	不均质
$ES_2 2_2$	Y85-17	5.4	2.2	1.1	不均质
$ES_2 2_3$	Y85-15	93.0	4.6	1.3	不均质

根据四性关系图以及岩心分析资料，储层纵向上各小层层内渗透率差异大，主力层2^3层内非均质性较强

110

4、油藏特征

• 流体性质

85块原油性质统计表

取样层位	$S_2 2^3$	地层原油密度 g/cm³	0.7612
体积系数	1.215	地层原油粘度 MPa.s	1.32
油气比 m³/m³	65	脱气原油密度 g/cm³	0.8758
气体平均溶解系数 m³/(m³.MPa)	0.46	脱气原油粘度 MPa.s	20.2
含硫，%	0.3	饱和压力 MPa	12.3
凝固点 ℃	30.1	压缩系数 1/MPa	1.37×10^{-3}

地层水平均矿化度19232 mg/L，水型为$NaHCO_3$型。

111

4、油藏特征

● 温压特征

85块温度压力系统统计表

井号	测试日期	层位	油层中部深度 m	静压 MPa	温度 ℃	压力系数	温度梯度 ℃/100m
义85-5	1978/3/17	$S_2 2^3$	3114.6	29.0	96.0	0.93	3.08
义88	1976/6/30	$S_2 2^3$	2997.7	28.0	90.0	0.93	3.00
平均						0.93	3.04

沙二段2砂组压力系数0.93，温度梯度3.04 ℃/100m，属于常压、常温系统。

112

4、油藏特征

● 油层展布 $Es_2 2^1$有效厚度图 $Es_2 2^3$有效厚度图

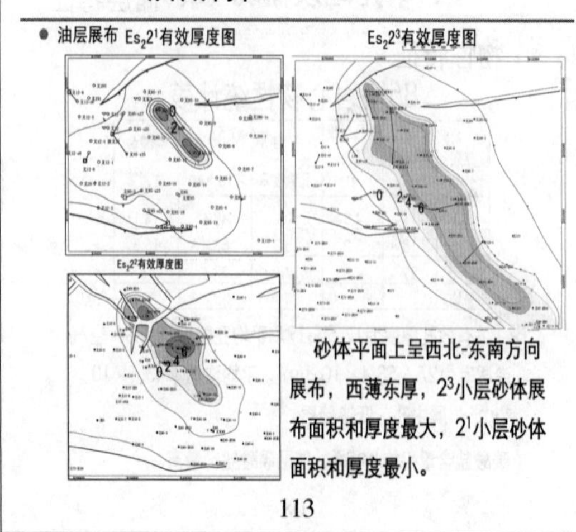

砂体平面上呈西北-东南方向展布，西薄东厚，2^3小层砂体展布面积和厚度最大，2^1小层砂体面积和厚度最小。

113

4、油藏特征

• 油藏类型 南北向剖面图

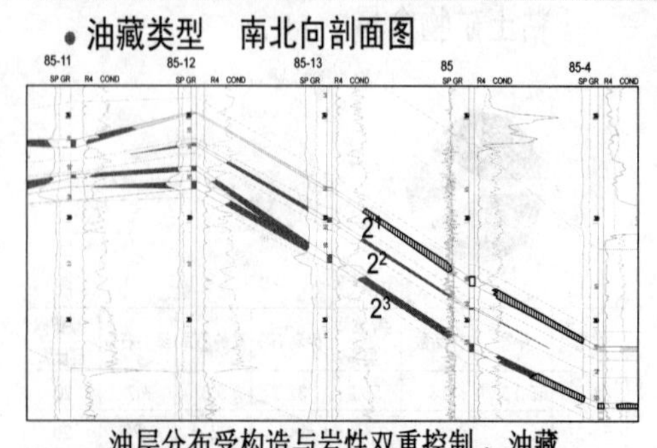

油层分布受构造与岩性双重控制，油藏类型为构造-岩性油藏，但从开发特征看，西部高部位储层尖灭，东部为远端储层尖灭。

114

汇报提纲

一、地质静态资料

二、开发简历及开发现状

三、开发动态分析

四、存在问题及下步工作

胜采地质所

115

二、开发简历及现状

85块开发曲线

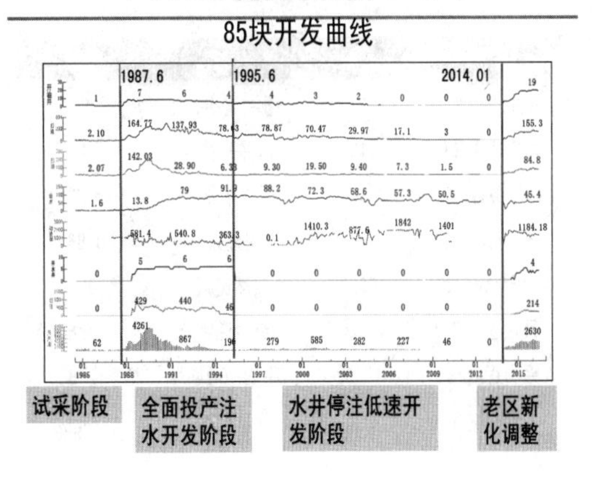

试采阶段　全面投产注水开发阶段　水井停注低速开发阶段　老区新化调整

116

1、试采阶段（1976.4-1987.6）

88井采油曲线

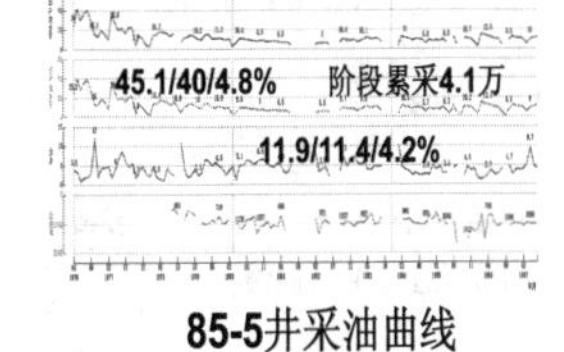

85-5井采油曲线

酸化投产 12.8/12/0　阶段累采1.4万 6.8/6.7/4.7%

试采阶段井网

该阶段弹性开发，末期单井日产油11.4t/d，含水4.2%，阶段采出程度4.7%。

117

2、全面投产强采强注阶段（1987.6-1995.6）

85块开发曲线

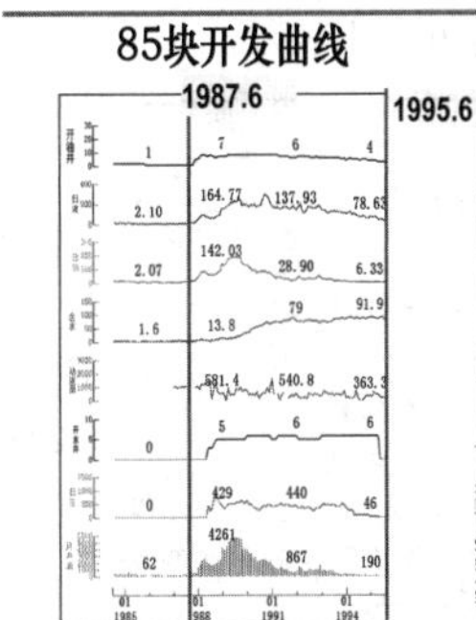

强采强注阶段注采井网

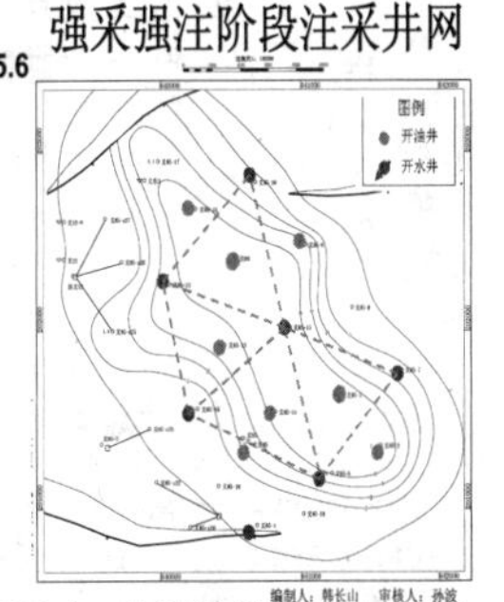

采用四点法注采井网（井距400m），小规模压裂投产（加砂8-14方），峰值年产油5.6万吨，由于强采强注，含水上升快，产量递减大。阶段末单井日产油1.9t/d，含水93.2%，阶段采出程度12.9%。

118

3、水井停注、低速开发阶段（1995.6-2014.01）

85块开发曲线

水井停注、低速开发阶段井网

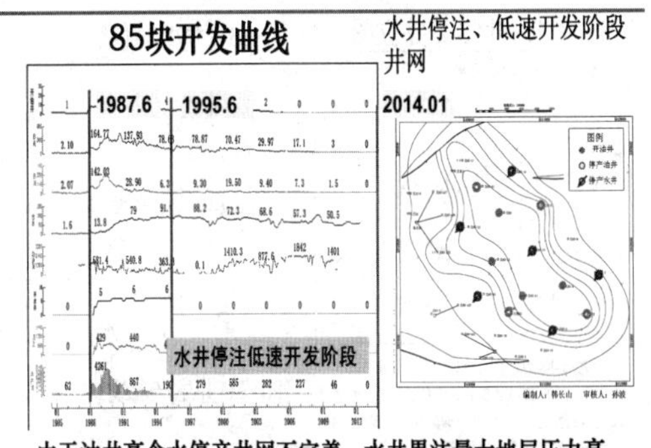

由于油井高含水停产井网不完善、水井累注量大地层压力高，水井实施停注，后期油井能量下降含水高陆续关停，油水井全部停产停注。阶段采出程度3.4%。

119

4、老区新化、变流线井网调整阶段（2014.01-目前）

调整思路

◆充分利用老井 重建井网 提高储量控制程度

◆完善注采井网 改变流线 提高水驱波及系数

2014年老区新化设计新钻油井6口，水井2口。投产初期平均单井日液17t/d，日油6t/d，含水66%。

在老区新化的同时，对南部开展滚动建产，部署新油井3口，水井1口。

阶段开井数增加，产量上升，产能恢复。

老区新化、变流线调整井网

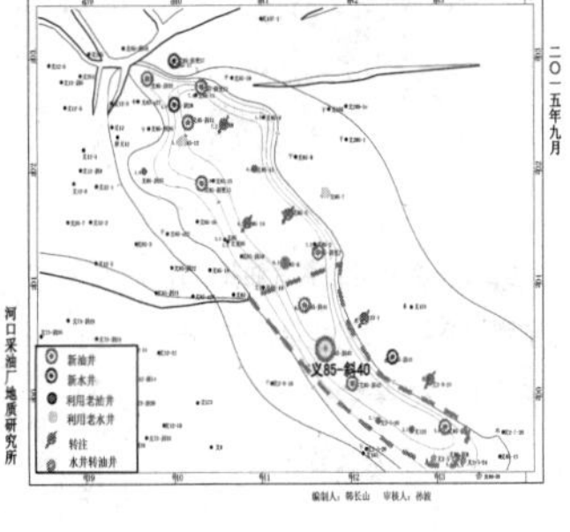

120

85块沙二段开发现状

项目	数据	项目	数据
油井总井/口	21	水井总井/口	8
油井开井/口	18	水井开井/口	4
日产液量/方	137	日注水平/方	145
日产油量/吨	68	月注采比	0.86
综合含水/%	50.6	自然递减/%	-7.8
采油速度/%	1.3	综合递减/%	-7.8
采出程度/%	16.82	平均动液面/m	1218
累计注采比	1.08	累计产油量/10^4t	31.7989

121

汇 报 提 纲

一、地质静态资料

二、开发简历及开发现状

三、开发动态分析

四、存在问题及下步工作

胜采地质所

122

1、开发指标分析

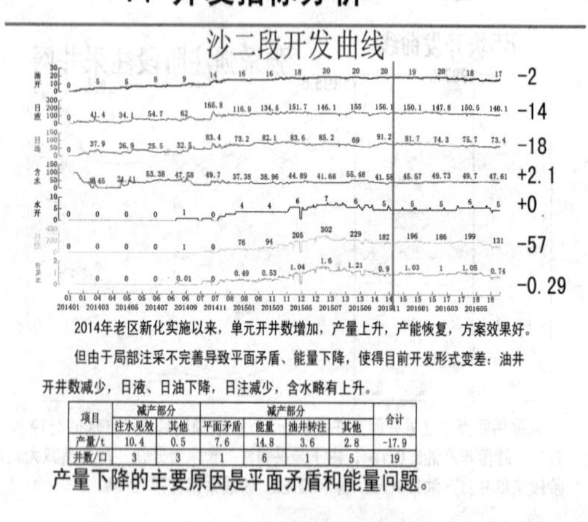

2014年老区新化实施以来，单元开井数增加，产量上升，产能恢复，方案效果好。

但由于局部注采不完善导致平面矛盾、能量下降，使得目前开发形式变差：油井开井数减少，日液、日油下降，日注减少，含水略有上升。

项目	减产部分		减产部分				合计
	注水见效	其他	平面矛盾	能量	油井转注	其他	
产量/t	10.4	0.5	7.6	14.8	3.6	2.8	-17.9
井数/口	3	3	1	6	1	5	19

产量下降的主要原因是平面矛盾和能量问题。

123

(1)12-X24、85-X21能量不足产量下降

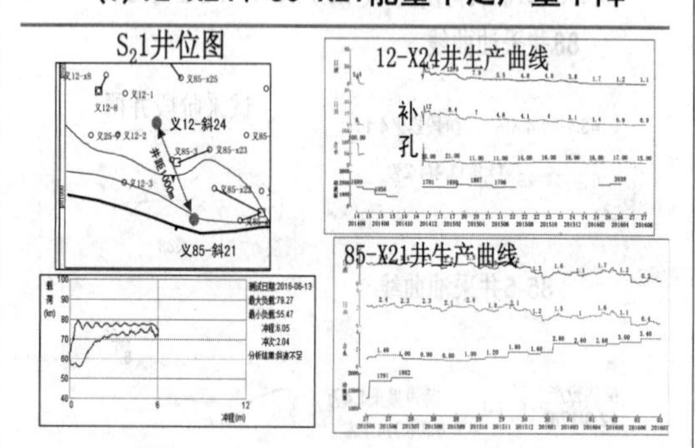

沙二段1砂组砂体零星分布，不具备井网完善的条件，油井目前靠天然能量开采。

12-X24井2014.12月补孔S_21、S_32合采，初期14.7/12.0/18.0%，目前只有1.1/0.9/15.0%，产量下降明显。

85-X21井由于能量原因导致产量下降，-1.7/-1.7/2%。

124

(2)85-X50、-X51、-X52能量不足产量下降

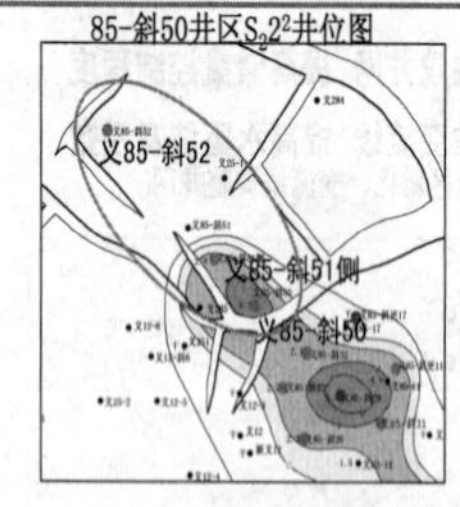

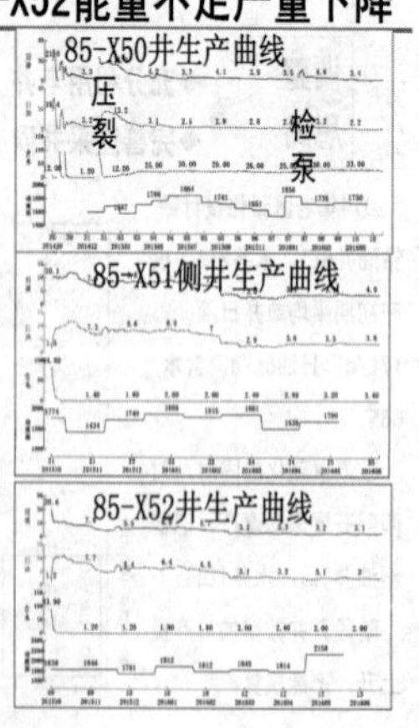

沙二段S_22^2断层北侧有油井3口，目前弹性开采，没有能量补充，产量递减大，3口井共减产9.1吨。

下步建议85-X51C转注。

125

(3)85-X40平面矛盾产量下降

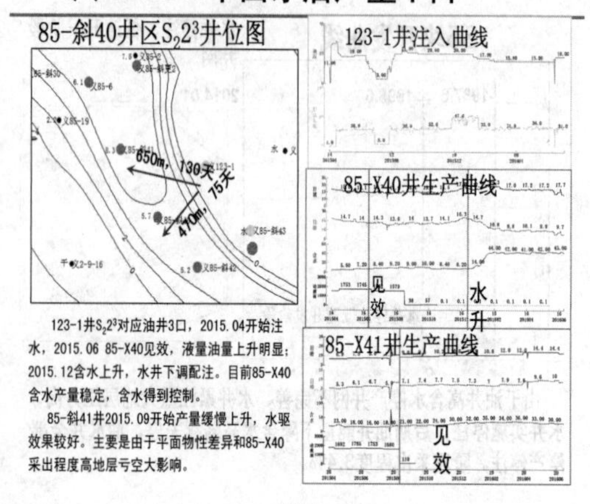

123-1井S_22^3对应油井3口，2015.04开始注水，2015.06 85-X40见效，液量油量上升明显；2015.12含水上升，水井下调配注。目前85-X40含水产量稳定，含水得到控制。

85-斜41井2015.09开始产量缓慢上升，水驱效果较好。主要是由于平面物性差异和85-X40采出程度高地层亏空大影响。

126

(4)85-X43转注减产、85-X42能量不足产量下降

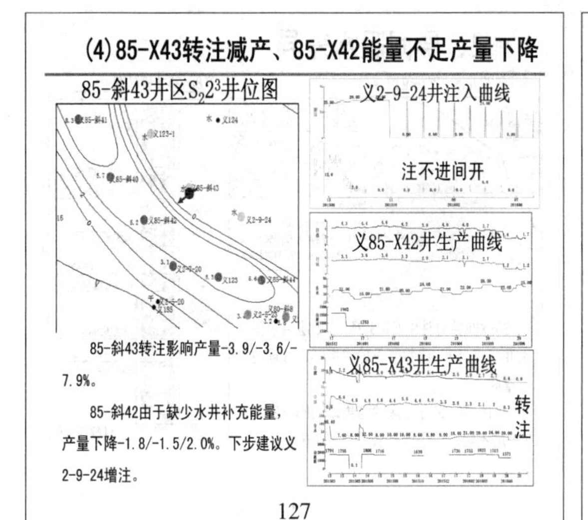

85-斜43转注影响产量-3.9/-3.6/-7.9%。

85-斜42由于缺少水井补充能量，产量下降-1.8/-1.5/2.0%。下步建议义2-9-24增注。

127

2、井组开发状况分析　（1）采出状况

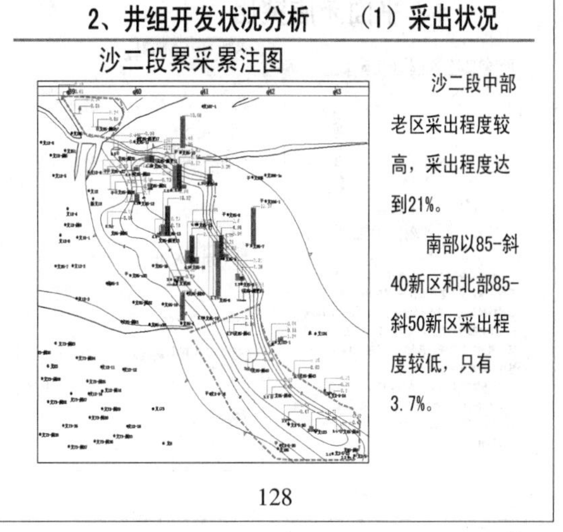

沙二段中部老区采出程度较高，采出程度达到21%。

南部以85-斜40新区和北部85-斜50新区采出程度较低，只有3.7%。

128

（1）采出状况

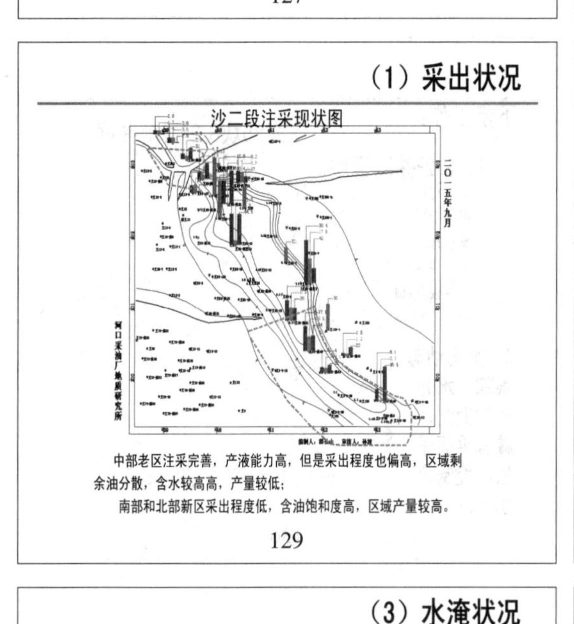

中部老区注采完善，产液能力高，但是采出程度也偏高，区域剩余油分散，含水较高高，产量较低；

南部和北部新区采出程度低，含油饱和度高，区域产量较高。

129

（2）地层能量状况

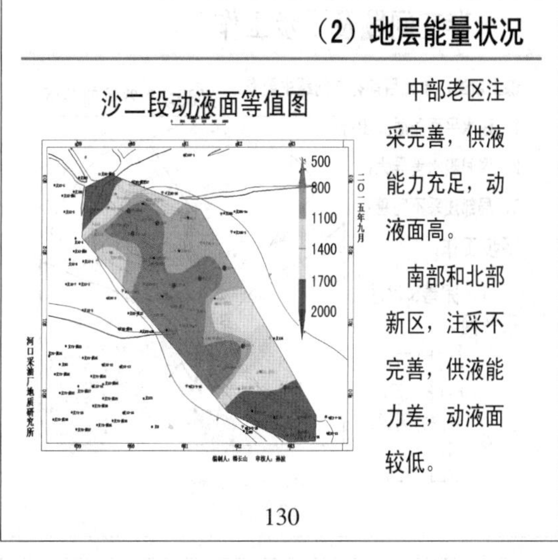

中部老区注采完善，供液能力充足，动液面高。

南部和北部新区，注采不完善，供液能力差，动液面较低。

130

（3）水淹状况

沙二段含水等值图

0
20
40
60
80
100

中部老区采出程度高，含油饱和度低，历史开发过程中的强注强采导致去含水高。

南部和北部新区，油井投产时间短，含油饱和度高，含水相对较低。

131

汇　报　提　纲

一、地质静态资料

二、开发简历及开发现状

三、开发动态分析

四、存在问题及下步工作

胜采地质所

132

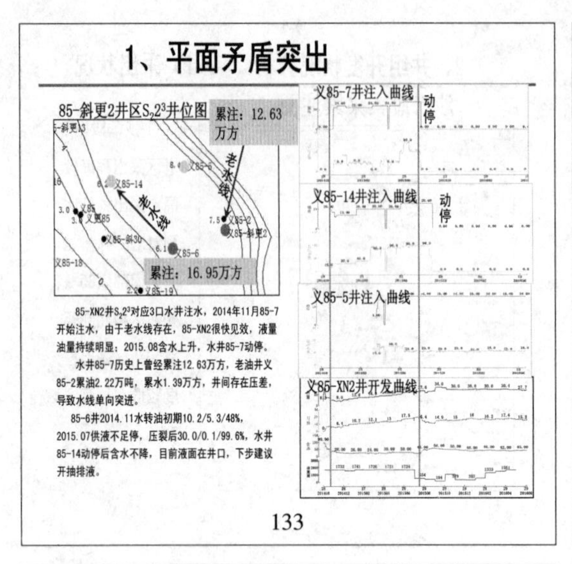

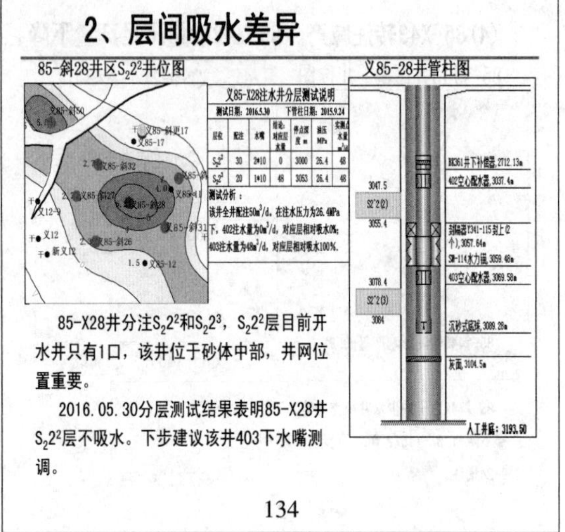

综上所述，单元目前存在问题主要有：

1、注水平面矛盾突出；

2、层间吸水差异大；

3、局部注采不完善；

下步工作：

1、完善$S_2 2^2$注采井网。

转注1口：BAE85-X51C

分注井测调1口：BAE85-X28

义85块$S_2 2^2$目前井网

135

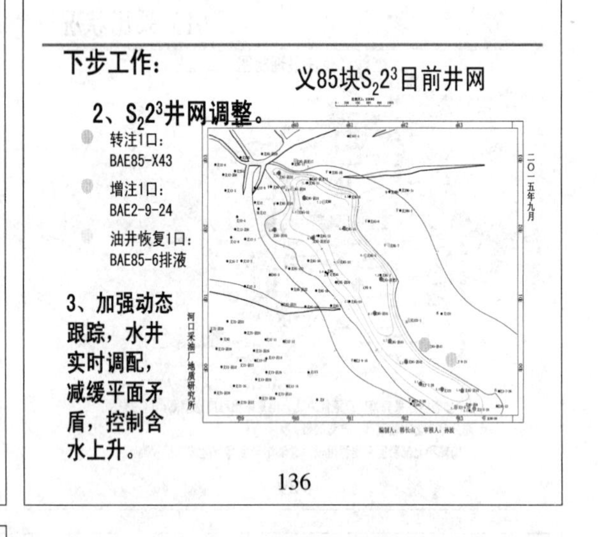

参考文献

1、郭迎春：低渗透油藏精细油藏描述技术。

2、胜利油田勘探开发研究院：胜利油田低渗透油藏开发技术。

3、金海英：油气井生产动态分析。

137

第十六章　剩余油研究及开发调整方法

内　容

一、剩余油分布研究方法

二、油田开发调整方法

1

一、剩余油分布研究方法

◆剩余油分布研究意义

了解和掌握油藏中剩余油饱和度的宏观和微观的空间分布，确定其剩余储量、剩余可采储量规模及品位，是油藏经营管理决策的重要依据。

在油田开发过程中，准确的估算剩余油饱和度及其分布对于估算一次采油和二次采油、三次采油的可采储量具有重要的意义，更是开发调整项目可行性论证和调整效果评估的先决条件和基础。

2

一、常用剩余油分布研究方法

◆ 地震技术	
◆ 测井方法 ◆ 岩心分析 ◆ 示踪剂测试方法	动态监测井点、定性+定量
◆ 开发地质学方法 ◆ 油藏工程综合分析法	整体、半定量
◆ 全油田整体数值模拟方法	整体、定量

3

一、常用剩余油分布研究方法

1、岩心分析

岩心分析包括：常规取心、密闭取心。

常规取心：在剩余油饱和度测量中，对取心的要求是当井下岩心样品取到地面后，能使岩心中所含流体保持原状；常规取心技术达不到该要求，因为存在两个问题：一是不能保持岩心压力；二是损失岩心中的流体。

密闭取心：通过密闭技术在岩心被冷冻处理前，使岩心样品保持在井中压力下。该取心技术的优点是解决了岩心中流体收缩和岩心排油的问题，并且得到的剩余油饱和度精度高，但一般取心收获率低。

4

一、常用剩余油分布研究方法

（1）水淹状况定性判断

①滴水实验

在岩样的新鲜平整面上用注射器滴水，观察水滴在岩面的形态和吸附现象，以判断油层的见水程度。

见水级别	滴水渗入形态	图示	水洗判断
1级	水滴于油砂上立即渗入		水洗-强水洗
2级	滴水后两分钟内渗入或留水痕		见水-水洗
3级	滴水后两分钟内水滴呈表玻璃状		弱见水-见水
4级	滴水后两分钟内水滴呈球状		未见水-弱见水

5

一、常用剩余油分布研究方法

（1）水淹状况定性判断

②沉降实验

取直径为1厘米，长为10厘米的试管，装入8毫升四氯化碳，取油砂中心部位样品0.5克压碎放入试管中摇晃，根据油易溶于四氯化碳而水却不溶的特点，以及根据油砂在四氯化碳中的沉降状态的不同，来判断油层的水洗程度。

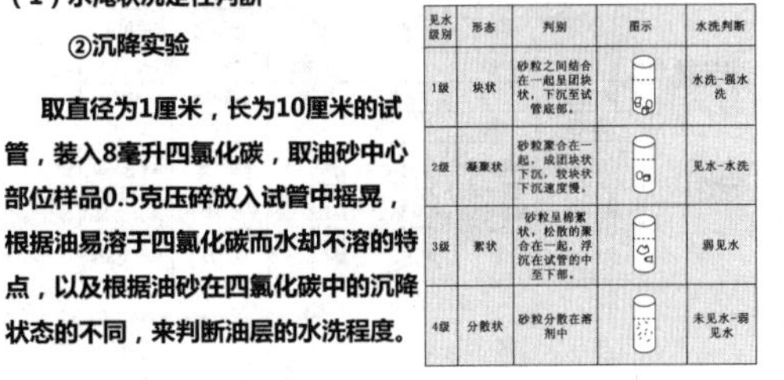

见水级别	形态	判别	图示	水洗判断
1级	块状	砂粒之间结合在一起呈团块状，下沉至试管底部。		水洗-强水洗
2级	凝聚状	砂粒聚合在一起，成团块状下沉，较块状下沉速度慢。		见水-水洗
3级	絮状	砂粒呈棉絮状，松散的聚合在一起，浮沉在试管的中至下部。		弱见水
4级	分散状	砂粒分散在溶剂中		未见水-弱见水

6

一、常用剩余油分布研究方法

(1)水淹状况定性判断

③镜下观察实验

见水级别	颗粒表面干净程度及粒面、粒间油水分布特征	水洗判断
1级	颗粒呈显本色(>60%),颗粒表面见水膜,水感强。	水洗-强水洗
2级	颗粒大部分(40-60%)呈显本色,颗粒间可见棕色原油,部分颗粒表面见水膜,水感较强。	见水-水洗
3级	颗粒小部分(20-40%)呈显本色,颗粒间可见较多棕色原油,有较弱的水感。	弱见水-见水
4级	颗粒小部分(<20%)呈显本色,颗粒间为棕色原油。	未见水-弱见水

7

一、常用剩余油分布研究方法

(2)剩余油定量表征

①剩余油饱和度S。

定义:油藏产量递减期内任何时候的含油饱和度,一般指二次采油末油田处于高含水期时剩余在储集层中流体的原油饱和度。

残余油饱和度为在油层条件下,油的相对渗透率为零的不可流动油的饱和度,它是剩余油饱和度的一种特殊情况。

剩余油饱和度可能等于残余油饱和度,但它往往大于残余油饱和度。

8

一、常用剩余油分布研究方法

(2)剩余油定量表征

②驱油效率计算方法

驱油效率:在某一时间,被驱替的油层内采出的油量与原始含油量之比,驱油效率越高,说明油层中的油被洗得越干净。

地下油法:
$$E_d=\frac{原始含油饱和度Soi—目前剩余油饱和度So}{原始含油饱和度\ Soi}$$

地下水法:
$$E_d=\frac{目前含水饱和度Sw—束缚水饱和度Swi}{原始含油饱和度\ (1\text{-}Swi)}$$

9

一、常用剩余油分布研究方法

(2)剩余油定量表征

矿场实例:地下油法:Ed=(Soi-So)/Soi

层位	So,%	Soi,%	驱油效率,%
层位1	38.9	70.9	44.2
层位2	30.2	67.1	55.1
层位3	38.2	69.1	44.7
层位4	20.4	69.7	70.7
层位5	26.1	70.7	63.1
层位6	37.3	70.6	47.2
合计	31.8	69.7	54.3

✓ 驱油效率:44.2%-70.7%,平均为54.3%;

✓ 层位4驱油效率最高70.7%,层位1驱油效率最低44.2%。

10

一、常用剩余油分布研究方法

(3)剩余油分布综合描述

见水级别判断标准

驱油效率判别水洗程度方法

	水洗级别 项目	强水洗	水洗	见水	弱见水	未见水
半定量 ⇨	驱油效率	>60%	60-40%	40-20%	20-5%	<5%
定性	滴水实验	立渗	立渗-缓渗	缓渗	半球-球状	球状
	沉降实验	块状	块状-凝聚	凝聚状	絮状	分散状
	镜下观察	不污手 玻璃光泽 水湿感强 颗粒表面很干净 见水珠	不污手 玻璃光泽 水湿感较强 颗粒表面干净 见水珠	微污手 玻璃光泽 具水湿感 颗粒表面较干净 见水膜	污手 玻璃光泽 具潮湿感 颗粒表面干净程度一般 少见水膜	污手或污手感强 油脂光泽 具油浸感 颗粒表面不干净 见油膜

11

一、常用剩余油分布研究方法

例如,水洗

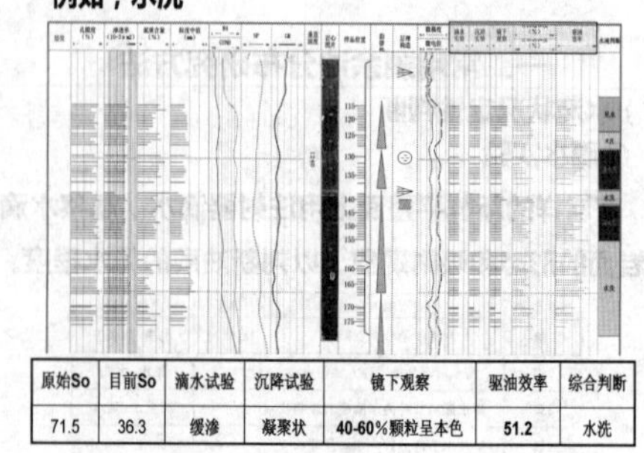

原始So	目前So	滴水试验	沉降试验	镜下观察	驱油效率	综合判断
71.5	36.3	缓渗	凝聚状	40-60%颗粒呈本色	51.2	水洗

12

一、常用剩余油分布研究方法

2、油藏工程综合分析法

利用区块的射孔、采油、注水等各种动静态数据及吸水、产液等测试资料，对每口井进行综合分析，劈分出该井在各时间单元的产油、产水和注入量，结合沉积微相图、渗透率等值图等地质图件，绘制出小层水淹图。

（1）时间单元累积注水量的确定方法

$$\sum Q_{IJ} = \sum_{i=1}^{N}(Q_{II} \times \eta_i) \quad (8\text{-}1)$$

①有吸水剖面的井，单井在每个时间单元的累积注水量由下式确定：

式中：Q_{II} — 阶段累积注水量，$10^4 m^3$

η_i — 时间单元在某阶段吸水剖面相对吸水百分数，%

j — 时间单元

n — 吸水剖面测试次数

13

一、常用剩余油分布研究方法

2、油藏工程综合分析法

②无吸水剖面的井，单井在每个时间单元的累积注水量由下式确定：

$$\sum Q_{wi} = \sum_{j=1}^{k} \frac{K_i \times h_i \times Q_{wj}}{\sum_{i=1}^{n}(k_i \times h_i)} \quad (8\text{-}2)$$

式中：k_i — 时间单元渗透率，$10^{-3}\mu m^2$

h_i — 时间单元射开厚度，m

Q_{wj} — 两次射孔之间阶段累积注水量，$10^4 m^3$

n — 射开时间单元数

k — 射孔次数

14

一、常用剩余油分布研究方法

2、油藏工程综合分析法

（2）时间单元累积产油量的确定方法

①对于弹性开采的井，单井在每个时间单元的累积产油量由下式确定：

$$\sum Q_{oi} = \sum_{j=1}^{k} \frac{K_i \times h_i \times Q_{oj}}{\sum_{i=1}^{n}(k_i \times h_i)} \quad (8\text{-}3)$$

式中：k_i — 时间单元渗透率，$10^{-3}\mu m^2$

h_i — 时间单元射开厚度，m

Q_{oj} —两次射孔之间阶段累积产油量，$10^4 t$

n — 射开时间单元数

15

一、常用剩余油分布研究方法

2、油藏工程综合分析法

②对于注水见效或天然水驱的油井，单井见效阶段在每个时间单元的累积产油量由下式确定：

$$\sum Q_{oi} = \frac{K_i \times h_i \times (Q_o - \sum_{j=1}^{k}\Delta Q_{oj})}{\sum_{i=1}^{n}(k_i \times h_i)} + \sum_{j=1}^{k}\Delta Q_{oj}\lambda_j \quad (8\text{-}4)$$

式中：k_i — 时间单元渗透率，$10^{-3}\mu m^2$；

h_i — 时间单元射开厚度，m；

Q_o — 单井累积产油量，$10^4 t$；

n — 时间单元数；

k — 见效次数；

$\triangle Q_{oj}$ — 见效阶段累积增油量，$10^4 t$；

λ_j — 见效期间该时间单元增产油量占增油总量百分比；

16

一、常用剩余油分布研究方法

2、油藏工程综合分析法

通过以上各式可以将单井累积产油量劈分到各个时间单元，继而汇总得到每个时间单元的累积产油量，而后计算出时间单元的采出程度：

$$R_i = \frac{\sum Q_{pi*}}{N_i} \quad (8\text{-}5)$$

式中：R_i — 时间单元采出程度，%；

Q_{pi} — 时间单元累积产油量，$10^4 t$；

N_i — 时间单元地质储量，$10^4 t$；

17

一、常用剩余油分布研究方法

2、油藏工程综合分析法

（3）时间单元累计产水量的确定方法

计算前首先扣除因作业和和井况差而大量出水的水量，然后再结合油井见效情况进行劈分，一般有两种情况：一是单层见水，水量全部劈分到该见水层上；二是多层见水，产水量按下式进行劈分：

$$\sum W_{pi} = \frac{k_i h_i W_p}{\sum_{i=1}^{n} k_i h_i} \quad (8\text{-}6)$$

式中：W_p — 全井段累积产水量，$10^4 m^3$；

k_i — 时间单元渗透率，$10^{-3}\mu m^2$

h_i — 时间单元射开厚度，m；

n — 时间单元数。

对存在多次见效见水的油井，在确定每次的见水层位后，按不同见水阶段分别采用上式将产水量劈分到各个时间单元上，然后汇总出每个时间单元的累积产水量。

18

一、常用剩余油分布研究方法

2、油藏工程综合分析法

通过以上各式，可以计算得到每口油井或水井在各个时间单元的累积产油量、累积产水量和累积注水量，继而可以计算出各时间单元的动用状况。

根据油井产液剖面、找水资料，并结合研究人员经验，绘制出区块各时间单元的水淹图。

时间单元水驱动用状况统计表

时间单元	地质储量 10^4t	水驱控制储量 10^4t	水驱动用储量 10^4t	水淹储量 10^4t	累产油 10^4t	采出程度 %	水驱控制程度 %	水驱动用程度 %
$S_{[illegible]}2^{1}$	5.18	0.52	0.41	0.13	0.4997	9.6	10.00	8.00
$S_{[illegible]}2^{2}$	24.96	6.24	4.49	0.99	2.9700	11.9	25.00	18.00
$S_{[illegible]}2^{3}$	5.77	0.46	0.00	0.00	0.5900	10.2	8.00	0.00
$S_{[illegible]}2^{4}$	2.08	0.21	0.00	0.00	0.0375	1.8	10.00	0.00
$S_{[illegible]}2^{5}$	0.00	0.00	0.00	0.00	0.0000	0.0	0.00	0.00
$S_{[illegible]}2^{6}$	0.00	0.00	0.00	0.00	0.0000	0.0	0.00	0.00
$S_{[illegible]}3^{1}$	14.93	9.70	5.97	3.70	3.4589	23.2	65.00	40.00
$S_{[illegible]}3^{2}$	10.47	4.19	2.09	0.57	0.7685	7.3	40.00	20.00
$S_{[illegible]}3^{3}$	8.62	3.28	2.16	0.41	2.4759	28.7	38.00	25.00
$S_{[illegible]}3^{4}$	4.94	1.33	0.74	0.29	1.0881	22.0	27.00	15.00
$S_{[illegible]}3^{5}$	0.32	0.05	0.03	0.02	0.0000	0.0	16.00	10.00
$S_{[illegible]}3^{6}$	0.10	0.00	0.00	0.00	0.0105	10.5	0.00	0.00
$S_{[illegible]}3^{7}$	0.10	0.00	0.00	0.00	0.0000	0.0	0.00	0.00
$S_{[illegible]}4^{1}$	14.85	8.91	6.68	0.41	1.2840	8.6	60.00	45.00
$S_{[illegible]}4^{2}$	11.21	3.81	2.24	0.36	2.0039	17.9	34.00	20.00
$S_{[illegible]}4^{3}$	20.53	14.37	11.29	5.30	4.3847	21.4	70.00	55.00
$S_{[illegible]}4^{4}$	6.83	3.76	3.07	0.65	2.1586	31.6	55.00	45.00
$S_{[illegible]}4^{5}$	3.11	1.80	1.24	0.05	0.2895	9.3	58.00	40.00
$S_{[illegible]}4^{6}$	17.55	10.00	7.02	1.95	1.3849	7.9	57.00	40.00
$S_{[illegible]}4^{7}$	11.52	9.22	7.56	1.79	1.9105	16.6	80.00	65.66
$S_{[illegible]}4^{8}$	6.94	4.86	3.47	0.82	1.7987	25.9	70.00	50.00

19

内　容

一、剩余油分布研究方法

二、油田开发调整方法

20

二、油田开发调整方法

◆ 油田开发调整的必要性

油田开发过程中开发综合调整的基本原则就是要用最少的投资改善开发效果，尽可能的提高油田最终采收率，充分合理地、经济地利用地下资源。对于不同的油田和油田开发的不同时期，调整的任务和目的是不同的，其调整方法也不一样，可分为以下几种情况：

- 原油田开发设计与实际情况出入较大，采油速度达不到设计要求时，必须进行层系井网的调整。
- 根据国家对原油生产的需要，要求油田提高采油速度，增加产量，则需采取提高注采强度和加密井网等调整措施。（大庆、胜利）
- 转变油田开发方式，如由天然能量开采方式转为人工注水开发时，必须进行调整。国内外一些油田一次采油转为二次采油即属此类。
- 为改善油田开发效果，延长油田稳产期和减缓油田产量递减，则常采取大量的分层工艺技术等调整措施。
- 为了提高油田最终采收率，则采以各种三次采油等方式的调整措施。

21

二、油田开发调整方法

◆油田综合调整的内容

对象不同，采用方法和手段有别，但归纳起来，大体分为两种类型。

- 立足于现层系和井网条件下的调整，主要是采取各种工艺措施的综合调整，这种调整是经常的，大量的工作；
- 开发层系井网的综合调整。

22

二、油田开发调整方法

➢ 基于现井网条件下各种工艺措施的调整

基本内容是调节油水井生产压差以及对油水井采取井下作业措施。这种调整在注水开发多油层油田时尤为重要。

主要可以起三个方面的作用：

- 减少不同性质油层之间的层间干扰，发挥不同油层的作用，提高储层的动用程度；
- 控制油田含水率的增长，提高注入水的利用效率；
- 扩大注入水的波及体积，改善油田开发效果；

主要方式：细分注水、分层采油、堵水压裂等措施、改变水井、油井工作制度、改变开采方式（自喷转抽）

23

二、油田开发调整方法

➢ 开发层系井网综合调整

油田开发层系和井网调整就是适当改变开发方案原定的开发井网和开发层系，以适应新的情况，因为一般油田在开发初期的方案中，总是层系划分较粗，井网较稀，一部分形态复杂或渗透率较低的差油层不能有效投入开发，影响油田开发效果的进一步提高。

而且仅靠层系调整，也不能完全解决层间干扰问题，因此，又提出了新的稳定途径，即采用“细分层系加密井网”的调整措施，这是对油田开发部署的整体，全局性的重大技术改造。

24

二、油田开发调整方法

◆调整时机

在一般情况下，按照油田开发程序，调整应分三阶段实施。

- 开发初期：主要是分析井网层系开采措施对油藏的适应性;
- 中含水期：油田开发的特点是“三快一加剧”（油井注水见效快；产量高、压力恢复快；含水上升快；层间干扰加剧）主要是通过钻加密调整井进行局部调整，完善井网层系；
- 高含水期：井网层系全面调整。

25

二、油田开发调整方法

◆调整对象

概括起来，凡符合下列条件之一的油层，都可作为调整对象：

- 原井网控制不住的油层；
- 原井网控制程度底，注采系统不完善，动用状况差的油层；
- 原井网基本能控制，但渗透率低，工作状况不好，大部分未含水或低含水的油层；
- 局部地区动用较好，但大部分地区动用不好含水低或不含水油层。

26

二、油田开发调整方法

◆调整井类型

根据调整井所起作用不同，可分为以下几种：

- 补充开发井：主要布置在已开发区内未开采的低产油层区块。这类油层原方案基本没有开发，可以按新开发区那样来考虑开发问题，但要认真考虑与油田开发现状相结合。
- 层系调整井：主要布置在原井网内开采效果差的油层，把这些油层单独拿出来进行开发，减缓层间矛盾，增加有效动用储量，实际上起着细分层系的作用。
- 加密调整井：原主要开发层系井网较稀，水驱控制程度低，见水效益差，需要加密调整，此类井各油田普遍采用。
- 更新调整井：原来开发套管损坏需报废钻更新井。若这些更新井钻井时带有调整目的，就变为更新调整井。

27

二、油田开发调整方法

（一）整装油藏开发调整做法

（二）断块油藏开发调整做法

（三）低渗透油藏开发调整做法

28

（一）整装油藏开发调整做法

- 完善韵律层注采井网
- 水平井挖潜
- 层系细分重组
- 矢量开发调整
- 变流线开发调整

29

1、完善韵律层注采井网

主要是针对胜坨油田三角洲前缘反韵律沉积的厚油层，在精细储层研究、重建韵律层地质模型和流体模型的基础上：

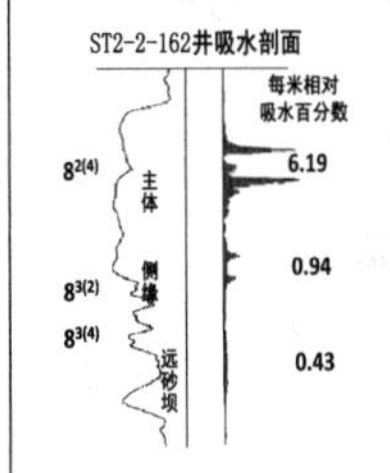

- 潜力韵律层：

  钻新井为主建立潜力韵律层注采井网，提高水驱储量控制程度；

- 主力韵律层：

  采取堵水调剖等老井强化措施，实施有效注水，提高水驱开发效果。

30

2、水平井调整

主要针对正韵律厚油层顶部剩余油、薄油层、厚层底水等，实施水平井挖潜。

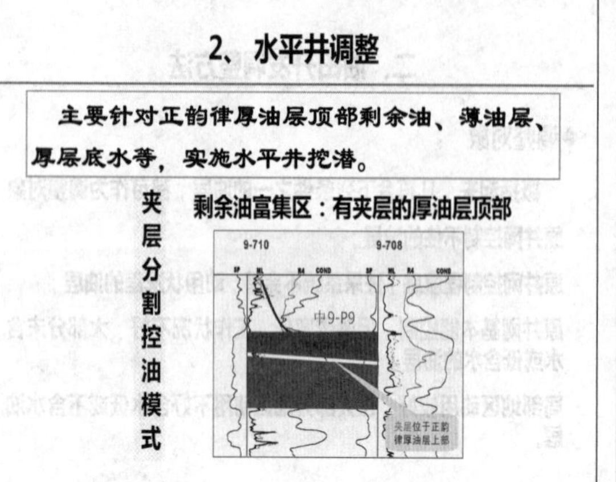

31

3、层系细分重组

井网重组

打破原有的从上到下按顺序划分层系的组合方式，将储层物性、原油性质、水淹程度、开采状况和井段相近的小层重新组合成开发层系(形成非主力油层和主力油层各自独立的开发层系)，并根据各层系的特点，采用相适应的油藏－工艺－地面开发对策，进一步完善注采系统。

32

4、矢量开发调整

建立了不同剩余油分布模式下的矢量化调整模式

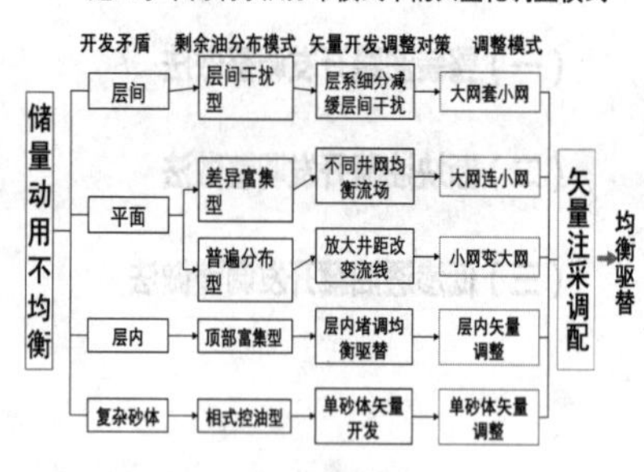

33

5、变流线开发调整

主要问题
- 注采流线长期较为固定，水线形成固有通道、驱替程度不均衡；
- 部分单元层数多，合采合注，层间矛盾突出。

难点：通过井网加密变流线，无经济效益

仅油井转注变流线，角度转变有限（25-40°）

思路：转变观念，开辟示范区，探索变流线方式

- 能否整体调整井网，高强度转变流场？
- 能否油水井别互换，大角度转变流场？
- 能否细分层系抽稀井网，大井距转变流场？

驱替弱驱部位剩余油

34

二、油田开发调整方法

（一）整装油藏开发调整做法

（二）断块油藏开发调整做法

（三）低渗透油藏开发调整做法

35

（二）断块油藏开发调整做法

◆层系细分（重组）
◆水平井调整
◆完善注采井网
◆厚层断块单层开发
◆多层断块三级细分开发
◆极复杂断块立体组合开发
◆极复杂断块注采耦合开发
◆窄屋脊断块人工边水驱开发

36

1、厚层断块单层开发

厚层断块油藏的特点及难点

地质特点：呈单一“层块”、油层厚度大

开发特点：特高含水、特高采出程度，基本处于“技术废弃”状态

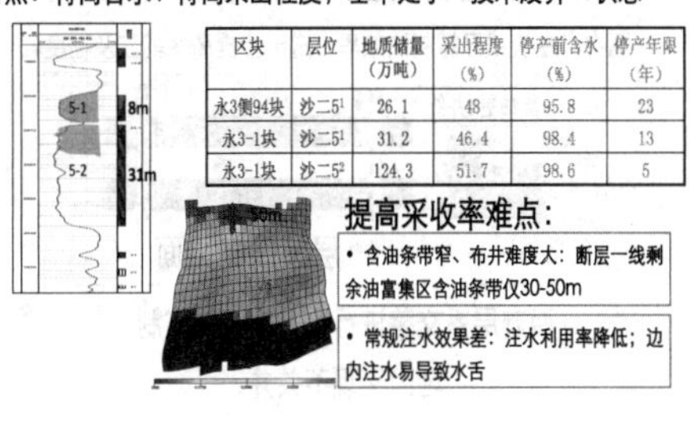

区块	层位	地质储量（万吨）	采出程度（%）	停产前含水（%）	停产年限（年）
永3侧94块	沙二5^1	26.1	48	95.8	23
永3-1块	沙二5^1	31.2	46.4	98.4	13
永3-1块	沙二5^2	124.3	51.7	98.6	5

提高采收率难点：

- 含油条带窄、布井难度大：断层一线剩余油富集区含油条带仅30-50m
- 常规注水效果差：注水利用率降低；边内注水易导致水舌

37

1、厚层断块单层开发

- 近断层水平井

永3-1沙二5-2小层顶面构造图

最大程度提高储量控制程度、扩大水驱波及。

- 绕水舌、水锥水平井

永3平6井钻井轨迹示意图

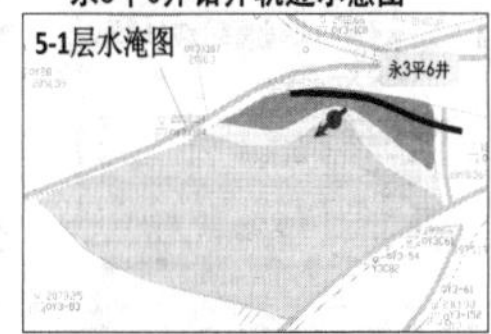

通过研究已形成的水锥大小及位置，钻平面绕水舌、纵向绕水锥的水平井，实现“技术废弃层”新化开发。

38

2、多层断块三级细分开发

➢多油层断块油藏的特点及难点

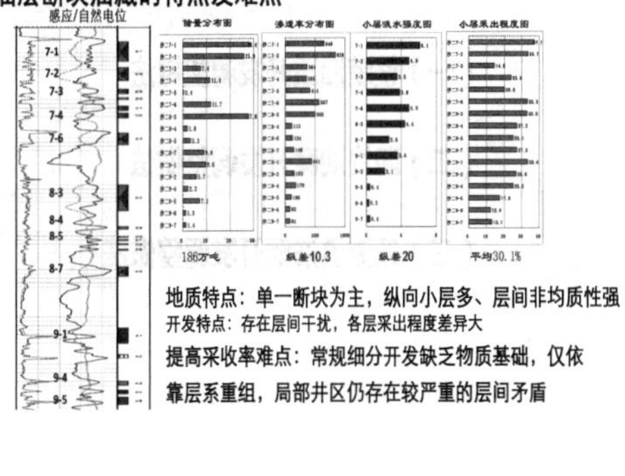

地质特点：单一断块为主，纵向小层多、层间非均质性强

开发特点：存在层间干扰，各层采出程度差异大

提高采收率难点：常规细分开发缺乏物质基础，仅依靠层系重组，局部井区仍存在较严重的层间矛盾

39

2、多层断块三级细分开发

三级细分+矢量井网，配套分质分压注水，最大程度均衡水驱开发

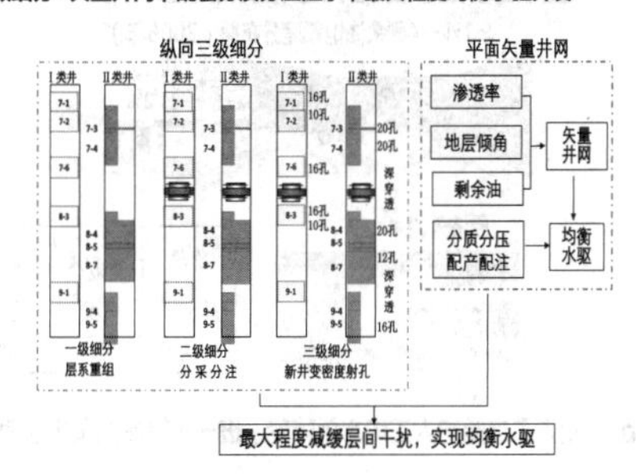

40

3、极复杂断块立体组合开发

➢ 极复杂断块油藏的特点及难点

地质特点：断裂系统复杂，低序级断层发育；断块面积小，储量规模小，小碎块难动用。

开发特点：储量控制程度低、水驱动用程度低。

永安油田永3-1复杂断块区构造图

沙二段7砂组顶面

- 断块数：11个
- 含油面积：0.4km²
- 地质储量：71万吨
- 油藏埋深：1900-2300m

单个层块含油面积平均0.039km²，地质储量0.15-5万吨。

提高采收率难点：

- 单一小断块、单一小规模剩余油富集区单独钻井不经济；
- 小断块经济注水难度大。

41

3、极复杂断块立体组合开发

多井型复杂结构井 + 经济注水优化，提高储量控制程度、水驱动用程度

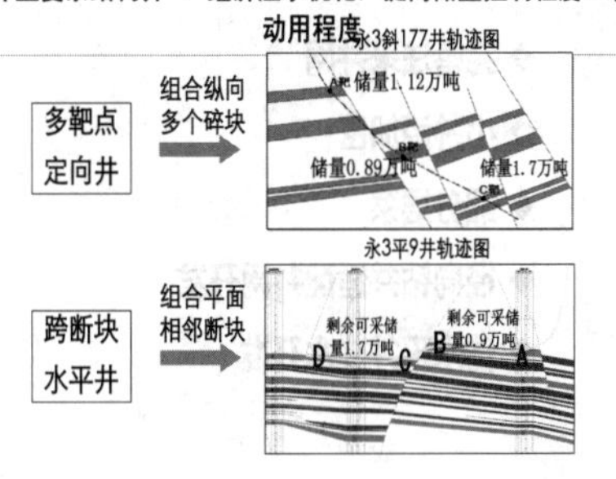

42

4、极复杂小断块注采耦合开发

◆ 极复杂封闭断块的特点和难点

油藏特点：断层多，断块小，形状多样，纵向小层多，非均质强，注采关系简单。

开发难点：水井注水，油井水淹，水井停注，油井不供液。

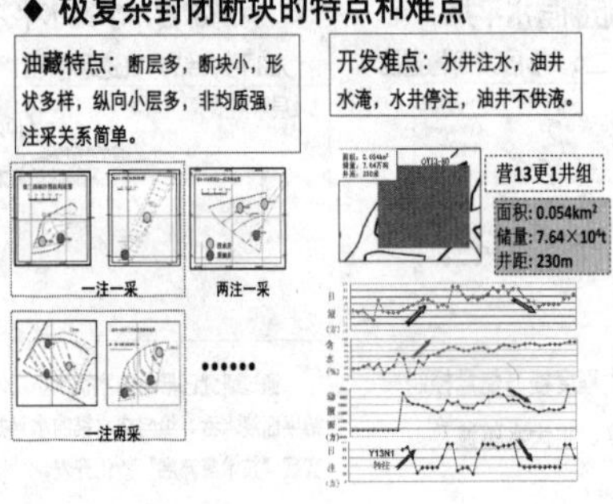

43

4、极复杂小断块注采耦合开发

注采耦合：采用水井注水憋压、油井生产泄压交替注采方式，建立断边带和断层夹角剩余油区的驱替压差，提高中心主流线区域驱油效率，进一步提高水驱波及程度。

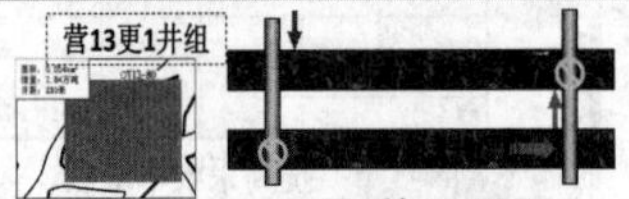

层系间不见面

两套层系交替进行，井下开关控制，地面实现不关井。

44

5、窄屋脊断块人工边水驱开发

➢ 边内注水边水舌进，造成原油外溢

辛1沙一4剩余油饱和度分布图（2006年）

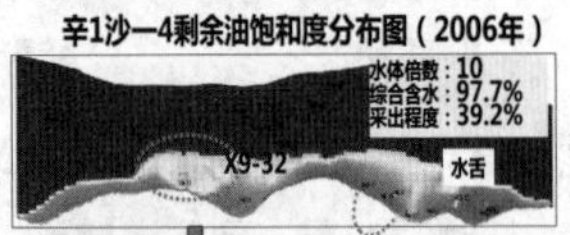

原油外溢

转注前(1993年)　停注时(2006年)

阶段	含油饱和度 %	损失储量 t
转注前	0	0
停注时	38	5499

提出：由人工水驱向人工边水驱转变，进一步提高油藏采收率。

45

二、油田开发调整方法

（一）整装油藏开发调整做法

（二）断块油藏开发调整做法

（三）低渗透油藏开发调整做法

46

（三）低渗透油藏开发调整做法

◆ 完善注采井网

◆ 小井距加密

◆ 细分层系

◆ 径向钻井适配井网开发

◆ 仿水平井注水开发

47

1、完善注采井网

➢ 低渗透油藏井网形式的演变

早期投入开发的低渗透油藏，地质认识不够深入，井网形式多采用中高渗油藏采用的三角形井网。“八五”之后，井网形式由单一向多元化发展。

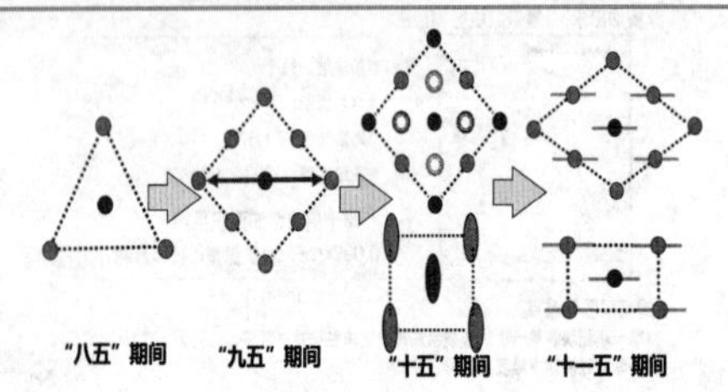

48

1、完善注采井网

研究表明：三角形井网不适应低渗透油藏的地质条件，开发效果较差。

渤南三区$S_3$4砂组采用250-300m井距的四点法井网，没考虑地应力对开发的影响。

樊29块采用五点法注采井网，注水井排与最大主应力方向平行。

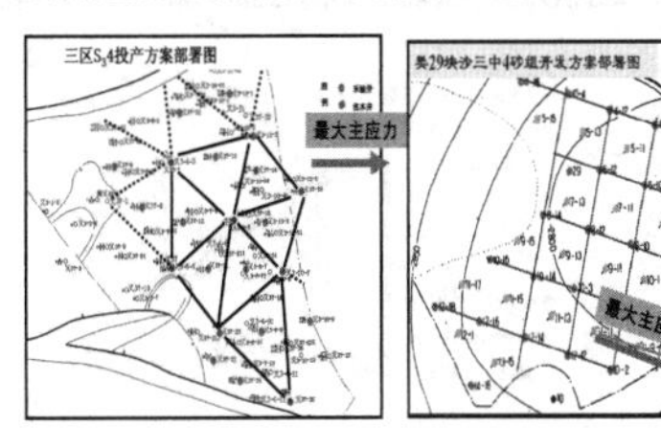

49

1、完善注采井网

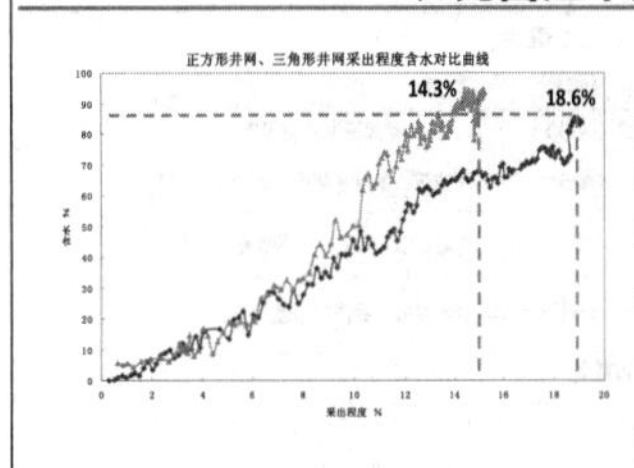

实践表明：考虑了地应力影响的正方形井网开发效果明显好于三角形井网形式，采用正方形五点井网的樊29块10年末采出程度为18.6%，比三角形井网的渤南三区（14.3%）高4.3%，含水上升率为3.7%比渤南三区低2.6%

“十一五”以来，新投入开发的低渗透单元和所有老区调整单元均进行了裂缝和地应力场分布研究，并进行了井网和井排方向优化。

50

1、完善注采井网

随着认识的深入和技术的发展，为适应不同的地质条件，以地应力、裂缝研究成果为指导，总结形成了多种与裂缝最佳匹配关系的井网形式。

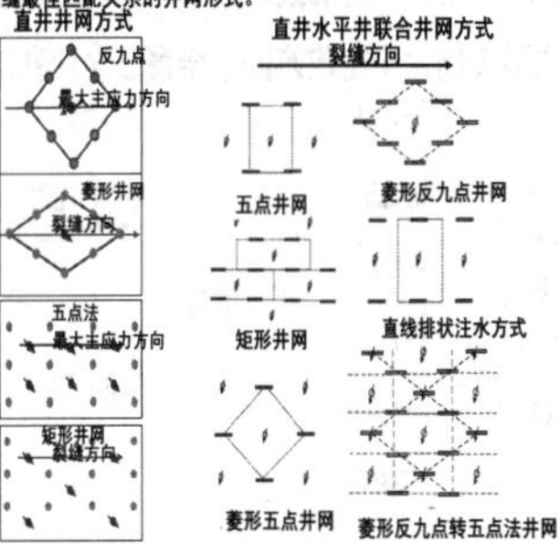

51

2、径向钻井适配井网开发

该技术利用高压水力喷射钻取水平井段，改善油井的生产状况，矢量优化注采关系。

◆在短时间内可以钻开一条长度100米，直径30-50mm径向孔；

◆径向孔可以在不同层位钻进，同一层位可以钻开多个孔。

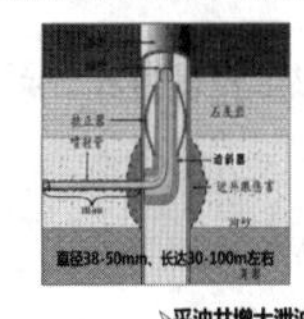

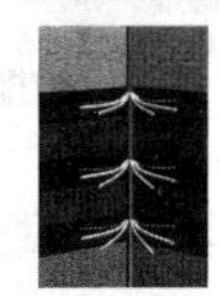

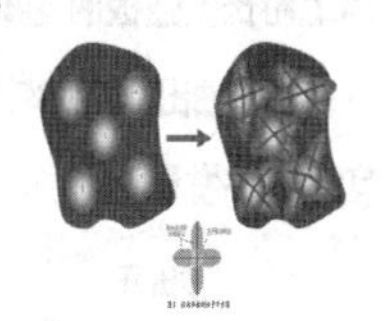

技术优势：
- 采油井增大泄油面积，降低油流阻力；
- 注水井实现定向注水，降低注水压力，扩大波及面积。
- 与压裂技术对比，储层改造具备明确方向性，控制动用更精确。
- 可以形成多层多向多分支径向孔，适应较大的井距。

52

2、径向钻井适配井网开发

•平面：变方向、变长度适配井网　•纵向：变孔密、变长度适配储层差异

纯17块沙四上C3-5砂层组设计井位图

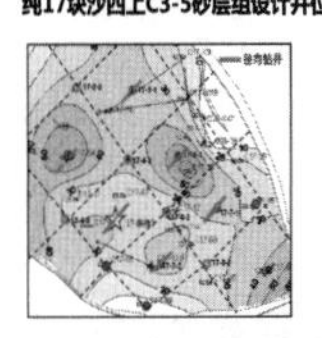

C17-7-X2井渗透率柱状图

变长度：压头前移，提高井间驱替压差

变方向：避开主流线，挖掘分流线剩余油；油井井排方向，增大泄油面积；平行构造线注水，扩大波及体积

层内变孔密：均衡层内产液剖面

层间变长度：均衡层间渗透率差异

53

2、径向钻井适配井网开发

➢应用前景

进一步探索应用领域

- 边水油藏 ⟹ 抑制边水突进，挖潜高部位“阁楼油”
- 底水油藏 ⟹ 抑制底水锥进，削平水锥变为“平顶山”
- 多层油藏 ⟹ 薄层径向射流，改善注水、产液剖面
- 薄层油藏 ⟹ 形成仿水平井注采井网
- 井间剩余油、断层夹角、河道有利部位 ⟹ 增大泄油面积，提高储量控制程度

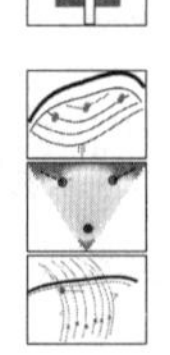

54

3、仿水平井注水开发

特低渗透油藏开发面临的难点：

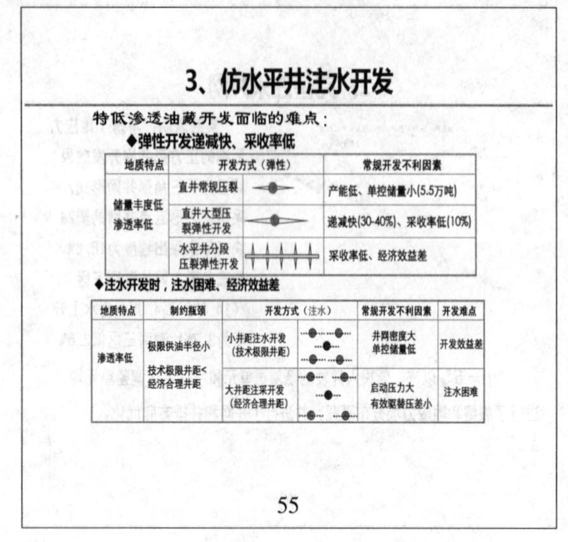

◆弹性开发递减快、采收率低

地质特点	开发方式（弹性）		常规开发不利因素
储量丰度低 渗透率低	直井常规压裂		产能低、单控储量小(5.5万吨)
	直井大型压裂弹性开发		递减快(30-40%)、采收率低(10%)
	水平井分段压裂弹性开发		采收率低、经济效益差

◆注水开发时，注水困难、经济效益差

地质特点	制约瓶颈	开发方式（注水）		常规开发不利因素	开发难点
渗透率低	极限供油半径小 技术极限井距<经济合理井距	小井距注水开发（技术极限井距）		井网密度大 单控储量低	开发效益差
		大井距注采开发（经济合理井距）		启动压力大 有效驱替压差小	注水困难

55

3、仿水平井注水开发

技术对策：

将压裂由增产措施转变为开发技术，裂缝与井网整体匹配优化，既扩大波及，又提高经济效益，实现了技术与经济的辩证统一。

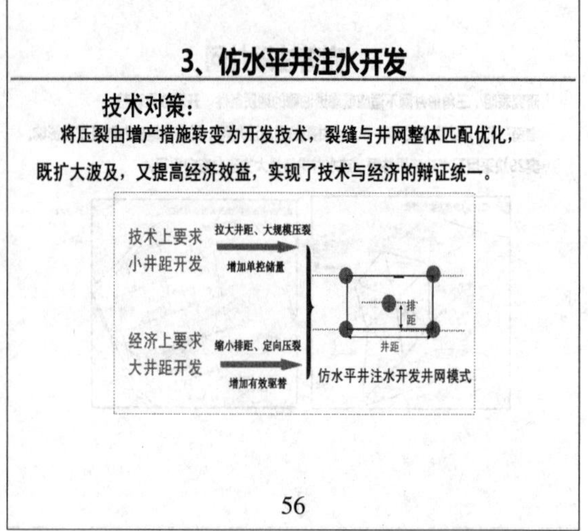

56

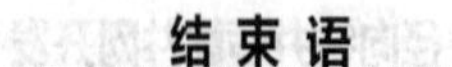

结 束 语

集团公司提出：建设世界一流能源化工公司，打造上游长板强板的发展愿景；

胜利油田要打头阵、挑重担、立排头，打造世界一流，实现率先发展。

油田开发战略部署
- **东部保稳定**
- **西部快上产**
- **非常规效益发展**

57

结 束 语

以质量、效益、可持续发展为中心，立足增加经济可采储量，主要突出六个主攻方向，培育三个产量增长点。

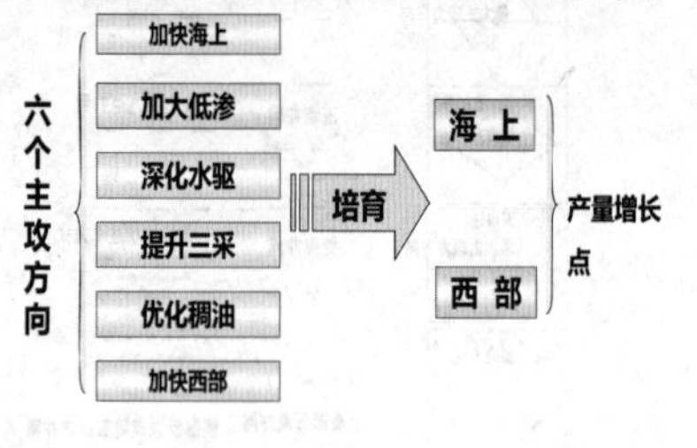

58

第四篇

注水现场管理

第十七章　工程测井

第一节　生产测井技术

1

汇报提纲

前　言

一、注入剖面

二、产出剖面

三、储层参数评价

四、工程测井

五、井间监测技术

2

前言

1、生产测井分类及定义

生产测井分类 → 测量对象 / 测井用途 → 注入剖面、产出剖面、储层评价、工程技术、水平井测井

定义：生产测井是地球物理测井的一个分支，是相对于裸眼井测井而提出来的。生产测井是指油水井从投产到报废为止的整个生产过程中，采用地球物理测井方法，对井下流体的流动状态、产层性质的变化情况和井身结构的技术状况所进行的测量。**其任务是在油气开发全过程中，适时进行动态监测。**

优点：生产测井具有效率高、成本低、效果好，在较短的时间内能够取得接近真实情况的大量资料，并且许多信息是其它方法不可能得到的等优点。

3

前　言

2、生产测井的作用

① 监测注入井注入动态，指导注采经网调整

② 监测油井生产情况，产液性质，了解油井开发动态

③ 监测开发单元水淹状况及剩余油分布，寻找潜力开发层系及单元

④ 检测油水井工程技术状况，为油水井治理方案提供可靠依据

⑤ 为开发后期的精细油藏描述，提供重要的基础资料

4

前　言

2、生产测井的作用

目标：

- 提高油气采收率
- 提高储量动用率
- 提高单井的产能
- 延长油水井的寿命

➡ **油田提高采收率有多种手段，但生产测井是提高采收率的必备技术之一。**

➡ **生产测井又被称为油田开发的“医生”或“侦察兵”。**

5

前　言

3、生产测井发展概况（国内）

序号	发展阶段	代表性（主要）技术	特点
1	60年代–技术起步阶段	吸水剖面测井，井温测井、声幅测井	单参数测井，工艺简单，测井数量少
2	70年代–技术初期发展阶段	产出剖面测井，中子寿命测井，声波–变密度测井仪	简单2-3参数组合测井，技术不成熟
3	80年代----技术较快发展阶段	五参数环空测试仪，40臂井径测井仪，碳氧比测井	生产测井技术应用非常普遍，测井数量增多
4	90年代----技术稳定发展阶段	注硼中子测井,七参数环空测试仪，井下声波电视，碳氧比技术推广应用	技术工艺改进阶段，应用范围扩大
5	21世纪----技术创新的阶段	脉冲中子全谱测井技术，多臂井径成像，电磁探伤，水平井阵列测井技术过套管电阻率技术	新技术发展，尤其是水平井技术发展较快

6

一、注入剖面

？什么是注入剖面测井

在正常注入状态下进行各层位注入状态测量的生产测井。通常包括注水剖面、注蒸汽剖面、注聚合物剖面测井。此外还有注CO_2、N_2剖面等。

？注入剖面测井解决的主要问题

注入介质进入什么层位？

各层位吸入量？

？注入剖面测井主要工艺

传统测井工艺（同位素吸水剖面）

测井新工艺（氧活化、相关流量、电磁流量、五参数注气、高温注蒸汽）

7

一、注入剖面

□同位素注水剖面测井

同位素示踪测井：同位素载体法　在注入水中加入吸附了同位素的悬浮液。悬浮液随注入水进入地层时，放射性固相载体滤积在井壁附近，地层吸收的活化悬浮液越多，载体滤积量也越多，放射性同位素的强度就越大。在加入同位素载体前后各测量一次自然γ射线曲线进行对比，可求得各层的吸水百分比。此法的优点是在多层开采中测量时不受井下管柱限制，各层的吸水量都能测得。

- 示踪剂的选择
- 根据测量目的、方式而定。一般应满足：
- 无毒，合适的半衰期（一般7－10d）。
- 能产生较强的γ射线、
- 价格便宜等。
- 采用群井观测时，要易溶于水且不被介质吸收
- 采用单井观测或研究注水井的吸收剖面时，应
- 配制成具有一定颗粒直径的同位素悬浮液。
- **一般采用I 131, Ba131作为示踪剂。**

8

一、注入剖面

根据注水管柱的结构类型，选择Φ22—43mm不同直径多参数测井仪器多参数组合测井。

优缺点

➢工艺成熟、简单，应用广泛；

➢沾污或大孔道造成资料多解、错解；

XX井注入剖面测井成果图（同位素法）

9

一、注入剖面

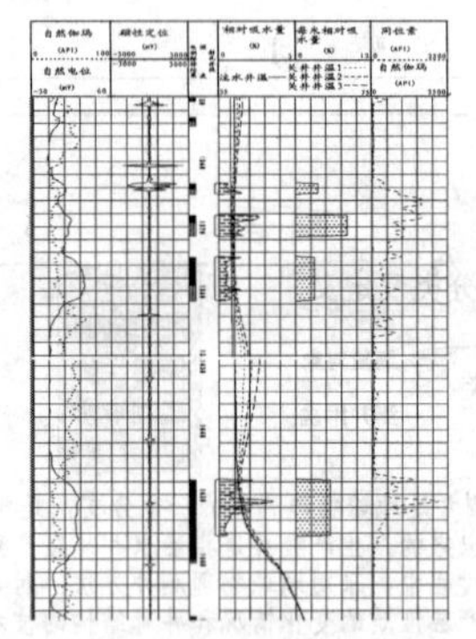

XX井注入剖面测井成果图（同位素+井温法）

10

一、注入剖面

□氧活化测井

伽马、井温、压力、CCL、遥测短节

中子源

探测器阵列

中子源

脉冲中子氧活化水流测井仪

氧活化测井就是探测地层中的氧元素被活化后所放出的活化伽玛射线。通过对伽玛射线时间谱的测量来反映油管内、环形空间、套管外含氧物质特别是水的流动状况。

优特点

➢不使用任何放射性示踪剂，不存在沾污、沉淀 、污染等问题；

➢不受粘度、管柱、大孔道地层的影响；

➢一次下井可完成双向水流的测量。

➢直径大、费用高

11

一、注入剖面

应用实例

1、应用氧活化测井确定管外窜通

在注水井配注层以上定点测量的下水流时间谱，明显存在双峰（即为油管峰和套管峰），说明油管内和油套环空均有下水流，因而可以配注层位以上油管存在漏失点。

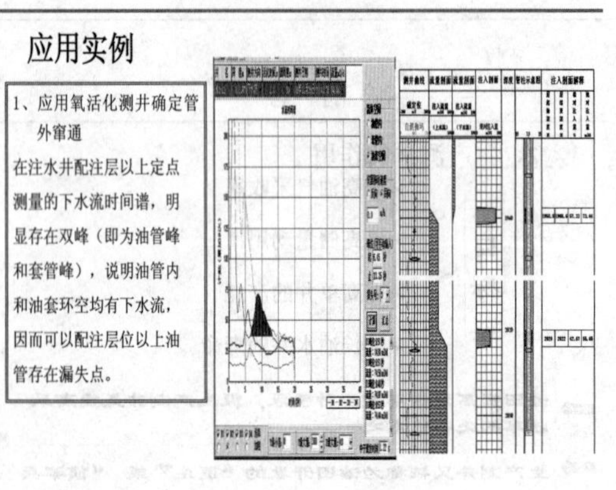

12

一、注入剖面

2、在出砂和多层注水井应用

本井由于测量井段较长，同位素难以上返到上部的几个射孔层，导致同位素曲线没有异常出现。同时出砂导致的同位素沉淀的缘故，同位素测井在上部几个射孔层没有明显的进层显示，无法计算该井的真正吸水量。应用氧活化测井资料可以很明显得计算出各射孔层的吸水量。

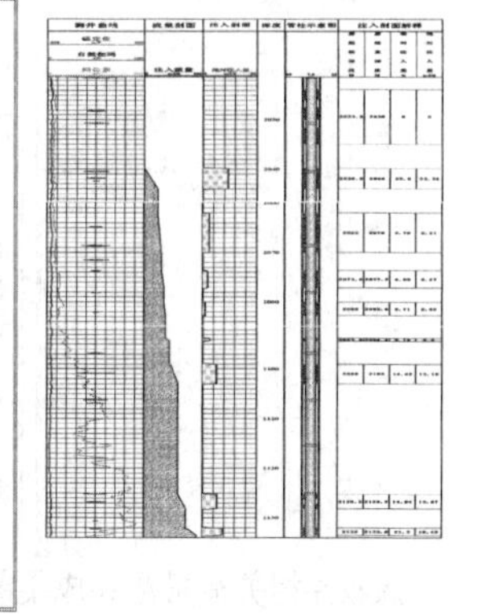

13

一、注入剖面

3、注聚合物井的注入剖面测井应用

本井为光油管笼统注水井（共有2个射孔注水层），测量的总注入量为58.30m3/d。第一次采用放射性同位素测井，由于同位素粘污严重，导致该井无法正确计算各层吸水量，后改用氧活化测井，测试结果显示：1号射孔层吸水好，日注入量54.47 m3，占本井日注入量的93.43%；2号射孔层吸水差，日注入量3.83 m3，占本井日注入量的6.57%。

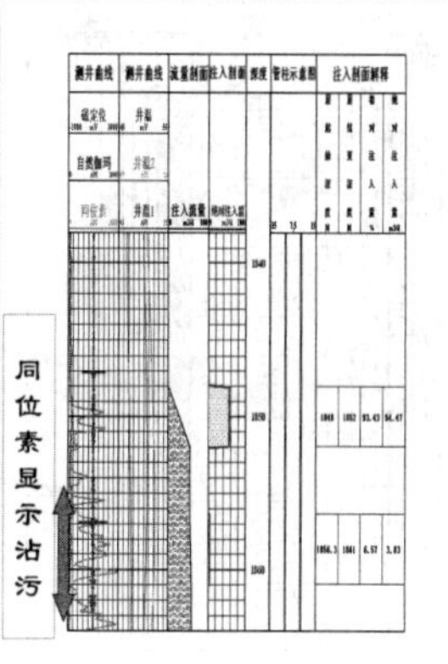

14

一、注入剖面

□电磁流量测井

- 电磁流量计的工作原理为法拉第电磁感应定律。导电液体在磁场中流动切割磁力线，产生感应电势。表达式为：
  - E=KBLv
- 式中：
- B为磁感应强度；
- L为测量电极之间的距离；
- K为比例常数；
- v为被测流体在磁场中运动的平均速度。

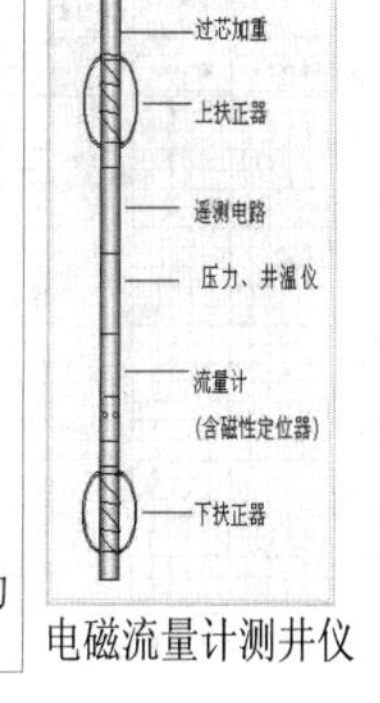

电磁流量计测井仪

15

一、注入剖面

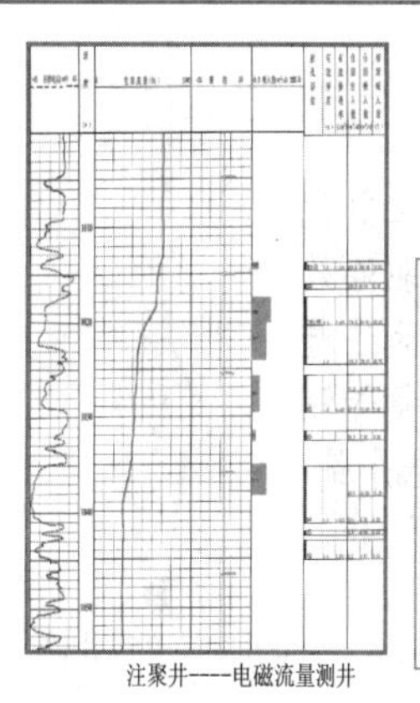

注聚井----电磁流量测井

连续测井曲线直观地显示出吸液层位和各吸液层位的吸液能力。

优缺点：

- 不使用任何放射性示踪剂，不存在沾污、沉淀、污染等问题；
- 不受粘度、管柱、大孔道地层的影响；
- 只能测量管柱内流量。

16

一、注入剖面

□双探头相关流量测井

针对传统注入剖面测井中存在同位素沾污等问题，相关流量测井仪器配接了固体和液体两种同位素释放器，一次下井可完成常规的同位素注入剖面测井和相关流量测井。

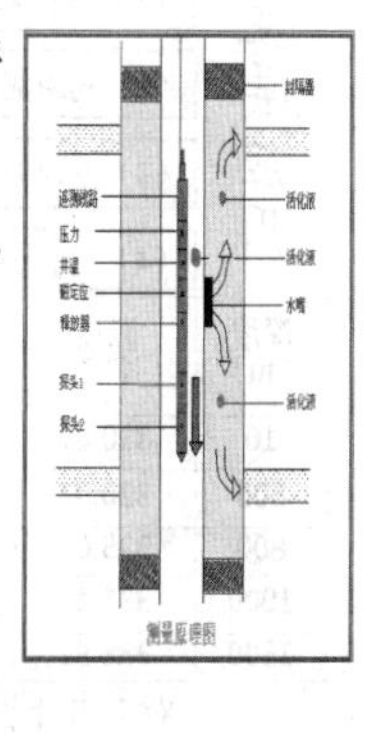

测量原理图

17

一、注入剖面

优点

- 可以准确判断吸水层位的绝对吸水量及相对吸水量。
- 放射性相关法测井对配注井进行分层测量时，能同时验证封隔器密封情况。
- 不受沾污影响。

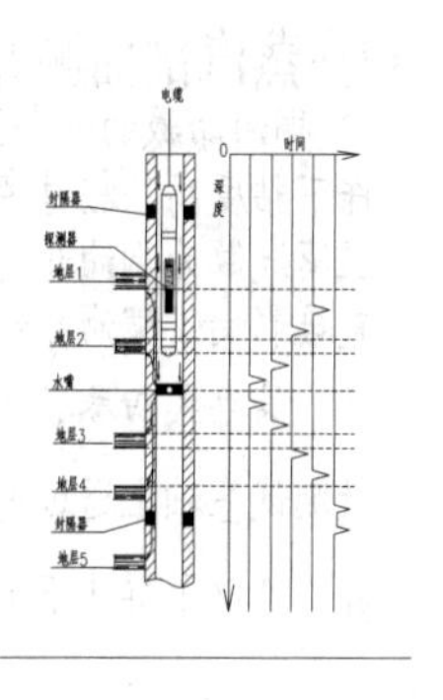

18

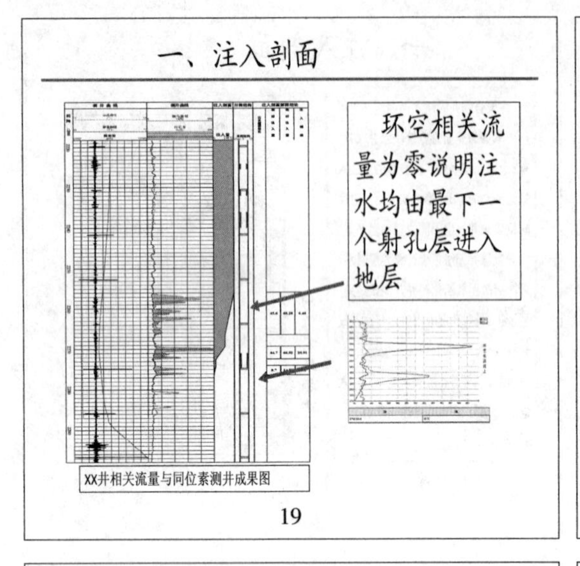

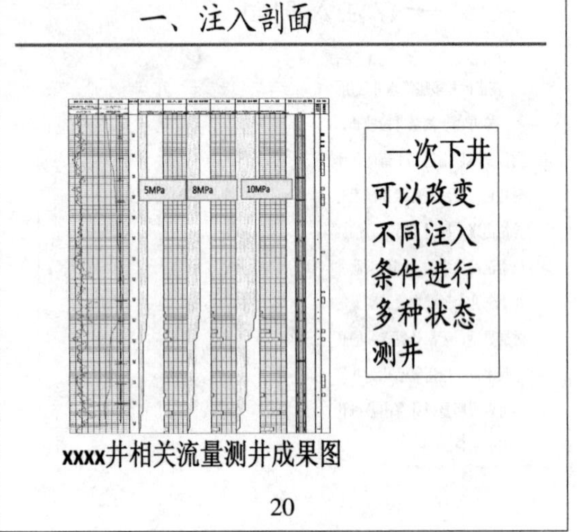

□注气剖面测井

部分井网采用注二氧化碳或氮气方式改善驱油效果，在该类型井中无法进行同位素、电磁流量等测井，一般采用流量+井温+压力等多参数组合测井。

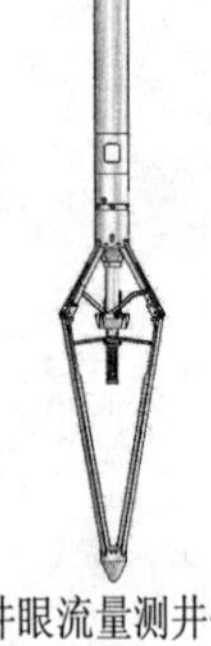

全井眼流量测井仪

21

一、注入剖面

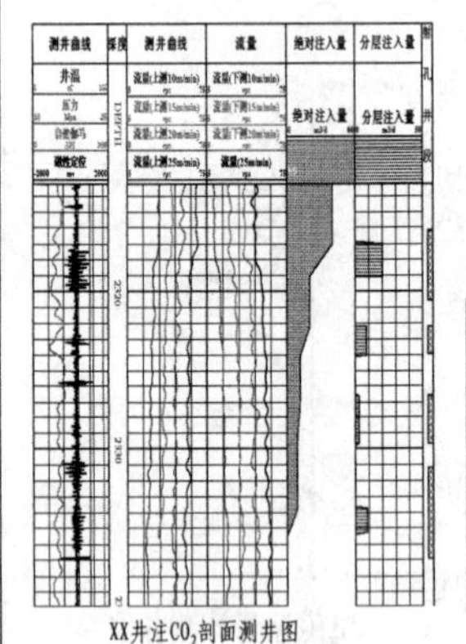

XX井注CO_2剖面测井图

连续流量曲线直观地显示出各射孔层位的吸气能力。

序号	射孔井段(m)	射开厚度(m)	分层注入量(m3/d)	分层相对注入量(%)
1	2316.2-2320.6	4.4	20.1	49.9
2	2322.2-2324.0	1.8	8.4	20.8
3	2326.6-2329.7	3.1	3.1	7.9
4	2331.2-2337.0	3.3	8.6	21.4

22

一、注入剖面

□注蒸汽剖面测井

稠油油藏的一个显著特点是原油在地层条件下粘度高、相对密度大、流动性能差，注高温蒸汽做为稠油开发的主要手段，注汽的好坏直接影响了稠油井的开采效果。

储存式四参数测试仪是在压力、温度两参数测试基础上通过增加流量的测试和干度的计算，可以了解井下蒸汽状态和分层注入动态。

23

一、注入剖面

主要应用

（1）用测试资料评价汽驱井合注效果

（2）利用测试资料分析单井分层吸汽情况

（3）发现低效井和异常井

（4）用测试资料定性评价井筒内的热损失情况

深度(m)	温度(℃)	压力(MPa)	流量(T/h)	干度(%)
10	310.89	9.970	7.300	53.00
500	320.02	11.286	7.200	42.50
800	325.66	12.191	6.950	34.00
1000	331.44	13.077	6.900	27.50
1300	338.91	14.350	6.820	16.50

XX井井下四参数测试数据

24

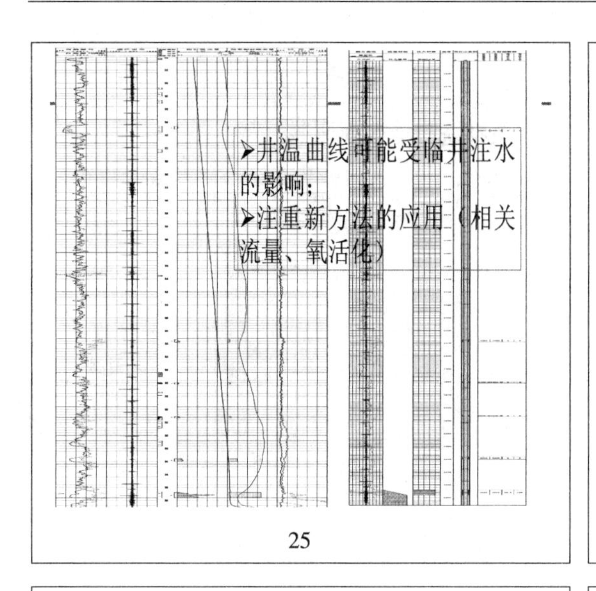

25

二、产出剖面

？什么是产出剖面测井

在生产井正常生产情况下通过测量井筒内流体的流量、持水率、密度、井温、压力等参数，确定生产井的分层产油、产气、产水情况，是最直接反应油井生产情况的测井方法。

？产出剖面测井解决的主要问题

射孔层位出什么？

射孔层位出多少？

26

二、产出剖面

？产出剖面测井测量的主要参数

流体识别测井（持水率、持气率、密度）

流量测井（全井眼涡轮、集流伞、示踪流量等）

辅助测井（井温、压力、伽马、磁定位）

？产出剖面测井主要工艺

传统测井工艺（环空、自喷井）

测井新工艺（气举法、模拟抽油机、预置法、Y型管柱等）

27

二、产出剖面

传统的产出剖面测井主要有环空产液剖面和自喷井产液剖面测井两种。针对不同类型井选择Φ22—43mm不同直径的流量、井温、压力等多参数测井仪器。

28

二、产出剖面

xx井产液剖面成果表（井下）

层号	生产井段（m）	厚度（m）	日产水量（m^3）	日产油量（m^3）	日产液量（m^3）	相对产量%
1	1873.6-1874.6	1.0	0.69	0.01	0.7	1.47
2	1920.2-1921.6	1.4	1.91	0.04	1.95	4.08
3	1945.2-1950.4	5.2	19.20	0.26	19.46	40.74
4	1959.6-1962.2	2.6	19.77	2.37	22.14	46.33
5	1968.3-1969.8	1.5	3.42	0.10	3.53	7.39
合计			44.99	2.78	47.78	100

环空产出剖面成果图

29

二、产出剖面

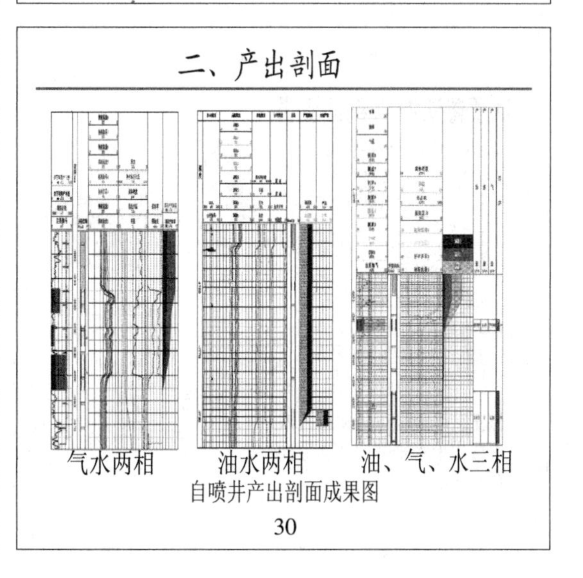

气水两相　油水两相　油、气、水三相

自喷井产出剖面成果图

30

二、产出剖面

传统产液剖面测井的局限性

随着钻井技术的不断发展，大斜度井、水平井在油田所占比例越来越高，传统的自喷井产液剖面测井与环空产液剖面测井技术和工艺都满足不了施工要求。

环空产液剖面测井技术

- ◆管柱限制（外径、结构等）
- ◆井型限制（ 斜井、水平井等）
- ◆仪器直径限制
- ◆施工风险大（电缆缠绕管柱）

自喷井产液剖面测井技术

- ◆目前自喷井比较少

31

二、产出剖面

□ 气举法产液剖面测井

针对低产量生产井产出剖面测井，通过设计采用气举管柱的实现井筒的“负压”，从而实现地层的“自喷生产”，成功实施了多参数产出剖面测井，有效弥补了常规产出剖面测井工艺的不足。

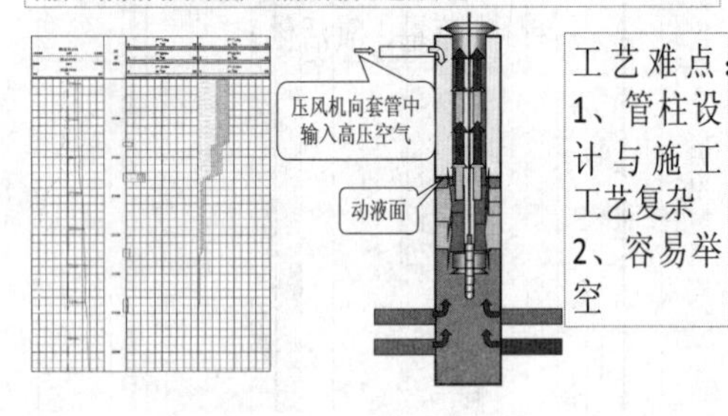

工艺难点：
1、管柱设计与施工工艺复杂
2、容易举空

32

二、产出剖面

□ 模拟抽油机产液剖面测井

利用封隔器机械座封的结构，将模拟柱塞泵和安全接头悬挂在油井套管上，采用作业或钻井吊升设备上提、下放油管使模拟柱塞泵工作，井液首先进入封隔器再通过模拟柱塞泵进入油套环形空间，最后经过套管阀门进入泵站或油池。测井仪器通过油管到达射孔层位，进行油井直井、大斜度、水平井产液剖面或氧活化测试。

测井电缆 套管阀门 油管 安全上接头 安全下接头 模拟柱塞泵 双向卡瓦封隔器 爬行器 测井仪器

适用范围

1、作业机提液适应深度≤3000m；
2、适应油井套管：5 1/2″、7″、9 5/8″；
3、柱塞泵排量≤100m³/d。

33

二、产出剖面

测井过程：

- ➢ 测试管柱下到预定位置，封隔器座封、验封；
- ➢ 测井仪器经过柱塞泵的空心柱塞到达产液层段；
- ➢ 在正常提液情况下完成产液剖面、氧活化等测井。

作业机提液状态

工艺难点：
1、对作业队要求高
2、产液不稳定

34

二、产出剖面

□预置法产液剖面测井

是指利用原井生产管柱采油模式，在产量稳定的状况下实施产液剖面测井的施工方法。

需要作业队提出原井管柱，通井处理井筒后与测井仪器同步下放，将测井仪器预置在与测井井段，然后安装抽油机正常生产后实施测井。

电缆 采油泵 旁通 扶正器 测井仪

该工艺配合爬行器输送技术可应用于水平井中（动液面在直井段）

35

二、产出剖面

工艺难点：
1、施工工期长，两趟管柱
2、电缆部分处于环空，容易挤伤
3、对仪器性能要求高

36

二、产出剖面

实例：模拟抽油机产剖面测井

作业前对6个层合采，日产液$36.5m^3/d$，其中产油$1.7\ m^3$，含水95.3%。

根据产液剖面资料只对5号层进行开采，该井产液量$36.5m^3/d$减少到$29.5m^3/d$；产油$3.15m^3/d$、日增油$1.45m^3/d$。

孤东4-17-231井----模拟抽油机工作状态产出剖面测井

37

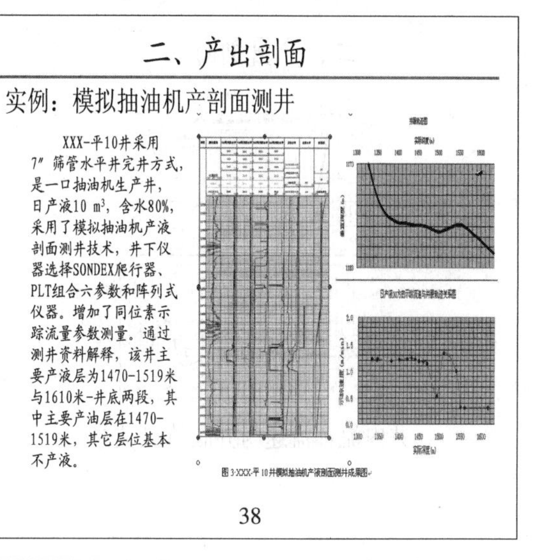

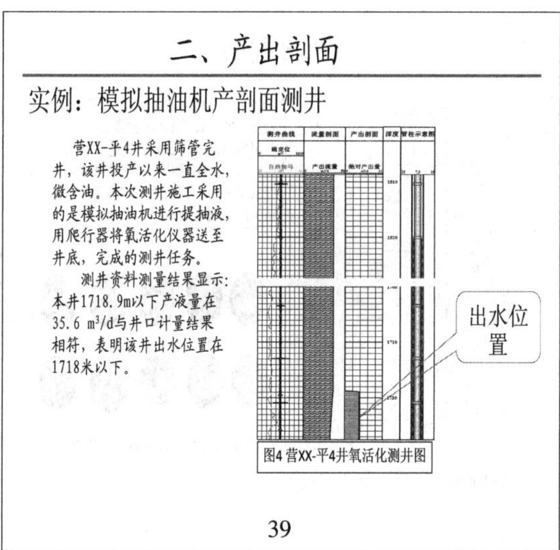

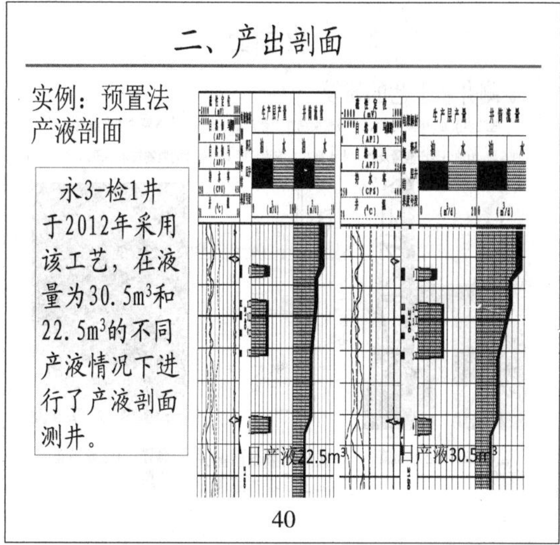

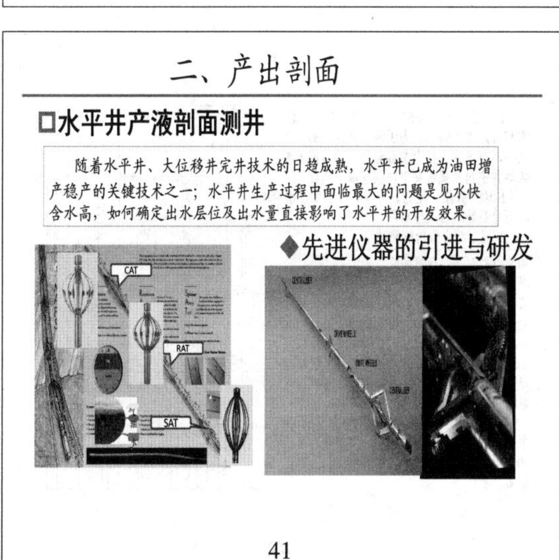

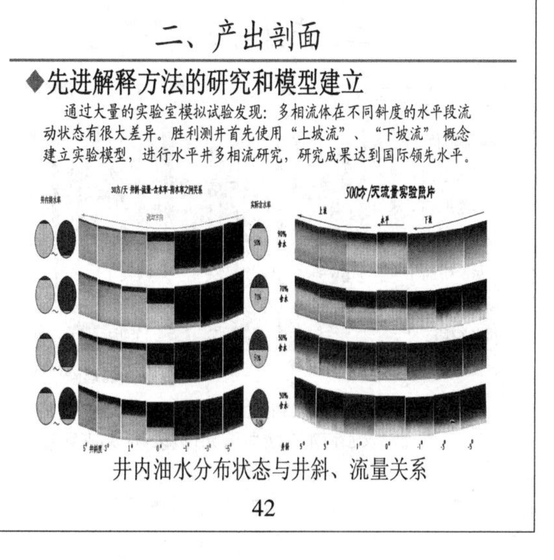

二、产出剖面

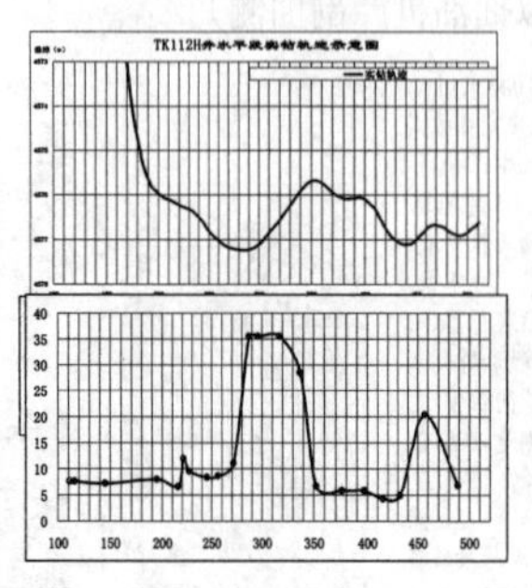

井内流体流速与井眼轨迹关系

43

二、产出剖面

通过多相流实验室模拟研究，得到响应关系，建立了在不同井斜、不同流量、不同含水条件下的油水两相流井斜-流量-持率解释图板。

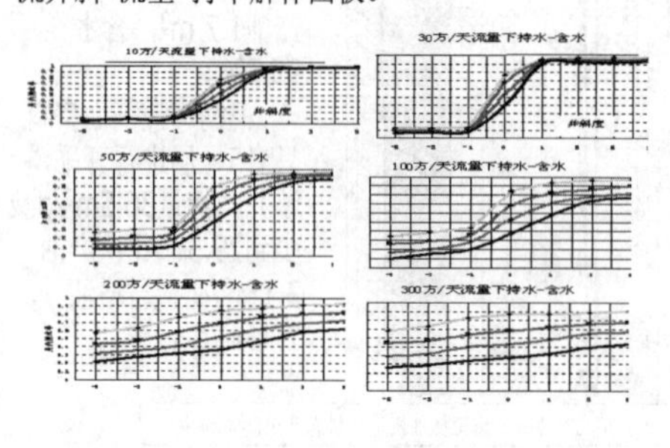

44

二、产出剖面

◆测井新工艺的研发

通过模拟抽油机、预置法产液剖面测井工艺的推广应用，有效解决了产液剖面测井的难题，为油田低产液量及高含水水平井实施治理提供了有效的监测技术手段。

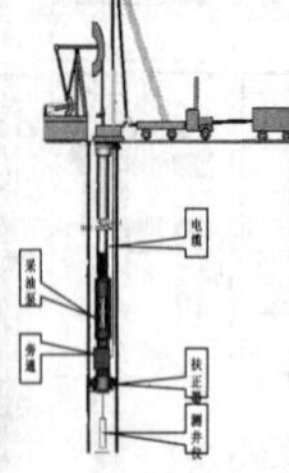

模拟抽油机工艺现场施工图

预置法产液剖面测井工艺原理示意图

预置法工艺现场施工图

45

二、产出剖面

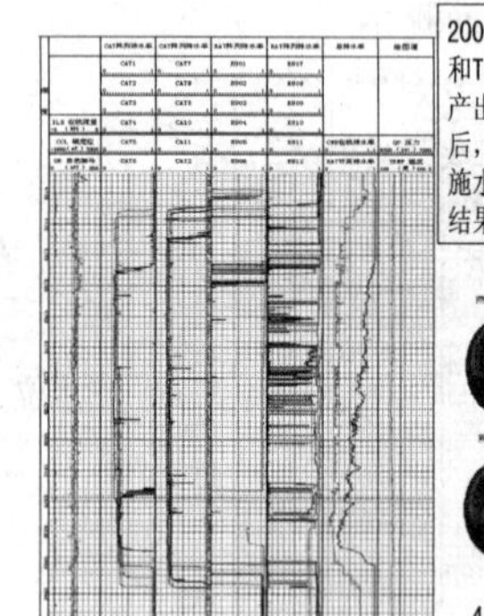

TK109H井产出剖面测井曲线图

2009年，在塔河油田成功实施TK109井和TK112井2口井4井次的多参数水平井产出剖面测井，这是继斯仑贝谢公司后，国内首家测井公司在新疆成功实施水平井产出剖面测井，施工和解释结果均得到用户好评。

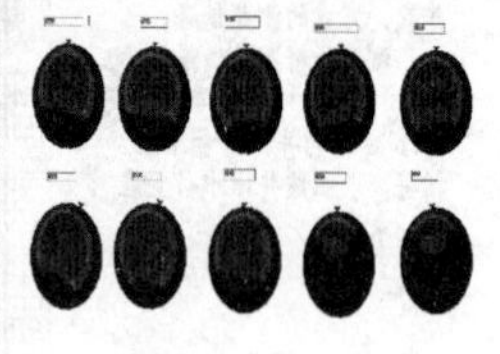

4770-4860米井段内截面持水率成像图

46

二、产出剖面

TK112H井在5mm和7mm油嘴两种生产方式下进行了产液剖面测井施工，测量结果全井只有4个层段对产液有贡献，且在不同油嘴生产条件下，主力产油和产水层段也有变化。

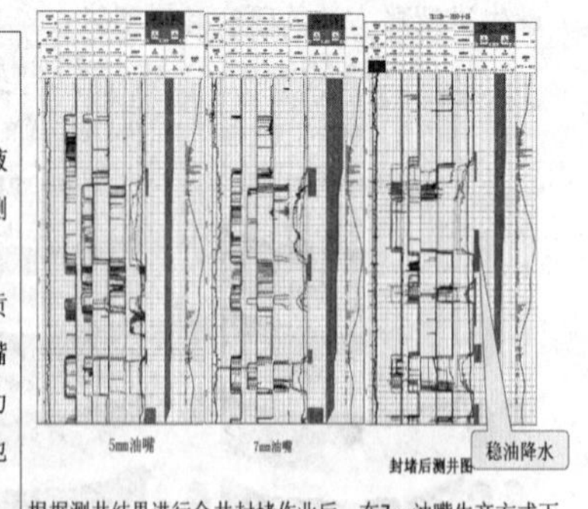

根据测井结果进行全井封堵作业后，在7mm油嘴生产方式下又进行了第三次测井，证明封堵后稳油降水效果明显。

47

目前该井日产液50方，日产油3方，日产水47方，含水94%。为了解该井各层的生产状态，对该井进行七参数测井。请根据七参数测井资料及裸眼井资料回答以下问题。

1. 请对井温、压力、流量、持水率、密度五个参数进行定性解释。

2. 确定综合分析解释结论。

40和41号射孔层流量曲线有变化，其中41号层的变化大；40、41号射孔层持水率曲线数值均变大，40号层比41号层持水率曲线数值变化大；40、41号射孔层密度曲线数值均变小，40号射孔层比41号射孔层密度曲线数值小；温度曲线在40、41号射孔层均出现低温异常（可能由于邻井注水影响）；压力曲线是随深度增加逐渐增大。

40号射孔层和41号射孔层均为产出层，其中41号射孔层为主要产出层，产水量较多；40号射孔层产出量较少，产油量比41号射孔层多。

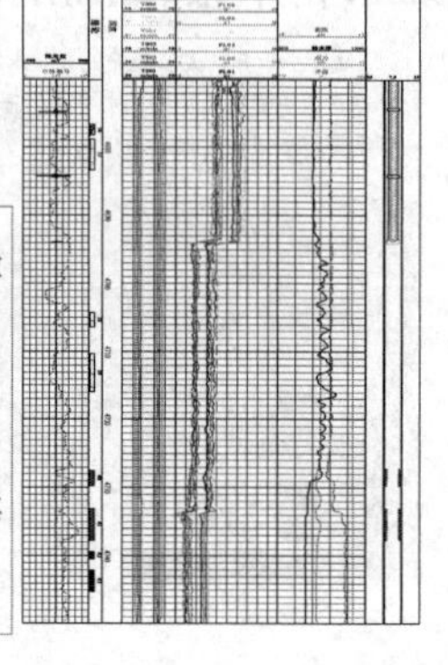

48

三、剩余油饱和度测井

？剩余油饱和度测井解决的主要问题

- 生产层位动用、水淹情况
- 非生产层位饱和度情况
- 寻找漏失层

？剩余油饱和度测井主要仪器

脉冲中子类测井　（高精度碳氧比、PND-S、PNN、中子寿命测井）

电法测井　（过套管电阻率测井）

49

三、剩余油饱和度测井

□高精度碳氧比测井（SNP）

碳氧比测井所依据的基本理论是快中子的非弹性散射理论，分别选择了碳和氧元素作为地层中油和水的指示元素，它测量的主要是非弹性散射伽马射线。高精度碳氧比仪器采用了探测效率高且能量分辨率高的BGO（锗酸铋 ）探头晶体，具有探测效率高等优点，提高了测量精度。

选井条件：

-孔隙度大于20%；

-地层水矿化度较低（效果好）；

-测井前通井、洗井(仪器直径92mm)；

-储层完井井眼不能太大（探测深度6-8″）。

50

三、剩余油饱和度测井

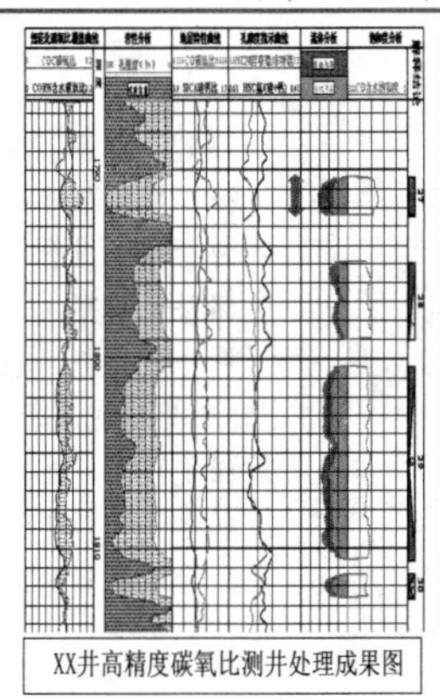

XX井高精度碳氧比测井处理成果图

测井施工前，生产37号层，日产液41.2m^3，日产油0.41 m^3，含水99%；2008年11月29日，根据碳氧比测井结果射开27号层（1790.4-1792.4米），日产液24.1m^3，日产油20.75m^3，含水13.9%。

51

三、剩余油饱和度测井

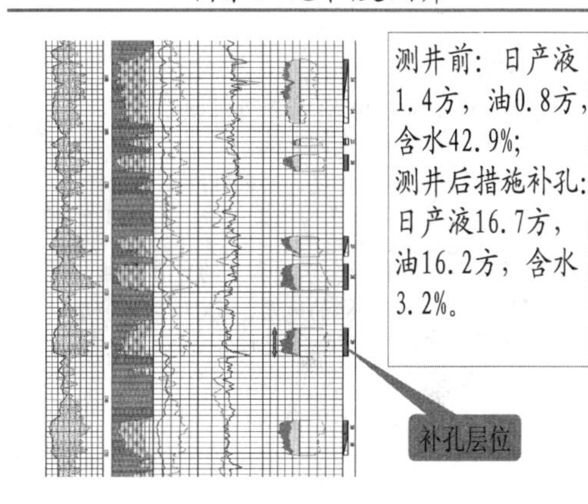

测井前：日产液1.4方，油0.8方，含水42.9%；
测井后措施补孔：日产液16.7方，油16.2方，含水3.2%。

52

三、剩余油饱和度测井

□PND-S测井

PND-S测井仪采用独特的双脉冲发射方式，向地层发射脉冲中子，能同时测量非弹性散射伽马射线(类似C/O)和俘获衰减伽马射线。在中、低矿化度地层，采用非弹性散射测井模式，利用CATO计算剩余油饱和度；在高矿化度地层，采用俘获测井模式，利用俘获截面计算剩余油饱和度。它的直径只有42.8cm，能过油管测量。

主要应用：

◆探测油、水界面；

◆确定地层的含水饱和度和孔隙度；

◆识别致密层和气层；

◆测-注-测技术评价残余油饱和度。

选井条件：

-孔隙度大于15%；

-储层完井井眼不能太大（探测深度6-12″）。

53

三、剩余油饱和度测井

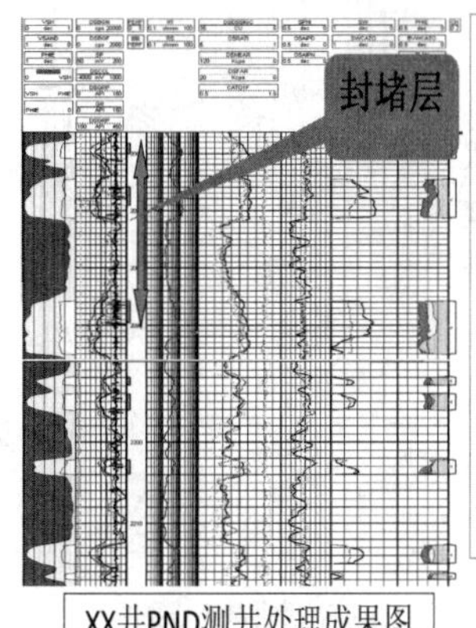

XX井PND测井处理成果图

该井资料显示上面三个射孔层水淹重，下面三个射孔层，水淹相对较轻。封堵上面三个射孔层后，生产下面3个小层，日产液14.1m3，日产油11.7t，含水17%。

54

三、剩余油饱和度测井

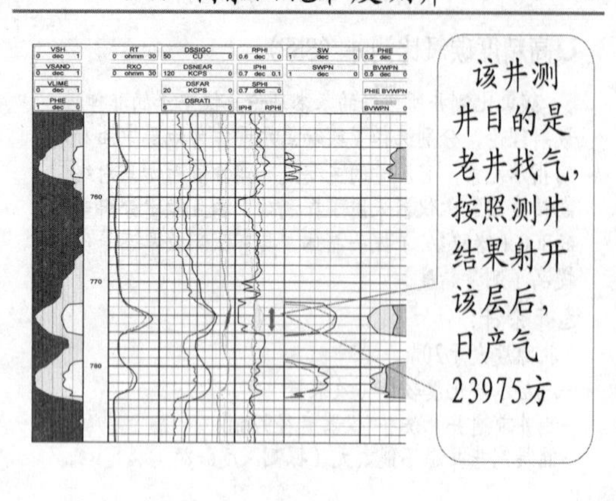

该井测井目的是老井找气，按照测井结果射开该层后，日产气23975方

55

三、剩余油饱和度测井

□PNN测井

PNN (Pulse Neutron Neutron) 测井仪是奥地利Hotwell公司研制开发的一种储层参数评价测井仪器。与其它中子寿命仪器的不同是：其它方法是通过地层对中子俘获后放射出的伽马射线进行记录分析来求取饱和度；PNN是通过对还没有被地层俘获的热中子进行记录和分析，来求取饱和度。该方法消除了本底伽马值影响，同时在低矿化度与低孔隙度地层保持了相对较高的计数率，削减了统计起伏的影响。

地质应用

◆确定套管后流体的分布

◆确定套管后的孔隙度

◆确定套管后的饱和度。

56

三、剩余油饱和度测井

技术优势

1、该仪器直径小（43mm），可过油管测量；

2、减少了自然GR本底的影响；

3、在中低地层水矿化度（>5000PPM）的条件下，可进行含水饱和度的定量计算。而中子寿命测井只能在较高的地层水矿化度（>50000PPM）条件下才能进行含水饱和度的定量计算。

4、PNN适合孔隙度>8%的地层，而C/O对孔隙度的要求要大于20%，才能定量计算含油饱和度；

5、探测深度300mm，较C/O稍深一些；

6、基本不受井筒流体（卤水除外）影响。

57

三、剩余油饱和度测井

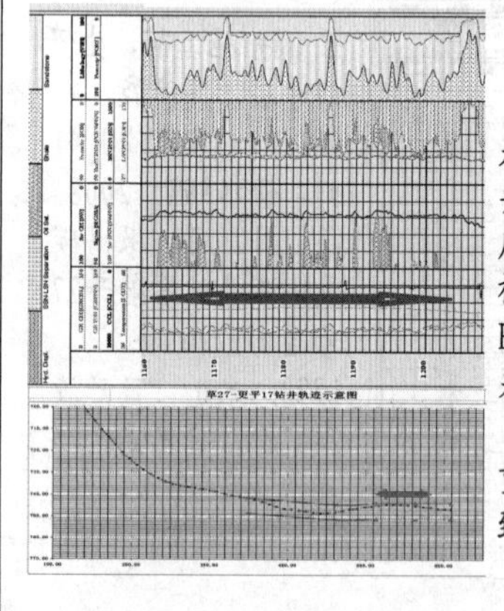

草27-更平27井是一口更新井（原井由于注蒸汽开发底部套管错断），裸眼井未测井，经PNN测井发现底部开采程度较高，水淹（水蒸气凝结）较重，与地质分析一致。

58

三、剩余油饱和度测井

●该井测井前日产液77.5方，产油2.0吨，含水97%。经PNN测井发现上部三个射孔层开采程度较高，水淹重，建议封堵。封堵措施后日产油4.8吨，增加2.8吨。

该井矿化8265PPm，为较低矿化度地层。

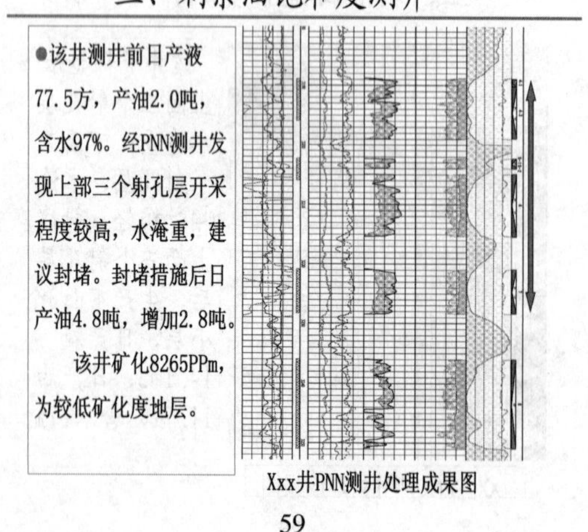

Xxx井PNN测井处理成果图

59

三、剩余油饱和度测井

□中子寿命测井

中子寿命测井是利用中子发生器向地层发射高能快中子，快中子与地层元素碰撞减速为热中子，热中子被地层元素俘获，放出俘获伽马射线，通过双探头探测俘获射线，求取地层的宏观俘获截面。在高矿化度地层，俘获截面可以区分油和水，用来计算剩余油饱和度。在淡水地层中，油水的俘获截面差别不大，根据硼元素易溶于水不溶于油，而俘获截面很大的特点，通过注硼前后测量俘获截面来确定地层的含水情况或窜通情况。

主要应用：

◆估算自由水体积

◆估算剩余油饱和度

◆判断水淹层、未动用层

◆判断出水点

60

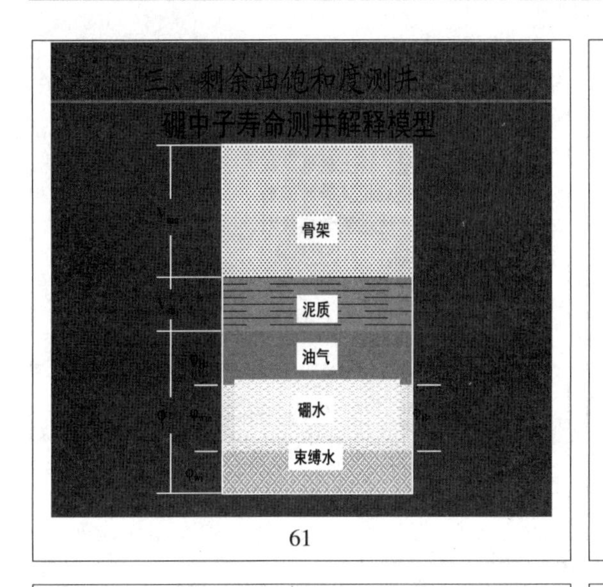

61

三、剩余油饱和度测井

应用实例

射孔层75、76、78、79号层，日产液21T，含水99%。测硼中子找水，79号层俘获截面出现大离差，明显出水层，建议封堵79号层。封堵后含水为32%，日产油6.7T。

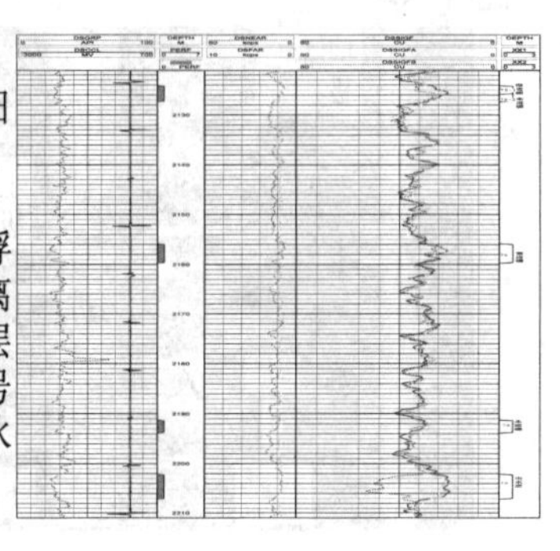

62

三、剩余油饱和度测井

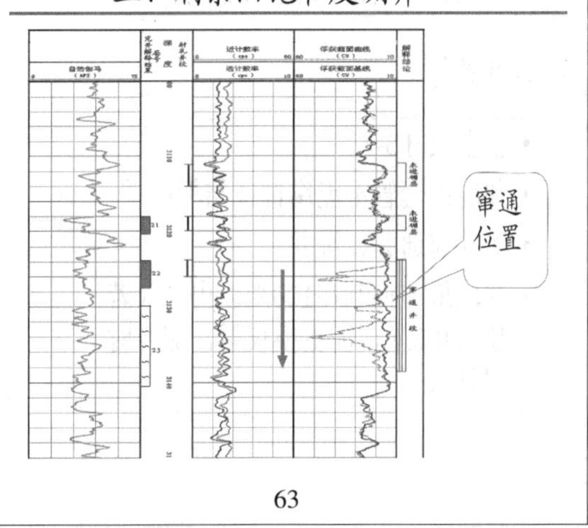

63

三、剩余油饱和度测井

□过套管电阻率测井

在套管井中进行油、气、水检测，评价饱和度的方法长期以来只能依赖核测井方法（碳氧比、PND、PNN等），存在两大问题：

◆探测深度浅

◆孔隙度要求大于一定值

电阻率测井是裸眼井中评价饱和度行之有效、广泛应用的方法，在套管井内实现电阻率测井是多年来不断探索而完成的。目前俄罗斯过套管电阻率仪和斯伦贝谢过套管电阻率仪是比较成熟的测井仪器。

2011年12月测井公司引进了两支俄罗斯过套管电阻率测井仪器。

64

三、剩余油饱和度测井

仪器简介

俄罗斯过套管电阻率测井仪器是新一代在套管内测量地层电阻率的测井仪器，可以有效的解决开发井油藏监测问题，确定油水界面的变化和开发层位的含油饱和度的变化，并可以应用于寻找勘探中的漏失层和对高风险、复杂井况进行补测电阻率。

65

三、剩余油饱和度测井

主要地质应用

- **优化油藏管理措施**：在油田开发中后期，利用套后电阻率测井系列监测油水界面变化、划分水淹层、计算剩余油饱和度，为油层产能接替、水淹状况评价及剩余油分布规律研究提供技术手段，为区域开发方案调整提供可靠依据。
- **寻找和评价漏失油气层**：对于老油田，由于技术发展水平落后或疏忽、漏判、错判导致遗失的油气层和多年开采后重新饱和的油气层，利用套后电阻率测井与其它资料一起进行老井复查挖潜和重新评价。
- **补充裸眼地层电阻率资料**：由于井眼条件或其它因素导致不能进行裸眼井测井时，利用套管井测井技术可获取与裸眼井测井资料一样的过套管地层电阻率并进行地层评价。

66

三、剩余油饱和度测井

测井原理

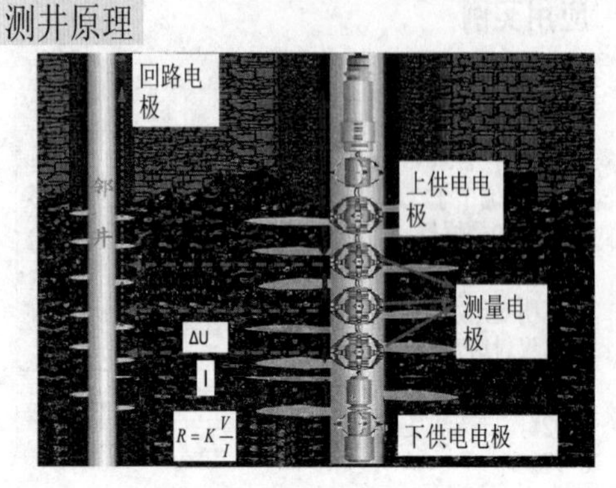

67

三、剩余油饱和度测井

测量时，打开推靠器，将电极推靠到套管壁。给上供电电极A1、下供电电极A2轮流等时间的供给5-8A电流，通过测量电极M1、N 、M2获取ΔU_{M1M2}、ΔU等参数，利用以下公式计算地层电阻率。

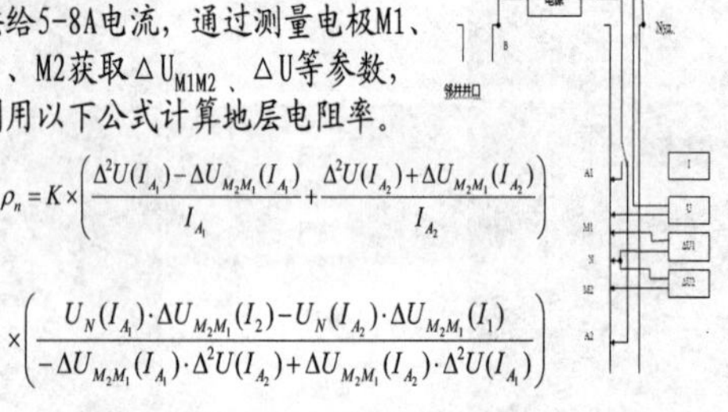

$$\rho_a = K\times\left(\frac{\Delta^2U(I_{A_1})-\Delta U_{M_2M_1}(I_{A_1})}{I_{A_1}}+\frac{\Delta^2U(I_{A_2})+\Delta U_{M_2M_1}(I_{A_2})}{I_{A_2}}\right)$$

$$\times\left(\frac{U_N(I_{A_1})\cdot\Delta U_{M_2M_1}(I_2)-U_N(I_{A_2})\cdot\Delta U_{M_2M_1}(I_1)}{-\Delta U_{M_2M_1}(I_{A_1})\cdot\Delta^2U(I_{A_2})+\Delta U_{M_2M_1}(I_{A_2})\cdot\Delta^2U(I_{A_1})}\right)$$

68

三、剩余油饱和度测井

技术指标

- 仪器长度：8m　　测定范围：1-300Ωm
- 最大直径：95mm　仪器耐温：-10-150℃
- 仪器耐压：80MPa　　测井电缆要求：7芯
- 适用套管：5-7"　　探测深度：1.5-2米

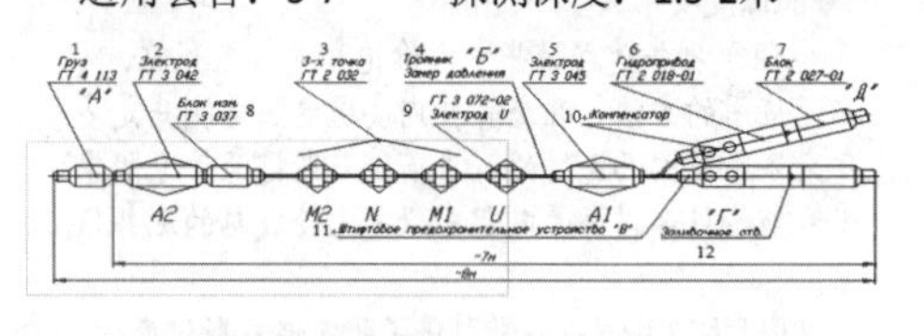

1—加重　2—电极　3—3电极电极系　4—三向接头"B"，压力测量　5—电极　6—液压传动装置　7—上电子单元　8—测量单元　9—U电极　10—压力补偿器　11—销钉保险装置"B"　12—注油孔

69

三、剩余油饱和度测井

选井条件

- 套管尺寸5-7″
- 井况：套管不能腐蚀或结垢严重
- 测井前通井、洗井
- 井段最佳控制在100米以内，（若超过100米，需更换仪器，测井时间延长）

70

三、剩余油饱和度测井

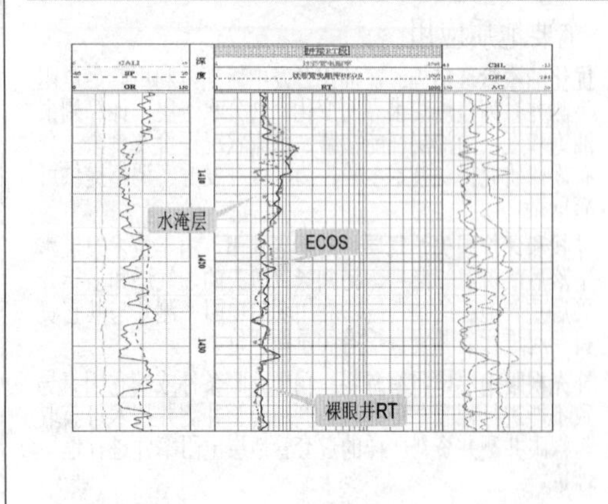

71

三、剩余油饱和度测井

渤21-4-检15井为孤岛采油厂的一口检查井（未生产），与地质分析一致，两支仪器重复性良好。

水淹层

72

三、剩余油饱和度测井

河51-斜更125井为现河采油厂的新井（测前未射孔），测量结果与裸眼井电阻率一致，两支仪器重复性良好。

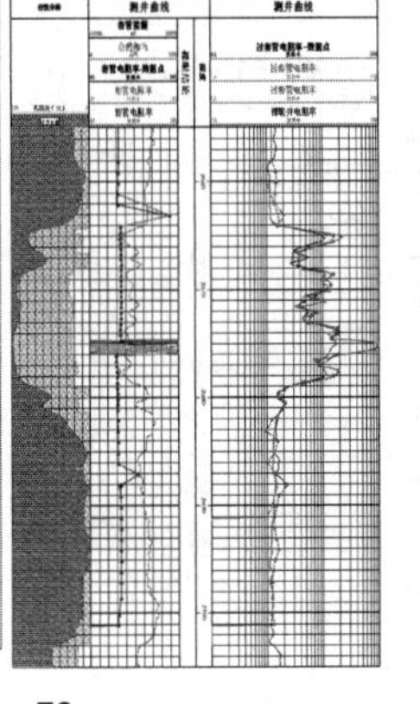

73

三、剩余油饱和度测井

预置法产液剖面和过套管电阻率对比测试判断水淹层。

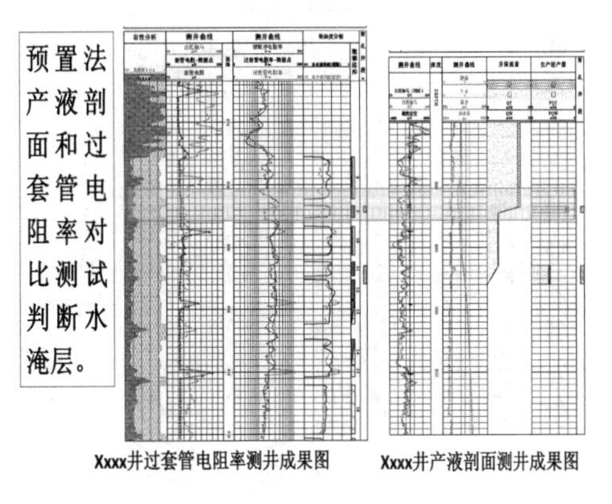

Xxxx井过套管电阻率测井成果图　　Xxxx井产液剖面测井成果图

74

三、剩余油饱和度测井

? 测井项目选择

高孔隙度（20%以上）砂泥岩剖面 SNP、PNN、PND、过套管

中高孔隙度（15-20%以上）砂泥岩剖面　PNN、PND、过套管

低孔隙度（10%以下）砂泥岩、复杂岩性剖面　PNN、过套管

高矿化度（50000PPm以上）地层　PNN、PND、SNP、中子寿命、过套管

中低矿化度（20000-50000PPm）地层 SNP、PNN、PND、过套管

低矿化度（20000以下）地层　SNP、PNN、PND、过套管

大斜度井、水平井　PNN、PND（过油管测井）

75

四、工程测井

? 工程测井分类

➢井身质量检查

40臂成像、井下声波电视、电磁探伤、井温流量、陀螺测斜仪

➢验窜测井

井温流量、氧活化、硼中子、同位素示踪

➢固井质量检查

SBT、CBL/VDL

➢压裂效果检查

井温、正交偶极子声波、微地震

76

四、工程测井

井身质量检测

- ➢机械法---36、40等多臂井径成像测井
- ➢超声波---井下声波电视成像
- ➢电磁法---电磁探伤
- ➢其他方法---流量+井温 陀螺测斜仪

77

四、工程测井

□40臂井径成像测井

40臂井径成像测井是一种通过测量套管内径，检测套管内壁情况的测井方法。它是利用40只探测臂，直接接触套管内壁，每只探测臂具有独立的传感器，测量套管内径的变化，评价井眼状况、套管损伤情况。

可为用户提供:

（1）套管内结构状况图

（2）三维彩色成像成果图

（3）套管截面图

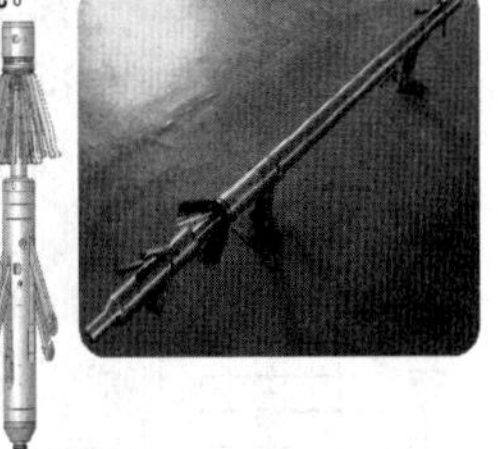

78

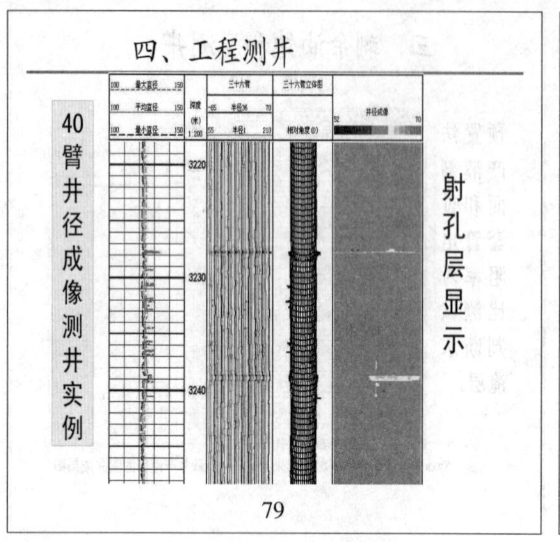

79

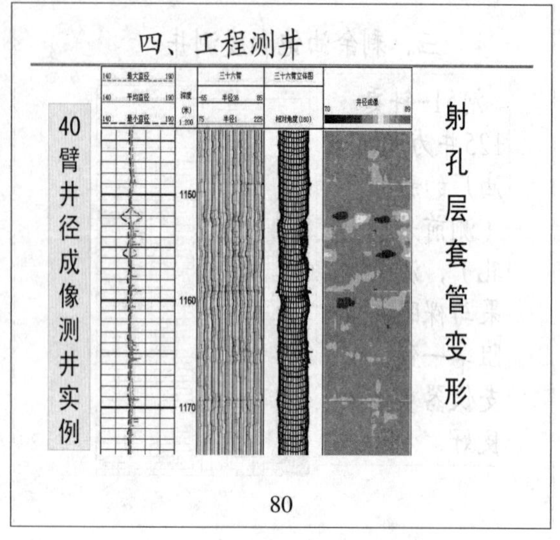

80

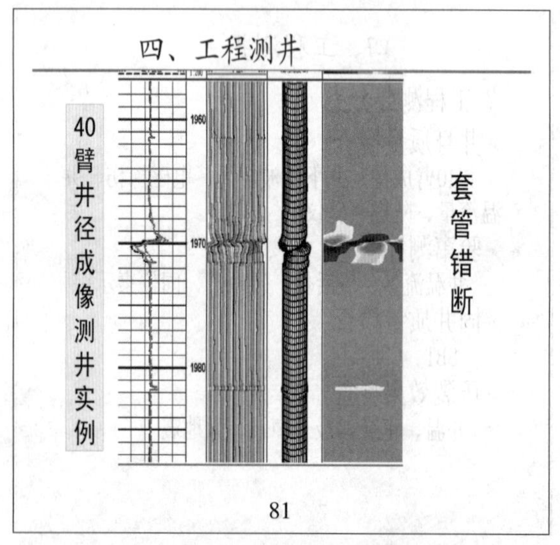

81

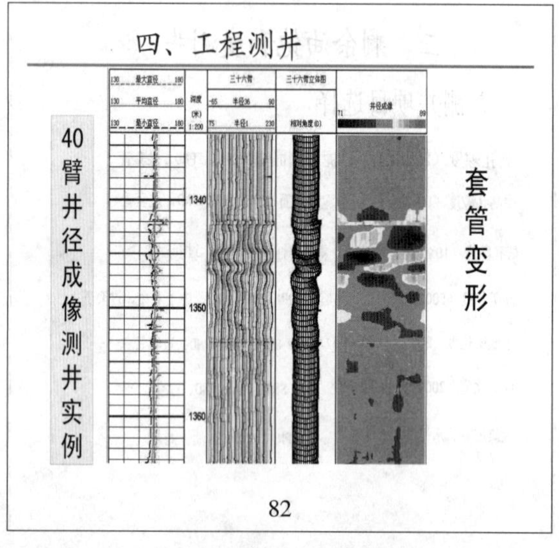

82

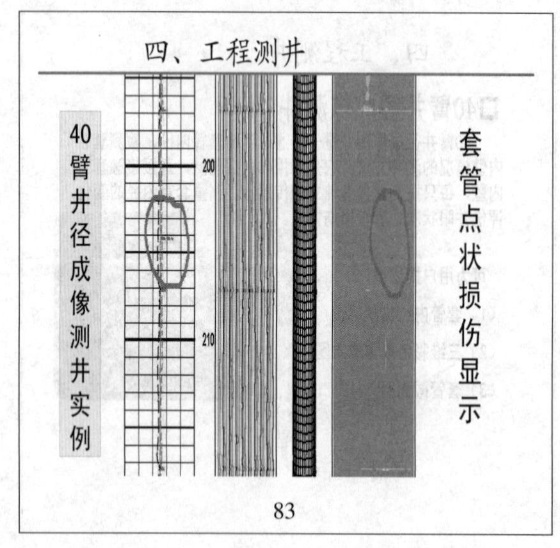

83

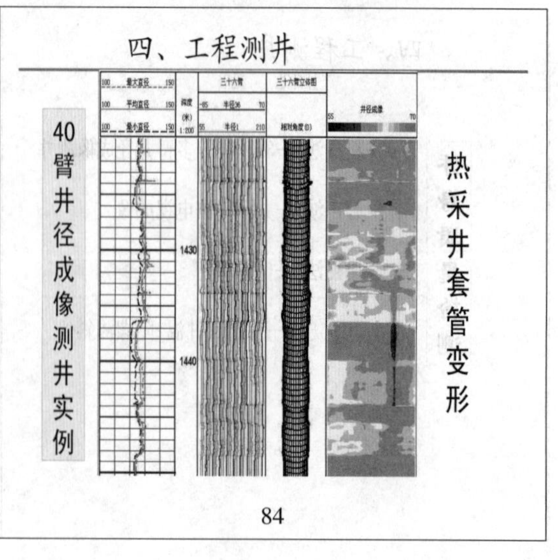

84

四、工程测井

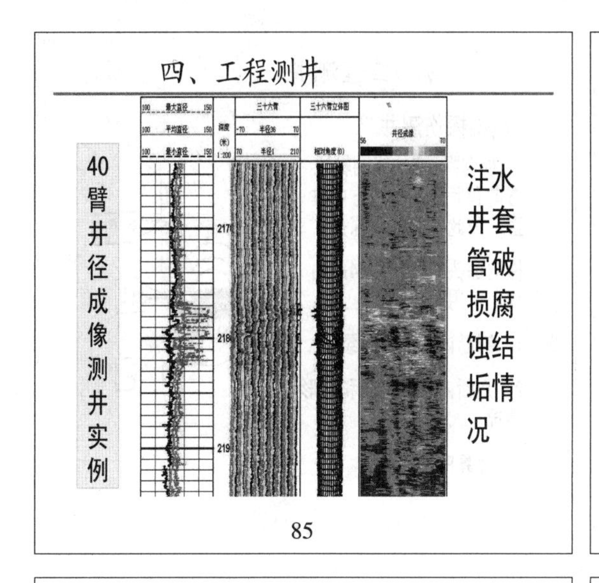

85

四、工程测井

□井下声波电视

井下声波电视测井仪是应用超声波的反射、透射原理和先进的计算机成象技术，能够测取套管的内外表面状态、套管内径、套管剩余壁厚等多个参数，可以有效用于检查套管腐蚀、弯曲、变形等套损问题以及检查射孔质量、准确查找射孔位置等。

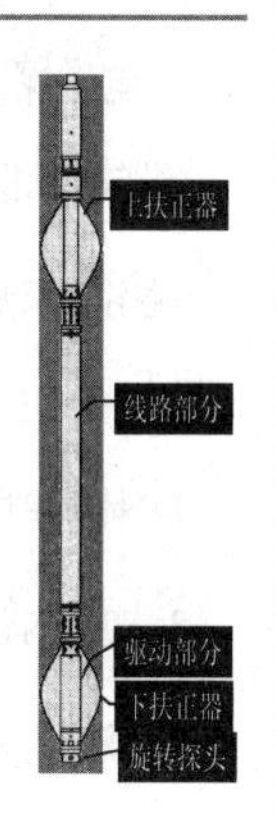

86

四、工程测井

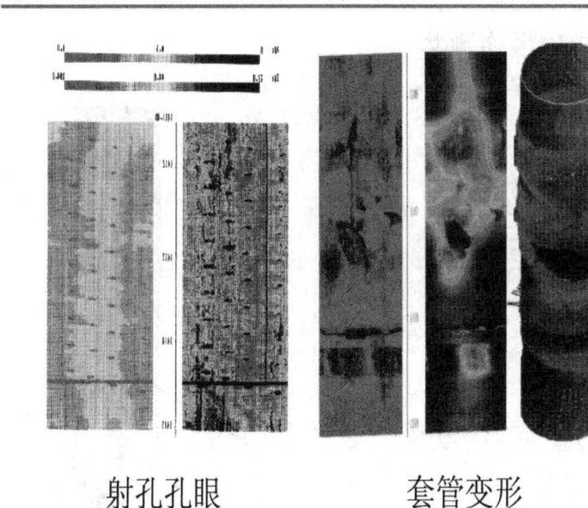

射孔孔眼　　　套管变形

87

四、工程测井

□电磁探伤

电磁探伤仪的物理基础是法拉第电磁感应定律。给发射线圈供一电流，接收线圈产生随时间变化的感应电动势。当油（套）管厚度变化或存在缺陷时，感应电动势将发生变化，通过分析和计算，可判断管柱的裂缝和孔洞，得到管柱的壁厚。电磁探伤测井技术成功地解决了在油管内探测套管的厚度、腐蚀、变形破裂等问题，可准确指示井下管柱结构、工具位置，并能探测套管以外的铁磁性物质（如套管扶正器、表层套管等）。

电磁探伤测井仪是目前为止唯一能同时探测多层套管受损情况的仪器，利用这一特性，使对套管损伤由定性的分析到定量的判断成为现实；由查找损伤到对损伤的预报成为可能。

88

四、工程测井

电磁探伤测井

井下仪器外形尺寸：

· 下井仪直径	43 mm
· 下井仪长度（不包括扶正器）	3500 mm
· 地面面板	290×260×100 mm
· 仪器重量	15 kg
· 耐压	80 MPa
· 耐温	140 ℃
· 电缆	单芯
· 测井速度	300 m/h

管壁厚度研究范围	3-12 mm
被研究管的直径	63～324 mm
确定管壁厚度基本误差：	
单管结构	0.5 mm
多管结构	1.5 mm
裂缝型缺陷最小长度：	
沿管轴方向	40 mm
(内)管轴横向	1/6 圆周长
孔洞型缺陷最小直径：	30 mm

89

四、工程测井

电磁探伤测井

探头A、C线圈截面的法向方向和管柱的轴向方向（井轴方向）平行，故称之为纵向探头。

纵向长轴探头A　记录A1-A9条曲线，探测范围较大，可用于：

1、计算单层管柱厚度

2、计算双层管柱厚度

3、检测外管的纵向裂缝

4、确定内管和外管的腐蚀

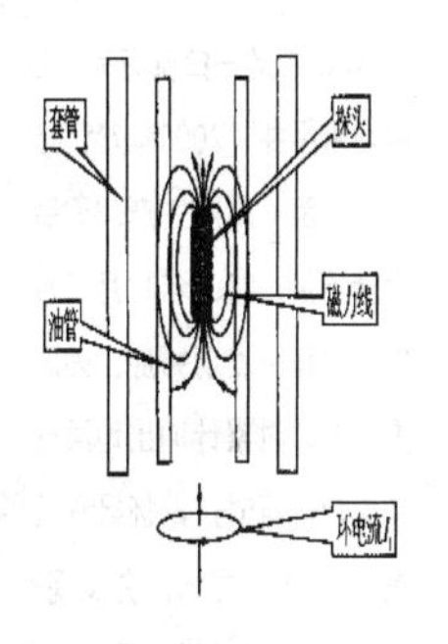

90

四、工程测井

电磁探伤测井

纵向短轴探头C记录C1-C5条曲线，探测范围较小，可用于：

1、计算单层管柱厚度

2、判断内管的纵向裂缝

3、确定内管的腐蚀情况

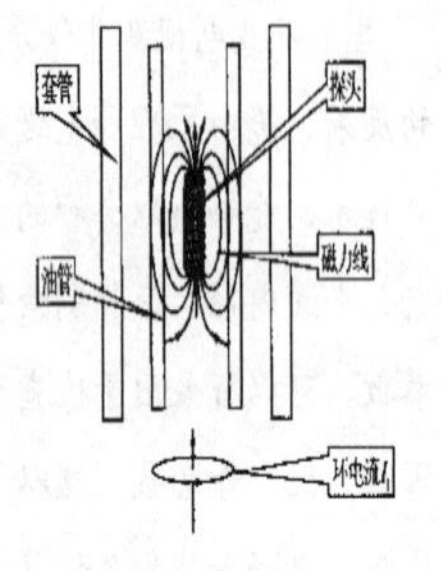

91

四、工程测井

电磁探伤测井

横向探头B的线圈轴线方向和管柱的轴线方向垂直，因此称为横向探头。

横向探头B记录B1-B4条曲线，可用于：

1、判断内管的横向裂缝

2、判断内管的错断和变形情况

3、计算内管的壁厚

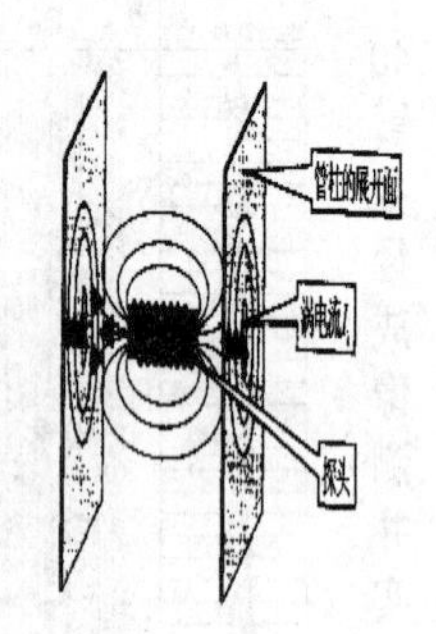

92

四、工程测井

电磁探伤测井

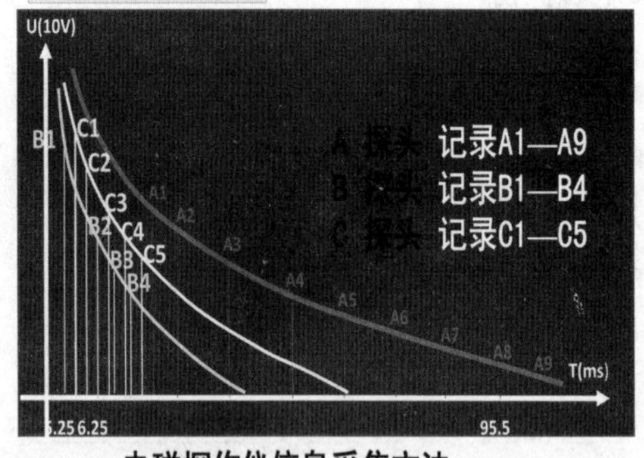

电磁探伤仪信息采集方法

93

四、工程测井

电磁探伤测井

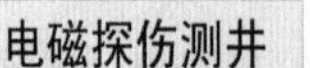

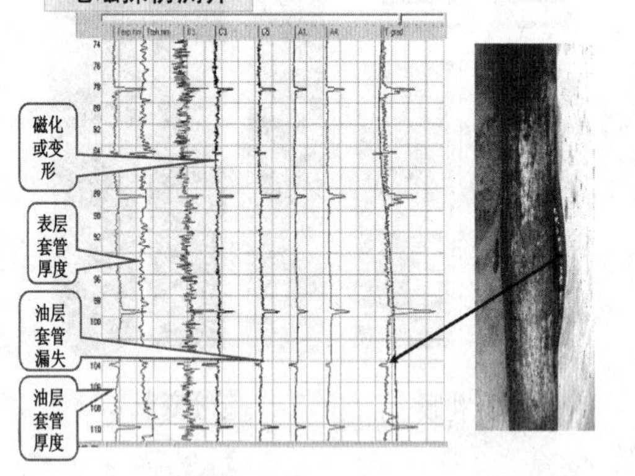

94

四、工程测井

电磁探伤测井

郑xxx井是一口筛管完井的稠油水平井。2008年7月注汽投产，第一周期生产53天后供液不足，2008年10月18日作业过程中发现井底出砂严重，冲砂时累计冲出地层砂和大块砾石5方，怀疑筛管漏。经电磁探伤测井发现1607m处套管破损严重。

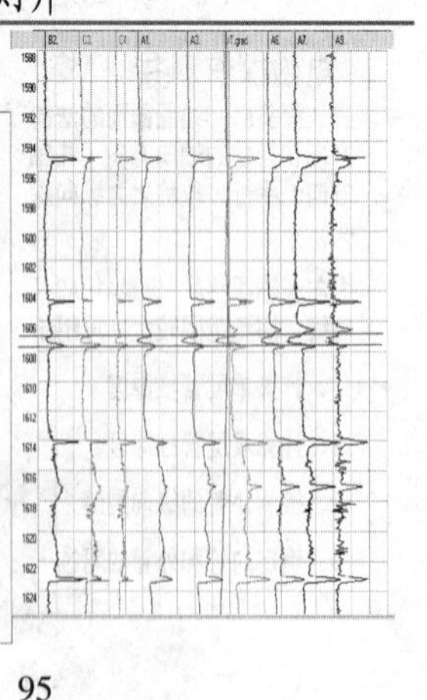

95

四、工程测井

电磁探伤测井实例

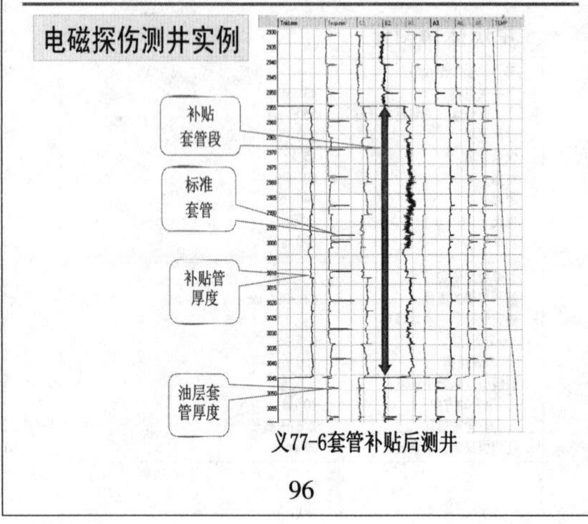

义77-6套管补贴后测井

96

四、工程测井

电磁探伤测井实例

郑36-9-斜43

油层部位以上套管破损

97

四、工程测井

□井温、流量测井

井温或流量测井（一般采用组合测井）可以探测套管漏失位置，但不能确定损坏程度及类型。

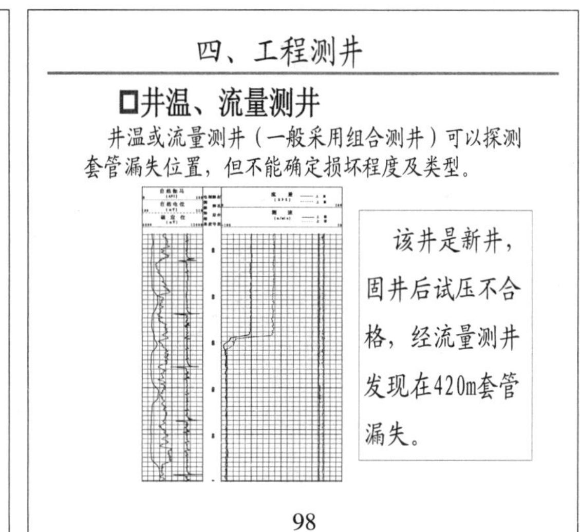

该井是新井，固井后试压不合格，经流量测井发现在420m套管漏失。

98

四、工程测井

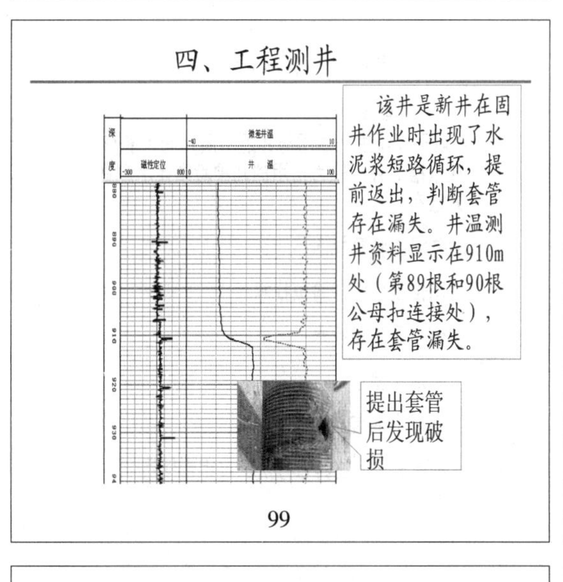

该井是新井在固井作业时出现了水泥浆短路循环，提前返出，判断套管存在漏失。井温测井资料显示在910m处（第89根和90根公母扣连接处），存在套管漏失。

提出套管后发现破损

99

四、工程测井

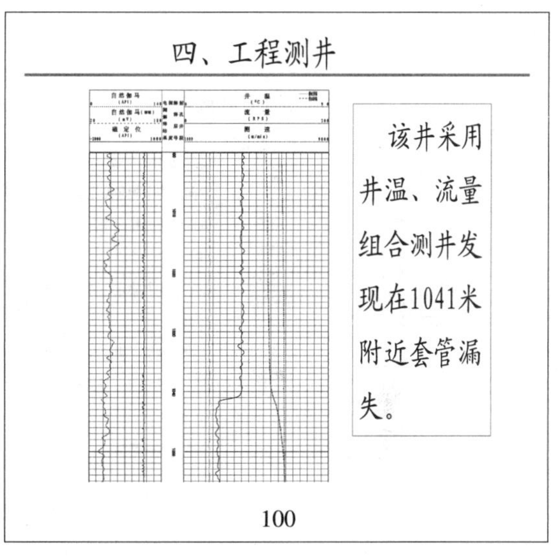

该井采用井温、流量组合测井发现在1041米附近套管漏失。

100

四、工程测井

□陀螺测斜仪

陀螺连续测斜仪是通过测量地球自转角速度在陀螺传感器X轴和Y轴上的投影来自动寻北。根据各坐标系之间的相对转角关系可以得到地理坐标系与探管坐标系之间的方位角余弦矩阵，因而可以得到地球自转角速度和重力加速度在探管坐标系中的各个分量，进而得出井斜角、方位角和工具方位角。

主要应用

- 测量井斜和方位
- 钻井造斜监测
- 定向射孔

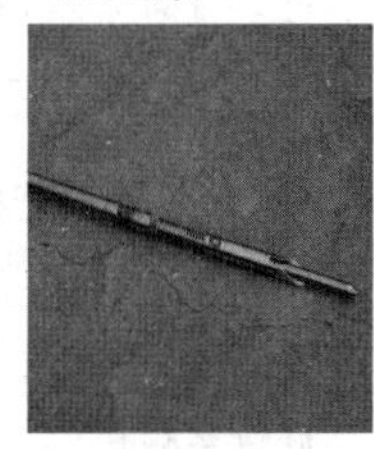

101

四、工程测井

测井实例图

地面刻度图

102

四、工程测井

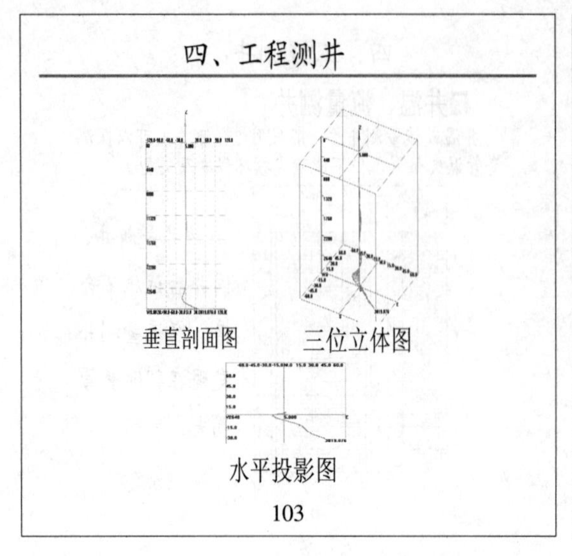

103

四、工程测井

陀螺测斜确定井身轨迹

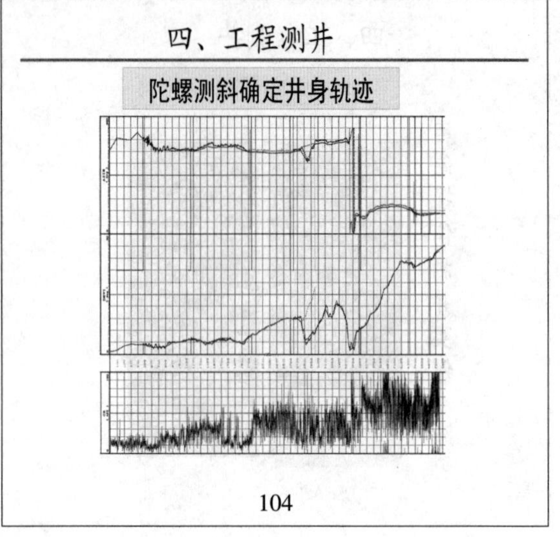

104

四、工程测井

陀螺测斜定方位射孔应用

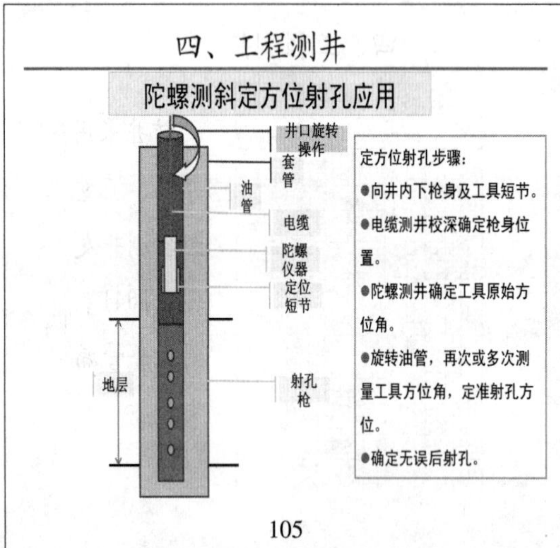

105

四、工程测井

验窜测井

对于怀疑生产油层与邻近水层之间可能存在窜槽的井，较为常用的几种验窜找水测井方法有：

☞井温法验窜找水；

☞同位素示踪法验窜找水；

☞硼中子验窜找水；

☞氧活化验窜；

☞扇形水泥胶结（SBT）测井

●井温法与上述其它方法都可组合使用

106

四、工程测井

验窜测井

由于井温流量、同位素示踪、硼中子、氧活化等不同测井方法具有不同的优缺点，针对具体情况，测井施工时选择采用不同的测井方法和工艺解决问题。

◆ 对于出水量较大，井段较长且漏失严重的井，优先选择井温流量法；

◆ 对于存在同位素粘污可能较大井，优先选择硼中子+井温组合法；

◆ 对于井筒较为干净的井，优先选择同位素+井温组合法验窜；

◆ 对于地层孔隙度较小及地层压力偏高的井，选用氧活化测井。

107

四、工程测井

同位素测井　　硼中子测井

108

四、工程测井

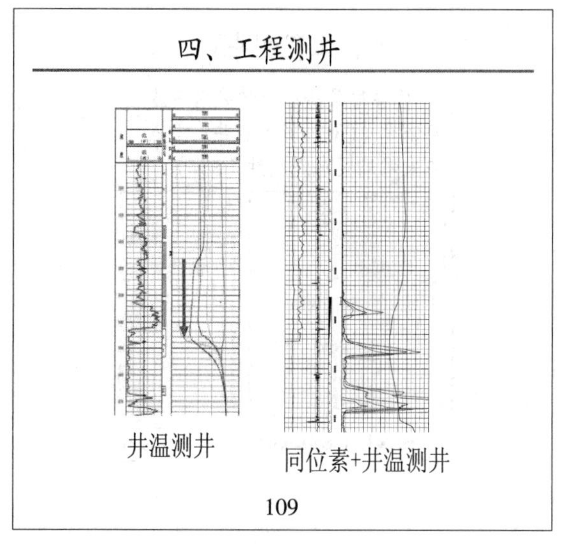

109

四、工程测井

硼中子找水措施效果实例：

井号：桩19井

测井前：日产液57.1 m3，日产油0.7 m3，综合含水98.8 %，计划关井。

措施：第21、第22号射孔层基本不出液，水主要来自23号层。决定采取措施封堵23号层，重新补射原21、22号生产层位生产。

措施后：日产液30.9m3，日产油4.9m3，综合含水84.1%，日增油4.2m3，综合含水下降了14.7%，取得了较好的地质应用效果。

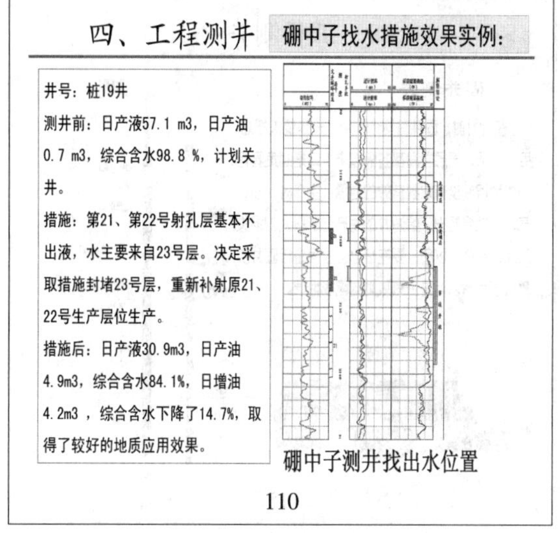

硼中子测井找出水位置

110

四、工程测井

硼中子找水措施效果实例：

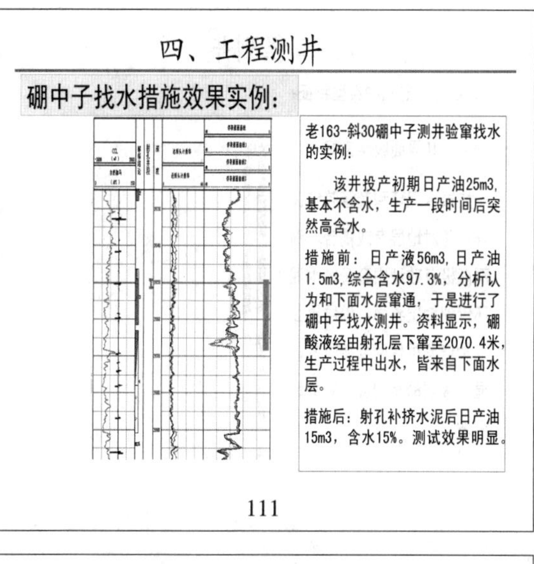
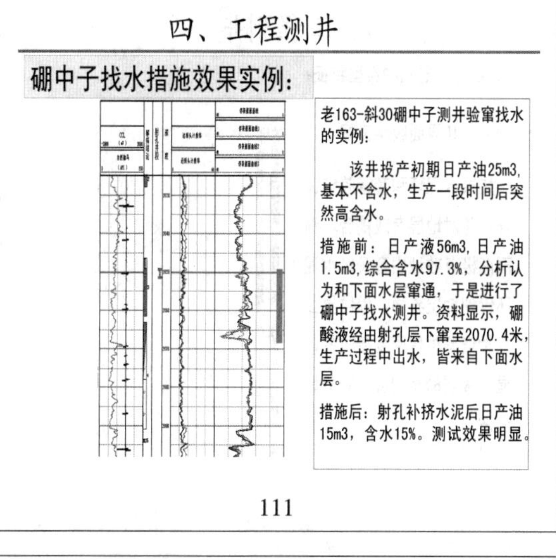

老163-斜30硼中子测井验窜找水的实例：

该井投产初期日产油25m3，基本不含水，生产一段时间后突然高含水。

措施前：日产液56m3，日产油1.5m3，综合含水97.3%，分析认为和下面水层窜通，于是进行了硼中子找水测井。资料显示，硼酸液经由射孔层下窜至2070.4米，生产过程中出水，皆来自下面水层。

措施后：射孔补挤水泥后日产油15m3，含水15%。测试效果明显。

111

同位素验窜措施效果实例：

井号：辛68-12井

测井前：日产液131.6 m³，日产油2.8m³，综合含水98.9 %，要求找水验窜。

措施：　2号层与3号水层窜槽联通。采取补孔挤水泥措施，封堵2号层与3号层和3号层与4号层之间的封隔段后，重新投产开采。

措施后：日产液70.9m³，日产油18.6m³，综合含水73.7%，日增油15.8m³，　综合含水下降了25.2%。

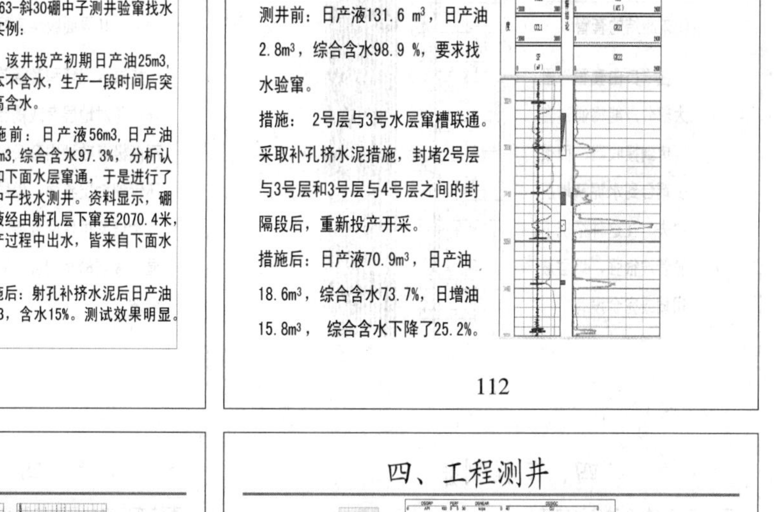

112

四、工程测井

同位素验窜措施效果实例

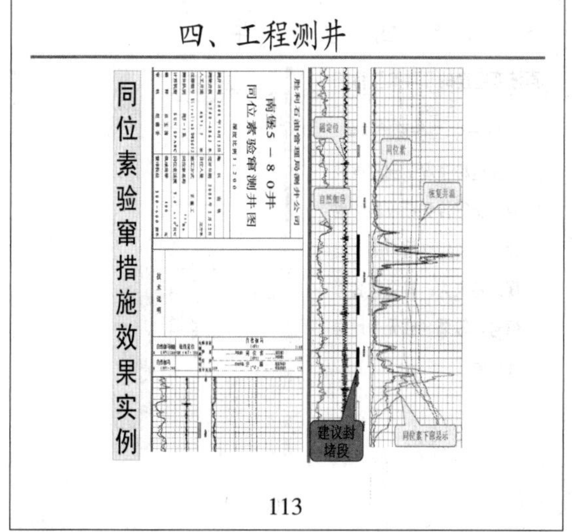

113

四、工程测井

水平井硼中子找水应用实例

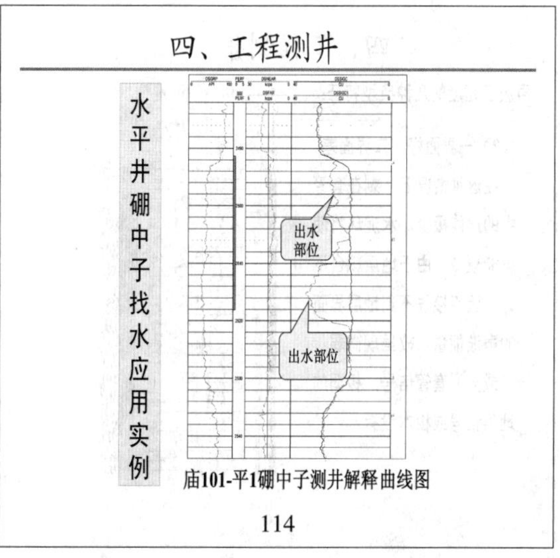

庙101-平1硼中子测井解释曲线图

114

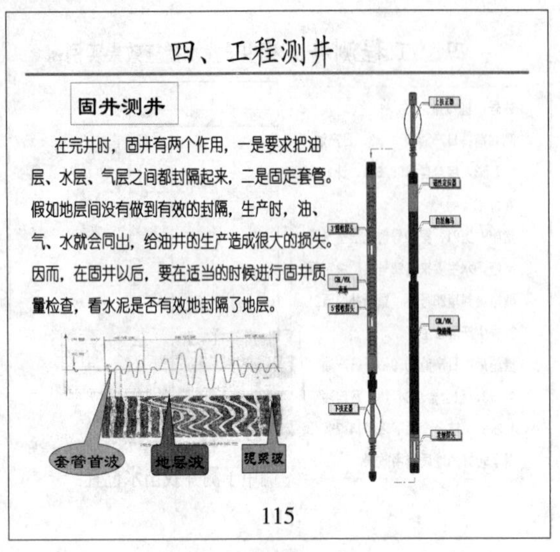
四、工程测井
固井测井
在完井时，固井有两个作用，一是要求把油层、水层、气层之间都封隔起来，二是固定套管。假如地层间没有做到有效的封隔，生产时，油、气、水就会同出，给油井的生产造成很大的损失。因而，在固井以后，要在适当的时候进行固井质量检查，看水泥是否有效地封隔了地层。
套管首波
地层波
115

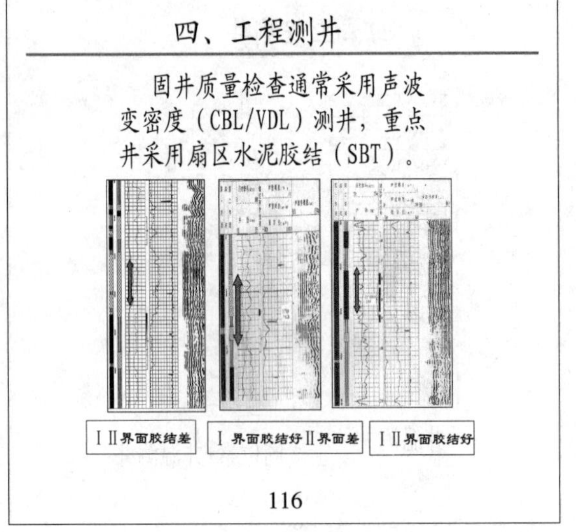
四、工程测井
固井质量检查通常采用声波变密度（CBL/VDL）测井，重点井采用扇区水泥胶结（SBT）。
Ⅰ Ⅱ界面胶结差
Ⅰ 界面胶结好Ⅱ界面差
Ⅰ Ⅱ界面胶结好
116

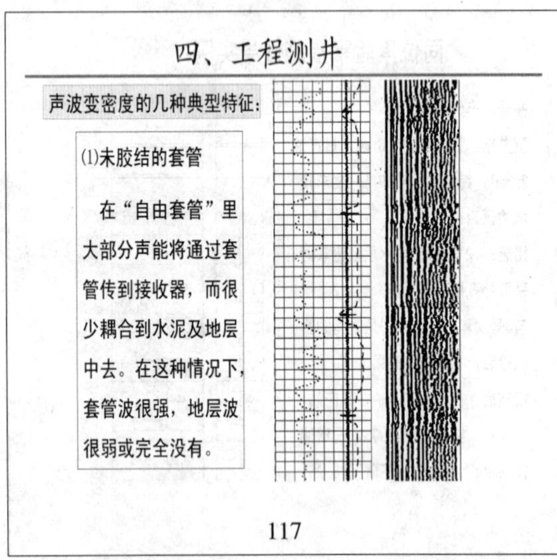
四、工程测井
声波变密度的几种典型特征：
⑴未胶结的套管
在“自由套管”里大部分声能将通过套管传到接收器，而很少耦合到水泥及地层中去。在这种情况下，套管波很强，地层波很弱或完全没有。
117

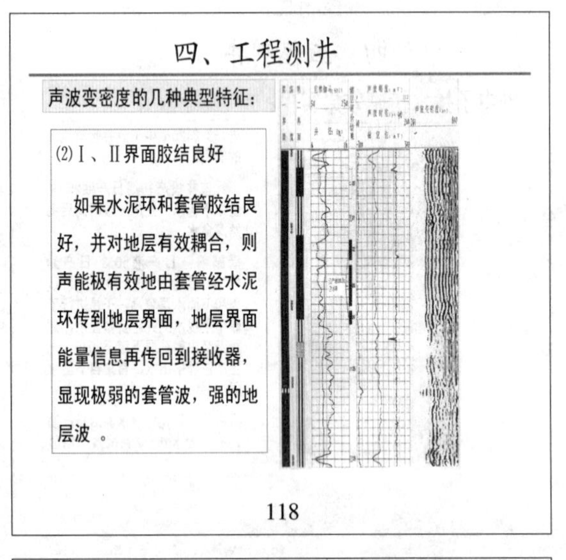
四、工程测井
声波变密度的几种典型特征：
⑵Ⅰ、Ⅱ界面胶结良好
如果水泥环和套管胶结良好，并对地层有效耦合，则声能极有效地由套管经水泥环传到地层界面，地层界面能量信息再传回到接收器，显现极弱的套管波，强的地层波 。
118

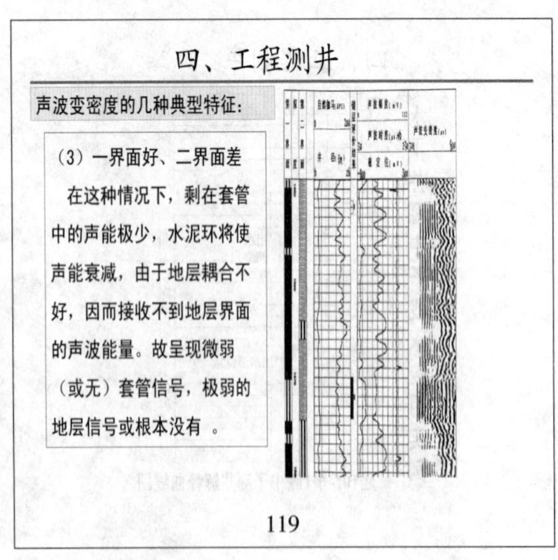
四、工程测井
声波变密度的几种典型特征：
（3）一界面好、二界面差
在这种情况下，剩在套管中的声能极少，水泥环将使声能衰减，由于地层耦合不好，因而接收不到地层界面的声波能量。故呈现微弱（或无）套管信号，极弱的地层信号或根本没有 。
119

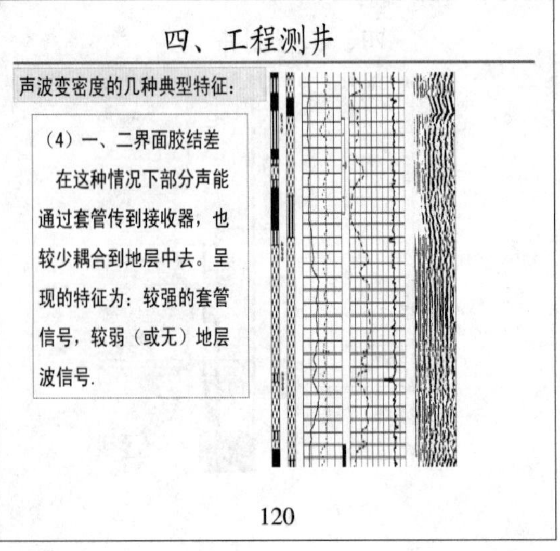
四、工程测井
声波变密度的几种典型特征：
（4）一、二界面胶结差
在这种情况下部分声能通过套管传到接收器，也较少耦合到地层中去。呈现的特征为：较强的套管信号，较弱（或无）地层波信号.
120

四、工程测井

声波幅度测井解释标准

相对幅度=（目的层声波幅度÷纯泥浆带声波幅度）×100%

1、测井时间在固井后24-72小时

(1)相对幅度≤15%解释为水泥胶结良好

(2)相对幅度在15%-30%之间解释为水泥胶结中等

(3)相对幅度≥30%解释为水泥胶结不好

2、测井时间在固井后不到24小时

(1)相对幅度≤20%解释为水泥胶结良好

(2)相对幅度在20%-40%之间解释为水泥胶结中等

(3)相对幅度≥40%解释为水泥胶结不好

3、测井时间在固井后72小时以后

(1)相对幅度≤10%解释为水泥胶结良好

(2)相对幅度在10%-20%之间解释为水泥胶结中等

(3)相对幅度≥20%解释为水泥胶结不好

121

水泥胶结类型与CBL/VDL的对应关系：

序号	水泥胶结类型	声波幅度（CBL）	声波变密度（VDL）	
		幅度	套管波	地层波
1	“自由套管”居中或偏心	高	强	无或强
2	第一界面胶结好，第二界面胶结好	低	弱	强
3	第一界面胶结好，第二界面胶结中等	低	弱	中强
4	第一界面胶结好，第二界面胶结差	低	弱	弱或无
5	第一界面胶结中等，第二界面胶结好	中低	中强	强
6	第一界面胶结中等，第二界面胶结中等	中低	中强	中强
7	第一界面胶结中等，第二界面胶结差	中低	中强	弱或无
8	第一界面胶结差，第二界面胶结差	高	强	无

122

四、工程测井

固井质量对产油产水的影响：

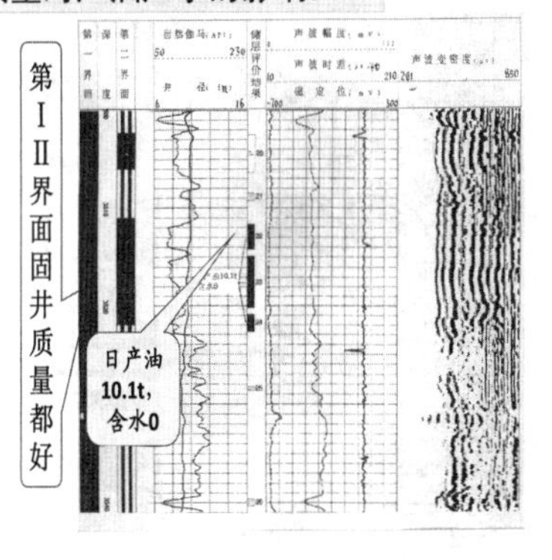

123

四、工程测井

固井质量对产油产水的影响：

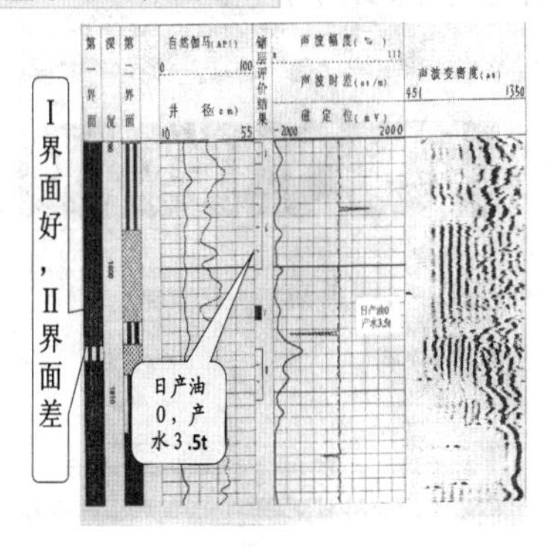

124

四、工程测井

● 从上面的实例可以，即使在第一界面固井质量较好的情况下，第二界面的固井质量不一定好，试油、试采过程中，容易形成窜槽，造成经济损失。

● 因而，利用固井质量测井资料评价结果，全面了解固井状况，为预防和减小风险开采，合理制定生产措施提供可靠的资料依据。

125

四、工程测井

扇区水泥胶结(SBT)测井：

扇区水泥胶结测井简称 SBT测井，它除了具有常规CBL/VDL测井的全部功能外，还具有（声幅或衰减率）扇区成象功能。能够直观详细展现纵向与横向水泥胶结精细变化情况，SBT测井不受水泥空隙、快速地层、外层套管、泥浆性能变化等诸多因素的影响，且能了解水泥沟槽大小、形状、相对位置,克服了常规声幅和变密度测井评价固井质量时的多解性，有效地提高固井质量解释的准确性。

126

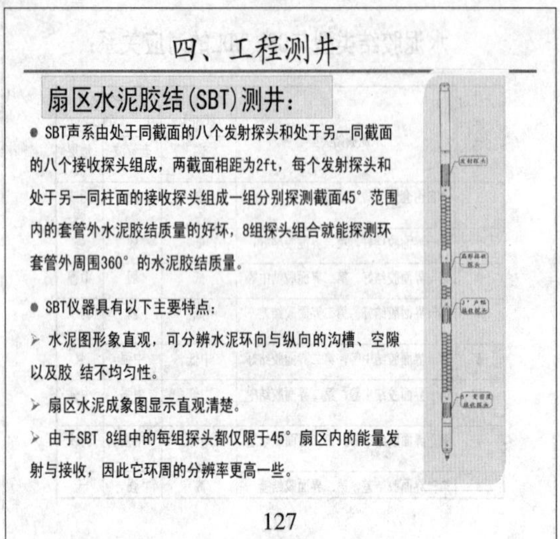

127

128

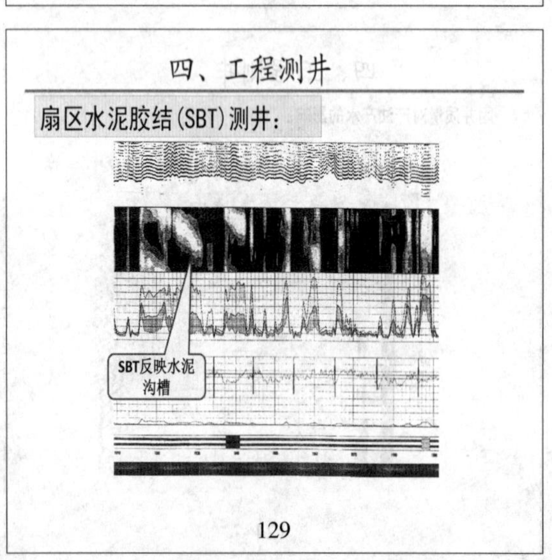

129

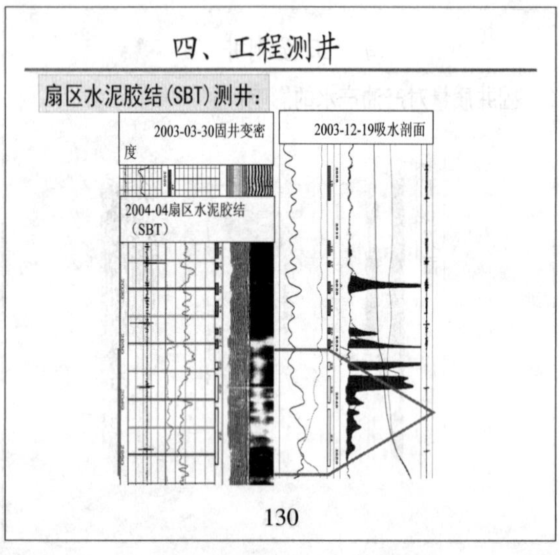

130

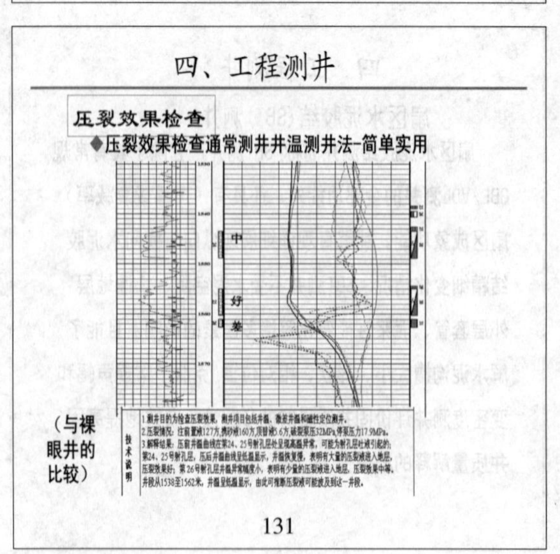

131

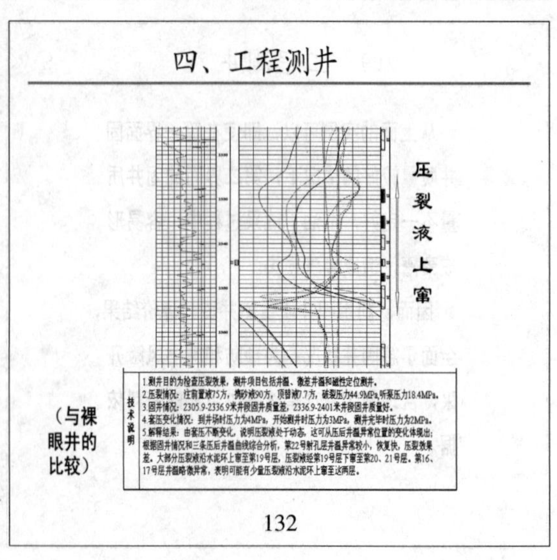

132

四、工程测井

◆压裂效果新方法---正交偶极子声波

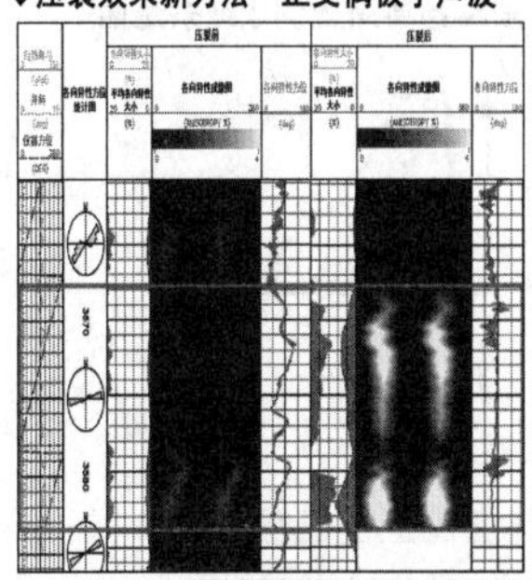

盐22-斜49（压裂井段：3578.0-3587.3m）：各向异性大小在3567-3584米变化明显，推测该井段为压裂缝延伸高度，压裂效果较好，检测压裂缝方向平均在78.7°。压裂后日油13.4t，微地震检测压裂缝方向为71.9°。

133

四、工程测井

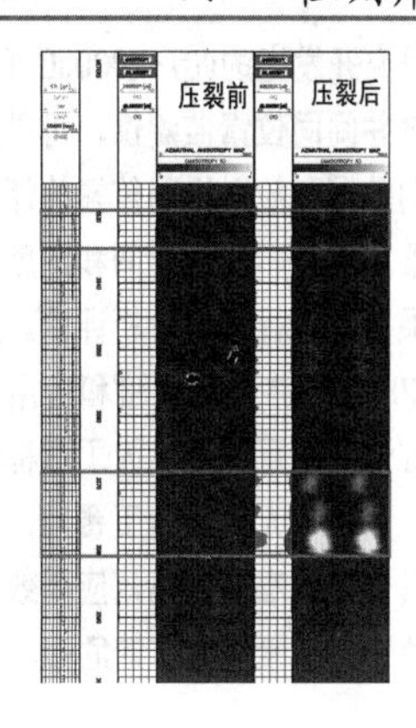

盐22-13井：两段三层压裂，对比各向异性大小发现，压裂缝仅在底部3568-3581m发育，其余井段各向异性大小没有明显变化，推测该井段裂缝上下延伸不大，怀疑压裂不彻底。压后日液3.9m^3，压裂效果差。

134

四、工程测井

◆压裂效果新方法---微地震

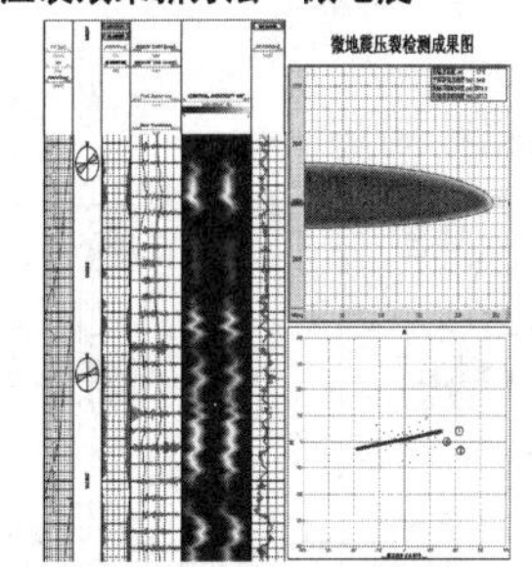

樊142-斜303井2835-2887m各向异性较强，压裂效果较好，推测压裂缝延伸高度为52m，延伸方向平均为67.8°；压后微地震监测缝高井段范围为2815.3-2873.2m，缝高57.9m，方向为NE72°±5°，两种方法得出结论一致，目前该井段日油5.7t。

135

四、工程测井

？测井项目选择

检查套管漏失位置（不检查损坏程度）

井温+流量、氧活化

检查套管损坏程度

多臂井径、声波电视、电磁探伤、鹰眼等

检查套管外窜槽

井温、硼中子、同位素、SBT(定性)

压裂效果评价

井温、正交偶极子声波、微地震

井斜方位、射孔定向

陀螺测斜仪

136

五、井间监测技术

同位素能谱井间自动监测系统：同位素能谱井间自动监测是近几年发展较快的油藏信息监测技术。其原理是在一个井组中分别在一口或几口水井中注入不同能级的同位素，通过对油井输出管线的自动监测来判断注入水的流向、推进速度及对井网进行综合分析评价。

系统特性：

进行能谱监测，可区分不同的同位素示踪剂；

具有存储功能,现场自动实时监测；

可同时使用不同能级的同位素，对多个井组进行监测。

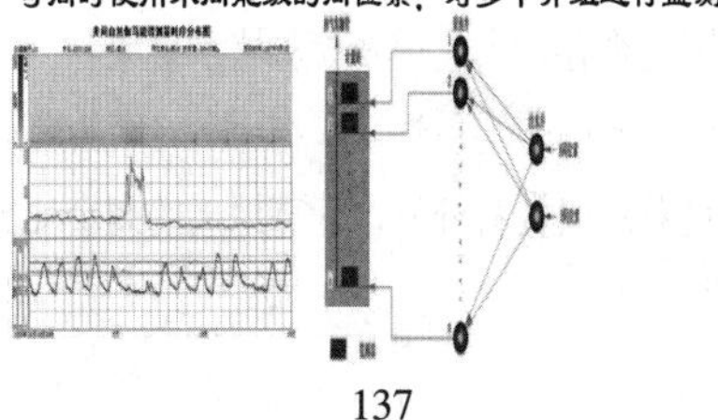

137

五、井间监测技术

井间示踪监测

简介

井间示踪监测主要是通过了解注入剂的注入方向及估算前缘的推进速度，来了解油水井间连通关系、井间大孔道及检验堵水效果，估算井间的剩余油饱和度分布状况，判断油层纵向非均质性，评价水驱、蒸汽驱及聚合物驱的驱油效果。采用的示踪剂主要有化学示踪剂和放射性同位素示踪剂，胜利油田常用碘^{131}I、钪^{46}Sc、铱^{192}Ir。

138

五、井间监测技术

井间示踪监测

测井公司研究开发出的VCT-2000JC III型存储式自供电井间同位素监测仪，可以自动记录监测到的数据和放射性同位素的能谱，来获得同位素的类型、到达时间和浓度，从而对一个注采井网进行综合分析评价。通过对胜利油田300多个井组的试验和应用，证实这种监测方法完全可以取代人工取样化验，施工简单，节省了人力及施工费用，所录取的资料连续性好、准确度高，应用效果良好，同时避免了同位素对人体的危害。

139

五、井间监测技术

单种示踪剂井间监测原理示意图

示踪剂浓度

T

注入井

生产井

140

五、井间监测技术

多种示踪剂井间监测原理示意图

非分配示踪剂

可分配示踪剂

Δt

T

注入井

生产井

141

五、井间监测技术

施工过程

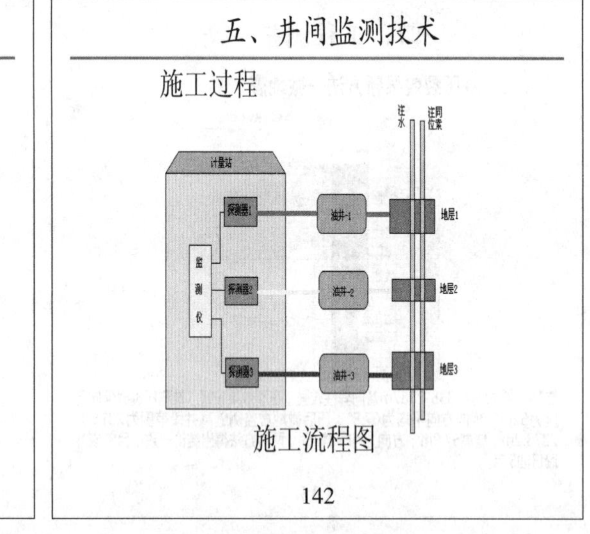

施工流程图

142

五、井间监测技术

井间自动监测施工流程平面示意图

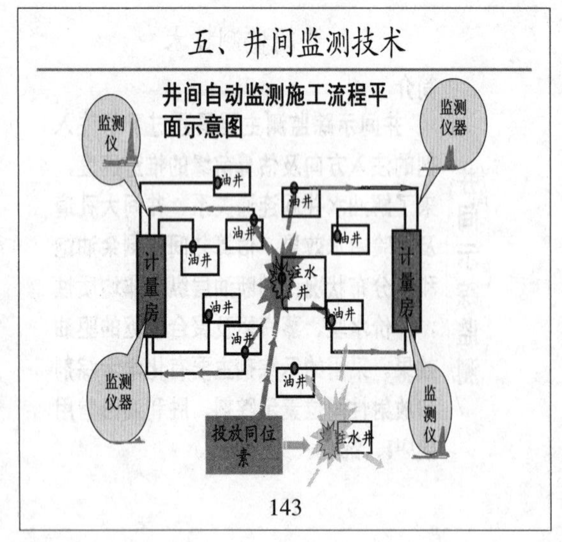

143

五、井间监测技术

井间监测可解决以下问题：

1、了解油水井的连通情况和注入水的分配情况
2. 判断注水的流动方向
3. 计算注入水在地层中的推进速度
4. 检验管外串槽情况
5. 判断是否存在大孔道及检验堵水效果
6. 判断油层的非均质性
7. 通过对录取资料分析，计算地层的剩余油饱和度。

144

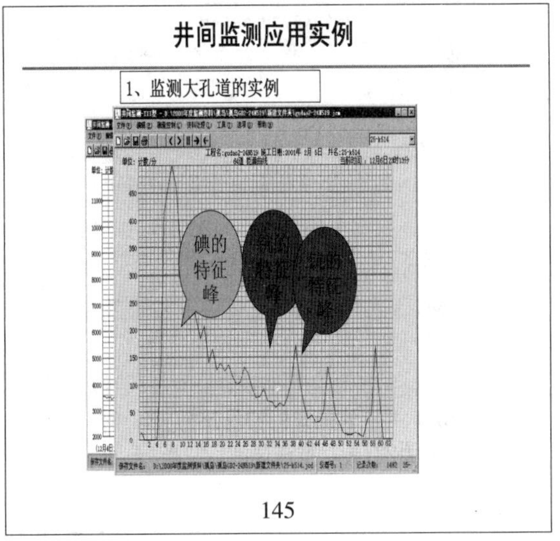
井间监测应用实例
1、监测大孔道的实例
碘的特征峰
145

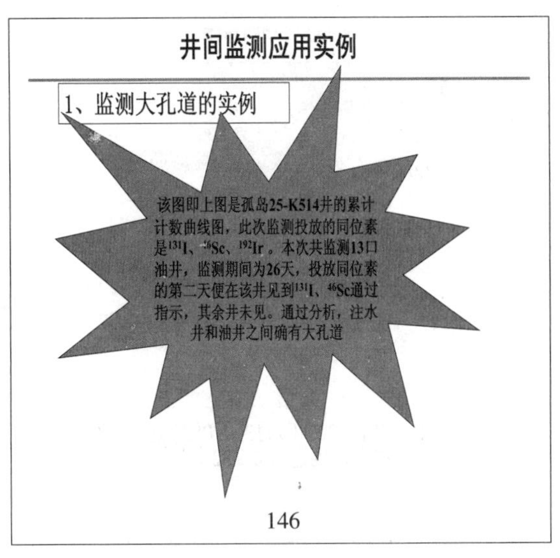
井间监测应用实例
1、监测大孔道的实例
该图即上图是孤岛25-K514井的累计计数曲线图，此次监测投放的同位素是^{131}I、^{46}Sc、^{192}Ir。本次共监测13口油井，监测期间为26天，投放同位素的第二天便在该井见到^{131}I、^{46}Sc通过指示，其余井未见。通过分析，注水井和油井之间确有大孔道
146

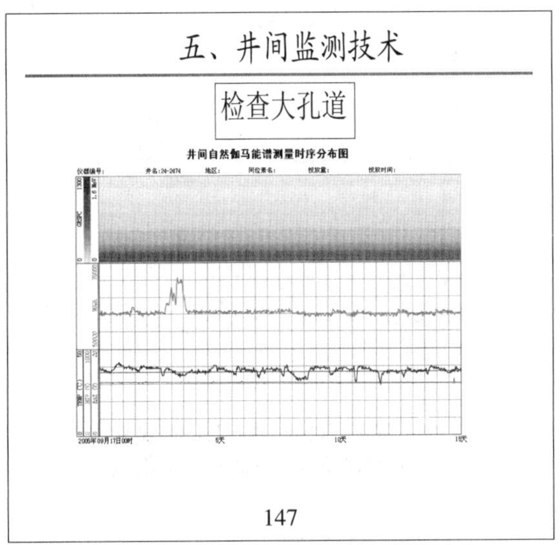
五、井间监测技术
检查大孔道
井间自然伽马能谱测量时序分布图
147

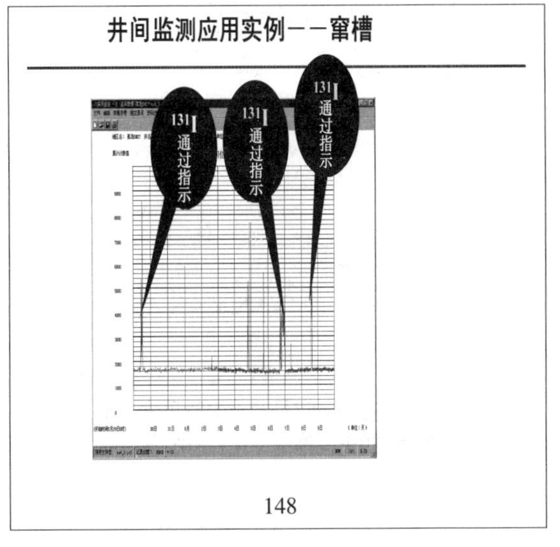
井间监测应用实例——窜槽
131I通过指示
131I通过指示
131I通过指示
148

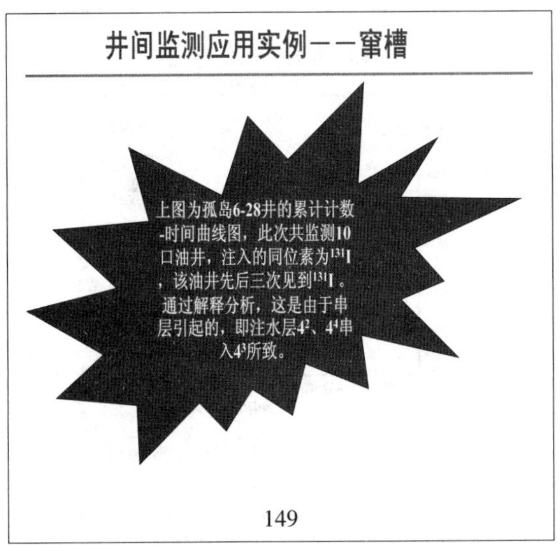
井间监测应用实例——窜槽
上图为孤岛6-28井的累计计数-时间曲线图，此次共监测10口油井，注入的同位素为^{131}I，该油井先后三次见到^{131}I。通过解释分析，这是由于串层引起的，即注水层4^{2}、4^{4}串入4^{3}所致。
149

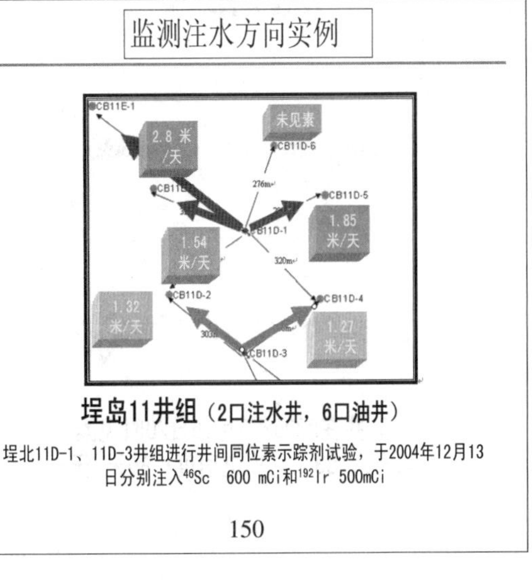
监测注水方向实例
CB11E-1
2.8米/天
未见素
CB11D-6
CB11D-5
1.85米/天
CB11D-1
1.54米/天
CB11D-2
CB11D-4
1.32米/天
1.27米/天
CB11D-3
埕岛11井组（2口注水井，6口油井）
埕北11D-1、11D-3井组进行井间同位素示踪剂试验，于2004年12月13日分别注入^{46}Sc 600 mCi和^{192}Ir 500mCi
150

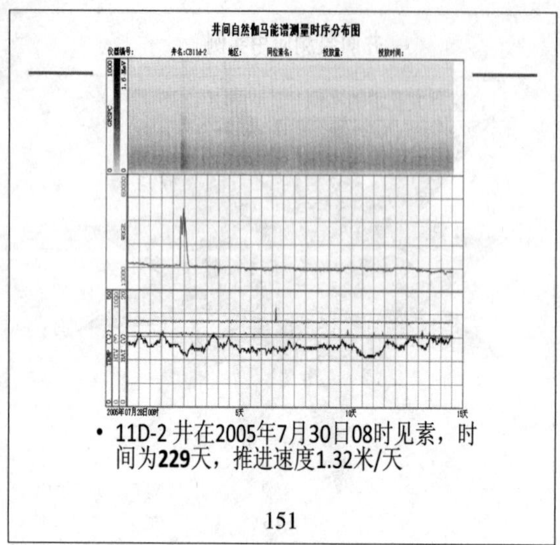
井间自然伽马能谱测量时序分布图
• 11D-2 井在2005年7月30日08时见素，时间为229天，推进速度1.32米/天
151

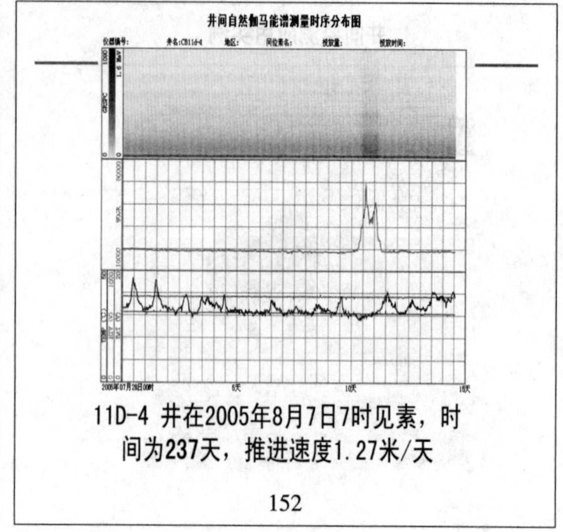
井间自然伽马能谱测量时序分布图
11D-4 井在2005年8月7日7时见素，时间为237天，推进速度1.27米/天
152

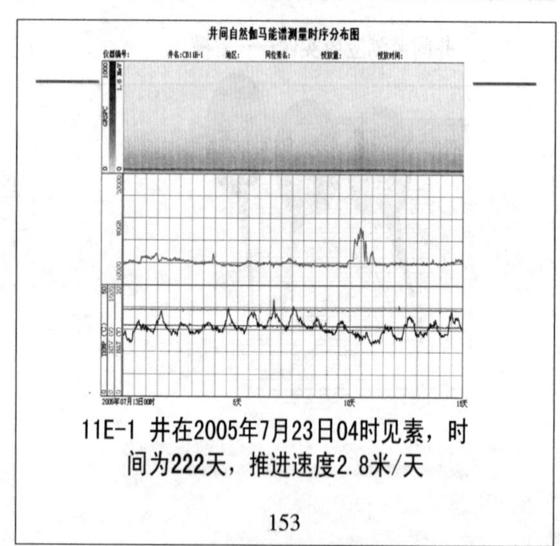
井间自然伽马能谱测量时序分布图
11E-1 井在2005年7月23日04时见素，时间为222天，推进速度2.8米/天
153

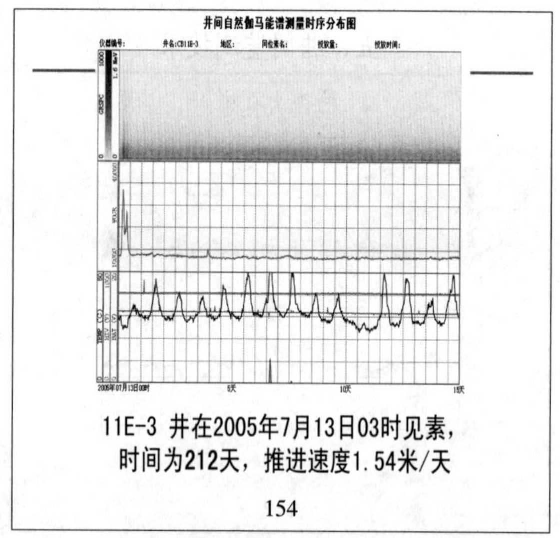
井间自然伽马能谱测量时序分布图
11E-3 井在2005年7月13日03时见素，时间为212天，推进速度1.54米/天
154

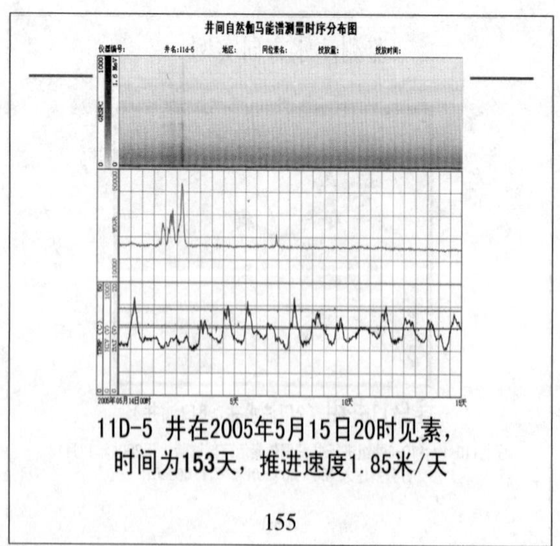
井间自然伽马能谱测量时序分布图
11D-5 井在2005年5月15日20时见素，时间为153天，推进速度1.85米/天
155

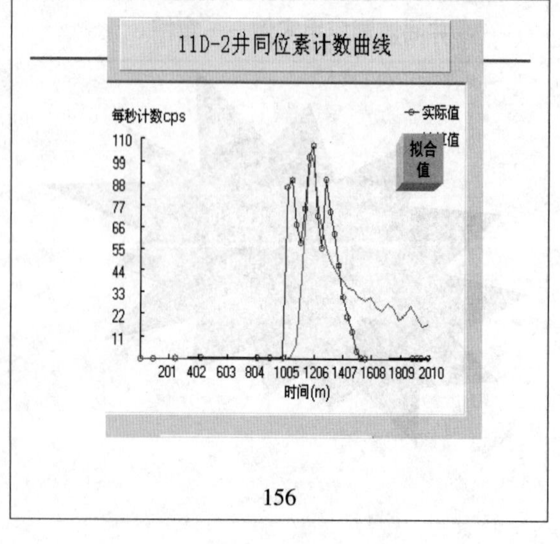
11D-2井同位素计数曲线
每秒计数cps
实际值
拟合值
110
99
88
77
66
55
44
33
22
11
201 402 603 804 1005 1206 1407 1608 1809 2010
时间(m)
156

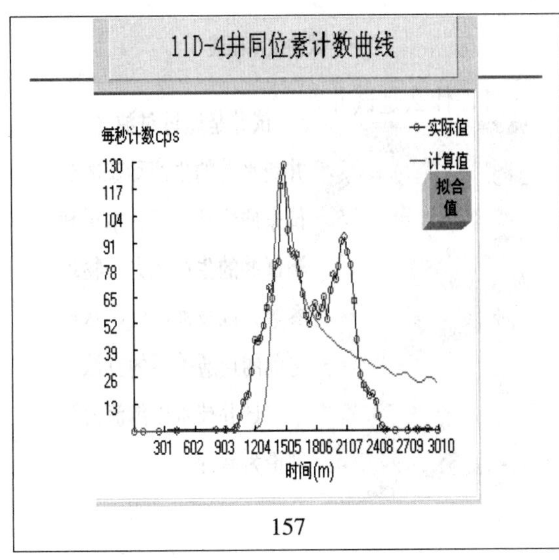

157

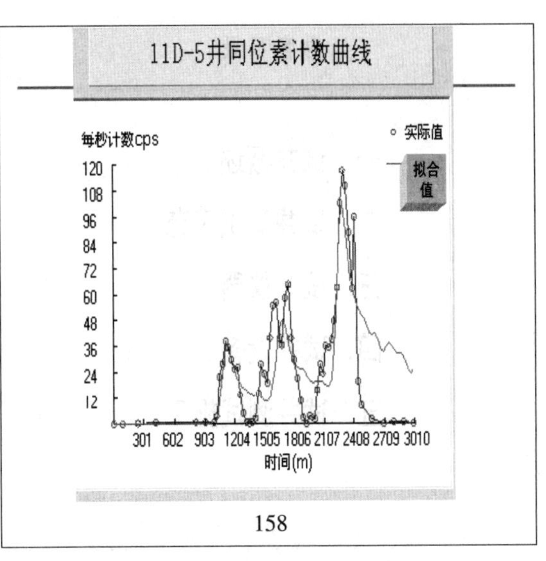

158

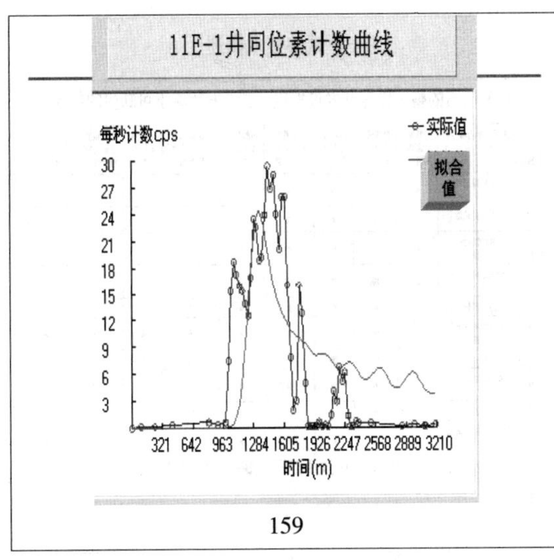

159

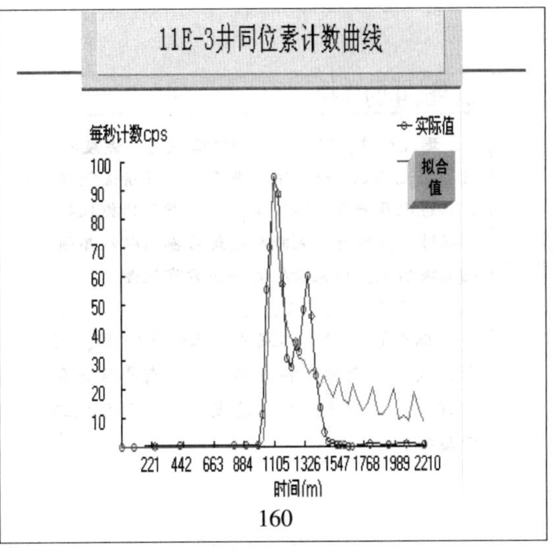

160

五、井间监测技术

井名	厚度(m)	渗透率($10^{-3}um^2$)	孔道半径(um)
11D-2	0.53	3962.46	9.95
11D-4	0.69	4869.19	10.55
11E-1	0.15	4985.44	10.67
11E-3	0.45	4406.65	9.81
11D-5	0.29	2276.94	7.90
	0.31	2271.33	7.89
	0.67	2265.05	7.88

161

第二节　现代试井测试技术

162

内容目录

一. 试井概述

二. 试井测试工艺

三. 试井仪器

四. 试井设备

五. 试井测试施工

163

一、试井技术概述

1、什么是试井?

试井是通过对油井、气井或水井的生产动态的测试来研究油、气、水层和测试井的生产能力、物理参数，以及油、气、水层之间的连通关系的方法。

试井技术以渗流力学理论为基础。

164

2、试井的作用

通过试井，可以获取油气藏压力、温度和储层物性参数，确定油气井产能，评价油气井完善程度及井底污染情况，分析增产措施效果，落实油气藏边界，判断断层是否密封以及井间的连通情况，研究储层的平面分布规律。

试井资料对于制定油气田开发方案、进行油气藏动态预测和方案调整具有非常重要的作用，目前试井技术已应用于油田开发的全过程。

165

一、试井技术概述

在油气田的整个勘探开发过程中，试井发挥着不可缺少的作用。

实施项目 \ 测试分析内容		了解储层含油气情况	测试储层地层压力	解释储层渗透率	表皮系数评价钻井完井质量	压裂裂缝长度及导流能力	确定裂缝性储层的双重介质参数	确定储层边界分布	干扰试井测定储层横向连通性	核实控制动储量
勘探阶段	勘探井钻探过程中的DST测试	★	★	★	★					
	勘探井完井试油	★	★	★	★	☆				
	详探井的DST测试及完井试油	★	★	★	★	☆	☆			
	含油气区块的储量评价	■	■	■	■	□	□			
开发准备阶段	酸化压裂措施改造		★	★	★	★	☆	☆		
	开发评价井的试采和延长试井		★	★	★	★	★	★	★	★
	储量核实		■	■	■	□	■	■	■	■
	数值模拟制订开发方案		■	■	■	■	■	■	■	■
开发阶段	油气田动态监测		★	★	★	☆	☆	☆	☆	★
	调整井的完井试油	★	★	★	★	★	★	☆		★

注：★—必须实施的项目；☆—可能实施的项目；■—必须使用的参数；□—可能使用的参数

166

试井服务的范围跨越了油气田勘探和开发的全过程

油藏寿命过程

167

一、试井技术概述

3、试井技术的特色

评价油藏参数的方法
- 岩心分析方法
- 地球物理方法
- 测井方法
- 试井方法

彼此不可替代

> 试井是在油藏动态条件下进行的测试，得到的有关参数能够更好地反映油藏动态条件下的特征。
> 试井工艺简单、成本低廉、在整个勘探开发过程中都可进行。

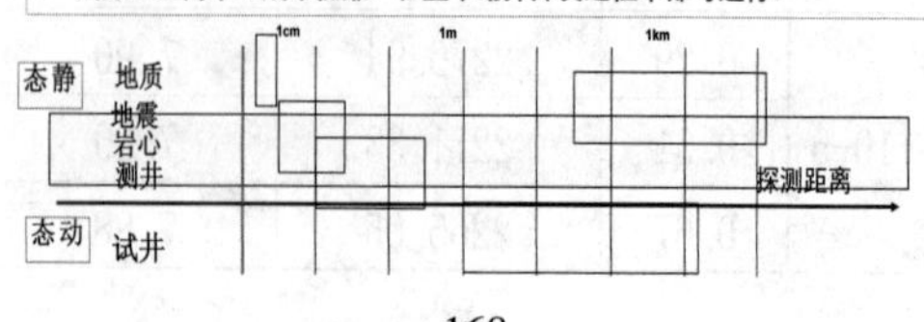

168

一、试井技术概述

试井在以下的应用方面优于其它手段：

◆推算地层能量；

◆确定地下流体的流动能力；

◆探测测试井附近的边界、估算测试井的控制储量；

◆断层特性的试井评价；

◆判断井间连通性和注采平衡分析；

◆井底储层污染评价；

◆分析油气井的产能；

◆试井油藏描述技术，包括描述油藏中的非均质性。

169

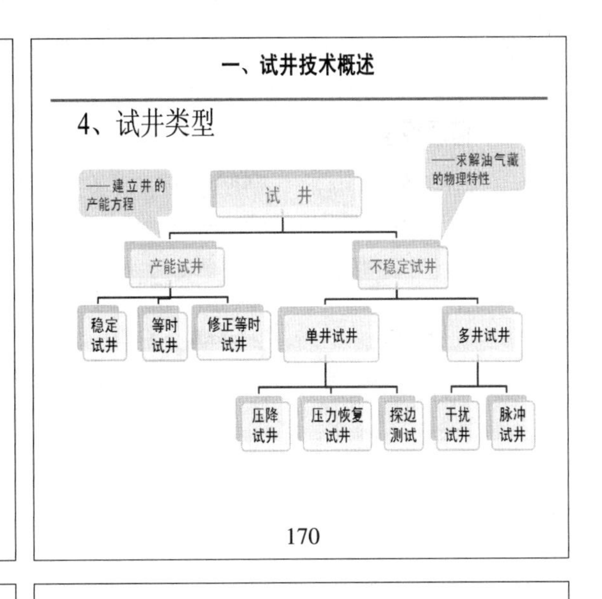

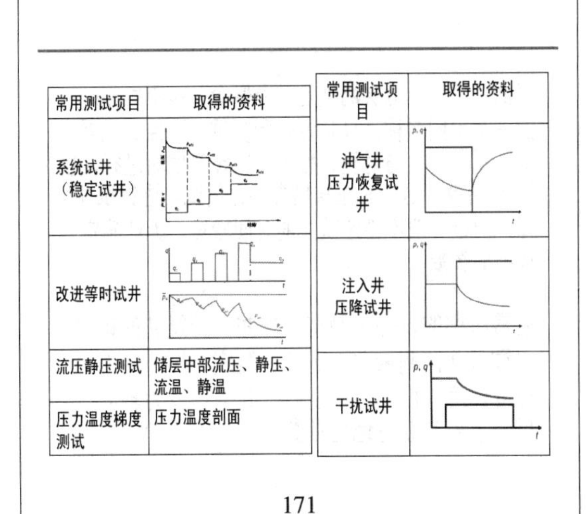

常用测试项目	取得的资料
系统试井（稳定试井）	
改进等时试井	
流压静压测试	储层中部流压、静压、流温、静温
压力温度梯度测试	压力温度剖面

常用测试项目	取得的资料
油气井压力恢复试井	
注入井压降试井	
干扰试井	

171

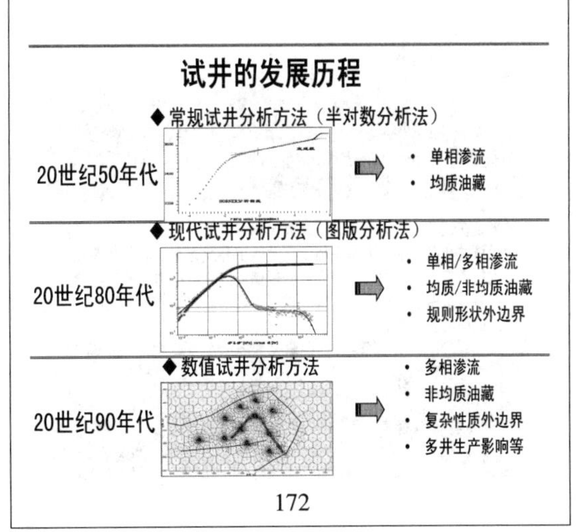

一、试井技术概述

类别	模型
内边界模型	井储+表皮、变井储、压裂井、部分射开、斜井和水平井等
储层模型	均质、双孔介质、双渗介质、三重介质、多重介质、复合模型（包括径向复合和单向线性复合）、多重复合模型（包括径向复合和单向线性复合）和分形介质模型
外边界模型	定压边界、变压边界（升压或降压）、不渗透边界（一条直线断层或多条直线断层）、封闭储层、半渗透（泄漏）断层和高渗透断层等
流体模型	油井、气井、凝析气井、水井、单相流、多相流、非达西流等
流量模型	恒流量、变流量

173

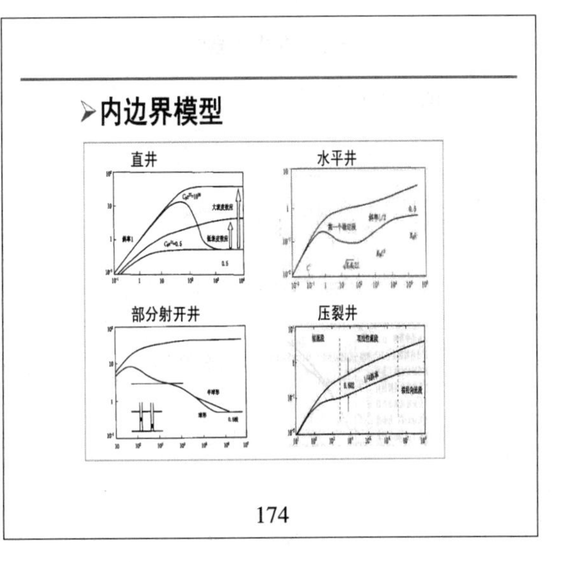

➤储层模型

均质储层

双重孔隙介质储层

复合油藏

低渗油藏

175

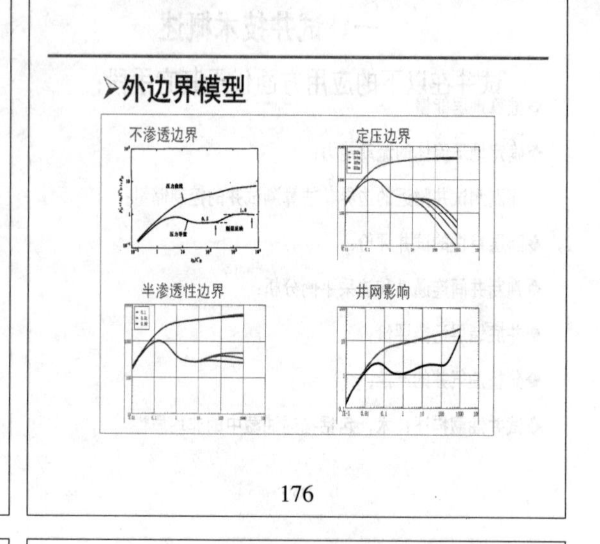

5、试井与试油、试采、测试

试油（气）是指传统探井钻井中和完井后，为取得储层压力、油气产量、流体性质等所有特性参数，满足储量计算和提交要求的整套资料录取和分析处理解释的全部工作过程。侧重将地层流体采出地面、计算产量、分析性质/化验成分。

试采是在试油（气）之后，开发方案确定之前，为进一步评价储量的经济性和探索油气开采主体工艺及确定开发方案，对单井通过一定的技术方法在相对较长时间内获取储层产量、压力、液性等储层动态参数所做的全部工作过程。试采主要是获取油气井在生产过程中的储层动态参数。

地层测试是在钻井过程中或完井之后对油气层进行测试，获得在动态条件下地层和流体的各种特性参数，同时在地面对地层流体进行流动控制、加热、分离、计量、分析、化验，从而及时准确地对产层作出评价的临时性完井方法。按施工工艺分为钻柱地层测试和电缆地层测试。

177

试油、试井、地层测试是一个概念（Well Testing）的三个不同名称，只是各有所侧重。试油、试采、地层测试往往与射孔、酸化、压裂等同时进行，以提高 功效，这期间通常包含压力测试，进行试井解释，但是一般不稳定试井的时间较短，无法确定外边界的参数。

通常所称的试井是侧重于探井、开发井的钢丝/电缆试井，测量井下压力、温度、压力梯度、温度梯度、压降、恢复等，其他作业为辅助。目的主要是获得地层参数。

178

一、试井技术概述

6、试井工作程序

试井设计

↓

现场压力/产量数据录取

↓

试井解释中的图形分析

↓

结合实际地层的试井解释

↓

把试井解释得到的认识推荐到油田开发中应用

179

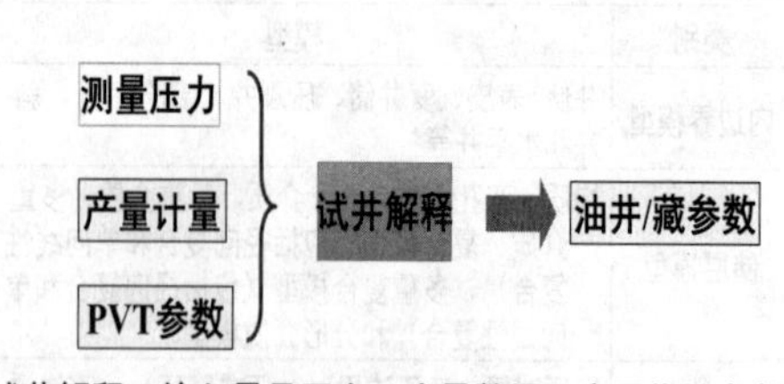

试井解释，输入量是压力、产量数据及高压物性参数。现场试井录取的主要是井下压力数据。

试井测试技术主要解决，下井仪器如何下入，数据如何测取，如何解决高压密封。

180

内容目录

一. 试井概述

二. 试井测试工艺

三. 试井仪器

四. 试井设备

五. 试井测试施工

181

二、试井测试工艺

按数据录取方式分类：按仪器起下方式分类：

- 地面直读
- 井下存储

- 钢丝、电缆起下
- 管柱携带

182

二、试井测试工艺

常用的现场测试工艺：

自喷油气井/注水井：

◆钢丝井下存储测试

◆电缆地面直读测试

机抽井：

■偏心井口环空测试（存储/直读）

■油管悬挂随泵测试（存储）

183

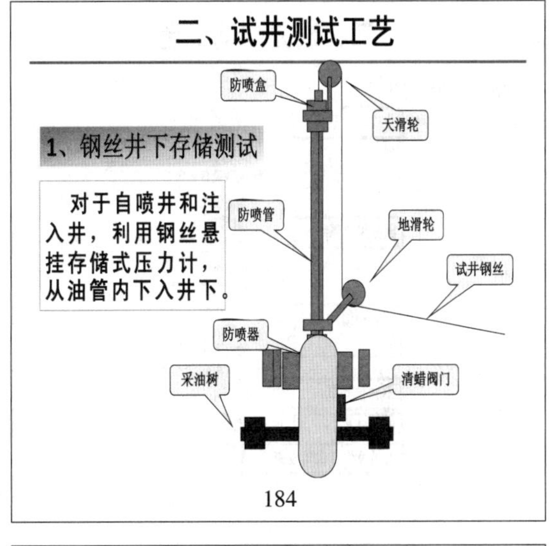

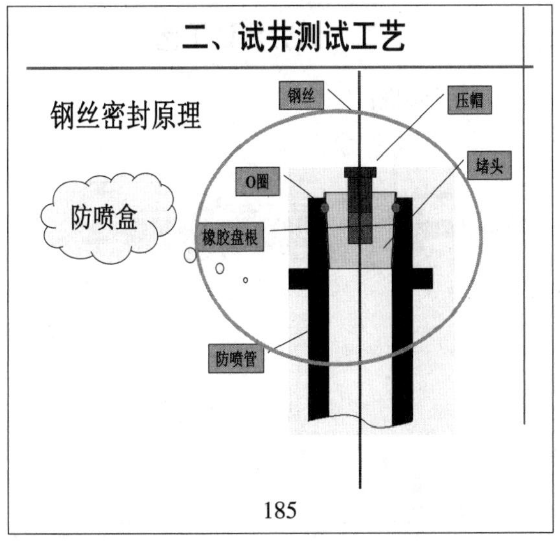

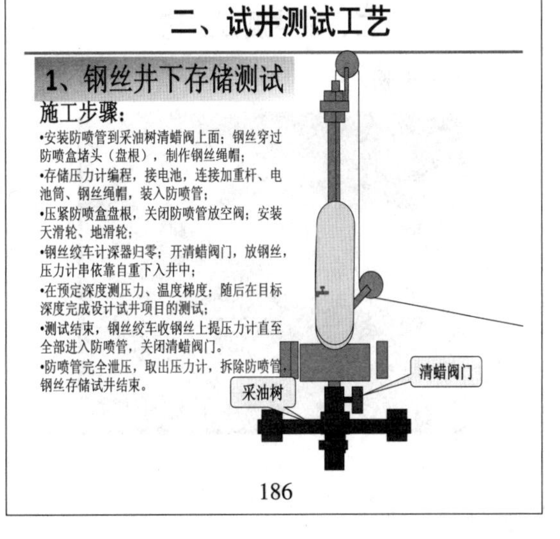

二、试井测试工艺
钢丝井下存储测试特点
优点：工艺简单，井口密封能力强，井口部分对钢丝的阻力很小，加重杆少，防喷管柱短，安全系数高。甚至可以无人值守。
缺点：井下压力温度测试数据不能随时取得，测试时间难以直接判断，不适合探边测试、干扰测试等试井项目。测试时间长短受电池及储存容量限制。
适用性：一般情况，井口超高压、井内高含腐蚀性流体、测试时间容易确定的试井项目，宜于采用钢丝井下存储测试。
液压防喷盒
防喷管
捕捉器
BOP防喷器
187

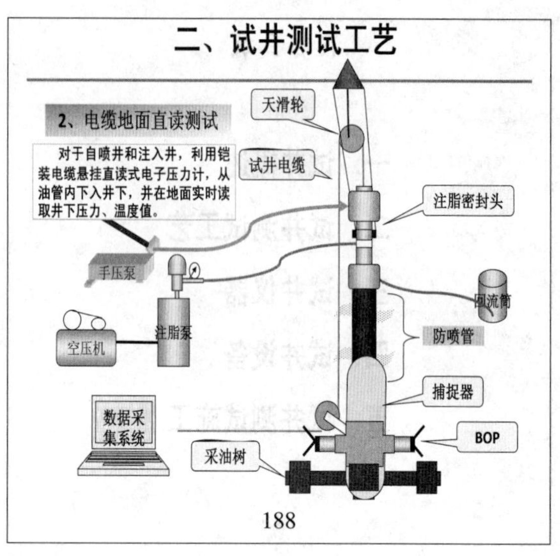
二、试井测试工艺
2、电缆地面直读测试
对于自喷井和注入井，利用铠装电缆悬挂直读式电子压力计，从油管内下入井下，并在地面实时读取井下压力、温度值。
天滑轮
试井电缆
注脂密封头
手压泵
注脂泵
空压机
阻流筒
防喷管
捕捉器
数据采集系统
BOP
采油树
188

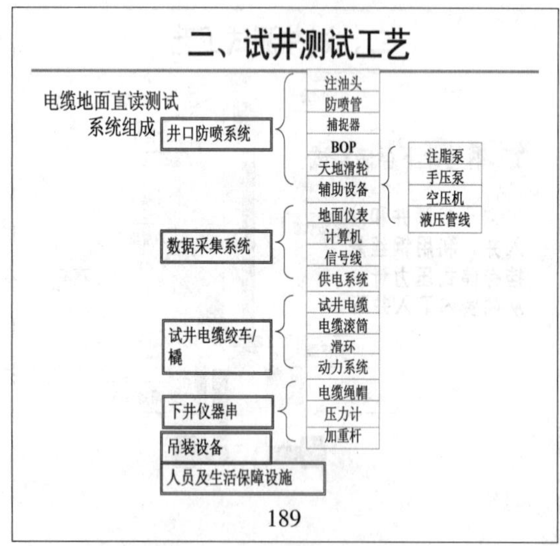
二、试井测试工艺
电缆地面直读测试系统组成
井口防喷系统
注油头
防喷管
捕捉器
BOP
天地滑轮
辅助设备
注脂泵
手压泵
空压机
液压管线
数据采集系统
地面仪表
计算机
信号线
供电系统
试井电缆绞车/橇
试井电缆
电缆滚筒
滑环
动力系统
下井仪器串
电缆绳帽
压力计
加重杆
吊装设备
人员及生活保障设施
189

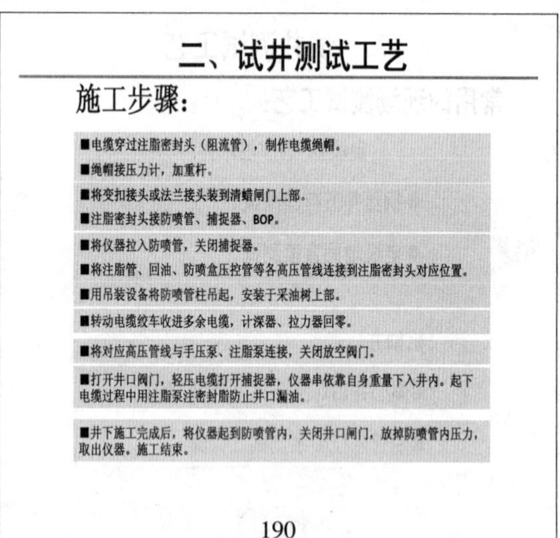
二、试井测试工艺
施工步骤：
■电缆穿过注脂密封头（阻流管），制作电缆绳帽。
■绳帽接压力计，加重杆。
■将变扣接头或法兰接头装到清蜡闸门上部。
■注脂密封头接防喷管、捕捉器、BOP。
■将仪器拉入防喷管，关闭捕捉器。
■将注脂管、回油、防喷盒压控管等各高压管线连接到注脂密封头对应位置。
■用吊装设备将防喷管柱吊起，安装于采油树上部。
■转动电缆绞车收进多余电缆，计深器、拉力器回零。
■将对应高压管线与手压泵、注脂泵连接，关闭放空阀门。
■打开井口阀门，轻压电缆打开捕捉器，仪器串依靠自身重量下入井内。起下电缆过程中用注脂泵注密封脂防止井口漏油。
■井下施工完成后，将仪器起到防喷管内，关闭井口闸门，放掉防喷管内压力，取出仪器。施工结束。
190

二、试井测试工艺
施工步骤：
191

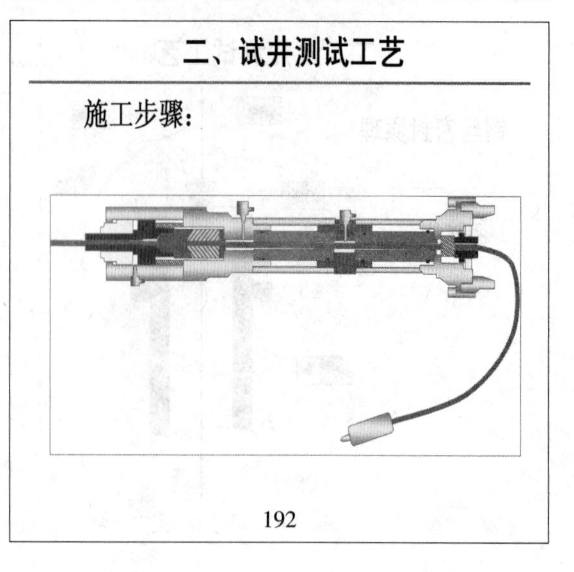
二、试井测试工艺
施工步骤：
192

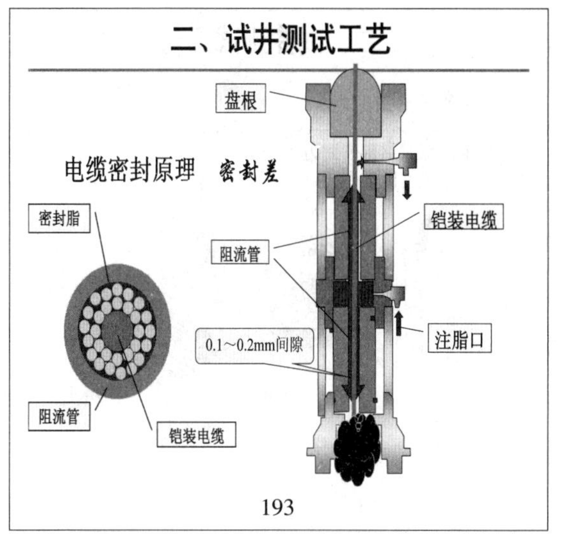

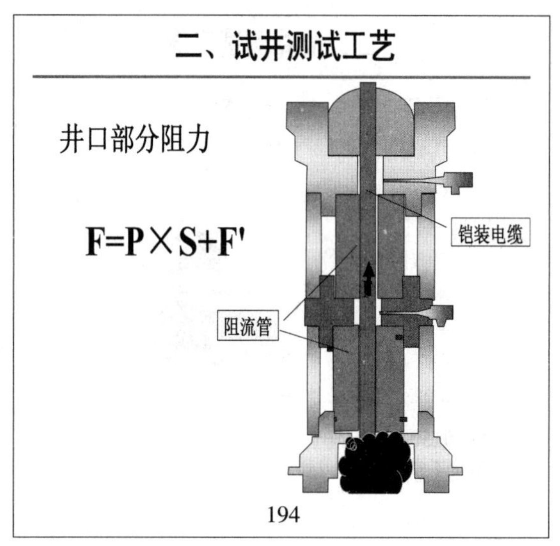

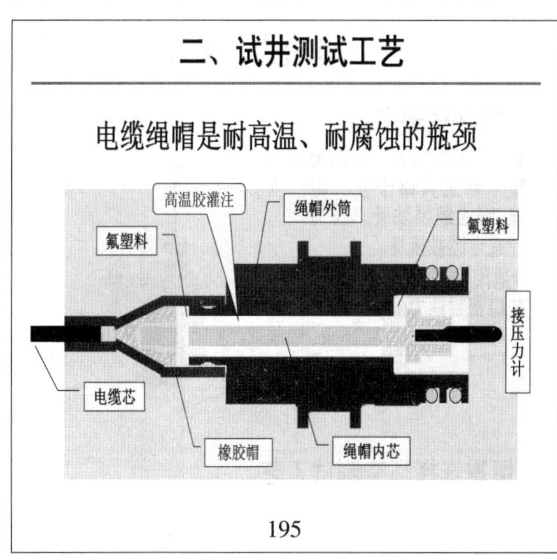

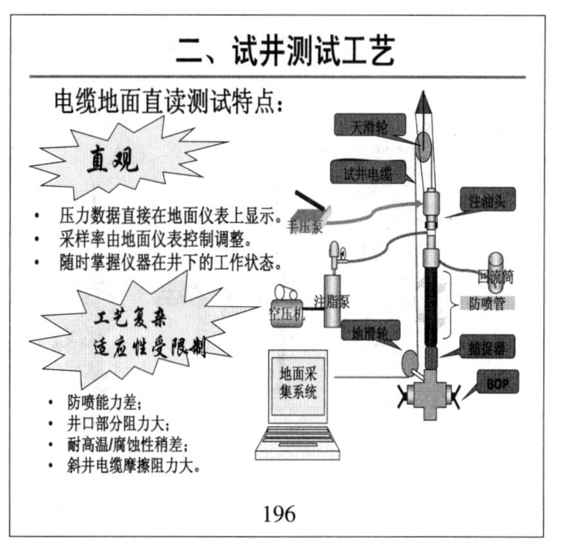

二、试井测试工艺

电缆地面直读测试的适用性

◆井口采油树纵向全通径大于下井仪器串最大外径，井下管柱全通径符合要求，畅通无落物；
◆油压不大于40MPa，井流物不含明显H_2S；
◆具备设备吊装、摆放条件，有防喷管柱吊装设备，井场满足电缆试井车或橇装电缆试井设备摆放条件；
◆具备人员现场值守条件，值班人员有工作生活场所；
◆具备电力供应，保证仪器设备正常用电；
◆一般情况，干扰测试、探边测试、低渗稠油油藏压力恢复测试等测试周期不易事先确定的试井项目，最好采用电缆地面直读测试。

197

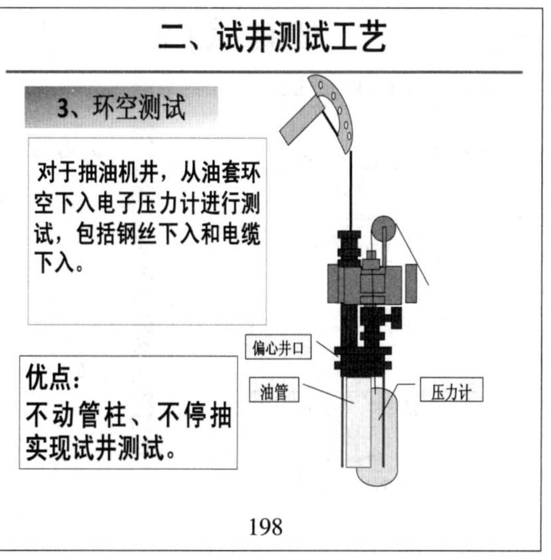

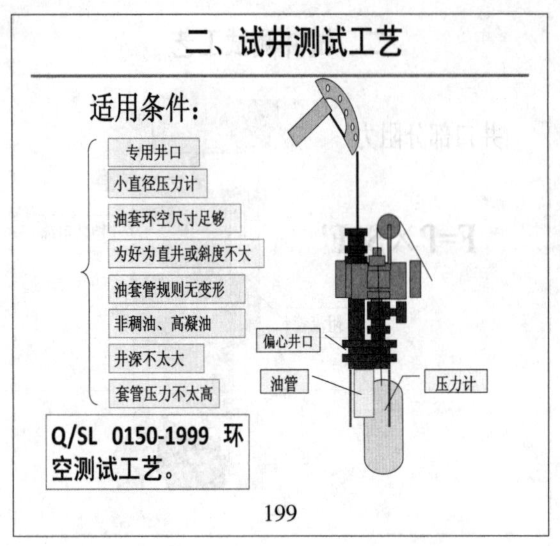
二、试井测试工艺
适用条件:
专用井口
小直径压力计
油套环空尺寸足够
为好为直井或斜度不大
油套管规则无变形
非稠油、高凝油
井深不太大
套管压力不太高
Q/SL 0150-1999 环空测试工艺。
偏心井口
油管
压力计
199

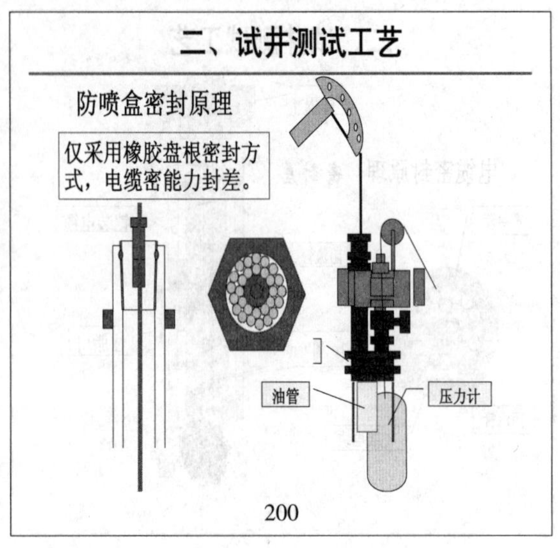
二、试井测试工艺
防喷盒密封原理
仅采用橡胶盘根密封方式，电缆密能力封差。
油管
压力计
200

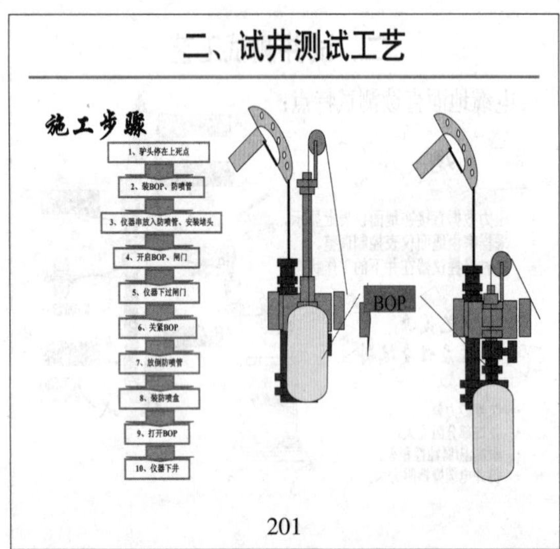
二、试井测试工艺
施工步骤
1、驴头停在上死点
2、装BOP、防喷管
3、仪器串放入防喷管、安装堵头
4、开启BOP、闸门
5、仪器下过闸门
6、关紧BOP
7、放倒防喷管
8、装防喷盒
9、打开BOP
10、仪器下井
BOP
201

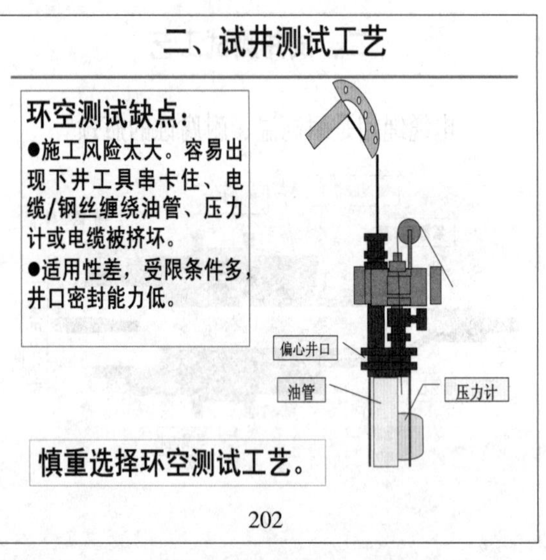
二、试井测试工艺
环空测试缺点:
●施工风险太大。容易出现下井工具串卡住、电缆/钢丝缠绕油管、压力计或电缆被挤坏。
●适用性差，受限条件多，井口密封能力低。
偏心井口
油管
压力计
慎重选择环空测试工艺。
202

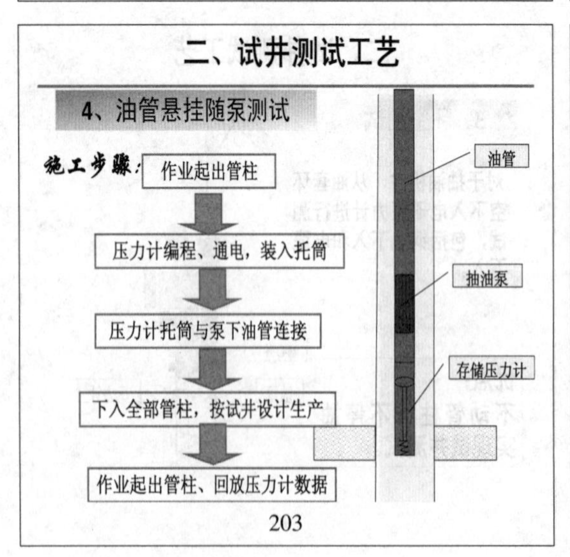
二、试井测试工艺
4、油管悬挂随泵测试
施工步骤:
作业起出管柱
压力计编程、通电，装入托筒
压力计托筒与泵下油管连接
下入全部管柱，按试井设计生产
作业起出管柱、回放压力计数据
油管
抽油泵
存储压力计
203

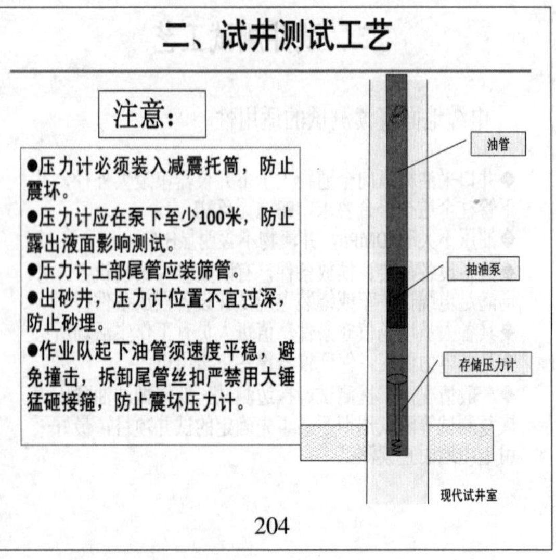
二、试井测试工艺
注意:
●压力计必须装入减震托筒，防止震坏。
●压力计应在泵下至少100米，防止露出液面影响测试。
●压力计上部尾管应装筛管。
●出砂井，压力计位置不宜过深，防止砂埋。
●作业队起下油管须速度平稳，避免撞击，拆卸尾管丝扣严禁用大锤猛砸接箍，防止震坏压力计。
油管
抽油泵
存储压力计
现代试井室
204

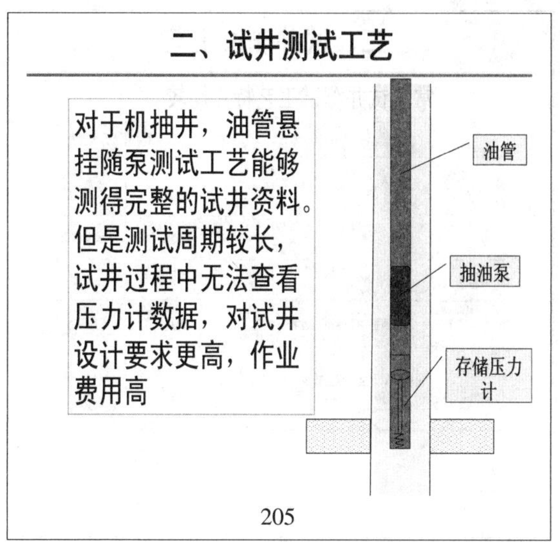
二、试井测试工艺
对于机抽井，油管悬挂随泵测试工艺能够测得完整的试井资料。但是测试周期较长，试井过程中无法查看压力计数据，对试井设计要求更高，作业费用高
油管
抽油泵
存储压力计
205

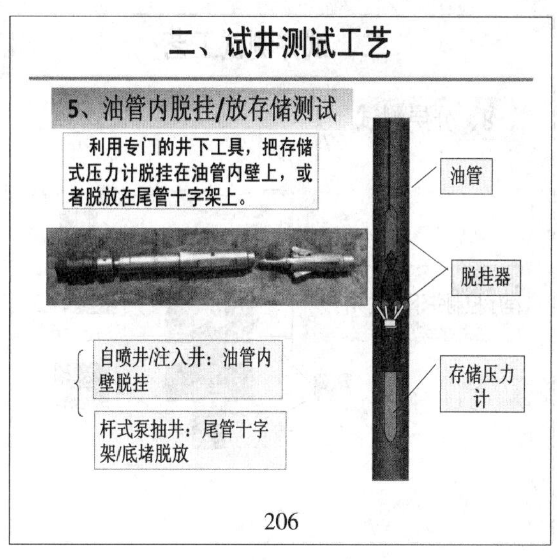
二、试井测试工艺
5、油管内脱挂/放存储测试
利用专门的井下工具，把存储式压力计脱挂在油管内壁上，或者脱放在尾管十字架上。
自喷井/注入井：油管内壁脱挂
杆式泵抽井：尾管十字架/底堵脱放
油管
脱挂器
存储压力计
206

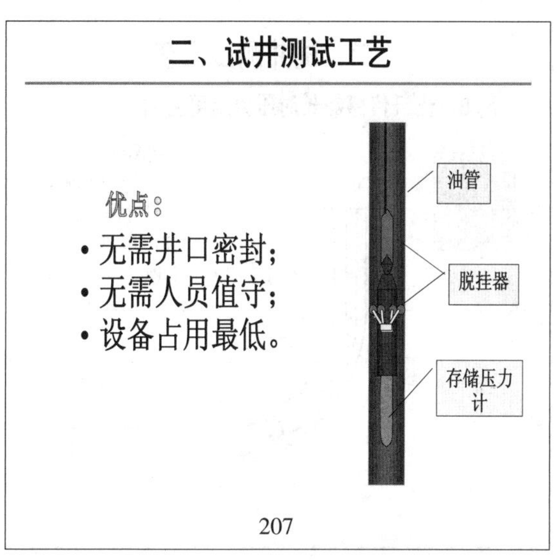
二、试井测试工艺
优点：
• 无需井口密封；
• 无需人员值守；
• 设备占用最低。
油管
脱挂器
存储压力计
207

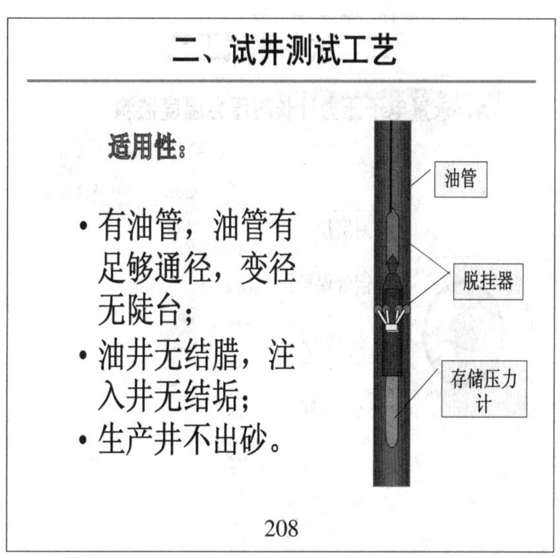
二、试井测试工艺
适用性：
• 有油管，油管有足够通径，变径无陡台；
• 油井无结腊，注入井无结垢；
• 生产井不出砂。
油管
脱挂器
存储压力计
208

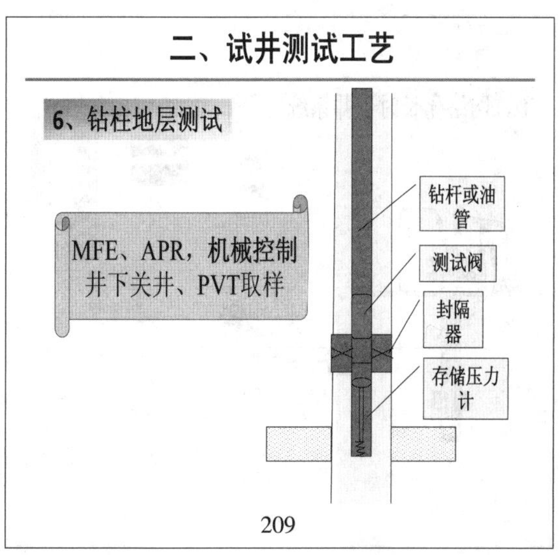
二、试井测试工艺
6、钻柱地层测试
MFE、APR，机械控制井下关井、PVT取样
钻杆或油管
测试阀
封隔器
存储压力计
209

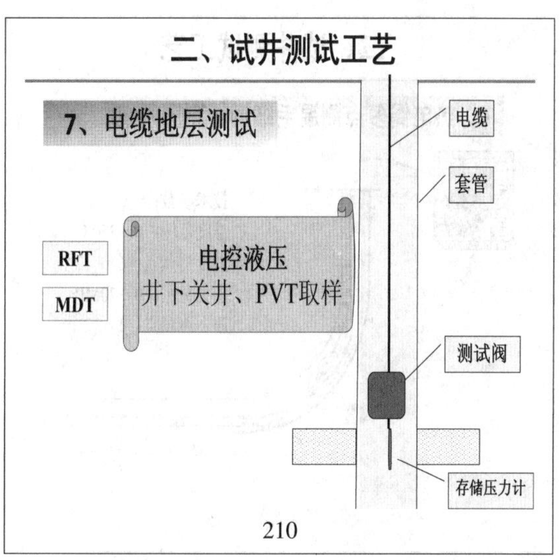
二、试井测试工艺
7、电缆地层测试
RFT
MDT
电控液压井下关井、PVT取样
电缆
套管
测试阀
存储压力计
210

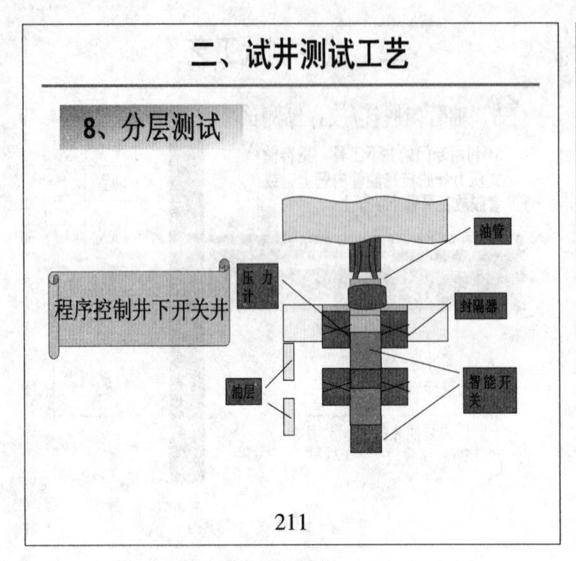

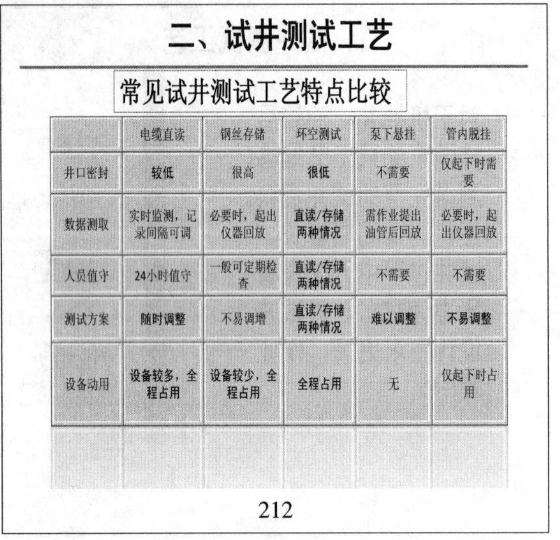
二、试井测试工艺

常见试井测试工艺特点比较

	电缆直读	钢丝存储	环空测试	泵下悬挂	管内脱挂
井口密封	较低	很高	很低	不需要	仅起下时需要
数据测取	实时监测，记录间隔可调	必要时，起出仪器回放	直读/存储两种情况	需作业提出油管后回放	必要时，起出仪器回放
人员值守	24小时值守	一般可定期检查	直读/存储两种情况	不需要	不需要
测试方案	随时调整	不易调增	直读/存储两种情况	难以调整	不易调整
设备动用	设备较多，全程占用	设备较少，全程占用	全程占用	无	仅起下时占用

212

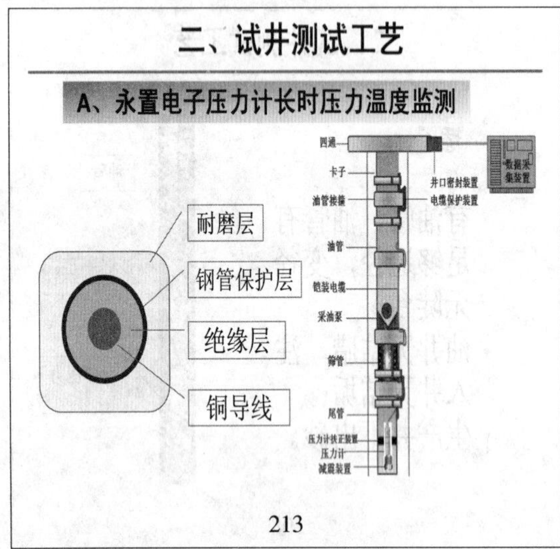

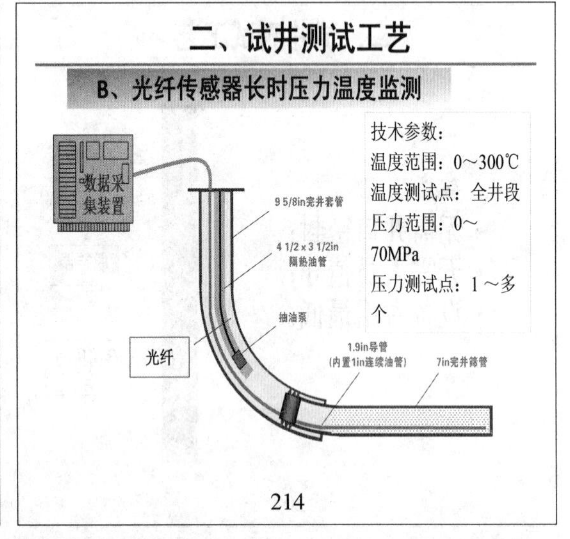

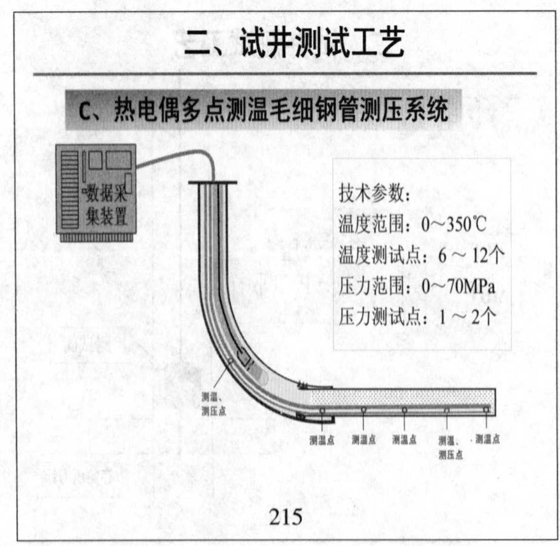

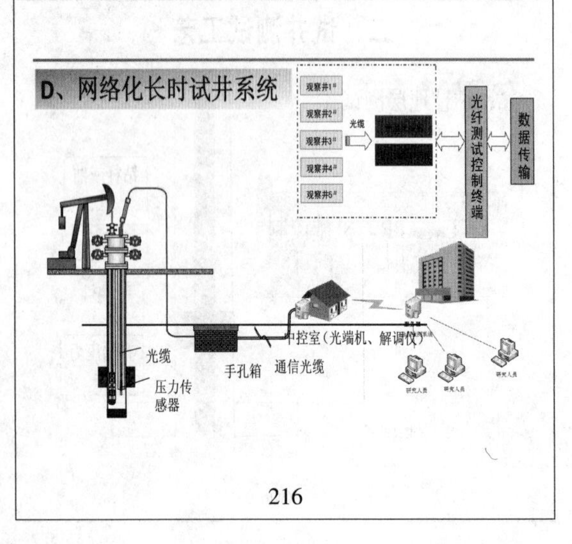

一、国内外试井技术进展

E、数字化油田

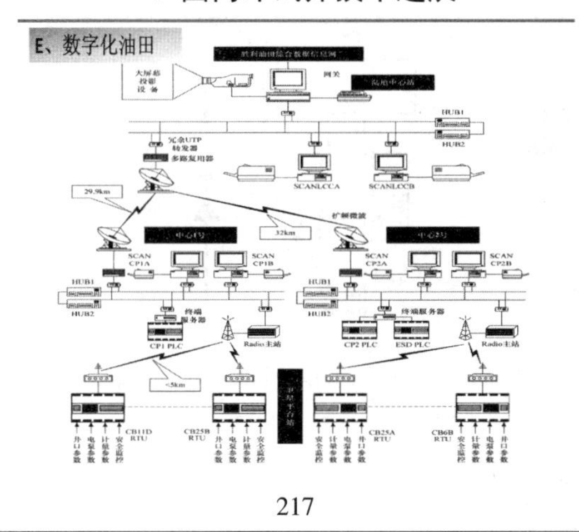

217

内容目录

一. 试井测试工艺
二. 试井仪器
三. 试井概述
四. 试井设备
五. 试井测试施工

218

三、试井仪器

1、井下电子压力计

用途：直接测量井内压力温度值并记录，是试井测试最重要的井下仪器。

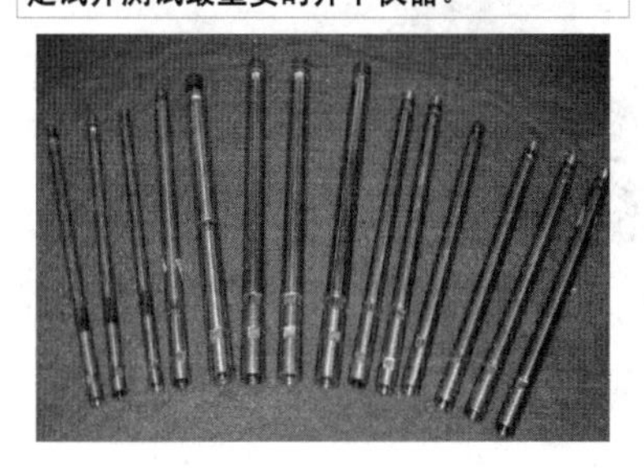

219

三、试井仪器

1、井下电子压力计

常见类型

工作模式：存储式、直读式、存储/直读双模
传感器类型：电阻式、电容式、硅—蓝宝石、石英晶体
压力精度：0.2%～0.02%F.S.
压力分辨率：0.5～0.01Psi
温度量程：100～200℃
压力量程：40～200MPa
存储容量：几k～几M组数据记录
工作电压、电流：3.6～11.7vDC、几十mA～0.05mA
外径：0.5、0.75、1、1.25、1.65inch

我室常用压力计：0.02%级石英晶体电子压力计，177℃，16000Psi，双模式

220

三、试井仪器

2、地面二次仪表

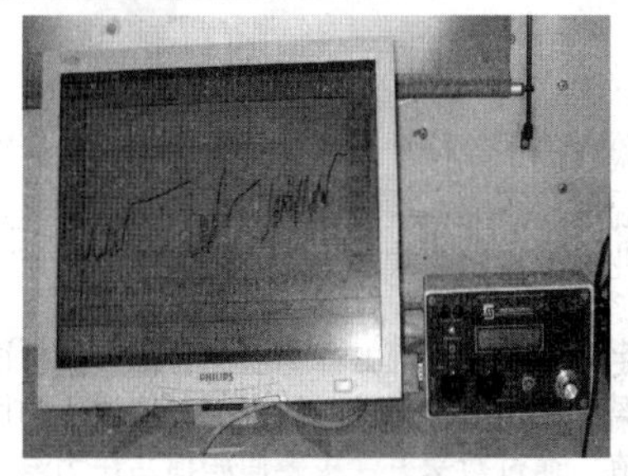

最新产品具备计算机的数据显示和存储功能

221

三、试井仪器

3、压力计标定设备

对电子压力计进行压力、温度检验和校准。

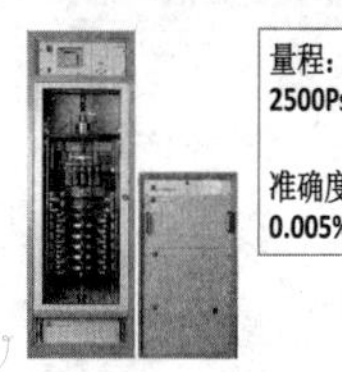

量程：2500Psi
准确度：0.005%

DH50000-2
全自动压力标准器

控温范围：室温+10℃～300℃
准确度：±0.5℃

Binder
全自动恒温箱

222

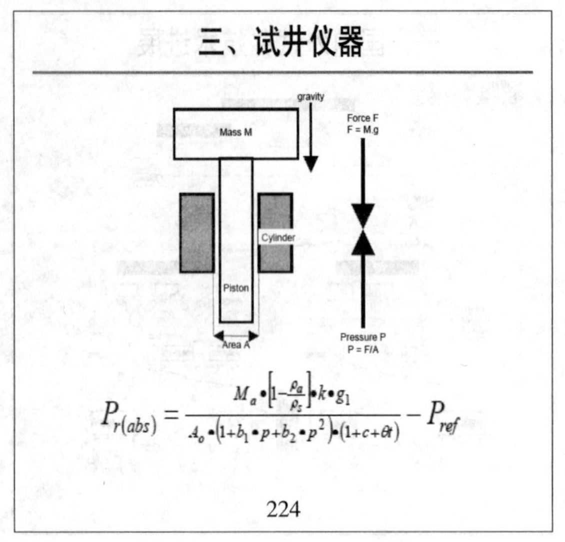

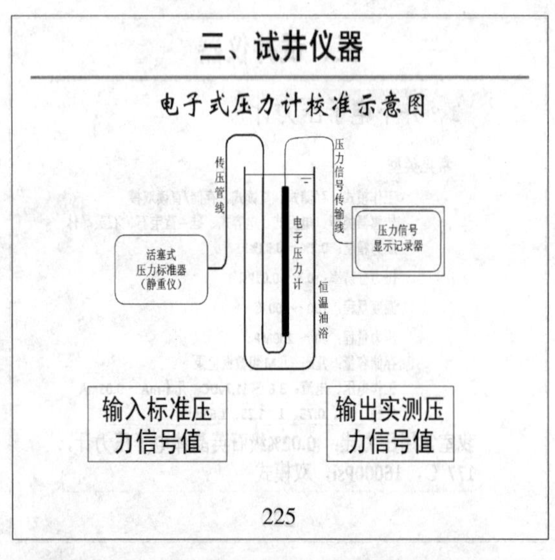

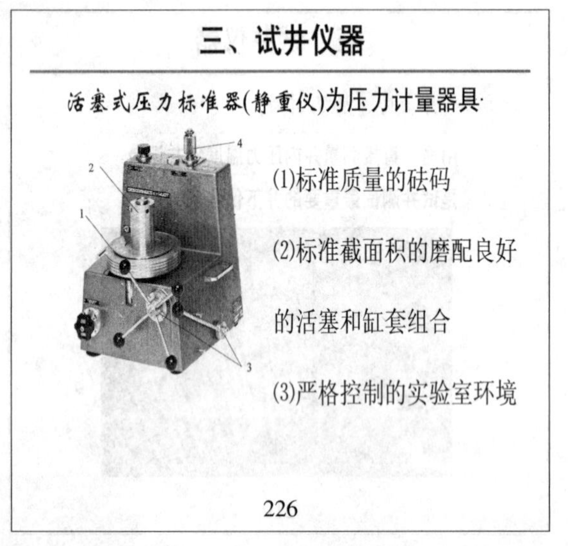

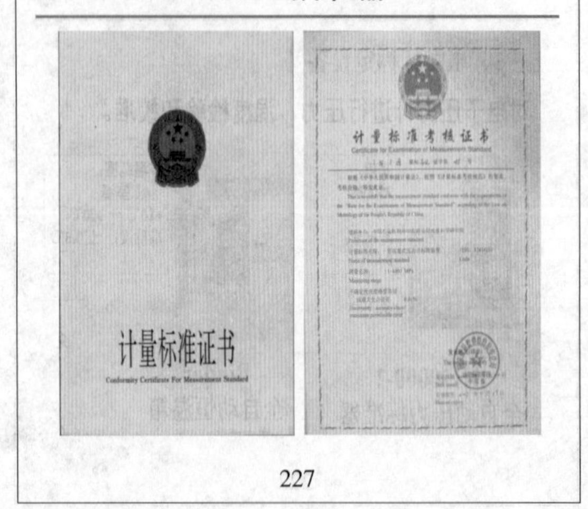

三、试井仪器

电子压力计的检验与标定

电子压力计性能的判断

检验（测试、校准）：为压力计加一组标准的温度和压力，检查其测量值是否准确。是行业标准规定的判断压力计性能的方法。

标定（刻度、校准）：为压力计加一组标准的温度和压力，记录其输出的一组对应的原始值，通过数学方法求解原始值与压力温度的相关系数。

228

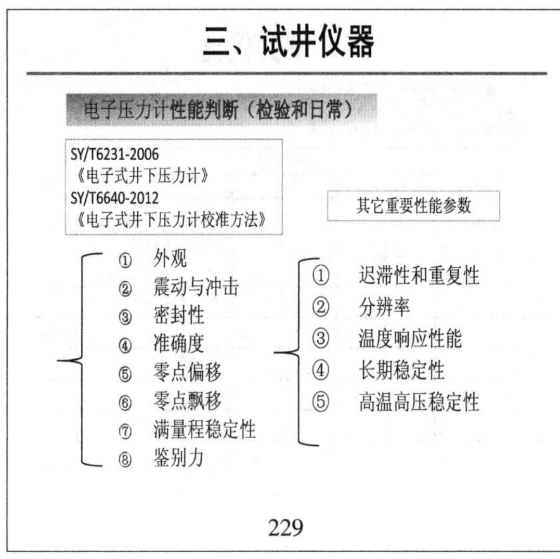
三、试井仪器
电子压力计性能判断（检验和日常）
SY/T6231-2006
《电子式井下压力计》
SY/T6640-2012
《电子式井下压力计校准方法》
其它重要性能参数
① 外观
② 震动与冲击
③ 密封性
④ 准确度
⑤ 零点偏移
⑥ 零点飘移
⑦ 满量程稳定性
⑧ 鉴别力
① 迟滞性和重复性
② 分辨率
③ 温度响应性能
④ 长期稳定性
⑤ 高温高压稳定性
229

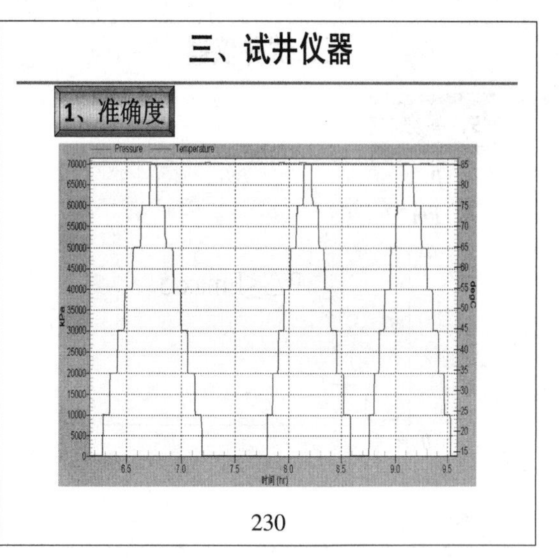
三、试井仪器
1、准确度
Pressure
Temperature
230

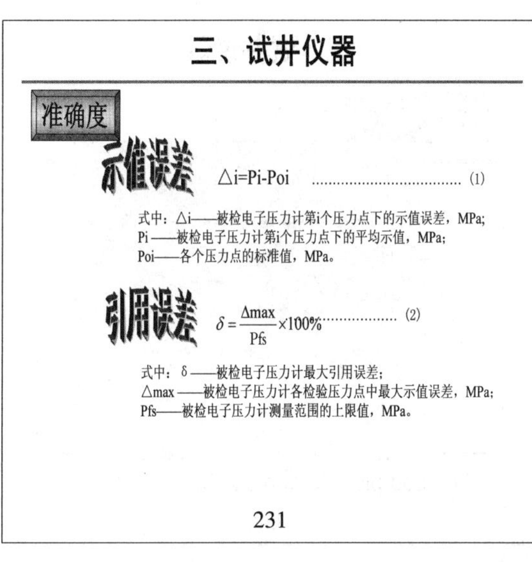
三、试井仪器
准确度
示值误差
△i=Pi-Poi ………………………… (1)
式中：△i——被检电子压力计第i个压力点下的示值误差，MPa;
Pi——被检电子压力计第i个压力点下的平均示值，MPa;
Poi——各个压力点的标准值，MPa。
引用误差
δ = Δmax / Pfs ×100% ………………… (2)
式中：δ——被检电子压力计最大引用误差;
Δmax——被检电子压力计各检验压力点中最大示值误差，MPa;
Pfs——被检电子压力计测量范围的上限值，MPa。
231

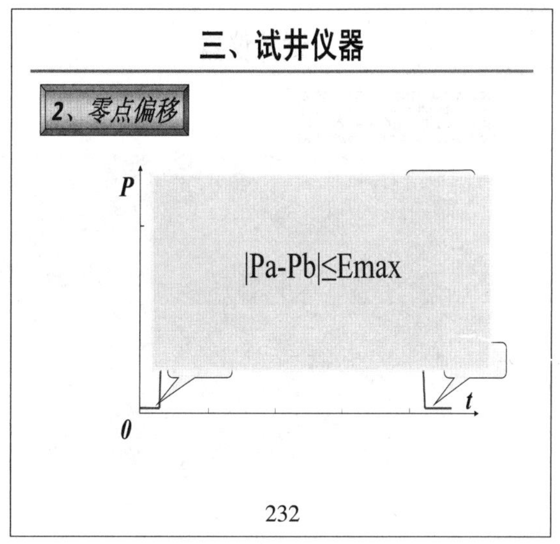
三、试井仪器
2、零点偏移
P
|Pa-Pb|≤Emax
t
0
232

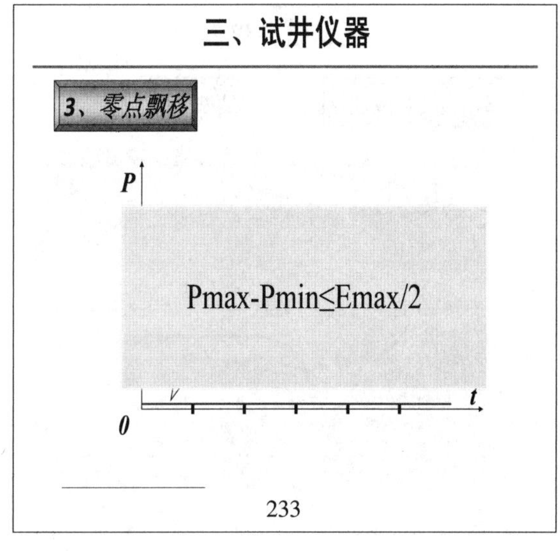
三、试井仪器
3、零点飘移
P
Pmax-Pmin≤Emax/2
t
0
233

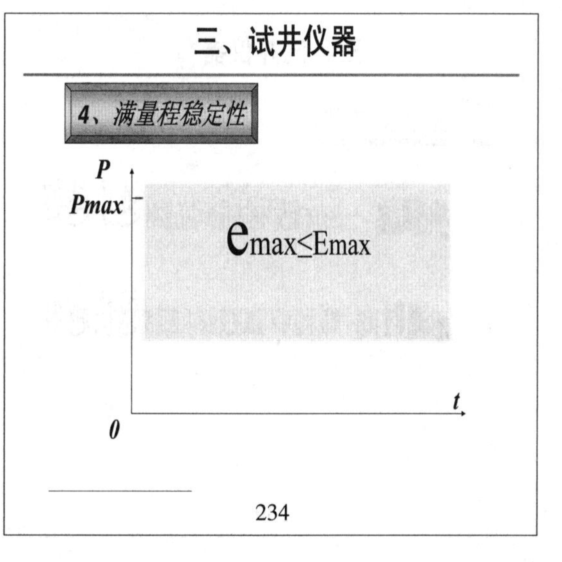
三、试井仪器
4、满量程稳定性
P
Pmax
emax≤Emax
t
0
234

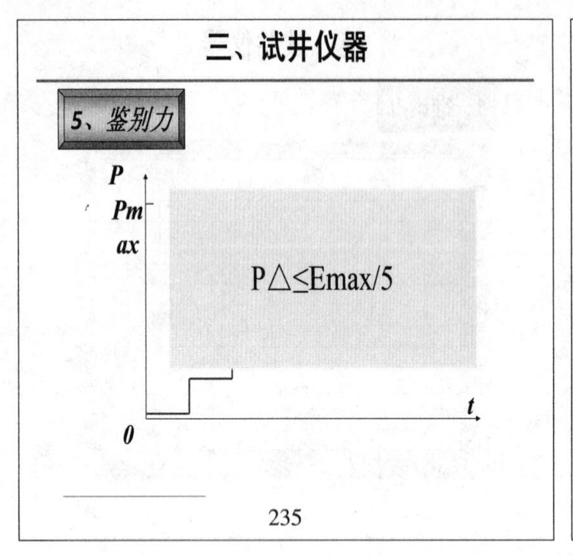

三、试井仪器

1、迟滞性和重复性

序号	标准压力值MPa	输出示值 MPa						示值误差MPa	引用误差%
		第一次		第二次		第三次			
		加压	减压	加压	减压	加压	减压		
1	0.1091	0.113	0.118	0.114	0.122	0.115	0.120	0.0016	0.002%
2	10.1021	10.102	10.131	10.100	10.131	10.100	10.130	0.0074	0.011%
3	20.0946	20.084	20.136	20.078	20.136	20.078	20.137	0.0073	0.011%
4	30.0872	30.068	30.135	30.059	30.135	30.058	30.136	0.0051	0.007%
5	40.0796	40.061	40.131	40.052	40.133	40.053	40.133	0.0080	0.012%
6	50.0718	50.067	50. 126	50.058	50.128	50.058	50.128	0.0161	0.023%
7	60.0639	60.077	60.108	60.068	60.108	60.068	60.109	0.0195	0.028%
8	70.0559	70.082	70.082	70.075	70.075	70.076	70.076	0.0155	0.022%
校准结果	最大示值误差: 0.0195 MPa				最大引用误差: 0.028%				

236

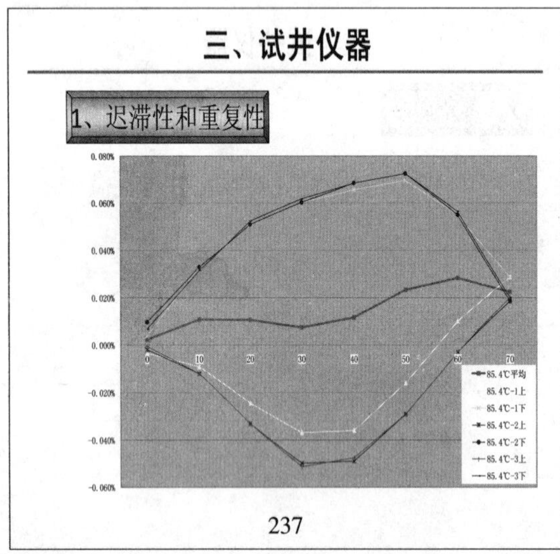

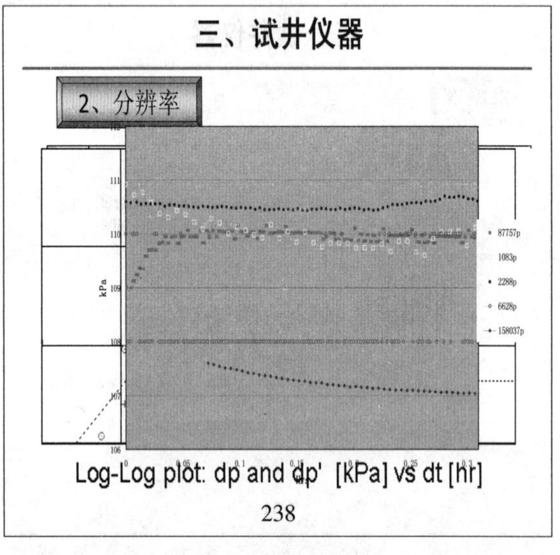

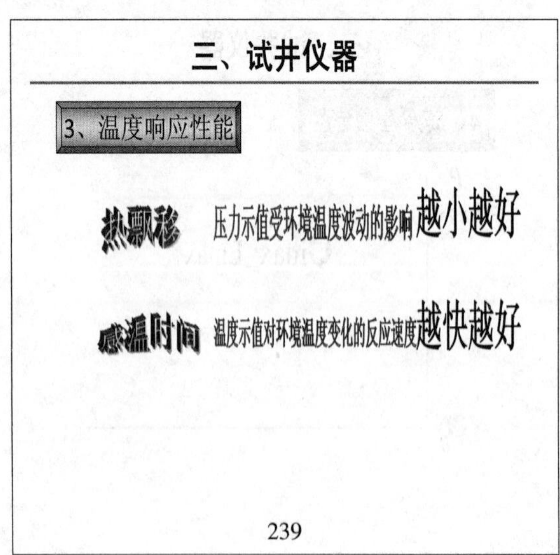

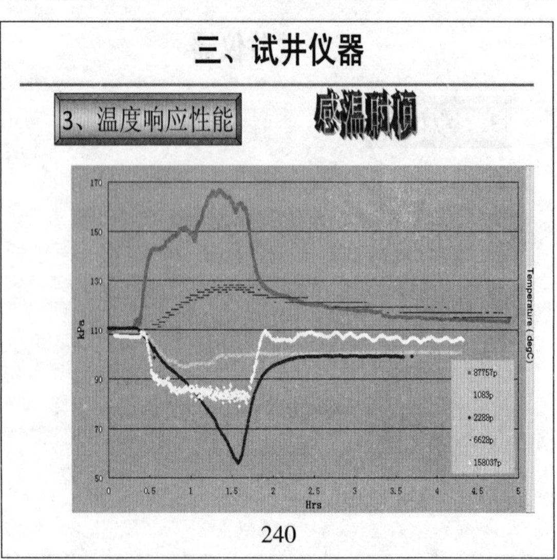

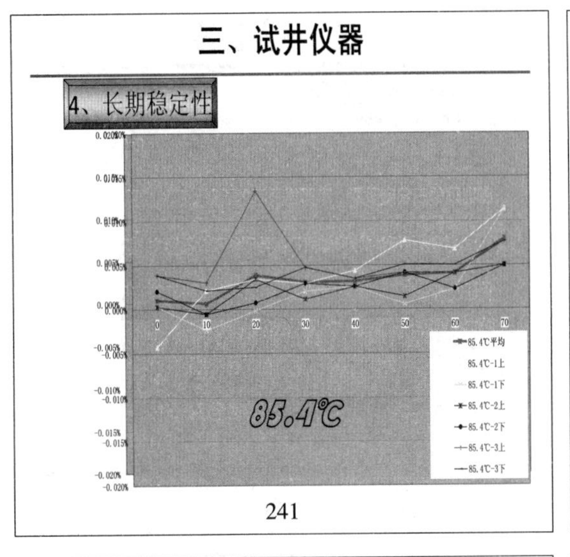

241

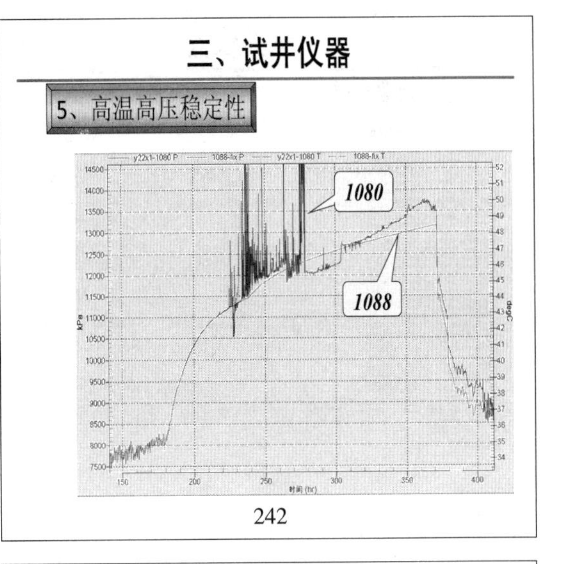

242

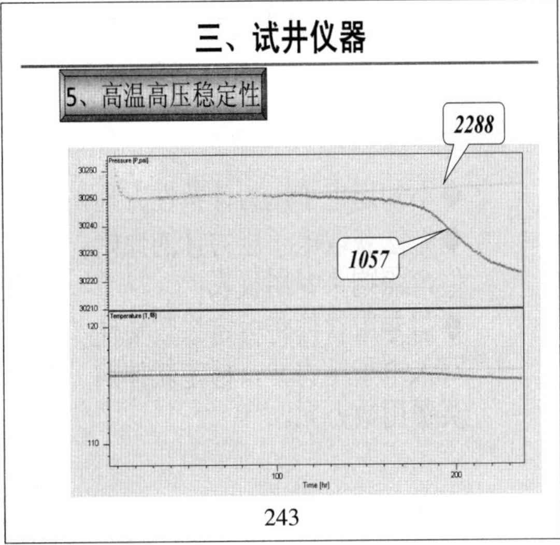

243

三、试井仪器

电子压力计耐温问题

压力计分类	标称温度量程	长期工作时间	短时工作时间
国产	150℃	100℃	120℃
进口	150℃	120℃	150℃
进口	177℃	125℃	160℃
进口	200℃	130℃	165℃

200℃是电子压力计的耐温极限，SPE文章也提出了同样的观点。

244

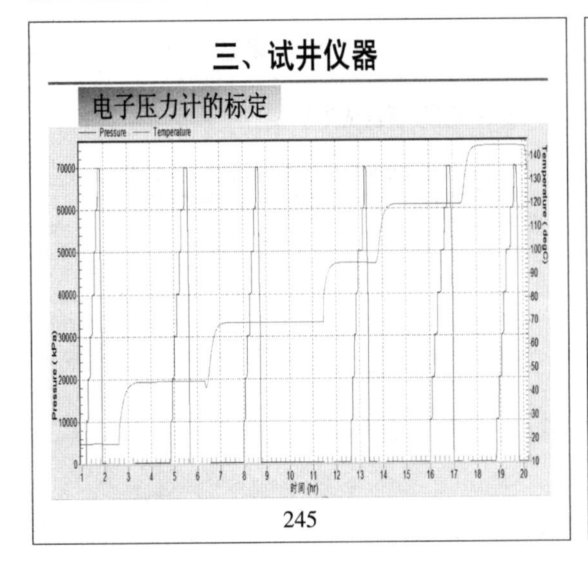

245

三、试井仪器

电子压力计的特性方程——P=f（Fp，Ft）

以spartek压力计为例

$P(psi)=A+B\times Fp+C\times Fp^2+D\times Fp^3$

$A=A0+A1\times Ft+A2\times Ft^2+A3\times Ft^3$

$B=B0+B1\times Ft+B2\times Ft^2+B3\times Ft^3$

$C=C0+C1\times Ft+C2\times Ft^2+C3\times Ft^3$

$D=D0+D1\times Ft+D2\times Ft^2+D3\times Ft^3$

$T(℉)=A'+B'\times Ft+C'\times Ft^2+D'\times Ft^3$

给定一组标准压力值P、温度值T，测得对应的压力温度原始值Fp、Ft，解线性方程组，得到压力标定系数A0～A3、B0～B3、C0～C3、D0～D3，温度标定系数A′、B′、C′、D′。

246

三、试井仪器
标定原始数据取得
C:\Pressure\Data\1088-2011.bin
MSB
LSB
Number
Time
Pres
Temp
Save To Bin File
File Name
Real Pressure
Real Temp
Save To Cf File
Record Number 1
247

三、试井仪器
计算产生标定系数
C:\Pressure\Cal\21002\28012011
和文件夹任务
创建一个新文件夹
将这个文件夹发布到Web
21002.cal
CAL 文件
2 KB
21002.cff
CFF 文件
1 KB
21002.cft
CFT 文件
1 KB
248

三、试井仪器
将标定系数文件写入压力计
Spartek Systems Recorder Software
Data Acquisition
Data Manipulation
Setup
Diagnostics
SRO
Help
Diagnostics
Send Cal to Tool
Multi-Beancan Settings
Upload Cal From Tool
CCL Gain Check
Check Tool Status
Startup Successful
249

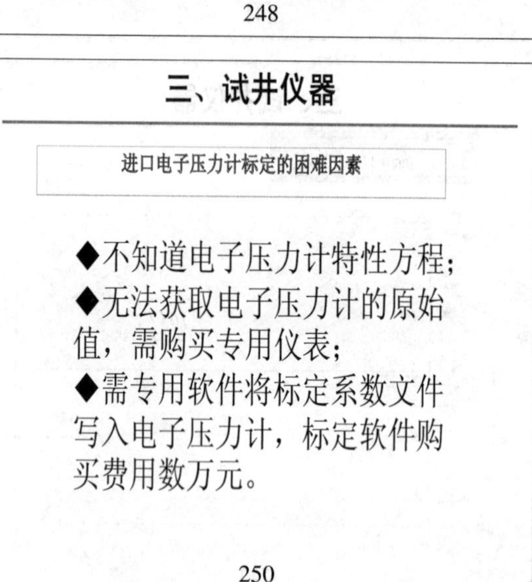
三、试井仪器
进口电子压力计标定的困难因素
◆不知道电子压力计特性方程；
◆无法获取电子压力计的原始值，需购买专用仪表；
◆需专用软件将标定系数文件写入电子压力计，标定软件购买费用数万元。
250

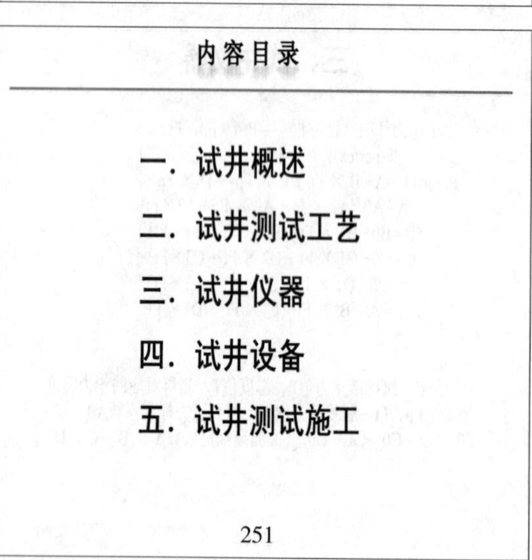
内容目录
一. 试井概述
二. 试井测试工艺
三. 试井仪器
四. 试井设备
五. 试井测试施工
251

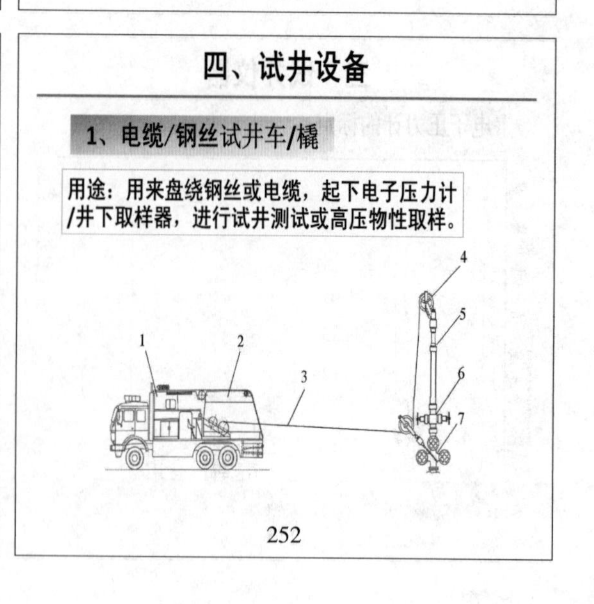
四、试井设备
1、电缆/钢丝试井车/橇
用途：用来盘绕钢丝或电缆，起下电子压力计/井下取样器，进行试井测试或高压物性取样。
1
2
3
4
5
6
7
252

四、试井设备

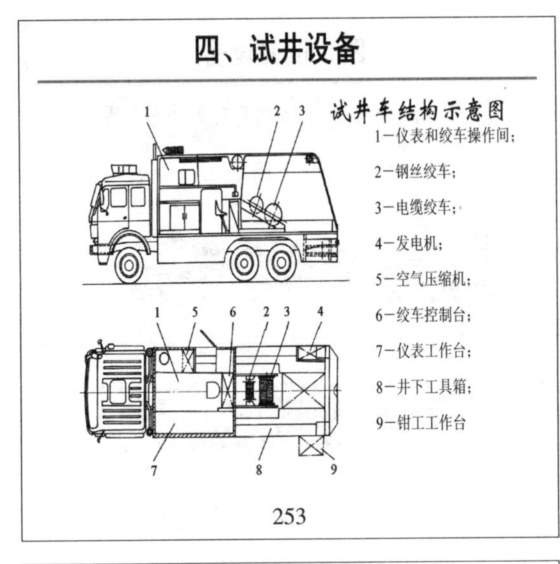

253

四、试井设备

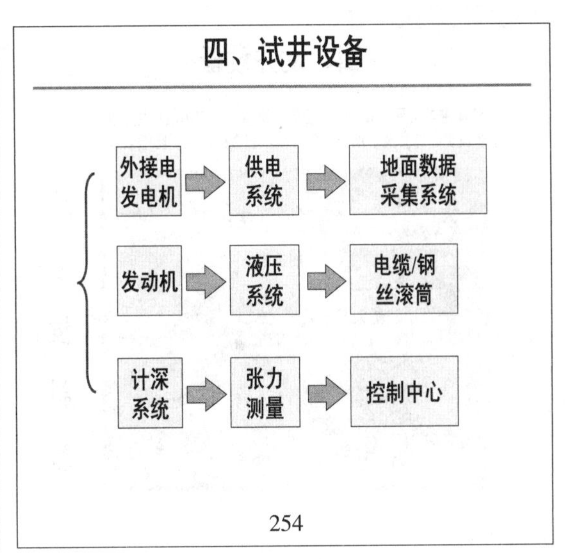

254

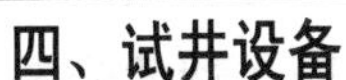

四、试井设备

试井车

试井橇

255

四、试井设备

双滚筒试井橇

256

四、试井设备

2、井口防喷设备

用途：仪器下井前后的缓冲存放空间，试井钢丝或电缆从井内穿出，保持井口密封不渗漏。

井口防喷系统组成：
- 注脂密封头
- 防喷管
- 捕捉器
- BOP防喷器
- 天地滑轮
- 辅助设备
  - 注脂泵
  - 手压泵
  - 空压机
  - 液压管线

257

四、试井设备

钢丝井口密封装置

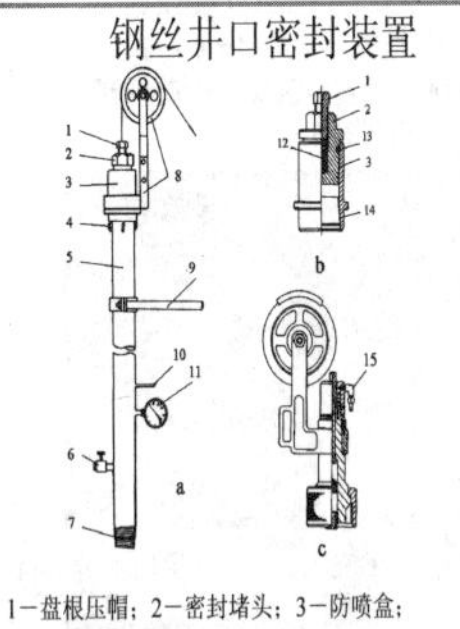

1—盘根压帽；2—密封堵头；3—防喷盒；4—绷绳拉环；5—防喷管体；6—放空阀门；7—接采油树油管扣；8—滑轮及支架；9—操作平台；10—脚蹬；11—压力表；12—橡胶钢丝盘根；13—堵头密封盘根；14—防喷盒连接头；15—液压管线接头。

电缆注脂密封装置

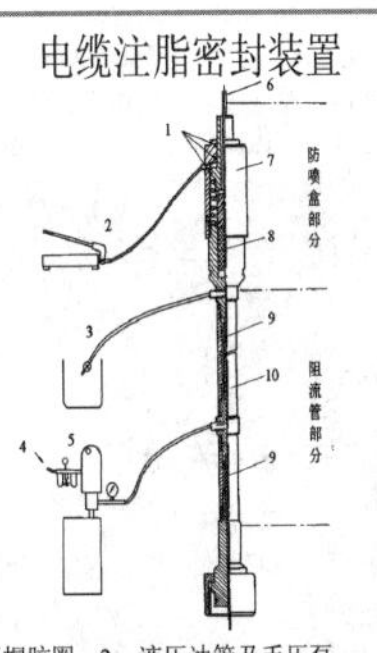

1—压帽胶圈；2—液压油管及手压泵；3—回收油管、油筒；4—压缩空气入口；5—注脂泵；6—试井电缆；7—防喷盒；8—密封盘根；9—阻流管；10—防喷管

258

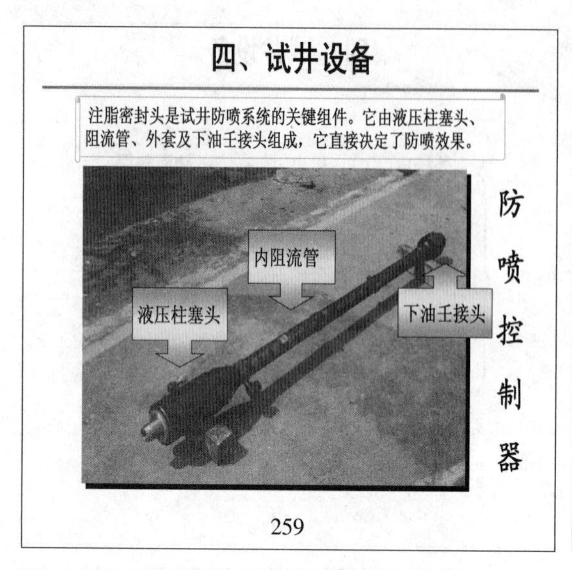

259

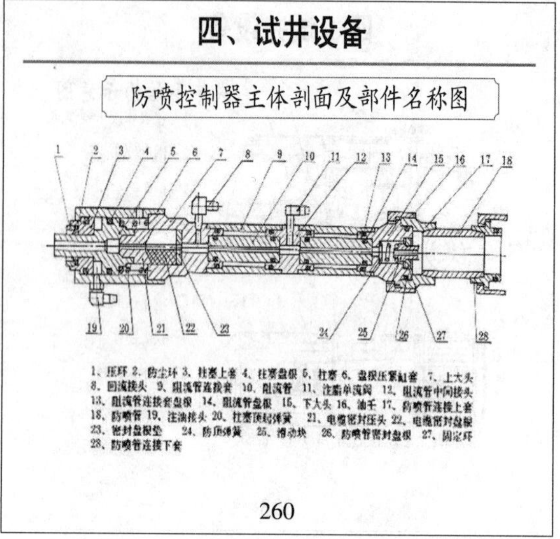

260

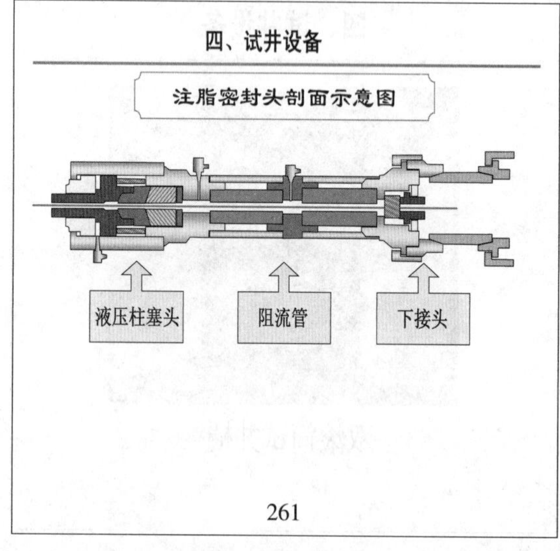

261

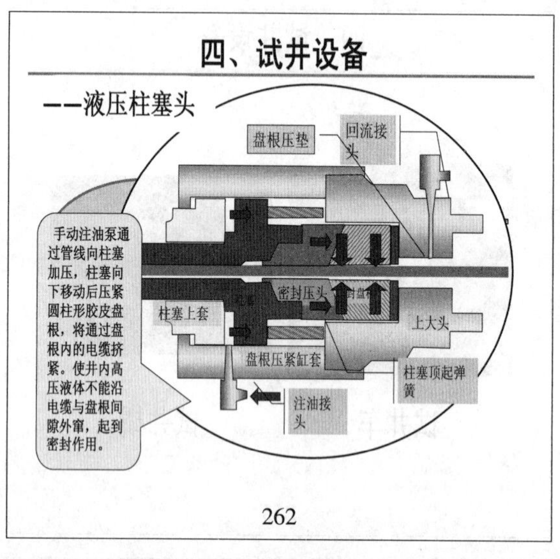

262

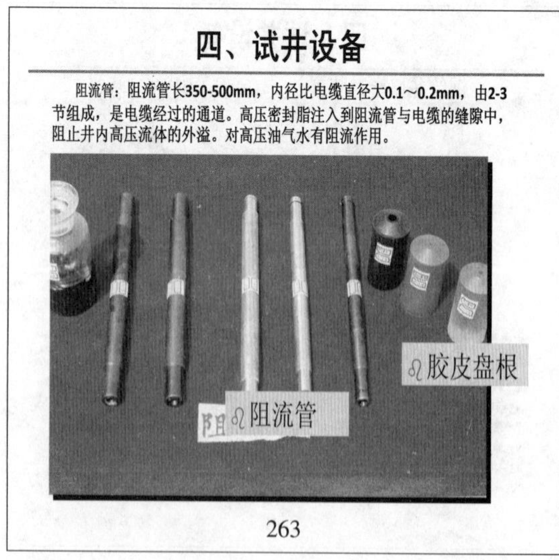

263

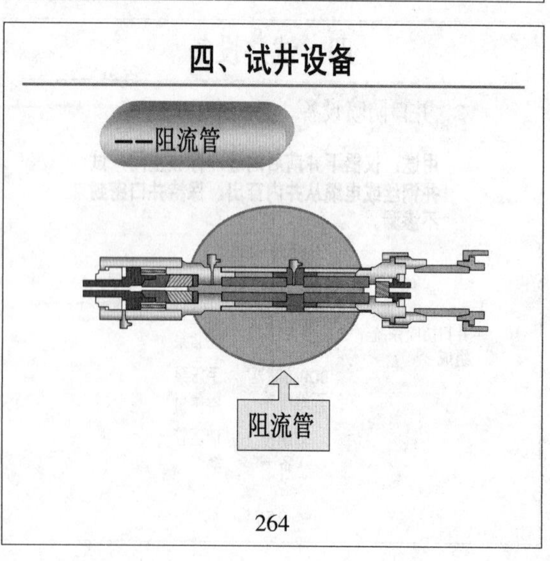

264

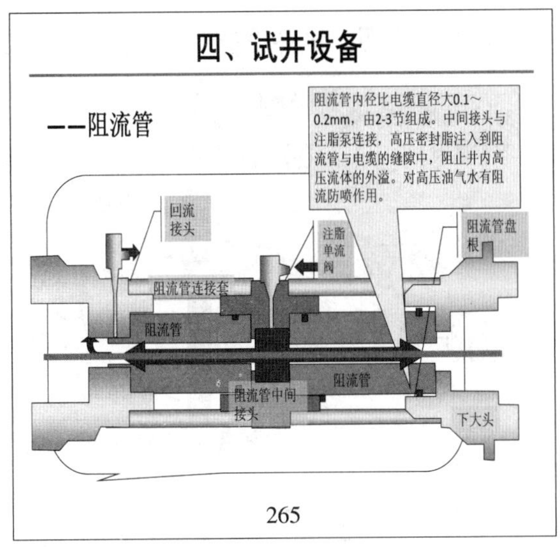

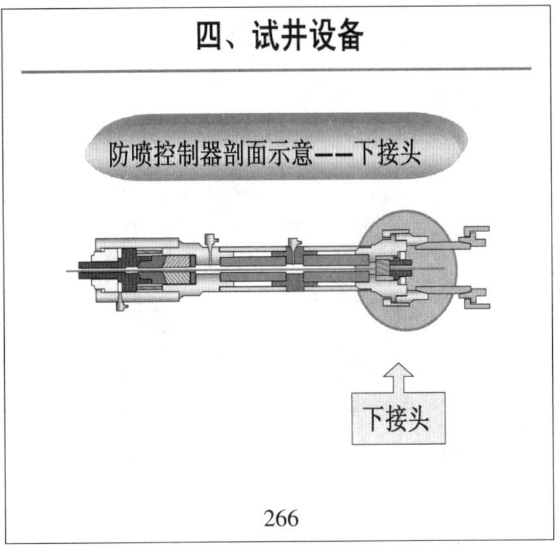

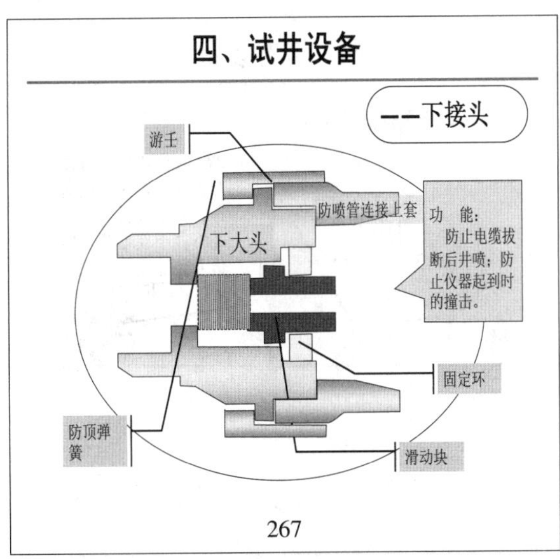

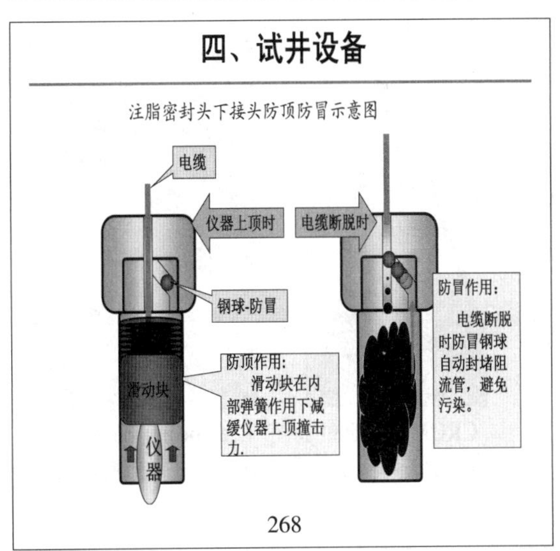

四、试井设备

防喷管

防喷管是连接注脂密封头和BOP防喷器的部分，中间油壬连接，是下井仪器串出入井的临时通道。长度由下井仪器串长度而定。规格有2″、$2^1/_2$″、3″、$5^1/_2$″等多种规格。

269

四、试井设备

当仪器起入防喷管时，如因深度误差造成电缆拉脱，仪器将被捕捉器接住而不致落井。封井器有液压和手动　两种，当防喷器暂停工作时，封井器可将电缆及井口封　死，防喷器泄压后即可处理故障。

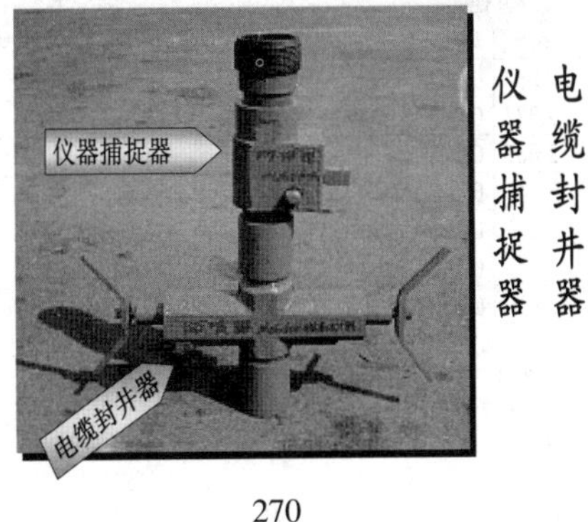

仪器捕捉器　电缆封井器

270

四、试井设备

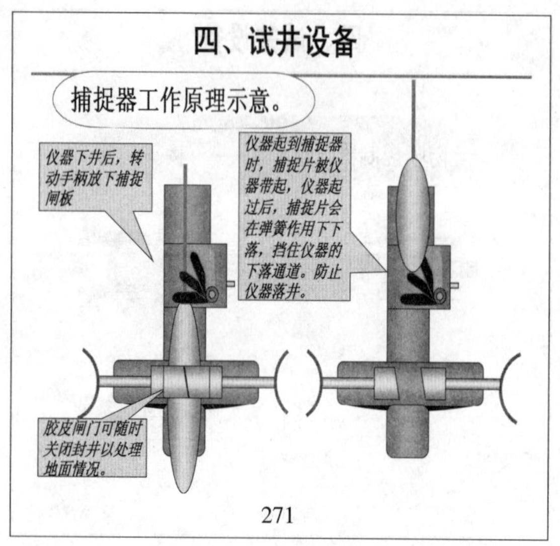

271

四、试井设备

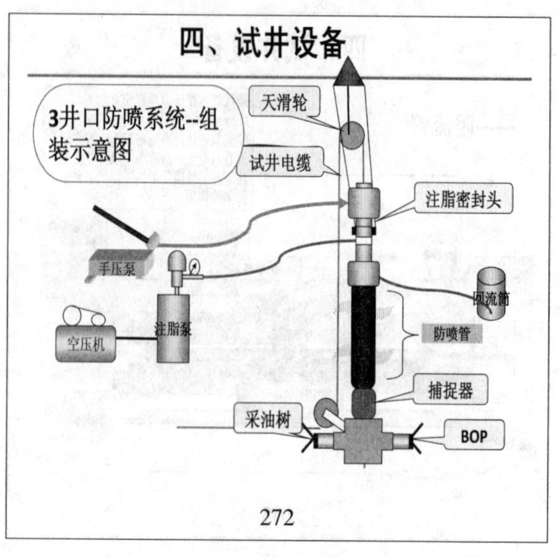

272

四、试井设备

CROMA 10000Psi 微防硫井口防喷系统　　Lee Special 5000Psi 微防硫井口防喷系统

273

四、试井设备

4、试井钢丝、试井电缆

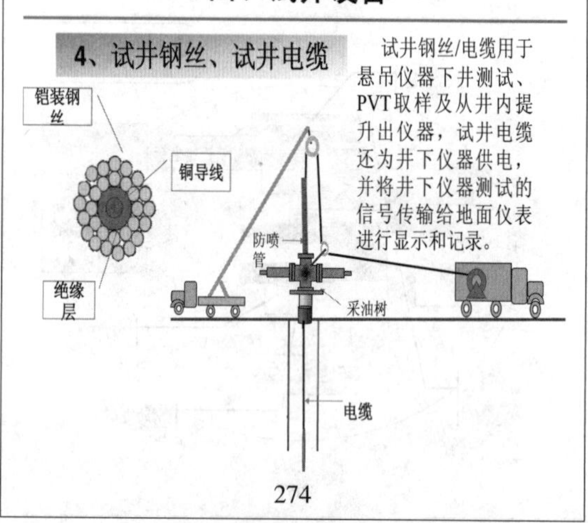

试井钢丝/电缆用于悬吊仪器下井测试、PVT取样及从井内提升出仪器，试井电缆还为井下仪器供电，并将井下仪器测试的信号传输给地面仪表进行显示和记录。

274

四、试井设备

4、试井钢丝、试井电缆

直径		破断力		重量	
mm	inch	N	lbf	kg/1000m	lbs/1000ft
2.083	0.082	5398	1214	27.3	18.31
2.337	0.092	6805	1530	34.4	23.05
2.667	0.105	8851	1990	44.8	30.02
2.743	0.108	9365	2105	47.4	31.76
3.175	0.125	12545	2820	63.4	42.55
3.556	0.140	15740	3541	79.6	53.37
3.810	0.150	18064	4061	91.4	61.27

进口试井钢丝（防硫钢丝），镍铬含量超过10%，具有独特预处理过的表面，使用寿命更长，空气密封更佳、抗腐蚀性更长，防硫钢丝适用于带有二氧化碳、硫化氢和氯化物条件下的井下作业。产品规格如：316、GD31、26MO、MP35N等。

275

内容目录

一．试井概述
二．试井测试工艺
三．试井仪器
四．试井设备
五．试井测试施工

276

五、试井测试施工

试井测试施工是在矿场进行的，涉及仪器设备运行、车辆调度、人员安排、关系协调，安全高效地取全取准《试井地质设计》要求的原始数据资料。前期准备工作与现场施工一样重要。

序号	标准、规范名称	标准号
01	高压油气井测试工艺技术规程	SY/T6581-2012
02	油田试井技术规范	SY/T6172-2006
03	天然气井试井技术规范	SY/T5440-2009
04	常规地层测试技术规程	SY/T 5483-2005
05	试井测试管理规程	Q/SL1249-1996
06	常规高压试井	Q/SL0383-2000
07	海上试井施工技术规程	Q/SHSLJ1347-2002

277

五、试井测试施工

1、接受试井任务

◆接受上级下达的试井任务,领取《试井地质设计》或者试井任务书，明确试井目的,明确各项测试内容、具体技术要求和安全环保规定。

◆确定测试现场负责人，测试负责人联系甲方技术负责人，记录甲方现场协作单位、人员的联系方式。

278

五、试井测试施工

2、勘察现场

•落实具体上井路线，工农关系，现场供电情况。

•了解井的基本情况，测试井是否具备基本测试条件（酸化井是否排完酸液，有无有害、腐蚀性气体，是否出砂，井下有无落物，井口是否具备条件）。

•落实工作制度、产量、措施情况、井口压力、采油树扣型等。

•将测试井存在的问题反馈给甲方负责人员，及时整改，以满足测试条件。

279

五、试井测试施工

3、收集资料

收集井的基础资料，包括：生产史、措施情况、完井管柱（油层套管规格和下入深度，油管规格和下入深度）、井斜数据等。

为了全面、详实的了解测试井基本情况，若条件允许，测试前可查阅以下资料：

1、完井地质总结报告

2、试油设计或压裂设计

3、测试井措施情况记录

4、产量历史记录

5、地质构造图、井身结构及管柱详情

280

五、试井测试施工

4、确定试井测试工艺

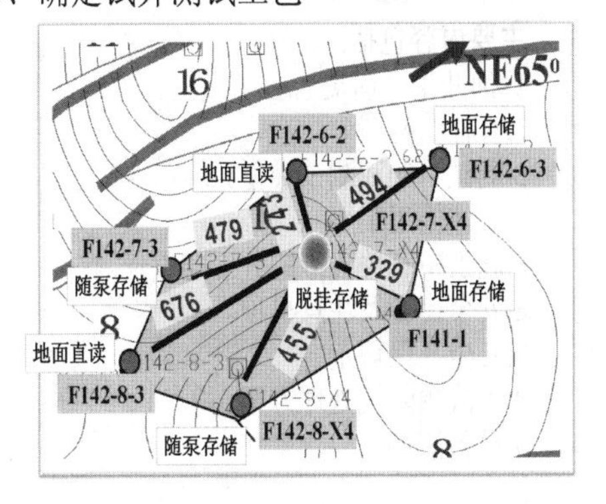

281

五、试井测试施工

5、调试仪器设备

◆选用适合的电子压力计，对压力计进行室内检验，保证量值准确、性能可靠。

◆选用适合的井口防喷设备，在室内组装井口防喷设备，清水试压合格。

◆选用适合的试井电缆，对试井车/橇试运转，检查计深器、张力计。

282

五、试井测试施工

电子压力计选用

1、被测井压力变化值应介于压力计满量程30%-80%之间,测试深度点流温值应低于仪器最大耐温30℃。

2、存储测试选用温度指标相当的高温锂电池,测试时间长或数据量大尽量选用功耗地的压力计。

3、低渗井、探边测试、干扰测试等压力值变化量小的试井项目,选用分辨率高的压力计。

4、压力温度梯度剖面测试,选用温度传感较快的压力计。

5、小直径压力计下高压井须置于套筒内,然后连接加重杆。

283

五、试井测试施工

防喷设备选用

主要根据井口压力选用井口防喷设备。250采油树用5000PSi设备,千型采油树用10000psi设备(法兰连接),350采油树依据清蜡阀上方的扣型选用采油树。另外考虑井内流体、下井深度、天气环境等因素。

284

五、试井测试施工

⑴阻流管的选择:

一般情况下阻流管为3根(油压在20MPa内),超过20MPa时增加1~2根;井口油压超过20MPa用2根注脂管线。

⑵加重杆的选择:

$$m=F/g=P*S/g$$

经验:

根据油压,每5MPa增加1根钨合金加重杆——15公斤

285

五、试井测试施工

试井电缆选用

电缆选择的空间不大,主要依据井深、流体性质,注水井、注聚井、二氧化碳井、油井高含水、凝析气井、煤层气井、压裂井等,这些因素都腐蚀电缆,都应选择防硫电缆。超高压井地面直读试井不能选用防硫电缆。

286

五、试井测试施工

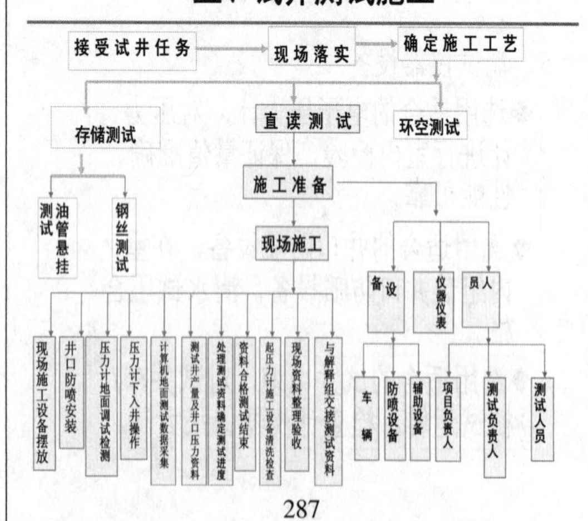

287

五、试井测试施工

6、编写试井施工方案、施工动员

主要内容包括:

1. 油井生产简史
2. 管柱结构图
3. 测试目的和测试类型。
4. 具体施工工序
5. 施工中有关各方的分工与责任。
6. 安全措施及注意事项。
7. 安全环保规定
8. 事故预防及处理方案
9. 设备清单

288

地面直读试井数据采集系统清单

序号	名称	数量
1	压力计	2支
2	计算机	2套
3	数据采集箱	2个
4	数据采集线	2根
5	逆变电源	1个
6	压力计转换头	2个
7	压力计测试线	1根
8	压力计套筒	1根

289

五、试井测试施工

地面直读试井井口防喷设备清单

序号	名称	数量	序号	名称	数量
1	注油头	1个	13	调压阀	1个
2	天滑轮支撑架	1个	14	空压机	1台
3	支撑天滑轮	1个	15	加重杆	
4	电缆地滑轮	1个	16	电缆绳帽	1个
5	BOP	1个	17	地锚	3个
6	大小头	1个	18	仪器接头	1套
7	注脂泵	1台	19	短防喷管	1根
8	手压泵	1个	20	长防喷管	2根
9	注脂管线	1根	21	专用工具	1套
10	回油管线	1根	22	黄油	3桶
11	手压泵管线	1根	23	电缆线	100M
12	气管线	1根	24	各种常用密封圈	

290

五、试井测试施工

7、现场施工

（一）现场结合

队伍到达现场后，首先与甲方负责人联系，协调施工工作，并与现场值班人员沟通，告知施工相关事宜，有助于得到有效配合。

291

五、试井测试施工

（二）设备摆放

根据现场条件摆放设备，遵循以下一般原则

（1）试井车在被测试井的上风口，距井口15米以外，尾部中心对正井口。

（2）吊车在试井车侧方向，靠近井口摆放。

（3）车辆、设备尽量放在平整处，有利于设备的运转和井口防喷系统的安装。雨季停放在相对高处。

（4）发电机、厨房吊放在距离测试车门口对面，便于管理；空压机接头引到车内，防止插头进水漏电。

292

五、试井测试施工

（三）电缆穿过注脂密封头，制作电缆绳帽

首先将注油头抬至距井口较近处，用垫木垫平，穿电缆前先将注油头卸开清洗检查并将电缆用锉刀把电缆头挫成圆弧型，这样有利于电缆穿过阻流管，检查注油头活塞上的密封圈，若有毛刺应立即更换，否则影响密封效果。密封盘根是否完好，若出现“漏斗”现象立即更换，测量电缆的直径是否与阻流管是否匹配，电缆与阻流管内径之间的间隙应控制在0.1-0.3mm。中间的阻流管直径大，同时检查阻流管上的密封圈是否完好，如果有缺损，必须更换。检查进油管线上的单流阀是否畅通，若有异物必须清洗干净，从而保证注脂泵所注入的密封脂能够顺利地进入密封阻流管，达到密封井口的目的。

1、钢丝穿满犁型头的12个孔；2、剩余钢丝尽量剪短；

3、*电缆芯铜线剪掉一半后，穿入锥头*的孔并缠绕；

4、高温胶帽内部涂少许油，推入后用细铁丝绕两圈扎紧，也可不捆，但不能过紧。

293

五、试井测试施工

（四）仪器地面调试

- 试井车摆放完毕后，整理电缆，电工接220V单相电。
- 操作间摆放内计算机，连接压力计、地面接口箱，启动采集软件，调试压力计信号正常。

294

五、试井测试施工

（五）防喷系统连接

- 大小头均匀缠密封胶带，将大小头与井口清蜡闸门接头拧紧。
- 加重杆连接完成后，将其穿过放喷管，它是靠密封圈来实现密封，上下接头、密封圈及周围连接前要清洗干净，不能有油泥、沙子等污染物，密封圈要完好，用手摸有突出感，否则应当更换。若是含硫化氢等的井下井前要更换防硫密封圈，并在上面涂抹保护油，密封圈确保完好后，连接防喷器。
- 关闭捕捉器防止仪器在吊装的过程中滑出，关闭放空闸门。
- 接高压注脂管线，井口拉地滑轮，插接天滑轮，捆绑拉绳，准备起吊安装井口防喷系统。

295

五、试井测试施工

（六）下仪器

按照操作规程操作绞车，不能猛提猛放，时刻观察记深器的读数和拉力器的变化，若有异常立即停止作业。有时气顶遇到下不动仪器，应该提高注脂泵压力，打开回油管线。起下仪器的过程中要停梯度。仪器下到预定深度后，应当杀好刹车关闭记深器电源，提高注脂泵压力，注脂泵压力的调节，大于井口油压5MPa；打好手压泵，关闭回油管线闸门，进入正式测试阶段。

296

五、试井测试施工

（七）起仪器

测试结束，上起仪器，速度不超过60米每分钟，起仪器前，首先打开手压泵降压，调低注脂泵压力，打开回油管线闸门，下放电缆5-10米，人压电缆解卡或等到拉力器拉力平稳后上起电缆，停梯度，距井口100米时，上起电缆速度降低，一般30-20米每分钟，距离归零10-20米处人拉入放喷管，关闭清蜡闸门，关闭注脂泵，打开放空闸门放空，拆卸防喷管柱，取下压力计，测试结束。

297

五、试井测试施工

8、资料录取

1.测压力恢复（压降）曲线和静压时必须做到井口不渗不漏；压力计下井期间，井口应采取必要的安全措施，防止仪器落井事故。

2.压力计下入深度应达到或接近油层中部深度，达不到油层中部深度必须测静压，流压梯度。

3.系统试井期间，不改变邻井的工作制度，防止井间干扰。

4.系统试井选用四种工作制度，最少三种工作制度。

5.工作制度的变更要从小到大或从大到小依次进行，每种工作制度达到稳定后生产一天（每个油咀一般生产3～5天，可根据井况确定生产时间）。

6.每种工作制度稳定后应取全取准以下资料：

（1）产油量、产气量、产水量；
（2）油压、套压、流压；
（3）油压、流温；
（4）井口含水率；
（5）地面气油比；
（6）含砂量。

298

五、试井测试施工

8、资料录取

7.系统试井时间不宜太长，油井稳定后及时录取各项资料，更换下一个工作制度。

8.最后一个油咀生产结束，关井测压力恢复曲线及静压。

9.关井测恢复要及时改变记录间隔，加密采点，并防止关井后井口渗漏还要每天要调出数据进行分析。

10.压力曲线出现异常，应及时坐出判断，并改变工作制度。

11.压力恢复曲线有效记录不得少于48h。

12.井底压力关井稳定后，然后测静压梯度和静温梯度，压力合格后结束系统试井。

准确记录各个异常事件，以便正确识别对试井曲线的影响。

299

第十八章　注 水 泵

第一节　泵型特性及选择

1. 泵的类型及特性

（1）根据泵的工作原理和结构，泵的类型有下述几种：①容积式泵，又分为往复泵、转子泵；②叶轮式泵，又可分为离心泵、轴流泵、混流泵、旋涡泵、喷射式泵等。

（2）泵的适用范围和特性：泵的适用范围及特性如表 18-1 所示。

表 18-1　泵的适用范围及特性

指　标		叶片泵			容积式泵	
		离心泵	轴流泵	旋涡泵	往复泵	转子泵
流量	均匀性	均匀			不均匀	比较均匀
	稳定性	不恒定，随管路情况变化而变化			恒定	
	范围	1.6~30000m^3/h	150~245000m^3/h	0.4~10m^3/h	0~600m^3/h	1~600m^3/h
扬程	特点	对应一定流量，只能达到一定的扬程			对应一定流量可达到不同扬程，由管路系统确定	
	范围	10~2600m	2~0m	8~150m	0.2~100MPa	0.2~60MPa
效率	特点	在设计点最高，偏离愈远，效率愈低			扬程高时，效率降低较小	扬程高时，效率降低较大
	范围（最高点）	0.5~0.8	0.7~0.9	0.25~0.5	0.7~0.85	0.6~0.8
结构特点		结构简单，造价低，体积小，质量小，安装检修方便			结构复杂，振动大，体积大，造价高	同离心泵
操作与维修	流量调节方法	出口节流或改变转速	出口节流或改变叶片安装角度	不能用出口阀调节，只能用旁路调节	同旋涡泵，另还可调节转速和行程	同旋涡泵
	自吸作用	一般没有	没有	部分型号有	有	有
	启动	出口阀关闭	出口阀全开		出口阀全开	
	维修	简便			麻烦	简便

续表

指　标	叶片泵			容积式泵	
	离心泵	轴流泵	旋涡泵	往复泵	转子泵
适用范围	黏度较低的各种介质	特别适用于大流量、低扬程、黏度较低的介质	特别适用于小流量、较高压力的低黏度清洁介质	适用于高压力、小流量的清洁介质(含悬浮液或要求完全无泄漏可用隔膜泵)	适用于中低压力、中小流量尤其适用于黏性高的介质

2. 泵类型的选择

泵的类型应根据装置的工艺参数、输送介质的物理和化学性质、操作周期和泵的结构特性等因素合理选择。因离心泵具有结构简单、输液无脉动、流量调节简单等优点，因此除以下情况外，应尽量选用离心泵。

(1) 有计量要求时，选用计量泵。

(2) 扬程要求很高，流量很小且无合适小流量高扬程离心泵可选用时，可选用往复泵；如汽蚀要求不高时也可选用旋涡泵。

(3) 扬程很低，流量很大时，可选用轴流泵和混流泵。

(4) 介质黏度大(大于 $650 \sim 1000mm^2/s$)时，可考虑选用转子泵和往复泵；黏度特别大时，可选用特殊设计的高黏度转子泵和高黏度往复泵。

(5) 介质含气量>5%，流量较小且黏度小于 $37.4mm^2/s$ 时，可选用旋涡泵；如允许流量有脉动，可选用往复泵。

(6) 对启动频繁或灌泵不便的场合，应选用具有自吸性能的泵，如自吸式离心泵、自吸式旋涡泵、容积式泵等。

3. 泵型号的确定

泵的类型、系列和材料选定后就可以根据泵厂提供的样本及有关资料确定泵的型号(即规格)。

1) 容积式泵型号的确定

(1) 工艺要求的额定流量 Q 和额定出口压力 p 的确定。

额定流量 Q 一般直接采用最大流量，如缺少最大流量值时，取正常流量的 1.1~1.15 倍。额定出口压力 p 指泵出口处可能出现的最大压力值。

(2) 查容积式泵样本或技术资料给出的流量[Q]和压力[p]。

流量[Q]指容积式泵输出的最大流量。可通过旁路调节和改变行程等方法达到工艺要求的流量。压力[p]指容积式泵允许的最大出口压力。

(3) 选型判据。

符合以下条件者即为初步确定的泵型号。

流量 $Q \leqslant [Q]$，且 Q 愈接近[Q]愈合理；压力 $p \leqslant [p]$，且 p 愈接近[p]愈合理。

(4) 校核泵的汽蚀余量。

要求泵的必需汽蚀余量 $NPSH_r$ 小于装置汽蚀余量 $NPSH_a$，如不合乎此要求，需降低泵的安装高度，以提高 $NPSH_a$ 值，或向泵厂提出要求，以降低 $NPSH_r$ 值，或同时采用上述两种方法，最终使 $NPSH_r < NPSH_a$-安全裕量 S。

当符合以上条件的泵不止一种时，应综合考虑选择效率高、价格低廉和可靠性高的泵。

2) 离心泵型号的确定

(1) 额定流量和扬程的确定。

额定流量一般直接采用最大流量，如缺少最大流量值时，常取正常流量的 1.1～1.15 倍。

额定扬程一般取装置或工艺所需扬程的 1.05～1.1 倍。对黏度>20mm²/s 或含固体颗粒的介质，需换算成输送清水的额定流量和扬程，再进行以下工作。

注：液体重度 γ 改变时，泵的扬程、流程和效率不变，但泵的轴功率和泵的出口压力同常温清水时相比随 γ 成正比变化。

随着液体黏度的增大，雷诺数减小，水力摩擦损失增大，使 Q-H 曲线下降(但关死点扬程几乎不变)，同时，轴功率随圆盘摩擦损失的增加而增大，使效率急剧下降。

(2) 校核。

按性能曲线校核泵的额定工作点是否落在泵的高效工作区；校核泵的装置汽蚀余量 $NPSH_a$-必需汽蚀余量 $NPSH_r$ 是否符合要求。当不能满足时，应采取有效措施加以实现。

当符合上述条件者有两种以上规格时，要选择综合指标高者为最终选定的泵型号。具体比较以下参数：效率(泵效率高者为优)、质量(泵质量小者为优)和价格(泵价格低者为优)。

4. 原动机功率的确定

1) 泵的轴功率 P_a 计算

(1) 叶片式泵：

$$P_a = \frac{HQ\rho}{102\eta} \tag{18-1}$$

式中 H——泵的额定扬程，m；

Q——泵的额定流量，m³/s；

ρ——介质密度，kg/m³；

η——泵额定工况下的效率($\eta = \eta_m \eta_h \eta_v$，$\eta_m$——机械效率，$\eta_h$——水力效率，$\eta_v$——容积效率)；

P_a——泵额定工况下的轴功率，kW。

(2) 容积式泵：

$$P_a = \frac{10^5 (p_d - p_s) Q}{102\eta} \tag{18-2}$$

式中 Q——泵的流量(样本上标注的流量)，m³/s；

p_d——泵出口压力，MPa；

p_s——泵入口压力，MPa；

η——泵的效率(样本上标注的效率)。

2）原动机的配用功率 P

原动机的配用功率 P 一般按下式计算：

$$P=K\frac{P_a}{\eta_t} \tag{18-3}$$

式中 η_t——泵传动装置效率(表 18-2)；

K——原动机功率裕量系数，不应小于表 18-3、表 18-4 中所示值。

表 18-2 泵传动装置效率 η_t

传动方式	直联传动	平皮带传动	三角皮带传动	齿轮转动	蜗杆传动
η_t	1.0	0.95	0.92	0.9~0.97	0.70~0.90

表 18-3 离心泵功率裕量系数 K

泵的轴功率 P_a/kW	K	
	电机动	汽轮机
≤15	1.25	1.1
15<~55	1.15	1.1
>55	1.10	1.1

注：1. 当泵的额定流量远小于最佳效率点流量时，K 值要按经验放大；

2. 旋涡泵、轴流泵、转子泵的功率裕量系数可参考本表。

表 18-4 往复泵、计量泵的功率裕量系数 K

原动机	电动机					蒸汽机			
轴功率 P_a/kW	≤2	≤6	≤10	≤20	>20	≤0.75	≤1.5	≤4	>4
一般泵	2	1.5	1.25	1.15	1.10	2	1.5	1.2	1.15
计量泵	2	2	1.5						

有些工程公司或设计单位，为确保安全，采用全流量方式确定电机功率，即在全流量范围($0\sim Q_{max}$)内，计算出最大轴功率 P_{max}，并比较 P_{max}/η_t 与 $P(P=KP_a/\eta_t)$，取两者的大值确定为电机功率。

3）根据爆炸区域、防爆等级、电源和供气情况等选择合适的原动机

4）举例

DF300-150×9 型注水泵配套电机选型计算：

(1) 轴功率。

DF300-150×9 型注水泵额定排量 $Q=300m^3/h$，泵进、出口压差按 $\Delta p=13.5MPa$ 计算，则：

有效功率 $P_a=\Delta p\cdot Q=13.5\times300/3.6kW=1125kW$

(2) 系统效率。

查 YK1600、YK1800、YK2200 型电机的效率为 $\eta_{电}=0.96$，联轴器传动效率 $\eta_{联轴器}=0.99$，DF300 型注水泵效率按 $\eta_{泵}=0.75$ 计算，则：

系统效率 $\eta=\eta_{电}\times\eta_{联轴器}\times\eta_{泵}=0.96\times0.75\times0.99=0.713$

（3）电动机功率。

综合考虑各种因素对运行工况的影响，则 DF300-150×9 注水泵配套的电机功率：

$$P = K\frac{P_a}{\eta_t} = 1.1\times\frac{1125}{0.713}\text{kW} = 1735.8\text{kW}$$

故选用 YK1800-2/990 电机，从而满足各种工况运行。

5. 轴封型式的确定

轴封是防止泵轴与壳体处泄漏而设置的密封装置。常用的轴封型式有填料密封、机械密封和动力封。

往复泵的轴封通常是填料密封，当输送不允许泄漏介质时，可采用隔膜式往复泵。旋转式泵(含叶片式泵、转子泵等)的轴封主要有填料密封、机械密封和动力密封。

1）填料密封

填料密封结构简单、价格便宜、维修方便，但泄漏量大，功能损失大。因此，填料密封用于输送一般介质(如水)，一般不适用于石油及化工介质，特别是不能用在贵重、易爆和有毒介质中。

2）机械密封

机械密封(也称端面密封)的密封效果好，泄漏量很小，寿命长，但价格贵，加工、安装、维修、保养比一般密封要求高。

机械密封适用于输送石油及化工介质，可用于各种不同黏度、强腐蚀性和含颗粒的介质。美国石油学会标准 API610(第 8 版)规定：除用户有规定外，应当装备集装式机械密封。

3）动力密封

动力密封可分为背叶片密封和副叶轮密封两类。泵工作时靠背叶片(或副叶轮)的离心力作用使轴密封处的介质压力下降至常压或负压状态，使泵在使用过程中不泄漏。停车时离心力消失，背叶片(或副叶轮)的密封作用失效，这时靠停车密封装置起到密封作用。

与背叶片(或副叶轮)配套的停车密封装置中较多地采用填料密封。填料密封有普通式和机械松紧式两种。普通式填料密封与一般的填料密封泵相似，要求轴封处保持微正压，以避免填料的干摩擦。机械松紧式填料停车密封采用配重，使泵在运行时填料松开，停车时填料压紧。

为保证停车密封装置的寿命，减少泵的泄漏量，对采用动力密封的泵，泵进口压力应有限制，即：

$$p_s < 10\% p_d \tag{18-4}$$

式中　p_s——泵进口压力，MPa；

p_d——泵出口压力，MPa。

动力密封性能可行，价格便宜，维修方便，适用于输送含有固体颗粒较多的介质，如磷酸工业中的矿浆泵、料浆泵等；缺点是功率损失较机械密封大，且其停车密封装置的寿命较短。

6. 联轴器及其选用

泵用联轴器一般选用挠性联轴器，目的是传送功率，补偿泵轴与电机轴的相对位移，降低对联轴器安装的精确对中要求，缓和冲击，改变轴系的自振频率和避免发生危害性振动等。

1）爪型弹性联轴器

特点是体积小，质量小，结构简单，安装方便，价格低廉，常用于小功率及不太重要的场合。爪型弹性联轴器在水泵行业的标准代号为B1104，其最大许用扭矩为850N·m，最大轴径为50mm。

2）弹性柱销联轴器

弹性柱销联轴器以柱销与两半联轴器的凸缘相联，柱销的一端以圆锥面和螺母与半联轴器凸缘上的锥形销孔形成固定配合，另一端带有弹性套，装在另一半联轴器凸缘的柱销孔中。

弹性柱销联轴器的特点是结构简单，安装方便，更换容易，尺寸小，质量轻，传动扭矩大，广泛应用于各种旋转泵中。

弹性柱销联轴器在水泵行业的标准为B1101，其最大许用扭矩为8316N·m，最大轴径为200mm。符合ISO2858(相当于GB 5662—85)的泵(如国内IS、IH型泵等)可采用加长型弹性柱销联轴器。加长联轴器在水泵行业的标准为YB101，其许用扭矩、最大轴径与B1101的联轴器相仿。

3）膜片联轴器

膜片联轴器采用一组厚度很薄的金属弹簧片，制成各种形状，用螺栓分别与主从动轴上的两半联轴器联接。

膜片联轴器结构简单，不需要润滑和维护，抗高温，抗不对中性能好，可靠性高，传动扭矩大，但价格较高。水泵行业推荐的膜片联轴器为JM_1J型接中间轴整体式膜片联轴器，标准号为ZB/TJ 022—90，最大许用扭矩为200000N·m，最大轴径为360mm。

弹性柱销联轴器与膜片联轴器的性能对比如表18-5所示。

表18-5　弹性柱销联轴器和膜片联轴器性能比较

联轴器名称	转矩范围/(N·m)	轴径范围/mm	最高转速范围/(r/min)	许用相对位移			特　点
				轴向/mm	径向/mm	角向/(°)	
弹性柱销联轴器	18~36000	19~150	1670~11500	较大	0.2~0.6	0.5~1.5	结构紧凑，装配方便，具有一定的弹性和缓冲性能，补偿两轴相对位移量不大，当位移量过大时，联轴器的工作性能恶化，弹性件易损坏
膜片联轴器	16~200000	19~360	1000~10000	1.5~3，两个组件	3~6，两个组件	0.5	易平衡且易保持平衡精度，不需润滑，对环境适应性强，且具有较好的补偿两轴相对位移的性能，径向载荷能力大，可在高转速下运行，但扭转刚度大，缓冲减振能力相对较差

4）液力偶合器

液力偶合器通过工作液在泵轮与涡轮间的能量转化起到传递功率(扭矩)的作用。液力偶合器的起动平稳，有过载保护和无级调速等功能；缺点是存在一定的功率损耗，传动效率一般为96%~97%，且价格较贵。

液力偶合器有普通型、限矩型和调速型3种基本类型。

普通型液力偶合器结构简单，无任何限矩、调速结构措施，主要用于不需过载保护和调速的传动系统，起隔离振动和减缓冲击的作用。

限矩型液力偶合器能在低转速比下有效地限制传递扭矩的升高，防止驱动机和工作机过载。

调速型液力偶合器通常是通过改变工作腔中的充液量来调节输出转速的，即所谓的容积式调节，调速型液力偶合器与普通型及限矩型不同，它必须有工作液的外部循环系统和冷却系统，使工作液体不断地进、出工作腔，以调节工作腔的充液量和散逸热量。

第二节 两个重要概念

1. 汽蚀余量

(1) 汽蚀余量NPSHR，是指泵进口处单位质量液体所具有的超过汽化压头的富裕能量。

$$\Delta h=\frac{p_1}{\lambda}+\frac{c_{s1}}{2g}-\frac{p_v}{\lambda} \tag{18-5}$$

式中 p_1——泵进口处的绝对压力，kgf/m^2；

c_{s1}——泵进口处截面上的液体平均速度，m/s；

p_v——液体在相应温度下的汽化压力，kgf/m^2；

λ——液体重度，kgf/m^3；

g——重力加速度，m/s^2。

为了使泵不发生汽蚀，泵进口处所必需具有的超过汽化压头的能量即必需汽蚀余量$\Delta h_r=NPSH_r$，通常均由制造厂通过试验得出。

(2) 装置汽蚀余量：吸入装置系统给予泵进口处超过汽化压头的能量称为装置汽蚀余量$\Delta h_a=NPSH_a$。

为了使泵不发生汽蚀，$NPSH_a$必须至少等于$NPSH_R$。在装置设计上应适当增加Δh_a作为安全裕量。汽蚀余量$NPSH_r$应按GB3216规定的冷水9(常温清水)为基准来确定，$NPSH_a$必须比$NPSH_r$大一个装量，差值至少为0.5m。

(3) 汽泡破灭时，周围液体以高速度向汽泡的中心运动而形成高频水锤作用，在流道面上产生很高的局部应力与局部温度升高，并产生噪音和振动。

(4) 离心泵中最易发生汽蚀的部位：

① 在叶轮中曲率最大的前盖板处，靠近叶片进口边缘的低压侧。

② 无前盖板的高比转数叶轮的叶梢外圆与壳体之间的密封间隙以及叶梢的低压侧。

③ 压出室中蜗壳的隔舌和导叶的靠近进口边缘的低压侧。

在多级泵中汽蚀通常发生在第一级叶轮，严重时也会扩展至导叶和次级叶轮。汽蚀使叶轮的轴向力减少，对于叶轮对称布置的多级泵，轴向力的平衡将遭到破坏。

2. 比转数及应用知识

1）比转数的概念

比转数又称比速或比速系数，以 n_s 表示，是从相似理论中引出的相似准数，是一个确定泵类型并影响离心泵级数选择的基本特征。

比转数的定义：几何上与泵相似的模型，在水力功率 $N=1hp(1hp=0.75kW)$ 时，此模型所产生的压头 $H=1m$，在这种情况下，这个模型所具有的转速称为此泵的比转数。

比转数通常用下式计算：

$$n_S=n\frac{\sqrt{N}}{H^{5/4}} \tag{18-6}$$

式中 $N=\frac{QH\gamma}{75}$，γ——液体的重度，kg/m^3。

对清水来说，$\gamma=1000kg/m^3$，代入式(18-6)则得到输送水的比转数为：

$$n_S=3.65n\frac{\sqrt{Q}}{H^{3/4}} \tag{18-7}$$

式中 n——泵的转速，r/min；

Q——额定流量(双吸泵取 $Q/2$)，m^3/s；

H——额定扬程(多级泵取单级扬程)，m。

比转数是由一系列几何相似泵的最佳工况所确定的一个值，不随泵的尺寸和转数而改变。而相似泵在相似工况下，相似两泵的比转数必须相等，但同一台泵在不同工况下的比转数并不相等。比转数不是无因次数，各国采用的公式及性能参数单位不同，计算得到的比转数也不同。

比转数代表某一系列泵的一个综合性能，表达了该系列泵在性能上的综合特征：

(1) 比转数反映了某系列离心泵性能上的特点。比转数大则表明其流量大而压头小，比转数小时，表明泵的流量小而压头大。

(2) 比转数可以反映该系列离心泵在结构上的特点。

同一台泵，当转速不变时，将叶轮外径稍加切割，可以认为泵的效率几乎不变，但叶轮外径不允许车削过多(与比转数有关)，以免泵的效率降低过多(表 18-6)。

表 18-6 叶轮外径允许车削量

n_s	≤60	60~120	120~200	200~250	250~350	350~450
最大切削量 $\frac{D2-D2'}{D2'}\times100\%$	20	15	11	9	7	0
效率下降	每车小 10%，下降 1%		每车小 10%，下降 1%		—	

注：1. 旋涡泵和轴流泵叶轮不允许车削；

2. 叶轮外圆的切割一般不允许超过本表规定的数值。

2）比转数与叶轮形状及性能的关系

随着比转数的增加，叶轮流道有效断面积增加，或者叶轮外直径减小。低 n_s 泵的叶轮狭窄而长，通常采用圆柱形叶片；高 n_s 泵的叶轮宽而短，通常采用扭曲叶片。比转数相同的泵，一般符合几何相似和运动相似；比转数 n_s 不同，泵的叶轮形状和性能也不相同(表 18-7)。

表 18-7　比转数与泵的叶轮及性能的关系

泵的类型	离心泵			混流泵	轴流泵
	低比转数	中比转数	高比转数		
比转数	30~80	80~150	150~300	300~500	500~1000
叶轮形状	圆柱形叶片	入口处扭曲，出口处圆柱形	扭曲形叶片	扭曲形叶片	轴流泵翼型
性能曲线					
流量—扬程曲线特点	关死扬程为设计工况的 1.1~1.3 倍，扬程随流量减少而增加，变化比较缓慢			关死扬程为设计工况的 1.5~1.8 倍，扬程随流量减少而增加，变化较急	关死扬程为设计工况的 2 倍，在小流量处出现马鞍形
流量—功率曲线特点	关死功率较少，轴功率随流量增加而上升			流量变化时轴功率变化较少	关死功率最大，轴功率随流量增加而下降

(1) 低比转数泵的相对扬程较高，相对流量较小，高比转数泵的相对扬程较低，相对流量较大。所以一般情况下，如果在输送介质要求排量大而扬程较低时，应考虑选用轴流泵或混流泵，如排涝泵；而在排量不太大而扬程较高时，应考虑选用离心泵或涡流泵。

(2) 离心泵比转数较低，零流量时轴功率小，混流泵和轴流泵比转数高，零流量时轴功率大。因此离心泵应关闭出口阀起动，混流泵和轴流泵应开启出口阀起动。

3) 比转数 n_s 与 N_0 和 H_0 的关系

n_s 与 N_0、H_0 的关系如图 18-1 所示。

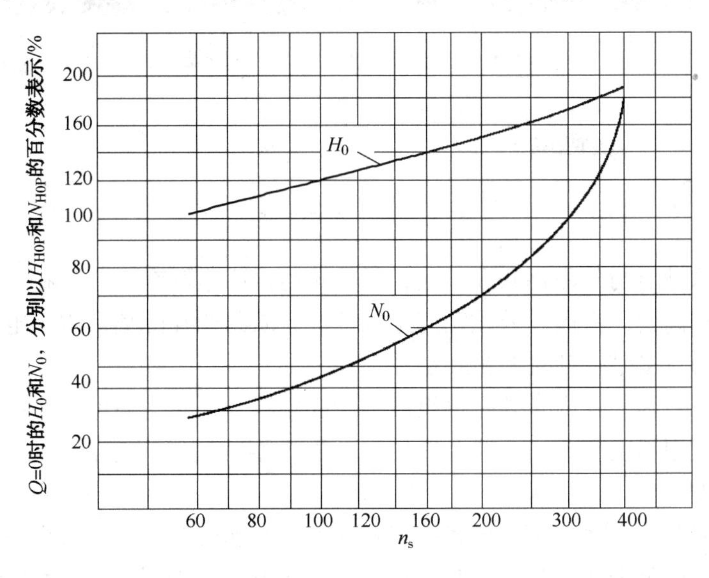

图 18-1　n_s 与 H_0 和 N_0 的关系

理论解释及其实践意义为：当泵的流量相对于额定流量减少时，会出现一种使主流歪曲的从生液流(环状涡流)，当流量等于零时，这种液流会普及到整个叶轮。在轴流泵里，叶轮对环状涡流产生的影响，比半轴流式叶轮或装径流式叶轮的叶轮要大。而且 n_s 愈大，环状涡流形成的区域愈深，同时叶轮影响的液体量愈多，随之所消耗的从生功率也大。所以在 $Q=0$ 时，轴流泵开动困难，开动功率将比泵在额定情况下所消耗功率的两倍还大。

第三节　特种泵及常见泵介绍

1. 磁力驱动泵简介

1）磁力泵的工作原理和结构

磁力传动在离心泵上的应用与一切磁传动原理一样，是利用磁体能吸引铁磁物质以及磁体或磁场之间有磁力作用的特性，而非铁磁物质不影响或很少影响磁力的大小，因此，可以无接触地透过非磁导体(隔离套)进行动力传输。

如图 18-2 所示，磁力泵一般由泵体、叶轮、内磁钢、外磁钢、隔离套、滑动轴承、泵内轴、泵外轴、电机、底座等组成。

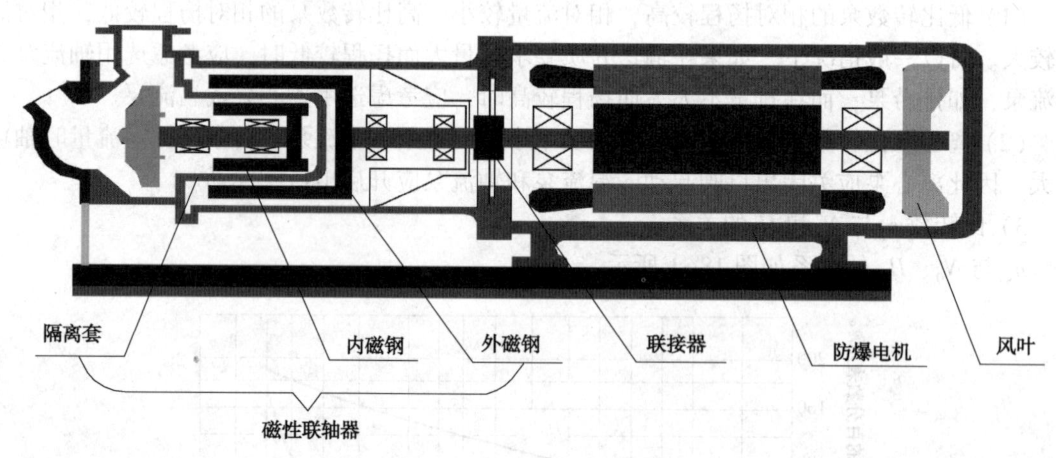

图 18-2　磁力泵结构示意图

电动机通过联轴器与外磁钢联在一起，泵叶轮与内磁钢联在一起，在内磁钢和外磁钢之间设有全密封的隔离套，将内、外磁钢完全隔开，介质封闭在隔离套内，电动机的转轴通过磁钢间磁极的吸力直接带动叶轮同步转动。

隔离套也称密封套，与内、外磁钢组成磁性联轴器，是磁力泵的核心部件。隔离套的厚度与工作压力和使用温度有关，太厚会增加内、外磁钢的间隙尺寸，从而影响磁传动效率；太薄则会影响强度。

隔离套有金属和非金属两种。金属隔离套内存在电涡流损失，为减少涡流损失，提高传动效率，应采用高电阻金属材料，如哈氏合金，涡流损失一般占总传动效率的 15%～25%。非金属隔离套内无涡流损失，因此可相应提高磁性联轴器的传动效率。非金属隔离套有塑料和陶瓷两种。塑料的耐温一般较低(如增强聚丙烯耐温极限为 100℃)，而陶瓷的耐温较高。

因此，为消除涡流损失，一般情况下大多采用非金属隔离套(主要为塑料)。

2）磁力泵的特点

(1）磁力泵利用磁场透过空气隙和隔离套薄壁传动扭矩，带动内转子，从根本上消除了轴封的泄漏通道，实现了完全密封。

(2）力泵的效率比普通离心泵低。对功率小于10kW的泵，选用磁力泵可以确保使用效果。当泵的轴功率大于10kW或介质温度高于100℃时，选用国产磁力泵使用效果不好，必要时建议选用屏蔽泵。

(3）由于受到材料和磁性传动的限制，磁力泵一般用于输送100℃以下、1.6MPa以下的介质。

(4）由于隔离套材料的耐磨性较差，因此磁力泵一般用于输送不含固体颗粒的介质。隔离套也经不起内、外磁钢的摩擦，很容易磨损，而一旦破裂，输送的介质就会外溢。

3）磁力泵的操作要求

(1）磁力泵在正常操作条件下，不存在随时间推移而老化退磁的现象。但当泵过载、阻转或操作温度高于磁钢许用温度时就会发生退磁。

(2）磁力泵禁忌空运转，以免滑动轴承和隔离套烧坏。磁力泵输送的介质中不允许含有铁磁性杂志和硬质杂质。磁力泵不允许在小于额定流量的30%情况下工作。

2. 旋涡泵简介

1）旋涡泵的工作原理

旋涡泵(也称涡流泵)属于叶片式泵。旋涡泵通过旋转的叶轮叶片对流道内液体进行三维流动的动量交换而输送液体。泵内的液体可分为两部分：叶片间的液体和流道内的液体。当叶轮旋转时，叶轮内的液体受到的离心力大，而流道内液体受到的离心力小，使液体产生旋转运动；又由于液体跟着叶轮前进，使液体产生旋转运动。这两种旋转运动合成的结果，就使液体产生与叶轮转向相同的纵向旋涡。此纵向旋涡使流道中的液体多次返回叶轮内，再度受到离心力作用，而每经过一次离心力的作用，扬程就增加一次。因此，旋涡泵具有其他叶片泵所不能达到的高扬程。

2）旋涡泵的结构

旋涡泵的过流部件主要由叶轮和具有环形流道的泵壳组成。旋涡泵叶轮有开式和闭式两种，通常采用闭式叶轮。叶片由铣出的径向凹槽制成。泵的吸入口和排出口开在泵壳的上部，用隔舌分开。

3）旋涡泵的特点

(1）因液体在旋涡泵流道内的冲击损失较大，因此效率较低，一般不超过45%，通常为36%~38%。

(2）旋涡泵结构简单，工作可靠，具有自吸能力，但汽蚀性能较离心泵差。

(3）旋涡泵可输送含气量大于5%的介质，不适用于输送黏度大于115mPa·s的介质(否则会使泵的扬程和效率大幅下降)和含固体颗粒的介质。

(4）旋涡泵不能采用出口阀调节流量，只能采用旁路调节。

(5）旋涡泵一般具有自吸能力(有的需外加自吸装置)，启动时不需灌泵，应开阀启动。

4）应用范围

旋涡泵常用于输送易挥发的介质(如汽油、酒精等)以及流量小、扬程要求高，但对汽蚀性能要求不高或要求工作可靠和有自吸能力的场合(如移动式消防泵等)等。

3. 真空泵简介

1）真空泵的性能指标和选型

(1)真空泵的性能指标。

① 真空度。

一般有下述几种表示方法：

a. 以绝对压力 p 表示，单位为 kPa、Torr(1Torr = 1mmHg)。

b. 以相对压力 p_v 表示，单位为 kPa、mmHg。

p_v(kPa) = 101.32−p(kPa)，p_v(mmHg) = 760−p(Torr)。

② 抽气速率。

抽气速率指单位时间内，真空泵吸入口在的吸入状态下的气体体积量(指吸下压力和温度下的体积流量)，用 S 表示，单位是 m^3/h、m^3/min。真空泵的抽气速率与吸入压力有关，吸入压力愈低，抽气速度愈小，直至极限真空时，抽气速率为零。

③ 极限真空。

极限真空指真空泵抽气时能达到的最低稳定压力值，也称最大真空度。

④ 抽气时间。

抽气时间的计算公式为：

$$t=2.3\frac{V}{S}\lg\frac{p_1}{p_2} \tag{18-8}$$

式中 t——抽气时间，min；

V——真空系统的容积，m^3；

S——真空泵的抽气速率，m^3/min；

p_1——真空系统初始压力，kPa；

p_2——真空系统抽气终了的压力，kPa。

(2) 真空泵的选用。

① 根据真空系统的真空度和泵进口管路的压降，确定泵吸入口处的真空度(绝对压力)。

② 确定真空系统的抽气速率。

③ 将 S_e 换算成泵吸入条件下的抽气率 S'_e。

$$S'_e=\frac{pS_e T_e}{p_s} \tag{18-9}$$

式中 p，p_s——分别为真空系统、泵入口处的真空度；

T_e——泵入口处气体的绝对温度，K；

S_e，S'_e——分别为真空系统、泵入口处的抽气速率。

④ 根据抽气速率和真空度要求，选择真空泵的类型，参见真空泵样本选择真空泵产品

型号。要求泵吸入条件应满足：$S>20\%\sim30\%S'_e$(或更大)。

举例：某发本酵装置需一台水环真空泵，以维持该真空系统在21.5kPa的真空下工作，经计算，该系统的抽气速率为$6m^3/min$(21.5kPa及40℃下)，泵入口的压力为20kPa，常温，试选择真空泵型号。

解：已知$S_e=6m^3/min$，$T=40℃$，$T_s=20℃$，则

$$S'_e=\frac{pS_eT_s}{p_sT}=\frac{21.5\times6\times(273+20)}{20\times(273+40)}=6.04(m^3/min)$$

查真空泵产品样本，选用2BE1153-0水环真空泵，在20kPa压力下，抽气速率S为$9.2m^3/min$。$S/S'_e=1.52$，能满足工艺要求。

2）常用真空泵产品

(1）W型往复式真空泵。

W型往复式真空泵是获得粗真空的主要设备之一，用于从密闭容器中或反应锅中抽除空气与其他气体，不适用于抽除腐蚀性的气体或者带有硬颗粒灰尘的气体。

W型真空泵具有体积小、维修简单、阀片寿命较长等特点，适宜在较高压强范围内使用，极限真空为2000Pa左右。

(2）旋片式真空泵。

① 2X型旋片式真空泵。

为双级结构容积式真空泵，由偏心安装的带有旋片的转子高速旋转，使泵腔的容积不断变化而完成抽气作用。该泵装有气镇阀，当被抽气体中含有少量蒸汽时，开启气镇阀向泵的排气腔注入空气，水蒸气可以和空气一起排出，不致在泵中凝结成水，被油乳化。2X型真空泵可以单独作为主泵使用，也可作为增压泵、扩散泵和分子泵的前级泵使用。

② 2XZ型旋片式真空泵。

为双级直联结构，其抽气原理与2X型相同。该泵有体积小、质量轻、噪声低、起动和移动方便等优点，适宜于实验室使用。

2XZ型真空泵可单独使用，也可作为增压泵、扩散泵和分子泵的前级泵、维持泵等。该泵不适用于腐蚀性气体及含颗粒灰尘的气体。

(3）水环式真空泵。

水环式真空泵用来抽吸不含固体颗粒的气体，使被抽系统中形成真空。工作介质一般为常温清水，如果选用适当材料，也可以用于泵送酸、碱等其他工作液体。

水环真空泵叶轮偏心安装在泵体内，起动前向泵内注入一定高度的工作介质。当叶轮旋转时，水受到离心力的作用，在泵体壁内形成一个旋转的水环，叶片及两端的侧板(又叫分配器)形成密闭的空腔，在前半转(此时经过吸气孔)的旋转过程中，密封的空腔容积逐渐扩大，气体由吸气孔吸入，在后半转(此时经过吸气孔)的旋转过程中，密封容积逐渐缩小，气体从排气孔排出，随之排出的还有一部水。

为了保持恒定的水环，在运行过程中必须连续向泵内供水。

(4）其他型式真空泵。

包括罗茨真空泵，真空机组，滑阀真空泵，油扩散泵，罗茨泵，旋片泵真空机组，水环大气喷射真空泵组等。

4. 转子泵简介

转子泵由静止的泵壳和旋转的转子组成，它没有吸入阀和排出阀，靠泵体内的转子与液体接触的一侧将能量以静压力形式直接作用于液体，并借旋转转子的挤压作用排出液体，同时在另一侧留出空间，形成低压，使液体连续地吸入。

转子泵的压头较高，流量通常较小，排液均匀，适用于输送黏度高、具有润滑性，但不含固体颗粒的液体。

转子泵的类型有齿轮泵、螺杆泵、滑片泵、挠性叶轮泵、罗茨泵、旋转活塞泵等，齿轮泵和螺杆泵是最常见的转子泵。

1）齿轮泵

泵壳中有一对啮合的齿轮，其中一个是主动齿轮，另一个是从动齿轮，由主动齿轮啮合带动旋转。齿轮与泵壳、齿轮与齿轮之间留有较小的间隙。当齿轮旋转时，在轮齿逐渐脱离啮合的左侧吸液腔中，齿间密闭容积增大，形成局部真空液体在压差作用下吸入吸液室，随着齿轮旋转，液体分两路在齿轮与泵壳之间被齿轮推动前进，送到右侧排液腔，在排液腔中两齿轮逐渐啮合使容积减小，齿轮间的液体被挤到排液口。

齿轮泵一般自带安全阀，当排压过高时，安全阀开启，使高压液体返回吸入口。齿轮泵的工作稳定，结构可靠，缺点是轮齿容易磨损。其性能参数为：流量为 $0.3\sim200m^3/h$(国外为 $0.04\sim340m^3/h$)；出口压力≤4MPa；转速为 150~1450r/min；容积效率为 90%~95%；总效率为 60%~70%；温度≤350℃；介质黏度 $1\sim1\times10^5mm^2/s$(国外≤$4.4\times10^5mm^2/s$)。

齿轮泵常用于输送无腐蚀性的油类等黏性介质，不适用于输送含有固体颗粒的液体及高挥发性、低闪点的液体。

齿轮泵的齿轮型式有正齿轮、人字齿轮和螺旋齿轮。其中，人字齿轮和螺旋齿轮的泵运转平稳，应用较多。但小型齿轮仍多采用正齿轮。齿轮泵分为外齿轮泵和内齿轮泵两种其性能比较如表 18-8 所示。

表 18-8 内齿轮泵和外齿轮泵的性能比较

性　能	外齿轮泵	内齿轮泵
出口压力/MPa	<4	非润滑性介质<0.7； 润滑性介质<1.7
流量/(m^3/h)	<7	<341
特点	运动件少，维修费用高	运动件少，维修费用低
价格	低	相对高

2）螺杆泵

螺杆泵属于容积式转子泵。运转时，螺杆一边旋转一边啮合，液体便被一个或几个螺杆上螺旋槽沿轴向排出。

螺杆泵的主要优点是结构紧凑，流量及压力基本无脉动，运转平稳，寿命长，效率高，适用的液体种类和黏度范围广；缺点是制造加工要求高，工作特性对黏度变化比较敏感。螺杆泵可分为单螺杆泵、双螺杆泵和三螺杆泵，其性能比较如表 18-9 所示。

表 18-9 不同螺杆泵的性能对比表

类型	结构	特点	性能参数	应用场合
单螺杆泵	单头阳螺旋转子在特殊的双头阴螺旋定子内偏心地转动(定子是柔性的)，能沿泵中心线来回摆动，与定子始终保持啮合	(1) 可输送含固体颗粒的液体； (2) 几乎可用于任何黏度的流体，尤其适用于高黏性和非牛顿流体； (3) 工作温度受定子材料限制	流量可达 $150m^3/h$，压力可达 20MPa	用于糖蜜、果肉、巧克力浆、油漆、柏油、石腊、润滑脂、泥浆、黏土、陶土等
双螺杆泵	有两根同样大小的螺杆轴，一根为主动轴，一根为从动轴，通过齿轮传动达到同步旋转	(1) 螺杆与泵体，以及螺杆之间保持 0.05~0.15mm 间隙，磨损小，寿命长； (2) 填料箱只受吸入压力作用，泄漏量少； (3) 与三螺杆泵相比，对杂质不敏感	压力一般约为 1.4MPa，对于黏性液最大为 7MPa，黏度不高的液体可达 3MPa，流量一般为 $6\sim600m^3/h$，最大 $1600m^3/h$，液体黏度不得大于 $1500mm^2/s$	用于润滑油、润滑脂、原油、柏油、燃料油及其他高黏性油
三螺杆泵	由一根主动螺杆和两根与之相啮合的从动螺杆所构成	(1) 主动螺杆直接驱动从动螺杆，无需齿轮传动，结构简单； (2) 泵体本身即作为螺杆的轴承，无需再安装径向轴承； (3) 螺杆不承受弯曲载荷，可以制得很长，因此可获得高压力； (4) 不宜输送含粒径为 600μm 以上固体杂质的液体； (5) 可高速运转，是一种体积小的大流量泵，容积效率高； (6) 填料箱仅与吸入压力相通，泄漏量少	压力可达 70MPa，流量可达 $2000^3/h$。适用黏度为 $5\sim250mm^2/s$ 的介质	用于输送润滑油、重油、轻油及原油等。也可用于甘油及黏胶等高黏性药液的输送和加压

(1) 单螺杆泵。

单螺杆泵主要由螺杆、泵套、方向联轴节组成，泵套常用橡胶制成。泵套螺纹的导程等于螺杆螺距的 2 倍(即 $T=2t$)，二者螺纹旋向相同。万向联轴节把传动轴的回转运动变为螺杆的复合运动。螺杆的轴向力通过万向联轴节由轴承承受。套与螺杆的横截面面积之差(即泵的过流面积)等于 $8eR$，螺杆转动一圈，泵所输送的液体体积等于 $8eRT$。

理论流量为：$Q_{th}=8eRTn$；流量为：$Q=8eRTn\eta_v$；$\eta_v=0.65\sim0.85$。

e(偏心)、R(螺杆半径)和 t(螺矩)值直接影响泵的效率和寿命，通常取比值，$t/e=20\sim35$；$t/R=3\sim10$；$e=1\sim8mm$。

(2) 双螺杆泵。

泵体内装有两根左、右旋单头螺纹的螺杆，由于螺杆的两端处于同一压力腔中，螺杆上的轴向力可自行平衡。主杆通过一对同步齿轮带动从杆回转，两根螺杆以及螺杆与泵体之间的间隙靠齿轮和轴承保证。齿轮和轴承装在泵体外面，并有单独的润滑系统。对单吸式双螺杆泵，通常需考虑平衡轴向力的液力平衡装置。双螺杆泵螺杆的横截面齿形有多种，按纵截面齿形可分为矩型、梯型、对称曲线型、非对称曲线型 4 种。

双螺杆泵流量为：$Q=4.4\times10-4\eta_v nd_j^3$，其中 $\eta_v=0.5\sim0.85$，n 为转速，d_j 为节圆直径。

案例介绍：2006年年初，坨82接转站初始投产的3台2HSR1400-50型油气混输泵在使用不到一年的时间内出现了排量降低，1台泵工频运行不能满足生产需要的被动局面。由于生产急需，更换了额定流量为100m^3/h的2HSW166-80型大排量混输泵，1月26日，安装调试完毕。在初始运行频率28Hz时，泵排量达到42m^3/h，该泵运转4300h后，在运行频率为45Hz时，排量仅为40m^3/h，泵效已大幅度下降。

原因分析：受螺旋槽的尖角影响，双螺杆泵对固体介质比较敏感。当主、从动杆运转时，螺旋槽和衬套均会与砂粒发生非正常的挤压与摩擦，长时间作用两者的配合间隙增大。经对低效泵解体，测得螺旋套与衬套的配合间隙由出厂时的0.15mm增大到了1mm(报废极限≤0.3mm)。

解决办法：若在安装位置不受影响的前提下，优先选用固体介质通过性好的单螺杆泵；若原油黏度较低或降低原油黏度，可考虑选用轴封方式为波纹管机械密封的离心泵来输送。

3）罗茨泵

罗茨泵是一种容积式转子泵。两个“8”字转子通过齿轮传动作反向同步旋转，从而将它们与泵体之间的液体排出。罗茨泵可分双叶泵和多叶罗茨泵。图18-3所示为双叶罗茨的工作原理图。转子之间以及转子与泵体之间是互不接触的，根据泵的大小留有0.1~1mm间隙，此间隙使罗茨泵在高转速下能平稳运转。

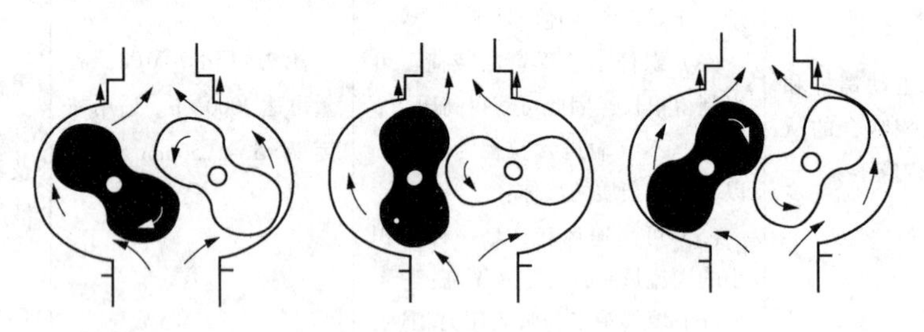

图18-3　罗茨泵结构示意图

4）挠性叶轮泵

挠性叶轮泵属于容积式转子泵。其一般形式是一个挠性叶轮安装在有一偏心段时，挠性叶轮片伸直产生真空，液体被吸入泵内，随着叶轮旋转，液体也随之从吸入侧到达排出侧，当叶片与泵壳偏心段接触而发生弯曲时，液体便被平稳地排出泵外。

挠性叶轮泵的特点如下：

(1) 效率较高。对低黏度液体，效率随转速上升而增加。液体黏度增大，效率将大大下降。

(2) 泵流量与转速和叶轮直径成正比，扬程随流量下降而明显增大。

(3) 泵体除轴承外，无金属接触部分，噪声小。一般具有自吸能力，但不适宜干运转。输送介质的温度不应超过表18-10中的最大工作温度。泵的性能参数为：压力小于0.3MPa、流量小于12m^2/h。

(4) 挠性泵可用于各种本性液体、碱性液体、墨水、酒精、甘油、洗涤剂、海水、砂糖液及蒸馏水等的循环和输送。也可用于小规模的给水、排水，但不适于输送高浓度溶剂和有机酸。

表 18-10　泵的最大工作温度

叶轮材料	最大工作温度/℃	应用场合	叶轮材料	最大工作温度/℃	应用场合
氯丁橡胶	80	一般用途	碳化氟像胶	95	化学腐蚀液
丁腈像胶	80	油类	聚氨酯	90	多杂质液

5）滑片泵

滑片泵的转子为圆柱形，具有径向槽道，槽道中安放滑片，滑片数可以是两片或多片，滑片能在槽道中自由滑动。

泵转子在泵壳内偏心安装，转子表面与泵壳内表面构成了一个月牙形空间。转子旋转时，滑片依靠离心力或弹簧力(弹簧放在槽底)的作用紧贴在泵内腔。在转子的前半转时，相邻两滑片所包围的空间逐渐增大，形成真空，吸入液体，而在转子的后半转时，此空间逐渐减小，就将液体挤压到排出管。

6）旋转活塞泵

旋转活塞泵的转子为一对共轭凸轮，其工作过程与往复相似，当凸轮转动时，吸入口形成真空，液体充满整个泵壳；凸轮继续转动，把液体封闭送往排出口，因此可不设吸入阀和排出阀。该类泵适用于输送黏度为 0.2～10Pa · s，温度不超过 140℃的稠油及造纸、食品、橡胶、化工等部门的高黏度介质。

第四节　泵座基础知识

1. 泵基础的设计条件

（1）泵机组及辅助设备的安装尺寸图，包括底座尺寸，地脚螺栓的数量、直径、长度、露头长度和位置尺寸，机组总重等。

（2）泵运转速度范围、额定功率。

（3）重要的大型泵，应标出机组重心位置，回转部件的质量和重心位置，以及最大的不平衡力和力矩。

（4）地脚螺栓的固定方法(直接埋置法或预留孔二次灌浆法，推荐用后者)。

2. 泵基础的一般要求

（1）泵基础尺寸通常按泵底座尺寸确定，底座边缘到基础边的距离一般为 100～120mm。基础表面一般比地面高 200mm，地脚螺栓预留孔一般为 100mm×100mm 方孔，深度由地脚螺栓长度确定。

（2）泵基础必须能承受泵和管路的最大静负荷和动负荷，不能有任何损坏和影响泵运转的沉降。

（3）基础的质量，对于回转泵，一般至少为泵机组总重的 3 倍，对往复泵为 5 倍。

（4）为避免发生共振，干扰力的频率与基础和泵系统的自振频率之比应小于 0.7 或大于 1.3。

（5）预留螺栓孔周边与基础外表面之间的混凝土厚度不应小于 75mm。

(6) 为去掉基础顶部表面的浮浆和附着物，要凿掉5~20mm厚的表层，考虑到初期收缩，应留有适当的灌浆裕量。

(7) 需二次灌浆的基础表面应铲出麻面，表面不允许有油污和疏松层，放垫铁处的基础表面应铲平，其水平度允差为2mm/m。

第五节 注水工艺新技术应用

1. 多级离心式注水泵拆级改造并增设导流套

根据离心泵的结构原理及管路工作流程中出现的问题进行了减级，同时自行设计制做了离心式注水泵的导流套，有效解决了注水泵出口管路调节阀门的节流能量损耗。使注水泵的性能得到了充分应用。

一台注水泵必须和一定的管路系统联合工作，才能完成高压注水的实施过程。在注水过程中，注水泵向高压注水管线内腔充入液体动能，液体在管路内的运行过程中与管壁产生摩擦，产生液体流动阻力，造成液体能量损失。当注水泵在运行时，它们之间的关系如图18-4所示。从“特性曲线图”可以看出，当注水泵在某一工况下稳定工作时，从能量平衡原理出发，泵的有效压头(即扬程)在任何时候都等于一定管路所消耗的压头，即$H_B=H_G$，也即泵的排出扬程与液体经出口管路所要消耗的扬程是相等的，考虑到要保证注水工作的顺利实施，应使泵的排出扬程略高于管路的干线压力为宜。

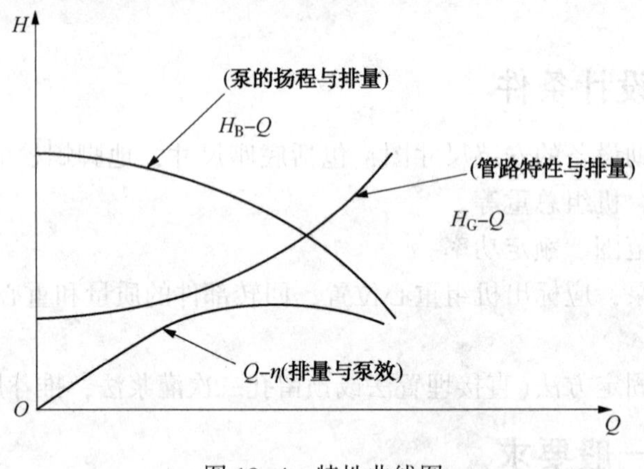

图18-4 特性曲线图

但过去对注水泵站的设计并非如此，例如，胜利采油厂现有4座注水泵站，有两座在当初设计是选用的DF300-150×11型注水泵，另有两座分别是DF250-160×10和DF300-150×10型注水泵，泵的排出扬程分别为：DF300-150×11是1650m·H_2O，DF300-150×10是1500m·H_2O，DF250-160×10是1600m·H_2O，而与之相配套的管路干线压力分别是1310~1330m·H_2O和1180~1190m·H_2O。从以上可以看出，泵的排出扬程远高于管路的干线压力300m·H_2O左右，这部分扬程在泵运行时必须通过注水泵出口管路的控制阀来调节，把多余的液体能量进行节流消耗，造成很大的浪费。经过统计核算，每注1m³水，平均耗电量达7.3kW·h。针对以上出现的问题，油田注水是各采油厂的“耗能大户”之一，降低注水每立方米的平均耗电量，对节约电能具有十分重要的实际意义，因为它对原油开采成本有着举足轻重的影响，所以对注水泵的改造就显得尤为重要。

1）拆级原则与方案

（1）拆级原则。

① 为保证注水泵的吸入和排出，对注水泵进行拆级时不能拆第一级及最后一级。

② 对注水泵拆级时，应考虑拆级后确保泵转子部件运行平稳。

③ 对注水泵拆级后应加装导流套，减少注水泵内部的水力损失。设计制减级导流套，能有效地引导液体以最短的路径和最快的速度进入下一级叶轮，从而提高液体流速，同时，减少了液体在注水泵内腔运动时产生的沿程阻力损失和涡流所造成的液体能量损失。经过现场应用，取得了令人满意的效果，并先后在胜利采油厂的 6 座注水泵站 24 台注水泵进行了推广应用。设计制做的导流套如图 18-5 所示。

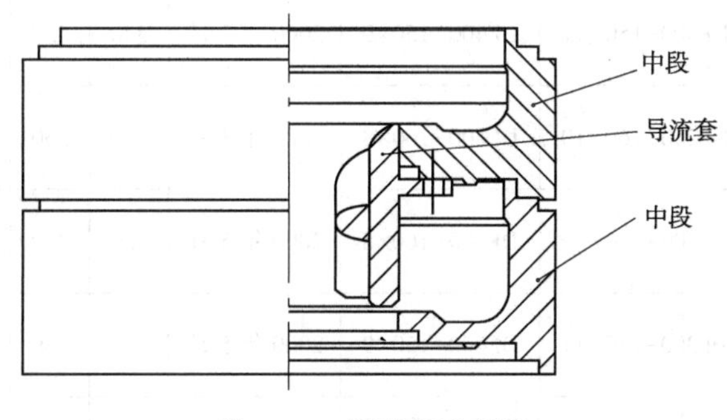

图 18-5　导流套示意图

（2）拆级方案。

① 若 DF250-150 原来为 10 级泵，要改为 8 级，则需在现有的 9 级的基础上再拆一级，按拆级原则，拆第 4、7 两级或拆第 5、6 两级。

② 若 DF400 原为 11 级泵，要拆为 8 级，则需要在现有的基础上再拆一级，按拆级原则，拆第 4、6、8 三级或拆第 5、6、7 三级。

（3）几点说明。

① DF250 注水泵由原来的 10 级拆掉 2 级叶轮，变为 8 级泵；DF400 注水泵由原来的 11 级拆掉 3 级叶轮，变为 8 级泵。由于拆级数多，尽管拆级后装有导流套，在泵内都将产有一部分损失，影响注水泵的效率。

② 注水泵在拆级后，在保证电机满负荷运行时，注水泵在大流量工况下运行，会偏离最佳效率点，降低泵的运行效率。

2）实施效果与效益分析

（1）实施注水泵拆级改造，实现了设备与工艺的最佳匹配。为适应采油一区注采综合调整的要求，对胜一注 2#DF400-9 级泵拆级改造为 DF400-8 级泵，减少了配水间的节流阀损，使泵、干压差由 0.5MPa 下降到 0.3MPa，注水单耗由 5.05kW·h/m^{3}下降到 4.85kW·h/m^3。

（2）为满足三采注聚第二段塞清水注入的调整需求，对胜一注 4#DF140-150×10 泵进行了改型，重新组装了 DF120-150×10 泵，注水单耗由 5.94kW·h/m^{3}下降到 5.52kW·h/m^3，单耗下降了 0.42kW·h/m^3，节能效果十分理想。

（3）为满足地质配注需求，解决胜九注的注水供需矛盾，实施了 DFj250-138×10 注水泵改造，它的改造完成解决了胜九注水系统长期存在的供水负荷小于地质需求的问题，为实现 T142 断块的稳定注水创下了条件。

具体改造情况及实施效果如表 18-11 所示。

表 18-11 改造情况及实施效果

序号	安装地点	改进前泵型号级数	改进后泵型号级数	改造日期	排量/(m^3/h)		扬程/($m \cdot H_2O$)		注水单方平均耗电/($kW \cdot h$)	
					Q 改前	Q 改后	H 改前	H 改后	改前	改后
1	胜一注 1#、	DF300-150×11	DF400-150×9	2000 年 1 月	320	430	1650	1350	7.3	5.4
2	胜一注 2#、3#、4#、	DF300-150×11	DF400-150×9	2000 年 1 月	320	430	1650	1350	7.3	5.14
3	胜四注 1#、2#、3#、4#	DF300-150×11	DF400-150×9	2000 年 2 月	320	430	1650	1350	7.3	5.14
4	胜五注 8#、9#、10#、11#	DF250-160×10	DF300-160×8	2000 年 3 月	260	350	1600	1280	7.11	4.88
5	胜七注 1#、3#、4#、5#	DF300-150×10	DF400-160×8	2000 年 5 月	320	430	1500	1280	6.61	4.88
6	胜八注 2#、3#、4#、5#	DF300-150×11	DF400-150×9	2000 年 5 月	320	430	1650	1350	7.3	5.14
7	胜九注 1#、2#、3#、4#	DF300-150×11	DF400-150×9	2000 年 6 月	320	430	1650	1350	7.3	5.14

2. DF400 型注水泵油环自润滑改造

1) 可行性分析

目前，油田大多数 DF400 型注水泵轴承多为润滑油强制润滑。存在的最大问题是：轴封盘根刺漏时，易造成整个注水泵润滑油系统的润滑油变质，污染严重时必须全部更换。为此，进行 DF400 型注水泵自润滑轴承改造研究与试验，这无论是在注水泵管理上还是从运行经济性方面都是必要且重要的。

从油田目前在用多级离心式注水泵来看，DF250 型以下各型注水泵基本采用轴承室油环甩油自润滑。从运行效果看，采用油环甩油润滑的轴瓦比强制润滑的轴瓦温度约高 2~3℃，但对轴瓦使用寿命基本不造成影响，即油环自润滑的轴承其运行是可靠的。

可行性分析：

(1) 采用强制润滑的注水泵，润滑油降温主要靠冷凝器换热、储油箱和输送油管散热。油环自润滑的轴瓦润滑油降温措施是靠轴瓦下壳冷却水夹套的冷却水换热实现的，降温效果比采用强制润滑的差，但基本可以保证轴瓦可靠运行。

(2) 采用强制润滑的注水泵，轴瓦的润滑主要通过压力油浇注实现；而采用油环自润滑的注水泵，轴瓦的润滑主要利用油环转动甩油来实现。

2) 改造方案

(1) 强制润滑注水泵轴瓦结构。采用强制润滑的 DF400 型注水泵轴瓦部件结构如

图 18-6所示。强制润滑的 DF400 注水泵，润滑油从轴承箱的水平侧进入，从轴承箱的底部流回润滑油箱进行循环，从而使轴瓦得到充分而良好的润滑、冷却。

（2）油环自润滑轴瓦部件结构。

采用油环自润滑的轴瓦部件结构如图 18-7 所示。

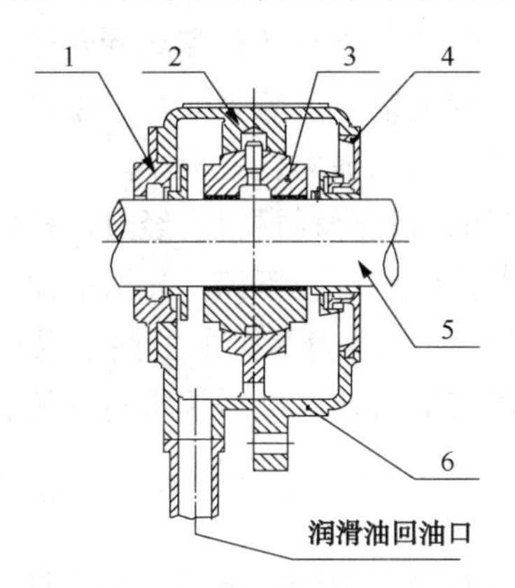

图 18-6　强制润滑注水泵轴瓦结构示意图

1—密封端盖；2—上瓦盖；3—轴瓦副；4—泵轴；5—档油盖；6—下瓦盖

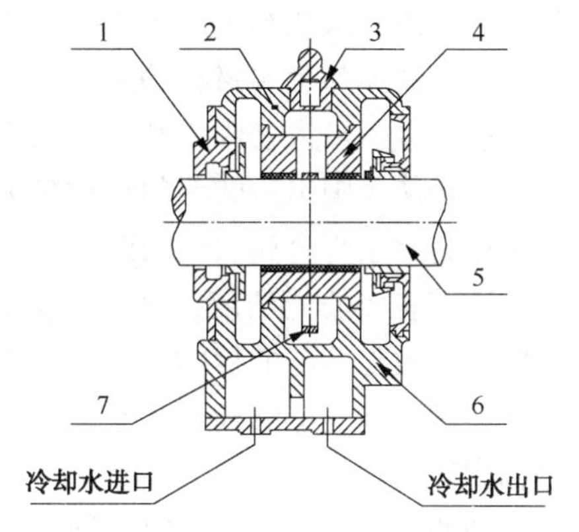

图 18-7　油环自润滑轴瓦部件结构示意图

1—密封盖；2—上瓦盖；3—透气盖；4—轴瓦副；5—泵轴；6—下瓦盖；7—油环

油环自润滑的注水泵，润滑油直接加注到轴承室内，靠旁通油位指示管显示润滑的液位（在上下刻度线的 1/2~2/3 位置为宜），润滑油的冷却靠冷却塔的循环水进入下瓦壳冷却水夹套换热。

（3）改造施工。

强制润滑轴承改造为油环自润滑轴承的施工步骤如下：

① 拆卸强制润滑的注水泵并运输到泵修车间，实施室内改造检修。

② 拆卸联轴器及前后轴瓦组件。

③ 顺序安装轴承下瓦壳、轴瓦下半部分、油环、左右密封端盖、轴瓦几密封端盖上半部分，最后安装联轴器。

④ 现场安装改造泵，盘泵检查并试运行。

3）改造效果

该方案于 2002 年在胜七注 3#、4#注水泵上进行试验性改造，在近一年的改造试运可靠的基础上，2003 年在胜一注 2#、3#、胜七注 2#等 3 台注水泵上得到推广性应用改造。主要改造效果有：

（1）经改造后的 DF400 型注水泵，轴瓦壳振动幅值较小，但频率较高，原因主要是下瓦壳与泵体固定形成的悬臂稍为薄弱。

（2）经改造后的 DF400 型注水泵，轴瓦温度正常，未出现一例因冷却不良导致咬轴的问题。

（3）经济效果明显。自油环自润滑轴承改造后，减少了磁力油泵的开泵台数，年节约电费 1.3 万元，而且减少了盘根刺漏造成对润滑油的污染，平均每年少用润滑油在 0.8 万元以上，年共节约费用 2.1 万元以上。一台改造费用仅需费用 1.3 万元，投资回收期不到一年，是经济效益非常高的改造项目。

(4) 减少了值班工人油泵巡检以及润滑油过滤、净化等劳动强度。

3. 贝尔佐钠降摩工艺技术应用

1) 降耗机理

水利损失是离心式注水泵的三大能量损失之一，损失的大小与叶轮和导叶轮过流表面的粗糙度以及过流液体与金属材料的亲合力大小有着直接的关系。过流表面粗糙度高和金属材料与过流液体亲合力愈大，则水利损失也就愈大；反之，水利损失也就愈小。

贝尔佐钠是从美国引进的专门针对泵类设备而研制的新型降耗材料。经过严格的施工工艺流程，能提高涂层与金属表面的附着力与渗透性，保证涂层不脱不掉。光滑的涂层提高了叶轮、导叶流道表面的光洁度，降低了流体与流道间的摩擦阻力，减少了注水泵的水力损失，达到提高泵效与节能的目的。同时，由于涂层的覆盖能有效地减缓污水对叶轮、导叶表面的腐蚀及冲刷，因此能够延长注水泵的使用寿命。

2) 施工工艺

贝尔佐钠的施工工艺讲究，喷涂前必须将喷涂件用专用试剂清洗干净，经认真地风砂除锈和二次再清洗后自然晾干，然后在专用密闭箱内进行均匀喷涂，不能出现流状和疤痕。喷涂后经3~4d的自然晾干后使用。只有按照严格的施工工艺并由拥有施工经验的人员操作，涂层才能牢实坚硬，才能用砂布及锉刀等工具进行打磨。

3) 应用效果

自2001年贝尔佐钠在数台泵上应用以来，效果非常显著。几乎每台DF400泵的运行泵效都超过了80%，较未使用涂料的注水泵，注水效率提高了2%~3%，单耗平均下降了约0.10kW·h/m^3。

此外，涂抹贝尔佐钠的注水泵转子部件的使用寿命大大延长。2001年施工的胜七注3#、4#泵已连续运转时间达1.7×10^4h，用BCY-2泵效测试仪测试，泵效均仍高达79%。2003年2月份施工的胜九注2#DF400泵，运行泵效达到了82%，这是全厂唯一一台测试泵效达到出厂泵效的高效泵。

4. 调速节能技术方案

1) 调速方案选择

目前，6kV高压电机调节转速的方式主要有电气调速和机械调速两类。其中，电气调速有变频调速、串级调速(内、外反馈)、转子串电阻调速、电磁滑差离合器调速、调定子电压调速和改变电机磁极对数调速6种；机械调速有液离偶合器调速和机械滑差离合器调速两种。纵观以上8种调速方式，以变频调速和内反馈串级调速为佳。但由于进口或国产高压变频装置的IGBT分压管同步触发技术难以解决，造价也十分昂贵，用户难以接受，而内反馈串级调速装置的造价低，运行安全可靠，调速范围宽，故此内反馈串级调速方案是注水泵节能改造的最佳选择。

2) 6kV高压电机内反馈串级调速节能机理

(1) 内反馈串级调速装置主电路原理如图18-8所示。

(2) 调速原理。

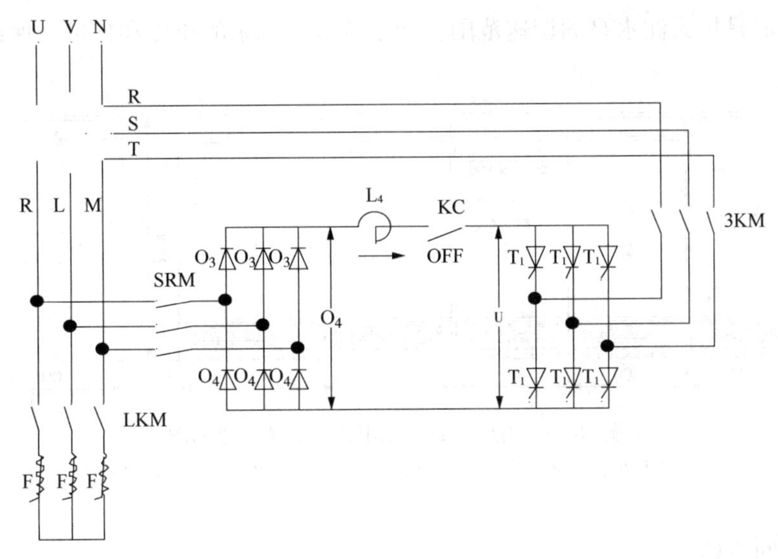

图 18-8　内反馈串级调速装置主电路原理图

内反馈串级调速装置电路模拟了绕线式电机转子串电阻的调速原理，即当绕线转子电阻增大，电流减小时，则电机轴的转速下降；反之，电阻减小，电流增大，电机轴的转速上升。但由于转子串电阻的转差能 SP 变为热损耗，因此达不到节能降耗的目的。而内反馈串级调速装置在转子回路中用三相桥式整流与三相桥式逆变加中间直流环节代替了串电阻，既节省电能，又实现了调速的效果。

转子回路经三相桥式整流，将交流变为直流，直流侧电压为 U_d，改变逆变器功率管的导通角 β，使其直流侧电压 $U_\beta = U_d$，直流环节中 $I_d = 0$，转子电流为零，转速最低。当改变逆变器功率管的导通角 β，使其直流侧电压 $U_\beta = 0$ 时，直流环节中 I_d 达到最大，转子电流最大，转速最高。因此，调节三相桥式逆变器的触发脉冲电导角 β，则转子转速能实现连续无级可调。

（3）内反馈串级调速装置的两大节电要素。

① 目前，油田大部分注水泵是由鼠笼式电机拖动，若采用变频调速方案，转子中的转差能因没有反馈回路而不能得到利用。而串级调速能将绕线式转子的剩余电能经过整流、逆变过程，回馈到电机定子绕组，到达 6kV 母线。这是串级调速装置比变频调速装置增加节电率的一大要素。

② 内反馈串级调速装置又配套了滤波补偿柜(图 18-9)。采用 LC 高次谐波滤波器，滤波电容兼作无功补偿，大大提高了功率因素。在电机轴功率一定的情况下，降低了工作电流，减少了电网的线损和压降。这是串级调速装置比变频调速装置增加节电率的另一大要素。因此，在相同的变工况情况下，内反馈串级调速装置比高压变频装置取得了更多的节能效果。

3）注水泵调速优化及恒压注水闭环控制

（1）实施注水泵升级改造。

针对胜八注水站目前运行泵压高于额定泵压的现状，并结合调速节能改造方案，两台 DF400-150×9 泵应在调速改造的同时实施升级改造，增加一级为 DF400-150×10 泵。实施升级改造的目的是扩大注水泵的调速范围，便于调节注水泵的压力和排量，保证注水泵在高效区运行。

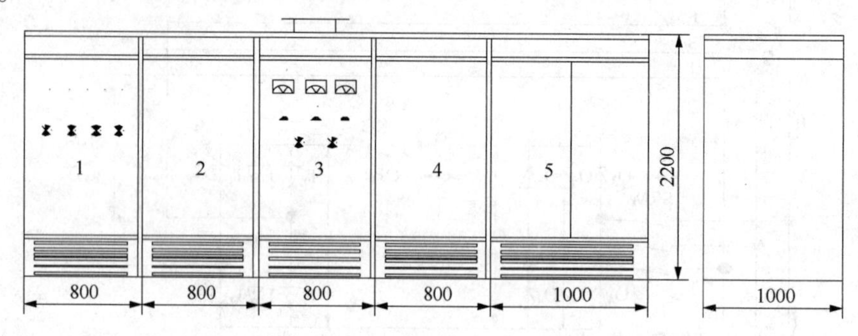

图 18-9　内反馈数字化串级调速装置立面图

1—操作柜；2—转子柜；3—变流柜；4—电抗器柜；5—滤波补偿柜

（2）实施同步调速。

目前，胜八注正常两台泵同时运行，若仅安装一台泵调速，则调速泵的转速下降，扬程大幅度下跌，而另一台泵继续保持恒速运转，扬程几乎不发生变化，这样就会给调速泵造成水头回压，调速泵排量降低，电流升高，起不到节电效果。因此，必须采取两台泵同步调速措施，增加节电效果。

（3）恒压注水闭环控制。

控制原理框图如图 18-10 所示。通过控制器面板设定注水压力为 13.3MPa，控制系统通过压力变送仪采集注水管网的压力信号并反馈到控制器，经 PID 控制器运算后发出控制信号，自动调节电机转速，使注水管网维持 13.3MPa 的注水压力，实现了注水恒压闭环控制过程。并可通过手动调节或者自动改变压力设定值的办法，改变管网压力，以适应不同的注水工况要求。

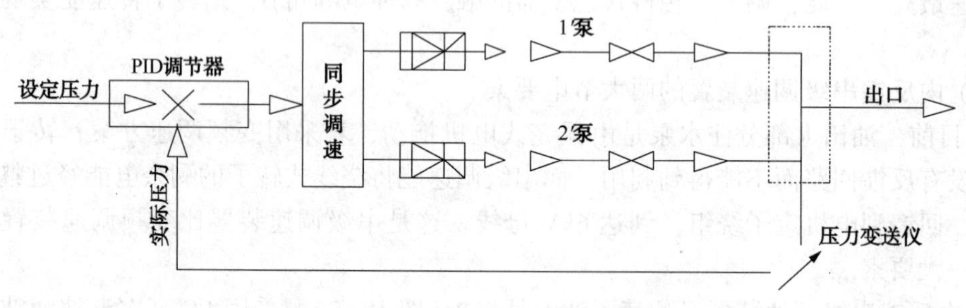

图 18-10　恒压注水闭环控制框图

5. PCP 压流可调系统方案

目前，提高站内运行效率的技术主要有：

（1）离心泵减级，该技术主要解决注水泵输出压力过高、机泵不匹配等问题。价格便宜，便于操作，但是需要与其他诸如分压注水和地面增压等措施相配合。PCP 技术中也用到了离心泵减级技术，该技术使用较广。

（2）叶轮及流道工艺处理，使流体机械内表面更为光滑，减小流体的泵内水力损失。用于运行时间过长或腐蚀结垢严重的泵时效果较好。

(3) 高低压变频技术。解决泵输出压力与水量与管网不匹配，动态变化较大的问题。其中，高压变频技术在大庆油田已经有所应用，但从其效果来看，性价比较低，而且实际原理也有问题，特别是前期的高额投入更是让诸多油田望而却步，不成功者为多。低压变频技术较为成熟，且价格低廉，所以 PCP 技术中的小功率增压泵就采用了低压变频技术，既满足了性能要求，又降低了成本。

PCP(PUMP—CONTROL—PUMP)技术是通过引进、消化、吸收、创新和多年开发成功研究出的国内先进注水技术。以该技术为核心的 PCP 压流可调自动化注水泵站系统具有流量系列化，压力调幅大，监控高度自动化的特点。因此，该技术适用于各种流量和压力调幅大泵站的改造。PCP 技术原理方案，既可用于新建泵站，又可用于老站改造。已在油田成功应用，而且通过实践检验，完全适应油田的需求，符合现代技术的发展方向。该系统中涉及诸多高新技术，如泵机、电机拖动、高低压供电、连锁保护、仪表检测调节、大功率变频调速、计算机控制、注水工艺、软件技术、环境保护等，是一大型复杂集成系统。

根据当前的现实情况，提高注水泵站效率主要存在两种可能，即新建泵站或旧站改造。这两种情况均可通过下述方案解决。

1) 流程原理

流程原理如图 18-11 所示。

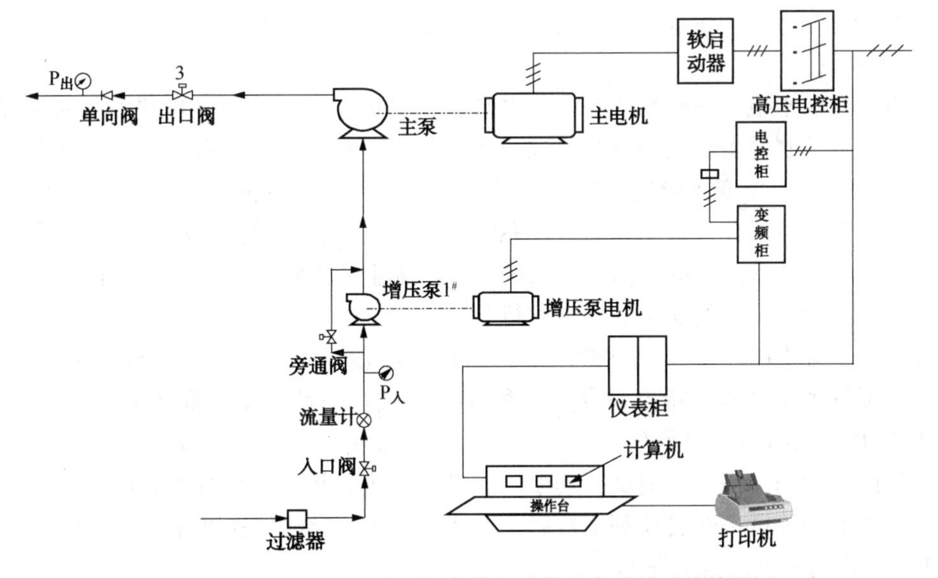

图 18-11　PCP 压流可调高效自动化注水泵站系统简图

2) 解决方案

(1) 新建泵站。

根据油田的注水需求，建议新建泵站的注水泵采用高速高效的离心泵。因为注水泵在泵站系统中是最为重要的一环，而鉴于目前国内的注水泵在工艺、质量上同国际先进水平尚有一定的差距，因此可引进国外名牌的注水泵。当然，在条件不允许的情况下也可以采用国产高效泵。在此基础上，凭借多年成功的泵站系统集成经验和技术优势，应用 PCP 原理(泵控泵)的泵站系统的价格仅是国外同类产品的三分之一，是注水大电机上高压变频价格的二分之一，并有很多独到之处。根据客户不同的需求，注水泵的排量可选用500m³/h、400m³/h、300m³/h、150m³/h的高效注水泵。它们的效率可达80%，比目前大部分的泵站高10%。

如图18-11所示，除泵站必备系统外，可根据客户的需要增加其他的辅助系统。在多年的泵站系统集成过程中，我们自行开发研制的泵站自动应急润滑系统，解决了目前油田泵站润滑系统的诸多不足，防止了泵站在突发情况下，因润滑失效而造成的设备损坏。通过精确计算，选定与主泵匹配的增压泵，然后对增压泵实现变频调速计算机仪表控制，通过系统软件来达到对整个泵站调节的目的。

(2) 泵站的改造。

泵站改造过程中，通常会遇到两种情况：

① 旧泵淘汰，直接换成新的高效泵，保持原来驱动电机不动，并加装增压泵，通过变频调速器和计算机软件系统来达到调压、调排量的功能，并降低能量消耗，实现PCP。这种方式投资量稍大，但相对更为可靠，节能效果特别明显。

② 原有泵驱动电机都保持不动，引入PCP技术，也就是加装增压泵，增压泵电机进行变频调速，计算机控制软件系统。PCP技术可以保持原有注水泵处于高效工作区，同时还可实现泵压和排量的可调。这种方式可以改善注水功能，投资少，可扩展20%的容量且不用更换注水泵机，也有很好的节能效果。

通过加装全面的自动化系统，做到起停机自动运行，提高了工作的可靠性，减少故障发生频率。在经过改造后，注水泵站的效率可达到80%以上，比改造前提高十多个百分点。

3) 系统介绍

泵站由一台注水泵、一台增压泵、注水泵驱动电机、增压泵驱动电机及保证泵站安全、高效运行的各种控制设备和辅助系统组成。注水泵与其驱动电机之间有一台齿轮增速箱联系(有些情况下没有)。由变频调速电机驱动的增压泵为注泵提供前置压力，以改善注水泵的吸入能力，同时，可以允许排出压力有几兆帕的变化范围，以适应注水工艺的要求。润滑系统、冷却系统等是注水泵站的必需辅助系统，它们为主泵正常运行提供必要的保障。计算机自动测控系统，保证主泵的安全、正常运行。

因为泵站系统中的注水泵是高效率的，而且有前置灌注泵，所以对自动化程度要求很高。该系统根据现场设备的特点设立了3种操作方式：一种为手动操作，其中又分为就地(Local)操作和远程(Remote)操作，还有一种为自动控制(DCS)。经现场操作，首先对大泵的辅助设备的启动和停机进行测试，其中，润滑油加热器起动、润滑油泵起动、冷却水系统启动、空压机起动等设备的启动都正常后，再严格按照一定的操作顺序进行大泵和增压泵的启动，3种方式均能正常启、停。

(1) 主泵。

主泵是整个泵站系统中的核心部分，建议选择具有世界先进技术的注水泵系列产品，如无条件也可选择国产泵，虽然泵效低一些、寿命短一些，但价格比较便宜、一次性投资少。当然，这是在新建泵站或直接更换注水泵的情况下使用。为了节省投资，在有效利用已有资源的情况下，对旧的注水泵可进行改造使用。

(2) 增压泵及选型。

增压泵的使用主要是为了能很好地调节系统的压力和流量，因为增压泵的功率较注水泵小，对其进行变频调速，并加入计算机软件技术，成本较低且调节效果和节能效果非常理想。倘若直接对注水泵采用变频调速，虽然相对简单，但投资较大，一些数千瓦功率的大型注水泵，投资太大，用户难以接受，而且注水泵的特性也难以适应。应用PCP系统技术获得了理想效果，其选型要根据排量、压力、主泵的要求、压流调节范围及匹配方式来选择。

(3) 变频调速系统。

变频调速系统及计算机系统软件技术主要是针对增压泵起作用的，通过对增压泵的调节来实现对整个泵站系统的调节。该系统采用专用变频柜，可以实现分步控制，带有调节回路和软启动功能，大大减少了对低压供电系统的扰动破坏，同时还可以省掉软启动器，实现了更好的性价比。

PCP变频调速系统可以根据需要调节注水输出压力和流量，从而实现系统的节能。而仪表回路控制是系统安全运行不可或缺的，为使注水主泵高效、安全的运行，其他二次仪表也是不可缺少的，其示意图如图18-12所示。

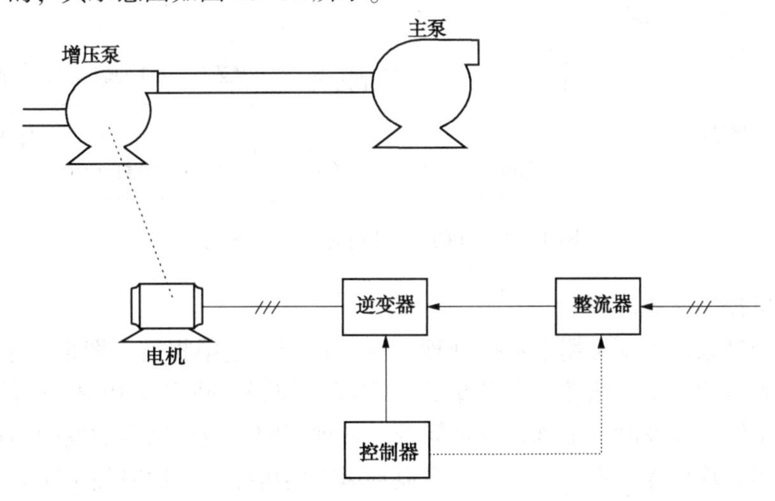

图18-12　PCP的变频调速系统及计算机软件系统

(4) 仪表监测系统。

该系统采用专门设计的仪表柜，能对各种参数进行显示和报警，其中的联锁保护能够防止在实际操作过程中因错误操作而产生的风险。

仪表监测系统用来感受生产过程中温度、压力、振动和转速的变化情况。它是正确的指导操作，保证泵站的运转质量和实现生产过程自动化的一项必不可少的部分。通常，根据注水泵站的工艺要求，它需检测注水泵、增压泵，齿轮箱电机各轴承处的温度和电机绕阻温度，冷却水温度，环境温度，润滑油温度，检测注水泵、增压泵电机两端轴承的振动，检测注水泵轴向位移，注水泵有无反转及注水泵和增压泵的转速，检测管线出口压力、进口压力及注水泵平衡管差压，并将这些检测到的信号转换成4-20MA的标准信号送往显示仪表和计算机模拟量接口。

为了实现注水过程自动化，注水泵站还需匹配检测开关。这些开关表示了系统工作状态，这些状态以电压形式送入逻辑保护接口和计算机的开关量接口，作为计算机控制的判断依据。

(5) 润滑系统及冷却系统。

泵站内配置应急油泵系统，以保证在交流供电系统出故障和注水泵反转时启动，使润滑油不间断，从而保护轴承。自行研制的润滑应急系统是通过检测润滑系统的压力状况来启动的，原理是在润滑系统出口安装一个压力传感器，通过检测其压力来保证供油，这样，不管交流电断电，紧急停车，还是润滑油路发生堵塞，凡是油压力降低，都能自动起动备用油泵，其控制原理图如图 18-13 所示。

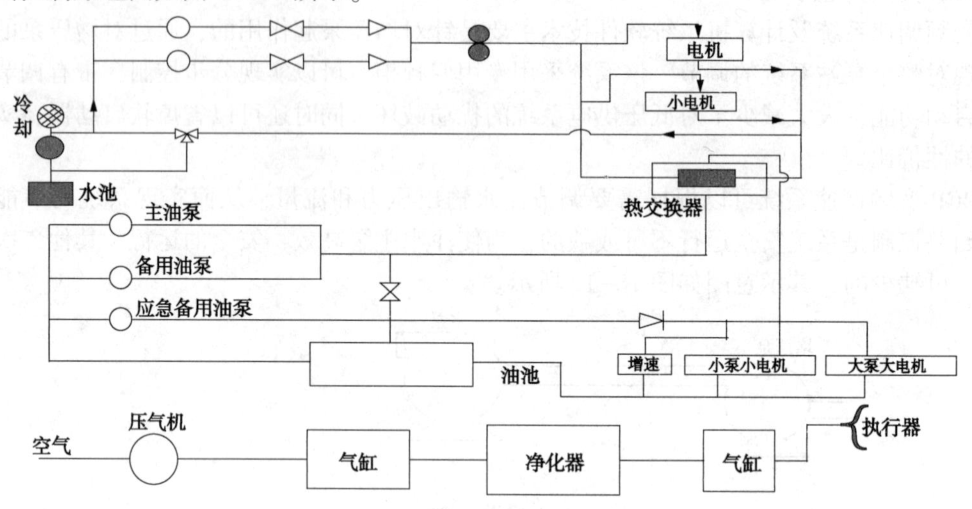

图 18-13　PCP 润滑系统及冷却系统

(6) 计算机控制系统。

该计算机控制系统主要是用于数据处理、巡回检测、超限报警、图形显示、操作管理、数据计算、报表打印、安全联锁和紧急事故处理程序控制，并实现 PCP 控制软件技术。采用计算机控制系统能够及时、准确地发现问题、处理问题，减少因事故发生而造成更多的损失。此外，采用计算机控制系统，可以提高设备运行的可靠性，同时使工作人员远离环境恶劣的现场。

① 显示功能。

a. 数据表格图与控制器参数显示。

提供过程控制站所有回路状态与控制器的各种参数，并附有越限报警显示，每页最多可显示 16 个回路的数据表和 8 个仪表控制器的所有参数。

b. 棒图显示。

每页画面可显示 8 个回路的设定值，测量值及报警上、下限与报警状态。

c. 实时/历史趋势曲线显示。

可选择在不同区间的时间范围内，以不同颜色显示趋势记录曲线，时间轴可根据需要调整，每页可显示 6 条不同颜色的曲线。

d. 越限报警总貌图显示。

每页可显示 20 路的报警状态。

e. 实时时钟与控制过程累计时间显示。

注：以上所有显示画面均为每秒刷新一次。

② 组态功能。

a. 参数设置组态。

包括参数的名称，工程量单位，量程上、下限范围等。

b. 表格显示组态。

填入各页表格需要显示回路参数所在的站号、回路号及名称。

c. 棒图显示组态。

填入各页棒图上需要显示回路参数所在的站号、回路号及名称。

d. 实时/趋势曲线组态。

填入各页趋势图上需显示回路参数所在的站号、回路号及名称，决定曲线的颜色并选择趋势记录间隔。

e. 流程图生成组态。

全部以键盘和光标操作生成在线工艺流程图，有静止部分的画面。

f. 流程图组态。

g. 填入各页流程图上需显示参数回路的站号、回路号、名称及显示位置的光标。

h. 制表打印组态。

填入打印间隔时间，需打印参数的名称及分班时间，并填入打印表头的格式和内容。

③ 趋势记录功能。

具有 512 点的趋势记录点，记录时间最长达 250h，即 250 存储小时的历史数据，并有周期为 1s 的高速趋势记录以增加过程解析效果。

④ 打印功能。

定时制表及随机打印累积数据，随机打印过程控制回路控制器的状态及参数，并提供 CRT 屏幕的硬拷贝服务。

⑤ 在线调整功能。

操作人员可以在线调整各仪表控制器的全部控制参数、状态参数。调整状态及其他的模拟指示画面将其显示在调整画面上，便于操作人员修改及确认。

⑥ 计算机信号采集。

对站内各信号进行采集，可达到实时监控的目的。计算机系统的接口信号为 1~5V 电压信号。为防止各种外在干扰，该系统采用以下抑制和消除干扰的方法：

a. 隔离：在模拟量输入通道采用光电阻合板来采集模拟信号，通过光电隔离，使输入信号和主机在电气上完全隔离、抑制共模干扰。

b. 屏蔽：采用带屏蔽线的电缆，减小电磁干扰。

c. 滤波：在各个 I/O 通道上，都用滤波电路来抑制叠加在被测信号上的串模干扰。

d. 合理设置地线：既保证人身安全，又为屏蔽提供低阻通路，抑制干扰。

通过上述措施，保证了计算机监控系统的检测精度。

第十九章　注水井故障诊断及处理

多年来，国内各油田结合自身实际，对分层注水工艺进行了卓有成效的研究，逐步形成了由科研、设计、施工、生产管理等各个环节互相支持，互相依托的，能够适应油田开发需要的完整的注水工艺体系，为油田较长期稳产奠定了良好的基础。

1

一、分层注水工艺

二、测试工艺技术

三、测试资料分析及故障诊断

四、测调不成功因素分析

2

（一）分层注水工艺技术发展历程

胜利油田分注技术的进步以测调技术发展为标志，自60年代以来，分注技术经历了三个阶段：

第一代：固定式配水技术
- 水嘴为固定式，不能进行调配

第二代：活动式分层注水技术（偏心、空心）
- 水嘴为活动式，可测试调配

第三代：测调一体化分层注水技术（偏心、空心）
- 水嘴内置到配水器，可在线连续调节

3

（一）分层注水工艺技术发展历程

第一代：固定式分层注水技术

■ 应用时间：1960年—1975年

■ 管柱结构：

- K344封隔器和固定式配水器（745-5、745-4节流器）、底球组成。

■ 技术评价：

- 分注层数 ≤3。
- 水嘴为固定式，只能测试，不能进行调配，测试采用投球法，调配动管柱作业。

若配注变化或水嘴刺坏、堵塞都要进行动管柱作业，有效寿命较短，成本高。

固定式分层注水技术

4

（一）分层注水工艺技术发展历程

第二代：活动式分层注水技术

1）偏心活动式分注工艺技术

■ 应用时间：1976年—目前

■ 管柱结构：

- 封隔器、偏心配水器和循环凡尔组成。

■ 技术评价：

- 水嘴为活动式，可测试调配任意层；
- 测试调配：流量计测试，投捞工具调配；分注层数≤8；
- 在深井和斜井中测试调配成功率较低。
- 常开结构造成停注时管内串通；洗井时分流短路，使下部油层洗不彻底。

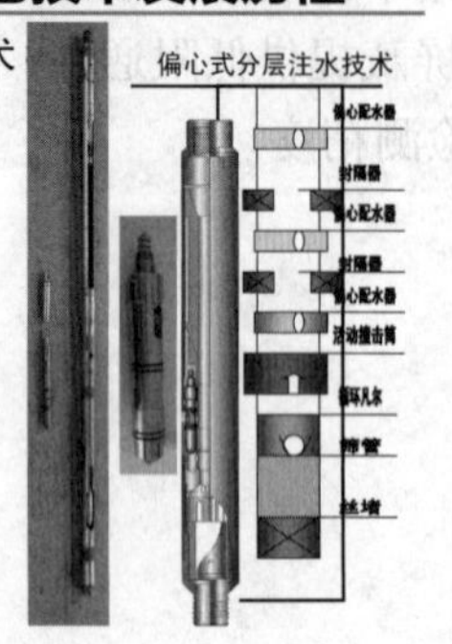

5

（一）分层注水工艺技术发展历程

第二代：活动式分层注水技术

2）空心活动式分注工艺技术

■ 应用时间：1985年—目前

针对胜利油田超过2000m的注水井，为提高调配成功率，1985年开始逐渐转为空心活动式分注技术；黄河以北因井浅，测调成功率较高仍然保留了偏心注水技术。

■ 管柱结构：

- 封隔器、空心配水器和循环凡尔组成。（配水芯子从上到下逐级变小）

■ 技术评价：

- 水嘴为活动式，可按芯子大小顺序测试调配；
- 测试调配：流量计测试；投、捞工具调配；
- 相比于偏心，空心测调可靠性和成功率都较高；
- 分层级数≤3。不能调配任意层，调配工艺复杂。

6

(一)分层注水工艺技术发展历程

第三代：测调一体化分层注水技术

常规测调工艺虽然适用于活动式配水，为油田的注水开发发挥了积极的作用，但也存在以下问题：

1)测调工艺繁琐，测调工作量大

理想情况下，要完成一口空心分注三层井的作业后合格调配配套K344封隔器至少需要3天时间完成，配套Y341封隔器至少需4天完成。

以一口两级三段配套K344空心分注井为例，测调时需要进行以下步骤：

⑴下流量计测试各层分注量是否达到配注；

按照5点法测试3层的指示曲线；

⑵若达不到配注，下打捞工具捞出注水芯子；

⑶通过查图版，计算各层需要安装的水嘴；

⑷下层芯子安装水嘴，下投送工具投送到位；

⑸中层芯子安装水嘴，下投送工具投送到位；

⑹上层芯子安装水嘴，下投送工具投送到位；

⑺下流量计测试各层分注量，若达不到配注，则重复上述步骤。

7

(一)分层注水工艺技术发展历程

第三代：测调一体化分层注水技术

2)水嘴规格限制，配注误差较大

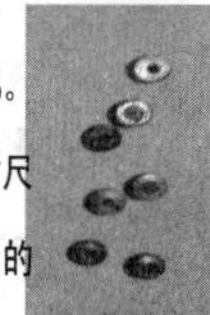

●测试与调配分步实施，而注水系统压力波动频繁，时间差造成水嘴选配精度下降。

●配水器的水嘴尺寸不连续，从而造成了水量调节不连续。水嘴为2.0mm，3.0mm，4.0mm等台阶式分布，嘴径级差为0.2mm，相邻嘴径配水量最大相差21.7%。嘴径固定，现场投捞试凑调节水量。无法实现水嘴尺寸的精确匹配；现场按照实际注水量是否在配注量的±20%范围为合格。

8

(一)分层注水工艺技术发展历程

第三代：测调一体化分层注水技术

针对活动式分层注水技术测调效率低、测调工作量大、配注误差大等问题。在高温井下直流大扭矩微电机进步的基础上，为提高测调效率和层段合格率，研究成功了测调一体化技术，使分注技术进入一个全新时代，目前正在全油田推广应用。

■ 攻关应用：2010年—目前

■ 管柱结构：

- 分层封隔器、可调配水器（同心、偏心）、和底筛堵等组成，测试过程中需配合一体化测调仪。

■ 技术评价：

- 可调水嘴内置到配水器，测、调同步进行，效率高；
- 测试数据地面直读，水嘴无级调节，流量控制精度高；
- 分层注水级数不受限制（常规测调≤4级）。

分层封隔器

可调配水器

底筛堵

9

(二)分层注水管柱

主要由封隔器、配水器、油管和配套工具组成；其主要作用是密封分层与分层配水。建立注入水进入地层的可控流道。

封隔器按胶筒的结构形式和坐封方式分为：压缩式和扩张式两种类型。

目前常用压缩式封隔器主要有：

Y341型水井封隔器

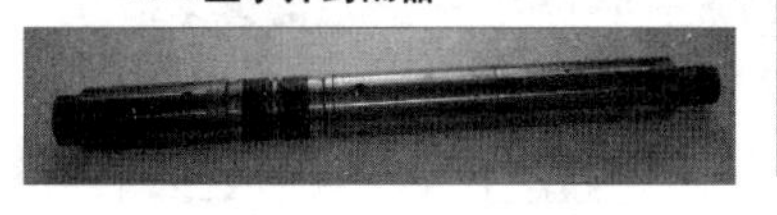

油层 配水器 封隔器 配水器 油层 封隔器 配水器 油层 循环凡尔 筛管 丝堵

10

(二)分层注水管柱

1、国外分层注水管柱现状

✓单管注水完井工艺管柱

✓多管注水完井工艺管柱

11

(二)分层注水管柱

1、国外分层注水管柱现状

➢单管注水完井工艺管柱

¤ 结构形式：锚定支撑式

¤ 结构组成：卡瓦式封隔器、流量调节器、伸缩短节

卡瓦式封隔器用于分层和锚定管柱，有效克服管柱的蠕动对封隔器密封性能的影响。

伸缩短节一般装在第一级封隔器的上方，用于补偿注水过程中温度和压力效应引起的管柱长度变化，改善封隔器的受力条件。

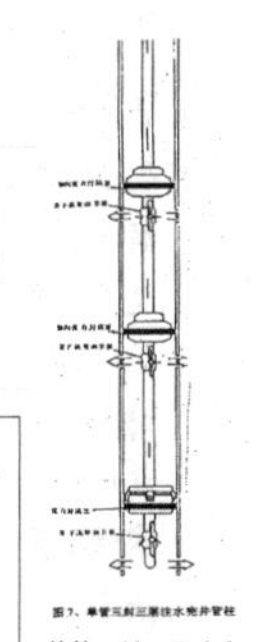

单管三封三层注水完井管柱

12

(二)分层注水管柱

1、国外分层注水管柱现状

➤多管注水完井工艺管柱

同心管注水完井工艺管柱
平行管注水完井工艺管柱
混合分注完井工艺管柱

优点：测试及调配简单，在地面控制各层的注入水量及注入压力，且易实现分质分压注水。

缺点：管柱结构复杂，完井成本高，施工操作难度大。

13

(二)分层注水管柱

2、国内分层注水工艺技术

◆常规分层注水工艺管柱

结构：由封隔器、配水器和其它配套工具组成。

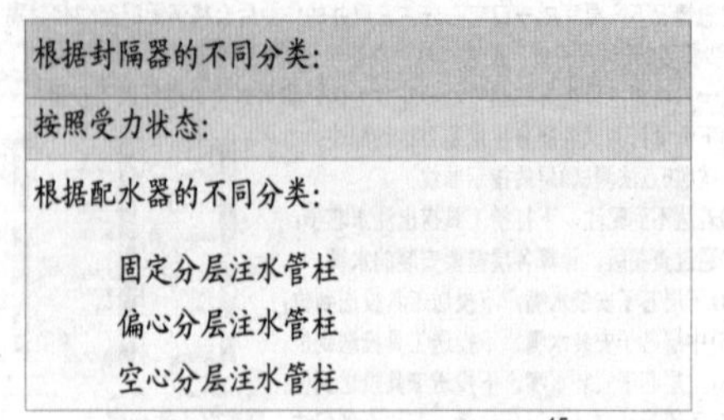

14

(二)分层注水管柱

根据注水井不同的油藏条件和井筒技术状况，以防蠕动技术为基础，以延长注水管柱工作寿命为目标，配套完善了适应多种井况的6套分层注水工艺技术系列。

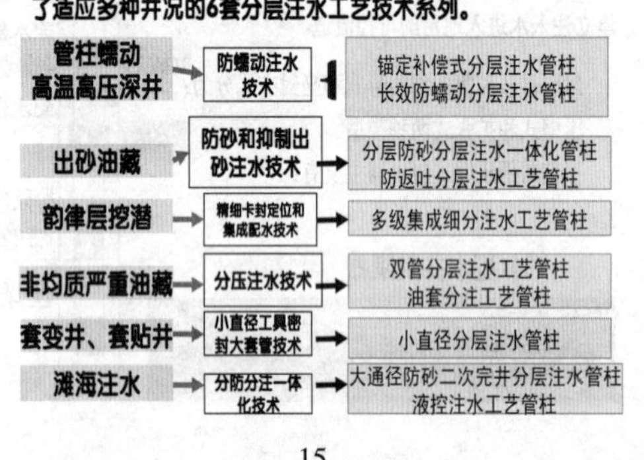

15

(二)分层注水管柱

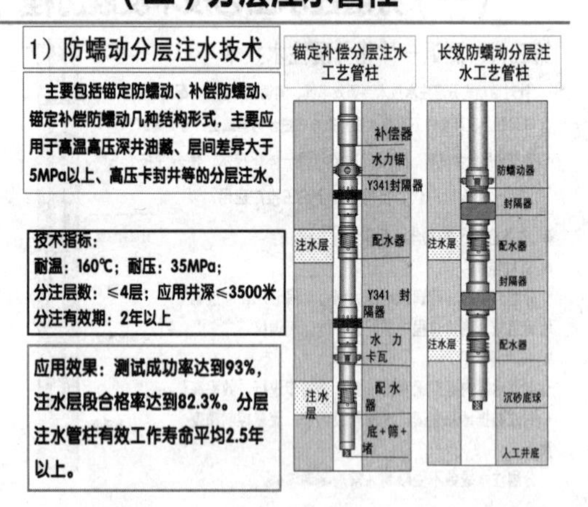

16

(二)分层注水管柱

2）分层防砂分层注水一体化技术

适用条件:
疏松砂岩油藏分层注水井
解决出砂严重堵塞问题
适用井深：≤3500米
注水压差：≤35MPa
适用井温：≤160℃
适用井斜：≤45°
坐封压差：16~20MPa
丢手压力：25 MPa
安全接头脱开力：130kN
解封方式：上提管柱

分层防砂分层注水一体化管柱

丢手插封
配水器
挡砂皮碗
注入层1
防砂管
挡砂皮碗
安全接头
Y341封隔器
安全接头
支撑卡瓦
配水器
挡砂皮碗
注入层2
防砂管
挡砂皮碗
底筛堵

17

(二)分层注水管柱

2）分层防砂分层注水一体化技术

工作原理

1）管柱下井:
2）坐封、锚定：先锚定、后坐封
3）注水:
4）反洗井：可以冲洗滤砂管环空，从底球返出，洗井彻底。
5）防砂：金属毡滤砂管
6）解封：上提管柱

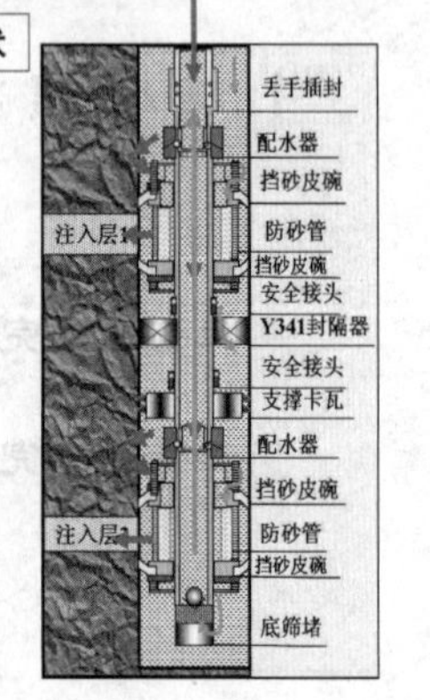

18

（二）分层注水管柱

3）多级集成式细分注水工艺技术

注水层
注水层
注水层
注水层
注水层

套管保护封隔器
配水封隔器
分层封隔器
配水封隔器
分层封隔器
配水器
定位器

特点：

□ 配水器和封隔器一体化设计，一次投捞完成2层水嘴调配，满足了多薄夹层细分注水需要，适应最小夹层厚度1m，分注层数5层。

□ 采用精细卡封定位器实现封隔器在线精确定位，缩短了定位测试占井时间，提高了定位精度和定位的可靠性，定位精度可达到0.12m。

应用情况：

在现河、纯梁等厂应用22口井，注水层段合格率78.1%。

19

（二）分层注水管柱

3）多级集成式细分注水工艺技术

机械定位器

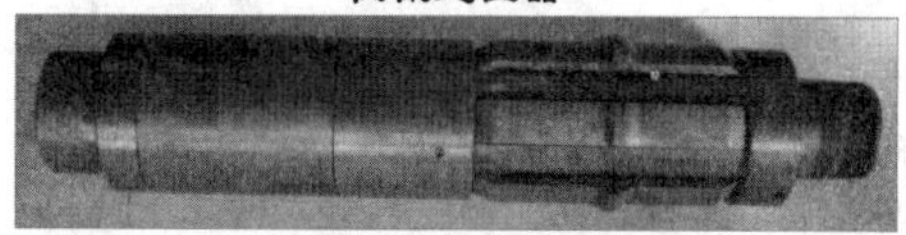

由控制活塞、定位片和限制装置等组成，用于多级细分层注水管柱中，实现封隔器的准确卡位。

管柱按设计下井，定位器通过特殊套管时，上提管柱，悬重会增加30kN～40kN，根据特殊套管位置，可以准确的确定封隔器位置，达到准确分层。

20

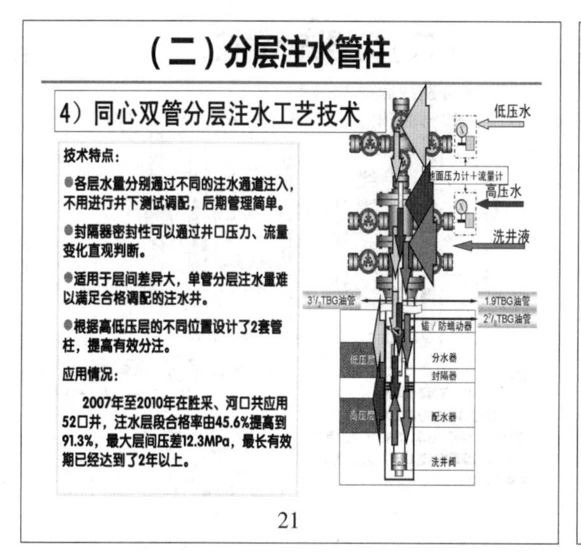

（二）分层注水管柱

$P_{启上} > P_{启下}$

特点：

1、低压水沿1.9TBG油管通过最下一级配水器进入低压层。

2、高压水沿1.9TBG和$3^1/_2$TBG油管环空经配水器进入地层。

3、洗井液沿着油套环空，打开洗井阀后沿1.9TBG和$2^7/_8$TBG油管环空进行洗井。

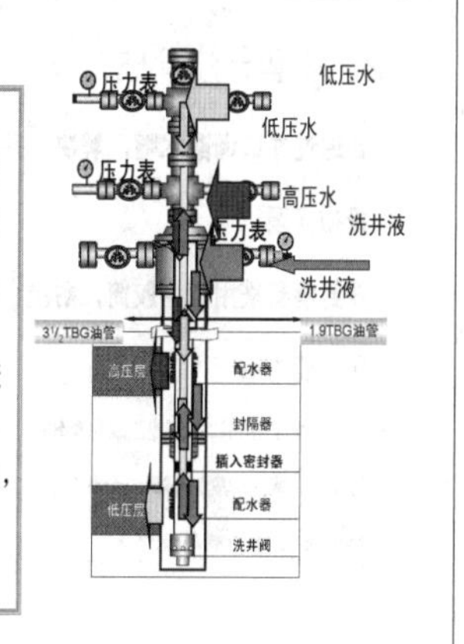

22

（二）分层注水管柱

工作原理：

1、下外管。按管柱结构及设计要求下入外管，做好井口悬挂密封。

2、下内管。按设计下入内管，遇阻显示后，加压坐紧内插密封，坐好井口四通。

3、坐封。关闭低压水闸门，从杆管环空打压至20MPa，完成封隔器坐封，继续打压至SKP配水器开启。

4、验封。打开低压水闸门，打压，内外管环空及套管闸门敞开，查看出水情况，判断密封，确认密封较好后，调各层闸门进行试注。

5、反洗井。关闭内管四通闸门，清洗两层油管环空，关闭内外管环空四通闸门，清洗内管。

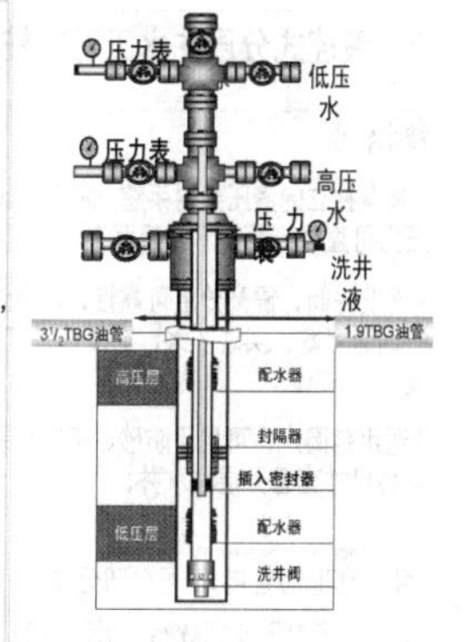

23

（二）分层注水管柱

$P_{启下} > P_{启上}$

特点：

1、管柱上部接锚定装置，可有效克服层间压差过高时产生的上顶力对封隔器的影响。

2、高压水和低压水通过分水器实现分注两层，确保实现两个压力系统分层注水。

3、$3^1/_2$油管底部为洗井阀加丝堵，1.9TBG油管端部直接联丝堵，使管柱坐封前管柱内部为死腔。

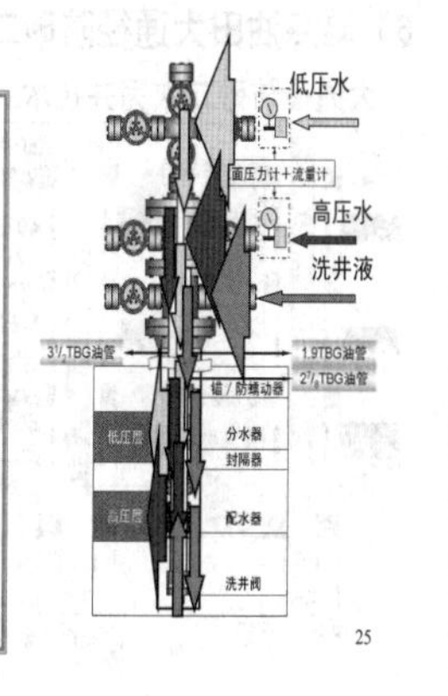

24

(二)分层注水管柱

工作原理:

1、下管。依次下好外管及内管，加压坐紧内插密封。

2、坐封。关闭低压水闸门，从杆管环空打压使封隔器坐封，继续打压至压力突降，打开SKP配水器。

4、验封。打开低压水闸门，打压，内外管环空及套管闸门敞开，查看出水情况，判断密封，确认密封良好。

5、反洗井。关闭内管四通闸门，清洗两层油管环空，关闭内外管环空四通闸门，清洗内管。

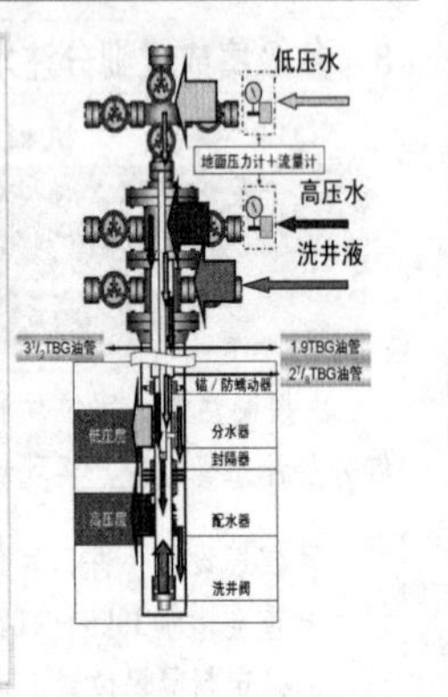

25

(二)分层注水管柱

井口流程优化设计

◆采用套管四通和两个小四通连接方式。

◆大四通内坐有悬挂器连接$3^1/_2$或$2^7/_8$TBG油管。中间小四通对卡箍头进行改进，连接1.900TBG油管。

◆各层流量通过地面流量调节器进行控制。

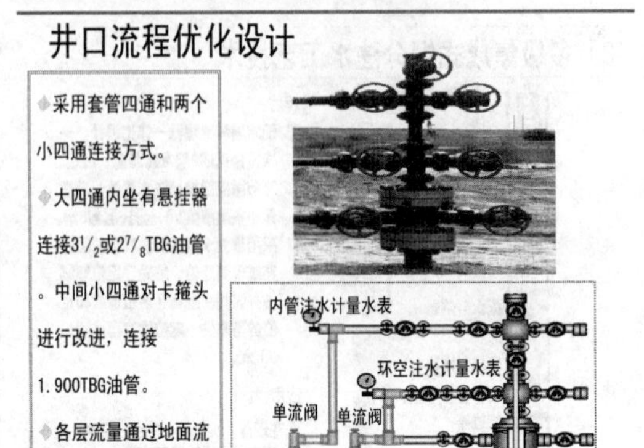

26

(二)分层注水管柱

2、油套分注管柱

◆通过井口调配水嘴，解决了井下投捞问题

◆封隔器采用壁厚胶筒，耐温、耐压差能力高

现场应用68口井，施工成功率100%，封隔器下入最大深度3844米，最高注水压力45MPa，最长有效期760多天。

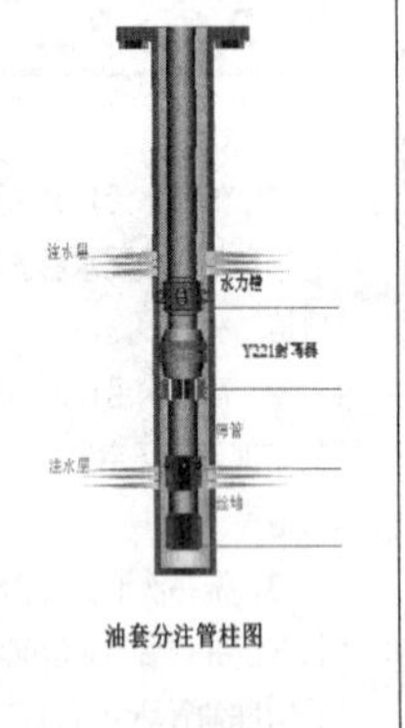

油套分注管柱图

27

(二)分层注水管柱

5）小直径分层注水工艺技术

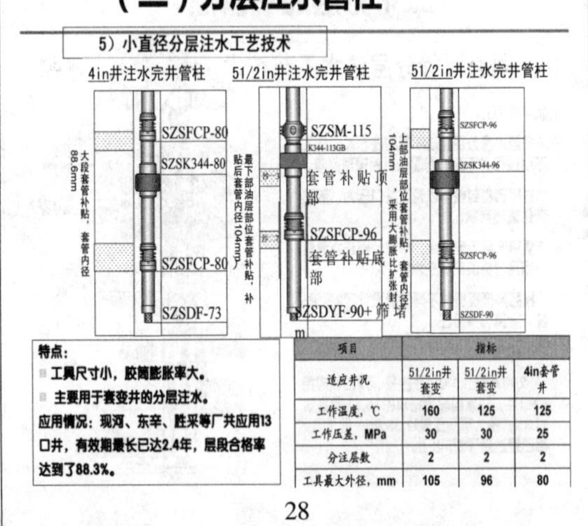

特点:

- 工具尺寸小，胶筒膨胀率大。
- 主要用于套变井的分层注水。

应用情况：现河、东辛、胜采等厂共应用13口井，有效期最长已达2.4年，层段合格率达到88.3%。

项目	指标		
适应井况	51/2in井套变	51/2in井套变	4in套管井
工作温度，℃	160	125	125
工作压差，MPa	30	30	25
分注层数	2	2	2
工具最大外径，mm	105	96	80

28

(二)分层注水管柱

6）滩海油田大通径防砂二次完井和液控注水技术

大通径防砂二次完井技术

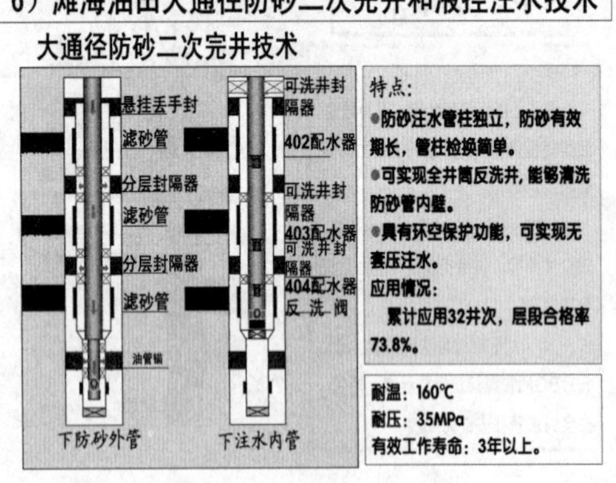

特点:

- 防砂注水管柱独立，防砂有效期长，管柱检换简单。
- 可实现全井筒反洗井，能够清洗防砂管内壁。
- 具有环空保护功能，可实现无套压注水。

应用情况:

累计应用32井次，层段合格率73.8%。

耐温：160℃

耐压：35MPa

有效工作寿命：3年以上。

29

(二)分层注水管柱

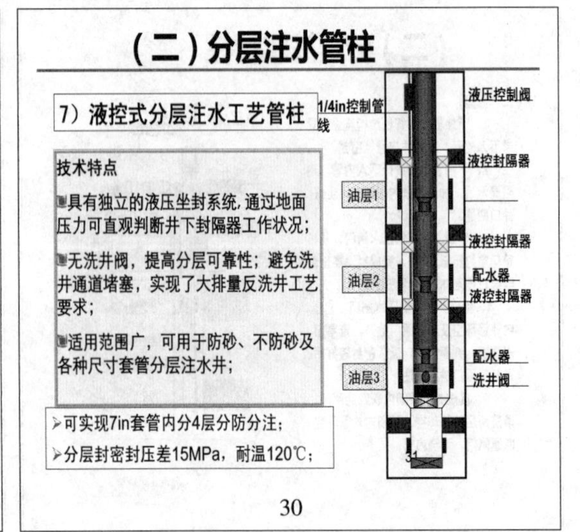

7）液控式分层注水工艺管柱

技术特点

- 具有独立的液压坐封系统，通过地面压力可直观判断井下封隔器工作状况;
- 无洗井阀，提高分层可靠性；避免洗井通道堵塞，实现了大排量反洗井工艺要求;
- 适用范围广，可用于防砂、不防砂及各种尺寸套管分层注水井;

➢可实现7in套管内分4层分防分注;

➢分层封密封压差15MPa，耐温120℃;

30

（二）分层注水管柱

3、单井设计基本要求

1）出砂油藏和注聚区

出砂严重应考虑采取化学防砂或采用分层注水防砂一体化管柱

出砂轻微的应考虑防反吐机构，采用防反吐堵塞器或空心配水器，采用扩张密闭式封隔器，采用沉砂反洗阀。

2）偏心配水管柱

采用偏心配水管柱时，对于放大配水的由于配水器节流压差太小，不能和扩张式封隔器配套使用。

采用偏心配水管柱时，使用压缩式封隔器的管柱，应投捞死堵塞器或采用坐封堵塞器。

31

（二）分层注水管柱

3、单井设计基本要求

3）空心配水管柱

采用空心配水管柱时，应用压缩式封隔器的管柱，应投捞死芯子或采用ZJK配水器。

4）卡漏和含动停的配水管柱

应采用高压封隔器，动停层应投死芯子，管柱结构应用锚定补偿式。

5）低渗油藏高压配水管柱

应采用高压封隔器，管柱结构应用锚定补偿式。

32

（二）分层注水管柱

3、单井设计基本要求

6） 配套工程测井技术

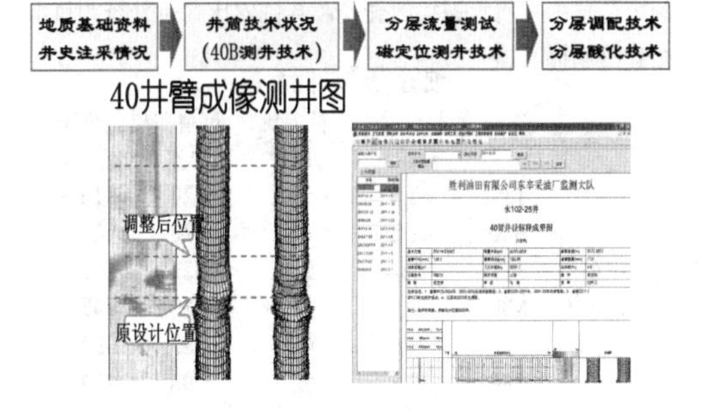

33

（二）分层注水管柱

4、作业基本要求

1）为确保封隔器坐封位置准确无误，下井油管和工具必须仔细丈量，对隔层较薄的水井，应利用磁定位确定封隔器的准确位置或利用管柱上的定位工具进行定位，避免封隔器卡错层位或卡在套管接箍上影响封隔器的密封。只有这样才能保证分得开。

34

（二）分层注水管柱

4、作业基本要求

2）封隔器下井前必须通井、刮管和洗井，洗出井内杂质。刮管深度应达到设计井深，误差不大于±1m。封隔器坐封位置必须反复刮管，一般要求5~6次。只有这样才能使封隔器顺利下井，并保证封隔器坐封后密封实现分层。

3）当隔层不清时，要根据实际情况进行验窜，弄清是油层连通还是封隔器不密封。

35

（二）分层注水管柱

4、作业基本要求

4）下井工具必须认真检验，检验不合格的工具不得入井；

5）空心配水器下井顺序自下而上依次为405、404、403、402、401。实际使用中，可根据需要任意取舍其中的一级或几级，但下井顺序不得颠倒。

36

（二）分层注水管柱

4、作业基本要求

6）下井油管应内外干净，用Φ59mm通径规能顺利通过，这样可以保证以后测试和投捞调配时，仪器和投捞工具及配水芯子顺利通过，提高测试投捞成功率。

7）注水管柱一般都是液压管柱，封隔器坐封时必须打高压，为了保证封隔器等配套工具顺利坐封和动作必须把油管螺纹要上紧上满，并涂上密封脂。同时保证配水的准确性。

37

一、分层注水管柱

API油管规格及尺寸

	油管外径（mm）		油管内径（mm）		接箍外径（mm）	
公称尺寸	平式油管	外加厚油管	平式油管	外加厚油管	平式油管	外加厚油管
$1\frac{1}{2}$	48.3	53	40.9	40.9	55.9	63.5
$2\frac{3}{8}$	60.3	65.9	49.7	49.7	73	78
$2\frac{7}{8}$	73	78.6	62	62	88.9	93.2
$3\frac{1}{2}$	88.9	95.2	76	76	108	114.3

38

（三）注水井油管

油管螺纹代号

平式油管螺纹		外加厚油管螺纹	
GB9253.3	YB239.63	GB9253.3	YB239.63
1.900TBG	$1\frac{1}{2}$"平式扣	1.900UPTBG	$1\frac{1}{2}$"外加厚扣
$2\frac{3}{8}$TBG	2"平式扣	$2\frac{3}{8}$UPTBG	2"外加厚扣
$2\frac{7}{8}$TBG	$2\frac{1}{2}$"平式扣	$2\frac{7}{8}$UPTBG	$2\frac{1}{2}$"外加厚扣
$3\frac{1}{2}$TBG	3"平式扣	$3\frac{1}{2}$UPTBG	3"外加厚扣

39

（三）注水井油管

钢级分类：H40、J55、C75、N80、C90、P105

除 $1\frac{1}{2}$ 油管没有P105钢级外，其它尺寸的油管各类钢级都有；且随着钢级的提高，其抗内压、抗外挤和抗滑扣载荷均提高。

油管力学性能参数

油管类型	钢级	抗外挤/MPa	抗内压/MPa	抗滑扣载荷/KN	
				平式	外加厚
$2\frac{3}{8}$	J55	55.8	53.1	220	319
	N80	81.2	77.2	320	464
$2\frac{7}{8}$	J55	53	50.1	323	443
	N80	76.9	72.9	470	645
$3\frac{1}{2}$	J55	51	48.2	487	634
	N80	72.6	70.1	708	922

40

（三）注水井油管

管柱最大下入深度：

$2\frac{7}{8}$ 国产J55平式油管的抗滑扣载荷为323KN。Y341压缩式封隔器的解封力T为60-80KN，等直径油管的分层管柱最大允许下入深度计算公式为：

$$h = \frac{P_{滑} - T}{mq}$$

式中：m——安全系数，取1.3

q——油管每米重量，N/m（95.2/96.7）

计算得d62mm平式油管组成的分层管柱最大下入深度为1960米。当配套Y341封隔器的分层注水井管柱深度超过2000米，如果全部采用d62mm平式油管，在打压坐封、上层注水下层动停、作业上提解封封隔器时势必造成管柱上部一部分油管的丝扣实际承受的载荷超过了抗滑扣载荷，使丝扣滑扣，造成管柱落井；对注水管柱进行了优化配套组合，管柱上部下入一部分$2\frac{7}{8}$"加厚油管，下部下$2\frac{7}{8}$"平式油管。

41

（三）注水井油管

为了提高注水井防腐防垢能力，胜利油田从90年代开始主要应用镍磷镀油管、氮化油管、环氧树脂粉末喷涂油管、钛纳米涂料油管、玻璃钢内衬油管、不锈钢内衬油管、玻璃钢油管和钨合金油管等多类型防腐防垢油管，平均有效寿命在3年左右。下面分别叙述各种油管的性能特点。

42

（三）注水井油管

1、镍磷镀油管

镍磷镀油管是应用电化学的原理，在油管表面均匀度涂镀一层镍磷合金防腐层的防腐油管。

优点：镀层致密、均匀光亮、价格低廉
　　耐腐蚀、耐高温
缺点：镀层较脆，管钳夹持部分镀层易脱落
　　温度越高、矿化度高则防腐效果越差
　　镀层使表面光洁度变差，加快了结垢速度
　　由于工艺问题，接箍、丝扣不进行防腐处理，腐蚀较严重　，管漏问题大部分发生在这些地方。

43

（三）注水井油管

2、氮化油管

在油管内外壁及管螺纹表面形成含氮、碳的ε相（$Fe_{2-3}N$）和γ'相（Fe_4N）以及含氮奥氏体淬火层。处理层厚约0.4mm，表面硬度高，抗腐蚀性能好。

特性：
（1）腐蚀速率降低4-7倍
（2）耐磨特性：表面硬度可达Hv550以上
（3）不粘扣特性
（4）氮化使表面光洁度变差，加快了结垢速度

主要问题：
　　油管内壁粗糙度变差，出现结垢现象；
　　油管本体强度降低，出现断扣现象；
　　由于表面硬度高，一般管钳牙咬不紧，以致油管丝扣上不到位，容易出现漏失现象；

44

（三）注水井油管

3、环氧粉末涂料油管

涂料在一定温度下，树脂经过熔融，化学交联后，固化成平整、坚硬的涂层。

主要特点是：
1）附着力好，可靠性高，不成片脱落，不污染地层。
2）涂层在介质流体中磨损缓慢，使用寿命长。
3）化学稳定性强，耐化学腐蚀性能优良。
4）有较好的耐热性，150℃。
5）表面平整光滑，可以抑制管内结垢。

环氧粉末涂料油管整体防腐防垢效果较好，内壁粗糙度较好；

主要问题：
　　油管没有对丝扣进行防腐处理，下井后丝扣腐蚀严重。但本体防腐、防垢效果好。

45

（三）注水井油管

4、钛纳米涂料油管

钛纳米粒子在涂料基体中均匀分散状态，具有极高的化学稳定性，大大改善涂料的力学性能、耐温性能和耐腐蚀性；无机纳米粒子进入高分子涂层的缺陷内，消除应力集中现象，基体材料的刚度、韧性增强；均匀分散的纳米粒子限制了聚合物链段的空间活动，显著提高涂料的耐热性、化学稳定性和机械性能。

缺点：耐高温性能差<100度，涂层内含有二氧化硅成分，不适合酸化；丝扣腐蚀的问题没有解决。

46

（三）注水井油管

5、不锈钢内衬油管

不锈钢内衬油管是在普通油管的内表面焊接一层厚度为0.5mm的不锈钢内衬，内衬是将不锈钢皮卷成筒状后在连接处进行焊接而成的。不锈钢皮连接处焊缝长，焊后密封性很难保证，注入水容易通过焊缝缺口进入油管与内衬的环空中而腐蚀油管，

存在问题：
　　受处理工艺影响，内径不标准、有缩径、鼓泡现象
　　油管接箍内密封胶圈变形内突或脱落严重，严重影响测试调配工作的顺利进行；存在脱衬现象，影响防腐有效期。

47

（三）注水井油管

6、玻璃钢内衬油管

玻璃钢内衬油管就是在普通油管内壁粘结一层厚度约1.5mm厚的玻璃钢内衬。

特点：
（1）玻璃钢内衬随着油管的变形而多次伸缩后极易错断和脱落。
（2）随着时间的推移，注入水容易侵袭到内衬与油管的粘结面处，从而引起油管的腐蚀。
（3）玻璃钢内衬易老化，耐温程度低（约90℃），在高温注水井中的应用受到限制。
（4）缩小了油管内径，影响了测试、调配等井下作业。

存在问题：内衬较厚，内径缩小
　　接箍内密封胶圈变形内突或脱落严重；
　　存在脱衬现象
　　油管只能用于完井管柱，不能用于冲砂、洗井等中间工艺，作业工艺复杂。

48

（三）注水井油管

7、玻璃钢油管

优点：化学稳定性好，有利于保持水质。

内壁光滑，具有良好的防腐防垢性能。

可以应用在全井合注井上

缺点：比普通油管的价格高；

不耐高温，强度低；

49

（三）注水井油管

8、钨合金镀层主要性能

防　腐 ⟺ H_2S、CO_2、Cl-、5%H_2SO_4 、HCL等介质

防结垢 ⟺ 表面光洁度高，阻垢率达41.73%

耐　温 ⟺ 600 ℃

附着力 ⟺ ）1级、为冶金结合

作业方式 ⟺ 运输、作业时可与普通油管相同。

50

（三）注水井油管

8、钨合金镀层主要性能

内外丝扣防腐处理

油管外丝扣处理

油管接箍内部处理

油管外扣和接箍内扣钨合金处理后，井下腐蚀溶液与管材接触部位全为钨合金镀层，使油管达到全面防腐。

51

（三）注水井油管

通过现场跟踪效果统计，镍磷镀油管丝扣腐蚀的问题没有解决，一般使用周期在2-3年；不锈钢内衬管、玻璃钢内衬油管经常出现衬层鼓泡或脱落的现象，目前已基本不用；渗氮油管抗拉强度有所降低，防垢效果较差，但防腐效果明显；环氧粉末涂料油管和钛纳米涂料油管，防腐、防垢效果较好，但丝扣腐蚀问题没解决。玻璃钢防腐防垢效果好，但不耐高温，一般下入深度不超过2500米，钨合金油管整体防腐性能较好，一般使用周期在4-5年，但价格较高。

52

（三）注水井油管

根据防腐油管的特点，在实际应用中依据以下原则进行优选及分析：

1）渗氮油管因为防腐效果好但不防垢的特点，主要应用在那些腐蚀严重、结垢轻微的油田；

2、环氧粉末喷涂油管和钛纳米涂料油管因为其防腐效果较好且防垢，但是存在测试调配下井作业磨损的问题，应用范围较广但需要不断改进涂层性质；

3）玻璃钢油管具有优良的防腐防垢效果，可以应用在光油管注水井上。

4）钨合金油管防腐、防垢和耐高温性能较好，重点用在高温深井上；

53

（四）分层注水工具

- **分层工具：**
  - 压缩封隔器:Y341ST、Y341G、Y342
  - 扩张封隔器:K344（2）、KY341、K341
- **注入工具：** GDP空配、DY定压配水器、SC空配、665-2偏配、PQ-114桥式偏配、空心配聚器、分水器、双注管
- **锚定工具：** SLM水力锚、SK水力卡瓦、FD防蠕动器
- **补偿工具：** BC-115 补偿器
- **洗井阀：** 平衡洗井阀、分流沉降式洗井阀、定压洗井阀
- **其他：** FSG金属毡防砂管、DSPW挡砂皮碗、YFZ液压扶正器、扶正器、机械定位器、AJ-115安全接头

54

（四）分层注水工具

封隔器型号编制方法：

1. 编号执行石油钻采机械产品型号编制方法SY/T6327-2005。

2. 型号编制方法：

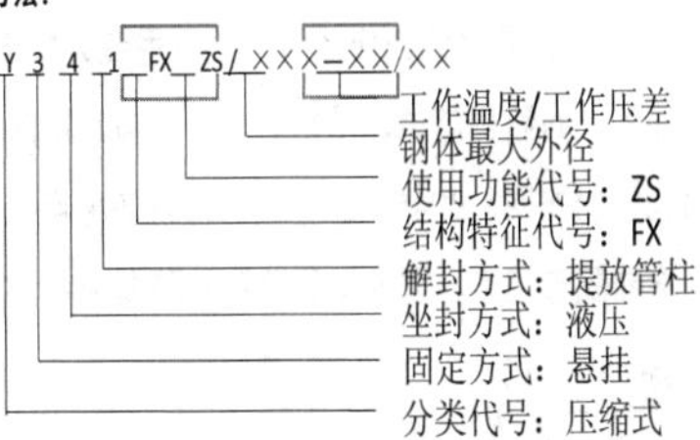

示例：Y341FXZS/115-160℃/35型封隔器，表示压缩式、悬挂式固定、液压坐封、提放管柱解封、具有反洗井结构的注水封隔器。钢体最大外径为Φ115mm，工作温度为160℃，工作压差为35MPa。

55

（四）分层注水工具

封隔器型号编制

分类代号 | 固定方式代号 | 坐封方式代号 | 解封方式代号 | 结构特征代号 | 使用功能代号

分类代号用第一个汉字的汉语拼音大写字母表示，组合式用各式的分类代号组合表示，应符合表中的规定。

分类名称	扩张式	压缩式	自封式	组合式
分类代号	K	Y	Z	用各式的分类代号组合表示

例：Y441-115封隔器

56

（四）分层注水工具

封隔器型号编制

分类代号 | 固定方式代号 | 坐封方式代号 | 解封方式代号 | 结构特征代号 | 使用功能代号

固定方式代号用阿拉伯数字表示，固定方式代号应符合表中的规定。

固定方式名称	尾管支撑	单向卡瓦	悬挂	双向卡瓦	锚瓦	组合式
固定方式代号	1	2	3	4	5	用各式的分类代号组合表示

例：Y341-115封隔器

57

（四）分层注水工具

封隔器型号编制

分类代号 | 固定方式代号 | 坐封方式代号 | 解封方式代号 | 结构特征代号 | 使用功能代号

坐封方式代号用阿拉伯数字表示，坐封方式代号应符合表中的规定。

坐封方式名称	提放管柱	转管柱	自封	液压	下工具	热力
坐封方式代号	1	2	3	4	5	6

例：Y241-115封隔器

58

（四）分层注水工具

封隔器型号编制

分类代号 | 固定方式代号 | 坐封方式代号 | 解封方式代号 | 结构特征代号 | 使用功能代号

解封方式代号用阿拉伯数字表示，坐封方式代号应符合表中的规定。

解封方式名称	提放管柱	转管柱	钻铣	液压	下工具	热力
解封方式代号	1	2	3	4	5	6

例：Y445-115封隔器

59

（四）分层注水工具

封隔器型号编制

分类代号 | 固定方式代号 | 坐封方式代号 | 解封方式代号 | 结构特征代号 | 使用功能代号

结构特征代号用封隔器结构特征两个关键汉字汉语拼音的第一个大写字母表示。如封隔器无下列结构特征，可省略结构特征代号。结构特征代号应符合表中的规定。

结构特征名称	插入结构	丢手结构	防顶结构	反洗结构	换向结构	自平衡结构	锁紧结构	自验封结构
结构特征代号	CR	DS	FD	FX	HX	PH	SJ	YF

例：Y341FXZS/115-160℃/35封隔器

60

(四)分层注水工具

封隔器型号编制

分类代号	固定方式代号	坐封方式代号	解封方式代号	结构特征代号	使用功能代号

使用功能代号用封隔器主要用途两个关键汉字汉语拼音的第一个大写字母表示。使用功能代号应符合表中的规定。

使用功能名称	测试	堵水	防砂	挤堵	桥塞	试油	压裂酸化	找窜找漏	注水
使用功能代号	CS	DS	FS	JD	QS	SY	YL	ZC	ZS

例：Y341FXZS/115-160℃/35封隔器

61

(四)分层注水工具

分层注水用封隔器

1、扩张式封隔器

扩张式封隔器是油田应用较早、应用最为广泛的分层注水封隔器。其结构简单，使用方便。目前常用的为K344(原DQ475-8、DQ457-9)型。它可与各种带有节流压差的配水器配套使用。靠油套压差胀开胶筒密封油套环空。

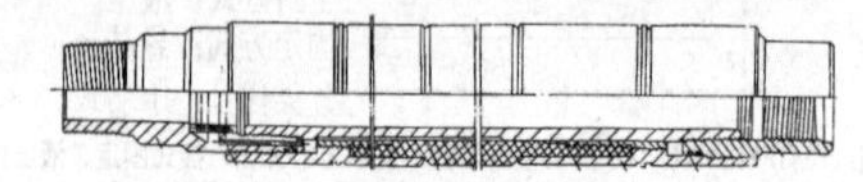

扩张式封隔器结构示意图

62

(四)分层注水工具

分层注水用封隔器

1、扩张式封隔器工作原理：

从油管内加液压，当油管内外压差达0.7～0.9MPa，液压经滤网罩、下接头的孔眼和中心管的水槽，作用于胶筒的内腔，使胶筒胀大，密封油套环形空间。

放掉油管内的压力，使其油套内外压平衡时，胶筒即收回解封。

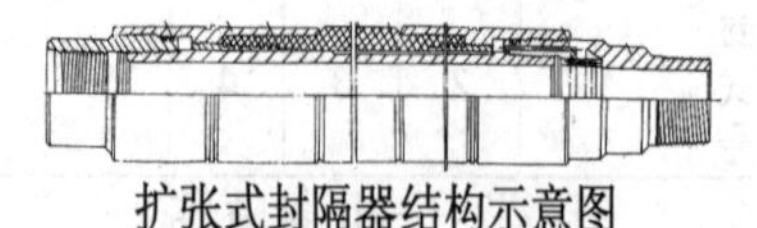

扩张式封隔器结构示意图

63

(四)分层注水工具

分层注水用封隔器

1、扩张式封隔器

扩张式封隔器必须与节流器配套使用。

优点：结构简单，不用单独坐封封隔器。

缺点：① 停注时层间易串通；

② 胶筒经常扩张收缩，工作条件恶劣，胶筒易于损坏，致使作业频繁。

③ 必须在油管内外造成一定压差方能工作，因而与偏心配水器配套使用时不能用于放大注水。不用于高压低渗透油田的注水。

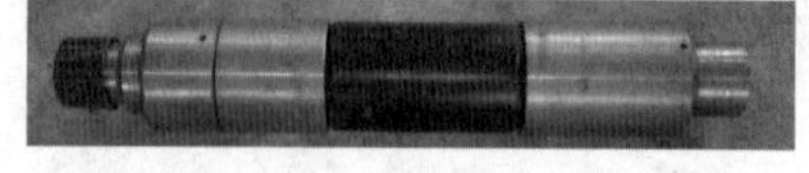

64

(四)分层注水工具

K344型注水封隔器

项目 \ 型号	K344-145	K344-95
适用套管内径mm	Φ153.8-Φ166.1	Φ121-Φ127
最大外径mm	Φ145	Φ95
最小内通径mm	Φ62	50
工作温度℃	≤120	≤120
工作压力MPa	30	25
启动压差MPa	0.8-1.0	0.8-1.0
洗井压差MPa	1.5-2.0/无	无
联接扣型TBG	2 7/8	2 3/8

65

(四)分层注水工具

K344(2)-112型注水封隔器

- 该封隔器在结构上采用了水力坐封后，水力密闭锁紧的结构，使封隔器在停注时仍处于密封状态，解决了常规扩张式封隔器停注时的层串问题。
- 封隔器设计了两种解封形式，一般情况采用反洗井液压解封方式，有利于注水井的反洗井工艺及解封起管柱作业。当反洗井解封困难时可采用旋转管柱解封，便于起出井下管柱。
- 封隔器采用正常注水压力坐封，无需泵车及油管憋压，施工工艺简单、容易操作。

66

（四）分层注水工具

K344(2)-112型注水封隔器

K344(2)-112注水封隔器技术参数

封隔器型号	K344(2)-112
钢体最大外径，mm	112
钢体最小通径，mm	60
适用套管内径，mm	117.7～127.7
坐封压力，MPa	≥1
工作压差，MPa	≤30
工作温度，℃	≤120
解封方式	旋转上提或反打压
解封压差	≤7 MPa
两端连接螺纹	2⁷/8TBG

67

（四）分层注水工具

目前常用扩张式封隔器主要有：

K344常规型注水封隔器

K344(2)密闭型注水封隔器

K344高压卡封型长胶筒封隔器

K344防蠕动型封隔器

68

（四）分层注水工具

分层注水用封隔器

2、水力压缩式可洗井封隔器

水力压缩式可洗井封隔器是八十年代初研制成功，八十年代中后期及九十年代优化设计完善的先进注水封隔器，目前主要以Y341系列封隔器为代表。

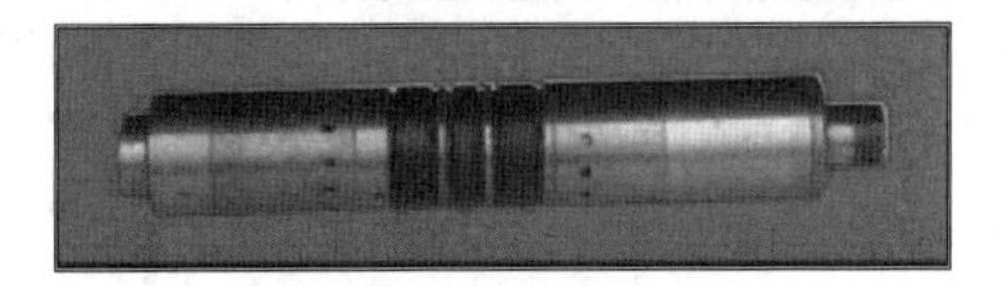

Y341-150ZS封隔器

69

（四）分层注水工具

分层注水用封隔器

2、水力压缩式可洗井封隔器

基本结构：主要包括坐封、密封、锁紧、洗井、解封几大部分组成。该系列封隔器所用胶筒为压缩式，没有卡瓦支撑，靠从油管内打液压来压缩胶筒，使之直径变大，封隔油套环空，并设计有机械锁紧机构，在不动管柱时不会自动解封，另外，还设计有固定的洗井通道以满足注水中洗井需要。

70

（四）分层注水工具

分层注水用封隔器

胜利油田采油院研制的Y341G封隔器的密封压力可高达35MPa，适用于各油田高压分层注水井、需保护套管井以及套管损坏需卡漏的井。其主要特点有：

①封隔器采用了双活塞座封，座封压力低，密封压力高，优化了管柱受力条件。

②封隔器密封系统采用了软金属护罩作为胶筒肩部防突机构，并采用了双密封胶筒密封结构，提高了封隔器的承压能力。

③封隔器解封方式采用下放管柱解封，操作简单、灵活可靠，充分考虑管柱温度效应及压力效应影响，在注水时，任何温度和压力下不会自动解封。

④封隔器内通径大，具有一管多能作用。

71

（四）分层注水工具

Y341型注水封隔器

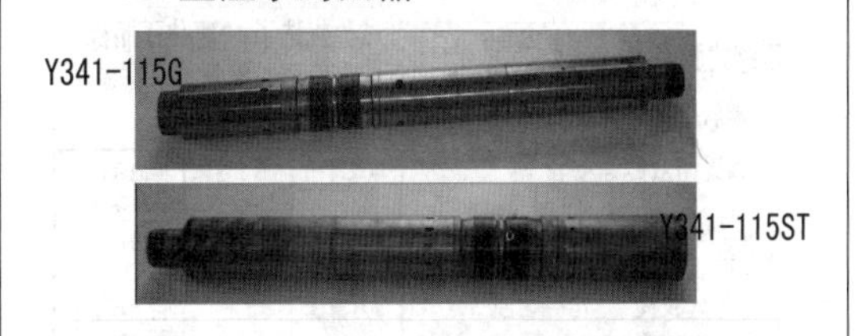

- 双活塞液压坐封，坐封力大，坐封后锁紧，坐封可靠。
- 不动管柱反洗井，洗井通道930mm²。
- 洗井机构设计为洗井活塞和控制活塞两部分，可以防止下层压力高时因洗净活塞开启造成的层间串通。

72

(四)分层注水工具

Y341ST型水井封隔器技术参数

封隔器型号	Y341ST-115	Y341ST-115G	Y341ST-150	Y341ST-150G
总长度，mm	1266		1188	
钢体最大外径，mm	115	150	115	150
钢体最小通径，mm	59	62	59	62
适用套管内径，mm	117.7～127.7		153.8～166.1	
坐封压力，MPa	16～20			
工作压差，MPa	≤15	≤35	≤15	≤35
工作温度，℃	≤160			
采用胶筒型式	“YS”型胶筒			
两端连接螺纹	$2^7/8$TBG，$2^7/8$UPTBG			

73

(四)分层注水工具

Y342型水井封隔器

Y342型水井封隔器是一种水力坐封、旋转管柱解封的可洗井注水封隔器。可单级、多级使用于井深3000米以内，井温小于160℃的分层注水。一般不用在深井及大斜度井上。

74

(四)分层注水工具

Y342型水井封隔器技术参数

封隔器型号	Y342-115G
钢体最大外径，mm	115
钢体最小通径，mm	59
适用套管内径，mm	117.7～127.7
坐封压力，MPa	18～20
工作压差，MPa	≤35
工作温度，℃	≤160
解封方式	旋转上提
两端连接螺纹	$2^7/8$TBG

75

(四)分层注水工具

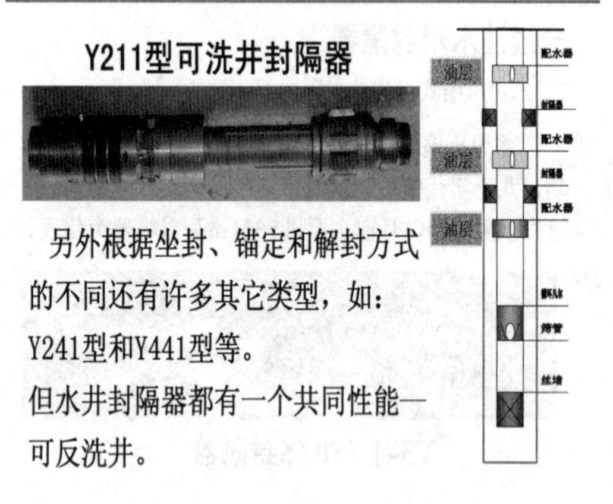

Y211型可洗井封隔器

另外根据坐封、锚定和解封方式的不同还有许多其它类型，如：Y241型和Y441型等。

但水井封隔器都有一个共同性能—可反洗井。

76

(四)分层注水工具

●密封件结构优化设计

压缩式胶筒

■肩部设计保护机构

■采用双胶筒密封

密封压力提高35MPa以上

扩张式胶筒

淘汰了原先的帘布式胶筒，采用了以钢丝网作为加强骨架的三层结构，其密封压力提高到35MPa，疲劳技术指标提高为原先的5~8倍。

●新型密封件材料

试验优选了“氢化丁腈橡胶”新型胶筒材料，耐温可以达到160 ℃。

橡胶材料	NBR丁腈橡胶	HNBR氢化丁腈橡胶
氧化稳定性		1000倍 NBR
热降解温度		比 NBR高40 ℃
耐热性	120 ℃	160 ℃
耐油性		4倍 NBR
拉伸强度	15MPa	40MPa
耐H_2S（拉伸）	10MPa	30MPa

77

(四)分层注水工具

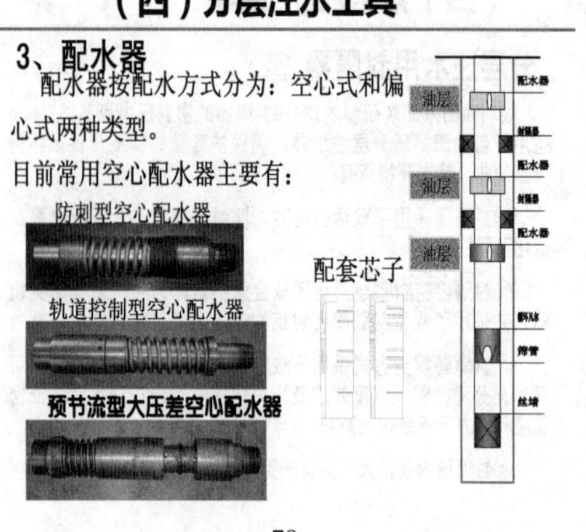

3、配水器

配水器按配水方式分为：空心式和偏心式两种类型。

目前常用空心配水器主要有：

防刺型空心配水器

轨道控制型空心配水器

预节流型大压差空心配水器

配套芯子

78

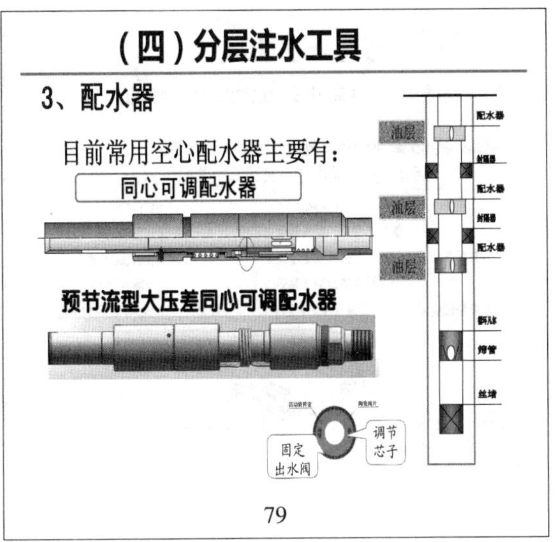

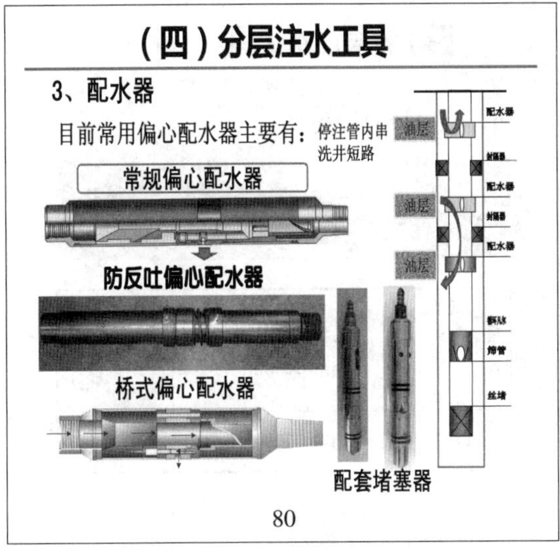

(四)分层注水工具 注入工具

665-2型偏心配水器

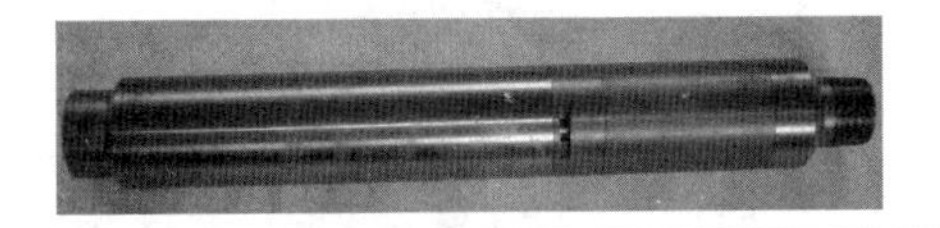

665-2偏心配水器是水井注水的主要工具之一。与其它工具一起组成偏心式活动配水管柱，各级配水器的几何尺寸一样，不分级别，分层级数也不受限制，各级堵塞器都可以用同一偏心投捞工具。能做到任意投捞其中一级同时调换水嘴，减少了动管柱施工的工作量。

81

(四)分层注水工具

4、SM水力锚

结构:

主要由锚体、锚爪、弹簧和防垢衬套等构成。

特点:

在锚爪里面增加了挡垢装置，有效的防止锚爪空间结垢，保证了水力锚解卡顺利。

技术参数

项目	技术指标	
型号	SLM-115	SLM-146
钢体最大外径，mm	115	146
钢体最小内径，mm	59	62
总长，mm	390	440
工作压差，MPa	≤35	
工作温度，℃	≤160	
两端联接螺纹	$2^7/8$TBG、$2^7/8$UPTBG	

82

(四)分层注水工具 锚定工具

5、SK水力卡瓦

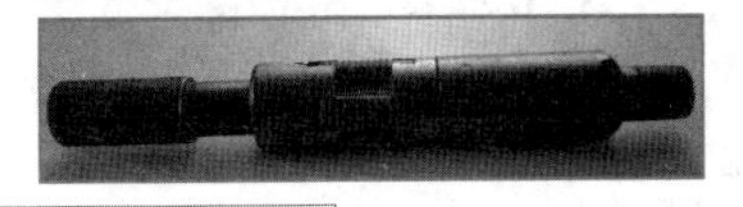

水力卡瓦是锚定补偿式注水管柱的配套工具之一。该工具与水力锚对管柱进行锚定和支撑，和补偿器配套使用，避免了封隔器坐封及注水过程中的管柱蠕动，可有效提高管柱的使用寿命。

型号	钢体最大外径 mm	钢体最小内径 mm	总长 mm	工作压差 MPa	工作温度 ℃	两端联接螺纹
SK-115	115	62	609	≤35	≤160	$2^7/8$TBG
SK-146	146	62	609	≤35	≤160	$2^7/8$TBG

83

(四)分层注水工具 补偿工具

6、BC-115补偿器

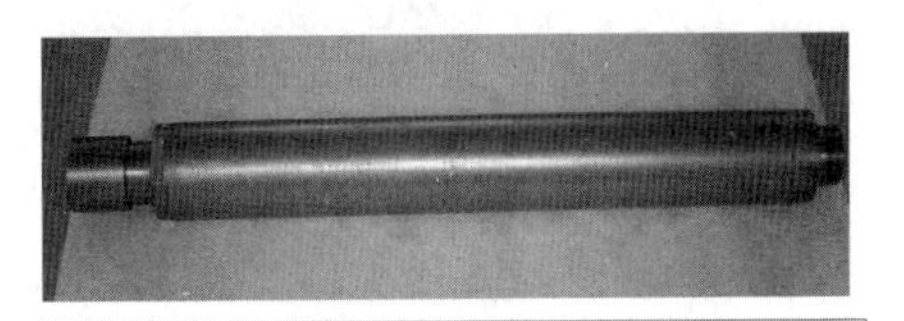

BC-115补偿器是锚定补偿式注水管柱的配套工具之一。

◆补偿管柱长度变化，缓解管柱中力的产生。

◆设计了防转机构，可以传递扭矩。

◆可以起到震击作用，辅助解卡。

84

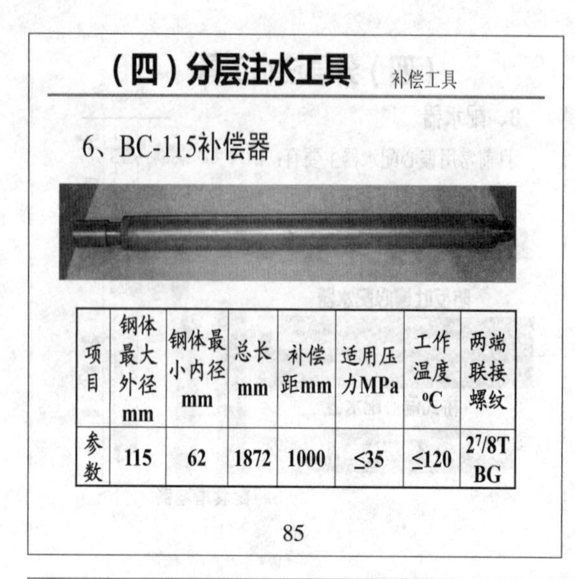

项目	钢体最大外径mm	钢体最小内径mm	总长mm	补偿距mm	适用压力MPa	工作温度℃	两端联接螺纹
参数	115	62	1872	1000	≤35	≤120	2 7/8 TBG

（四）分层注水工具

结合单井井筒状况及作业中发现的问题，

在工具的配套的上进行了改进优化

结合单井井况优选工具的几个参照原则

井况	存在问题	治理对策
井斜角大	管柱不居中，封隔器受力不均	配套油管扶正器
	测试投捞难度大	配套轨道式配水器
	配套锚定工具易遇卡	配套组合封
套管轻微变形	无法分注或易遇卡	配套外径95mm的小直径封隔器

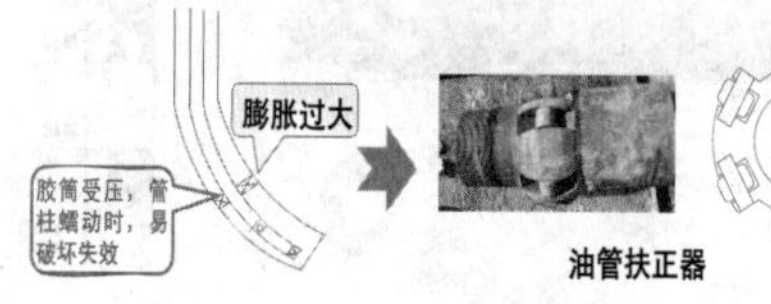

86

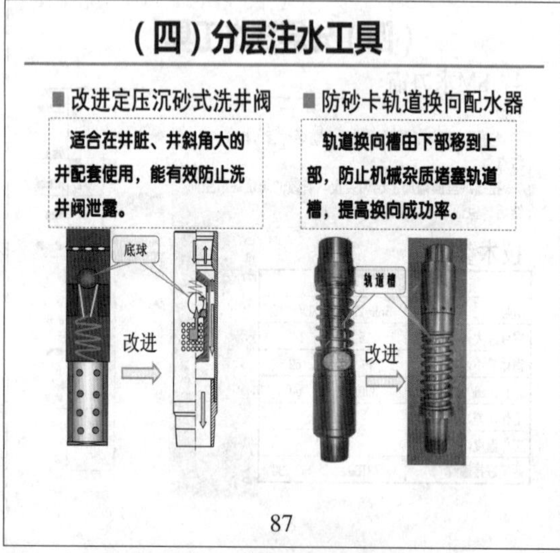

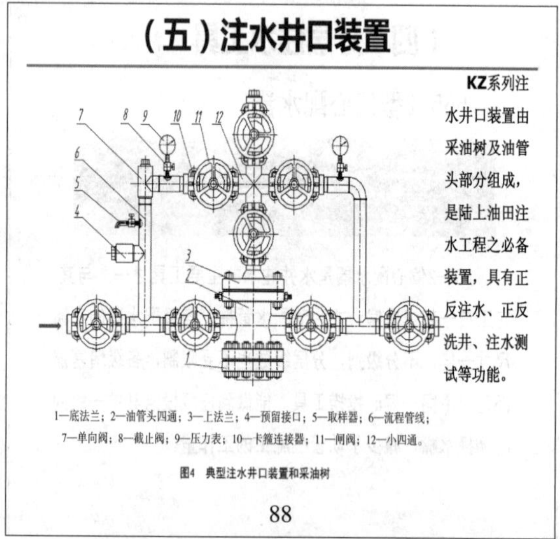

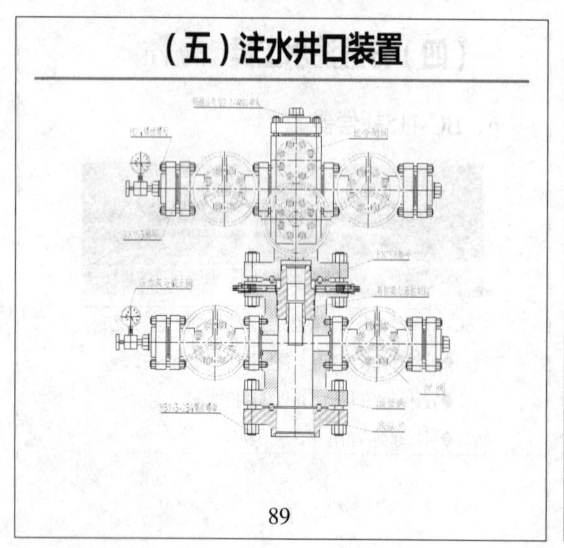

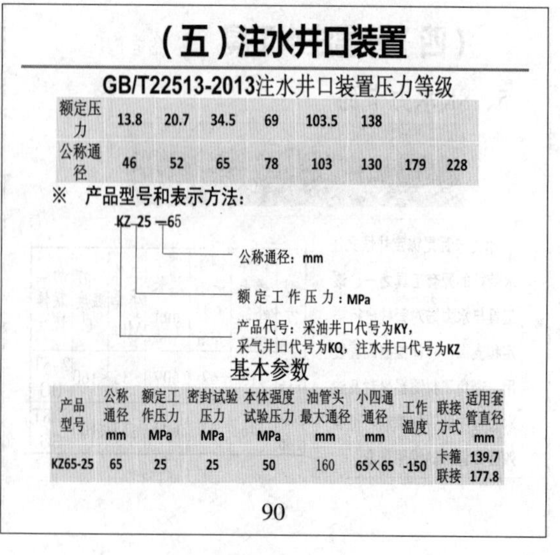

额定压力	13.8	20.7	34.5	69	103.5	138		
公称通径	46	52	65	78	103	130	179	228

产品型号	公称通径mm	额定工作压力MPa	密封试验压力MPa	本体强度试验压力MPa	油管头最大通径mm	小四通通径mm	工作温度	联接方式	适用套管直径mm
KZ65-25	65	25	25	50	160	65×65	-150	卡箍 联接	139.7 177.8

一、分层注水管柱

二、测试工艺技术

三、测试资料分析及故障诊断

四、测调不成功因素分析

91

二、测试工艺技术

水井分层测试

采用测试仪器定期测量注水井各注水层段在不同压力下的吸水量。

分层测试目的

了解油层或注水层段的吸水能力，鉴定分层配水方案的准确性，检查封隔器是否密封，配水器工作是否正常，检查井下作业施工质量等。

天滑轮
防喷管
地面控制仪
地滑轮
配水器
封隔器
配水器
封隔器
配水器

92

二、测试工艺技术

分层测试方法

按测试工具不同分为：投球测试法和井下流量计测试法。目前测试仪器主要是外流式电磁流量计、超声波流量计、智能测调一体化仪器为主.

93

二、测试工艺技术

主要由井下测试仪器、地面绞车和资料分析解释构成。其主要作用是获取各层的吸水指示曲线。

技术组成：

测试绞车
防喷管
投捞器
测试仪器

测试仪器：

外流式电磁流量计
超声波流量计

94

（一）水井测试仪器及原理

1、ZDLⅡC35/125W外流存储式电磁流量计

（1）电磁流量计的结构

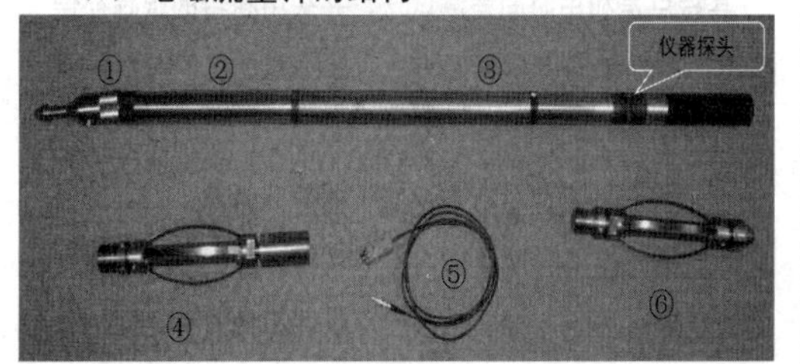

连接顺序为①绳帽②电池筒短节 ③仪器主体（仪器主体部分不能拆卸）④上扶正器⑤回收线⑥下扶正器 。

95

（一）水井测试仪器及原理

1）探头段：内含磁激励线圈和外露的测量电极，探头为注油密封腔体。该段结构复杂，是整个电磁流量计的核心。

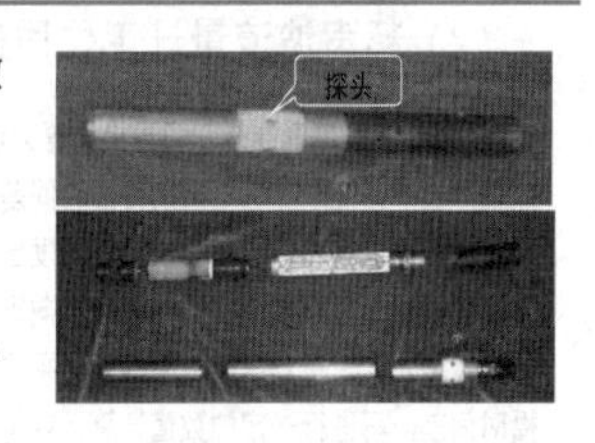

2）、电路段：内含温度传感器和流量测量及存储电路。

3）、可配接的压力段：内含压力传感器和测量电路，可根据需要进行选配。

其他各段应避免随意旋松、拆卸；与其它组件连接使用时，应卡在流量计与连接设备紧连的接口段。

96

(一)水井测试仪器及原理

(2)电磁流量计的工作原理

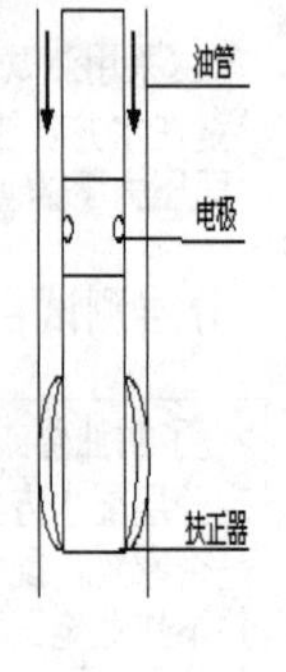

外流式电磁流量计是利用电磁感应原理工作的，当流体切割磁力线流动时，电极上能感应出与速度成正比的感生电动势。对于某种稳定的流体而言，感生电动势与流体的流速成正比关系，从而推导出流体的体积流量。

97

(一)水井测试仪器及原理

$Q=\pi D/4B\ U_e$

式中：B　为磁场强度；

U_e　为感应电压；

D　为管道内径。

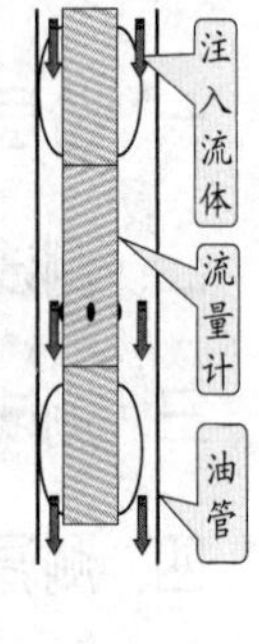

由上式可知，只要测得感应电压就正比例得到流速，并换算出流量。被测流体流量Q不受其本身的温度、压力、密度和电导率变化等参数的影响，所以电磁流量计具有许多其它机械式流量计无可比拟的优点，能实现大量程范围的高精度测量。测试方法不需聚流，一次下井可测多层。

98

(一)水井测试仪器及原理

(3)电磁流量计特点

由于电磁流量计测量结果与流体的温度、压力、密度和电导率变化无关，测量探头无机械活动部件，可停在井内任意一点测试。

优点：它具有测量卡片清晰、测量精度高、测量范围大、启动排量少、便于找漏。

缺点：因采用裸露探头感应方式，探头易被油沾污，影响测试效果。

99

(一)水井测试仪器及原理

2、CLJE-500-125-60存储式超声波流量计

(1)超声波流量计结构

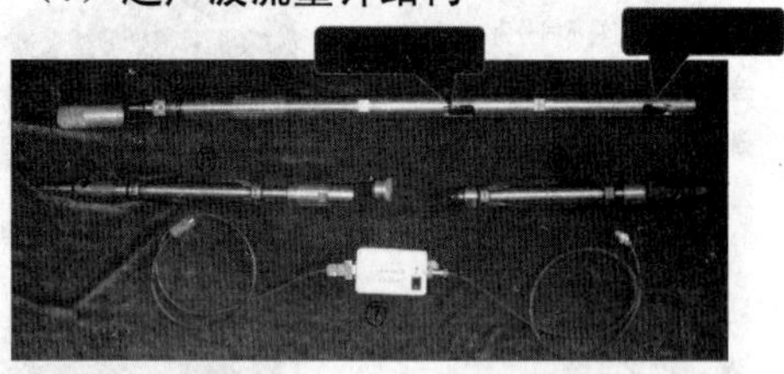

仪器结构：①绳帽②电池筒③流量计主体④导流管组件、⑤上扶正器⑥下扶正器⑦回放线与回放盒。

100

(一)水井测试仪器及原理

(2)超声波流量计工作原理

井下超声波流量计是以超声换能器为流速检测元件，通过测量高频超声波束在两个探头之间的传播时间差来推算流体流量。超声波束沿测量管道方向传播，上游换能器发出的波束传播方向与流体流向相同，而下游换能器发出的波束方向则与流体流向相反，两波束间的传播时间差与测量通道中的流体平均流速成正比。通过测量传播时间差，再进行一定的数值计算，就可以推算出流体的平均流速和流量。　$v=f(x)=f[\triangle\varphi/(t1\ t2)]=f(\triangle\varphi/t2)$

式中：c--------超声波水中传播速度

v--------流体流速

L-------上下换能器的距离

f--------换能器发射频率

△φ-----时空差

101

(一)水井测试仪器及原理

(3)超声波流量计特点

其特点是利用时间差测试法，并采用独特的跟踪补偿技术，消除了温度和压力对超声波传播速度的影响，进一步提高了实际测试的精度。

在测量含杂质或粘度变化较大的流体方面，超声波流量计与其他类型流量计相比具有明显优势，能准确测量流量数据；另一方面，超声波流量计本身没有任何活动部件，因此，具有工作稳定、可靠性高、故障率低、维修方便等优点。

102

（一）水井测试仪器及原理

ZDLII-C35/090W电磁流量计和CLJE超声波流量计两种仪器都是多参数测试仪器，可以测试压力、温度和流量。

流量计技术参数

项目	ZDLII-C35W电磁流量计	CLJE非集流超声波流量计
仪器外形（mm）	Φ35×1150	Φ36×1600
流量量程（m^3/d）	700	700
流量精度（F.S）	1.0	1.0
流量灵敏度（m^3/d）		0.5
压力量程（Mpa）	60	60
压力精度（F.S）		0.5
温度量程（℃）	125	125
温度精度（℃）	±1	±1

两种流量计主要技术参数基本一致，电磁流量计外形尺寸小，便于操作，但对水质和井筒质量要求高；超声波流量计外形尺寸大，但同样水质和井筒质量条件下测试成功率高。

103

现场测试流程

对井口、取注水参数

井口安装

下流量计

分层录取

起流量计

收尾

104

（二）常规测试方法

常用测试方法有两种：流量测试：递减间测；直测

A、定点调压测试方法：

仪器下到最下层位置后，固定不动，井口调节注水压力，调节4~5个压力点，每点稳压15分钟，测试完成后，上提仪器再测试另一层；逐层上提，直至测完。

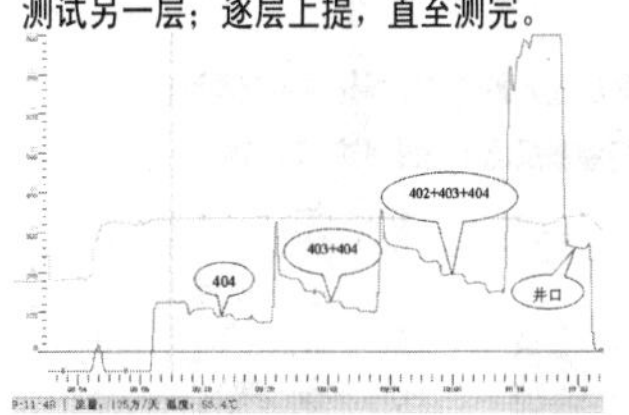

全井流量

402配水器

中、下层流量

下层流量

404配水器

105

（二）常规测试方法

B、定压调点测试方法：

仪器下到设计位置后，稳定井口压力，上提或下放仪器测试各层流量。每层测试5分钟，各层测试完成后，再调整并稳定另一井口压力，继续把仪器下到各层对应位置测试，直至完成4¯5个压力点测试。

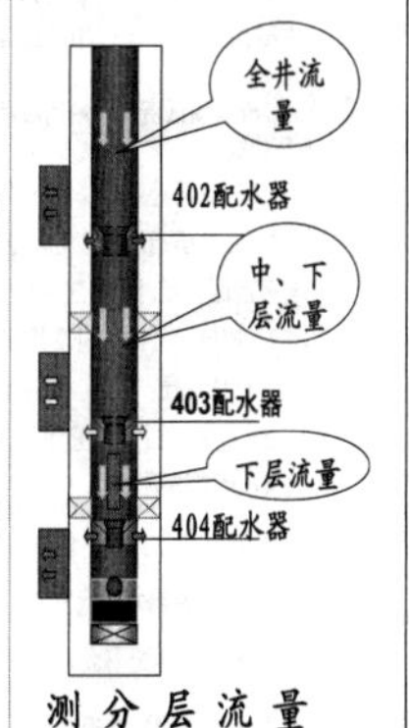

测 分 层 流 量

106

（二）常规测试方法

定压调点方法

上测 一点多层法

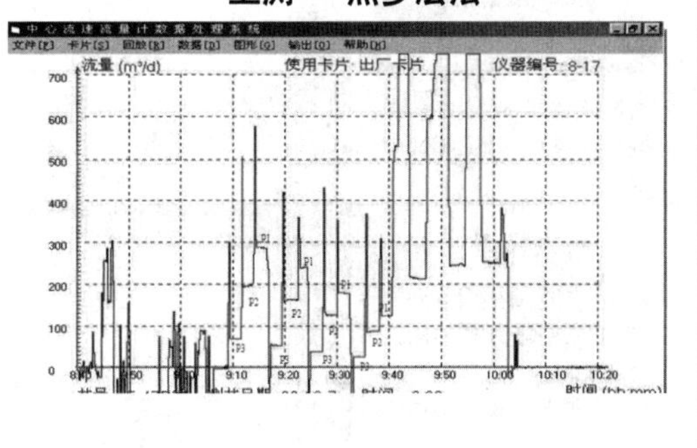

107

（二）常规测试方法

定点调压法：

绞车操作简便，仪器在井下定位准确，测试曲线规则；但井口调压复杂、繁琐，压力精度低，数据处理复杂，不能直接显示正常注水压力下各层的实际注入量。

定压调点法：

绞车操作复杂、繁琐，仪器井下定位精度差，测试曲线不规则；但井口调压简单，压力精度高，数据处理简便准确，能直接读取正常注水压力下各层的实际注入量。

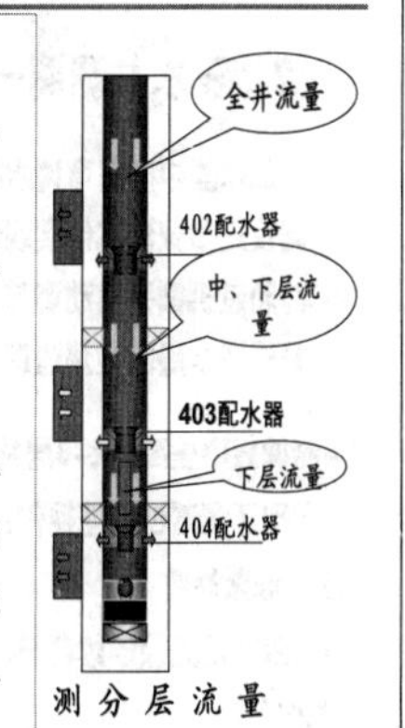

测 分 层 流 量

108

(二)常规测试方法

□优化不同水井测试工艺

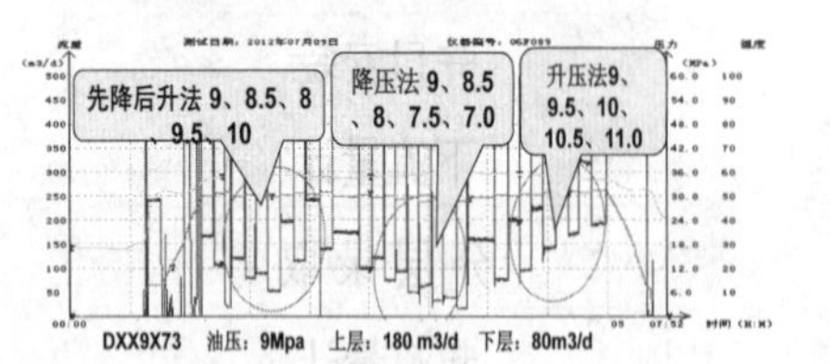

吸水较好的井，选用降压法；

低压力高注入量的井，采用升压法；

不能连续降压的井，采用先降后升法。

109

(二)常规测试方法

常规空心和偏心配水器都采用活动式水嘴结构，依靠水嘴节流进行控制注水量；分层测试和调配分步进行。

即在一定井口注入压力下，根据测试结果在各层段对应的配水器上安装合适尺寸的水嘴，通过调整水嘴尺寸来改变注入水通过水嘴时产生的压降，从而对各层段产生不同的注入量。

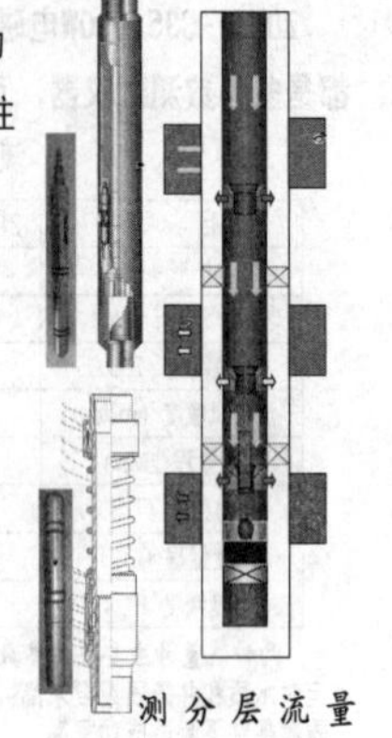

110

(二)常规测试方法

调配基本流程：

1）根据测试资料，绘制吸水指示曲线；

2）资料分析处理

（1）在分层指示曲线上，查出与各层配注量对应的注水压力；

（2）根据全井配注量及管柱深度，计算管损；

（3）确定井口注入压力

（4）计算嘴损压力；

（5）根据各层段注水量及嘴损，在嘴损曲线上查出水嘴尺寸。

3）水嘴投捞调配

4）复测验证调配准确性

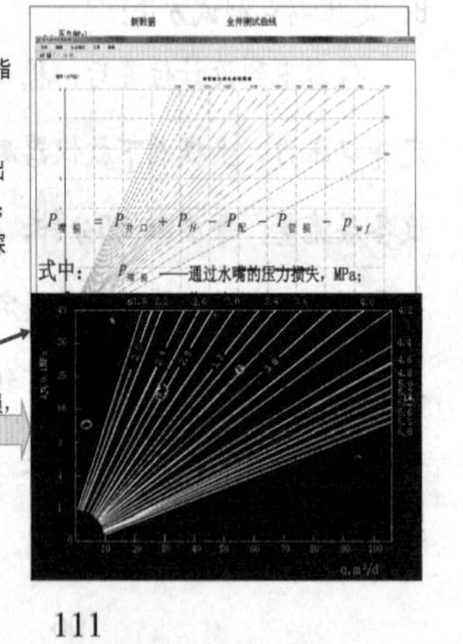

111

(三)注水测调工艺

目前现场应用的分注技术有常规投捞水嘴式测调技术及注水井测调一体化技术两种。

1、常规投捞水嘴测调技术

- **测调工艺复杂，平均单层投捞四到六次，单井测调时间1.5~2天。**
- **受测试误差影响，对小注入量的注水层无法做到准确配水。**
- **水嘴不连续，水量控制精度低（误差可达20–30%）。**

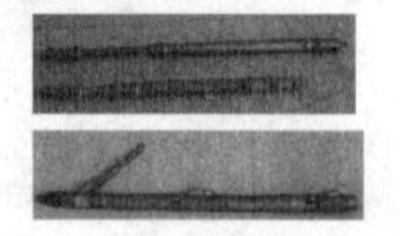

112

(三)注水测调工艺

2、注水井测调一体化技术提高了测调效率

配水器中内置可调水嘴，通过一体化测调仪三参数测试仪实现分层水量测试，同时通过机械手自动调节水嘴大小，实现了分层注水量的边测边调。

■测调效率提高：2–3层井平均测试时间6小时

■实现了测试过程可视化：井下仪器工作状态；压力流量参数

■水嘴实现无级连续调节，流量控制精度高（可达2%）

113

(四)测调一体化分层注水工艺

1、同心测调一体化技术

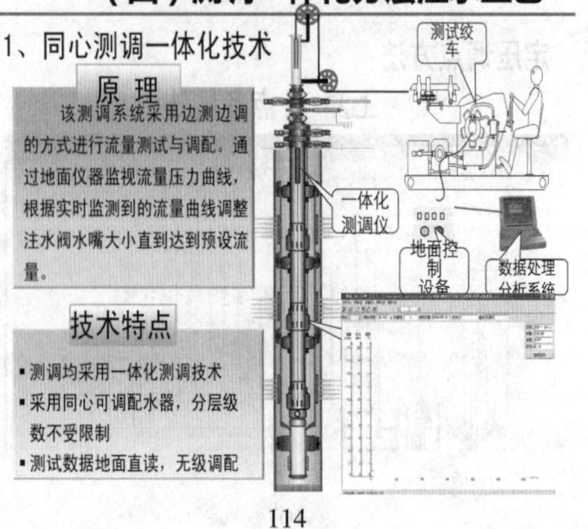

原理

该测调系统采用边测边调的方式进行流量测试与调配。通过地面仪器监视流量压力曲线，根据实时监测到的流量曲线调整注水阀水嘴大小直到达到预设流量。

技术特点

- 测调均采用一体化测调技术
- 采用同心可调配水器，分层级数不受限制
- 测试数据地面直读，无级调配

114

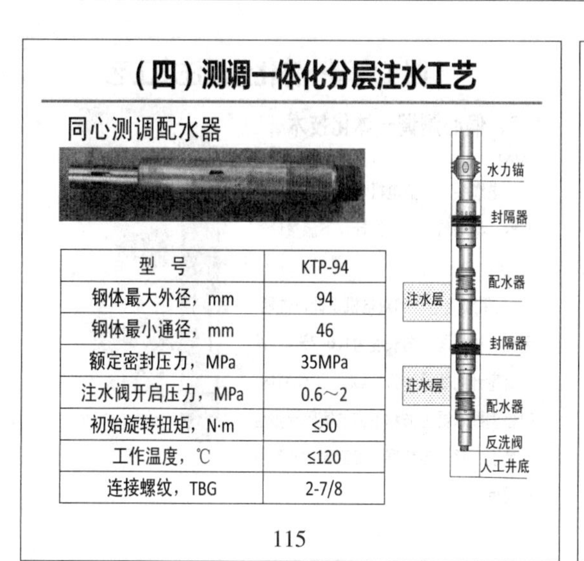

型　号	KTP-94
钢体最大外径，mm	94
钢体最小通径，mm	46
额定密封压力，MPa	35MPa
注水阀开启压力，MPa	0.6～2
初始旋转扭矩，N·m	≤50
工作温度，℃	≤120
连接螺纹，TBG	2-7/8

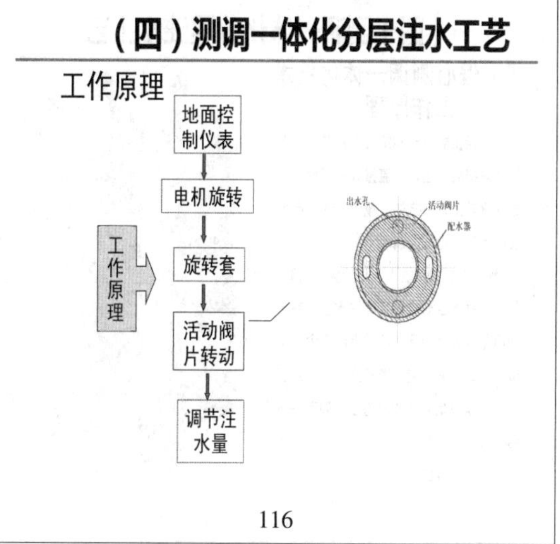

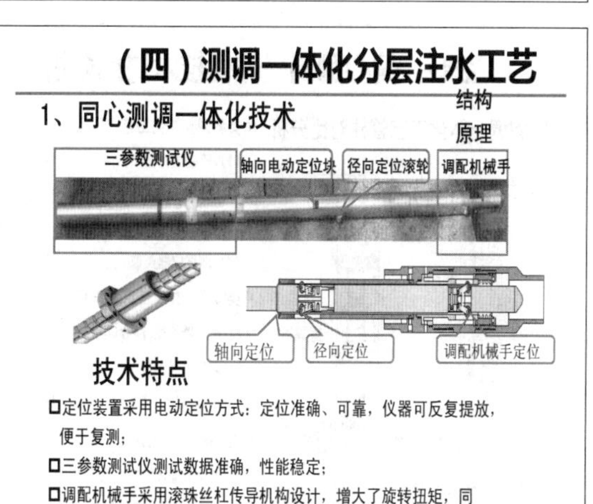

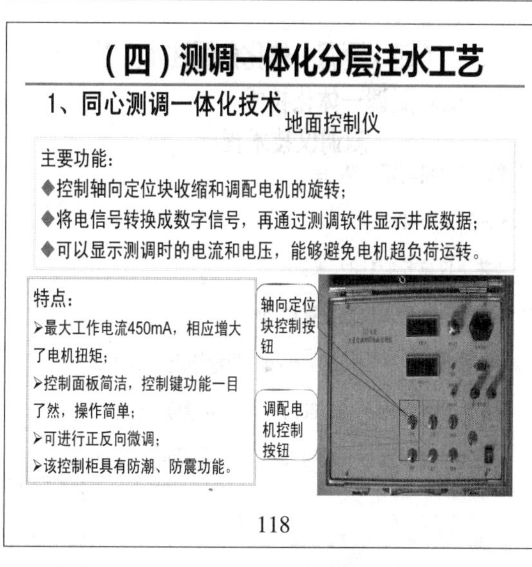

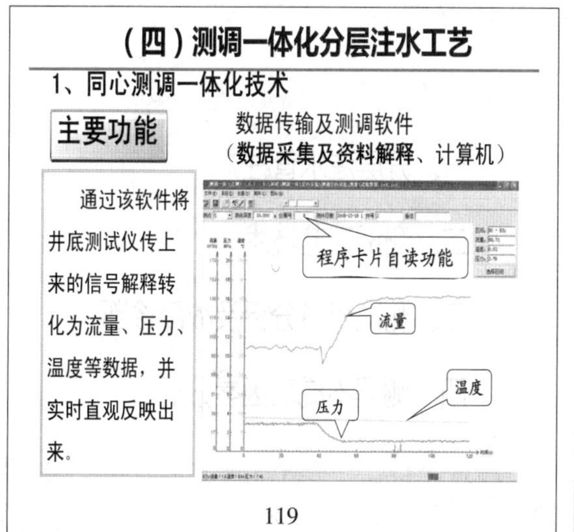

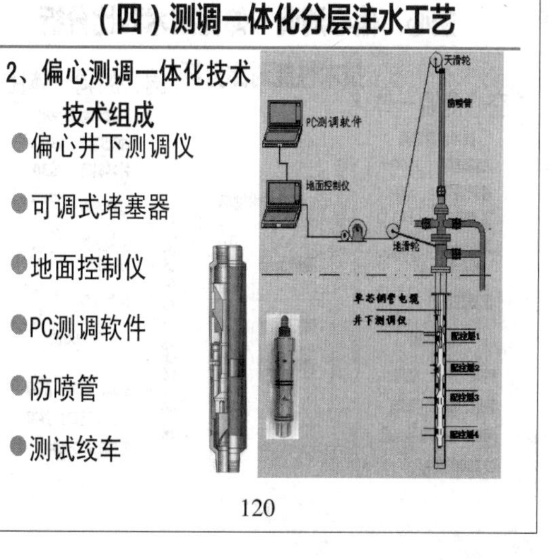

(四)测调一体化分层注水工艺

2、偏心测调一体化技术
工作原理

测调仪器下到预定层位井与可调堵塞器对接后。上、下流量计即时分别计量配水器上、下方的流量，并通过电缆实时上传到地面控制仪。

地面控制仪根据上、下流量计的测试值，计算出当前层的实际注水量；并与地质配注方案对比。不符合时指令电机调节可调堵塞器内水嘴的大小，直到实际注水量满足方案要求为止。调节完成后，收回调节臂，按上述操作顺序继续下一层测调或结束测调。

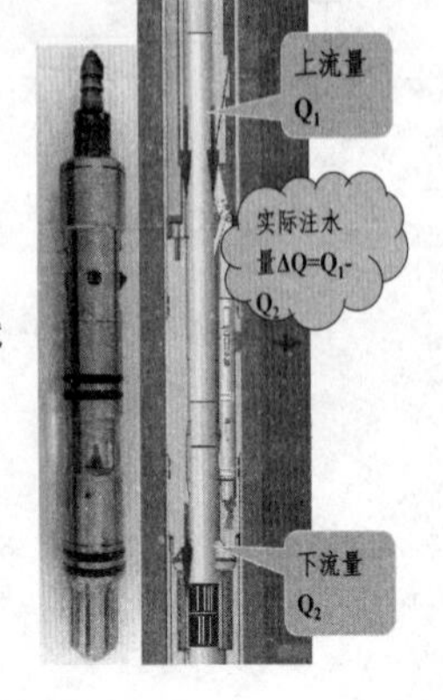

121

(四)测调一体化分层注水工艺

2、偏心测调一体化技术
组成：

电缆头、调节电机、收放电机、调节臂、导向爪、上流量计、下流量计

特点：

采用双流量计和双电机设计，性能可靠。根据配水器长度为1.042米，两支流量计间距设计为1.4米。工作时同时检测配水器上方和下方的实际流量变化情况，保证当前层流量测调的实时性和准确性。

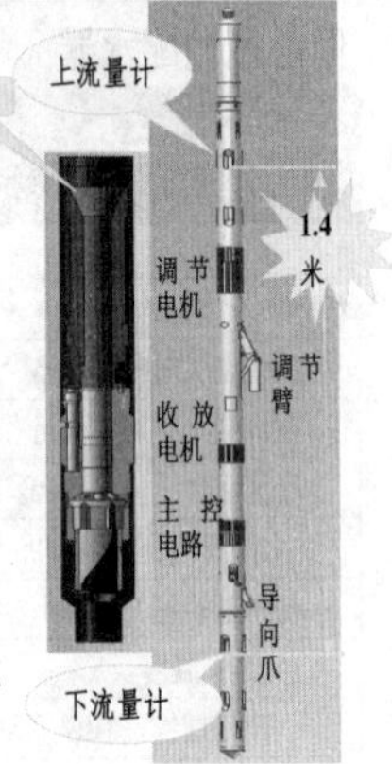

122

(四)测调一体化分层注水工艺

2、偏心测调一体化技术
测调仪技术指标：

- 调节电机转矩：8N·m；
- 外径：φ42mm；
- 井下仪总长：1.82 米；
- 钨合金加重，仪器总重18.5kg。
- 测量范围：(2～500) m³/d，测量精度：2% F·S
- 压力测量范围：(0～60)MPa，测量精度：0.2% F·S；
- 温度测量范围：(-20+125)℃，测量精度：±1℃。

123

空心、偏心测调一体化技术对比分析

☆ 测调一体化工艺管柱对比分析

封隔器
偏配
洗井阀
偏心测调一体化管柱

空配
封隔器
洗井阀
同心测调一体化管柱

两类测调一体化工艺相同点：

(1) 管柱结构相同；
(2) 分层工具封隔器相同；
(3) 测试车相同
(4) 测试仪器类似

两类测调一体化工艺不同点：

(1) 配水器不同：同心、偏心；
(2) 调配工具不同
(3) 测调对接方式不同，空心直接对接，偏心导向对接。
(4) 流量计量不同：偏心直测各层流量；同心递减法算出各层流量。

124

空心、偏心测调一体化技术对比分析

☆技术性能对比分析

空心测调一体化

技术差异界限	
油藏埋深	3500m
井斜斜度	≤60°
适用温度	≤140℃
测调对接成功率	≥90%
层间压差	≤12MPa
应用范围	
胜采、东辛、现河、纯梁、临盘、海洋、河口、桩西等井深超过1500米井。	

共性技术指标	
流量范围	0～500 m³/d
调配精度	≥90%
测调成功率	≥80%

偏心测调一体化

技术差异界限	
油藏埋深	1500m
井斜斜度	≤30°
适用温度	≤125℃
测调对接成功率	60%
层间压差	≤5MPa
应用范围	
孤东、孤岛、滨南，以及河口厂井深不到1500米井。	

125

一、分层注水管柱

二、测试工艺技术

三、测试资料分析及故障诊断

四、测调不成功因素分析

126

三、测试资料分析与故障诊断

分注有效性的思考与提出：

管柱有效 ？ 分注有效

管柱上虽然实现了分层；但从开发角度，有没有达到有效分注的目的，要结合管柱、注水压力、测试等资料进行分析。

无效分注井：	低效分注井：
➢分层管柱失效井； ➢两层配水，压力提平，一层不吸水井。	➢余压欠注、水嘴不适，但该类井有测调潜力； ➢压力提平欠注。

127

三、测试资料分析与故障诊断

测试水量与水表水量对比

根据井下测试水量与地面水表计量水量进行对比，再结合在不同深度下的测试水量进行分析，来判断分层注水管柱有效性。

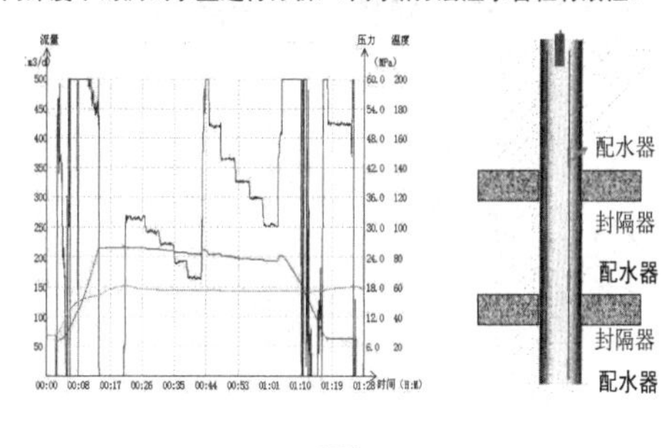

128

三、测试资料分析与故障诊断

测试水量高于地面水表计量水量

由于测试仪器水量换算是在62毫米油管的内径下换算的。出现这种现象的原因是油管缩径，内径小于62毫米，此时测出的水量高；水表芯子、密封圈及水表壳内有损坏，造成水量没有经过水表计量而注入井内；测试仪器本身的误差。

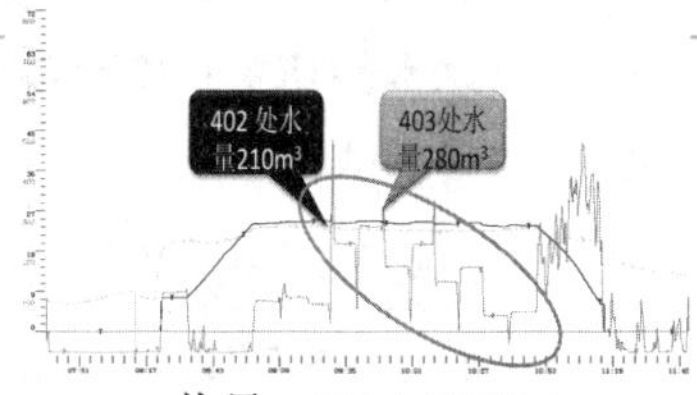

井号：YAA12X36

129

三、测试资料分析与故障诊断

地面水表计量不准，导致地下实际注水与地面计量误差较大，约占测试井的22.5%：油压6MPa时，50米处水表读数93.6方，实测318.6方。

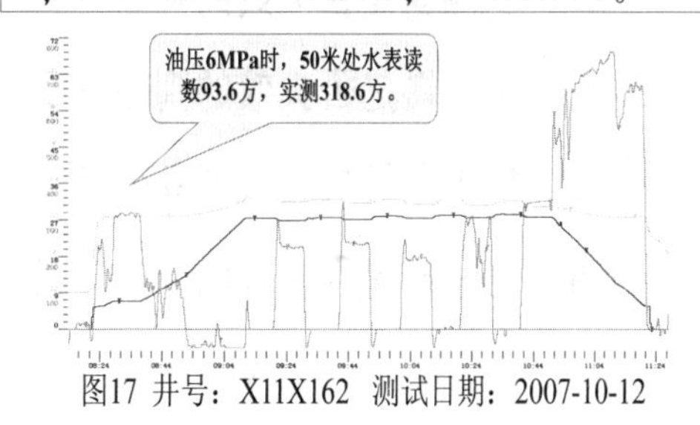

图17 井号：X11X162 测试日期：2007-10-12

130

三、测试资料分析与故障诊断

测试水量低于水表水量

测试水量低于地面水表计量水量

该井2010年11月1日测试，油压：10.5MPa，水表水量：96m³/d，井下、井口：13m³/d。

主要原因：注水井地面管线穿孔或有掺水流程；井口套管闸门损坏，悬挂器和密封圈损坏；水表损坏、水表总成内有污物，造成水表计量水量偏高；测试仪器本身误差。

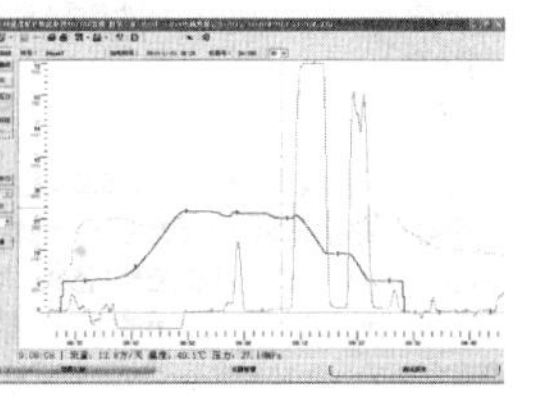

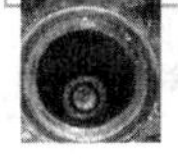

131

三、测试资料分析与故障诊断

井筒内有异物或井液脏造成测试资料无法分析

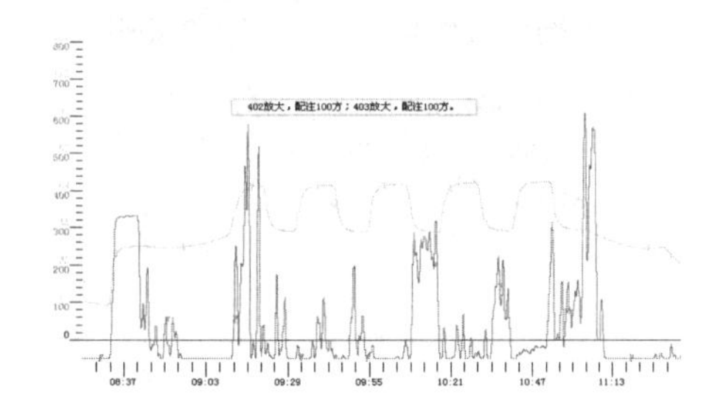

132

三、测试资料分析与故障诊断

受地面主干线压力波动影响，部分水井泵压波动较大，测试期间注水压力难以稳定，影响了录取资料质量。

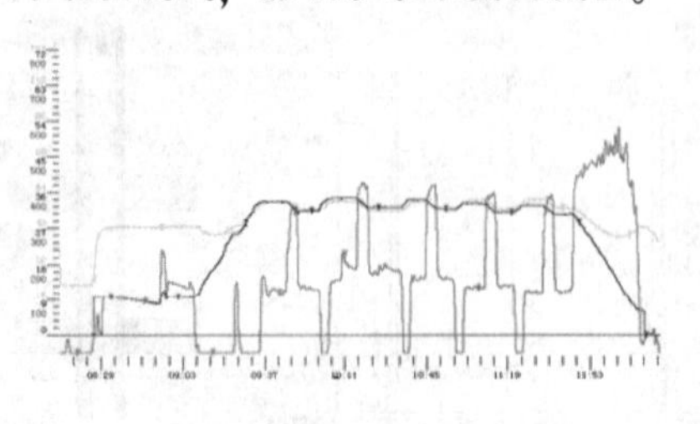

133

三、测试资料分析与故障诊断

结合井史、历次测试资料分析测试资料

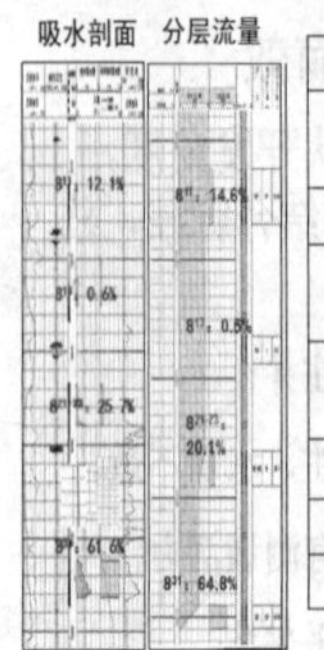

井史资料	分析内容
历史测试资料	分层水量变化情况（全井水量变化或层间注水量变化）
洗井情况	注水井管柱是否畅通
作业情况	套管状况、工具状况、地层的出砂、油管结垢情况
停井情况	有无非正常的停井和不恰当的洗井方式造成砂埋油层
化堵	是否堵塞地层或堵剂回吐污染井筒
增注情况	增注措施及效果
排液情况	地层的吸水能力

134

管柱状况的测试诊断方法

（一）油管是否漏失的判断分析

（二）封隔器是否失效的判断分析

（三）配水器是否失效的判断分析

（四）底球是否失效的判断分析

（五）悬挂器是否失效的判断分析

135

（一）油管是否漏失的判断分析方法

第一步：流量计测试分析判断

按要求每口井都在井口50m停点测试一个全井水量，通过比较井口与井下第一级配水器上的水量可以对油管是否漏失作出初步判断。同一油压下水量相同则不漏失；如果井口50m处水量明显高于402配水器之上水量，则判断油管可能有漏失。

第二步：重新复测或拉点查找具体漏失位置

根据需要可以用流量计定点等距离测试查找油管具体漏失位置。

136

（一）油管是否漏失的判断分析方法

➢注水管柱存在严重漏失

长期未作业井由于管柱腐蚀穿孔，或新作业井由于使用修复管或原管柱存在质量问题，而致管漏严重。

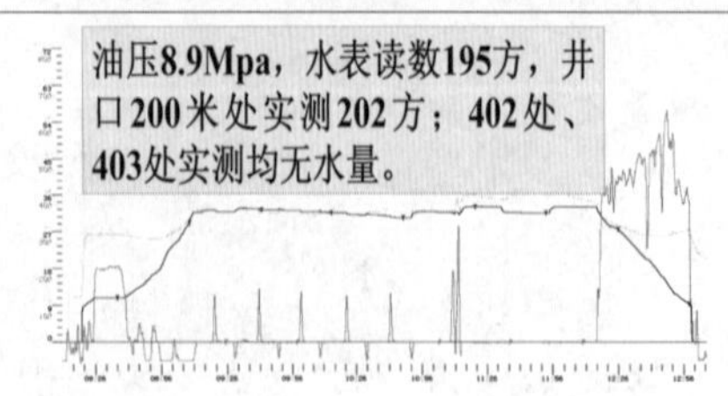

137

（一）油管是否漏失的判断分析方法

➢油管内径变化导致测试水量偏差

◆测试资料反映问题：

测试资料：油压9.0MPa时，水表105方，100米处实测149方，第二级配水器处（上层动停，第一级配水器关）实测103方。

存在问题：井下工具以上油管内测试水量偏大（误差42%）。

◆原因分析：

该井为玻璃钢油管分层井，1985米以上油管为玻璃钢管（内径56mm），下部为73mm钢制油管（内径62mm）。由于玻璃钢油管内径小，水流速度变大，导致测试仪器（62mm管内标定）显示水量偏大。

永8-92井管柱示意图

结论：由于油管内径尺寸不同或腐蚀结垢等引起的油管内径变化，会导致测试水量出现偏差。油管内径小于仪器标定内径时，测试水量偏大，反之偏小。

138

（一）油管是否漏失的判断分析方法

➢依据测试水量异常变化找漏

辛X159井测试曲线　辛X159井管柱示意图

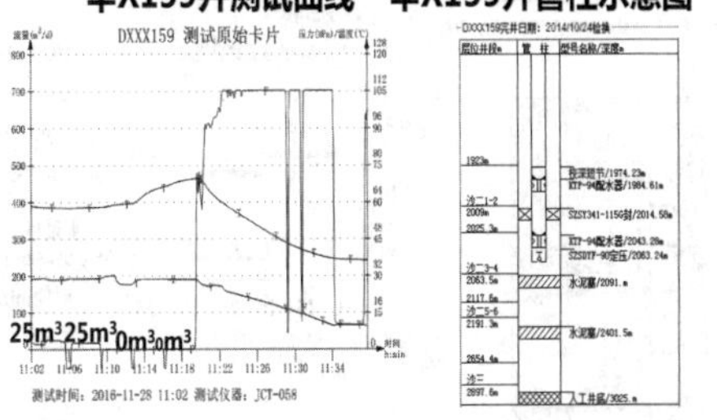

◆ 测试资料：KTP-1处实测25方，2001处实测25方，2005处实测0方，底球处实测0方。

◆ 问题分析：分析2001m-2005m油管漏失。

◆ 现场跟踪：2017年5月作业时提出原井管柱，发现油管本体腐蚀穿孔2处。

139

（二）封隔器是否失效的判断分析方法

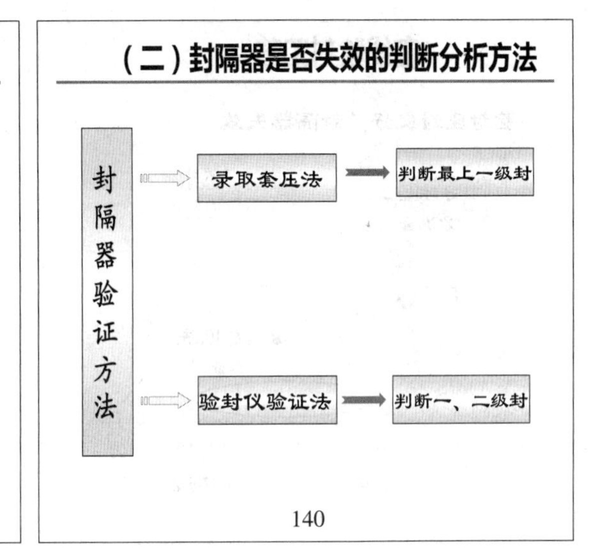

140

（二）封隔器是否失效的判断分析方法

1、传统录取套压法，判断最上一级封隔器是否失效

录取井口油套压

最上一级配水器调死芯子且坐严，录取油、套压资料，判断封隔器状况：套压随油压同步变化说明一级封隔器失效，套压保持稳定不随油压同步变化说明一级封隔器可能完好。

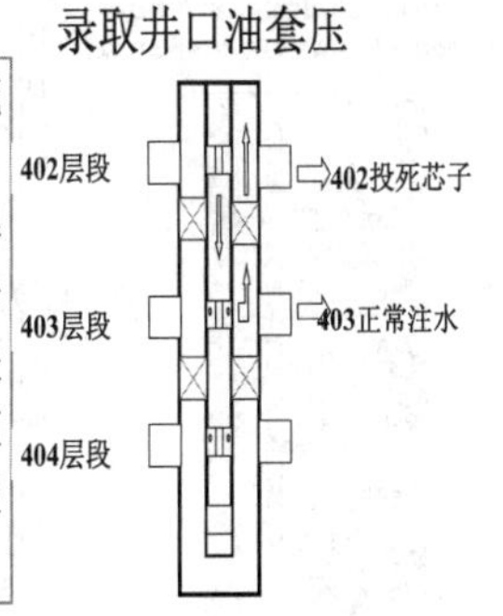

141

在线验封工艺

主要由井下测试仪器、地面绞车构成。其主要作用是验证分注管柱工作的可靠性。

1、常规在线验封技术

结构组成：压力计、三参数流量计和测试密封段。

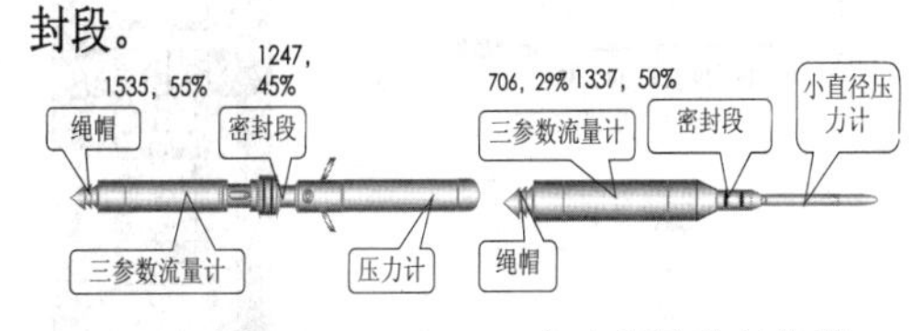

偏心管柱验封仪器　　空心管柱验封仪器

142

在线验封工艺

1、常规在线验封技术

工作原理：

利用密封段密封配水器中心通道后，通过改变井口注水压力来了解配水器以下的井筒压力变化情况。一般为“开-控-开”或“控-开-控”的方式。如果流量为零，配水器以下压力为一缓慢压降过程，且不受井口压力变化的影响，证明封隔器密封，反之，则密封段未座严或封隔器不密封。 404层不能死嘴且要吸水，否则即使流量显示为0，也不能保证密封完好。

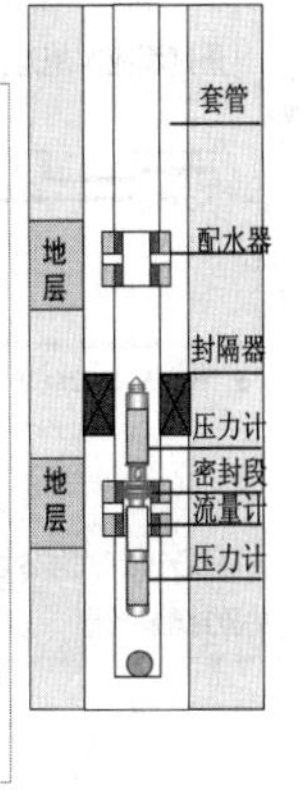

143

在线验封工艺

1、常规在线验封技术

封隔器在线验封实测曲线：

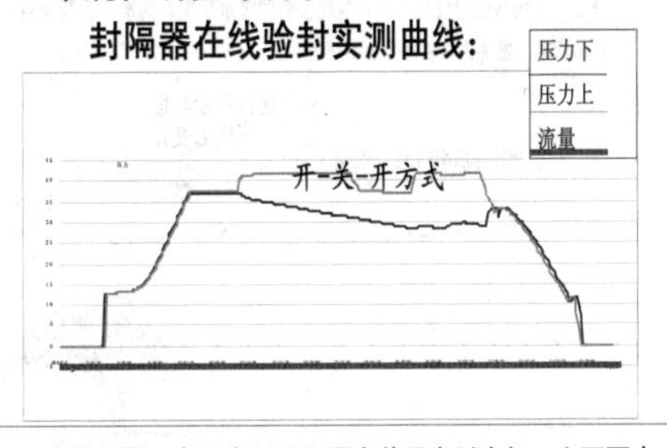

流量为零，表明密封段和配水芯子密封良好，上下两支压力计压降曲线变化趋势不同，表明封隔器密封状况良好。

144

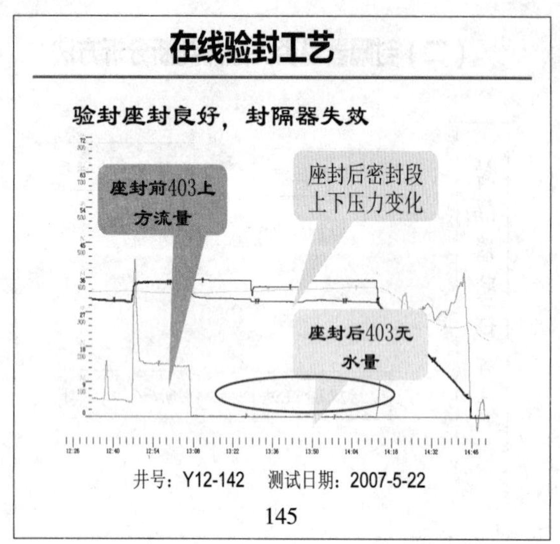
在线验封工艺
验封座封良好，封隔器失效
座封前403上方流量
座封后密封段上下压力变化
座封后403无水量
井号：Y12-142　测试日期：2007-5-22
145

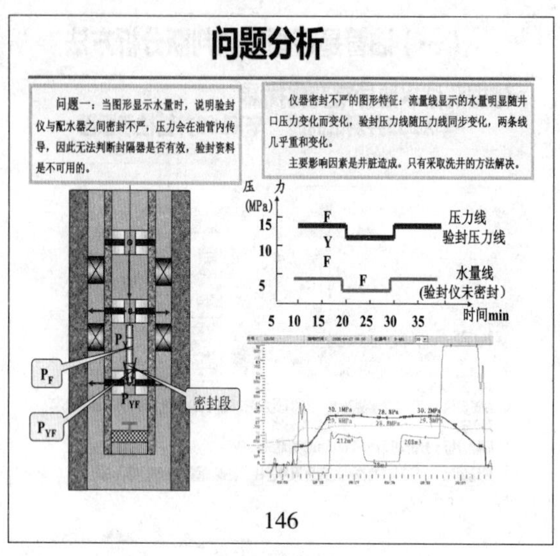
问题分析
问题一：当图形显示水量时，说明验封仪与配水器之间密封不严，压力会在油管内传导，因此无法判断封隔器是否有效，验封资料是不可用的。
仪器密封不严的图形特征：流量线显示的水量明显随井口压力变化而变化，验封压力线随压力线同步变化，两条线几乎重和变化。
主要影响因素是井脏造成。只有采取洗井的方法解决。
P_F
P_{YF}
P_Y
密封段
压　力
(MPa)
15
10
5
F
Y
F
压力线
验封压力线
水量线
(验封仪未密封)
5 10 15 20 25 30 35
时间min
146

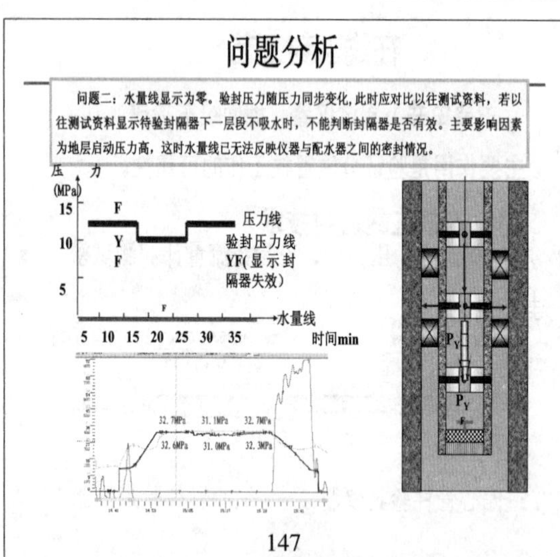
问题分析
问题二：水量线显示为零。验封压力随压力同步变化，此时应对比以往测试资料，若以往测试资料显示待验封隔器下一层段不吸水时，不能判断封隔器是否有效。主要影响因素为地层启动压力高，这时水量线已无法反映仪器与配水器之间的密封情况。
压　力
(MPa)
15
10
5
F
Y
F
压力线
验封压力线
YF(显示封隔器失效)
水量线
5 10 15 20 25 30 35
时间min
32.7MPa　31.1MPa　32.7MPa
32.6MPa　31.0MPa　32.3MPa
P_Y
147

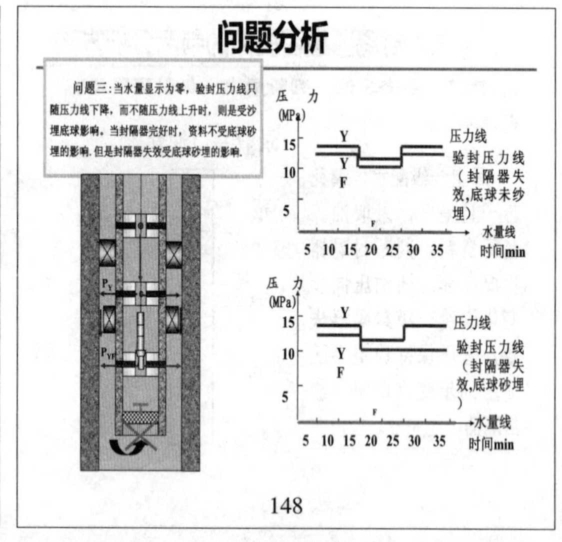
问题分析
问题三：当水量显示为零，验封压力线只随压力线下降，而不随压力线上升时，则是受沙埋底球影响。当封隔器完好时，资料不受底球砂埋的影响，但是封隔器失效受底球砂埋的影响。
压　力
(MPa)
15
10
5
Y
Y
F
压力线
验封压力线
（封隔器失效，底球未纱埋）
水量线
5 10 15 20 25 30 35
时间min
压　力
(MPa)
15
10
5
Y
Y
F
压力线
验封压力线
（封隔器失效，底球砂埋）
水量线
5 10 15 20 25 30 35
时间min
148

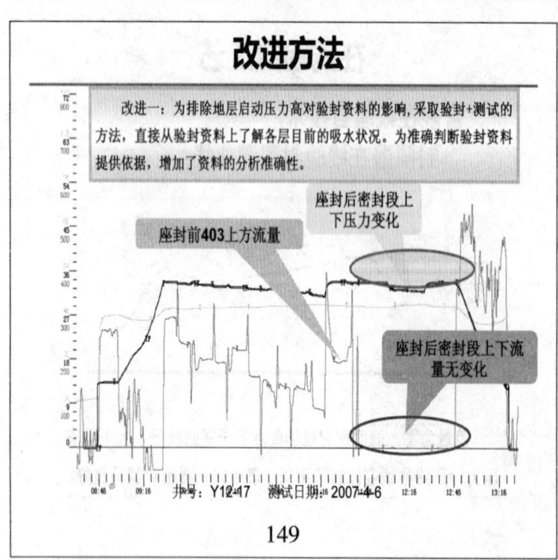
改进方法
改进一：为排除地层启动压力高对验封资料的影响，采取验封+测试的方法，直接从验封资料上了解各层目前的吸水状况。为准确判断验封资料提供依据，增加了资料的分析准确性。
座封后密封段上下压力变化
座封前403上方流量
座封后密封段上下流量无变化
井号：Y12-17　测试日期：2007-4-6
149

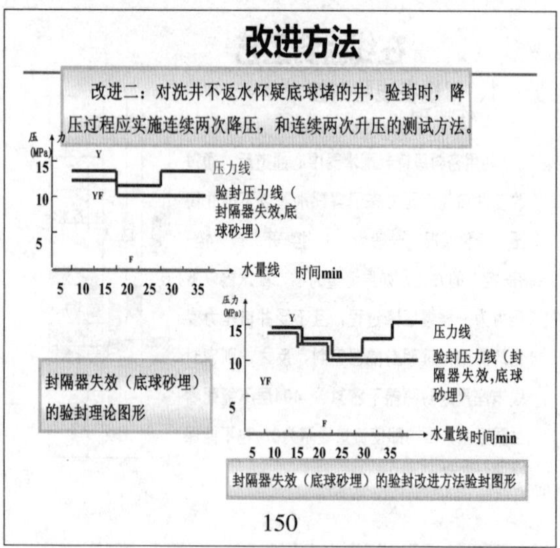
改进方法
改进二：对洗井不返水怀疑底球堵的井，验封时，降压过程应实施连续两次降压，和连续两次升压的测试方法。
压　力
(MPa)
15
10
5
Y
YF
F
压力线
验封压力线（封隔器失效，底球砂埋）
水量线　时间min
5 10 15 20 25 30 35
封隔器失效（底球砂埋）的验封理论图形
压　力
(MPa)
15
10
5
Y
YF
F
压力线
验封压力线（封隔器失效，底球砂埋）
水量线　时间min
5 10 15 20 25 30 35
封隔器失效（底球砂埋）的验封改进方法验封图形
150

改进方法

除了对测试过程和资料分析方法做了部分改进外，我们还针对测试现场操作过程中存在的一些可能会影响验封施工和资料准确性的一些问题，在操作方法上作了一些改进。

改进三：对座封层亏空的井进行验封时要缩短时间，每个压力点由规定的10分钟降为5分钟，以最大限度降低对封隔器的伤害。

待验封隔器下一层段吸水能力强时：测试过程中降压时间过长，容易造成仪器卡，同时会对封隔器造成损伤。例如*井，验封到最后，二级封上面套压是26.9Mpa，下面套压是18.7Mpa。二级封上下压差达到8.2Mpa，这样会对封隔器造成伤害。

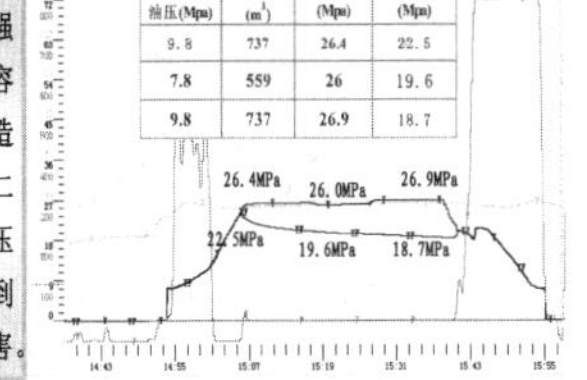

配水间油压(Mpa)	水量(m^3)	上部压力(Mpa)	下部压力(Mpa)
9.8	737	26.4	22.5
7.8	559	26	19.6
9.8	737	26.9	18.7

151

改进方法

改进四：为了确保仪器的密封效果，应在仪器下井密封后，等井口压力稳定，要保持高值或上提压力，采取升-控-升验封方法。

仪器下井同时，要先提高水量（便于观察仪器密封时的压力水量变化），仪器密封后，一般出现压力上升或水量下降，或者压力上升同时伴随水量下降。如果采取“控-开-控”方式，在井口压力稳定后降压，就会先降低上部压力，会使刚座封严的仪器受到向上的推力，容易造成密封不严。

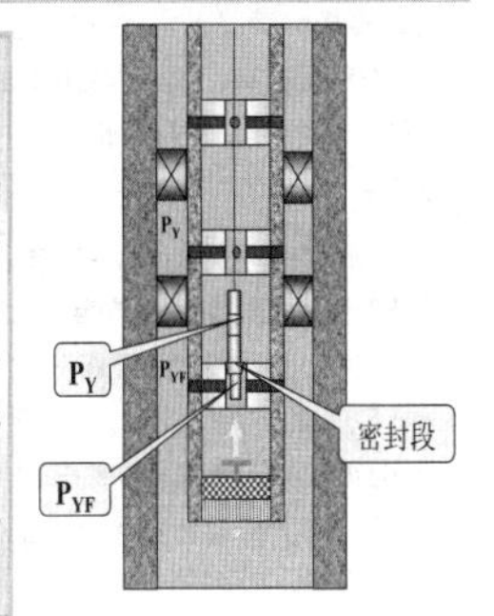

152

几点认识及建议

（一）验封仪的适用范围

1、使用验封仪验封只适用于验证封隔器上下无方停或动停层。

2、使用验封仪验封不适用于验证最下一注水层段因启动压力高而不吸水的井。

3、使用验封仪验封不适用于出砂严重井。

153

几点认识及建议

（二）验封仪验封操作步骤

1、验封前应认真分析以往测试资料及动态资料确定待验水井是否符合验封仪的适用条件。

2、验封前应认真观察管柱，确保待验封隔器上下两级配水器上无盲芯。

3、验封前应洗井，避免井筒脏造成密封不严，同时可排除沙埋配水器等影响因素。

4、根据不同的井况，应合理的选用相应的操作方法。

5、分析验封资料时，应结合历次测试资料和当前的动态变化，确保验封资料真实可靠。

154

在线验封工艺

2、测调一体化在线验封技术

为了验证封隔器分层密封的可靠性，保证分层注水效果，配套了一体化验封仪。

结构组成：三参数测试仪、下压力计、密封机构、定位机构

技术特点

- ◆一次下井完成多层验封，操作简单；
- ◆密封机构弹簧机械涨封，工作可靠；
- ◆验封顺序由下而上；封隔器上压验封；
- ◆温度压力流量实时显示；流量验证密封机构的密封性能。

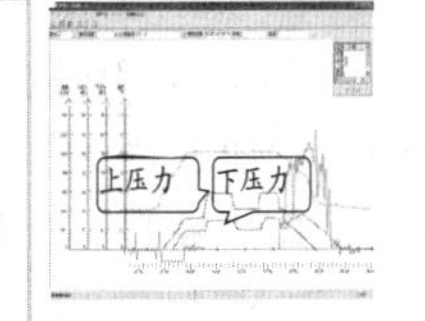

155

在线验封工艺

2、测调一体化在线验封技术

工作原理

验封时，电缆带动验封仪下到验封位置，通过提放打开定位爪使验封仪在配水器位置产生轴向定位，同时密封段在配水器出水孔上方产生密封，在地面按照“开—关—开”或“关—开—关”的方式调节井口压力，上下压力计分别检测密封段上下的压力并实时上传。根据上下压力的波动情况来判断封隔器是否密封.

上压力　下压力

出水孔

156

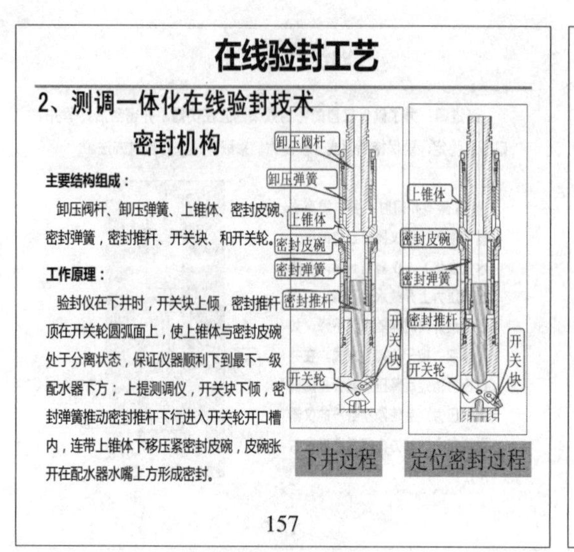

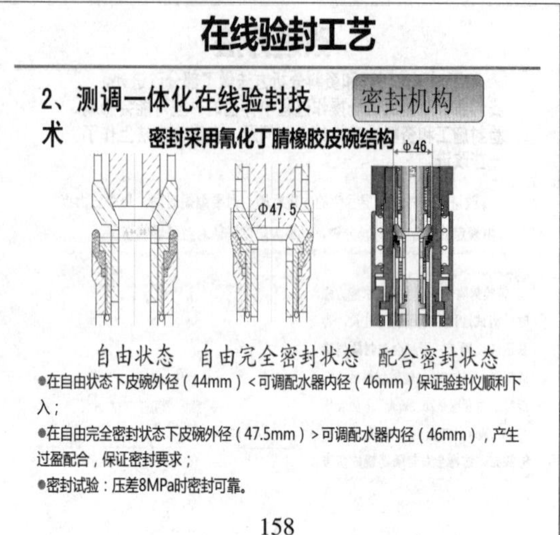

在线验封工艺

2、测调一体化在线验封技术

一体化验封仪技术参数

最大外径	φ42mm
压力测试范围	60MPa
压力测试精度	2～5‰
耐温	140℃
流量测试精度	1.5%
密封压差	8MPa

159

3. 液控式分层注水工艺管柱验封

结构组成：
- 液控系统
- 分层工具
- 注水工具

液控管线　液压控制阀　油层1　液控封隔器　油层2　配水器　洗井阀　油层3

160

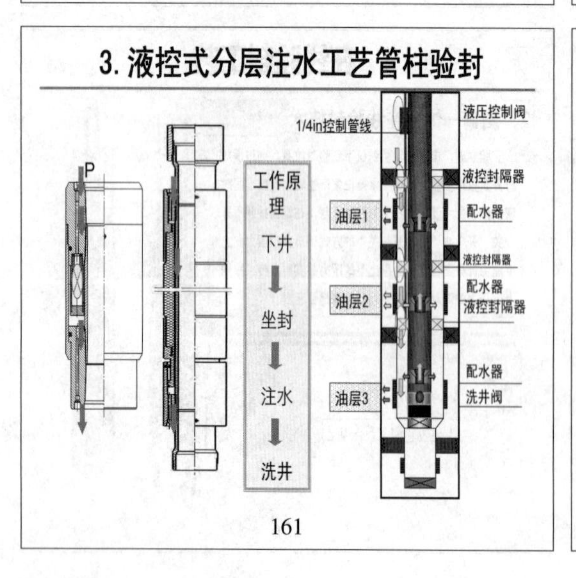

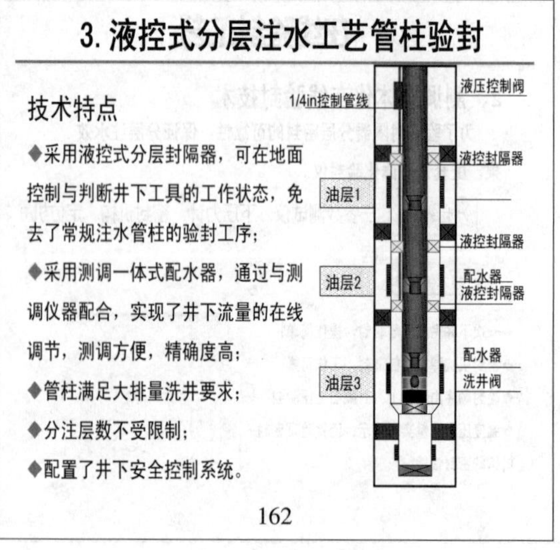

（三）配水器是否失效的判断分析方法

可以采用**排除法**对配水器是否失效做出分析判断。

流量计测试动停层有水量、控制水嘴与嘴损图版相比严重超注、控制水嘴吸水变差，分析原因有五：

一是芯子坐封不严、水嘴刺大刺掉、水嘴堵塞；

二是402-404配水器之间油管有漏失；

三是封隔器本体刺坏或扩张式胶筒损坏；

四是配水器损坏；

五是底球有漏失。

163

（三）配水器是否失效的判断分析方法

1、配水嘴故障

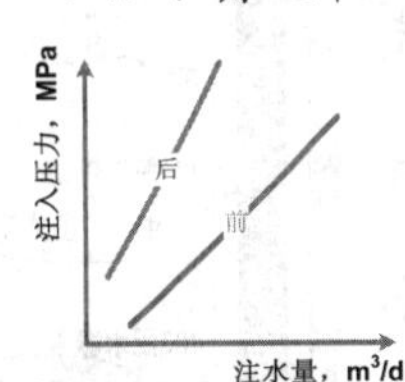

水嘴堵塞：表现为注水量下降或注不进水，指示曲线向压力轴偏移。

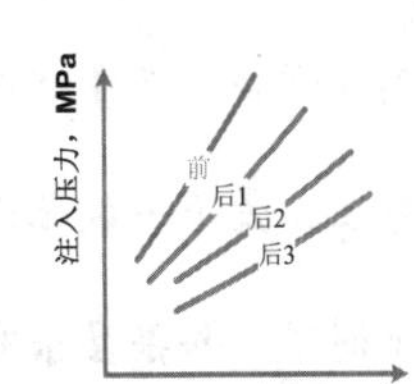

水嘴孔眼刺大：一般是逐渐变化的，短时间内指示曲线变化不明显，历次所测曲线有逐渐向注水量轴偏移的趋势。

164

（三）配水器是否失效的判断分析方法

1、配水嘴故障

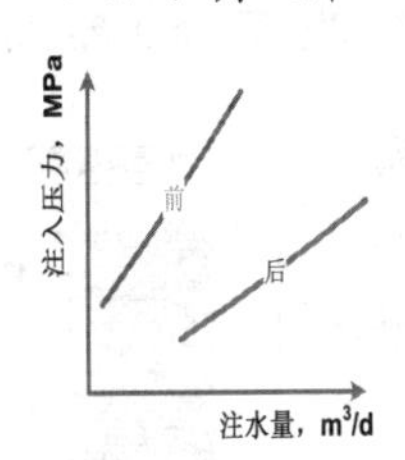

水嘴脱落指示曲线：水嘴脱落后全井注水量突然增加，指示曲线向注水量轴偏移。

底球不密封：底部单流阀不密封会造成注入水自油管末端进入油套环形空间，使油、套管没有压差，K344封隔器失效，注水量显著上升，油套压平衡，指示曲线大幅度向注水量轴偏移。

165

（三）配水器是否失效的判断分析方法

2、资料反映死芯子吸水

底球不规则、腐蚀有缺损漏失或死芯子与配水器密封不严。需验底球，如底球不漏失，则确定403死芯子密封不严。

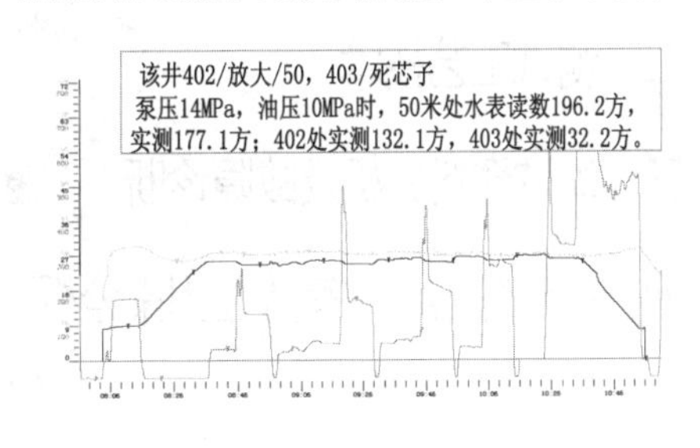

166

（三）配水器是否失效的判断分析方法

3、死芯子在压力低不吸水，随着压力升高反而吸水

死芯子的密封O圈与配水器结合不够紧密，导致在压力升高时，在配水器与芯子之间存在漏失。

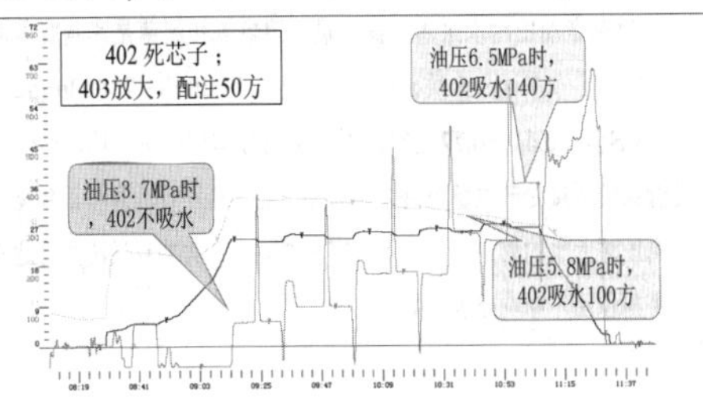

167

（三）配水器是否失效的判断分析方法

※ 对芯子坐封配水器不严可通过捞出芯子重投、洗井来解决；

※ 使用周期短、材质好的油管，漏失的可能性小；

※ 在连接工具段管柱加密流量计停点测试，验证油管或封隔器是否漏失；

※ 压缩式封隔器本体刺坏的可能性小；

※ 验证底球不漏失。排除掉以上四种情况，可以诊断配水器损坏。

168

（四）底球是否失效的判断分析方法

判断方法：流量计在底球上、最下一级配水器下测试，如果显示有水量，则判断底球失效；如果无水量，则底球完好有效。

全井流量
402配水器
中、下层流量
403配水器
下层流量
404配水器
底球流量

测 分 层 流 量

169

（五）悬挂器是否失效的判断分析方法

对地面水表比井下流量计测试（包括井口）水量明显多，则可能存在如下问题：

1、水表有问题.

2、地面流程有泄露.

3、井口套管闸门有漏失.

4、悬挂器有漏失.

判断方法：校验水表、落实地面流程及套管闸门，如均无问题，则悬挂器漏失。

170

一、分层注水管柱

二、测试工艺技术

三、测试资料分析及故障诊断

四、影响分层注水有效性因素分析

171

四、影响分层注水有效性因素分析

十三五期间进一步细分开发，层间压差加大，注水压力升高，分层工况更加恶劣，对分层注水工艺提出了更高要求！

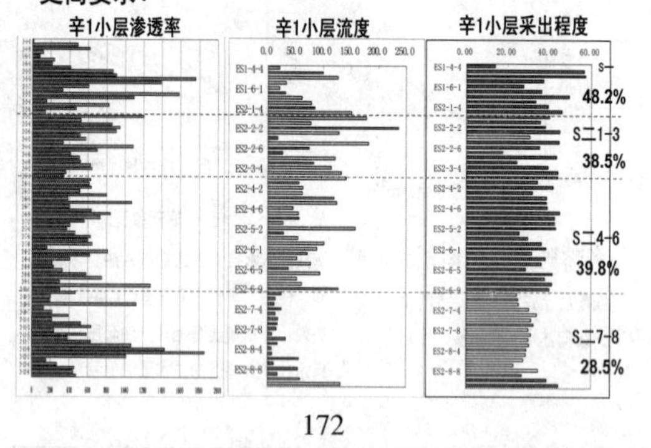

172

四、影响分层注水有效性因素分析

对分层注水工艺提出更高要求：

1、管柱抗高压、大压差能力强。
2、分层管柱有效期长。
3、分得开、注得进。

影响分层注水有效性因素：
1、卡封井段套管状况
2、管柱的蠕动
3、封隔器胶筒的耐温、耐压性能
4、层间压差大，分开后在地面配套压力系统下低渗层不吸水

转变单独对管柱配套的观念，从地面、井筒、油层、管柱一体考虑，实现“分得开、卡得准、注得进、能测调”的要求。

173

四、影响分层注水有效性因素分析

（一）注入水腐蚀、结垢因素

1、注入水腐蚀造成分层管柱有效期缩短

对东辛油田污水来讲，盐含量、溶解氧和细菌是影响腐蚀的主要因素。东辛注入水质矿化度比较高，在30000－70000mg/L之间，PH值在6.44－6.77之间，不但使油管本体产生腐蚀，而且使油管螺纹联接处产生缝隙腐蚀。另外，配水器环行活塞和活塞座，在高压注入水的腐蚀和冲蚀下，容易被刺，在关井或反洗井时达不到密封作用，影响配水效果。

174

四、影响分层注水有效性因素分析

辛34-41

营13-17

175

四、影响分层注水有效性因素分析

2、注入水结垢，影响了分层管柱寿命 及注水有效性

水质分析测试报告

项目 地点	SO_4^{2-}	CO_3^{2-}	HCO_3^-	Mg^{2+}	Ca^{2+}	总Fe	PH值	H_2S	总矿化度	总硬	永硬	暂硬
辛一外输	0	0	359.41	413.03	1726.65	9.4	6.77	0.1	37738.53	6013.01	5718.22	294.79
辛三外输	0	0	370.79	826.05	3866.52	12	6.44	0.1	68730.49	13058.04	12754.24	303.8
102外输	0	0	496.09	194.72	564.33	7.5	7.46	0.2	24780.12	2211.21	1804.3	406.91
营66外输	0	0	479.62	100.4	369.54	3	7.84	0.1	22550.25	1336.34	942.95	393.39

从东辛各污水站水质分析报告可以看出，矿化度很高，在在30000－70000mg/L之间，大量的Ca^{2+}、Mg^{2+}离子及HCO_3^-是水质结垢的主要成分。在注水过程中，由于温度、压力的变化而发生化学反应，生成$CaCO_3$与$MgCO_3$沉淀。

176

四、影响分层注水有效性因素分析

1）油、套管结垢，不光滑的套管内壁影响了封隔器胶筒的密封性。如结垢严重，易造成井下工具卡，解卡不成功交大修

2）油管内壁结垢造成投捞工具与流量计经常遇阻。另外，影响测试资料准确性，由于油管内壁结垢，使内径小于62mm，据统计油管内径每变化1mm，对流量测试的影响为5％，偏离标定数据，造成测试资料不准。从而影响了层段合格率。

3）Y314-115压缩式封隔器，反洗井阀容易结垢，或砂卡造成密封不严，分注失效；配水器内壁结垢厉害，在调配时打捞芯子困难，甚至有的捞不出，造成重新上作业；垢渣及铁锈易导致水嘴堵塞。

4）注入水中的机杂及结垢容易堵塞地层，造成地层吸水能力下降，欠注层增加，层段合格率降低。

177

四、影响分层注水有效性因素分析

（二）分层注水管柱因素

1、修复管与井下工具使用寿命不配套，缩短管柱寿命

2、注水管柱单一，针对性不强，分层管柱有效期短

3、封隔器

封隔器是实现分层注水的分层工具，它的性能好坏和寿命长短直接影响到分注井的分注效果。原来的**Y341-115**压缩式封隔器和**K344-114**扩张式封隔器胶筒的耐温抗撕裂性能较差；另外，**K344-114**封隔器停住后解封，造成上下两层串通，影响分层注水的效果。

178

四、影响分层注水有效性因素分析

当注水方式改变时管柱蠕动，封隔器胶筒易擦伤、撕裂，造成分层管柱失效

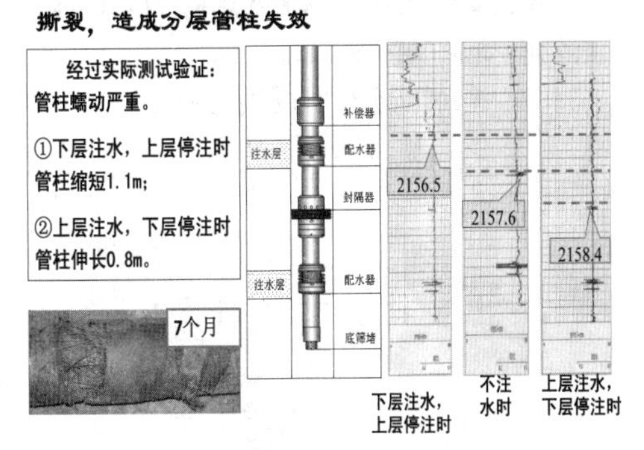

179

四、影响分层注水有效性因素分析

（三）井下技术状况因素

井况变差，加大了分层注水的难度。东辛油田断块复杂，断层多，加上注入水的腐蚀，水泥返高以上套管破裂地面返水的现象时有发生。另外，高压注水引起地层应力变化，造成套管挤压变形或错断，下光管维持注水。

180

四、影响分层注水有效性因素分析

（四）管理因素

1、频繁开关井或洗井操作不规范，造成分注井封隔器失效，缩短了分层管柱的有效期。

2、洗井不彻底，使Y341压缩式封隔器反洗井阀砂卡或结垢，洗井洗不通，造成重新上作业检管，缩短了分注井的检管周期；另外，造成地层近井地带堵塞，吸水能力下降，从而影响了层段合格率。

3、作业队在分注井施工过程中不严格按设计施工，简化作业工序，降低了分层管柱的施工成功率和工作寿命。

181

四、影响分层注水有效性因素分析

（四）管理因素

作业、洗井质量等的影响

问题1：作业中不洗井或洗井不彻底：油套液面差大、井筒脏

问题2：提放管柱速度过快：工具中途坐封

问题3：不按设计打压坐封：坐封效果差、有效期短

典型井例：***井，打压坐封时不起压力，反洗井后仍无效提出管柱。根据现场提出管柱分析该井洗井不彻底杂质堵塞底球导致返工。

182

四、影响分层注水有效性因素分析

（五）分注井测调成功率低

受井下状况复杂、测试资料存在误差、水嘴理论计算大小与实际情况下的效果差别较大等多方面因素影响，水嘴调配难度大，一次测调成功率低。另外，多次测调易造成分层管柱失效。

X11XNB12井调配3次仍不合格

时间	层位	水嘴大小	配注	日注
第一次	沙二4	3.0*2	100	130
	沙二6	放	100	51
第二次	沙二4	2.0*2	100	17
	沙二6	放	100	150
第三次	沙二4	2.6*2	100	0
	沙二6	放	100	162

183

（五）分注井测调成功率低

测调技术层面原因：

✓ 水嘴大小理论计算与测试差距较大

调水嘴的依据主要是嘴损曲线表，但嘴损曲线是室内实验得到的结果，不能很好适应现场注水状况下的恶劣环境。致使理论计算结果与现场测试结果比较差距较大。

DXY12-203井测试结果

层位	级别	配注	调前			调后		
			水嘴	油压	日注	水嘴	油压	日注
沙二10	402	100	放	11.9	140	3.2*2	13.4	5
沙二11	403	100	放	11.9	69	放	13.4	134

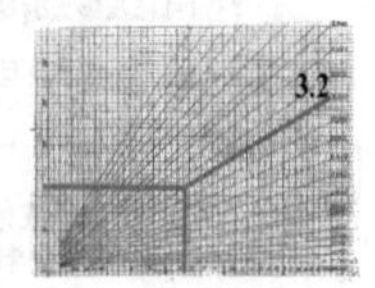

184

（五）分注井测调成功率低

✓ 分层测试资料存在误差，无法给调水嘴提供正确依据

※分层测试水量明显大于全井测试水量（2010年有21口）；

※连续两次测试资料，分层水量反转。

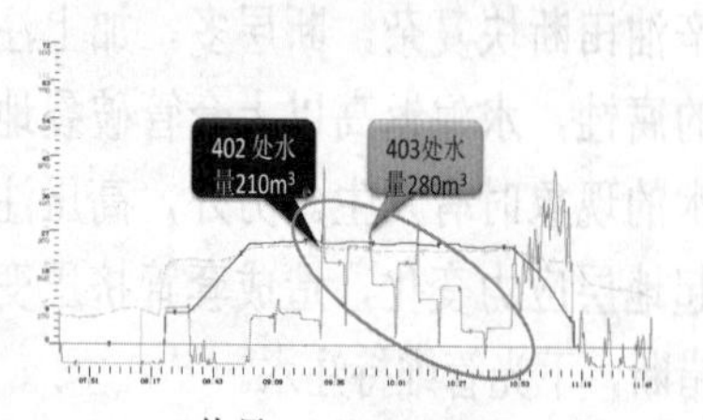

井号：YAA12X36

185

（五）分注井测调成功率低

✓ 部分分注井配注较低，目前测调工艺很难实现

如辛10单元，分注井单层配注量小，超欠注水量在10-20方之间，调配难度非常大。

辛10单元分注井注水情况统计

序号	井号	泵压	油压	套压	配注	日注	备注
1	DXX11X164	13.2	5.9	4.4	40	40	
					10	20	
2	DXX11XNB37	13	11	10	30	13	
					120	135	
3	DXX11XN71	13.2	8.5	7.5	20	0	10-80不稳定注水
					60	70	
4	DXX11X204	13	12.5	11.5	30	71	下层启动压力高，无法调配
					50	14	
5	DXX11-75	12.6	6	5	10	32	
					40	37	
6	DXX11X162	13	6.5	4.5	150	131	
					0	0	
7	DXX11X163	13.2	9.2	7.5	30	45	
					20	16	
8	DXX11X158	13.5	5.4	0.5	70	82	403为3.0*2水嘴
					10	9	

186

（五）分注井测调成功率低

分层管柱层面原因：

✓**封隔器反洗井阀关闭不严，层间串通，测试资料反映假象**

铁锈、垢造成洗井阀关闭不严

X11XNB12井调配情况

时间	层位	水嘴大小	配注	日注
第一次	沙二4	3.0*2	100	130
	沙二6	放	100	51
第二次	沙二4	2.0*2	100	17
	沙二6	放	100	150
第三次	沙二4	2.6*2	100	0
	沙二6	放	100	162

X11XNB12井3次测调不成功，通过对测调资料分析，管柱可能失效，提出发现封隔器胶筒良好，而反洗井阀由于铁锈、垢堵塞洗井通道关闭不严，造成层间注水串通。

187

（五）分注井测调成功率低

✓**底球漏失水量，致使调水嘴不成功**

1）井筒脏，杂质、污垢、油泥等堵塞导致底球无法坐严

目前注水井用的平衡式底球

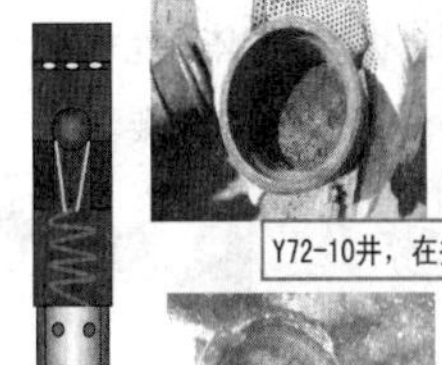

Y72-10井，在井时间15个月

X158x1井，在井时间12个月

统计2011年测试底球漏的22口井，其中有8口在井时间11个月以上，其中3口在井时间超过24个月。分析这些井由于在井时间长，井筒内杂质进入管柱导致底球坐不严。

188

（五）分注井测调成功率低

2）井斜角大导致底球关闭不严造成水量漏失

测试发现403调配后水量无变化3口井，复测发现底球漏失。如辛50X104井，403超注，下2*2.6芯子后水量无变化，复测发现底球漏。

X50X104井复测资料

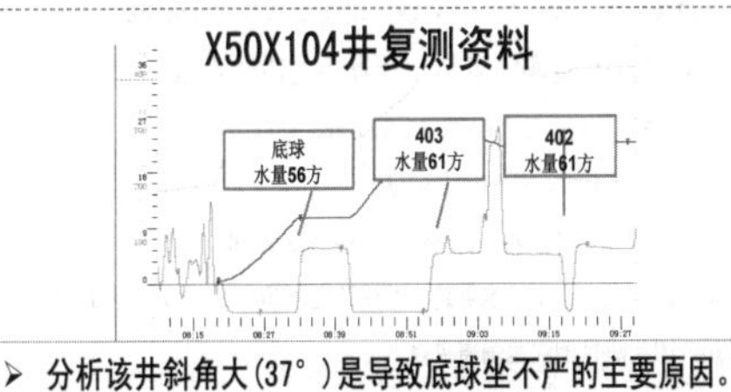

➢ 分析该井斜角大（37°）是导致底球坐不严的主要原因。

189

（五）分注井测调成功率低

2）井斜角大导致底球关闭不严造成水量漏失

X131X9井测试资料

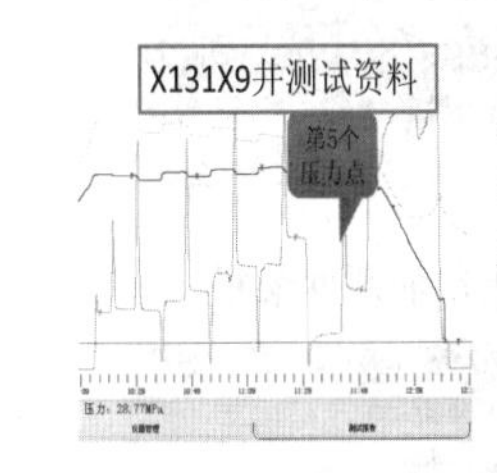

采用升压测试，前四个压力点（5.1、5.7、6.3、6.9MPa）反映上层基本无水。

第五个压力（7.5MPa）

403水量17方（减少），

402水量56方（上升），

停此点时油表升到10MPa。

底球在压力低时，截流压差小，坐不严。当压力升高时，流量增大，截流压差变大，底球坐严。

统计22口底球漏失井中18口是斜井，有12口井斜角超过30°。

190

（六）提高测调成功率需注意的其它方面

1、洗井问题

1、分注井。由于分注井所注污水存在水质脏、腐蚀性较强的特点，长期注水导致井筒内结垢、锈蚀，并且产生杂质堆积等问题。

2、油转注井。刚转注井由于原井筒内油污较多，短时间内无法洗净。

3、扶停井。长期停注，导致井内结垢、锈蚀严重，沉积杂质较多。

以上问题如不采取大排量洗井，由于井内因素影响，不但影响测调成功率，而且势必对资料测取精度造成影响，不利于后期井况分析。洗井不通原因：油管堵、底球砂埋、封隔器反洗井通道打不开等因素。

191

（六）提高测调成功率需注意的其它方面

（二）配水间设施

1、仪表。压力表、流量表是测试时调节井下注水情况的唯一可参考仪表，若精度存在问题则直接影响测试结果。

2、闸门。配水间的下流闸门是测试时进行水量、压力调节的直接工具，若闸门灵活性差则无法进行精确的升降压操作。

192

（六）提高测调成功率需注意的其它方面

（三）注水管线

因注水管线多为年久管线，在测试提压时极易发生穿孔，掌握注水管线状况（大体所能承受压力），对顺利完成整个测试过程极为重要。

（四）井口设施

测试闸门、放空闸门、注水闸门等设施灵活好用。

193

例题分析

题目：某油田一口注水井（注1-1）基础数据如表1至表4，现油藏方案设计分沙二7-8和沙二10-14两套层系开发，请按以下要求编制该井笼统转分层注水工艺设计。要求：（1）分层后层段内渗透率级差小于3；

（2）分层后层段配注水量在20 m^3/d-50 m^3/d。

表1 注1-1井基础数据

完钻井深(m)	人工井底(m)	最大井斜(m*度)	油层套管(mm*mm*m)	套管钢级
3021	3005	2844*20	139.7*9.17*3012	N80

表2 注1-1井油层数据

层位	油层井段(m)	厚度(m)	孔隙度(%)	渗透率($10^{-3}\mu m^2$)
沙二7	2345-2355	10	26.6	631.3
沙二8	2395-2400	5	25.1	580.2
沙二10	2850-2858	8	20.5	323.5
沙二13	2885-2890	5	20.1	101.5
沙二14	2925-2930	5	20.3	102.2

194

例题分析

表3 注1-1井生产数据

井号	注水层位	注水方式	干压(Mpa)	油压(Mpa)	套压(Mpa)	配注(m^3/d)	日注(m^3/d)
注1-1	沙二7-14	常压笼统正注	13.5	13.2	12	120	120

表4 注1-1井吸水剖面测井解释

层位	油层井段(m)	厚度(m)	相对吸水量(%)	相对吸水强度(%)
沙二7	2345-2355	10	30.8	3.1
沙二8	2395-2400	5	23.3	4.7
沙二10	2850-2858	8	19.6	2.5
沙二13	2885-2890	5	13.8	2.8
沙二14	2925-2930	5	12.5	2.5

195

例题分析

1、根据油藏方案开发层系划分，计算层系内渗透率级差：

沙二7-8级差：631.3÷580.2=1.08，级差<3，符合要求；

沙二10-14级差：323.5÷101.5=3.19，级差>3，不符合要求；

因此，需对沙二10-14层系进一步细分，按沙二10和沙二13-14细分，计算层段内渗透率级差：沙二13-14级差：102.2÷101.5=1.01，级差<3，符合要求。

因此，对该井按沙二7-8、沙二10、沙二13-14三段设计分层注水。

2、根据该井注水及测吸资料，计算各层段注水量：

Ⅰ层（沙二7-8）：120×（30.8%+23.3%）=65 m^3/d

Ⅱ层（沙二10）：120×19.6%=24 m^3/d

Ⅲ层（沙二13-14）：120×（13.8%+12.5%）=32 m^3/d

对照方案配注要求，Ⅰ层注水量超出配注范围（20-50m^3/d），因此需加水嘴控制，Ⅱ层、Ⅲ层满足配注范围需求。

196

例题分析

3、完井管柱配套方案设计。

（1）根据该井油层深度及套管规格，配套分层管柱如下：

（2）管柱安全强度设计：

根据油管力学性能及管柱受力相关分析软件计算结果，分层管柱超过2300米时需配套2 7/8加厚油管。该井完井管柱深度为2950米，因此管柱上部650米为2 7/8加厚油管，其余为2 7/8平式油管。经受力分析软件模拟计算，能满足分层注水需求。

两级三段压缩式分层管柱示意图

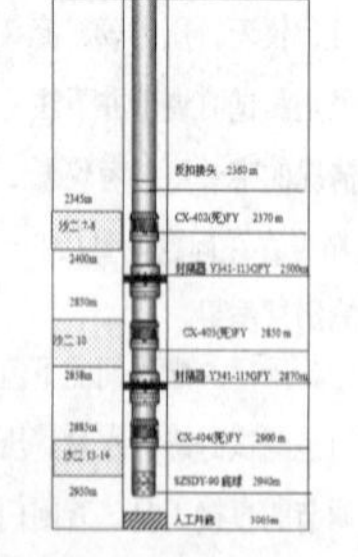

【要点说明：1、封隔器型号和直径；2、配水器类型及顺序（如依次为402、403、404）；3、底球；4、各工具下入深度与各油层深度相匹配】

197

例题分析

4、作业工序设计：

（1）提原井：提出原井管柱。

（2）通井：下Φ116mm*1.5m通井规通井至人工井底。反洗井，排量500l/min，洗至进出口水质一致。

（3）刮管：下GX140T刮管器刮至人工井底，并在封隔器坐封位置上下10m反复刮削5次。反洗井，排量500l/min，洗至进出口水质一致。

（4）下完井管柱：按完井管柱图下完井管柱，管柱上部650米下2 7/8加厚油管。下完后反洗井彻底。

198

例题分析

- （5）磁定位：根据测试结果调整封隔器胶筒位置，避开套管接箍。
- （6）坐封封隔器：油管分别打压12MPa、16MPa和18MPa，每点稳压3-5min，使封隔器坐封。
- （7）试注：捞出402、403、404死芯子，投402、403、404放大芯子（或根据配注及嘴损曲线投放合适水嘴）；试注合格后交井。

199

例题分析

5、井控及HSE设计*【内容供参考】*

（1）井控装置。根据地质设计提供的地层压力状况，确定安装压力等级为不低于21MPa的井控装置组合，工艺设计严格按照《胜利油田分公司井控管理实施细则》胜油公司发［2016］39号。注水井口采用KZ25-65型采油树。清水试压25MPa，稳压时间不少于15min，不渗不漏合格。

（2）灌液要求。根据地层压力情况确定灌液、压井需求，并设计相关参数。

200

例题分析

- （3）不同工况最大允许关井压力。起下油管，空井筒等工况的最大允许的关井压力分别为10Mpa、10Mpa。其它施工（酸化）工况的最大允许关井压力和井控装置的压力等级，严格按相关工艺设计执行。
- （4）硫化氢防护要求。如：该井钻完井资料未发现有毒有害气体，本井2008年12月硫化氢检测浓度为<2mg/m3。现场需配备有毒有害及易燃易爆气体检测报警仪、风向标，井场有逃生通道和2个以上的逃生出口，并有标识。

201

第二十章　水质检测技术

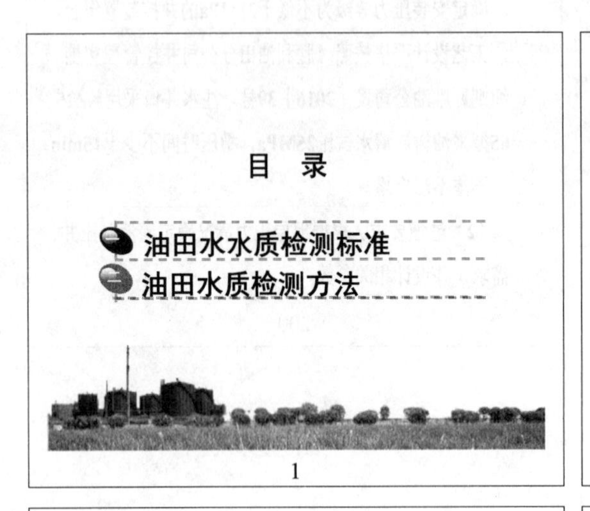

1

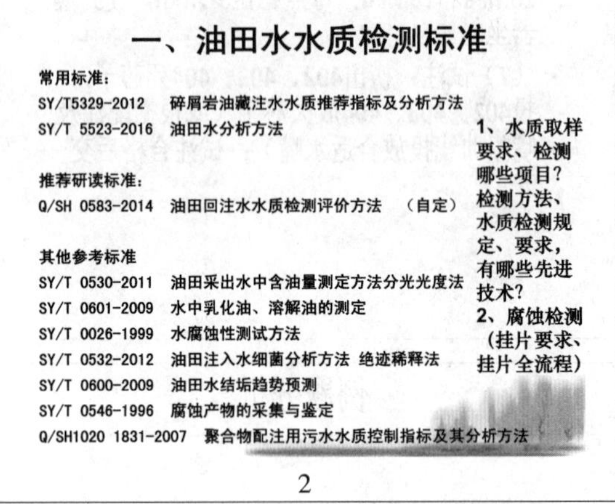

2

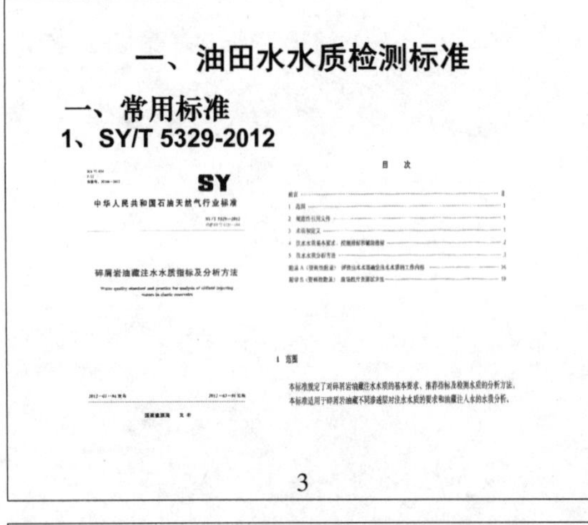

3

4

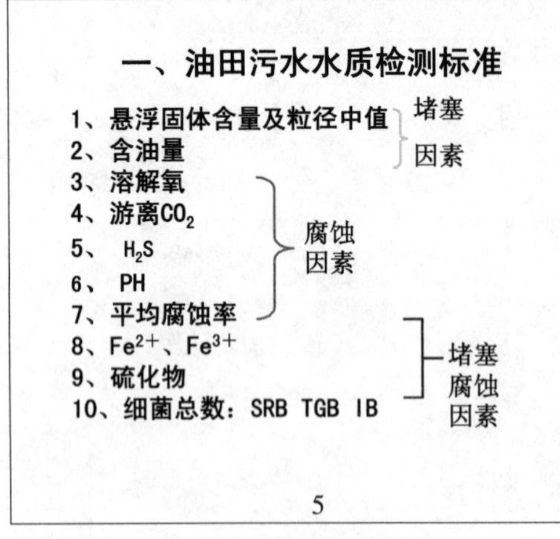

5

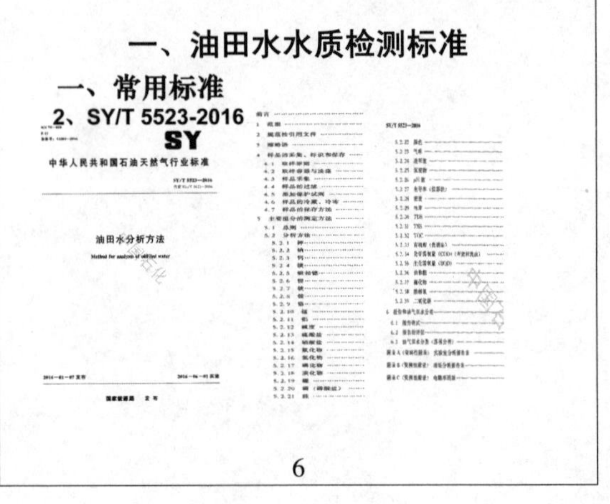

6

一、油田水水质检测标准

二、推荐研读标准

Q/SH 0583-2014　油田回注水水质检测评价方法

Q/SH

中国石油化工集团公司企业标准

Q/SH 0583—2014

油田回注水水质检测评价方法

The evaluation and detection method of oilfield injecting waters quality

2014-05-18发布　2014-09-01实施

中国石油化工集团公司　发布

前言
1 范围
2 规范性引用文件
3 回注水水质指标
4 取样要求
4.1 取样口要求
4.2 取样技术要求
5 回注水水质检测评价方法
5.1 悬浮固体含量
5.2 悬浮物颗粒直径中值
5.3 含油量
5.4 平均腐蚀率
5.5 点腐蚀速率
5.6 平均结垢率
5.7 硫酸盐还原菌（SRB）、腐生菌（TGB）与铁细菌（IB）
5.8 溶解氧
5.9 硫化物（指二价硫）
5.10 总铁和亚铁
5.11 侵蚀性二氧化碳
5.12 游离二氧化碳
5.13 聚合物
5.14 滤膜系数
5.15 pH值
附录A（资料性附录）　低压及高压取样口的安装

与5329-2012相比，操作上更细化，并增加了点腐蚀、结垢率、游离二氧化碳、聚合物、滤膜系数的测定方法。

7

一、油田水水质检测标准

三、其他参考标准

SY/T 0530-2011　油田采出水中含油量测定方法分光光度法，

SY/T 0601-2009　水中乳化油、溶解油的测定

SY/T 0026-1999　水腐蚀性测试方法

SY/T 0532-2012　油田注入水细菌分析方法 绝迹稀释法

SY/T 0600-2009　油田水结垢趋势预测

SY/T 0546-1996　腐蚀产物的采集与鉴定

Q/SH1020 1831-2007　聚合物配注用污水水质控制指标及其分析方法

……

8

二、油田水水质检测方法

目　录

9

二、油田水水质检测方法

1、取样要求

准确检测的基础：取样

SY/T5329-2012的要求：

5.1　样品采集要求

5.1.1　采集注水系统的水样应具有代表性。

5.1.2　取样前应以5L/min~6L/min的流速畅流3min后取样。

5.1.3　悬浮固体含量分析时，漂浮或沉淀的不均匀固体不属于悬浮物质，应从采集的水样中除去。

5.1.4　溶解氧、硫化物需在现场及时测定，分析污水中的溶解氧含量时，水样要杜绝气泡。

5.1.5　腐生菌、硫酸盐还原菌、铁细菌含量分析应在现场接种，同时测定水温，室内培养。

5.1.6　含油量分析取样时应直接取样，不应用所取水样冲洗取样瓶，并且水样不可注满取样瓶。

5.1.7　取侵蚀性二氧化碳水样时，需在取样瓶中加入固体碳酸钙3g~5g。

5.1.8　采样后随即贴上标签，标签上应注明取样日期、时间、地点、取样条件及取样人。

10

二、油田水水质检测方法

准确检测的基础：取样

SY/T5523-2016的要求：

4.1　取样原则

4.1.1　取样应具有代表性、可靠性、真实性。

4.1.2　取样前应将取样点积存的死水冲出，在高流速下畅流3 min再取样。

4.3　样品采集

4.3.1　所取样品应代表测试地层，所采样品不应被混染。

4.3.2　在完成采样准备工作后，在采样点使用所取水样冲洗采样容器和瓶塞至少3次。取样时应使水样充满容器至溢流并密封保存，以减少因与空气中氧气、二氧化碳的反应干扰及样品运输途中的振荡干扰。但当样品需要被冷冻保存时，不应溢满，采样时瓶口要留有空间，采好后立即盖好容器盖。

4.3.3　测定含油样品与含气样品不用样品冲洗取样容器，直接取样。

4.3.4　一般来说，500mL~1000mL的样品就能满足大多数物理和化学分析的需要。有时候需要更大量的样品或多个样品。表1列出了每项分析所需的样品量。

4.3.5　在取样前，应在盛样器上贴好用防水墨水书写的标签。样品标签上至少应包括以下信息：

a）样品信息（公司、油田、井号等）。

b）取样人。

c）取样日期和取样时间。

d）取样点。

e）分析要求。

f）取样条件（测试取样、酸化取样、射孔取样）。

g）备注。

11

二、油田水水质检测方法

准确检测的基础：取样

SY/T5523-2016的要求：

4.5　添加保护试剂

4.5.1　对需要加入保护试剂的水样，采样人员应严格按照所要求试剂纯度、浓度、剂量和试剂加入的顺序等具体规定，向水样中加入保护试剂。所加入的保护试剂不应干扰监测项目的测定。

4.5.2　取容积为1000mL的干净硬质玻璃瓶或聚氯乙烯塑料瓶，用待测水样冲洗后，加入5mL硝酸溶液（1+1），转动容器使酸浸润内壁，装入1000mL待测水样（若水浑浊，应进行过滤），摇匀（水样pH值小于2）密封，供发射光谱法测定铜、铅、锌、镉、锰、总铁、镍、钴、锂、铍、锶、钡、银、钒、钙、镁、钾、钠等项目。

4.5.3　所加入的保护剂有可能改变水中组分的化学或物理性质，因此选用保护剂时应考虑到对测定项目的影响。如待测项目是溶解态物质，酸化会引起胶体组分和固体的溶解，应在过滤后酸化保存。

4.5.4　作保存剂空白试验，特别对微量元素的检测。应充分考虑加入保存剂所引起待测元素数量的变化。例如，酸类会增加砷、铅、汞的含量。因此，样品中加入保存剂后，应保留作空白试验。

4.6　样品的冷藏、冷冻

冷藏与冷冻是短期内保存样品的一种较好方法。冷藏保存不应超过规定的保存期限（见表1），冷藏温度应控制在2℃~5℃，冷冻（-20℃）保存应掌握好冷冻和解冻技术，使解冻后样品能迅速、均匀地恢复其原始状态。冷冻应选用聚乙烯塑料容器，玻璃容器不适于冷冻。

4.7　样品的保存方法

样品保存的技术要求见表1。

12

二、油田水水质检测方法

准确检测的基础：取样
SY/T5523-2016的要求：

分析	容器	最小样品量[a] mL	存放要求	最长存放时间
二氧化碳	P、G	100	立即分析	—
氯化物	P、G	500	无要求	28d
铁	P（A）、G（A）	500	冷藏	24h
化学耗氧量（COD）	P、G	100	尽快分析，或加硫酸调至pH值<2	7d
电导率	P、G	500	冷藏	28d
氟化物	P	300	冷藏	7d
碘化物	P、G	500	冷藏，避免阳光直射	7d
溶解金属[b]	P（A）、G（A）	500	立即过滤，加硝酸调至pH值<2	180d
硝酸盐	P、G	100	尽快分析或冷藏	48h
总油和脂	G	1000	加盐酸调至pH值<2	28d
有机酸	G	500	冷藏	未知
溶解氧	G	300	立即分析	0.5h
pH值	P、G		立即分析	2h
磷（磷酸盐）	G（A）	100	立即过滤，冷藏	48h
电阻率	同电导率			
硅	P	500	冷藏，但不能结冰	28d
密度（SG）	P	500	冷藏	28d
硫酸盐	P、G	200	冷藏	28d
硫化物	P、G	100	冷藏，每100mL加4滴2mol/L的醋酸锌	7d
溶解总固体（TDS）	P、G	500	分析当天，冷藏	24h
温度	P、G		立即分析	—
总有机碳（TOC）	G	100	立即分析，或加硫酸调至pH值<2	7d
悬浮总固体（TSS）	P、G	500	冷藏	7d
浊度	P、G		立即分析	—

注1：冷藏就是在4℃左右保存，暂光。
注2："P"表示塑料（聚乙烯或类似材料）；"G"表示玻璃，"P（A）"、"G（A）"均表示用1mol/L的硝酸溶液清洗。

[a] 向分析实验室了解分析样品的大小，一个样品常常能用于数项分析，故本表中所列的供任一分析用的样品大小可能够数项分析所用。
[b] 溶解的金属包括：铝、钡、钙、镁、锰、铁、钾、钠、锶。

立即检测：
二氧化碳、溶解氧、pH
温度；

24h以内检测：
溶解总固体（TDS），冷藏

13

二、油田水水质检测方法

准确检测的基础：取样
SY/T0583-2014的要求：

4.2 取样技术要求

4.2.1 准备好干燥洁净的玻璃或塑料取样瓶，取样瓶体积500 mL为宜。用于取"悬浮固体"和"悬浮物颗粒直径中值"的取样瓶应事先加入适量水质稳定剂。

4.2.2 取样前将取样阀门打开，使流速达到最大，畅流1 min~3 min，以便冲走弯管、阀门处的杂质、脏物。之后，关小阀门，降低流速，使水流呈光滑水柱，不应有飞溅的水花。

4.2.3 含油量分析取样时，不应使用所取水样冲洗取样瓶，应该直接取样，且水样不可溢出瓶口，取样量在200 mL~300mL为宜。

4.2.4 SRB菌、腐生菌、铁细菌含量分析应在现场接种，应用注射器直接抽取流动状态的污水。同时测定水温，在室内进行培养，[illegible]内送实验室接种。

4.2.5 pH值、硫化物、[illegible]场用测试管或便携式测试仪及时测定。测定硫化物时，[illegible]溶解氧时，要保证水流稳定无气泡。

14

二、油田水水质检测方法

标准中规定的对采集水样的要求，主要是为了缩短暴氧时间，尽量避免暴氧，以免引起水质的变化。

适应

对常规的含还原性物质少的污水，主要是含亚铁少，硫化物少的水性。

对含亚铁量较高较高，硫化物较高，SRB菌较高的污水。(迅速变黄或变黑)

不适应

15

二、油田水水质检测方法

水样采出后的变化

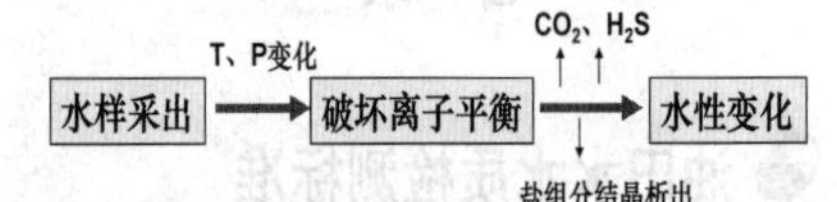

水样采出时，温度、压力等热力学条件改变，导致水中离子平衡状态改变，水中的溶解气体如二氧化碳、硫化氢等就会从水中溢出，盐组分溶解度降低而析出结晶沉淀，从而导致水性发生变化。

16

二、油田水水质检测方法

※如果系统细菌严重增生，污水处理和注水系统硫化物就会明显含量增加。当水中含硫化物（H_2S）时，可生成FeS沉淀，使水中悬浮物增加。

※当水中含亚铁离子时，暴氧后，二价铁离子可迅速转化为三价铁离子，生成氢氧化铁沉淀。

17

二、油田水水质检测方法

选取几个污水站的污水，连续检测，对比检测结果（见表1），各站水质的稳定程度有较大差别，悬浮物固体含量变化范围在2-10倍之间。

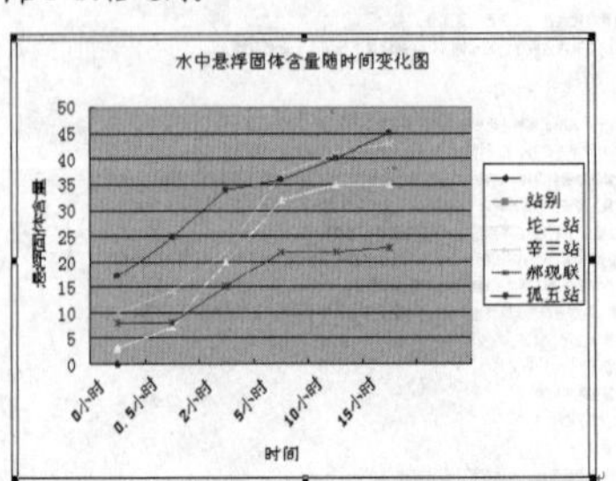

18

二、油田水水质检测方法

由此可见，在24小时内，水样中悬浮物固体含量不断上升，从外观上看，颜色不断加深。下图是较为典型的滨五站水样变化情况。

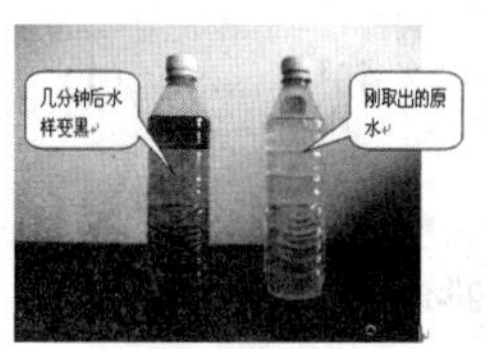

图2 水样颜色不断加深

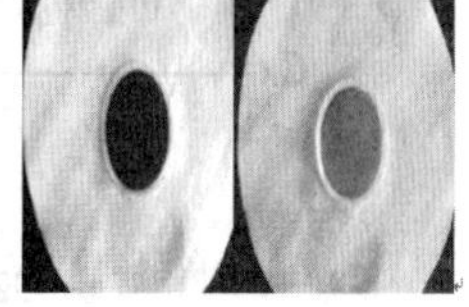

图3 过滤后滤膜对比

19

二、油田水水质检测方法

从以上分析我们可以看出，水中Ca^{2+}、Mg^{2+}、Fe^{2+}离子含量会随着水样温度、压力的变化而变化，导致水中悬浮固体含量测试结果偏高，不能准确反应水质状况。

1、现场抽滤

现场抽滤可以较好的解决水质变化引起的测试偏差，但对现场条件要求较高，对于某些特殊水质，即使在现场进行抽滤，也无法避免因水质快速变化所带来的影响。

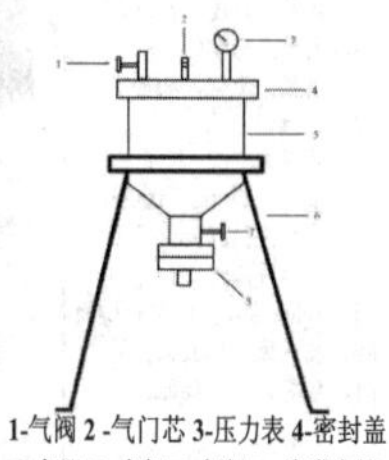

1-气阀 2 -气门芯 3-压力表 4-密封盖 5 -容器 6- 支架 7- 气阀 8- 滤膜夹持器便携式不锈钢过滤器示意图

20

江汉油田的做法

GLQ-D-1型流动现场专用快速过滤器

优点：

可在水样变化前完成悬浮固体的测试，数据接近真实；

缺点：

（1）阀门处残渣会影响悬浮物测量值；
（2）各站取样口需统一配置相同规格的取样阀；
（3）携带不便，现场测试时间较长，效率较低；
（4）未能解决测试粒径中值时的水样稳定问题。

21

胜利油田的做法

“水质稳定剂”，通过事先在取样瓶中加入稳定剂的方法，保证了水质的稳定。保证了“悬浮固体含量”和“粒径中值”的准确。长期的检测结果表明，该种方法成熟可靠，现场取样检测效率高，水质稳定时间长，是水中悬浮固体检测准确性的保障。

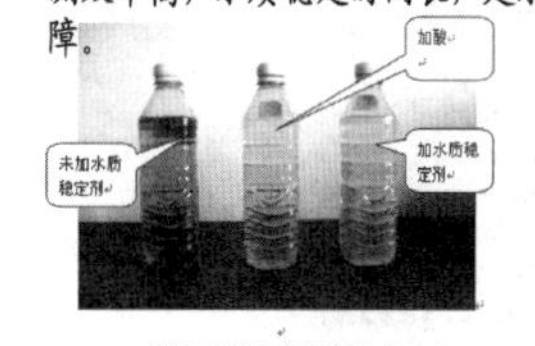

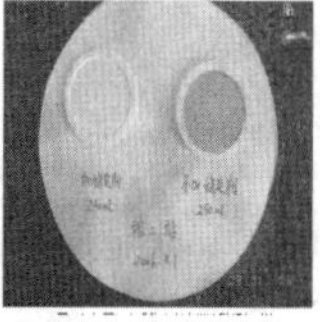

原水样与加稳定剂、加酸水样颜色对比

表3：加水质稳定剂后悬浮固体含量的数据对比（mg/L）

	坨二站	辛三站	滨一站	孤一站
现场测试值	4	12	8	20
加水质稳定剂后测试值	4	11.5	8.3	20

22

二、油田水水质检测方法

采取措施前后的对比：

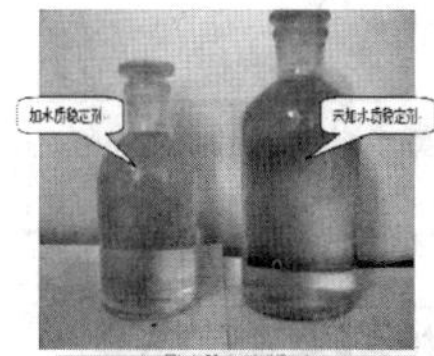

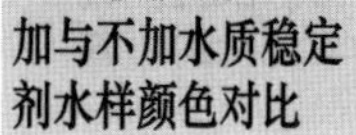

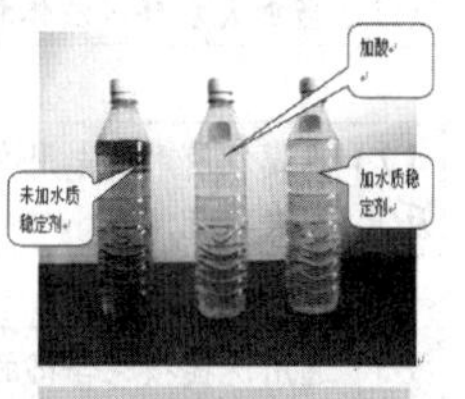

原水样与加稳定剂、加酸水样颜色对比

23

二、油田水水质检测方法

2、悬浮固体含量

悬浮固体（SS）通常是指在水中不溶解而又存在于水中不能通过0.45μm孔径的物质。对悬浮固体含量的测定，采用微孔滤膜过滤器，让水通过已称至恒重的滤膜，根据过滤水的体积和滤膜的增重计算水中悬浮固体的含量。

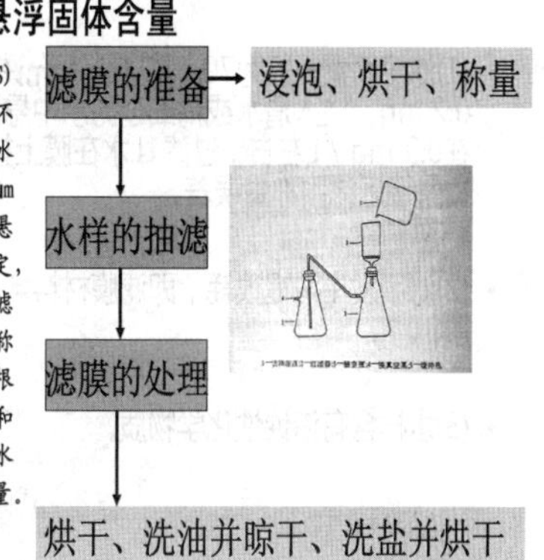

24

二、油田水水质检测方法

用到的设备及材料

a、砂芯薄膜过滤器；
b、真空泵；
c、烘箱：精度±2℃；
d、天平：感量0.1mg；
e、滤膜：进口，孔径0.45μm；
f、滤膜盒；
g、量筒：250mL，1000mL；
h、试剂瓶：500mL；
i、空白汽油；
j、$AgNO_3$溶液：0.01moL/L；
k、抽滤瓶：1000mL；
l、砂芯漏斗：100mL。

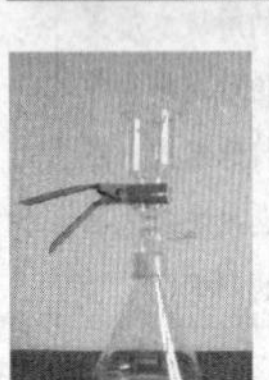

25

二、油田水水质检测方法

悬浮固体含量的计算

$$Cx=\frac{(m_h-m_q)}{V_w}\times 10^3 \quad \cdots\cdots \quad (1)$$

式中：

Cx —悬浮固体含量，mg/L；

m_q —实验前滤膜质量，mg；

m_h —实验后滤膜质量，mg；

V_w —通过滤膜的水体积，mL。

26

二、油田水水质检测方法

测试悬浮固体含量的注意事项

SY/T5329-2012 的规定

5.2.5 注意事项

5.2.5.1 若水样不含油，则在分析步骤中可省去洗油操作。

5.2.5.2 应根据悬浮固体含量的大小来决定取样量的多少，最少不能低于50mL。

5.2.5.3 选用洗提损耗合格的纤维素酯滤膜，或使用惰性滤膜。

5.2.5.4 对含聚水样中悬浮固体含量的测定，需先将待测含聚合物水样在60℃恒温水浴中放置30min，除去或降低聚合物对悬浮固体含量测定的影响，然后再取水样放人抽滤器中进行抽滤，滤后用60℃去离子水滤洗滤膜至无氯离子，再按5.2.3.6和5.2.3.8的步骤操作。

提醒：

1、洗盐需充分。矿化度高，盐烘干后占比大，数据偏高。

2、洗油洗盐时避免直接冲洗滤膜，避免吸附在绿膜上的悬浮物被冲掉，数据偏低。

27

二、油田水水质检测方法

精细过滤水测试影响因素分析

- 在日常注入水分析中，尤其是注入水为精细过滤水或清水时，偶尔会出现滤后与滤前滤膜质量之差为负值，即**水中悬浮固体含量小于零**的现象。

误差来源：测定误差；滤膜溶失

28

二、油田水水质检测方法

- (1)滤膜质量一般为70～80 mg，允许称量误差为0.2 mg。注入清水或精细过滤水中悬浮固体含量在0.3 mg / L左右，过滤1L水在膜上持留的固态物量接近滤膜称量误差。
- (2)滤膜发生洗提损耗，即滤膜材料含有水溶性物质。
- (3)水样含有溶蚀性化学物质。

29

二、油田水水质检测方法

减少或消除误差的方法

(1)适当加大水样过滤体积；

(2)滤膜在使用前先用去离子水浸泡30min，再反复3-4次冲洗；

(3)选用洗提损耗合格的纤维素酯滤膜，或使用惰性滤膜；推荐美国进口HA(水性)滤膜。

30

二、油田水水质检测方法

含聚污水悬浮固体测试中存在的问题

采用常规试验方法，含聚污水中的悬浮固体微粒与聚丙烯酰胺在滤膜表面截留、吸附、沉积、压实，使滤膜孔隙缩小甚至被堵塞，剩余污水很难通过，滤过时间大大延长。

使用标准规定的常规方法不能真实客观检测含聚水中悬浮固体含量。特别是聚合物被截留引起悬浮固体含量升高，导致处理后含聚采出水中悬浮物含量普遍超标严重。

31

二、油田水水质检测方法

- 试验表明：
- 聚合物含量超过50mg/L时，50mL的滤过速度超过30min，含聚浓度在100mg/L时，可滤过体积仅为15~20mL。
- 通常过滤水样量越大则测试结果越准确，但含聚污水过滤速度慢，过滤水样量过大会导致滤膜孔道堵塞，滤膜截留聚合物，而过滤水样量过小会影响测试结果准确度。因此对于含聚污水，选择合适的过滤体积非常重要。

32

二、油田水水质检测方法

- 分别用滤膜过滤一些污水站的含聚水，测试滤膜截留聚合物量，对同一水样，滤膜截留聚合物量随着过滤水样量的增加而增加。处理二元复合驱采出水的污水站，滤后水中油珠乳化严重，过滤性能差，导致过滤水量最少，而截留的聚合物量最大。
- 在行业标准SY/T 5329中，悬浮固体被定义为："通常是指在水中不溶解而又存在于水中不能通过过滤器的物质"。该标准测定的悬浮固体是未滤过滤膜，未被汽油或石油醚洗去的不溶于油水的固态物质。
- 截留在滤膜表面的聚合物如不被洗去，即被计入悬浮固体，这导致悬浮固体测定值偏高。

33

二、油田水水质检测方法

含聚合物采出水影响膜滤法测定的因素

含聚合物采出水水质非常复杂，可能影响悬浮固体含量测定的因素有：

过滤水样体积
水样温度
pH值
化学添加剂(聚合物、表面活性剂)
含油量等

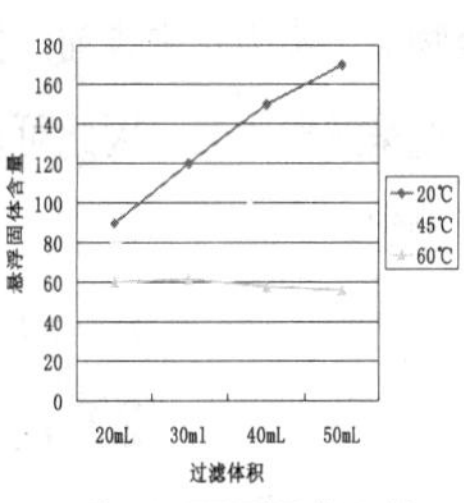

孤二污不同温度下悬浮固体含量测试实验

34

二、油田水水质检测方法

- 升高水样温度能显著降低悬浮固体测定值，减小悬浮固体测定值随过滤体积增大而增大的幅度。
- 当水温60℃时，过滤水样的体积从20mL增加到50 mL，悬浮固体测定量几乎没有变化。

原因分析

- 水温升高时含聚合物污水黏度降低，聚合物在滤膜上的吸附减弱，滤膜截留的聚合物量减少，过滤体积过小引起的误差减小。

35

二、油田水水质检测方法

- 水样温度对油田常规水驱污水站不含聚合物的污水中悬浮固体含量测定结果的影响。
- 在20 ℃到80 ℃的4个温度下，悬浮固体含量测定值相对标准偏差均小于5%，以40℃下的测定值为最小，而各水样在20 ℃ (20 ℃到80 ℃的温度范围内的测试表明温度升高不会显著影响滤膜对常规采出水中悬浮固体颗粒的截留效率。)

- 根据测试数据，膜滤前适当预热水样可以显著提高水样的膜滤速率。
- 为此在膜滤法基础上增加水样预热步骤。同时为尽可能减少滤膜上截留聚合物对悬浮固体含量测定值的影响，将去离子水洗膜步骤由滤膜烘干后提前到水样膜滤后。

36

2、悬浮固体含量

改进后测试含聚水悬浮固体含量的方法

- ①取待测含聚合物水样100mL于具塞比色管中，在60℃条件中放置30 min;
- ② 将100 mL水样倒入悬浮固体测定仪中进行抽滤;
- ③滤后用60℃去离子水滤洗滤膜3～4次，每次滤洗体积10 ～20 mL;
- ④用镊子从滤器中取出滤膜并烘干，用汽油或石油醚清洗直到滤液无色，取出滤膜并在90℃烘干至质量恒定;
- ⑤由滤前滤后滤膜质量差计算滤膜的截留量，除以水样体积得到含聚采出水悬浮固体含量。

37

2、悬浮固体含量

- 改进方法与原方法的比较
- 对传统膜滤法所作的改进消除了聚合物在滤膜上的截留，检测结果更加客观真实反应了含聚污水中的悬浮固体含量。

•过滤时间明显缩短，更具可操作性。

•过滤水样体积明显加大，减小误差。

•悬浮固体含量明显降低，数据更真实

38

2、含油量测试

水中可以被汽油或石油醚萃取出的石油类物质，称为水中含油。提取液的浓度与吸光度呈线性关系，因此可以用比色的方法进行测定。

（1）萃取
（2）比色

39

2、含油量测试

（1）萃取

准备 → 加样 → 振荡 → 放气 → 重复振荡 → 静置 → 分离

❖ 萃取是利用物质在两种不互溶（或微溶）溶剂中的溶解度差异，达到分离纯化目的的。

❖ 油田污水含油分析用的萃取剂一般有四种：空白汽油、石油醚、三氯甲烷、四氯化碳。

40

（2）比色

比色是用来测试物质含量的常用方法。

随着近代测试仪器的发展，目前已普遍使用分光光度计进行比色分析，这种分析方称为分光光度法。这种方法具有灵敏、准确、快速及选择性好等特点。

光源—单色器—吸收池—检测器—测量系统

分光光度计组成框图

41

绘制标准曲线

1、标准油溶液的配制

称取原油约0.5g（称准至0.1mg）于100mL容量瓶内，用空白汽油定容至100mL。

2、测试不同浓度溶液的吸光度

用移液管分别移取（0.00，0.50，…，3.00）mL标准油溶液于7支50mL比色管中，用空白汽油稀释至刻度并摇匀，以空白汽油为空白，在分光光度计上比色（波长430n m，比色皿1cm），测得吸光度。

3、绘制标准油曲线

由仪器打印出标准曲线或将数据输入计算机，绘制曲线，求取回归公式、关联系数；当关联系数大于0.999时，回归公式有效，待用。

42

含油量的测定

1、将水样倒入分液漏斗中，用汽油冲洗取样瓶，每次冲洗后的汽油倒入分液漏斗中。

2、盖好盖子，右手握住盖子，左手握旋塞，上下振荡并放气约1min，

3、静置10min，若萃取液混浊，应加入无水硫酸钠（或无水氯化钙），破坏乳液，从分液漏斗下口放出水样于量筒中，记录水样体积V_w。

4、如果水样含油较高，可以萃取两到三次。

5、将萃取液都收取于50mL比色管中，用汽油稀释到刻度，盖紧瓶塞并摇匀。

6、用汽油作空白，在紫外分光光度计上测其吸光度，代入回归公式，得出所取水样含油质量。

43

含油量计算：

$$C_0 = \frac{10^3 m_0}{V_W} = \frac{10^3 \times (KA+b)}{V_W}$$

式中 C_0— 含油量，mg/L；

m_0— 计算得的含油质量，mg；

V_W— 萃取水样体积，mL；

A— 吸光度。

44

用到的主要设备及材料

（1）紫外可见分光光度计；
（2）天平：感量0.1mg；
（3）空白汽油或石油醚；
（4）分液漏斗：
（5）刻度移液管：1mL，5mL；
（6）比色管（或容量瓶）：50mL，100mL；
（7）盐酸溶液（1+1）；

45

表1 含油分析方法与检测极限

分析方法	检测限/(mg/L)	主要仪器
紫外分光光度法	0.005	紫外分光光度计（1cm石英比色皿）
荧光光度法	0.025	荧光光度计（10cm石英比色管）
荧光分光光度法	0.01	荧光分光光度计
红外分光光度法	0.01	红外分光光度计
非分散红外光度法	0.05	非分散红外测油仪
可见光分光光度法	1.5	可见光分光光度计

根据油田回注污水含油浓度的特点，可分别采用可见光分光度法和紫外分光光度法进行测试。

原水和常规工艺处理污水 ⟹ 可见光分光度法

低渗精细过滤、改性水 ⟹ 紫外分光光度法

46

含油量测试误差来源分析

（1）标准曲线的影响

- 一条好的标准曲线是相关系数最接近1，一般要求$R^2=0.999$及以上；回归直线在y轴上的截距b值，代表分析方法空白值，最好大于0并尽可能接近0；直线的斜率a值，代表分析方法的灵敏度，越大表示方法越灵敏，并随季节及实验室的不同有所差异。
- SY/T 0530-2011 油田采出水中含油量测定方法分光光度法----空白值强制归零

y=ka+b

R2 = 0.999

因原油性质随时间的变化，同一区块的原油不同时间的含油标准曲线也会发生变化，建议每6个月进行标准曲线的更新。

47

（2）不同设备的差别

- 对比实验发现，不同型号的分光光度计制作的标准曲线不同，并最终导致同一种污水水样测得的含油量不同。即使对于同一种型号的设备，也因个体差异以及比色皿透光率的差异等原因，测试的含油量也有差异。

一台设备对应一条标准曲线，标准曲线不可在不同设备间混用。

48

(3)操作方法的影响

- 对含油量较高的水样,误差主要取决于采样;但对于含油量较低、一般仅为溶解油及乳化油的水样,误差的很大一部分取决于实验室的分析误差。因此,对萃取、分层、过滤等操作过程必须进行质量控制,这样就可以提高分析的准确度和精密度。
- 样品测定前,须对分液漏斗认真检漏,涂抹凡士林应均匀,然后加塞,萃取时要剧烈振摇2min(注意放气),分液漏斗振荡力度要均匀,静置至少15min,以便提高萃取率。一些悬浮物及胶状物含量较高的污水样品,往往会使分层界面不清或带有较粘稠的浮油层,可以将混油的萃取层通过经石油醚充分湿润的无水硫酸钠,去除萃取液中的水分来确保测定的准确度。

49

- 对于含油量较高的污水,尤其是含聚污水,萃取不完全,取样瓶中粘附的浮油未完全转移,测试结果影响较大。
- 含油量在1000~2000mg/L的含聚污水和二元复合驱污水,采用常规的萃取液体积是无法完全萃取其中的含油量的,至少要用几倍的萃取液,反复萃取若干遍,直至水相无明显原油,可认为萃取完全。

萃取不完全的测试结果与真实值之差可能大于几百毫克升的量。

50

3、细菌含量的测试

由于原水中细菌的存在,既可能引起腐蚀,又可能引起地层堵塞,因此需要测定和监视细菌生长的情况,除测定原水中危害较大的硫酸盐还原菌(SRB)的数目外,还需要测定腐生菌(TGB)及铁细菌(FB)等。

SRB:指在一定条件下能将硫酸根离子还原成二价硫离子,进而形成副产物硫化氢,对金属有很大腐蚀作用的一类细菌,腐蚀反应中产生硫化亚铁沉淀可造成堵塞。

铁细菌(FB):能从氧化二价铁中得到能量的一群细菌,形成的氢氧化铁可造成注水井堵塞.

腐生菌(TGB):腐生菌在一定条件下,他们从有机物中得到能量,产生粘性物质,与某些代谢产物累积沉淀可造成堵塞.

51

3、细菌含量的测试

消毒 → 现场接种 → 培养 → 读数

细菌的接种(二次重复法)

1、将10个测试瓶排成两组。

2、用无菌注射器取1.0mL水样注入第一组1号瓶内,注射器插入测试瓶中,充分震荡。

3、再从1号瓶内抽取1.0mL水样注入2号瓶内,充分震荡、摇匀。

4、依次类推一直稀释到5号瓶。

5、另取一支无菌注射器按照2条~4条向第二组测试瓶注入水样。

52

消毒 → 现场接种 → 培养 → 读数

培养温度控制在现场水温的±5℃内,硫酸盐还原菌培养7天,测试瓶中液体变为黑色,即表示有硫酸盐还原菌生长。腐生菌培养7天,测试瓶中液体由红色变为黄色或浑浊,即表示有腐生菌生长。铁细菌培养7天,测试瓶中液体产生浑浊或红棕色胶装物,即表示有铁细菌生长。

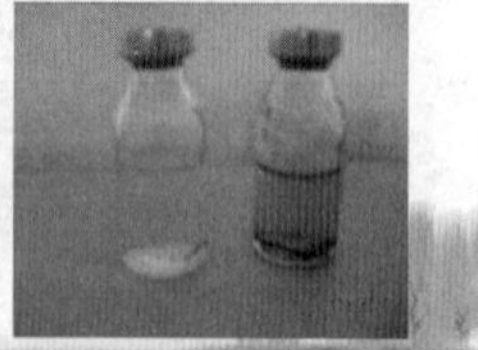

53

用到的主要设备及材料

a、硫酸盐还原菌(SRB)测试瓶、腐生菌测试瓶、铁细菌测试瓶:9mL

b、注射器:1mL(在电热消毒器内0.14MPa下灭菌20min);

c、恒温培养箱:精度±1℃

d、电热消毒器

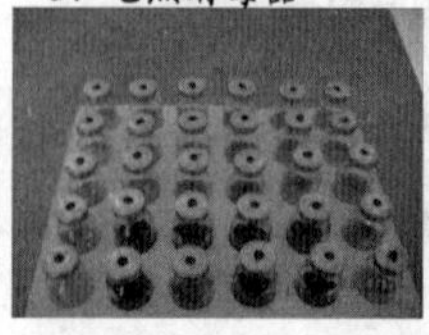

54

二次重复法最大可能指数的确定

	第一稀释	第二稀释	第三稀释	第四稀释	第五稀释
	10^0	10^1	10^2	10^3	10^4
第一组	+	+	+	-	-
第二组	+	+	-	-	-
最大可能指数	210				

首先选出全部呈阳性反应瓶的最大稀释，然后再加上其次相连的两个更高的稀释。根据指数“210”，查表3得细菌数为6个/mL，再乘以指数第一位的稀释倍数10^1，即得水样含菌量为60个/mL。

55

4、平均腐蚀率

5.5　平均腐蚀率

5.5.1　原理

根据悬挂在注水体系内的试片试验前后试片的损失量计算平均腐蚀率。

5.5.2　材料及试剂

材料及试剂包括：

a)　滤纸。

b)　干燥器。

c)　游标卡尺：精度0.02mm。

d)　天平：感量为0.1mg。

e)　石油醚：分析纯。

f)　丙酮：分析纯。

g)　无水乙醇：分析纯。

h)　柠檬酸三铵：分析纯。

i)　缓蚀剂。

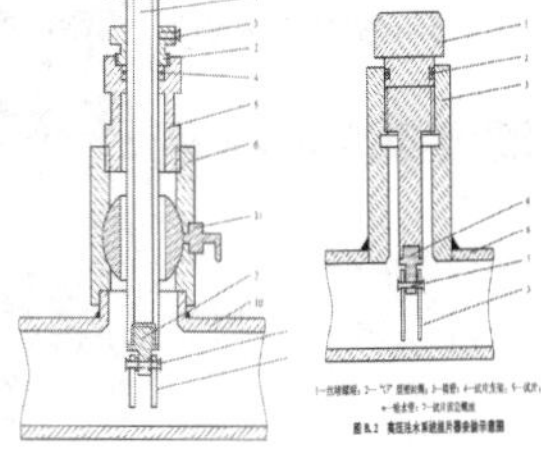

56

5.5.3　试片的加工

5.5.3.1　材质应以现场实际适用的钢材加工成试片或A_3钢。

5.5.3.2　试片外形尺寸76mm×13mm×1.5mm，在一端距边线10mm处钻一直径为8mm的小孔并打号。

5.5.3.3　试片经刨、磨工序使其表面粗糙度Ra为0.63μm～1.25μm。

5.5.4　准备工作

5.5.4.1　用游标卡尺测量试片尺寸并计算表面积。

5.5.4.2　用石油醚脱脂，再用无水乙醇清洗，取出试片用滤纸擦干，放于干燥器中4h后称重，称准至0.1mg。

5.5.5　配制试片清洗液

配制试片清洗液的步骤如下：

a)　称取柠檬酸三铵10g，加入90mL蒸馏水使其溶解（使用时应在水浴上将溶液加热到60℃）。

b)　在5%～10%的盐酸溶液中加1%～2%缓蚀剂（缓蚀剂浓度由空白片失重小于1mg确定），摇匀待用。

A.2.2　用盐酸配制：

盐酸：100mL；

六亚甲基四胺：5g～10g；

水：加水到1000mL。

57

A.1.1　酸清洗液应全部除去试片上的腐蚀产物沉积物。

A.1.2　酸清洗在室温下进行，时间为小于5min。

A.1.3　处理前应进行空白试验，空白试片本身被腐蚀的质量损失应小于1.0mg。

A.3.1　取三片材质、状态、尺寸等均与腐蚀试验相同的试片，按与被腐蚀试验的试片完全相同的程序（表面处理、清洗、称量等）处理后在未受腐蚀的状态下，用酸清洗液进行化学清洗5min。

A.3.2　将清洗后的试片洗净、干燥、称量、计算出三片试片的平均质量损失m_k，若平均质量损失m_k<1.0mg，则酸清洗液合格；若平均质量损失m_k≥1.0mg，则需重新配制。

5.5.7　试验后试片的处理

将试片取出，用滤纸轻轻擦去油污。用丙酮洗油后放于清洗液5.5.5a）或b）项中1min～5min，清洗时可用毛刷轻轻刷洗。试片清洗后用蒸馏水冲洗，再用乙醇脱水并用滤纸擦干表面，将其存放于干燥器中4h称重。

平均腐蚀率按公式（3）计算：

$$F=\frac{(m_{g}-m_{h})\times 3650}{S\cdot t_{i}\cdot \rho} \quad \cdots\cdots (3)$$

式中：

F——平均腐蚀率，单位为毫米每年（mm/年）；

m_g——试验前试片质量，单位为克（g）；

m_h——试验后试片质量，单位为克（g）；

S——试片表面积，单位为平方厘米（cm^2）；

t_i——挂片时间，单位为天（d）；

ρ——试片材质密度，单位为克每立方厘米（g/cm^3）。

58

59

高压腐蚀监测器

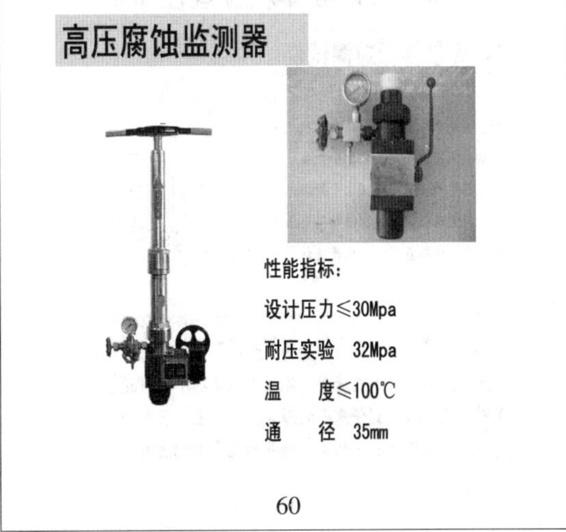

60

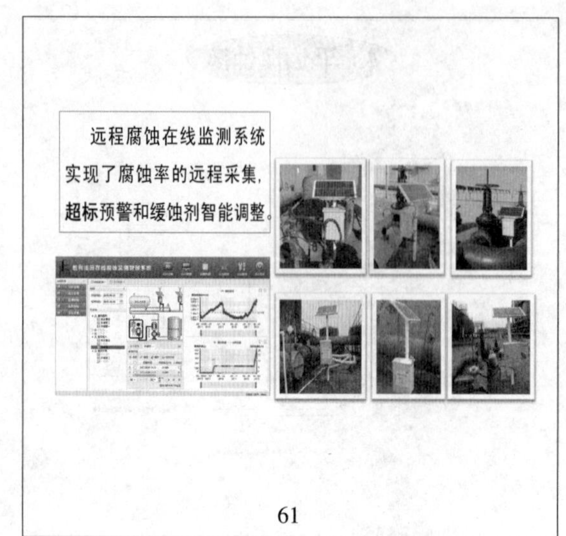

61

测试平均腐蚀率的注意事项

1、试片与挂片器接触的地方必须有聚四氟乙烯垫圈或其它绝缘材料；

2、试片应处于管线中部，挂片同时调节试片方向，使试片侧面迎着水流方向。（两类挂片器，现场操作时注意区分）

3、酸洗液的适用性，对挂片的空白腐蚀量的控制，小于1mg；

4、浸泡时间1-5min，浸泡时间过长会对挂片造成腐蚀， 数据偏高。

5、清洗完毕挂片之前避免手直接接触挂片表面。

62

5、悬浮固体颗粒直径中值

粒径中值指水中累积颗粒体积占颗粒总体50%的颗粒直径。

其中电阻法是一种唯一能通过三维测量而直接提供颗粒体积数据和绝对计数的分析方法，又叫库尔特法，它根据颗粒在通过一个小微孔的瞬间，占据了小微孔中的部分空间而排开了小微孔中的导电液体，使小微孔两端的电阻发生变化的原理测试粒度分布的。

63

5、悬浮固体颗粒直径中值

常用的检测方法

- 电阻变化法——库尔特颗粒测试仪(标准推荐)

- 激光衍射法——马尔文激光粒度仪

64

5、悬浮固体颗粒直径中值

1、库尔特颗粒测试仪

- 库尔特计数仪是基于小孔电阻原理，悬浮颗粒流过小孔，两电极之间的电阻增大。电极之间会产生一个电压脉冲，其峰值正比于颗粒体积；在圆球假设下，脉冲峰值电压可换算成体积直径Dv，由此统计出粒径分布。

库尔特法分析原理

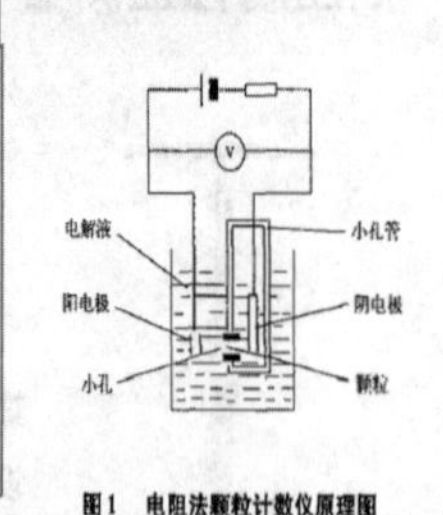

图1 电阻法颗粒计数仪原理图

- 优点：分辨率高，能分辨各颗粒之间粒径的细微差别；
- 缺点：容易发生小孔堵塞；测量下限不够小，理论上小孔足够小就可以测到任意小的颗粒，实际上小孔越小，就容易堵孔。采用30um小孔管，堵孔的几率大幅上升。

65

5、悬浮固体颗粒直径中值

目前我们使用Multisizer3的库尔特计数仪粒径范围

- 直径可测到0.4um-1200um
- 体积范围0.0336-904.8×10^8μm^3
- 分辨精度0.001μm

根据不同的水质应用不同的孔管，分别有30μm、50μm、70μm、100μm等。

针对油田回注水质情况，我们使用最多的是50μm的孔管。

66

5、悬浮固体颗粒直径中值

(1) 电解液的影响

首先应保证样品不与电解液发生化学反应，一般使用库尔特公司的ISOTON Ⅱ专用电解液，测试时出现了有些水样加到电解液中后溶液发生混浊的情况，分析发现该电解液碳酸氢根含量高（990mg/L）。若测试的样品属高钙水体，两者混合易结碳酸钙垢，使测试的颗粒数明显偏高，结果失真。采用0.9%的生理盐水可满足仪器测试需要，可避免与高钙水体发生反应的现象。

(2) 样品粒径分布范围影响

库尔特粒度仪不适于检测分布范围较大的样品。一般小孔管的检测下限为所标识孔径的2%。如：50um小孔管无法测试1um以下粒径，30um小孔管无法测试0.6um以下粒径。

67

(3)颗粒数目和粒径分布的影响

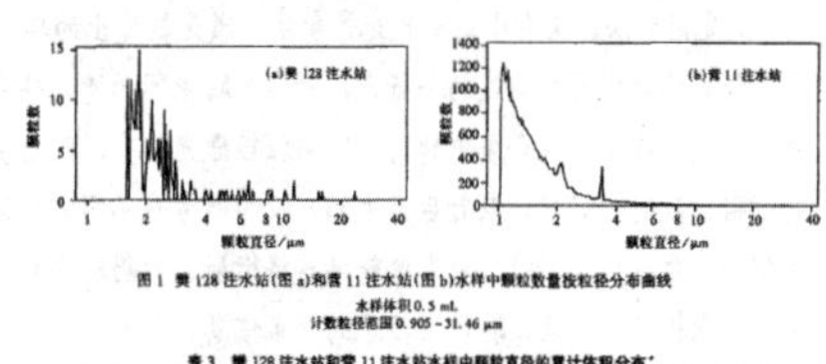

图1　冀128注水站(图a)和冀11注水站(图b)水样中颗粒数量按粒径分布曲线
水样体积0.5 mL
计数粒径范围0.905~31.46 μm

表3　冀128注水站和冀11注水站水样中颗粒直径的累计体积分布*

注水站	累计至不同体积百分数时的粒径/μm					平均粒径** /μm	粒径中值** /μm
	10%	25%	50%	75%	90%		
冀128	23.76	23.64	15.98	10.19	5.446	13.38	15.98
冀11	27.20	20.71	12.88	5.065	2.168	9.765	12.88

* 从粒径31.46 μm颗粒体积累计至粒径0.905 μm颗粒体积。
** 平均粒径：按颗粒总数平均的颗粒直径；粒径中值：体积累计至50%时颗粒的直径，亦即按颗粒总体积平均的颗粒直径。

延长测试时间，使颗粒数达到足够形成圆滑的测试曲线为宜。增加颗粒分布和颗粒数目来与中值综合评价水质。

68

“粒径中值”评价油田回注水存在的局限性及应对措施

- 当颗粒粒径分布较窄时，测试结果重复性好；
- 当颗粒粒径分布较宽时，测试结果重复性较差；
- 颗粒数多时测试结果重复性好，颗粒数少测试结果重复性差，特别是粒径中值数据，颗粒数少时几次测定结果误差较大；

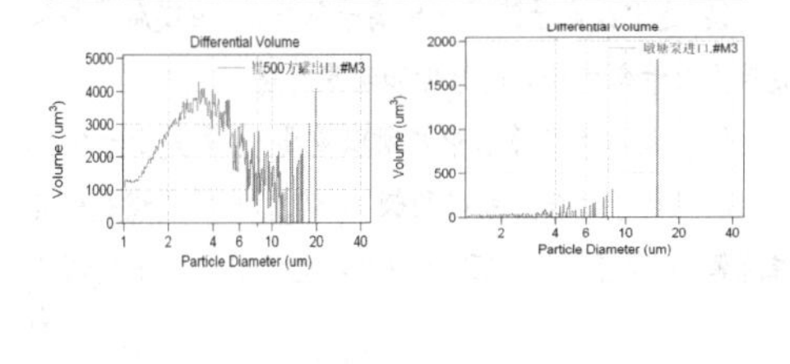

69

“粒径中值”评价油田回注水存在的局限性及应对措施

- 水质较好时粒径中值D50有时较大，而水质浑浊时粒径中值反而较低，主要原因是悬浮颗粒多时，小颗粒的累积体积大，少数大颗粒所的体积百分数较小，因此粒径中值低，而悬浮颗粒少时，小颗粒的累积体积小，个别大颗粒所占体积百分数较大，因此粒径中值大。

水质在1um以下的滤膜过滤后，还是会出现大颗粒

这是因为，我们在做样过程中，会存在以下的误差

质疑

管壁　取样容器　样品杯　颗粒　空气中　导电板　其它因素等

70

“粒径中值”评价油田回注水存在的局限性及应对措施

应对措施

措施1、颗粒中值是一个统计数据，而统计必须建立在大量数据基础上才有意义，因而，对于颗粒数太少的水样，而又需获取颗粒中值指标，可增加做样运行时间，加大统计量，即增大计数量，使颗粒总数达到**4000--5000**个以上，以提高中值的准确度。

措施2、在分析水中的颗粒时，不但要看粒径中值，还要分析颗粒的分布情况及每毫升水样中颗粒的总数，这样才能客观的评价水中的悬浮物颗粒。

71

“粒径中值”评价油田回注水存在的局限性及应对措施

措施3、虽然大颗粒和小颗粒对地层都会产生堵塞，但程度不同，而小颗粒对地层的堵塞比大颗粒更严重。因此对于水质较好，颗粒数不多，有少量大颗粒的，可删除最大的几个颗粒。

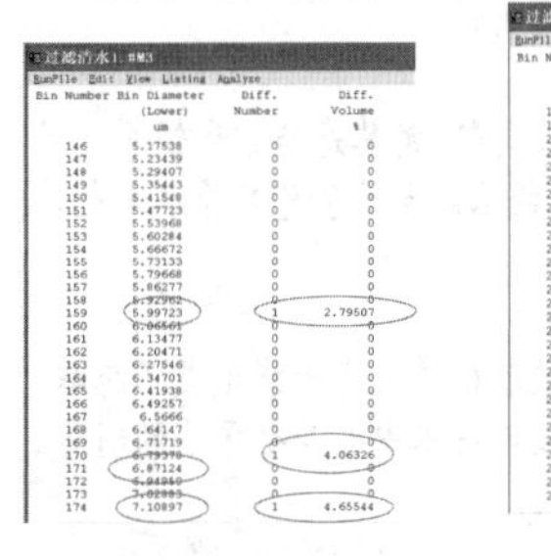

过滤清水1.#M3

RunFile　Edit　View　Listing　Analyze

Bin Number	Bin Diameter (Lower) um	Diff. Number	Diff. Volume %
146	5.17538	0	0
147	5.23439	0	0
148	5.29407	0	0
149	5.35443	0	0
150	5.41548	0	0
151	5.47723	0	0
152	5.53968	0	0
153	5.60284	0	0
154	5.66672	0	0
155	5.73133	0	0
156	5.79668	0	0
157	5.86277	0	0
158	5.92962	0	0
159	5.99723	1	2.79507
160	6.06561	0	0
161	6.13477	0	0
162	6.20471	0	0
163	6.27546	0	0
164	6.34701	0	0
165	6.41938	0	0
166	6.49257	0	0
167	6.5666	0	0
168	6.64147	0	0
169	6.71719	0	0
170	6.79378	1	4.06326
171	6.87124	0	0
172	6.94960	0	0
173	7.02883	0	0
174	7.10897	1	4.65544

过滤清水1.#M3

RunFile　Edit　View　Listing　Analyze

Bin Number	Bin Diameter (Lower) um	Diff. Number	Diff. Volume %
198	9.33203	0	0
199	9.43844	0	0
200	9.54605	0	0
201	9.65489	0	0
202	9.76498	0	0
203	9.87632	0	0
204	9.98892	0	0
205	10.1028	0	0
206	10.218	0	0
207	10.3345	0	0
208	10.4523	0	0
209	10.5715	0	0
210	10.6921	0	0
211	10.814	0	0
212	10.9373	0	0
213	11.062	0	0
214	11.1881	0	0
215	11.3157	0	0
216	11.4447	0	0
217	11.5752	0	0
218	11.7071	0	0
219	11.8406	0	0
220	11.9756	0	0
221	12.1122	1	23.0255
222	12.2503	0	0
223	12.39	0	0
224	12.5312	0	0
225	12.6741	0	0
226	12.8186	0	0

72

2、激光粒度仪

激光衍射法，又称小角激光光散射法。激光器发出的单色光，经光路变换为平面波的平行光，射向光路中间的透光样品池，分散在液体分散介质中的大小不同颗粒遇光发生不同角度的衍射、散射，衍射、散射后产生的光投向布置在不同方向的光信息接收器(检测器)，经光电转换器将衍射、散射转换的信息传给微机进行处理，转化成粒子的分布信息。

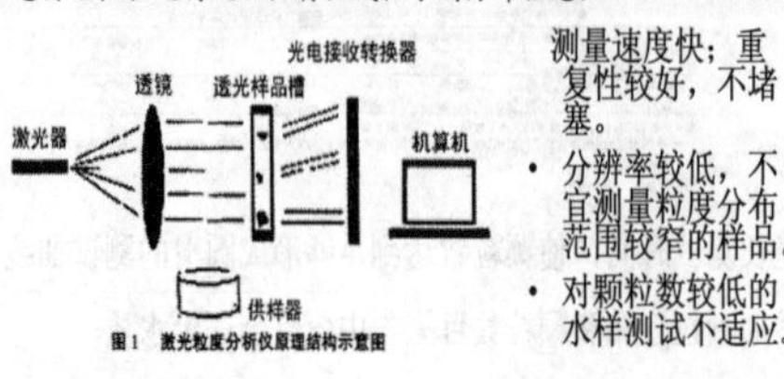

图1 激光粒度分析仪原理结构示意图

- 测量速度快；重复性较好，不堵塞。
- 分辨率较低，不宜测量粒度分布范围较窄的样品。
- 对颗粒数较低的水样测试不适应。

73

两种颗粒测试仪应用范围的建议：

（1）库尔特颗粒测试仪适合于测试颗粒分布范围较窄的污水体系，如污水站外输水、精细过滤水、清水等

（2）激光粒度仪适合于测试颗粒分布范围较宽的污水和颗粒含量较多的污水体系，如采出液、污水站原水、含聚污水等；而不适合于测试颗粒数含量较低的净化污水和清

遮光度理想范围在3%～30%之间，过高会产生多重散射，过低则激光检测器将不能捕获到足够的信号，结果精确度将受影响。

对于清水和精细过滤水，即使用原液进行测试，遮光度一般常低于0.2%，在此条件下，残差值较大，测量平行性差。对同一个样品进行测试会出现甚至100um的误差。

74

水质辅助指标的检测

水质的主要控制指标已达到注水要求，注水又较顺利，可以不考虑辅助性指标；如果达不到要求，为查其原因可进一步检测辅助性指标。

- 溶解氧 → 测氧管法
- 硫化物 → 测硫管法
- 铁 → 测铁管
- pH值 → pH酸度计
- 浊度 → 浊度仪
- 侵蚀性二氧化碳 → 测试管/滴定法

75

回注水中矿物离子的含量的测定

主要的阳离子：钙、镁、锶、钡、钠、钾离子

阴离子：碳酸根、碳酸氢根、氢氧根、硫酸根、氯离子

钙：钙离子是原水的主要成分之一，它生成的沉淀通常是造成结垢和地层堵塞的主要原因之一。

镁：通常镁离子浓度比钙离子低得多，但镁离子与碳酸根离子结合也会引起结垢和堵塞问题。

钡：钡离子在原水中之所以重要，主要是由于它能和硫酸根离子结合生成硫酸钡($BaSO_4$)，而硫酸钡是极其难溶解的，甚至少量硫酸钡的存在也能引起严重的堵塞。

76

氯离子：

在采出污水中是主要的阴离子，随着水中含盐量的增加，水的腐蚀性也增加。因此，在其他条件相同的情况下，水中氯离子浓度增高就意味着更容易引起腐蚀，尤其是点腐蚀。

硫酸根离子：

由于硫酸根离子能与钙，尤其是与钡和锶等生成不溶解的水垢，因此硫酸根离子的含量在原水中也是值得注意的一个问题。

碳酸根和碳酸氢根：

由于碳酸根和碳酸氢根这类离子能生成不溶解的水垢，因此它们在油田污水中也是很重要的阴离子。

77

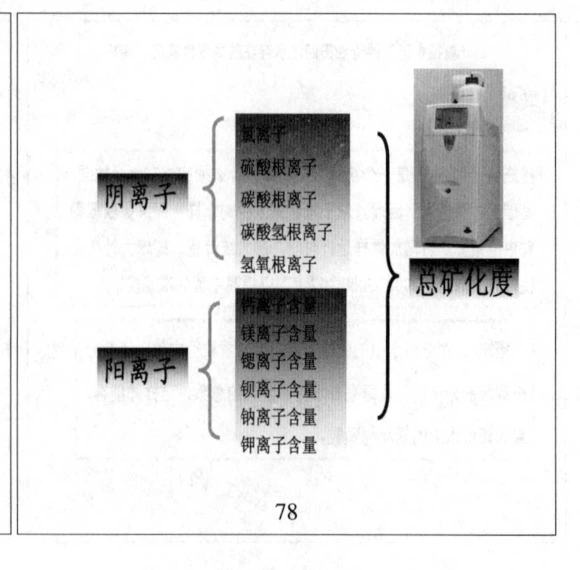

78

第二十一章　油田污水处理

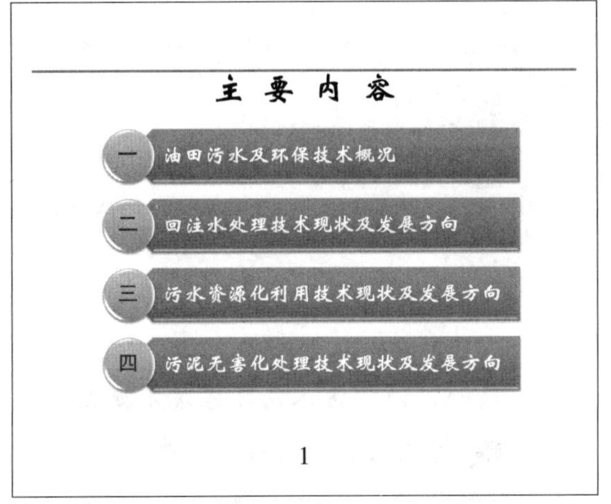

1

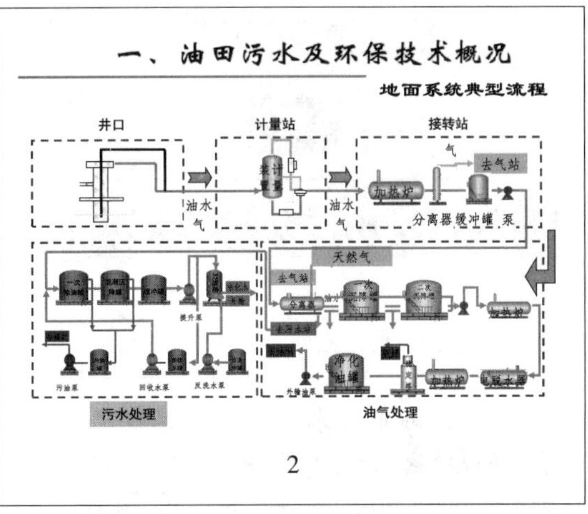

2

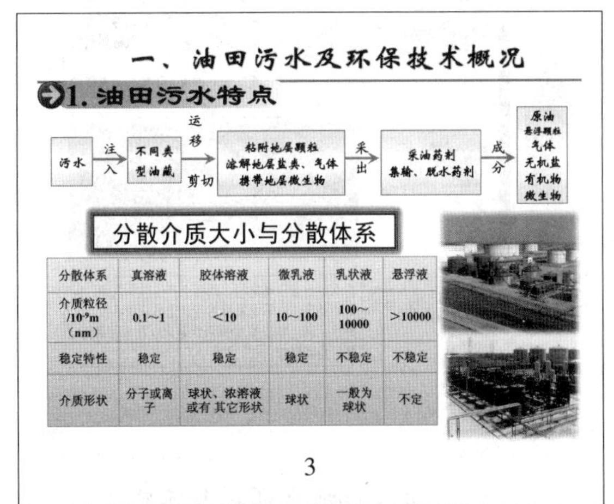

分散体系	真溶液	胶体溶液	微乳液	乳状液	悬浮液
介质粒径 /10⁻⁹m （nm）	0.1～1	＜10	10～100	100～10000	＞10000
稳定特性	稳定	稳定	稳定	不稳定	不稳定
介质形状	分子或离子	球状、浓溶液或有其它形状	球状	一般为球状	不定

3

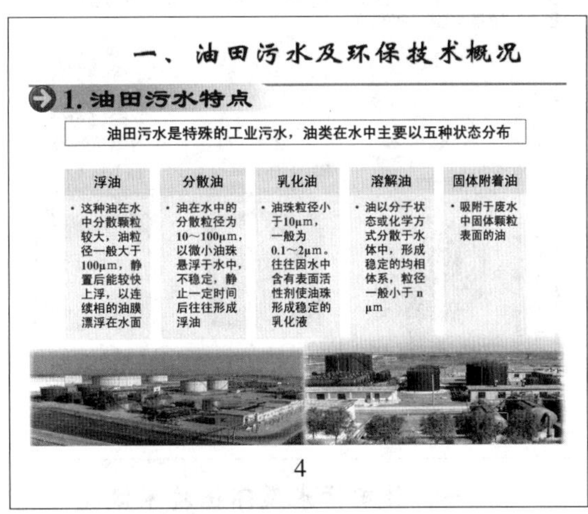

4

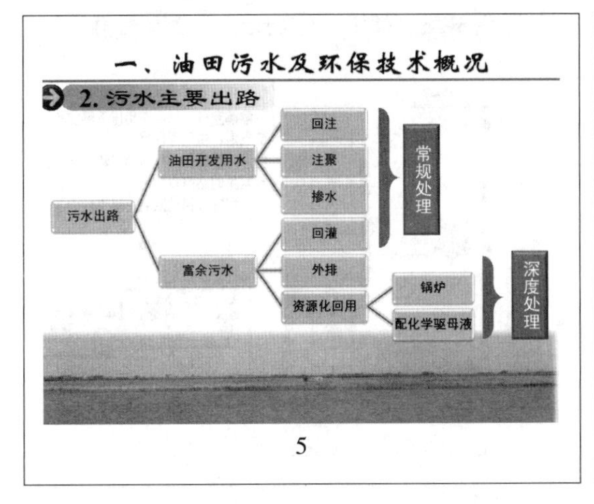

5

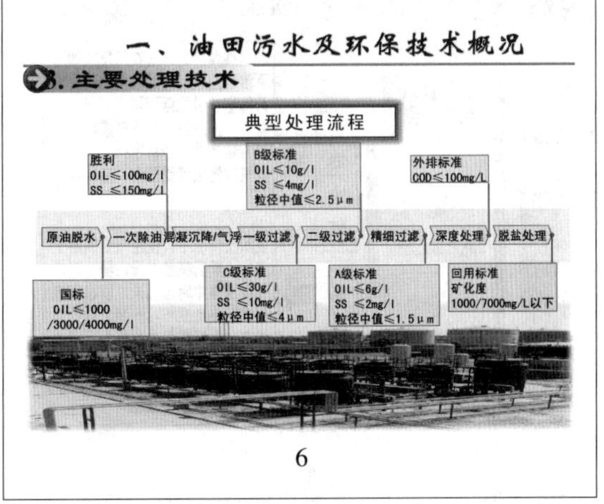

6

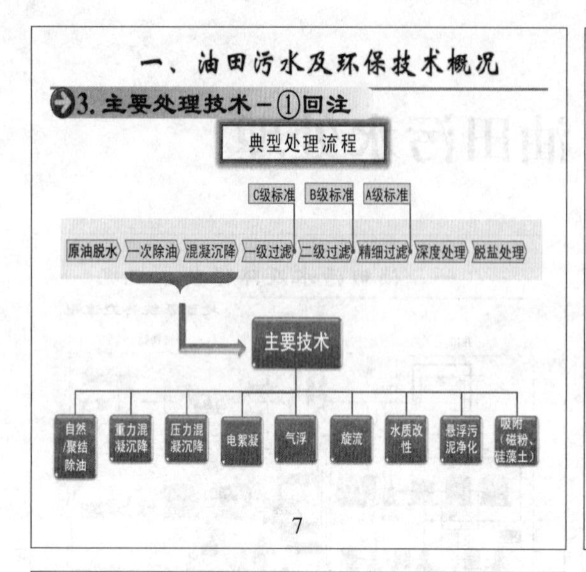

7

一、油田污水及环保技术概况

3. 主要处理技术－①回注

①自然/聚结除油 将浮油（油珠粒径>100μm）、大颗粒悬浮物（粒径>10μm）分离出来。

②重力混凝沉降 加入适合的混凝、絮凝剂，去除对象是油田分散油、乳化油、微小颗粒和胶体颗粒。

③压力混凝沉降

④电絮凝 以金属铁或铝为阳极，电解氢氧化物作为混凝剂，兼有电杀菌等水质稳定作用。

⑤气浮 专利产生于1864年。

⑥旋流 适用于油水密度差大于0.1kg/cm3的污水除油。

⑦水质改性 防腐蚀；抑菌；助沉。

⑧悬浮污泥层净化 集分离、粗滤为一体。

⑨吸附法 通常采用的吸附剂有活性炭、活性白土、磁铁砂、纤维、高分子聚合物及吸附树脂等。吸附法通常用于水质较好、含油浓度不太高的后处理。

8

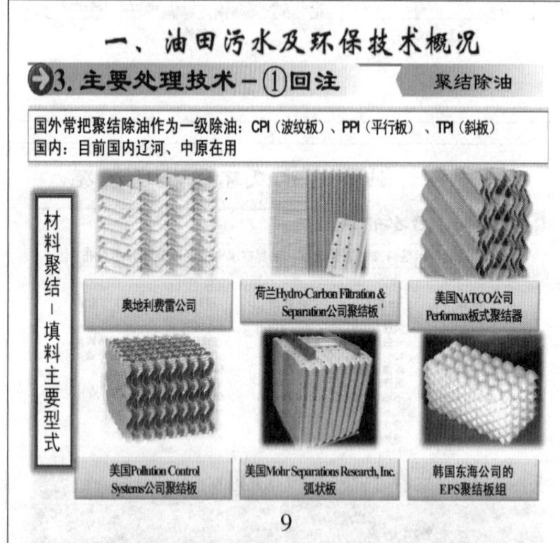

9

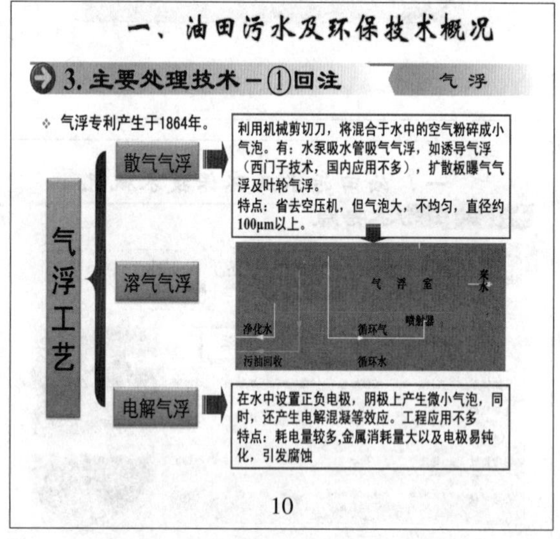

10

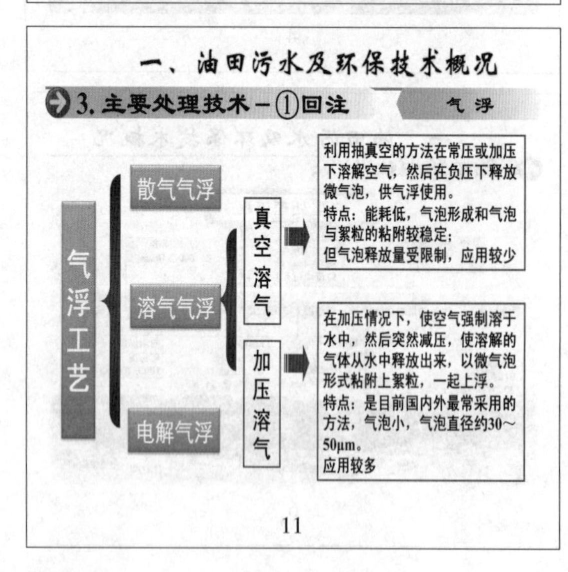

11

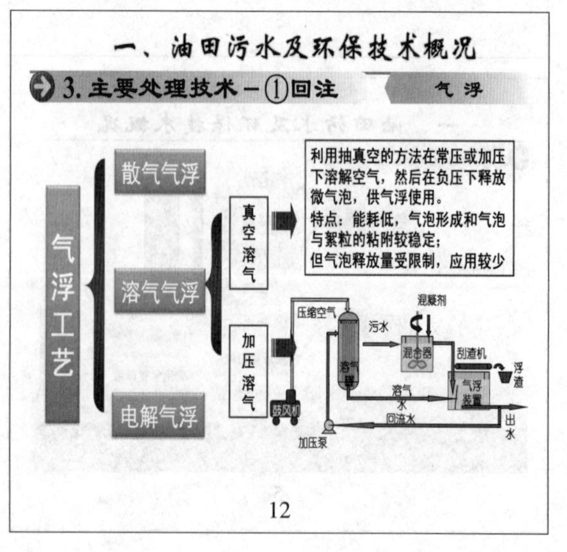

12

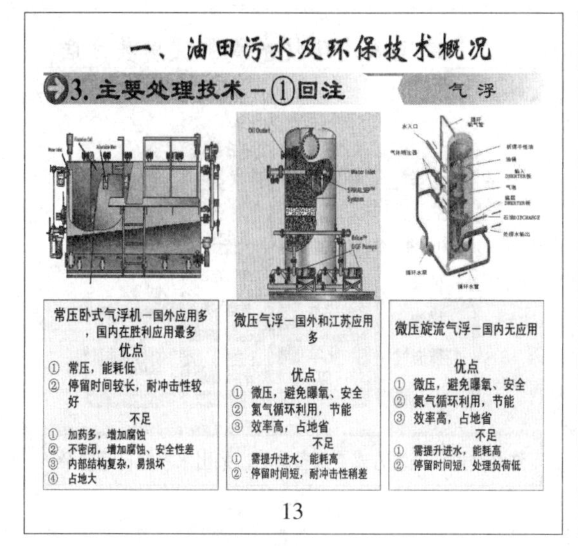

13

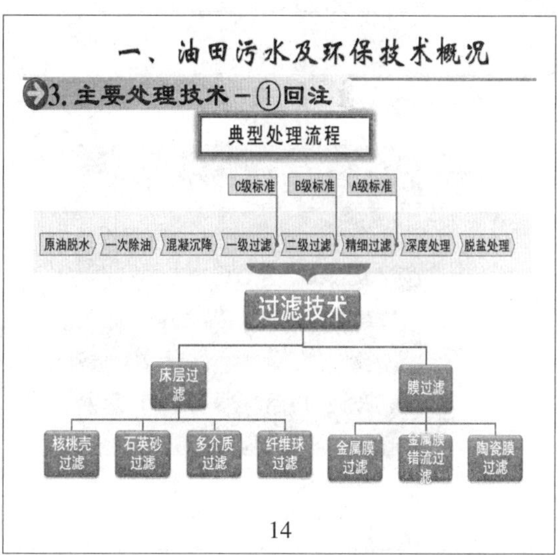

14

一、油田污水及环保技术概况

3. 主要处理技术－①回注

水质稳定处理工艺与技术

针对采出水存在的腐蚀结垢及细菌增生等产生的危害，在进行回注（灌）水处理的同时，采用防腐、防垢及防细菌增生的技术，即水质稳定技术。

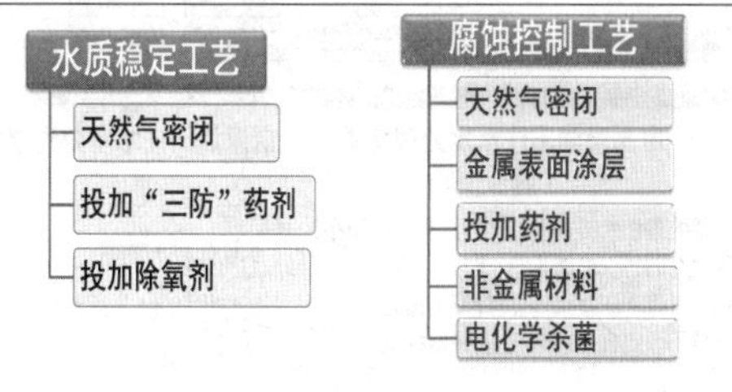

15

一、油田污水及环保技术概况

3. 主要处理技术－②外排

去除非溶解性物质：含油量、悬浮物、细菌 → 回注标准

原油脱水 → 一次除油 → 混凝沉降 → 一级过滤 → 二级过滤 → 精细过滤 → 深度处理 → 脱盐处理

去除溶解性物质：COD、BOD、石油类 → 外排标准

生化技术：好氧、厌氧、兼性

处理工艺：生化池、生态塘、人工湿地

胜利油田典型流程

污水站来水 → 隔油池 → 气浮池 → 降温曝气沟 → 一级氧化塘 → 二级氧化塘 → 外排出水

16

一、油田污水及环保技术概况

3. 主要处理技术－③资源化

软化/脱盐等 → 回用锅炉/配母液

(1) 药剂软化 向采出水中投加可溶性药剂，如CaO、Na_2CO_3、NaOH，它们与原水中待去除的Ca^{2+}、Mg^{2+}化合沉淀，直到其溶积度极限为止。产泥量大，近年来少用。

(2)热力软化 即将采出水温度升高，加温到200℃后碳酸钙沉淀而得到软化。

(3) 离子交换 采出水中的钙、镁离子，与离子交换剂中的钠离子（或氢离子）进行交换，水中钙、镁离子为钠（或氢）离子所取代，从而获得水质的软化的效果，常采用阳离子型的弱酸交换树脂。辽河、河南多用。

(4) 除盐工艺 胜利矿化度普遍高于7000mg/L，只能通过“除盐工艺”去除水中离子、降低矿化度，供锅炉用水或配母液。

17

一、油田污水及环保技术概况

3. 主要处理技术－④污泥处理

原油脱水 → 一次除油 → 混凝沉降 → 一级过滤 → 二级过滤 → 精细过滤 → 深度处理 → 脱盐处理

含油泥砂 → 脱水 → 集中堆放 → 集中处置

污泥处置技术

- 热水洗油（大庆、辽河）
- 旋流洗砂（胜利）
- 焚烧（胜利、辽河、河南）
- 生物降解（示范工程，大庆、胜利）
- 调剖、回灌（胜利）

18

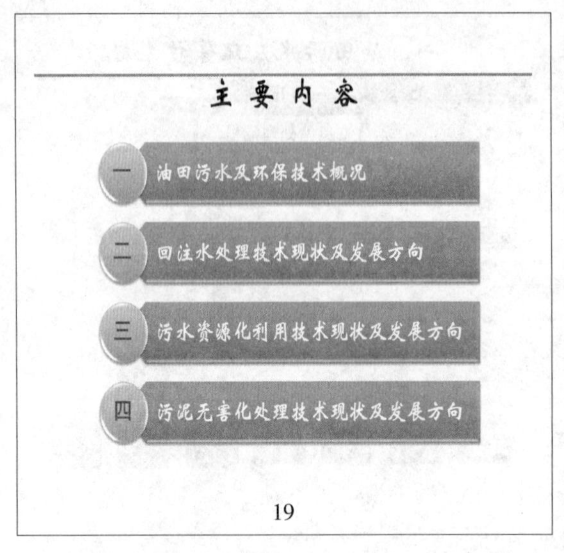

19

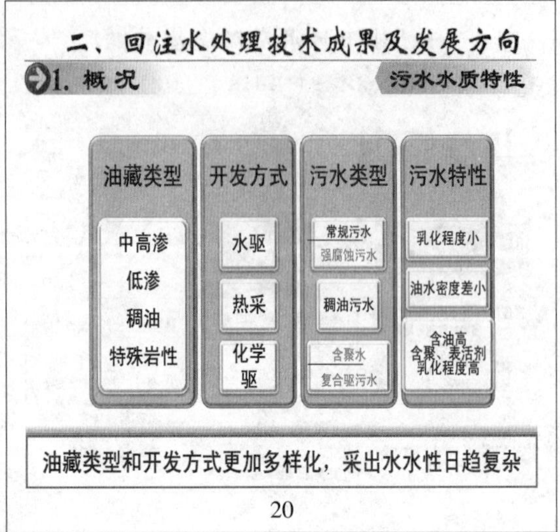

20

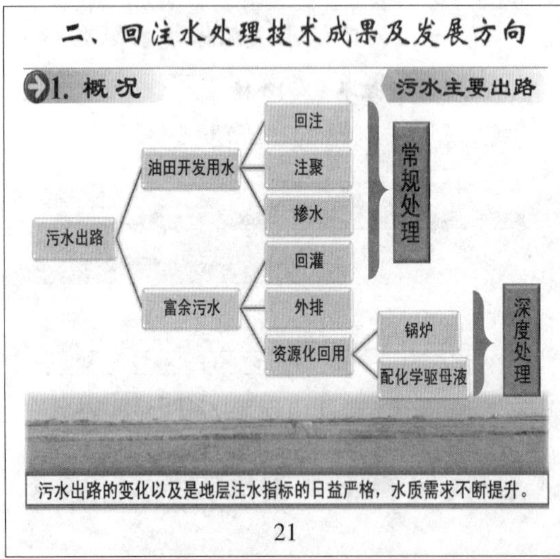

21

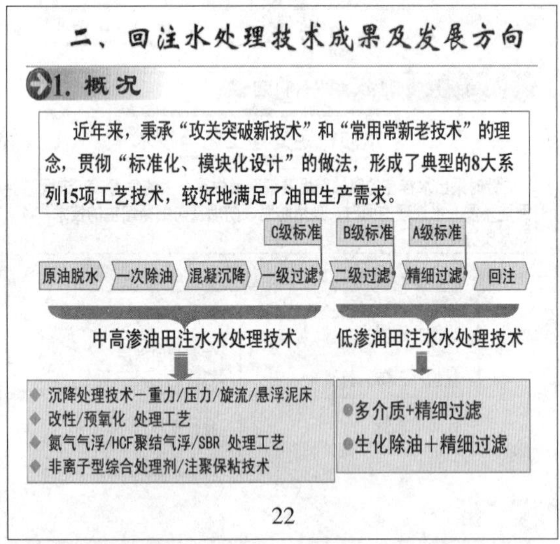

22

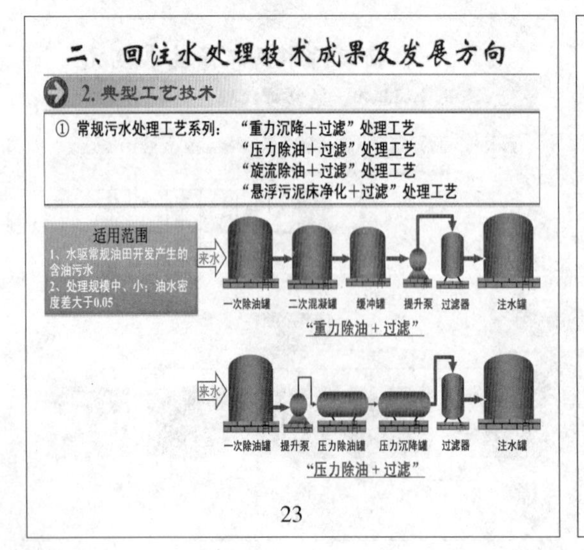

23

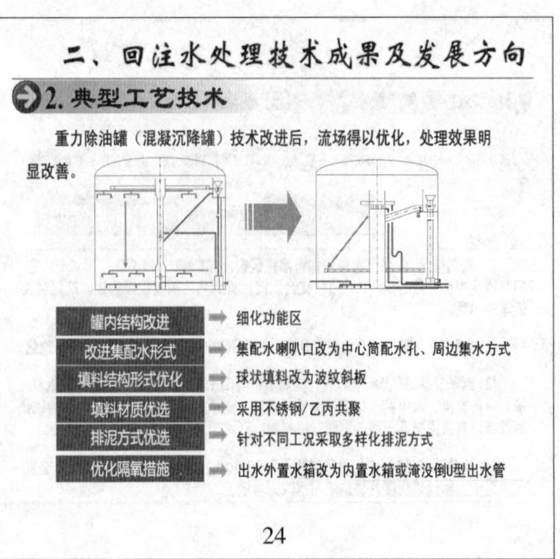

24

二、回注水处理技术成果及发展方向

2. 典型工艺技术

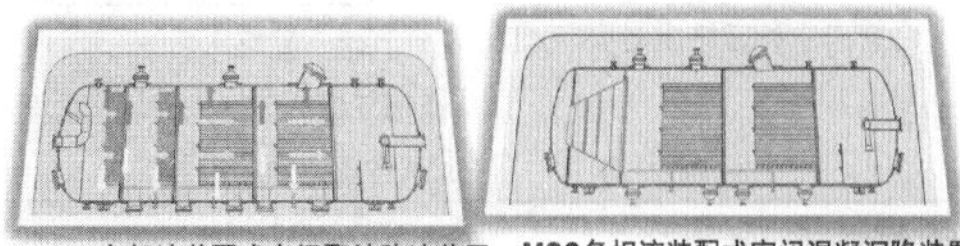

MCS多相流装配式密闭聚结除油装置　MSS多相流装配式密闭混凝沉降装置

技术改进

根据采出水特性，对传统压力除油和沉降罐进行了五部分技术改进：结构创新、材料升级、反应方式调整、沉降流态优化、聚结型式改进。

开发的新型多相流密闭聚结除油器和多相流密闭混凝沉降器现场运行情况表明，较二代产品处理效率提高20%，长期运行稳定性和寿命明显提高。

25

二、回注水处理技术成果及发展方向

2. 典型工艺技术

① 常规污水处理工艺系列：“重力沉降+过滤”处理工艺
“压力除油+过滤”处理工艺
“旋流除油+过滤”处理工艺
“悬浮污泥床净化+过滤”处理工艺

适用范围

1、水驱常规含油污水

2、油水密度差大于0.07

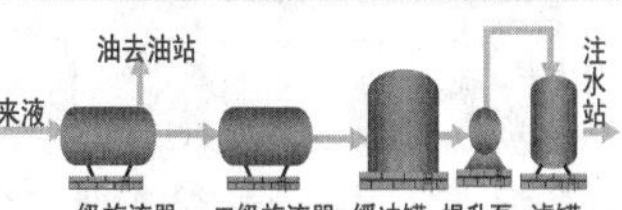

26

二、回注水处理技术成果及发展方向

2. 典型工艺技术

① 常规污水处理工艺系列：“重力沉降+过滤”处理工艺
“压力除油+过滤”处理工艺
“旋流除油+过滤”处理工艺
“悬浮污泥床净化+过滤”处理工艺

“悬浮污泥床净化 + 过滤”

适用范围

1、小规模、水量较稳定

2、污油负荷不宜过高

27

二、回注水处理技术成果及发展方向

2. 典型工艺技术

② 稠油污水处理技术系列：“氮气气浮”处理工艺

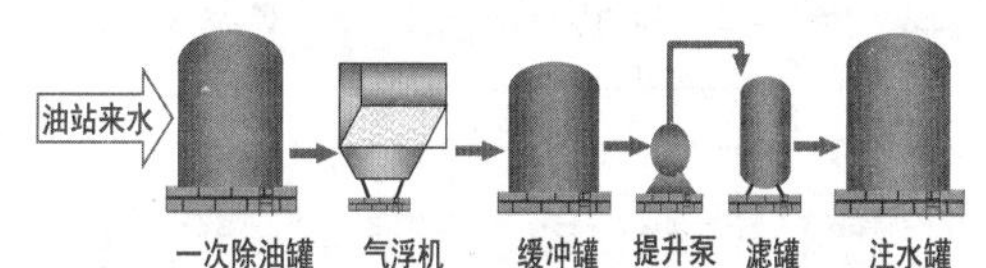

“氮气气浮”处理工艺

适用范围

1、热采稠油油田开发产生的含油污水

2、油水密度差小于0.05

28

二、回注水处理技术成果及发展方向

2. 典型工艺技术

③ 强腐蚀污水处理技术系列：“水质改性”处理工艺
“预氧化”处理工艺

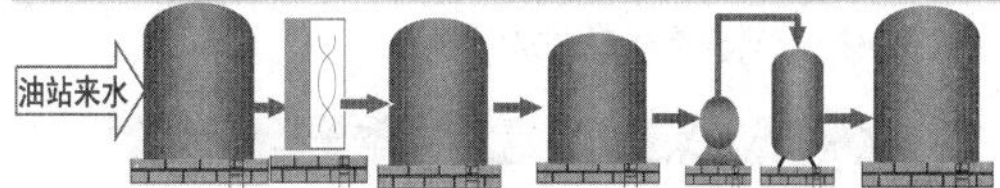

“水质改性”处理工艺

适用范围

平均腐蚀速率≥0.126mm/a，

PH>6.5；

酸性腐蚀气体、以及Fe^{2+}、S^{2-}等非稳定成垢离子含量低

29

二、回注水处理技术成果及发展方向

2. 典型工艺技术

③ 强腐蚀污水处理技术系列：“水质改性”处理工艺
“预氧化”处理工艺

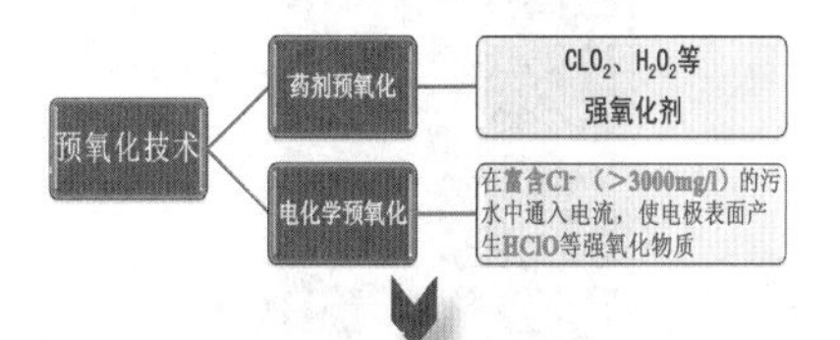

原理：强氧化物质去除水中Fe^{2+}、S^{2-}等不稳定离子，同时具有杀菌和去除一定量游离CO_2的作用，再通过投加碱剂，控制腐蚀率。

因调整pH值至7.2左右，相较“水质改性”加药量降低约30－40%。

30

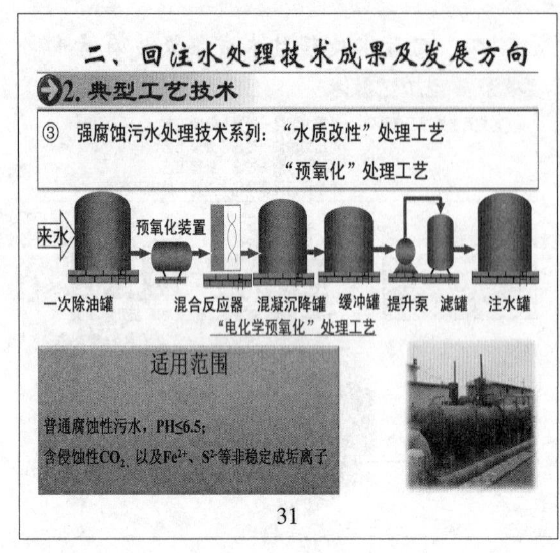
二、回注水处理技术成果及发展方向
2.典型工艺技术
③ 强腐蚀污水处理技术系列："水质改性"处理工艺
"预氧化"处理工艺
来水
预氧化装置
一次除油罐
混合反应器
混凝沉降罐
缓冲罐
提升泵
滤罐
注水罐
"电化学预氧化"处理工艺
适用范围
普通腐蚀性污水，PH≤6.5；
含侵蚀性CO2、以及Fe2+、S2-等非稳定成垢离子
31

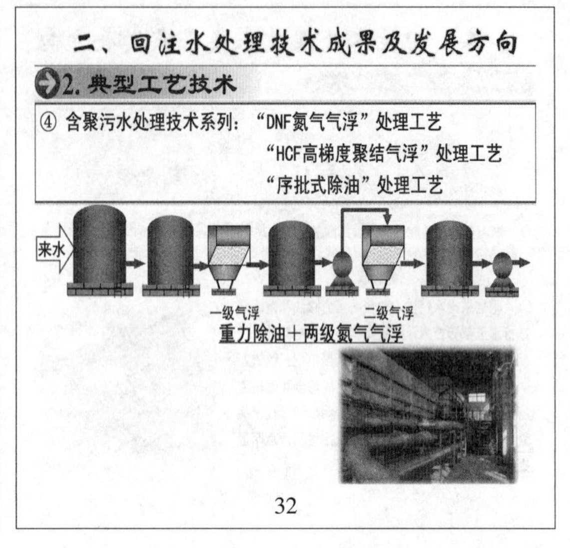
二、回注水处理技术成果及发展方向
2.典型工艺技术
④ 含聚污水处理技术系列："DNF氮气气浮"处理工艺
"HCF高梯度聚结气浮"处理工艺
"序批式除油"处理工艺
来水
一级气浮
二级气浮
重力除油＋两级氮气气浮
32

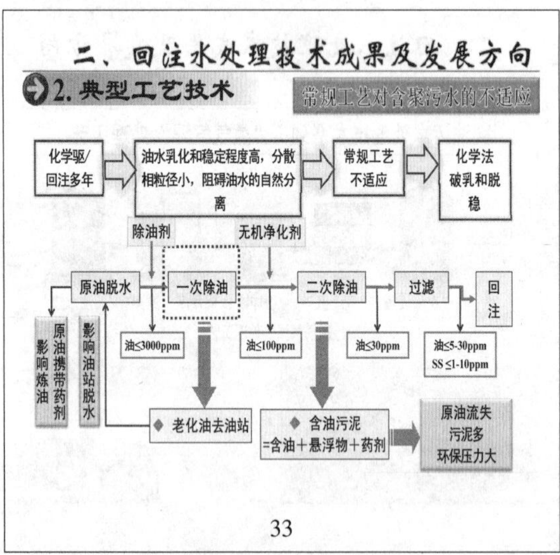
二、回注水处理技术成果及发展方向
2.典型工艺技术
常规工艺对含聚污水的不适应
化学驱/回注多年
油水乳化和稳定程度高，分散相粒径小，阻碍油水的自然分离
常规工艺不适应
化学法破乳和脱稳
除油剂
无机净化剂
原油脱水
一次除油
二次除油
过滤
回注
影响炼油
原油携带药剂
影响油站脱水
油≤3000ppm
油≤100ppm
油≤30ppm
油≤5-30ppm
SS≤1-10ppm
老化油去油站
含油污泥
=含油＋悬浮物＋药剂
原油流失
污泥多
环保压力大
33

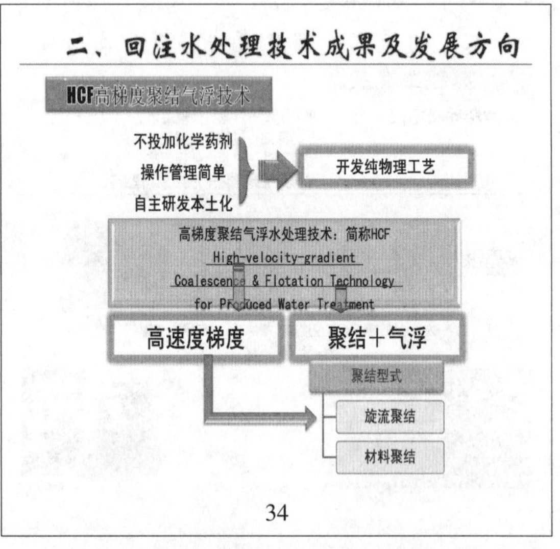
二、回注水处理技术成果及发展方向
HCF高梯度聚结气浮技术
不投加化学药剂
操作管理简单
自主研发本土化
开发纯物理工艺
高梯度聚结气浮水处理技术：简称HCF
High-velocity-gradient
Coalescence & Flotation Technology
for Produced Water Treatment
高速度梯度
聚结＋气浮
聚结型式
旋流聚结
材料聚结
34

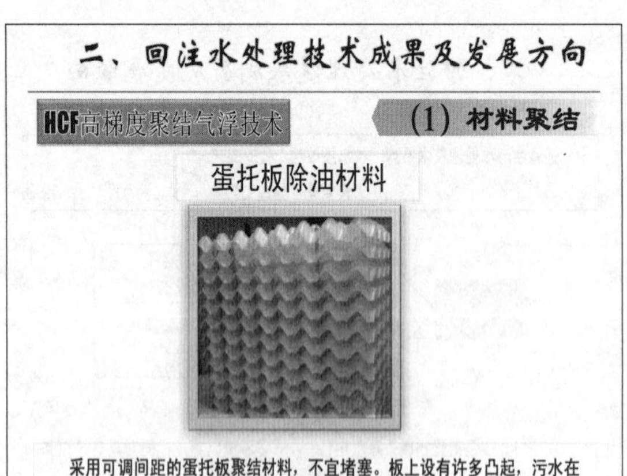
二、回注水处理技术成果及发展方向
HCF高梯度聚结气浮技术
(1) 材料聚结
蛋托板除油材料
采用可调间距的蛋托板聚结材料，不宜堵塞。板上设有许多凸起，污水在填料间发生变速运动，增加了乳化油珠间的相互碰撞机会。蛋托板凹凸峰谷处均开有孔洞，有利于聚结的大油珠浮升和形成的污泥排出。
35

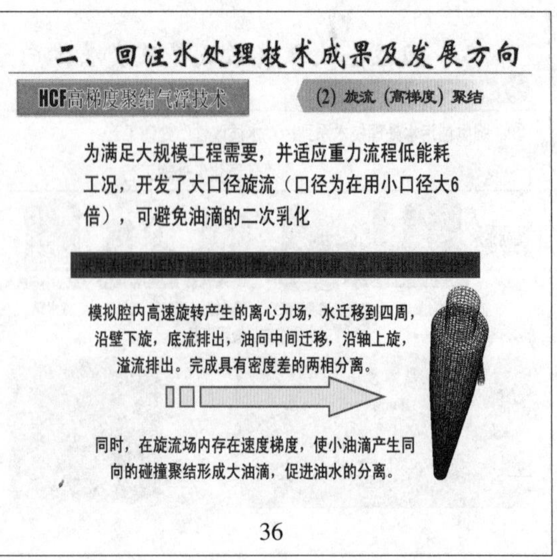
二、回注水处理技术成果及发展方向
HCF高梯度聚结气浮技术
(2) 旋流（高梯度）聚结
为满足大规模工程需要，并适应重力流程低能耗工况，开发了大口径旋流（口径为在用小口径大6倍），可避免油滴的二次乳化
模拟腔内高速旋转产生的离心力场，水迁移到四周，沿壁下旋，底流排出，油向中间迁移，沿轴上旋，溢流排出。完成具有密度差的两相分离。
同时，在旋流场内存在速度梯度，使小油滴产生同向的碰撞聚结形成大油滴，促进油水的分离。
36

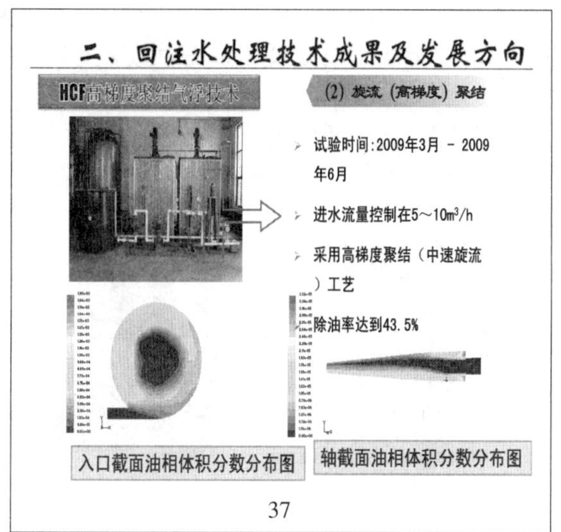

37

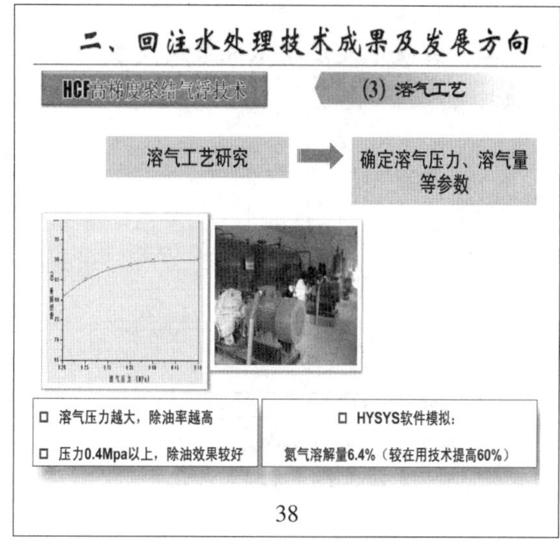

38

二、回注水处理技术成果及发展方向

HCF高梯度聚结气浮技术　　(4) 示范工程

融合“材料聚结＋高速度梯度聚结＋气浮”技术，以及大罐运行平稳、结构简单、维护方便的优势，进行合理改造，形成“HCF高梯度聚结气浮”装置。

39

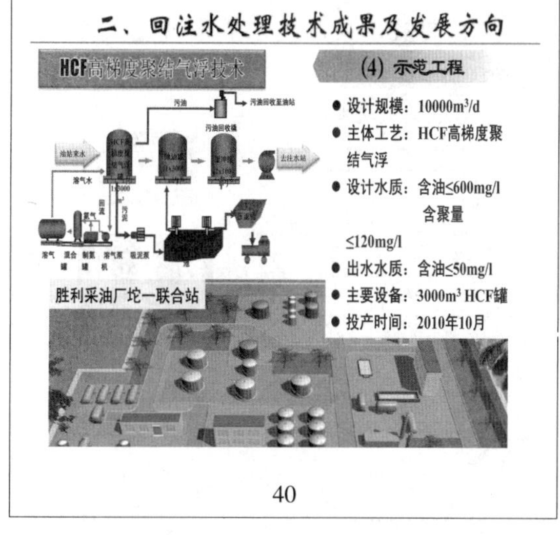

40

41

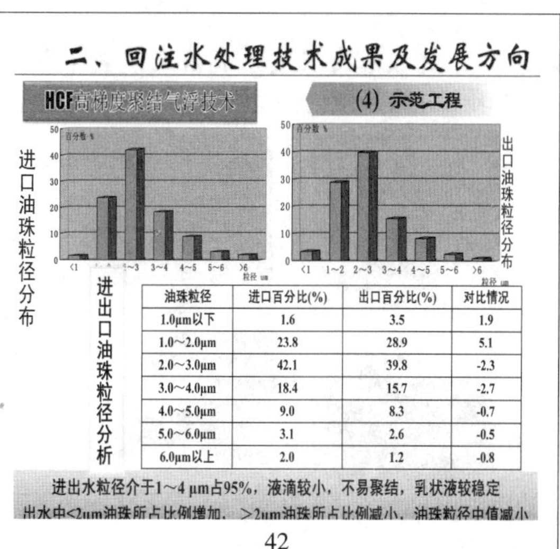

油珠粒径	进口百分比(%)	出口百分比(%)	对比情况
1.0μm以下	1.6	3.5	1.9
1.0～2.0μm	23.8	28.9	5.1
2.0～3.0μm	42.1	39.8	-2.3
3.0～4.0μm	18.4	15.7	-2.7
4.0～5.0μm	9.0	8.3	-0.7
5.0～6.0μm	3.1	2.6	-0.5
6.0μm以上	2.0	1.2	-0.8

42

二、回注水处理技术成果及发展方向

HCF高梯度聚结气浮技术　　(4) 示范工程

气浮回收原油物性分析

回收原油物性

粘度 mPa.s

10000
1000
100
10

40　50　60　70　80

含水37.75%浮油粘温曲线　　温度 ℃

样品	不同温度（℃）的粘度 (mPa.s)	
	40	50
坨一站HCF回收原油（含水37.75%）	1058.3	666.1
坨一站分离器出口含水乳化油（含水37.75%）	935.7	457.3

回收原油含水率37.75%，随温度升高粘度降低，无老化现象

三相分离器脱水温度40℃，不影响油站原油沉降脱水

43

二、回注水处理技术成果及发展方向

HCF高梯度聚结气浮技术　　(4) 示范工程

1. "材料聚结+高梯度聚结+气浮"多效集成工艺，不投加净化剂，三采污水除油率提高100%；在来水含油≤500mg/L、聚合物含量≤120mg/L、原油高度乳化、1～6μm 油珠占98%的条件下，出水含油稳定达到40mg/L以下。
2. 微气泡发生溶气和管式释放器，溶气压力0.4MPa，氮气溶解量约6.4%，高于在用工艺；释放均匀、气泡小、防污垢。
3. 间距可调、分组布设的水平波折流板式聚结结构，适合不同粘度的含聚污水，布水更均匀，不易堵塞，运行2年多，填料无堵塞、老化；
4. 将创新技术与在用大罐技术相结合，可利用油田普遍存在的立式罐进行改造，节省投资、降低成本。
5. 充分利用水头恒液位自流出水，适合重力流程，节省提升费用和配套投资；工程运行不投加处理药剂，不产生老化油，污泥产量少。

现场水样

44

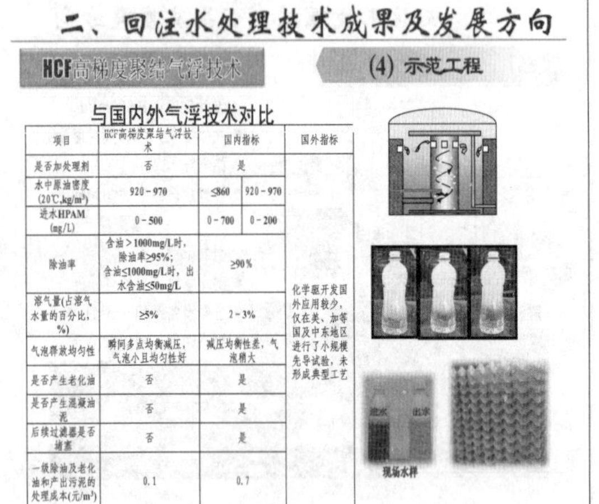

与国内外气浮技术对比

项目	HCF高梯度聚结气浮技术	国内指标		国外指标
是否加处理剂	否	是		化学驱开发国外应用较少，仅在美、加等国及中东地区进行了小规模先导试验，未形成典型工艺
水中原油密度(20℃,kg/m³)	920－970	≤860	920－970	
进水HPAM (mg/L)	0－500	0－700	0－200	
除油率	含油＞1000mg/L时，除油率≥95%；含油≤1000mg/L时，出水含油≤50mg/L	≥90%		
溶气量(占溶气水量的百分比，%)	≥5%	2－3%		
气泡释放均匀性	瞬间多点均衡减压，气泡小且均匀性好	减压均衡性差，气泡稍大		
是否产生老化油	否	是		
是否产生混凝油泥	否	是		
后续过滤器是否堵塞	否	是		
一级除油及老化油和产出污泥的处理成本(元/m³)	0.1	0.7		

45

46

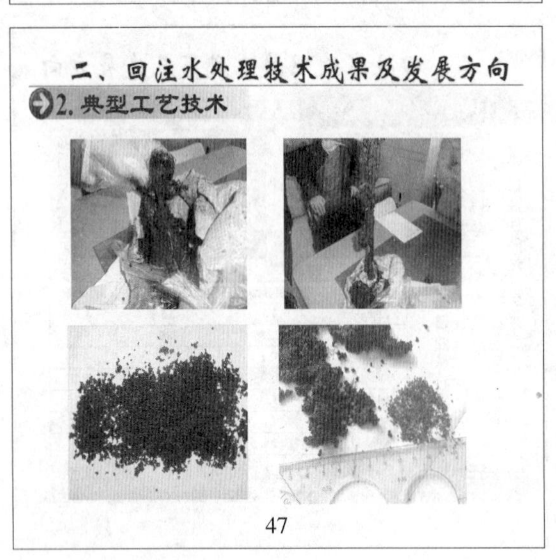

47

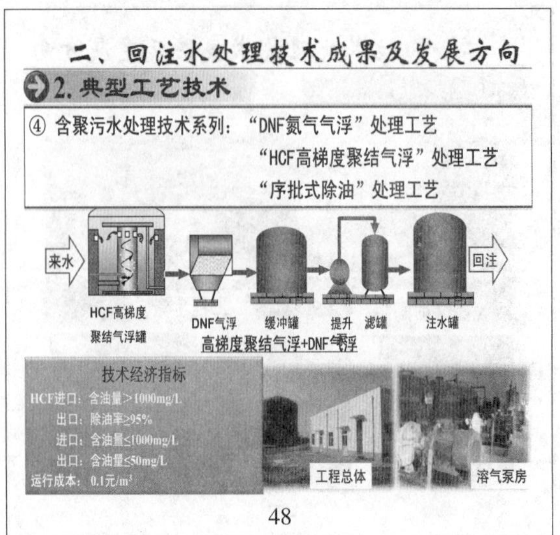

48

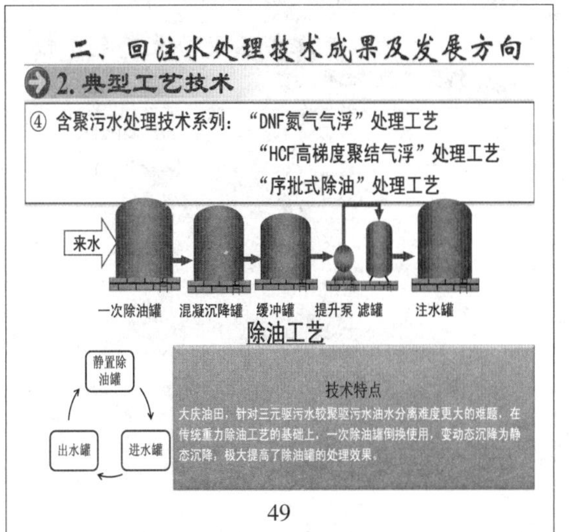

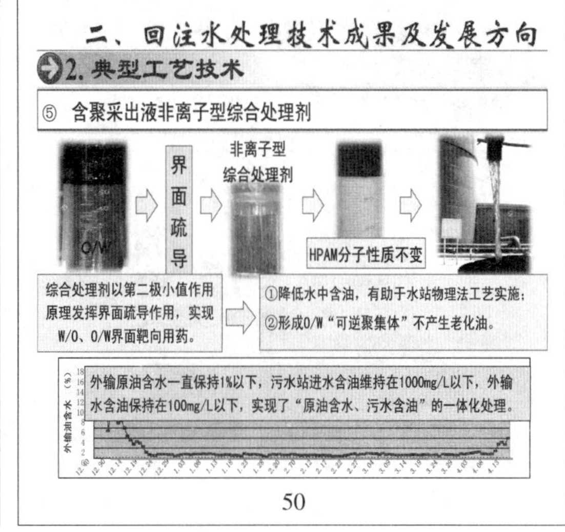

二、回注水处理技术成果及发展方向

2. 典型工艺技术

⑥ 含聚水注聚回用的聚合物保粘技术

孤岛2004—2008年井口聚合物溶液粘度数据

方案设计：粘度大于25mPa.s

模拟盐水：粘度大于40mPa.s

井口实测：粘度约1-20mPa.s

曝氧污水配置的1700mg/l的聚合物溶液的粘度约28mPa.s，在密闭条件下，污水中含有的Fe^{2+}、S^{2-}对聚合物粘度有明显降低作用。

51

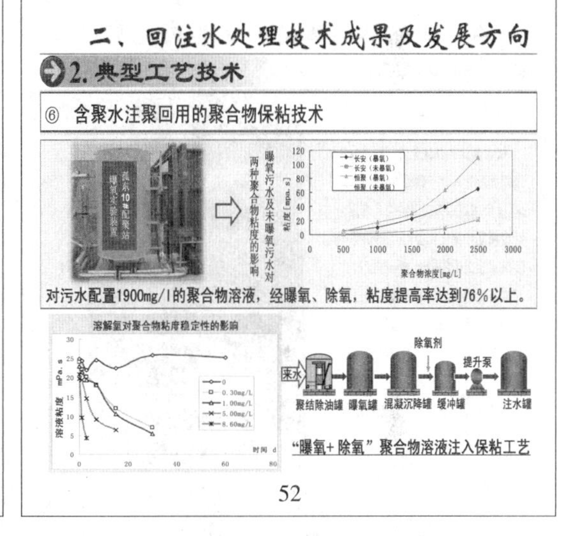

二、回注水处理技术成果及发展方向

2. 典型工艺技术

⑥ 含聚水注聚回用的聚合物保粘技术

针对东三污曝氧除铁效果不理想的问题，2014年3－5月在东三污现场开展了"曝气"和"亚铁定位捕集剂"的试验。

曝气氧化

1. 曝气氧化试验结果可见：气水比为2:1，停留时间为2h条件下，亚铁含量可由0.9-1.4mg/L降至0.2-0.3mg/L。
2. "除聚曝氧"试验表明：去除聚合物后，曝气氧化效果较好，可减少曝气量约50%，亚铁降至0.2-0.4mg/L。

亚铁定位捕集剂

加入药剂浓度(mg/L)	停留时间(h)	处理前亚铁含量(mg/L)	处理后亚铁含量(mg/L)
60-100.0	2/3-2	1.75-2.20	0.12
40.0-60.0	2/3-2	2.00-2.30	0.20
20.0	2/3-2	1.66-2.90	0.30

53

二、回注水处理技术成果及发展方向

2. 典型工艺技术

⑥ 含聚水注聚回用的聚合物保粘技术

用于除铁的曝氧设计，气水比一般1:1，曝氧时间≥0.5h，具体参数要通过实验取得。

水的pH值不宜低于7，需要提供足够的碱度，具体可参照实验。

4.1.3 供风管路宜采用钢管，并应考虑温度补偿措施和管道防腐处理。

4.1.5 供风管道应在最低点设置排除水份或油份的放泄口。

4.1.6 供风管道应设置排入大气的放风口，并应采取消声措施。

4.1.7 供风支、干管上应装有真空破坏阀，立管管顶应高出水面0.5m以上，管　路上所装阀门应设在水面之上。

54

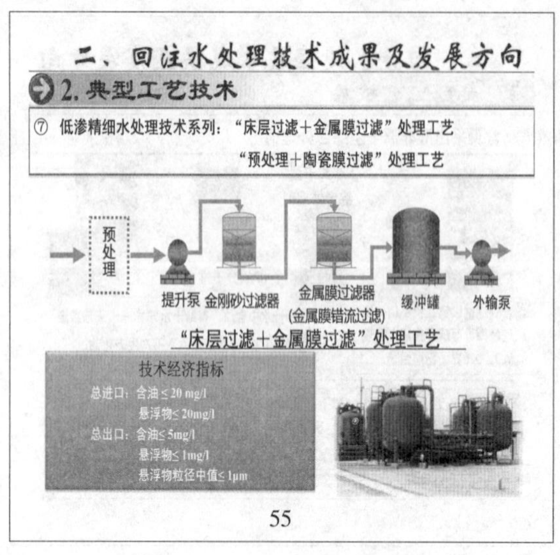

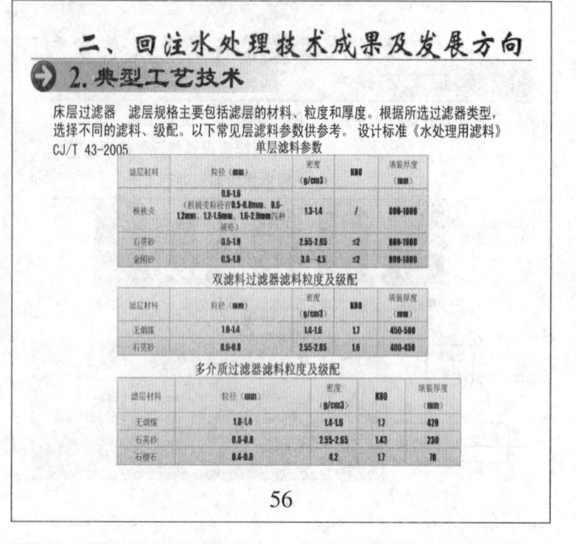

单层滤料参数

滤层材料	粒径（mm）	密度（g/cm3）	K80	填装厚度（mm）
核桃壳	0.8-1.6（核桃壳粒径有0.5-0.8mm、0.8-1.2mm、1.2-1.6mm、1.6-2.0mm四种规格）	1.3-1.4	/	800-1000
石英砂	0.5-1.0	2.55-2.65	≤2	800-1000
金刚砂	0.5-1.0	3.8～4.5	≤2	800-1000

双滤料过滤器滤料粒度及级配

滤层材料	粒径（mm）	密度（g/cm3）	K80	填装厚度（mm）
无烟煤	1.0-1.4	1.4-1.6	1.7	450-500
石英砂	0.6-0.8	2.55-2.65	1.6	400-450

多介质过滤器滤料粒度及级配

滤层材料	粒径（mm）	密度（g/cm3）	K80	填装厚度（mm）
无烟煤	1.0-1.4	1.4-1.6	1.7	420
石英砂	0.6-0.8	2.55-2.65	1.43	230
石榴石	0.4-0.8	4.2	1.7	70

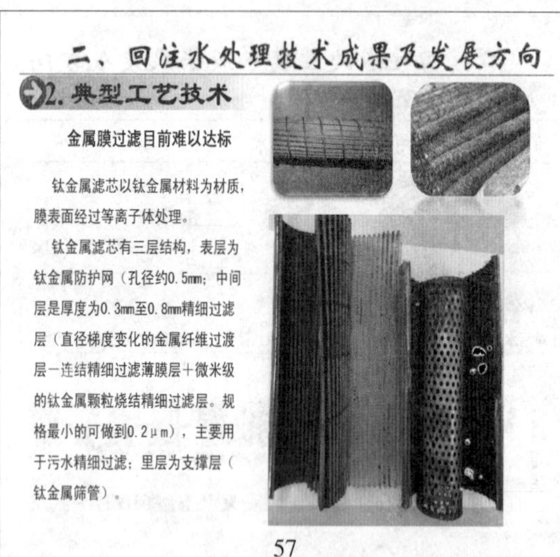

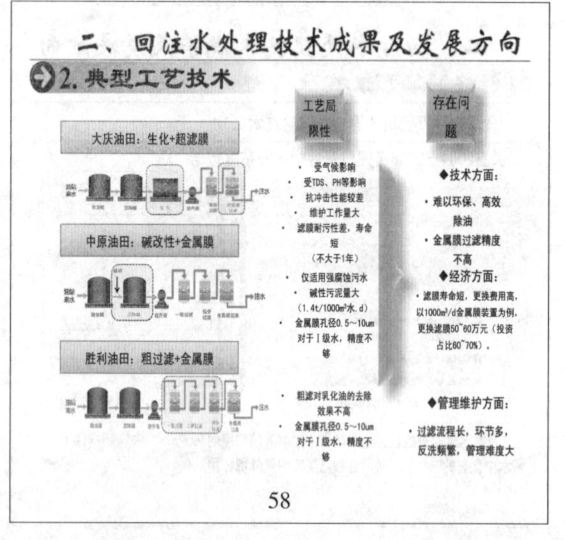

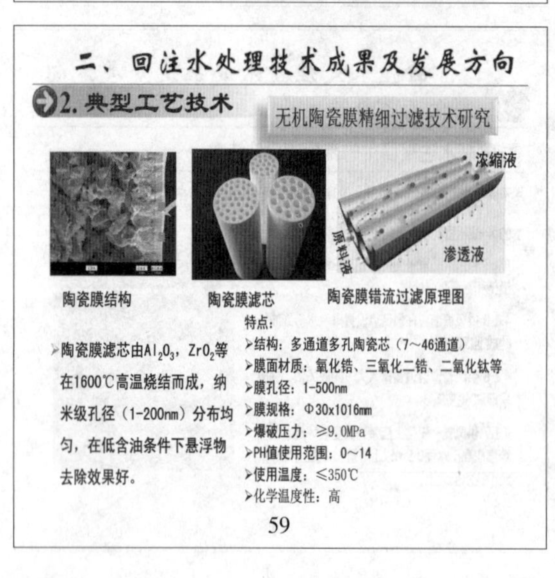

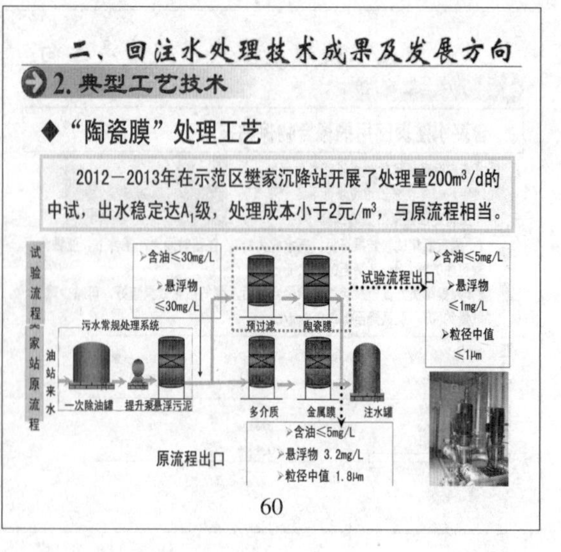

二、回注水处理技术成果及发展方向

2. 典型工艺技术

⑧ 水质沿程稳定技术

2010年井口水质达标率对比图

100 90 80 70 60 50

92.4 89 94.4 78.9 84.6 75 88.1 90.4 89.6 82.6

SRB菌 综合

外输水质达标率，% 井口水质达标率，%

经过30条线路现场沿程检测，井口水质达标率比外输降低了7个百分点，主要为悬浮物、SRB菌指标沿程变化较大。

61

二、回注水处理技术成果及发展方向

2. 典型工艺技术

⑧ 水质沿程稳定技术

针对沿程水质污染问题，在目前形成的“污水源头治理--水质沿程保护--井口稳定达标”水质稳定技术基础上，继续深化研究，形成系列技术。

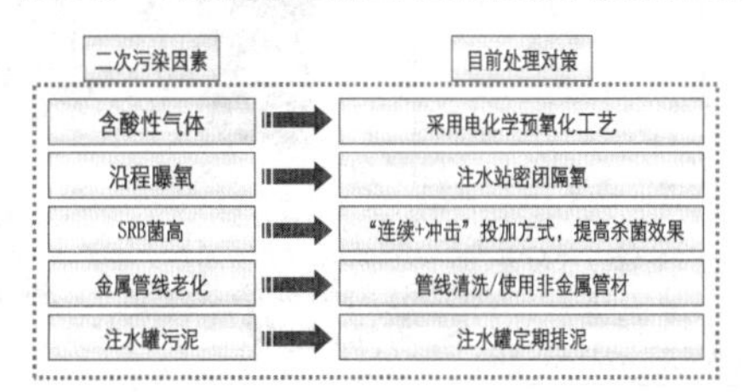

62

二、回注水处理技术成果及发展方向

3. 技术发展方向　(1)控制节点水质，延长停留时间

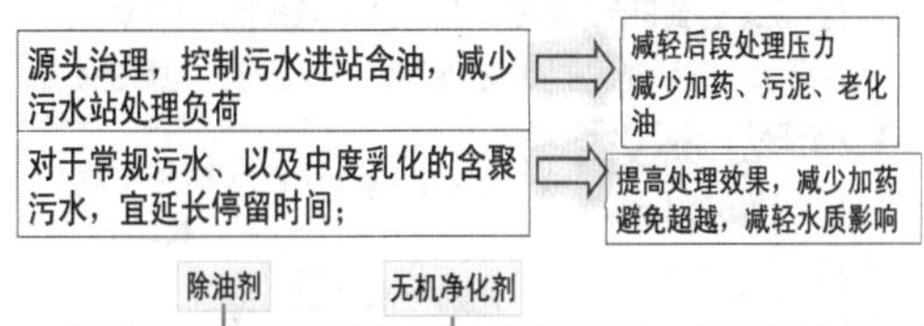

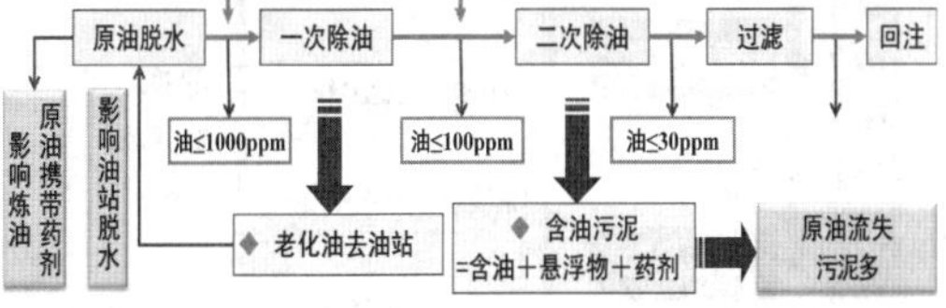

63

二、回注水处理技术成果及发展方向

3. 技术发展方向　(1)控制节点水质，延长停留时间

油田	油站是否设漂油罐	总来水含油(mg/L)	单列设施（气浮）能力（%）	一次除油罐			一次罐出水含油(mg/L)	二次除油罐		
				停留时间(h)	加药种类	加药量(mg/L)		停留时间(h)	加药种类	加药量(mg/L)
大庆	×	≤500	70%	含聚≥8 不含聚-6	×		≤200	含聚-4 不含聚-3	阳离子PAM	3-5
辽河	√	≤500	70%	7-9	PAM		≤200		聚铝等	
胜利	基本×	≤3000/≤600	50%	3-4	PAM	≤10	≤200/≤100	2-3	聚铝等	≤500
中原	√	≤100		6-7	×			3-4	复合碱、CLO_2等	
河南	基本×	≤1000			×		≤200			

建议：

源头治理，控制污水进站含油，减少污水站处理负荷 ⇒ 减轻后段处理压力，减少加药、污泥、老化油

对于常规污水、以及中度乳化的含聚污水，宜延长停留时间；重要设备设施能力达140% ⇒ 提高处理效果，减少加药，避免超越，减轻水质影响

64

二、回注水处理技术成果及发展方向

3. 技术发展方向　(2) 深化水质沿程稳定技术研究

油田回注水沿井筒注入地层时，温度、压力等参数的变化会引起水的理化特性的改变，导致腐蚀、结垢的发生以及悬浮颗粒的再生。

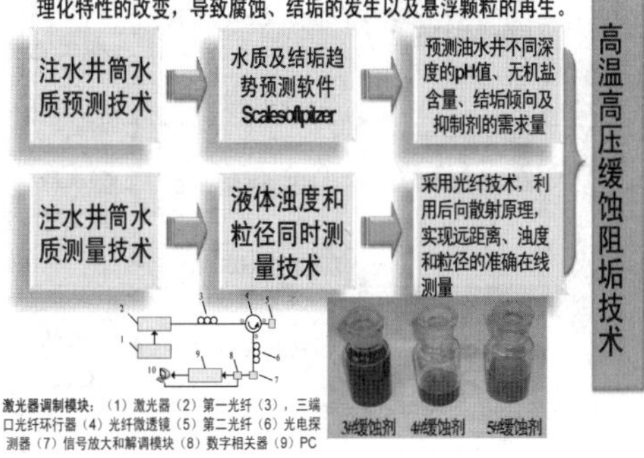

激光器调制模块：（1）激光器（2）第一光纤（3）三端口光纤环行器（4）光纤微透镜（5）第二光纤（6）光电探测器（7）信号放大和解调模块（8）数字相关器（9）PC

65

二、回注水处理技术成果及发展方向

3. 技术发展方向　(3) 加强物理法除油，提高工艺适应性

2012年5-7月在东二污试验表明：在来水含油≤2000mg/L时，聚合物含量大于200mg/L的条件下，经HCF处理后，达到出水≤70mg/L，除油率平均94.58%

66

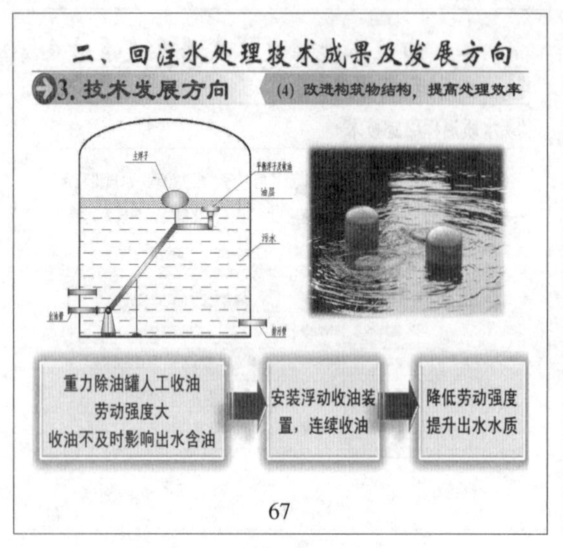

67

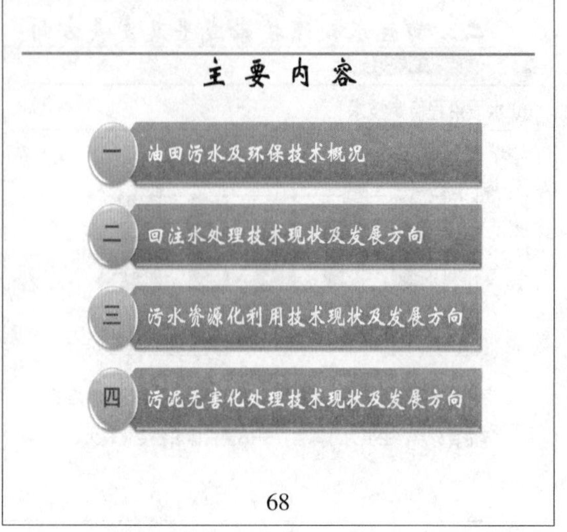

68

69

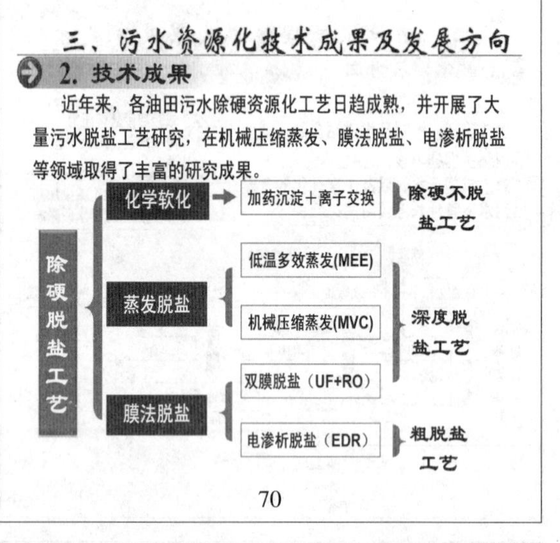

70

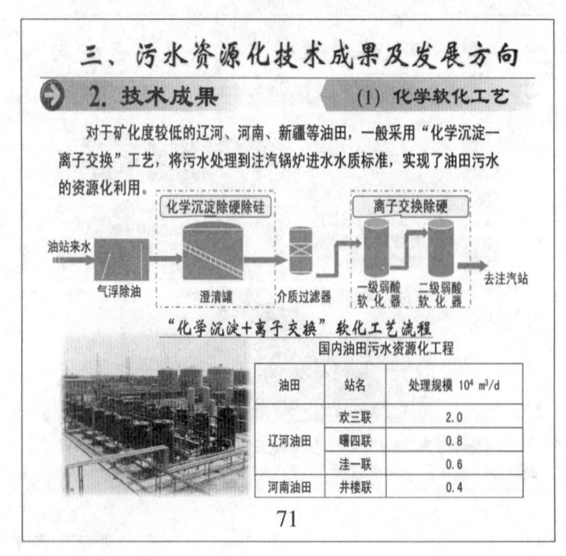

国内油田污水资源化工程

油田	站名	处理规模 10^4 m³/d
辽河油田	欢三联	2.0
	曙四联	0.8
	洼一联	0.6
河南油田	井楼联	0.4

71

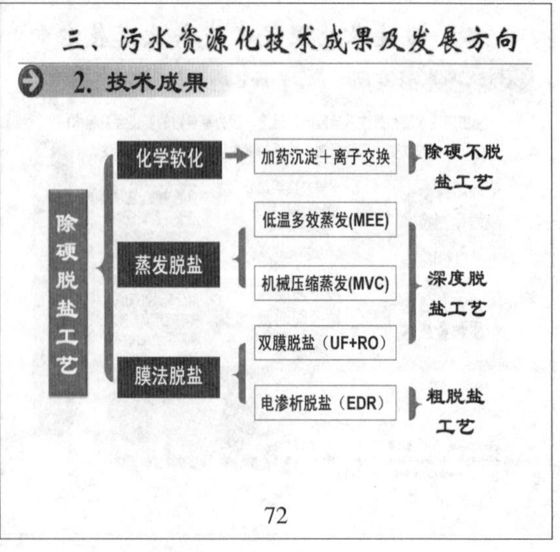

72

三、污水资源化技术成果及发展方向

2. 技术成果　(2) 机械压缩蒸发

原理　利用涡轮发动机增压原理，将蒸发过程产生的（二次）蒸汽由压缩机压缩增压升温，形成过热蒸汽，再作为热源供污水蒸发使用。

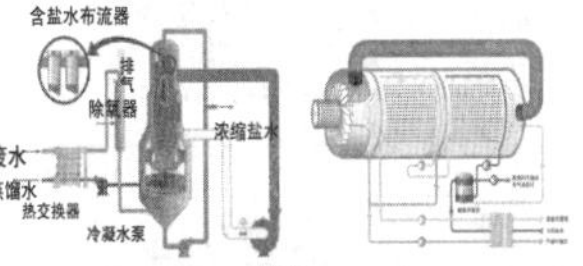

蒸发器与压缩机分体式　蒸发器与压缩机合体式

主要工艺特点

- 全部利用机械压缩机将电能转化为热能
- 系统启动后，基本不需要外部蒸汽的补给，系统独立性强。
- 国外技术成熟，已在油田领域实现工业化。

国外部分油田污水MVC资源化工程

站场名称	规模（m³/d）
Kuwait Oil工程	245
Tengizchevroil工程	1080
Suncor Firebag油田	15000
Deer Creek Energy工程（法国投资）	6000
荷兰	1200

73

三、污水资源化技术成果及发展方向

2. 技术成果　(2) 机械压缩蒸发－室内试验

2008年，胜利油田委托美国RCC实验室进行MVC脱盐工艺处理胜利油田含聚稠油污水室内模拟试验。

MVC室内模拟实验流程

MVC试验出水与锅炉用水对比

序号	项目	单位	分析结果			
			锅炉进水水质标准	孤五	垦西	孤六
1	油脂	mg/L	≤2.0	<1	<1	<1
2	总悬浮固体	mg/L	≤ 2.0	<2	<2	<2
3	总铁	mg/L	≤ 0.05	< 0.005	<0.005	< 0.005
4	二氧化硅	mg/L	≤ 50	0.174	0.420	<0.03
5	总硬度（以碳酸钙计）	mg/L	≤ 0.1	0.025	0.132	0.015
6	总碱度（以碳酸钙计）	mg/L	≤ 2000	60	60	2

小　结

1、处理含聚稠油油污水水质可达到资源化要求。

2、处理油田污水的技术成熟，产水率不低于80%，稳定性好。

74

三、污水资源化技术成果及发展方向

2. 技术成果　(2) 机械压缩蒸发－现场小试

2011年在中石化先导项目的支持下，新春厂引进MVC脱盐试验设备，在春风油田排601开展了处理规模5m³/d现场小试研究。

现场试验撬块

进水水样	时间	进水温度℃	出水温度℃	循环水温度℃	循环流量m³/h	蒸汽温度℃	注水量L/h	进水流量L/h	出水流量L/h	压力KPa	总功率KW
污水	11.5	60	56	73	3	110	15	80	69	-57	16.0
污水	11.15	64	58	75	8	105	15	180	165	-56	15.9
污水	11.16	55	52	75	8	112	15	180	167	-57	15.6

小　结　1、产水率80%左右，较稳定

2、试验用电成本高达40元/m3水以上，需优化

75

三、污水资源化技术成果及发展方向

2. 技术成果　(2) 机械压缩蒸发－现场小试

2012年初中石化石油工程设计有限公司总结前期调研、试验情况，以国内机械压缩工艺水平为基础，着手进行MVC技术国产化攻关工作，并于2013年在新疆P601一号联合站开展了产水规模120m³/d的MVC现场试验，产水规模和水质均达到设计水平，吨产水耗电小于30kWh。。

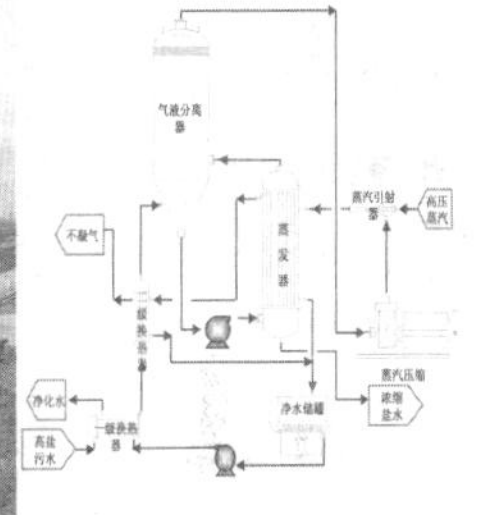

76

三、污水资源化技术成果及发展方向

2. 技术成果

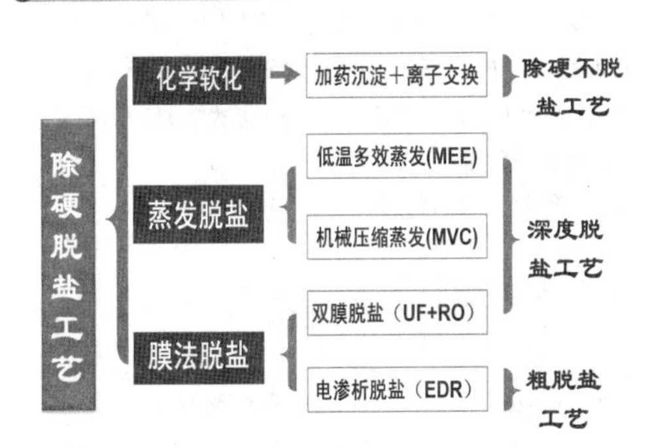

77

三、污水资源化技术成果及发展方向

2. 技术成果　(3) 双膜脱盐

近年来，油田开展了大量现场试验，认为双膜工艺处理油田污水时，对预处理水质及水质的稳定性要求非常严格，严格的预处理措施是膜法脱盐能否应用于油田污水资源化处理的关键。

胜利油田双膜脱盐适应性试验对比

试验名称	预处理主要工艺	预处理运行情况	实际产水率
孤三"AOP+微滤+反渗透"	气浮、AOP	处理效果高效、稳定	75%
陈庄"生化+超滤+反渗透"	生化、絮凝杀菌、沉降除悬、双介质过滤	絮凝杀菌、沉降除悬、保安过滤不能有效处理生化出水中的残余溶解性有机污染物，对后续有机膜污染严重	30%-50%
孤三"生化+超滤+反渗透"	生化	生化预处理不能有效去除水中的聚合物，超滤段反洗频繁	50%
孤四"气浮+双滤料+精细过滤+超滤+反渗透"	气浮、双滤料过滤、精细过滤	预处理工艺选择不当，导致反渗透膜污堵严重，膜丝断裂，RO系统经常停机	20-30%

78

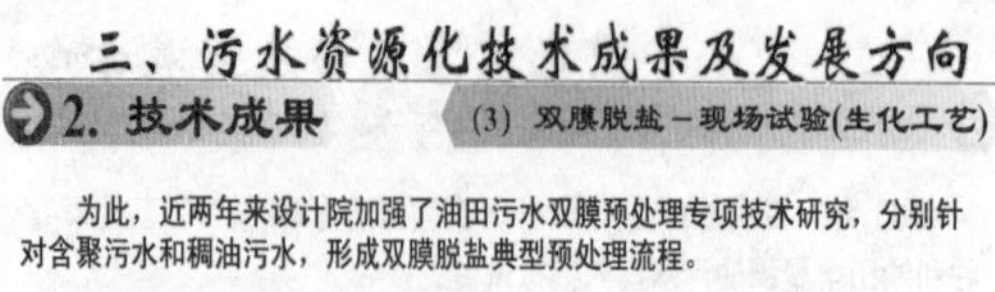

三、污水资源化技术成果及发展方向

2. 技术成果 (3) 双膜脱盐－现场试验(生化工艺)

为此，近两年来设计院加强了油田污水双膜预处理专项技术研究，分别针对含聚污水和稠油污水，形成双膜脱盐典型预处理流程。

试验时间 2010年5月-2012年7月

试验规模 产水量 2-3.5 m³/h

试验流程 滨一外输 → 生 化 → O_3+砂 → U F → R O → 产

还原剂/阻垢剂

双膜预处理专项试验现场

79

三、污水资源化技术成果及发展方向

2. 技术成果 (3) 双膜脱盐－现场试验(生化工艺)

滨一"生化-氧化"+双膜资源化现场试验数据

	总进水	生化出水	O_3出水	UF出水	RO出水
COD（mg/L）	200-300	50-65	40-50	30-45	N
TOC （mg/L）	40-55	12-15	9-11	7-10	N
悬浮物（mg/L）	30-70	5-15	<5	0	0
矿化度	17000-19000				150-300
浊度(NTU)	……	4-8	2-6.5	<0.2	0
含油（mg/L）	5-15	<1.0	0-0.1	0	0

产水率 40%

80

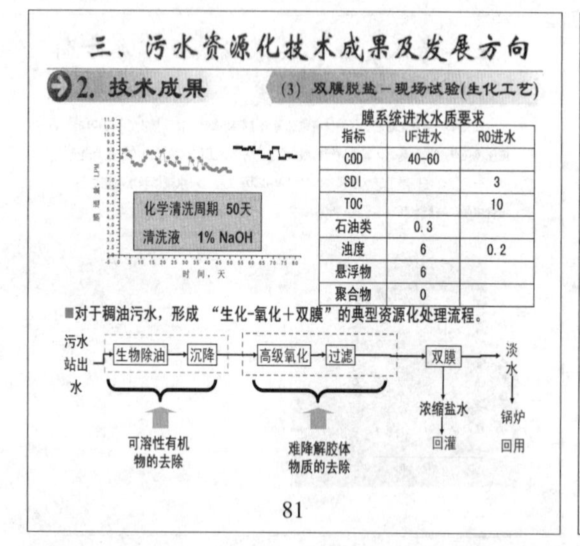

三、污水资源化技术成果及发展方向

2. 技术成果 (3) 双膜脱盐－现场试验(生化工艺)

膜系统进水水质要求

指标	UF进水	RO进水
COD	40-60	
SDI		3
TOC		10
石油类	0.3	
浊度	6	0.2
悬浮物	6	
聚合物	0	

■对于稠油污水，形成"生化-氧化+双膜"的典型资源化处理流程。

81

三、污水资源化技术成果及发展方向

2. 技术成果 (3) 双膜脱盐－现场试验(AOP工艺)

■ 对溶解性大分子有机物含量较高的污水（如含聚污水），采用"气浮-AOP-混凝澄清"预处理流程。

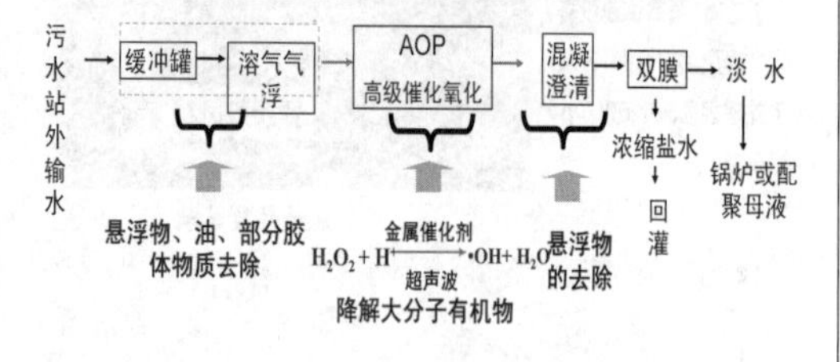

82

三、污水资源化技术成果及发展方向

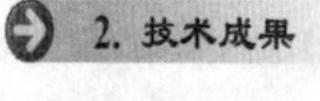

2. 技术成果 (3) 双膜脱盐－现场试验(AOP工艺)

试验地点：孤三污水站

试验时间：2010年12月

试验规模：产水量0.75m³/h

水质可满足配聚用水要求，用RO出水配制的聚合物母液较用清水粘度高出30-50%。

处理前后水质对比

测试项目 \ 取样点	原水	DAF出水	混凝澄清出水	双膜出水	配聚用水
含油量 mg/L	1.8-14.4	0.4-1	0-0.2	N	≤2
悬浮固体含量 mg/L	17-40	12-20	5-10	N	≤3
浊度				0.1-0.5	
COD mg/L		74-165	30-40	30-40	
水温 ℃	~30	25-40		20-30	≤35
pH值	7.1-7.6	3.5-4	7-7.5	6-7	6-8
矿化度(mg/L)	6163			170-180	<1000
总硬度(mg/L)	469			8.5	<450

聚合物母液粘度检测结果

配母液所用水样	黄河水	RO出水
	粘度（mPa·s）	粘度（mPa·s）
母液（5000mg/L）	4699	6599
500 mg/L	3.60	4.30
1000 mg/L	13.0	16.9
1500 mg/L	25.0	32.8
2000 mg/L	48.4	61.1
2500 mg/L	72.9	90.7

备注：干粉：长安宝莫；温度：70℃；LVDV—Ⅲ型布氏旋转粘度计。

83

三、污水资源化技术成果及发展方向

2. 技术成果 (3) 双膜脱盐－现场试验(AOP工艺)

2011-2012年，根据孤岛油田急需将富余含聚污水资源化回用配聚母液的生产现状，采用上述研究成果，进行了设计产水规模3000m³/d的"AOP+双膜"脱盐扩大性试验工程的设计。目前，项目正在启动中。

3000m³/d含聚污水资源化利用扩大试验投资估算表

综合制水成本							13.03
直接运行成本				维修费	折旧费	其他	小计
电费	药剂费	膜及耗材更换	小计				
2.38	3.39	0.91	6.68	0.67	4.47	1.21	6.35

直接运行成本（使用清水＋富余污水回灌）

回灌电费＋清水= 8.1元/m³（不计回灌钻井费及回灌井的修井费）

84

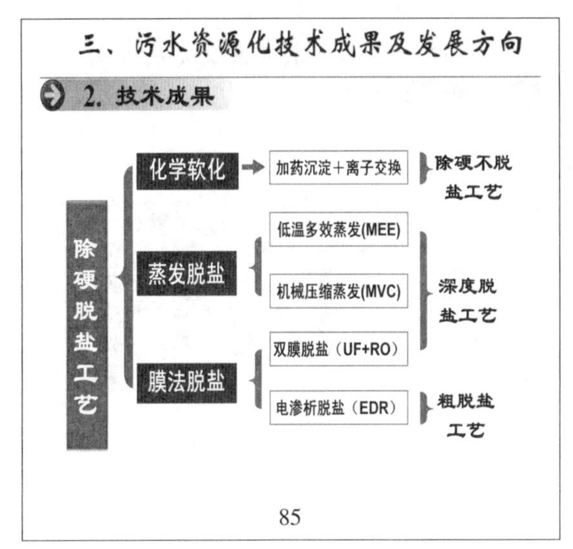

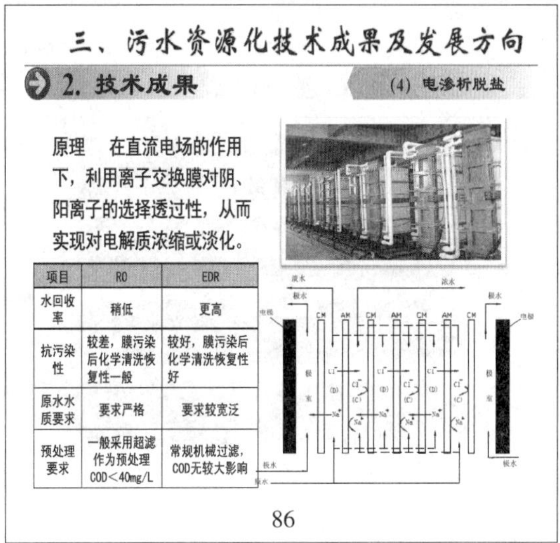

项目	RO	EDR
水回收率	稍低	更高
抗污染性	较差，膜污染后化学清洗恢复性一般	较好，膜污染后化学清洗恢复性好
原水水质要求	要求严格	要求较宽泛
预处理要求	一般采用超滤作为预处理COD<40mg/L	常规机械过滤，COD无较大影响

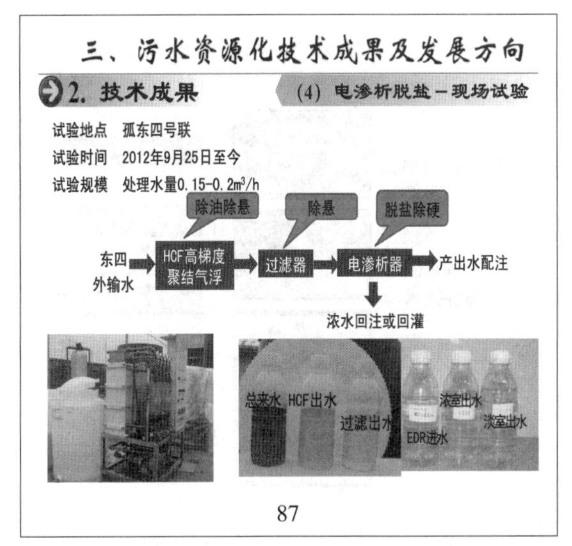

三、污水资源化技术成果及发展方向

2. 技术成果 (4) 电渗析脱盐－现场试验

试验结果

1、出水矿化度可以达到注汽锅炉、配注用水指标；

2、在达到进锅炉水指标（TDS≤7000mg/L）时，产水率达70%以上，吨水电耗低于10kWh；

3、用处理后淡水（TDS≈1000mg/l）配母液，粘度达到1233mPa.s，比用清水配高出33%左右。

88

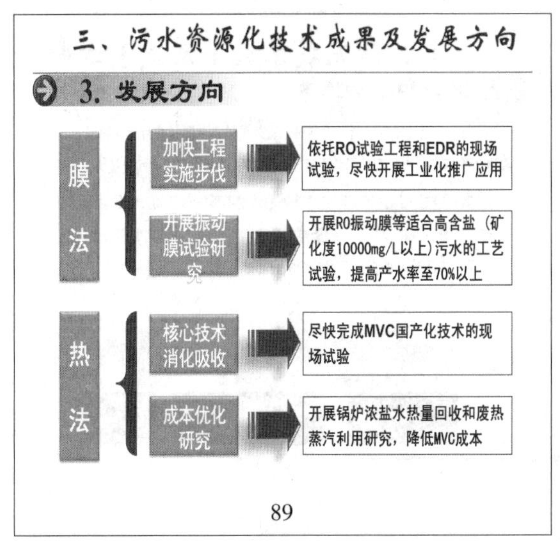

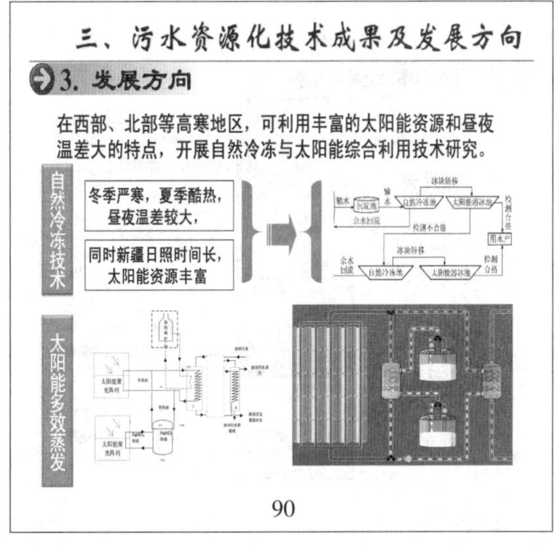

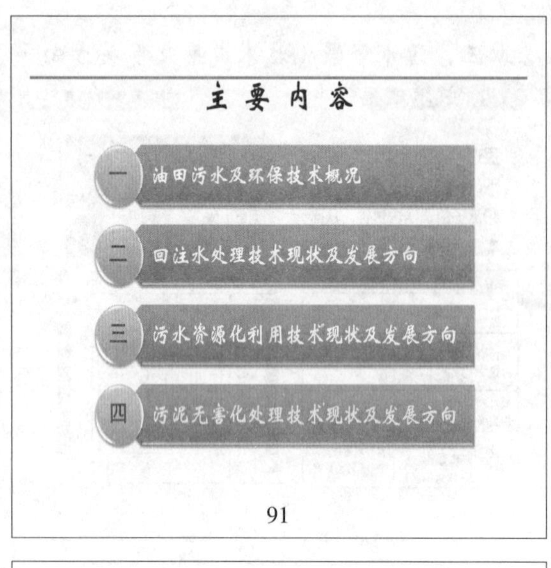
主要内容
一 油田污水及环保技术概况
二 回注水处理技术现状及发展方向
三 污水资源化利用技术现状及发展方向
四 污泥无害化处理技术现状及发展方向
91

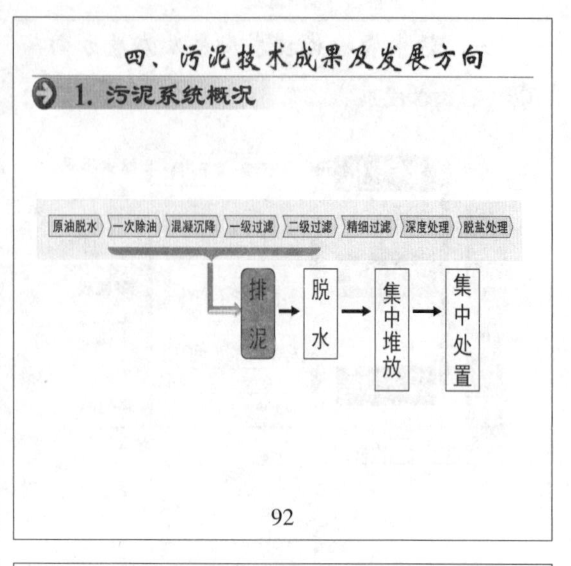
四、污泥技术成果及发展方向
1. 污泥系统概况
原油脱水
一次除油
混凝沉降
一级过滤
二级过滤
精细过滤
深度处理
脱盐处理
排泥
脱水
集中堆放
集中处置
92

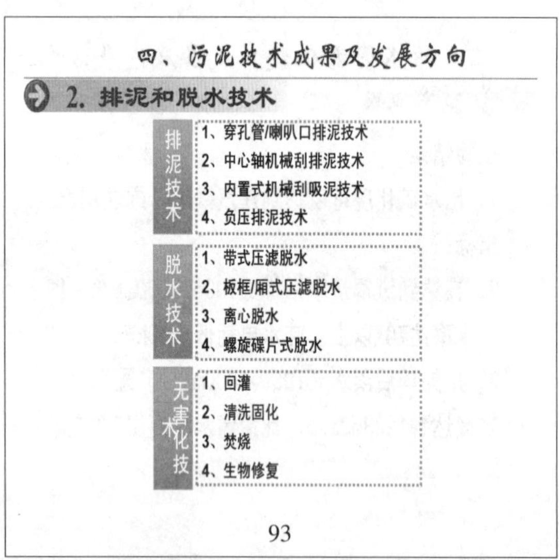
四、污泥技术成果及发展方向
2. 排泥和脱水技术
排泥技术
1、穿孔管/喇叭口排泥技术
2、中心轴机械刮排泥技术
3、内置式机械刮吸泥技术
4、负压排泥技术
脱水技术
1、带式压滤脱水
2、板框/厢式压滤脱水
3、离心脱水
4、螺旋碟片式脱水
无害化技术
1、回灌
2、清洗固化
3、焚烧
4、生物修复
93

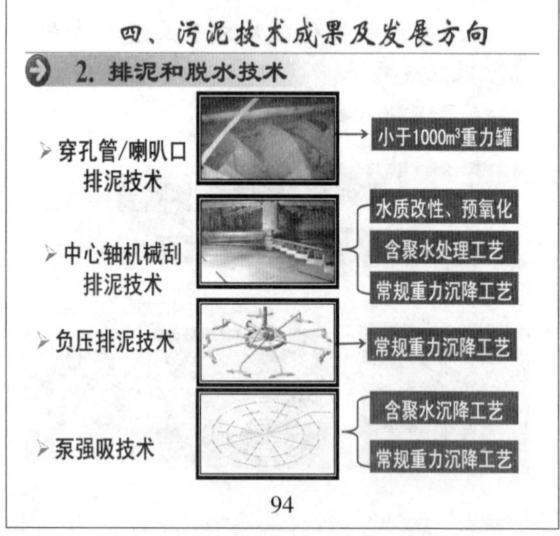
四、污泥技术成果及发展方向
2. 排泥和脱水技术
穿孔管/喇叭口排泥技术
小于1000m³重力罐
中心轴机械刮排泥技术
水质改性、预氧化
含聚水处理工艺
常规重力沉降工艺
负压排泥技术
常规重力沉降工艺
泵强吸技术
含聚水沉降工艺
常规重力沉降工艺
94

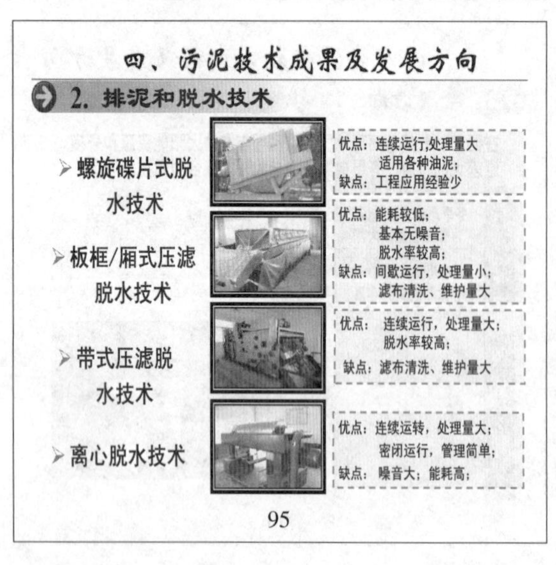
四、污泥技术成果及发展方向
2. 排泥和脱水技术
螺旋碟片式脱水技术
优点：连续运行，处理量大
适用各种油泥；
缺点：工程应用经验少
板框/厢式压滤脱水技术
优点：能耗较低；
基本无噪音；
脱水率较高；
缺点：间歇运行，处理量小；
滤布清洗、维护量大
带式压滤脱水技术
优点：连续运行，处理量大；
脱水率较高；
缺点：滤布清洗、维护量大
离心脱水技术
优点：连续运转，处理量大；
密闭运行，管理简单；
缺点：噪音大；能耗高；
95

四、污泥技术成果及发展方向
2. 排泥和脱水技术
螺旋碟片式脱水技术
浓缩：当螺旋推动轴时，设在推动轴外围的多重固活叠片相对移动，在重力作用下，水从叠片间隙中滤出，实施快速浓缩；碟片间接较大；
脱水：经过浓缩的污泥随着螺旋轴的转动不断往前移动，螺旋轴螺距变小，叠片间隙也变小，螺旋腔的体积不断收缩，在出口背压板的作用下，内压逐渐增强，污泥中的水分受挤压排出，实现连续脱水。
进泥
浓缩段
脱水段
背压板
滤液
出泥
浓缩段
脱水段
泥饼
96

四、污泥技术成果及发展方向

2. 排泥和脱水技术

螺旋碟片式脱水技术

◆**适用于高含油、含聚油泥砂**：对于含油量10%以上或含聚含油污泥，采用螺旋机械挤压脱水，可解决脱水困难的问题，压滤后污泥含水率在75~85%之间，基本满足油田运输要求。

◆**可连续运行，处理量大**：现场应用表明1台三螺杆螺旋脱水装置的处理能力是1台XAZY200/1250-U型厢式脱水机处理能力的2～2.6倍；

◆**处理效率高，占地面积小**：处理量相当情况下，螺旋压滤机占地是板框机的20%；

◆**无堵塞，操作简单，维护方便**：采用螺旋挤压+碟片错动的脱水技术，没有堵塞问题；碟片寿命3~5年，操作维护简单方便。

97

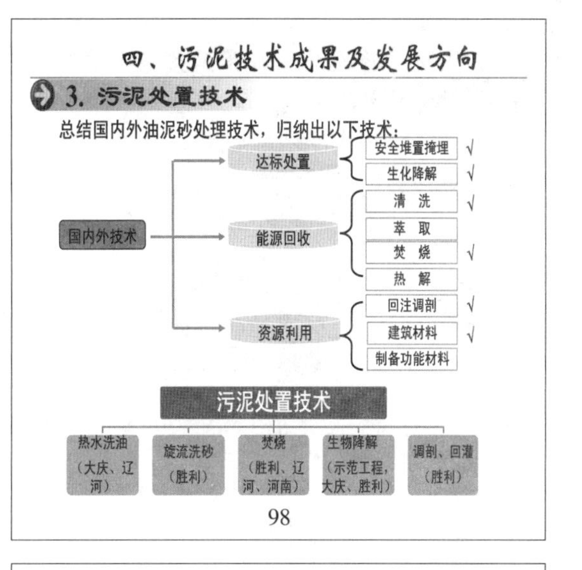

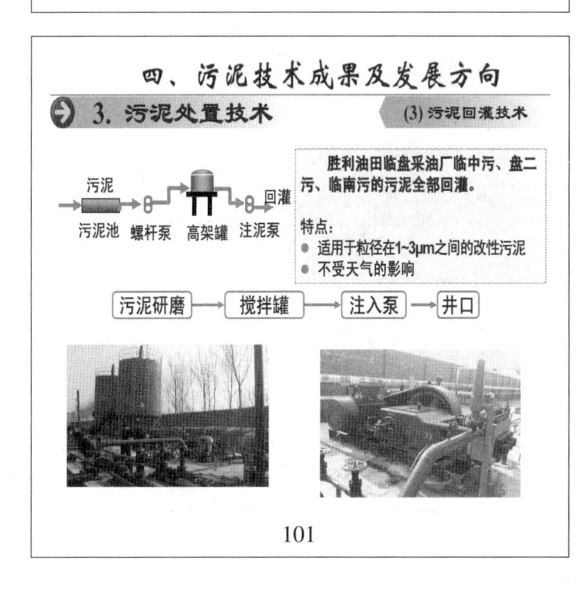

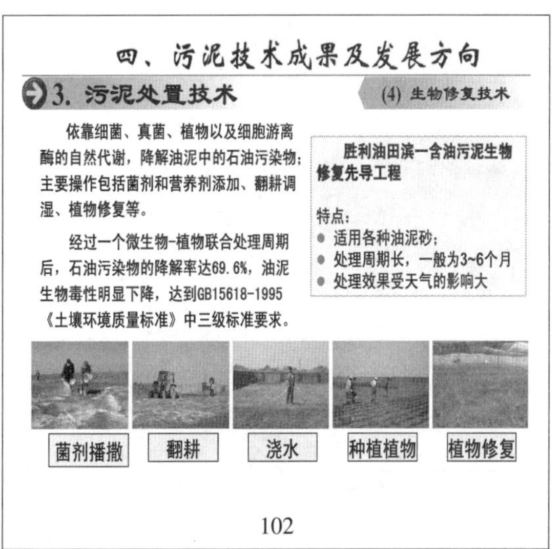

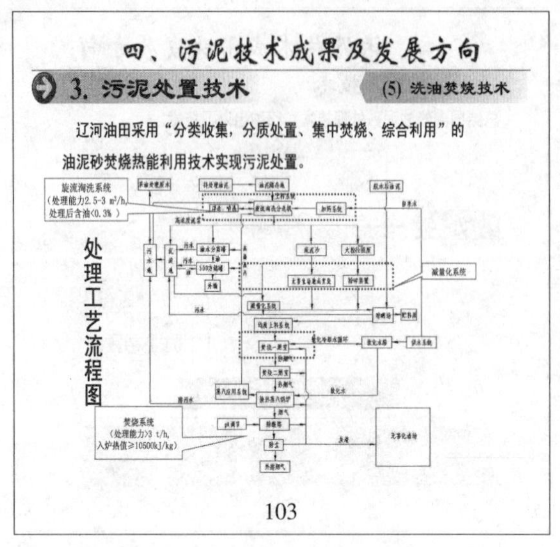

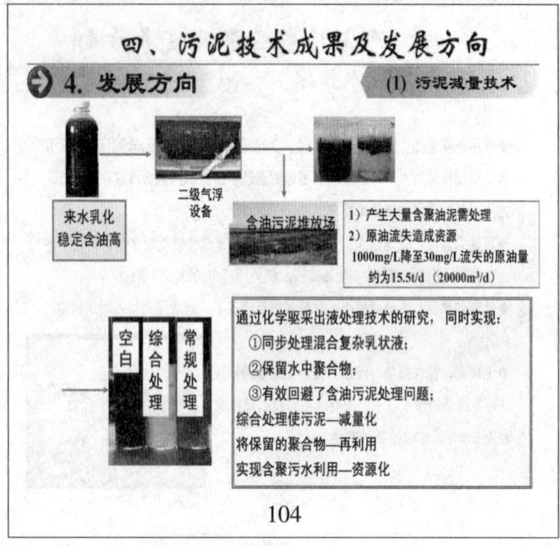

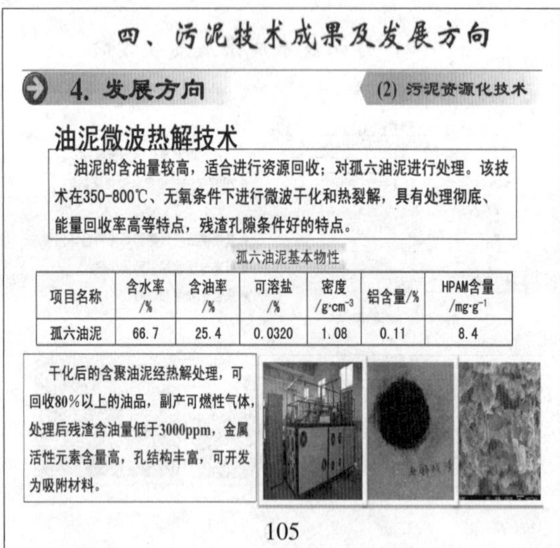

孤六油泥基本物性

项目名称	含水率/%	含油率/%	可溶盐/%	密度/$g\cdot cm^{-3}$	铝含量/%	HPAM含量/$mg\cdot g^{-1}$
孤六油泥	66.7	25.4	0.0320	1.08	0.11	8.4

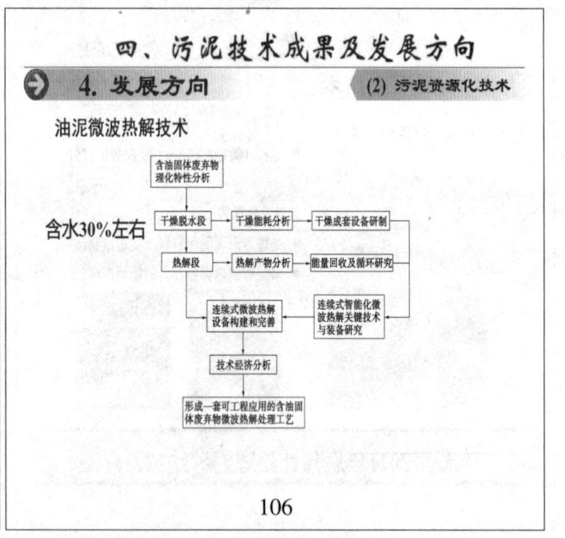

第二十二章 油田地面工程防腐防垢技术

目 录

- 一、石油地面工程结垢，腐蚀种类及危害
- 二、石油地面工程防腐防垢技术概述
- 三、石油地面工程结垢，腐蚀检测技术及方法
- 四、不同类型结垢，腐蚀治理技术

1

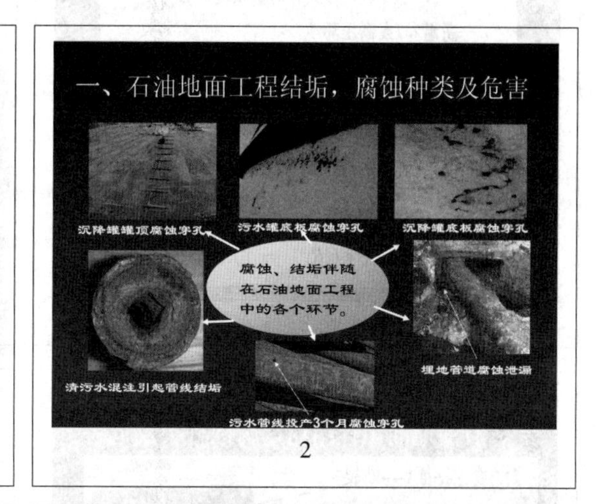

2

一、石油地面工程结垢，腐蚀种类及危害

腐蚀的定义与分类

- 腐蚀：材料与环境交互作用，使材料的性能退化，直到丧失使用功能的过程。

按照腐蚀环境分类：

化学介质腐蚀、大气腐蚀、海水腐蚀、土壤腐蚀等。

根据腐蚀过程的特点和机理分类：

- 电化学腐蚀：在材料与水溶液环境之间开展离子和电子交换
- 化学腐蚀：没有电子或离子的参与
- 物理腐蚀：金属由于单纯的物理溶解作用而引起的腐蚀

3

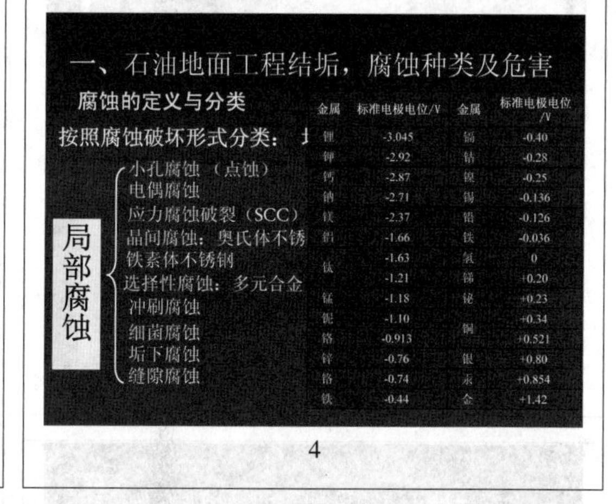

金属	标准电极电位/V	金属	标准电极电位/V
锂	-3.045	镉	-0.40
钾	-2.92	钴	-0.28
钙	-2.87	镍	-0.25
钠	-2.71	锡	-0.136
镁	-2.37	铅	-0.126
铝	-1.66	铁	-0.036
钛	-1.63	氢	0
	-1.21	锑	+0.20
锰	-1.18	铋	+0.23
铌	-1.10	铜	+0.34
铬	-0.913		+0.521
锌	-0.76	银	+0.80
铬	-0.74	汞	+0.854
铁	-0.44	金	+1.42

4

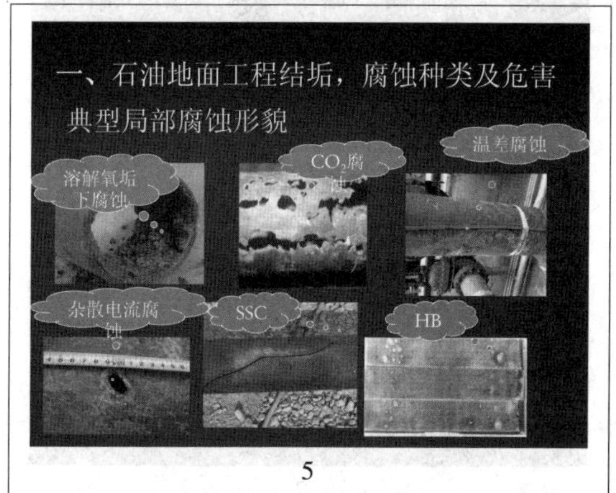

5

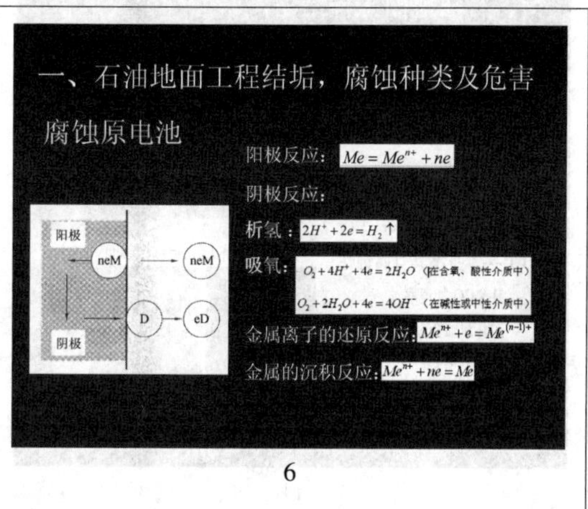

6

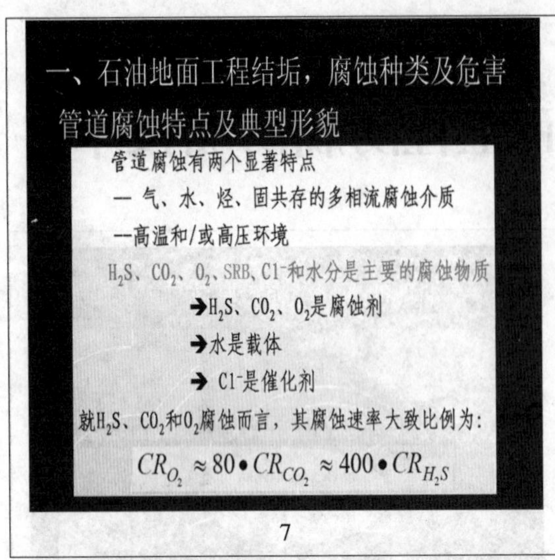
一、石油地面工程结垢，腐蚀种类及危害
管道腐蚀特点及典型形貌
管道腐蚀有两个显著特点
一 气、水、烃、固共存的多相流腐蚀介质
一高温和/或高压环境
H_2S、CO_2、O_2、SRB、Cl^-和水分是主要的腐蚀物质
➔H_2S、CO_2、O_2是腐蚀剂
➔水是载体
➔ Cl^-是催化剂
就H_2S、CO_2和O_2腐蚀而言，其腐蚀速率大致比例为：
$CR_{O_2} \approx 80 \bullet CR_{CO_2} \approx 400 \bullet CR_{H_2S}$

7

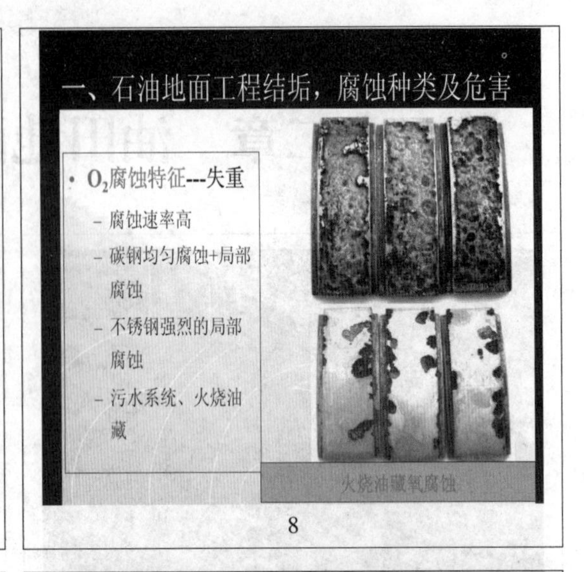
一、石油地面工程结垢，腐蚀种类及危害
O_2腐蚀特征---失重
腐蚀速率高
碳钢均匀腐蚀+局部腐蚀
不锈钢强烈的局部腐蚀
污水系统、火烧油藏
火烧油藏氧腐蚀

8

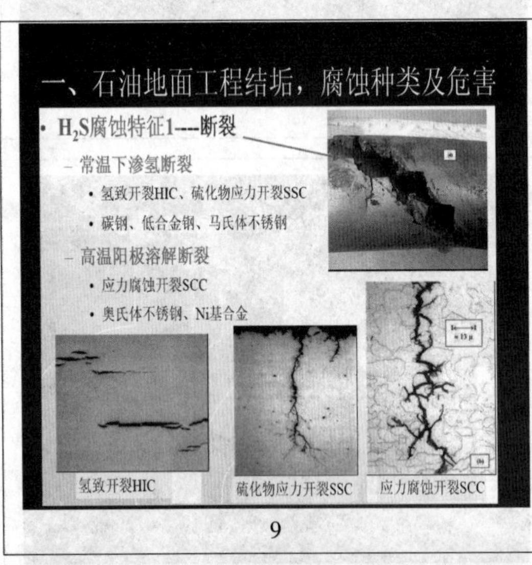
一、石油地面工程结垢，腐蚀种类及危害
H_2S腐蚀特征1---断裂
常温下渗氢断裂
氢致开裂HIC、硫化物应力开裂SSC
碳钢、低合金钢、马氏体不锈钢
高温阳极溶解断裂
应力腐蚀开裂SCC
奥氏体不锈钢、Ni基合金
氢致开裂HIC
硫化物应力开裂SSC
应力腐蚀开裂SCC

9

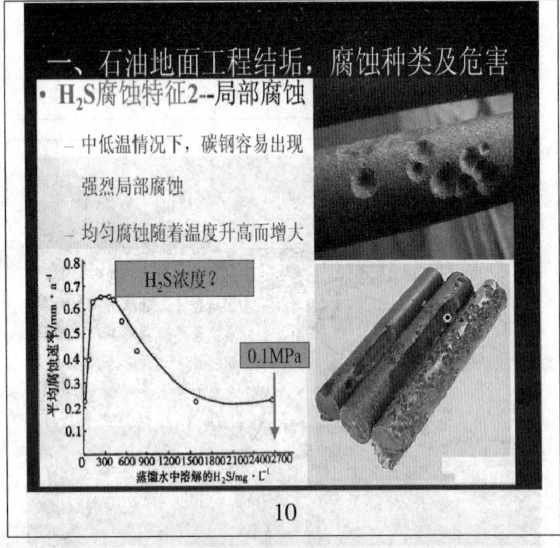
一、石油地面工程结垢，腐蚀种类及危害
H_2S腐蚀特征2--局部腐蚀
中低温情况下，碳钢容易出现强烈局部腐蚀
均匀腐蚀随着温度升高而增大
H_2S浓度？
0.1MPa
平均腐蚀速率/mm·a⁻¹
蒸馏水中溶解的H_2S/mg·L⁻¹

10

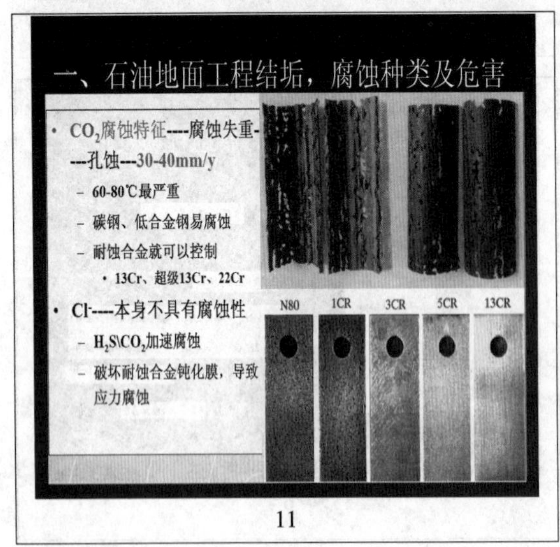
一、石油地面工程结垢，腐蚀种类及危害
CO_2腐蚀特征----腐蚀失重---孔蚀---30-40mm/y
60-80℃最严重
碳钢、低合金钢易腐蚀
耐蚀合金就可以控制
13Cr、超级13Cr、22Cr
Cl^----本身不具有腐蚀性
H_2S\$CO_2$加速腐蚀
破坏耐蚀合金钝化膜，导致应力腐蚀
N80
1CR
3CR
5CR
13CR

11

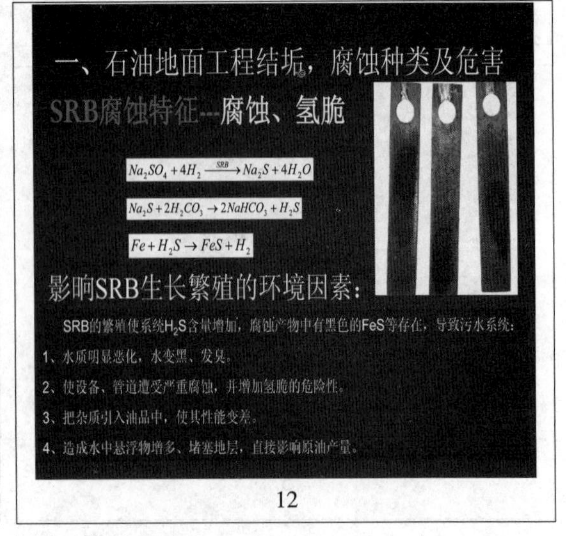
一、石油地面工程结垢，腐蚀种类及危害
SRB腐蚀特征---腐蚀、氢脆
$Na_2SO_4 + 4H_2 \xrightarrow{SRB} Na_2S + 4H_2O$
$Na_2S + 2H_2CO_3 \rightarrow 2NaHCO_3 + H_2S$
$Fe + H_2S \rightarrow FeS + H_2$
影响SRB生长繁殖的环境因素：
SRB的繁殖使系统H_2S含量增加，腐蚀产物中有黑色的FeS等存在，导致污水系统：
1、水质明显恶化，水变黑、发臭。
2、使设备、管道遭受严重腐蚀，并增加氢脆的危险性。
3、把杂质引入油品中，使其性能变差。
4、造成水中悬浮物增多、堵塞地层，直接影响原油产量。

12

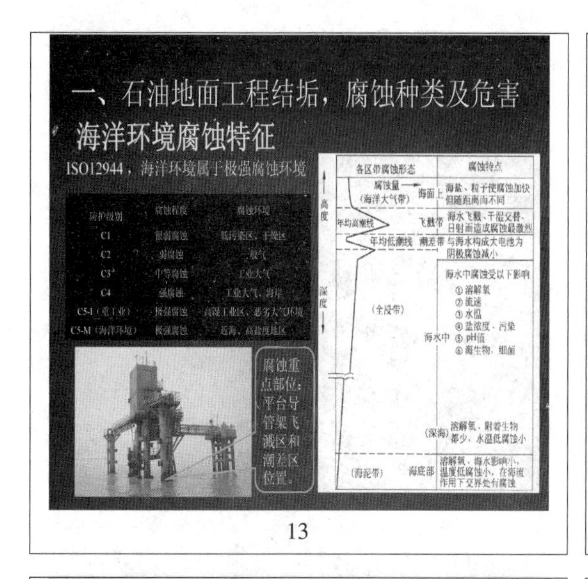

13

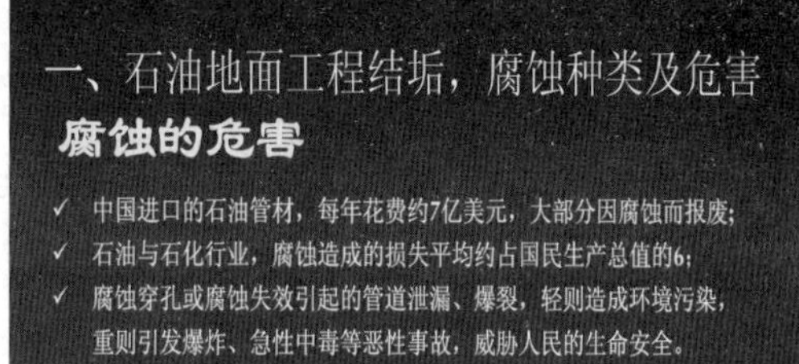

11.22黄岛管道爆炸事故，致62人遇难,166人受

14

一、石油地面工程结垢，腐蚀种类及危害

结垢的定义与分类

结垢：水中微溶盐结晶沉淀的结果。

结垢过程：离子浓度超饱和，生成沉积物分子，结晶长大后形成沉积，附着于金属表面。

油田水常见的无机盐垢与影响因素

名称	化学式	结垢的主要因素
碳酸钙	$CaCO_3$	二氧化碳分压、温度、含盐量、pH值
硫酸钙	$CaSO_4 \cdot 2H_2O$(石膏) $CaSO_4$(无水石膏)	温度、压力、含盐量
碳酸镁 氢氧化镁	Mg_2CO_3 $Mg(OH)_2$	温度、压力、含盐量
硫酸钡 硫酸锶	$BaSO_4$ $SrSO_4$	温度、含盐量
碳酸亚铁 硫化亚铁 氢氧化亚铁 氢氧化铁 氧化铁	$FeCO_3$ FeS $Fe(OH)_2$ $Fe(OH)_3$ Fe_2O_3	腐蚀、溶解气体、pH值

15

一、石油地面工程结垢，腐蚀种类及危害

$CaCO_3$结垢趋势预测

结垢指数：水的实际pH值与在该条件下(温度、碱度、硬度和总溶解固体相同)被碳酸钙饱和的pH值之差。

- ①SI=0时，水中的钙离子和碱度等在该温度下保持平衡，水刚好被碳酸钙饱和，因而水是稳定的，即不析出垢；
- ②SI>0时，该条件下水中的钙离子处于过饱和状态，倾向于结垢析出，SI值越大，结垢的倾向也越大；
- ③SI<0时，钙离子不饱和，不会结垢。

16

一、石油地面工程结垢，腐蚀种类及危害

结垢的难易程度与变化规律

硫酸盐结垢：

$BaSO_4$最快，其次是$SrSO_4$，最慢的是$CaSO_4$；

温度升高，溶解度增大，结构趋势减弱；

压力升高，溶解度增大，结构趋势减弱；

含盐量增加，溶解度增大，结构趋势减弱。

二氧化碳分压的增大，$MgCO_3$溶解度增大，结垢趋势减弱
；

温度升高，$MgCO_3$溶解度减小，结构趋势增强；

碳酸镁在水中易水解成氢氧化镁，氢氧化镁的溶解度很小，

$MgCO3+H2O \rightarrow Mg(OH)_2+CO2$

温度升高，$Mg(OH)_2$溶解度减小，结构趋势增强；

17

一、石油地面工程结垢，腐蚀种类及危害

生物垢

腐生菌（TGB）——粘泥形成菌

铁细菌(FB)——在氧化亚铁或高铁化合物中起催化作用，利用铁氧化释放出的能量满足其生命需要，能大量分泌氢氧化铁。

好气异氧菌：

产生的粘液与FB、藻类、原生动物等一起附着在设备和管线内壁上；

大量分泌粘性物质，造成生物垢，堵塞注水系统和地层；

产生局部氧浓差电池，引起腐蚀；

给硫酸盐还原菌提供局部的厌氧区，使腐蚀加剧。

18

一、石油地面工程结垢，腐蚀种类及危害

油田水结垢的主要原因：

不同生产层位的采出液不配伍；清、污水混注；

水中大量的Ca^{2+}、Mg^{2+}和HCO_3^-是水质结垢的主要原因；

腐蚀会加速结垢；温度压力变化；细菌的影响。

结垢的危害：

- 降低传热效果；
- 引起管道、设备腐蚀；
- 降低水流通面积，增大水流阻力和能耗；
- 堵塞注水系统和地层；
- 增加清洗费用和停产时间；

19

目　录

- 一、石油地面工程结垢，腐蚀种类及危害
- 二、石油地面工程防腐防垢技术概述
- 三、石油地面工程结垢，腐蚀检测技术及方法
- 四、不同类型结垢，腐蚀治理技术案例分析

20

二、石油地面工程防腐防垢技术概述

石油地面工程的腐蚀特点

内腐蚀——由介质及工况条件联合作用引起

介质：CO_2、H_2S、H_2O、溶解氧、HCO_3^-、Cl^-、矿化度、多相流、细菌。

工况条件：温度、压力、流速。

外腐蚀——土壤腐蚀、大气腐蚀、杂散电流腐蚀。

主要腐蚀区域：

污水处理系统：站内大罐、工艺管网、特种设备（加热炉、分离器）。

污水输、注系统：埋地污水管道、注水管道。

井口及井下100m～1500m。

21

二、石油地面工程防腐防垢技术概述

石油地面工程的腐蚀对策

外腐蚀控制：防腐涂层＋阴极保护

内腐蚀控制：
- 选材与材料优化
- 药剂防腐
  - 井下：固体缓蚀剂
  - 地面：缓蚀剂、杀菌剂、阻垢剂
  - 集输沿程：缓释型缓蚀剂、抑菌涂
- 表面处理：镀、镀层，须严格控制内防质量。
- 非金属：玻璃钢管、钢骨架复合管等，输送介质腐蚀性较强的低压污水管线。

检测和监测：
- 管网腐蚀速率在线监测
- 常压储罐内腐蚀分层挂片检测
- 埋地管道定期腐蚀检测
- 井下腐蚀速率在线监测

22

二、石油地面工程防腐防垢技术概述

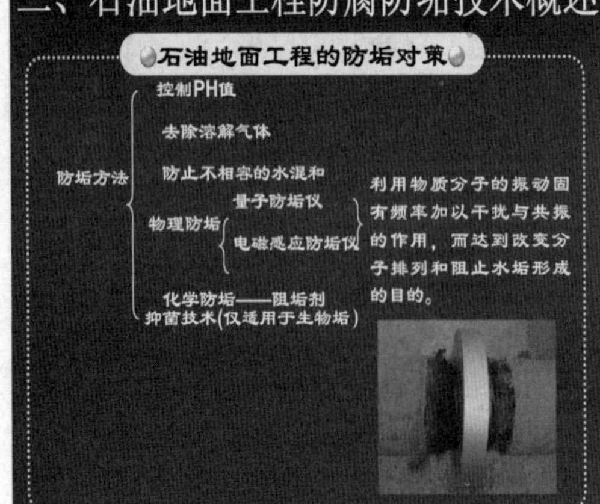

23

二、石油地面工程防腐防垢技术概述

电位-pH图

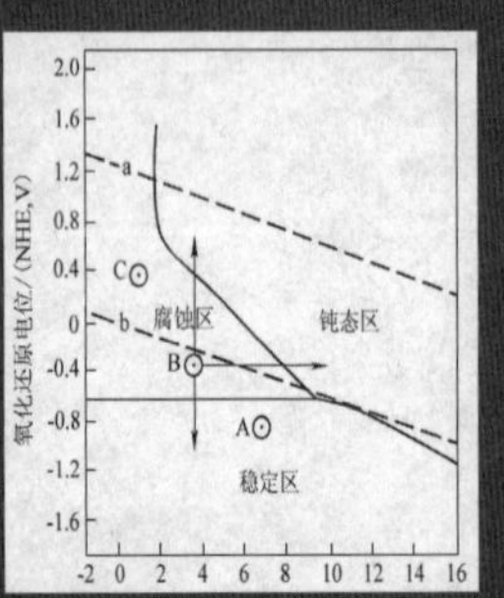

控制腐蚀的方法：

↓电极电位至非腐蚀区——阴极保护法；

↑电极电位至钝化区——阳极保护（土壤及海洋环境不适用）；

↑电极电位至钝化区——阳极缓蚀剂或氧化膜型缓蚀剂，生成钝化膜；

↑pH值，水质改性。

24

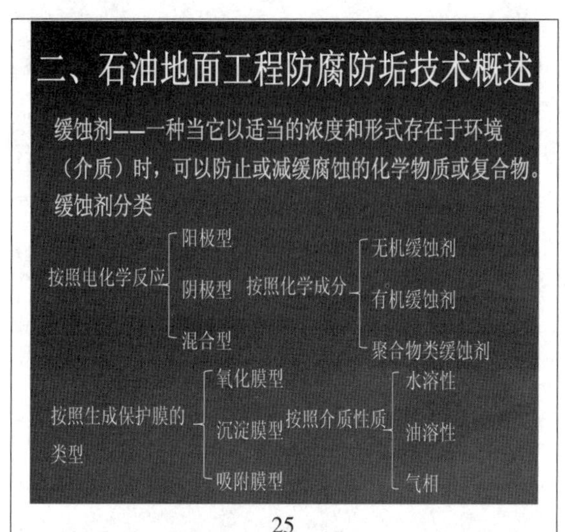

25

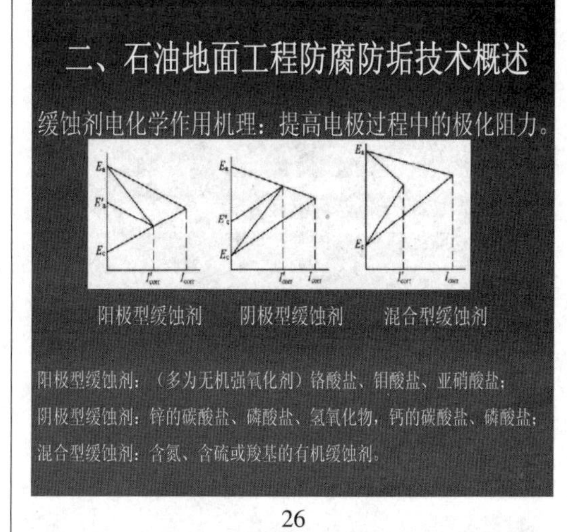

26

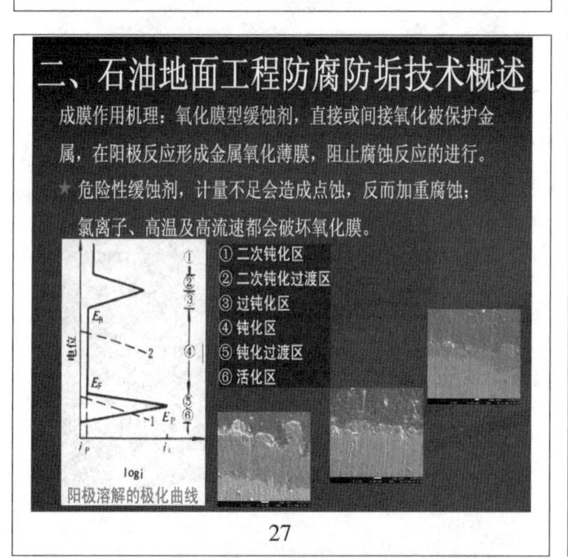

27

二、石油地面工程防腐防垢技术概述

成膜作用机理：沉淀膜型缓蚀剂，水溶性，与腐蚀环境中共存的其他离子作用后，在阴极区形成难溶于水或不溶于水的沉积物膜，对金属起保护作用。

聚合磷酸盐，与水中的铁离子、钙离子形成难溶盐；

锌盐，与水中的碳酸根离子、氢氧根离子形成难溶盐；

★膜是多孔的，其效果比氧化膜差，和金属表面结合强度也差，氯离子含量高的水中，不易采用。

成膜作用机理：吸附膜型缓蚀剂，具有极性基团，可被金属表面的电荷吸引，在整个阳极和阴极区域形成一层单分子膜，并由分子中的疏水基团来阻碍水和去极化剂到达金属表面，从而保护金属。

★要求金属表面为清洁活性状态（新管道），如果金属表面已有腐蚀产物或垢沉积，慎用，（加入表面活性剂，帮助成膜）。

28

二、石油地面工程防腐防垢技术概述

缓蚀剂小结

① 阳极型——氧化膜型——无机缓蚀剂——水溶性

② 阴极型——沉淀膜型——有机缓蚀剂——油溶性

③ 混合型——吸附膜型——聚合物类缓蚀剂

★① （多为无机强氧化剂）铬酸盐、钼酸盐、亚硝酸盐；

② 锌盐、聚磷酸盐、含磷的有机化合物；

③ 含氮、含硫或羧基的有机缓蚀剂。

★缓蚀剂的作用机理在于成膜，故迅速在金属表面形成一层密而实的膜，是缓蚀成功的关键。为了迅速，水中的缓蚀剂浓度应足够高，等成膜后，再降至只对膜的破损起修补作用的浓度；为了密实，金属表面应十分清洁，为此，成膜前对金属表面进行化学清洗，除油、除污和除垢是必不可少的。

29

二、石油地面工程防腐防垢技术概述

阻垢剂：一类能抑制水中的Ca^{2+}、Mg^{2+}等成垢盐类形成水垢的化学品。

阻垢剂分类

- 无机聚磷酸盐
- 含磷有机缓蚀阻垢剂
  - 有机磷酸酯
  - 有机膦酸盐
  - 耐高温，用量小，兼具缓蚀阻垢效果；与其它水处理药剂的“协同效用”。应用广泛
- 聚羧酸型阻垢剂——性能良好，用量低，毒性低，没有排放污染问题。
- 天然阻垢剂

阻垢剂作用机理

络和增溶作用——分离晶核，控制成垢阳离子，主要是螯合二价金属离子。

晶格畸变作用——防止晶核化或抑止结晶变大。

静电斥力作用——防止沉积，保持固体颗粒在水中扩散并防止在金属表面沉积。

30

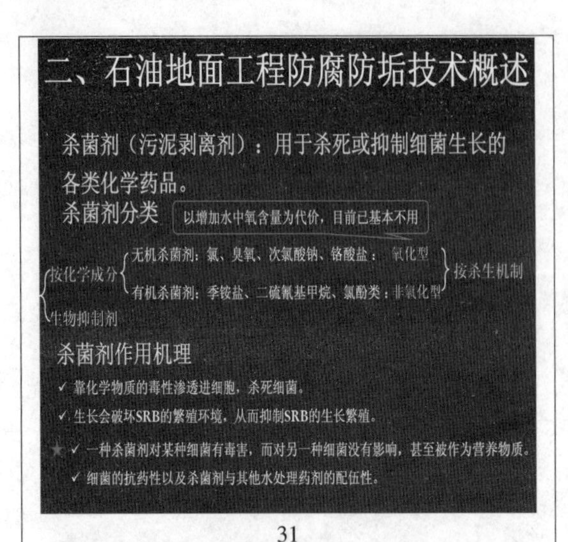

31

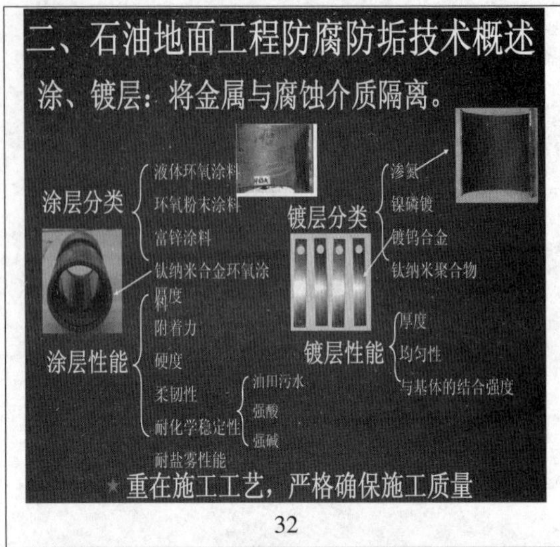

32

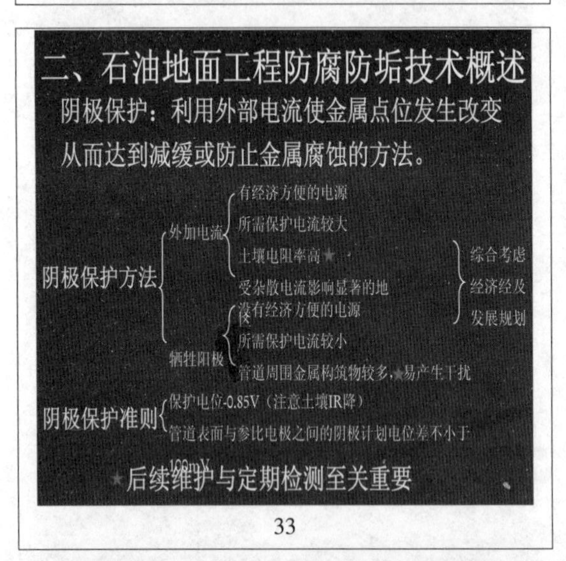

33

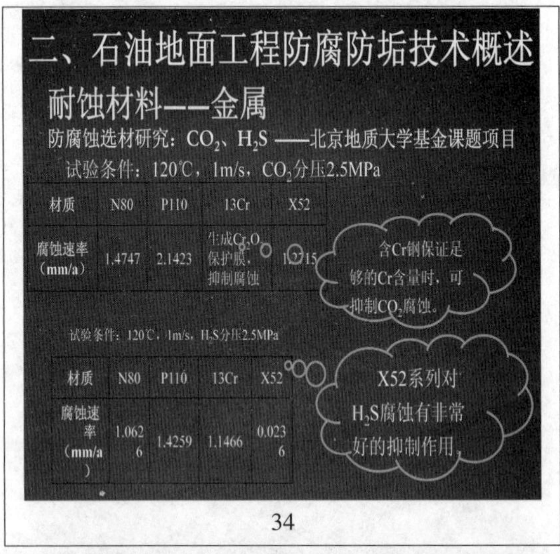

材质	N80	P110	13Cr	X52
腐蚀速率（mm/a）	1.4747	2.1423	生成Cr_2O_3保护膜，抑制腐蚀	1.2715

材质	N80	P110	13Cr	X52
腐蚀速率（mm/a）	1.0626	1.4259	1.1466	0.0236

34

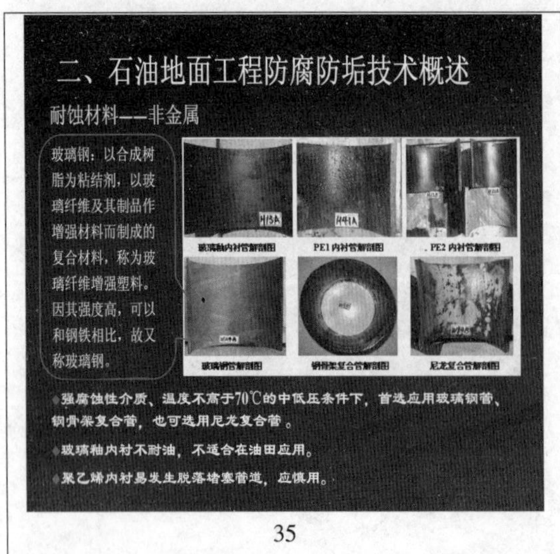

35

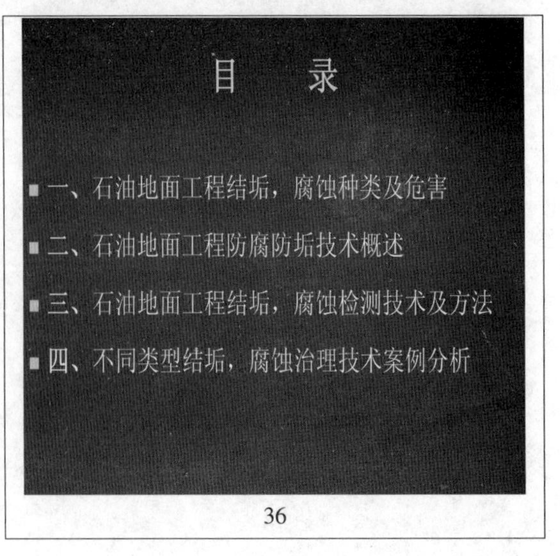

36

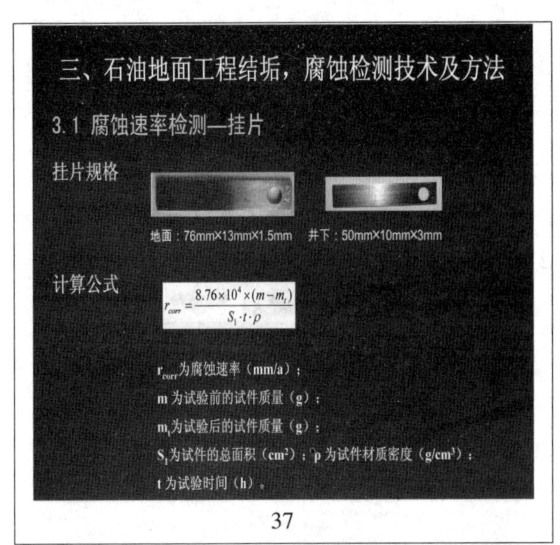

37

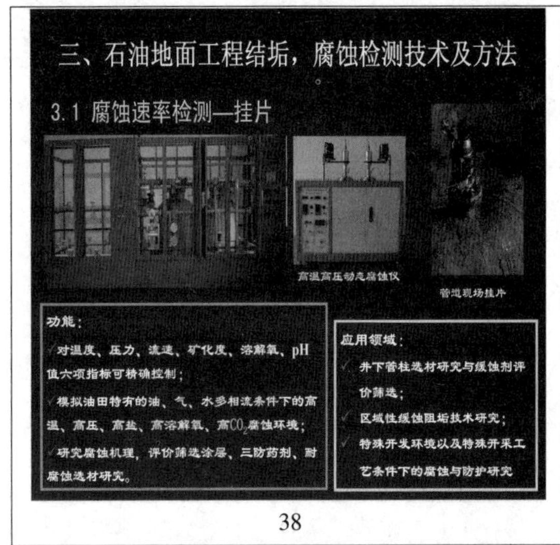

38

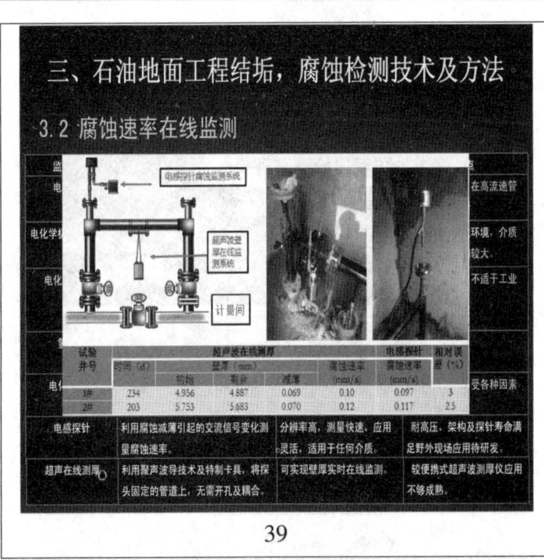

试验井号	超声波在线测厚					电感探针	相对误差（%）
	时间（d）	壁厚（mm）			腐蚀速率（mm/a）	腐蚀速率（mm/a）	
		初始	剩余	减薄			
1#	234	4.956	4.887	0.069	0.10	0.097	3
2#	203	5.753	5.683	0.070	0.12	0.117	2.5

电感探针	利用腐蚀减薄引起的交流信号变化测量腐蚀速率。	分辨率高，测量快速，应用灵活，适用于任何介质。	耐高压，架构及探针寿命满足野外现场应用待研发。
超声在线测厚	利用聚声波导技术及特制卡具，将探头固定的管道上，无需开孔及耦合。	可实现壁厚实时在线监测。	较便携式超声波测厚仪应用不够成熟。

39

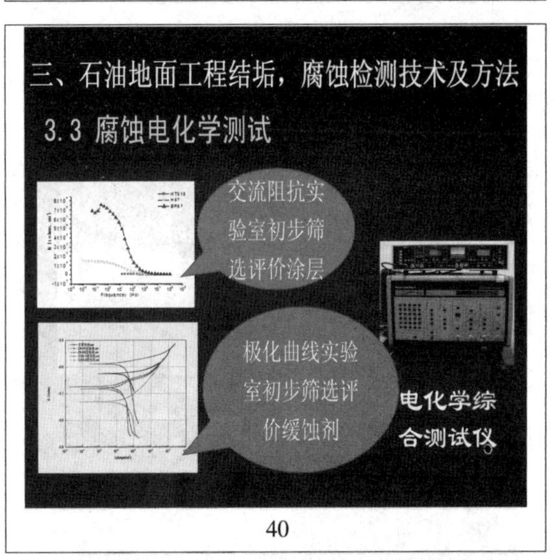

40

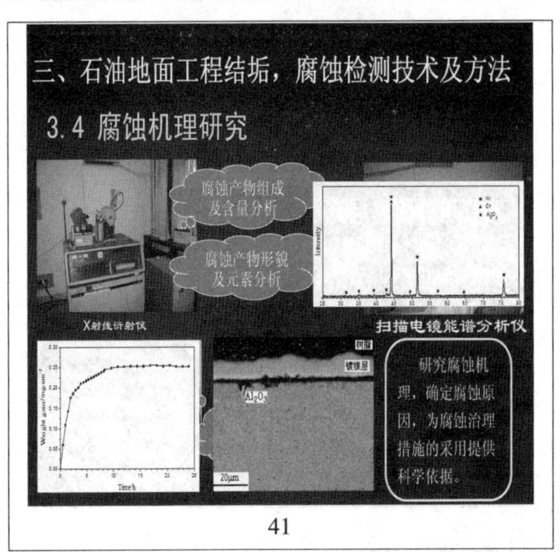

41

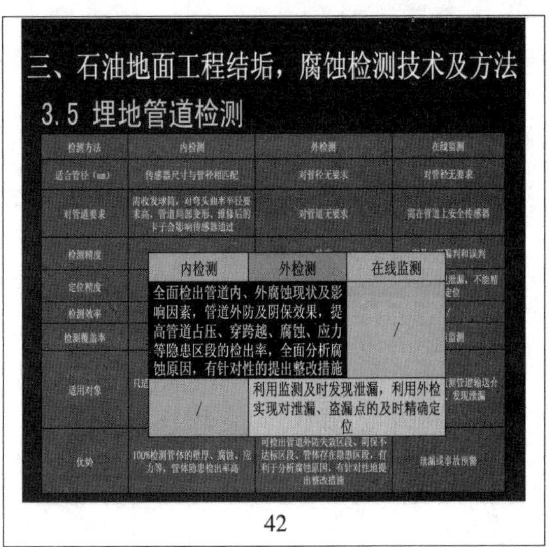

检测方法	内检测	外检测	在线监测
适合管径（mm）	传感器尺寸与管径相匹配	对管径无要求	对管径无要求
对管道要求	需收发球筒，对弯头曲率半径要求高，管道局部变形、维修后的卡子会影响传感器通过	对管道无要求	需在管道上安全传感器
优势	100%检测管体的壁厚、腐蚀、应力等，管体隐患检出率高	可检出管道外防失效区段、阴保不达标区段、管体存在隐患区段，有利于分析腐蚀原因，有针对性地提出整改措施	泄漏或事故预警

内检测	外检测	在线监测
全面检出管道内、外腐蚀现状及影响因素，管道外防及阴保效果，提高管道占压、穿跨越、腐蚀、应力等隐患区段的检出率，全面分析腐蚀原因，有针对性的提出整改措施		/
/	利用监测及时发现泄漏，利用外检实现对泄漏、盗漏点的及时精确定位	

42

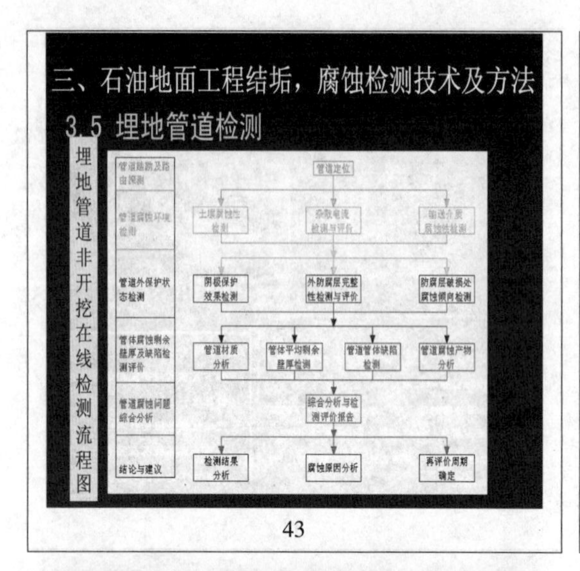

43

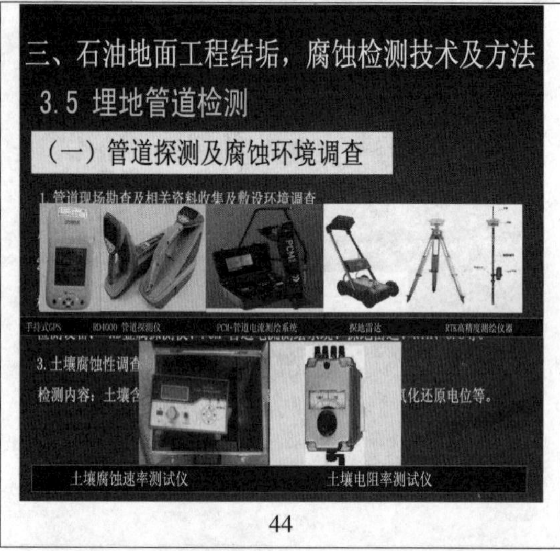

44

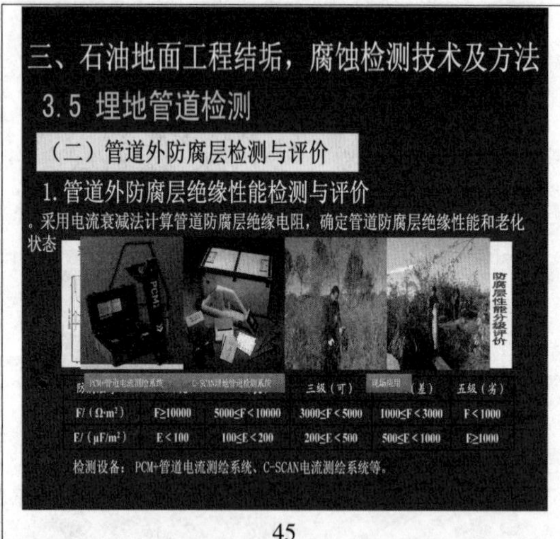

45

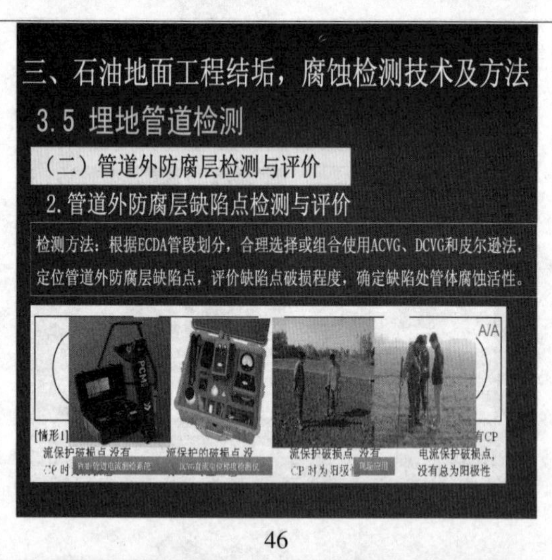

46

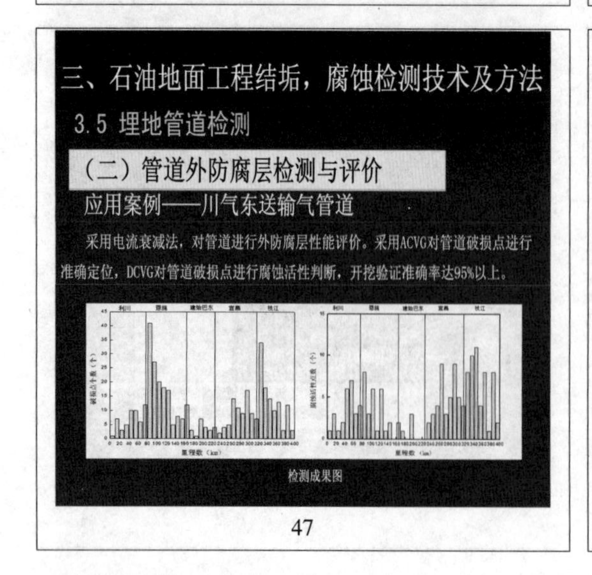

47

48

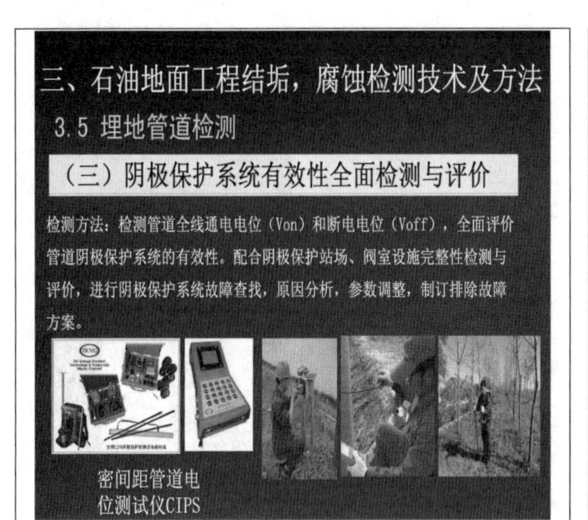

三、石油地面工程结垢，腐蚀检测技术及方法

3.5 埋地管道检测

（三）阴极保护系统有效性全面检测与评价

检测方法：检测管道全线通电电位（Von）和断电电位（Voff），全面评价管道阴极保护系统的有效性。配合阴极保护站场、阀室设施完整性检测与评价，进行阴极保护系统故障查找，原因分析，参数调整，制订排除故障方案。

密间距管道电位测试仪CIPS

49

三、石油地面工程结垢，腐蚀检测技术及方法

3.5 埋地管道检测

（三）阴极保护系统有效性全面检测与评价

应用案例——榆济线输气管道

采用密间距管道电位测试仪（CIPS）进行阴极保护电位测试，全线采集管道通、断电位，为管道安全运行提供基础数据。

50

三、石油地面工程结垢，腐蚀检测技术及方法

3.5 埋地管道检测

（四）杂散电流检测与排流工程测试

检测方法：采用存储式杂散电流测试仪普查管道杂散电流干扰程度及管地电位特征和分布，对杂散电流干扰严重管段进行加密检测；采用RD-SCM杂散电流检测仪查找杂散电流方向、大小等，设计杂散电流排流方案，评定排流效果，调整排流保护参数。

存储式杂散电流测试仪　RD-SCM杂散电流检测仪　现场应用

51

三、石油地面工程结垢，腐蚀检测技术及方法

3.5 埋地管道检测

（三）阴极保护系统有效性全面检测与评价

应用案例——宜宁线输气管道

采用RD-SCM杂散电流检测仪，最终确定管道杂散电流强度和方向。

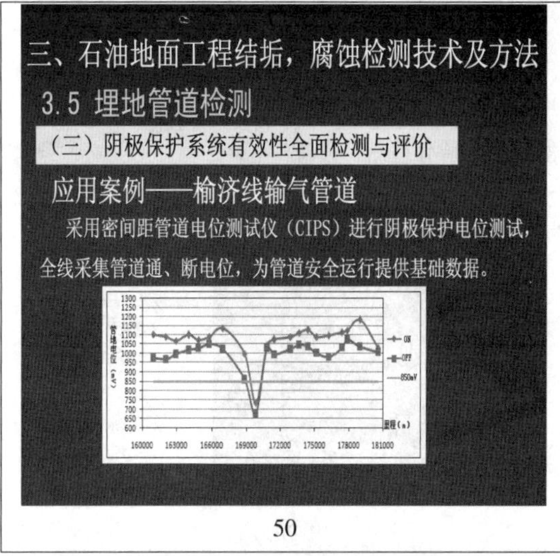

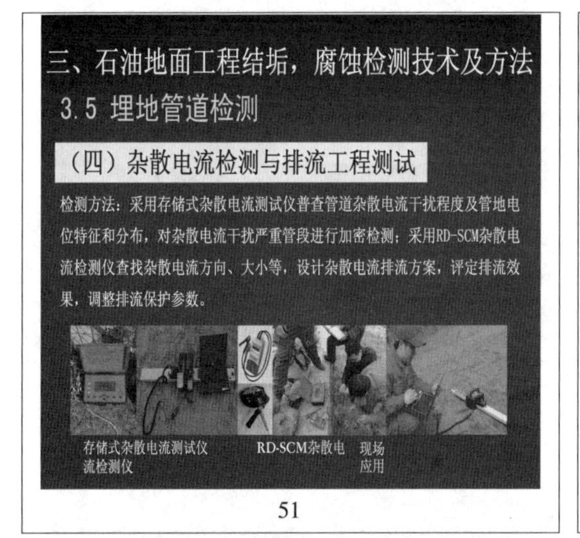

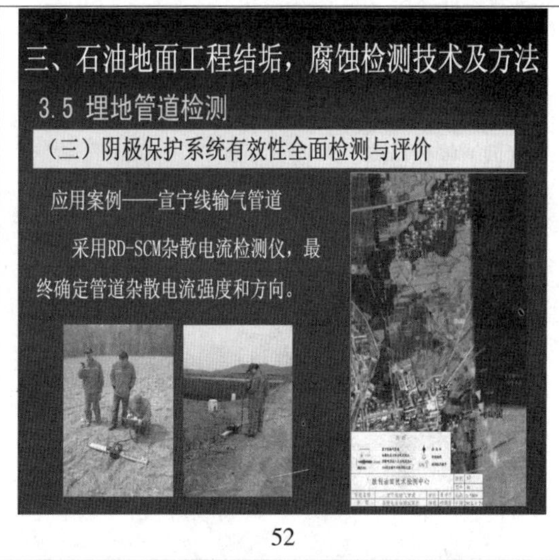

52

三、石油地面工程结垢，腐蚀检测技术及方法

3.5 埋地管道检测

（四）管体检测

1.应力集中与变形检测

检测方法：应用金属磁记忆技术，通过记录和分析应力集中与变形区自有漏磁场分布情况，非接触式检测评价管道应力集中与变形状况。

技术特点：

★非接触检测金属管道；

★不需要对被检金属管道进行特殊处理，不需要专门充磁；

★准确显示应力集中区—设备危害产生的主要来源，评估设备的剩余寿命；

★能评定应力集中区存在的具体缺陷，评估其危害程度；

★准确定位缺陷位置。

53

三、石油地面工程结垢，腐蚀检测技术及方法

3.5 埋地管道检测

（四）管体检测

1.应力集中与变形检测　应用案例——魏荆线成品油管道

有效检测距离1.73km，检测出缺陷信号82处，其中中度缺陷4处，轻度缺陷78处；其中一处开挖后发现90°-135°位置管体变形（外力损伤管体内凹，150×150mm），且180°管体存在腐蚀迹象（250×200mm）。

开挖管道变形

检测信号

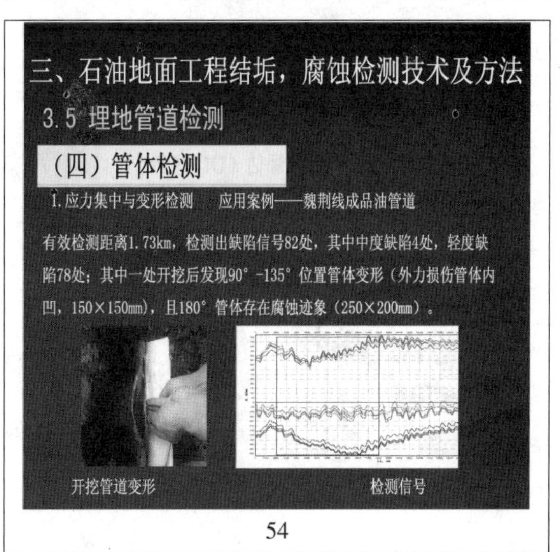

54

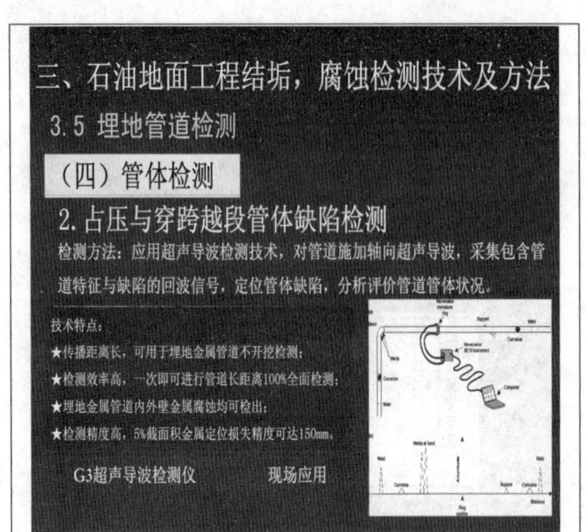

55

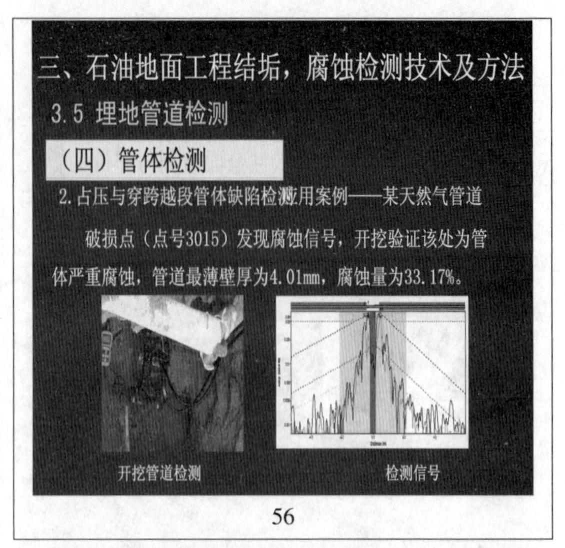

56

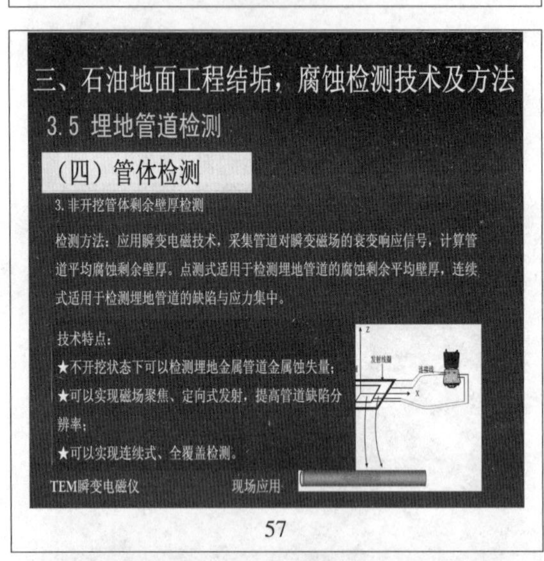

57

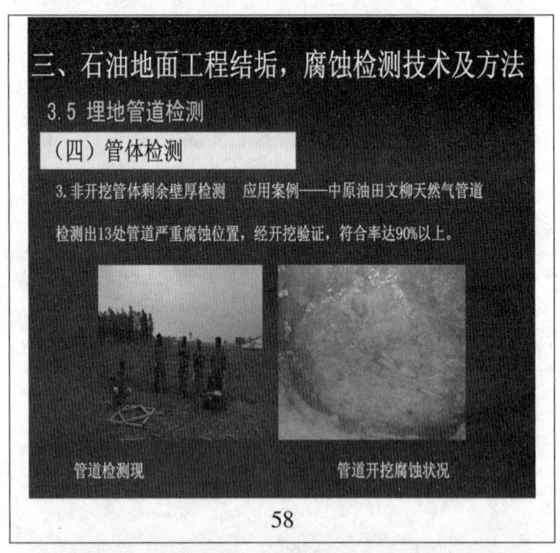

58

59

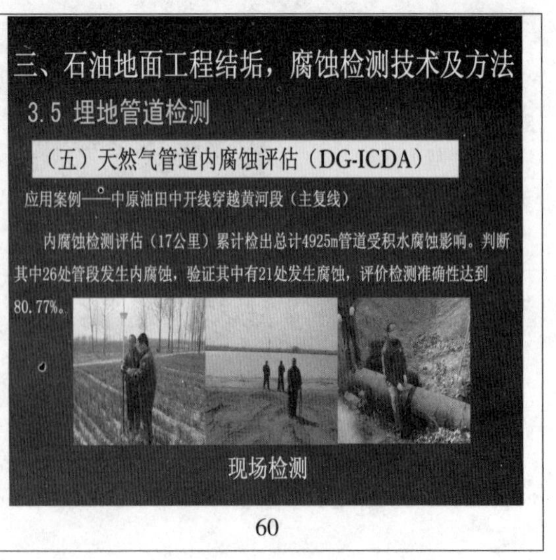

60

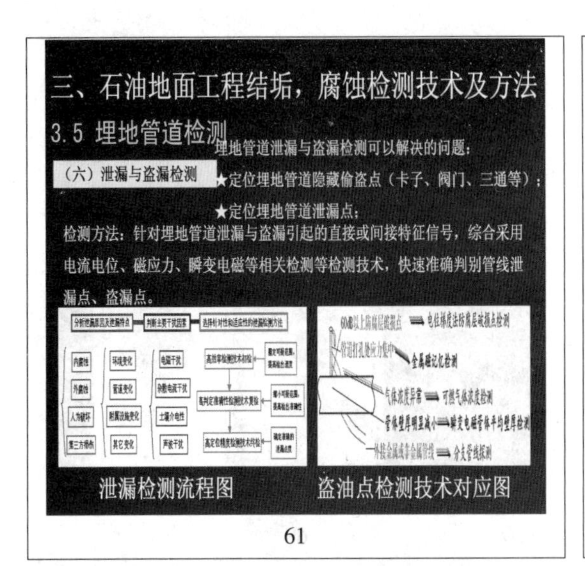

61

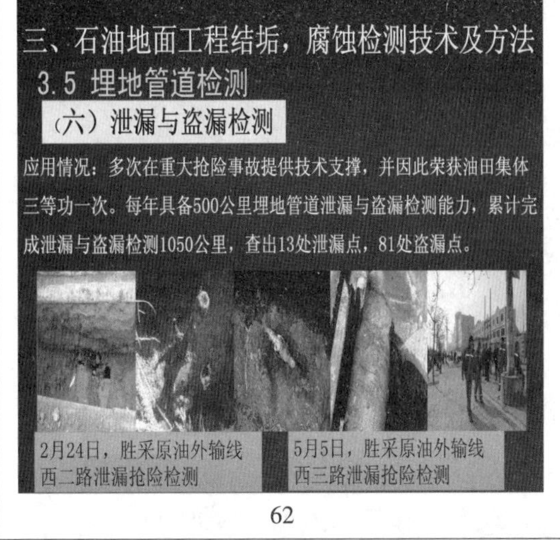

62

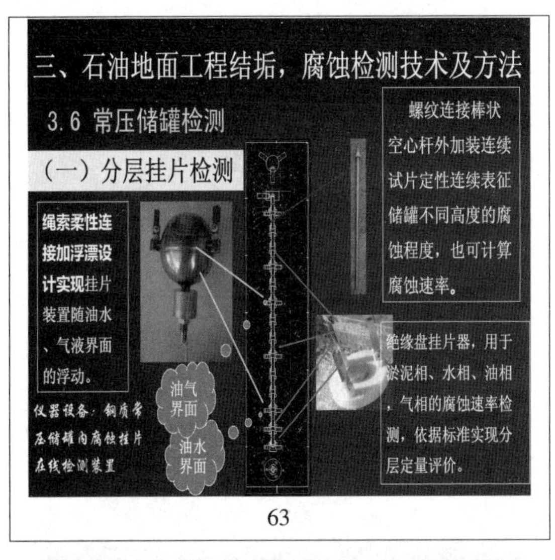

63

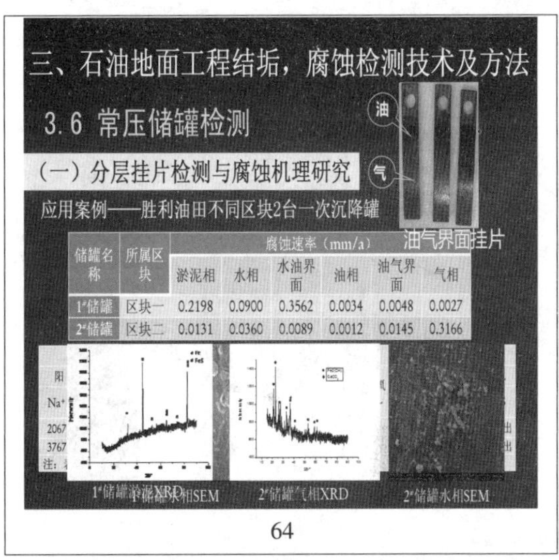

储罐名称	所属区块	腐蚀速率（mm/a）					
		淤泥相	水相	水油界面	油相	油气界面	气相
1#储罐	区块一	0.2198	0.0900	0.3562	0.0034	0.0048	0.0027
2#储罐	区块二	0.0131	0.0360	0.0089	0.0012	0.0145	0.3166

64

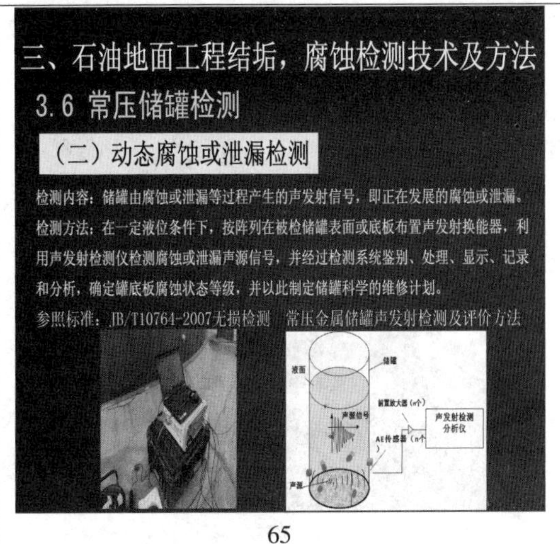

65

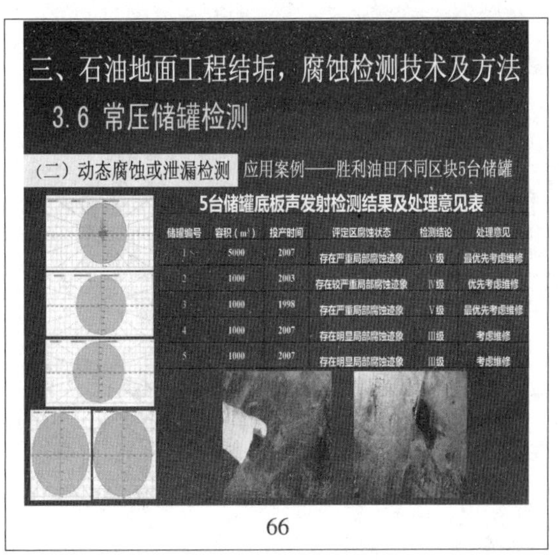

5台储罐底板声发射检测结果及处理意见表

储罐编号	容积（m³）	投产时间	评定区腐蚀状态	检测结论	处理意见
1	5000	2007	存在严重局部腐蚀迹象	Ⅴ级	最优先考虑维修
2	1000	2003	存在较严重局部腐蚀迹象	Ⅳ级	优先考虑维修
3	1000	1998	存在严重局部腐蚀迹象	Ⅴ级	最优先考虑维修
4	1000	2007	存在明显局部腐蚀迹象	Ⅲ级	考虑维修
5	1000	2007	存在明显局部腐蚀迹象	Ⅲ级	考虑维修

66

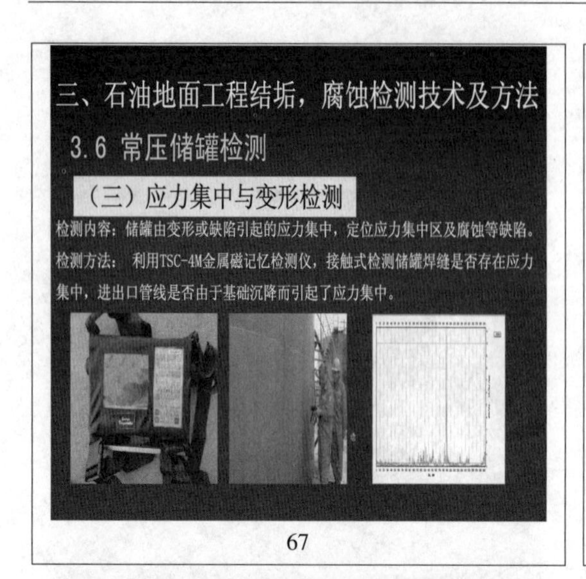

67

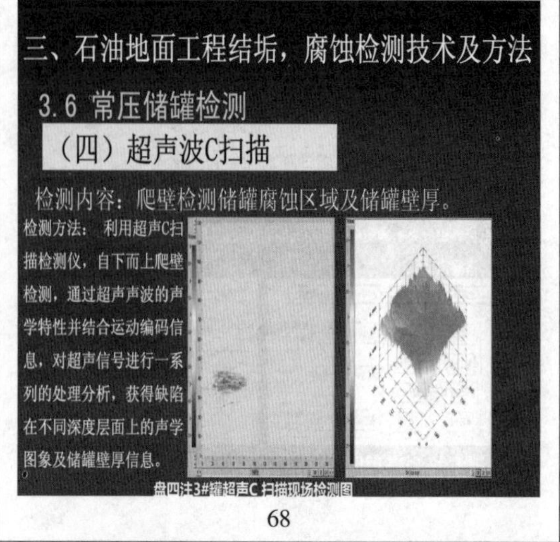

68

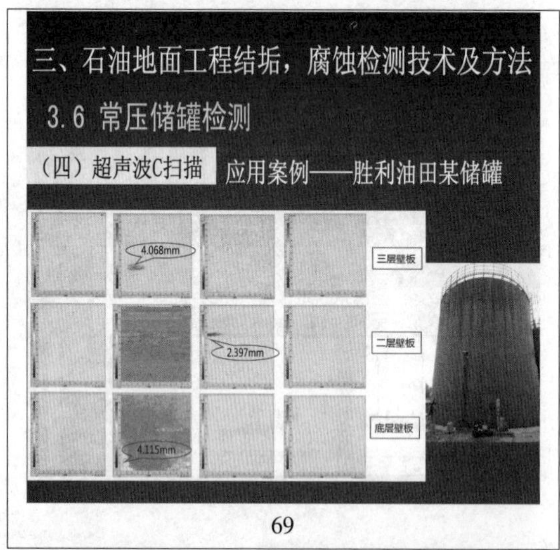

69

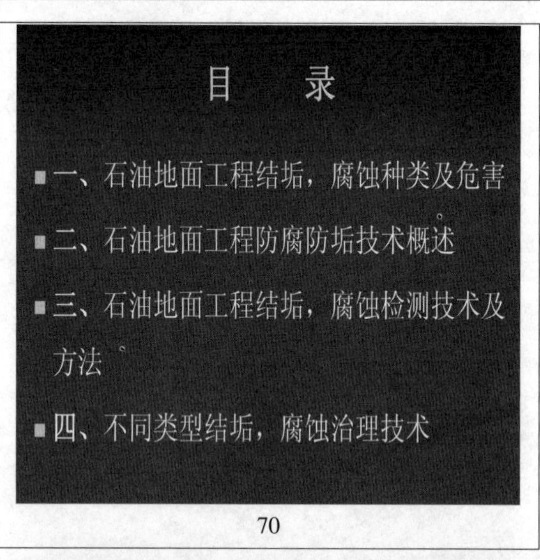

70

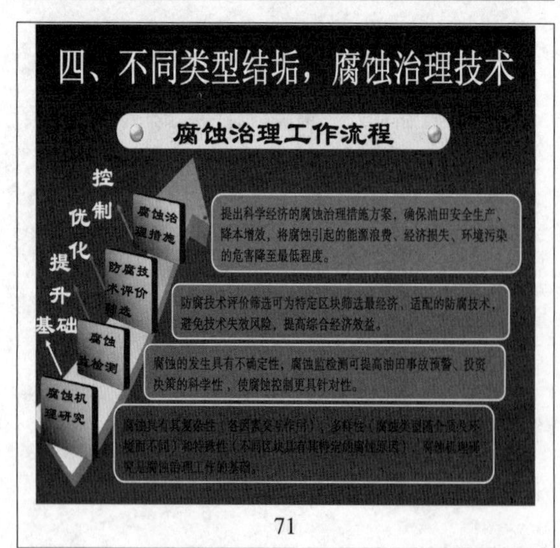

71

72

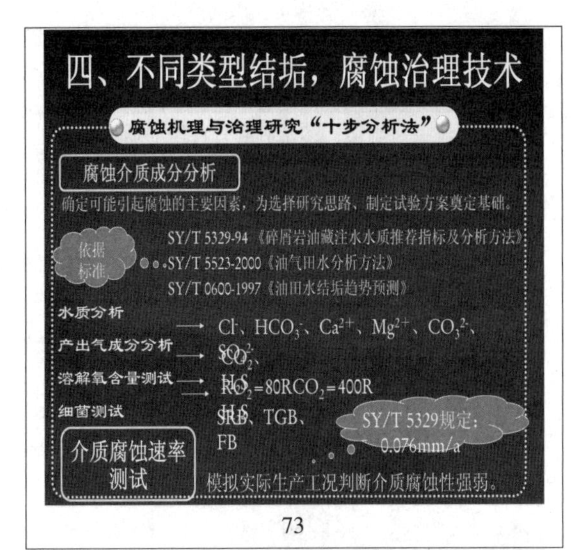

73

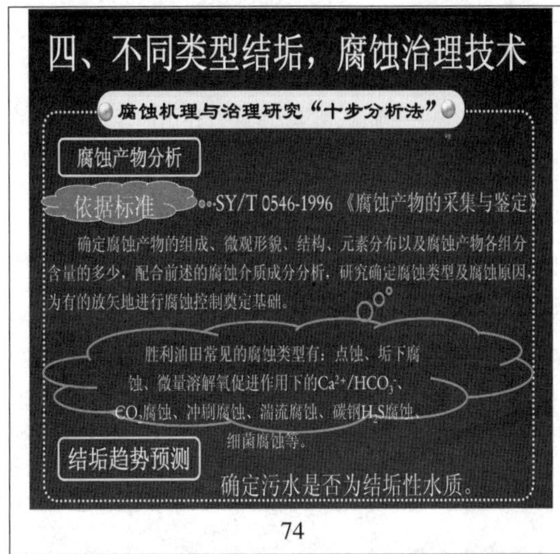

74

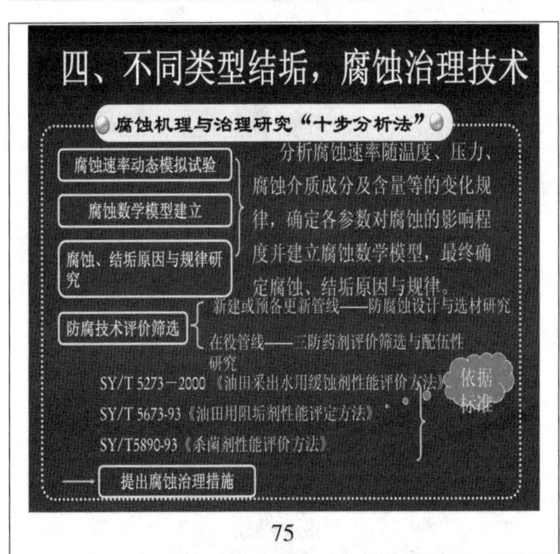

75

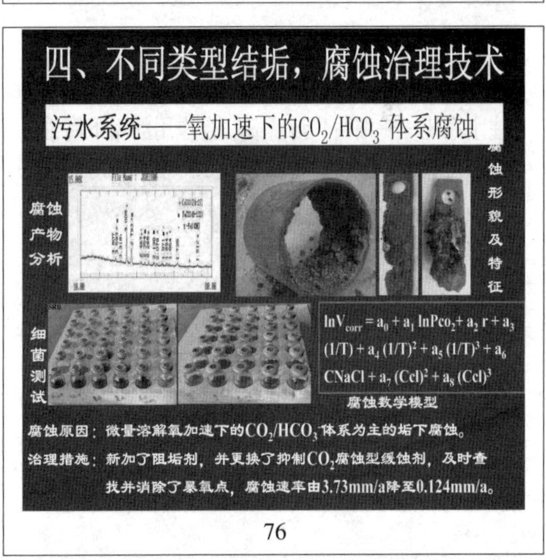

76

77

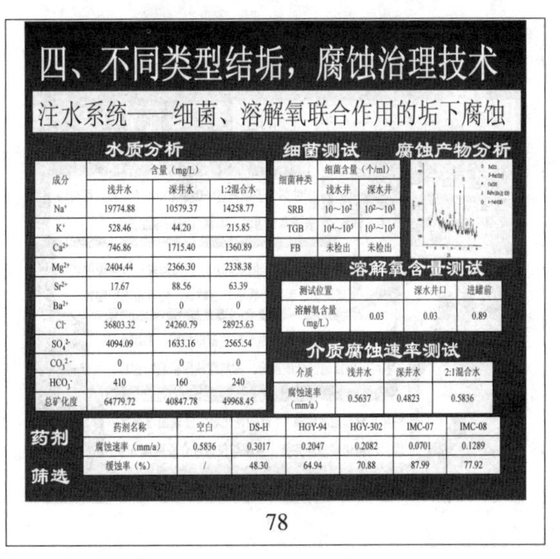

水质分析

成分	含量（mg/L）		
	浅井水	深井水	1:2混合水
Na^+	19774.88	10579.37	14258.77
K^+	528.46	44.20	215.85
Ca^{2+}	746.86	1715.40	1360.89
Mg^{2+}	2404.44	2366.30	2338.38
Sr^{2+}	17.67	88.56	63.39
Ba^{2+}	0	0	0
Cl^-	36803.32	24260.79	28925.63
SO_4^{2-}	4094.09	1633.16	2565.54
CO_3^{2-}	0	0	0
HCO_3^-	410	160	240
总矿化度	64779.72	40847.78	49968.45

细菌测试

细菌种类	细菌含量（个/ml）	
	浅水井	深水井
SRB	$10\sim10^2$	$10^2\sim10^3$
TGB	$10^4\sim10^5$	$10^3\sim10^5$
FB	未检出	未检出

溶解氧含量测试

测试位置		深水井口	进罐前
溶解氧含量（mg/L）	0.03	0.03	0.89

介质腐蚀速率测试

介质	浅井水	深井水	2:1混合水
腐蚀速率（mm/a）	0.5637	0.4823	0.5836

药剂筛选

药剂名称	空白	DS-H	HGY-94	HGY-302	IMC-07	IMC-08
腐蚀速率（mm/a）	0.5836	0.3017	0.2047	0.2082	0.0701	0.1289
缓蚀率（%）	/	48.30	64.94	70.88	87.99	77.92

78

79

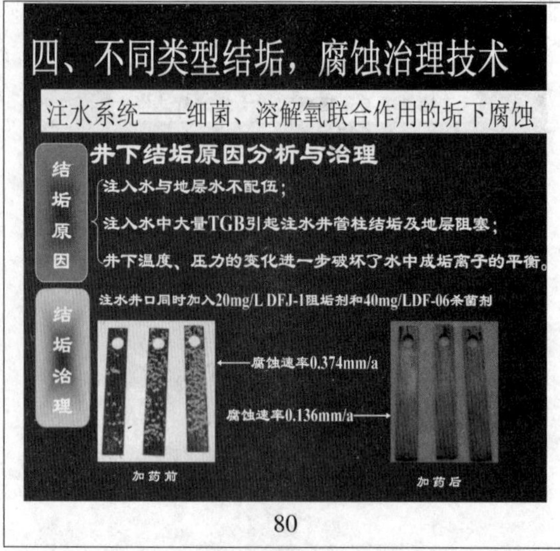

80

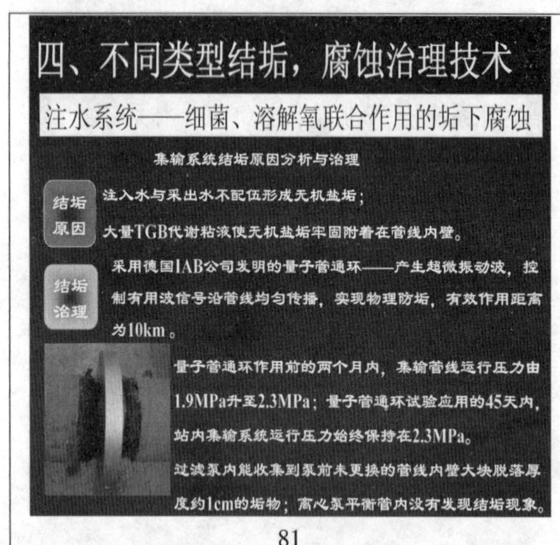

81

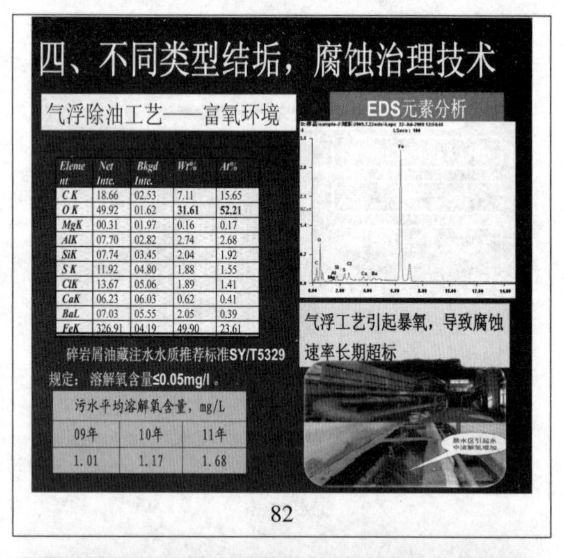

Element	Net Inte.	Bkgd Inte.	Wt%	At%
C K	18.66	02.53	7.11	15.65
O K	49.92	01.62	**31.61**	**52.21**
MgK	00.31	01.97	0.16	0.17
AlK	07.70	02.82	2.74	2.68
SiK	07.74	03.45	2.04	1.92
S K	11.92	04.80	1.88	1.55
ClK	13.67	05.06	1.89	1.41
CaK	06.23	06.03	0.62	0.41
BaL	07.03	05.55	2.05	0.39
FeK	326.91	04.19	49.90	23.61

污水平均溶解氧含量，mg/L		
09年	10年	11年
1.01	1.17	1.68

82

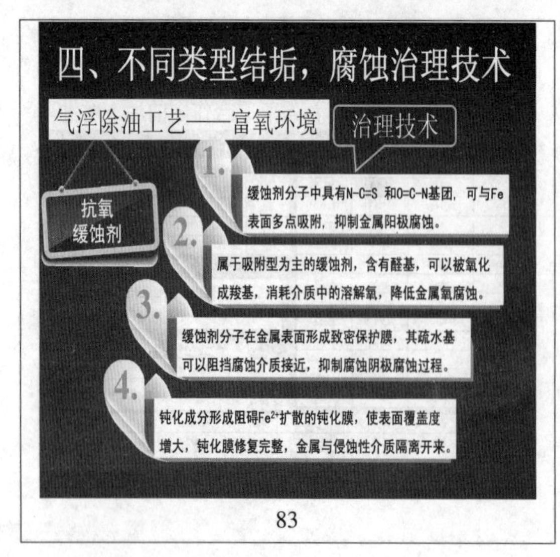

83

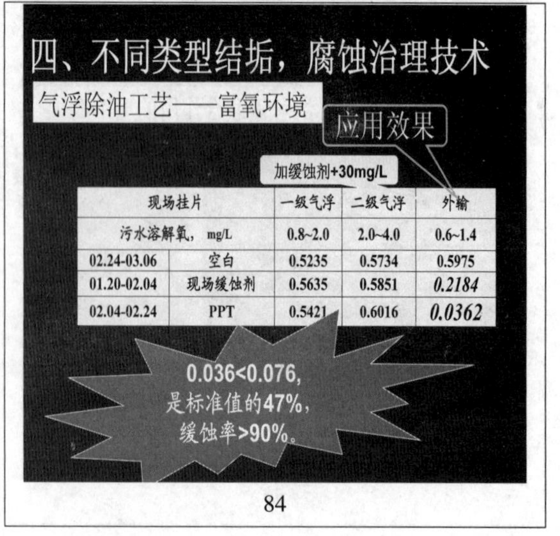

现场挂片		一级气浮	二级气浮	外输
污水溶解氧，mg/L		0.8~2.0	2.0~4.0	0.6~1.4
02.24-03.06	空白	0.5235	0.5734	0.5975
01.20-02.04	现场缓蚀剂	0.5635	0.5851	*0.2184*
02.04-02.24	PPT	0.5421	0.6016	*0.0362*

84

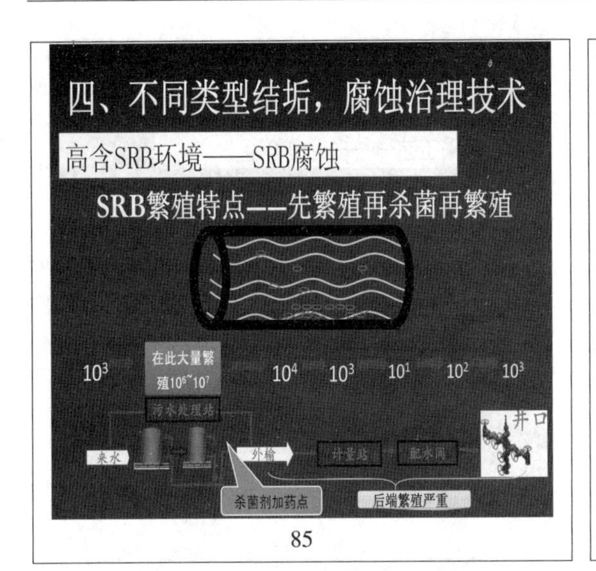

85

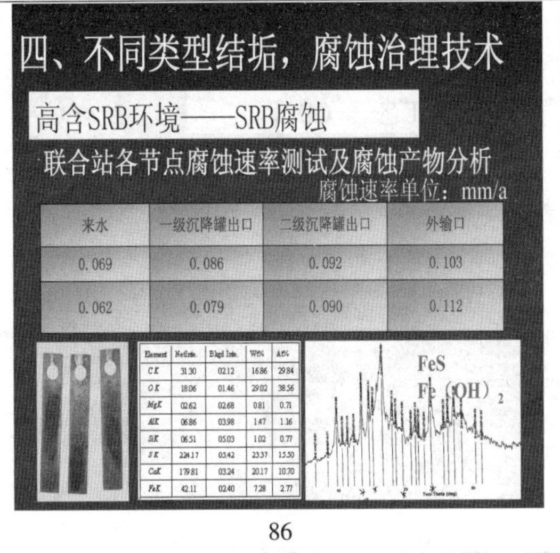

86

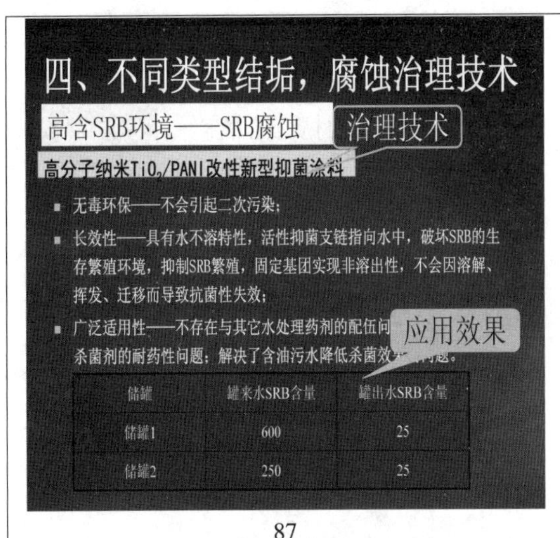

87

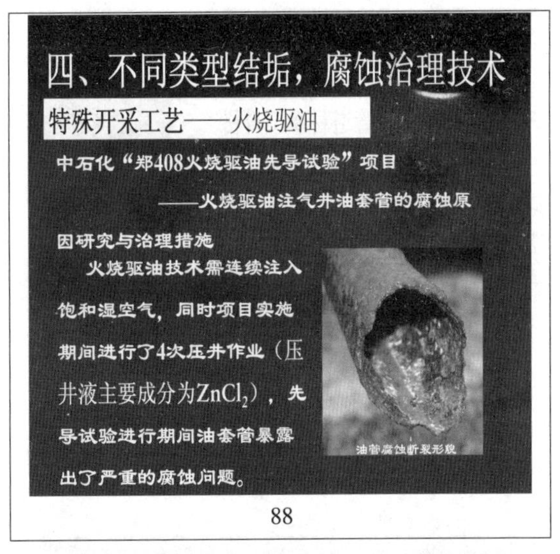

88

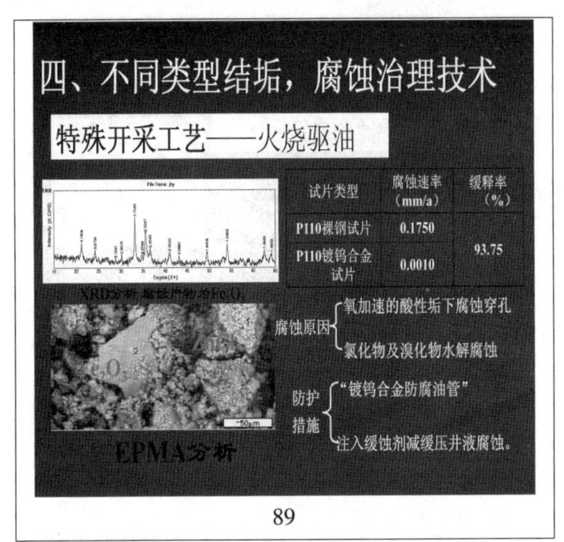

89

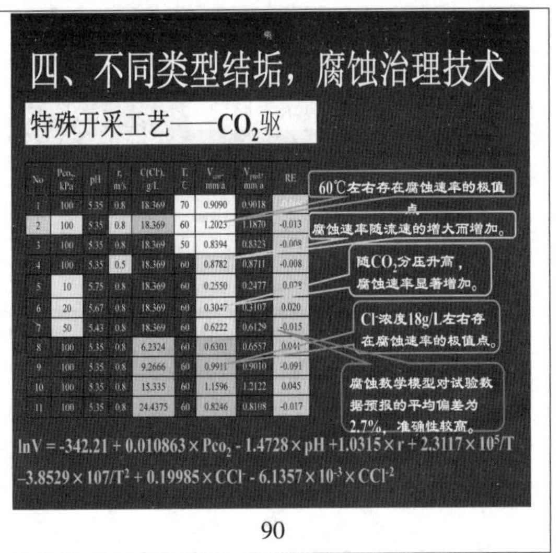

90

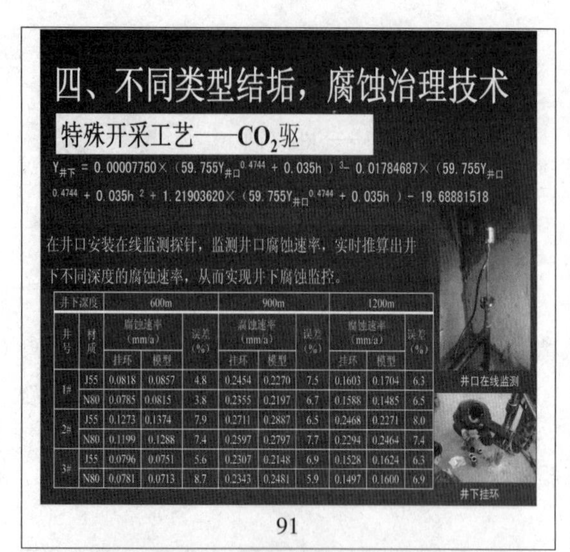

井下深度		600m			900m			1200m		
井号	材质	腐蚀速率（mm/a）		误差（%）	腐蚀速率（mm/a）		误差（%）	腐蚀速率（mm/a）		误差（%）
		挂环	模型		挂环	模型		挂环	模型	
1#	J55	0.0818	0.0857	4.8	0.2454	0.2270	7.5	0.1603	0.1704	6.3
	N80	0.0785	0.0815	3.8	0.2355	0.2197	6.7	0.1588	0.1485	6.5
2#	J55	0.1273	0.1374	7.9	0.2711	0.2887	6.5	0.2468	0.2271	8.0
	N80	0.1199	0.1288	7.4	0.2597	0.2797	7.7	0.2294	0.2464	7.4
3#	J55	0.0796	0.0751	5.6	0.2307	0.2148	6.9	0.1528	0.1624	6.3
	N80	0.0781	0.0713	8.7	0.2343	0.2481	5.9	0.1497	0.1600	6.9

91

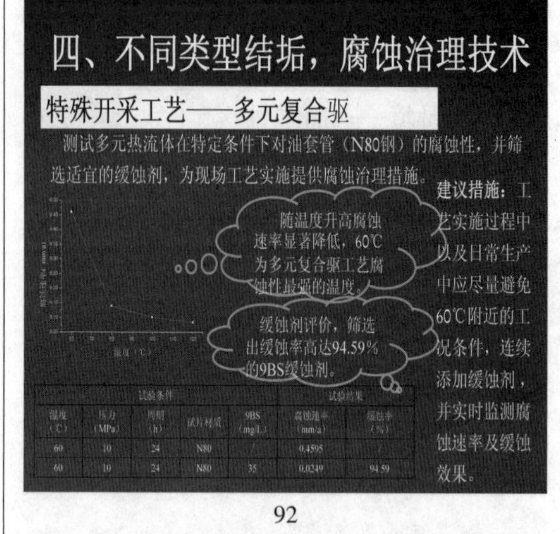

试验条件					试验结果	
温度（℃）	压力（MPa）	周期（h）	试片材质	9BS（mg/L）	腐蚀速率（mm/a）	缓蚀率（%）
60	10	24	N80	/	0.4595	/
60	10	24	N80	35	0.0249	94.59

92

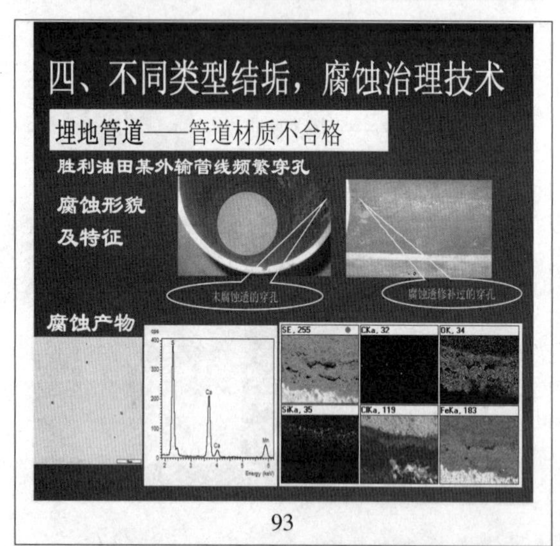

93

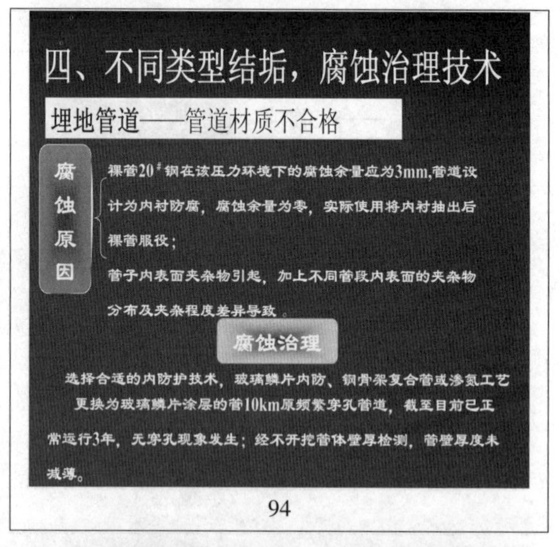

94

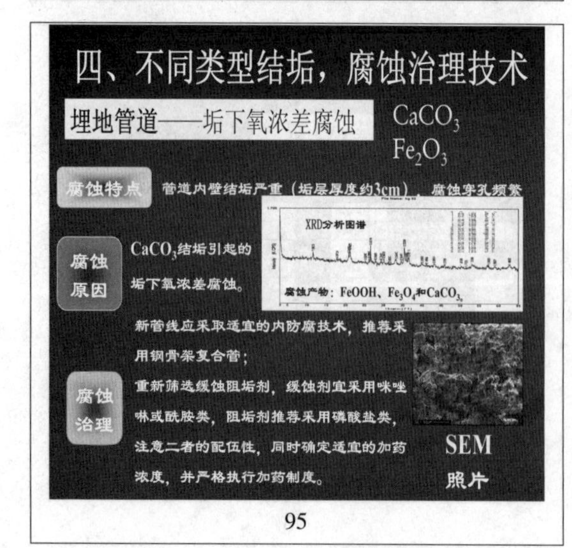

95

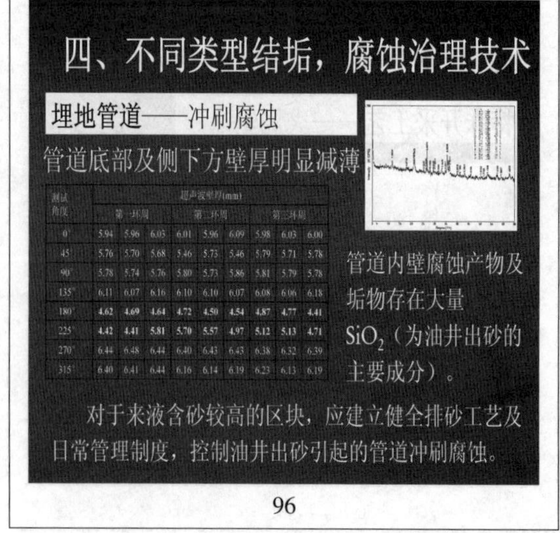

测试角度	超声波壁厚(mm)								
	第一环周			第二环周			第三环周		
0°	5.94	5.96	6.03	6.01	5.96	6.09	5.98	6.03	6.00
45°	5.76	5.70	5.68	5.46	5.73	5.46	5.79	5.71	5.78
90°	5.78	5.74	5.76	5.80	5.73	5.86	5.81	5.79	5.78
135°	6.11	6.07	6.16	6.10	6.10	6.07	6.08	6.06	6.18
180°	4.62	4.69	4.64	4.72	4.50	4.54	4.87	4.77	4.41
225°	4.42	4.41	5.81	5.70	5.57	4.97	5.12	5.13	4.71
270°	6.44	6.48	6.44	6.40	6.43	6.43	6.38	6.32	6.39
315°	6.40	6.41	6.44	6.16	6.14	6.19	6.23	6.13	6.19

96

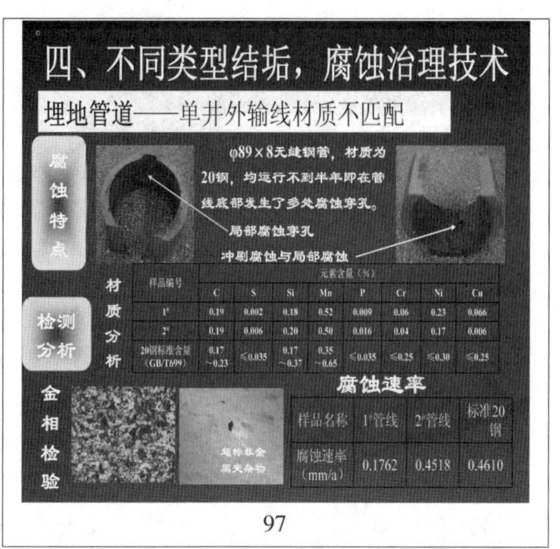

97

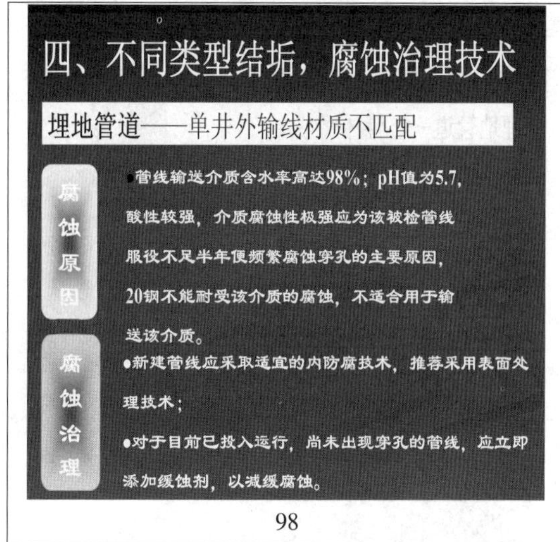

98

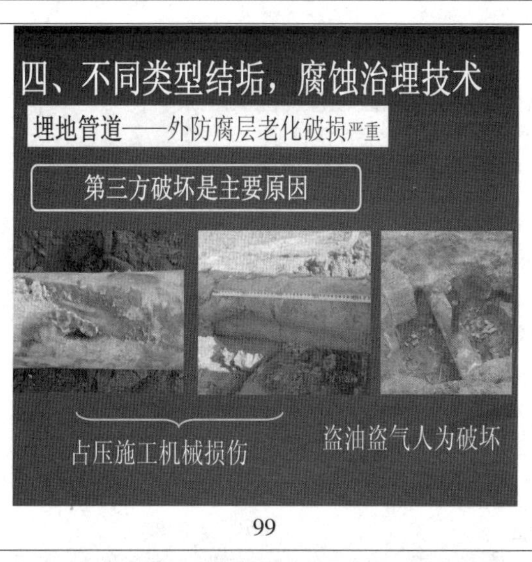

99

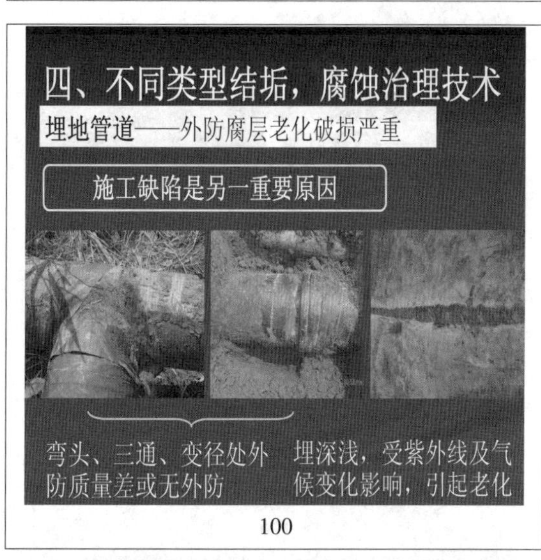

100

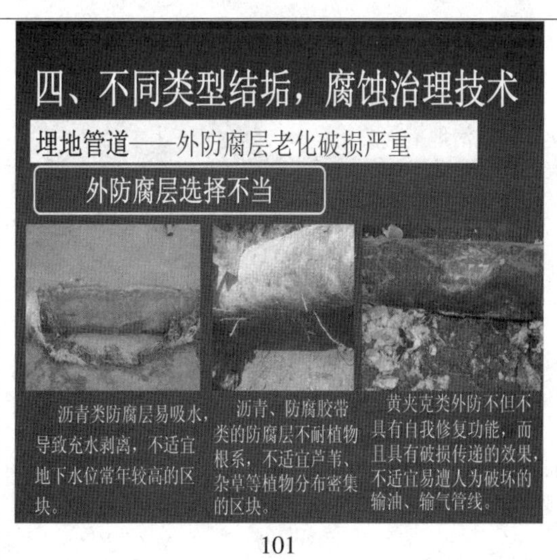

101

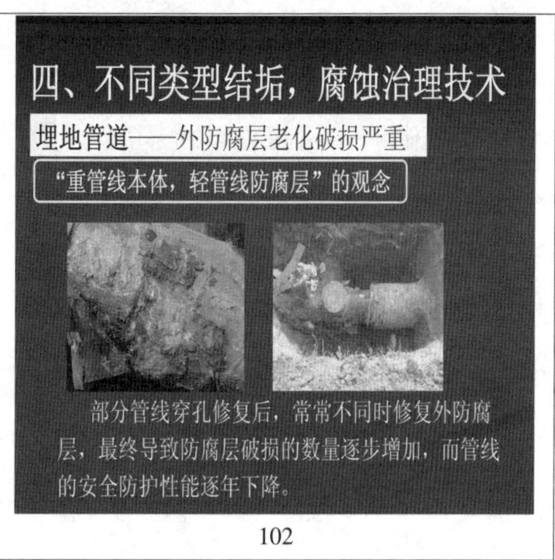

102

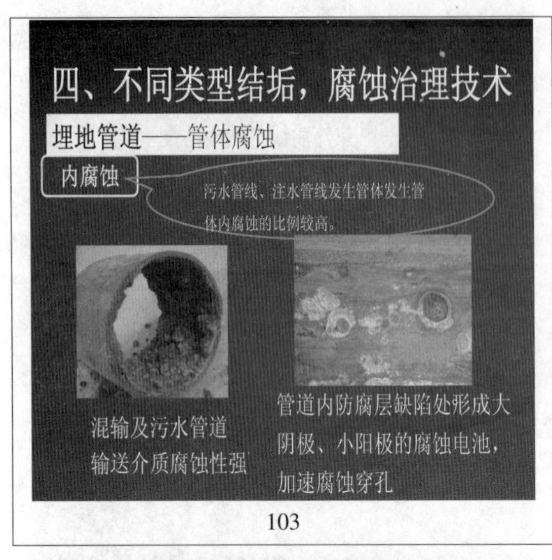

103

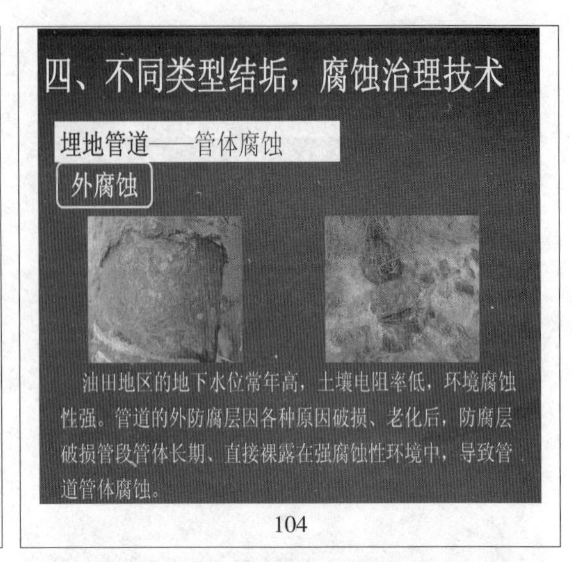

104

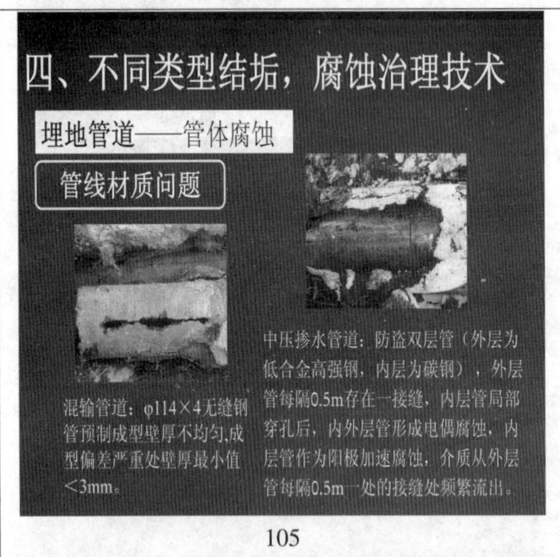

105

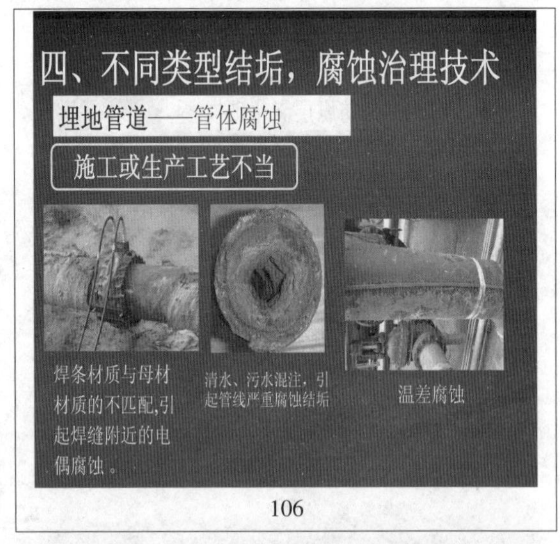

106

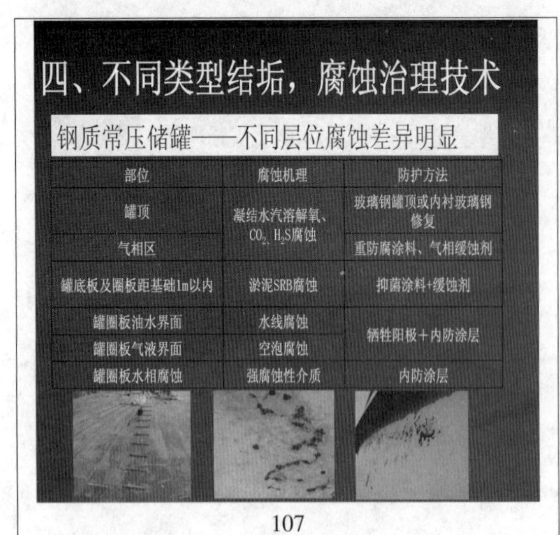

部位	腐蚀机理	防护方法
罐顶	凝结水汽溶解氧、CO_2、H_2S腐蚀	玻璃钢罐顶或内衬玻璃钢修复
气相区		重防腐涂料、气相缓蚀剂
罐底板及圈板距基础1m以内	淤泥SRB腐蚀	抑菌涂料+缓蚀剂
罐圈板油水界面	水线腐蚀	牺牲阳极＋内防涂层
罐圈板气液界面	空泡腐蚀	
罐圈板水相腐蚀	强腐蚀性介质	内防涂层

107

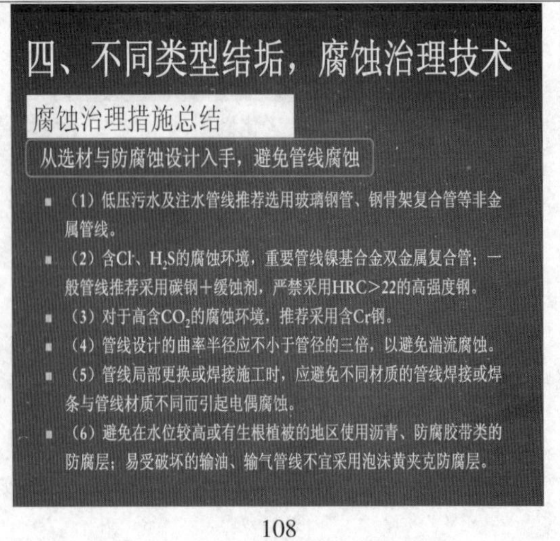

108

四、不同类型结垢，腐蚀治理技术

腐蚀治理措施总结

避免由于生产工艺不当而引起的管线腐蚀

- 1）注水或注聚开发区块，应避免清水与污水混注，由于两种水型不匹配而引起的集输管网严重结垢，导致垢下腐蚀。
- 2）给管线保温宜采用使管线整个截面均匀受热的方式，而不宜采用线缆局部加热的方式，避免管线局部温度过高而引起温差腐蚀。
- 3）单井采出液应经过滤沉降工艺后再汇入外输干线，尽量避免单井管线直接汇入外输干线的流程设计，以避免采出液含砂量过高而引起的冲刷腐蚀。
- 4）应尽量保证输气管线的干气输送，避免水蒸汽在管线沿线高程较低处聚集，而引起管线局部内腐蚀。

109

四、不同类型结垢，腐蚀治理技术

腐蚀治理措施总结

重视防腐蚀管理，使防腐技术最大限度地发挥作用

- 缓蚀剂、涂层、阴极保护等传统防腐技术对于常规腐蚀环境而言依然是最经济、有效的防护方法。

稀有金属纳米合金重防腐涂层对于井下高温高压（140℃、25MPa）及地面管流（100天，60℃，流速0.8m/s）条件下，均具有非常优异的防腐及阻垢性能；

- 由于油田粗放式的管理导致从防腐方法的选择、防腐蚀施工以及后续维护、管理方面存在着不完善的环节，致使油田应用的大部分防腐技术无法起到满意的防腐效果。

110

四、不同类型结垢，腐蚀治理技术

腐蚀治理措施总结

重视防腐蚀管理，使防腐技术最大限度地发挥作用

- 1）通过区域性缓蚀阻垢技术评价研究，为特定区块筛选适应的防腐技术。
- 2）对于涂层、表面处理等防腐技术应严格控制施工质量。
- 管线内防施工质量差，局部内防缺失或缺陷部位的管体与周围管体形成“小阳极大阴极”的腐蚀电池，加速局部内防缺失部位管体的腐蚀。
- 3）对于缓蚀剂、阴极保护等防腐技术及工艺，应注意保证后续维护、管理与投资的持续、有效性。

药剂防腐：采用连续或周期自动加药，定期检测腐蚀速率；

阴极保护：应注意阴保后续维护与管理，定期进行测试与检测；

定期检测，及时修复，延长油气储运设施使用寿命

111

第二十三章　注水地面工程设计优化

目　录

第一部分　基础知识

一、概述

二、注水流程

三、注水站

四、注水管道

第二部分　设计优化

1

一、概述

（一）注水的作用

1、提高采收率

油田依靠地层能量采油，除少数有边水补充能量外，一般采收率不到20%。而利用注水，采收率可达35%～50%。

2、保持油田高产稳产

注水能保持或提高油层压力，保证油流在油层中有足够的能量，维持油田的合理开采速度，使其长期稳产高产。

3、改善油井生产条件

对于高饱和压力的溶解气驱油田，注水使井下流动压力高于天然气溶解于原油中的饱和压力，使天然气在油井中的上升过程中携油上升，延长自喷期。

4、变废为利，保护环境

将油田采出污水处理回注地下，既节约淡水资源，又保护环境。

2

一、概述

（二）注水的方式

油田注水方式是指注水井在油藏中所处的部位和注水井与生产井之间的排列关系。按注水井分布位置可分为：

边外注水、边上注水、边内注水（切割、面积）三种。

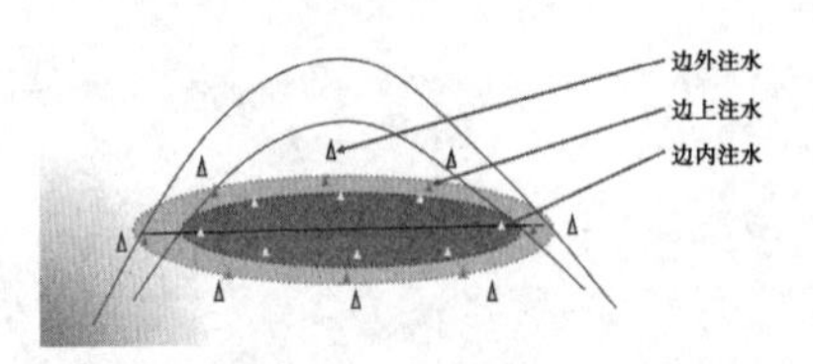

3

一、概述

（三）注水量

注水量一般由开发方案提出。

3.0.3　油田（区块）设计注水量，应按下式计算：

$$Q = CQ_1 + Q_2 \qquad (3.0.3)$$

式中：Q——设计注水量（m³/d）；

C——注水系数，可取1.1～1.2；

Q_1——开发方案配注水量（m³/d）；

Q_2——洗井水量（m³/d），洗井周期按60d～100d计。注水站管辖井不足100口时，可按每天洗一口井的水量计算，洗井强度和洗井历时，各油田应按实际情况确定；若采用活动式洗井车洗井，不应计此水量。

4

一、概述

（四）注水压力

注水压力是将水注入油层所需的压力，是决定注水管道与设备的最重要参数之一，合理地确定注水压力，是搞好注水工艺的前提，是经济合理、高效注水开发油田的重要环节。

确定的方式：

（1）油藏和采油方案通过计算预测。

（2）试注求压，在新开发的油田或区块，可选择一定数量的注水井进行试注。

（3）参照相似或相近油田的注入压力。

（4）上述资料缺乏时，一般可采用注水井井口压力等于1.0～1.3倍原始油层压力。

5

一、概述

（五）注水水源

水源类型	主要水源名称	水源性质
地下水	地层水	水量丰富，水质较好，部分地下水矿化度高，含锰、铁等元素。
地面水	江河水、湖泊水、水库水、海水	江河水水量丰富，矿化度低，泥沙含量大；湖泊、水库水泥沙含量相对少，但由于溶解氧含量高，水生动植物大量繁殖；海水水量丰富，泥沙含量大，矿化度高，溶解氧含量高，腐蚀性强。
油田采出水	含油污水	一般偏碱性，矿化度高，含油和悬浮物，部分含硫化氢等。

尽量节约淡水资源，减小对生态环境的影响

6

一、概述

（六）注水水质

1、水质基本要求

（1）水质稳定，与油层水相混不产生沉淀；

（2）注入油层后，不使粘土矿物产生水化膨胀；

（3）不得携带大量悬浮物，以防堵塞油层；

（4）对注入设施腐蚀性小；

（5）当采用两种水源进行混合注水时，应进行配伍性试验，证实两种水的配伍性好。必要时，应采取防垢措施，对油层无伤害才可注入。

水源优选及水质标准一般由开发方案确定

7

一、概述

（六）注水水质

2、水质标准

《碎屑岩油藏注水水质推荐指标及分析方法》SY/T 5329-2012

表1　推荐水质主要控制指标

注入层平均空气渗透率，μm^2		≤0.01	>0.01～≤0.05	>0.05～≤0.5	>0.5～≤1.5	>1.5
控制指标	悬浮固体含量，mg/L	≤1.0	≤2.0	≤5.0	≤10.0	≤30.0
	悬浮物颗粒直径中值，μm	≤1.0	≤1.5	≤3.0	≤4.0	≤5.0
	含油量，mg/L	≤5.0	≤6.0	≤15.0	≤30.0	≤50.0
	平均腐蚀率，mm/a	≤0.076				
	SRB，个/mL	≤10	≤10	≤25	≤25	≤25
	IB，个/mL	$n\times10^2$	$n\times10^2$	$n\times10^3$	$n\times10^4$	$n\times10^4$
	TGB，个/mL	$n\times10^2$	$n\times10^2$	$n\times10^3$	$n\times10^4$	$n\times10^4$

$1<n<10$。

清水水质指标中去掉含油量。

8

一、概述

（七）注水系统的组成

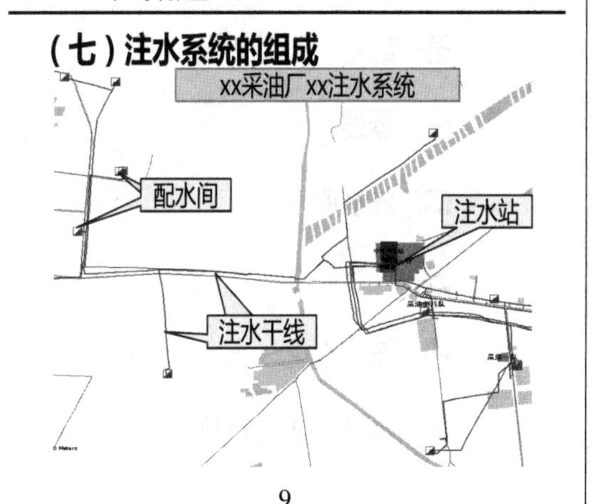

9

一、概述

（七）注水系统的组成

1、水源

水源需经处理达到注水水质标准。

2、注水站

注水站是注水系统的核心部分。其作用是担负注水量短时储备、计量、升压、注水一次分配和水质监控等任务。

3、配水间

担负对注水站来水进行计量、调节、分配给各注水井的任务。

✦注配间是将注水泵与配水间合建的一种站场，一般规模较小。

4、注水井口

注水井口是连接地面注水系统与井下管柱装置，由采油工程配套设计。

5、注水管道

注水管道担负输送注入水的任务，同时具有注水系统管网内注水量调控的功能。

10

目　录

第一部分　基础知识

一、概述

二、注水流程

三、注水站

四、注水管道

第二部分　设计优化

11

二、注水流程

（一）单管多井配水流程

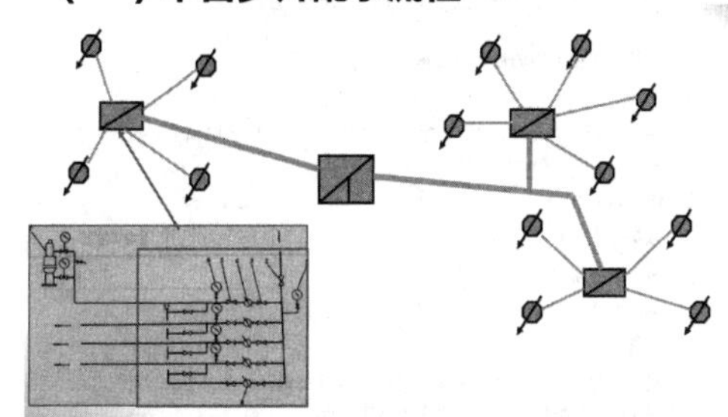

特点：主要适用于面积注水开发的油田，便于对注水井网调整，各井之间干扰小。

12

二、注水流程

(二)单管单井配水流程

自动调节阀或表阀一体调节装置

特点：主要适用于采用行列式布井、井距大、注水量大、面积较大的油田。注水支管短，投资较低，但每井一座配水间或阀组，管理分散。近年来，通过自动化控制与远程通讯调控技术应用，可取消配水间，减少用工数量。

13

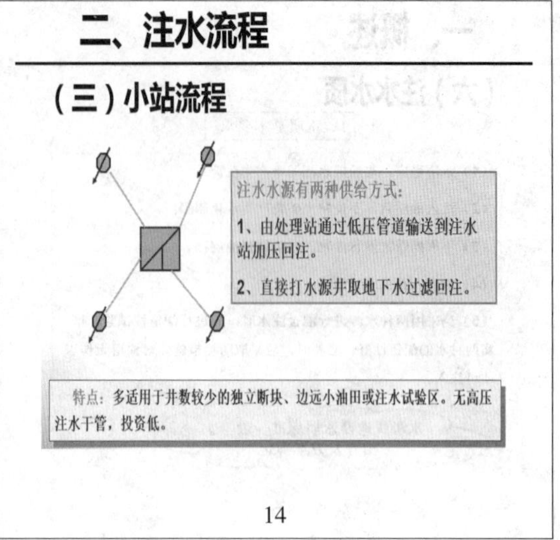

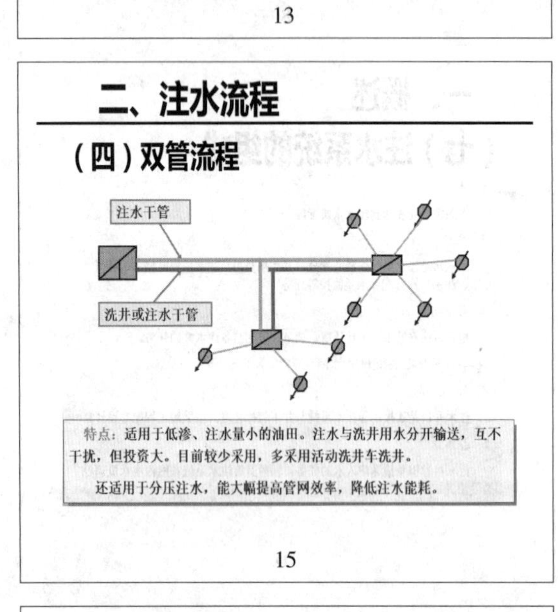

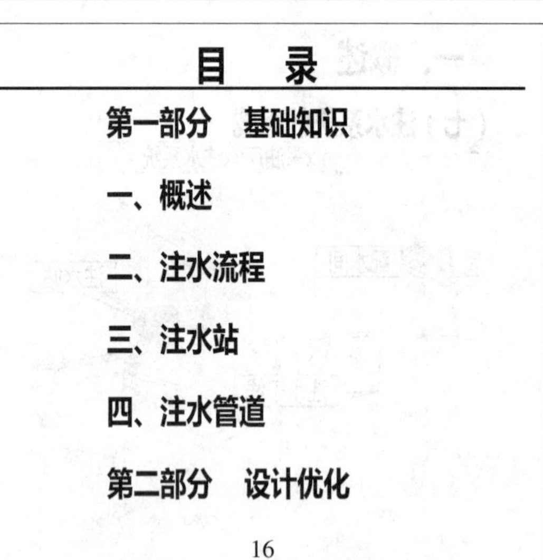

三、注水站

(一)基本要求

1、设计规模

以该站管辖范围的注水量为依据。

2、设计压力

根据管网远端注水井的最大配注压力，加上站内外管网损失、超压保护余量等确定。柱塞泵站的超压保护余量宜取计算泵压的10%~15%。

3、注水站类型

根据注水规模、注水压力大小选择离心泵站或柱塞泵站。

4、站内工艺流程

满足注入水的储备、升压、分配和计量等要求。小站可适当简化流程。

5、设备选型

遵循可靠、高效、配套简单、适应性强等原则。注水泵分离心泵、柱塞泵两大类，还有增压泵。具体在优化设计中讲。

6、平面布置

在满足安全防火要求前提下，做到流程简捷、顺畅，布局整齐、美观。

17

三、注水站

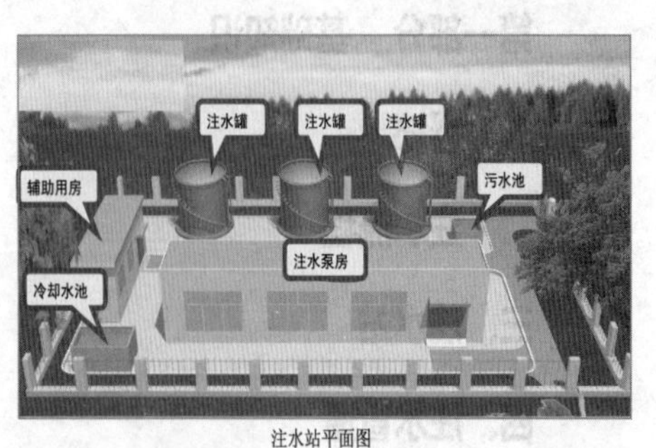

注水站平面图

- 注水泵房主要用于注水升压，可将低压污水升压至10~40MPa；
- 注水泵房根据注水泵不同分为离心式注水泵机组和往复式（柱塞式）注水泵机组。

18

三、注水站

（二）离心泵站

1、工艺流程

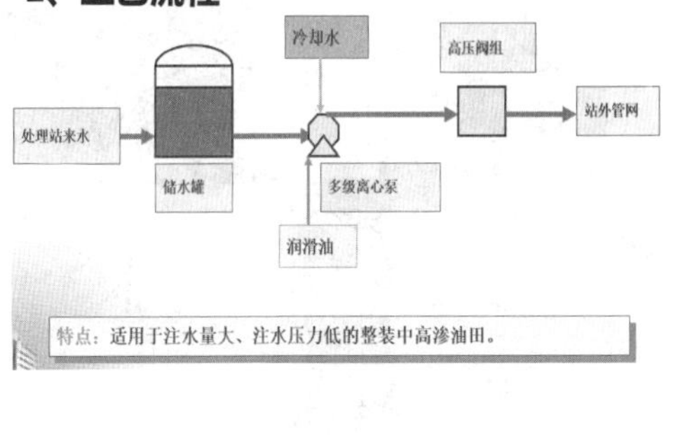

特点：适用于注水量大、注水压力低的整装中高渗油田。

19

三、注水站

（二）离心泵站

2、注水泵型

- 一、按叶轮数目来分类：单级泵，多级泵
- 二、按工作压力来分类：低压泵（<1.5MPa），中压泵（1.5MPa - 5MPa），高压泵（>5MPa）
- 三、按叶轮吸入方式来分类：单侧进水式泵，双侧进水式泵
- 四、按泵壳结合来分类：水平中开式泵，垂直结合面泵
- 五、按泵轴位置来分类：卧式泵，立式泵
- 六、按叶轮出方式分类：蜗壳泵，导叶泵
- 七、按安装高度分类：自灌式离心泵，吸入式离心泵（非自灌式离心泵）

20

三、注水站

（二）离心泵站

3、注水泵配套电机

6kV/10kV高压异步上水冷电机

6kV/10kV高压异步风冷电机

21

三、注水站

（二）离心泵站

3、注水泵配套电机

影响异步电动机效率的主要因素有：

1、大马拉小车。这里有两个原因：1）选择电动机时加上了太多的备用系数，使得电动机功率远远大于被驱动机械的轴功率；2）计算被驱动机械轴功率时加上了比较多的安全系数，使得轴功率偏大；

2、被驱动机械功率周期性变化，但电机没有设置变频器。很多机械的要求输出功率随着工况都有周期性大小的变化，当功率变小时，电机运行的无功部分加大，影响电机的效率；

3、电机转动部分润滑不好，消耗部分功率，也影响效率；

4、电机端电压偏低，电机为了有足够的输出，其中电流将加大，而电机的损耗随着电流的平方增加，所以也影响电机的效率。

22

三、注水站

（二）离心泵站

4、离心注水泵房

23

三、注水站

（二）离心泵站

5、润滑油系统

24

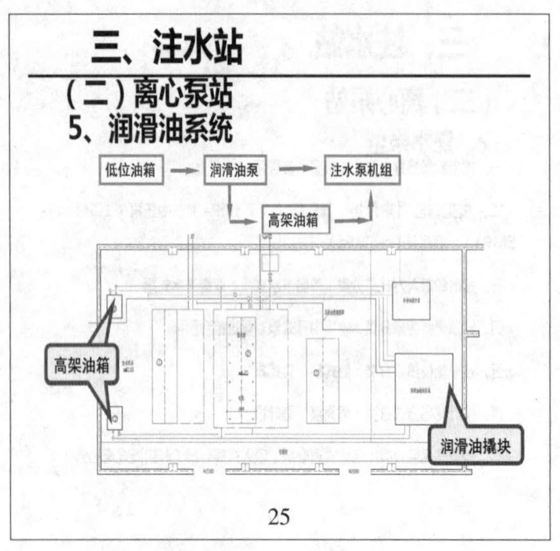
三、注水站
(二)离心泵站
5、润滑油系统
低位油箱
润滑油泵
注水泵机组
高架油箱
高架油箱
润滑油撬块
25

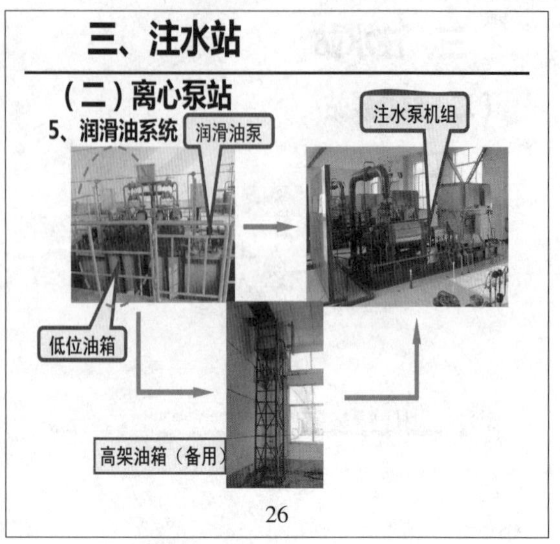
三、注水站
(二)离心泵站
5、润滑油系统
润滑油泵
注水泵机组
低位油箱
高架油箱(备用)
26

三、注水站
(二)离心泵站
5、润滑油系统
高架油箱
高架油箱
27

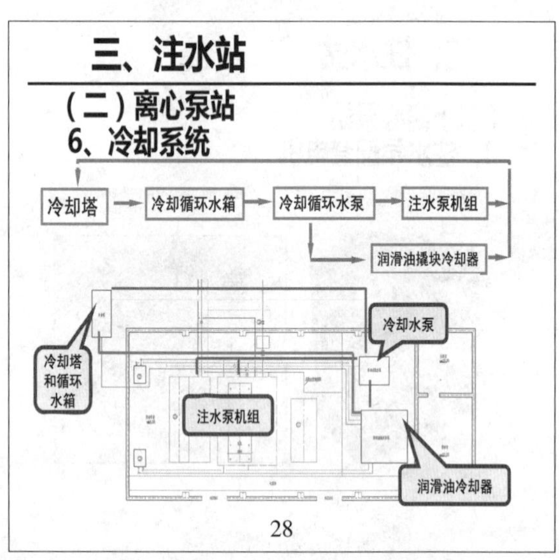
三、注水站
(二)离心泵站
6、冷却系统
冷却塔
冷却循环水箱
冷却循环水泵
注水泵机组
润滑油撬块冷却器
冷却水泵
冷却塔和循环水箱
注水泵机组
润滑油冷却器
28

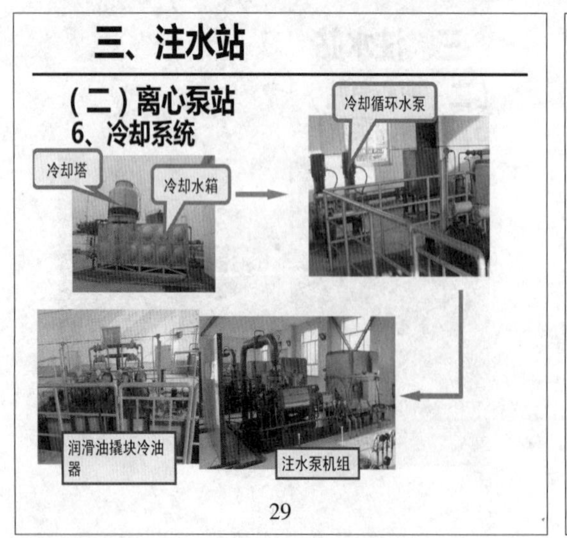
三、注水站
(二)离心泵站
6、冷却系统
冷却循环水泵
冷却塔
冷却水箱
润滑油撬块冷油器
注水泵机组
29

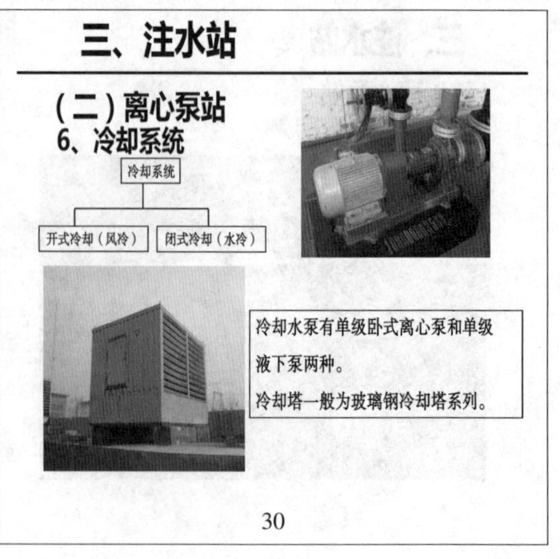
三、注水站
(二)离心泵站
6、冷却系统
冷却系统
开式冷却(风冷)
闭式冷却(水冷)
冷却水泵有单级卧式离心泵和单级液下泵两种。
冷却塔一般为玻璃钢冷却塔系列。
30

三、注水站

（二）离心泵站

7、储水罐—作用

储水罐

储备作用——防止因停水造成的缺水停泵。

缓冲作用——避免因供水管网波动，影响注水泵正常工作。

分离作用——较大固体颗粒沉降于罐底，较大颗粒的油滴浮于水面，便于集中回收处理。

31

三、注水站

（二）离心泵站

7、储水罐—容积的确定

《油田注水工程设计规范》第4.4.1条规定：

注水站设储水罐时，应按不同水质设置水罐。当为单一水质状态，宜设2座注水罐，两种水质以上宜设置3座，总的有效容量为注水站设计规模4～6h的用水量。

32

三、注水站

（二）离心泵站

7、储水罐—工艺管线的设置

注水罐一般需要设置进水管、出水管、溢流管、放空管、收油管、高压回流管线等。

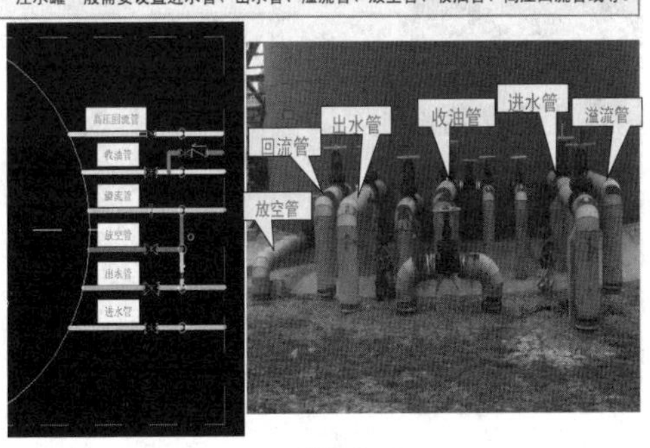

33

三、注水站

（二）离心泵站

7、储水罐—进水管罐内设计

➢当来水为油田采出水，进水管线宜设置为低进；来水为清水时，宜设置为高进，也可为低进。考虑罐底的积泥厚度等因素的影响，进水管中心距罐底高度至少为0.5m。

➢管径根据来水流量（或注水站）的设计流量确定（流速在1.0m/s左右）。

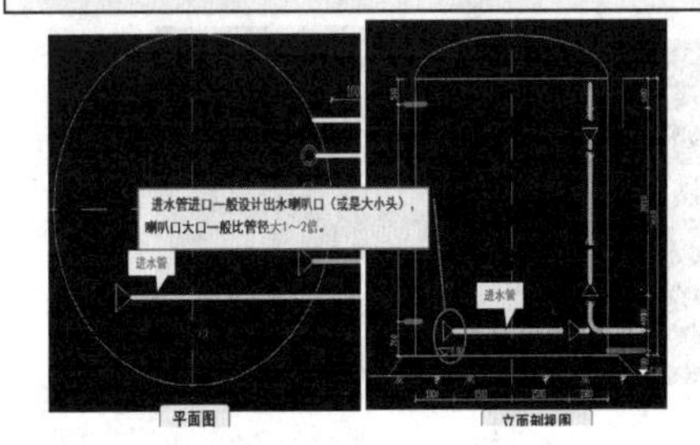

34

三、注水站

（二）离心泵站

7、储水罐—出水管罐内设计

➢罐的出水管线一般设置为低出，但需考虑罐底的积泥厚度等因素。

➢管径根据去喂水泵（或注水泵）的进口的压力和流量需求确定。

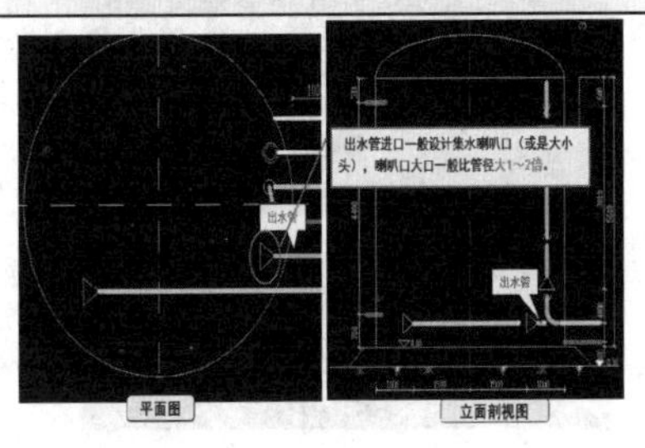

35

三、注水站

（二）离心泵站

7、储水罐—放空管罐内设计

放空管应尽量接近罐底，管径一般比进水口小1或2个规格。

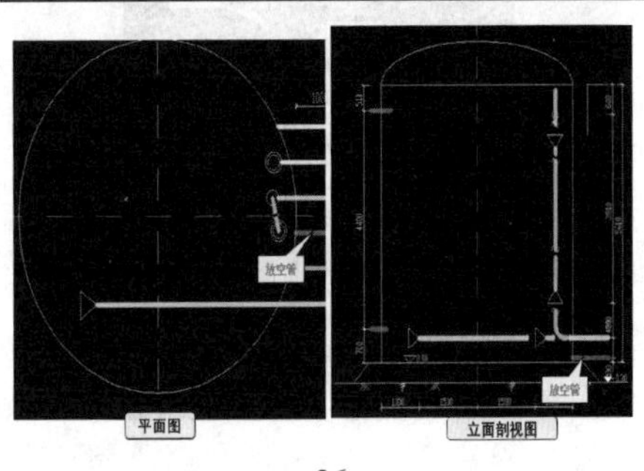

36

三、注水站

（二）离心泵站

7、储水罐—溢流管罐内设计

➢参照除油罐设计规范要求，罐的液面以上保护高度不宜小于0.5m，（注水罐溢流管线高度距离罐壁上部的高度不宜小于0.5m）；管径最低不小于来水管径。

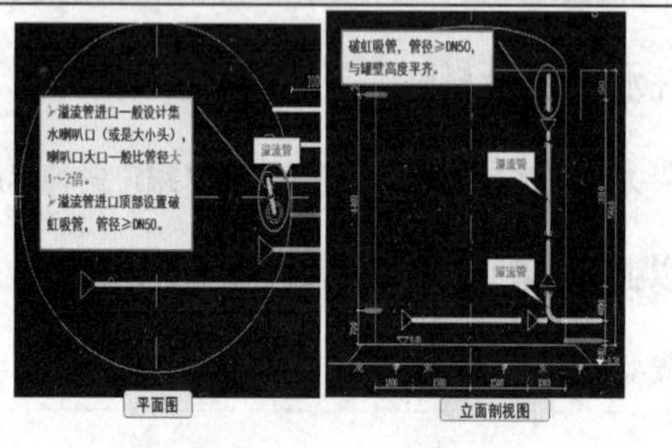

37

三、注水站

（二）离心泵站

7、储水罐—收油管罐内设计

➢贮存油田采出水的注水罐，宜设收油（或排油）设施（小的可设收油漏斗，大一点的可设置收油槽）参照除油罐设计规范，罐的集油厚度不应超过0.8m，是否加热应根据采出水温度及原油凝固点确定，收油管还必须有水封结构。

➢因为罐内收油间隔时间较长，罐内的污油老化严重，因此收油管管径应尽量放大些。

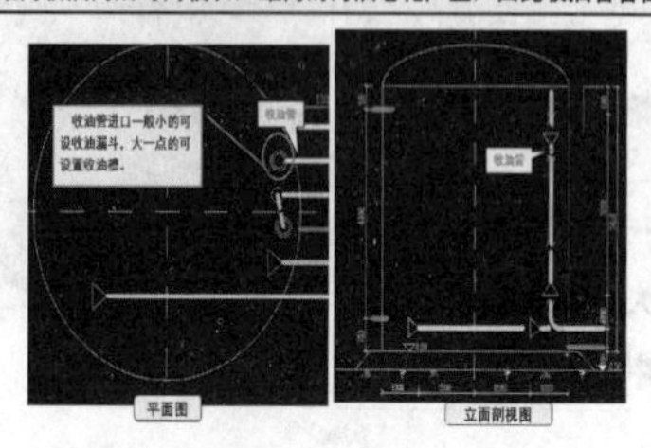

38

三、注水站

（二）离心泵站

7、储水罐—高压回流管罐内设计

➢当注水泵的高压回流管线接入注水罐内时，罐的管口管线压力等级可以为1.6MPa或者更高，但管口后的阀门必须为高压阀门，阀后的管线也应该相应为高压管线。

➢其安装高度可与进口管线的高度相当。

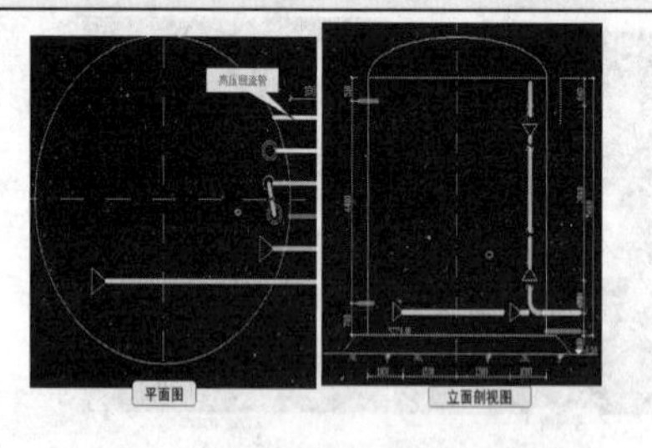

39

三、注水站

（二）离心泵站

7、储水罐—罐外设计

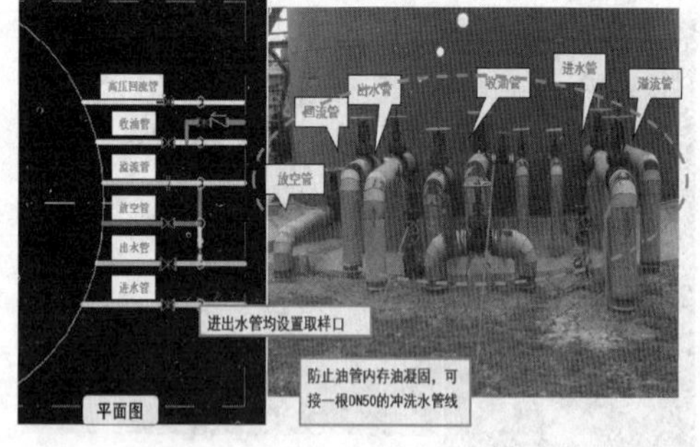

40

三、注水站

（二）离心泵站

7、储水罐—罐外设计

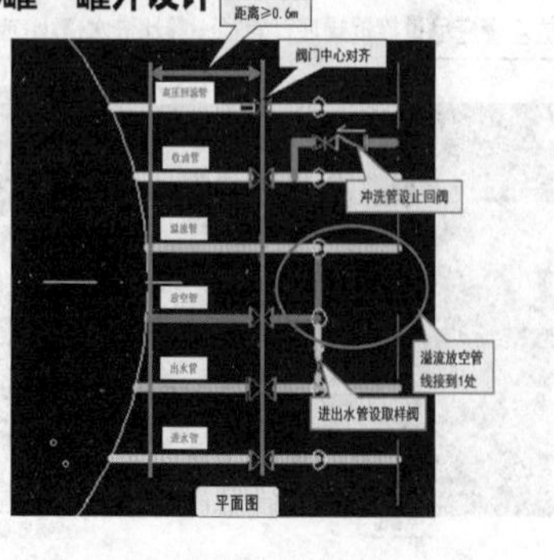

41

三、注水站

（二）离心泵站

7、储水罐—罐顶附件设置

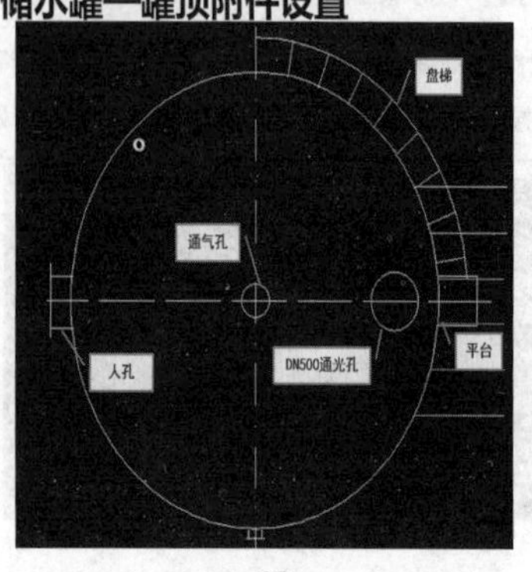

42

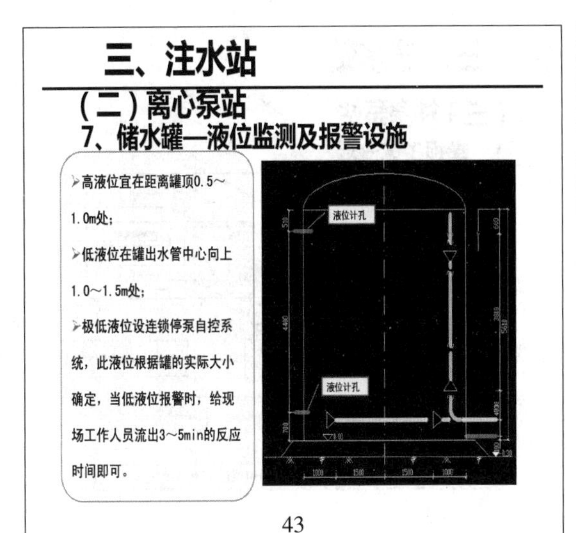

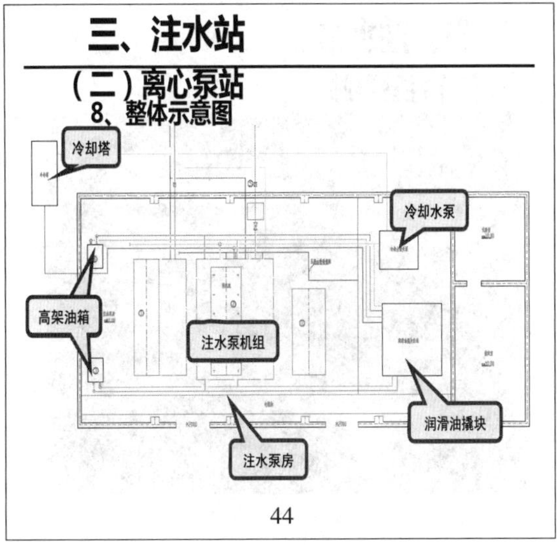

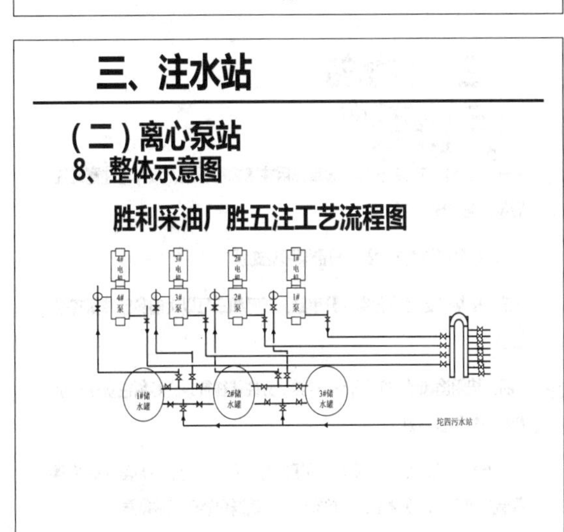

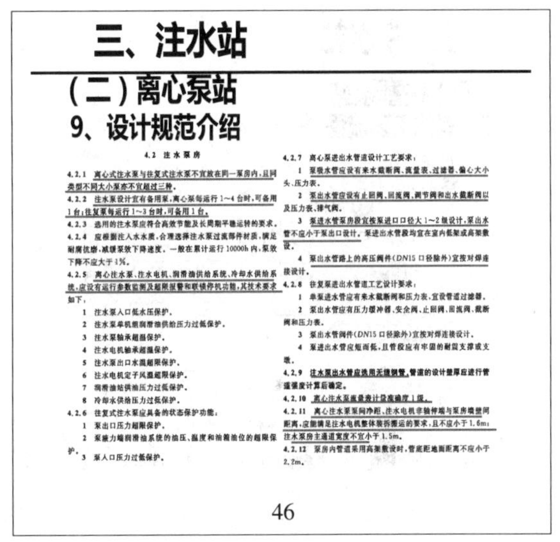

三、注水站

（二）离心泵站

9、设计规范介绍

4.2 注水泵房

4.2.1 离心式注水泵与往复式注水泵不宜放在同一泵房内，且同类型不同大小泵亦不宜超过三种。

4.2.2 注水泵设计宜有备用泵，离心泵每运行1～4台时，可备用1台；往复泵每运行1～3台时，可备用1台。

4.2.3 选用的注水泵应符合高效节能及长周期平稳运转的要求。

4.2.4 应根据注入水水质，合理选择注水泵过流部件材质，满足耐腐抗磨，减缓泵效下降速度。一般在累计运行10000h内，泵效下降不应大于1%。

4.2.5 离心注水泵、注水电机、润滑油供给系统、冷却水供给系统，应设有运行参数监测及超限报警和联锁停机功能，其技术要求如下：

1 注水泵入口低水压保护。

2 注水泵单机组润滑油供给压力过低保护。

3 注水泵轴承超温保护。

4 注水电机轴承超温保护。

5 注水泵出口水温超限保护。

6 注水电机定子风温超限保护。

7 润滑油站供油压力过低保护。

8 冷却水供给压力过低保护。

4.2.6 往复式注水泵应具备的状态保护功能：

1 泵出口压力超限保护。

2 泵排力端润滑油系统的油压、温度和油箱油位的超限保护。

3 泵入口压力过低保护。

4.2.7 离心泵进出水管道设计工艺要求：

1 泵吸水管应设有来水截断阀、流量表、过滤器、偏心大小头、压力表。

2 泵出水管应设有止回阀、回流阀、调节阀和出水截断阀以及压力表、排气阀。

3 泵进水管泵房段宜按泵进口口径大1～2级设计，泵出水管不应小于泵出口设计。泵进出水管段均宜在室内低架或高架敷设。

4 泵出水管路上的高压阀件（DN15口径除外）宜按对焊连接设计。

4.2.8 往复泵进出水管道工艺设计要求：

1 单泵进水管应有来水截断阀和压力表，宜设管道过滤器。

2 泵出水管应有压力缓冲器、安全阀、止回阀、回流阀、截断阀和压力表。

3 泵出水管阀件（DN15口径除外）宜按对焊连接设计。

4 泵进出水管应短而低，且管段应有牢固的耐震支撑或支墩。

4.2.9 注水泵出水管应选用无缝钢管，管道的设计壁厚应进行管道强度计算后确定。

4.2.10 离心注水泵流量表计量准确度1级。

4.2.11 离心注水泵泵间净距、注水电机非轴伸端与泵房墙壁间距离，应能满足注水电机整体装拆搬运的要求，且不应小于1.6m；注水泵房主通道宽度不宜小于1.5m。

4.2.12 泵房内管道采用高架敷设时，管底距地面距离不应小于2.2m。

46

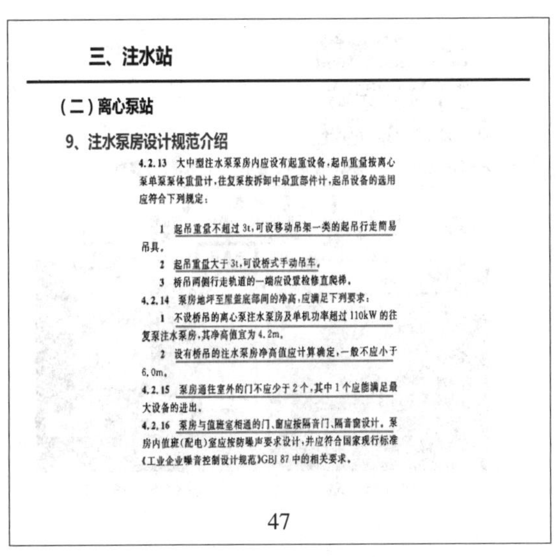

三、注水站

（二）离心泵站

9、注水泵房设计规范介绍

4.2.13 大中型注水泵泵房内应设有起重设备，起吊重量按离心泵单泵泵体重量计，往复泵按拆卸中最重部件计，起吊设备的选用应符合下列规定：

1 起吊重量不超过3t，可设移动吊架一类的起吊行走简易吊具。

2 起吊重量大于3t，可设桥式手动吊车。

3 桥吊两侧行走轨道的一端应设置检修直爬梯。

4.2.14 泵房地坪至屋盖底部间的净高，应满足下列要求：

1 不设桥吊的离心泵注水泵房及单机功率超过110kW的往复泵注水泵房，其净高值宜为4.2m。

2 设有桥吊的注水泵房净高值应计算确定，一般不应小于6.0m。

4.2.15 泵房通往室外的门不应少于2个，其中1个应能满足最大设备的进出。

4.2.16 泵房与值班室相通的门、窗应按隔音门、隔音窗设计。泵房内值班（配电）室应按防噪声要求设计，并应符合国家现行标准《工业企业噪音控制设计规范》GBJ 87中的相关要求。

47

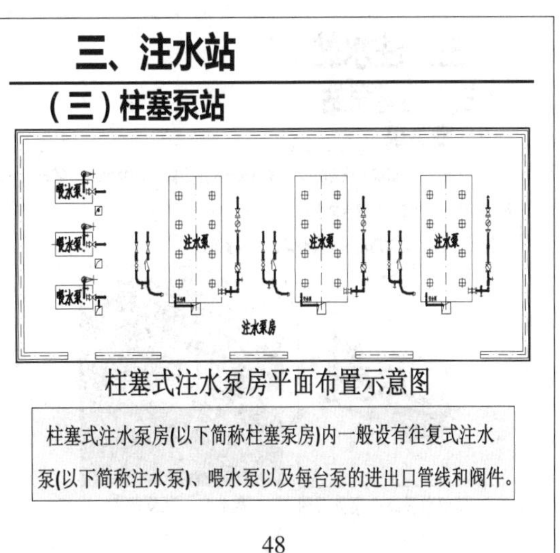

三、注水站

(三)柱塞泵站

49

三、注水站

(三)柱塞泵站

1、常规工艺流程

常规流程

隔氧浮床

浮动收油盘

收油管

处理站来水

储水罐

喂水泵

注水泵

高压阀组

站外管网

特点是：适用于面积小、注水量小的油田或低渗透油田

50

三、注水站

(三)柱塞泵站

2、其他工艺流程

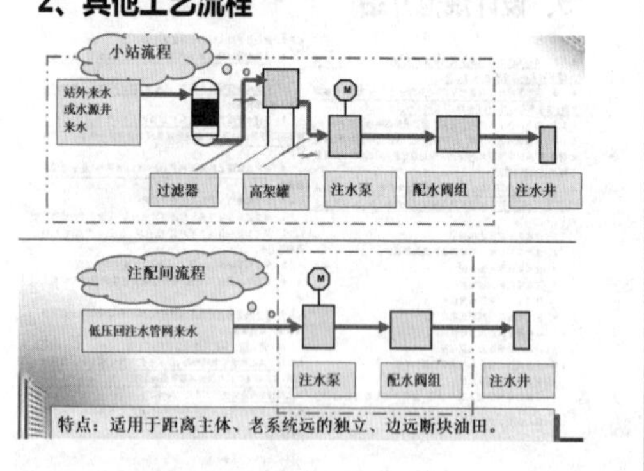

51

三、注水站

(三)柱塞泵站

3、注水泵型

●一、按作用方式来分类：分单作用柱塞式往复泵、双作用柱塞式往复泵、差动柱塞往复泵

●二、按泵缸位置来分类：分卧泵和立式泵

●三、按泵缸数目来分类：分单缸、双缸和三缸以上的多缸柱塞式往复泵

●四、按用途和输送的液体来分类：分柱塞往复泵、专用柱塞往复泵和特殊柱塞往复泵

◆柱塞泵主要应用于小流量、高压力的场合，有的液体粘度很高并随着温度的变化而变化很大，这类液体的输送只能使用柱塞泵。

52

三、注水站

(三)柱塞泵站

4、喂水泵

➢注水泵进口压力需求一般为0.03～1.5MPa,来水压力低于0.03MPa时，需设置喂水泵，主为注水泵增压供水。

➢在注水泵房内通常选用污水离心泵作为喂水泵。

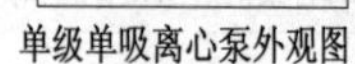

单级单吸离心泵外观图　　离心泵工艺安装图

53

三、注水站

(三)柱塞泵站

5、泵进出口阀件

➢进口：截断阀、过滤器、流量计、截止阀、压力表、避震喉

修泵时截断来水

防止杂质进入泵体

计量泵流量

修压力表时截断来水

监测泵进压

防止管子震裂

压力表　流量计　截断阀　避震喉　截止阀　过滤器

注水泵进口安装方式1

流量计　避震喉　截断阀　过滤器　传感器

注水泵进口安装方式2

54

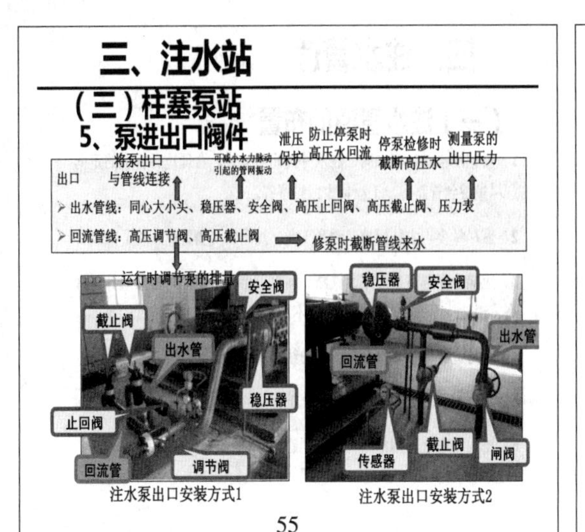

注水泵出口安装方式1　　注水泵出口安装方式2

55

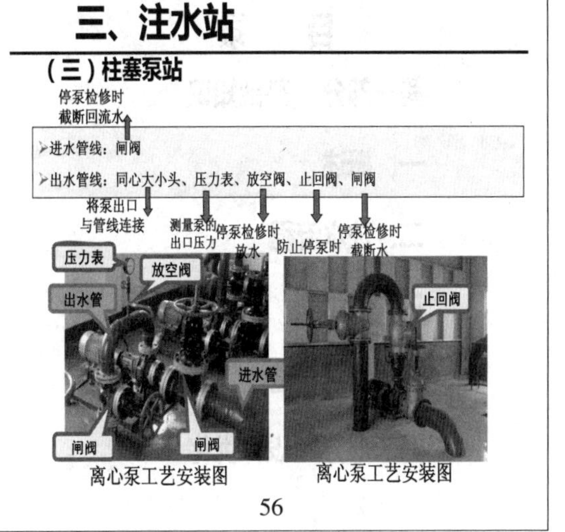

离心泵工艺安装图　　离心泵工艺安装图

56

三、注水站

（三）柱塞泵站

6、设计规范介绍

(1) 注水泵房长宽尺寸需能够安置内部注水设备，同时预留足够操作检修空间，注水泵前后两端距墙体距离需≥1.2m，单机功率超过100kW的柱塞式注水泵房，净高宜为4.2m；

(2) 注水泵房通常为砖混结构，长宽尺寸宜选用3的倍数，彩钢板或其他结构泵房根据具体情况确定；

(3) 注水泵房宜为长方形，房间内注水泵并行排列，且每座注水泵前设大门1樘，大门宽度需大于泵宽度；为方便人员进出，注水泵房宜增设1.2m宽小门1处；

(4) 泵房与值班室合建时，泵房与值班室相通的门、窗应按隔音门、隔音窗设计；

(5) 泵房内宜加装设隔音设施，符合《工业企业噪音控制设计规范》GBJ87中的相关要求。

57

三、注水站

（三）柱塞泵站

6、设计规范介绍

(1)往复式与离心式注水泵不宜放在同一泵房内，且同种类型不同大小泵不宜超过3种。

- 往复式与离心式注水泵不宜放在同一泵房内，这两种泵的运行状态、检修方式以及压力和噪音影响都不相同，否则管理和维护难度加大；
- 同一注水泵房内尽可能选用同一型号注水泵，同类大小泵型过多，将造成经济上的不合理，小泵型占用大泵的建筑空间，也是一种浪费。

(2)宜设置备用泵，每运行1～3台时，可备用1台；

(3)注水泵的参数需根据注水站规模、注水系统压力等条件确定；

(4)注水泵进出口管线设置阀件；

(5)注水泵进口管线应设低水压保护，所以进口管线上压力表为数字压力表或电接点真空压力表，量程压力信号远传至控制柜，当表压低于0.02MPa时报警并连锁停泵；

(6)注水泵出口高压管线应短而低，避免不必要的地面管线设计，水平管段大于1m时，需有牢固的支架或固定支墩；

(7)注水泵出口高压管线应选用无缝钢管，管道设计壁厚应经过管道强度计算；

(8)注水泵出口设超压保护，当表压达到注水系统压力等级时，报警并连锁停泵。

58

三、注水站

（三）柱塞泵站

6、设计规范介绍

(1) 喂水泵宜选用型号统一，宜设置备用泵；

(2) 喂水泵的排量≥注水泵排量，扬程为20～40m；

(3) 喂水泵进口管线设置阀件。

59

三、注水站

（三）柱塞泵站

7、水质稳定配套技术

1、脱氧：真空脱氧、超重力脱氧、热力脱氧及化学脱氧等。

2、加药：杀菌剂、缓蚀剂、阻垢剂等。

3、非金属材料：玻璃钢、塑料等。

4、密闭隔氧：油帽密闭、天然气密闭、氮气密闭、高分子膜浮盘密闭隔氧。

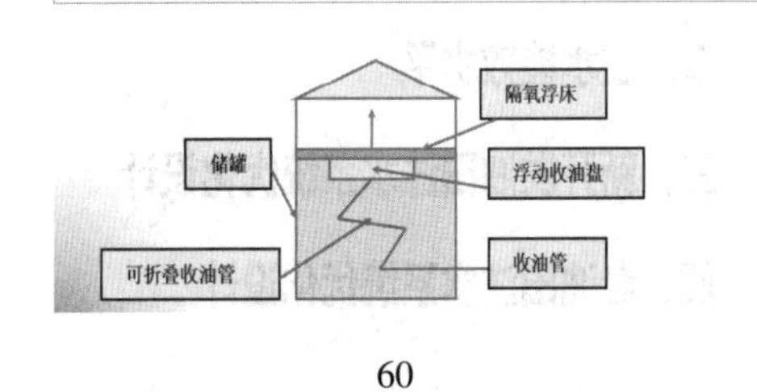

60

目　录

第一部分　基础知识

一、概述

二、注水流程

三、注水站

四、注水管道

第二部分　设计优化

61

四、注水管道

(一)注水管道的布置

1、根据注水站、配水间、注水井的相对位置，合理选择管道的走向。尽量做到管路短，工程量少，投资省。

2、应尽量少占农林用地，避开工业、民用、文物等建（构）筑物。

3、应减少穿越重要公路、铁路、河渠、山脊、沼泽，注意避开易水淹、滑坡、塌方、高侵蚀土壤等不利地区和环境。

4、应与道路、油气水管道、电力线等相协调。

5、应有利于施工和生产管理及维护。

6、还应考虑近远期相结合与分期建设的可能性。

62

四、注水管道

(一)注水管道的布置

5.2 管道敷设

5.2.1 注水管道敷设应符合下列规定：

1 注水管道宜埋地敷设。通过低洼地时，敷设方式应通过技术经济对比确定，位于沼泽、季节性积水地区、沙漠和戈壁荒原地区以及山地丘陵、黄土高原沟壑地区及其他特殊地段的注水管道，可视具体情况采用埋地、管堤、地面敷设或架空敷设。

2 地上敷设的注水管道应根据当地气候条件，确定是否采取防冻保温措施。

3 站外注水管道严禁从建(构)筑物基础下方穿过。

4 与建(构)筑物净距不应小于5m；当特殊情况小于5m时，注水管道应采取增强保护措施。

5 注水管道可沿油田专用公路路肩敷设。

6 注水管道与铁路平行敷设时，管道中心距铁路用地范围边界不宜小于3m。

7 注水管道沙漠地区埋地敷设时，应采取固沙措施。

8 滩海地区站外管道宜沿滩涂道路的管沟敷设。当敷设在道路以外时，应采取相应的稳管措施。

9 滩海陆采油田滩涂区域内的管道采用架空敷设时，管架应采用浅基础钢管架或桩基础管架，荷载计算应附加冰载荷或波浪载荷。

5.2.2 注水管道穿、跨越铁路、公路、水渠和河流的工程设计，应符合现行国家标准《油气输送管道穿越工程设计规范》GB 50423和《油气输送管道跨越工程设计规范》GB 50459的有关规定。

5.2.3 注水管道截断阀设置应符合下列规定：

1 辖6～10口注水井或2～3个多井配水间的注水干线两端宜设截断阀。

2 滩海地区站外管道串接多个平台(井台)时，应在各平台(井台)分支处下游的干管上设截断阀。

3 高压管道截断阀宜地面安装。

5.2.4 钢质注水干管、支干管在管道起点、折点、终点，以及每隔0.5km处宜设管道标志桩。

GB50391-2014《油田注水工程设计规范》

63

四、注水管道

(二)注水管道材料的选用

1、钢管：GB 6479标准的20#和16Mn无缝钢管，做各种内外防腐。

GB50316没有限制不能用GB8163管子不能用，但要求“设计压力大于等于10MPa时，无缝钢管出厂检验项目不应低于GB6479规定”。两种标准的钢管价格差别仅600元/吨，建议采用GB 6479标准的无缝钢管。

2、非金属材料：玻璃钢管道、玻璃钢复合管、增强塑料复合管等，压力等级最高可以达到35MPa

64

目　录

第一部分　基础知识

第二部分　设计优化

一、老油田注水系统存在的问题

二、注水能效水平

三、新开发油田注水系统优化设计

四、老油田注水系统优化设计

65

一、老油田注水系统存在的问题

(一)存在问题

1、站场及管网布局不合理

经过多年的滚动开发建设，很多油田的注水站位置已偏离负荷中心，注水半径过大，布局由早期的合理变得很不合理。

66

一、老油田注水系统存在的问题

2、泵站运行效率低

一是泵型单一，存在高压回流现象。如某站安装了5台单一排量注水泵，泵站运行流量对外部注水量变化适应性差，经常需要通过高压回流调节供水量。

二是离心注水泵扬程偏高，导致节流压降大。如某站原泵为9级泵。生产运行中，泵压在13MPa左右，出站干压在不到10MPa，导致泵出口阀门节流压降达3MPa以上。

三是离心注水泵排量小、效率低。2010年，胜利油田注水大调查发现，高效、大排量离心泵比例低，31座非经济运行离心泵站共装泵142台，其中排量300m3/h以上离心泵仅有37台，占总数的26.1%。

四是其他原因，如泄漏量大降低了泵效。柱塞泵使用年限长了后，因腐蚀磨损，泵吸排凡尔关闭不严，内漏量大；泵盘根损坏，外漏量大。均大大降低了泵效。

67

一、老油田注水系统存在的问题

3、注水管网效率低

一是使用年限长的注水管线腐蚀结垢严重，管线压降大；

二是多数油田注水系统采取了一个压力系统，因油层非均质性强等原因，导致配水间节流压降很大，管网效率偏低、能量浪费大。

2010年，胜利油田注水大调查发现，94座非经济运行站共有注水干（支）线417条569km，其中有63条管线结垢严重，平均压力损失达到2.1MPa/km。

67个注水系统注水井注水压力差别大，配水间控制损失高达3.9MPa，远远超出相对经济的2MPa范围。

68

一、老油田注水系统存在的问题

（二）原因分析

造成前述问题的原因很多，与本专题相关的主要有：

1、油田开发缺乏总体规划

国内油田开发基本上采取边勘探、边开发的模式，很少进行总体规划，这就造成地面系统建设越来越不优化的被动局面。

2、新油田开发参数的不确定性

多数新开发油田的基础工作深度不够，很少进行注水试验等工作，导致预测的注水压力等基础数据不准确，与实际需求相差太大。

3、地面系统的适应性不强

地面系统采用的工艺技术不够灵活，适应性较差，能耗水平普遍偏高。

69

目　录

第一部分　基础知识

第二部分　设计优化

一、老油田注水系统存在的问题

二、注水能效水平

三、新开发油田注水系统优化设计

四、老油田注水系统优化设计

70

二、注水能效水平

（一）国内外注水能效水平对比

石油石化企业既是能源生产大户，又是能源消耗大户，当前的能耗指标普遍偏高。

对于油田生产系统，注水系统的能耗占到总生产能耗的40%左右，是主要的耗能大户，但能效水平与国外还有较大差距。

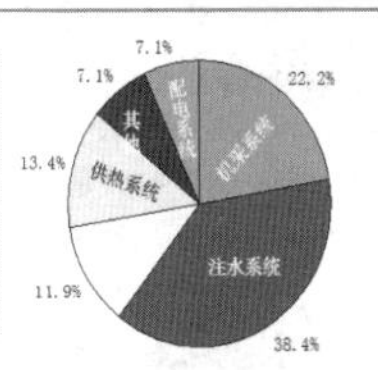

项目	国外	国内平均	国内先进
注水泵效，%	80~85	72.1	82.0
系统效率，%		47.8	55.0
注水单耗kWh/m³	5.6~6.04	6.94	

71

二、注水能效水平

（二）注水节能潜力分析

从目前国内油田注水能效水平可以看出，我们还有很大的挖潜空间。

典型案例分析：某大型离心注水站系统压力节点分析

平均泵压 MPa	平均干压 MPa	平均配水间干压 MPa	平均注水井油压 MPa	总压降 MPa
14.6	13.4	12.79	8.88	5.72

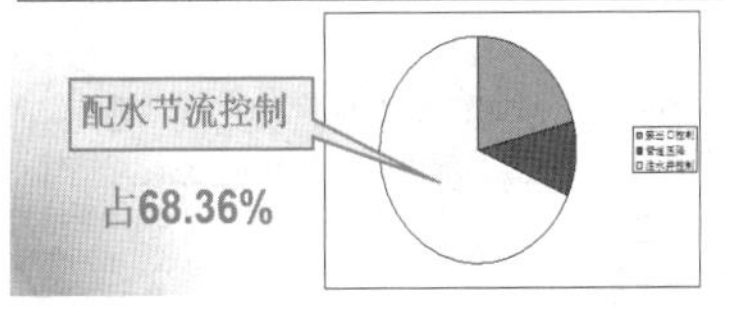

72

目　录

第一部分　基础知识

第二部分　设计优化

一、老油田注水系统存在的问题

二、注水能效水平

三、新开发油田注水系统优化设计

四、老油田注水系统优化设计

73

三、新开发油田注水系统优化设计

（一）优化设计的目标

注水系统优化设计的目标：以满足注水井配注为原则，以十年左右注水成本最低为目标。

注水成本的高低取决于工程建设投资和运行费用两大因素。

注水成本计算：Z=B/W

式中：Z—注水成本，元/m^3；

W—全年总注水量，m^3；

B—全年注水总费用，元。包括电费、清水费、加热燃气费、投资折旧、大修费、维护费、职工工资和福利等。

建设投资通常是一次性投入，但运行费用是长期重复投入，因此，降低运行费用在优化设计中尤显重要。

74

三、新开发油田注水系统优化设计

（二）优化设计应考虑的因素

注水系统优化设计，应以满足油田开发对地面系统的要求为前提，综合考虑以下因素，进行多方案技术经济比较，优选出最佳方案。

1、油田大小、注水井网布局、注水量及压力大小；

2、油田地面建设现状；

3、工艺、设备及材料技术水平；

4、操作管理水平；

5、投资和运行费用。

75

三、新开发油田注水系统优化设计

（三）优化设计的程序

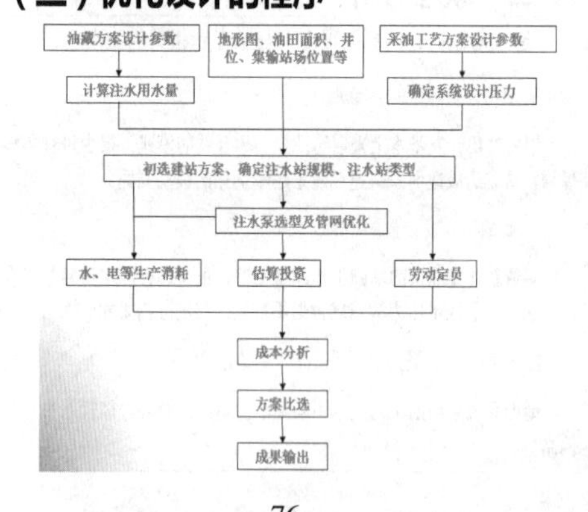

76

三、新开发油田注水系统优化设计

（四）新开发油田的特点

新开发油田的特点：

（1）基础工作薄弱，开发数据预测的准确性低。

（2）面临滚动开发的形势。

这些特点均不利于地面系统优化设计和运行，不利于实现注水能量的高效利用，其负面影响在油田中后期开发中表现非常明显。

这些不利的因素是地面工程控制不了的，但我们应发挥自己的知识与经验，在如何提高地面系统适应性、灵活性、高效性上下功夫，做好优化工作，以实现油田的高效经济开发。

77

三、新开发油田注水系统优化设计

（五）注水系统优化的内容和方法

1、注水站布局优化

建几座注水站？建在什么位置？

一般要求注水站的管辖区域面积不超过30km^2，注水站的布局应符合总体规划要求，布置在注水负荷中心或靠近高压区的位置，同时要结合油气集输、供水、供电、交通等，尽量联合建站，还要方便生产、生活和管理。

2、注水规模优化

注水规模到底多大比较合适？

（1）根据油田开发方案要求，近期和远期相结合，既满足近期（10年左右）注水的需要，又可兼顾远期注水的发展的可能。

（2）大型离心泵站规模不宜超过30000m^3/d，对处于山区、丘陵地区的低产低渗油田，单座注水站规模不宜超过1000m^3/d，否则管网投资会很大，管网压降也会很大，造成运行成本过高。

78

三、新开发油田注水系统优化设计

（五）注水系统优化的内容和方法

3、注水系统流程优化

（1）行列式井网一般选用单（或双）干管单井配水流程；

（2）面积井网一般选用单干管多井配水流程；

（3）低渗透油田可选用双干管注水流程，将注水、洗井水分开输送；对于井数较少的油田，宜单干管串接流程，洗井采用活动洗井装置洗井；

（4）独立断块、边远油田，宜采取小站流程。

（5）非均质性强的油田或层间差异大分层注水的油田，注水压力差异大于2MPa，宜选用分压注水流程。

（6）应充分利用上游流程的剩余能量。

79

三、新开发油田注水系统优化设计

（五）注水系统优化的内容和方法

4、注水管网优化

根据经济流速选择管道口径，再进行压降校核：

一般支干线压降不大于0.5MPa，单井管线压降不超过0.4MPa,管线总压降不超过1MPa。

不同规格钢管的经济流速

管径，mm	DN50	DN65	DN80	DN100	DN125
经济流速，m/s	0.9	1.0	1.1	1.2	1.25
管径，mm	DN150	DN175	DN200	DN225	DN250
经济流速，m/s	1.35	1.45	1.65	1.8	2.0

80

三、新开发油田注水系统优化设计

（五）注水系统优化的内容和方法

5、注水泵压优化

以采油方案确定的井口压力为基础，优化注水泵压和系统设计压力。

$$P_p=P_{wh}+\Delta P$$

式中：P_p——注水泵额定压力，单位为兆帕（MPa）；

P_{wh}——工程适应期所辖油田最高井口配注压力，单位为兆帕（MPa）；

ΔP——泵出口至井口装置入口间管线、阀门的压力损失。注水站站内管网的压力损失最大取0.5MPa；出站管线至最远井口间管线的压力损失一般取1.0MPa。

对于注水压力不确定的油田，可以采用泵串联流程，往复式注水泵的额定压力宜留有一定余量。

81

三、新开发油田注水系统优化设计

（五）注水系统优化的内容和方法

6、注水泵型优化

根据开发需求和压力系统优化结果，确定合理的注水站规模和注水泵压力，选择注水泵。

注水泵台数不宜超过4台，应尽量选用成熟的大排量泵，为适应注水量变化，可采取大小排量泵型组合（梯级泵技术）、注水泵调速等措施。结合目前设备技术状况，建议遵循以下原则：

a、单泵排量大于120 m^3/h，应选用离心泵。

b、单泵排量小于60 m^3/h，应选用柱塞泵。

c、单泵排量介于60~120 m^3/h之间，可选用柱塞泵或离心泵。但应进行技术经济比较。

低产低渗油田一般选用柱塞泵，并配套变频控制。

82

三、新开发油田注水系统优化设计

（五）注水系统优化的内容和方法

7、注水泵配套电机优化

配套电机应符合注水泵转速等要求，电机功率应与泵轴功率匹配，应避免“大马拉小车”现象。

电机功率计算如下：

$N=k\cdot\rho\cdot q\cdot H/(102\eta_b\cdot\eta_c)$ 或 $N=k\cdot Q\cdot\Delta P/(3.6\eta_b\cdot\eta_c)$

式中：N—电机功率，kW；

k—安全系数，取1.05~1.08；

ρ—注入水密度，kg/m^3；

q—注水泵额定排量，m^3/s；

H—注水泵扬程，m；

Q—注水泵额定排量，m^3/h；

△P—注水泵进出口压差，MPa；

η_b--泵额定效率，以小数计；

η_c--传动效率，皮带和齿轮传动时η_c可取0.97。

83

三、新开发油田注水系统优化设计

（五）注水系统优化的内容和方法

8、注水管材优选

在技术参数满足工程需求的条件下，应优先选用成熟可靠的非金属管材，对于山地、丘陵、水域多等地区，选用连续增强塑料复合管，一方面可以解决小口径钢管易腐蚀问题，又可大量减少弯头、弯管数量，方便施工。

84

目　录

第一部分　基础知识

第二部分　设计优化

一、老油田注水系统存在的问题

二、注水能效水平

三、新开发油田注水系统优化设计

四、老油田注水系统优化设计

85

四、老油田注水系统优化设计

（一）老油田的特点

（1）注水参数相对明确、稳定；

（2）不合理的布局已经形成；

（3）设备老化、生产成本高、资金投入不足。

第一条有利于我们开展优化设计。

后两条不利于优化调整，需要我们在如何充分利用现有地面设施、如何提高系统效率上多做工作，以维持老油田的经济高效开发。

86

四、老油田注水系统优化设计

（二）充分利用现有设施进行优化调整

（1）重新划分泵站管辖范围

对布局不合理的注水站，可将部分负荷调整到临近泵站，或在管网末端建注水站或增压站，重新合理划分泵站管辖范围。

（2）利用已建站和管网进行系统重组

对已建设多个泵站的油田，应充分利用现有设施、管网，进行系统重组，满足不同油层对注水水质、压力的差别化要求。

（3）优化调整注水管网

对管网效率低的系统，应分析采取分压注水、增压注水的可行性，优化完善管网布局、结构。对腐蚀严重、承压能力降低的高压管可以改为低压使用。

（4）对现有设施进行维修改造

对老化低效设备进行技术改造，充分利用其残余价值。

87

四、老油田注水系统优化设计

（三）能耗分析及节能技术应用

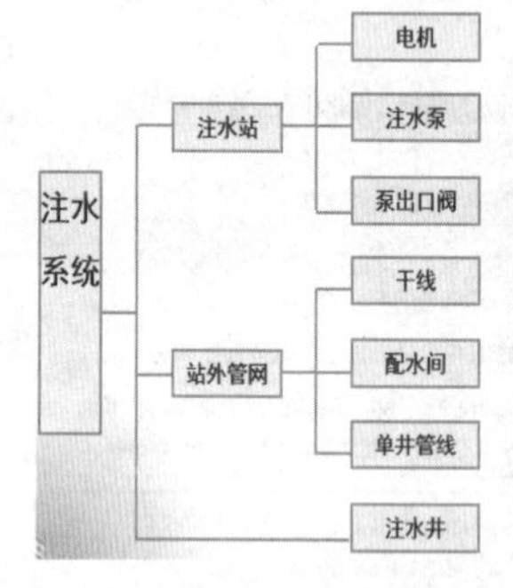

通过注水系统各节点压降及能效的综合分析，找出注水系统能耗损失的主要环节和原因，选用贡献率大的节能技术进行系统改造。

88

四、老油田注水系统优化设计

（四）改造方案编制的内容要求

一、项目概况

1、项目背景

（1）因为产能建设、细分注水等老区调整原因；

（2）现有系统存在严重的安全环保隐患问题；

（3）现有系统存在运行效率偏低导致注水能耗和成本过高问题。

2、设计依据：简述设计任务书、委托书、合同及现场与采油部门结合确定的有关事项以及主要现场资料等。

3、遵循的主要标准规范

4、研究范围：说明本项目研究的范围。

5、研究结论：推荐方案的技术措施、工程内容和技术经济指标。

89

四、老油田注水系统优化设计

（四）改造方案编制的内容要求

二、现状说明

1、系统区域情况

系统所处地理位置，由哪些站场、管网等组成，注水量、压力等情况

2、泵站

（1）建设时间、改造历程、目前的注水规模和压力

（2）现有注水泵机组状况（包括设备型号、性能参数、数量、安装时间、累计运行时间等，各泵的运行排量、压力、泵效、注水单耗等）

（3）配套系统情况（包括储罐、阀组、润滑冷却、供配电、自控等）

3、外部管网

介绍注水管网的组成、布局、具有代表性的生产运行参数、各支干线负荷情况、从出站干线—配水间的各节点运行压力。

4、目前的能效情况：平均泵效、管网效率和系统效率、注水单耗等

90

四、老油田注水系统优化设计

（四）改造方案编制的内容要求

三、存在问题分析

1、注水能力或水质不满足开发方案要求

目前能力是否满足油田开发未来5~10年的需求（包括是否存在水质不满足油藏细分注水要求）；泵站运行排量、压力与外部需求之间的矛盾，如对外部水量变化的适应性差，存在欠注情况。

2、设备流程腐蚀老化严重，存在安全环保隐患

分泵、电机和配套设备、储水罐、泵房等建构筑物、供配电、站外管线等论述，并提供主要设备、管线的维修台帐、检测报告、故障统计表、典型照片及存在问题的诊断分析等依据。

问题及具体原因（尽可能由专业机构检测评估定量分析，并提供有关评价报告）：

（1）注水泵：泵壳腐蚀严重，承压能力下降；叶轮、口环等腐蚀磨损严重，泄漏量大、效率低；叶轮腐蚀、泵轴弯曲等，引起转子动平衡差、振动大、轴承温度太高等。

（2）电机：定子线圈绝缘老化，绝缘性下降，出现烧线圈现象；水冷器结垢严重，冷却效果差，定子温升偏高；轴承等磨损严重；水冷器腐蚀漏水；电机长期过负荷运行会使电流超额而发热加剧，进而使电机长期高温。

91

四、老油田注水系统优化设计

（四）改造方案编制的内容要求

三、存在问题分析

（3）储水罐：底板、底圈板腐蚀减薄、点蚀漏水；罐顶及顶圈板腐蚀减薄，安全性差。

（4）流程等腐蚀：管线腐蚀严重，承压下降，安全性差；阀门关闭不严等。

（5）润滑冷却系统存在结垢、腐蚀穿孔等问题：润滑油冷却器腐蚀穿孔、冷却水串入润滑油，破坏油质，影响润滑；电机冷却器内壁结垢，换热效果差，影响冷却效果；冷却塔损坏，冷却效果差。按照注水泵操作规程，泵机组轴瓦温度一般保持在 45 ℃，不得超过 70 ℃，轴瓦油温不得超过 65 ℃。润滑油供油温度正常不应高于40℃，分析冷油器是否能保证出油温度不高于40℃。泵和电机轴承出油油温不应高于65℃，分析是否存在供油量不足。风冷电动机进口风温不高于 40 ℃，分析进风量是否不足；水冷电机冷却水量不低于电机要求（40m^3/h）,分析供水量是否达到要求；电机冷却器进水温度不宜超过30℃，冷却塔温降一般在8~10℃，出水温度不应高于环境气温5℃，分析冷却塔是否存在冷却效果差的问题，并分析具体原因。

（6）泵房等建筑物：墙壁风化、破损，沉降裂缝等。

（7）站外管线：腐蚀穿孔，污染环境，维修量大；高压管线点蚀，穿孔频繁，需降压运行，影响配注任务完成。检测报告应分析布点是否具有代表性，讲清楚判断整条管线不能继续使用的依据，从设计角度应说明剩余壁厚是否满足设计最大工作压力下的安全运行。

92

四、老油田注水系统优化设计

（四）改造方案编制的内容要求

三、存在问题分析

3、系统效率过低、能耗偏高

进行能效对标及分析（与《油田注水系统经济运行》SY/T 6569-2003或QSH10201943-2008要求的各节点指标对比）；存在低效运行情况时，需进行原因分析。

	注水泵效（%）	电机效率（%）	管网效率（%）	系统效率（%）
目前运行水平				
标准要求				
是否达到经济运行要求				

93

四、老油田注水系统优化设计

（四）改造方案编制的内容要求

三、存在问题分析

（1）泵站低效分析：离心泵泵效低的主要原因：运行点偏离高效区；因磨损叶轮口环间隙变大内漏量大；装配精度低、轴弯曲、润滑差等引起的轴承磨擦损耗加大等。电机效率低的主要原因：负载率太低（大马拉小车）；轴承润滑差，磨擦消耗高；供电电压经常偏低，无功损耗大；负载周期性变化频繁等。

（2）管网低效分析：进行各节点平均运行压力计算分析、注水井压力、水量分布统计分析，找出能量损失的主要环节。管线沿程压降是否超过1MPa，各条干支管有无瓶颈现象，压力损失实际值与理论计算值之间是否存在很大差异等异常情况，其原因是口径过小还是结垢太严重（配结垢情况照片、检测数据）等；配水间节流压降是否符合有关规范要求的小于1.5MPa，主要原因是因油层非均质性强、层间差异大等引起的各井注水压力差异大，低压井大量节流压降大。分析是否有分压或增压注水的可能性、必要性。

	平均泵管压差（MPa）	平均支干线压降（MPa）	平均配水间节流压降（MPa）	平均单井管线压降（MPa）
运行值				
规范要求	≤0.5	≤0.5	≤1.5	≤0.4
是否达到规范要求				

94

四、老油田注水系统优化设计

（四）改造方案编制的内容要求

四、改造方案

1、总体方案

（1）根据油田开发5~10年注水量、细分注水要求，分析是否需要扩建能力、分质注水。

（2）提出腐蚀老化设施、设备及管线的更新、修复等方案。

（3）提出分压或增压注水措施，或者采取在偏远区域建设区域性注水或增压泵站。

2、设计方案（分方案叙述）

（1）设计参数：说明设计规模及其适应期、设计压力（泵压和管网设计压力）等。

分压注水时，各系统分界压力、泵压等确定及其依据，应根据注水井压力、水量分布分析，配水间调整方案（所带高低压注水井的调整等），泵站内可用高效泵的排量、泵压（包括多级离心泵拆级后压力）、更新泵的压力、合理的泵管压差、校核的干支管压降反复推算论证，初步选定不少于两个分压值及其各系统设计能力（规模）、泵压。

（2）注水管网调整方案：根据各方案初步选定的分压值，论述如何经济合理的调整改造管网，主要包括单井管线归属配水间的优化调整、配水间改造、支干管配套（路由管径应优化）、老管线的利用等。为方便适应日后开发大调整，高低系统管线宜按高压系统考虑统一。

（3）注水泵改造方案：对应各系统设计参数和外部管网系统的调整方案，进一步优化注水泵站运行参数，并说明各压力系统的注水泵配套方案，以列表形式说明现有泵和电机规格、数量、对应的改造更新措施和实施后泵和电机的规格数量、离心泵高效运行的排量区间、效率、单耗。并描述注水泵房的布置、设备基础等改造措施等。

（4）配套设施等改造方案：提出防腐、冷却润滑、供配电、自动化及结构等配套工程方

95

四、老油田注水系统优化设计

（四）改造方案编制的内容要求

五、主要技术经济指标

1、预期的技术经济指标

改造后，各方案达到的平均泵效、管网效率和系统效率、注水单耗等数据

2、工程投资估算

六、方案对比与推荐

1、定性分析对比：施工、管理的难易程度；改造工程量大小、对生产运行和施工与生产的衔接的影响程度；对供电系统运行的影响。

2、定量分析对比：投资、能效指标（各方案实施后可达到的指标、与现状泵效、系统效率、单耗等的对比）、增量投资的回收期、注水成本对比。应由经济评估专业进行现值计算分析，一般工程按15年。

七、效益分析

说明根据推荐改造方案实施后，达到的目的，对油田开发和节能减排的贡献。

96

参考书目

（1）《采油工程手册》/万仁溥主编/石油工业出版社2000.8;

（2）《石油地面工程设计手册》第二册/中国石油天然气总公司编/石油大学出版社1995.10;

（3）主要标准、规范:

《油田注水工程设计规范》 GB 50391-2006

《油田地面工程建设规划设计规范》 SY/T 0049-2006

《油田注水系统经济运行》 SY/T 6569-2003

《油田地面工程设计节能技术规范》 SY/T 6420-2008

《油田生产系统能耗测试和计算方法》SY/T 5264-2006

97

第二十四章　注水系统效率综合分析

能效测试分析 - 目的

目的

（1）根据油田管理部门的要求，开展常规性能效测试分析，为管理部门的日常管理和决策提供数据支撑和技术支持；

（2）对于准备改造的系统进行能效测试分析，为项目改造的可行性研究提供可行的节能技改方案；

（3）对改造项目改造前、后的能效状况进行对比，对节能效果进行分析评价；

（4）对进入油田注水系统新设备或节能产品进行测试、评估。

1

能效测试分析 - 基本流程

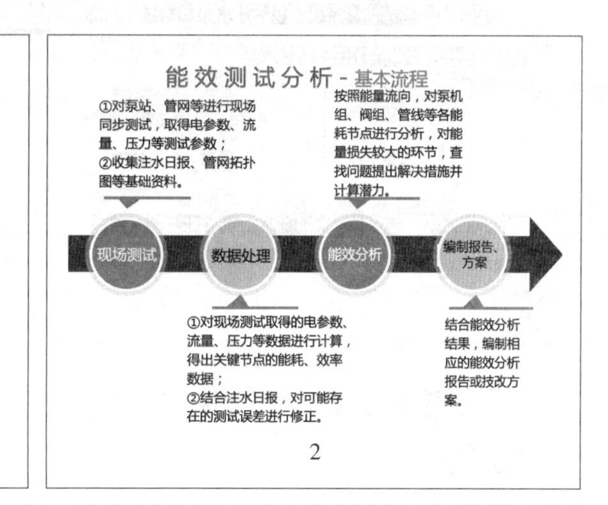

2

目 录

Contents

一　能效测试概述

二　数据处理计算

三　能效影响因素分析

四　提效措施及案例

3

一　能效测试概述

1　基本概念

2　相关标准

3　测试仪器

4　测试仪器

5　现场实施

4

1.基本概念 -（1）注水系统定义

注水系统界定

是由注水泵站、注水管网（包括配水间）和注水井口（不包括井下部分）组成的系统。

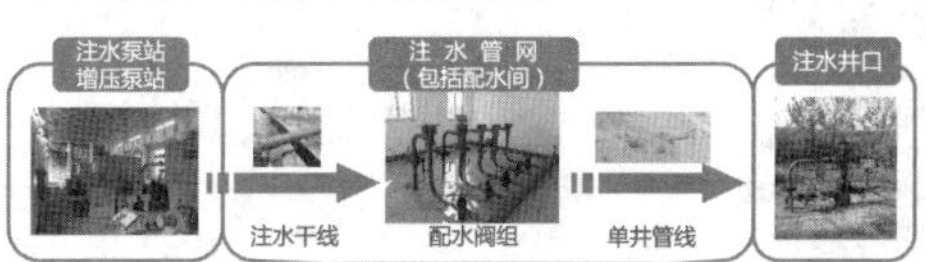

注水系统基本流程示意简图

5

1.基本概念 -（2）注水流程

注水流程分类

① 单（多）干管多井配水间流程

注水泵站将注入水经一条（或多条）注水干线输送至多井式配水间，通过配水间控制、计量后将水输送至单井，或不经配水间直接输送至单井。

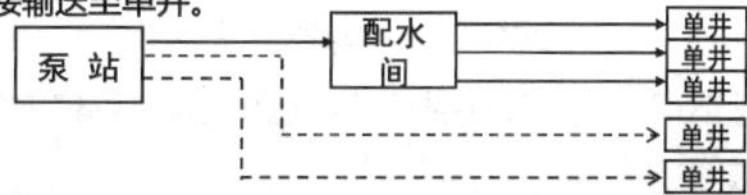

最为简单的工艺流程，胜利、江苏、江汉、西北、东北、华北等油田分公司广泛使用。

6

1.基本概念－(2)注水流程

注水流程分类

② 站内分压注水流程

采用压力不同的两套系统（包括注水泵和管线）对高、中渗透层和低渗透层分别实行注水。

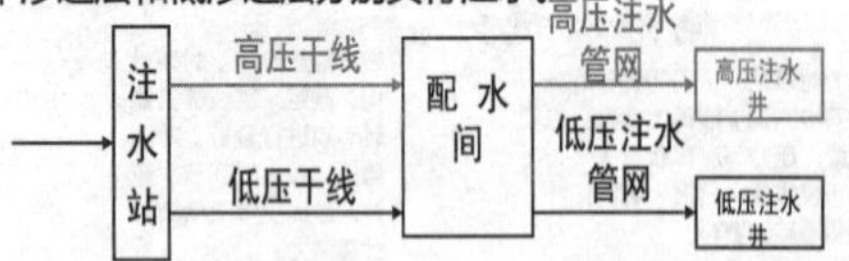

应用于渗透率普遍差异很大的注水系统，在胜利、河南等油田分公司应用较多。

7

1.基本概念－(2)注水流程

注水流程分类

③ 局部增压（二次增压）流程

对于局部不能满足注水压力需求的区域或单井，通过增压泵对高压水进行二次增压后经配水阀调配后注入。

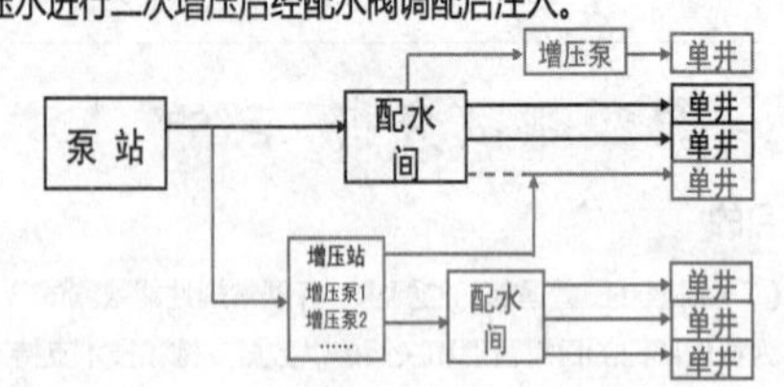

解决同一区块内部分低渗透层的注水问题，可分为局部单井增压流程和局部汇管增压流程，在中原、胜利、江汉、华东等油田分公司应用较多。

8

1.基本概念－(2)注水流程

注水流程分类

④ 注聚流程

注聚母液经母液配制站输送至注聚站，在注聚站内经单井注聚泵增压后与高压注入水混合，合注至单井。

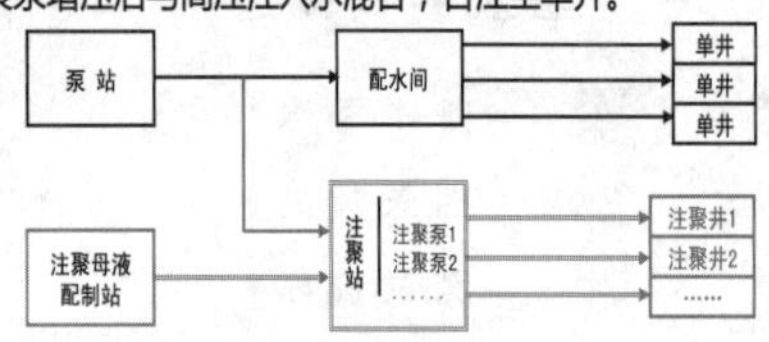

该注水流程主要应用于三次采油，在胜利、河南等油田分公司有部分应用。

9

2.相关标准－(1)测试标准

测试标准

SY/T 5264-2012《油田生产系统能耗测试和计算方法》

规定了油田注水系统、注聚合物系统的主要耗能设备、耗能单元以及系统的能耗测试和计算的要求及方法，适用于油田注水系统、注聚合物系统的主要耗能设备、耗能单元以及系统的能耗测试和计算。

相比SY/T 5264-2006版标准，对于泵机组、注水站、注水系统，引入了“能量利用率”的概念：

输出能量与输入能量的比值，以百分数表示。

SY/T5264-2006版标准

机组（注水站、系统）效率：机组（站、系统）的有效功率与泵机组（站、系统）输入功率的比值，以百分数表示。

10

2.相关标准－(1)测试标准

测试标准

SY/T 5264-2012《油田生产系统能耗测试和计算方法》

什么情况下仍可以用泵机组效率反应注水泵机组的用能情况：

当注水泵入口液体带入能量与电动机输入功率、液体带入能量之和的比值不大于0.03时，可采用效率来表征注水泵机组的用能情况；当该比值大于0.03时，应采用能量利用率来表征注水泵机组的用能情况。

★该标准将于今年修订为国家标准，主要变化：

①取消了SY/T 5264-2012 中系统和泵机组的“能量利用率”的概念，沿用我们较为熟悉的“效率”的概念；

②对注水系统部分节点计算公式进行了修订。

11

2.相关标准－(2)评价标准

评价标准

注水地面系统节能监测项目与指标

监测项目		评价指标	Q＜100	100≤Q＜155	155≤Q＜250	250≤Q＜300	300≤Q＜400	Q≥400
系统效率（%）	离心泵	限定值	≥44	≥46		≥48		
	往复泵	限定值	≥49					
	离心泵	节能评价值	≥48	≥51		≥53		
	往复泵	节能评价值	≥54					
节流损失率（%）	离心泵	限定值	≤6					
功率因数	离心泵	限定值	≥0.85	≥0.86	≥0.87	≥0.87	≥0.87	≥0.87
	往复泵	限定值	≥0.84					
机组效率（%）	离心泵	限定值	≥53	≥58	≥66	≥68	≥71	≥72
	往复泵	限定值	≥72					
	离心泵	节能评价值	≥58	≥63	≥70	≥73	≥75	≥78
	往复泵	节能评价值	≥78					

12

2.相关标准 -（2）评价标准

评价标准

②SY/T 6569-2010《油田注水系统经济运行规范》

规定了陆上油田由电动机驱动注水泵的注水地面系统经济运行的技术要求、判别与评价指标和系统管理与维护要求。

③SY/T 6420-2008《油田地面工程设计节能技术规范》

从减少能源消耗方面规定了陆上油田新建注水工程设计节能技术要求。

★ 以上两个标准对注水系统的注水站、管网的经济运行判别作出了相应的要求，为注水系统各能耗节点的能效分析提供了依据。

13

3.测试仪器-（1）电参数

测试仪器

电参数

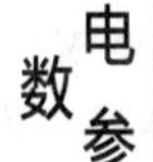

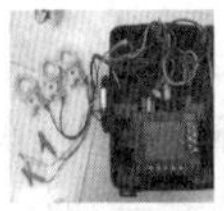

钳型电力测试仪　电能质量分析仪　在线电能表

电参数测试仪器的准确度等级要求如下：

- ◆ 电流测试仪器的准确度等级不应低于1.0级；
- ◆ 电压测试仪器的准确度等级不应低于1.0级；
- ◆ 功率测试仪器的准确度等级不应低于1.5级。

对于6000V高压电机，其二次侧低压端子排不符合测试仪器安装要求的，可使用准确度符合要求的在线电能表测量

14

3.测试仪器-（2）流量

测试仪器

超声波流量计　超声波流量计　在线流量计

流量测试仪器的准确度等级要求如下：

- ◆ 液体流量测试仪器的准确度等级不应低于1.5级。

对于不具备安装超声波流量计条件的，可使用准确度符合要求的在线流量计测量。

15

3.测试仪器-（3）压力

测试仪器

压力

耐震压力表　　压力变送器

压力测试仪器的准确度等级要求如下：

- ◆ 压力测试仪器的准确度等级不应低于1.6级。

对于不具备安装压力表条件的，可使用准确度符合要求的在线压力表、压力变送器测量。

16

4.测试准备

① 测试的前期准备与协调

- ◆ 确定测试对象，明确检测的目的，确定所检测系统的边界；
- ◆ 收集基础资料，包括被测系统的生产日报、注水井网和注水站的拓扑图以及系统工艺流程图，注水泵和电动机的设备档案等与测试有关的资料。
- ◆ 根据流程图确定测点分布和现场仪器安装位置。
- ◆ 对现场进行实地考察，对现场测试条件进行检查，对不符合条件的项目提出整改方案；对所需使用的在线仪表进行检查，检查其完好性和是否检定合格且在检定周期内，对不符合要求的在线仪表提出更换。

17

4.测试准备

② 编制测试方案

根据测试前调研资料编制测试方案，主要内容应包括：

a.被测系统的概况；

b.测试任务目的和要求；

c.测试项目和测试步骤；

d.测点布置和所需仪器仪表；

e.人员组织和分工；

f.测试进度安排；

g.测试记录表格的编制及测试数据的预处理；

h.测试应急预案等。

18

5.现场实施-（1）测试要求

测试要求

①测试期间保持系统稳定运行，除遇特殊情况外，不得自行调节泵机组、配水阀组，洗井工作暂停。正式测试应在被测对象工况稳定后开始进行。确保主要运行参数在测试期间平均值的±10%以内波动；

②对同一注水系统展开测试时，各测试节点应同步进行测试。测试的时间选择和测算数值的取值应具有平均值的代表性。测取数据的时间间隔为5min～15min，测试过程时间一般不少于1h。

19

5.现场实施-（2）测试节点

测试节点

- 注水泵站：包括储水罐、注水泵机组、分水阀组；
- 增压（泵）站：包括来水管线、增压泵机组、分水阀组；
- 注聚母液配制站：包括母液输送泵机组、分水阀组；
- 注聚站：包括来水干线，注聚母液来液干线、注聚泵机组、分水阀组；
- 配水（阀组）间：包括来水干线、配水阀组、单井管线；
- 注水井：包括来水管线、单井阀组。

20

5.现场实施-（3）测试参数

测试参数

- 注水（增压）泵站：电压、电流、有功功率、无功功率等电参数，
  注水（增压）泵的吸入压力、排出压力、流量；
  出站水压力、回流流量、温度；
- 注聚母液配制站： 母液输送泵的耗电量或输入功率、
  输入压力、输出压力、流量；
- 配 水 间：干线来水压力、单井阀后压力、单井流量；
- 注 聚 站：注聚泵耗电量或输入功率、注聚站消耗的其他能量、
  来水（注聚液）压力、注聚泵出口压力、出站压力、流量；
- 注水（聚）井口：井口压力。

21

5.现场实施-（4）测点分布

测点分布

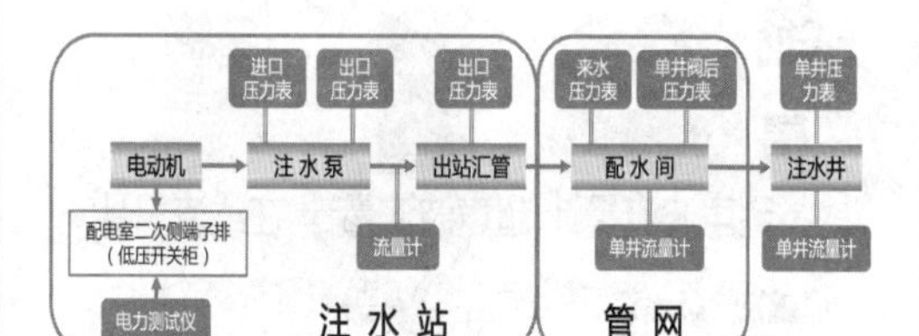

注水系统各测试节点分布示意图

22

5.现场实施-（4）测点分布

测点分布

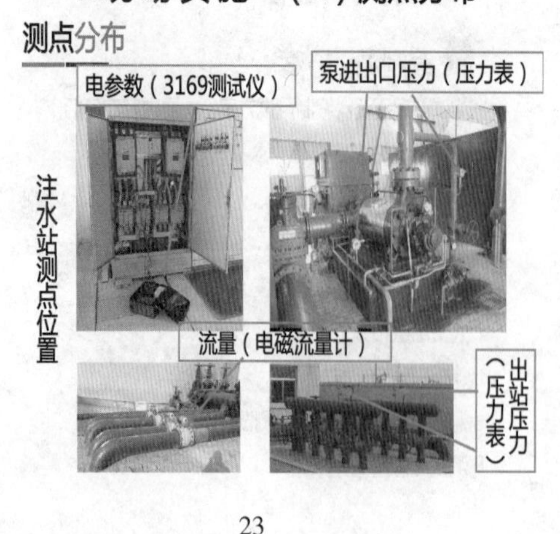

23

5.现场实施-（4）测点分布

测点分布

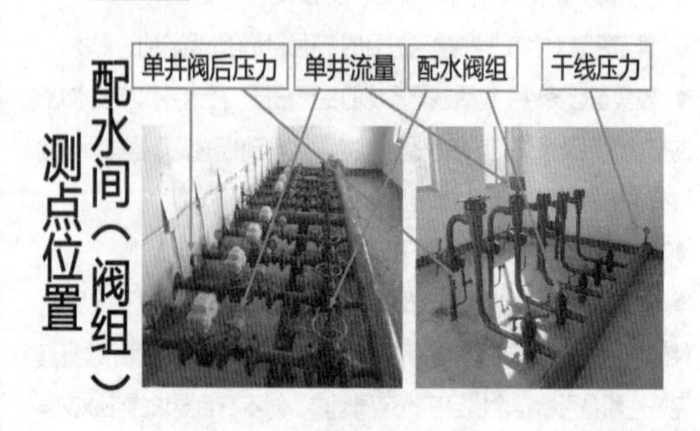

24

5.现场实施-（4）测点分布

测点分布

增压（注聚）泵机组测点位置

25

5.现场实施-（4）测点分布

测点分布

注水井测点位置

26

目录

Contents

㊀ 能效测试概述
㊁ 数据处理计算
㊂ 能效影响因素分析
㊃ 提效措施及案例

27

数据处理计算

计算参数

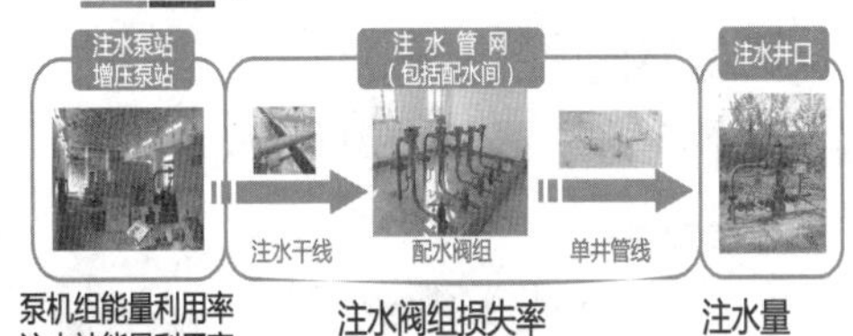

泵机组能量利用率
注水站能量利用率
注水站单耗
注水站标准单耗
站内管线损失率
节流损失率

注水阀组损失率
注水管线损失率
注水管网损失率
注水管网效率

注水量
平均井口压力

注水系统：系统能量利用率、系统效率、注水系统单耗、注水系统标准单耗

28

数据处理计算-（1）注水泵站

计算公式

① 注水泵机组能量利用率

电动机输入功率：

$$N=\sqrt{3}\cdot I\cdot U\cdot \cos\varphi\times 10^{-3}$$

非额定功率因数
而是电机运行功率因数

注水泵机组输入能量：

$$N_{Pin}=N+p_{Pin}\cdot G_P/3.6$$

注水泵机组输出能量：

$$N_{Pout}=p_{Pout}\cdot G_P/3.6$$

注水泵机组能量利用率：

$$\eta_{MP}=\frac{N_{Pout}}{N_{Pin}}\times 100\%$$

29

数据处理计算-（1）注水泵站

计算公式

② 注水站能量利用率

$$\eta_S=\frac{p_{Sout}\cdot G_S}{3.6\sum_{i=1}^{n}N_{Pini}}\times 100\%$$

式中：p_{Sout} —注水站出口压力，MPa；
G_S —注水站出口流量，m³/h;
n —注水泵数量，个。

③ 站内管线损失率

$$\varepsilon_{SP}=\frac{\sum_{i=1}^{n}(p_{Pouti}-p_{Sout})\cdot G_{Pi}}{3.6\sum_{i=1}^{n}N_{Pini}}\times 100\%$$

式中：p_{Pout} —注水泵出口压力，MPa；
G_P —注水泵出口流量，m³/h。

30

数据处理计算-（1）注水泵站

计算公式

④ 注水站单位注水量电耗（单耗）

$$M_{UC}=\frac{3.6\sum_{i=1}^{n}N_i}{G_S}\times 100\%$$

⑤ 注水站标准单耗

$$M_{UCS}=\frac{3.6\sum_{i=1}^{n}N_i}{G_S\cdot p_{Sout}}\times 100\%$$

31

数据处理计算-（1）注水泵站

计算公式

⑤ 节流损失率

泵出口阀节流损失率：泵输出功率与泵出口调节阀后有效功率之差与泵输出功率的比值，用百分数表示。（SY/T6275-2007，主要针对离心泵机组）

$$\varepsilon_{th}=\frac{p_{Pout}-p_{Sout}}{p_{Pout}}\times 100\%$$

32

数据处理计算-（2）注水管网

计算公式

① 注水阀组损失率

注水系统输入能量： $N_{SYSin}=\sum_{i=1}^{n}(N+p_{Pin}\cdot G_P/3.6)$

注水阀组损失率：

$$\varepsilon_V=\frac{\sum_{i=1}^{m}[(p_{Vin}-p_{Vout})\cdot G_W]_i}{3.6\cdot N_{SYSin}}\times 100\%$$

式中：p_{Vin} — 配水间（阀组）来水压力，MPa；
p_{Vin} — 配水间（阀组）阀后压力，MPa；
G_W — 注水井井口流量，m³/h；
m — 注水井数量，口。

33

数据处理计算-（2）注水管网

计算公式

② 注水管线损失率

$$\varepsilon_P=\frac{\sum_{i=1}^{b}(P_{Sout}\cdot G_S)_i-\sum_{j=1}^{m}(P_W\cdot G_W)_j-\sum_{j=1}^{m}[(p_{Vin}-p_{Vout})\cdot G_W]_j}{3.6\cdot N_{SYSin}}\times 100\%$$

式中：p_W — 注水井井口压力，MPa；
b — 注水泵站数量，个。

与管网损失率、阀组损失率的关系： $\varepsilon_P=\varepsilon_{PV}-\varepsilon_V$

34

数据处理计算-（2）注水管网

计算公式

③ 注水管网损失率

$$\varepsilon_{PV}=\frac{\sum_{i=1}^{b}(P_{Sout}\cdot G_S)_i-\sum_{j=1}^{m}(P_W\cdot G_W)_j}{3.6\cdot N_{SYSin}}\times 100\%$$

④ 注水管网效率（管理部门常用概念，不考虑水量损失）

$$\eta_{PV}=\frac{P_{Wave}}{P_{Poutave}}\times 100\%$$

式中：P_{Wave} — 注水井出口平均压力，MPa；
$P_{Poutave}$ — 注水泵出口平均压力，MPa。

35

数据处理计算-（3）注水系统

计算公式

① 各环节压力计算

a.各环节压力均为折算压力：

$$p_z=\rho_w\cdot g(z-z_0)\times 10^{-6}+p$$

式中：ρ_W — 注水介质密度，kg/m³；
g — 注水站出口流量，m³/h；
z — 测点海拔高度，m。
z_0 — 参考点海拔高度，MPa；
p — 各测点压力，表压，MPa。

b.各节点平均压力计算： $p_{ave}=\frac{\sum_{i=1}^{a}p_{zi}\cdot G_i}{\sum_{j=1}^{b}G_j}$

（加权计算平均值）

36

数据处理计算-（3）注水系统

计算公式

② 注水系统能量利用率

注水系统输出能量：$N_{SYSout}=\sum_{i=1}^{m}(p_{Wi}\cdot G_{Wi}/3.6)$

注水系统能量利用率：$\eta=\frac{N_{SYSout}}{N_{SYSin}}\times 100\%$

③ 注水系统效率（管理部门的常用概念和计算）

$$\eta=\eta_{MP}\cdot\eta_{PV}$$

37

数据处理计算-（3）注水系统

计算公式

④ 注水系统单位注水量电耗（单耗）

$$M_{UC}=\frac{3.6\sum_{i=1}^{n}N_i}{\sum_{i=1}^{m}G_{Wi}}\times 100\%$$

⑤ 注水系统标准单耗

$$M_{UCS}=\frac{3.6\sum_{i=1}^{n}N_i}{\sum_{i=1}^{m}G_{Wi}\cdot p_{Wave}}\times 100\%$$

38

目录

Contents

一　能效测试概述

二　数据处理计算

三　能效影响因素分析

四　提效措施及案例

39

1.能量流向模型

能效分析：在取得各环节的电参数、流量、压力等基本数据并根据标准计算得出相应的能效数据后，按照能量流向，对泵机组、阀组、管线等各能耗节点，对照评价标准分别进行评价，分析各环节能量损失、效率较低的原因，提出解决措施并计算潜力。

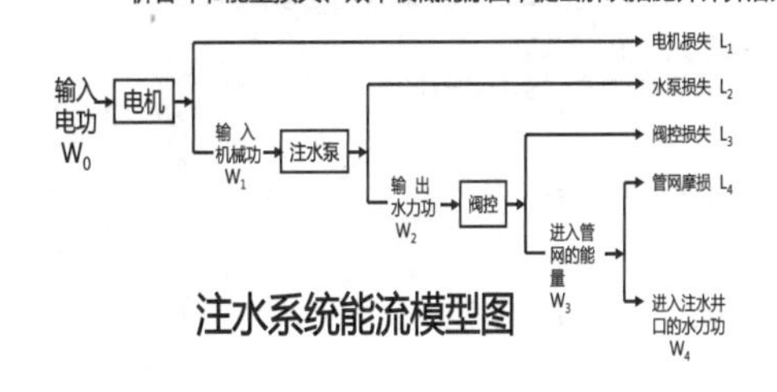

注水系统能流模型图

40

1.能量流向模型

能效分析：在取得各环节的电参数、流量、压力等基本数据并根据标准计算得出相应的能效数据后，按照能量流向，对泵机组、阀组、管线等各能耗节点，对照评价标准分别进行评价，分析各环节能量损失、效率较低的原因，提出解决措施并计算潜力。

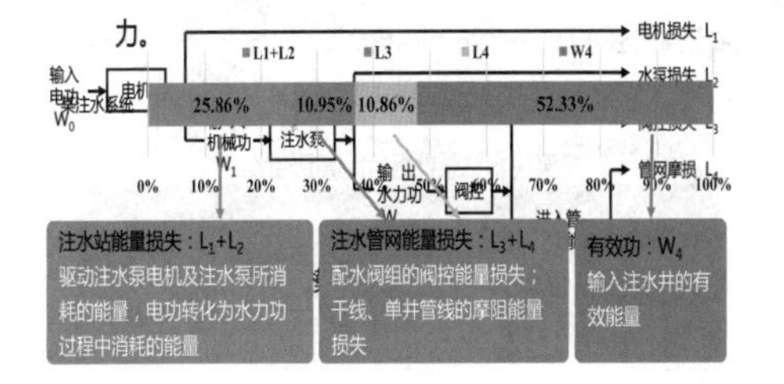

41

2.能效影响因素-（1）注水站

主要指标

◆ 注水泵机组效率：注水泵有效功率与注水泵电动机输入功率的比值，以百分数表示。

◆ 站内管线损失率：注水站内管线功率损失与注水系统输入能量的比值，以百分数表示。

◆ 注水站效率：注水站输出注水的输出功率与注水站内驱动注水泵的电机输入功率之和的比值，以百分比表示。

42

2.能效影响因素 -（1）注水站

注水站能效影响因素

① 注水设备自身效率

a.机泵匹配分析

根据注水泵输出功率，分析电机与注水泵的匹配情况，机泵不匹配会导致注水电机低负载运行，效率降低

◆ 安全系数选择过大，在正常运行工况下电机出力小，负载率低，导致自身损耗比重较大，电机效率降低；

◆ 注水站对离心泵进行拆级或切削叶轮改造后，泵轴功率减小，所配用电机没有进行相应的降容，也会导致电机负载率降低，无功损耗比重增大，电机效率降低。

43

2.能效影响因素 -（1）注水站

注水站能效影响因素

① 注水设备自身效率高低

b.注水泵选型分析

根据所需注水量、注水压力、地层渗透等情况分析注水泵的选择是否合理；

离心泵、往复泵是目前注水系统应用的两种主力泵型，各有其不同的适用范围。

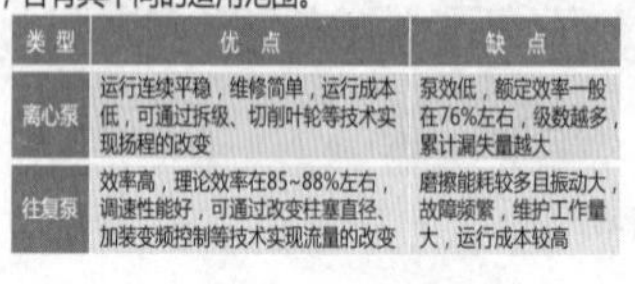

类型	优点	缺点
离心泵	运行连续平稳，维修简单，运行成本低，可通过拆级、切削叶轮等技术实现扬程的改变	泵效低，额定效率一般在76%左右，级数越多，累计漏失量越大
往复泵	效率高，理论效率在85~88%左右，调速性能好，可通过变柱塞直径、加装变频控制等技术实现流量的改变	磨擦能耗较多且振动大，故障频繁，维护工作量大，运行成本较高

85.0%
80.0%
75.0%
70.0%
65.0%
60.0%
79.69%
75.86%
67.74%
平均机组效率
■往复泵
■大排量离心泵
■小排量离心泵

44

2.能效影响因素 -（1）注水站

案例：A、B、C三个注水站注水量基本相同，其中A注水站运行4台往复泵，B和C注水站分别运行2台和1台离心式注水泵，A注水站泵机组效率分别比B和C注水站高出26.5和16.4个百分点。

原因分析：小排量离心泵自身泵效偏低是导致B和C注水站机组效率低的主要原因。

某注水站泵机组运行情况对比

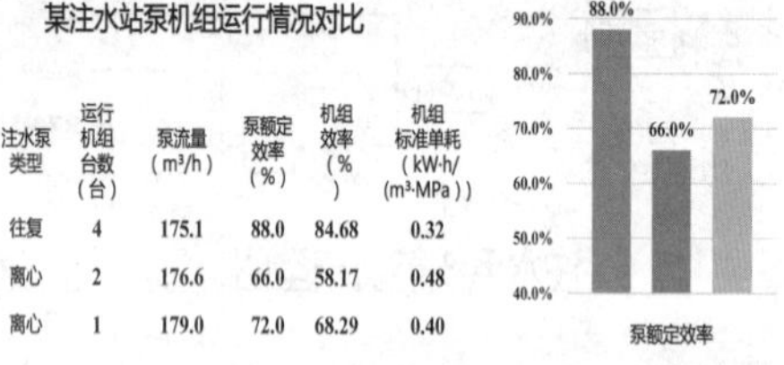

注水站名称	注水泵类型	运行机组台数（台）	泵流量（m³/h）	泵额定效率（%）	机组效率（%）	机组标准单耗（kW·h/(m³·MPa)）
A	往复	4	175.1	88.0	84.68	0.32
B	离心	2	176.6	66.0	58.17	0.48
C	离心	1	179.0	72.0	68.29	0.40

100.0%
90.0%
80.0%
70.0%
60.0%
50.0%
40.0%
88.0%
66.0%
72.0%
泵额定效率

45

2.能效影响因素 -（1）注水站

注水站能效影响因素

② 注水设备与注水管网之间供需匹配情况

注水站是一次性投资，当注水区块产能变化较大时，注水设备无法完全适应动态的生产变化过程，因此可能出现“供大于需”的情况，此时必须控制出站压力，通常是通过减小阀门开度，将多余压能消耗在阀门阻力上。

46

2.能效影响因素 -（1）注水站

注水站能效影响因素

② 注水设备与注水管网之间供需匹配情况

供需不匹配的几个表现

a.离心泵机组低负载运行

◆ 站外水量需求降低，站内注水泵组合无法满足水量调整需求，导致泵机组低负载运行、偏离高效区，效率降低。

b.注水泵扬程选择不合理

◆ 注水泵扬程选择过大，导致泵出口压力过高，需阀门控制出站压力，增大了泵管压差，加剧了站内管线能量损失。

c.泵与泵之间扬程不匹配

◆ 站内多台泵并联运行，泵与泵之间存在压力差，增大了注水站的站内管线损失率。

d.调速装置调参不合理

◆ 变频器手动调节，未根据注水量变化及时调参，导致出现“憋压”现象。

47

2.能效影响因素 -（1）注水站

案例：某注水站2007年和2012年测试期间均运行7#和8#离心注水泵机组，这期间未更换过电机和注水泵。2012年该站泵机组效率下降了8.6个百分点。

原因分析：注水量下降了26.2%，电机和注水泵负载大幅降低，导致设备偏离了高效区运行，机组效率降低。

η、P、H
高效区
H
η-Q
H-Q
P-Q
Q
离心泵特性曲线

某注水站泵机组运行情况对比

测试时间（年）	电机型号	泵型号	输入功率（kW）	泵出口压力（MPa）	泵流量（m³/h）	有效功率（kW）	机组效率（%）
2007	YK1250-2/990	DF120-180*12	2208.0	22.19	239.34	1474.6	66.78
2012			1960.0	23.30	176.55	1140.1	58.17

48

2.能效影响因素 -（2）注水管网

主要指标

◆ 注水阀组损失率：注水管网中阀组功率损失与注水系统输入功率的比值，以百分数表示。

◆ 注水管线损失率：注水管网中注水管线的功率损失与注水系统输入功率的比值，以百分数表示。

◆ 注水管网损失率：注水管网中阀组和注水管线的功率损失之和与注水系统输入功率的比值，以百分比表示。

49

2.能效影响因素 -（2）注水管网

注水管网压力传递图

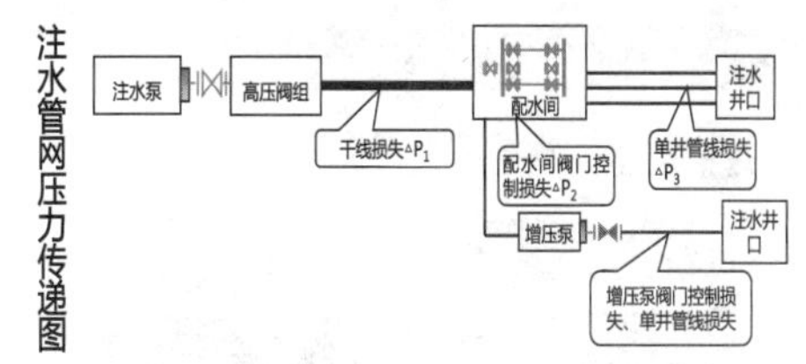

按照注水的地面管网环节来分，管网损失由以下几部分组成：

a.泵站至配水间的干线损失△P1；

b.配水间的单井阀控损失△P2；

c.配水间出口单井管线至单井井口的管线损失△P3；

d有二次增压的系统还包括增压泵出口的阀控损失、管线损失。

50

2.能效影响因素 -（2）注水管网

注水管网能效影响因素

① 干线压力损失

干线压力损失指注水站出站至配水间（或分水阀组）之间管线的压力损失。

干线压力损失大的原因：a.随着油田滚动开发建设，注水井分布发生变化，导致注水站偏离负荷中心，造成注水站与注水井布局不合理；

某注水系统

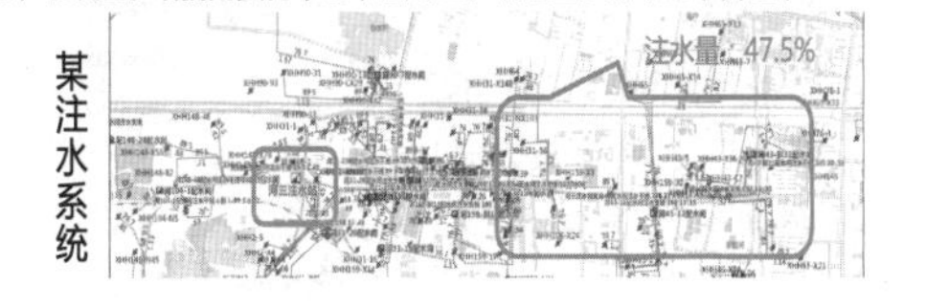

51

2.能效影响因素 -（2）注水管网

注水管网能效影响因素

① 干线压力损失

干线压力损失大的原因：b.注水半径过大，干支线过长，沿程损失增大；

干线压力损失按注水半径分类统计

注水半径	数量（个）	平均干线压力损失（MPa）
＞5km	6	1.24
(3km，5km]	23	0.94
≤3km	21	0.37

备注：根据2015年度中石化注水系统抽检结果统计

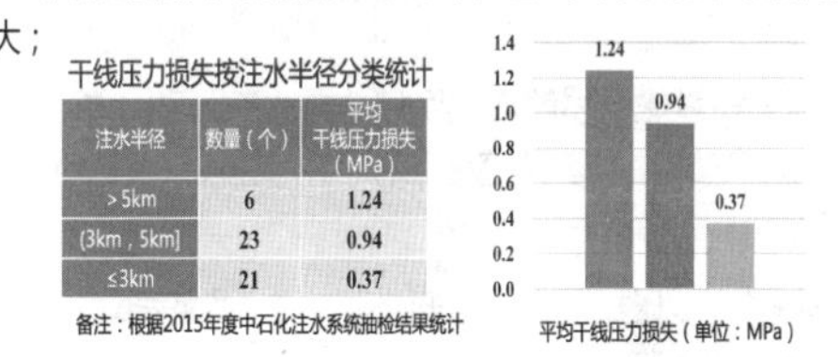

平均干线压力损失（单位：MPa）

◆ 抽检的56个注水系统中注水半径最大的达11.7km，其干线压力损失高达2.6MPa。

52

2.能效影响因素 -（2）注水管网

注水管网能效影响因素

① 干线压力损失

干线压力损失大的原因：c.管线维护保养力度不够，管网结垢导致管壁粗糙、管径变细，管线摩阻损失增大，随着管线使用年限增加，问题加剧。

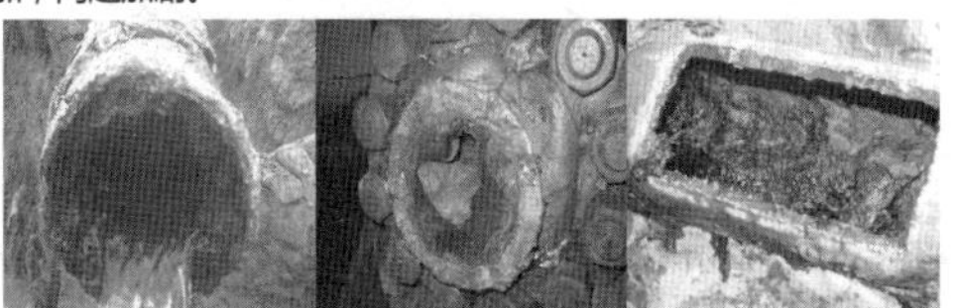

备注：根据2015年度中石化注水系统抽检结果统计　平均干线压力损失（单位：MPa）

备注：示例图片为胜利技术检测中心测试收集的注水管线结垢照片

53

2.能效影响因素 -（2）注水管网

注水管网能效影响因素

② 配水间阀控压力损失

对于注水井，为了满足配注要求，需要通过控制配水阀开度来调节注水量，通过减小阀门开度，将多余压能消耗在阀门阻力上，即阀控压力损失。

◆ 阀控压力损失是管网损失最大的一个环节。从中石化某次注水系统抽检结果来看，配水间阀控压力损失占比66.3%。

配水间阀控压力损失 66.3%
干线压力损失 20.0%
单井管线压力损失13.6%

注水管网各环节压力损失比例图

54

2.能效影响因素 -（2）注水管网

注水管网能效影响因素

② 配水间阀控压力损失

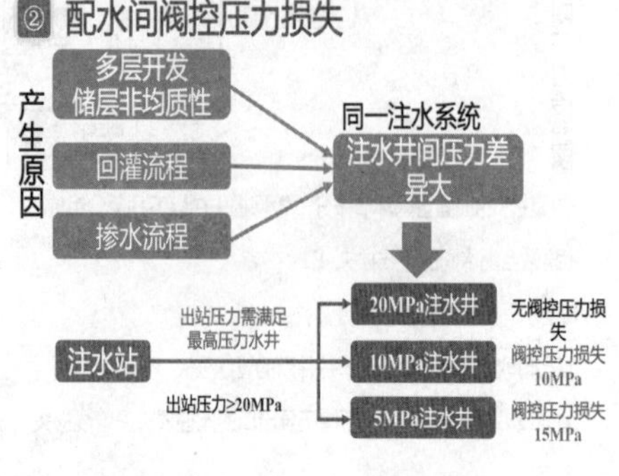

55

2.能效影响因素 -（2）注水管网

注水管网能效影响因素

② 配水间阀控压力损失

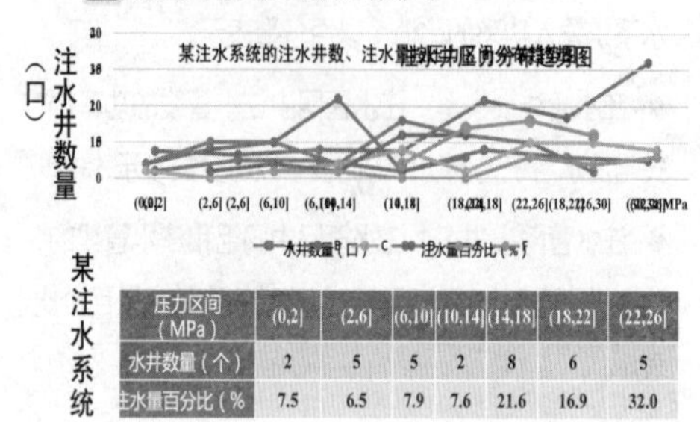

某注水系统

压力区间（MPa）	(0,2]	(2,6]	(6,10]	(10,14]	(14,18]	(18,22]	(22,26]
水井数量（个）	2	5	5	2	8	6	5
注水量百分比（%	7.5	6.5	7.9	7.6	21.6	16.9	32.0

56

2.能效影响因素 -（2）注水管网

注水管网能效影响因素

③ 单井管线压力损失

单井管线压力损失指配水间（或分水阀组）阀后至注水井之间管线的压力损失。

◆ 单井管线损失主要为管线摩阻损失，与注水干线相比，单井管线具有输送距离短、流量小、管径细的特点，其损失一般不超过0.5MPa。

◆ 影响单井管线压力损失因素与干线相似，主要为管线长度、管径以及管线的结垢情况等有关。

57

2.能效影响因素 -（3）二次增压流程

二次增压流程能效影响因素

① 单泵单井增压流程

单泵单井增压流程普遍存在问题：①增压泵机组效率较低；

原因分析：流量小、受单井地层情况变化影响较大，对于泵选型存在一定困难。往往电机和泵配型较大，导致设备与工况匹配情况差，易轻载运行，降低了效率。

◆ 从中石化某次注水系统增压泵机组效率抽检结果来看，电机功率利用率仅28.26%，平均机组效率仅42.93%。

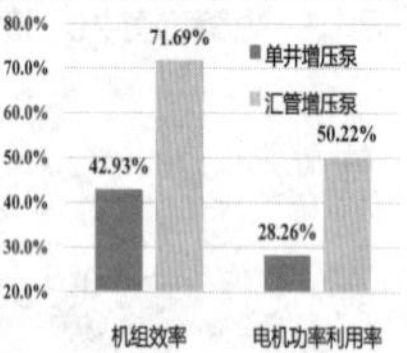

58

2.能效影响因素 -（3）二次增压流程

二次增压流程能效影响因素

① 单泵单井增压流程

单泵单井增压流程普遍存在问题：②维护保养不及时，导致泵存在漏失、机械磨损增大等问题；

59

2.能效影响因素 -（3）二次增压流程

二次增压流程能效影响因素

② 汇管增压流程

汇管增压流程：通过单泵对多井增压或多台泵对多井同时增压的增压流程，增压泵多设置在配水间或专门的增压站，泵出口安装分水器和节流阀或在井口节流降压，以满足增压井不同压力等级的要求。

汇管增压流程的主要问题：增压后阀控压力损失大

◆ 根据中石化某次注水系统抽检结果，共测试76个汇管增压流程，包含125台增压泵、482口增压井，平均阀控压力损失达4.2MPa，其中13.1%的增压井阀控压力损失超过10MPa。

60

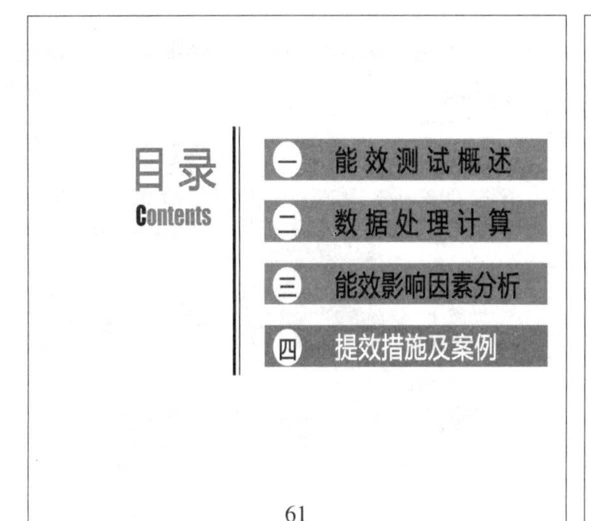
目录
Contents
一 能效测试概述
二 数据处理计算
三 能效影响因素分析
四 提效措施及案例
61

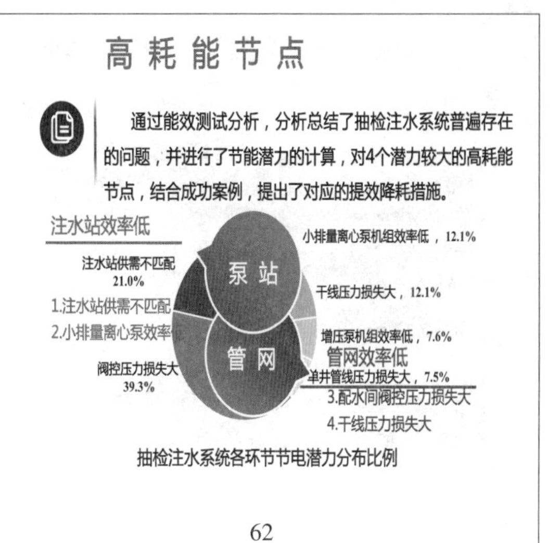
高耗能节点
通过能效测试分析，分析总结了抽检注水系统普遍存在的问题，并进行了节能潜力的计算，对4个潜力较大的高耗能节点，结合成功案例，提出了对应的提效降耗措施。
注水站效率低
注水站供需不匹配 21.0%
1.注水站供需不匹配
2.小排量离心泵效率低
阀控压力损失大 39.3%
泵站
管网
小排量离心泵机组效率低，12.1%
干线压力损失大，12.1%
增压泵机组效率低，7.6%
管网效率低
单井管线压力损失大，7.5%
3.配水间阀控压力损失大
4.干线压力损失大
抽检注水系统各环节节电潜力分布比例
62

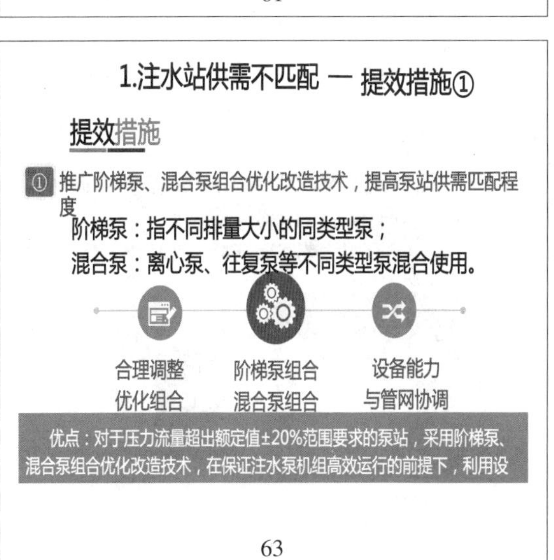
1.注水站供需不匹配 — 提效措施①
提效措施
① 推广阶梯泵、混合泵组合优化改造技术，提高泵站供需匹配程度
阶梯泵：指不同排量大小的同类型泵；
混合泵：离心泵、往复泵等不同类型泵混合使用。
合理调整 优化组合
阶梯泵组合 混合泵组合
设备能力 与管网协调
优点：对于压力流量超出额定值±20%范围要求的泵站，采用阶梯泵、混合泵组合优化改造技术，在保证注水泵机组高效运行的前提下，利用设
63

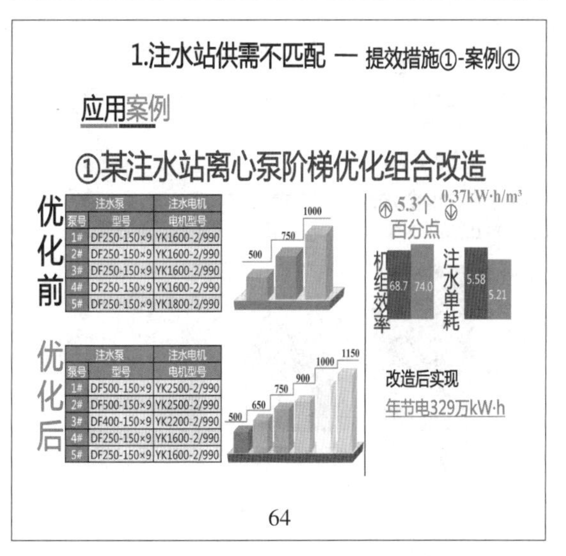
1.注水站供需不匹配 — 提效措施①-案例①
应用案例
①某注水站离心泵阶梯优化组合改造
优化前
泵号 注水泵 型号 注水电机 电机型号
1# DF250-150×9 YK1600-2/990
2# DF250-150×9 YK1600-2/990
3# DF250-150×9 YK1600-2/990
4# DF250-150×9 YK1600-2/990
5# DF250-150×9 YK1800-2/990
500 750 1000
优化后
泵号 注水泵 型号 注水电机 电机型号
1# DF500-150×9 YK2500-2/990
2# DF500-150×9 YK2500-2/990
3# DF400-150×9 YK2200-2/990
4# DF250-150×9 YK1600-2/990
5# DF250-150×9 YK1600-2/990
500 650 750 900 1000 1150
5.3个百分点
0.37kW·h/m³
机组效率 68.7 74.0
注水单耗 5.58 5.21
改造后实现
年节电329万kW·h
64

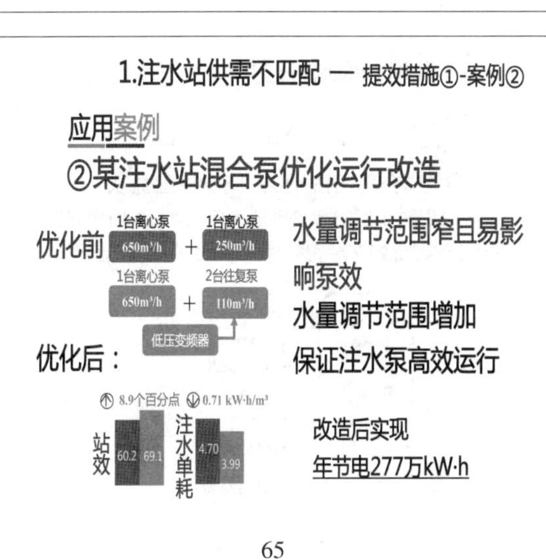
1.注水站供需不匹配 — 提效措施①-案例②
应用案例
②某注水站混合泵优化运行改造
优化前 1台离心泵 650m³/h + 1台离心泵 250m³/h
水量调节范围窄且易影响泵效
优化后： 1台离心泵 650m³/h + 2台往复泵 110m³/h
低压变频器
水量调节范围增加
保证注水泵高效运行
8.9个百分点 0.71 kW·h/m³
站效 60.2 69.1
注水单耗 4.70 3.99
改造后实现
年节电277万kW·h
65

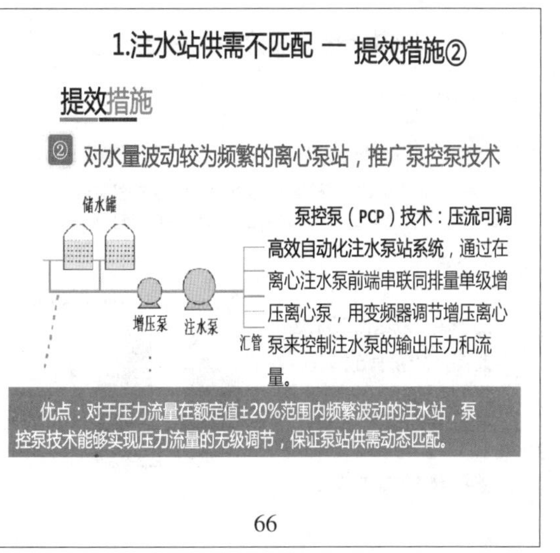
1.注水站供需不匹配 — 提效措施②
提效措施
② 对水量波动较为频繁的离心泵站，推广泵控泵技术
储水罐
增压泵 注水泵
汇管
泵控泵（PCP）技术：压流可调高效自动化注水泵站系统，通过在离心注水泵前端串联同排量单级增压离心泵，用变频器调节增压离心泵来控制注水泵的输出压力和流量。
优点：对于压力流量在额定值±20%范围内频繁波动的注水站，泵控泵技术能够实现压力流量的无级调节，保证泵站供需动态匹配。
66

1.注水站供需不匹配 — 提效措施②-案例

应用案例

某注水站泵控泵改造效果对比

项目	3#泵改造前	应用PCP技术后
泵管压差	1.9-2.5MPa	0.3MPa以内
注水量	400m³/h	320-450m³/h
压流调节	无调节	压流可调
注水单耗	7.67kW·h/m³	6.44kW·h/m³
年耗电	电量：2024万度 水量：264万m³	电量：1900万度 水量：295万m³

应用泵控泵技术改造的注水站改造效果

应用PCP的注水站	A注水站	B注水站	C注水站
注水单耗（kW·h/m³）	↓1.2	↓1.6	↓0.6
节电量（万kW·h/年）	124	151	167

67

1.注水站供需不匹配 — 提效措施③

提效措施

③ 推广往复泵站变频器闭环控制技术，实现与管网的动态匹配

变频器闭环控制技术：通过变送器反馈管网压力、流量来控制变频器的频率，从而改变往复泵冲次，达到控制出站压力和流量的目的。

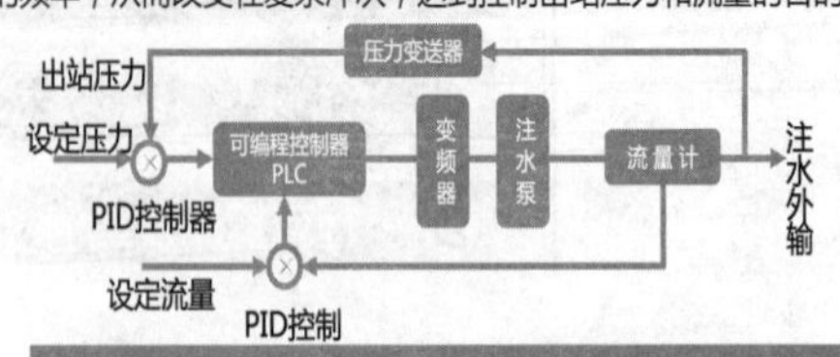

优点：不需要阀门截流或回流控制，使往复泵站的水量调节更加平稳，保持供需动态平衡，消除泵管压差，提高站效。

68

1.注水站供需不匹配 — 提效措施③-案例

应用案例

某注水站变频闭环控制

2012年投产时即配备了变频调速闭环控制装置，站内泵管压差为0.05MPa，比该油田往复泵站平均泵管压差低0.37MPa。

变频器

压力变送器

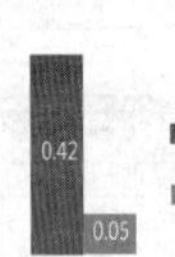

泵管压差（MPa）

69

2.小排量离心泵效率低 — 提效措施①

提效措施

① 推广单台大排量离心泵，替代多台小排量离心泵并联运行模式

优点：①大排量离心泵效率明显高于小离心泵；

②减少了运行台数，可降低注水泵间的相互干扰，减小站内管网水力能损失。

注水站名称	A注水站	B注水站
注水量（m³/h）	526.8	465.0
运行台数（台）	1	3
额定排量（m³/h）	500	2#：140 5#：180 6#：140
额定泵效（%）	85.0	72.0
机组效率（%）	78.5	68.3

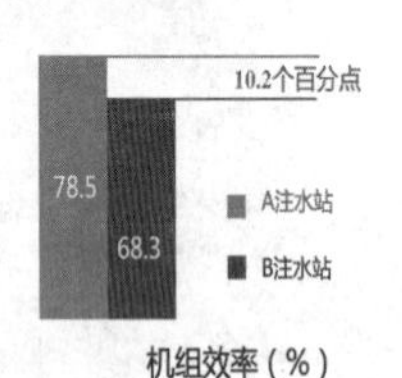

机组效率（%）

70

2.小排量离心泵效率低 — 提效措施②

提效措施

② 对于日注水量较小、效率低的注水站，往复泵逐步替代小排量离心泵

额定排量≤80m³的高压往复泵技术较为成熟，泵效能够达到85%以上，且可通过改变柱塞直径、加装变频控制等技术实现扬程、流量的改变。

案例分析

某注水站往复泵替代离心泵改造

改造前：离心泵机组效率仅50.3%，单耗高。

措施：2012年更换为往复泵机组。

效果：年节电110万kW·h。

↑33.7个百分点 ↓0.24kW·h/(m³·MPa)

	改造前	改造后
机组效率	50.3	84.0
注水标准单耗	0.55	0.31

71

3.配水间阀控压力损失大 — 提效措施①

提效措施

① 推广分级分压注水工艺，降低阀控压力损失

按照“适度集中，合理分级”的原则，对阀控压力损失大的单一压力系统开展分压流程改造的可行性研究，通过分级分压注水流程改造降低阀控压力损失。

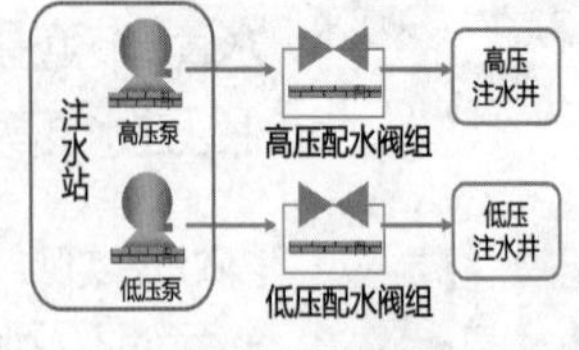

分压注水流程简图

72

3.配水间阀控压力损失大—提效措施①-案例①

应用案例

①某注水系统管网分压流程改造

改造前：高、低压水井水量比例2:3，两极分化，阀控压力损失3.01MPa。

措施：站内分压，低压12MPa、高压16MPa，现有管线作为低压管线、新建16MPa高压干线。

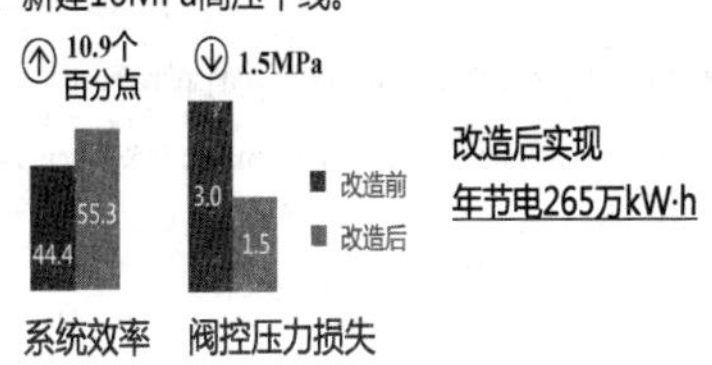

改造后实现

年节电265万kW·h

73

3.配水间阀控压力损失大—提效措施①-案例②

应用案例

②某注水系统分压流程改造

改造前：注水井压力覆盖低、中、高、超高压等压力区间，65%的注水井阀控压力损失超过0.5MPa。

措施：扩建、改造7座增注站，更新增压泵进出口流程，精细分压等级。

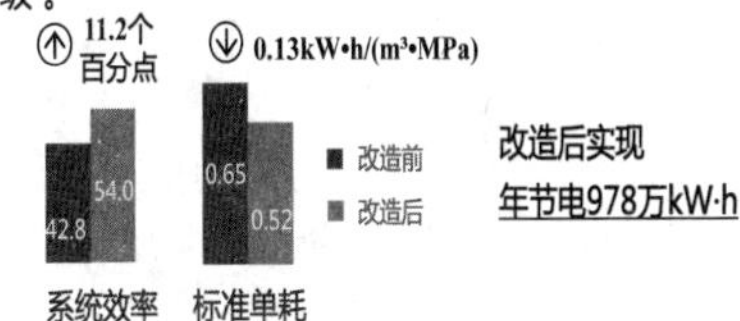

改造后实现

年节电978万kW·h

74

3.配水间阀控压力损失大—提效措施②

提效措施

② 对于个别高压井或局部高压区块，实施局部增压注水

局部增压流程可解决同一区块内部分低渗透层的注水问题，对于老系统，也可通过“整体降压、局部增压”的流程改造来降低阀控压力损失。

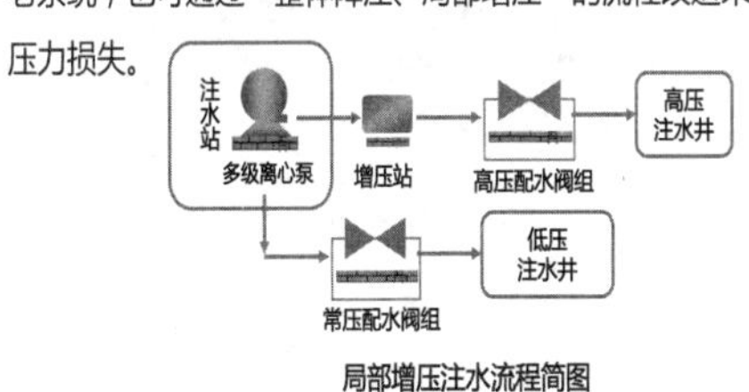

局部增压注水流程简图

75

3.配水间阀控压力损失大—提效措施②-案例

应用案例

某注水系统局部增压流程改造

改造前：出站压力14.6MPa，而注水压力≤12MPa的注水井比例超过70%，管网压力损失较高，超过4MPa；

措施：站内离心泵拆级，将出站压力降低至13MPa，对高压水井，通过安装增压泵进行二次增压。

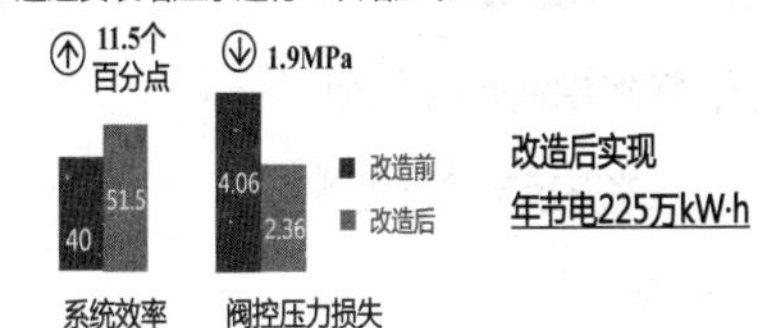

改造后实现

年节电225万kW·h

76

4.干线压力损失大—提效措施

提效措施

针对注水站布局不合理、注水半径过大等问题，重新布局站网改造难度大、投入高，因此建议降低干线压力损失从**加强管线清洗、改善管线结垢问题**方面入手，投入少且效果明显。

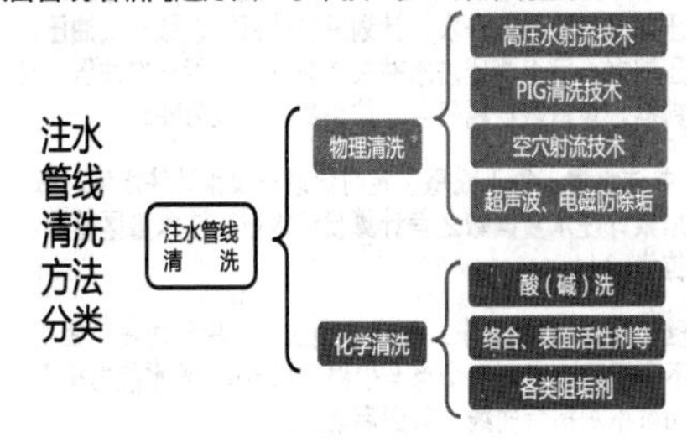

77

4.干线压力损失大—案　例

应用案例

某注水系统PIG物理清洗管线

存在问题：管线投产30年以上，结垢严重，干线压力损失平均1.11MPa。

措施：PIG物理投球清洗管线

效果：①清出污垢约190m³，占管线总容积的13%；

②主干线压力损失降低0.62MPa，折合年节电118.4万kW·h。

中原濮三注PIG物理清洗管线现场照片　　干线压力损失

78

油田注水现场管理

79

有关说明

材料内容：注水井技术管理

内容依据：中石化标准、文件；采油技术手册

胜利油田标准查询：http://10.66.5.90/main/jsp/main.jsp

中石化标准查询：http://10.225.1.42/Standard/StdSearch.aspx

80

构成部分

一、注水资料录取要求

二、注水井洗井

三、注水井仪表

四、注水系统效率

五、注水井地面工程设计

六、注水井技术分析实例

81

技术资料来源：

Q/SH

中国石油化工集团公司企业标准

Q/SH 0183—2011

注水井资料录取规定

Rules for data acquisition in water injectors

2011-12-22 发布　　2012-03-01 实施

中国石油化工集团公司 发布

82

1 范围

本标准规定了注水井生产管理的资料录取内容和要求。

本标准适用于油田注水井资料的录取。

2 规范性引用文件

下列文件对于本文件的应用是必不可少的。凡是注日期的引用文件，仅所注日期的版本适用于本文件。凡是不注日期的引用文件，其最新版本（包括所有的修改单）适用于本文件。

SY/T 5329　碎屑岩油藏注水水质推荐指标及分析方法

3 资料录取内容

注水井资料录取内容包括注水时间、泵压（或干压）、油压、套压、全井注水量、分层注水量、地层压力、洗井资料、吸水剖面和水质化验等10项。

83

1、注水井资料录取内容：注水时间、泵压（或干压）、油压、套压、全井注水量、分层注水量、地层压力、洗井资料、吸水剖面和水质化验等10项

2、注水井压力录取要求：注水井泵压（或干压）、油压、套压数据每班录取一次。计划停注井每天录取一次油压、套压数据。定点测压注水井关井时每天录取一次油压、套压数据。录取数据精确到一位小数，单位为MPa。

3、全井注水量：每天或每班定时记录一次累计注水量，每天用累计注水量读数之差计算日注水量。注水量区整数，单位为m3/d。

4、笼统注水井测试要求：每季度测试一次指示曲线，每次测试不少于四个点，每个点至少稳定15min。吸水能力小于50m3/d可不测指示曲线，宜测启动压力。

84

5、分层测试前准备：新投分注或调整配注层段的井，在稳定注水10d内测得配前测试资料。测得配前资料后3d内做好分层段配水工作。

6、分层注水井每季度测试一次，每次测试不少于三个点，每个点应稳定15min以上。如注水井（或相邻油井）由特殊变化应及时测试。

7、分层测试前一天测试队应通知被测试单位；测试当天测试单位负责人应到达现场配合测试，测试结果双方签字有效。

8、单层注水井每季度测试全井指示曲线一次。

85

9、增注、换封或其他措施作业完井后，稳定注水3d方能测试，一周之内应取得合格的分层测试资料。

10、正常分注井，按分层测试取得不同压力下分层吸水百分数乘以全井日注水量得出分层注水量，分层日注水量取整数。分层日注水量之和等于全井日注水量。

11、在封隔器失效情况下，用最近一次吸水剖面资料进行分层注水量计算。若无吸水剖面资料则按地层系数进行分层吸水量计算。

12、静压：按油藏动态监测方案对注水井测静压，定点测静压井每年测静压两次。

86

13、压降：按油藏动态检测方案对注水井测压降。

14、洗井：注水井每季度洗井一次。计划停注井和停注24h以上、改变注水方式、动注水管柱的井恢复注水前应洗井。测试困难的井测试前及注水井增注前均应洗井。

15、洗井前应计量出口水量并进行水质化验。

16、在洗井过程中，应记录洗井时间、录取洗井压力、洗井方式、洗井液用量、进出口排量、漏失量、喷出量、水质资料等。

17、吸水剖面资料：按油藏动态监测方案的要求测吸水剖面，对应油井的生产动态或注水井的吸水情况发生变化时，应加密吸水剖面测试。

87

19、水质化验：注水井应取井口水样化验，化验项目包括悬浮固体含量、总铁含量。A级水质每旬至少取样化验一次。，B级水质每半月至少取样化验一次，C级水质每月至少取样化验一次。新投转注井、停注后重新恢复注水的注水井应加密水质监测。

88

SY

中华人民共和国石油天然气行业标准

SY/T 5329—2012

碎屑岩油藏注水水质指标及分析方法

Water quality standard and practice for analysis of oilfield injecting waters in clastic reservoirs

国家能源局 发布

20、水质分级与水质化验方法执行SY/T5329的规定。

a、Q/SH。中国石化 企业标准

b、SY/T。石油系统 推荐标准

c、吸水剖面：水井各个层位对于注水井的分配比例

d、地层系数：地层有效厚度与有效渗透率的乘积

89

石油工业标准化技术委员会CPSC

中华人民共和国石油天然气行业标准

SY/T 5674—93

油田采油井、注水井井史编制方法

1 主题内容与适用范围

本标准规定了油田各类开发井井史编制内容及要求。

本标准适用于注水开发砂岩油田的井史编制，对其它类型油田可根据自身特点要求，增减表格及章节内容。

2 引用标准

SY 5155油藏工程常用参数符号及计量单位

90

1、注水井井史：a、钻井完井数据表 b、地质录井情况表。C、录井显示综合表 d、钻遇及钻开油层数据表 e、试油数据表 f、注水动态数据表 g、测压数据表 h、分层测试成果汇总表 i、化学调剖数据表 j、压裂数据表 k、酸化数据表 l、注水井大事记要

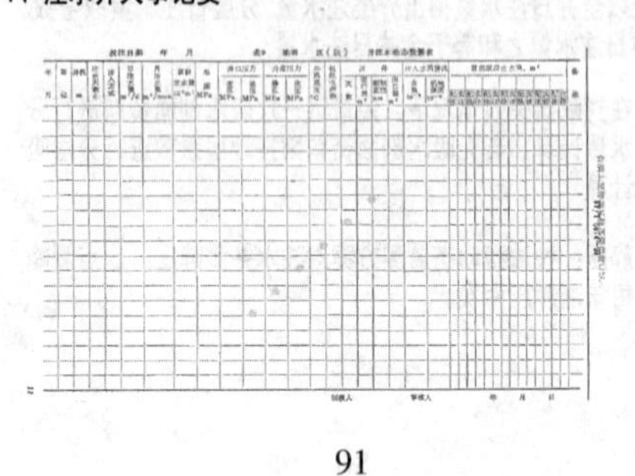

91

构成部分

一、注水资料录取要求

二、注水井洗井

三、注水井仪表

四、注水系统效率

五、注水井地面工程设计

六、注水井技术分析实例

92

技术资料来源：

Q/SH

中国石油化工集团公司企业标准

Q/SH 0179—2008

注水井洗井技术规范

Technical specifications for clean-out service as water injection wells

2008-02-25 发布　　2008-04-01 实施

中国石油化工集团公司 发布

93

注水井洗井技术规范

1　范围

本标准规定了注水井的洗井条件、洗井准备、操作规范和水质分析方法。

本标准适用于油田注水井洗井。

2　规范性引用文件

下列文件中的条款通过本标准的引用而成为本标准的条款。凡是注日期的引用文件，其随后所有的修改单（不包括勘误的内容）或修订版均不适用于本标准，然而，鼓励根据本标准达成协议的各方研究是否可使用这些文件的最新版本。凡是不注日期的引用文件，其最新版本适用于本标准。

SY/T 5329—1994　碎屑岩油藏注水水质指标及分析方法

94

1、笼统注水井：注水井不分层段，全井合注的注水方式

2、分注井：在注水井上对不同性质的油层区别对待，应用封隔器、配水器等为主要工具，组成分层配水管柱。

3、正吐：注入油层的水沿油管进入回水管线。

4、反吐：注入油层的水沿油套环形空间进入回水管线。

5、正洗：洗井水从油管进入油套环形空间返出。

6、反洗：洗井水从油套环形空间进入油管返出。

95

7、洗井条件：a、新投、转注井和作业井投注前（试注前）b、注水井停注24h以上 c、误注入大量不合格水 d、注水井注水量下降15%以上 e、分注井测试过程中遇阻、遇卡 f、正常注水满三个月（易出砂井六个月）g、注水方式改变

8、洗井准备：a、仪表校验 放压、洗井前应校验进出口压力表和水表。b、注水井降压 注水井洗井前应关井降压扩散压力，待油套压平衡且低于注水系统压力时洗井。若油套压仍高于注水系统压力则放压。c、放压时压降应不超过0.5MPa/h，或溢流量不超过5m3/h。必要时可装水嘴控制放压。d、仪器及药品 水质化验仪器一套及所用药品。e、冲洗地面管线 注水井洗井前先用25m3/h排量冲洗地面管线，直至进出口水质一致。

96

9、洗井方式：笼统注水井正注井采用正洗-反洗-正洗方式，反注井采用反洗-正洗-反洗方式。分注井采用反洗井。

10、洗井倒流程：a、关闭配水间注水井下流闸门。b、依次打开站内单井回水闸门、总回水闸门、回水计量上、下流闸门。c、正洗井依次打开井口回压闸门、套管出口阀门、总阀门、生产阀门；反洗井依次打开井口回水阀门、油管出口阀门、总阀门、套管进口阀门。d、缓慢打开配水间注水井注水下流闸门。e、洗井时，应用配水间下流闸门控制排量

11、洗井排量控制：a、洗井过程分：微喷阶段、平衡阶段、稳定阶段。b、微喷阶段排量应控制在15m3/h，喷量不大于3m3/h，若喷量大于3m3/h，应加大排量使喷量控制在3m3/h，如发生漏失应采用混气水等其他方式洗井。c、平衡阶段排量应控制在25m3/h，洗井2h。d、稳定阶段排量应控制在30m3/h，进出口排量、水质一致，稳定2h。e、控制洗井排量，应由小到大缓慢提高。

97

12、水质要求：进出口水质一致，方可投注。

13、资料录取：a、每2h记录一次进出口水量、压力，做一次水质化验。b、将洗井时间、水量、喷量、两项水质资料，填入报表，报表格式参见附录A。

14、特殊要求：

a、采用洗井车洗井，应按照洗井车操作规程执行；
b、转注井地层压力系数低，应采用混气水洗井；
c、安装精细过滤器的井（站）洗井前应走旁通，或取出滤芯；洗井排出液应回收处理；
d、洗井管线、井口应采取加固措施；
e、开关阀门应操作平稳，身体应侧开手轮方向。

15、水质分析方法：注水井进出口水质分析方法按照SY/T 5329—2012第5章执行。

98

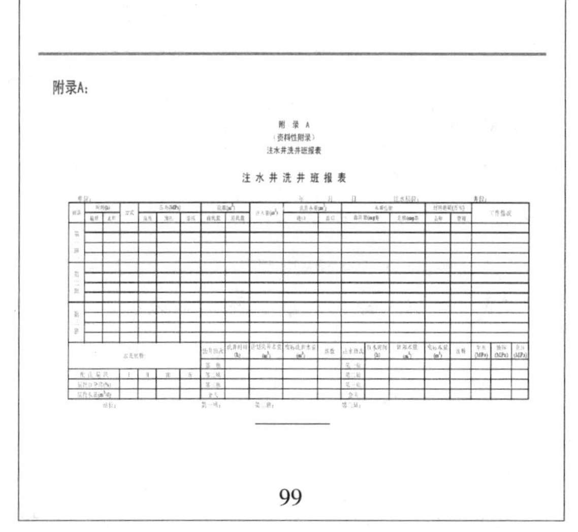

附录A：

附 录 A
（资料性附录）
注水井洗井班报表

注 水 井 洗 井 班 报 表

99

3.1

悬浮固体　suspended solids

通常是指在水中不溶解而又存在于水中不能通过过滤器的物质。在测定其含量时，由于所用的过滤器的孔径不同，对测定的结果影响很大。本标准规定的悬浮固体是指采用平均孔径为0.45μm的纤维素酯微孔膜过滤，经汽油或石油醚溶剂洗去原油、经蒸馏水洗盐后，膜上不溶于油和水的物质。

3.3

含油　oil content

在酸性条件下，水中可以被汽油或石油醚萃取出的石油类物质，称为水中含油。

3.4

铁细菌　iron bacteria (IB)

能从氧化二价铁中得到能量的一群细菌，形成的氢氧化铁可在细菌膜鞘的内部或外部储存。

3.5

腐生菌　total growth bacteria (TGB)

是“异养”型的细菌，在一定条件下，它们从有机物中得到能量，产生活性物质，与某些代谢产物累积沉淀可造成堵塞。

3.6

硫酸盐还原菌　sulfate reducing bacteria (SRB)

在一定条件下能够将硫酸根离子还原成二价硫离子，进而形成副产物硫化氢，对金属有很大腐蚀作用的一类细菌，腐蚀反应中产生硫化铁沉淀可造成堵塞。

100

1、悬浮物含量

悬浮物含量是注入水结垢和地层堵塞的重要标志，如果注入水中悬浮物含量超标，就会堵塞油层孔隙通道，导致地层吸水能力下降。

2、含油量

如果注入水中含油量超标，将会降低注水效率，它能在地层中形成“乳化段塞”，堵塞油层孔隙通道，导致地层吸水能力下降。且它还可以作为某些悬浮物很好的胶结剂，进一步增加堵塞效果。

101

3、溶解氧

溶解氧对注入水的腐蚀性和堵塞都有明显的影响。如果注入鼠肿瘤化物含量超标，它不仅直接影响注入水对注水油套管等设备的腐蚀，而且当注入水存在溶解的铁离子时，氧气进入系统后，就会生成不溶性的铁氧化物沉淀，从而堵塞油层，因此，溶解氧是注入水产生腐蚀的一个重要因素。

4、硫化物

油田含油污水中的硫化物有的是自然存在于水中的，有的是由于硫酸盐还原菌产生的。如果注入水中硫化物超标，则注入水中的硫化氢就会加速注水金属设施的腐蚀，产生腐蚀产物硫化亚铁，造成地层堵塞 。

102

5、细菌总数

如果注入水中细菌总数超标，就会引起金属腐蚀。腐蚀物就会造成油层堵塞；油田含油污水中若大量存在细菌，就会加剧对金属设备的腐蚀，造成油层堵塞。

6. Fe^{2+}和Fe^{3+}离子

油田污水中的Fe^{2+}离子结构不太稳定，易与水中的溶解氧作用生成不溶于水的$Fe(OH)_3$沉淀；Fe^{2+}离子还容易与水中的硫化氢发生化学反应，生成FeS沉淀，从而堵塞油层，导致吸水指数下降。

103

4.1 注水水质基本要求

注水水质的要求如下：

a） 水质稳定，与油层水相混不产生明显沉淀。

b） 水中不得携带大量悬浮物。

c） 对注水设施腐蚀性小。

104

1、注入水与地层水的不配伍可能产生沉淀

常见的注入水与地层水水型有$CaCl_2$、Na_2SO_4、$NaHCO_3$三种，当两种不同水型的水相混合时就有可能产生沉淀。

常见的反应有：

（1）注入水与地层水直接生成沉淀：

$$Ca^{2+}（Ba^{2+}、Sr^{2+}）+SO_4^{2-} \rightarrow \cdots CaSO_4\downarrow$$

$$Ca^{2+}（Fe^{2+}、Ba^{2+}、Sr^{2+}、Mg^{2+}）+CO_3^{2-} \rightarrow \cdots CaCO_3\downarrow$$

105

常见的反应有：

（2）水中H_2S引起的沉淀：

$$Fe^{2+}+S^{2-} \rightarrow FeS\downarrow$$

（3）水中CO_2逸出或PH值和温度升高时引起沉淀：

$$Ca^{2+}（Fe^{2+}、Ba^{2+}、Sr^{2+}、Mg^{2+}）+HCO_3^- \rightarrow \cdots Ca(HCO_3)_2$$

$$Ca(HCO_3)_2 = CaCO_3\downarrow + CO_2\uparrow + H_2O$$

（4）水中溶解氧引起沉淀。

106

2、注入水与储层的不配伍可能引起的损害

（1）矿化度敏感引起地层中水敏性物质的膨胀、分散和运移，C.E.C值（油层岩样的阳离子交换容量）大于0.009mmol/g（按一价离子计算）时，考虑对储层进行防膨预处理或重新选择水源。

（2）pH值变化引起的微粒和沉淀。

107

3、注入条件变化引起对地层的损害

如速敏引起地层中微粒的迁移和温度压力变化引起沉淀等。

如果油田注入水和地层水中存在Ca^{2+}和HCO^{3-}，水中$CaCO_3$的溶解平衡反应为：

$$Ca(HCO_3)_2 = CaCO_3\downarrow + CO_2\uparrow + H_2O$$

该结垢成因主要受温度、pH值或地层内CO_2逸出的影响。

在生产阶段CO_2气体从水中逸出，平衡向右移动，在部分油井上出现碳酸钙垢。

108

4、清污混注配伍原则

清污混注前应进行结垢计算或可混性试验。主要应考虑防沉淀、缓蚀、杀菌、除氧等。

（1）结垢的主要机理机理

$$Ca^{2+} + CO_3^{2-} \rightarrow CaCO_3\downarrow$$

$$Ca^{2+}（Ba^{2+}、Sr^{2+}）+ SO_4^{2-} \rightarrow CaSO_4\downarrow（BaSO_4\downarrow、SrSO_4\downarrow）$$

（2）溶解O_2、H_2S、CO_2引起腐蚀

溶解氧氧化注水设施，产生$Fe(OH)_3$沉淀；有利于好氧菌的繁殖与生长，进而产生大量的堵塞物质。

CO_2溶于水中降低pH值从而加剧腐蚀。

109

H_2S在酸性或中性水中生成FeS沉淀，促使阳极反应不断进行，引起较严重的腐蚀。

（3）细菌堵塞地层

在油田水系统中存在着硫酸盐还原菌（SRB）、腐生菌（TGB）和铁细菌（IB）等多种微生物，这些细菌除自身造成地层堵塞外，还增加悬浮物颗粒含量并增大颗粒直径以及增大总铁含量。

110

表1　推荐水质主要控制指标

注入层平均空气渗透率，μm^2		≤0.01	>0.01～≤0.05	>0.05～≤0.5	>0.5～≤1.5	>1.5
控制指标	悬浮固体含量，mg/L	≤1.0	≤2.0	≤5.0	≤10.0	≤30.0
	悬浮物颗粒直径中值，μm	≤1.0	≤1.5	≤3.0	≤4.0	≤5.0
	含油量，mg/L	≤5.0	≤6.0	≤15.0	≤30.0	≤50.0
	平均腐蚀率，mm/年	≤0.076				
	SRB，个/mL	≤10	≤10	≤25	≤25	≤25
	IB，个/mL	$n\times10^2$	$n\times10^2$	$n\times10^3$	$n\times10^4$	$n\times10^4$
	TGB，个/mL	$n\times10^2$	$n\times10^2$	$n\times10^3$	$n\times10^4$	$n\times10^4$

注1：$1<n<10$。

注2：清水水质指标中去掉含油量。

111

SY/T 5329—94

表1　推荐水质主要控制指标

注入层平均空气渗透率，μm^2		<0.10			0.1～0.6			>0.6		
标准分级		A1	A2	A3	B1	B2	B3	C1	C2	C3
控制指标	悬浮固体含量，mg/L	<1.0	<2.0	<3.0	<3.0	<4.0	<5.0	<5.0	<7.0	<10.0
	悬浮物颗粒直径中值，μm	<1.0	<1.5	<2.0	<2.0	<2.5	<3.0	<3.0	<3.5	<4.0
	含油量，mg/L	<5.0	<6.0	<8.0	<8.0	<10.0	<15.0	<15.0	<20	<30
	平均腐蚀率，mm/a	<0.076								
	点腐蚀	A1,B1,C1级：试片各面都无点腐蚀； A2,B2,C2级：试片有轻微点蚀； A3,B3,C3级：试片有明显点蚀								
	SRB菌，个/mL	0	<10	<25	0	<10	<25	0	<10	<25
	铁细菌，个/mL	$n\times10^2$			$n\times10^3$			$n\times10^4$		
	腐生菌，个/mL	$n\times10^2$			$n\times10^3$			$n\times10^4$		

注：①$1<n<10$。

②清水水质指标中去掉含油量。

112

构成部分

一、注水资料录取要求

二、注水井洗井

三、注水井仪表

四、注水系统效率

五、注水井地面工程设计

六、注水井技术分析实例

113

技术资料来源：

ICS 17.120.10
N 12
备案号：51420—2015

JB

中华人民共和国机械行业标准

JB/T 9249—2015
代替 JB/T 9249—1999

涡街流量计

Vortex shedding flowmeters

2015-10-10 发布　　　　2016-03-01 实施

中华人民共和国工业和信息化部 发布

114

涡街流量计

1 范围

本标准规定了涡街流量计的术语和定义、产品分类与基本参数、工作条件、要求、试验方法、检验规则、标志、包装和贮存。

本标准适用于测量液体和气体流量的涡街流量计。

本标准也适用于作为独立产品的涡街流量传感器。

115

3.1

涡街流量计 vortex shedding flowmeter

由涡街流量传感器和涡街流量转换器两部分组成，利用卡门涡街原理测量流量的流量计。在流体中安放特殊形状的阻流体（亦称非流线型旋涡发生体），流体在该阻流体下游两侧交替地分离释放出一系

3.2

涡街流量传感器 vortex shedding flow transducer

由表体、旋涡发生体、检测元件和放大器组成，通过检测流体中一个特殊形状的阻流体（亦称非流线型旋涡发生体）释放出旋涡的频率测量管道内流体速度的传感器。

3.3

表体 meter body

设置旋涡发生体和检测元件的管段。

3.4

旋涡发生体 bluff body

产生旋涡的非流线型物体。

3.5

检测元件 sensor

检测旋涡发生体后流体振动产生旋涡信号的部件。

3.6

放大器 amplifier

将检测元件输出的信号进行放大、整形的装置。

3.7

涡街流量转换器 vortex shedding flow transmitter

转换来自流量检测元件的信号，产生被测参数和推导参数输出的电子控制系统。

116

4.2.1 公称通径

涡街流量计的公称通径以DN后接数值标志，数值应在下列数系中选取［单位相当于毫米（mm）］：10，15，20，25，(32)，40，50，(65)，80，100，(125)，150，200，250，300，350，400，450，500，600。

注1：括号内的数值为非推荐值。

注2：公称通径数值可作为型号中表示公称通径的代号。

4.2.2 准确度等级

涡街流量计的准确度等级应在下列等级中选取：

a）液体涡街流量计：0.5级，1.0级，1.5级；

b）气体涡街流量计：1.0级，1.5级，2.0级，2.5级。

注：气液通用涡街流量计根据实际测量介质在相应类别等级中选取。

117

5.1 环境条件

涡街流量计的工作环境条件为：

a）温度：-40℃～50℃；

b）相对湿度：5%～90%；

c）大气压力：86 kPa～106 kPa。

5.3 安装条件

涡街流量计的安装条件一般应符合下述要求：

a）涡街流量计水平或垂直安装（液体的流向为自下而上）在与其公称通径相应的管道上。

b）流量计的上、下游应配置一定长度、无阻塞的直管段，其长度应符合表1的要求，使用合适的流动调整器可以减少所需的直管段长度。

c）流量计应与管道同轴安装，密封垫圈不可突入管道内。

d）如果使用了多段管道，全部长度上应平直，尽可能减小轴线不重合度。

e）需要测量流经涡街流量计的流体温度时，可直接从涡街流量计表体上的测温孔测温，如表体上无测温孔，应根据流量计本身要求确定温度的测量位置，如无特殊要求，应将温度测量位置设在涡街流量计下游侧（2～5）D处（D为管道直径，下同）。

f）需要测量流经涡街流量计的流体压力时，可直接从涡街流量计表体上的取压孔取压，如表体上无取压孔，应根据流量计本身要求确定压力的测量位置，如无特殊要求，应将压力测量位置设

118

在涡街流量计下游侧（2～7）D处。

g）流量计上、下游直管段范围内不应有阀门或旁通管。

h）在涡街流量计的上游侧不应设置流量调节阀。

i）当液体中有残留气泡，或者所要测量的流体含有杂质时，可能需要使用气体分离器和（或）过滤器。这些装置应安装在直管段或流动调整器的上游。

表1 直管段长度

上游管道形式	上游直管段长度	下游直管段长度
同心收缩全开闸阀	≥15D	≥5D
一个90°弯头	≥20D	
同一平面两个90°弯头	≥25D	
不同平面两个90°弯头	≥40D	

119

Q/SH1020

中国石化集团胜利石油管理局企业标准

Q/SH1020 1932—2016

注水井流量计量仪表技术规范

2016-10-20发布　　2016-12-01实施

中国石化集团胜利石油管理局　发布

120

3 技术参数

3.1 一般性技术参数应满足表1的要求。

表1 一般性技术参数

技术参数	涡街流量计	涡轮流量计
准确度(级)	1、1.5	2
测量重复性	0.5	1
公称压力(MPa)	16、25、32、40	
防爆等级	隔爆型	
信号输出	RS485	
介质温度（℃）	0~80	
环境温度（℃）	-30~+80	
环境湿度（℃）	≤95%	
指示方式	本地指示或远传	
累计流量最大值	9999.9999	
累计流量最小值	0.0001	
瞬时流量显示	0.01	

121

表2 注水表流量范围

口径 mm	涡街流量计 m^3/h	涡轮流量计 m^3/h
20	0.3~6	0.2~4
25	0.5~10	0.3~6
40	1.6~16	0.8~16
80	4.8~48	—

注：流量最大值按最小流量值的(10~20)倍给出。

122

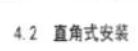

4.2 直角式安装

4.2.1 直角式仪表表体外形连接尺寸见表5。

表5 角式仪表表体外形连接尺寸

单位mm

口径		压力MPa	进口管中距至出口法兰面间距 Lj	出口管中距至进口法兰面间距 Lj'	高度 Hj
通径	变径				
20	50→20	16、25	150	176	≥500
25	50→25	32	170	176	
40	50→40	42	185	190	
50	—	16、25	150	176	
80	—	16、25	185	210	≥500

4.2.2 直角法兰连接、焊接式注水表外形结构见图3。

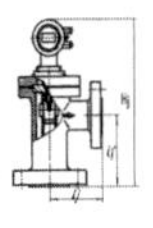

法兰式　　　　焊接式

123

5 注水仪表安装钢制配管

5.1 注水仪表配管应符合SY/T 0510-2010钢制对焊管件规范。

5.2 注水表内径应与钢制配管内径一致，见表8。

表8 注水表内径与配管尺寸

压力 MPa	公称直径 mm		钢制配管外径 mm	注水表钢制配管内径 mm
PN	NPS	DN		
16	3/4	20	27	21
	1	25	34	27
	11/2	40	48	39
	2	50	60	50
	3	80	89	75
25	3/4	20	27	19
	1	25	34	26
	11/2	40	48	36
	2	50	60	45
	3	80	89	63
32	3/4	20	27	19
	1	25	34	24
	11/2	40	48	36
	2	50	60	45
	3	80	89	63
40	3/4	20	27	18
	1	25	34	23
	11/2	40	48	33
	2	50	60	42
	3	80	89	61

124

技术资料来源：

UDC

中华人民共和国国家标准　GB

P　GB/T 50892－2013

油气田及管道工程仪表控制系统
设计规范

Code for engineering design of instrument control system for oil/gas fields and pipelines

2013－11－01 发布　2014－06－01 实施

中华人民共和国住房和城乡建设部
中华人民共和国国家质量监督检验检疫总局　联合发布

125

技术资料来源：

工业过程测量和控制用检测仪表和显示仪表精确度等级

1 范围

本标准规定了工业过程测量和控制用检测仪表和显示仪表(以下简称仪表)的精确度等级及其使用导则。

本标准适用于工业过程测量和控制用模拟式或数字式的检测仪表和显示仪表。

本标准不适用于直接用示值误差的数值表示与精确度有关因素的仪表。

126

5.3.1 压力测量仪表选型应符合下列要求：

1 一般测量用压力表的精确度等级应选用1.0、1.6、2.5级；精密测量用压力表的精确度等级应选用0.1、0.16、0.25或0.4级。

2 测量稳定压力时，正常操作压力应为仪表测量量程的1/3～2/3；测量脉动压力时，应为仪表测量量程的1/3～1/2；测量压力不小于4MPa时，不应超过仪表测量量程的1/2。

5.4.2 流量计精确度应符合下列规定：

1 单井油气水日产量计量流量计的精确度不应低于2.0级。

2 原油输量计量流量计的精确度等级，不应低于表5.4.2-1中的规定。

3 天然气输量计量流量计的精确度等级，不应低于表5.4.2-2中的规定。

4 油品交接计量的流量计的精确度不应低于0.2级。

5 液态烃交接计量的流量计的精确度不应低于0.2级。

127

5.4.8 涡街流量计是应用流体振荡原理来测量流量的，流体在管道中经过涡街流量变送器时，在三角柱的旋涡发生体后上下交替产生正比于流速的两列旋涡，旋涡的释放频率与流过旋涡发生体的流体平均速度及旋涡发生体特征宽度有关，当旋涡在发生体两侧产生时，利用压电传感器检测处于流体流向垂直的交变升力变化，将升力的变化转换为电的频率信号，再将频率信号进行放大和整形，就可以计算出流量。

由于受涡街流量计的检测原理限制，要求测量的流体雷诺数较高，所以选型时应考虑仪表的低流速测量能力。

选型时应注意直管段的安装要求，同时应根据温度和压力变化等情况，考虑是否进行温压补偿。

高粘度、低流速的流体测量，不宜选用涡街流量计；不宜用于脉动流的测量，当管子振动时也不宜使用；

128

6.4.9 涡街流量计的安装应符合下列要求：

1 涡街流量计宜在水平敷设的管道上安装。在垂直管道上安装，测量气体时流体可取任意流向；测量液体时，流体应自下而上流动。

2 涡街流量计下游直管段长度不应小于流量计直径的5倍管径，上游直管段长度应符合下列规定：

1)当工艺管道直径大于流量计直径需缩径时，不应小于15倍管径；

2)当工艺管道直径小于流量计直径需扩径时，不应小于18倍管径；

3)流量计前具有一个90°弯头或三通时，不应小于20倍管径；

4)流量计前具有连续两个90°弯头时，不应小于40倍管径；

5)流量计装于调节阀下游时，不应小于50倍管径；

6)当流量计前装有不小于2倍管径长度的流动调整器时，流动调整器前应有2倍管径，流动调整器后直管段长度不应小于8倍管径。

129

JJG

中华人民共和国国家计量检定规程

JJG 1033—2007

电 磁 流 量 计

Electromagnetic Flowmeters

2007-11-21发布　　2008-02-21实施

国家质量监督检验检疫总局 发布

130

电磁流量计检定规程

1 范围

本规程适用于封闭管道安装的电磁流量计(以下简称流量计)的型式评价、首次检定、后续检定和使用中的检验。不适用于测量血液、液态金属和铁矿浆和明渠流量测量的流量计，亦不适用于插入式电磁流量仪表和电磁式水表的检定。

131

4 概述

4.1 工作原理

在封闭管道中，设置一个与流动方向相垂直的磁场，通过测量导电液体在磁场中运动所产生的感应电动势推算出流量。

4.2 构造及用途

流量计由一次装置和二次装置组成，按一次装置和二次装置的组合型式流量计可分为分体型和一体型；流量计主要用于测量导电液体的体积流量。

5 计量性能要求

5.1 准确度等级

流量计在规定的流量范围内准确度等级、最大允许误差应符合表1的规定。流量计误差表示使用相对示值误差。

表1 准确度等级和最大允许误差

准确度等级	0.2	(0.25)	(0.3)	0.5
最大允许误差	±0.2%	(±0.25%)	(±0.3%)	±0.5%
准确度等级	1.0	1.5	2.5	/
最大允许误差	±1.0%	±1.5%	±2.5%	/

注：优先采用不带括号的等级。

132

7.2.4.3 检定流量点

流量计检定应包含下列流量点：q_{max}，q_{min}，$0.10q_{max}$，$0.25q_{max}$，$0.50q_{max}$ 和 $0.75q_{max}$。当检定点小于 q_{min} 时，该检定点可取消。

在检定过程中，每个流量点的每次实际检定流量与设定流量的偏差应不超过±5%或不超过±1% q_{max}。

7.2.4.4 检定次数

对于使用相对示值误差的流量计，准确度等级等于及优于0.2级的每个流量点的重复检定次数应不少于6次；准确度等级低于0.2级的每个流量点的重复检定次数应不少于3次。

对于使用引用误差的流量计，每个流量点的重复检定次数应不少于3次。

133

7.2.4.5 检定程序

(1) 将流量调到规定的流量值，等待流量、温度和压力稳定；

(2) 记录标准器和被检流量计的初始示值(或清零)，同时启动标准器(或标准器的记录功能)和被检流量计(或被检流量计的输出功能)；

(3) 按装置操作要求运行一段时间后，同时停止标准器(或标准器的记录功能)和被检流量计(或被检流量计的输出功能)，记录标准器和被检流量计的最终示值；

(4) 分别计算流量计和标准器记录的累积流量值或瞬时流量值。

7.2.4.6 在每次检定中，应读取并记录流量计显示仪表的示值、标准器的示值和检定时间，还应根据需要测量并记录在标准器和流量计处流体的温度和压力等。

7.4 检定周期

流量计准确度等级为0.2级及优于0.2级的其检定周期为1年，对于准确度等级低于0.2级及使用引用误差的流量计检定周期为2年。

134

3．垂直螺翼干式水表

垂直螺翼干式水表由外壳、测量机构、减速指示机构组成。来水由表的下端进入，流经导流盒，冲击螺旋形叶轮旋转，叶轮带动减速机构的齿轮和磁钢转动，借助隔板上、下两块磁钢的磁性，带动指示机构的齿轮组和指针转动，在表盘上显示出流量值。

表4—4 SXG型水表外形尺寸表　mm

公称通径	进口法兰尺寸				出口法兰尺寸			
	ϕa	ϕb	c	d	$\phi a'$	$\phi b'$	c'	d'
25	100	140	170	25	100	140	178	28
50	165	215	170	30	165	215	178	30
80	205	260	230	40	205	260	187	45

工作压力　16.0MPa

使用介质温度　≤70°C

使用介质　清水或净化含油污水

最大流量　$35m^3/h$

额定流量　$15m^3/h$

最小流量　$0.5m^3/h$

最大示值　$1\times10^4 m^3$

最小示值　$0.01m^3$

示值误差（额定状态）≤±2.0%

135

1．流量计的标定

注水站使用的大口径流量计一般使用标准计量罐法标定，现场可采用在线标定法。双波纹管差压式（CW型）流量计用打压方法校定，并检查锐孔板是否符合标准。

注水井使用的各种计量水表的各种标定方法见表5—3。

表5—3　注水井计量水表的标定方法

标定方法	内　　容
标准表标定	把被校表与标准表并装进行校对
井下流量计标定	用被校水表的水量与校验好的井下流量计进行校对
标定池校定	用被校水表的测量值与标准池容积水量进行标校

136

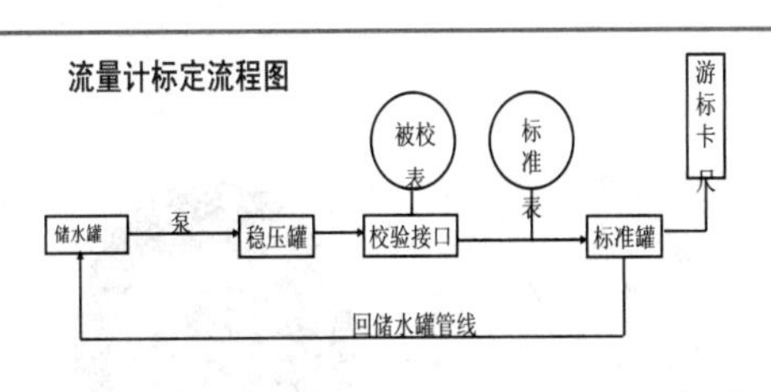

注水水表误差计算公式为：

$$\Delta S = (W_0 - W_1) / W_0 \times 100\%$$

式中：

ΔS——排量的对比误差，%；W_0——标准池计量的水量，%；W_1——被校水表计量的水量，m^3。

要求排量的对比误差不超过±5%。

137

流程可实现水表的两种标定方式：

a.标准容积法：水流进入圆柱体计量标准罐，水位上升，通过光电开关采集标准罐内的水容积，比较被校表与标准罐读数，便可确定水表的校准误差。

b.对比表法：对于标准表法装置的工作原理是水流在相同时间间隔内，连续通过标准表和被检表，用比较的方法确定被检表的误差。

138

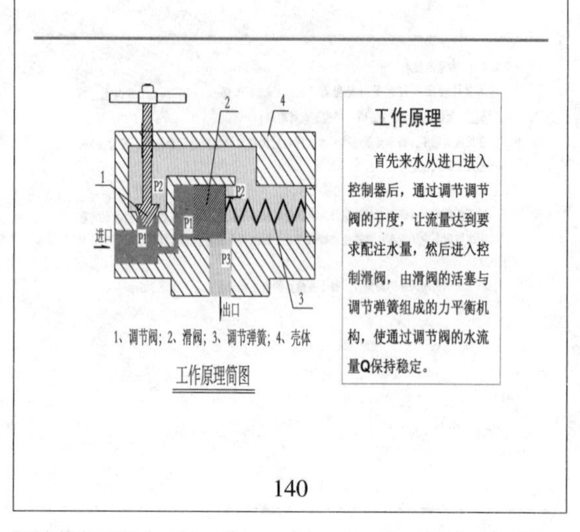

GB

中华人民共和国国家标准

GB/T 1226—2010

一 般 压 力 表

General pressure gauge

2010-09-02 发布　　2010-12-01 实施

中华人民共和国国家质量监督检验检疫总局
中国国家标准化管理委员会　发布

141

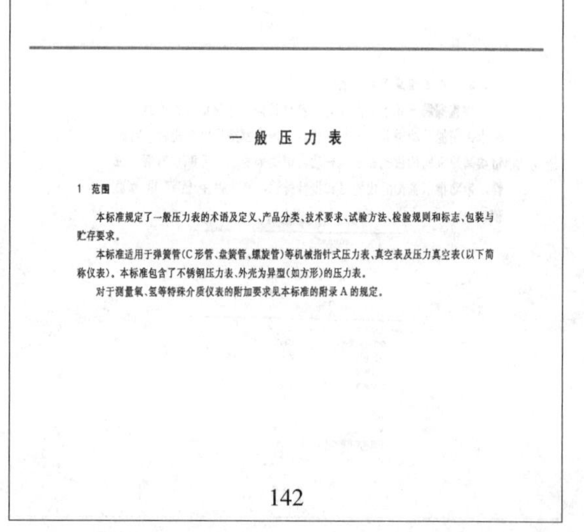
一 般 压 力 表

1 范围

本标准规定了一般压力表的术语及定义、产品分类、技术要求、试验方法、检验规则和标志、包装与贮存要求。

本标准适用于弹簧管(C形管、盘簧管、螺旋管)等机械指针式压力表、真空表及压力真空表(以下简称仪表)。本标准包含了不锈钢压力表、外壳为异型(如方形)的压力表。

对于测量氧、氢等特殊介质仪表的附加要求见本标准的附录A的规定。

142

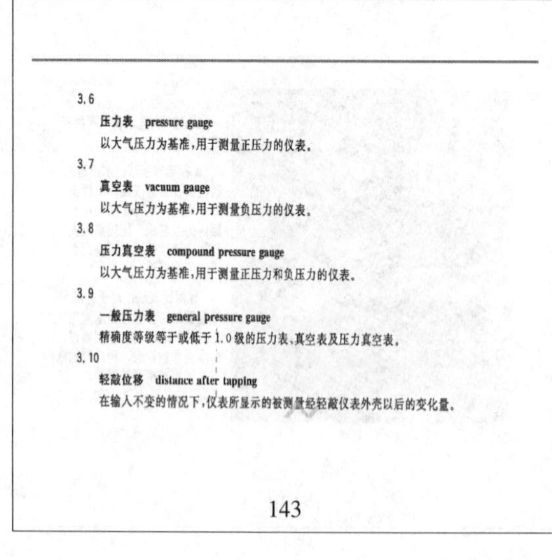
3.6

压力表 pressure gauge

以大气压力为基准，用于测量正压力的仪表。

3.7

真空表 vacuum gauge

以大气压力为基准，用于测量负压力的仪表。

3.8

压力真空表 compound pressure gauge

以大气压力为基准，用于测量正压力和负压力的仪表。

3.9

一般压力表 general pressure gauge

精确度等级等于或低于1.0级的压力表、真空表及压力真空表。

3.10

轻敲位移 distance after tapping

在输入不变的情况下，仪表所显示的被测量经轻敲仪表外壳以后的变化量。

143

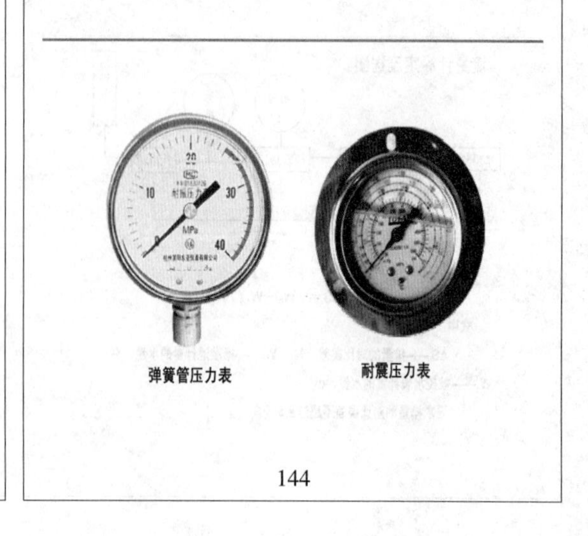

4.2　仪表的精确度等级

仪表的精确度等级分为：1.0级；1.6级；2.5级；4.0级。

4.3　基本参数

4.3.1　仪表外壳公称直径(mm)系列：

40、60、100、150、200、250。

注：外壳为异型(如方形)的压力表的外壳尺寸由生产商与用户协商确定。

4.3.2　仪表测量范围应符合表2的规定。

表2　　单位为兆帕

类　型	测量范围
压力表	0~0.1；0~1；0~10；0~100；0~1 000 0~0.16；0~1.6；0~16；0~160 0~0.25；0~2.5；0~25；0~250 0~0.4；0~4；0~40；0~400 0~0.6；0~6；0~60；0~600
真空表	-0.1~0
压力真空表	-0.1~0.06；-0.1~0.15；-0.1~0.3；-0.1~0.5；-0.1~0.9； -0.1~1.5；-0.1~2.4

145

5　技术要求

5.1　正常工作条件

5.1.1　仪表正常工作环境温度(含介质温度)为-40 ℃~+70 ℃；

5.1.2　仪表正常工作环境振动条件应不超过GB/T 17214.3—2000规定的V.H.3级。

5.1.3　仪表的压力部分一般使用至压力测量范围的3/4。

5.5　指针偏转的平稳性

在测量过程中，仪表的指针不应有跳动和停滞现象。

5.6　轻敲位移

在测量范围内的任何位置上，用手指轻敲(使指针能自由摆动)仪表外壳时，指针指示值的变动量应不大于基本误差限绝对值的1/2。

146

2．压力表标定

注水系统使用的各式压力表标定方法主要采用砝码和标准压力表两种方法。

147

构成部分

一、注水资料录取要求

二、注水井洗井

三、注水井仪表

四、注水系统效率

五、注水井地面工程设计

六、注水井技术分析实例

148

技术资料来源：

SY

中华人民共和国石油天然气行业标准

SY/T 6569—2010

油田注水系统经济运行规范

The economical operation specification for water injection system of oil field

2010-08-27发布　　2010-12-15实施

国家能源局　发布

149

油田注水系统经济运行规范

1　范围

本标准规定了油田注水系统经济运行的技术要求、判别与评价指标和系统的管理与维护要求。

本标准适用于陆上油田由电动机驱动注水泵的注水系统。

海上油田可参照执行。

2　规范性引用文件

下列文件对于本文件的应用是必不可少的。凡是注日期的引用文件，仅注日期的版本适用于本文件。凡是不注日期的引用文件，其最新版本（包括所有的修改单）适用于本文件。

GB/T 9234　机动往复泵

GB/T 12497　三相异步电动机经济运行

GB/T 13471　节电技术经济效益计算与评价方法

GB 17167　用能单位能源计量器具配备和管理通则

GB 19762　清水离心泵能效限定值及节能评价值

SY/T 5264　油田生产系统能耗测试和计算方法

150

3.1

油田注水系统 water injection system of oil field

由油田注水泵站、注水管网（包括配水间）和注水井口组成的系统。

3.2

注水泵机组 water injection pump set of oil field

由电动机、传动装置和注水泵组成的机组。

3.3

泵管压差 pressure difference between a pump and the header

离心式注水泵出口与注水站汇管的压力差值。

3.4

回流损失率 energy loss rate of reflux in water injection station

注水站内打回流所损失的功率与油田注水系统输入功率的比值，以百分数表示。

注：油田注水系统输入功率指注水泵电动机的输入功率和油田注水系统输入水量所带入的功率。

3.5

输差损失率 energy loss rate of flow rate difference between inlet and outlet of water injection pipe network

注水管网入口输入水量与注水管网出口输出水量之间的差值所损失的功率与油田注水系统输入功

151

率的比，以百分数表示。

3.6

注水阀组损失率 energy loss rate of water－injection valves

注水管网输出端配水阀组所损失的功率与油田注水系统输入功率的比值，以百分数表示。

3.7

注水管线损失率 energy loss rate of water－injection pipe

注水管网的管线沿程阻力和局部阻力所损失的功率与油田注水系统输入功率的比值，以百分数表示。

3.8

单位注水量电耗 energy consumption of unit water injection

统计报告期内，油田注水系统的耗电量与注入水量的比值。

3.9

油田注水系统经济运行 economical operation for water injection system of oil field

在满足油田注水要求、安全运行的前提下，通过优化设计、技术进步和科学管理，使油田注水系统在高效、低耗状态下运行。

152

4 系统经济运行的技术要求

4.1 电动机

4.1.1 优先选用通过国家或行业技术部门认证的节能产品。不应采用已淘汰的产品。

4.1.2 电动机的额定效率应达到有关国家标准和行业标准的要求。

4.1.3 电动机的运行应符合 GB/T 12497 中的相关要求。

4.1.4 应根据注水泵在高效区域内运行所需的最大轴功率，选配或及时更换合适功率的电动机。

4.2 注水泵

4.2.1 在满足流量、压力要求的前提下，应优先选用大排量离心泵。

4.2.2 对注水量偏小、注水压力较高的油田，宜选用往复泵。

4.2.3 离心泵的额定效率应符合 GB 19762 的规定。

4.2.4 往复泵的额定效率应符合 GB/T 9234 的规定。

4.2.5 应根据注水水质，合理选择注水泵材质，满足耐腐抗磨的要求。

4.2.6 应对在用的低效离心泵进行更换或技术改造，提高泵的运行效率。

4.2.7 对多机组系统选型时，应满足泵串并联技术条件的要求。

153

4.3 注水管网

4.3.1 对注水管网进行优化设计：

——注水站应尽量布置在所辖注水区块的负荷中心位置；

——分管与总管连接，宜采用斜交连接代替直交连接；

——宜使系统在经济流速下运行；

——应减少管网的沿程阻力和局部阻力损失；

——尽量减少 90°弯管及其他流通截面突变的管件；

——弯管曲率半径应不小于管道直径的 1.25 倍。

4.3.2 注水干线的阻力损失宜控制在 1.0MPa 以内。

4.3.3 应综合治理注水水质，避免不同水质混合后结垢或产生菌类；根据实际情况对管线进行更新改造，避免或减小水质二次污染。

4.3.4 及时对不合理的注水管网进行调整改造，调整局部注水井与注水站的隶属关系，使之负荷均匀。

4.3.5 应保证所有阀门或其他部件正常工作，避免泄漏。

4.3.6 应定期清洗油田注水系统中的管网及过滤器。

4.3.7 宜对注水管线进行内防腐和防结垢处理。

154

4.4 油田注水系统

4.4.1 宜采用仿真模拟软件对系统进行运行设计和提出经济运行方案。

4.4.2 注水泵运行应合理配置，使泵的流量与实际所需注水量相匹配。不宜采用回流、节流等流量调节措施。往复泵注水系统应尽量减少回流损失，离心泵注水系统应尽量避免节流。

4.4.3 宜采用变频调速技术调整注水泵的流量，以适应注水井配注量的变化。

4.4.4 若系统内注水井的注水压力差别较大，经过技术经济分析对比，可采用分压注水方式。个别高压井可采用局部增压注水方式。

4.4.5 可采用换泵、加减级、车削叶轮、调速等措施，使离心式注水泵的运行特性与管网总阻力特性相匹配，保持在高效区域内运行。

4.4.6 对于分布边远或零散的注水井，可根据具体情况采用分散注水工艺。

4.4.7 根据井况，及时洗井。

4.4.8 对未达到经济运行要求的系统，应组织专家对其进行诊断，并做出评估报告。报告内容应包括系统运行概况、检测方法与数据分析、提高能效的改进措施等。实施改进措施后，应对改进效果进行检测评估。

155

5 系统的管理与维护

5.1 应建立完善油田注水系统的运行管理、维护、状态监测、检修等规章制度。应建立油田注水系统的运行日志和设备的启停、检查与维修记录档案。

5.2 应在注水设备、注水管网等有关部位安装监测仪表，在运行过程中按有关规定检查和测试电量、压力、流量、温度、润滑状况、冷却及设备振动等参数。能源计量器具的配备应符合 GB 17167 的规定。所用检测仪表应在检定周期内并检定合格后使用。应定期检查各仪表的完好情况。

5.3 注水泵机组运行效率及 6.1.3 中所列指标为评价油田注水系统经济运行状况的指标。各油田企业应对所辖注水系统按 6.1.3 所列指标规定相应的运行合格和优良的限值。

5.4 应对油田注水系统能耗进行定期测试，全面掌握系统的运行状况。油田注水系统的能耗测试应符合 SY/T 5264 的规定。

5.5 应及时采取调整泵的台数或采用变频调速等方法，使系统的注水能力与注水井的要求相适应。

5.6 系统更新改造时，应按 GB/T 13471 的规定进行经济效益评价。

5.7 应对管理和操作人员进行经济运行培训。

156

表1　注水泵机组运行效率判别与评价指标

注水泵类型及流量		注水泵机组运行效率 %	
		合格	优良
离心泵	Q<100	≥58	≥69
	100≤Q<250	≥64	≥75
	250≤Q<300	≥72	≥77
	Q≥300	≥74	≥79
往复泵	Q<50	≥76	≥85
	Q≥50	≥78	≥86
注：Q为注水泵额定流量（对于离心泵）或理论流量（对于往复泵），单位为立方米每小时（m³/h）			

157

a) 电动机输入功率计算公式：

当用电流电压法测量电动机的输入功率时，可采用公式（1）计算电动机输入功率：

$$N_s=\sqrt{3}I\cdot U\cdot\cos\phi \qquad \cdots\cdots (1)$$

式中：

N_s ——电动机输入功率，kW；

I ——电动机线电流，A；

U ——电动机线电压，kV；

$\cos\phi$ ——电动机功率因数。

当用电能表法测试时，可采用公式（2）计算电动机输入功率：

$$N_s=\frac{3600n_p\cdot K\cdot K_i}{N_p\cdot t_p} \qquad \cdots\cdots (2)$$

式中：

n_p ——有功电能表所转的圈数，r；

K ——电流互感器变比，常数；

K_i ——电压互感器变比，常数；

N_p ——有功电能表耗电为 1kW·h 时所转的圈数，r/（kW·h）；

t_p ——有功电能表转 n_p 圈所用时间，s。

158

b) 注水泵机组输入功率计算见公式（3）：

$$N_t=N_s+p_{Pin}\cdot G_P/3.6 \qquad \cdots\cdots (3)$$

式中：

N_t ——注水泵机组输入功率，kW；

p_{Pin} ——注水泵入口压力，MPa；

G_P ——注水泵流量，m³/h。

c) 注水泵输出功率计算见公式（4）：

$$N_u=p_{Pout}\cdot G_P/3.6 \qquad \cdots\cdots (4)$$

式中：

N_u ——注水泵输出功率，kW；

p_{Pout} ——注水泵出口压力，MPa。

d) 注水泵机组运行效率计算见公式（5）：

$$\eta_{pup}=\frac{N_u}{N_t}\times 100\% \qquad \cdots\cdots (5)$$

式中：

η_{pup} ——注水泵机组运行效率，用百分数表示。

159

6.2.3　回流损失率计算见公式（7）和公式（8）：

$$\varepsilon_{rsys}=\frac{\sum_{k=1}^{b}(p_{Soutzk}\cdot G_{rsk})}{3.6N_{st}}\times 100\% \qquad \cdots\cdots (7)$$

$$N_{st}=\sum_{i=1}^{n}(N_{si}+p_{Pinz}\cdot G_{Pi}/3.6) \qquad \cdots\cdots (8)$$

式中：

ε_{rsys} ——回流损失率，用百分数表示；

b ——系统内被测注水泵数；

p_{Soutzk} ——系统中第 k 个注水站出口折算压力，MPa；

G_{rsk} ——系统中第 k 个注水站的回流量，m³/h；

N_{st} ——注水系统输入功率，kW；

n ——注水系统被测注水泵总数；

N_{si} ——系统中第 i 台注水泵机组电动机输入功率，kW；

p_{inz} ——单台注水泵入口折算压力，MPa；

G_{Pi} ——系统中第 i 台注水泵流量，m³/h。

160

6.2.6　注水管线损失率计算见公式（13）和公式（14）：

$$\varepsilon_p=\frac{\frac{\sum_{k=1}^{b}[p_{Soutzk}\cdot G_{sk}(1-\lambda)]}{3.6}-N_e-N_V}{N_{st}}\times 100\% \qquad \cdots\cdots (13)$$

$$N_e=\frac{\sum_{j=1}^{m}(p_{Wzj}\cdot G_{Wj})}{3.6} \qquad \cdots\cdots (14)$$

式中：

G_{Wj} ——油田注水系统中第 j 口注水井井口流量，m³/h。

ε_p ——注水管线损失率，用百分数表示；

N_e ——油田注水系统有效功率，kW；

p_{Wzj} ——油田注水系统中第 j 口注水井井口折算压力，MPa。

6.2.7　单位注水量电耗计算见公式（15）：

$$M_{WG}=\frac{W_t}{G_t} \qquad \cdots\cdots (15)$$

式中：

M_{WG} ——油田注水系统单位注水量电耗，kW·h/m³；

W_t ——统计报告期内，油田注水系统的耗电量，kW·h；

G_t ——统计报告期内，油田注水系统的注入水量，m³。

161

干线除垢降管损

1.干线除垢需求

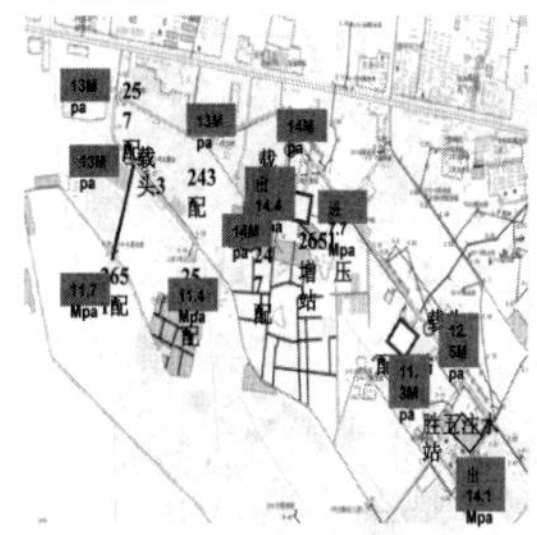

对所有注水干线的分支点安装压力表，找出压力损失大具体位置，录取关键节点垢样，选择合理的除垢方法。化验干线垢样主要成分：

86.5%的泥质+11.6%的污油+1.9%其他成分

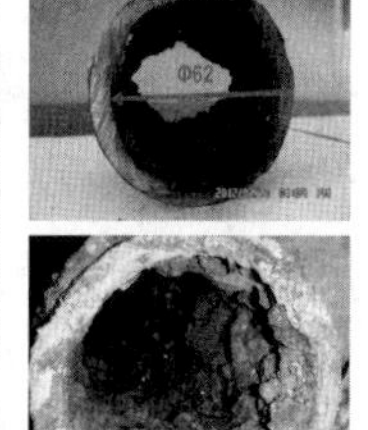

管线内壁存在附着物和垢物。管道的有效截面积缩小，污垢会在流速变化的情况下产生脱落，易造成“浑水”。

162

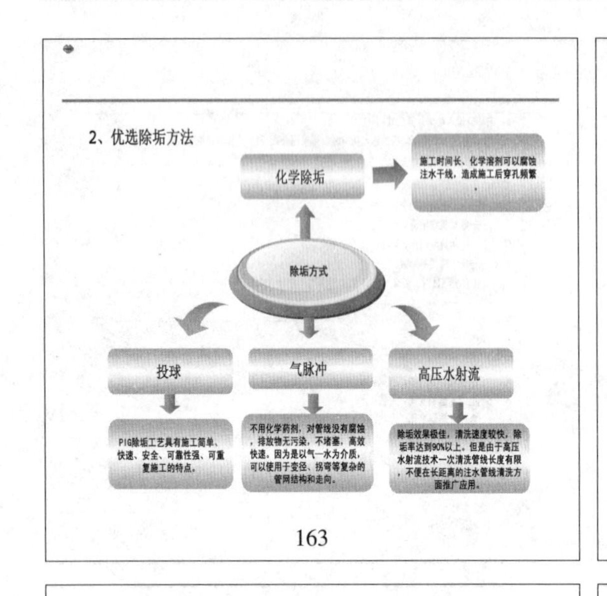

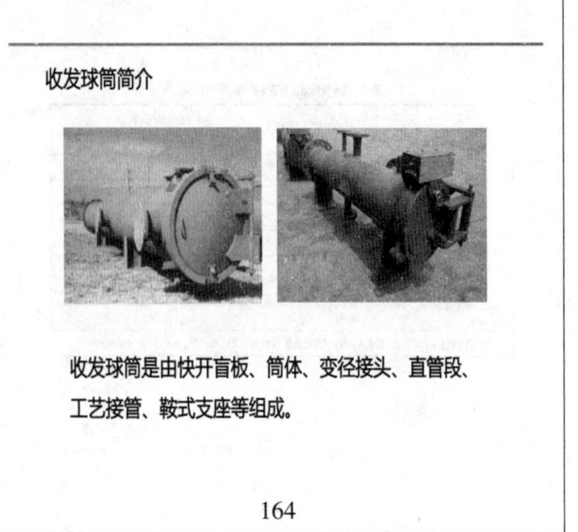

现场施工装填清管器

165

清管器简介

清管器是一种能够在管道内部移动，用于清理残渣、确定管道尺寸、检测的设备。在作业的管道中，清管器的密封外沿与管道内壁弹性密封，用管输介质产生的压差为动力，推动清管器沿管道运行。依靠清管器自身或其所带机具、设备所具有的刮削、冲刷作用来清除管道内的杂屑或进行相应的检测工作。

清管器通常一般分为两大类：

✓第一类：用于投产前或是路由通球的一般清管器；

✓第二类：用于检测管道金属损失、管道几何形状和腐蚀的管道内检测器。

166

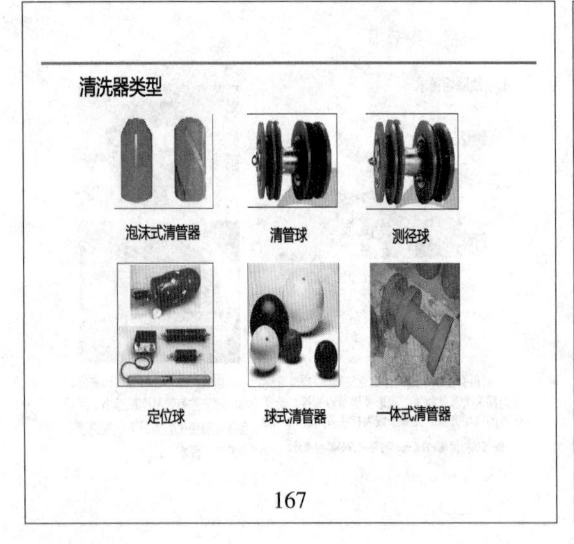

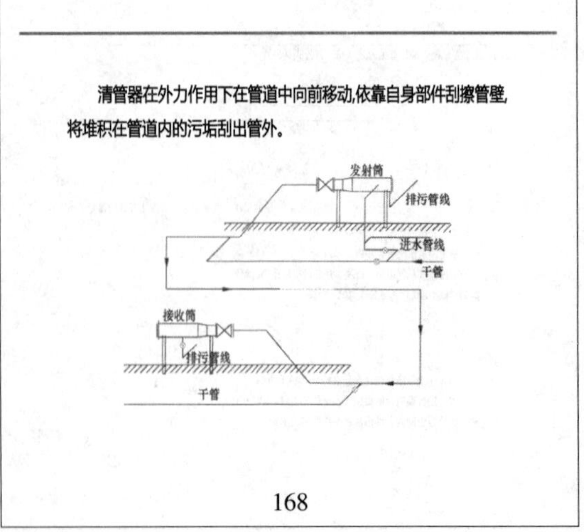

利用动力流体推动清管器在管道中运行清除管内结垢。清垢机理主要有两种,一是清管器的磨擦、刮削作用,使结垢剥离破碎;二是清管器周围泄漏的流体产生的冲力对附着于管壁上的结垢及剥离的污垢产生冲刷、粉化作用,并产生搅拌力将清洗下来的污垢悬浮分散排送出去。

169

管道清管设备使用工艺图

170

3、实施 及效果

指标		除垢前	除垢后	对比
注水指标	干损（Mpa）	2.79	1.8	-0.99
	超注（m3/d）	4493	1433	3060
	欠注（m3/d）	6823	5156	1667
	层段合格率（%）	60.5	71	10.5
	注水单耗（Kwh/m3）	5.71	5.53	-0.18
注水耗能	日注水电费（万元）	28.49	27.22	-1.27

共对七条干线实施了除垢措施

171

ICS 23.080
J 71
JB
中华人民共和国机械行业标准
JB/T 6538—2008
代替 JB/T 6538—1992

往复式增压泵

Reciprocating inflator pump

2008-06-16 发布　　2008-12-01 实施

中华人民共和国国家发展和改革委员会 发布

172

往复式增压泵

1　范围

本标准规定了往复式增压泵的技术要求、试验方法、检验规则、标志、包装和贮存。

本标准适用于输送温度不高于95℃、总矿化度不大于30000mg/L、机械杂质含量不超过30mg/L、固体颗粒粒径不大于15μm的油田污水或清水的往复式增压泵（以下简称泵）。泵的额定排出压力不高于50MPa、吸入压力不低于6MPa、增压值不低于6MPa、额定流量为0m³/h~80m³/h。

173

3　技术要求

3.1　泵应符合本标准的要求，并按经规定程序批准的图样及技术文件制造。如有特殊要求时，可按协议制造。

3.2　泵应满足额定工况下的连续工作制（连续工作制是指泵在额定工况下每天连续运转8h~24h）。

3.3　泵应能在安全阀开启压力及额定转速下安全运转。

3.4　泵在运转时应符合：

a）填料箱的泄漏量不应超过泵额定流量的0.01%，泵额定流量小于10m³/h时，填料箱的泄漏量不应超过1L/h；

b）各静密封面不应泄漏；

c）润滑油压及油位在规定的范围内，传动箱内油温不应超过75℃；

d）无异常声响和振动；

e）泵在额定工况下，原动机不应过载。

3.5　泵在额定工况下，性能指标应答合表1的规定。

表　1

项　目	额定排出压力		
	≤20 MPa	>20MPa~31.5MPa	>31.5MPa~50MPa
流量 m³/h	(95~110) %Q_r		
泵的效率（%）	≥84	≥83	≥80
容积系数（%）	≥92	≥90	≥87

174

3.7 在遵守运行规则的条件下，泵自投人运行到首次大修（可以更换易损件）的运行寿命累计应不少于12000h。
3.8 泵的进液和排液法兰应符合GB/T 9112的规定，需要时可协商确定。
3.9 泵进口应设置压力保护装置；出口应配带安全阀或溢流阀（或其他型式的超压保护装置）。安全阀的开启压力应调整于1.05~1.25倍的额定排出压力，最高开启压力应不大于该泵的液压试验压力。
3.10 填料箱的泄漏液（或冲洗液）应予以集中，并采取适当措施，以保证泄漏液（或冲洗液）及其挥发物质不漏人泵工作场所。
3.11 泵承受液压的零、部件的液压或渗漏试验应符合JB/T 9090的规定。
3.12 机座的检修孔和轴伸处应密封。
3.13 泵的主轴承在额定工况下的设计寿命应不少于25000h。
3.14 液缸体与动力端连接、压盖与液缸连接等重要的螺栓与螺母连接处应规定装配力矩。
3.15 联轴器、传动胶带和其他可能对人体产生伤害的的运动零件应有防护罩。
3.16 泵应有供安装和维修的专用工具。
3.17 泵的主要易损件更换期应不低于表3的规定。

表 3

易损件名称	输送介质	额定排出压力		
		≤20MPa	>20MPa~31.5MPa	>31.5MPa~50MPa
柱塞、填料	油田污水	1800h	1500h	1200h
	清水	3000h	2500h	1500h
阀组	油田污水、清水	无故障运行时间 500h		
		3000h		

175

构成部分

一、注水资料录取要求
二、注水井洗井
三、注水井仪表
四、注水系统效率
五、注水井地面工程设计
六、注水井技术分析实例

176

技术资料来源：

UDC

中华人民共和国国家标准 GB

P GB 50391－2014

油田注水工程设计规范

Code for design of oilfield water injection engineering

2014－08－27 发布 2015－05－01 实施

中华人民共和国住房和城乡建设部
中华人民共和国国家质量监督检验检疫总局 联合发布

177

1 总 则

1.0.1 为统一油田注水（包括注聚合物）工程设计标准和技术要求，做到技术先进、经济合理、安全可靠和运行、管理及维护方便，制定本规范。
1.0.2 本规范适用于陆上油田和滩海陆采油田注水工程以及气田采出水回注工程注入部分的新建、扩建和改建工程的设计。
1.0.3 油田注水工程设计除应符合本规范外，尚应符合国家现行有关标准的规定。

178

2.0.1 注水 water injection
为了保持油层压力，提高采收率而将水或聚合物水溶液注入油层。方式包括：正注、反注、合注、分质注、分压注、混注、轮注和间歇注水。
2.0.2 注水站 water injection stations
向注水井供给注入水和洗井水的站。
2.0.3 配水间 distributing rooms for water injection
接收注水站的来水，经控制、计量分配到所辖注水井的操作间。
2.0.4 注配间 water injection and distributing rooms
实现对来水升压，经控制，计量分配到所辖注水井的操作间。
2.0.5 增压间 water injection pump rooms
对原高压来水再升压的注水泵房。
2.0.6 井口压力 wellhead pressure
生产井或注入井井口的油压、套压的统称。
2.0.7 洗井 well-flushing
用水清除并携出注水井内沉积物和井壁截留杂质，以改善井的吸水性能的一项作业。具体方式有正洗和反洗。
2.0.8 正注 conventional water injection
注入水自注水井油管注入油层。

179

注水站的主要作用：将来水升压，以满足注水井对注入压力的要求。

注水工艺流程必须满足：注水水质、计量、操作管理及分层注水等方面的要求。

工艺流程：来水进站→计量→水质处理→储水罐→进泵加压→输出高压水。

水源来水经过低压水表计量后进入储水大罐。一般每座注水站应设置不少于两座储水大罐，其总容量应按最大用水量时的4-6小时设计。

180

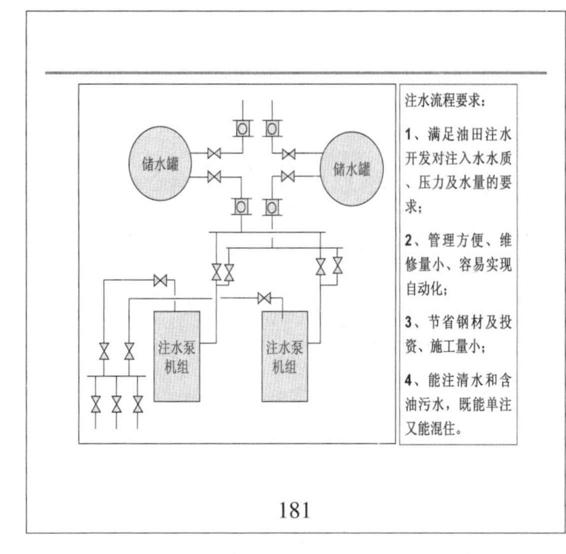

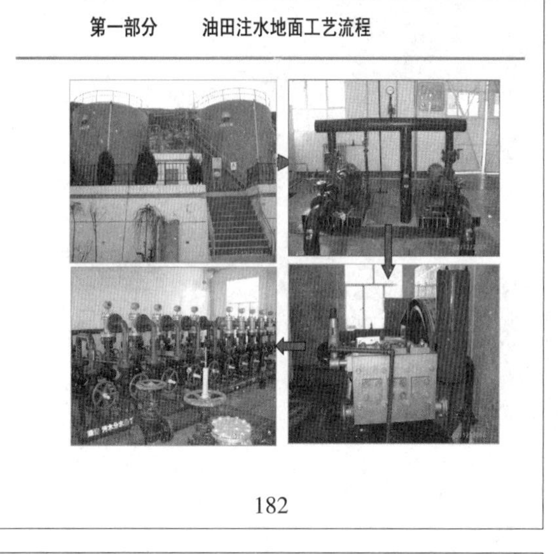

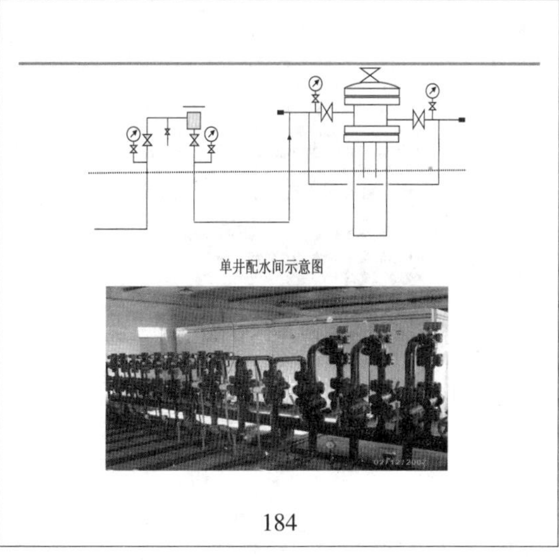

2.0.9　反注　inverse water injection

注入水自注水井油管与套管之间的环形空间注入油层。

2.0.10　分质注水　split water injection

在同一注水系统中，不同质的注入水分井或分层注入油层。

2.0.11　混注　mixed water injection

在同一注水系统中，不同质的注入水混合后注入油层。

2.0.12　轮注　alternate water injection

在同一注水系统中，不同质的注入水交替注入油层。

2.0.13　间歇注水　intermittent water injection

根据采油工艺要求或设备、环境等因素的限制，将注入水间断地注入油层。

2.0.14　分压注水　fractional-pressure water injection

在同一注水系统中，不同压力的注入水分井或分层注入油层。

2.0.15　合注　commingled water injection

注入水自井的油管及套管环形空间同时注入油层。

185

2.0.16　聚合物　polymer

油田注水用聚合物主要是相对分子量为 $800\times10^4\sim2300\times10^4$ 的聚丙烯酰胺，有干粉、胶体及溶液等形态。

2.0.17　聚合物母液　primary polymer liquor

被水溶解成高浓度的聚合物溶液。

2.0.18　聚合物配制站　polymer preparing stations

将聚合物与水按比例混合，配制成聚合物母液的站。

2.0.19　聚合物注入站　polymer injection stations

将聚合物母液升压计量、用高压水稀释成目的液并分配到注入井的站。

2.0.20　前置液　prepositive liquid

为保护聚合物段塞（目的液）前缘不被吸附、稀释而注入油层的液体。

2.0.21　驱替液　displacing liquid

为保护聚合物段塞（目的液）后缘不被吸附、稀释而注入油层的液体。

2.0.22　目的液　purpose liquid

通过注入井到达目的层的聚合物溶液。

186

2.0.23 分散　dispersion

将聚合物干粉颗粒均匀地散布在一定量的水中，并使聚合物干粉颗粒充分润湿的过程。

2.0.24 熟化　aging

聚合物遇水后充分溶解的过程。

2.0.25 降解　degradation

在一定条件下，聚合物的聚合度降低的现象。包括机械降解、化学降解和生物降解。

2.0.26 滩海陆采油田　beach and alongshore oilfields

距岸较近、有路堤与岸边相连，并采用陆地油田开发方式的滩海油田。

187

5.1.2 注水管道流速宜符合下列规定：

1 单井支管流速不宜大于1.2m/s。

2 注水干管、支干管流速不宜大于1.6m/s。

3 聚合物母液外输管流速不宜大于0.6m/s，目的液注入管流速不宜大于1.0m/s。

5.2.3 注水管道截断阀设置应符合下列规定：

1 辖6～10口注水井或2～3个多井配水间的注水干线两端宜设截断阀。

2 滩海地区站外管道串接多个平台(井台)时，应在各平台(井台)分支处下游的干管上设截断阀。

3 高压管道截断阀宜地面安装。

5.2.4 钢质注水干管、支干管在管道起点、折点、终点，以及每隔0.5km处宜设管道标志桩。

188

5.2.1 注水管道敷设应符合下列规定：

1 注水管道宜埋地敷设。通过低洼地时，敷设方式应通过技术经济对比确定，位于沼泽、季节性积水地区、沙漠和戈壁荒原地区以及山地丘陵、黄土高原沟壑地区及其他特殊地段的注水管道，可视具体情况采用埋地、管堤、地面敷设或架空敷设。

2 地上敷设的注水管道应根据当地气候条件，确定是否采取防冻保温措施。

3 站外注水管道严禁从建(构)筑物基础下方穿过。

4 与建(构)筑物净距不应小于5m；当特殊情况小于5m时，注水管道应采取增强保护措施。

5 注水管道可沿油田专用公路路肩敷设。

6 注水管道与铁路平行敷设时，管道中心距铁路用地范围边界不宜小于3m。

7 注水管道沙漠地区埋地敷设时，应采取固沙措施。

8 滩海地区站外管道宜沿滩涂道路的管沟敷设。当敷设在道路以外时，应采取相应的稳管措施。

9 滩海陆采油田滩涂区域内的管道采用架空敷设时，管架应采用浅基础钢管架或桩基础管架，荷载计算应附加冰载荷或波浪载荷。

189

6.1.1 配水工艺应符合下列规定：

1 应满足注水井流量计量及调节的要求。

2 固定洗井时，应满足洗井水量计量及调节的要求。

3 注水井洗井水量可取15m³/h～30m³/h。

4 洗井水量大于注水流量计的量程时，应单独设置洗井水计量及调节设施。

5 流量计的精确度宜为2.0级。

6 根据需要可设水量自动调节和数据远传功能。

6.1.2 配水间的布置应符合下列规定：

1 多井配水间宜与油计量间合建。

2 配水设施设于室内时，室内人行操作通道应满足阀门操作、巡检和维护的要求。配水间采用砖混房间时，室内人行操作通道净宽不应小于0.8m；配水间采用橇装形式时，室内人行操作通道净宽不应小于0.5m。

190

构成部分

一、注水资料录取要求

二、注水井洗井

三、注水井仪表

四、注水系统效率

五、注水井地面工程设计

六、注水井技术分析实例

191

水井现场易出现问题

192

流量计外置磁铁吸附含铁脏物，包括锈垢、铁屑、焊渣。在干线穿孔、更换干线施工后极易出现此种情况。

193

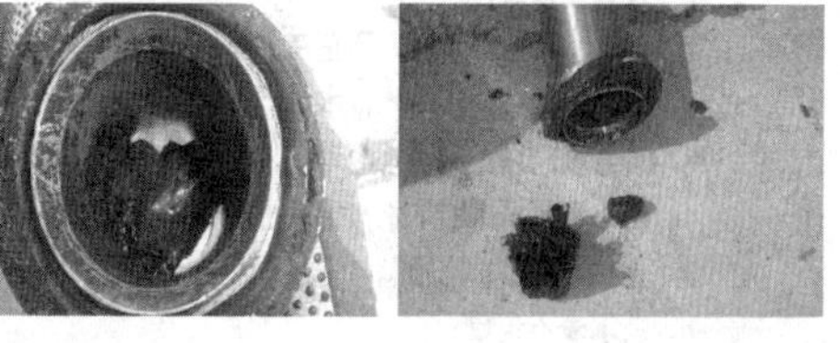

流量计涡街发生器被脏物堵塞造成干扰，包括油泥、杂物、石块。出现此种情况水表反应为注水量会突降。

194

流量计整体被脏物糊住造成计量不准确，在干线除垢施工后易出现此种情况。除垢后四五天内会多次出现该问题。

195

分水器因投产年限较长，造成内壁结垢严重。长时间积累极易堵塞上下流闸门、水表总承。

196

因注聚影响造成井口及井下胶堵。井下工具也会因地层再次反吐堵塞造成注入水量下降。

197

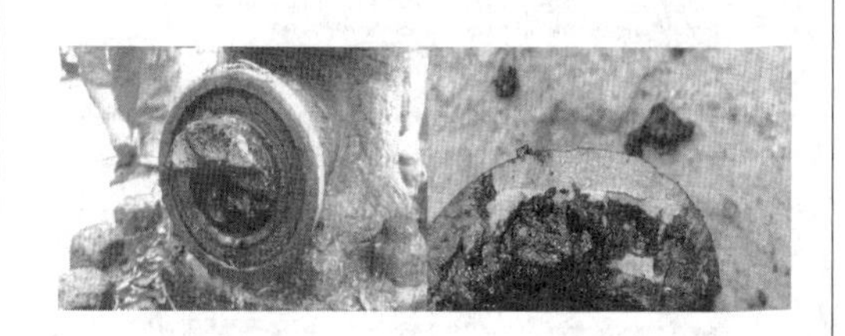

各种井口流程堵塞情况：套管补贴作业，在注灰贴堵过程中将灰打至井口流程。

198

其他：a、管线穿孔，水表水量上升

b、接错水表流程，显示不吸水。

c、冬天室外压力表冻，不正常上升

d、浅层套漏，油压下降，水量上升

e、套管闸门漏，测调水量不附

f、回水流程闸门漏，水量突然上升

g、连接油井掺水水嘴刺，水量逐步上升

h、新水表不走数

i、压力表死油堵指针不动

j、各种人为因素

总体分析原则是：水量上升必然漏，水量下降必然堵

199

水井资料反差典型井例

200

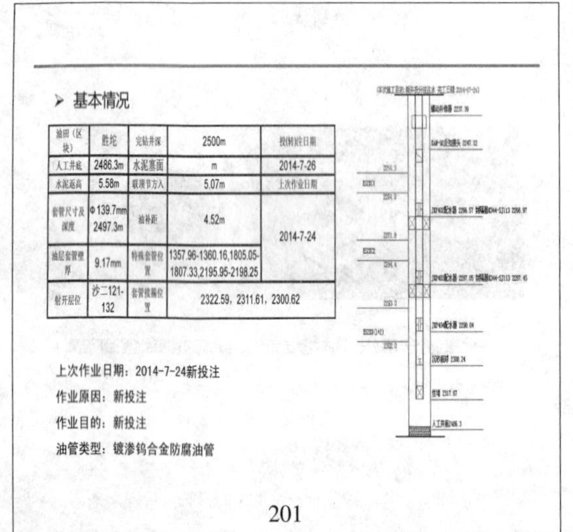

➤ 基本情况

油田（区块）	胜坨	完钻井深	2500m	投(转)注日期
人工井底	2486.3m	水泥塞面	m	2014-7-26
水泥返高	5.58m	联顶节方入	5.07m	上次作业日期
套管尺寸及深度	Φ139.7mm 2497.3m	油补距	4.52m	2014-7-24
油层套管壁厚	9.17mm	特殊套管位置	1357.96-1360.16,1805.05-1807.33,2195.95-2198.25	
射开层位	沙二121-132	套管接箍位置	2322.59，2311.61，2300.62	

上次作业日期：2014-7-24新投注

作业原因：新投注

作业目的：新投注

油管类型：镀渗钨合金防腐油管

201

➤吸水能力分析-测试情况分析

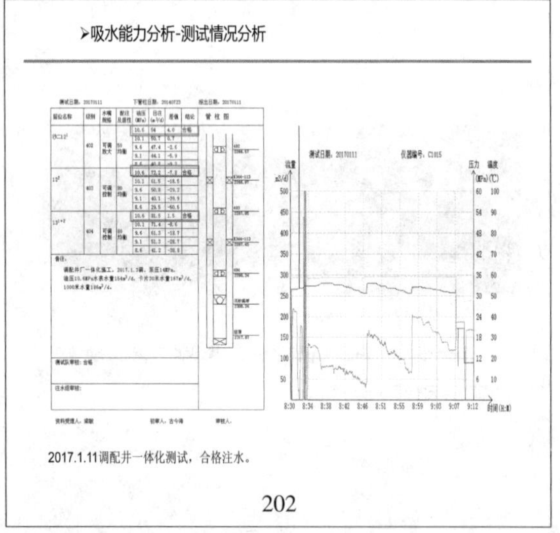

2017.1.11调配井一体化测试，合格注水。

202

➤目前存在问题

2017.02.08	24	ES2XC1	-ES2XD2	14.1	11.5	10.5	210	168	测调一体化	水量下降
2017.02.09	23.3	ES2XC1	-ES2XD2	14.2	11.5	10.6	210	165	测调一体化	校套压 8h-8h30min更换下流闸门
2017.02.10	24	ES2XC1	-ES2XD2	14	12	10.6	210	166	测调一体化	
2017.02.11	24	ES2XC1	-ES2XD2	13.8	13.8	12.3	210	165	测调一体化	
2017.02.12	24	ES2XC1	-ES2XD2	13.8	13.8	12.3	210	168	测调一体化	水量无变化
2017.02.13	24	ES2XC1	-ES2XD2	14	14	12.3	210	168	测调一体化	
2017.02.14	18.3	ES2XC1	-ES2XD2	14	14	12.3	210	135	测调一体化	8h-13h措施流程洗井 压力11.0MPa 水量110m3 14h30-15h换水表
2017.02.15	23.3	ES2XC1	-ES2XD2	13.8	13.8	12.8	210	126	测调一体化	14h30试挤 试挤4档车，最高压力15MPa.
2017.02.16	23	ES2XC1	-ES2XD2	13.4	13.4	12.4	210	144	测调一体化	9h30-10h30大干扰穿孔
2017.02.17	24	ES2XC1	-ES2XD2	12.5	12.5	11.5	210	168	测调一体化	9:00-9:30倒反注，瞬时20m3/h
2017.02.18	24	ES2XC1	-ES2XD2	12.2	12.2	11.2	210	162	测调一体化	，倒回正注后水量无变化
2017.02.19	24	ES2XC1	-ES2XD2	13	13	12	210	157	测调一体化	
2017.02.20	24	ES2XC1	-ES2XD2	13.7	13.7	12.7	210	156	测调一体化	校套压
2017.02.21	24	ES2XC1	-ES2XD2	13.6	13.6	12.6	210	153	测调一体化	
2017.02.22	24	ES2XC1	-ES2XD2	13.6	13.6	12.6	210	150	测调一体化	
2017.02.23	23.3	ES2XC1	-ES2XD2	13.2	13.2	12.2	210	158	测调一体化	15:30-16:00清洗水表关井
2017.02.24	18	ES2XC1	-ES2XD2	13.9	13.9	12.9	210	120	测调一体化	9:00-15:00洗井水量160m3压力8MPa 洗井后水量无变化

2017.03.07	24	ES2XC1	-ES2XD2	13.5	13.5	12.5	210	109	测调一体化	
2017.03.08	24	ES2XC1	-ES2XD2	13.2	13.2	12.2	210	107	测调一体化	
2017.03.09	19	ES2XC1	-ES2XD2	13.3	13.3	12.3	210	71	测调一体化	15:00-20:00措施流程洗井水量100m3液量10.0MPa
2017.03.10	24	ES2XC1	-ES2XD2	14	14	13	210	125	测调一体化	校套压
2017.03.11	23.3	ES2XC1	-ES2XD2	14	14	13	210	115	测调一体化	8:00-10:00测试14:30-15:00换水表

2017.2.该井水量下降，检查更换上下流闸门，更换水表，多次洗井水量均无变化，2.15日试挤，试挤后水量无变化。2.17日倒反注观察，反注瞬时20m3/d,倒回正常注水，水量无变化。多次洗井无效。2017.3.10日因欠注一体化测调，测试井下水量比地面水量多150m3/d左右。现场更换水表，水表水量无变化。

203

➤存在问题

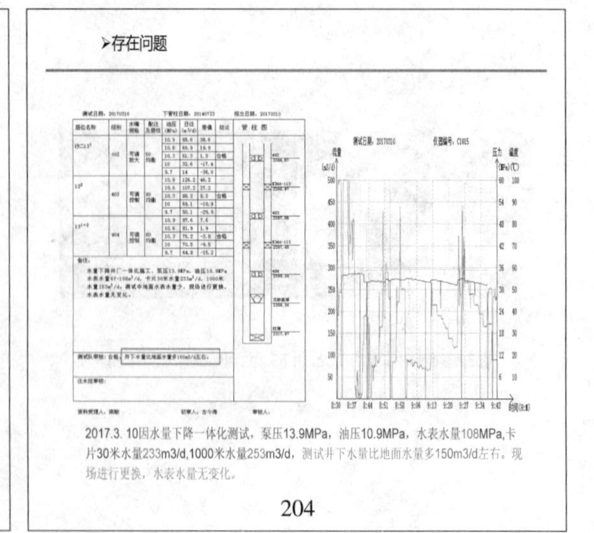

2017.3. 10因水量下降一体化测试，泵压13.9MPa，油压10.9MPa，水表水量108MPa,卡片30米水量233m3/d,1000米水量253m3/d，测试井下水量比地面水量多150m3/d左右。现场进行更换，水表水量无变化。

204

➢存在问题

3.10日更换后水表瞬时4.73m3/h.

3.11日倒反注水表瞬时17.54m3/h.

205

更换水表总成

水表及旧总成

水表芯子完好

总成深15.6cm

底部台阶完好

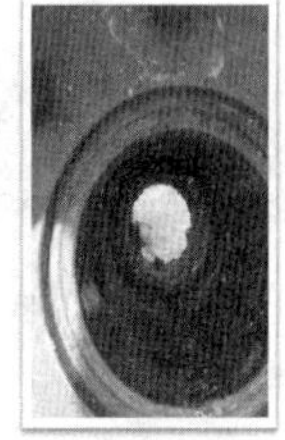

206

更换水表总成

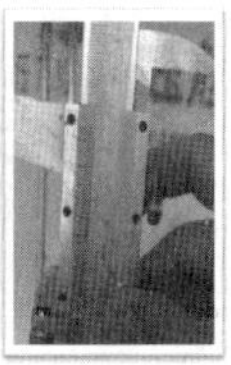

水表芯子长15.8cm，水表总成深15.5cm，水表垫子和总成台阶均无损坏，不存在坐不严情况。

207

新水表总成深15.5cm，安装水表后开井。

压力12.5Mpa，瞬时水量5.31m3/h，与更换前基本一致。

208

根据原来的经验，分水器末端脏东西较多，容易造成计量不准。该井可能在分水器最末端，造成水量计量误差。

更换该井到配水间分水器前端

更换配水间分水器末端空头

209

4、测试资料反差大分析

该井配水间位置，位于零排注水干线的末端，在处理干线穿孔，开井后易堆积脏东西。

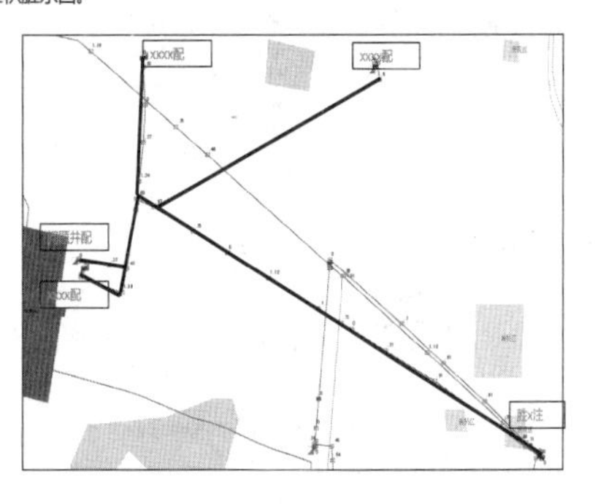

210

更换水表总成后水量无变化，分析该流程在分水器末端，分水器内可能有脏物堵塞，影响水表计量。更换流程至分水器前端空头。

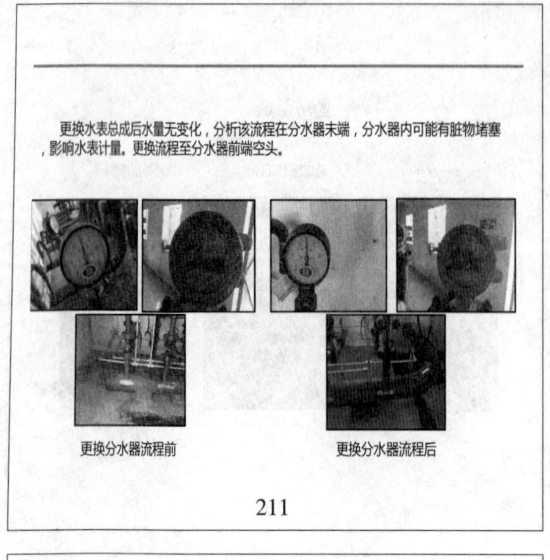

更换分水器流程前　　更换分水器流程后

211

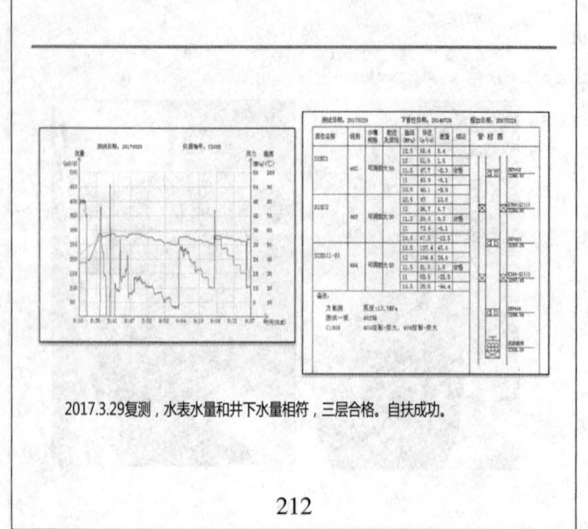

2017.3.29复测，水表水量和井下水量相符，三层合格。自扶成功。

212

几点认识：

1、水井测试水量大于流量计水量，应该流量计计量出问题，（排查流量计量程、流量计和总成是否匹配、流量计垫子是否失效等）

2、分水器末端是分水器最脏的地方，脏东西较多，易造成流量计不准。

213

分注管柱问题分析的基本方法

214

分层注水井下管柱故障的判断方法见表5—4。

表5—4　分层注水管柱故障判断

类　型	故障形式	主要现象和判断方法
封隔器失效	胶筒变形，破裂，或胶筒没有张开，或密封不严	油、套压平衡，注水量上升，注水压力不变而注水量上升，封的隔两层段指示曲线相似
配水器失效	1. 水嘴或配水器网堵塞 2. 水嘴孔眼被刺大 3. 水嘴脱落	注水量逐渐下降，直至不进水，指示曲线向压力轴方向偏移 注水量逐渐上升，指示曲线向注水轴偏移 注水量突然上升，指示曲线向注水轴偏移
管柱失效	1. 管柱脱落 2. 螺纹漏失 3. 管柱末端球座不密封	全井注水量猛增，层段指示曲线与全井指示曲线相似 层段指示曲线与水嘴掉时相似 注水量上升，油压下降套压上升，层段指示曲线向注水轴偏移，管柱失效还会使压差式封隔器的胶筒密封不严或失效
其它	套管外层串槽	全井注水量上升，串槽的两层指示曲线相似，不易区别

215

注水管柱失效现象及验证表

表现特点	可能失效部位	验证方法
各层水量明显下降，井口油套压平衡，压力控制井和配水嘴井全井水量上升或注水压力下降。	402配水器以上漏失	1、核实井口油套压 2、投402测试球杆，测全井水量 3、流量计测试分段取点测具体漏失位置
压力控制井漏失部位对应层位水量大幅增加，水嘴控制失效，全井注水压力下降，吸水差或放大并无明显变化。	402配水器以下漏失	1、各层均投死嘴，测全井水量。 2、流量计在各工具上下取点，验漏失位置。
流量计测试水量低于配水间计量水量，套压明显上升或与油压平衡	油管悬挂器串槽	1、关井放空，拍井口，到少量水至油管悬挂器与大四通内壁凹槽内，观察漏失情况。 2、从测试闸门投入高锰酸钾粉末，开井正注，开套管闸门，观察红色水返出的时间差。
402为死嘴有套压，且随油压同步变化；402与403两层串流，缩一层水嘴，另一层水量明显增加，指示曲线显示一层吸水明显好转，对应油井发生变化	第一级封隔器失效	1、投402为死芯子、403为放大芯子，测井口油套压，升压或降压测五个点或关井放空后，开井正注观察套压变化情况。 2、投402为死芯子、403为放大芯子，关井放套管水，降低套压或落零，倒回正注，观察套压变化情况。
403与404两层串流，缩一层水嘴，另一层水量明显增加，指示曲线显示一层吸水明显好转；对应油井发生变化	第二级封隔器失效	1、同层连续指示曲线变化情况　2、验封仪测试 3、如403、404两层吸水差异大，投死嘴后控吸水好的层，观察全井水量及压力变化情况。（适用于层间差异大的井）
芯子投不到位、死嘴坐不严、配水嘴层无法控制水量	配水器失效	1、检查芯子，验证是否到位 2、投死嘴，测配水器上下水量。
404水量大幅增加，其他两层水量明显减少。（取决于404层的吸水能力）	底筛堵失效	1、捞出全井注水芯子，流量计测试验漏失位置。

216

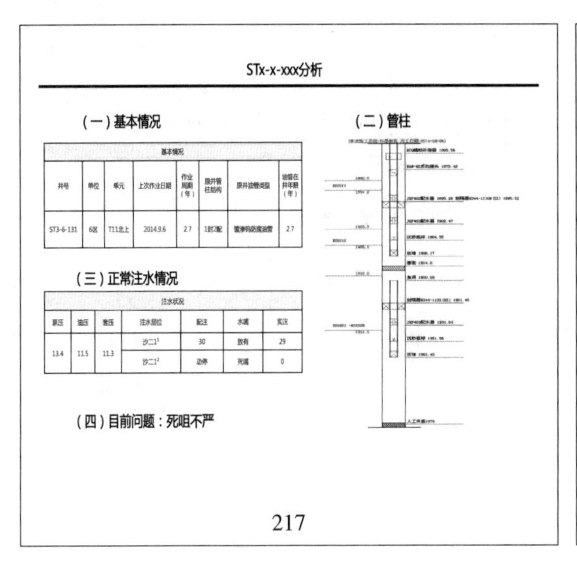
STx-x-xxx分析
（一）基本情况
基本情况
井号 单位 单元 上次作业日期 作业周期（年） 原井管柱结构 原井油管类型 油管在井年限（年）
ST3-6-131 6区 T11北上 2014.9.6 2.7 1封2配 镀渗钨防腐油管 2.7
（二）管柱
（三）正常注水情况
注水状况
泵压 油压 套压 注水层位 配注 水嘴 实注
13.4 11.5 11.3 沙二1¹ 30 放有 29
沙二1² 动停 死嘴 0
（四）目前问题：死咀不严
217

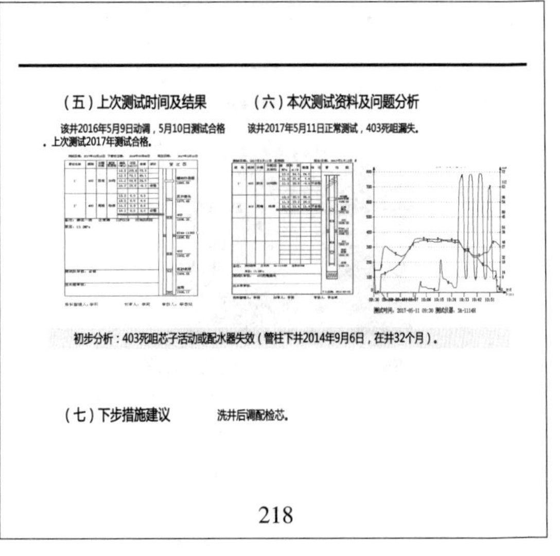
（五）上次测试时间及结果
该井2016年5月9日动调，5月10日测试合格，上次测试2017年测试合格。
（六）本次测试资料及问题分析
该井2017年5月11日正常测试，403死咀漏失。
初步分析：403死咀芯子活动或配水器失效（管柱下井2014年9月6日，在井32个月）。
（七）下步措施建议
洗井后调配检芯。
218

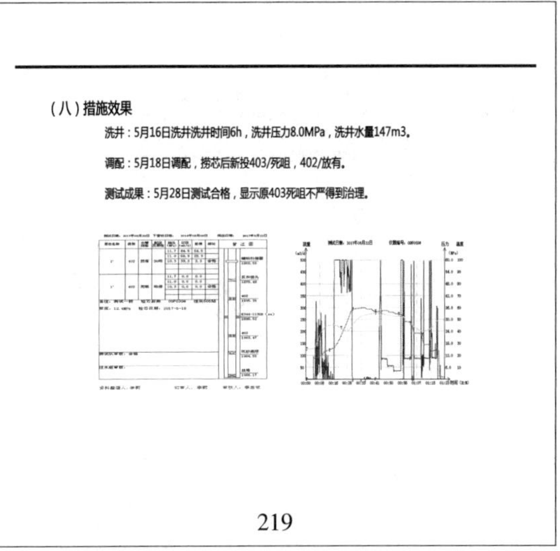
（八）措施效果
洗井：5月16日洗井洗井时间6h，洗井压力8.0MPa，洗井水量147m3。
调配：5月18日调配，捞芯后新投403/死咀，402/放有。
测试成果：5月28日测试合格，显示原403死咀不严得到治理。
219

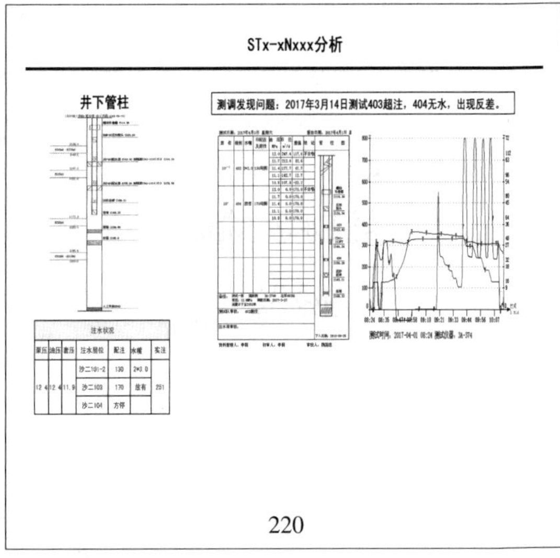
STx-xNxxx分析
井下管柱
测调发现问题：2017年3月14日测试403超注，404无水，出现反差。
注水状况
220

分层注水能力分析：2016年6月19日分层流量下士沙二10.3吸水能力较强相对吸水量72.83%。2016年8月23日吸水剖面资料显示相对吸水量94.19%。作业对上而10.1-10.2卡封酸化，泵压由13MPa降至8MPa，停泵压力6MPa，稳压1min压力降至0MPa；
测井解释综合成果图
吸水剖面成果表
层位 层号 解释井段（m） 厚度（m） 吸水面积 相对吸水量（%） 相对吸水强度（%） 吸水级别
1 2134.4 - 2136.4 2.0 0.14 0.87 0.44
2 2139.6 - 2143.2 3.6 0.78 4.94 1.37
3 2147.0 - 2148.0 1.0 1.39 8.72 8.72
4 2149.2 - 2153.7 4.5 13.57 85.47 18.99
作业酸化情况：用相对密度1.01的油田净化水40m3，反循环洗井，排量0.4m3/min，泵压3MPa，洗井深度2163.3m，出口返液40m3，无漏失；关出口闸门，用相对密度1.01油田净化水10m3，用700型水泥车5档正试挤，泵压由0MPa最高泵压13MPa；以0.3m3/min排量，正挤40%复合酸20m3，泵压最高升至13MPa，顶替相对密度1.01的油田净化水15m，酸化历时2h，泵压由13MPa降至8MPa，停泵压力6MPa，稳压1min压力降至0MPa；关闭油管闸门，以0.3m3/min的排量，套管内挤入相对密度1.01的油田净化水5m3，泵压4MPa，酸化层位：ES2XA1 -ES2XA2，酸化井段：2134.4m－2143.2m；期间排新D73mm纳米防腐管226根；
221

历次测调资料分析：作业后沙二10.4在2*4.4水咀情况下测试水量逐渐下降，本次测试结合404改投放有，403为相应放咀由2*2.0放为2*3.0。
2*2.0
2*4.0
2*3.0
放有
222

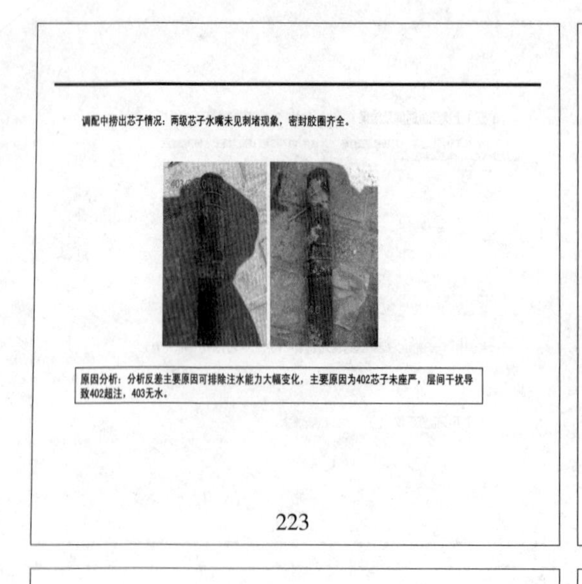

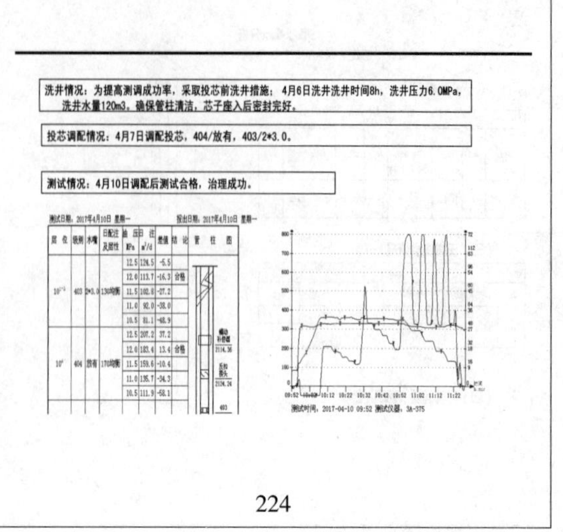

分层注水吸水指示

曲线分析

225

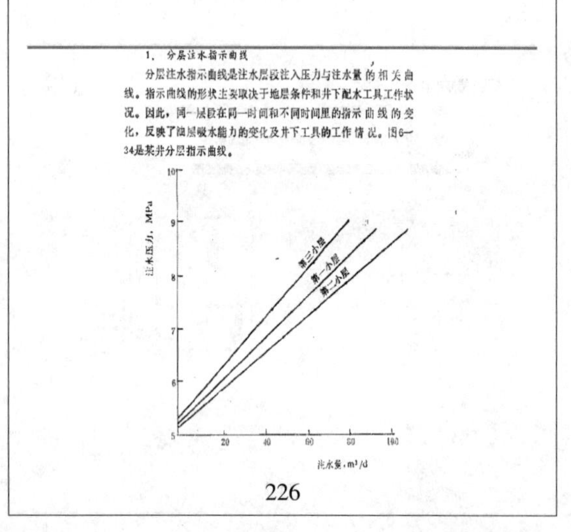
1、 分层注水指示曲线

分层注水指示曲线是注水层段注入压力与注水量的相关曲线。指示曲线的形状主要取决于地层条件和井下配水工具工作状况。因此，同一层段在同一时间和不同时间里的指示曲线的变化，反映了油层吸水能力的变化及井下工具的工作情况。图6—34是某井分层指示曲线。

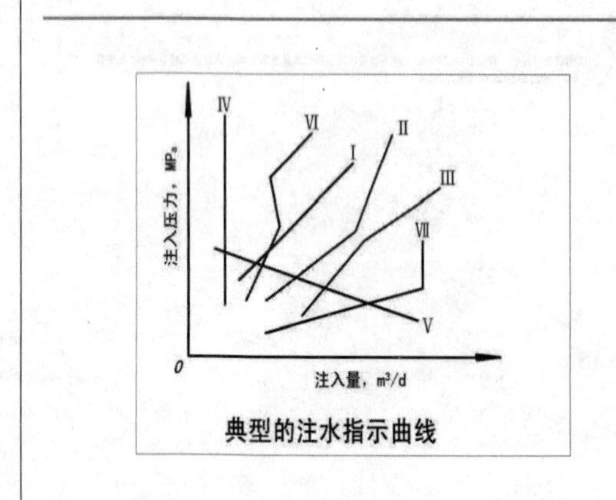

(1) 正常指示曲线

正常指示曲线分为直线递增式、上翘式和折线式：

1）直线递增式指示曲线如上图8中Ⅰ所示。它反映了地层吸水量与注入压力成正比，在典型的注水指示曲线上任取两点可求出吸水指数。当用指示曲线求吸水指数时，应当用有效注入压力绘制的曲线。 $I_w=(Q_2-Q_1)/(P_2-P_1)$

228

2) 上翘式曲线如上图中Ⅱ所示。这种上翘式曲线除与设备仪表有关外，还与油层性质有关。如在断层蔽挡或连通较差的“死胡同”油层中，注入水不易扩散，油层压力升高，注入水受到的阻力越来越大，造成曲线上翘。

3) 折线式指示曲线如上图中Ⅲ所示。压力较低时随压力增加注入量增加，而压力较高时，随压力增加曲线偏向注入量轴，说明低渗油层部位随压力增大由不吸水转为吸水；或有新的油层在较高压力下开始吸水；或因较高压力下地层产生微小裂缝使吸水量突然增大。

229

(2) 不正常指示曲线

不正常指示曲线有下述几种情况：

1) 垂直式指示曲线如上图中曲线Ⅳ所示，注水压力增加，注水量不增。产生此种指示曲线可能是设备发生故障(如井下水嘴堵塞、流量计失灵)或是油层渗透性极差所造成的。

2) 直线递减式指示曲线如上图中曲线Ⅴ，说明设备或仪表有问题，曲线不能用。

3) 曲拐式指示曲线如上图中曲线Ⅵ，主要反映设备、仪表有问题，曲线不能用。

4) 嘴后有汽穴。上图曲线Ⅶ是注水量很大时，通过水嘴的液流速度过高，水嘴喉部可能产生汽穴现象。

230

因正确的指示曲线变化反映了地层吸水能力或井下工具工作状态的变化，因此可用来判断地层吸水能力的变化与井下工具的工作状况。

(1) 指示曲线右移，

斜率变小

在相同注入压力下，注入量增加。

主要原因有：

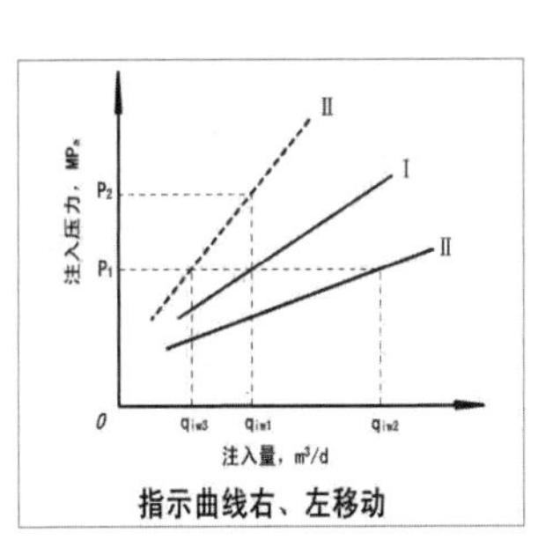

指示曲线右、左移动

231

1) 地层吸水能力增强。如实施洗井或酸化、压裂等作业。

2) 井下配水嘴脱落。分层(段)注水失去控制，指示曲线明显偏向注水量轴，至使全井指示曲线突然向右偏移，且斜率变小。通常可根据井下水嘴性能(是否易脱落)及分层测试资料验证，即可发现。

3) 水嘴刺大。由于长期注水或水中可能含有砂及其它固体微粒，将水嘴刺大，某分层配水失控，亦可出现指示曲线向右偏移，且斜率变小。每测一次曲线逐渐向注水量轴偏移，与水嘴脱落不同之处在于其变化不是突然的，实际中可通过分层测试曲线对比分析。

4) 底部阀不密封。造成注入水自油管末端进入油套环形空间，使油套压基本平衡(或相等)，封隔器不密封，控制注水量段失控，分层注水量大大小于全井注水量，可用分层测试或洗井后测试来确定

232

(2) 指示曲线左移，斜率变大

上图中虚线Ⅱ，在相同注入压力下，注入量下降，其原因可能为：

1) 井下有污染，地层有堵塞。因注入水不合格或滤器失效使井底污染，地层堵塞，地层吸水能力下降，使指示曲线左移，斜率变大；相同注水压力下注水量由下降到，而要达到原注水量需提高注水压力到。处理方法：洗井或酸化解堵。

2) 水嘴堵塞。因注入水不合格或井下结垢、腐蚀等产物堵塞水嘴，使有效注入压力降低，没达到设计注水量，有与图中虚线Ⅱ相似的曲线。水嘴堵塞的层位可从分层测试资料看出。从经验上看水嘴堵塞比油层污染要快些(从两次测试曲线的时间上看)，有时二者兼有。

233

(3) 指示曲线平行上移或下移

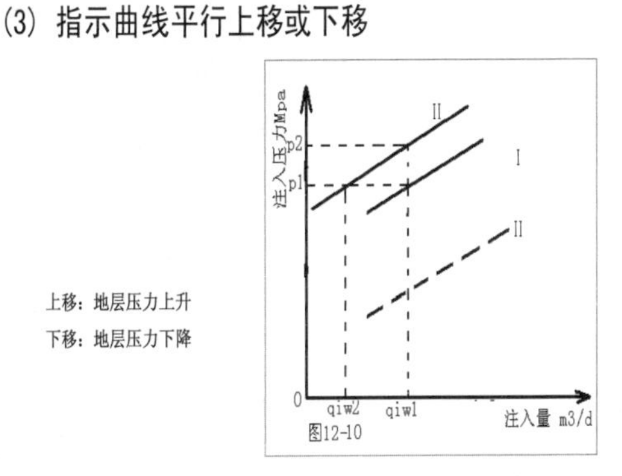

图12-10

234

(4) 判断封隔器的密封性

可用指示曲线的变化来判断其密封性。封隔器失效主要是因胶筒变形或破裂无法密封，或由于配水器弹簧失灵及管柱底部阀不严造成封隔胶筒密封失效。

封隔器失效的主要表现：油套压平衡，分层配注失效，注水量上升；注水压力不变(或下降)，而注入量上升(封隔器失效后上下层串通，使吸水量高的控制层段注水量增加)。

235

参 考 文 献

[1] 崔树清,常兵民.石油地质基础[M].北京:石油工业出版社,2006.
[2] 中国石化员工培训教材编审指导委员会.采油地质工[M].北京:中国石化出版社,2013.
[3] 路秀广,王淑玲.油田勘探开发基础知识[M].东营:中国石油大学出版社,2012.
[4] 张厚福,等.石油地质学[M]. 北京:石油工业出版社,1999.
[5] 李爱芬.油层物理学[M].东营:中国石油大学出版社,2011.
[6] 郎兆新.油藏工程基础[M].东营: 中国石油大学出版社,1994.
[7] 刘德华,刘志森.油藏工程基础[M].北京:石油工业出版社,2004.
[8] 姜汉桥,姚军,姜瑞忠.油藏工程原理与方法[M].东营:中国石油大学出版社, 2003.
[9] 廉庆存. 油田开发[M].北京:石油工业出版社,1997.
[10] 于云琦,采油工程[M].北京:石油工业出版社,2008.
[11] 邹艳霞.采油工艺技术[M].北京:中国石化出版社,2006.
[12] 张琪.采油工艺技术[M].东营:中国石油大学出版社,2000.
[13] 孙焕泉,杨泉.低渗透砂岩油藏开发技术:以胜利油田为例[M].北京:石油工业出版社,2008.
[14] 金海英.油气井生产动态分析[M].北京:石油工业出版社,2010.
[15] 石仁委,龙媛媛.油气管道防腐蚀工程[M].北京:中国石化出版社,2008.
[16] 石仁委.油气管道地面检测技术与案例分析[M].北京:中国石化出版社,2012.
[17] 万仞溥.采油工程手册[M].北京:石油工业出版社,2000.
[18] 中国石油天然气总公司.石油地面工程设计手册(第二册)[M].东营:中国石油大学出版社,1995.
[19] GB 50391—2006 油田注水工程设计规范.
[20] GB/T 1226—2010 一般压力表范.
[21] Q/SH 1020 1831—2007 聚合物配注用污水水质控制指标及其分析方法.
[22] Q/SH 0583—2014 油田回注水水质检测评价方法.
[23] Q/SH 1020 1932—2016 注水井流量计仪表技术规范.
[24] Q/SH 0183—2011 注水井资料录取规定.
[25] Q/SH 0179—2008 注水井洗井技术规范.
[26] JJG 1033—2007 电磁流量计.
[27] JB/T 9249—2015 涡街流量计.
[28] SY/T 0026—1999 水腐蚀性测试方法.
[29] SY/T 0532—2012 油田注入水细菌分析方法 绝迹稀释法.
[30] SY/T 0600—2009 油田水结垢趋势预测.
[31] SY/T 0546—1996 腐蚀产物的采集与鉴定.
[32] SY/ 0049—2006 油田地面工程规划设计规.
[33] SY/T 5329—2012 碎屑岩油藏注水水质推荐指标及分析方法.
[34] SY/T 5523—2016 油田水分析方法.
[35] SY/T 5329—2012 碎屑岩油藏注水水质推荐指标及分析方法.
[36] SY/T 05674—93 油田采油井、注水井井史编制方法.
[37] SY/T 6569—2010 油田注水井系统运行规范.
[38] SY/T 0530—2011 油田采出水中含油量测定方法分光光度法.
[39] SY/T 0601—2009 水中乳化油、溶解油的测定.